U0182279

航空工业首席专家技术丛书

雷达天线罩工程

Radome Engineering

轩立新　编著

航空工业出版社

北　京

内 容 提 要

本书重点介绍了雷达天线罩的主要类型、功能性能、产品特点等相关背景知识，详细阐述了雷达天线罩的电磁特性设计理论、结构设计与强度技术、透波材料与性能研究、加工与制造技术、电磁特性试验技术的研究进展，全面总结了雷达天线罩在飞机、导弹等飞行器上的应用特点，涵盖了雷达天线罩的设计、制造、试验技术及其工程应用技术，充分体现了雷达天线罩技术特有的跨学科、跨专业特点。此外，本书还对雷达天线罩新技术发展及其工程应用进行了展望。

本书适合从事飞行器总体、雷达天线总体、雷达天线罩、功能复合材料研究等方向的科技、工程和管理人员阅读，亦可作为高等院校和科研院所相关专业学生的参考书。

图书在版编目（ＣＩＰ）数据

雷达天线罩工程 / 轩立新编著. –– 北京：航空工业出版社，2022.7

ISBN 978–7–5165–3045–0

Ⅰ．①雷… Ⅱ．①轩… Ⅲ．①雷达 – 天线罩 – 工程设计 Ⅳ．①TN957.2

中国版本图书馆 CIP 数据核字（2022）第 082533 号

雷达天线罩工程

Leida Tianxianzhao Gongcheng

航空工业出版社出版发行

（北京市朝阳区京顺路5号曙光大厦C座四层　100028）

发行部电话：010–85672666　010–85672683

文畅阁印刷有限公司印刷　　　　全国各地新华书店经售

2022年7月第1版　　　　　　　2022年7月第1次印刷

开本：787×1092　1/16　　　　　字数：1069千字

印张：41.75　　　　　　　　　定价：258.00元

前　言

雷达天线罩最早出现在第二次世界大战期间，为实现雷达系统搜索海上和地面军事目标的功能发挥了重要作用。20世纪50年代，由于航空、港口管理的需要，雷达天线罩技术开始用于地面雷达。60和70年代是雷达天线罩快速发展的时期，雷达天线罩技术相继应用于机载预警雷达、脉冲多普勒火控雷达等，极大地提高了反低空突防能力。90年代以后，为满足第五代战斗机提出的隐身要求，实现了雷达天线罩的功能由"传输"向"隐身与传输兼备"的跨越，可以有效躲避预警雷达网的截击，形成快速突防打击的能力。

雷达天线罩技术不是一门独立的专业技术，是一门跨专业跨学科的综合技术。它的设计和制造涉及电磁学、结构力学、空气动力学、热力学、材料学、工艺学、检测技术和表面保护等专业。由于该技术具有巨大的经济价值和重要的军事意义，世界各军事大国都给予了不动声色的关注。我国雷达天线罩技术经过五十余年的发展，目前已掌握全部常规结构样式雷达天线罩的研制技术，在变厚度设计技术和带有金属含物的用于隐身或拓展频带的雷达天线罩新结构技术领域已达世界先进水平。

本书由轩立新编著，全书共分为11章：第1章为绪论，主要概述雷达天线罩的基本概念和主要类型，对雷达天线罩的发展进行了回顾；第2章～第4章重点介绍雷达天线罩电性能设计、结构与强度性能设计原则和分析方法，详细介绍雷达天线罩透波材料的类型和特点；第5章介绍雷达天线罩的加工制造方法、关键技术，及制造相关的工艺装备；第6章重点对电性能试验技术进行介绍，同时概述电磁特性试验新技术的发展动态；第7章～第9章详细论述了机载、弹载、车载和地面等雷达天线罩的设计与制造技术，阐明了不同应用领域雷达天线罩的研制原则和方法；第10章和第11章介绍一些特定应用领域的雷达天线罩前沿新技术，并对雷达天线罩工程发展进行了展望。

本书作者长期从事雷达天线罩技术研究，有多年的基础研究和工程应用经验。本书凝结了作者所代表的跨学科、跨专业科研团队的集体劳动和智慧，作者由衷地期望本书的出版能对我国雷达天线罩技术的研究和应用起到促进作用，对隐身雷达天线罩技术、智能蒙皮技术等新技术的发展和进步起到推动作用。

本书凝结了中国航空工业集团公司济南特种结构研究所（简称特种所）几代人工程实践的智慧与心血，感谢特种所技术人员多年来的辛苦劳动与付出。本书编著过程中，得到了张明习研究员的悉心指导。另外，田俊霞研究员、门薇薇研究员、张文武研究员、刘艳明研究员、于吉选研究员给予了大力支持并提出了宝贵意见，孙世宁研究员、苏韬研究员、周春苹研究员、庞晓宇高工、张聘高工、张庆东高工等为本书付出了大量辛勤

1

劳动。此外，本书参考和借鉴了许多国内外学者的相关著作和论文，在此一并表示衷心感谢。

本书涉及的多学科知识和多领域技术的内涵复杂，发展日新月异，加之作者的水平有限，书中难免存在不足之处，恳请广大读者批评指正。

轩立新

2021 年 12 月

目　　录

第1章 绪 论

1.1 引言

为了保护雷达天线能在恶劣环境条件下正常工作，工程师们设计出了集电磁波透明和结构防护于一身的功能性壳体，罩于雷达天线上，称为雷达天线罩（radome）。雷达天线罩又称电磁窗，通常由电介质材料构成且具有特定形状，是一种能使电磁波透过的"电磁透明窗口"。

雷达天线罩、雷达罩及天线罩是同义词。对于地面雷达，雷达天线罩可将包括天线在内的雷达均罩在其中；对于机载雷达，雷达天线罩仅将天线覆盖保护在其中。本书中，将火控雷达、预警雷达、气象雷达、合成孔径雷达等的保护罩称为"雷达罩"，将非雷达系统的电子战天线、告警天线、卫星通信天线、敌我识别询问天线等的保护罩称为"天线罩"。在包含以上两种情况的叙述中，一般使用"雷达天线罩"一词。

在许多情况下，天线（包括但不限于雷达天线）必须配备雷达天线罩。没有相应的雷达天线罩，性能再优越的天线也难以发挥作用。高性能雷达天线罩已经成为飞机、导弹、舰船、卫星、车辆、地面雷达等装备设施不可或缺的组成部分。

对于地基、车载雷达而言，天线罩使雷达能够在各种恶劣气候条件下高精度工作，极大地提高了雷达的可靠性和使用寿命，减少维护和维修成本；对于机载预警雷达而言，雷达天线罩确保预警雷达能在高空巡航条件下正常工作，克服地面曲率效应，扩展监测空域，极大地提高对超低空目标的探测距离，使得提前发现、提前预警成为可能；机载宽带电子战系统天线罩为罩内各天线提供全频段电磁窗口，使电子战系统天线能发射各种频率的有源干扰、接收各种频率的无线电信号，进行无源侦察、侦听和定位；各类微波、毫米波制导导弹上的天线罩为空空、空地、地空、地地各类战术导弹的导引头天线提供了电磁窗口，使导引头能够进行制导。

现代雷达天线罩必须满足电性能、气动性能、结构与接口、力学性能乃至隐身性能等要求，同时还须满足可靠性、维修性、保障性、测试性和安全性等要求，是涉及电磁学、结构力学、空气动力学、传热学、材料学、工艺学等多个学科和技术领域的复杂工程。

1.2 雷达天线罩的功能与用途

雷达天线罩广泛应用于军事和民用领域，是各类微波发射装置的重要组成部分，如用于战斗机火控雷达的雷达罩，用于保护供电中心、微波塔楼、微波中继站等设施中的通信天线及微波设备的微波墙，用于天线馈源和相位校正透镜的馈源罩等。

雷达天线罩将天线与外界环境形成物理隔离，能够保护天线免受恶劣环境条件如风霜、雨雪、冰雹、尘雾、烈日或者过高/过低温度的影响，大大降低天线承受的载荷；简化天线及其驱动系统结构，为雷达天线系统的稳定工作提供一个相对安全的工作环境，使天线能全天候工作，延长天线的使用寿命。

以飞机配备的雷达天线罩为例，其外形、性能和安装位置各异，如战斗机机头的流线型火控雷达天线罩、预警机背驮的圆盘形雷达天线罩、运输机和民航客机机头的"鼻"形气象雷达天线罩，还有轰炸机、武装直升机、电子侦察机等飞机上的各式雷达天线罩。雷达天线罩无论与何种雷达天线匹配，无论安装在飞机的何部位，都是作为雷达天线的电磁透明窗口，保证它们在各种复杂环境下正常工作。机载雷达天线罩提供了一个适宜的分界面，在保持结构、温度和空气动力特性的同时，能够符合天线所要求的电性能。也就是说，雷达天线罩应满足天线和平台的电性能、机械接口、结构强度、耐环境、重量^①、使用寿命、制造工艺以及成本等方面的要求。

随着现代空战模式的变化和航空电子技术的飞速发展，军用飞机机载雷达的功能、性能水平不断提高。战斗机的机载火控雷达由第二代的普通单脉冲体制雷达发展到第三代的脉冲多普勒（PD）体制雷达，目前已进入第四代的相控阵 PD 雷达发展应用阶段。PD 雷达具有下视、下射能力，能在地杂波背景下探测低空飞行目标，使飞机具有更多的作战模式和效能，在应对低空突防战术中发挥了重要作用。现代的超视距空战将完全依靠机载雷达进行，要求雷达有尽可能远的作用距离。在提高天线增益、发射机功率和接收机灵敏度的同时，人们注意到，天线副瓣杂波是限制 PD 雷达性能的重要因素。PD 雷达对虚假信号和副瓣反射非常敏感，因此，要求带罩天线具有宽角低副瓣特性。三代机的 PD 雷达多采用具有高增益、高效率、低副瓣特性的机械扫描平板裂缝天线。四代机的有源相控阵天线，由于天线口径场分布的控制和调节具有更大的灵活性，天线的副瓣电平可以做得更低。如果雷达天线罩不能与低副瓣天线很好匹配，天线在降低副瓣电平方面所做的努力就将大打折扣。如今，新一代作战飞机的天线舱隐身问题也对雷达天线罩研制提出了新的要求。

民用飞机同样需要配备高性能的雷达天线罩。民机雷达天线罩通常是半球形或比较圆钝的"鼻"形，一般比较容易获得良好的电性能，满足民机上安装的普通气象雷达的使用要求。为防止风切变引起的严重安全威胁，当前较先进的民机均安装了前视式风切变探测雷达。风切变探测雷达对雷达天线罩品质的敏感程度远高于普通气象雷达，特别在探测小尺寸和相对湿度较小的微下冲气流时尤其如此，因而对雷达天线罩的性能提出了更高要求。风切变探测雷达采用多普勒体制，具有很高的灵敏度，从而能探测出微下冲气流引起的风切变。高的灵敏度也使风切变探测雷达对虚假信号非常敏感。虚假信号可能来自天线主瓣在雷达天线罩内壁的来回反射，也可能来自抬高了的副瓣探测出的地杂波信号。人们充分认识到，提高机载雷达的效率和分辨率取决于透过雷达天线罩的雷达信号能否给出清晰、无畸变、无反射的视场，故雷达天线罩性能好坏对气象雷达系统也至关重要。

1.3　雷达天线罩的分类

雷达天线罩有多种，下面对雷达天线罩的各种分类做介绍，可从不同角度对雷达天线罩的主要特征进行概貌性的了解。

---

① 本书"重量"均为"质量"（mass）概念。

1.3.1　按壁结构形式分类

由于不同雷达天线的辐射系统和特性不同，使用目的和工作要求不同，以及雷达天线罩的外形不同，所采用的罩壁结构形式也不同。雷达天线罩设计人员花费大量时间和精力研究介质壳体的壁结构与厚度对天线性能的影响特性，总结了不同壁结构形式的特点和适用范围。根据电磁场边界条件和雷达天线罩壁结构的区别，可将壁结构归纳为单层实芯壁结构和夹层壁结构两类。单层实芯壁包括半波壁（含多阶半波壁）和薄壁；夹层壁结构包括 A 型夹层、B 型夹层、C 型夹层、复合多层夹层和多层等壁结构，如图 1-1 所示。

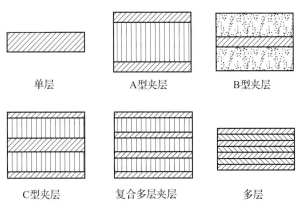

图 1-1　天线罩壁结构形式

1.3.1.1　单层实芯壁结构

单层实芯壁由树脂基纤维增强选层复合材料制成，通常采用树脂传递模塑（RTM）、缠绕或预浸料热压罐成型等工艺制作。单层实芯壁有以下两种。

（1）半波壁

在设计的入射角和频率上，壁厚为介质内波长的一半的整数倍，即

$$d = \frac{n\lambda_0}{2\sqrt{\varepsilon_r - \sin^2\theta}} \qquad (1-1)$$

式中：d——实芯半波壁的厚度，mm；

　　　n——为一正整数，1、2、3、…、n，$n=1$ 为多用的一阶实芯半波壁结构；

　　　ε_r——罩壁介质材料的相对介电常数；

　　　θ——入射角，（°）；

　　　λ_0——雷达天线中心工作波长，mm。

半波壁频带窄，适应的入射角范围大，传输特性好，结构强度高，重量大。

（2）薄壁

薄壁的壁厚不大于雷达天线中心工作波长的 1/20，即

$$d \leqslant \frac{\lambda_0}{20} \qquad (1-2)$$

薄壁雷达天线罩一般在低频段使用，如 L 波段、S 波段和 C 波段。其特点是重量轻，

壁厚公差对电性能的影响较小，频带较宽，具有高的传输效率，对极化和入射角的变化不敏感。在较高频率使用时，其刚度和强度往往不能满足使用要求，可靠性差。

1.3.1.2 夹层壁结构

夹层壁结构与实芯壁结构的不同点是它由几种不同类型的材料组成，有较多的介质界面。A 型夹层和 C 型夹层是由低介电常数的夹芯层与相对较高介电常数的蒙皮组成的。C 型夹层的中蒙皮通常与内外蒙皮的材料相同。而 B 型夹层则与 A 型夹层相反，是中间层材料的介电常数高，两表面层材料的介电常数低。因为大多数介质材料的介电常数随着材料密度的增加而增大，低介电常数材料为低密度的疏松材料，如蜂窝、泡沫等。蜂窝夹芯材料在力学性能和介电性能上是各向异性的，而均匀的泡沫材料为各向同性。下面分述各种夹层结构的基本特性。

（1）A 型夹层结构

A 型夹层是一种三层壁结构，由两层蒙皮和一层芯层材料组成，内外蒙皮材料的介电常数比夹芯层材料高。通过芯层厚度的作用使两层蒙皮的反射相抵消，内外蒙皮之间的最佳间距（夹芯层厚度）近似为 1/4 波长。因此，这种壁结构类似于 1/4 波长阻抗变换器。它的比强度和频带宽度在中、小入射角情况下均优于实芯壁结构。致密的蒙皮对于外来物的冲击有一定防护能力。但夹层结构对极化和入射角较敏感。为了适应高温要求，目前已经开发出耐高温复合材料蒙皮和夹芯材料（尤其是泡沫材料）。A 型夹层多用于飞行器上圆钝形、透波性能要求较高的雷达天线罩，也常做成地面雷达天线罩（微波墙）。

（2）B 型夹层结构

B 型夹层也是一种三层壁结构，与 A 型夹层的区别在于内外表层为低介电常数材料而中间层为薄的较高介电常数材料。其外表层的作用如同 1/4 波长阻抗变换器。B 型夹层雷达天线罩可以设计成在垂直和平行极化下相等的传输效率。B 型夹层结构频带宽，可以做成双波段雷达天线罩。在电性能上优于 A 型夹层，但环境适应性和结构承载的可靠性较差，机载条件下的雷达天线罩一般不能采用该型结构。

（3）C 型夹层结构

C 型夹层由五层介质组成，即内外两层蒙皮、一层中蒙皮和两个中间芯层。它可以看作由两个 A 型夹层背靠背组合而成，可进一步抵消单独 A 型夹层结构的残余反射，拓展入射角和频带宽度的使用范围。C 型夹层结构具有高的比强度，刚度大，工作频带宽，透波性能好，但是插入相位延迟（insertion phase delay，IPD）随入射角变化剧烈且两种极化下的分散性大。

（4）复合多层夹层结构

这是由两种以上介电常数的材料交替排列构成的五层以上的壁结构，蒙皮的层数加上芯层的层数为大于 5 的奇数，可以看作两个以上三层夹层结构的组合体。复合多层夹层结构能够在较宽的入射角范围内获得好的传输性能，适用于宽频带和多波段工作，层数越多，适用的波段越多，有较高的比刚度，但相位特性差且工艺复杂。

（5）多层壁结构

它由不同介电常数的多个介质薄层组成，是宽带电子对抗天线罩较适宜采用的结构形式。这种结构的设计很复杂，可以看作阶梯阻抗变换器，要求各层选用最优厚度和最优介电常数，可具有较高的结构可靠性，在宽频带范围内有好的电性能，抗热冲击好，制造成本低。

1.3.1.3　带有金属含物的壁结构

除上述介质复合结构外，随着现代雷达天线罩性能需求和设计技术的发展，出现了一些新的壁结构形式。一些雷达天线罩为了改进性能，如拓展频带宽度、减少表面反射、提供带外截止或低 RCS（radar cross section，雷达截面积）特性等，在介质壁内部加载金属丝、频率选择表面（frequency selective surfaces，FSS）金属单元阵列或用超材料设计制作雷达天线罩。

（1）电抗加载壁结构

电抗加载是在罩壁介质中间植入了按一定方式、一定方向排列的细金属丝或金属网。如图 1-2 所示，使金属线栅的等效电抗匹配于两侧介质的等效电抗，可有效地改善介质层导纳特性，以发挥滤波、扩宽频带、降低雷达天线罩厚度等作用。有资料表明，美国 F-15 战斗机雷达天线罩即采用了金属丝电抗加载结构，雷达天线罩壁介质上布置了平行镀银细铜线。

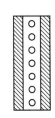

图 1-2　含有金属线栅的介质结构

（2）FSS 壁结构

FSS 是一种由谐振单元按二维周期性排列构成的单层或多层平面的复合结构。FSS 单元主要分为孔径型与贴片型，跟滤波器类似，一般来讲，孔径型单元周期性表面对应于带通特性，贴片型单元周期性表面对应于带阻特性。FSS 单元的基本形状主要有偶极子、十字、方环、圆环、六边形环、Y 形、耶路撒冷十字等，如图 1-3 所示。FSS 是由单元构成的周期性阵列，如图 1-4 所示。

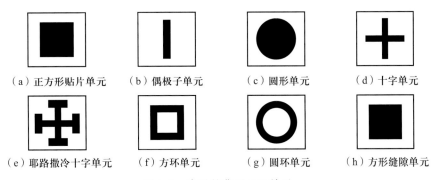

|（a）正方形贴片单元|（b）偶极子单元|（c）圆形单元|（d）十字单元|
|（e）耶路撒冷十字单元|（f）方环单元|（g）圆环单元|（h）方形缝隙单元|

图 1-3　常见的典型 FSS 单元

采用 FSS 壁结构的隐身雷达天线罩在天线工作频带内具有良好的透波电性能，在天线工作频带外呈现截止特性。机载平面阵列天线的 RCS 一般为几百平方米至几千平方米，极易被远处的敌方雷达发现并遭受攻击。在天线上加装工作频带外具有反射特性的雷达天线罩，会将入射平面波散射到非来波方向，降低来波方向的回波（单站 RCS）。试验和实践表明，机载 FSS 雷达天线罩的隐身效果十分显著，加罩后飞机天线舱的 RCS 能下降 20 ~ 30dB。

图 1-4 耶路撒冷十字单元的周期阵列

（3）超材料

超材料的本质是微观结构化的人工介质与电磁波相互作用产生谐振从而实现某些电磁特性。在介质材料中设计加入人工微结构（尺度小于 $\lambda/10$），可降低复合材料的等效介电常数，通过人工微结构的优化设计，实现宽带高透波、频率选择以及吸波等功能（见图 1-5）。超材料技术应用于雷达天线罩已成为超材料领域研究的重要课题，也是当前最有可能给雷达天线罩设计领域带来突破性变革的方向。

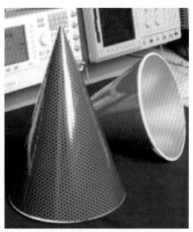

图 1-5 超材料及其雷达天线罩

1.3.2 按工作频段和带宽分类

按无线电设备发射的电磁波波长大小分类，有米波、微波、毫米波等雷达天线罩。

按使用频带宽度分类，GJB 1680—1993《机载火控雷达罩通用规范》规定，有仅适用于一种频段的单频段雷达天线罩、适用于多种频段的多频段雷达天线罩和适应一定频率范围的宽频带雷达天线罩等。具体类型如下：

Ⅰ型，低频雷达天线罩，使用频率为不大于 2.0GHz。

Ⅱ型，方向引导雷达天线罩，使用在微波频率，具有定向精度要求，其中包括瞄准误差及其变化率，主瓣畸变和对天线副瓣的影响。

Ⅲ型，窄频带雷达天线罩，使用在微波频率，带宽小于 0.1。

Ⅲ a 型，窄频带低反射雷达天线罩，功率反射低于 –40dB。

Ⅳ型，多频带雷达天线罩，使用在两个或多个不连续的窄频带内。

Ⅴ型，宽频带雷达天线罩，使用在微波频率，带宽在 0.100 ~ 0.667。

Ⅵ型，甚宽频带雷达天线罩，使用在微波频率，带宽大于 0.667。

1.3.3　按外形分类

雷达天线罩按外形，可分为流线型（如正切卵形、锥形、冯・卡门（Von.Karman）形以及幂形）、半球形（圆柱形）和平板雷达天线罩。具有几何结构旋转对称性的雷达天线罩外形母线可以使用函数 $f(x,y)$ 表示，如式（1–3）所示

$$f(x,y) = 1 - \left(\frac{x}{a}\right)^{\nu} - \left(\frac{y}{b}\right)^{\nu} \tag{1-3}$$

式中：x，y——二维坐标系 xoy 内的坐标分量；

　　　a、b——雷达天线罩外形的旋转半径和长度；

　　　ν——雷达天线罩形状的选择因子，ν 的大小不同所得到的雷达天线罩形状不同。

图 1–6 所示为以罩体底部半径 $a=1$ 和长度 $b=4$ 的例子。随着 ν 值的增大，雷达天线罩外形图从内凹逐渐外凸，直到 $\nu= \infty$ 时，罩体形状变成长方体。表 1–1 给出了锥形、正切卵形、冯・卡门形和幂形雷达天线罩所对应的选择因子参数。

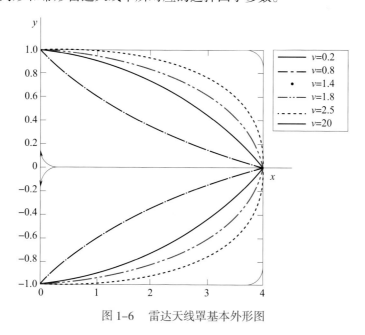

图 1–6　雷达天线罩基本外形图

表 1-1　雷达天线罩外形选择因子

天线罩类型	选择因子 ν	天线罩类型	选择因子 ν
锥形	1	冯・卡门形	1.381
正切卵形	1.449	幂形	1.161

根据使用场合的不同，选择不同形状的雷达天线罩，对于飞机、导弹等有空气动力学要求的结构，需要选择正切卵形、幂形、冯·卡门形等流线型；对于舰艇雷达、地面雷达等侧重于雷达天线罩电性能要求的结构，则选择半球形或圆柱形等曲率半径大、曲面变化平缓、电磁波入射角小的外形。

一般机载 / 弹载雷达天线罩的形状和安装位置分为以下两类。

（1）飞机或导弹的头部壳体结构；

（2）安装在机身 / 弹身其他部位的流线型块壳或曲板结构，有的近似平板形状。

机载 / 弹载雷达天线罩的外形对电性能影响很大，而外形又是由气动特性决定的。从电磁波传输特性考虑，希望雷达天线罩做成半球形。而从气动性能的角度考虑，高速飞行条件下不允许使用圆钝形，外形和长细比决定了雷达天线罩的气动阻力。对于给定的马赫数（Ma），每一长细比对应一个最小空气阻力外形。对亚声速飞机多采用半球形、Haack 形、椭球形和抛物线形；对 $Ma=1\sim2$，采用冯·卡门形、1/2 和 3/4 幂级数形、抛物线形和对数螺旋形；对 $Ma>2$，采用冯·卡门形、正切卵形、3/4 幂级数形、抛物线形和锥形。目前采用较多的是正切卵形、锥形、冯·卡门形、3/4 幂级数形。冯·卡门形的阻力小，但制造较麻烦；3/4 幂级数形同样有制造困难的问题。正切卵形和锥形制造较容易。正切卵形还有一些优点就是同样长细比，其容积略大些，结构可靠性高，电性能设计容易，这种外形的雷达天线罩已有大量试验、设计数据和工程应用。

1.3.4 按有无框架分类

根据结构框架的特点，雷达天线罩可分成空间桁架式和薄壳式两大类。

空间桁架式雷达天线罩采用自行支撑式结构。整个结构是由坚固的刚性骨架蒙上能透过电磁波的薄膜、复合材料实芯或夹层蒙皮组成的自承力结构。支撑骨架采用金属或介质材料，透过电磁波的结构一般由厚度为 0.5～1.0mm 的介质薄膜制成，也可以采用单层或多层介质结构。空间桁架式雷达天线罩往往用于大型的地面或舰载雷达天线罩。工作频率高于 L 波段的常用介质桁架雷达天线罩，低于 L 波段的常用金属桁架雷达天线罩。

薄壳式雷达天线罩采用均匀、各向同性的电介质材料制成，通常具有平滑光顺的外形。薄壳式雷达天线罩可分为刚性或充气式两种。充气式壳体雷达天线罩的外形通常为球形，尺寸一般比较大，使用频带范围较大。纯刚性壳体雷达天线罩（在电磁波照射范围内没有加强肋），尺寸各异，根据工作频段和机械强度要求采用不同的罩壁结构形式。

1.4 雷达天线罩发展历程

1.4.1 雷达天线罩应用发展历程

人类于 20 世纪进入了无线电时代，无线电测量定位、导弹、射电天文、卫星通信等技术先后出现，并且迅猛发展起来。雷达最早用于电离层的测距，后来用于军事如国土防空、空地攻击引导、弹道测量、导弹主动导引头等。作为雷达天线的保护装置，雷达天线罩技术也几乎同步发展起来。1940 年，英国在世界上首次研制出机载水面搜索雷达和空空截击雷达，这两型雷达率先装备了采用有机玻璃制成的机载雷达天线罩；1941 年，美国在 B-18A 轰炸机上安装了采用胶合板材料制成的半球形雷达天线罩，罩内配备了 S 波段机载雷达；1944 年，麻省理工学院辐射实验室研制出一种 A 型夹层结构天线罩，替代了易吸潮的胶合板材料。到第二次世界大战结束时，大批机载雷达天线罩被装备到军用飞机上，如 B-29 轰炸机的 AN/APQ-7、AN/APQ-13 系列 X 波段轰炸瞄准雷达、P-61 战斗机的 AN/APS-2、AN/APS-3、AN/APS-4、AN/APS-6 系列 10cm 波段搜索瞄准雷达等均配备了相应雷达天线罩。这些雷达天线罩为实现雷达系统搜索海上和地面军事目标的功能发挥了重要作用。1950 年，雷神公司为"银雀"导弹研制了无线电导引头及其天线罩。该天线罩采用了层压蒙皮和泡沫芯组成的 A 型夹层结构，是世界上第一种空空导弹天线罩。

20 世纪 50 年代，由于航空、港口管理的需要，开始研制地面雷达天线罩。1948 年，由美国康奈尔公司研制的球面直径为 16.8m 的充气雷达天线罩安装在纽约州的港口，雷达天线罩靠内部充气压力维持形状。随着地面雷达的工作频率提高到微波频段，保护天线结构精度也需要雷达天线罩，特别是远程警戒雷达，精密跟踪雷达结构尺寸大，阳光照射引起的大型天线温度不均匀会产生严重的指向误差。1954 年，麻省理工学院林肯实验室用复合材料制造了球面直径 9.45m 的介质骨架雷达天线罩。1956 年，美国在北美大陆的北极圈内建造了一座远程预警雷达站，雷达安装在球面直径 16.8m 的介质骨架天线罩内，经受了 200Nm[①]/h 的风速，随后又建造了几百座雷达天线罩用于远程预警。1960 年，古德义耳公司制造了球面直径 42.7m（高 35.38m）的介质骨架雷达天线罩，用于弹道导弹预警雷达系统。

20 世纪 60—70 年代，是雷达天线罩快速发展的时期。1962 年，法国在不来梅建造了球面直径 64m（高 49m）的大型卫星通信充气天线罩。1964 年，美国麻省理工学院亥斯达克天文台建成了一座大型射电天文望远镜，主反射面天线为 36.6m，用直径 45.75m 的球形金属骨架天线罩保护，工作频率为 835MHz，天线罩在 35MHz 频率的传输效率大于 78%。出于反地杂波和抗干扰的要求，地面预警雷达、机载预警雷达、机载脉冲多普勒火控雷达和 PD 气象雷达都对雷达天线罩提出了低副瓣要求。1963 年，美国波音公司联合西屋公司开始研制大型预警机 E-3A 的机载雷达天线罩。该雷达天线罩为扁平椭球旋罩，直径达 9.1m，安装在波音 707 飞机机背上方 3.35m 处，可满足机载预警和控制系统（AWACS）超低副瓣天线性能需求，于 1978 年交付并服役。与此同时，美国通用公司开展了第三代战斗机低副瓣火控雷达所需的雷达天线罩研究，1976 年 F-16 战斗机开始装备低副瓣火控雷达天线罩。另外，还研制了多种空间骨架结构的地面低副瓣雷达天线罩用于地面防空警戒。

20 世纪 80—90 年代，雷达天线罩的应用领域继续深入拓展，首先是在反导反卫方面。1983 年，美国于马绍尔群岛的夸贾林环礁建立了靶场测量雷达系统，用于弹道导弹防御试验，建造了球面直径为 20.5m 的金属骨架薄膜雷达天线罩，在 35MHz 雷达天线罩传输损耗小于 0.8dB，在 95MHz 雷达天线罩传输系数仍能保持 87%。2005 年，美国雷神公司在海基移动的 X 波段雷达系统（SBX）安装了球面直径为 36m 的大型充气雷达天线罩，它是当时尺寸最大的充气雷达天线罩，能够承受 130Nm/h 的风速，为雷达提供了可靠的保护。随着美国投巨资研发融隐身、高机动、超声速巡航和先进航空电子系统为一体的第五代战斗机，隐身雷达天线罩越发受到重视。进气道、座舱和雷达天线舱是飞机的三大散射源，产生的回波可使空空雷达、地空雷达轻而易举地捕捉到飞机的踪迹，威胁巨大。

---

　　①　1Nm ≈ 1853m。

隐身雷达天线罩可以有效降低雷达天线的散射截面。美国 F-22 战斗机能够实现隐身很大程度上得益于隐身雷达天线罩。在导弹天线罩研究方面，导弹的速度越来越快，耐高温材料的研制进展迅速，多模（覆盖微波、光波和红外波谱的透明材料）导弹天线罩的研究十分活跃。在电子战（ESM、ECM）方面，宽带天线罩已广泛应用于电子无源定位、情报侦听等系统中。

我国的雷达天线罩技术起步于 20 世纪 60 年代，并于 60—70 年代研制了当时世界上尺寸最大（球面直径 44m）的地面介质骨架天线罩；70—90 年代，国内有关研究所设计制造了多种型号的地面天线罩、机载雷达天线罩和导弹天线罩；在 20 世纪 90 年代后期，我国雷达天线罩的自主创新能力明显增强，性能接近国际先进水平，先后独立成功研制了机载大型预警雷达天线罩、机载窄带脉冲多普勒和宽带相控阵火控雷达天线罩、机载超宽带天线罩、大型地面低副瓣天线罩、球面直径 56m 的大型金属骨架天线罩等，在机载 FSS 隐身雷达天线罩工程应用方面也取得了重要进展。

1.4.2　雷达天线罩技术发展历程

自 1941 年美国在 B-18A 轰炸机上装备了第一个有机玻璃材料制成的半球形雷达天线罩以来，随着雷达技术的发展，雷达天线罩相关的设计、仿真、测试、材料及制造工艺等技术不断发展。雷达天线罩技术的主要发展阶段可归结为如下五个方面。

（1）20 世纪 50 年代，工程技术人员对雷达天线罩的电性能、结构强度、材料及防雨蚀等问题开始有了较深的认知，为了与连续波雷达天线相匹配，该阶段雷达天线罩主要应用实芯半波壁结构，其瞄准误差测试、壁厚测量和无损探测等技术与检测设备得到了相应的发展，为雷达天线罩制造质量提供了保证。雷达天线罩材料主要采用 E 玻璃纤维增强的改性聚酯树脂复合材料，研制了以 F-86 为代表的第一代喷气式战斗机雷达天线罩，还研制了"波马克"（Bomorc）导弹天线罩；采用氧化铝陶瓷研制了"麻雀Ⅲ"和"响尾蛇"等导弹天线罩。

（2）20 世纪 60 年代，随着单脉冲雷达的应用，雷达天线罩的电性能指标增加到 8 项之多，大长细比气动外形超声速飞行器雷达天线罩的瞄准误差、瞄准误差变化率、方向图畸变等电性能参数的分析，以及热传导、热冲击和防雨蚀等结构性能的分析，已完成由现实到理论的认识过程。二维射线跟踪法电性能设计技术的应用，使雷达天线罩的电性能设计技术达到了较高的水平。在测试技术方面，发展出了电性能远场测试系统。在材料方面，开发了环氧树脂/E 玻璃纤维复合材料和芳纶纸蜂窝。在工艺方面，发展了真空袋压/烘箱固化成型技术，研发出 A 型和 C 型夹层结构的雷达天线罩，应用于以 F-4、F-5 为代表的第二代战斗机。后又发展了微晶玻璃材料，广泛替代氧化铝陶瓷，研制了"梗犬"（Tarrier）和"鞑靼人"（Tarter）等导弹的天线罩。泥浆浇注熔石英（石英陶瓷）材料的研发取得了新成果，成为该时期制造高超声速（$Ma \geqslant 5$）导弹天线罩唯一可用的材料。该阶段还发展了陶瓷封孔涂层、防雨蚀头等技术。

（3）20 世纪 70 年代，随着脉冲多普勒雷达的研制和应用，对天线罩电性能的要求又有大幅度提高，电性能指标增加到 11 项，尤其是提出了以"镜像波瓣""远区 RMS 副瓣"为特征指标的低反射要求。在雷达天线罩设计分析技术方面，计算机技术应用于雷达天线罩对天线辐射方向图的影响分析，从二维计算发展到三维计算，采用了几何光学、物理光学、积分方程法等雷达天线罩电性能计算分析方法。为满足高性能指标，发展出雷达天线罩半波壁变厚度设计技术和纽扣式低阻挡低散射防雷击分流条技术。在电性能质量控制技术方面，发展出雷达天线罩壁插入相位延迟自动测量及喷涂或磨削校正技术，大幅度提高了雷达天线罩电性能设计指标的实现度，同时保障了电性能的互换性、一致性。随着对雷达天线罩电性能测试技术的深入研究，发展了搜零法、电子定标法、动态电轴跟踪法等瞄准误差测试方法，发展了压缩场测试技术。在材料技术方面，发展出改性双马来酰亚胺树脂 /S 玻璃纤维、D 玻璃纤维增强等复合材料，发展并使用了防雨蚀涂装层、抗静电涂装层、数控缠绕铺放 / 热压罐固化成型、树脂传递模塑（RTM）成型等工艺技术。成功研发了以 F-15、F-16 为代表的第三代战斗机的低反射、高传输变厚度实芯半波壁雷达天线罩，使其综合性能达到了相当高的程度。导弹天线罩则与单脉冲角跟踪体制半主动寻的导引头天线匹配，多采用等厚度实芯半波壁结构。石英陶瓷材料成功应用于导弹天线罩制造，研制出"爱国者"导弹和"阿斯派德"导弹石英陶瓷天线罩。五倍声速的导弹天线罩也研制成功并投入使用。值得注意的是，1970 年美国俄亥俄州立大学发表了频率选择表面技术的论文，隐身雷达天线罩技术的发展由此开启。

（4）20 世纪 80 年代，电性能计算分析方法继续深入发展。有限元法、矩量法、时域有限差分法等低频计算分析技术得到一定应用，并开始研究高低频混合算法。随着无源相控阵雷达、合成孔径雷达、无线电侦察 / 电子对抗系统、卫星通信系统在飞机上的发展和应用，要求雷达天线罩的频带宽度进一步扩展，传输性能要求进一步提高，副瓣电平影响的控制更加严格。飞机隐身要求使雷达天线罩频率选择表面技术研究更加深入并步入工程化。计算机技术在雷达天线罩领域得到广泛应用，计算机辅助设计（CAD）、辅助制造（CAM）和辅助测试（CAT）的应用，使雷达天线罩设计、试验和制造达到了更高与更新的层次。飞机隐身吸波材料技术、RCS 测试技术与雷达天线罩技术相结合并付诸应用。出现了纤维增强石英陶瓷复合材料，较好地克服了石英陶瓷材料的脆性和强度低等缺点，为新型高超声速导弹天线罩研制奠定基础。这个阶段的技术成果主要有 B-2A 隐身轰炸机雷达天线罩的成功研制，以及与脉冲多普勒主动制导雷达相匹配的 AIM-120 中程空空导弹天线罩。

（5）20 世纪 90 年代至今，机载雷达出现新特征：一是窄带到宽带的变化，国际上三代机装备的是 X 波段机械扫描脉冲多普勒火控雷达，典型频带宽度在 200 ~ 300MHz。四代机（如 F-16C/D、苏 -35）和五代机（如 F-22、F-35）雷达的工作频段为 X 波段，频带宽度在 2 ~ 4GHz。宽带相控阵 PD 雷达天线罩研发面临新的技术挑战。二是透波兼具隐身，三代机、四代机雷达天线罩仅对电磁透明的电性能指标有要求，五代机还提出了隐身（低 RCS）要求，即雷达天线罩要对雷达天线舱的强散射起到遮蔽作用。另外，为了获得优异的气动和隐身特性，五代机采用了大长细比、带边条特征的尖削机头雷达天线罩外形设计，也提升了雷达天线罩电性能设计的难度。为实现宽带透波和带外抑制，必须采用 FSS 技术，这是一项复杂的设计技术。FSS 雷达天线罩不同于以往的介质透波雷达罩，它是一种空间滤波器，让载机雷达频率的电磁波透过，把带外电磁波信号挡住，对抑制飞机三大散射源之一的雷达天线舱的 RCS 起着重要作用。三是火控兼具电子战，机头雷达天线罩内的孔径（孔径综合）兼具雷达和电子战功能，具有脉冲多普勒火控和双高（HGESM、HPECM）电子战功能，雷达罩的设计更加复杂化。

　　这个阶段突破了雷达天线罩与有源相控阵雷达匹配设计、宽频带透波与隐身设计、全波算法仿真分析等技术。雷达天线罩多学科综合优化设计技术得到了发展和应用，透波、隐身、结构强度、重量等性能之间的矛盾得到合理的优化解决。在测试技术方面，为适应宽频带、高效、高精度测试要求，有源相控阵雷达天线罩电性能自动跟踪测试技术、扫频技术、时域门技术等得到充分使用；雷达天线罩的压缩场 RCS 测试（包括成像）技术广为应用；大型预警雷达罩采用了近场测试技术。在材料技术方面，耐高温闭孔泡沫夹芯材料与成型技术、低介电、低损耗改性氰酸酯树脂 / 石英纤维增强复合材料技术等得到普遍应用，聚酰亚胺（PI）树脂、聚四氟乙烯（PTFE）树脂、改性有机硅树脂 / 石英纤维增强复合材料、磷酸盐基复合材料等耐高温材料的研究取得较大进展。在这个阶段，F/A-18E/F、"台风"等四代战斗机和以 F-22、F-35 为代表的第五代战斗机的宽带有源相控阵雷达天线罩相继研制成功；耐高温导弹天线罩研制取得新进展，比较有代表性的是 AGM88A（哈姆）反辐射导弹和 AIM7R（麻雀）空空导弹的宽频带天线罩，飞行速度可达 $Ma4$；毫米波天线罩设计技术和毫米波 / 红外双模天线罩设计技术取得较大进展并应用，爱国者 PAC-3 防空导弹、"长弓海尔法"反坦克导弹、"硫磺石"反坦克导弹等配备的毫米波天线罩以及 AARGM 先进反辐射导弹配备的厘米波 / 毫米波双频复合制导天线罩先后问世。

　　我国的雷达天线罩技术经过 60 余年的发展，基本经历了全部常规介质结构样式雷达天线罩的研制和应用。其中最具代表性的机载雷达天线罩技术，在最近 40 余年内有力支撑了一大批军民用飞机雷达天线罩的成功研制，在变厚度介质复合结构雷达天线罩和金属线栅电抗加载、FSS、超材料等带有金属含物的新结构样式雷达天线罩技术领域均有重要进展和工程应用已达到世界先进水平。

第2章　电磁特性设计理论

2.1　雷达天线罩电性能设计要求

雷达天线罩与其内部天线电磁辐射的相互作用，会影响到天线的性能。为了描述雷达天线罩对天线的作用，评估雷达天线罩的电性能，需要采用一些基本参数来表征，也就是电性能指标。雷达的用途不同，对雷达天线罩的电性能指标要求也不相同，电性能指标一般包括如下几项。

2.1.1　功率传输效率

功率传输效率（又称传输系数、插入损耗或传输损耗），是指雷达天线罩引起的功率方向图主瓣峰值电平的下降，衡量由于罩壁材料的损耗衰减、罩表面的反射、罩内和外部绕射以及去极化损失而形成的能量损失。在给定工作频率和天线在罩内扫描位置的情况下，通过天线带罩接收到的最大功率 P_1 与天线自身接收到的最大功率 P_0 的比值来表示，单位为 %。

雷达天线罩功率传输效率的表达式为

$$|T(\theta_0)|^2 = A_R = \frac{P_1}{P_0} \tag{2-1}$$

若 ΔG 为天线带罩和不带罩时雷达天线罩引起的增益下降值，那么 ΔG 亦可称为雷达天线罩的插入损耗（dB），则

$$\Delta G = 10\lg A_R = 10\lg \frac{P_1}{P_0} \tag{2-2}$$

有时，又将雷达天线罩的功率传输效率称为功率传输系数 η_R，有

$$\eta_R = \frac{P_1}{P_0} \times 100\% \tag{2-3}$$

根据雷达距离方程，当目标给定后，其最大有效探测距离与雷达天线罩功率传输效率的平方根成正比。雷达天线罩的功率传输效率越高，其对雷达作用距离的不利影响就越小。

影响雷达天线罩功率传输效率的主要因素有如下三个方面。

（1）反射与损耗

雷达天线罩壁的反射与罩体材料的损耗是影响雷达天线罩功率传输效率的主要原因，由以下公式表达

$$|T(\theta_0)|^2 = 1 - \left[|R(\theta_0)|^2 + \beta(\theta_0) \right] \tag{2-4}$$

式中：$|R(\theta_0)|^2$——雷达天线罩壁的功率反射系数；

$\beta(\theta_0)$——雷达天线罩壁的功率吸收系数。

（2）插入相位延迟

对于大多数曲面雷达天线罩，天线电波对罩壁的入射角都有一定的变化范围，因而在罩外某一等效平面上，口径的幅度分布与相位分布均因电压传输系数 $T(\theta_0)$ 和插入相位延迟 $\eta(\theta_0)$ 而改变。特别对于机载火控雷达天线罩或导弹天线罩，气动要求决定雷达天线罩为流线型外形，其电波入射角范围可能为 $0° \sim 80°$，使等效口径上的相位分布因插入相位延迟的不同偏离等相分布，造成极化扭转，产生退极化效应，故而天线的主极化能量下降。

（3）遮挡和散射

雷达天线罩加强肋及其他附件的遮挡和散射，会对功率传输效率产生影响。这在桁架雷达天线罩设计中，是引起传输损耗的主要原因。

为提高功率传输效率，在雷达天线罩外形设计时需要限制电波对罩壁的入射角范围，以使在等效口径上雷达天线罩引入的幅度和相位的畸变尽可能小。使用低损耗材料、选择与频带宽度要求适应的最佳壁结构、关注插入相位延迟特性可以减小天线电波照射范围内雷达天线罩的附加影响。对于桁架天线罩，应适当选择感应电流率小的加强肋材料和横截面尺寸，其分块大小和排列方式也应做适当的选择。

2.1.2 瞄准误差

雷达天线因雷达天线罩引入的波前相位畸变产生的目标位置的角偏移称作瞄准误差（又称雷达指向误差、波束偏转）。对于单脉冲天线，瞄准误差指由雷达天线罩引起的差方向图零值位置的角偏移；对于由主瓣峰值确定指向的天线，瞄准误差指主瓣峰值指向的角偏移。如图 2-1 所示，这里瞄准误差指分别在天线带罩与不带罩两种情况下，在天线转动到某一个扫描角时，天线远场方向图中电轴的角偏移量，直观来讲是加罩后天线检测到的视在目标位置与实际目标位置之间的角度偏差，是由天线 – 雷达天线罩综合体确定的。在无限远处沿天线电轴定位的目标角位置 α_R 与单独天线确定的目标角位置 α_a 之间的差值为

$$\Delta\alpha = \alpha_R - \alpha_a \tag{2-5}$$

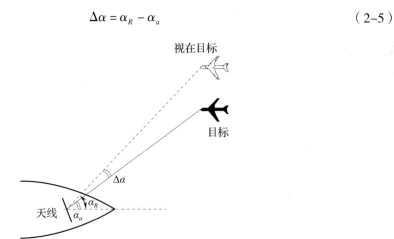

图 2-1　瞄准误差示意图

用 mrad 做单位，1mrad=206.265″=3.43775′。雷达天线罩瞄准误差是雷达系统探测精度的重要参数之一，对火控与制导系统的影响较大，因此，瞄准误差的计算分析是雷达天线罩电性能评价的关键参数之一。

雷达天线罩相对于天线口径的结构不对称性会产生插入相位延迟，瞄准误差主要是由这种插入相位延迟不同引起的波前相位畸变产生的。主要影响因素包括雷达天线罩壳体的外形、加强肋的配置、安装的附件和随机分布的制造公差等，尤其是雷达天线罩相对于天线口径（在天线瞄准轴方向）的不对称性。另外，机头罩上的异形物体，如头部空速管及其管线、防雨蚀帽和防雷击分流条等都会造成天线幅相分布的不对称性。

较大的瞄准误差会严重影响雷达或导弹的探测跟踪精度，所以，它是跟踪雷达天线罩的重要指标之一。对于机载火控雷达天线罩，一般希望 $\Delta\alpha$ 在 3～5mrad，而对于大型地面精密跟踪雷达天线罩，则往往要求瞄准误差在数角秒到二十多角秒的范围内。

2.1.3　瞄准误差变化率

雷达天线罩的瞄准误差随着天线扫描角的变化而变化，瞄准误差变化率是指瞄准误差（曲线）对天线扫描角的一阶导数，即当天线在罩内扫描时，瞄准误差随天线扫描角的变化速率。瞄准误差变化率在雷达某些使用情况下比瞄准误差本身更为重要，它影响雷达火控系统的跟踪稳定性。瞄准误差变化率过大，可能会造成跟踪目标的丢失。

设加雷达天线罩后，天线扫描角在 $\Omega \to \Omega+\Delta\Omega$（$\Delta\Omega$ 为几度）范围内，瞄准误差在 $\Delta\Omega$ 内变化为 $\Delta\alpha$，则瞄准误差变化率的表示式为

$$BSR = \frac{\Delta\alpha}{\Delta\Omega} mrad/(°) \qquad (2-6)$$

引起瞄准误差变化率的原因主要是雷达天线罩外形突变（如尖罩的头部）或壁结构参数较大变化引起的瞄准误差急剧变化。

对于导弹导引头天线罩，瞄准误差变化率指标甚至是最重要的，因为瞄准误差变化率过大的话，会造成跟踪目标的丢失或脱靶。一般要求机载火控雷达天线罩的瞄准误差变化率为 0.5～1.0mrad/（°）。

2.1.4　方向图畸变

天线远场方向图是描述天线辐射或接收电磁场能量分布特征的图形。由雷达天线罩引起的天线方向图畸变，包括主瓣波束宽度的改变、副瓣电平抬高、镜像波瓣、差方向图零深电平抬高、交叉极化电平抬高等。

（1）主瓣波束宽度变化

设天线主瓣波束宽度为 BW_a，天线带罩后的主瓣波束宽度为 BW_R，则雷达天线罩引起的天线主瓣波束宽度变化为

$$\Delta BW = \frac{BW_R - BW_a}{BW_a} \times 100\% \qquad (2-7)$$

一般要求 ΔBW 小于 10%。

雷达天线罩引起天线主瓣波束宽度增宽，会使天线的角分辨率降低。引起主瓣波束宽度变化的主要因素是雷达天线罩 $T(\theta_0)$、$\eta(\theta_0)$ 对天线口径幅相分布的影响，其次雷达

天线罩上的空速管、防雷击分流条等附件的感应电流的扩散辐射或口径阻挡也使天线主瓣波束宽度发生变化。

（2）近区副瓣电平抬高

设天线近区最大副瓣电平为 SL_a（dB），天线带罩后的近区最大副瓣电平为 SL_R（dB），则雷达天线罩引起的天线近区副瓣电平抬高为

$$\Delta SL = SL_R(dB) - SL_a(dB) \tag{2-8}$$

通常情况下，就一般的天线副瓣而言，希望 ΔSL 在 1 ~ 3dB。

雷达天线罩引起天线近区副瓣电平抬高的原因也是雷达天线罩 $T(\theta_0)$、$\eta(\theta_0)$ 对天线口径幅相分布的影响，雷达天线罩罩壁厚度的公差、空速管、防雷击分流条等附件的阻挡效应等。

（3）镜像波瓣

镜像波瓣是指雷达天线罩壳体反射天线主瓣能量形成的副瓣，由于是由反射造成的故又称为反射瓣；由于其角位置随天线扫描角的变化而变化故又称为闪烁瓣。镜像波瓣电平取决于雷达天线罩壁引起的功率反射的大小，其角位置决定于雷达天线罩的形状。

在低副瓣天线中，特别是机载火控雷达天线中，因为镜像波瓣往往位于方向图远区宽角度范围内，其引起的点状杂波会造成雷达的虚警，成为影响雷达功能的严重问题，故而对镜像波瓣设置指标加以控制。镜像波瓣是罩壁反射能量与天线远区副瓣能量干涉的结果，一般希望镜像波瓣电平 SL_s 低于 -30dB。

（4）远区 RMS 副瓣电平

由于雷达天线罩壳体和附件存在反射与散射，故雷达天线罩将使天线的远区 RMS 副瓣电平抬高。设天线在远区副瓣区域辐射的能量占辐射总能量的 $N_0\%$，于是天线的远区副瓣区域的 RMS 副瓣电平为

$$\overline{SL_a} = 10\lg\frac{N_0\%}{G_0} \tag{2-9}$$

式中：G_0——天线的最大增益。

同样，设天线带罩后远区副瓣区域辐射的能量为 $N_R\%$，则天线带罩的远区副瓣区域的 RMS 副瓣电平为

$$\overline{SL_R} = 10\lg\frac{N_R\%}{G_R} \tag{2-10}$$

式中：G_R——天线带罩方向图的最大增益。

于是，雷达天线罩引起的天线远区 RMS 副瓣电平的抬高为

$$\Delta\overline{SL} = \overline{SL_R} - \overline{SL_a} \tag{2-11}$$

对机载下视下射脉冲多普勒雷达，$\Delta\overline{SL}$ 的增大会使地杂波强度大大增加，严重影响机载脉冲多普勒雷达的作用距离。在设计雷达天线罩时，一般希望 $\Delta\overline{SL}$ 小于 3dB。

（5）零深电平抬高

零值深度是单脉冲天线"差"方向图的重要指标之一。零值深，跟踪精度好。设天线的差波束零深为 N_a（dB），天线带罩后的差波束零深变为 N_R（dB），则雷达天线罩引起的差波束零深电平抬高为

$$\Delta N = N_{\mathrm{R}} - N_{\mathrm{a}} \tag{2-12}$$

引起零深电平抬高的主要原因是：雷达天线罩在结构和电气上的任何不对称性，如尖罩的头部几何突变，雷达天线罩壁因制造公差引起的电厚度的不均匀性，雷达天线罩附件引起的口径阻挡等，反映在 $\eta(\theta_0)$ 上将引起等效口径上相位分布的不对称性。另外，天线和雷达天线罩之间的多次反射（或互耦）也会使零值电平抬高。因此，要使雷达天线罩对天线差波瓣零深电平的影响小，就要减少对天线口径的不规则局部遮挡，提高雷达天线罩的制造精度，保持雷达天线罩相对于天线口径的相位的对称性。通常情况下，希望 ΔN 在 2dB 左右。

（6）交叉极化电平

天线电磁场的极化，有线极化、圆极化或椭圆极化三种，前两种极化是第三种极化的特殊情况。雷达天线罩对入射场极化的影响，可能对有用功率产生损耗，也可能使瞄准轴线产生误差。当入射波为线极化时，经过雷达天线罩壁传输的波被表示为与入射场相同的极化分量以及与入射场正交的极化分量的叠加。

交叉极化电平，是指天线辐射的电磁波通过雷达天线罩后会产生与原极化方向正交的交叉极化分量。这主要是由于罩壁具有一定的曲面曲率和罩壁对平行极化分量与垂直极化分量有不同的插入相位延迟所造成的。

任何各向异性或者具有优先传输方向的雷达天线罩壁都将引起入射波的去极化。夹层结构雷达天线罩的蜂窝夹芯常常表现出各向异性的特性。

表 2-1 表述了典型飞机雷达天线罩的电性能参数要求。

表 2-1　典型飞机雷达天线罩的电性能参数要求

参数	单位	一般用途	火力控制或制导
功率传输效率	%	90	85 ~ 90
功率反射系数	%	2	2
瞄准误差	mrad	—	2 ~ 4
瞄准误差变化率	mrad/rad	—	0.5 ~ 1.0
波束宽度变化	%	10	10
副瓣电平抬高	dB	3	3

2.2　电磁场基本理论及雷达距离方程

2.2.1　麦克斯韦方程组

1864 年，麦克斯韦（Maxwell）在前人理论和试验的基础上建立了统一的电磁场理论，并用数学模型揭示了自然界一切宏观电磁现象所遵循的普遍规律，这就是麦克斯韦方程组，是描述支配时变电磁场物理规律的一组方程式。一般而言，所有的宏观电磁问题都可以归结为麦克斯韦方程组在各种边界条件下的求解问题。

电场强度 $\boldsymbol{E}_t$（V/m）和磁通密度 $\boldsymbol{B}_t$（Wb/m^2）是矢量场，其大小和方向随三个空间坐

标 x、y、z 及时间坐标 t 而变化，电位移 $\boldsymbol{D}_t$（C/m²）和磁场强度 $\boldsymbol{H}_t$（A/m）通过介质的电与磁的极化而与 $\boldsymbol{E}_t$、$\boldsymbol{B}_t$ 发生联系。在各向均匀介质中

$$\boldsymbol{H}_t = \frac{1}{\mu}\boldsymbol{B}_t$$
$$\boldsymbol{D}_t = \varepsilon\boldsymbol{E}_t \tag{2-13}$$

式中：μ——介质的导磁率（H/m）；

ε——介质的介电常数（F/m）。

在自由空间中，$\mu=\mu_0$，$\varepsilon=\varepsilon_0$，且

$$\mu_0 = 4\pi\times10^{-7}$$
$$\varepsilon_0 = 10^{-9}/36\pi \tag{2-14}$$

电磁场的基本定律之一是法拉第定律，它说明一个时变磁场产生一个电场，其微分表示形式为

$$\nabla\times\boldsymbol{E}_t = -\frac{\partial\boldsymbol{B}_t}{\partial t} \tag{2-15}$$

式中：$-\dfrac{\partial\boldsymbol{B}_t}{\partial t}$——旋涡源，它产生电场的旋度。

矢量亥姆霍兹（Helmholtz）定理表明，只有当空间每一点上场的旋度和它的散度都已知时，这个矢量场才能完全被确定。于是，只有存在旋涡源时，场矢量线才可能发散或收敛。除了具有旋涡源产生的旋度外，电场还具有电荷产生的散度。高斯定律说明，由体积 V 中产生的 $\boldsymbol{D}_t=\varepsilon\boldsymbol{E}_t$ 的总通量等于体积 V 所包含的净电荷。设 ρ_t 表示电荷密度（C/m³），则高斯定律可写成

$$\nabla\cdot\varepsilon\boldsymbol{E}_t = \nabla\cdot\boldsymbol{D}_t = \rho_t \tag{2-16}$$

为了用公式完整地表示电磁现象，必须把磁场的旋度和散度与它们的源联系起来，使磁场 $\boldsymbol{H}_t$ 产生环量（旋度）的旋涡源是电流。电流是指总电流密度，即以 A/m² 为单位的传导电流密度 $\boldsymbol{J}_t$，位移电流密度 $\dfrac{\partial\boldsymbol{D}_t}{\partial t}$ 和由运动电荷组成的运流电流密度 $\rho_t V$（存在的话），即

$$\boldsymbol{J}_{总} = \boldsymbol{J}_t + \frac{\partial\boldsymbol{D}_t}{\partial t} + \rho_t V \tag{2-17}$$

雷达天线罩设计中，一般不存在运流电流，只需考虑 $\boldsymbol{J}_t$ 和 $\dfrac{\partial\boldsymbol{D}_t}{\partial t}$ 项。

因为 $\boldsymbol{H}_t$ 沿限定曲面 S 的闭合围线 C 的环量为

$$\oint_C \boldsymbol{H}_t \mathrm{d}l = \int_s \frac{\partial\boldsymbol{D}_t}{\partial t}\mathrm{d}S + \int_s \boldsymbol{J}_t\mathrm{d}S \tag{2-18}$$

所以，利用斯托克斯定律

$$\oint_C \boldsymbol{H}_t\mathrm{d}l = \int_s \nabla\times\boldsymbol{H}_t\mathrm{d}S \tag{2-19}$$

可得

$$\nabla\times\boldsymbol{H}_t = \frac{\partial\boldsymbol{D}_t}{\partial t} + \boldsymbol{J}_t \tag{2-20}$$

因为自然界不存在像成对电荷那样的成对磁荷，所以，可断定 $\boldsymbol{B}_t$ 的散度恒为零，即

B_t 的磁力线由于不存在磁荷作为它们的起止点而永远是闭合的。因此，穿过任何闭合曲面 S 的 B_t 净通量恒为零，即

$$\oint_S \boldsymbol{B}_t \mathrm{d}\boldsymbol{S} = 0$$

$$\nabla \cdot \boldsymbol{B}_t = 0$$

（2-21）

密度为 J_t 的传导电流就是静电荷运动，电荷是守恒的，由体积 V 中所流出电荷的总变化率等于该体积 V 中电荷对时间的减少率，即

$$\oint_S \boldsymbol{J}_t \mathrm{d}\boldsymbol{S} = \frac{\partial}{\partial t} \int_V \rho_t \mathrm{d}V$$

（2-22）

上式是积分形式下的电流连续性方程。利用散度定理，可得

$$\nabla \cdot \boldsymbol{J}_t = \frac{\partial \rho_t}{\partial t} = 0$$

（2-23）

上式为微分形式下的电流连续性方程。概括起来，描述真空中电磁现象的 4 个方程为

$$\nabla \times \boldsymbol{E}_t = -\frac{\partial \boldsymbol{B}_t}{\partial t}$$

$$\nabla \times \boldsymbol{H}_t = \frac{\partial \boldsymbol{D}_t}{\partial t} + \boldsymbol{J}_t$$

$$\nabla \cdot \boldsymbol{D}_t = \rho_t$$

$$\nabla \cdot \boldsymbol{B}_t = 0$$

（2-24）

其中，$\boldsymbol{H}_t = \boldsymbol{B}_t/\mu$，$\boldsymbol{D}_t = \varepsilon\boldsymbol{E}_t$，式（2-24）就是麦克斯韦方程组。

通常对于随时间做正弦变化电流所产生的电磁场，只研究其稳定解。若所有量的时间关系都用 $\mathrm{e}^{\mathrm{j}\omega t}$ 表示，且用与时间无关的复空间矢量（以下简称相量）表示所有场矢量，则可以消去方程中的时间导数。若采用相量表示法表示麦克斯韦方程组，对于时间的导数 $\frac{\partial}{\partial t}$ 能以因子 $\mathrm{j}\omega$ 来代替。因此，在各向同性介质空间，具有正弦时间关系的稳态麦克斯韦方程组变为

$$\nabla \times \boldsymbol{E}_t = -\mathrm{j}\omega\boldsymbol{B}$$

$$\nabla \times \boldsymbol{H}_t = \mathrm{j}\omega\boldsymbol{D} + \boldsymbol{J}_e$$

$$\nabla \cdot \boldsymbol{D}_t = \rho_e$$

$$\nabla \cdot \boldsymbol{B}_t = 0$$

（2-25）

且

$$\boldsymbol{H} = \boldsymbol{B}/\mu$$

$$\boldsymbol{D} = \varepsilon\boldsymbol{E}$$

（2-26）

其中，$\boldsymbol{J}_e$ 与 ρ_e 代表电流和电荷密度。雷达天线罩电性能设计就采用了场的相量表示法。

2.2.2　雷达截面积基本理论

当有电磁波照射到物体表面时，能量被散射到各个方向，空间中的总场就包括入射场及散射场。从射线的角度分析，散射场包括由介质阻抗突变而在物体表面上产生的镜面反

射，由于边缘、尖顶等表面不平整性引起的边缘绕射以及物体表面上激励的表面波。从感应电流的角度分析，散射场就是来自物体表面的感应电磁流和电磁核的二次辐射。众所周知能量是守恒的，散射能量以入射波频率、物体形状、大小、结构为依托分布在自由空间中。能够产生电磁散射的物体就是散射体（源），而天线既为散射体又为辐射器，其散射机理更为复杂。本节对雷达截面积的理论、雷达方程的理论进行详细分析，为后面章节的相关研究做理论指导。

2.2.2.1 雷达截面积

雷达截面积是定量地描述物体对某一特定方向入射的电磁波的有效散射面积的物理量，用 σ 表示。它并不真实存在，而是表述平面波入射时散射功率与入射功率的比值，即某一物体的散射能量可以理解为一个等效散射面积 σ 与入射功率密度的乘积。当目标与雷达接收机在同一位置时，空间夹角为 0°，这种情况下目标散射为单站 RCS，由于散射波的方向与入射波反向，所以单站 RCS 也称后向 RCS；两者在不同位置有一定夹角时目标散射为双站 RCS，此夹角为双站角 γ，单站 RCS 可以理解为双站角为 0° 的特殊情况。

图 2-2 所示为单站 RCS 和双站 RCS 的图解。其中，E_i 表示平面波入射到目标上的电场强度，H_i 表示平面波入射到目标上的磁场强度，E_s 表示接收天线处散射波的电场强度，H_s 表示接收天线处散射波的磁场强度。通常雷达发射天线和接收天线与目标相距较远，到达目标的距离远大于自身的尺寸，所以入射到目标物体表面的电磁波为表面波，散射体也近似为一个点散射源，依据坡印亭矢量，入射平面波的功率密度 ω_i 可以表示为

$$\omega_i = \frac{1}{2}E_i \cdot H_i = \frac{1}{2Z_0}|E_i|^2 \tag{2-27}$$

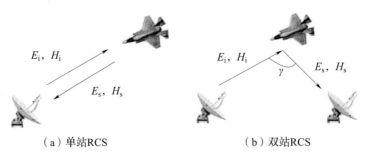

（a）单站RCS　　　　　　　（b）双站RCS

图 2-2　单站 RCS 和双站 RCS 的图解

其中，Z_0 是自由空间的波阻抗，$Z_0 = \sqrt{\mu_0/\varepsilon_0} = 377\Omega$。雷达截面积为 σ 的物体被接收机获得的功率为 P，它可以表示为功率密度 ω_i 和雷达截面积 σ 的乘积

$$P = \sigma\omega_i = \frac{1}{2Z_0}\sigma|E_i|^2 \tag{2-28}$$

在自由空间，散射功率被各向同性均匀地以球面形式散射出去，距离目标位置 R 这一点处接收机获得的散射功率为总功率的 $1/(4\pi R^2)$，即 R 处的散射功率密度 ω_s（单位面积上的散射波功率密度）可以表示为

$$\omega_s = \frac{p}{4\pi R^2} = \frac{1}{8\pi Z_0 R^2}\sigma|E_i|^2 \tag{2-29}$$

同时，已知散射场的电场磁场分布，可以依据坡印亭矢量表示出散射波的功率密度为

$$\omega_s = \frac{1}{2}E_s \times H_s^* = \frac{1}{2Z_0}|E_s|^2 \tag{2-30}$$

上式联立就可求解出雷达截面积 σ，即

$$\sigma = 4\pi R^2 \frac{|E_s|^2}{|E_i|^2} \tag{2-31}$$

即 $4\pi R^2|E_s|^2$ 表示与目标距离为半径 R 的球面上散射功率的总和。相比远场区而言，接收机与目标相距甚远，为了消除距离对 RCS 的影响，所以严格意义上讲，σ 应当是 R 趋于无穷大时的结果，即

$$\sigma = \lim_{R\to\infty} 4\pi R^2 \frac{S_s}{S_i} = \lim_{R\to\infty} 4\pi R^2 \frac{|E_s|^2}{|E_i|^2} = \lim_{R\to\infty} 4\pi R^2 \frac{|H_s|^2}{|H_i|^2} \tag{2-32}$$

式中：S_s 和 S_i 分别表示接收机处散射波与目标处入射波的能流密度。RCS 的量纲为平方米，单位为 m^2。由于 RCS 取值范围较大，通常用对数形式表示，即

$$\sigma_{dbsm} = 10\lg\sigma \tag{2-33}$$

宏观地讲，目标的 RCS 与自身结构、入射波频率、极化方式以及目标相对入射波和散射方向的姿态角都有关系。

（1）目标结构

不同外形结构的 RCS 相差甚远，结构隐身是目标隐身的重要手段。

（2）入射波频率

不同频率电磁波的波长不同，传播特性不同。RCS 可以看作目标反射的雷达信号增益与目标反射信号区域面积的乘积。所以不同频段目标的 RCS 不同，短波长（高频区）激发的散射区域较小，雷达波覆盖面也小，随着频率降低，波长增大，雷达波会覆盖整个目标，如图 2-3 所示。例如，短波火控雷达的覆盖面小，而长波预警雷达的覆盖面就大。

- 火控雷达
- 高频
- 短距离
- 波长影响接收增益

- 预警雷达
- 低频
- 长距离

图 2-3　不同波段雷达覆盖范围示意图

（3）入射场和接收天线的极化方式

目标散射特性与极化方式相关，任何线极化波均能分解为垂直极化分量及平行极化分量，用下标 V 和 H 分别表示垂直方向与水平方向，T 表示发射天线产生的场，S 表示

接收天线处的散射场，则 E_H^T 和 E_V^T 分别表示目标处电场的平行极化分量与垂直极化分量，E_H^S 和 E_V^S 分别表示散射场的平行极化分量与垂直极化分量，α_{HH} 和 α_{HV} 则分别表示当平行极化的电磁波入射时，产生的平行极化、垂直极化散射场的散射系数，则水平照射场下有关系式：

$$\begin{cases} E_H^S = \alpha_{HH} E_H^T \\ E_V^S = \alpha_{HV} E_V^T \end{cases} \tag{2-34}$$

同理，垂直极化照射场下，目标的散射场也由两部分组成

$$\begin{cases} E_H^S = \alpha_{VH} E_V^T \\ E_V^S = \alpha_{VV} E_V^T \end{cases} \tag{2-35}$$

其中，α_{VH} 和 α_{VV} 分别表示当垂直极化的电磁波入射时，产生的散射场在平行极化分量和垂直极化分量上的散射系数。因为平行极化天线接收平行极化散射场，而垂直极化天线接收垂直散射场，所以接收天线处目标的散射场中的平行和垂直极化分量 E_H^R、E_V^R 可以表示为

$$\begin{cases} E_H^R = \alpha_{HH} E_H^T + \alpha_{VH} E_V^T \\ E_V^R = \alpha_{HV} E_H^T + \alpha_{VV} E_V^T \end{cases} \tag{2-36}$$

将上式写成矩阵形式，中间项称散射矩阵，表示散射特性与极化相关的系数

$$\begin{bmatrix} E_H^R \\ E_V^R \end{bmatrix} = \begin{bmatrix} \alpha_{HH} \alpha_{VH} \\ \alpha_{HV} \alpha_{VV} \end{bmatrix} \begin{bmatrix} E_H^T \\ E_V^T \end{bmatrix} \tag{2-37}$$

（4）目标相对入射角和散射方向的姿态角

所有目标都是一个三维结构，因此空间中的散射场随着物体外形的变化而发生变化，与目标相对入射角和散射方向的姿态角息息相关。

2.2.2.2 雷达距离方程

对于目标的无源隐身特性可以用低可探测特性来评价，即通过雷达距离方程对其特性进行评价。图 2-4 给出了雷达探测示意图，目标的可探测性由多个因素确定，包括发射/接收信号功率、RCS、工作频率、接收系统噪声等。其中 RCS 是至关重要的一个因素。目标的 RCS 越大，说明反射回去的散射波能量越多，越易被敌方雷达监测和跟踪，下式给出了雷达距离方程

$$R_{max} = \left[\frac{P_t G_t^2 \sigma \lambda^2 F_t^2 F_r^2}{(4\pi)^3 (S/N)_{min} KT_s B_n L} \right]^{1/4} \tag{2-38}$$

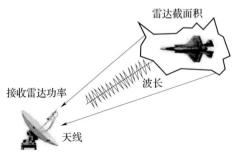

雷达截面积

接收雷达功率   波长

天线

图 2-4　雷达探测示意图

式中：R_{max}——雷达最大探测距离；

$\qquad P_t$——天线端发射信号的功率；

$\qquad G_t$——发射天线的增益；

$\qquad \lambda$——工作波长；

$\qquad F_t$——发射天线到目标的方向图传播因子；

$\qquad F_r$——目标到接收天线的方向图传播因子；

$\qquad K$——玻耳兹曼常数，$1.38 \times 10^{23} J/K$；

$\qquad T_s$——接收系统的噪声温度；

$\qquad B_n$——接收机检波前滤波器的噪声带宽；

$\qquad L$——发射机系统内部损耗。

该公式反映了对于某一特定雷达而言，目标 RCS 降低，雷达探测距离减小。RCS 的降低与雷达探测距离的下降不成线性变化，与 $\sigma^{1/4}$ 成正比。从该关系可以看出，当 σ 减小 10dB、20dB 和 30dB 时，雷达作用距离会缩短到 56.2%、31.6% 和 17.8%。所以降低 RCS 对于提高军事装备的隐身能力至关重要。

2.3　雷达天线罩电性能仿真计算

本节介绍用于雷达天线罩电性能仿真计算的高频方法和低频方法的基本理论及其综合与延展。计算电磁学是一门综合了电磁场理论、数值计算方法和计算机软件技术的新兴学科，它的蓬勃发展是在近 30 年。计算电磁学以电磁场理论为基础，以高性能计算技术为手段，运用计算数学提供的各种方法，解决复杂电磁场理论和工程问题，是电磁场与微波技术中一个十分活跃的研究学科。

电磁仿真技术中运用的主要计算电磁学方法大致可分为两类：高频方法和低频方法，低频方法也称全波算法。高频方法包括几何光学法（GO）和物理光学法（PO），分别建立在平面波和惠更斯原理之上，计算速度快、对硬件资源要求低，在计算机硬件水平不高的年代，对精度要求不太高的计算问题的仿真，发挥了很大的作用。全波算法可分为频域法（FD）和时域法（TD）两大类。频域法主要有矩量法（MoM）、有限元法（FEM）等；时域法主要有时域有限差分法（FDTD）。从求解方程的形式看，全波算法还可以分为积分方程法（IE）和微分方程法（DE）。频域技术发展得比较早，也比较成熟。电磁仿真所要解决的问题大部分为频域问题，如某频段的 S 参数、某频点的方向图等。而针对那些需要研究随时间变化特性的问题时，频域法须经过傅里叶反变换才能求得答案，时域法则可直接得到答案，效果更好。有限元法和矩量法分别是频域微分算法与频域积分算法的代表。具体到实际仿真应用中，有限元法采用体网格，能够有效处理复杂材料与几何结构，适合求解内腔问题。矩量法对于金属目标采用面网格，仅求解表面电流，无须设置辐射边界，可高效求解开放辐射和散射问题，而对复杂材料和内腔问题的处理相对困难；对于介质目标可采用体网格，但结构主要为金属时效果更好。

对于电大尺寸的天线及其雷达天线罩，即天线尺度大于 10λ、雷达天线罩的曲率半径远大于波长（一般应大于 10λ），适宜用简捷快速的几何光学法进行电性能分析。当天线口径远大于波长时，天线口面辐射近场近似为平面波（射线垂直于天线口面），采用高频光学分析方法计算误差较小；当天线口径与波长相近时，几何光学射线跟踪法分析精度快速下降，这时就要采用物理光学法或全波算法。

对于电中尺寸的天线及雷达天线罩，即天线尺度介于 $3\lambda \sim 5\lambda$、雷达天线罩曲率半径在 $3\lambda \sim 10\lambda$ 时，例如，导弹天线罩、电大尺寸雷达天线罩内的中小电尺寸天线，则适于用物理光学法来分析。物理光学法可以用接收模式下的积分方程法，也可用发射模式下的口径积分—表面积分（AI–SI）或平面波谱—表面积分（PWS–SI）法。在发射模式下，雷达天线罩内外表面场的二次辐射场应分别计算，在某些情况下，要考虑二次辐射场相位的矢量叠加效应，可采用虚拟源曲面口径积分技术。

当天线尺度及雷达天线罩曲率半径与波长相近，如小于 3λ 时，理论上可以采用矩量法、有限元法或时域有限差分法等全波算法。矩量法、有限元法或时域有限差分法在建立雷达天线罩模型上需要进行大量工作，基于积分方程的矩量法计算量很大，基于微分方程的时域有限差分法效率相对较低。

带有金属附件的雷达天线罩不能用光学法，如带空速管、迎角传感器和防雷击分流条的电大尺寸天线罩；为实现隐身和宽带需求设计的频率选择表面、电抗加载等带有金属含物的雷达天线罩也不能使用光学法，因为在这些不连续的部分，物体的场分布已经难以用平面波的模型模拟，需要采用精确的全波法计算。

2.3.1 几何光学法

G.Trieoles 利用基于几何光学理论的射线跟踪法（ray tracing method）通过将平面波入射到雷达天线罩内的接收天线，利用互易原理计算了带罩天线辐射方向图和瞄准误差，从而形成了一个比较系统化的计算方法。自此射线跟踪法便成为雷达天线罩分析中的重要方法，直到现在射线跟踪法以其直观简明的特性仍然在工程应用中发挥着重要作用。

在早期的天线/雷达天线罩系统的性能分析和设计中主要采用基于几何光学原理的射线跟踪法。几何光学假设频率很高的电磁波可近似为一系列波长为零的射线，并以射线表示电磁波传播的途径。又假设能量沿着射线的方向传播，没有射线的区域能量为零。几何光学规定波的等相面处处垂直于射线，因此可以推证代表平面波辐射场的射线是彼此平行的。

如图 2-5 所示，几何射线理论分析雷达天线罩影响的原理是：当辐射口径大于 λ 时，辐射线方向垂直于等相位面，来自辐射口径的各个射线管场，经过雷达天线罩后，在雷达天线罩外构成一等效口径，计算等效口径的幅度和相位分布，然后用基尔霍夫标量积分公式计算远区的辐射场，求得带罩天线的方向图。

射线跟踪法在计算雷达天线罩时应用的基本假设如下。

（1）雷达天线罩的曲率半径相对于天线的工作波长足够大，使罩壁的局部曲面区域可以用平板结构近似。

（2）当天线足够大时（通常满足天线口径限度 $D \geqslant 10\lambda$ 时），罩壁距天线距离有 $\lambda/(2\pi) \sim 2D^2/\lambda$ 远的区域内，天线在罩壁局部辐射场可以近似为平面波入射，并且代表平面波的射线束垂直于天线的口径面（在相控阵天线时垂直于等相位面）。这样入射到雷达天线罩局部某一点的电磁场可以近似为平面波入射到无限大介质平板结构上。

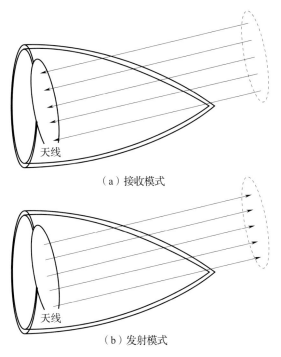

（a）接收模式

（b）发射模式

图 2-5　几何光学射线跟踪法

（3）雷达天线罩罩壁介质材料是均匀一致的，同时是各向同性的。

（4）忽略雷达天线罩罩壁和天线之间多次反射的影响。

在这些假设的基础上，基于几何光学的射线跟踪法（发射模式）可以概括如下。

在天线口径面上产生一系列彼此平行的射线，如图 2-6 所示，这些射线垂直于天线口径面或等相面，代表天线辐射出的平面电磁波，其幅值根据天线口径面上电场分布而设定。这些射线沿直线传播，大部分能量穿过罩壁（当壁厚匹配于波长时）向自由空间辐射；同时少部分能量经过罩壁的反射后沿直线再次穿过另一侧的罩壁向空间辐射，形成镜像波瓣。二者共同作用，形成带罩天线的远场辐射方向图。下面将对以上步骤进行详细介绍。

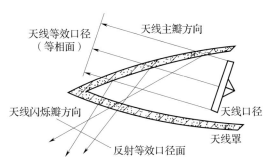

图 2-6　射线跟踪法的等效口径面

2.3.1.1　入射线方向的确定

在计算射线在罩壁上形成的入射角和极化角之前，需要建立天线坐标系和雷达天线罩坐标系的转换关系。设雷达天线罩所在的坐标系为 $o\text{-}x_r y_r z_r$，天线所在的坐标系为

$o\text{-}x_a y_a z_a$，对于机械扫描天线和电扫描天线有不同的转换公式。

（1）机械扫描天线

如图 2-7 所示，雷达天线罩坐标系的坐标原点 o_r（0，0，0）为天线的扫描转动中心，天线口径距离转动中心的距离为 l，o_a 为天线的坐标原点，天线与雷达天线罩坐标原点的连线 $o_r o_a$ 始终与天线坐标系的 z_a 轴重合，若天线围绕 y_a 轴旋转，则天线在雷达天线罩内做俯仰扫描，扫描角为 β；若天线围绕 x_a 轴旋转，则天线在雷达天线罩内做方位扫描，扫描角为 α。设天线的初始俯仰角和方位角分别为 β_0，α_0，则在天线既做俯仰扫描，又做方位扫描时的坐标变换为

$$\begin{cases} x_r = x_a \cos(\beta+\beta_0) + (z_a+l)\sin(\beta+\beta_0) \\ y_r = -x_a \sin(\beta+\beta_0)\sin(\alpha+\alpha_0) + y_a\cos(\alpha+\alpha_0) + \\ \qquad (z_a+l)\cos(\beta+\beta_0)\sin(\alpha+\alpha_0) \\ z_r = -x_a \sin(\beta+\beta_0)\cos(\alpha+\alpha_0) - y_a\sin(\alpha+\alpha_0) + \\ \qquad (z_a+l)\cos(\beta+\beta_0)\cos(\alpha+\alpha_0) \end{cases} \tag{2-39}$$

经化简可得

$$\begin{cases} x_r = x_a \cos(\beta+\beta_0) + l\sin(\beta+\beta_0) + x_{a0} \\ y_r = -x_a \sin(\beta+\beta_0)\sin(\alpha+\alpha_0) + y_a\cos(\alpha+\alpha_0) + \\ \qquad l\cos(\beta+\beta_0)\sin(\alpha+\alpha_0) + y_{a0} \\ z_r = -x_a \sin(\beta+\beta_0)\cos(\alpha+\alpha_0) - y_a\sin(\alpha+\alpha_0) + \\ \qquad l\cos(\beta+\beta_0)\cos(\alpha+\alpha_0) + z_{a0} \end{cases} \tag{2-40}$$

由于为机械扫描，上式中的（x_{a0}，y_{a0}，z_{a0}）满足

$$x_{a0}=0, y_{a0}=0, z_{a0}=0 \tag{2-41}$$

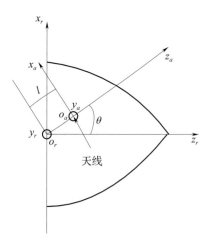

图 2-7　天线坐标系与天线罩坐标系的关系图解

（2）电扫描（相控阵）天线

由于在扫描过程中，电扫描天线不随扫描角的变化而转动，因此，其坐标仅与初始俯仰角和方位角有关，即

$$\begin{cases} x_r = x_a \cos\beta_0 + (z_a + l)\sin\beta_0 \\ y_r = -x_a \sin\beta_0 \sin\alpha_0 + y_a \cos\beta_0 + (z_a + l)\cos\beta_0 \sin\alpha_0 \\ z_r = -x_a \sin\beta_0 \cos\alpha_0 - y_a \sin\beta_0 + (z_a + l)\cos\beta_0 \cos\alpha_0 \end{cases} \quad (2\text{-}42)$$

经化简可得

$$\begin{cases} x_r = x_a \cos\beta_0 + l\sin\beta_0 + x_{a0} \\ y_r = -x_a \sin\beta_0 \sin\alpha_0 + y_a \cos\phi_0 + l\cos\beta_0 \sin\alpha_0 + y_{a0} \\ z_r = -x_a \sin\beta_0 \cos\alpha_0 - y_a \sin\phi_0 + l\cos\beta_0 \cos\alpha_0 + z_{a0} \end{cases} \quad (2\text{-}43)$$

由于为电扫描，上式中（x_{a0}，y_{a0}，z_{a0}）为天线阵面中心坐标，$l=0$。

其次，需要求入射线的方程。因为所研究的为平面波，所以坡印亭矢量 $\boldsymbol{P}$ 的方向为电磁波的传播方向，即

$$\boldsymbol{P} = \frac{\mathrm{Re}(\boldsymbol{E}\times\boldsymbol{H}^*)}{|\mathrm{Re}(\boldsymbol{E}\times\boldsymbol{H}^*)|} = \boldsymbol{x}_a k_x + \boldsymbol{y}_a k_y + \boldsymbol{z}_a k_z \quad (2\text{-}44)$$

其中

$$\begin{cases} k_x = k\sin\beta\cos\alpha \\ k_y = k\sin\beta\sin\alpha \\ k_z = k\cos\beta \end{cases} \quad (2\text{-}45)$$

式中：k——自由空间中的波数。

则天线口径上任意一点的（x'，y'，z'）的单位入射线方向可以表示为

$$\boldsymbol{P}_0 = \boldsymbol{x}_a \frac{x - x'}{r} + \boldsymbol{y}_a \frac{y - y'}{r} + \boldsymbol{z}_a \frac{z - z'}{r} \quad (2\text{-}46)$$

其中

$$r = \sqrt{(x - x')^2 + (y - y')^2 + (z - z')^2} \quad (2\text{-}47)$$

由式（2-44）可知满足

$$\begin{cases} x - x' = r\sin\beta\cos\alpha \\ y - y' = r\sin\beta\sin\alpha \\ z - z' = r\cos\beta \end{cases} \quad (2\text{-}48)$$

所以，在天线坐标系下，入射线方程为

$$\frac{x - x'}{\sin\beta\cos\alpha} = \frac{y - y'}{\sin\beta\sin\alpha} = \frac{z - z'}{\cos\beta} \quad (2\text{-}49)$$

利用天线与雷达天线罩坐标系的变换公式可得雷达天线罩坐标系下入射线的方向系数为

$$\begin{cases} v_x = \sin\beta \\ v_y = \cos\beta\sin\alpha \\ v_z = \cos\beta\cos\alpha \end{cases} \quad (2\text{-}50)$$

2.3.1.2　入射角和极化角的计算

首先，需要计算入射线与雷达天线罩罩壁曲面的交点。这里，将雷达天线罩分割为若干个很小的三角形网格面，且已知每个网格的顶点坐标，结合入射线的方向系数，很容易求得该入射线与雷达天线罩壁曲面的交点 M 的坐标为（x_{rm}，y_{rm}，z_{rm}），并获得该交点所在雷达天线罩三角形网格面的单位外法向分量（n_{rx}，n_{ry}，n_{rz}）。

其次，求入射角和极化角。已知入射角为入射线和罩壁曲面交点处外法向的夹角，所以入射角 θ 可以表示为

$$\theta = \arccos(v_x n_{rx} + v_y n_{ry} + v_z n_{rz})$$
$$0° \leqslant \theta \leqslant 90°$$

（2-51）

极化角指天线电场矢量方向与雷达天线罩入射平面之间的夹角，入射平面为天线射线与入射点法线所形成的平面。平行于入射平面的入射电场分量称为平行极化波；垂直于入射平面的入射电场分量称为垂直极化波。一般情况下，天线的极化方向是由 x 极化和 y 极化合成的，即在天线坐标系下电场可以表示为

$$\boldsymbol{E}_i = \boldsymbol{x}_a E_{ax} + \boldsymbol{y}_a E_{ay}$$

（2-52）

利用天线与雷达天线罩坐标系的变换公式可将雷达天线罩坐标系下的电场表示为

$$\boldsymbol{E}_i = \boldsymbol{x}_r E_{rx} + \boldsymbol{y}_r E_{ry} + \boldsymbol{z}_r E_{rz}$$

（2-53）

其中

$$\begin{cases} E_{rx} = E_{ax}\cos\beta \\ E_{ry} = -(E_{ax}\sin\beta\sin\alpha - E_{ay}\cos\alpha) \\ E_{rz} = -(E_{ax}\sin\beta\cos\alpha + E_{ay}\sin\alpha) \end{cases}$$

（2-54）

根据定义，入射平面由交点处的天线入射线和罩壁外法线构成，如图 2-8 所示，入射平面的单位法向分量满足

$$\boldsymbol{n}_b \sin\theta = \boldsymbol{P}_0 \times \boldsymbol{n}_r$$

（2-55）

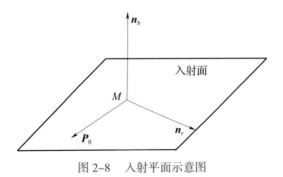

图 2-8　入射平面示意图

所以，该单位法向分量可以表示为

$$\boldsymbol{n}_b = \boldsymbol{x}_r n_{bx} + \boldsymbol{y}_r n_{by} + \boldsymbol{z}_r n_{bz}$$

（2-56）

其中

$$\begin{cases} n_{bx} = (n_{rz}v_y - n_{ry}v_z)/\sin\theta \\ n_{by} = (n_{rx}v_z - n_{rz}v_x)/\sin\theta \\ n_{bz} = (n_{ry}v_x - n_{rx}v_y)/\sin\theta \end{cases}$$ （2-57）

极化面由极化电磁波的极化方向与传播方向构成，极化面与入射平面、极化角与入射角关系如图 2-9 所示。结合极化角定义可知，极化角可以表示为

$$\zeta = \arcsin\left(\frac{n_{bx}E_{rx} + n_{by}E_{ry} + n_{bz}E_{rz}}{\sqrt{n_{bx}^2 + n_{by}^2 + n_{bz}^2}\sqrt{E_{rx}^2 + E_{ry}^2 + E_{rz}^2}} \right)$$ （2-58）

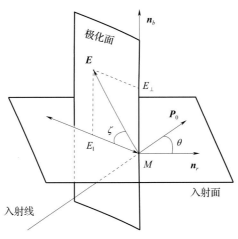

图 2-9　极化角示意图

2.3.1.3　透过场和方向图的计算

首先，分别求解平行极化和垂直极化下的功率传输系数与反射系数。在已知局部等效平板各层介质的介电常数、损耗角正切、厚度以及天线工作频率的条件下，可以得到两种极化的功率传输系数和反射系数。

在平行极化下定义相关参数为

$$P_n = 0.5\left(1 + \frac{\varepsilon_{n+1}r_n}{\varepsilon_n r_{n+1}}\right)e^{(r_n - r_{n+1})z_n}$$

$$Q_n = 0.5\left(1 - \frac{\varepsilon_{n+1}r_n}{\varepsilon_n r_{n+1}}\right)e^{-(r_n + r_{n+1})z_n}$$

$$R_n = 0.5\left(1 - \frac{\varepsilon_{n+1}r_n}{\varepsilon_n r_{n+1}}\right)e^{(r_n + r_{n+1})z_n}$$ （2-59）

$$S_n = 0.5\left(1 + \frac{\varepsilon_{n+1}r_n}{\varepsilon_n r_{n+1}}\right)e^{-(r_n - r_{n+1})z_n}$$

在垂直极化下定义相关参数为

$$P_n = 0.5\left(1 + \frac{r_n}{r_{n+1}}\right)e^{(r_n - r_{n+1})z_n}$$

$$Q_n = 0.5\left(1 - \frac{r_n}{r_{n+1}}\right)e^{-(r_n + r_{n+1})z_n}$$

$$R_n = 0.5\left(1 - \frac{r_n}{r_{n+1}}\right)e^{(r_n + r_{n+1})z_n}$$

$$S_n = 0.5\left(1 + \frac{r_n}{r_{n+1}}\right)e^{-(r_n - r_{n+1})z_n}$$

（2-60）

其中

$$r_n = j\frac{2\pi}{\lambda_0}\sqrt{\varepsilon_n - \sin^2\theta}$$

$$\varepsilon_n = \varepsilon_{n0}(1 - j\tan\delta_n)$$

$$z_n = t_1 + t_2 + \cdots + t_n$$

（2-61）

式中：ε_1，ε_2，$\cdots$，ε_{n0}——壁结构每一层介质材料的相对介电常数；

$\tan\delta_1$，$\tan\delta_2$，$\cdots$，$\tan\delta_n$——壁结构每一层介质材料的损耗角正切；

t_1，t_2，$\cdots$，t_n——壁结构每一层的介质厚度；

z_n——n 层壁结构的总厚度；

n——罩壁结构的总层数。

进而，两种极化下，功率传输效率为

$$|T|^2 = \left|\frac{1}{A_{n+1}}\right|^2$$

（2-62）

功率反射率为

$$|R|^2 = \left|\frac{B_{n+1}}{A_{n+1}}\right|^2$$

（2-63）

电压传输系数为

$$T = \frac{1}{A_{n+1}}$$

（2-64）

插入相位延迟为

$$\text{IPD} = -(T\text{ 的相角})$$

（2-65）

其中

$$A_{n+1} = P_n A_n + Q_n B_n$$

$$B_{n+1} = R_n A_n + S_n B_n$$

（2-66）

由以上分析可知，平行极化波和垂直极化波的传输特性是不同的，因此，需要将入射场分解为平行于入射平面的极化分量和垂直于入射平面的极化分量，利用平行极化分量和垂直极化分量的复功率传输系数，计算透射场 $\boldsymbol{E}_t$ 为

$$\boldsymbol{E}_t = (\boldsymbol{E}_i \cdot \boldsymbol{e}_\perp)T_\perp \boldsymbol{e}_\perp + (\boldsymbol{E}_i \cdot \boldsymbol{e}_\parallel)T_\parallel \boldsymbol{e}_\parallel$$

（2-67）

式中：$\boldsymbol{e}_\parallel$——入射电场的平行极化分量的单位矢量；

$\boldsymbol{e}_\perp$——入射电场的垂直极化分量的单位矢量。

将透过场投影到与原辐射场口径同样大小的等效口径上，主极化成分口径分布变为

$$\boldsymbol{E}_{\text{coe}} = \boldsymbol{E}_i[(\boldsymbol{e}_{\text{co}} \cdot \boldsymbol{e}_\perp)T_\perp(\boldsymbol{e}_\perp \cdot \boldsymbol{e}_{\text{co}}) + (\boldsymbol{e}_{\text{co}} \cdot \boldsymbol{e}_\parallel)T_\parallel(\boldsymbol{e}_\parallel \cdot \boldsymbol{e}_{\text{co}})]\boldsymbol{e}_{\text{co}} = \boldsymbol{E}_i[\cos^2\zeta T_\perp + \sin^2\zeta T_\parallel]\boldsymbol{e}_{\text{co}}$$

（2-68）

交叉极化分量可以表示为

$$\boldsymbol{E}_{\mathrm{cre}} = \boldsymbol{E}_{\mathrm{i}} \left[\left(\boldsymbol{e}_{\mathrm{co}} \cdot \boldsymbol{e}_{\perp} \right) T_{\perp} \left(\boldsymbol{e}_{\perp} \cdot \boldsymbol{e}_{\mathrm{cr}} \right) + \left(\boldsymbol{e}_{\mathrm{co}} \cdot \boldsymbol{e}_{\parallel} \right) T_{\parallel} \left(\boldsymbol{e}_{\parallel} \cdot \boldsymbol{e}_{\mathrm{cr}} \right) \right] \boldsymbol{e}_{\mathrm{cr}} = $$
$$\boldsymbol{E}_{\mathrm{i}} \left[\cos \zeta \sin \zeta \left(T_{\perp} - T_{\parallel} \right) \right] \boldsymbol{e}_{\mathrm{cr}} \quad\quad （2\text{--}69）$$

式中：$\boldsymbol{e}_{\mathrm{co}}$——天线原口径主极化方向的单位矢量；

$\quad\quad \boldsymbol{e}_{\mathrm{cr}}$——与天线原口径主极化方向正交的单位矢量。

根据以上结果，利用标量克西霍夫衍射公式计算含罩影响天线的远场方向图，则天线等效口径的辐射电场主极化成分在远场的辐射方向图可以表示为

$$\boldsymbol{E}_{\mathrm{co}}(\theta_R, \phi_R) = \frac{1 + \cos\theta_R}{2} \cdot \frac{\mathrm{e}^{-\mathrm{j}k_0 r}}{\lambda r} \iint\limits_{S} \boldsymbol{E}_{\mathrm{coe}}(x_i, y_i, z_i) \mathrm{e}^{\mathrm{j}k_0 (\sin\theta_R \cos\phi_R x_i + \sin\theta_R \sin\phi_R y_i + \cos\theta_R z_i)} \mathrm{d}x_i \mathrm{d}y_i \quad （2\text{--}70）$$

式中：$(x_i,\ y_i,\ z_i)$——天线口径面各源点坐标；

$\quad\quad r$——天线口径中心到观察点 Q 的距离；

$\quad\quad (\theta_{\mathrm{R}},\ \phi_{\mathrm{R}})$——观察方向的角度。

同理，通过雷达天线罩后引起的交叉极化场方向图可以表示为

$$\boldsymbol{E}_{\mathrm{cr}}(\theta_{\mathrm{R}}, \phi_{\mathrm{R}}) = \frac{1 + \cos\theta_R}{2} \cdot \frac{\mathrm{e}^{-\mathrm{j}k_0 r}}{\lambda r} \iint\limits_{S} \boldsymbol{E}_{\mathrm{cre}}(x_i, y_i, z_i) \mathrm{e}^{\mathrm{j}k_0 (\sin\theta_R \cos\phi_R x_i + \sin\theta_R \sin\phi_R y_i + \cos\theta_R z_i)} \mathrm{d}x_i \mathrm{d}y_i \quad （2\text{--}71）$$

天线远场方向图可以表示为

$$\boldsymbol{E}_{\mathrm{cr}}(\theta_{\mathrm{R}}, \phi_{\mathrm{R}}) = \frac{1 + \cos\theta_R}{2} \cdot \frac{\mathrm{e}^{-\mathrm{j}k_0 r}}{\lambda r} \iint\limits_{S} \boldsymbol{E}_{\mathrm{i}}(x_i, y_i, z_i) \mathrm{e}^{\mathrm{j}k_0 (\sin\theta_R \cos\phi_R x_i + \sin\theta_R \sin\phi_R y_i + \cos\theta_R z_i)} \mathrm{d}x_i \mathrm{d}y_i \quad （2\text{--}72）$$

2.3.1.4　镜像波瓣的计算

镜像波瓣由罩壁反射所形成。前面的分析中仅仅考虑了天线经过罩壁的一次透射场，由几何光学原理可知，入射场在到达罩壁后会产生反射，其产生的反射场可能会在雷达天线罩其他区域的罩壁处产生二次入射场，继而再次发生反射，产生三次入射场，以此类推，形成多次多径反射效应。因为二次以上的反射场能量将会急剧下降，可以忽略不计，所以通常只需考虑一次反射场即可得到较为准确的镜像波瓣计算结果。下面将详细介绍镜像波瓣的计算方法。

首先，计算反射线的方向。根据图 2-10 可知，反射线方向的单位矢量满足

$$\boldsymbol{P}_{\mathrm{r}} = \boldsymbol{P}_0 - 2\cos\theta \boldsymbol{n}_{\mathrm{r}} \quad\quad （2\text{--}73）$$

利用平行极化和垂直极化的复反射系数可以将反射场表示为

$$\boldsymbol{E}_{\mathrm{r}} = (\boldsymbol{E}_{\mathrm{i}} \cdot \boldsymbol{e}_{\perp}) R_{\perp} \boldsymbol{e}_{\perp} + (\boldsymbol{E}_{\mathrm{i}} \cdot \boldsymbol{e}_{\parallel}) R_{\parallel} \boldsymbol{e}_{\perp} \times \boldsymbol{P}_{\mathrm{r}} \quad\quad （2\text{--}74）$$

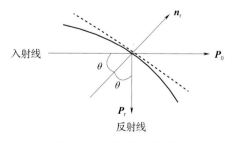

图 2-10　反射线示意图

其次，将反射线作为二次入射线，计算其在罩壁相应区域的透过场。假设由天线口径射线源点到第一次入射点的路程为 t_a，由第一次入射点经罩壁反射后到达第二次入射点的路程为 t_p，可以得到一次反射场经过罩壁的二次透过场为

$$\boldsymbol{E}_{t2} = \left[(\boldsymbol{E}_r \cdot \boldsymbol{e}_{\perp r}) T_{\perp r} \boldsymbol{e}_{\perp r} + (\boldsymbol{E}_r \cdot \boldsymbol{e}_{\parallel r}) T_{\parallel r} \boldsymbol{e}_{\parallel r} \right] \mathrm{e}^{-jk_0(t_a+t_p)} \tag{2-75}$$

式中：$e_{\perp r}$，$e_{\parallel r}$——二次入射电场垂直极化分量和平行极化分量的单位矢量；

$T_{\perp r}$，$T_{\parallel r}$——二次入射电场垂直极化分量和平行极化分量的复功率传输系数。

二次透过场将会在天线远场方向图的远区副瓣中形成镜像波瓣，则在远场二次透过场的辐射场可以表示为

$$\boldsymbol{E}_R(\theta_R, \phi_R) = \frac{\mathrm{e}^{-jk_0r}}{\lambda r} \iint\limits_S \frac{1+\cos\psi_i}{2} \cdot \boldsymbol{E}_{t2}(x_{ir}, y_{ir}, z_{ir}) \mathrm{e}^{jk_0(\sin\theta_R\cos\phi_R x_{ir} + \sin\theta_R\sin\phi_R y_{ir} + \cos\theta_R z_{ir})} \mathrm{d}x_{ir} \mathrm{d}y_{ir}$$

$$\tag{2-76}$$

式中：ψ_i——第 i 根射线的反射线和观测方向的夹角；

(x_{ir}, y_{ir}, z_{ir})——二次入射点坐标。

将式（2-75）与式（2-76）对比即可得到镜像波瓣的电平。

2.3.2 物理光学法

物理光学法基于惠更斯原理，如图 2-11 所示，惠更斯原理认为包围源的闭合面上各点的场可以当作二次波源向闭合面外再次辐射电磁场，空间两点电磁场之间的关系是点和面的关系。当天线口径尺寸或雷达天线罩曲率半径与波长相近时，几何光学射线跟踪法已不能成立，口径辐射场是连续的，而不是封闭的射线管场，对于有限尺寸物理辐射口径需要计入边缘效应。此时，就引入了物理光学法，它作为一种能够满足一定精度要求的，又能够满足普通仿真需求的计算方法，被广泛应用在雷达天线罩电性能及散射计算分析与设计中。

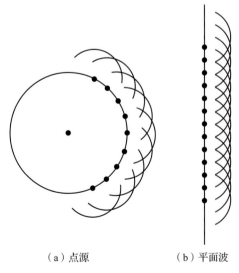

（a）点源 　　　　　　　　（b）平面波

图 2-11　惠更斯源的图解

基于近场分析的物理光学法可以分为平面波谱 – 表面积分法（PWS–SI）和口径积分 – 表面积分法（AI–SI）两类方法，它们在求解近场的过程中有所不同。如图 2–12 所示，口径积分法是对于平面天线口径上的惠更斯元进行积分，从而求解天线近场的分布，并且假设入射波方向为坡印亭矢量方向。如图 2–13 所示，平面波谱法认为天线口径面近区某点的场值可以分解为无穷多个子平面波谱的叠加，其中每个子平面波谱的传播方向是随着空间的（β，α）而变化的，子平面波谱幅度由天线口面上的积分决定。

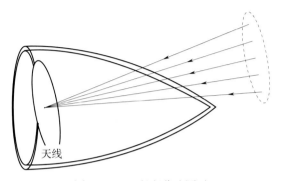

图 2–12　口径积分法图示

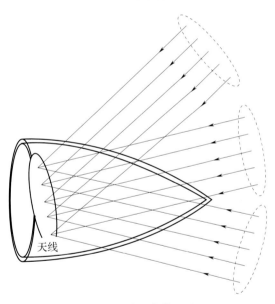

图 2–13　平面波谱法图示

口径积分法求取入射场时对任意口径都可以采用统一积分公式，因此口径形状没有限制，可以很方便地分析喇叭天线、反射面天线、阵列天线等，对发射模式下的单脉冲和差波束也同样适用。而平面波谱法需要对口径场进行谱域展开，对不同的天线形式、不同的口径分布，波谱法展开的级数有不同的要求，因此通用性较差。下面将重点对口径积分 – 表面积分法进行介绍。

雷达天线罩的 AI–SI 分析过程是直接从 Stratton–Chu 公式或 Kirchhoff 公式出发，推导出已知口径场分布的天线在空间任一点（包括近场区域）的场分布，求得雷达天线罩壁上的一次入射近场，在求得罩壁上的入射场后，运用了局部平板、平面波近似的方法求解罩壁外表面上的传输场，然后运用了基于等效原理的表面积分法计算带罩天线的远场方向图，获得雷达天线罩的各项电性能参数。

2.3.2.1 天线在罩壁一次入射场的计算

当天线口径面上只有电场与磁场引起的等效电流和磁流而没有外加的电流和磁流时，根据等效原理，可由对口径面上的等效电磁流分布积分来计算口径天线的辐射场。

将口径面用小的面元离散后，口径面上的积分转化为小面元辐射场的叠加，如此一来，可将面元看作口径天线的基本辐射单元。设口径面上天线的电场和磁场分别为 $\boldsymbol{E}_{\mathrm{ant}}(S)$、$\boldsymbol{H}_{\mathrm{ant}}(S)$，则天线口径上离散面元的等效电流和等效磁流可以分别表示为

$$\boldsymbol{J}_{\mathrm{ant}}(S) = \hat{\boldsymbol{n}} \times \boldsymbol{H}_{\mathrm{ant}}(S)$$
$$\boldsymbol{M}_{\mathrm{ant}}(S) = \boldsymbol{E}_{\mathrm{ant}}(S) \times \hat{\boldsymbol{n}} \tag{2-77}$$

式中：$\hat{\boldsymbol{n}}$——天线口径面的外法线单位矢量。

经过推导，由等效电流分布 $\boldsymbol{J}_{\mathrm{ant}}(S)$ 和等效磁流分布 $\boldsymbol{M}_{\mathrm{ant}}(S)$ 作为辐射源，其辐射到空间任一场点 M 的电场与磁场的计算公式可以表示为

$$\boldsymbol{E}(M) = -\frac{\mathrm{j}}{4\pi\omega\varepsilon_0} \iint\limits_S \left[(\boldsymbol{J}_{\mathrm{ant}}(S) \cdot \nabla)\nabla + k_0^2 \boldsymbol{J}_{\mathrm{ant}}(S) - \mathrm{j}\omega\varepsilon_0 \boldsymbol{M}_{\mathrm{ant}}(S) \times \nabla \right] \frac{\mathrm{e}^{-\mathrm{j}k_0 R}}{R} \mathrm{d}S$$

$$\boldsymbol{H}(M) = -\frac{\mathrm{j}}{4\pi\omega\mu} \iint\limits_S \left[(\boldsymbol{M}_{\mathrm{ant}}(S) \cdot \nabla)\nabla + k_0^2 \boldsymbol{M}_{\mathrm{ant}}(S) - \mathrm{j}\omega\varepsilon_0 \boldsymbol{J}_{\mathrm{ant}}(S) \times \nabla \right] \frac{\mathrm{e}^{-\mathrm{j}k_0 R}}{R} \mathrm{d}S \tag{2-78}$$

式中：R——天线口径面源点到场点 M 的距离。

为简化分析，通常假设在天线口径面上只有等效磁流 $\boldsymbol{H}_{\mathrm{ant}}(S)$，故而 M 点在近场区内时，有

$$\boldsymbol{E}(M) = -\frac{1}{4\pi} \iint\limits_S \left(\mathrm{j}k_0 + \frac{1}{R} \right) \boldsymbol{M}_{\mathrm{ant}}(S) \times \hat{\boldsymbol{R}} \frac{\mathrm{e}^{-\mathrm{j}k_0 R}}{R} \mathrm{d}S$$

$$\boldsymbol{H}(M) = -\frac{\mathrm{j}}{4\pi\omega\mu} \iint\limits_S \left\{ \begin{array}{l} \left(-k_0^2 + \dfrac{3\mathrm{j}k_0}{R} + \dfrac{3}{R^2} \right)[\boldsymbol{M}_{\mathrm{ant}}(S) \cdot \hat{\boldsymbol{R}}]\hat{\boldsymbol{R}} + \\[2mm] k_0^2 \boldsymbol{M}_{\mathrm{ant}}(S) - \dfrac{\boldsymbol{M}_{\mathrm{ant}}(S)}{R}\left(\mathrm{j}k_0 + \dfrac{1}{R} \right) \end{array} \right\} \frac{\mathrm{e}^{-\mathrm{j}k_0 R}}{R} \mathrm{d}S \tag{2-79}$$

式中：$\hat{\boldsymbol{R}}$——R 的单位矢量。

2.3.2.2 罩壁外表面透射场的计算

假设已知雷达天线罩表面任一场点 M 的法线单位矢量 $\boldsymbol{n}_r$，现求在各个点上的入射线方向。在几何光学法中，天线口径附近单色平面波的传播方向就是入射线的方向；在平面波谱-表面积分法中，把每一个子平面波传播的方向作为这个子平面波对罩壁的入射线，而在口径积分-表面积分法中通常将天线总的近场功率流方向作为入射线方向，该方法比较可行且又符合物理条件。

对于随时间做正弦变化（$\mathrm{e}^{\mathrm{j}\omega t}$）的电磁波，其功率流方向可以表示为

$$\boldsymbol{S} = \frac{1}{2}\mathrm{Re}[\boldsymbol{E}(M) \times \boldsymbol{H}^*(M)] + \frac{1}{2}\mathrm{Re}[\boldsymbol{E}(M) \times \boldsymbol{H}^*(M)\exp(\mathrm{j}2\omega t)] \tag{2-80}$$

由于功率流中的虚部可以认为是储存的电抗性场，对远区场辐射没有影响，因此上

式只取实部，上式中 S 表示在某点通过单位面积的瞬时功率，是坡印亭矢量的时域表示，其包括与时间无关的第一项及按波的基频二倍变化的第二项，因此，S 的平均值不仅与时间无关，而且空间方向也是固定的，这个方向也可以用单位矢量来确定，而依据把矢量 $\text{Re}\left[\,E\left(M\right)\times H^{*}\left(M\right)\right]/2$ 的大小分成它的各空间分量，就能计算出这个单位矢量，则单位功率流方向，即入射线方向可以表示为

$$\boldsymbol{P}_{A}=\frac{\boldsymbol{S}}{\left|\,\boldsymbol{S}\,\right|}=\boldsymbol{i}P_{Ax}+\boldsymbol{j}P_{Ay}+\boldsymbol{k}P_{Az} \tag{2-81}$$

其中

$$P_{Ax}=\text{Re}\left[\,E_{y}\left(x,y,z\right)H_{z}^{*}\left(x,y,z\right)-E_{z}\left(x,y,z\right)H_{y}^{*}\left(x,y,z\right)\right]/\left|\,\boldsymbol{P}\,\right|$$
$$P_{Ay}=\text{Re}\left[\,E_{z}\left(x,y,z\right)H_{x}^{*}\left(x,y,z\right)-E_{x}\left(x,y,z\right)H_{z}^{*}\left(x,y,z\right)\right]/\left|\,\boldsymbol{P}\,\right|$$
$$P_{Az}=\text{Re}\left[\,E_{x}\left(x,y,z\right)H_{y}^{*}\left(x,y,z\right)-E_{y}\left(x,y,z\right)H_{x}^{*}\left(x,y,z\right)\right]/\left|\,\boldsymbol{P}\,\right| \tag{2-82}$$
$$\left|\,\boldsymbol{P}\,\right|=\left\{\left[\,\text{Re}\left(E_{y}H_{z}^{*}-E_{z}H_{y}^{*}\right)\right]^{2}+\left[\,\text{Re}\left(E_{z}H_{x}^{*}-E_{x}H_{z}^{*}\right)\right]^{2}+\left[\,\text{Re}\left(E_{x}H_{y}^{*}-E_{y}H_{x}^{*}\right)\right]^{2}\right\}^{\frac{1}{2}}$$

设天线的俯仰扫描角、方位扫描角分别为 β、α，则雷达天线罩坐标系中，单位入射线可以表示为

$$\begin{cases}v_{i}=\cos\beta P_{Ax}+\sin\beta P_{Az}\\v_{j}=-\sin\beta\sin\alpha P_{Ax}+\cos\alpha P_{Ay}+\cos\beta\sin\alpha P_{Az}\\v_{k}=-\sin\beta\cos\alpha P_{Ax}-\sin\alpha P_{Ay}+\cos\beta\cos\alpha P_{Az}\end{cases} \tag{2-83}$$

则近场对罩壁的入射角为

$$\theta=\arccos\left(n_{rx}v_{i}+n_{ry}v_{j}+n_{rz}v_{k}\right) \tag{2-84}$$

若求雷达天线罩外表面上的切线场，需要将式（2-79）变换为雷达天线罩坐标系中的分量，有

$$\boldsymbol{E}_{r}\left(x_{r},y_{r},z_{r}\right)=\boldsymbol{i}_{r}E_{i}+\boldsymbol{j}_{r}E_{j}+\boldsymbol{k}_{r}E_{k} \tag{2-85}$$

其中

$$E_{i}=E_{x}\left(x,y,z\right)\cos\beta+E_{z}\left(x,y,z\right)\sin\beta$$
$$E_{j}=-E_{x}\left(x,y,z\right)\sin\beta\sin\alpha+E_{y}\left(x,y,z\right)\cos\alpha+E_{z}\left(x,y,z\right)\cos\beta\sin\alpha$$
$$E_{k}=-E_{x}\left(x,y,z\right)\sin\beta\cos\alpha-E_{y}\left(x,y,z\right)\sin\alpha+E_{z}\left(x,y,z\right)\cos\beta\cos\alpha \tag{2-86}$$

同理，在雷达天线罩坐标系下磁场可以表示为

$$\boldsymbol{H}_{r}\left(x_{r},y_{r},z_{r}\right)=\boldsymbol{i}_{r}H_{i}+\boldsymbol{j}_{r}H_{j}+\boldsymbol{k}_{r}H_{k} \tag{2-87}$$

其中

$$H_{i}=H_{x}\left(x,y,z\right)\cos\beta+H_{z}\left(x,y,z\right)\sin\beta$$
$$H_{j}=-H_{x}\left(x,y,z\right)\sin\beta\sin\alpha+H_{y}\left(x,y,z\right)\cos\alpha+H_{z}\left(x,y,z\right)\cos\beta\sin\alpha$$
$$H_{k}=-H_{x}\left(x,y,z\right)\sin\beta\cos\alpha-H_{y}\left(x,y,z\right)\sin\alpha+H_{z}\left(x,y,z\right)\cos\beta\cos\alpha \tag{2-88}$$

则可得到雷达天线罩外表面上的切线电场为

$$\boldsymbol{E}_{r}^{\text{Rout}}\left(x_{r},y_{r},z_{r}\right)=\left[\,\boldsymbol{n}_{b}\boldsymbol{E}_{r}\left(x_{r},y_{r},z_{r}\right)\right]\boldsymbol{n}_{b}\boldsymbol{T}_{\perp}\left(\theta\right)+\left[\,\boldsymbol{n}_{t}\boldsymbol{E}_{r}\left(x_{r},y_{r},z_{r}\right)\right]\boldsymbol{n}_{t}\boldsymbol{T}_{\parallel}\left(\theta\right) \tag{2-89}$$

切线磁场为

$$\boldsymbol{H}_r^{\mathrm{Rout}}(x_r,y_r,z_r) = \left[\boldsymbol{n}_b\boldsymbol{H}_r(x_r,y_r,z_r)\right]\boldsymbol{n}_b\boldsymbol{T}_{\parallel}(\theta) + \left[\boldsymbol{n}_t\boldsymbol{H}_r(x_r,y_r,z_r)\right]\boldsymbol{n}_t\boldsymbol{T}_{\perp}(\theta) \quad (2\text{-}90)$$

2.3.2.3 天线 – 雷达天线罩综合体远区辐射场的计算

获得罩壁外表面上切向电磁场后，根据等效定理，可以获得罩壁表面上的等效电磁流 $\boldsymbol{J}_{\mathrm{rad}}$ 和 $\boldsymbol{M}_{\mathrm{rad}}$，因此，雷达天线罩引起的天线远区辐射场可由下式计算

$$\boldsymbol{E}_N = -\frac{\mathrm{j}k_0}{4\pi R_1}\mathrm{e}^{-\mathrm{j}k_0R_1}\boldsymbol{r}_1 \times \iint_S \left\{\boldsymbol{n}_r \times \boldsymbol{E}_t^{\mathrm{Rout}}(x_r,y_r,z_r) - \sqrt{\frac{\mu_0}{\varepsilon_0}}\boldsymbol{r}_1 \times \left[\boldsymbol{n}_r \times \boldsymbol{H}_t^{\mathrm{Rout}}(x_r,y_r,z_r)\right]\right\}\mathrm{e}^{\mathrm{j}k_0R_1'r_1}\mathrm{d}S$$

$$(2\text{-}91)$$

其中，R_1'、r_1、R_1、S 的定义与前文完全相同。值得注意的是，由于天线 – 雷达天线罩综合体的远区场满足平面波的传播条件，故只需进行电场辐射方向图的计算。

2.3.2.4 反射场引起的二次传输场的叠加

前面的分析过程，仅考虑了天线在罩壁上的一次入射场的传输场。根据光学原理，电磁波在雷达天线罩的罩壁上会产生反射，由于雷达天线罩壳体的几何外形，其引起的反射场会在罩壁的其他区域形成二次入射场，继而产生二次反射、再入射、再反射，最终形成多次反射效应。由于二次以上的反射场幅度急剧下降，因此考虑一次反射场的影响即可。为简化运算，采用表面积分结合射线法来实现对由反射现象产生二次传输场的快速计算。其计算模型如下。

（1）由天线在罩壁上的一次入射场以及罩壁离散单元处的反射系数来计算反射场，并根据等效原理在雷达天线罩内壁求其等效电磁流 $\boldsymbol{J}_{\mathrm{re}}$、$\boldsymbol{M}_{\mathrm{re}}$。

（2）确定反射场的传播方向，并通过优化遍历方法寻找反射线在内壁上的入射点。

设天线在罩壁上第 i 个单元处一次入射场的传播方向为 $\hat{\boldsymbol{v}}_{\mathrm{inc}}$，罩壁离散单元内法向为 $\boldsymbol{n}$，根据反射定理可以很容易地求出反射场的传播方向 $\hat{\boldsymbol{v}}_{\mathrm{ref}}$。计算罩壁其他单元到第 i 个单元处距离矢量，通过遍历寻找反射场照射的单元 j。由于罩壁曲面是由离散的三角面元拟合的，很难找到严格与反射线方向相同的矢量，通常距离矢量取与反射线夹角最小的那些单元。通过对雷达天线罩单元分区域规则编号，可以节省大量的遍历寻找的时间。

（3）以 $\boldsymbol{J}_{\mathrm{re}}$、$\boldsymbol{M}_{\mathrm{re}}$ 为激励源，利用近场计算公式求反射线入射点处的电磁场，并利用局部罩壁结构平板近似方法计算入射点处的二次传输场 $\boldsymbol{E}_t'$。

（4）将在外表面获得的一次传输场和一次反射场引起的二次传输场进行矢量叠加，再对外表面切向场进行表面积分即可得到准确的天线加雷达天线罩后的远场方向图。

对于单脉冲口面天线，天线的主能量集中在主波束上，当天线波束入射到罩壁上时，在主波束方向上照射到罩壁上产生的反射比较强，其他副瓣方向上由于天线辐射能量的快速下降导致其反射量更微弱。因此，为了提高计算效率，在计算时只考虑在主波束入射方向附近由罩壁引起的反射场的二次入射。

2.3.3 矩量法

矩量法是由 R.F.Harrington 提出的、建立在积分方程基础上的一种数值计算方法。该方法的实质是通过选择基函数将积分方程化为矩阵方程。矩量法本身是一种稳定的计算方法，在矩量法的求解过程中，不会出现类似于其他数值方法计算过程中所出现的"伪解"

问题。同时，在采用矩量法分析电磁散射问题时，由于计入了散射体不同部分之间的耦合，该方法一直是求解各类积分方程问题的有效方法。矩量法的主要缺点在于，采用该方法得到的线性方程组，其系数矩阵为满矩阵，由于无法直接采用稀疏矩阵的压缩存储与求解技术，随着散射或辐射目标电尺寸的增加，需要的计算机内存和计算时间也会有很大的增加。同时，对于复杂媒质填充问题，该方法也具有一定的困难性。目前，矩量法的分析已由传统的线元基函数发展到面元基函数。为了有效处理复杂和电大尺寸目标的电磁散射与辐射问题，提出了各种基于矩量法的混合方法，如矩量法－共轭梯度－快速傅里叶变换方法（MoM-CGM-FFT）、矩量法－多层快速多级子方法（MoM-MLFMA）和矩量法－物理光学法（MoM-PO）等。

2.3.3.1　矩量法基本原理

20 世纪 60 年代，Harrington 提出了矩量法的基本概念，随着后来的发展，矩量法在理论上日臻完善，并被广泛地应用于电磁工程领域之中，成为计算电磁学中最为常用的方法之一。它通过求解金属表面或介质体内的电流分布来分析目标的电磁散射或辐射特性，是一种具有很高计算精度的数值方法。

考虑下列算子方程

$$\bar{\bar{L}} \cdot f = g \tag{2-92}$$

式中：$\bar{\bar{L}}$——线性算子；

　　　g——已知的源函数或激励函数；

　　　f——待求的未知函数。

f 和 g 定义在不同的函数空间 F 与 G 上，算子 $\bar{\bar{L}}$ 将 F 空间的函数映射到 G 空间上。一般情况下，要精确求解上式是非常困难的，可以通过数值方法来得到上式的数值解，其求解过程如下。

（1）基函数展开

首先，将 f 在 $\bar{\bar{L}}$ 的定义域内展开成 f_1，f_2，$\cdots$，f_n 的线性组合，即

$$f = \sum_{n=1}^{N} a_n f_n \tag{2-93}$$

式中：a_n——待求的标量系数；

　　　f_n——展开函数或基函数。

如果 $N \to \infty$ 且 $\{f_n\}$ 是一完备集，则上式是精确的。但是通常在实际求解问题时，$N \to \infty$ 是不可能达到的，N 只能取一个尽可能大的有限值。因此，上式的右边项是定义在 F 的子空间 $F_N = \mathrm{span}\{f_1, f_2, \cdots, f_n\}$ 内待求函数 f 的近似解。将式（2-93）代入式（2-92），可以得到

$$\sum_{n=1}^{N} a_n \bar{\bar{L}} \cdot f_n = g \tag{2-94}$$

上述方程定义在空间 G 内。

（2）权函数检验

为了求解方程以确定未知系数 a_n，将式（2-92）在 N 个矢量 w_1，w_2，$\cdots$，w_m 上进行投影，则式（2-94）将转化为一个矩阵方程。如果 $N \to \infty$ 且 $\{w_m\}$ 是一完备集，则此矩

阵方程与式（2-92）完全等价；如果 N 为有限值，则此矩阵方程是式（2-94）在 G 的子空间 G_M=span $\{w_1, w_2, \cdots, w_M\}$ 上的投影。

定义矢量 f 在 w 上的投影为 f 与 w 的内积

$$(\boldsymbol{w}, \boldsymbol{f}) = \int \mathrm{d}r \boldsymbol{w}(\boldsymbol{r}) \cdot \boldsymbol{f}(\boldsymbol{r}) \qquad （2-95）$$

因此，实施检验后的式（2-95）可以写为

$$\sum_{n=1}^{N} a_n (\boldsymbol{w}_m, \bar{\bar{\boldsymbol{L}}} \cdot \boldsymbol{f}_n) = (\boldsymbol{w}_m, \boldsymbol{g}) \qquad （2-96）$$

m=1，2，$\cdots$，N，上述方程可以写成矩阵形式

$$\boldsymbol{Z} \cdot \boldsymbol{a} = \boldsymbol{b} \qquad （2-97）$$

其中，矩阵 $\boldsymbol{Z}$ 的元素可由 $Z_{mm}=(w_m, \bar{\bar{L}} \cdot f_n)$ 给出，矢量 $\boldsymbol{b}$ 的元素由 $b_m=(w_m, g)$ 获得。

（3）矩阵方程的求解

通常由 MoM 方法产生的是稠密矩阵方程且阶数较大。若用直接法求解该矩阵方程，运算量和存储量都很大，因此一般采用迭代算法作为大规模矩阵方程求解方法。目前比较流行的迭代算法有基于 Krylov 子空间的迭代方法、共轭梯度法（CG）、广义最小余量法（GMRES）以及稳定化的双共轭梯度法（BiCG）等。

上述步骤即为矩量法的基本出发点，$\boldsymbol{f}_n$ 为展开基函数，$\boldsymbol{w}_m$ 为权函数或者检验函数。无论是金属材料类还是介质材料类的电磁问题，基函数和检验函数的选择都是矩量法计算中至关重要的因素。

2.3.3.2 积分方程

（1）矢量波动方程的积分解

对于介质结构电磁问题的求解，首先可以从麦克斯韦方程组出发，通过矢量波动方程，可获得电磁散射、辐射问题的一般积分解的形式。

在均匀各向同性媒质中，对于时谐场，麦克斯韦方程组的微分形式为

$$\begin{cases} \nabla \times \boldsymbol{H} = \mathrm{j}\omega\varepsilon\boldsymbol{E} + \boldsymbol{J} \\ \nabla \times \boldsymbol{E} = -\mathrm{j}\omega\mu\boldsymbol{H} \\ \nabla \cdot (\mu\boldsymbol{H}) = 0 \\ \nabla \cdot (\varepsilon\boldsymbol{E}) = \rho \end{cases} \qquad （2-98）$$

从上式出发，可得到时谐场的矢量波动方程

$$\nabla \times \nabla \times \boldsymbol{E} - k^2\boldsymbol{E} = -\mathrm{j}\omega\mu\boldsymbol{J} \qquad （2-99）$$

$$\nabla \times \nabla \times \boldsymbol{H} - k^2\boldsymbol{H} = \nabla \times \boldsymbol{J} \qquad （2-100）$$

其中，$k^2=\omega^2\mu\varepsilon$。

任意形式的场源分布形式如图 2-14 所示，设体积 V 是由闭合面 S_1、S_2 所包围而成，$\hat{n}$ 为 S_1、S_2 面的外法线单位矢量。已知 V' 内场源 $\boldsymbol{J}$（电流密度）、ρ（电荷密度）的分布以及 S_1、S_2 表面上的电磁场值 $\boldsymbol{E}$、$\boldsymbol{H}$，S_2 面外和 S_1 面内的场源是未知的。

根据矢量格林定理

$$\int_V (\boldsymbol{P} \cdot \nabla \times \nabla \times \boldsymbol{Q} - \boldsymbol{Q} \cdot \nabla \times \nabla \times \boldsymbol{P}) \mathrm{d}V = \oint_{S_1+S_2} (\boldsymbol{Q} \times \nabla \times \boldsymbol{P} - \boldsymbol{P} \times \nabla \times \boldsymbol{Q}) \hat{n} \mathrm{d}s \qquad （2-101）$$

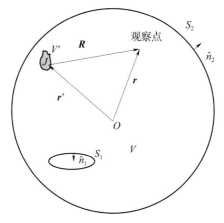

图 2-14　场源分布形式

可以通过对式（2-99）和式（2-100）直接积分，求出 V 内的源和边界 S_1、S_2 面上的场值在 V 内任一点产生的场的积分表示式。

令

$$P = E(r) \tag{2-102}$$

$$Q = G_0(r,r')A \tag{2-103}$$

式中：A——任意的常矢量；

$G_0(r,r') = \dfrac{\mathrm{e}^{-jk|r-r'|}}{4\pi|r-r'|}$——自由空间的格林函数。

且 $G_0(r,\ r')$、A 满足

$$(\nabla^2 + k^2)\left[G_0(r,r')A\right] = -\delta(r - r')A \tag{2-104}$$

将式（2-102）、式（2-103）代入式（2-101），可得

$$\int_V \left\{ E(r) \cdot \nabla \times \nabla \times \left[G_0(r,r')A \right] - G_0(r,r')A \cdot \nabla \times \nabla \times E(r) \right\} \mathrm{d}V = $$
$$\oint_{S_1+S_2} \left\{ G_0(r,r')A \times \nabla \times E(r) - E(r) \times \nabla \times \left[G_0(r,r')A \right] \right\} \cdot \hat{n}\mathrm{d}S \tag{2-105}$$

上式中

$$\nabla \times \nabla \times \left[G_0(r,r')A \right] = \nabla\nabla \cdot \left[G_0(r,r')A \right] - \nabla^2\left[G_0(r,r')A \right] = $$
$$\nabla\left[G_0(r,r')\nabla \cdot A + A \cdot \nabla G_0(r,r') \right] - \nabla^2\left[G_0(r,r')A \right] \tag{2-106}$$

考虑到式（2-104）及 A 为任意常矢量，则有

$$\nabla \times \nabla \times \left[G_0(r,r')A \right] = \nabla\left[G_0(r,r') \cdot A \right] + k^2 G_0(r,r')A + \delta(r-r')A \tag{2-107}$$

把式（2-99）和式（2-107）代入式（2-105），可得

$$\int_V \left\{ E(r) \cdot \nabla\left[G_0(r,r') \cdot A \right] + \delta(r-r')A \cdot E(r) + j\omega\mu G_0(r,r')A \cdot J(r) \right\} \mathrm{d}V = $$
$$\oint_{S_1+S_2} \left\{ G_0(r,r')A \times \nabla \times E(r) - E(r) \times \nabla \times \left[G_0(r,r')A \right] \right\} \cdot \hat{n}\mathrm{d}S \tag{2-108}$$

根据矢量微分恒等式

雷达天线罩工程

$\boldsymbol{F} \cdot \nabla\varphi = \nabla \cdot (\varphi\boldsymbol{F}) - \varphi\nabla \cdot \boldsymbol{F}$，则有

$$\boldsymbol{E}(r) \cdot \nabla[G_0(\boldsymbol{r},\boldsymbol{r}') \cdot \boldsymbol{A}] = \nabla \cdot \{[\boldsymbol{A} \cdot \nabla G_0(\boldsymbol{r},\boldsymbol{r}')]\boldsymbol{E}(\boldsymbol{r})\} - [\boldsymbol{A} \cdot \nabla G_0(\boldsymbol{r},\boldsymbol{r}')]\nabla \cdot \boldsymbol{E}(\boldsymbol{r})$$

$$(2-109)$$

应用高斯散度定理，由上式可得

$$\int_V \boldsymbol{E}(\boldsymbol{r}) \cdot \nabla[G_0(\boldsymbol{r},\boldsymbol{r}') \cdot \boldsymbol{A}]\mathrm{d}V = \boldsymbol{A} \cdot \oint_{S_1+S_2}[\hat{n} \cdot \boldsymbol{E}(\boldsymbol{r})]\nabla G_0(\boldsymbol{r},\boldsymbol{r}')\mathrm{d}S - \boldsymbol{A}\int_V \frac{\rho}{\varepsilon}\nabla G_0(\boldsymbol{r},\boldsymbol{r}')\mathrm{d}V$$

$$(2-110)$$

根据δ函数的性质，矢量微分恒等式以及矢量混合乘积运算法则

$$\int_V \boldsymbol{A} \cdot \boldsymbol{E}(\boldsymbol{r})\delta(\boldsymbol{r}-\boldsymbol{r}')\mathrm{d}V = \boldsymbol{A} \cdot \boldsymbol{E}(\boldsymbol{r}) \qquad (2-111)$$

$$\nabla \times [G_0(\boldsymbol{r},\boldsymbol{r}') \cdot \boldsymbol{A}] = G_0(\boldsymbol{r},\boldsymbol{r}')\nabla \times \boldsymbol{A} - \boldsymbol{A} \times \nabla G_0(\boldsymbol{r},\boldsymbol{r}') = \nabla G_0(\boldsymbol{r},\boldsymbol{r}') \times \boldsymbol{A} \qquad (2-112)$$

$$\boldsymbol{A} \cdot (\boldsymbol{B} \times \boldsymbol{C}) = \boldsymbol{C} \cdot (\boldsymbol{A} \times \boldsymbol{B}) = \boldsymbol{B} \cdot (\boldsymbol{C} \times \boldsymbol{A}) \qquad (2-113)$$

可得

$$\{\boldsymbol{E}(\boldsymbol{r}) \times \nabla \times [G_0(\boldsymbol{r},\boldsymbol{r}')\boldsymbol{A}]\} \cdot \hat{n} = \hat{n} \cdot \{\boldsymbol{E}(\boldsymbol{r}) \times [\nabla G_0(\boldsymbol{r},\boldsymbol{r}') \times \boldsymbol{A}]\} =$$
$$[\nabla G_0(\boldsymbol{r},\boldsymbol{r}') \times \boldsymbol{A}] \cdot [\hat{n} \times \boldsymbol{E}(\boldsymbol{r})] = \qquad (2-114)$$
$$\boldsymbol{A} \cdot [\hat{n} \times \boldsymbol{E}(\boldsymbol{r}) \times \nabla G_0(\boldsymbol{r},\boldsymbol{r}')]$$

$$[\nabla G_0(\boldsymbol{r},\boldsymbol{r}')\boldsymbol{A} \times \nabla \times \boldsymbol{E}(\boldsymbol{r})] \cdot \hat{n} = [-\mathrm{j}\omega\mu G_0(\boldsymbol{r},\boldsymbol{r}')\boldsymbol{A} \times \boldsymbol{H}(\boldsymbol{r})] \cdot \hat{n} =$$
$$\mathrm{j}\omega\mu G_0(\boldsymbol{r},\boldsymbol{r}')\boldsymbol{A} \cdot [\hat{n} \times \boldsymbol{H}(\boldsymbol{r})] \qquad (2-115)$$

通过整理可得

$$\boldsymbol{A} \cdot \boldsymbol{E}(\boldsymbol{r}') = -\boldsymbol{A} \cdot \int_V \left[\mathrm{j}\omega\mu G_0(\boldsymbol{r},\boldsymbol{r}')\boldsymbol{J}(\boldsymbol{r}) - \frac{\rho(\boldsymbol{r})}{\varepsilon}\nabla G_0(\boldsymbol{r},\boldsymbol{r}')\right]\mathrm{d}V +$$
$$\boldsymbol{A} \cdot \oint_{S_1+S_2}\left\{\begin{array}{l}\mathrm{j}\omega\mu G_0(\boldsymbol{r},\boldsymbol{r}')\hat{n} \times \boldsymbol{H}(\boldsymbol{r}) - [\hat{n} \times \boldsymbol{E}(\boldsymbol{r})] \times \nabla G_0(\boldsymbol{r},\boldsymbol{r}')\\ - [\hat{n} \cdot \boldsymbol{E}(\boldsymbol{r})]\nabla G_0(\boldsymbol{r},\boldsymbol{r}')\end{array}\right\}\mathrm{d}S \qquad (2-116)$$

由于$\boldsymbol{A}$为任意常矢量，可将它从方程中消去，并将上式中的变量$\boldsymbol{r}$，$\boldsymbol{r}'$互换，由于$G_0(\boldsymbol{r},\boldsymbol{r}') = G_0(\boldsymbol{r}',\boldsymbol{r})$，可得$V$内任意一点处电场的积分解的形式

$$\boldsymbol{E}(\boldsymbol{r}) = -\int_V \left[\mathrm{j}\omega\mu G_0(\boldsymbol{r},\boldsymbol{r}')\boldsymbol{J}(\boldsymbol{r}') - \frac{\rho(\boldsymbol{r}')}{\varepsilon}\nabla'G_0(\boldsymbol{r},\boldsymbol{r}')\right]\mathrm{d}V' +$$
$$\oint_{S_1+S_2}\left\{\begin{array}{l}\mathrm{j}\omega\mu G_0(\boldsymbol{r},\boldsymbol{r}')\hat{n} \times \boldsymbol{H}(\boldsymbol{r}') - [\hat{n} \times \boldsymbol{E}(\boldsymbol{r}')] \times \nabla'G_0(\boldsymbol{r},\boldsymbol{r}')\\ - [\hat{n} \cdot \boldsymbol{E}(\boldsymbol{r}')]\nabla'G_0(\boldsymbol{r},\boldsymbol{r}')\end{array}\right\}\mathrm{d}S' \qquad (2-117)$$

依据同样的方法，由磁场满足的波动方程可得V内任意一点处磁场积分解的形式

$$\boldsymbol{H}(\boldsymbol{r}) = \int_V \boldsymbol{J}(\boldsymbol{r}') \times \nabla'G_0(\boldsymbol{r},\boldsymbol{r}')\mathrm{d}V' -$$
$$\oint_{S_1+S_2}\left\{\begin{array}{l}\mathrm{j}\omega\varepsilon G_0(\boldsymbol{r},\boldsymbol{r}')\hat{n} \times \boldsymbol{E}(\boldsymbol{r}') + [\hat{n} \times \boldsymbol{H}(\boldsymbol{r}')] \times \nabla'G_0(\boldsymbol{r},\boldsymbol{r}') +\\ [\hat{n} \cdot \boldsymbol{H}(\boldsymbol{r}')]\nabla'G_0(\boldsymbol{r},\boldsymbol{r}')\end{array}\right\}\mathrm{d}S' \qquad (2-118)$$

式（2-117）、式（2-118）就是Stratton-Chu公式，利用该公式可由已知电流、电荷

40

分布和给定边界面上的场值来计算所研究区域内的电磁场。公式中的体积分项代表 V 内的源在观察点产生的场；面积分项代表 V 外的源在观察点产生的场，因而后者是 V 内的源等于零时的解，即齐次亥姆霍兹方程的解。

当图 2-14 中的 S_2 面取为无穷大的球面，$R \to \infty$，根据无穷远处的辐射条件

$$\lim_{R \to \infty} R\left[\hat{\bm{n}} \times \bm{H} + \left(\frac{\varepsilon}{\mu}\right)^{1/2} \bm{E}\right] = 0 \qquad (2\text{-}119)$$

$$\lim_{R \to \infty} R\left[\left(\frac{\varepsilon}{\mu}\right)^{1/2} \hat{\bm{n}} \times \bm{E} - \bm{H}\right] = 0 \qquad (2\text{-}120)$$

Stratton–Chu 积分式（2-117）、式（2-118）中的第二项在 S_2 上就可以认为是零。

在电磁问题中，对于金属目标，通常可用表面积分方程来求解其电磁散射特性。而对于任意介电特性的复杂介质目标来说，体积分方程更具有优越性。体面混合积分方程适合处理 FSS 这种金属与介质的混合结构。

（2）理想导体表面的积分方程（SIE）

假设空间内存在一个封闭完纯导电（PEC）体，表面为 S，有一入射波（$\bm{E}^{\mathrm{i}}$，$\bm{H}^{\mathrm{i}}$）如图 2-15 所示。

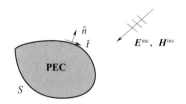

图 2-15　自由空间内 PEC

根据感应定理，在 PEC 表面产生感应电流 J_s 并在表面上满足边界条件

$$\begin{cases} \hat{\bm{n}} \times \bm{E} = 0 \\ \hat{\bm{n}} \times \bm{H} = \bm{J}_{\mathrm{s}} \end{cases} \qquad (2\text{-}121)$$

$$\begin{cases} \bm{E} = \bm{E}^{\mathrm{i}} + \bm{E}^{\mathrm{s}} \\ \bm{H} = \bm{H}^{\mathrm{i}} + \bm{H}^{\mathrm{s}} \end{cases} \qquad (2\text{-}122)$$

根据 Stratton–Chu 公式，PEC 表面上的边界条件以及电流连续性方程：$\nabla \cdot \bm{J}_{\mathrm{s}} = -\mathrm{j}\omega\rho$，经过整理可得到理想导体表面上电场积分方程（S-EFIE）和磁场积分方程（S-MFIE）

$$\hat{n} \times \bm{E}^{\mathrm{i}}(\bm{r}) = \hat{n} \times \mathrm{j}\omega\mu \int_S \left[\overline{\overline{G}}(\bm{r},\bm{r}') \bm{J}_{\mathrm{s}}(\bm{r}')\right] \mathrm{d}S' \qquad (2\text{-}123)$$

$$\bm{J}(\bm{r}) - \hat{\bm{n}} \times \int_S \mathrm{d}S' \nabla G(\bm{r},\bm{r}') \times \bm{J}(\bm{r}') = \hat{\bm{n}} \times \bm{H}^{\mathrm{i}}(\bm{r}) \qquad (2\text{-}124)$$

其中，并矢格林函数 $\overline{\overline{G}}(\bm{r},\bm{r}') = \left(\overline{\overline{I}} + \dfrac{\nabla'\nabla}{k^2}\right) G(\bm{r},\bm{r}')$。

（3）介质区域的体积分方程（VIE）

设任意形状介质体围成的体积区域为 V，复介电常数 $\hat{\varepsilon}(\bm{r})$，相对复介电常数 $\hat{\varepsilon}_r(\bm{r})$，电导率 σ。根据等效原理，介质体（V）的散射等效于在自由空间内其相应的区域 V 内等效体电流 $\bm{J}_v$ 的散射，如图 2-16 所示。

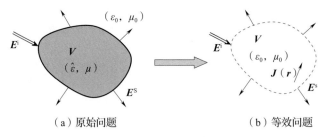

（a）原始问题　　　　　　　　（b）等效问题

图 2-16　介质区域的等效问题

在时谐场中，在空间任何一点的电场满足如下关系

$$E^{t} = E^{i} + E^{s} \tag{2-125}$$

式中：E^{t}——总的电场；

　　E^{i}——入射电场；

　　E^{s}——散射场。

在自由空间由极化电流 J_{v} 产生的散射电场的表达式为

$$E^{s} = -j\omega A - \nabla\Phi = -j\omega\mu_{0}\int_{V}dr'G(r,r')J_{v}(r') - \frac{\nabla}{\varepsilon_{0}}\int_{V}dr'G(r,r')\rho(r') \tag{2-126}$$

根据电流连续性方程 $\nabla \cdot J_{v} = -j\omega\rho$，则上式以 J_{v} 为未知量的具体表达式为

$$E^{s} = -\frac{j\omega\mu_{0}}{4\pi}\int_{V}dr'g(r,r')J(r') + \frac{\nabla}{4\pi j\omega\varepsilon_{0}}\int_{V}dr'g(r,r')\nabla \cdot J(r') \tag{2-127}$$

在介质体内部区域 V 内，J_{v} 与 E^{t} 满足下列关系

$$J_{v} = j\omega(\hat{\varepsilon}_{r}(r) - 1)\varepsilon_{0}E^{t} \tag{2-128}$$

将式（2-127）及式（2-128）代入式（2-125）并整理，可得在区域 V 内的电场方程

$$E^{i} = \frac{J_{v}(r)}{j\omega[\hat{\varepsilon}_{r}(r) - 1]\varepsilon_{0}} + \frac{j\omega\mu_{0}}{4\pi}\int_{V}dr'g(r,r')J_{v}(r') - \frac{\nabla}{4\pi j\omega\varepsilon_{0}}\int_{V}dr'g(r,r')\nabla \cdot J_{v}(r'), r \in V \tag{2-129}$$

上式即为在介质区域 V 内以等效体电流为未知元的体积分方程（VIE）。

（4）体面混合积分方程（VSIE）

对于任意介质和金属的混合结构，在介质体区域 V 内部，根据体等效原理有

$$J_{v}(r) = j\omega(\hat{\varepsilon}_{r} - 1)\varepsilon_{0}E(r) = j\omega(\hat{\varepsilon}_{r} - 1)\varepsilon_{0}\left[E^{i}(r) + E^{s}(r)\right] \quad r \in V \tag{2-130}$$

在金属区域表面 S 上，有

$$\hat{n} \times E(r) = \hat{n} \times E^{i}(r) + \hat{n} \times E^{s}(r) \quad r \in S \tag{2-131}$$

其中，式（2-130）和式（2-131）中的 $E^{s}(r)$ 均由两部分组成，即

$$E^{s}(r) = E^{s}(J_{s},r) + E^{s}(J_{v},r) \tag{2-132}$$

在介质区域，考虑到介质边界条件，通常利用电通量作为未知元

$$J_{v} = \frac{j\omega(\hat{\varepsilon}_{r}(r) - 1)}{\hat{\varepsilon}_{r}(r)}D(r) \tag{2-133}$$

在金属和介质分界面上，边界条件满足

$$\hat{\boldsymbol{n}} \cdot \boldsymbol{D}(\boldsymbol{r}) = \rho_s = \frac{\mathrm{j}}{\omega} \nabla \cdot \boldsymbol{J}_s \qquad (2\text{-}134)$$

由式（2-130）和式（2-131）可构成考虑介质区域与金属区域互耦的体面积分方程

$$\begin{aligned}
\boldsymbol{E}_{\tan}^{\mathrm{i}}(\boldsymbol{r}) = {} & \frac{\boldsymbol{J}_{vs}(\boldsymbol{r})}{\mathrm{j}\omega[\hat{\varepsilon}_r(\boldsymbol{r})-1]\varepsilon_0\tau} + \frac{\mathrm{j}\omega\mu_0}{4\pi}\int_{S_t}\mathrm{d}r' g(\boldsymbol{r},\boldsymbol{r'})\boldsymbol{J}_{vs}(\boldsymbol{r'}) - \\
& \frac{\nabla}{4\pi\mathrm{j}\omega\varepsilon_0}\int_{S_t}\mathrm{d}r' g(\boldsymbol{r},\boldsymbol{r'})\nabla\cdot\boldsymbol{J}_{vs}(\boldsymbol{r'}) + \\
& \frac{\mathrm{j}k_0\eta}{4\pi}\left\{\int_{S_{\mathrm{pec}}}\mathrm{d}r' g(\boldsymbol{r},\boldsymbol{r'})J_{ss}(\boldsymbol{r'}) - \frac{\nabla}{k_0^2}\int_{S_{\mathrm{pec}}}\mathrm{d}r' g(\boldsymbol{r},\boldsymbol{r'})\nabla\cdot[J_{ss}(\boldsymbol{r'})]\right\} \quad \boldsymbol{r}\in S_t
\end{aligned} \qquad (2\text{-}135)$$

$$\begin{aligned}
\boldsymbol{E}_{\tan}^{\mathrm{int}} = {} & \left\{\frac{\mathrm{j}k_0\eta}{4\pi}\int_{S_{\mathrm{pec}}}\mathrm{d}r' g(\boldsymbol{r},\boldsymbol{r'})J_{ss}(\boldsymbol{r'}) - \frac{\nabla}{k_0^2}\int_{S_{\mathrm{pec}}}\mathrm{d}r' g(\boldsymbol{r},\boldsymbol{r'})\nabla\cdot[J_{ss}(\boldsymbol{r'})]+\right. \\
& \left.\frac{\mathrm{j}\omega\mu_0}{4\pi}\int_{S_t}\mathrm{d}r' g(\boldsymbol{r},\boldsymbol{r'})\boldsymbol{J}_{vs}(\boldsymbol{r'}) - \frac{\nabla}{4\pi\mathrm{j}\omega\varepsilon_0}\int_{S_t}\mathrm{d}r' g(\boldsymbol{r},\boldsymbol{r'})\nabla\cdot\boldsymbol{J}_{vs}(\boldsymbol{r'})\right\}_{\tan} \quad \boldsymbol{r}\in S_{\mathrm{pec}}
\end{aligned} \qquad (2\text{-}136)$$

2.3.3.3　积分方程的矩量法求解

矩量法将整个连续区域离散成许多子域，在子域中，将未知函数展开为一组基函数的叠加，每个基函数前的未知系数即展开系数通常为要求解的未知量，然后用冲击函数匹配法、线匹配法或伽辽金测试法对算子方程做检验，使之转化为矩阵方程，最后求解矩阵方程得到展开系数。用矩量法求解积分方程包括下列步骤：

➢ 求解区域的网格离散或目标的剖分；
➢ 基函数选取及未知函数的展开；
➢ 积分方程的检验或匹配；
➢ 线性代数方程组的求解。

在上述四个步骤中，基函数和试函数的选取有相当的灵活性，而且选取什么样的基函数与试函数会影响求解精度的高低以及阻抗填充过程的效率，因此基函数和试函数的选取至关重要。

（1）几何模型的离散

应用矩量法求解电磁问题时，需要对定义域离散，针对不同的实体模型，可以采用不同的离散单元来剖分。离散网格的质量取决于离散网格的形状和几何模型的拓扑结构。网格离散不能产生人为的电流不连续性。对于本来连续的感应电流，如果离散程度不够，求解得到的感应电流不能满足电流连续性条件；如果离散过密，将导致较大的计算量。

①线模型

在矩量法分析中对于线模型，采用三角正弦基函数，因此对于细线结构，网格剖分方式采取直线段单元均匀剖分。一般以工作波长的1/10为直线网格长度，即可很好地保证计算精度。若预计电流分布较均匀，离散尺度可适当放宽，实践发现以不大于工作波长的

1/4 为宜。

②表面模型

对于面结构的几何模型的离散，常见的剖分单元有直边三角形、曲边三角形、矩形和任意四边形。目前普遍采用的是三角面元，它的优点在于单元形状简单、灵活性比较好，可以很精确地表达任意形状的三维复杂曲面且易于实现剖分。对于三角形剖分的质量衡量，除了要求网格均匀外，还取决于所采用的基函数。如果是低价的基函数，一般要求剖分波长在 0.1，最大不要超过 1/5 波长。对于曲面模型，如图 2-17 所示，可以通过调节曲率误差来控制三角面元对曲面的拟合精度，一般要求 $\max(h/L) < 0.1$。

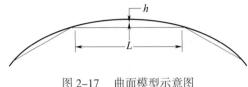

图 2-17　曲面模型示意图

如果基函数选取为 RWG 基函数，由于基函数是定义在一对三角面元上，因此在网格剖分时还要求网格具有连续性。而在面模型的建模过程中，当形体复杂时，可能因为建模需要而将本来连续的表面建成不连续表面，人为导致三角形网格不能成对匹配，这将破坏表面电流的连续性。因此，剖分后还应注意检查单元之间的匹配，必要时需要进行几何建模上的调整。

③实体模型

对于具有实体结构的模型来说，常用的体剖分单元有立方体和四面体两种，如图 2-18 所示。立方体网格离散的优点是单元结构简单易于编程实现，剖分网格具有良好的均匀性且易于控制。在早先的体积积分矩量法中，立方体网格离散方法的使用频率比较高。但是，立方体网格的形体适应性较差，只适用于规则体结构。特别是当剖分曲面边界的体结构时，立方体网格会产生较大的台阶拟合误差，为降低台阶拟合误差，往往需要减小离散尺度。然而，这将导致网格数目的增加，进而增加了 MoM 求解的未知元数目。而四面体是由三角形表面围成的，用作体结构离散网格时具有与离散面结构的三角形平面网格相类似的优势，比四边形表面的体网格对形体的拟合效果更为理想。在网格均匀性方面，四面体离散不及立方体，但这也体现了四面体网格的拟合任意复杂形体的灵活性。另外，力学有限元方法的广泛应用，使得对任意三维形体进行四面体网格的自动划分已经成熟，并有了成熟的 CAD/CAM 商品软件，因此可以充分利用这些成熟自动剖分软件中的四面体自动生成算法为 VIE-MoM 方法提供离散网格信息。

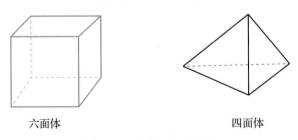

六面体　　　　　　　　　　　四面体

图 2-18　常用体剖分单元

（2）基函数和权函数的选择

矩量法的一个关键步骤是基函数和权函数的选择。理想的基函数和权函数应满足如下条件。

①可获得高精度的解；

②易于计算矩阵单元；

③基函数和权函数的数目应尽可能小，以生成一小的矩阵；

④矩阵 $\boldsymbol{Z}$ 为良态矩阵。

基函数按照其定义域的不同可分为全域基函数和分域基函数。全域基函数定义在整个求解区间上，解决某些特殊问题很有效。但对于更一般的问题，则很难构造这类基函数，故应用较少。目前通常使用的是分域基函数，它定义在求解区域的子域上。对于不同的剖分情况也有不同的基函数定义形式。

对于采用了三角面元进行网格剖分的面单元，基函数可选用 RWG 基函数。RWG 基函数是由 Rao、Wilton 和 Glisson 于 1982 年提出的。在如图 2-19 所示的一对相连的三角片 T_n^+ 和 T_n^- 上定义如下基函数

$$\boldsymbol{f}_n^s(\boldsymbol{r}) = \begin{cases} \dfrac{l_n}{2A_n^+}\,\boldsymbol{\rho}_n^+(\boldsymbol{r}) & \boldsymbol{r} \in T_n^+ \\[3mm] \dfrac{l_n}{2A_n^-}\,\boldsymbol{\rho}_n^-(\boldsymbol{r}) & \boldsymbol{r} \in T_n^- \end{cases} \tag{2-137}$$

式中：l_n——两个三角片公共边的长度；

A_n^+、A_n^-——三角片 T_n^+ 和 T_n^- 的面积；

$\boldsymbol{\rho}_n^+(\boldsymbol{r}) = \boldsymbol{r} - \boldsymbol{v}_n^+$、$\boldsymbol{\rho}_n^-(\boldsymbol{r}) = \boldsymbol{v}_n^- - \boldsymbol{r}$、——定义在三角片 T_n^+ 和 T_n^- 内的位置矢量。

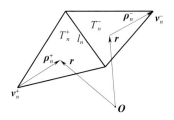

图 2-19　RWG 基函数的定义

基函数数 $\boldsymbol{f}_n^s(\boldsymbol{r})$ 的散度为

$$\nabla \cdot \boldsymbol{f}_n^s(\boldsymbol{r}) = \begin{cases} \dfrac{l_n}{A_n^+} & \boldsymbol{r} \in T_n^+ \\[3mm] -\dfrac{l_n}{A_n^-} & \boldsymbol{r} \in T_n^- \end{cases} \tag{2-138}$$

由上式可看出，两个三角片上的电荷密度为均匀分布。将上式在两个三角片上积分后，同样可知，两个三角片上分布的总电荷为零。

对于介质区域，同立方体相比而言，应用四面体单元离散可以更好地拟合任意体结构，Schaubert、Wilton 和 Glisson 提出了一种基于四面体表面的基函数——SWG 基函数，如图 2-20 所示。

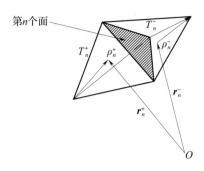

图 2-20　第 n 个基函数相关的 SWG 基函数

$$f_n = \begin{cases} \dfrac{a_n}{3V_n^+} \boldsymbol{\rho}_n^+ & r \in T_n^+ \\[3mm] \dfrac{a_n}{3V_n^-} \boldsymbol{\rho}_n^- & r \in T_n^- \end{cases} \tag{2-139}$$

式中：a_n——两个四面体交界处的面积；

　　V_n^+、V_n^-——T_n^+ 和 T_n^- 的体积。

该基函数的散度为

$$\nabla \cdot f_n = \begin{cases} \dfrac{a_n}{V_n^+} & r \in T_n^+ \\[3mm] -\dfrac{a_n}{V_n^-} & r \in T_n^- \end{cases} \tag{2-140}$$

由上式可以看出，在两个四面体上电荷密度为均匀分布，总电荷为零。

一般而言，权函数的选择决定了测试的方法。对应于点匹配、线匹配、伽略金匹配法，相应的权函数可取为点脉冲、线性函数、与基函数相同的函数。通常采用点配法和伽辽金匹配法，伽辽金匹配法的计算效果最稳定，因此，伽辽金匹配法使用比较普遍。

（3）矩阵方程的求解

上述各种形式的积分方程在经过离散和检验过程后，都已转化为矩阵方程。矩阵元素计算的最简单方法就是数值积分。系数矩阵元素的计算精度对于方程求解结果的准确度是至关重要的。高斯公式为复杂积分的求解提供了一种高效的数值逼近手段。

①平面三角形上的数值积分

为了简化三角形上的积分，这里引入自然坐标。设图 2-21 所示的 $\triangle v_1v_2v_3$ 的面积为 A，与顶点 v_1、v_2 和 v_3 相对的分别是边 b_1、b_2 和 b_3。p 为三角形内一点，线段 pv_1、pv_2 和 pv_3 将三角形分成三个面积分别为 A_1、A_2 和 A_3 的子三角形 v_2v_3p、v_3v_1p 和 v_1v_2p，则子三角形面积与 $\triangle v_1v_2v_3$ 面积之比为

$$\xi_i = \frac{A_i}{A}, \qquad i = 1,2,3 \tag{2-141}$$

且有

$$\xi_1 + \xi_2 + \xi_3 = 1 \tag{2-142}$$

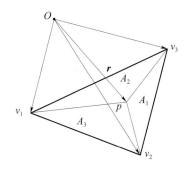

图 2-21　三角形上的自然坐标

上式表明，ξ_1、ξ_2 和 ξ_3 三者是线性相关的，所以三角形内任意一点的坐标可由其中任意两个来确定。ξ_i 还代表了边 b_i 上子三角形的相对高度。通过坐标变换，可知

$$\boldsymbol{r} = \xi_1\boldsymbol{r}_1 + \xi_2\boldsymbol{r}_2 + \xi_3\boldsymbol{r}_3 \qquad (2\text{-}143)$$

其中，$\boldsymbol{r}$ 为 p 点的全局坐标，$\boldsymbol{r}_1$、$\boldsymbol{r}_2$ 和 $\boldsymbol{r}_3$ 分别为顶点 v_1、v_2 和 v_3 的全局坐标。经过推导，有

$$\int_{\triangle v_1 v_2 v_3} f(\boldsymbol{r})\mathrm{d}S = A \int_0^1 \int_0^{1-\xi_i} f(\xi_i,\xi_{i\pm1})\mathrm{d}\xi_{i\pm1}\mathrm{d}\xi_i \qquad (2\text{-}144)$$

由 Gauss-Legendre 求积规则可知，上式右边积分可近似写为如下求和式

$$\int_0^1 \int_0^{1-\xi_i} f(\xi_i,\xi_{i\pm1})\mathrm{d}\xi_{i\pm1}\mathrm{d}\xi_i \approx \sum_{j=1}^N w_j f\left[(\xi_i)_j,(\xi_{i\pm1})_j\right] \qquad (2\text{-}145)$$

式中：N——积分采样点数；

$(\xi_i)_j$——第 j 个采样点上 ξ_i 的值；

w_j——该采样点上的求和权重。

②四面体内的数值积分

任意四面体区域内的体积分可以通过变换转化为求解一个正四面体区域内的积分。如图 2-22 所示的任意四面体（1234）：该四面体的体积为 V，$\boldsymbol{r}_i$ 表示由原点到四面体顶点 i 的矢量（$i=1$，2，3，4），P 为该四面体内任意一点，原点到 P 点的矢量为 $\boldsymbol{r}$。图 2-22 中，P 点将四面体分成四个小的四面体：（P，2，3，4），（1，P，3，4），（1，2，P，4），（1，2，3，P）。设 ΔV_1、ΔV_2、ΔV_3、ΔV_4 分别为四个小四面体的体积，且有 $\Delta V_1 + \Delta V_2 + \Delta V_3 + \Delta V_4 = V$。

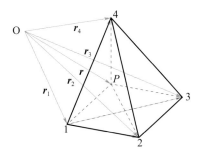

图 2-22　任意四面体上的自然坐标

取 $\xi = \dfrac{\Delta V_2}{V}$，$\eta = \dfrac{\Delta V_3}{V}$，$\zeta = \dfrac{\Delta V_4}{V}$，则有

$$\boldsymbol{r} = \boldsymbol{r}_1(1 - \xi - \eta - \zeta) + \boldsymbol{r}_2\xi + \boldsymbol{r}_3\eta + \boldsymbol{r}_4\zeta \text{ 或 } \boldsymbol{r} = \boldsymbol{r}_1 + \boldsymbol{r}_{12}\xi + \boldsymbol{r}_{13}\eta + \boldsymbol{r}_{14}\zeta \qquad (2\text{-}146)$$

其中，$\boldsymbol{r}_{1j} = \boldsymbol{r}_j - \boldsymbol{r}_1$，$j = 1，2，3，4$，可计算得到雅克比行列式

$$J = \begin{vmatrix} \dfrac{\partial x}{\partial \xi} & \dfrac{\partial x}{\partial \eta} & \dfrac{\partial x}{\partial \zeta} \\[2mm] \dfrac{\partial y}{\partial \xi} & \dfrac{\partial y}{\partial \eta} & \dfrac{\partial y}{\partial \zeta} \\[2mm] \dfrac{\partial z}{\partial \xi} & \dfrac{\partial z}{\partial \eta} & \dfrac{\partial z}{\partial \zeta} \end{vmatrix} = \begin{vmatrix} \boldsymbol{r}_{12}\cdot\hat{x} & \boldsymbol{r}_{13}\cdot\hat{x} & \boldsymbol{r}_{14}\cdot\hat{x} \\[1mm] \boldsymbol{r}_{12}\cdot\hat{y} & \boldsymbol{r}_{13}\cdot\hat{y} & \boldsymbol{r}_{14}\cdot\hat{y} \\[1mm] \boldsymbol{r}_{12}\cdot\hat{z} & \boldsymbol{r}_{13}\cdot\hat{z} & \boldsymbol{r}_{14}\cdot\hat{z} \end{vmatrix} = 6V \qquad (2\text{-}147)$$

因此在四面体（1234）内的积分可以通过坐标变换，转化图 2-23 中在正四面体（$1'2'3'4'$）内以（ξ，η，ζ）为自变量的积分

$$\int_V \mathrm{d}\boldsymbol{r} = \int_V \mathrm{d}x\mathrm{d}y\mathrm{d}z = 6V\int_0^1\int_0^{(1-\xi)}\int_0^{(1-\xi-\eta)} \mathrm{d}\xi\mathrm{d}\eta\mathrm{d}\zeta \qquad (2\text{-}148)$$

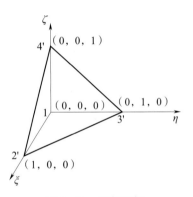

图 2-23　局部坐标

根据 Gauss-Legendre 数值积分规则，上式积分可以通过有限个采样点上值求和近似获得

$$\int_0^1\int_0^{(1-\xi)}\int_0^{(1-\xi-\eta)} f(\xi,\eta,\zeta)\mathrm{d}\xi\mathrm{d}\eta\mathrm{d}\zeta \approx \sum_{i=1}^N \omega_i f(\xi_i,\eta_i,\zeta_i) \qquad (2\text{-}149)$$

式中：N——积分点数；

（ξ_i，η_i，ζ_i）——第 i 个积分点上的采样值；

ω_i——第 i 个采样点上的权因子。

应用矩量法最终需要求解一个矩阵方程。通常由 VIE-MoM 方法产生的是稠密矩阵方程且阶数较大。若用直接法求解该矩阵方程，运算量和存储量都很大，因此一般采用迭代算法作为大规模矩阵方程求解方法。目前比较流行的迭代算法有基于 Krylov 子空间的迭代方法、共轭梯度法（CG）、广义最小余量法（GMRES）以及稳定化的双共轭梯度法（BiCG）等，其中 GMRES 算法比较适用于稠密矩阵方程的快速求解，但是，GMRES 算法随着迭代步数的增加，计算量和内存需求量也会增加，尤其是当矩阵规模很大时，对内存需求的大量增加会导致其在单机上无法运行。虽然可以通过重启技术来克服这一困

难，但是会使迭代收敛速度变慢，导致计算效率降低。一种有效的求解大规模稠密矩阵的方法就是通过在 GMRES 算法中引入预条件技术来对矩阵方程进行预优，以达到尽量减少 GMRES 迭代次数的目的。本节针对 VIE-MoM 产生的大型矩阵方程，在衡量了计算量、内存需求以及迭代收敛加速效果后，在 MLFMA 算法的分组基础上，构造了一种近场预条件器对 GMRES 算法进行预优改善迭代收敛效率。同时，在计算到一定精度后，采用了近似矩阵矢量乘积来代替原来的矩阵矢量乘积，既保证了计算精度，又减少了单步迭代时间。

③ GMRES 迭代算法

对于大型线性代数方程组

$$Ax = b \qquad (2\text{-}150)$$

取 $x_0 \in R^n$ 为任一矢量，令 $x = x_0 + z$，则方程组化为 $Az = r_0$，其中 $r_0 = b - Ax_0$。对于固定整数 $m > 0$，令左、右空间分别为 $L_m = AK_m$，其中 $K_m = \text{span}\{r_0, Ar_0, \cdots, A^{m-1}r_0\}$。

在子空间 K_m 中近似解 z_m，使得

$$
\begin{aligned}
x_m &= x_0 + z_m, z_m = V_m y_m \in K_m \\
r_m &= b - Ax_m = r_0 - Az_m
\end{aligned}
\qquad (2\text{-}151)
$$

其中，$V_m = \{v_1, v_2, \cdots, v_m\}$ 是利用 Arnoldi 过程构造的右空间 K_m 的正交基矩阵。

基于 Krylov 子空间的 GMRES 算法应用于求解边界元方程组目前来说是一种比较理想的算法，GMRES 算法在实际工程中解决问题具有很大的价值。它的算法描述如下。

第一步：初始化

选取方程 $Ax = b$ 的初值 x_0，计算 $r_0 = b - Ax_0$，令 $v_1 = r_0 / \|r_0\|$，记 $\beta = \|r_0\|$。

第二步：迭代过程 $j = 1, 2, \cdots, m$

正交化：$h_{i,j} = (Av_i, v_j), i = 1, 2, \cdots, j, \hat{v}_{j+1} = Av_j - \sum_{i=1}^{j} h_{i,j} v_i$

标准化：$h_{j+1,j} = \|\hat{v}_{j+1}\|$ 和 $v_{j+1} = \hat{v}_{j+1} / h_{j+1,j}$

求解最小二乘问题：求得 $\min |\beta e_1 - \bar{H}_j y|$ 的解 y_j，其中 $[H_m]$ 为由 $h_{i,j}$ 组成的向 Hessenberg 矩阵施加 Givens 旋转变换后消去下次对角元素所得的上三角矩阵

$$
\bar{H}_j = \begin{bmatrix} H_j \\ h_{j+1,m} e_j^T \end{bmatrix}, H_m = \begin{bmatrix}
h_{11} & h_{12} & \cdots & & h_{1j} \\
h_{21} & h_{22} & \cdots & & h_{2m} \\
0 & h_{32} & \cdots & & \\
\vdots & \vdots & \vdots & & \vdots \\
0 & \cdots & & h_{j,j-1} & h_{j,j}
\end{bmatrix}, e_j^T = (0, 0, \cdots, 1) \qquad (2\text{-}152)
$$

构造近似解

$$x_j = x_0 + V_j y_j$$

计算 $r_j = b - Ax_j$，如果满足精度要求，则停止；否则令 $x_0 = x_j$，$v_1 = r_j / \|r_j\|$，重复迭代过程。

从上面的过程中可以看到，每次迭代过程仅需要一次矩阵和矢量的乘积。GMRES 算法存在两个不足：第一就是随着迭代次数的增加，由 Aronldi 过程生成的正交基也不断增加，从而造成存储量和计算量的不断增加；第二就是随着迭代次数的增加，由于误差造成正交基正交性的丧失，从而使迭代的收敛速度放缓甚至发散。虽然可以通过采用重启技术

来释放掉一部分存储空间，但是这种方法不仅要根据经验确定 m 的值，而且也没有收敛性保证，经验表明该法经常出现停滞甚至发散的现象。

迭代算法的迭代收敛速度取决于矩阵方程的系数矩阵的性态。一般来说，体积分方程矩量法导出的稠密系数矩阵的谱特征很差，矩阵条件数相对较大，而且随着未知元数目的增加，系数矩阵条件数也相应增大。方程性态导致方程组迭代求解收敛缓慢。为了加快迭代求解的收敛速度，引入一个新的矩阵对原有矩阵方程进行变换以改善系数矩阵条件数是一种常见的手段。

2.3.4　有限元法

有限元方法是以变分原理和剖分插值为基础，近似求解数理边值问题的一种数值技术。

2.3.4.1　有限元基本原理

有限元法是一种用子域展开函数求解的方法，它有两种经典的求解过程。应用里兹（Ritz）变分法的过程称为里兹有限元方法，或变分有限元方法；而应用伽辽金（Galerkin）方法的过程通常称为伽辽金有限元方法。使用有限元法分析问题，首先用特定的小单元离散分析区域，并选择能近似表达一个单元中未知解的插值函数。其次建立方程组时对于里兹有限元法，需要推导出所要分析边值问题的等价泛函，使得泛函取极小值的函数对应于该问题的解，应用插值函数对该泛函进行插值离散；对于伽辽金有限元，需要对微分方程的残数求加权，应用插值函数对残数加权进行插值离散。最后将各单元内的局部系数矩阵整合成总的有限元方程组的系数矩阵，求解此有限元方程组，得出各单元内的插值系数，求得计算区域的电磁场分布。

应用有限元法求解电磁场边值问题应包括下列基本步骤。

（1）给出与待求边值问题相应的泛函及其等效变分问题

对于二维情况，二阶微分方程所定义的边值问题

$$-\frac{\partial}{\partial x}\left(\alpha_x \frac{\partial \Phi}{\partial x}\right)-\frac{\partial}{\partial y}\left(\alpha_y \frac{\partial \Phi}{\partial y}\right)+\beta\Phi=f \qquad (x,y)\in\Omega \qquad (2\text{-}153)$$

式中：Φ——未知函数；

α_x、α_y 和 β——与区域物理性质有关的已知参数；

f——源或激励函数。

这里所考虑的边界条件为

$$\Phi=p \quad 在 \Gamma_1 上$$

以及

$$\left(\alpha_x \frac{\partial \Phi}{\partial x}\hat{x}+\alpha_y \frac{\partial \Phi}{\partial y}\hat{y}\right)\cdot\hat{n}+\gamma\Phi=q \quad 在 \Gamma_2 上 \qquad (2\text{-}154)$$

式中：$\Gamma(=\Gamma_1+\Gamma_2)$——包围面 Ω 的轮廓或边界；

$\hat{n}$——外法向单位矢量；

γ、p 和 q——与边界条件物理性质有关的已知参数。

对于三维电磁散射问题，有限元泛函的体积分部分表示为

$$F(\boldsymbol{E}) = \frac{1}{2} \iiint_{V} \left[\frac{1}{\mu_r} (\nabla \times \boldsymbol{E}) \cdot (\nabla \times \boldsymbol{E}) - k_0^2 \varepsilon_r \boldsymbol{E} \cdot \boldsymbol{E} \right] \mathrm{d}V \qquad （2-155）$$

（2）应用有限单元剖分场域选取相应的插值函数

选择能近似表达单元中未知解的插值函数。插值函数可以选择一阶、二阶或高阶。虽然选择高阶插值函数获得的解精度比较高，但它的公式比较复杂，计算量很大，所以一般采用线性插值函数

$$\Phi^e = \sum_{j=1}^{n} N_j^e \tilde{\Phi}_j^e = \{N^e\}^{\mathrm{T}} \{\tilde{\Phi}^e\} = \{\tilde{\Phi}^e\}^{\mathrm{T}} \{N^e\} \qquad （2-156）$$

式中：n——该单元中结点（或棱边）的数目；

$\tilde{\Phi}_j^e$——单元节点（或棱边）上未知量的值；

N_j^e——插值函数，也称展开函数或基函数。

其重要特征是：它们只有在单元 e 内才不为 0，在单元 e 外都为 0。

（3）将变分问题离散化为一个多元函数的极值问题并导出一组联立的代数方程

①里兹（变分）有限元

首先求出微分方程 $\pounds\Phi = f$ 的变分方程，定义内积

$$<\Phi, \Psi> = \int_{\Omega} \Phi \Psi^* \mathrm{d}\Omega \qquad （2-157）$$

式中：* 表示共轭。

在此定义下，若有

$$<\pounds\Phi, \Psi> = <\Psi, \pounds\Phi>$$

则算符 $\pounds$ 是自伴的；如果

$$<\pounds\Phi, \Phi> \begin{cases} > 0 & \Phi \neq 0 \\ = 0 & \Phi = 0 \end{cases}$$

则算符 $\pounds$ 是正定的，如果算符 $\pounds$ 自伴且正定，那么方程 $\pounds\Phi = f$ 的解可以通过求以下泛函对 Φ 的极小值得到

$$F(\Phi) = <\pounds\Phi, \Psi> - <\Phi, f> - <f, \Phi> \qquad （2-158）$$

对于多数电磁场边值问题，可以采用广义变分原理，将内积重新定义为

$$<\Phi, \Psi> = \int_{\Omega} \Phi \Psi \mathrm{d}\Omega \qquad （2-159）$$

在上式的定义下可将式（2-158）写为

$$F(\Phi) = <\pounds\Phi, \Psi> - <\Phi, f> \qquad （2-160）$$

对应的变分方程为

$$\begin{cases} \delta F(\Phi) = 0 \\ 1^{\mathrm{st}} \mathrm{B.\,C.} \ 或\ 2^{\mathrm{ed}} \mathrm{B.\,C.} \ 或\ 3^{\mathrm{rd}} \mathrm{B.\,C.} \end{cases} \qquad （2-161）$$

将式（2-156）代入式（2-160），可以得到离散形式的泛函表达式

$$F(\Phi) = \sum_{e=1}^{M} F^e(\Phi^e) \qquad （2-162）$$

应用泛函驻定条件，即令 F 对 $\tilde{\Phi}_i^e$（某单元内局部编号为 i 的未知量）的偏导数为 0，可以得到对应的变分方程

$$\frac{\partial F}{\partial \tilde{\Phi}_i^e} = \sum_{e=1}^{M} \frac{\partial F^e(\Phi^e)}{\partial \tilde{\Phi}_i^e} = 0 \qquad (2\text{-}163)$$

设某单元内第 i 个未知量对应于全局的第 p 个未知量。因为任一单元的泛函都仅是由单元内 n 个未知量 $\tilde{\Phi}_i^e$ 组成的函数，所以仅是包含整体编号为 p 的未知量 $\tilde{\Phi}_i^e$ 的单元才对式（2-158）有贡献，不包含的单元对 $\tilde{\Phi}_p$ 的偏导为 0。因此，可先求各单元中的泛函 F^e 对单元中的未知量 $\tilde{\Phi}_i^e$（整体编号中的第 p 个未知量——$\tilde{\Phi}_p$）的偏导，然后将所有对 $\tilde{\Phi}_p$ 分布有贡献的偏导加起来，就可以得到整个区域上泛函对 $\tilde{\Phi}_p$ 的偏导。最终将得到关于整个区域内所有未知量的方程。

②伽辽金有限元

对于微分方程 $£\Phi = f$，第 e 个单元的残数加权为

$$R_i^e = \int_{\Omega^e} N_i^e (L\tilde{\Phi} - f)\,\mathrm{d}\Omega \qquad i = 1, 2, \cdots, n \qquad (2\text{-}164)$$

将式（2-156）代入上式后得到

$$R_i^e = \int_{\Omega^e} N_i^e L \{N^e\}^{\mathrm{T}}\mathrm{d}\Omega \{\Phi^e\} - \int_{\Omega^e} f N_i^e \,\mathrm{d}\Omega \qquad i = 1, 2, \cdots, n \qquad (2\text{-}165)$$

既然与一节点有关的展开函数和加权函数遍及所有和该结点直接相连的单元，那么，与节点 i 有关的残数加权 R_i 是对所有直接和节点 i 相连的单元求和。所以，利用局部和全局编码的关系，可以扩展式（2-165），然后将它对每一单元求和，得到 $\{R\} = \sum_{e=1}^{M} \{\bar{R}^e\}$，令此式等于零，可得到关于整个区域内所有未知量的方程，与里兹有限元法得到的未知量的方程一致。

在方程组能够求得定解之前，还需要应用相应的边界条件。一般边界条件有三种形式：一是狄利克雷边界条件，直接给出边界处的 Φ 值；二是奇次诺曼边界条件，它要求边界处 Φ 的法向导数为 0；三是混合边界条件（柯西边界条件）。第一类边界条件是必要边界条件，可以强加在计算中；第二类边界条件是自然边界条件，通常在求解过程中自动满足；第三类边界条件，则需要按一定法则对总体有限元方程进行修正。

（4）选择适当的代数解法求解有限元方程

选择适当的代数解法解有限元方程，即可得边值问题的近似解（数值解）。方程组的求解是有限元分析的最后一步，最终方程组有以下两种形式

$$[K]\{\tilde{\Phi}\} = \{b\} \qquad (2\text{-}166)$$

$$[A]\{\tilde{\Phi}\} = \Lambda\lambda[B]\{\tilde{\Phi}\} \qquad (2\text{-}167)$$

式（2-166）是确定型的，它是从非齐次微分方程或非齐次边界条件或两者兼有的问题中导出的。在电磁学中，确定型方程组通常与散射、辐射以及其他存在源和激励的确定性问题有关。而式（2-167）是本征值型的，它从齐次微分方程和齐次边界条件导出。在电磁学中，本征值型方程通常与波导中波传输和腔体中谐振等无源问题有关。求解方程组

就可以得到原问题的离散解，解出 $\{\tilde{\Phi}\}$ 的值，就能算出所需要的参数，如电容、电感、输入阻抗、散射参数和辐射图等。

2.3.4.2 矢量有限元法

用通过插值节点数值获得的节点基函数来表示各离散单元内电磁场的分量及其位函数的方法称为标量有限元方法或基于节点的有限元方法（node-based FEM）。该方法在工程计算中存在以下缺点：首先，会出现非物理解或称伪解。该解通常是由于未强加散度条件而引起的。其次，在介质界面或导体表面不易强加边界条件。最后，由于与结构相关的场的奇异性，该方法在处理导体和介质边缘及棱角时有其困难性。

Whitney 提出了一种新的有限元方法——矢量有限元法（edge-based FEM），该方法将自由度赋予剖分单元的棱边而不是节点，可以有效地消除"伪解"问题。矢量有限元方法的提出，是对传统有限元方法的一次创新。

基于棱边的有限元方法或称矢量有限元方法是对传统有限元方法的大胆改造，它将自由度赋予单元棱边而非单元节点，使得强加边界条件非常容易，在尖劈顶点不会出现奇点；合理选择基函数，直接模拟离散单元内矢量场而非位函数或矢量场的分量，保证泛函散度为零，剔除了伪解，从而克服了上述传统有限元方法所无法克服的缺点。相对于经典的标量有限元法，矢量有限元法还有如下优点：①它自然满足电场或磁场在介质分界面上的切向连续性条件；②由于棱边与棱边的耦合弱于节点与节点的耦合，因而所得到的总体矩阵具有较少的非零元和较大的稀疏度。

（1）矢量基函数的选取

对如图 2-24 所示四面体单元的各棱边进行编号，各边局部编号与各个顶点局部编号之间的关系见表 2-2。

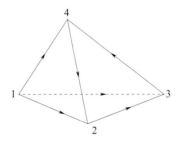

图 2-24　四面体单元示意图

表 2-2　棱边编号与节点编号的对应关系

棱边 i	节点 i_1	节点 i_2
1	1	2
2	1	3
3	1	4
4	2	3
5	4	2
6	3	4

在三维标量有限元方法中，四面体单元内的插值基函数可记为（L_1^e，L_2^e，L_3^e，L_4^e），并且有

$$L_i^e = \frac{1}{6V^e}(a_i^e + b_i^e x + c_i^e y + d_i^e z) \tag{2-168}$$

其中，a_i^e、b_i^e、c_i^e、d_i^e 的表达式可见有关参考文献。

构造矢量函数 $\boldsymbol{W}_{ij}=L_i^e \nabla L_j^e - L_j^e \nabla L_i^e$，得到四面体单元的矢量基函数

$$\boldsymbol{N}_i^e = \boldsymbol{W}_{i_1 i_2} l_i^e = (L_{i_1}^e \nabla L_{i_2}^e - L_{i_2}^e \nabla L_{i_1}^e) l_i^e \tag{2-169}$$

其中，棱边数 i 与相关节点 i_1、i_2 的定义在表 2-2 中。

在每一个四面体单元内利用线性插值函数，矢量场可展开为

$$\boldsymbol{E}^e = \sum_{i=1}^{6} \boldsymbol{N}_i^e E_i^e \tag{2-170}$$

四面体单元的矢量基函数具有零散度和非零旋度的特点。同时，基函数 $\boldsymbol{N}_i^e$ 只在包含第 i 边的单元小平面上有切向分量，因此单元小平面上的切向场由组成小平面的棱边上的切向场决定，从而保证了矢量场的展开式在穿越单元面时满足切向连续性。

（2）单元矩阵的计算

在采用有限元方法分析电磁散射与辐射问题的过程中，经常会遇到下列两个典型的单元矩阵计算

$$[A^e] = \iiint_{v_e} (\nabla \times \boldsymbol{N}^e) \cdot (\nabla \times \boldsymbol{N}^e)^{\mathrm{T}} \mathrm{d}V \tag{2-171}$$

$$[B^e] = \iiint_{v_e} \boldsymbol{N}^e \cdot \boldsymbol{N}^e \mathrm{d}V \tag{2-172}$$

式中：V_e——剖分的第 e 个四面体单元的体积。

利用式（2-170）的定义和 a_i^e、b_i^e、c_i^e、d_i^e 的表达式，通过式（2-171）可以得到单元矩阵 $[A^e]$ 的元素

$$\begin{aligned} A_{ij}^e = \frac{4 l_i^e l_j^e v_e}{(6 v_e)^4} \big[& (c_{i_1}^e d_{i_2}^e - d_{i_1}^e c_{i_2}^e)(c_{j_1}^e d_{j_2}^e - d_{j_1}^e c_{j_2}^e) + \\ & (d_{i_1}^e b_{i_2}^e - b_{i_1}^e d_{i_2}^e)(d_{j_1}^e b_{j_2}^e - b_{j_1}^e d_{j_2}^e) + \\ & (b_{i_1}^e c_{i_2}^e - c_{i_1}^e b_{i_2}^e)(b_{j_1}^e c_{j_2}^e - c_{j_1}^e b_{j_2}^e) \big] \end{aligned} \tag{2-173}$$

$[B^e]$ 中元素的求解略为复杂，首先利用矢量基函数的定义式（2-170），可以得到

$$\boldsymbol{N}_i^e \cdot \boldsymbol{N}_j^e = \frac{l_i^e l_j^e}{(6V^e)^2} \big[L_{i_1}^e L_{j_1}^e f_{i_2 j_2} - L_{i_1}^e L_{j_2}^e f_{i_2 j_1} - L_{i_2}^e L_{j_1}^e f_{i_1 j_2} + L_{i_2}^e L_{j_2}^e f_{i_1 j_1} \big] \tag{2-174}$$

其中，$f_{ij}=b_i^e b_j^e + c_i^e c_j^e + d_i^e d_j^e$，将以上两式代入 $[B^e]$ 中，并利用通用积分公式

$$\iiint_{V_e} (L_1^e)^k (L_2^e)^l (L_3^e)^m (L_4^e)^n \mathrm{d}V = \frac{k!\, l!\, m!\, n!}{(k+l+m+n+3)!} 6V^e \tag{2-175}$$

得到

$$B_{11}^e = \frac{l_1^e l_1^e}{360 V^e}(f_{22} - f_{12} + f_{11}) \qquad B_{12}^e = \frac{l_1^e l_2^e}{720 V^e}(2f_{23} - f_{21} - f_{13} + f_{11})$$

$$B_{13}^e = \frac{l_1^e l_3^e}{720 V^e}(2f_{24} - f_{21} - f_{14} + f_{11})$$

$$B_{14}^e = \frac{l_1^e l_4^e}{720 V^e}(f_{23} - f_{22} - 2f_{13} + f_{12})$$

$$B_{15}^e = \frac{l_1^e l_5^e}{720 V^e}(f_{22} - f_{24} - f_{12} + 2f_{14})$$

$$B_{16}^e = \frac{l_1^e l_6^e}{720 V^e}(f_{24} - f_{23} - f_{14} + f_{13})$$

$$B_{22}^e = \frac{l_2^e l_2^e}{360 V^e}(f_{33} - f_{13} + f_{11})$$

$$B_{23}^e = \frac{l_2^e l_3^e}{720 V^e}(2f_{34} - f_{13} - f_{14} + f_{11})$$

$$B_{24}^e = \frac{l_2^e l_4^e}{720 V^e}(f_{33} - f_{23} - f_{13} + 2f_{12})$$

$$B_{25}^e = \frac{l_2^e l_5^e}{720 V^e}(f_{23} - f_{34} - f_{12} + f_{14})$$

$$B_{26}^e = \frac{l_2^e l_6^e}{720 V^e}(f_{13} - f_{33} - 2f_{14} + f_{34})$$

$$B_{33}^e = \frac{l_3^e l_3^e}{360 V^e}(f_{44} - f_{14} + f_{11})$$

$$B_{34}^e = \frac{l_3^e l_4^e}{720 V^e}(f_{34} - f_{24} - f_{13} + f_{12})$$

$$B_{35}^e = \frac{l_3^e l_5^e}{720 V^e}(f_{24} - f_{44} - 2f_{12} + f_{14})$$

$$B_{36}^e = \frac{l_3^e l_6^e}{720 V^e}(f_{44} - f_{34} - f_{14} + 2f_{13})$$

$$B_{44}^e = \frac{l_4^e l_4^e}{360 V^e}(f_{33} - f_{23} + f_{22})$$

$$B_{45}^e = \frac{l_4^e l_5^e}{720 V^e}(f_{23} - 2f_{34} - f_{22} + f_{24})$$

$$B_{46}^e = \frac{l_4^e l_6^e}{720 V^e}(f_{34} - f_{33} - 2f_{24} + f_{23})$$

$$B_{55}^e = \frac{l_5^e l_5^e}{360 V^e}(f_{22} - f_{24} + f_{44})$$

$$B_{56}^e = \frac{l_5^e l_6^e}{720 V^e}(f_{24} - 2f_{23} - f_{44} + f_{34})$$

$$B_{66}^e = \frac{l_6^e l_6^e}{360 V^e}(f_{44} - f_{34} + f_{33})$$

2.3.5　时域有限差分法

时域有限差分法是时域麦克斯韦方程的直接数值解法，它是在 1966 年由 K.S.Yee 首先提出。该方法直接将麦克斯韦时域场方程的微分式或其他微分方程用有限差分式代替，得到关于场分量的差分格式，用具有相同电参量的空间网格去模拟被研究体，选取合适的场初始值和计算空间的边界条件，采用时间步进迭代的方法，可以得到包括时间变量的电磁场场量及其位函数的四维数值解，通过傅里叶变换可求得三维空间的频域解。该方法的主要优点是建模简单，同时，所需计算机内存较少，一般不涉及矩阵运算，通过一次时域计算即可求得一个频段上的天线参量（如输入阻抗、辐射图等）。采用时域有限差分法的计算程序通用性强且适合计算机的并行计算。

2.3.5.1　Yee 格式时域有限差分方程

在填充均匀各向同性有耗媒质的无源区域中，将麦克斯韦方程组表示为

$$\begin{cases} \nabla \times \boldsymbol{H}(x,y,z,t) = \sigma \boldsymbol{E}(x,y,z,t) + \varepsilon \frac{\partial}{\partial t} \boldsymbol{E}(x,y,z,t) \\[2mm] \nabla \times \boldsymbol{E}(x,y,z,t) = -\mu \frac{\partial}{\partial t} \boldsymbol{H}(x,y,z,t) \\[2mm] \nabla \cdot \boldsymbol{D}(x,y,z,t) = \rho(x,y,z,t) \\[2mm] \nabla \cdot \boldsymbol{B}(x,y,z,t) = 0 \end{cases} \tag{2-176}$$

前两个旋度方程在直角坐标系中展开，得到如下关于六个标量场分量的一阶耦合偏微分方程组

$$\frac{\partial H_x}{\partial t} = \frac{1}{\mu}\left(\frac{\partial E_y}{\partial z} - \frac{\partial E_z}{\partial y}\right)$$

$$\frac{\partial H_y}{\partial t} = \frac{1}{\mu}\left(\frac{\partial E_z}{\partial x} - \frac{\partial E_x}{\partial z}\right)$$

$$\frac{\partial H_z}{\partial t} = \frac{1}{\mu}\left(\frac{\partial E_x}{\partial y} - \frac{\partial E_y}{\partial x}\right)$$

$$\frac{\partial E_x}{\partial t} = \frac{1}{\varepsilon}\left(\frac{\partial H_z}{\partial y} - \frac{\partial H_y}{\partial z} - \sigma E_x\right)$$

$$\frac{\partial E_y}{\partial t} = \frac{1}{\varepsilon}\left(\frac{\partial H_x}{\partial z} - \frac{\partial H_z}{\partial x} - \sigma E_y\right)$$

$$\frac{\partial E_z}{\partial t} = \frac{1}{\varepsilon}\left(\frac{\partial H_y}{\partial x} - \frac{\partial H_x}{\partial y} - \sigma E_z\right)$$

（2-177）

如图 2-25 所示，用一长方体将电磁问题的求解域包含在内，并沿 x，y，z 三个方向将该长方体用直网格离散，网格步长分别为 Δx，Δy，Δz，网格节点的标号分别以 i，j，k 表示。这时，第（i，j，k）$\dfrac{n!}{r!\,(n-r)!}$ 个节点的坐标可表示为

$$(x_i, y_j, z_k) = (i\Delta x, j\Delta y, k\Delta z)$$

（2-178）

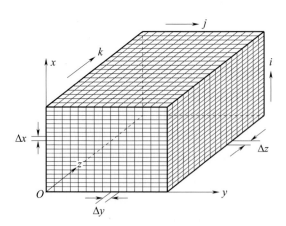

图 2-25　长方体求解域的直网格离散

若将时间轴也以时间步长 Δt 进行离散，则在第（i，j，k）个节点上第 n 个时刻的任一场量值可以表示为

$$F^n(i, j, k) = F(i\Delta x, j\Delta y, k\Delta z, n\Delta t)$$

（2-179）

这里，F 表示任一场量，i、j、k 和 n 为整数。为了实现关于空间坐标与时间变量的差分近似，并考虑到电磁场在空间相互正交和铰链的关系，Yee 提出了如图 2-26 所示的差分网格单元。

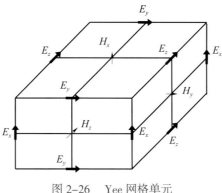

图 2-26　Yee 网格单元

考虑到 Yee 网格中六个场分量的相对位置和式（2-179），将这六个场分量所满足的一阶耦合偏微分方程组（2-177）中关于空间和时间变量的偏导数用中心差商近似，则可得如下时域有限差分方程组

$$H_x^{n+\frac{1}{2}}\left(i, j+\frac{1}{2}, k+\frac{1}{2}\right) = H_x^{n-\frac{1}{2}}\left(i, j+\frac{1}{2}, k+\frac{1}{2}\right) + \frac{\Delta t}{\mu} \cdot \left[\frac{E_y^n\left(i, j+\frac{1}{2}, k+1\right) - E_y^n\left(i, j+\frac{1}{2}, k\right)}{\Delta z} - \right.$$

$$\left.\frac{E_z^n\left(i, j+1, k+\frac{1}{2}\right) - E_z^n\left(i, j, k+\frac{1}{2}\right)}{\Delta y}\right]$$

$$H_y^{n+\frac{1}{2}}\left(i+\frac{1}{2}, j, k+\frac{1}{2}\right) = H_y^{n-\frac{1}{2}}\left(i+\frac{1}{2}, j, k+\frac{1}{2}\right) + \frac{\Delta t}{\mu} \cdot \left[\frac{E_z^n\left(i+1, j, k+\frac{1}{2}\right) - E_z^n\left(i, j, k+\frac{1}{2}\right)}{\Delta x} - \right.$$

$$\left.\frac{E_x^n\left(i+\frac{1}{2}, j, k+1\right) - E_x^n\left(i+\frac{1}{2}, j, k\right)}{\Delta z}\right]$$

$$H_z^{n+\frac{1}{2}}\left(i+\frac{1}{2}, j+\frac{1}{2}, k\right) = H_z^{n-\frac{1}{2}}\left(i+\frac{1}{2}, j+\frac{1}{2}, k\right) + \frac{\Delta t}{\mu} \cdot \left[\frac{E_x^n\left(i+\frac{1}{2}, j+1, k\right) - E_x^n\left(i+\frac{1}{2}, j, k\right)}{\Delta y} - \right.$$

$$\left.\frac{E_y^n\left(i+1, j+\frac{1}{2}, k\right) - E_y^n\left(i, j+\frac{1}{2}, k\right)}{\Delta x}\right]$$

（2-180）

$$E_x^{n+1}\left(i+\frac{1}{2}, j, k\right) = \frac{1 - \frac{\sigma \Delta t}{2\varepsilon}}{1 + \frac{\sigma \Delta t}{2\varepsilon}} \cdot E_x^n\left(i+\frac{1}{2}, j, k\right) + \frac{\Delta t}{\varepsilon} \cdot \frac{1}{1 + \frac{\sigma \Delta t}{2\varepsilon}} \cdot$$

$$\left[\frac{H_z^{n+\frac{1}{2}}\left(i+\frac{1}{2}, j+\frac{1}{2}, k\right) - H_z^{n+\frac{1}{2}}\left(i+\frac{1}{2}, j-\frac{1}{2}, k\right)}{\Delta y} - \right.$$

$$\left.\frac{H_y^{n+\frac{1}{2}}\left(i+\frac{1}{2}, j, k+\frac{1}{2}\right) - H_y^{n+\frac{1}{2}}\left(i+\frac{1}{2}, j, k-\frac{1}{2}\right)}{\Delta z}\right]$$

$$
\begin{aligned}
E_y^{n+1}\left(i, j+\frac{1}{2}, k\right) &= \frac{1 - \dfrac{\sigma \Delta t}{2\varepsilon}}{1 + \dfrac{\sigma \Delta t}{2\varepsilon}} \cdot E_y^n\left(i, j+\frac{1}{2}, k\right) + \frac{\Delta t}{\varepsilon} \cdot \frac{1}{1 + \dfrac{\sigma \Delta t}{2\varepsilon}} \cdot \\[2mm]
&\left[\frac{H_x^{n+\frac{1}{2}}\left(i, j+\frac{1}{2}, k+\frac{1}{2}\right) - H_x^{n+\frac{1}{2}}\left(i, j+\frac{1}{2}, k-\frac{1}{2}\right)}{\Delta z} - \right. \\[2mm]
&\left. \frac{H_z^{n+\frac{1}{2}}\left(i+\frac{1}{2}, j+\frac{1}{2}, k\right) - H_z^{n+\frac{1}{2}}\left(i-\frac{1}{2}, j+\frac{1}{2}, k\right)}{\Delta x} \right]
\end{aligned}
$$

$$
\begin{aligned}
E_z^{n+1}\left(i, j, k+\frac{1}{2}\right) &= \frac{1 - \dfrac{\sigma \Delta t}{2\varepsilon}}{1 + \dfrac{\sigma \Delta t}{2\varepsilon}} \cdot E_z^n\left(i, j, k+\frac{1}{2}\right) + \frac{\Delta t}{\varepsilon} \cdot \frac{1}{1 + \dfrac{\sigma \Delta t}{2\varepsilon}} \cdot \\[2mm]
&\left[\frac{H_y^{n+\frac{1}{2}}\left(i+\frac{1}{2}, j, k+\frac{1}{2}\right) - H_y^{n+\frac{1}{2}}\left(i-\frac{1}{2}, j, k+\frac{1}{2}\right)}{\Delta x} - \right. \\[2mm]
&\left. \frac{H_x^{n+\frac{1}{2}}\left(i, j+\frac{1}{2}, k+\frac{1}{2}\right) - H_x^{n+\frac{1}{2}}\left(i, j-\frac{1}{2}, k+\frac{1}{2}\right)}{\Delta y} \right]
\end{aligned}
$$

$$（2-181）$$

由于关于空间和时间变量的偏导数都采用了中点差商近似，以上时域差分方程的收敛阶数为 $O\left(\Delta u^2, \Delta t^2\right)$，这里 $\Delta u = \max\left(\Delta x, \Delta y, \Delta z\right)$。

从式（2-180）、式（2-181）可以看出，空间网格节点上某一时间步时的电场值取决于该点在上一时间步的电场值和与该电场正交平面上相邻节点处在上半时间步上的磁场值，以及媒质的电参数 σ 和 ε；空间网格节点上某一时间步时的磁场值取决于该点在上一时间步的磁场值和与该磁场正交平面上相邻节点处在上半时间步上的电场值，以及媒质的磁参数 μ。

2.3.5.2 边界条件

图 2-25 所示的离散化后的长方体求解域可以看成由一个个砖块砌成，这里的砖块就是图 2-26 所示的 Yee 网格单元。若某一内部单元处于均匀媒质区，则其节点上的场分量满足式（2-180）、式（2-181）中的时域有限差分方程；而对于处于媒质交界面上的单元，则应导出其相应的满足边界条件的时域有限差分方程。对于位于边界上的单元，其外表面可能是电壁、磁壁或截断边界。这时就需引入电壁条件、磁壁条件或截断边界条件。

（1）电壁和磁壁条件

在 FDTD 法中，电壁和磁壁的处理都非常简单。如图 2-27 所示，在进行网格离散时应使得电壁上只有切向电场和法向磁场分量；磁壁上只有切向磁场和法向电场分量。这时，在电壁上只需引入切向电场和法向磁场等于零的条件，在磁壁上只需引入切向磁场和法向电场等于零的条件。

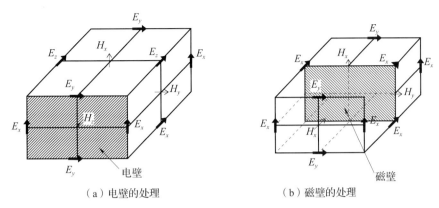

（a）电壁的处理　　　　　　　　（b）磁壁的处理

图 2-27　边界条件的处理

（2）介质交界面的处理

上面从微分形式的麦克斯韦方程组出发导出了 Yee 网格的时域有限差分方程。但对于介质交界面、有限金属厚度、细棒窄槽等细薄结构，若仍然从微分形式的方程组出发就会非常麻烦，而从积分形式的麦克斯韦方程组出发进行推导，则较简单明了。

麦克斯韦方程组两个旋度方程的积分形式实际上就是安培全电流定律和法拉第电磁感应定律。由此构造差分方程的方法也称环路积分法。假定所考虑区域内磁导率 μ 为常数，而介电常数 ε 随空间位置变化，这时 Yee 网格中的时域有限差分方程中不涉及 ε 的前三个方程，式（2-180）仍然成立。由于区域离散化后单元的尺寸非常小，因此可以假定 Yee 网格中每个象限的介电常数 ε 和电导率 σ 为常数且等于各象限中点处的值。图 2-28 给出了一个典型的 FDTD 网格，其中四个象限的介电常数 ε 和电导率 σ 均不同。

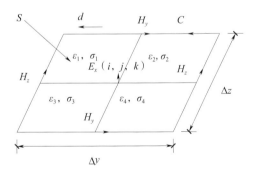

图 2-28　介质交界处关于 E_x 的网格

应用安培全电流定律

$$\oint_c \boldsymbol{H} \cdot \mathrm{d}\boldsymbol{l} = \iint_S \varepsilon \frac{\partial \boldsymbol{E}}{\partial t} \cdot \mathrm{d}\boldsymbol{S} + \iint_S \sigma \boldsymbol{E} \cdot \mathrm{d}\boldsymbol{S} \qquad （2\text{-}182）$$

式中：C——网格边界构成的环路；

　　S——网格的面积。

对方程两边积分做如下近似

$$\oint_C \boldsymbol{H} \cdot \mathrm{d}\boldsymbol{l} = H_z^{n+\frac{1}{2}}\left(i, j+\frac{1}{2}, k\right)\Delta z - H_y^{n+\frac{1}{2}}\left(i, j, k+\frac{1}{2}\right)\Delta y -$$

$$H_z^{n+\frac{1}{2}}\left(i, j-\frac{1}{2}, k\right)\Delta z + H_y^{n+\frac{1}{2}}\left(i, j, k-\frac{1}{2}\right)\Delta y \qquad (2-183)$$

$$\oint_C \boldsymbol{H} \cdot \mathrm{d}\boldsymbol{l} = H_z^{n+\frac{1}{2}}\left(i, j+\frac{1}{2}, k\right)\Delta z - H_y^{n+\frac{1}{2}}\left(i, j, k+\frac{1}{2}\right)\Delta y -$$

$$H_z^{n+\frac{1}{2}}\left(i, j-\frac{1}{2}, k\right)\Delta z + H_y^{n+\frac{1}{2}}\left(i, j, k-\frac{1}{2}\right)\Delta y \qquad (2-184)$$

$$\iint_S \varepsilon \frac{\partial \boldsymbol{E}}{\partial t} \cdot \mathrm{d}S = \sum_{m=1}^{4} \iint_{S_m} \varepsilon \frac{\partial \boldsymbol{E}}{\partial t} \cdot \mathrm{d}S_m \cong \sum_{m=1}^{4} \varepsilon_m \frac{\Delta y \Delta z}{4}\left[\frac{E_x^{n+1}(i,j,k) - E_x^n(i,j,k)}{\Delta t}\right] \qquad (2-185)$$

$$\iint_S \sigma \boldsymbol{E} \cdot \mathrm{d}S = \sum_{m=1}^{4} \iint_{S_m} \sigma \boldsymbol{E} \cdot \mathrm{d}S_m \cong \sum_{m=1}^{4} \sigma_m \frac{\Delta y \Delta z}{4} E_x^n(i,j,k) \qquad (2-186)$$

这里，S_m，（m=1，4）为图 2-28 中四个象限的面积。将上面三个近似式代入式（2-182），便可以得出

$$E_x^{n+1}(i,j,k) = \frac{1 - \dfrac{\overline{\sigma}\Delta t}{2\overline{\varepsilon}}}{1 + \dfrac{\overline{\sigma}\Delta t}{2\overline{\varepsilon}}} \cdot E_x^n(i,j,k) + \frac{\Delta t}{\overline{\varepsilon}} \cdot \frac{1}{1 + \dfrac{\overline{\sigma}\Delta t}{2\overline{\varepsilon}}} \cdot$$

$$\left[\frac{H_z^{n+\frac{1}{2}}\left(i, j+\frac{1}{2}, k\right) - H_z^{n+\frac{1}{2}}\left(i, j-\frac{1}{2}, k\right)}{\Delta y} - \right.$$

$$\left. \frac{H_y^{n+\frac{1}{2}}\left(i, j, k+\frac{1}{2}\right) - H_y^{n+\frac{1}{2}}\left(i, j, k-\frac{1}{2}\right)}{\Delta z}\right] \qquad (2-187)$$

其中

$$\overline{\varepsilon} = \frac{\varepsilon_1 + \varepsilon_2 + \varepsilon_3 + \varepsilon_4}{4}, \qquad \overline{\sigma} = \frac{\sigma_1 + \sigma_2 + \sigma_3 + \sigma_4}{4}$$

实际上，上述过程已构造出了非均匀介质中的时域有限差分方程。对于磁导率非常数的情况，类似地利用电磁感应定律很容易导出关于 H_x、H_y 和 H_z 的时域差分方程。

（3）截断边界条件

与频域有限差分法和有限元法类似，将时域有限差分法应用于开放区域上的电磁问题时，需要将开放域截断为有限区域。这时，在截断边界上必须引入截断边界条件（terminated boundary condition）或吸收边界条件（absorbing boundary condition），以模拟被截去的外部空间的影响。一个好的吸收边界条件应在截断边界非常靠近物理结构不均匀区域时仍然能获得正确的满足精度要求的解。截断边界非常靠近物理结构不均匀区域意味着需要进行网格剖分的求解区域减小或者说网格节点数减小，从而有效地减少所需计算机储存空间和计算时间。因此，吸收边界条件是时域有限差分法的一个重要方面。国际上近年来对吸收边界条件的研究有力地推动了时域有限差分法的发展。由于篇幅的限制，本节仅

介绍比较典型的 Mur 吸收边界条件。对其他吸收边界条件感兴趣的读者可参看有关文献。

Mur 于 1981 年根据 Engquist 和 Majda 的理论导出了一种新的吸收边界条件，后来被称为 Mur 吸收边界条件。

假设只考虑自由空间中的正立方体网格，用 c_0 表示电磁波在真空中的光速，F 表示电场和磁场六个分量中的任何一个。于是 F 将满足以下标量方程

$$(\partial_x^2 + \partial_y^2 + \partial_z^2 - c_0^{-2}\partial_t^2)F = 0 \tag{2-188}$$

考虑网格截断面 $x=0$ 处的吸收边界条件，其余网格处于 $x \geq 0$。对上式做算子分解，有

$$\left[\partial_x - \partial_t\sqrt{c_0^{-2} - \frac{\partial_y^2}{\partial_t^2} - \frac{\partial_z^2}{\partial_t^2}}\right] \cdot \left[\partial_x + \partial_t\sqrt{c_0^{-2} - \frac{\partial_y^2}{\partial_t^2} - \frac{\partial_z^2}{\partial_t^2}}\right]F = 0 \tag{2-189}$$

上式又可分解为如下一对算子方程

$$[\partial_x - \nu\partial_t]F = 0 \tag{2-190}$$

$$[\partial_x + \nu\partial_t]F = 0 \tag{2-191}$$

其中

$$\nu = \sqrt{c_0^{-2} - \frac{\partial_y^2}{\partial_t^2} - \frac{\partial_z^2}{\partial_t^2}} = c_0^{-1}\sqrt{1 - \frac{\partial_y^2}{(c_0^{-2}\partial_t^2)} - \frac{\partial_z^2}{(c_0^{-2}\partial_t^2)}} \tag{2-192}$$

式（2-190）的解如下

$$F(x,y,x,t) = \Psi(t + \nu x) \tag{2-193}$$

$$F(x,y,x,t) = \Psi(t - \nu x) \tag{2-194}$$

其中，式（2-193）描述的是沿 $-x$ 方向传播的行波，而式（2-194）描述的是沿 $+x$ 方向传播的行波。

理想的吸收边界条件意味着在截断边界上没有反射，换句话说，在 $x=0$ 处应只有沿 $-x$ 方向传播的波而没有沿 $+x$ 方向传播的波。由于式（2-190）的解式（2-193）就是一个沿 $-x$ 方向传播的行波，因此将式（2-190）应用于截断边界 $x=0$ 上就意味着没有反射波（$+x$ 方向传播的波）。于是，式（2-190）可以看成截断边界 $x=0$ 上的理想的吸收边界条件。

对 ν 做 Taylor 展开，有

$$\nu = c_0^{-1}\left[1 - \frac{1}{2}\left(\frac{\partial_y^2}{(c_0^{-2}\partial_t^2)} - \frac{\partial_z^2}{(c_0^{-2}\partial_t^2)}\right) + \cdots\right] \tag{2-195}$$

若仅取第一项近似，则得到 Mur 一阶吸收边界条件

$$(\partial x - c_0^{-1}\partial t)F\big|_{x=0} = 0 \tag{2-196}$$

若取前两项近似，则可得 Mur 二阶吸收边界条件

$$\left[c_0^{-1}\partial_{xt}^2 - c_0^{-2}\partial_t^2 + \frac{1}{2}(\partial_y^2 + \partial_z^2)\right]F\bigg|_{x=0} = 0 \tag{2-197}$$

将 Mur 吸收边界条件中的偏导数用差商近似就可得出对应的时域差分方程。以 E_z 场

分量为例，Mur 一阶、二阶吸收边界条件对应的差分公式如下

$$E_z^{n+1}(0,j,k+1/2) = E_z^n(1,j,k+1/2) + \frac{c_0\Delta t - \Delta x}{c_0\Delta t + \Delta x}\left[E_z^{n+1}(1,j,k+1/2) - E_z^n(0,j,k+1/2)\right]$$

（2-198）

$$E_z^{n+1}(0,j,k+1/2) = -E_z^{n-1}(1,j,k+1/2) + \frac{c_0\Delta t - \Delta x}{c_0\Delta t - \Delta x}\left[E_z^{n+1}(1,j,k+1/2) +\right.$$

$$E_z^{n-1}(0,j,k+1/2)\right] + \frac{2\Delta x}{c_0\Delta t + \Delta x}\left[E_z^n(0,j,k+1/2) +\right.$$

$$E_z^n(1,j,k+1/2)\right] + \frac{(c_0\Delta t)^2}{2\Delta x(c_0\Delta t + \Delta x)}\left[E_z^n(0,j+1,k+1/2) -\right.$$

$$2E_z^n(0,j,k+1/2) + E_z^n(0,j-1,k+1/2) + E_z^n(1,j+1,k+1/2) -$$

$$2E_z^n(1,j,k+1/2) + E_z^n(1,j-1,k+1/2) + E_z^n(0,j,k+3/2) -$$

$$2E_z^n(0,j,k+1/2) + E_z^n(0,j,k-1/2) + E_z^n(1,j,k+3/2) -$$

$$\left. 2E_z^n(1,j,k+1/2) + E_z^n(1,j,k-1/2)\right]$$

（2-199）

二阶以上的 Mur 吸收边界条件在实际中很少用。

2.3.5.3 时域有限差分方程的迭代求解过程

如上所述，用一个长方体将问题的求解域包含在内并进行三维网格离散。对位于均匀媒质区域的内部单元采用时域差分方程式（2-180）、式（2-191），电壁或磁壁边界上引入齐次边界条件，在介质分界面上采用式（2-198），在截断边界上引入吸收边界条件，再加入激励脉冲，就可以时间步长 Δt 进行迭代。在迭代过程中记录下特定抽样点上某一场分量随时间的变化过程，然后进行傅里叶变换就得到频域中的电磁参数。

由于高斯脉冲具有时域和频域都比较平滑的特点，在 FDTD 法中通常作为首选的激励形式。一个沿 +z 方向传播的高斯脉冲可表示为

$$g(t,z) = \exp\left[-\left(t - t_0 - \frac{z - z_0}{v}\right)^2/T^2\right]$$

（2-200）

式中：v——媒质中的相速度。

当 $t=t_0$、$z=z_0$ 时，脉冲取最大值。其傅里叶变换有以下形式

$$G(f) \propto \exp\left[-\pi^2 T^2 f^2\right]$$

（2-201）

随着频率的增加，$G(f)$ 的幅度越来越小并逐渐趋于零。将 $G(f)$ 的幅度降到最大值的 10% 时对应的频率定义为脉冲所能覆盖的频率上限 f_{max}，则有

$$f_{max} = \frac{1}{2T}$$

（2-202）

实际计算时常使频带范围有一定的余量。另外，在 $t=t_0$ 时，定义脉冲幅度降到最大值 5% 的两个对称点之间的宽度为脉冲宽度 W。一般选 $W \geq 20\Delta z$，这时有

$$T \geq \frac{1}{\sqrt{3}} \cdot \frac{10\Delta z}{v}$$

（2-203）

再者，t_0 的选择要使得激励脉冲在初始时刻，即 $t=0$、$z=z_0$ 时足够小和光滑，一般取初始时刻脉冲幅度为其最大幅值的 0.001%，这时有

$$t_0 \geqslant 3.393T \qquad\qquad (2-204)$$

上述脉冲形式对应的频谱中含有直流分量，分析横电磁波（TEM）模或准 TEM 模结构时比较合适，但当分析非准 TEM 模结构时，该直流分量会使计算结果产生较大的抖动。为此，可以采用一些不含直流分量的脉冲作为激励源，如复合型高斯脉冲、调制型高斯脉冲和小波脉冲等。

上面仅讨论了激励脉冲关于时间变量 t 和传输方向空间变量 z 的函数关系，而激励源在横向激励面上的分布也是一个重要的问题。若选取的激励源在激励面上的空间场分布比较接近真实的二维场分布，则能使激励脉冲更快地稳定下来，同时也减少由激励不当引入的直流分量。

2.3.5.4　稳定性条件与数值色散

（1）稳定性条件

由于 FDTD 算法是一个迭代过程，随着时间步的增长，数字化误差会逐步积累，因而保证算法的稳定性是一个很重要的问题。算法中时间增量 Δt 和空间增量 Δx、Δy 与 Δz 不是完全独立的，它们的取值受到一定的限制，以避免数值的不稳定性。通过考虑在 FDTD 算法中出现的数字波模，可得出算法的稳定性条件如下

$$v_{\max} \Delta t \leqslant \left(\frac{1}{\Delta x^2} + \frac{1}{\Delta y^2} + \frac{1}{\Delta z^2} \right)^{-\frac{1}{2}} \qquad\qquad (2-205)$$

其中，$v_{\max}$ 取工作模式的最大相速值，相当于按最坏条件选择时间步长 Δt。另外，当采用不等距网格空间步长时，应按下式原则选择 Δt

$$\Delta t = \frac{\min(\Delta x_{\min}, \Delta y_{\min}, \Delta z_{\min})}{2v_{\max}} \qquad\qquad (2-206)$$

当然，Δt 也不能取得过小，否则不仅降低频率的分辨率，而且需要增加问题的迭代次数。较好的方法是在保证稳定的情况下，尽量选取较大的 Δt。

（2）数值色散

麦克斯韦方程的有限差分数值算法，能使在计算网格空间所模拟的波型产生色散。也就是说，在 FDTD 网格空间中存在的数值模，其相速取决于模的波长、传播方向以及网格单元的尺寸。这种数值色散能导致若干非物理性效应，如脉冲波形失真、人为的非均匀性、虚假的绕射和准折射现象等。当 Δx、Δy、Δz 和 Δt 足够小时，数值色散可以减少到所要求的程度。但是这样会大大增加计算机的存储空间和计算时间。因此可折中选取空间步长，一般取为

$$\Delta h_{\max} < \frac{1}{10} \lambda_{\min} \qquad\qquad (2-207)$$

式中：$\Delta h_{\max}$ —— Δx、Δy 和 Δz 的最大值；

$\lambda_{\min}$ —— 感兴趣频率范围内的最小波长。

这样主要频谱分量数值相速的变化总小于 1%。

2.4　雷达天线罩电性能设计

　　雷达天线罩对天线电性能的影响分析依赖于雷达天线罩的外形、天线的尺寸、极化、工作频率、扫描方式与范围、天线与雷达天线罩的相对位置关系尺寸、罩壁结构参数及材料介电参数，这些参数都直接影响着电磁波透过罩壁时的相位与幅度变化。雷达天线罩的电性能设计，就是通过罩壁结构、材料等参数的正确计算和确定，控制透过罩壁的电磁波相位与幅度变化，使天线带罩方向图中所体现的各项电性能参数满足雷达系统对雷达天线罩给定的技术指标。

2.4.1　设计准则

　　确定雷达天线罩电性能设计准则是设计的重要方面。设计准则的建立是对技术指标要求精确分析，对先验知识或类似的设计经验概括的结果。不同体制的雷达系统，对雷达天线罩性能指标参数的要求不一样，要根据雷达或天线系统的使用功能和雷达天线罩电性能指标的特点来确定。因此，在雷达天线罩设计中，所采取的侧重或对策也不尽相同。从电性能指标参数出发，雷达天线罩的电性能设计准则可归纳为："最大功率传输效率"设计准则、"最小功率反射"设计准则、"最小瞄准误差"设计准则或几项性能兼顾的综合设计准则。

　　机载窄带火控雷达天线罩一般按照"最小反射"准则设计，而机载宽带火控雷达天线罩则按照"低反射、高传输、等插入相位延迟"综合准则设计。导弹导引头天线罩一般采用"最小瞄准误差变化率"设计准则。卫星通信、合成孔径雷达天线罩一般采用"最大功率传输效率"设计准则。电子战天线罩由于比幅比相的要求，一般采用"最大功率传输效率并兼顾插入相位延迟"的设计准则。

　　雷达天线罩设计一般把"最大功率传输效率"作为设计准则。然而，我们注意到这样一个重要事实，即功率传输效率低一点并不是雷达天线罩对雷达系统最有害的影响，而罩壁反射引起的杂波效应对雷达系统性能所产生的影响比雷达距离方程中增益损失的影响要严重。因此，高性能脉冲多普勒火控雷达天线罩的电性能指标中出现了对镜像波瓣电平和远区均方根副瓣电平的要求，并作为 PD 火控雷达天线罩的重要指标。这两项指标是以往普通单脉冲火控雷达天线罩所没有的。在这样的要求下，PD 火控雷达天线罩设计的首要任务是将罩壁反射电平压制到最低，即把"最小反射"作为设计准则。

　　"最小反射"与"最大功率传输效率"看似不矛盾。因为忽略去极化效应的话，按照能量守恒准则，入射到雷达天线罩上的能量等于透射出雷达天线罩的能量与反射能量以及热耗能量之和。对于无耗材料，"最小反射"就是"最大功率传输效率"。然而，雷达天线罩材料是有损耗的，更重要的是有的壁结构（如夹层结构）相位特性差带来交叉极化问题，那么，实现"最小反射"与实现"最大功率传输效率"的条件就不完全相同了。

　　"最小反射"准则针对的是雷达天线罩的二阶影响，即罩壁反射对天线方向图远区副瓣的影响。美国雷达天线罩专家 Benjamin Rulf 认为，还应把"等插入相位延迟"也作为一个约束条件，这将控制雷达天线罩的一阶影响，即对方向图主瓣和近区副瓣的影响。

无论是战术飞机的流线型火控雷达天线罩，还是预警机的圆盘形雷达天线罩，在电性能设计中将罩壁反射降至最低都是一个永恒的主题，因为反射引起的杂波效应对雷达性能的影响比雷达距离方程中增益损耗的影响要严重。雷达天线罩电性能设计师应把握雷达的使用需求，抓住主要矛盾，控制好设计变量，力求满足雷达天线罩的电性能指标要求。

2.4.2 雷达天线罩壁结构特点

雷达天线罩通常可以选取单层实芯壁、A 型夹层、C 型夹层以及人工电磁结构。下面对常用壁结构的性能特点进行简要分析。

2.4.2.1 单层实芯壁主要特点

（1）半波壁

在设计的入射角和频率上，半波壁雷达天线罩的壁厚为介质内波长的一半的整数值，半波壁频带窄，适应的入射角范围大，传输特性好，结构强度高，重量大。

（2）薄壁

薄壁具有宽带特性。对于超声速战斗机 X 波段火控雷达天线罩，由于壁厚太薄不足以承受气动载荷，故而很少使用。在某些频率较低的频段，一些飞行器可能会采用薄壁雷达天线罩以减轻重量并取得较宽频带。薄壁雷达天线罩的平均功率传输效率随着入射角的增加而有规律地降低，入射角上升到50°乃至60°时的功率传输效率都是令人满意的，入射角再增加则功率传输效率急剧下降。在雷达天线罩瞄准误差设计控制中，相位数据十分重要，在 C 波段和 X 波段，入射角上升至50°时，薄壁的相位特性都是可接受的；在更高的入射角时，相位变化率急剧增加。

2.4.2.2 A 型夹层结构主要特点

A 型夹层结构具有良好的重量 – 强度比，通过合理设计，能在小到中等入射角的情况下具有宽带低反射 – 高传输特性。半球或圆钝形宽带雷达天线罩适合采用 A 型夹层结构，如运输机、预警机和轰炸机的机载雷达天线罩。在大入射角情况下，A 型夹层结构制成的流线型雷达天线罩只能适用于一种极化，然而即使对于线极化天线，雷达天线罩上也是两种极化成分共存，大多数雷达天线罩曲面上的点呈现两种极化分量的混合，因此，战术飞机流线型雷达天线罩很少采用 A 型夹层结构。

在单一频率上，对具有不同厚度和不同介电常数蒙皮的 A 型夹层结构，作为入射角的函数计算它的功率传输效率和插入相位延迟。大量计算结果表明，非对称三层夹层的功率传输效率或插入相位延迟不比对称夹层结构好。因此，当采用 A 型夹层结构时，对外表面保护涂层引入的壁结构非对称，建议在内蒙皮上予以对称补偿。

对于具有很低介电常数夹芯材料的 A 型夹层结构，研究表明，经过合理设计，其可以有效地工作在入射角0°～50°、频率0～20GHz 范围内。同薄壁雷达天线罩设计中出现的情况相比，A 型夹层的带宽随着蒙皮的减薄而增加。因此，机械强度要求又限制了所能得到的带宽。

图 2–29 至图 2–31 是低损耗 A 型夹层结构在垂直入射和斜入射两种情况下的功率传输效率频率响应。可以看出，当蒙皮厚度远小于波长时，传输性能表现为低通特性并有频率上限；对于垂直极化，在大入射角上的功率传输效率变得相当差。

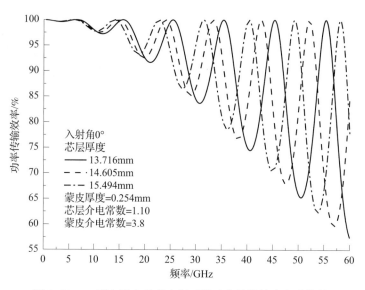

图 2-29　A 型夹层在垂直入射时的功率传输效率频响特性

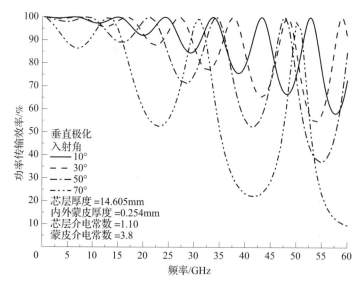

图 2-30　A 型夹层在斜入射和垂直极化时的功率传输效率频响特性

2.4.2.3　C型夹层结构主要特点

　　C 型夹层结构可以展宽入射角和频带宽度。典型的 C 型夹层结构是对称的，对称结构有它固有的优点，即在频域和入射角域内低反射区较宽，这对保证雷达天线罩电性能裕度和容忍较大公差都是很有益的，对于宽带雷达天线罩更是重要的。当然，如果在对称壁结构外表面涂覆防雨蚀涂层后，就变成不对称结构了。然而外表面涂层很薄，其影响可以采取一定措施补偿，如在内蒙皮厚度上进行当量补偿或设置与外表面同样的涂层。C型夹层结构在大的入射角范围内和较宽的频带上可以达到较低反射 / 较高传输，结构复杂度较为适中，是宽带火控雷达天线罩的常用结构。其缺点是 IPD 较大，带来较大的瞄准误差。

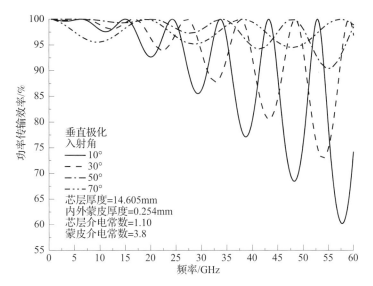

图 2-31　A 型夹层在斜入射和平行极化时的功率传输效率频响特性

　　图 2-32 至图 2-34 是低损耗 C 型夹层在垂直入射和斜入射两种情况下的功率传输效率频率响应。可以看出，其传输性能也表现为低通特性并有频率上限；在 0°～50° 入射角范围内，其传输性能不及 A 型夹层。高入射角时的传输带宽比 A 型夹层有拓展，例如，在 X 波段内，在 0°～70° 入射角范围内，C 型夹层的传输性能优于 A 型夹层。

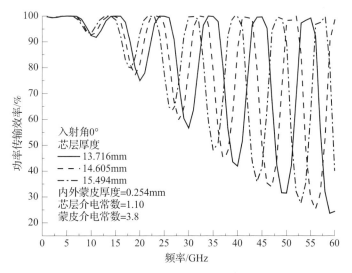

图 2-32　C 型夹层在垂直入射时的功率传输效率频响特性

2.4.2.4　人工电磁结构主要特点

　　人工电磁结构是指在单层实芯壁结构、A 型夹层结构或 C 型夹层结构中添加金属物的壁结构形式，包括电抗加载结构、FSS 结构等。电抗加载结构是以阻抗匹配为准则，在介质罩壁中加载按一定方式排列的细金属线栅；FSS 结构是在介质罩壁中加载单层或多层周期性排列的金属单元阵列，其单元尺寸接近工作波长。通过对所添加金属物尺寸、周期等的匹配优化设计，人工电磁结构能够在较宽的入射角范围内获得好的传输特性，且具有较

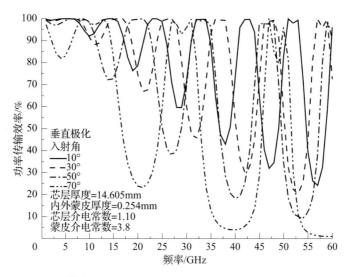

图 2-33　C 型夹层在斜入射和垂直极化时的功率传输效率频响特性

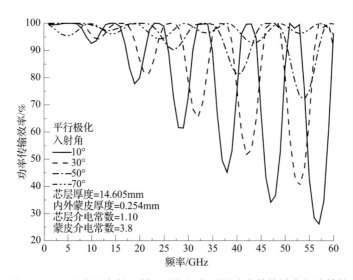

图 2-34　C 型夹层在斜入射和平行极化时的功率传输效率频响特性

好的入射角稳定性和极化一致性。适用于具有宽频带或多频带要求的雷达天线罩设计，可以实现频率选择功能，满足带外截止或隐身性能要求。但是该类雷达天线罩工艺复杂性较高，制造成本大。

2.4.3　等厚度雷达天线罩优化设计

雷达天线罩等厚度设计是最基本的设计形式，在可满足电性能指标要求的情况下，采用等厚度设计可节省设计和制造成本。这里以流线型宽带雷达天线罩常用的 C 型夹层结构为例来说明等厚度设计方法。

就电性能设计准则而言，对于 PD 雷达天线罩设计，追求低反射；对于宽带雷达天线罩设计，又追求高传输。在窄带半波壁雷达天线罩设计中，低反射和高传输是近乎一致的；而对于宽带 C 型夹层结构雷达天线罩，按低反射设计的结构参数与按高传输设计的结构参数有一定差异，对宽带 PD 雷达天线罩的设计应采用"低反射、高传输"的综合准则。等厚度 C 型夹层结构雷达天线罩的设计从以下几个方面展开。

（1）计算入射角范围

战斗机的外形通常按超声速和空气动力学的需求设计，使得雷达天线罩上的电磁波入射角很高且范围很大。雷达天线罩各站位点都有不同的入射角变化范围，其均值呈现罩头部入射角高、根部入射角低的变化趋势。由于天线口径场通常呈现中心部分场强高、边缘部分场强低的幅度分布，因而，应根据天线每根射线所含能量的大小来确定雷达天线罩各站位的平均入射角，并依此作为设计角。作为雷达天线罩电性能设计的条件，天线口径场幅度分布是已知的，用 $A(r)$ 表示。雷达天线罩站位 x 处的入射角用 $\theta_i(x)$ 表示，则可求得加权平均入射角 θ_p，即图 2-35 中的平均入射角曲线。

采用天线口径场幅度分布对入射角加权的方法取得雷达天线罩各站位的加权平均入射角，本着"就高不就低"的原则，选取最大的加权平均入射角作为等壁厚设计的入射角。对于非旋转对称外形雷达天线罩和垂直极化天线，应重点在雷达天线罩的水平主截面（垂直极化面）上提取设计角。在图 2-35 计算的入射角分布和加权平均入射角中，设计角为 67°。

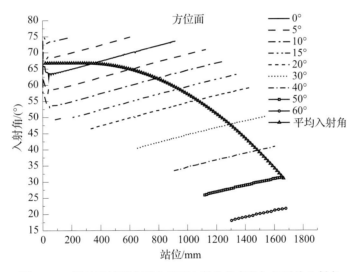

图 2-35　雷达天线罩水平主截面入射角分布及加权平均入射角

（2）罩壁结构参数的选取与设计

在 C 型夹层结构中，包括罩壁外表面的防雨蚀和抗静电涂层在内，共有 7 层介质。防雨蚀涂层和抗静电涂层的介电参数与厚度是已确定的设计常量；两层夹芯层材料的介电性能参数是相同的；三层蒙皮材料的介电性能参数也是相同的。从获得好的宽带电性能考虑，宜尽量选用介电常数小的蒙皮材料。蒙皮厚度宜尽量薄，同时考虑 GJB 1680《机载火控雷达罩通用规范》（或 HB 6186 "航空行业标准"）的基本限制，以及满足雷达天线罩的力学性能要求，通常也是考虑力学性能后固定下来的设计常量。按经典结构（两个 A 型夹层的级联），中蒙皮厚度是内（或外）蒙皮厚度的两倍。剩下夹芯层厚度为待设计变量。

假设，雷达天线罩外蒙皮厚度设计为 0.8mm，则中蒙皮厚度设计为 1.6mm；防雨蚀涂层厚度设计为 0.2mm，抗静电涂层厚度设计为 0.03mm。

　　在中心频率上，以 67° 为设计角，计算该 C 型夹层结构平板功率反射和功率传输效率与夹芯层厚度的关系曲线（见图 2-36），可按照"低反射高传输"准则，在图 2-36（a）垂直极化下反射 / 传输特性中求取夹芯层厚度 d_c，若最低反射和最高传输对应的 d_c 差异较大时，可选取最低反射和最高传输分别对应厚度的平均值，这里夹芯层厚度取为 6.6mm。

　　从图 2-36（b）平行极化的反射 / 传输特性看，最低反射 d_c 为 9.3mm，该 d_c 参数下垂直极化的反射将上升到 -10dB，要差很多。而 d_c 在 6.6mm 厚度时，平行极化下的传输仍在 95%；反射在 -20dB，比垂直极化的 -27dB 要差。可见，按垂直极化设计的 d_c 是可接受的。可以在两种极化都能达到反射 / 传输特性最佳的情况下进一步折中，但效益空间很小了，因为垂直极化最低反射处很灵敏，d_c 稍有偏离，反射将急剧增大。图 2-37 给出了该 C 型夹层结构平板两种极化下功率传输效率的频域 / 角域三维响应曲线。

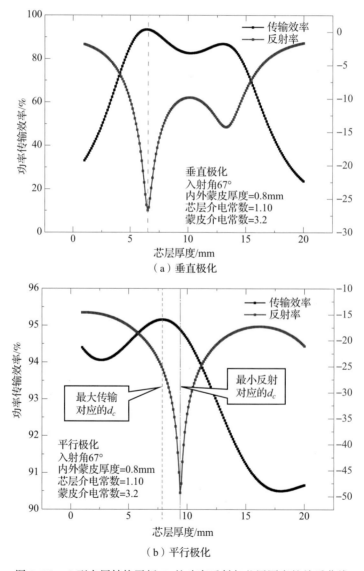

图 2-36　C 型夹层结构平板 F_0 的功率反射与芯层厚度的关系曲线

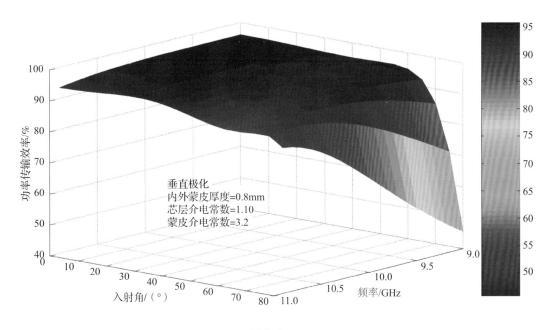

（a）垂直极化

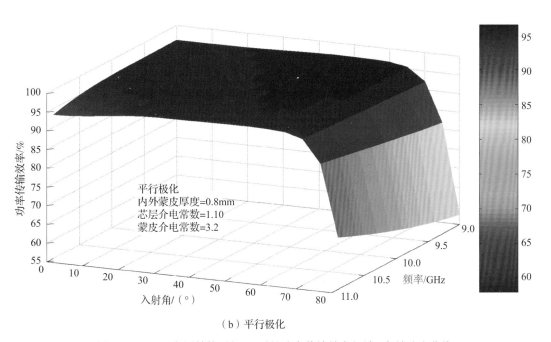

（b）平行极化

图 2-37　C 型夹层结构平板 F_0 时的功率传输效率频域 / 角域响应曲线

（3）设计参数下 C 型夹层结构的传输、反射和 IPD 特性

上述设计参数汇总于表 2-3，假设要求的带宽为 X 波段 1GHz，则频带内（F_0-500MHz、F_0、F_0+500MHz）、平行极化和垂直极化下，计算的传输、反射和 IPD 随入射角的变化曲线分别示于图 2-38 ~ 图 2-40。图 2-38 表明，在 67° 入射角以内取得了好的功

率传输效率。图 2-39 表明，在设计角上和工作频带内获得了低反射特性，但设计角以下入射角的反射功率会有所变大，这是等厚度设计的局限，可通过变厚度设计来改善。图 2-40 表明，C 型夹层结构在垂直极化下 IPD 随入射角的变化比较剧烈，两种极化下的 IPD 在中、高入射角上分散性较大，这种特性是 C 型夹层结构的缺点，不利于减小瞄准误差和近区副瓣指标。

表 2-3　C 型夹层结构平板的结构参数

序号	罩壁	厚度 /mm
1	抗静电涂层	0.03
2	防雨蚀涂层	0.2
3	外蒙皮	0.8
4	蜂窝夹芯层	6.6
5	中蒙皮	1.6
6	蜂窝夹芯层	6.6
7	内蒙皮	0.8

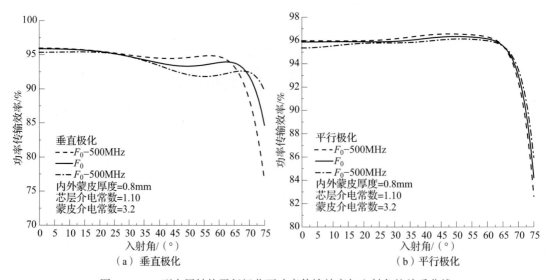

图 2-38　C 型夹层结构平行极化下功率传输效率与入射角的关系曲线

（4）迭代优化与仿真计算

按照"低反射、高传输"设计准则，用表 2-3 的设计参数计算整罩的反射功率和功率传输效率，通过微调夹芯层厚度 d_c 对电性能进行进一步迭代优化。对于该电大尺寸 C 型夹层结构雷达天线罩，可按第 2.3 节介绍的 GO 或 PO 方法进行电性能仿真计算与指标评估。

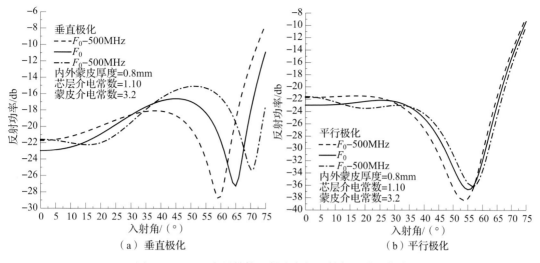

图 2-39　C 型夹层结构反射功率与入射角的关系曲线

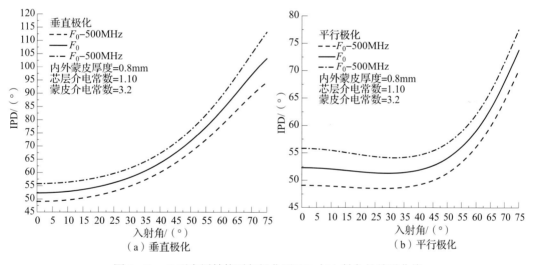

图 2-40　C 型夹层结构平行极化下 IPD 与入射角的关系曲线

2.4.4　变厚度雷达天线罩优化设计

　　宽带相控阵火控雷达天线罩往往要采取变厚度设计才能达到高的性能指标要求。对于 C 型夹层结构雷达天线罩，变厚度设计包括雷达天线罩轴向变厚度设计和双向（轴向和环向）变厚度设计。双向变厚度设计可弥补 C 型夹层结构两种极化之间插入相位延迟较分散的固有缺陷，从而取得综合的、优良的电性能。

2.4.4.1　综合设计准则的建立

　　C 型夹层结构的功率传输效率在大的入射角范围内有良好的宽频带特性，然而，它的相位特性较差，即在 50° 入射角以上时，垂直极化下的插入相位延迟急剧增加，同时两种极化的插入相位延迟分散性较大（见图 2-41），使天线透过雷达天线罩的波前相位产生较大畸变，对天线方向图产生较大不利影响，制约了雷达天线罩高性能指标的实现。

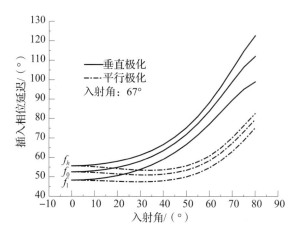

图 2-41 C 型夹层结构等效平板的插入相位延迟特性曲线

轴向变厚度设计主要解决对不同入射角的适配问题，同时还需要采取环向变厚度设计来解决不同极化间的相位差问题。高性能夹层结构雷达天线罩的壁结构厚度必须由环向变化和轴向变化来分别适应极化角与入射角的变化。

宽带雷达天线罩通常以功率传输效率作为首要电性能指标。对于 PD 雷达天线罩，镜像波瓣电平是重要指标，因而要控制反射。火控雷达天线罩则对瞄准误差有严格限制，罩壁的插入相位延迟不一致性影响天线波前相位，从而影响瞄准误差以及近区副瓣电平和交叉极化电平等指标。综上，对于高性能宽带 PD 火控雷达天线罩，应采用 C 型夹层或复合多层夹层结构，以"高传输、低反射、等插入相位延迟"的综合准则来设计。

假设天线为垂直极化，当天线相对于雷达天线罩轴线俯仰角为 0°、做方位扫描时，在雷达天线罩水平主平面上，电场方向垂直于入射平面（电磁波传播方向与罩曲面法线所组成的平面），为垂直极化面。当天线方位角为 0°、做俯仰扫描时，在雷达天线罩垂直主平面上，电场方向平行于入射平面，为平行极化面。

流线型雷达天线罩尖部的平均入射角较高，根部入射角的较低，以获得"高传输、低反射"为目标，在垂直极化面按适配不同入射角进行雷达天线罩轴向变厚度设计，设计结果是前厚后薄的壁厚分布，这同时使得 IPD 随入射角的变化趋于平坦。另外，雷达天线罩上两种极化形式同时存在，例如，对于垂直极化天线，雷达天线罩的垂直主平面为平行极化面，水平主平面为垂直极化面，而两个面之间呈现不同的极化角。应在垂直于雷达天线罩轴线的横截面上进行环向变厚度设计，去适配不同的极化角以获得接近的插入相位延迟，从而使天线口面射线透过雷达天线罩后尽量保持较为均匀的波前相位。设计结果通常是增大平行极化面的罩壁厚度，从图 2-36（b）可见，这对平行极化面的传输和反射都是有利的。

有源相控阵雷达天线的副瓣可以做得更低，也对雷达天线罩引起的天线副瓣电平抬高限制得更严，双向变厚度设计可以有效控制波前相位，充分满足控制瞄准误差和近区副瓣电平抬高的需求。

相控阵天线是通过分别控制每个辐射单元的相位来控制波束指向的，如图 2-42 所示，单元间距为 S，当扫描角为 α_0 时，相邻单元之间的相移增量为 $\psi = \dfrac{2\pi}{\lambda} s \sin \alpha_0$。在雷达天线罩电性能仿真中，要将相移增量带入天线口径场相位分布中，从而使波束指向产生预定的扫描偏转。相控阵天线与机械扫描平板裂缝天线不同，在不同的扫描角上天线有效口径在变化，方向图特性也在变化，在相控阵雷达天线罩变厚度设计和优化过程中要注意适配这种情况。

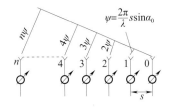

图 2-42　相控阵天线波束扫描指向的控制

2.4.4.2　轴向变厚度设计

　　C 型夹层结构在较宽的入射角范围内有好的宽带传输性能。高性能 C 型夹层结构雷达天线罩通常会在满足结构强度要求的前提下尽量选取薄的蒙皮厚度。考虑到强度约束、性能效益和制造工艺实现性，C 型夹层结构的变厚度设计一般在夹芯层上实施（必要时，也可在蒙皮和夹芯层上同时实施）。轴向变厚度设计与等厚度设计的区别是，将雷达天线罩垂直极化面各站位点的加权平均入射角（可每间隔一定站位取一点）作为设计角，按照"低反射、高传输"准则求取夹芯层厚度，将各站位点的夹芯层厚度连起来，便可形成雷达天线罩夹芯层前厚后薄的轴向变厚度分布，以此作为基本厚度分布，计算整罩的功率反射和功率传输效率，通过性能分析和微调夹芯层厚度分布进一步迭代优化，结合 GO 或 PO 电性能仿真评估，直至达到性能最佳。

　　在雷达天线罩的入射角不太大时（<50°），采用轴向变厚度设计可以取得良好的综合性能，因为 C 型夹层结构两种极化的相位分散特性主要发生在高入射角区。轴向变厚度设计的主要步骤如下。

　　（1）确定设计角

　　计算和确定设计角，流线型雷达天线罩的入射角分布与图 2-35 类同。

　　（2）设计变量的确定

　　对于 C 型夹层结构，考虑了外表面防雨蚀涂层和抗静电涂层，罩壁将由 4 种 7 层介质材料组成（见图 2-43）。其中，C 型夹层的外蒙皮、中蒙皮和内蒙皮为相同的复合材

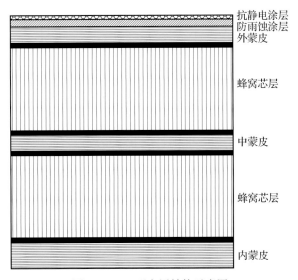

图 2-43　C 型夹层结构示意图

料；两层夹芯层为相同的夹芯材料。按照 C 型夹层结构的经典构型，其外蒙皮和内蒙皮的厚度相同（$d_3=d_7$），中蒙皮厚度是内（外）蒙皮厚度的两倍（$d_5=2d_3=2d_7$），内蒙皮和外蒙皮厚度应符合 GJB 1680 的规定和承载飞机气动载荷的要求。两层夹芯层的厚度相同（$d_c=d_4=d_6$），为设计变量。涂层的厚度应符合相关规范的要求，通常防雨蚀涂层厚度 $d_2=0.2mm$，抗静电涂层厚度 $d_1=0.03mm$。通过需求分析选定各层材料及其介电常数和损耗角正切。

在设计频率上，计算某站位点的设计角上功率反射、功率传输效率与夹芯层厚度（$d_c=d_4=d_6$）关系曲线，从中取得垂直极化下最小反射与最大传输折中的夹芯层厚度。按此方法逐个站位点计算，便可得到 d_c 随雷达天线罩站位的轴向变厚度分布。

2.4.4.3　环向变厚度设计

由于 C 型夹层结构在两种极化下的插入相位延迟分散性大，极化角的变化会伴随着罩壁插入相位延迟的变化，使得天线口径辐射出的等相位射线在透过雷达天线罩后波前相位发生较大畸变。环向变厚度设计就是一种针对两个极化面插入相位延迟的变化，在垂直极化面轴向变厚度设计的基础上通过调整环向厚度齐整波前相位。图 2-44 给出了某雷达天线罩轴向变厚度和双向变厚度两种设计对天线方向图影响的仿真曲线，可见，轴向变厚度雷达天线罩使天线带罩方向图近区副瓣抬高很多，双向变厚度雷达天线罩则显现了良好的天线带罩方向图副瓣特性。

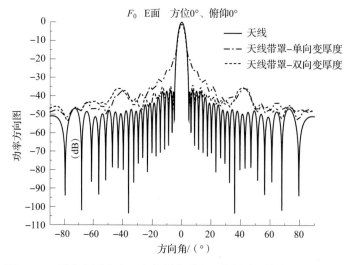

图 2-44　轴向变厚度和双向变厚度雷达天线罩对天线方向图的影响

这里，基于"等插入相位延迟"准则，按下述步骤进行非旋转对称雷达天线罩的环向变厚度设计。

（1）在雷达天线罩各站位上，用垂直极化下求取的芯层厚度 d_i 计算罩壁结构插入相位延迟在各入射角上的频率特性；

（2）在插入相位延迟频率特性曲线上，找出所计算站位 j 点在平均入射角（设计角）上两种极化插入相位延迟相差最小的平行极化所对应的频率点 F_b；

（3）在 $F=F_0$ 上，计算两种极化插入相位延迟相差最小时，平行极化所要求的厚度值 d_b

$$d_b = \frac{F_b d_l}{F_0} \tag{2-208}$$

（4）计算 j 点环向厚度变化系数 K_j

$$K_j = \frac{Y_j}{R} \tag{2-209}$$

式中：R——j 点的矢径；

　　Y_j——在直角坐标里 j 点的纵坐标。

（5）计算 j 站位点环向各厚度。

对于垂直极化天线

$$d_j = d_i + K_j(d_b - d_i) \tag{2-210}$$

对于平行极化天线

$$d_j = d_i - K_j(d_b - d_i) \tag{2-211}$$

2.4.4.4　整罩电性能的迭代优化

以上基于雷达天线罩的入射角和两种极化下等效平板的反射、传输和相位特性，设计了 C 型夹层结构夹芯层双向变厚度的壁厚分布，将其作为基本壁厚分布，通过计算全频带内整个雷达天线罩上的总反射功率和功率传输效率进行优化。反射的控制是 PD 雷达天线罩的重要设计要素之一，计算如下。

应用几何光学 – 三维射线跟踪法，计算取得全部天线射线分别在平行极化和垂直极化下入射到罩壁上的电压反射系数 $R_\parallel$ 和 $R_\perp$。

考虑到极化角 ξ，则天线射线的有效电压反射系数 R_e 为

$$R_e = |R_\parallel|\,\mathrm{e}^{\mathrm{j}\varPhi_R}\cos^2\xi + |R_\perp|\,\mathrm{e}^{\mathrm{j}\varPhi_R}\sin^2\xi \tag{2-212}$$

设天线口径场分布为

$$A_{mn} = |A_{mn}|\,\mathrm{e}^{\mathrm{j}\varphi_{mn}} \tag{2-213}$$

式中：$|A_{mn}|$——天线口径场电压幅度分布；

　　φ_{mn}——天线口径场相位分布；

　　m，n——分别为天线口面沿 X 轴（水平）和 Y 轴（垂直）阵元的序号。

则天线口面上全部阵元发出的射线入射到罩壁上的总功率反射系数为

$$|R|_Z^2 = \frac{\left|\sum\limits_{m=1}^{M}\sum\limits_{n=1}^{N} R_{emn}A_{mn}\right|^2}{\left|\sum\limits_{m=1}^{M}\sum\limits_{n=1}^{N} A_{mn}\right|^2} \tag{2-214}$$

将基本壁厚分布代入上述公式，计算雷达天线罩的总反射功率，分析反射功率曲线随频率和扫描角的分布情况，以雷达工作频带内有良好的电性能均衡性为目标，对壁厚分布进行优化调整，循环往复，直至达到符合性能要求的状态。

需要指出的是，C 型夹层结构雷达天线罩在实现高传输与低反射方面的壁结构参数存在差异性，环向变厚度调整插入相位延迟一致性的过程也会带来传输和反射性能的一定变化。在壁厚分布优化迭代过程中，不是对单一电性能指标的最佳化，而是按照"低反射、

高传输、等插入相位延迟"综合设计准则，在传输、反射和相位之间，以及三者在两种极化之间的性能进行折中，实现综合的、优良的功率传输效率、镜像波瓣和近区副瓣等指标，这需要电性能设计师在整罩优化过程中去把握和掌控。

2.4.4.5 小结

C 型夹层结构适用于宽带、大入射角范围工作的雷达天线罩，本节重点介绍了 C 型夹层结构雷达天线罩等厚度和变厚度设计方法，其设计和性能特点列于表 2-4 中。

表 2-4　C 型夹层结构雷达天线罩等厚度和变厚度设计特点

设计形式	设计准则	性能特点	说明
等厚度	低反射；高传输	✧ 最小功率传输效率好 ✧ 平均功率传输效率较好 ✧ 镜像波瓣电平较低 ✧ 瞄准误差和近区副瓣电平大	单一厚度只能照顾雷达天线罩头部区域的高入射角区，边壁区域的中低入射角区没有得到最佳的传输和反射匹配
轴向变厚度	低反射；高传输	✧ 最小功率传输效率和平均功率传输效率好 ✧ 镜像波瓣电平低 ✧ 瞄准误差和近区副瓣电平抬高较大	适配了雷达天线罩全部站位的入射角，获取了更好的传输和反射特性；同时在轴向上平衡了 IPD，对改善瞄准误差有作用
双向变厚度	低反射；高传输；等插入相位延迟	✧ 最小功率传输效率和平均功率传输效率较好 ✧ 镜像波瓣电平较低 ✧ 瞄准误差和近区副瓣电平抬高较小	相对于轴向变厚度设计，改善了波前相位，瞄准误差和近区副瓣特性较好；功率传输效率和功率反射可能略有牺牲

针对 C 型夹层结构在高入射角时两种极化的插入相位延迟分散性大的问题，提出了高性能宽带雷达天线罩双向变厚度设计方法，以轴向变厚度适应入射角的变化获得高传输 – 低反射特性，以环向变厚度适应极化角的变化获得接近相等的插入相位延迟，减小去极化损失，改善近区副瓣及瞄准误差，并在"低反射、高传输、等插入相位延迟"综合设计准则下，通过整罩三维电性能计算分析和迭代实现罩壁结构参数的优化。

2.4.5　电抗加载雷达天线罩优化设计

电抗加载结构为雷达天线罩电性能设计提供了更多的优化自由度，在设计天线罩罩壁材料、厚度的同时，通过优化金属线栅的间距、直径等参数，得到更优的电性能。但更多的优化参数，也使得潜在最优解的搜索变得更加困难，传统的诸如梯度下降法等优化算法，很容易收敛到局部最优解，但难以获得全局最优解。鉴于遗传算法（genetic algorithms，GA）的全局优化、并行性强、特别适合于大规模复杂问题求解的优点，以及该算法已经广泛应用于诸如雷达天线罩传输特性、FSS 设计等电磁问题的现状，本节将遗传算法应用于电抗加载 C 型夹层的优化设计，通过优化提高等效平板对两个极化入射波的传输特性和宽频带特性。

2.4.5.1　电抗加载雷达天线罩等效平板 GA 优化算法基本组成

在优化中，假设防雨蚀涂层和抗静电涂层的介电常数与厚度固定，罩壁各层介质的介电常数，以及金属线栅在介质夹层中的位置也设置为固定不变。将介质罩壁（或 A 型夹层的蜂窝夹芯）的厚度、金属线栅直径、相邻金属线的间距设为待优化的参量。

应用遗传算法时，诸如群体设置、交叉、变异算子等步骤需要设置控制参量，主要控制参量包括群体规模 n、交叉概率 P_c、变异概率 P_m，以及终止循环代数 m。本节在应用遗传算法进行优化时，根据实际问题的需要按以下数值设置：群体规模 n 一般情况下取 $100 \sim 200$；交叉概率 P_c 一般设置为 $0.6 \sim 1$ 的小数；变异概率 P_m 取值范围选为 $0.005 \sim 0.01$；终止循环代数 m 设为 300。

（1）优化参量编码

应用 GA 的第一步是对金属线栅加载等效平板的几个待优化参数进行编码，这些参数包括金属线栅间距 d_W、金属线栅直径 b 和介质罩壁或蜂窝夹芯厚度 d_1，由这些参数的编码构造 GA 的个体编码串和进化算法中每一代的种群。

编码方式采用二进制编码，将优化参数 d_W、b 和 d_1 的实数形式转换为二进制编码，为保证变量的求解精度，每个参数采用 24 位二进制编码，然后将三个参数的编码串接成为一个 $\{0, 1\}$ 二进制串，形成的个体二进制编码串如图 2-45 所示，然后由 N_p 个这样的编码串构成 GA 的种群。

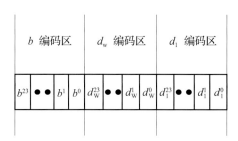

图 2-45　优化参量的二进制编码串示意图

（2）适应度函数设计

算法在搜索优化解的过程中以适应度函数为评估依据，利用每一代种群中每个个体的适应度值对个体进行评判和淘汰，遴选出向最优解收敛的个体。根据电压传输系数公式，将适应度函数设计为

$$F(d_1, d_\text{W}, b) = \min_{f_i}\left[T^{\text{TE/TM}}(f_i) \right], f_{\min} \leqslant f_i \leqslant f_{\max} \tag{2-215}$$

其中，T 为电压传输系数的模值，$f_{\min}$ 和 $f_{\max}$ 分别是优化频带的下限与上限。

这样的设计方式参考了 Mittra 在用遗传算法优化多层吸波材料性能时的方法，由于目标函数包括多个频点的传输特性，在每一代的优化结果中，选取该频段中最低的 $T^{\text{TE/TM}}$ 的值作为适应度函数，遗传算法将会自动遴选出每一代这个最低值达到最优的群体，既然最低值达到最优，也就意味着整个频带内整体的传输特性 $T^{\text{TE/TM}}(f_i)$ 达到了最佳。适应度函数设计示意图如图 2-46 所示。

（3）选择、交叉与变异算子

选择算子采用适应度比例法（fitness proportional model），也即轮盘赌法（roulette wheel）模型，是基本遗传算法中最常用的选择方法。

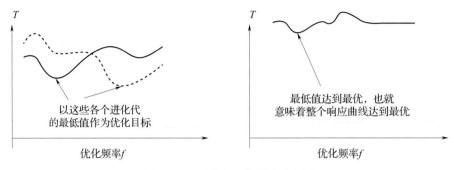

图 2-46　适应度函数设计示意图

交叉算子采用单点交叉（one-point crossover）的方法，具体操作是：在个体基因串中随机设定一个交叉点。实行交叉时，该点前或后的两个个体的部分结构进行互换，并生成两个新个体。当基因链码的长度为 n 时，可能有 $n-1$ 个交叉点位置。单点交叉作用于操作对象所在集合中经随机选择的两个编码串（个体），在两个编码串中随机选择一个交叉位，对两个位串中该位置右侧部分的编码进行交换。如对于父个体 S_1=10110**010** 和 S_2=00101**100**，若随机选择的交叉位是左数第 5 位，则交叉后产生的两个子个体位串为：S_{11}=10110**100**，S_{22}=00101**010**。

变异是对于二进制编码方式而言，变异算子就是把某些基因座上的基因值取反，即 1 变 0 或 0 变 1。如个体 10**1**10010 产生变异，以小概率决定第 3 个遗传因子变异，即将该位数码由 1 翻转为 0，即变异后为 10**0**10010。

2.4.5.2　优化基本条件

以 C 型夹层结构为例进行优化设计说明，所优化的金属线栅加载 C 型夹层雷达天线罩等效平板如图 2-47 所示。C 型夹层所有蒙皮的厚度均设置为 d_s，两个蜂窝夹芯的厚度均为 d，在罩壁外侧依次设置防雨蚀涂层（厚度 d_r）和抗静电涂层（厚度 d_e）。将所有蒙皮的厚度 d_s 取固定值，分别优化金属线栅位于中蒙皮的中间［见图 2-47（a）］、中蒙皮上表面［见图 2-47（b）］以及中蒙皮下表面［图 2-47（c）］三种情况下的夹芯厚度 d、金属线栅的间距 d_w 和金属线栅的直径 b，使得 C 型夹层等效平板在规定的优化频带内，设定的入射角度下，平面波两个极化分量的传输性能均达到最佳。遗传算法优化的条件如下。

优化频段：8~12GHz；

夹芯厚度 d 变化范围：1mm ≤ d ≤ 9mm；

金属线栅的间距 d_w 变化范围：10mm ≤ d_2 ≤ 80mm；

金属线栅的直径 b 变化范围：0<b ≤ 0.02 d_W；

蒙皮的厚度：d_s 均固定为 0.762mm；

防雨蚀涂层厚度：d_r 固定为 0.2mm；

抗静电涂层厚度：d_e 固定为 0.05mm。

C 型夹层情况下的 GA 优化算法模型，以及适应度函数的具体表达形式，与 A 型夹层的建模过程类似，只是总介质的层数有所增加，不再赘述。

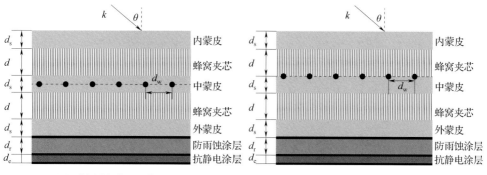

（a）金属线栅位于中蒙皮中间　　　　　　　（b）金属线栅位于中蒙皮上表面

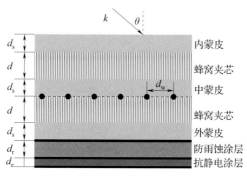

（c）金属线栅位于中蒙皮下表面

图 2-47　金属线栅加载 C 型夹层平板示意图

2.4.5.3　金属线栅位于中蒙皮中间优化结果

对于如图 2-47（a）所示的金属线栅位于蜂窝夹芯中间的电抗加载结构，当入射角分别为 30°、40°、50°、60°、70° 时，采用遗传算法在 8～12GHz 频带内，以两个极化波均达到最大功率传输效率为优化目标，优化得到了夹芯厚度、金属线栅直径和间距的结构参数，优化所得参数依次列于表 2-5～表 2-9。并利用所得到的优化参数，计算了各优化结构在 8～12GHz 频域内的功率传输效率、功率反射率以及插入相位延迟曲线，如图 2-48～图 2-52 所示。

（1）入射角为 30°

表 2-5　入射角为 30° 的优化结果

优化结果参数	数值
d/mm	3.22745
d_w/mm	30.8039
b/mm	0.62
功率传输效率最小值（垂直极化）	0.88494
功率传输效率最小值（平行极化）	0.94595
功率传输效率平均值（垂直极化）	0.90826
功率传输效率平均值（平行极化）	0.95512

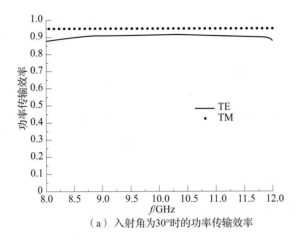

（a）入射角为30°时的功率传输效率

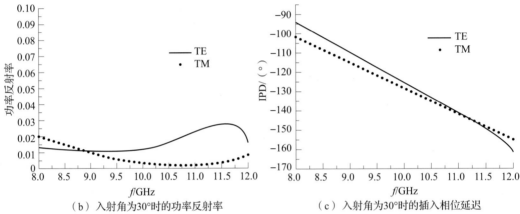

（b）入射角为30°时的功率反射率　　　　（c）入射角为30°时的插入相位延迟

图 2-48　优化频带内入射角为 30° 时的频响特性曲线

（2）入射角为 40°

表 2-6　入射角为 40° 的优化结果

优化结果参数	数值
d/mm	3.76078
d_W/mm	28.2549
b/mm	0.57
功率传输效率最小值（垂直极化）	0.8597
功率传输效率最小值（平行极化）	0.94806
功率传输效率平均值（垂直极化）	0.88195
功率传输效率平均值（平行极化）	0.9586

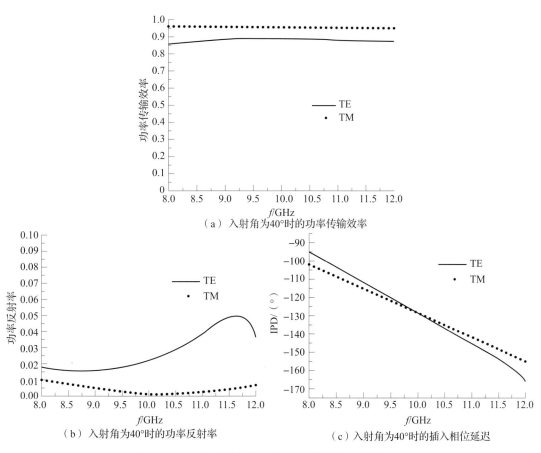

（a）入射角为40°时的功率传输效率

（b）入射角为40°时的功率反射

（c）入射角为40°时的插入相位延迟

图 2-49　优化频带内入射角为 40° 时的频响特性曲线

（3）入射角为 50°

表 2-7　入射角为 50° 的优化结果

优化结果参数	数值
d/mm	4.38824
d_w/mm	26.4698
b/mm	0.53
功率传输效率最小值（垂直极化）	0.83251
功率传输效率最小值（平行极化）	0.95132
功率传输效率平均值（垂直极化）	0.85298
功率传输效率平均值（平行极化）	0.96109

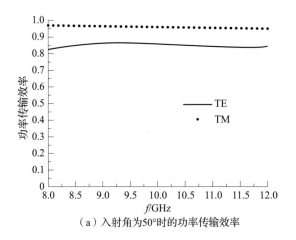

（a）入射角为50°时的功率传输效率

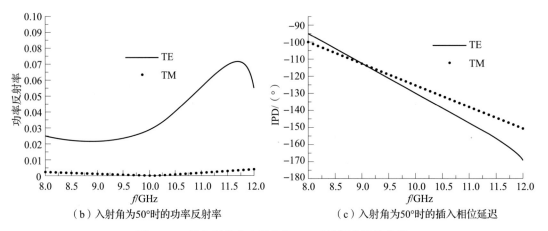

（b）入射角为50°时的功率反射率　　（c）入射角为50°时的插入相位延迟

图 2-50　优化频带内入射角为 50° 时的频响特性曲线

（4）入射角为 60°

表 2-8　入射角为 60° 的优化结果

优化结果参数	数值
d/mm	5.04706
d_w/mm	24.9412
b/mm	0.50
功率传输效率最小值（垂直极化）	0.7922
功率传输效率最小值（平行极化）	0.95129
功率传输效率平均值（垂直极化）	0.8203
功率传输效率平均值（平行极化）	0.95918

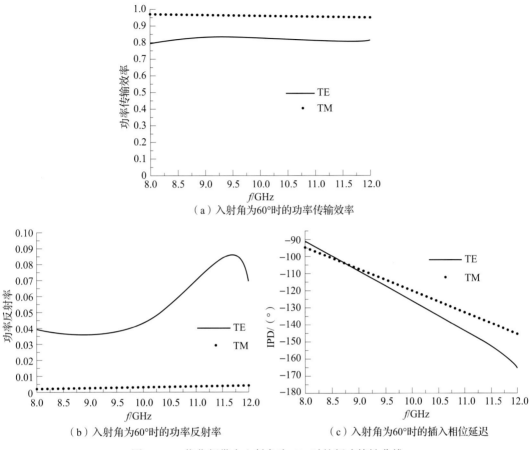

（a）入射角为60°时的功率传输效率

（b）入射角为60°时的功率反射率　　　　　（c）入射角为60°时的插入相位延迟

图 2-51　优化频带内入射角为 60° 时的频响特性曲线

（5）入射角为 70°

表 2-9　入射角为 70° 的优化结果

优化结果参数	数值
d/mm	5.98824
d_{w}/mm	24.4314
b/mm	0.49
功率传输效率最小值（垂直极化）	0.72062
功率传输效率最小值（平行极化）	0.91647
功率传输效率平均值（垂直极化）	0.77178
功率传输效率平均值（平行极化）	0.92126

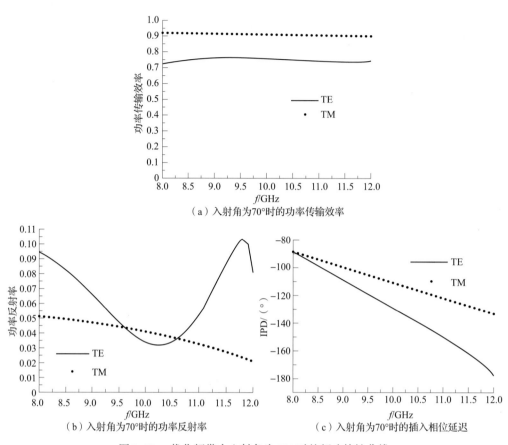

（a）入射角为70°时的功率传输效率

（b）入射角为70°时的功率反射率 　　　　（c）入射角为70°时的插入相位延迟

图 2-52　优化频带内入射角为 70° 时的频响特性曲线

2.4.5.4　金属线栅位于中蒙皮上表面优化结果

对于如图 2-47（b）所示的金属线栅位于蜂窝夹芯上表面的电抗加载结构，在入射角分别为 30°、40°、50°、60°、70° 时，于 8 ~ 12GHz 内，以最大功率传输效率为优化目标，分别采用遗传算法对结构参数进行了优化，得到了夹芯厚度、金属线半径和间距的结构参数，最终结果列于表 2-10 ~ 表 2-14。利用这些优化参数结果，计算了各种优化结构在 8 ~ 12GHz 频域内的功率传输效率、功率反射率与 IPD 曲线，如图 2-53 ~ 图 2-57 所示。

（1）入射角为 30°

表 2-10　入射角为 30° 的优化结果

优化结果参数	数值
d/mm	3.21678
d_{W}/mm	30.8146
b/mm	0.62
功率传输效率最小值（垂直极化）	0.87991
功率传输效率最小值（平行极化）	0.94595
功率传输效率平均值（垂直极化）	0.90315
功率传输效率平均值（平行极化）	0.95983

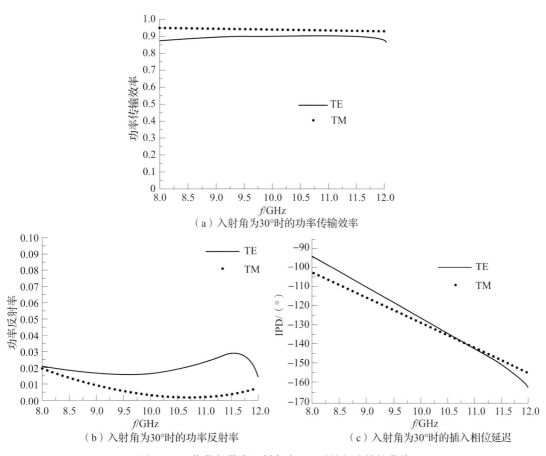

（a）入射角为30°时的功率传输效率

（b）入射角为30°时的功率反射率　　　　　（c）入射角为30°时的插入相位延迟

图 2-53　优化频带内入射角为 30° 时的频响特性曲线

（2）入射角为 40°

表 2-11　入射角为 40° 的优化结果

优化结果参数	数值
d/mm	3.79216
d_w/mm	27.89912
b/mm	0.56
功率传输效率最小值（垂直极化）	0.85081
功率传输效率最小值（平行极化）	0.94755
功率传输效率平均值（垂直极化）	0.87353
功率传输效率平均值（平行极化）	0.95856

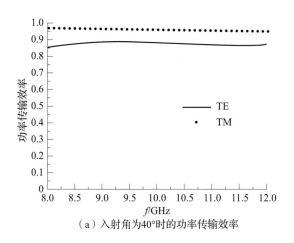

（a）入射角为40°时的功率传输效率

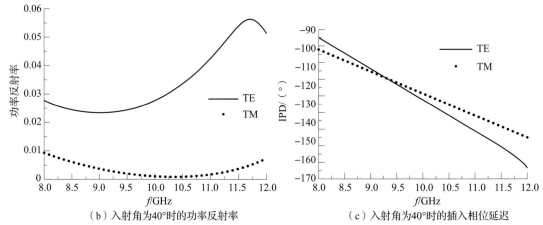

（b）入射角为40°时的功率反射率　　　　（c）入射角为40°时的插入相位延迟

图 2-54　优化频带内入射角为 40° 时的频响特性曲线

（3）入射角为 50°

表 2-12　入射角为 50° 的优化结果

优化结果参数	数值
d/mm	4.45098
d_W/mm	26.4706
b/mm	0.53
功率传输效率最小值（垂直极化）	0.82519
功率传输效率最小值（平行极化）	0.9508
功率传输效率平均值（垂直极化）	0.84425
功率传输效率平均值（平行极化）	0.96089

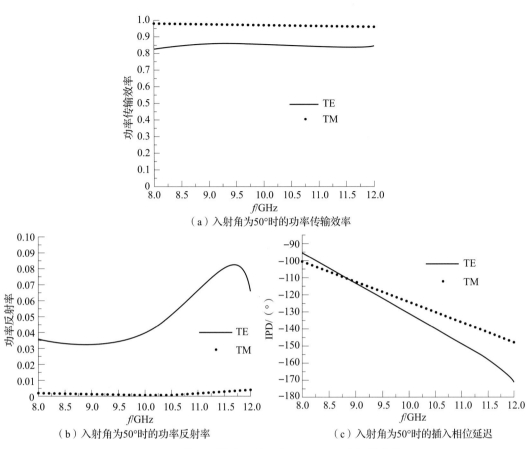

（a）入射角为50°时的功率传输效率

（b）入射角为50°时的功率反射率

（c）入射角为50°时的插入相位延迟

图 2-55   优化频带内入射角为 50° 时的频响特性曲线

（4）入射角为 60°

表 2-13   入射角为 60° 的优化结果

优化结果参数	数值
d/mm	5.1098
d_W/mm	24.9567
b/mm	0.51
功率传输效率最小值（垂直极化）	0.78308
功率传输效率最小值（平行极化）	0.95106
功率传输效率平均值（垂直极化）	0.80978
功率传输效率平均值（平行极化）	0.95896

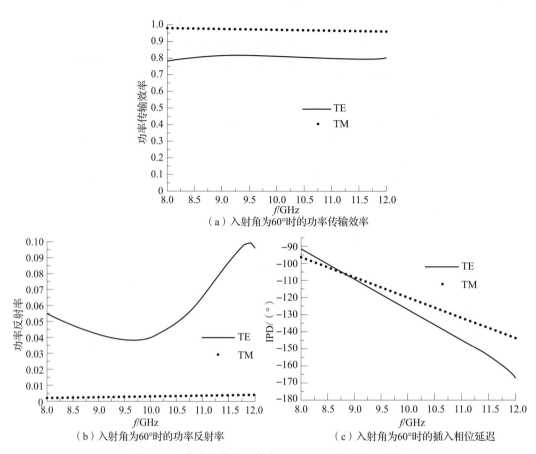

（a）入射角为60°时的功率传输效率

（b）入射角为60°时的功率反射率　　　　（c）入射角为60°时的插入相位延迟

图 2-56　优化频带内入射角为 60° 时的频响特性曲线

（5）入射角为 70°

表 2-14　入射角为 70° 的优化结果

优化结果参数	数值
d/mm	6.17647
d_W/mm	24.4314
b/mm	0.49
功率传输效率最小值（垂直极化）	0.71405
功率传输效率最小值（平行极化）	0.91694
功率传输效率平均值（垂直极化）	0.75507
功率传输效率平均值（平行极化）	0.92234

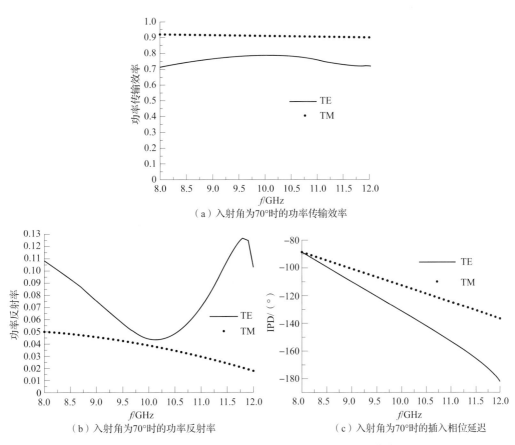

（a）入射角为70°时的功率传输效率

（b）入射角为70°时的功率反射率

（c）入射角为70°时的插入相位延迟

图 2-57　优化频带内入射角为 70° 时的频响特性曲线

2.4.5.5　金属线栅位于中蒙皮下表面优化结果

对于如图 2-47（c）所示的金属线栅位于蜂窝夹芯下表面（靠近涂层）的电抗加载结构，在入射角分别为 30°、40°、50°、60°、70° 时，于 8~12GHz 内，仍然以最大功率传输效率为优化目标，分别采用遗传算法对结构参数进行优化，优化后的夹芯厚度、金属线半径和间距等结构参数，及相应的功率传输效率优化值列于表 2-15~表 2-19。利用这些优化参数结果，计算了各种优化结构在 8~12GHz 频域内的功率传输效率曲线，如图 2-58~图 2-62 所示。

（1）入射角为 30°

表 2-15　入射角为 30° 的优化结果

优化结果参数	数值
d/mm	3.16471
d_{w}/mm	30.8111
b/mm	0.62
功率传输效率最小值（垂直极化）	0.88816
功率传输效率最小值（平行极化）	0.94741
功率传输效率平均值（垂直极化）	0.91312
功率传输效率平均值（平行极化）	0.95487

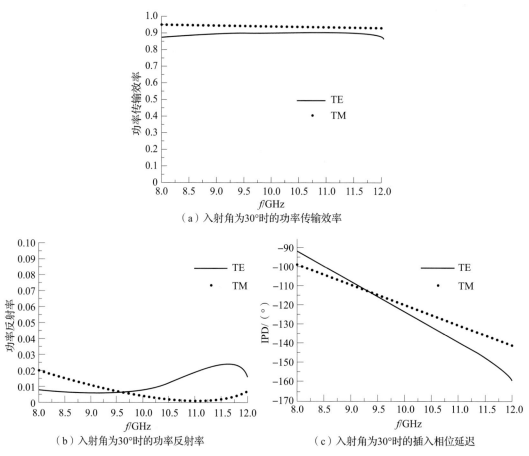

（a）入射角为30°时的功率传输效率

（b）入射角为30°时的功率反射率　　　（c）入射角为30°时的插入相位延迟

图 2-58　优化频带内入射角为 30° 时的频响特性曲线

（2）入射角为 40°

表 2-16　入射角为 40° 的优化结果

优化结果参数	数值
d/mm	3.76456
d_W/mm	28.2876
b/mm	0.55
功率传输效率最小值（垂直极化）	0.86419
功率传输效率最小值（平行极化）	0.94788
功率传输效率平均值（垂直极化）	0.88605
功率传输效率平均值（平行极化）	0.95901

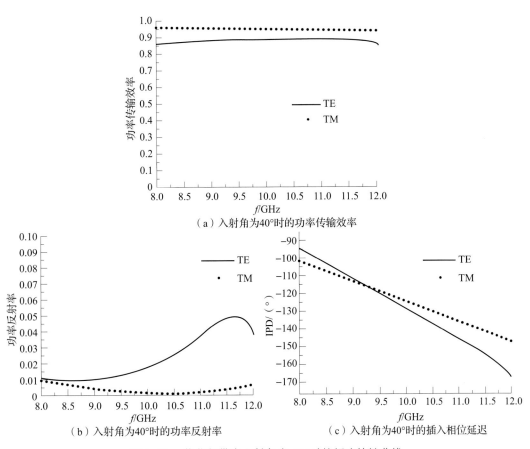

（a）入射角为40°时的功率传输效率

（b）入射角为40°时的功率反射率

（c）入射角为40°时的插入相位延迟

图 2-59　优化频带内入射角为 40° 时的频响特性曲线

（3）入射角为 50°

表 2-17　入射角为 50° 的优化结果

优化结果参数	数值
d/mm	4.35686
d_w/mm	26.4509
b/mm	0.55
功率传输效率最小值（垂直极化）	0.8382
功率传输效率最小值（平行极化）	0.95157
功率传输效率平均值（垂直极化）	0.85969
功率传输效率平均值（平行极化）	0.96119

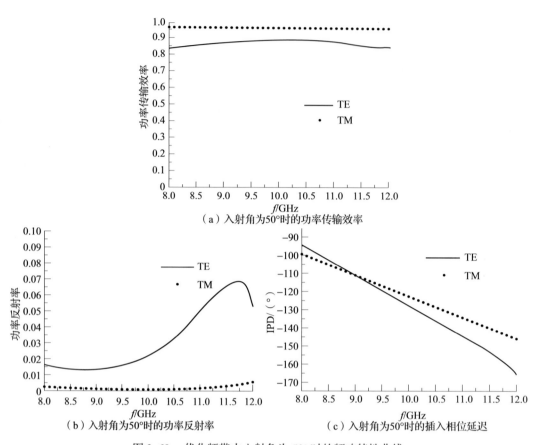

（a）入射角为50°时的功率传输效率

（b）入射角为50°时的功率反射率　　　　（c）入射角为50°时的插入相位延迟

图 2-60　优化频带内入射角为 50° 时的频响特性曲线

（4）入射角为 60°

表 2-18　入射角为 60° 的优化结果

优化结果参数	数值
d/mm	4.98431
$d_{\mathrm{w}}/\mathrm{mm}$	24.9854
b/mm	0.51
功率传输效率最小值（垂直极化）	0.7989
功率传输效率最小值（平行极化）	0.95152
功率传输效率平均值（垂直极化）	0.83016
功率传输效率平均值（平行极化）	0.9594

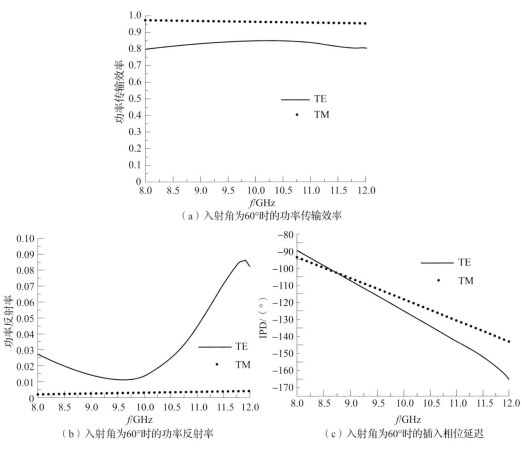

（a）入射角为60°时的功率传输效率

（b）入射角为60°时的功率反射率

（c）入射角为60°时的插入相位延迟

图 2-61　优化频带内入射角为 60° 时的频响特性曲线

（5）入射角为 70°

表 2-19　入射角为 70° 的优化结果

优化结果参数	数值
d/mm	5.86275
d_W/mm	23.6667
b/mm	0.48
功率传输效率最小值（垂直极化）	0.71828
功率传输效率最小值（平行极化）	0.91615
功率传输效率平均值（垂直极化）	0.77396
功率传输效率平均值（平行极化）	0.92055

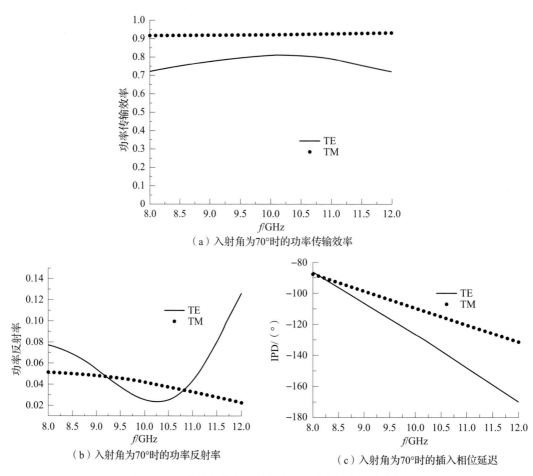

（a）入射角为70°时的功率传输效率

（b）入射角为70°时的功率反射率

（c）入射角为70°时的插入相位延迟

图 2-62　优化频带内入射角为 70° 时的频响特性曲线

总体来看，相比于其他壁结构，优化频带内 C 型夹层的传输性能更好，反射率更小一些，且 C 型夹层电抗加载结构的频响特性没有出现其他壁结构大角度入射时传输曲线剧烈抖动、IPD 曲线突变等情况。

2.4.6　FSS 隐身雷达天线罩优化设计

天线及其舱体的复杂结构、辐射特性以及腔体效应，使雷达天线舱成为飞机 RCS 的三大散射源之一。采用 FSS 雷达天线罩可实现对带外威胁雷达波的 RCS 减缩。

2.4.6.1　FSS 结构简介

频率选择表面通常是由无源谐振单元组成的周期性阵列，大体分为金属贴片型单元和金属孔径型（缝隙）单元，如图 2-63 所示。频率选择结构可以使用单屏 FSS 或多屏 FSS，可以由一层或几层介质复合构成。其主要功能是对不同频率、入射角及极化状态下的电磁波呈现滤波特性。例如，孔径型单元的周期性阵列对谐振频段内的电磁波几乎全透过，而对另一些频段内的电磁波则呈现接近全反射的特性，因此 FSS 实质上其实是一种电磁波空间滤波器。

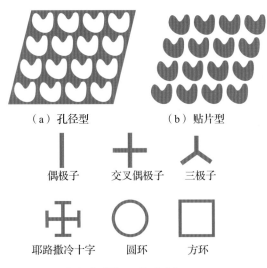

（a）孔径型　　　　　（b）贴片型

偶极子　　　交叉偶极子　　　三极子

耶路撒冷十字　　　圆环　　　方环

（c）典型的FSS单元形状

图 2-63　FSS 单元的类型及典型形状

　　最早对 FSS 的探究，源于 200 多年前美国科学家 F. Hopkinson 观察到自然光通过丝带手绢后发生的奇异散射现象；1785 年，美国物理学家 D. Rittenhouse 发现用发丝制成的等间距光栅可以将白光分解成单色光；第二年，D. Rittenhouse 发表了他对这种现象的研究结果。直到 1823 年，人们成功把一束自然光分解成具有不同颜色的单色光，频率选择表面的前身（周期栅）的研究才吸引了人们的注意。后来人们受到光栅衍射试验的启发，纷纷将衍射光栅改制成各种金属栅，用于对常用的低频电磁波进行衍射，随后大量应用于工程及科学研究上。1889 年，Herz 在试验中用金属栅对低频电磁波进行了类似的试验。后来，J. J. Thompson 等发表了一系列文章来解释 Herz 的试验。这个阶段的栅大都是一维的线栅和带栅。随着物理学上对晶体衍射现象的深入研究，二维、三维栅开始大量应用，并在理论上得到很大发展。而真正频率选择表面的概念则最早是由于卫星通信天线的多波段工作的需求，在 20 世纪 70 年代初期被提出，成为实现天线频率复用的关键元件。随着技术的不断发展，这种对自由空间电磁波具有频率选择的特殊结构开始得到各种应用。

　　国外对 FSS 的研究开展得较早，并将此技术应用于雷达、导弹等航空电子领域。美国俄亥俄州立大学的 B. A. Munk 和 R. J. Luebbrs 教授领导的研究组，在 1974 年就建立了一个锥形 FSS 天线罩的试验模型，其新设计的天线罩是在金属表面刻出了一些周期性分布的谐振槽，使得 90% 的天线罩表面为金属。美国喷气与推进实验室的 T. K. Wu 教授领导的研究组则在多波段、轻重量反射面天线和馈源系统方面开展了大量的研究，取得了多项成果，并由此推动了 FSS 在航空通信领域的应用。Scott. W. Bigelow 等研究了一种新型频率选择表面，可以反射 X 波段的雷达波，同时能够让己方天线低于 2.5GHz 的超宽带频率的雷达波无损耗、无色散地透过。2000 年，Lockheed Martin 公司在简报中发表了题为"*Affordable stealth*"的文章，介绍了 F-22 隐身战斗机低可探测性设计的一些措施，如图 2-64 所示，显示出 F-22 机头雷达天线罩采用了 FSS 技术。另据报道，法国拉斐特隐身战舰的天线罩也采用了频率选择表面，并结合外形设计达到雷达天线舱隐身的目的。

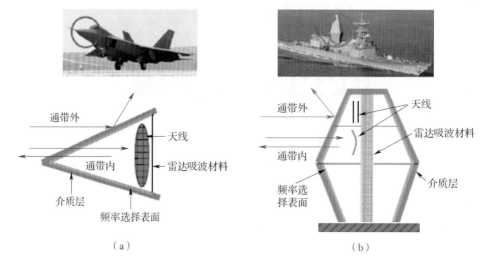

图 2-64　FSS 天线罩在隐身飞机及军舰上的应用

　　相比国外，国内对频率选择表面的研究起步较晚，但工程应用的需求使其迅速成为一个研究热点，并且发展很快。目前，国内的研究单位主要针对工程需要，对多种结构的 FSS 进行设计和分析研究，特别是近年来，频率选择表面已经广泛地从微波波段到光波波段获得应用，并在国防建设中开始显现其作用。

2.4.6.2　FSS 结构的滤波机理

　　一般来说，频率选择表面是一种金属单元周期性结构，或者在介质表面周期性地布设同样的金属单元，对不同频率的电磁波有选通特性，如图 2-65 所示。

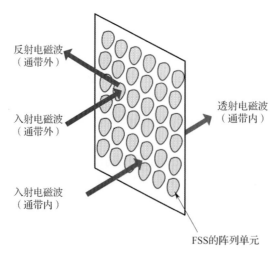

图 2-65　介质表面的金属单元周期结构

　　频率选择表面因此产生的带通 / 带阻特性的基本原理可以概括为：任何周期性排布在平面上的导体贴片或孔径（缝隙）结构，都会对微波波段或光波波段的电磁波产生衍射现象。每一个 FSS 的单元结构、单元间距以及 FSS 介质载体的介电特性都将对 FSS 散射场和透射场产生影响。由于单元尺寸的有限性，当激励波长改变时，散射场将会发生谐振。处于特定波长的电磁波，其场将会被全反射（贴片型）或全透射（缝隙型）。当不考虑介质基底因素时，谐振通常发生在单元电尺寸为入射波半波长的整数倍时。但由于各单元之间排布方式的影响，通常谐振点会稍有偏离。处在第一谐振点处（半波谐振）时谐振最强，对应的频率选择表面有较强的频率响应，并且向某一角度方向上强烈散射或透射能量。随着波长的减小，谐振现象将依次重复出现，而散射或透射的能量将很快减弱，直至为零。此过程类似于 David Rittenhouse 对光栅衍射现象的描述。

（1）贴片型频率选择表面

贴片型 FSS 的频响特性与单元形状有关。不同形状单元的阵列会有不同反射、透射特性。以下从物理过程分析其滤波机制，如图 2-66 所示。

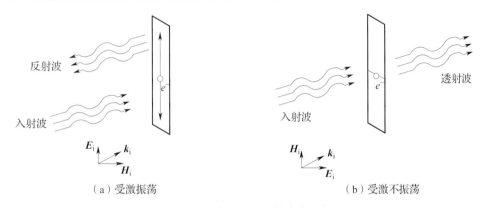

（a）受激振荡　　　　　　　　　　　　　（b）受激不振荡

图 2-66　贴片型 FSS 的滤波机制

假设电磁波入射从左向右入射到贴片型频率选择表面上。平行于贴片方向的电场对电子产生作用力使其振荡，从而在金属表面上形成感应电流。这个时候，入射电磁波的一部分能量转化为维持电子振荡状态所需的动能，而另一部分的能量就透过 FSS 金属屏继续传播。根据能量守恒定律，维持电子运动的能量就被电子吸收了。在某一频率下，所有的入射电磁波能量都被转移到电子的振荡上，那么电子产生的附加散射场可以抵消金属贴片右侧的电磁波的透射场，使得透射系数为零。此时，电子所产生的附加场同时也向金属贴片左侧传播，形成反射场。这种现象就是谐振现象，该频率点即谐振点。直观地看，这个时候贴片型频率选择表面就在谐振频率上呈现反射特性。

再考虑另一种情况，入射波的频率不是谐振频率的时候，只有很少的能量用于维持电子做加速运动，大部分的能量都传播到贴片 FSS 的右侧。在这种情况下，贴片 FSS 对于入射电磁波而言，是透明的，电磁波的能量几乎可以全部透过传播。这个时候，贴片型频率选择表面就呈现透射特性。

一般而言，贴片型 FSS 的等效电路是 LC 串联，其频响特性可以作为带阻型滤波器，如图 2-67 所示。

（2）缝隙型频率选择表面

缝隙型频率选择表面和贴片型频率选择表面的结构是对偶结构。就外部的物理特征而言，贴片型频率选择表面是在介质板上按照一定的周期排布贴上一些金属薄层；对于缝隙型频率选择表面而言，就是在一块完整的金属层面上按照一定的周期排布开一些金属单元的缝隙。从电磁学角度而言，贴片型频率选择表面只能在某几个特定的频率上产生谐振，

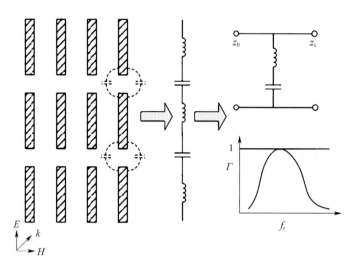

图 2-67　贴片型 FSS 示意图、等效电路以及典型反射频响特性（Γ - 透射系数，f_r - 频率）

电子因为吸收了入射波的能量，产生了涡旋的面电流；而缝隙型频率选择表面的电子可以不受限制地流动，只要有入射波照射，就会产生面电流。

　　如图 2-68 所示，当低频电磁波照射缝隙型频率选择表面时，将激发大范围的电子移动，使得电子吸收大部分能量，且沿缝隙的感应电流很小，导致透射系数比较小。随着入射波频率的不断升高，这种电子移动的范围将逐渐减小，沿缝隙流动的电流不断增加，从而透射系数会得到改善。当入射电磁波的频率达到一定值时，缝隙两侧的电子刚好在入射波电场矢量的驱动下来回移动，在缝隙周围形成较大的感应电流。电子吸收大量入射波的能量，同时也在向外辐射能量。运动的电子透过单元缝隙向透射方向辐射电场，此时的缝隙单元阵列反射系数低，透射系数高。当入射波频率继续升高时，将导致电子的运动范围减小，在缝隙周围的电流将分成若干段，电子透过缝隙辐射出去的电磁波减小，因此，透射系数降低。而对于在远离缝隙的金属面上所产生的感应电流，则向反射方向辐射电磁场，并且由于高频电磁波的电场变化周期限制了电子的运动，辐射能量有限。因此，当高频电磁波入射时，透射系数减小，反射系数增大。

　　从频率响应特性上看，缝隙型频率选择表面是带通型的，等效电路为 LC 并联，如图 2-69 所示。

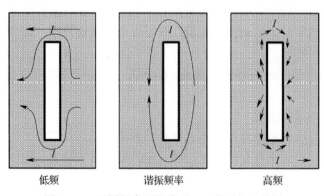

图 2-68　不同频率下缝隙型 FSS 的面电流特征

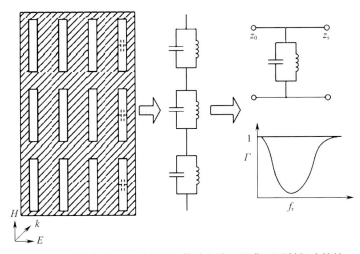

图 2-69　缝隙型 FSS 示意图、等效电路以及典型反射频响特性

2.4.6.3　FSS 结构的分类及基本单元类型

FSS 结构多种多样。平面 FSS 是一种二维结构，是 FSS 单元构成的平面周期阵列，可分为无限平面 FSS（理想）和有限平面 FSS（实际）。按 FSS 单元上或者单元之间是否存在有源器件（如电容、电感、电阻等），可以分为有源 FSS 和无源 FSS。按 FSS 的布设层数，可以分为单层 FSS 和多层 FSS。多层 FSS 就是把多层 FSS 级联起来，其中每层 FSS 的单元和布阵可以相同也可以不同。FSS 屏通常都有介质作为基底起支撑作用，在工程上提供强度、刚度，在电性能上也起到介质加载以稳定谐振频率和带宽的效用。

FSS 的性能很大程度上取决于单元结构的特性，当然也与单元间距或周期参数紧密相关。单元类型可以划分为以下四种。

第一种是中心连接型，如图 2-70（a）所示，有最简单的直线单元、三极子单元、锚型单元、耶路撒冷十字形单元、方形螺旋单元等；

第二种是环形单元，如图 2-70（b）所示，有三腿和四腿单元，以及圆环、方形和六边形环等；

第三种是实芯单元或各种形状的板式单元，如图 2-70（c）所示；

第四种是组合型单元，如图 2-70（d）所示。

高质量的单元对不同的入射角应有较稳定的谐振频率。这种特性需要单元间距的电长度较小。无论什么类型的单元，单元间距大于半个波长都会导致栅瓣的过早出现，这会使基本谐振频率随着入射角增大而降低。所以，良好的单元，其电长度应该较小。满足这一性质的单元是环形单元，如三腿、四腿单元，简单的圆环和方环，特别是对于宽带应用的六边形环。这些单元的共同点是，当它们的周长约等于或稍小于一个波长时就会产生谐振；也就是说，没有介质时它们的尺度小于 0.3 个波长。这一类环形单元的形状变化给设计人员提供了很多选择，从窄带（三腿和四腿单元）到宽带（圆环和六边形环）均可实现。

2.4.6.4　FSS 机载雷达天线罩应用

机载雷达天线罩最早用于气动整流、保护雷达天线免受不良环境影响，要满足空气动

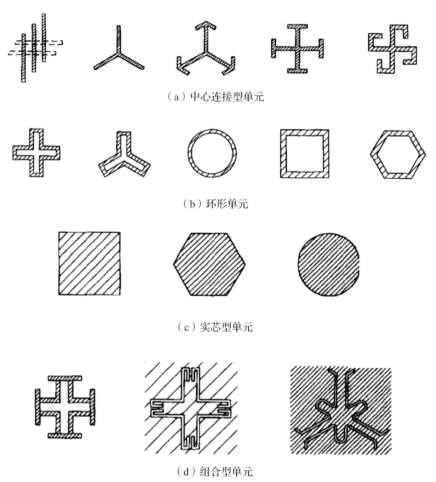

（a）中心连接型单元

（b）环形单元

（c）实芯型单元

（d）组合型单元

图 2-70　四种 FSS 单元类型

力、结构强度、电性能、耐环境和重量等要求，近年来又被赋予了隐身功能，并已获得工程应用。飞机在迎头方向的散射通常比较强，主要来自雷达天线、进气道和座舱等强散射源。其中，雷达天线由于天线工作的特殊性，其 RCS 很难减缩，要借助雷达天线罩来解决。雷达天线舱的隐身性能已经成为飞机机头方向 RCS 减缩中至关重要的一个方面，甚至成为整机隐身的瓶颈。

　　新一代战斗机为达到低 RCS 的目的，希望雷达天线罩在工作频段内实现高传输；在工作频段外实现深截止，像金属罩一样通过专门设计的外形将敌方雷达波的镜像强散射偏移出威胁区域。实现这种特殊功能，需要采用 FSS 雷达天线罩。F-22 战斗机低截获率雷达与频率选择天线罩并用，减缩雷达截面积的措施之一就是应用带通谐振雷达天线罩（bandpass resonant radome）。雷达天线罩是 F-22 结构最为复杂的部件之一。FSS 雷达天线罩技术复杂度很高，其设计需要把握 FSS 的基本特性和设计要素，根据性能要求构划好 FSS 单元及罩壁结构方案，利用电磁场仿真软件进行精确的计算和优化迭代，才能实现传输性能和隐身性能指标。

　　FSS 在飞机带通雷达天线罩上的应用，使得载机天线工作频带外的机头前向 RCS 得到减缩。如图 2-71 所示，可以看到飞机前端的雷达天线被具有图 2-72 所示带通特性的一定形状的雷达天线罩罩住。当雷达天线罩非电磁透明时，在入射场照射下，在通带外的大部分信号以雷达天线罩外形为界面，沿着镜像方向反射，从而在后向（入射方向的反方向）只有非常微弱的信号，使得单站 RCS 很小。对于通带内的信号而言，频率选择表面是接近电磁透明的，对信号传输基本没有影响，这样就降低了雷达天线舱的带外 RCS。带内则由低 RCS 天线采取斜置和嵌入吸波材料板等技术措施来实现隐身，从而实现雷达天线舱的全频段隐身。

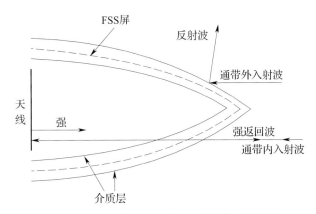

图 2-71　机头带通 FSS 雷达天线罩作用示意图

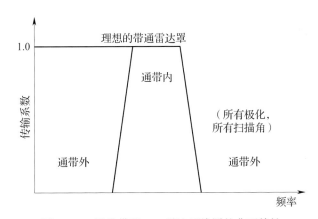

图 2-72　机头带通 FSS 雷达天线罩的典型特性

2.4.6.5　宽带 FSS 设计要素

宽带 FSS 的设计已成为工程应用中的一个重要问题。在设计宽频带通带 FSS 时通常应考虑以下方面：选择宽带单元类型，并且单元应可以紧密排布以减小单元间距增大带宽；介质层加载在保持传输特性的恒定带宽和平顶顶部方面起着重要的作用；采用多层 FSS 级联的方式可以提供陡降的通带特性。因此，选择合适的单元类型、加载介质和级联形式是宽带 FSS 的设计关键。

（1）选择宽带单元类型

FSS 的频率特性主要取决于谐振单元、周期性分布、加载介质的电特性及形式，以及电磁波的入射角和极化角。对于宽带 FSS 的设计，首要是单元类型的选择，因为某些单元自身相对于其他单元就是宽带或窄带的。选择宽带单元时，一方面看其本身是否为宽带型；另一方面看其形状是否可以紧密排列，以减小间距，增大带宽并推迟栅瓣。圆形和六边环形单元为宽带型单元。另外，应选择在第一谐振频率附近带宽随入射角、随极化变化不敏感的单元。

FSS 的性能除取决于单元外，还与单元排列的周期和栅格形式相关。FSS 设计中阵列周期的选择主要应考虑避免结构在规定频域内出现栅瓣以及表面波传播。不同的 FSS 单元排列方式，如矩形、三角形等栅格形式会有不同的单元插紧程度，从而有不同的栅瓣特性。FSS 阵子周期也会影响带宽，一般而言，周期增大则带宽减小。

（2）FSS 的介质加载

一般情况下，FSS 必须附着于介质基体结构上才能实现可用的频率选择功能。工作环境和设计要求的不同需要天线罩采取不同的结构来应对。FSS 与介质基体之间必须相互匹配，才能实现所需的通带或阻带特性。经过仔细设计的 FSS 与介质基体的复合结构才可以同时具备良好的电性能和力学性能。

在 FSS 雷达天线罩设计中，介质在保持频域传输特性的恒定带宽和平坦顶部方面起着重要作用。介质层的介电参数和厚度可以显著改变 FSS 结构的电性能。FSS 屏放置在介质层外侧比放置在介质层中间的插入损耗要大。而且，在 FSS 外侧加载介质层，可得到角稳定性好的频率传输响应。FSS 介质加载还可以减小环形单元的尺寸和间距，从而推迟栅瓣的出现。

（3）多层 FSS 级联

采用多层 FSS 级联可以加强通带或阻带的截止特性。带通雷达天线罩通常要求有相对较高的 Q 值，这就需要多层 FSS 级联来实现。将两层或者多层 FSS 级联起来，主要是通过 FSS 层间电磁场的耦合来调节电性能，可获得通带内平坦和陡截止的带通特性。不应认为 FSS 结构的传输曲线仅仅取决于单元阵列，FSS 屏之间的介质仅仅作为隔离物，并由此认为其介电常数越小越好（如使用 $\varepsilon < 1.1$ 的蜂窝或泡沫夹芯材料）。下面是一个圆环单元周期阵列单层 FSS 与双层 FSS 的性能示例。

采用传统的圆环单元［见图 2-73（a）］，通过设计加载介质参数，实现平顶宽带透波。图 2-73（b）给出了不同入射角度下，单层 FSS 两侧加载 λ/4 介质层结构（介质无耗）的透波特性曲线。可以看出：垂直入射时此结构具有宽带和平顶特性，–0.5dB 带宽 6.3GHz（6.8～13.1GHz）；45° 入射时 –1dB 带宽 3.3GHz；当入射角增大到 60° 时，TE 极化带内插损增大到 –1.4dB，TM 极化 –0.5dB 带宽仅有 2.5GHz。图 2-73（c）为双层圆环 FSS 级联结构的透波特性曲线。由结果可以看出：层间电磁场耦合增强了带外的陡降性；但是大角度入射时，TE 极化的带宽明显降低，平顶性能变差。

2.4.6.6 宽带 FSS 构型分析与设计

第一，为了实现宽带透波效果，应使用多次反射谐振点支撑的带通设计。虽然在原理上，采用低阻高通相结合的设计也可以实现一定频率范围内的透波效果，但高频通带的起始频率随入射角会发生明显漂移，并且通带内的波纹特性随入射角会发生剧烈变化，特别是在大入射角条件下波纹特性难以改善。如果仅考虑固定的小入射角条件，低阻高通设计是实现宽带的相对简单的设计方案；而针对大入射角条件下的宽带透波设计要求和一定的角稳定性要求，以圆孔、方孔、线栅为代表的低阻高通设计并不是理想的设计选择。图 2-74 是常见的低阻高通单元。

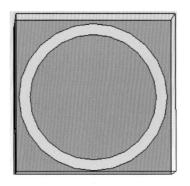

（a）圆环单元结构

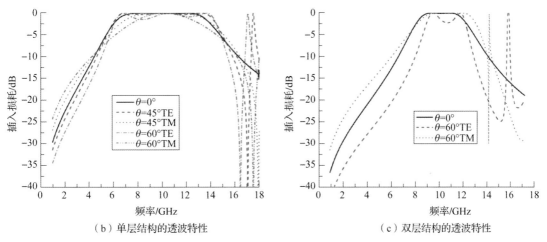

（b）单层结构的透波特性　　　　　　　　（c）双层结构的透波特性

图 2-73　单双屏圆环 FSS 结构的传输频响特性

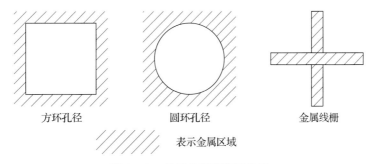

图 2-74　常见的低阻高通单元

　　第二，较好的宽带透波效果需要使用数量足够的低反射谐振点进行支撑。使用单谐振点支撑时，通带带宽与过渡带陡峭特性（对应低频截止特性）的矛盾突出，即带宽增加则低频截止特性恶化。随着谐振点的逐步增加，这一问题可以得到改善。使用双谐振点支撑时，若两个谐振点相距过远而形成宽通带，易出现双谐振点间的功率传输效率低谷。如图 2-75 所示，使用多谐振点支撑通带时，通带内的功率传输效率波纹抖动问题是设计时需要注意的。综合而言，使用两阶或三阶谐振点支撑适当宽度的通带设计是一种合理的设计选择。

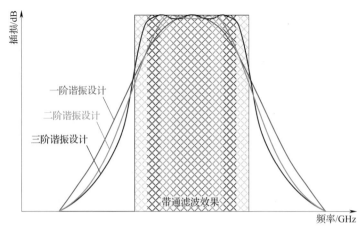

图 2-75　多阶谐振设计的频响特性

第三，在带通单元的选择方面，有贴片 / 缝隙、低阻 / 高通谐振单元组合设计，以及圆贴片 / 圆孔径纵向复合设计等方案。其中缝隙单元，常见的有 Y 形缝隙、十字缝隙、方环缝隙、耶路撒冷十字缝隙、圆环缝隙等单元形式。考虑双极化的带通滤波效果，结构对称的十字、方环、圆环缝隙等都是可用的单元形式（见图 2-76）。然而，缝隙单元的谐振 Q 值较高，意味着陡峭的过渡带和有限的带宽。而通过多层贴片单元耦合以在大入射角条件下实现宽通带的设计，易遇到通带波纹过深难以改善的问题。这里，对圆环缝隙的设计研究也体现出了这些特点。设计宽通带 FSS 透波结构的另一种思路是使用较低谐振 Q 值的单元，如方环金属框线与圆贴片的组合单元设计，以及圆贴片 / 圆孔径互补复合单元设计等（见图 2-77）。这类设计的过渡带陡峭特性不如缝隙单元，但带宽具备更大的展宽空间。当然，单元结构谐振的 Q 值也与贴片结构的介质加载有关。一般来讲，加载介质的介电常数越高，则谐振 Q 值越大，图 2-78 示出了 Q 值与带宽和过渡带陡峭特性的关系。

第四，在大角度入射条件下的宽带 FSS 透波结构设计中，外部介质层的匹配设计是整体结构设计中极为重要的一环。事实上，在大入射角条件下实现双极化带通设计，在原理上与入射角稳定的带通结构的设计方法相同。已有的研究实例和文献资料表明：

（1）入射角稳定性好的带通结构的介质匹配层设计，从谐振单元基底介质到外侧匹配介质，介电常数应依次降低。若最外侧需要相对高介电常数的介质提供结构支撑的话，则其厚度越薄、介电常数越小，越有利于获得角稳定的匹配效果。

（2）采用对称的外侧匹配层设计，在通带效果上往往优于非对称式的外侧匹配层设计。

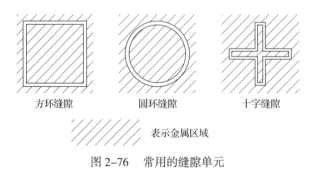

图 2-76　常用的缝隙单元

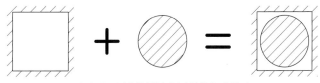

（a）方环金属框线与圆贴片的组合单元

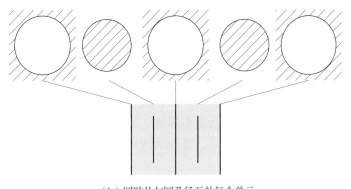

（b）圆贴片与圆孔径互补复合单元

图 2-77　互补复合单元

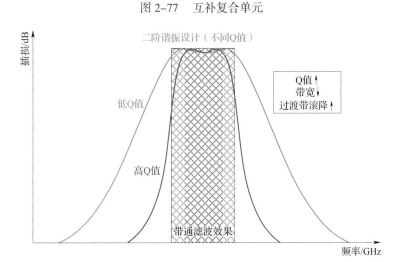

图 2-78　复合单元 Q 值与带宽和过渡带陡峭特性的关系

（3）谐振单元的基底介质层与外侧匹配介质层的介电常数差别不宜过大，最理想的情况是二者相对介电常数皆较低并且数值较接近。一般典型值为基底介质层相对介电常数不超过 3，外侧匹配介质层介电常数不超过 2。

第3章 结构设计与强度

3.1 雷达天线罩结构组成

雷达天线罩结构组成一般取决于其功能需求和安装位置、安装接口形式两个主要方面，不同雷达天线罩的组成部分不尽相同。以机载雷达天线罩为例，典型介质结构雷达天线罩组成如图3-1所示，主要包括复合材料罩体、根部连接结构、防雨蚀结构、雷电防护结构、涂层系统等。根据任务系统需求，雷达天线罩有时还需预留安装接口以便安装各类传感器。

随着新型武器平台的飞速发展，各类雷达天线罩的功能任务需求不断增加，如隐身、耐高温、多窗口等，相关技术指标越来越高，结构组成也更为复杂。

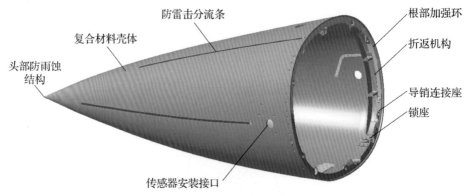

图3-1　典型介质结构雷达天线罩组成

3.1.1 复合材料罩体

复合材料罩体是雷达天线罩主体结构，承受主要的外部载荷，是天线的主要保护窗口，同时承担电磁波的透波功能，通常是由低介电、低损耗的复合材料制造而成的曲面壳体，其壁结构形式、壁厚分布在满足结构强度／刚度要求的前提下，要与内部雷达天线的工作体制、中心频率、天线各种参数特性相匹配，最大限度地发挥天线性能。

3.1.2 根部连接结构

雷达天线罩根部连接结构组成主要依据与机体的安装方式而定，其主要作用是安装定位、连接、载荷传递以及雷电流释放等，同时考虑天线的维护要求，满足维修性要求。根部连接结构一般由刚性支撑用的加强环、折返机构、锁组件、导向定位组件等组成，有时还包括密封组件。

3.1.3 防雨蚀结构

当飞机在雨中飞行时，安装在飞机最前端的雷达天线罩迎面受到雨滴的直接撞击，可导致复合材料罩体表面脱胶、破裂并受到雨水的侵蚀，形成蚀坑，保护涂层破裂使得材料产生剥离。雷达天线罩产生雨蚀最严重的部位是头部，因此在该区域需选择耐雨蚀能力强的材料进行防雨蚀结构设计，最常见的方式是安装防雨蚀帽。另外，在雷达天线罩外表面喷涂防雨蚀涂层，也可起到整体防护的作用。

3.1.4 雷电防护结构

当飞机经过带电云层时，容易引发云团对地放电，雷电放电电压高达数百万伏，电流高达数十万安培。按照相关标准对雷电区域的划分方法，雷达天线罩通常位于雷电的初始附着区，即雷电初始附着概率很高的区域，云层中高电压首先附着在雷达天线罩上，大电流容易引起雷达天线罩击穿损坏，雷达天线罩必须采取雷电防护措施。因此，雷达天线罩外表面一般会规律地布置防雷击分流条，将雷电引至防雷击分流条上，通过根部电搭接组件引至机身放电。防雷击分流条在高电压下一般为导体，会对雷达天线罩透波性能产生不利影响，需对防雷击分流条布局进行合理设计，在雷电防护性能和电性能之间寻求最佳结合点。

3.1.5 涂层系统

机头雷达天线罩安装在飞机最前端，当飞机高速飞行时，机头雷达天线罩表面会遭受雨滴冲击，致使复合材料罩体产生分层、凹坑等缺陷，进而导致材料吸水造成电性能和强度/刚度性能的严重下降，为此雷达天线罩外表面须喷涂防雨蚀涂层，该涂层具备良好的耐环境性能，并具有一定的弹性和韧性。

另外，在高速飞行的过程中，雷达天线罩表面会产生大量的静电荷积累，表面静电荷积累会形成电晕放电，干扰内部电子设备正常工作。由于雷达天线罩主体结构复合材料罩体为非金属材料，不具备导电性能，因此，在雷达天线罩外表面还要喷涂抗静电涂层，消除表面电荷积累带来的不利影响。雷达天线罩的涂层系统不同于飞机机体结构的涂层系统，除了具备良好的防护性能外，其损耗和介电性能均要求比较低，以此降低对电性能的影响。因此，对于高性能雷达天线罩来说，雷达天线罩涂层系统颜色一般与机体结构颜色不一致，雷达天线罩外表面不应再喷涂其他防护和装饰涂层。

3.1.6 其他安装接口

部分机头雷达天线罩头部安装有空速系统，此区域设计了与空速系统连接的空速管安装结构。雷达罩某些特定区域还可能安装迎角传感器、结冰传感器、下滑天线、光窗等，需在罩体上设计相应的开口以满足安装需求。

3.2　雷达天线罩结构强度基本要求

3.2.1　外形和安装要求

雷达天线罩作为飞机机体结构的一部分，与飞机其他部分共同构成完整的气动外形，应满足规定的气动外缘公差要求。对于特殊要求的飞机，如隐身飞机对气动外缘公差、阶差、对缝等还有更高的要求。

为方便机头位置雷达天线罩及内部雷达天线设备的安装与维护，通常对雷达天线罩提出了互换性要求。良好的协调互换性能不但可以减少装配和对接的工作量，更重要的是可避免因强迫装配而在结构内产生对使用安全性和寿命有影响的装配残余应力与局部应力集中。

3.2.2　重量和重心要求

飞机雷达天线罩作为机体结构的一部分，还应满足整机重量分配要求，对于机头雷达天线罩，由于其位于飞机最前端，其重量重心分布尤为重要，应确保雷达天线罩重量重心满足设计要求，同时确保一致性良好。

3.2.3　强度和刚度要求

雷达天线罩强度、刚度应满足规定的相关要求，应考虑在最不利的工作环境影响下，限制载荷引起的变形不影响雷达天线罩的正常工作，同时不能显著影响飞机的气动特性。在极限载荷和相应的最不利环境组合条件下，雷达天线罩结构不应发生总体破坏。

由于雷达天线罩主体结构为复合材料，应在设计时充分考虑到复合材料的特性，应考虑在最不利的工作环境下，限制载荷引起的应力不得超过材料的屈服应力或失稳临界应力，极限载荷引起的应力不得超过材料的许用应力。极限载荷为限制载荷乘以不确定系数，一般取不确定系数为 1.5，有特殊规定的除外。当检查方法精度降低、载荷计算不准、经常受到磨损和腐蚀，或要求增加刚度和提高安全性时，不确定系数可以适当放大；对应急情况或一次使用情况，不确定系数可以适当减小。

另外，应在设计和试验验证时充分考虑环境对复合材料性能的影响，在室温大气环境下进行全尺寸试验时，应考虑最不利组合条件下的环境补偿系数，该环境因子应通过结构许用值试验获得。

如果仅采用理论分析来表明静强度的符合性，所采用的分析方法必须已被所分析的同类结构的试验所验证。对于新设计的、无同类结构可参考的，除了进行分析计算外，还必须通过地面试验验证。

3.2.4　环境适应性要求

雷达天线罩环境适应性要求应符合飞机总体环境适应性要求以及相关标准要求，涉及的环境项目主要包括低气压（高度）、高温、低温、温度冲击、流体污染、温度 – 高度、湿热、霉菌、盐雾、砂尘、太阳辐射、淋雨、温度 – 湿度 – 高度、酸性大气、振动、冲击、加速度、雨蚀和雨冲击、冰雹冲击、鸟撞、静电、雷击等。

3.3　雷达天线罩结构设计

3.3.1　设计原则

雷达天线罩结构设计是一个复杂的协调过程，是综合各学科、平衡各专业的结果，在设计过程中应遵循以下原则。

①最低重量设计原则；

②满足强度、刚度要求；

③保证良好的电磁性能；

④满足飞行中各种环境要求；

⑤较低的材料和制造费用，拥有良好经济性能；

⑥具备良好的维护、维修性能。

3.3.2　设计选材

复合材料罩体选用材料需根据雷达天线罩的使用环境选择，不同的使用环境对雷达天线罩的材料也提出了不同要求。总体来说，雷达天线罩复合材料罩体的材料可以分为以下几种类型。

①常温固化复合材料。复合材料性能低，断裂强度低，对于一些飞行速度低的无人机雷达天线罩，由于载荷低，可以采用常温固化复合材料。

②中温固化复合材料。中温固化复合材料的力学性能较高，对于民用飞机雷达天线罩，由于载荷变化不大，且载荷波动不大，因而，可以采用中温固化复合材料。

③高温固化复合材料。高温固化复合材料，由于性能高，且能够耐受较高的使用温度，所以，在战斗机雷达天线罩上广泛使用。

④超高温复合材料。超高温复合材料是指固化温度超过250℃的复合材料，往往由于其能够在短时间内耐受较高的温度而在部分导弹罩或高马赫数的雷达天线罩上使用。

⑤夹芯材料。目前可以用于雷达天线罩的夹芯材料包括蜂窝夹芯材料和泡沫夹芯材料。常用的蜂窝夹芯材料主要有玻璃布蜂窝和芳纶纸蜂窝，而泡沫材料主要有PVC泡沫和PMI泡沫。泡沫材料和蜂窝材料的使用可有效拓宽雷达天线罩的工作频带，同时减轻重量，有助于提升雷达天线罩的性能。

设计的选材要根据雷达天线罩的用途，对于地面雷达天线罩，可以采用室温固化复合材料；对于运输机类飞机雷达天线罩，可以采用中温固化复合材料；对于高速军机雷达天线罩，需要采用高温固化复合材料；对于超高速的无人机及导弹雷达天线罩，需要采用超高温固化复合材料，使得在超高温条件下的强度/刚度仍然能够满足使用的要求。

另外，对于宽频带超高温雷达天线罩的设计，由于温度及气动载荷是雷达天线罩设计需要考虑的主要外部载荷，目前除了采用玻璃布蜂窝夹层结构以满足电性能的要求外，也采用缝合的方法进行结构的加强，用以提高雷达天线罩整体的强度和刚度。

3.3.3 铺层设计

3.3.3.1 铺层设计原则

复合材料结构的制造与传统金属结构的制造完全不同，复合材料结构的制造是材料与结构成型同时完成的。复合材料结构的材料、设计和制造三者连接紧密，复合材料结构的性能与其铺层设计紧密相连。复合材料结构在制造过程中，伴随着物理的、化学的，或者物理和化学的变化，这些变化主要发生在复合材料层与层之间的界面上，复合材料结构的性能与层间质量的好坏直接相关，而铺层设计又决定层间质量，因此铺层设计的质量直接关系到复合材料结构的承载能力。

雷达天线罩所用复合材料结构形式主要包括实芯壁结构和夹层结构。实芯壁复合材料结构主要是由多层单向带或织物通过树脂固化彼此黏结在一起构成的复合材料结构，通常在雷达天线罩上应用的是由玻璃纤维／石英纤维预浸料按规定的铺层方向和铺贴顺序铺贴而成的实芯复合材料结构。夹层结构主要由蒙皮和芯层互相胶黏成型的一种复合材料结构形式，雷达天线罩夹层复合材料结构蒙皮通常为玻璃纤维／石英纤维面板，芯层通常为蜂窝和泡沫。复合材料通过铺层可实现性能剪裁设计从而满足不同要求。铺层设计决定了复合材料的性能，铺层设计是复合材料设计中独特而又关键的环节。

（1）单向带实芯壁结构

①对于由单向带成型的复合材料实芯壁结构，其铺层应对称均衡，以避免固化后由于耦合而引起的翘曲。对于有特殊要求的结构也可采用非对称铺层，如在气动弹性剪裁设计时，常用到复合材料铺层设计的耦合特性（如结构承受弯曲载荷时要求有扭转变形）。

②对于由 0°、90°、±45° 单铺层组成的复合材料单向带结构，其 0°、90°、±45° 任一铺层所占的铺层比例应不小于 6%。

③对于以局部屈曲为临界设计情况的复合材料单向带结构，应该把 ±45° 层尽量铺到远离结构中性层的位置上，即两侧表面上。

④复合材料单向带结构连接区的铺层设计应使与钉载方向成 ±45° 的铺层百分比不小于 40%，与钉载方向一致的铺层百分比大于 25%，其目的是保证连接处有足够的剪切强度和挤压强度，同时也有利于载荷扩散和改善应力集中。

⑤对于使用中容易受到外来物撞击的复合材料单向带结构部位，其表面几层应均匀分布于各个方向，且相邻层的夹角应尽可能小。

⑥在集中应力扩散部位应进行局部加强，除在主应力方向配制足够的铺层外，应配制一定数量与主应力方向成 ±45° 的铺层，以便应力扩散。

⑦在开口区应进行局部加强，并使相邻层的夹角尽可能小，局部加强的边沿采用阶梯型递减（一次不多于两层）。

⑧在结构变厚度区域，铺层数递减处形成台阶，要求每个台阶宽度相等且等于或大于2.5mm，厚度与斜度通常不得大于 10°，并在表面设置连续覆盖层以防止剥离，如图 3-2所示。

⑨同层预浸料单向带只允许沿宽度方向拼接，禁止沿纤维方向拼接。同层预浸料单向带之间拼接应采用对接形式，对接缝宽度不得超过 1mm，相邻两层预浸料拼接缝应错开。通常铺层方向公差为 ±3°。

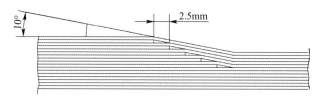

图 3-2　变厚度铺层

（2）织物实芯壁结构

①预浸料为织物的实芯壁结构，织物的经向通常沿航向。

②同一层织物预浸料在经向和纬向均允许拼接，但拼接缝一般沿航向，拼接可以采用搭接或对接形式，拼接缝宽度不得超过 1mm，相邻两层预浸料拼接缝应错开。通常铺层方向公差为 ±5°。

③对于具有复杂大曲率型面的结构，在局部应允许开剪，同一部位相邻预浸料的开剪缝应错开。

④在结构变厚度区域，台阶处的铺层要求与单向带实芯壁结构相同。

（3）蜂窝夹层结构

①蒙皮铺层。蜂窝夹层结构的蒙皮铺层设计与单向带实芯壁结构 / 织物实芯壁结构的铺层设计相同，但蒙皮铺层本身不需要对称，只需保证与蜂窝芯层黏结的上下两侧蒙皮关于蜂窝芯层对称。

②蜂窝芯层。蜂窝胶条方向即 L 方向一般沿航向，蜂窝芯层允许拼接，拼接缝方向一般沿 W 方向，如图 3-3 所示。

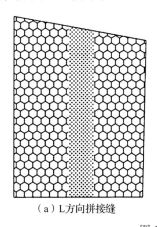

（a）L 方向拼接缝　　　　　　　　　（b）W 方向拼接缝

图 3-3　蜂窝拼接方式

③蜂窝芯层边缘。蜂窝芯层的最小厚度通常不应小于 3mm，蜂窝芯层边缘的收边角一般为 20°～30°，边缘最小厚度不应小于 1.0mm，如图 3-4 所示。

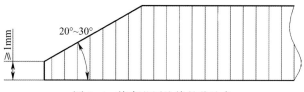

图 3-4　蜂窝芯层边缘的收边角

（4）泡沫夹层结构

对于泡沫夹层结构铺层设计除泡沫允许各个方向拼接外，其余与蜂窝夹层结构铺层设计要求相同。

3.3.3.2 铺层组 / 铺叠顺序的关系

①层压板的铺层组（铺叠顺序）应对称，这就消除了不必要的（和难以分析的）薄膜 / 弯曲耦合。

②铺贴层应均衡（在层压板中，每个 $+\theta$ 铺层应有一个对应的相同材料和厚度的 $-\theta$ 铺层），这就消除了拉伸 / 剪切耦合。

③应避免弯曲 / 扭转耦合。一种方法是使用反对称铺层组，另一种方法则是只使用 0° 和 90° 方向的织物材料与单向材料。

④ 10% 规则。在每个铺层组内，沿下面四个主要方向中任一方向至少应有 10% 的纤维：0°、45°、-45° 和 90°。这样做是为了应对次要载荷情况，由于载荷值较小，因此在设计过程中未将其纳入，但是如果在这四个主要方向中的任何一个方向上没有纤维，都可能导致结构过早破坏。在某些情况下，也使用其他值如 12% 或 15% 来代替 10%。

⑤应将彼此紧贴的同一方向上的单向铺层的数量减至最小。如果存在彼此紧贴的许多同一方向的单向铺层，那么在它们之中形成的基体裂纹，可能很容易地在基体内扩展并从一个铺层扩展到相邻的另一铺层而不受制约。固化过程中的热应力或在使用过程中的横向载荷（在铺层铺叠过程中问题纤维的横向）可能引起这些裂纹。建议应避免同一铺层方向上铺层铺叠超过 0.6～0.8mm（对于典型的单向材料，相当于 4～5 层铺层）。采用不同方向的铺层将同一方向的铺层隔开（在铺层铺叠中用于隔开的铺层最好至少相差 45°），即提供了抑制微裂纹的措施。应使微裂纹合拢和 / 或产生分层的可能性减至最小。

3.3.3.3 加载与性能的关系

①为改善一维复合材料结构的弯曲强度，应使 0° 铺层的位置尽可能远离中性轴。

②为改进板的屈曲和局部失稳性能的改进，应使 45° /-45° 铺层的位置尽可能远离中性轴。

③保持紧固件直径与结构厚度之比应大于 1/3，以使紧固件弯曲减至最小。

④保持紧固件埋头深度与结构厚度之比应小于 2/3，以避免在面外载荷作用下造成紧固件拉穿结构。

⑤ 45° 织物铺层放置在外表面。为改进耐损伤能力，即为限制由于低速冲击所引起的损坏量，铺叠过程中应将织物铺层放置外层。它们能限制纤维断裂量，并有助于将所形成的裂口包容在第一层（受冲击处）或最后一层内。

⑥蒙皮铺层组中 45° /-45° 铺层应占主导。使用 45° 和 -45° 铺层，可以改进铺层组的剪切刚度和强度。

⑦为改进螺栓连接接头紧固件周围的载荷传递，至少应有 40% 的纤维与施加的轴向载荷成 45° 和 -45° 方向。

⑧为避免交互作用和避免加大应力集中，紧固件间距至少应为（4～5）D，此处 D 是紧固件的直径。这样，只是确保在紧固件之间形式全旁路载荷，并且一个紧固件周围的载荷分布不影响相邻紧固件周围的载荷分布，从而减小应力集中的影响，但此举并未计及其他考虑，如紧固件之间的屈曲或较小间距螺栓连接性能的潜在改善。每一设计的特殊要求

都可能替代本要求。

　　⑨为使边距的影响减至最小（以使紧固件周围的载荷分布趋近于无穷大板中的紧固件的载荷分布），紧固件与零件边缘之间的边距应不小于 2.5D+1.3mm，此处 D 为紧固件直径。

　　⑩应避免外露的铺层递减，在铺层终止的边缘处，分层倾向性较大。铺层递减应尽可能靠近层压板的中面。对于一个以上的铺层递减，应尽量使递减的铺层相对于层压板中面对称。应避免在同一位置处因铺层递减导致的厚度变化大于 0.5mm，以使产生的层间应力减至最小。连续递减铺层边缘之间的距离，应至少是递减高度的 10 或 15 倍，以避免不同递减位置处应力之间的相互干涉（使应力增大）。

3.3.3.4　刚度设计

　　①复合材料结构在使用载荷下不允许产生有害的变形，变形不应当妨碍飞机的安全操纵，变形不应严重改变外部载荷或内力的分布。

　　②在使用载荷下，不允许结构有永久变形。复合材料结构一旦出现永久变形就意味着结构产生了永久性损伤。

　　③利用复合材料铺层的正交异性特性和结构的层压特性，通过合理地选取铺层角、铺层比和铺层顺序，以最小的质量代价达到所要求的刚度。

　　④有刚度要求的一般部位，弹性常数的数值基准选取对应温度区间的平均值。刚度有严格要求的部位，弹性常数的数值基准选取对应温度区间的 B 基准值。

3.3.3.5　稳定性设计

　　层压板稳定性设计的主要任务为合理地设计其弯曲刚度。影响弯曲刚度系数的因素有：铺层角度、铺层顺序、层压板的层数。因此，设计计算应在一系列铺层角（一般在 $\pi/4$ 的四种角度中选择）、铺层顺序和层数的层压板中进行。最后，取其中既满足设计载荷小于或等于屈曲载荷，而层数 n 又是最少者，即完成了设计。这是个烦琐的设计过程，应在计算机上进行。

3.3.4　连接设计

　　雷达天线罩与机身连接设计是雷达天线罩结构设计的一个重要环节，对雷达性能、地勤维护和飞行安全有积极或消极的影响。雷达天线罩与机身连接设计，既有结构设计的一般性，又有其特殊之处。为满足不同的功能需求，雷达天线罩的连接方式根据对接或套接、均布连接或集中连接、有无铰链、螺栓还是快卸锁、连接锁的承力类型、翻开方向等细节特征，主要分为以下几种构型。

　　①雷达天线罩锁（承轴 / 剪力）；

　　②雷达天线罩锁（承轴力）+ 承剪销；

　　③构型 1+ 非承力铰链（侧翻）；

　　④构型 1+ 非承力铰链（上翻）；

　　⑤构型 2+ 非承力铰链（侧翻）；

　　⑥构型 2+ 非承力铰链（上翻）；

　　⑦螺栓对接 + 小维护口盖；

　　⑧双承轴力 / 剪力锁 + 承力铰链（侧翻）；

⑨双搭扣锁＋承力铰链（侧翻）；

⑩双搭扣锁＋承力铰链（上翻）；

⑪套接＋法向螺栓。

首先，连接设计必须满足安全要求，应采用多路径传力方式，在某个路径失效后，载荷能重新分布在其他路径上进行扩散。如果存在单点失效模式，必须对连接件进行严格的考核，确定其可靠性满足安全指标。其次，由于雷达天线罩的重要功能是提供对雷达天线的保护以及透波功能，所以连接方案在满足强度、刚度要求后，应尽量满足雷达的要求，如尽量缩小连接方案所占的空间，连接件不进入雷达波扫掠区。最后，很多雷达天线罩上都装有大气系统的附件。连接设计必须考虑到大气系统的需求，如合理设置管路分离截面、避让迎角传感器等。另外，由于机头远离整机重心点，所以该部位对重量是敏感的，在可能的情况下，要尽量减重。

雷达天线罩连接设计必须要和机体结构相适应。如布置承力快卸锁的时候，直接与机身主梁相连，或者尽可能靠近机身框，以减少附加的弯矩。承剪销的布置应该尽量靠近边缘，以尽早地传递剪力给蒙皮，提高传力的效率。同时，注意雷达天线罩根部部件与机身框部件不能相互干涉，如雷达天线罩根部的加强框与机身框上连接主梁的螺栓头。

雷达天线罩连接设计要考虑各种性能的平衡，如维护性与隐身性能之间的矛盾，第三、四代战斗机追求高的维护性，优先采用铰链机构与快卸锁的配置；而第五代战斗机则为了隐身性能，未采用上述折返连接系统。不过由于第五代战斗机采用的相控阵雷达可靠性较高，因此在总体维护性上第五代战斗机雷达天线罩优于第三、四代战斗机。

当然，在确定连接结构方案时必须考虑到装配工艺性是否良好，如装配通道是否通畅、装配空间是否足够、是否容易防止加工错误等。一个非常难实施的设计方案不是一个好的方案，它降低了生产效率，同时增加了不合格率。

3.3.4.1 螺栓／螺母连接

对于通过连接螺栓／螺母与飞机结构连接的连接方式，通常是雷达天线罩与飞机结构套接或者使用翻边与飞机结构搭接。雷达天线罩根部制出供连接用的螺栓孔。

连接孔的形式通常为直孔或沉头孔，孔径要比螺栓直径稍大，如对于连接螺栓为 M5 的连接孔直径通常为 5.1mm 或 5.2mm；对于沉头孔，其角度要与连接螺栓对应，直孔部分的直径同直孔选择相同。通常情况下，沉头孔的深度不超过连接厚度的 2/3。

对于拆卸较为频繁的雷达天线罩，其根部连接孔应当设置衬套，如图 3-5 所示。衬套优先选用不锈钢材料，主要包括 1Cr18Ni9 或 1Cr18Ni9Ti 或 0Cr18Ni9 等奥氏体不锈钢。衬套厚度不应小于 0.8mm。衬套安装完毕后，不应突出雷达天线罩连接区内、外表面，对于曲率变化较大的连接孔处，突出的衬套部分应打磨至与周围结构齐平。

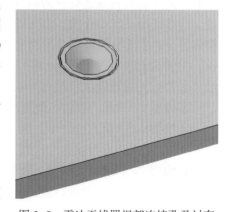

3.3.4.2 闭锁销连接

对于使用闭锁销与飞机结构连接的雷达天线罩，通常是雷达天线罩与飞机结构对接，闭锁销的分布应当在满足飞机结构要求的情况下尽可能均匀。另外，

图 3-5 雷达天线罩根部连接孔及衬套

为了使雷达天线罩拆卸方便，在使用闭锁销时，尽可能实现其定位功能，因此通常会设置 1～2 个定位销（又叫导向销），如图 3-6 所示。定位销相对于其他闭锁销长度要长，以利于定位及导向，为雷达天线罩安装提供方便。

闭锁销及定位销需要传递雷达天线罩与飞机结构之间的载荷，通常要用高强度钢材料，同时为了满足使用环境要求，闭锁销及定位销外表面需要进行热处理及表面防护处理。

3.3.4.3　折返连接

对于具有折返功能的雷达天线罩，一般都具有快速拆卸要求。如图 3-7 所示，通常包括折返机构（如铰链、四连杆机构等）、定位销、快卸锁以及支撑结构等。

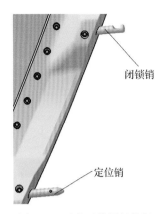

图 3-6　雷达天线罩根部闭锁销和定位销

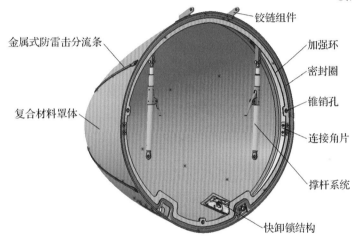

图 3-7　折返式雷达天线罩根部连接结构

折返机构与飞机结构通过螺栓/螺柱连接，雷达天线罩开启时，铰链提供转动的转轴。铰链通常位于雷达天线罩的正上方，也有雷达天线罩将铰链放置在其侧面。

定位销一方面用来承担雷达天线罩与飞机结构的剪切力，另一方面起到定位作用。

快卸锁提供雷达天线罩预紧力，承担雷达天线罩传递的载荷。快卸锁通常分为锁座和锁体两部分，锁座部分与飞机结构框连接，锁体部分与雷达天线罩根部连接。打开所有的快卸锁后，可利用折返机构直接向上开启雷达天线罩，实现雷达天线罩快速开启功能。

雷达天线罩用快卸锁通常分为旋转快卸锁和按压式快卸锁（常见的为钩子锁）两种。其中，旋转快卸锁一般需要借用通用工具旋转一定的角度，实现快卸锁的打开或锁紧；而按压式快卸锁一般不需要工具，即可快速实现打开或锁紧。

快卸锁的选择应根据雷达天线罩的实际情况，特别是根据雷达天线罩的结构尺寸，来确定快卸锁的规格，快卸锁的分布通常要左右对称，其具体分布应结合定位销、铰链以及雷达天线罩载荷分布情况来确定。对于按压式快卸锁，一般需要在雷达天线罩根部安装快卸锁支座，供连接快卸锁用。图 3-8 所示为一种常见的钩子锁，图 3-9 所示为一种常见的旋转锁。

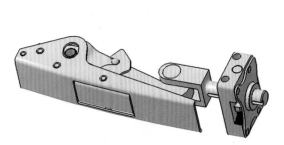

图 3-8　钩子锁

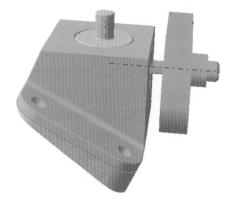

图 3-9　旋转锁

雷达天线罩开启后，需要支撑结构对雷达天线罩进行支撑。支撑结构通常称作撑杆。撑杆结构一般分为两种，一种是一端固定（旋转用）另一端自由状态（固定支撑用），该种撑杆固定端与飞机结构或者雷达天线罩固定，另一端开启之后通过卡扣与雷达天线罩或者飞机结构固定。而在雷达天线罩闭合状态，撑杆需要与固定端一起固定在相关结构上。另一种则是两端固定，一端与飞机结构固定，另一端与雷达天线罩固定。为了便于开启维护，应尽可能采用两端固定形式的撑杆结构。

3.3.5　功能罩体设计

各类雷达天线罩由于使用场景、作战用途和内部天线体制不同，在结构组成方面存在着较大差异。例如，机头雷达天线罩、预警机雷达天线罩、大型地面天线罩等类型雷达天线罩的结构组成通常比较复杂，零部件的数量较多；而卫星通信天线罩、气象天线罩、小型机载电子战天线罩等类型雷达天线罩的结构组成则较为简单，通常就只有一个复合材料罩体。这就导致不同雷达天线罩需要匹配不同的壁结构形式，根据电磁边界条件和电磁窗介质壳体的壁结构的区别，可将壁结构分为实芯壁和夹层壁，这两类壁结构的更详细分类见本书第 1 章。

无论结构组成的复杂与否，功能罩体都是各类雷达天线罩的主体结构，是实现透波、隐身、连接安装、承载、耐环境等功能的关键物质载体，是电性能、结构强度、材料工艺、成型加工等设计过程中关注的重点。

雷达天线罩的功能罩体又可以称为透波组合体或频选组合体（对于有隐身要求的雷达天线罩），通常选用低介电、低损耗的复合材料（树脂基玻璃纤维复合材料、芳纶纸蜂窝、泡沫、陶瓷基复合材料等）或单相材料（石英陶瓷、氮化硅等），随着电抗加载技术、频率选择表面技术、超材料技术等应用于雷达天线罩的研制，还加入了金属材料（金属丝、金属网、金属单元阵列等）。功能罩体设计一般在电性能设计人员确定电性能工作区范围、罩壁结构形式和壁厚之后开展。在电性能设计的基础上，综合考虑连接安装、强度/刚度、重量、耐环境等技术要求，并兼顾工艺性和使用维护性，结构设计人员从雷达天线罩理论外形入手，对功能罩体进行合理分区，按功能不同划分为电性能工作区、连接区和过渡区（见图 3-10），再根据技术指标和实际需求分别设计出各区域的结构形式，构建三维数模，设计规划复合材料结构的铺层层数、边界、角度和接缝位

置，协调装配各零组件，绘制二维图样和编制相
关技术报告等。

3.3.5.1　电性能工作区设计

电性能工作区设计首先要确定工作区范围和
工作区罩壁结构形式。电性能工作区主要根据雷
达天线扫描范围确定。通过雷达天线俯仰和水平
扫描形成的最大空域与雷达天线罩理论外形的交
线，可以初步确定电性能工作区的初始边界，但
该边界一般不是很规则，同时出于保证电性能工
作区透波可靠性的考虑，通常将初始边界适当修
整扩大。电性能工作区边界确定后，即可按照电
性能设计人员给定的罩壁结构形式和厚度开展结
构设计。

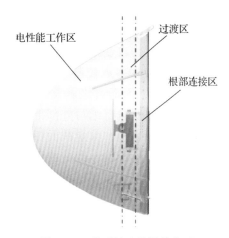

图 3-10　典型的功能罩体分区

在确定电性能工作区范围和罩壁结构形式后，结构设计主要工作是三维数模构建。
三维数模构建是功能罩体电性能工作区结构设计过程中最为关键的环节之一。随着产品
外形和结构不断趋于复杂以及数字化制造技术的广泛应用，结构设计提供的数模成为整
个雷达天线罩研发过程中最为重要的依据之一。

目前雷达天线罩三维数模构建可在商用 CAD 软件平台上实现。对于等厚度电性能工
作区建模，其流程及方法可以基于软件已有的模块和命令，诸如偏移、桥接、放样、填
充、结合等，快速高效地构建出数模，型面精度能够完全满足设计要求，同时可根据产品
自身特点在建模细节上进行调整补充。

随着各项性能指标尤其是电性能指标的不断提高，雷达天线罩电性能工作区变壁厚
设计已广泛应用（见图 3-11），且壁厚分布函数的数学表达式日趋复杂，由单一自变
量发展为多自变量。同时，雷达天线罩的气动外形越发多样化，大量新型雷达天线罩都
是非回转体外形。上述两方面因素导致等厚度建模的流程及方法不适用于这种复杂变壁
厚结构，仅仅依靠软件中已有的模块和命令无法完成建模工作，必须有其他程序工具的
辅助。

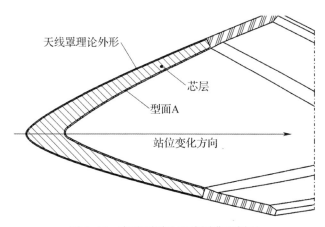

图 3-11　变壁厚雷达天线罩典型剖面

以目前各项性能要求最高的机头火控雷达天线罩为例，其理论外形为非回转体，电性能工作区壁结构厚度沿雷达天线罩轴向和环向双向变化，即壁厚分布函数是以轴向站位和环向角度为自变量的二元函数。此类复杂变壁厚电性能工作区建模需要依据壁厚分布函数，开展在多点控制下的NURBS（非均匀有理B样条）曲面建模，其主要流程如图3-12所示，简而言之就是"按律求点，由点构线，由线构面"。为了提高建模效率和准确度，需要自行编写外部批处理程序和宏程序，完成大量变壁厚型面特征点的三维坐标的计算及传递、大量截面特征曲线的拟合、曲面拟合等关键步骤。另外，建模完成后必须进行精度校验，即在曲面上随机选取一定数量的校验点，检查校验点处的实际壁厚与对应理论值的偏差是否满足精度要求，以避免因操作者疏忽大意而导致的曲面精度失控。

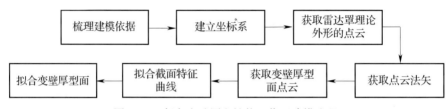

图3-12　复杂变壁厚电性能工作区建模流程

3.3.5.2　连接区设计

功能罩体的连接区是指电性能工作区以外，用以与雷达天线罩其他零部件或结构连接的区域。一般来说，功能罩体上最主要的连接区是根部（边缘周圈）连接区，主要用于安装加强框、连接环、与载体平台的连接件（锁、定位销、铰链等）、盖板、封缘板、防雷击系统的搭铁片或搭铁线等，或借助紧固件直接与载体平台对接或套接等。除此之外，功能罩体上还有可能分布着另一些连接区，用于安装雨蚀头、空速管支座、加强肋、防雷击分流条等零部件。

连接区需要承受和传递较大的载荷，并且要制出一定数量的连接孔，一般采用实芯壁结构。与采用夹层壁结构的电性能工作区相比，采用实芯壁结构的连接区的密度较大，因此对连接区厚度和宽度（或面积）的控制是结构设计人员需要重点考虑的问题。尤其对于重量指标较为严格的机载雷达天线罩，在结构设计过程中要避免因为连接区过厚过大导致的产品超重。在满足重量指标的前提下，连接区实芯壁结构的厚度和宽度（或面积）应与功能罩体的强度和刚度匹配，并遵循以下原则：厚度不宜太小，宽度（或面积）应能满足零部件安装需求，同时与电性能工作区协调折中，尽可能地不影响透波。

图3-13是某型飞机机头雷达天线罩功能罩体结构外形。它的电性能工作区占据功能罩体的绝大部分区域，采用了蜂窝夹层结构，重量小且能满足电性能指标要求。功能罩体的连接区位于雷达天线罩根部周圈，采用了实芯壁结构，内表面周圈需安装加强框、快卸锁锁座、撑杆支座等零部件。连接区宽度主要与加强框宽度相适应，在保证有效配合宽度的基础上尽量缩小，以达到减重目的。同时为了满足快卸锁锁座和撑杆支座的安装需求，连接区在二者安装位置做了局部扩大，并在承载较大的快卸锁锁座安装位置进行了局部加厚。

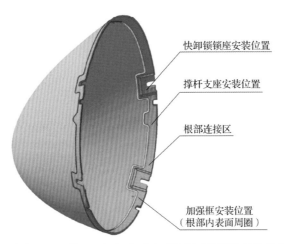

图 3-13　某型飞机机头雷达天线罩功能罩体结构外形

3.3.5.3　过渡区设计

电性能工作区和连接区的壁结构形式与厚度一般都是不同的，二者之间需要有过渡区，典型的过渡区结构形式如图 3-14 所示。过渡区的厚度是变化的，壁结构形式选择较为多样，可以选择实芯壁结构，也可以选择与电性能工作区相同的夹层结构。过渡区的宽度由电性能工作区和连接区的厚度差来决定，为保证良好的成型工艺性，不宜出现较"陡"的过渡，厚度差与宽度的比控制在 1：5 以下比较适宜。对于实芯壁结构和蜂窝夹层结构间的过渡区，通常会在靠近实芯壁结构的蜂窝格孔内填充玻璃微珠，以满足不同罩壁结构强度 / 刚度的渐变匹配。

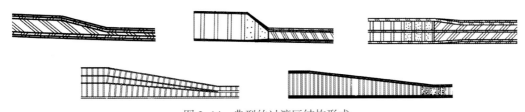

图 3-14　典型的过渡区结构形式

3.3.6　防雨蚀设计

机载 / 弹载雷达天线罩以超声速飞行通过雨区时，其表面受雨（或雪、高层云层）的侵蚀会遭到破坏，这种现象称为雨蚀。雨蚀的程度与雷达天线罩的形状、材料、温度、飞行速度、雨的大小和密度、雨的速度矢量和雷达天线罩型面的夹角等因素有关。这种侵蚀的存在会改变雷达天线罩厚度的分布规律和表面粗糙度，从而影响瞄准误差及其变化率、结构完整性、强度 / 刚度等，使有关性能下降。在雷达天线罩结构设计中应该进行防雨蚀设计，尤其是对高速飞行条件下使用的机载 / 弹载尖锥外形雷达天线罩，防雨蚀设计是必须考虑的。

3.3.6.1　与雨蚀相关的各项参数

雨蚀对天线罩侵蚀的基本形式表现为把雷达天线罩材料带走，使光滑表面变成粗糙表面，严重的情况下会破坏雷达天线罩。一般用重量损失、起始侵蚀时间、侵蚀率和平均侵蚀深度等参数来表示雷达天线罩受侵蚀的程度。

（1）重量损失

被雨滴带走的雷达天线罩材料的重量称为重量损失，用它来表示雷达天线罩雨蚀的程度，重量损失越多，说明其受雨蚀的影响就越严重。

（2）起始侵蚀时间和侵蚀率

在雨蚀过程中，雷达天线罩的重量损失是侵蚀时间的函数，一般可将重量损失相对于侵蚀时间绘制成曲线，如图 3-15 所示。

图 3-15 中 t_1 是起始侵蚀时间，它与材料性能、速度、冲击角等因素有关。起始侵蚀时间和侵蚀率可以从重量损失曲线中定义：侵蚀率为重量损失曲线中直线部分的斜率，可表示为

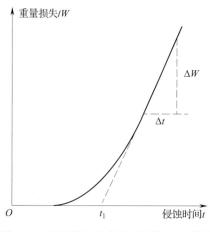

图 3-15　重量损失与侵蚀时间的变化曲线

$$d = \frac{\Delta W}{\Delta t} \tag{3-1}$$

式中：d——侵蚀率；

　　Δt——侵蚀时间；

　　ΔW——给定时间内的重量损失。

起始侵蚀时间为重量损失曲线中直线部分与侵蚀时间轴线的交点。在起始侵蚀时间前，雨滴对雷达天线罩的侵蚀是轻微的，可以不考虑雨蚀的影响。进入起始侵蚀时间后，雨滴对雷达天线罩的侵蚀程度就明显增加。

（3）平均侵蚀深度

平均侵蚀深度等效于均匀侵蚀时所带走的雷达天线罩材料的厚度，是描述雷达天线罩雨蚀程度大小的一个物理量，它与冲击速度、冲击角、材料性能和侵蚀时间等因素有关，可用以下公式表示

$$E_m = \frac{\Delta W}{rF} \tag{3-2}$$

式中：E_m——平均侵蚀深度；

　　ΔW——给定时间内的重量损失；

　　r——材料密度；

　　F——受到雨蚀影响的雷达天线罩面积。

3.3.6.2　与雨蚀程度有关的各项因素

雷达天线罩的雨蚀是一个复杂的过程，与雨蚀程度有关的因素较多，大致上可分为雷达天线罩的因素和雨的因素两种，通常可用下面一些物理量来表示。

（1）雨的密度

它是描述自然界降雨特性，表示雨的大小的物理量。试验证明，雷达天线罩侵蚀程度与雨的密度是成线性变化的。降雨的密度越大，雨对雷达天线罩侵蚀的程度也就越严重。

（2）雨的强度

与雨的密度一样，雨的强度也是表示降雨量大小的物理量，一般把自然界降雨的强度

分为如下级别。

小雨：降雨量为 0 ~ 2.5mm/h；

中等雨：降雨量为 2.5 ~ 125mm/h；

大雨：降雨量为 125 ~ 250mm/h；

暴雨：降雨量大于 250mm/h。

雨的密度与雨的强度之间的关系可用下列公式表示

$$C = \frac{I}{V_t} \times \frac{10^4}{36} \qquad (3\text{--}3)$$

式中：C——雨的密度，$\mathrm{kg/m^3}$；

$\quad I$——雨的强度，cm/h；

$\quad V_t$——雨的末速度，cm/s。

（3）冲击速度

冲击速度指雨滴对雷达天线罩的冲击速度。雷达天线罩的雨蚀程度与冲击速度的关系可用下列公式表示

$$d = K \left(V - V_T \right)^x \qquad (3\text{--}4)$$

式中：d——侵蚀率；

$\quad K$、x——冲击常数；

$\quad V$——冲击速度，m/s；

$\quad V_T$——临界速度，即速度低于 V_T 时不发生侵蚀的速度，m/s。

（4）雨滴特性

雨滴特性是指雨滴的形状、直径和雨滴尺寸的分布。自然界雨滴的直径尺寸一般在 0.25 ~ 7mm，在雨的速度不同的情况下，雨滴尺寸分布也是不同的。一般情况下，雨的强度越大雨的直径越大，尺寸的分布范围也越宽，对雷达天线罩的侵蚀程度也越严重。自然界雨滴尺寸的分布如图 3-16 所示。

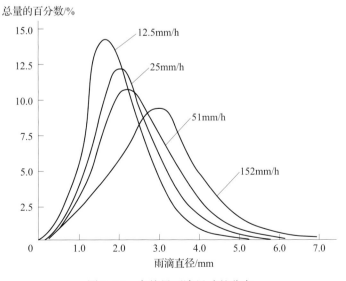

图 3-16　自然界雨滴尺寸的分布

（5）材料的孔隙率

材料的孔隙率是表示雷达天线罩材料抗雨蚀能力的物理量，一般可用来制作雷达天线罩的材料其孔隙率在 1%~10%。在高速飞行导弹上，孔隙率大的材料对雷达天线罩抗热冲击是有利的，但高孔隙率的材料将使雷达天线罩的抗雨蚀能力下降。材料的孔隙率有时也用材料的密度表示，孔隙率越大密度越小。

（6）冲击角

雨的速度矢量和雷达天线罩表面形线切线之间的夹角称为冲击角，如图 3-17 所示。冲击角是影响雨蚀程度的一项重要因素，冲击角与雨蚀的关系可用下列公式来表示

$$d\sin\theta=(V\sin\theta)^n \tag{3-5}$$

式中：d——侵蚀率；

   θ——冲击角，（°）；

   V——雨的速度，m/s；

   n——常数。

图 3-17　雨对雷达天线罩的冲击角

由式（3-5）可知，当冲击角减小到一定程度时，雨蚀将是不明显的。这时雨蚀对雷达天线罩的影响可以不考虑，如对于雷达天线罩在冲击速度的法向分量低于 300m/s 条件下，雨滴对雷达天线罩的侵蚀将是不明显的。所以，对于尖锥半角小于或等于 15° 的流线型雷达天线罩在飞行速度小于 $Ma5$ 时应当不存在雨蚀问题。然而在飞行速度 $Ma1$ 以上时，必须在雷达天线罩头部法向冲击角区域内安装一个金属或其他合适材料的尖端，因为在这个区域内冲击角接近 90°，冲击速度的法向分量已大于 300m/s，如图 3-18 所示。

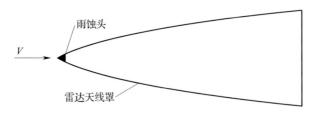

图 3-18　雷达天线罩法向冲击区域

3.3.6.3　雨蚀对雷达天线罩性能的影响

在飞机/导弹飞行过程中，雨蚀对雷达天线罩性能有两个重要的影响。一是雨蚀会引起雷达天线罩表面粗糙度的增加，这使边界层范围内的对流热的转换增加，并加速分层湍流传输，从而降低雷达天线罩的结构强度。二是雷达天线罩表面粗糙度的增加将会改变精心设计和加工好的壁厚的分布规律，并相对于背风面和迎风面（见图 3-19）形成新的不对称的表面形状，这会破坏雷达天线罩的电性能。下面着重分析雨蚀对雷达天线罩电性能

的影响。

由于雷达天线罩的功率传输系数较瞄准误差容易满足，相比之下受雨蚀影响的程度也不太严重，所以这里只着重讨论瞄准误差及其变化率受雨蚀的影响。

当雷达天线罩的各项参数确定以后，其瞄准误差及其变化率是由壁厚来保证的。对于高速导弹来说，天线罩的瞄准误差斜率一般要求在 4（'）/（°）以上，这对天线罩的壁厚设计和加工提出了很高的要求。在天线罩受雨滴侵蚀的情况下，精心设计和加工的光滑罩壁将遭到破坏，天线罩的壁厚会发生变化，破坏了电磁

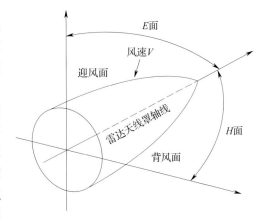

图 3-19　雷达天线罩飞行时的迎风面和背风面

波通过天线罩时的传输和相位特性，使瞄准误差及其变化率显著增加。另外，在雨蚀过程中相对于背风面来说迎风面的侵蚀要严重得多，会造成罩壁厚度的不均匀性，这将引起天线罩电性能的不对称性，严重时会影响导弹控制回路工作的稳定性，并导致导弹的脱靶。

3.3.6.4　防雨蚀的设计方法

对于高速飞行条件下使用的机载/弹载雷达天线罩，为了防止雨蚀的影响，在结构设计过程中必须采取一定的方法。常采用的方法有：在雷达天线罩头部镶嵌金属或其他高密度材料的雨蚀头，采用防雨蚀涂层，选择高密度材料作为雷达天线罩材料，减小雷达天线罩头部半角等。

（1）雨蚀头的设计

雷达天线罩受雨蚀最严重的区域是头部，使用雨蚀头是改善雷达天线罩雨蚀性能的有效方法。金属是常用的雨蚀头材料之一，尤其是对于高速导弹雷达天线罩，能够在高温下起到良好的防雨蚀作用。但由于金属雨蚀头对电磁波的阻挡，会影响天线罩的电性能，现在高速导弹雷达天线罩往往采用有非常好的抗雨蚀性能及电性能的热压氮化硅材料来制作雨蚀头，能够降低雨蚀头对天线罩电性能的不良影响。对于尖锥外形的飞机机头雷达天线罩，目前常采用介电常数较低的聚四氟乙烯材料来制作雨蚀头，可以满足防雨蚀的使用需求，同时对雷达天线罩电性能的影响较小。

在雨蚀头的设计中，除选择合适的材料以外还应考虑以下几个方面：第一，雨蚀头的长度应比雨的法向冲击区域大；第二，雨蚀头的形状应不影响或尽可能少影响雷达天线罩的电性能；第三，与雷达天线罩的连接方法应考虑强度、耐环境、使用维护等方面的要求，目前常用的连接方式为胶结和螺纹连接。

（2）防雨蚀涂层

一般情况下，低密度多孔性材料防雨蚀性能较差，同时其水密性能也较差。采用防雨蚀涂层时往往可将水密涂层一起加以考虑。防雨蚀涂层是防雨蚀的一种简便方法，防护层与雷达天线罩材料相比具有较大的弹性和硬度。涂层的厚度与侵蚀时间、飞行速度、冲击角等因素有关，涂层的厚度根据各种不同的需要一般控制在 0.2～1mm。防雨蚀涂层对雷达天线罩的电性能影响可通过试验取得数据，然后折算成雷达天线罩厚度差，在设计和加工中进行补偿。

（3）选择高密度材料和减小雷达天线罩的头部半角

选择高密度材料和适当减小雷达天线罩头部半角是减小雨蚀影响的一种有效途径。例如，某型号导弹天线罩头部半角为 18.5° 左右，由于选择微晶玻璃这种高密度材料，在 $Ma2$ 情况下，其雨蚀问题基本上可以不考虑。假如将雷达天线罩的长细比改为 3.5，这时雷达天线罩头部半角将小于 15°，此时除法向冲击区外其他部位雨蚀的影响将可以不考虑。但是雷达天线罩材料的选择和头部形线的设计，一般还与导弹的气动特性、雷达天线罩电性能以及雷达天线罩所需承受的载荷等因素有关，因此设计时需要对影响雷达天线罩防雨蚀性能的各项因素进行综合考虑。

3.3.7　涂层设计

雷达天线罩一般位于机头前方、机翼前缘等飞机凸出部位，会受到包括风、沙、雨、雪以及盐雾等外界自然环境的恶劣影响；同时，飞机在起飞和降落的过程中，会受到砂石的冲刷和磨损；另外，飞机在飞行过程中受到气流摩擦等因素的影响，涂层表面容易形成沉积静电，当静电压较大时，就会产生放电，影响雷达天线扫描、无线电导航、通信等作用发挥。当雷达天线罩遭受上述因素影响后，由于其主体材料为复合材料，会导致表面吸潮、磨损等问题，甚至出现分层等严重影响力学性能和电性能的问题。因此，雷达天线罩表面必须设计良好的涂层系统进行防护。

3.3.7.1　涂层类型

（1）底漆

底漆直接涂布于雷达天线罩表面，主要起封闭表面微孔、确保雷达天线罩表面与耐雨蚀涂层之具有良好结合力的作用，其厚度很薄。

对底漆的主要要求有黏度小、固化温度低、黏结力好、介电性能及耐热性良好。常用的底漆以纯树脂加固化剂为主，而不加任何无机填料，现使用的树脂基体大部分是环氧树脂，如胺固化环氧漆和环氧聚酰胺漆等，有时也用聚氨酚树脂。底漆的选择应根据成型雷达天线罩所使用的材料和耐雨蚀涂层的种类而定。

（2）防雨蚀涂层

防雨蚀涂层也为中间层，它直接涂覆在底漆的表面，一般厚度较大，雷达天线罩的保护作用主要是靠它来完成的。耐雨蚀涂料有树脂型和橡胶型两类，树脂型包括酚醛、过氯乙烯、丙烯酸、不饱和酸醋树脂和环氧树脂等，橡胶型有氯丁橡胶、弹性聚氨酯及氟橡胶等。

（3）抗静电涂层

抗静电涂层是由基料加入导电粉末制成，其抗静电性能与导电粉末的性质及加入量有关。它主要涂覆在雷达天线罩外表面，目的是快速消除飞机飞行中产生的后掠、冲程电流并防止涂层积累电荷形成静电，确保泄放沉积静电。

抗静电涂层所用的树脂主要是丙烯酸聚氨酯和有机硅改性聚氨酯等。丙烯酸聚氨酯具有良好的装饰性、工艺性、耐候性、附着力强，与弹性涂层（尤其是弹性聚氨酯）配合性好，比较成熟。有机硅改性聚氨酯涂层具有优异的耐环境特性和电性能、良好的耐热性，可以充分保护雷达天线罩使其正常工作。

导电粉末有石墨和金属氧化物。石墨为最常用的非金属导电粉末，但用石墨只能生产黑色涂层一种规格。国外多用金属氧化物做导电粉末，我国也已采用此种粉末，如 SnO_2。

3.3.7.2　涂层颜色

雷达天线罩涂层选择应重点考虑其耐气候环境能力、对电磁性能影响、附着力等主要几个方面，另外其颜色还要符合规定要求。但由于雷达天线罩为带有电磁性能的结构件，其涂层体系对电磁性能要求非常高，因此决定了雷达天线罩涂层系统的研制比较困难，对于特殊颜色的涂层需要进行专门的研制。目前可选择的涂层颜色主要包括黑色、灰色、白色和蓝色等。

3.3.7.3　涂层维护

雷达天线罩在使用维护时应严格按照使用维护说明书的要求进行，可以延长防护涂层的使用寿命；同时应按照要求进行飞行前、后以及定期的必要检查，一旦发现涂层损伤应按照使用维护说明书的要求进行适当的修补，否则雷达天线罩表面涂层将会遭受严重损伤，影响飞机的正常使用。如图 3-20 所示，在某机场，发现某型飞机雷达天线罩表面涂层严重损伤，经到部队走访调查，发现该部队除了所处的外界环境较恶劣外，在正常的停放时期，没有机库甚至必要的遮阳等设施，飞机表面仅套有帆布套，雷达天线罩上没有套上生产厂家提供的柔性防护套，因此大大缩短了防护涂层的寿命。另外，雷达天线罩表面灰尘清除时，使用了酒精等使用维护说明书上严禁使用的溶剂，造成涂层大面积损伤。因此，在使用维护时，应严格按照使用维护要求，以便延长雷达天线罩的使用寿命。

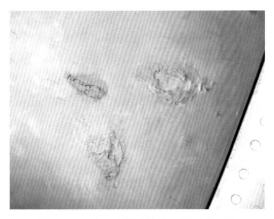

图 3-20　雷达天线罩防护涂层损伤照片

3.3.8　防腐设计

飞机雷达天线罩腐蚀的主要原因有三方面，包括设计方面、制造方面和雷达天线罩使用维护方面，其最主要原因为设计方面造成的设计缺陷，如密封不合理、表面防护措施不能满足寿命要求、材料之间的隔离措施不当等。

飞机雷达天线罩结构腐蚀主要分为两大类，包括自身结构腐蚀和两种或多种材料之间的腐蚀。其中自身结构腐蚀主要包括点蚀和均匀腐蚀、晶间腐蚀、应力腐蚀、复合材料的腐蚀和氢损伤等；两种或多种材料之间的腐蚀主要包括缝隙腐蚀和异种金属的电偶腐蚀。

3.3.8.1　头部空速管连接区防腐设计

头部空速管连接区结构主要包括两种形式，一种是连接空速管支杆的结构，其主要材料包括复合材料和钢质衬套；另外一种是头部带有雨蚀帽，其主要材料包括钢制或氟塑料雨蚀帽以及复合材料罩体。

飞机雷达天线罩上常用的衬套材料为不锈钢，不锈钢的腐蚀特点主要为局部点蚀和晶间腐蚀，且奥氏体不锈钢材料比马氏体不锈钢材料耐腐蚀性能高很多。由于飞机雷达天线罩使用环境温度一般不超过 150℃，建议飞机雷达天线罩上选用的衬套为易采购、工艺性比较好、耐腐蚀性能比较高的材料，主要包括 1Cr18Ni9 或 1Cr18Ni9Ti 或 0Cr18Ni9 等奥氏体不锈钢材料。在设计和制造时，应减少衬套表面的粗糙度，其粗糙度不应高于 3.2。

头部雨蚀帽位于飞机最前端，受大气环境影响非常大。对于金属雨蚀帽的结构腐蚀处理方法亦按上述方案。头部非金属雨蚀帽应尽量选用电性能好、耐环境性能好、对酸碱盐溶液抵抗力强的材料，如氟质塑料和聚四氟乙烯等材料，该材料能够耐住 220℃ 的温度，抗腐蚀能力相当强，抗老化性能较高。但其力学性能较差，热导性差，具有较高的蠕变性能。对于力学性能，已经通过试验验证，在雨蚀帽上施加某型号飞机气动载荷，试验结果表明力学性能满足使用要求。该材料已成功应用于某型飞机上，经过较长期飞行其耐腐蚀、抗雨蚀冲击能力等能够满足使用要求。

3.3.8.2 透波复合材料防腐设计

飞机雷达天线罩所选用的复合材料主要为玻璃纤维/石英纤维和树脂混合物、芳纶纸蜂窝以及胶黏剂，这些材料与其他材料之间具有相容性，与金属材料接触时不会引起金属材料的腐蚀。雷达天线罩复合材料腐蚀特性主要表现在环境介质腐蚀和雨蚀。环境介质腐蚀包括树脂基体、增强材料、界面和疲劳腐蚀。这些腐蚀特性主要是由于外界水汽和其他液体渗透造成的。因此，对雷达天线罩透波复合材料的防护主要是确保其不能裸露在大气环境内，防止外界水汽渗入雷达天线罩内表面。

雷达天线罩在设计制造时应采取一定的防护措施。需要在雷达天线罩表面喷涂防护涂层，防护涂层与雷达天线罩表面应具有良好的附着能力。因此在雷达天线罩成型完毕后，应打磨或吹砂雷达天线罩外表面，增加雷达天线罩表面粗糙度以提高附着力，烘干后室温冷却。之后外表面依次喷涂封孔涂层、防雨蚀涂层以及抗静电涂层等。由于外界环境对雷达天线罩内表面影响较小，可在表面喷涂防潮清漆；对于非外表面的机械加工面，同样应涂防潮清漆。另外，雷达天线罩根部和头部的复合材料与金属件连接区域应该同时采取防护措施，防止金属腐蚀后，腐蚀液渗透至复合材料罩体内部。

飞机在飞行过程中，迎面受到雨滴的直接撞击，使得雷达天线罩透波复合材料涂层受损严重，复合材料表面分层、开裂并受雨水浸蚀，形成蚀坑，甚至造成复合材料本身强度性能下降。雷达天线罩受雨蚀影响的程度与材料表面状况（粗糙度、冲击强度等抗雨蚀能力）及雨滴冲击速度、作用方向等有关。尤其在雷达天线罩尖部两个 15° 角切点的前缘部位应进行雨蚀浸蚀防护。如图 3-21 所示，当雨滴冲击角小于 15° 时，雨滴对雷达天线罩的浸蚀作用极大，造成涂层脱落严重，该部位应安装防雨蚀性能好的雨蚀帽。

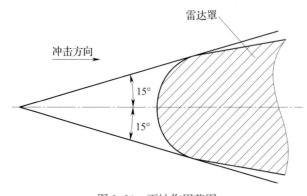

图 3-21 雨蚀作用范围

3.3.8.3　防雷击系统防腐设计

飞机雷达天线罩表面布置有防雷击分流条，分流条主要有两种形式，一种是纽扣式防雷击分流条，另外一种是金属防雷击分流条。纽扣式防雷击分流条包括基条、纽扣和高阻层，基条为非金属材料，与任何材料相容。纽扣材料为导电性能良好的金属材料，选用具有良好耐蚀性的黄铜或青铜。铜长期暴露在大气中，其表面会生成一层具有保护作用的腐蚀产物致密膜，能够起到防腐蚀作用。海军某型号在不同区域进行的试验表明，长期暴露在海水区域的黄铜和铜合金，表面良好。对于金属铝质防雷击分流条，一般选用纯铝或防锈铝，防锈铝材料一般选用 5A02 或退火后的 5A06，具备良好的耐腐蚀性能，尤其适合在海水环境条件下使用。

对于电搭接系统，防雷击分流条上纽扣或金属条应通过紧固件或搭铁线、搭铁片连接固定。考虑到雷击电流强度大，紧固件应选用导电性能良好、强度性能高的钢制标准件（含螺钉、螺母和垫片）。紧固件应尽量采用同一种材料的钢，如 30CrMnSiA，搭铁片材料一般选用铜带。对于纽扣式防雷击分流条，紧固件与搭铁片之间会产生电偶腐蚀。相对排列在元素周期表之前的金属为活性金属，易被腐蚀，紧固件表面会发生腐蚀现象，而紧固件与搭铁片之间又需要紧密接触，减少电阻，只能对紧固件和搭铁片做防护隔离处理。由于雷电流通路需要通过根部金属件传递到机身上，因此另一端电搭接也应遵循以上规律和要求。另一端一般是通过紧固件与铝质连接环或钢质连接件电搭接或紧固件通过电搭铁片与连接环和连接件连接。由于连接部位需要打磨后涂导电胶，该特殊工艺极不利于防腐蚀控制，会造成锈蚀现象。为确保功能实现，在电搭接位置进行电搭接特殊工艺后，应将整个电搭接处理界面通过清漆进行覆盖或包裹处理，之后将露出金属部分的位置涂 H06-2 锌黄底漆或 H04-2 钢灰底漆处理（与钢质件电搭接时）。

3.3.8.4　根部连接区防腐设计

雷达天线罩金属连接件主要包括铝质连接环、铝质连接件、钢质连接件等。铝质连接件一般选用铝型材 2A12 或高强度铝合金，钢质材料一般选用 30CrMnSiA 等高强度钢。该区域主要会发生异种金属电偶腐蚀、缝隙腐蚀、材料自身腐蚀和应力腐蚀。

对于铝合金 2A12，其耐腐蚀性较差，表面必须阳极化处理、铬酸盐或磷酸盐封闭处理后，涂 H06-2 锌黄底漆。对于钢质件，表面应吹砂钝化、镀锌或镀铬处理后喷涂钢灰底漆和磁漆。

对于异种金属腐蚀问题，除了按上述方法进行防护处理外，应尽量避免对零部件自身的损伤，一经打磨必须对紧固件、孔壁、连接件打磨处进行封口等防护处理。

对于金属之间对缝和贴合面，如连接环之间缝隙、连接件与连接环和连接件之间贴合面和间隙，应通过胶黏剂或灌封料进行填充。

连接环与透波复合材料之间及连接件连接时，应避免应力装配。连接环与透波复合材料之间填充缓冲材料，如短切纤维和树脂混合物、密封剂等材料，连接件之间应填充胶黏剂或密封剂等材料。

对于高强度连接件，如导销，除了应进行必要的表面处理外，还应注意氢脆腐蚀，材料强度高、脆性大，抗疲劳性能较差，应进行必要的除氢处理。

3.3.8.5　其他典型紧固连接防腐设计

合理选用铆钉，直径不应超过 6mm，合理排列铆钉的间距、排数、排距；连接螺钉孔与螺钉之间应有一定间隙，方便填充密封。例如，连接环与复合材料罩体之间连接，紧固件与连接环、复合材料罩体连接；对于密封表面，如电搭接位置，应做好清洗、打底等处理；尽量不选用铸造材料。

3.3.9　密封设计

雷达天线罩通常为非气密舱，但是为防止水等外界物质进入内部，雷达天线罩要保证水密性，雷达天线罩的水密通常包括雷达天线罩各零部件之间的水密和雷达天线罩与飞机连接接口之间的水密。

3.3.9.1　密封设计准则

（1）选择合理的结构形式。应根据雷达天线罩的接口连接形式，选择相应的密封形式，使密封效果达到最佳。

（2）提高密封的可靠性。为提高密封的可靠性并减少密封工作量，应尽量缩短密封的总长度。

（3）控制结构变形，确保结构的密封不因结构变形而破坏。

（4）确保密封的完整性。为了维修而需要拆卸的部件，尽可能不固定在密封面上或固定连接件不穿过密封面，以免拆卸时影响密封效果。

3.3.9.2　雷达天线罩各零部件之间的水密设计

对于雷达天线罩各结构之间的密封，主要包括以下几点：①连接环与复合材料罩体之间的密封问题；②连接环之间的密封问题；③连接环与复合材料罩体安装螺钉 / 螺钉孔的密封以及其他金属件与连接环、复合材料罩体安装密封问题；④电搭接螺钉的密封问题；⑤漏水孔设置问题；⑥金属分流条与复合材料罩体安装密封问题；⑦雨蚀帽与复合材料罩体安装密封问题；⑧快卸锁安装密封问题；⑨局部安装口盖的密封问题；⑩复合材料罩体与内部加强结构的密封问题。

上述 10 种密封结构，在实现形式上主要有两种方式：一是各零组件之间通过紧固件连接，即紧固件的密封；二是雷达天线罩结构之间接触面的密封。

紧固件与复合材料罩体连接固定，这些紧固件在装配时通常需要涂抹密封剂进行湿装配，为增强雷达天线罩水密性，突出在雷达天线罩内表面的紧固件端头应用密封剂封包处理，如图 3-22 所示。对于沉头螺钉 / 螺栓，通常在沉头面涂 HM109-1、XM-15 等密封剂，或者在螺纹上涂螺纹紧固胶。特别地，在密封托板螺母的安装中，托板螺母与结构的贴合面一定要涂抹密封剂，确保螺母与结构之间没有漏水通道。

雷达天线罩各结构之间最常用的密封方式就是在结构之间涂抹密封剂，这样既可以实现结构之间的密封，又能在结构之间形成一定的缓冲。

（1）紧固件密封

雷达天线罩内部除了复合材料罩体外还包含有其他连接零件，如铰链、撑杆支座、快卸锁、防雷击分流条、加强环等，这些零部件均通过紧固件与复合材料罩体连接固定，这些紧固件在装配时通常需要涂抹密封剂进行湿装配，为增强雷达天线罩水密性，突出在雷达天线罩内表面的紧固件端头应用密封剂封包处理，如图 3-22 所示。

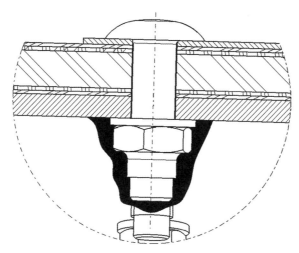

图 3-22　紧固件端头密封剂封包处理

（2）快卸锁开口处密封

雷达天线罩为了能够快速开启，通常在根部安装快卸锁，因为安装快卸锁需要，复合材料罩体安装快卸锁处会设置较大的开口，为防止进水，需对开口进行密封。对于钩子式快卸锁，可以设计一个安装盒，通过安装盒将快卸锁和复合材料罩体连接并保持水密性，对于旋转锁，需对锁与罩体的贴合面进行涂抹密封剂保持水密性。

（3）零部件之间的密封

为达到雷达天线罩自身的水密性能，雷达天线罩各零部件的贴合面件应用密封剂进行密封，达到水密效果。

3.3.9.3　雷达天线罩与飞机连接接口之间的水密设计

雷达天线罩与飞机连接接口之间的水密通常通过密封垫实现。对于不常拆卸的天线罩如电子战天线罩、卫星通信天线罩等通常在功能罩体与飞机机体之间涂抹密封剂，密封剂与机体或者天线罩硫化黏结而不与另一端面黏结，从而实现水密并可拆卸的功能，此种类型的密封垫厚度通常为 1~2mm。对于机头雷达天线罩通常选用 P 形密封垫，如图 3-23 所示，密封垫通常通过胶黏剂黏结在对应的飞机框上，通过雷达天线罩挤压密封垫实现水密功能，为进一步增强水密效果，通常在水密舱内沿密封垫轮廓设置挡水槽，挡水槽可将冷凝水倒流到功能罩体下部而不至于滴溅到水密舱的设备上，通常挡水槽安装在对应的飞机框上，根据需要也可将密封垫安装在雷达天线罩根部。

3.3.10　互换性设计

雷达天线罩内部安装雷达天线，为方便维护，要求雷达天线罩能够经常开启，并可拆卸，同时要求雷达天线罩应具有互换性，即当某一架飞机的雷达天线罩损坏时或需要更换时，应能在外场不需要用特殊工具和工装并在尽可能短的时间内实现更换。为

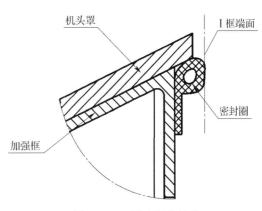

图 3-23　P 形密封垫结构

做到互换性，雷达天线罩与飞机框之间的连接设计应协调并安装准确，需用专用装检工装进行装配。雷达天线罩与飞机机体结构的连接通常分为两种形式，第一种通过螺钉连接，如图3-24和图3-25所示。第二种是雷达天线罩与飞机机体之间采用折返连接形式，如图3-26所示，具体通过铰链、定位销、快卸锁等的组合工作，实现快速开启，按强度/刚度、接口、维修性等要求选择相应的连接形式，如铰链结构形式、定位销布局及数量、快卸锁结构形式及数量等。

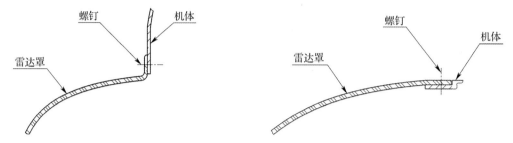

图3-24 雷达天线罩与飞机机体的螺钉连接形式1   图3-25 雷达天线罩与飞机机体的螺钉连接形式2

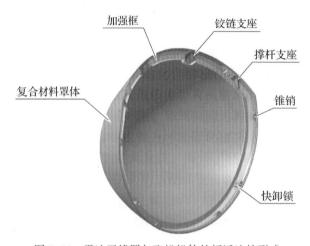

图3-26 雷达天线罩与飞机机体的折返连接形式

3.3.10.1 螺钉连接

对于如图3-24所示的雷达天线罩与机体的连接结构，不需要考虑连接结构的阶差，只需要考虑螺钉孔的精度。为保证雷达天线罩的互换性，螺钉的连接孔（包括雷达天线罩和机体结构的连接孔）位置需要较高的精度。为达到较高的精度，连接孔通常需要钻模制出。

对于如图3-25所示的雷达天线罩与机体的连接结构，不仅需要考虑螺钉孔的精度，还需要考虑阶差问题，如无特殊要求，阶差通常应满足气动外缘公差要求。螺钉孔通常采用钻模制孔，而阶差需要通过装配工装进行修配，以达到阶差要求。

3.3.10.2 折返结构设计

（1）铰链设计

铰链通常通过连接孔与飞机连接，为保证互换性并保证雷达天线罩能够顺利完成折返开启，铰链开孔与飞机相应连接孔应为间隙配合，但间隙不能太大，配合间隙通常不应超过0.1mm，铰链开孔轴线的位置度公差应不超过±0.2mm，铰链之间的间距公差通常不大于±0.2mm，如图3-27所示。

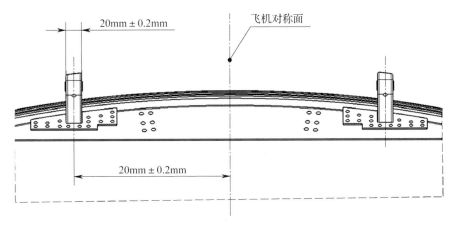

图 3-27 铰链开孔间隙和位置度公差要求

（2）锥销设计

为承担雷达天线罩剪切载荷，飞机框上通常安装锥销，雷达天线罩对应位置布置锥销孔，锥销孔角度常见的有 30° 和 60°，也可根据具体情况选用其他角度，但角度偏差不应超过 0.4°，如图 3-28 所示，雷达天线罩之间应为间隙配合，但配合间隙不应大于 0.3mm，锥销孔的定位精度不宜大于 ±0.2mm。

（3）雷达天线罩快卸锁设计

雷达天线罩应根据具体结构形式选用快卸锁，快卸锁安装精度应不低于 ±0.5mm。

（4）支座设计

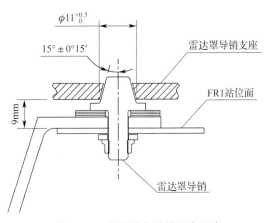

图 3-28 锥销孔与锥销配合要求

撑杆支座用于安装撑杆，为保证雷达天线罩的互换性撑杆支座与撑杆之间的连接孔应保证一定的精度，通常不超过 ±0.5mm。

（5）阶差控制

为保证雷达天线罩的互换性，雷达天线罩与机体结构间的阶差应满足气动外缘公差要求。为满足阶差要求，雷达天线罩与机体阶差通常采用装配工装进行修配。

3.3.11 防雷击设计

3.3.11.1 雷电防护的必要性

雷电是一种常见的自然现象，在地球大气中平均每天发生约 800 万次雷电现象。雷电的本质是一种伴随着高电压和强电流的放电现象，极具破坏性。对于飞机而言，不可避免地存在雷击风险。雷击发生的概率与飞机的形状、任务和飞行气象条件有关。根据全球范围内几条航线上的统计结果，民用飞机大约每 5000 飞行小时发生一次雷击事件。有统计表明，一架固定航线的商业飞机，平均每年会遭受一次雷击，而根据我国民用航空局的统计，我国航线上的飞机每年雷击事故约 50 起。

雷达天线罩通常位于飞机头部或尖端等凸出位置，按照相关标准对雷电分区的划分规定，雷达天线罩通常位于雷电 1 区，即初始附着区，极易被雷电直接击中。在飞机遭受雷击的统计中，约有 14% 击中雷达天线罩，但是在最坏情况下，带电云团由飞机触发的放电有可能每次都击中雷达天线罩。雷达天线罩具有透波功能需求，采用非导电材料（如玻璃纤维复合材料）制造，这使雷达天线罩本身不具备导流能力，当雷电附着于功能罩体表面时，可能发生穿孔现象，载有巨大能量的雷电流涌入功能罩体，轻则造成罩壁穿孔，重则造成功能罩体撕裂、爆炸，危及飞行安全。因此，雷达天线罩必须采取雷电防护措施，以确保当雷达天线罩遭遇雷击时，雷电先导能够首先附着在雷电防护系统上，使雷电流通过防雷击系统得以泄放，保证飞机的飞行安全。

3.3.11.2 雷达天线罩雷击发生的机理

当飞机飞临大气中带电云团时，由于带电云团周围存在着电场，飞机的出现使空中电场局部增强，由带电云团产生的阶跃先导向着飞机所在的方向发展，最终对飞机放电，如图 3-29 所示。其中在飞机的尖端部位，电场强度最高。

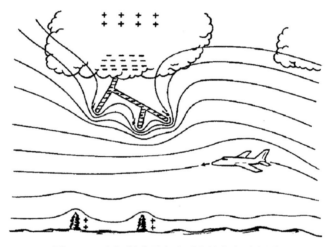

图 3-29　飞机影响雷电阶跃先导方向示意图

当阶跃先导到达飞机周围，使得飞机尖端部分周围电场强度增大到 30kV/cm 时，这些部位的击穿放电便发生了。放电过程中，带电云团的大量电荷便通过击穿通道传递到机身上。几百库仑的大量电荷在飞机上无法储存，因而飞机本身实际构成了放电通路的一部分，击穿通路实际上是从飞机的一个尖端进入，从另一个或几个尖端放出到另一个电荷中心，如图 3-30 所示。

对于导电材料，确保材料自身载流能力足以承载雷电流即可避免雷击损伤。而对于雷达天线罩，功能罩体本身为非导电材料，自身不能承载电流，其雷击现象与导电材料有着显著差异。

雷达天线罩的功能罩体材料通常为非导电的实芯或夹层玻璃纤维复合材料，其内部装有雷达天线等金属件。强电场环境可以导致雷达天线罩内外产生大量感应电荷：在雷达天线罩内部，金属天线表面聚集大量电荷；在雷达天线罩外表面，通常喷涂有抗静电涂层，电荷可从邻近的导电结构（如飞机机身、雷达天线罩表面金属件等）迁移至雷达天线罩上，如图 3-31 所示。

（a）阶跃先导向飞机方向发展

（b）阶跃先导到达飞机后继续向前发展

图 3-30 阶跃先导接近飞机过程示意图

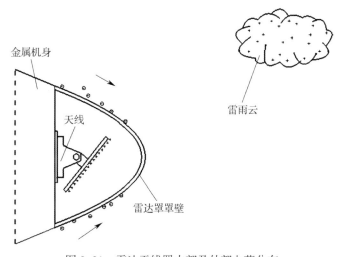

图 3-31 雷达天线罩内部及外部电荷分布

电荷的聚集可使雷达天线罩内部和外部均产生电晕与流光，如图 3-32 所示。外部电荷的移动和发展会削弱雷达天线罩内部电场，但同时电荷的累积增加了罩壁处的电场强度，此时功能罩体内部和外部流光的发展受空间场强、罩壁的耐击穿能力的影响，可能有两种形式：①罩壁外部的击穿，即沿面闪络；②雷达天线罩自身及内部的击穿，即功能罩壁穿孔。

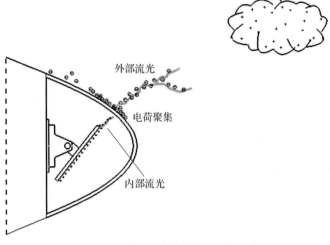

图 3-32　雷达天线罩内部及外部流光

（1）外部闪络

一方面，当雷达天线罩外部的流光发展更快时，其顶部电场很强，从而对后部电场有削弱作用，抑制了雷达天线罩内部流光的发展，与雷电先导交汇后击穿发生在功能罩体外部，雷电流沿功能罩体表面从附着点处传导至附近金属结构；另一方面，如果雷达天线罩罩壁材料耐击穿能力足够强，即使从雷达天线罩内部天线产生的流光在先导交汇前已经到达罩壁内表面，但此时罩壁处的电场强度不足以击穿罩壁材料，雷电击穿也发生在雷达天线罩外部，形成沿面闪络。

（2）罩壁穿孔

从雷达天线罩内部天线产生的流光向外传播到达雷达天线罩内表面，与雷达天线罩外的电晕共同形成较强电场作用于罩壁，内外两表面电荷的持续沉积造成罩壁处电场不断增强，当超过罩壁材料的击穿强度时，造成罩壁击穿，电流可自由通过复合材料罩壁，如图3-33 所示。

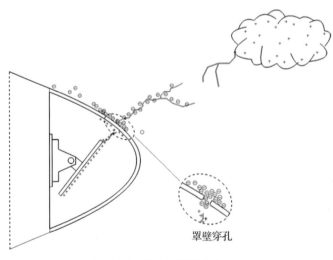

图 3-33　雷达天线罩穿孔机理

实芯玻璃纤维复合材料、蜂窝夹层等功能罩体常用的材料，其绝缘强度与空气相近，因为这些非金属材料内部有许多微孔，所以击穿强度比较低。典型结构材料脉冲击穿电压见表 3-1。

表 3-1　典型结构材料脉冲击穿电压

结构类型	厚度 /cm	击穿电压 /kV
单层玻璃纤维层压板	0.163	21
A 型玻璃纤维复合材料 / 聚氨酯泡沫夹层结构	1.27	150
A 型玻璃纤维复合材料 / 泡沫夹层结构	0.99	70

3.3.11.3　雷击对雷达天线罩的危害

（1）雷击对金属件的影响

①电磁力

当多个金属连接件同时作为雷电传递通道时，便构成了几个平行导电通路，在雷电流通过时，它们之间将产生巨大的电磁力，即将几个金属件拉近或推开的作用力，使金属零件发生变形产生破坏。

②接触面烧蚀

两个互相接触的金属面之间（如折返铰链连接的两个部分，以及通过轴承等连接的两个部分），如果没有良好的搭接，那么在雷电流通过时将会由于局部电阻大而在两个接触面产生烧蚀破坏，这种破坏虽然一般不会危及飞机安全，但通常情况下很难维修。

③电阻引起的热破坏

当雷电通路中的某个导体电阻太大或者导体截面积太小时，雷电流将在其上积聚巨大的能量，从而引起温度急剧升高，而导体温度升高又增大了本身的电阻，反过来引起温度的进一步升高。这种温度升高现象严重时将会使导体熔化并发生断裂，如图 3-34 所示。如果导体是在雷达天线罩内，则破坏尤为严重。因为导线气化引起功能罩体内压力巨增，一定程度上将会引起雷达天线罩的爆炸性破坏。

大部分金属结构件的截面积大于 50mm^2 的铜导线，在雷电流通过时，不会引起温度的明显升高。

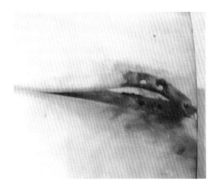

图 3-34　金属部件的损伤

（2）雷击对非金属结构的破坏

雷电对雷达天线罩非金属壳体的破坏形式为罩壁击穿。击穿开始时可能只是一个针孔，当雷电流通过时，雷电通道瞬时高温可达 3000℃，在短时间内将传递巨大的能量，引起电离通道的超声速膨胀，电离通道在膨胀前的温度约为 2700℃，压力为 10 个大气压；电离通道超声速膨胀后，通道直径达几厘米，通道气压等周围达到平衡气动冲击波通道中心向外辐射时将引起压力急剧升高。随着通道与雷达天线罩表面的距离变化，气压可高达几百大气压，其结果将会对雷达天线罩造成挤压破坏。雷击会损伤雷达天线罩罩壁，降低雷达天线罩的性能，波音 737-700 飞机雷达天线罩遭受雷击后的外观形貌如图 3-35 所示，国外某型雷达天线罩遭受雷击破坏的外观形貌如图 3-36 所示。雷达天线罩内有雷达天线和电子系统，雷达天线罩被击穿后，雷电先导会附着在雷达天线和电子系统上，损坏雷达天线和电气系统设备，危机飞行安全。

图 3-35　波音 737-700 飞机雷达天线罩遭受雷击损伤外观形貌

图 3-36　国外某型雷达天线罩遭受雷击破坏外观形貌

3.3.11.4　雷达天线罩雷电防护的原理与措施

（1）雷电防护的原理

雷达天线罩之所以遭雷击是因为雷达天线罩内金属物体产生的电子流比雷达天线罩外金属产生的电子流更早地与雷电先导交汇。要想避免雷击，就必须使雷达天线罩外金属产生的电子流在雷达天线罩内金属产生的电子流与雷电先导交汇前与雷电先导交汇。通过在雷达天线罩外表面大量布置金属导电体，能够避免雷击，达到雷达天线罩雷电防护的目的。

（2）雷电附着区域的划分

雷达天线罩所处雷电附着区域的类型决定了雷达天线罩具体的雷电防护措施。按照不同的雷电附着特性或传递特性，可将飞机表面划分为三类区域，分别是 1 区、2 区和 3 区。1 区是雷电的初始附着区，是雷电在飞机上的入击点或出口区域。通常，飞机的机头、机翼前后缘、翼尖、升降舵和安定面的端部等位置为 1 区。2 区是扫掠冲击区，是闪电通道与飞机之间由于相对运动而形成的一系列雷电附着点所构成的区域。雷电通道形成后其位置基本不变，在飞机向前运动的过程中，雷电的入击点不断后移，就像放电通道被气流从前向后吹一样。除了 1 区和 2 区外的所有飞机表面均为 3 区。典型固定翼飞机和直升机雷电附着分区如图 3-37 和图 3-38 所示。按照放电悬停时间的长短，1 区和 2 区又被划分为 A 区和 B 区。A 区是雷电悬停时间较短的区域，B 区则是雷电悬停时间较长的区域。

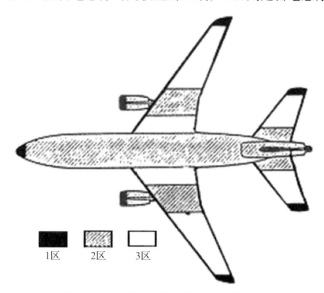

图 3-37　典型固定翼飞机雷电附着分区

现代飞机上天线众多，一般飞机有 20 多部天线，最多的达到 70 多部。有一些尺寸较小、结构简单的天线不需要雷达天线罩，而那些尺寸较大、形状不符合飞机气动要求的天线是需要雷达天线罩的。因此，有的飞机上会有多个雷达天线罩，在考虑这些雷达天线罩的雷电防护问题时，必须首先确定各雷达天线罩的雷电关键性类别和雷电分区，并据此进行雷电防护设计。

（3）雷电防护措施

目前，雷达天线罩雷电防护的措施主要有三种：避雷针、避雷钉和防雷击分流条。

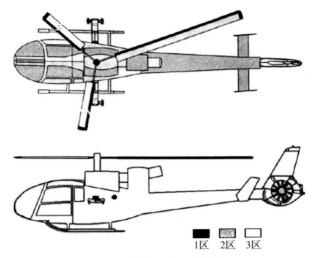

图 3-38 直升机雷电附着分区

①避雷针

避雷针是安装在雷达天线罩尖部或其附近的与飞机机身相连的针状金属，如某些飞机前端的空速管兼有避雷针的作用。这类避雷针的原理与地面建筑物使用的避雷针原理相同。在雷达天线罩雷电防护设计中，很难单独因为雷电防护的需要而在飞机头部增加避雷针，通常都是利用机头空速管达到避雷的目的。

②避雷钉

避雷钉是一些暴露在雷达天线罩外表面的螺钉，这些螺钉的另一端位于雷达天线罩内侧并通过金属导线与机身相连。露在外面的螺钉头能够促进雷电附着，有引雷的作用，金属导线负责把雷电流传导至机身。避雷钉一般与避雷针同时使用，避雷针为雷达天线罩前部区域提供保护，避雷钉则为接地线区域提供保护。

③防雷击分流条

在雷达天线罩上使用最多的是防雷击分流条。通过合理设计防雷击分流条的数量、长度和方向，能够为雷达天线罩提供充分的雷电防护。常见的防雷击分流条主要有金属箔式分流条、金属实芯分流条和分段式分流条，其外形如图 3-39 所示。

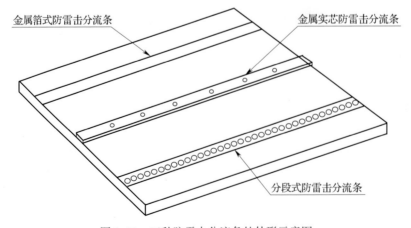

图 3-39 三种防雷击分流条的外形示意图

a. 金属箔式防雷击分流条

这种防护手段主要是在雷达天线罩外表面喷涂几条 0.05 ~ 0.2mm 的铝箔，如图 3–40 所示。这种防雷击分流条在雷电附着时，铝箔条气化形成一个导电通路将雷电流传递到机身，结构和工艺简单，成本较低，但也有明显的缺点。首先，这种防雷击分流条是一次性的，每次雷击后都需要更换；其次，这种分流条在铝箔气化时，将产生巨大的膨胀力和冲击波，容易损伤罩壁，对雷达天线罩内天线电磁波的阻挡和反射较大。

图 3–40 箔式防雷击分流条示意图

b. 金属实芯防雷击分流条

这种防护手段主要是用螺钉将截面尺寸为 20 ~ 30mm^2 的金属条固定在罩壁外表面或内表面，从而可以承受多次的雷电流冲击而无须更换，但是对功能罩体强度损伤较大，同样对电磁波的阻挡和反射也较大，而且在雷电击穿时，容易在固定螺钉与内部天线间产生放电。采用防雷击分流条外装的结构方案对雷达天线罩的空气动力外形影响较大。目前这种方式多为对电性能要求较低、遭受雷击概率较高的民用飞机雷达天线罩所采用，如波音737/757/767 及空客 300/320 等均采用这种结构形式的防雷击分流条。图 3–41 为国外某商务机雷达天线罩的防雷击分流条结构。

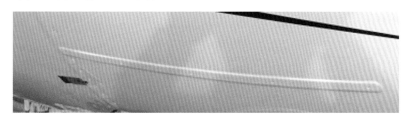

图 3–41 国外某商务机雷达天线罩的防雷击分流条结构

c. 纽扣式防雷击分流条

纽扣式防雷击分流条较好地解决了雷电防护与电性能降低之间的矛盾。其具体结构形式是用玻璃钢等绝缘基条将一系列金属纽扣连接在一起，在与雷达天线罩的黏结面，用高电阻材料将纽扣连接起来，然后粘贴到雷达天线罩外表面。图 3–42 是几种不同结构形式纽扣式防雷击分流条。这种防雷击分流条的工作原理是：当雷电附着时，雷电压击穿一系列纽扣之间的空气隙，形成一条悬浮的空气电离通道，以便将强大的雷电流和大量电荷传递到机身，实现对雷达天线罩的防护，如图 3–43 所示。

3.3.11.5 雷电防护设计

（1）雷电防护布局设计

在进行雷达天线罩雷电防护设计时，主要任务是确定防雷击分流条的排布方向、数量和长度。

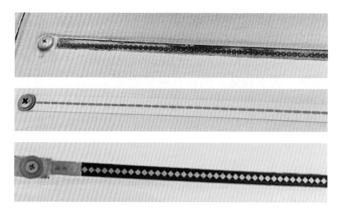

图 3-42　纽扣式防雷击分流条

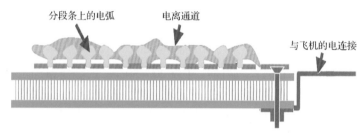

图 3-43　纽扣式防雷击分流条工作原理

通常，位于雷电 1 区的雷达天线罩上防雷击分流条大致沿飞机纵向排布，分流条的长度应能够覆盖天线的扫描包络，针对雷达天线罩壁厚、表面状态等因素，计算分流条安全保护间距，防雷击分流条的最大间隔为

$$D_{\max} = \frac{136T1/2}{kS} \tag{3-6}$$

式中：$D_{\max}$——雷达天线罩上防雷击分流条安全保护间距，mm；

　　　T——雷达天线罩壁厚，mm；

　　　k——与雷达天线罩外表面涂层有关的系数，适用于表面电阻系数不低于 0.5MΩ 的各种涂层，如防雨蚀涂层等，通常情况下 $k=1$；

　　　S——与壁厚有关的安全因子，k 与 T 的大小有关，两者之间的关系可以按图 3-44 中函数曲线确定。

另外，式（3-6）中的指数 1/2 是根据大量的不同厚度的聚酯 / 玻璃钢材料的击穿电压统计得出。统计结果表明，该系数略大于 1/2，经过圆整取 1/2。这样得到的设计结果偏于安全。

防雷击分流条的数量 N 由以下公式得到

$$N = \text{Roundup}\frac{S}{D_{\max}} \tag{3-7}$$

式中：Roundup 表示向上舍入，如 Roundup（3.2）=4。

在设计阶段，确定防雷击分流条间距后可通过平板级试验验证该间距的合理性，如图 3-45 所示。最终，雷达天线罩的雷电防护效果需通过整罩雷电防护试验验证。

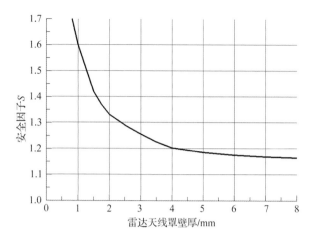

图 3-44　雷达天线罩壁厚与安全因子的关系

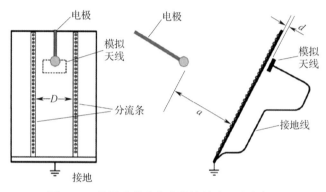

图 3-45　防雷击分流条防护效果验证试验布置

对于 2 区的雷达天线罩而言，闪电通道在高速气流冲击下不断向后弯曲、移动，当导电通道弯曲、移动到一定程度时，导电通道上的电压大到足以击穿导电通道与邻近机体表面的绝缘层时，就在机体表面建立起新的雷击放电附着点，雷击放电就从先前的接触点脱开，在新的附着点上重复先前的过程，以此形成接触点不断向气流方向跳跃、更新的扫掠雷击现象。

雷电通道从 2 区的雷达天线罩上扫过，雷达天线罩会受到高电压和大电流的影响，因此，必须考虑防雷击分流条布局问题。雷电 2 区的雷达天线罩所需承受的电压与扫掠距离有关，平均每米的距离对应 140kV 的弧压。施加在雷达天线罩上某处的弧压为

$$Ut=140\text{kV/m} \times d \tag{3-8}$$

式中：d——沿飞机纵向从雷达天线罩最前端到该点的距离，m。

雷达天线罩表面上任意点对地的击穿电压如果都大于该点的弧压，则该点不用加防雷击分流条，否则需要加防雷击分流条。因为弧压与扫掠距离有关，所以防雷击分流条沿横向布置，才能收到较好的效果。

位于 3 区的雷达天线罩不会有雷电直接附着，也不会受到扫掠冲击，所需承受的只是雷电流的传导考验。对于 3 区的雷达天线罩的雷电防护问题，应结合飞机的结构考虑。如果雷达天线罩附近的飞机结构有足够的金属截面，满足传导 200kA 雷电流的要求，则雷达

天线罩不用采取雷电防护措施。否则，就需要在雷达天线罩纵向加一条防雷击分流条，防雷击分流条的载流能力应足够。

对于纽扣式防雷击分流条，由于分流条本身具有一定的电感，设计时应确保雷电流在防雷击分流条上产生的感应电压不足以击穿罩壁。感应电压可通过下式计算

$$V = L \frac{di}{dt} \quad\quad\quad (3-9)$$

例如：

假定防雷击分流条电感 $L=1\mu H/m$

电流上升率 $\dfrac{di}{dt} = 100000 A/\mu s$

则 $V = L \dfrac{di}{dt} = 105 V$

感应电压如果超过雷达天线罩内部金属件的放电电压，就会发生雷达天线罩罩壁击穿，对这一结果可以通过雷电的直接效应试验考核。

（2）雷电防护系统电搭接设计

雷达天线罩的结构设计应保证防雷击分流条与雷达天线罩加强框之间进行良好的搭接，以形成低阻抗的电流通路，使雷电流能够泄放且不会产生火花。通常使用搭铁片或搭铁线实现防雷击分流条与雷达天线罩内环或其他金属件的电搭接。如果雷达天线罩上没有连接环，则防雷击分流条应与雷达天线罩上其他与机身结构有搭接的金属件进行搭接。雷电的导电通路如图3-46所示。

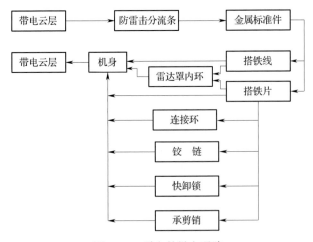

图3-46 雷电的导电通路

①搭接截面

铜搭铁片或铜搭铁线的截面不得小于20mm²，如果采用其他材料进行电搭接，其截面的冲击载流能力应与铜相当。搭铁片或搭铁线应安装在雷达天线罩的内表面。

②搭铁方式

搭铁线应尽可能短，搭铁线的接头不允许用焊接方式连接。搭接电阻不得大于5mΩ。搭铁电缆的连接示例如图3-47所示，防雷击分流条与连接环的连接示例如图3-48所示。

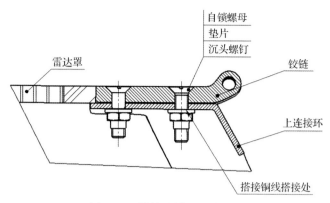

图 3-47　搭铁电缆的连接示例

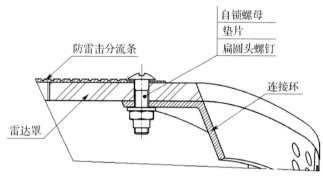

图 3-48　防雷击分流条与连接环的连接示例

③弯角设计

在设计中，尽量避免外形的突然弯曲和尖角。这是因为突然弯角和尖角最容易积聚电荷，从而成为最易遭受雷击的部位，而且突然的弯角和尖角也是应力集中区，易造成结构形变。当由于结构所限，不得不用弯曲设计时，应尽量设计成弯角柔和、线条舒缓的结构。如用图 3-49 中的右图结构代替左图的结构。

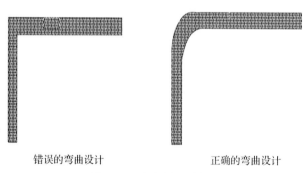

错误的弯曲设计　　　　　　　正确的弯曲设计

图 3-49　弯角的设计方法

3.3.12　通用质量特性设计

3.3.12.1　可靠性和维修性

按照相关要求，雷达天线罩作为一个重要成品，应开展可靠性、维修性设计分析以及控制和管理工作，从设计上保证雷达天线罩的可靠性和维修性水平。

采用安全裕度设计方法进行结构设计，以提高结构的刚度和强度，要求在生产和安装过程中贯彻航空产品可靠性要求，以确保产品的可靠性。

为了便于客户使用维护，设计时应充分考虑设备的开敞性、可达性和维护性，以确保使用方便，维护简单、便捷。

在设计过程中，可靠性和维修性设计主要采取以下措施。

（1）采用国内已经成熟的技术和可靠性高的零部件，选用的新技术要求有可靠的预研基础和应用经验。

（2）充分继承以往其他型号雷达天线罩的可靠性成果及成熟技术，全面保证产品的可靠性；产品安装设计时采用标牌标识，以便于调试和维护。

（3）安装设计充分考虑人工操作因素和产品维护要求，根部通过快卸方式与机身连接，便于安装拆卸，有足够的操作空间，便于检查维护，制定有针对性的检测方法，能够准确诊断故障部位。

（4）采取防差错设计，保证维修性，使产品具有良好的可达性。

（5）制定可靠性和维修性设计准则，简化维修复杂性，减少工作量，降低对维修人员数量和技术水平要求，尽可能防止维修差错出现。

对于可靠性，按照相关技术协议书要求规划雷达天线罩的可靠性工作，制订雷达天线罩可靠性工作计划，作为开展雷达天线罩可靠性设计、分析及管理工作的依据。雷达天线罩各阶段可靠性工作项目如下。

（1）制定可靠性设计准则及符合性检查：可靠性设计准则是将产品的可靠性要求和规定的约束条件，转换成产品设计应遵循的、具体而有效的可靠性技术细则。应根据产品的类型、特点、任务及其他约束条件，将通用的标准、规范进行剪裁，同时加入已有产品研制的丰富经验，从而形成产品专有的可靠性设计准则。

（2）故障模式、影响与危害性分析（FMECA）：参照相关标准开展产品的故障模式影响分析工作。系统地从零部件开始，分析所有可能的故障模式、原因及其后果，发现薄弱环节，改进设计，消除故障隐患。

（3）可靠性预计：通过对雷达天线罩基本可靠性预计，评定设计方案是否能满足可靠性要求，发现可靠性薄弱环节，改进设计。

（4）寿命分析：通过分析雷达天线罩在预期的寿命周期内的载荷与应力、结构、材料特性、故障模式和故障机理等来确定与耗损故障有关的设计问题并预计雷达天线罩使用寿命。寿命分析的重点是尽早识别和解决与过早出现耗损有关的设计问题。

（5）建立和运行故障报告、分析及纠正措施系统（FRACAS）：通过建立故障收集、记录、原因分析、采取纠正措施并进行有效性验证的闭环系统，及时有效地进行故障归零，改进设计，使雷达天线罩可靠性获得增长。故障报告、分析及纠正措施系统应在产品研制初期尽早建立，FRACAS工作应从研制试验开始，并一直持续至产品的整个寿命周期。

对于维修性，为便于开展维修性工作，实现维修性目标应完成的工作项目，制定各阶段维修性工作项目。

（1）编制维修性分析：根据维修性要求和设计约束进行维修性定性分析，对设计满足维修要求的情况进行评估，并为使用保障分析提供输入。

（2）编制维修性预计：采用标准规定的方法，对雷达天线罩在规定的保障条件下的维修性水平进行预计，确定雷达天线罩的维修性是否满足相关技术协议书提出的维修性定量要求。

（3）编制维修性分析评价：对雷达天线罩的维修性要求，开展维修性设计工作，并对已开展的维修性工作内容进行总结。对已开展的维修性工作进行符合性检查，并给出雷达天线罩维修性是否符合相关技术协议书要求的结论。

（4）编制维修性设计总结：对雷达天线罩研制阶段开展的维修性设计工作进行总结，包含：维修性要求和维修性工作项目要求、维修性设计情况、维修级别等。

3.3.12.2　综合保障

依据顶层要求，规划雷达天线罩需要进行的综合保障工作，对保障资源进行规划并提出保障设备需求。对于各类武器装备的雷达天线罩，为保证交付后具有良好的战备完好性和持续作战能力，需按照国军标准有关要求编制"四随"目录，在产品交付时同步交付随机资料、随机备件等。

为便于开展保障性工作，实现保障性目标应完成的工作项目，需要制定保障性工作项目、编制保障性分析报告和随机备件需求分析，制订维修方案并编制维修手册。同时需要进行雷达天线罩的预防性维修工作，主要是雷达天线罩频选复合体的使用保养，没有离位的预防性维修工作。对雷达天线罩所有故障模式已确定必须做的适用而有效的预防性维修工作类型，给出工作时机、工作间隔期及依据，提出维修级别建议。

3.3.12.3　安全性

安全性是指产品所具有的不导致人员伤亡、系统毁坏、重大财产损失或不危及人员健康和环境的能力。

依据技术协议书和技术规范要求，开展安全性分析，经计算分析雷达天线罩强度/刚度能够满足设计要求，雷达天线罩还要通过静力试验考核，保证安全性要求。需要制订雷达天线罩安全性工作计划，并按照计划开展雷达天线罩安全性设计、分析及管理等工作，根据安全性工作计划开展安全性设计分析工作，对影响雷达天线罩安全的操作应具有防错和保护措施，在操作不当的情况下，能够保证人员及产品安全，同时应保证雷达天线罩在维修、运输过程中安全可靠。完成故障模式、影响及危害性分析、安全性设计准则及其符合性检查等安全性工作项目，开展初步危险分析、使用与保障危险分析、职业健康危险分析等安全性工作项目。

在安全性设计方面，禁止使用对操作人员的安全和健康有害的器件与材料；采取防差错措施，进行安全性识别，对可能发生操作差错的装置制定操作顺序号码等标记。进行安全性设计准则及符合性检查，以有关标准、规范、条例为基础，结合雷达天线罩特点以及相似产品研制、使用中积累的经验与教训制定雷达天线罩安全性设计准则，以保证雷达天线罩设计中遵从正确的安全性设计理念、原则和良好惯例，避免潜在的安全性缺陷，提高安全性设计水平。

安全性设计准则应条理化、系统化并且具有针对性。制定安全性设计准则时，除依据普遍的工程经验积累和有关规范、准则外，还应根据安全性分析、危险源分析中识别的潜在危险和对设备的定性要求补充相应的设计要求。

在设计中必须认真贯彻安全性设计准则，做到逐条落实，每条都应有明确的设计措施。应针对安全性设计准则进行符合性检查，形成符合性检查报告。后续设计、试验过程中对设备技术状态做出更改后也应该及时更新符合性检查。初样研制阶段、试样研制阶段应该提交安全性设计准则符合性检查报告。

设计准则符合性检查应逐条进行，不能遗漏。对未贯彻的准则条款必须有充分的理由，分析清楚不符合准则是否隐含安全风险，如果存在安全隐患应采取必要的设计改进或补偿措施，使其风险可接受。

3.3.12.4 环境适应性

雷达天线罩除了能耐受气动载荷的影响，有好的电磁透波性能与隐身性能外，本身还应具备良好的耐环境性能。国军标对军用装备的耐环境性提出了具体的要求，包括低气压（高度）、高温、低温、温度冲击、温度－高度、温度－湿度－高度、太阳辐射、淋雨、湿热、霉菌、盐雾、酸性大气、砂尘等自然环境要求，耐振动、冲击、加速度等机械环境要求等。雷达天线罩在方案设计阶段便要对其环境适应性进行分析，提出环境适应性工作计划，包括环境适应性要求、环境适应性试验项目、环境适应性试验方法等，提前规划雷达天线罩的环境适应性试验。

现阶段雷达天线罩的环境适应性试验中的自然环境试验大多采用具有代表性的结构样件进行，其中结构样件分两种，一种是带结构特征的典型结构件，另一种是符合 GB/ASTM 力学测试标准和电性能测试标准的结构元件。试验时会将结构样件与结构元件同时装入环境箱进行环境试验，在试验前后观察结构样件的外观，判断带有结构特征的雷达天线罩结构件是否能够耐受住自然环境。在试验前后还应对结构元件进行力学性能测试（拉伸强度和模量、压缩强度和模量、剪切强度和模量、弯曲强度和模量、夹层结构剪切强度等）和电性能测试（介电性能等），对比试验前后结构元件性能的差异，为判断雷达天线罩的环境适应性提供依据。

3.3.12.5 寿命

飞机雷达天线罩位于飞机的最前端，保护雷达天线罩内的雷达设备免受外部自然环境（高温、低温、温度冲击、湿热、霉菌、盐雾、酸性大气、淋雨、太阳辐射等）的影响，并且抵御外部砂尘、跑道碎石、冰雹和鸟撞等带来的损伤。在实际的使用中，除了应当满足上述的要求外，雷达天线罩还要满足疲劳的要求。在疲劳载荷条件下，雷达天线罩的性能应当同样满足静强度载荷条件下的要求。在雷达天线罩的研制中，飞机总体单位确定出飞机的疲劳分析突风载荷谱及机动载荷谱，并且根据雷达天线罩的使用情况，确定雷达天线罩的一些基本载荷工况。雷达天线罩设计单位再根据飞机总体单位给出的飞机突风载荷谱、机动载荷谱以及雷达天线罩的基本载荷工况确定出雷达天线罩的疲劳分析载荷谱。并针对复合材料结构对高载敏感的特点，在雷达天线罩疲劳分析载荷谱的编制中保留雷达天线罩在飞机飞行全过程中所能遇到的所有高载情况，在载荷谱的相应谱块中进行高载替换。

雷达天线罩的基本载荷工况是根据飞机的飞行过程给出的，如在某型雷达天线罩的研制中，一个典型的飞机飞行剖面包含 27 个飞行任务段，每个飞行任务段都给出了飞机在不同的突风速度／方向状态及不同状态与机动载荷条件下的飞机雷达天线罩上的基本载荷。利用这些基本载荷可以进行雷达天线罩疲劳载荷的组合，即形成雷达天线罩的分析载荷谱。

通常根据基本飞行任务剖面参数和载荷计算要求由飞机总体单位计算出飞机雷达天线罩的基本载荷，根据飞行中雷达天线罩的载荷状态，形成雷达天线罩的基本载荷工况。

在实际进行雷达天线罩的疲劳载荷谱编制以前，需要根据飞机的设计飞行要求，确定飞机在整个寿命期内遇到的突风载荷级别及机动载荷级别。雷达天线罩疲劳载荷谱根据飞机整个寿命期内遇到的突风载荷和机动载荷的不同，在不同的飞行阶段划分出不同级别的突风载荷和机动载荷，每个级别出现的次数根据飞机疲劳试验的谱块数目确定。

雷达天线罩疲劳载荷谱应用对象主结构为复合材料，因此在编谱方法上与金属结构有一定区别。复合材料不具有金属材料的高载迟滞效应，而且复合材料结构在遭遇缺陷后对高载更为敏感，使得编谱时必须考虑整个寿命期出现的高载。本谱编制方案的高载最高取到飞机整个寿命期出现一次的载荷水平，也就是说保留了设计服役期出现的所有高载。

在整个寿命期内出现一次到整个寿命出现 10 次，即一个循环谱块一次的载荷之间，可以细分，同替代的方法进行高载替换，以便不影响整个试验的分块布局。

经过按上述方法载荷替换后的雷达天线罩飞 – 续 – 飞载荷谱引入了整个寿命期超越次数小于 10 次的高载，同时不改变雷达天线罩谱的总的频次，形成满足雷达天线罩疲劳试验要求的载荷谱。

通过叠加的方法，可以组合出雷达天线罩的疲劳分析载荷谱，在雷达天线罩的基本载荷工况、突风载荷工况及机动载荷工况的气动载荷已知的条件下，利用上文的分析载荷谱，可以直接得到不同疲劳工况条件下作用在雷达天线罩上的载荷，因而可以对雷达天线罩疲劳载荷工况下的强度进行相应分析。

在进行雷达天线罩寿命研究时，需要引入疲劳试验，现阶段的疲劳试验分两步走，第一步是开展元件疲劳试验，第二步是进行整罩的疲劳试验。雷达天线罩材料在疲劳载荷作用下的应变小于其疲劳门槛值，因此雷达天线罩有良好的抗疲劳特性，其寿命可以满足机体使用要求。

3.4　雷达天线罩强度分析

在飞行过程中，雷达天线罩受力情况比较复杂，主要承受气动力、惯性力以及离心力的作用。而且飞行高度的不同、飞行速度的不同、飞行姿态的不同等都会导致雷达天线罩在不同的情况下承载不同大小、不同形式的载荷。所以需要对雷达天线罩进行强度分析和校核，雷达天线罩强度分析主要包括静强度分析，刚度与稳定性分析，振动与冲击分析，雨冲击、冰雹与鸟撞分析以及疲劳与损伤容限分析。

3.4.1　静强度分析

3.4.1.1　强度的基本定义

强度最初的意义是材料强度，即单向受载时材料破坏的应力（与破坏模式对应）称为该应力对应的强度。

目前，我们所说的强度有广义的性质。如结构强度是指结构的最大承载能力。如果从使用观点来看，结构强度是指结构功能失效时的最小承载能力。当雷达天线罩结构受载达到这样一个最小载荷值，退载时，结构力学性能（总体上来说）已不能恢复到原来未加载时的性能，此载荷便是结构的许用载荷，称为强度也是可以的。因此，在强度计算中，应使用各种构件的设计许用值来代替材料强度。

3.4.1.2 强度理论（失效准则）

强度理论是材料（复合材料则是指层压板）在复杂应力状态下的破坏（或失效）准则。要求利用单向受力状态的试验求得的强度数据来确定在复杂受力状态下的强度条件，这是强度理论要解决的问题。

强度条件的通式一般为

$$f\left(\sigma_i,\ F_i\right)=1 \tag{3-10}$$

式中：σ_i——应力分量；

F_i——强度参数。

式（3-10）是对单层而言的。对于金属，常见的是 Von-Mises 准则；对于复合材料，常见的是蔡 - 吴准则等。

3.4.1.3 雷达天线罩结构分析中的"总体"强度与"局部"强度

雷达天线罩结构设计强度分析实践中一般将结构强度分为"总体"强度与"局部"强度。虽然有全局性及局部性的含义，但是从计算工作本身来看并不完全是这种意义。

（1）"总体"强度

结构有限元应力分析是强度分析的重要部分，也是强度分析的基础。应力分析给出结构各部位（或构件）的内力。对于简单的结构（如板、杆），利用有限元法求得的应力直接跟许用应力（按各种强度理论计算）进行比较，给出各部位（或构件）的安全余量（MS），这个过程一般称为"总体"强度分析。

（2）"局部"强度分析

"总体"强度分析（主要是应力分析）并不是强度分析的全部，还要根据总体的应力分析结果对局部结构及细节进行强度分析，这也称为"局部"强度分析。进行局部及细节强度分析原因如下。

①应力分析模型是理想化的分析模型，有些结构细节在总体有限元模型中很难模拟，或者只能近似模拟，即使能模拟也会使总体应力分析模型变得庞大和复杂，给建模带来困难并导致工作量过大。因此，一般对总体应力分析结果要求能反映真实的传力路线，但有时并不能反映某些结构细节的应力状态，这些细节处的应力及强度必须在总体应力分析后再次进行分析。

②多年来雷达天线罩设计及强度分析工作积累了大量的工程经验和试验数据，从而为某些典型构件的强度分析提供了各种经验公式、系数、曲线，这些是应力分析不能涵盖的。

另外，应力分析的后继强度分析工作，内容十分丰富，如构件的稳定性分析、连接计算、特殊细节分析、接头计算等。

3.4.2 刚度与稳定性分析

构件的变形问题称为刚度问题，刚度是指构件抵抗变形的能力。工程中对于某些结构件除了有强度要求外，往往还有刚度要求，即要求它的变形不能过大。研究变形除用于解决刚度问题外，还用于求解超静定问题和振动计算等。

本节的层压板刚度是基于经典层压板理论给出的，即假设层压板的各铺层是紧密黏结的，变形符合直线法假设，各铺层按照平面应力状态计算，忽略 ε_z，由此给出层压板的刚度特性。一般情况下，这种处理方式对复合材料结构的设计分析是适宜的。

复合材料结构刚度设计应遵循如下原则。

a. 复合材料结构在使用载荷下不允许产生有害的变形，即不应当妨碍飞机的安全操纵和严重改变气动外形。

b. 在使用载荷下不允许产生永久变形，复合材料结构永久变形即为永久性损伤。

c. 注意利用复合材料的各向异性特性和层合特性，进行刚度优化设计，以减轻结构重量。

d. 对刚度有要求的一般部位，弹性常数的数值基准应选取对应温度区间的平均值；对刚度有特殊要求的结构部位，弹性常数的数值基准应选取对应温度区间的 B 基准值。

3.4.3　振动与冲击分析

雷达天线罩是一种典型的复合材料结构，在设计中要考虑其动特性和动响应，满足其动强度设计要求。本节结合复合材料的特点，重点给出最常用的复合材料层压板的动特性分析。

动载荷主要分为以下两大类。

a. 确定性载荷：包括周期性载荷、非周期性载荷和瞬态性载荷；

b. 随机性载荷：包括平稳随机载荷和非平稳随机载荷。

复合材料层压板的动响应量值，不仅与结构形式、材料性质及边界条件有关，而且与其各铺层的具体参数，如铺层数、铺层顺序以及铺层角有关。应用有限元法的结构动力学方程为

$$M\{\ddot{\delta}\} + K_d\{\dot{\delta}\} + K\delta = P \tag{3-11}$$

式中：M——质量矩阵；

　　　K_d——阻尼刚度矩阵；

　　　K——刚度矩阵；

　　　P——载荷矢量。

3.4.4　雨冲击、冰雹与鸟撞分析

3.4.4.1　雨冲击

雷达天线罩的设计应当能够防止结构在雨冲击条件下出现分层。除非先前已经有试验、使用经验及使用的结构对雨冲击进行了验证，应当采用带有涂层雷达天线罩结构样件在雨冲击设备中进行试验，以便验证雷达天线罩的耐雨冲击性能。结构样件的雨冲击角度应当是使用中出现的最大冲击角。雨场应当具有直径为 2mm 的雨滴，降雨强度为 1in/h。雨冲击的速度应当是飞机在 10000ft（约 3048m）飞行时的最大速度。在连续冲击 5min 以后，试验件不应当分层或断裂。

3.4.4.2　冰雹撞击与鸟撞

要求在雷达天线罩的设计中应当考虑到使雷达天线罩不受冰雹冲击的影响。例如，现

在的运输类飞机雷达天线罩具有典型的 7781 预浸料三层玻璃织物 / 环氧树脂或聚酯基蒙皮的 A 夹层构型，在已经知道的服役历史中，雷达天线罩很少被冰雹穿透。在被撞击点附近可能局部损伤（蒙皮分层和芯层压塌），这种损伤虽然可以接受，但是结构不应当飞出碎片，在飞出碎片的情况下，碎片会被吸到发动机中，从而造成二次损伤。

如采用新的材料，则需要对设计的结果进行试验验证，以便确定雷达天线罩结构能够满足上述要求。

要求所有易受冰雹撞击的雷达天线罩，其结构不应有损坏。耐受冰雹撞击的速度为飞机正常续航的速度，且要对撞击的冰雹数目做出规定。在规定的冰雹数目和规定的撞击速度下，要求飞机雷达天线罩的损坏不能导致飞机的整体安全受到影响。

由于冰雹和小鸟撞击造成的损伤很不明显，若机组人员和地勤人员没有注意到这种损伤，并且在雷达天线罩的外表面有小孔，则湿气会进入雷达天线罩的芯层，造成雷达天线罩在局部区域的电性能降低。随着飞行里程的增加，进入雷达天线罩芯层的湿气会冰冻和融化交替变化，从而导致雷达天线罩结构中的微裂纹扩展，并且导致湿气在雷达天线罩芯层中扩展，雷达天线罩中芯层吸湿的面积扩大。由大冰雹和大鸟造成的大撞击损伤很容易被机组人员与地勤人员发现，雷达天线罩需要及时修理。按现有的技术水平，A 夹层的雷达天线罩还不能完全承担冰雹的撞击。

耐受鸟撞的速度为飞机正常续航的速度，且要对撞击的鸟撞数目做出规定。在规定的鸟撞数目和规定的撞击速度下，要求飞机雷达天线罩的损坏不能导致飞机的整体安全受到影响。

在雷达天线罩的雨冲击、冰雹和鸟撞计算中，可以采用 LS-DYNA 软件的 lagrange 模型、SPH 模型、Eula 模型及 ALE 模型进行计算。雨冲击可以采用 Eula 模型和 ALE 模型进行计算，雹击可以采用 Lagrange 模型和 SPH 模型计算，按照 LS-DYNA 手册，在高速条件下，鸟体可以作为流体处理，可以采用 Eula 模型及 ALE 模型进行计算处理。

实芯半波壁雷达天线罩，由于承载能力大，能够耐受 4lb（约 1.8kg）的鸟撞，而夹层结构的雷达天线罩，尤其是 A 型夹层的雷达天线罩，不能够承受鸟撞载荷，需要飞机的前机身结构承受鸟撞的载荷。对于雷达天线罩位移的要求，是遭受鸟撞以后，不产生向外飞溅的碎片。

3.4.5 疲劳与损伤容限分析

3.4.5.1 耐久性分析

雷达天线罩的耐久性分析，主要是指在设计载荷谱以及化学 / 湿热环境条件下的寿命估算。由于复合材料的破坏机理与金属不同，金属结构使用的方法和程序基本上不能用于复合材料结构。复合材料的初始缺陷尺寸比金属材料大，如纤维断开、基体开裂、纤维与基体脱胶、层间局部脱胶等，但其疲劳损伤是逐渐累积的，且有明显征兆。金属材料的损伤累积是隐蔽的，破坏具有突发性。此外，金属材料在交变载荷作用下往往出现一条疲劳主裂纹，它控制最后的疲劳破坏，而复合材料往往在高应力区出现较大范围的损伤，疲劳破坏很少由单一的裂纹控制。

复合材料的破坏主要有以下特点。

（1）不同纤维分布对缺陷的敏感性不同

复合材料中纤维是主要承载部分，不同的纤维分布对缺陷的敏感性不同。对于连续纤

维增强单层复合材料，图 3-50 中的（a）为纤维纵向
分布，在纤维方向的载荷作用下，层合板边缺口（裂
纹）、附近应力集中引起纤维与基体界面沿纤维方向
脱胶，由此缺陷张开钝化，减轻应力集中，它对缺陷
不太敏感；图 3-50 中的（b）为纤维横向分布，在沿
垂直于纤维方向的应力作用下，不存在缺口钝化，裂
纹易沿原方向扩展，使得材料断裂破坏，即对缺陷很
敏感。

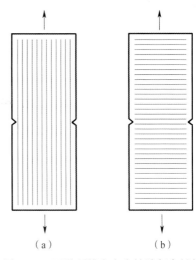

（a）　　　　　（b）

图 3-50　两种纤维方向含缺陷复合材料

（2）两种破坏模式

复合材料由损伤至断裂有两种模式，一种是固
有缺陷较小，随载荷增大引发更多的缺陷和扩大损伤
区范围，导致整体破坏，称为整体损伤模式；另一种
是当缺陷裂纹尺寸较大时，由于应力集中造成裂纹扩
展，这种裂纹扩展导致破坏，称为裂纹扩展模式。在
材料破坏过程中，有可能以一种模式为准，也可能两种模式组合出现，但往往先出现总体
损伤模式，当其中最大裂纹尺寸达到某临界值时，出现裂纹扩展模式的破坏。

（3）层合板的多重开裂

层合复合材料初始裂纹出现和扩展很复杂。以 0°/90° 正交铺设层合板为例，在 0° 方
向载荷作用下，先在 90° 层内出现横向裂纹，随后裂纹数增大，接着出现 0° 层内沿纤维方
向开裂，最后纤维断裂而层合板层间开裂破坏。

在交变载荷作用下，复合材料的疲劳损伤随循环次数的增加而加剧，其剩余强度和刚
度也随之下降。当剩余强度下降到交变载荷的峰值载荷，或剩余刚度下降到限定值，或累
积损伤到一定量时，层合板发生破坏。

3.4.5.2　损伤容限分析

（1）概述

损伤容限设计的基本含义是承认结构材料在制造和使用中可能存在各种类型的缺陷、
裂纹或其他损伤，但必须把这些损伤或缺陷限制在一定范围内。通过对损伤容限特性的分
析与验证，对可检结构给出检修周期，对不可检结构给出允许的最大损伤尺寸，以保证结
构在给定的使用寿命期限内或检修周期内，不致由于未被发现的初始缺陷、裂纹或其他损
伤的扩展而出现灾难性的破坏事故。

损伤容限设计的目的是：对现有结构，评定损伤的扩展，进行剩余强度特性分析，以
及提供足够的安全性所要求的检查水平，确保最小剩余强度要求。对于新结构，通过损伤
容限设计和分析，确保雷达天线罩在使用寿命期内发生疲劳或意外损伤时，在损伤发现或
进行必要的修理之前，其剩余强度仍能满足设计使用载荷 / 环境谱的作用，而不出现结构
的破坏或过分的变形。

军用飞机的结构设计通常分为两大类，即破损安全结构和缓慢裂纹扩展结构，或这两
类结构的组合。破损安全是指采用了多途径传力措施或止裂措施以后，使不稳定的快速裂
纹扩展限制在一定的范围内，在规定的未修使用期内，结构不允许发生破坏性断裂事故；
缓慢裂纹扩展是指结构的缺陷或裂纹以稳定、缓慢的速率扩展，在规定的未修使用周期

内，结构不允许发生快速裂纹扩展。这两种设计概念都是假定构件上存在缺陷、裂纹或损伤，并在整个规定的维修使用周期内，结构应具有要求的最小剩余强度能力，即结构能承受100%限制使用载荷，卸载到零时，结构不会产生有害残余变形。

（2）耐久性/损伤容限设计的一般原则

按照耐久性/损伤容限设计的雷达天线罩，在结构设计时除综合考虑多方面的性能、合理选材外，还应遵循下列原则。

①合力控制设计应力/应变水平

根据雷达天线罩所承受载荷的性质和大小，综合考虑强度、刚度、耐久性和损伤容限的要求，确定合力的应变水平和重量指标。这是复合材料结构耐久性和损伤容限设计的关键，对于处于易受外来物冲击部位的雷达天线罩（如头部和机腹处的雷达天线罩），除薄蒙皮结构外，只要按照损伤容限要求来选取适当的设计应变水平，一般均能满足要求。

②结构形式选择和铺层设计

考虑雷达天线罩的使用部位、载荷类型、连接要求、工作环境等多种因素的同时，还应考虑选择能提高雷达天线罩损伤容限特性的结构形式和铺层。

③细节设计

复合材料结构的细节设计虽有自己的特点，但它与金属结构一样，会直接影响结构的耐久性和损伤容限特性，应着重考虑。由于复合材料的层间性能较低，在细节设计时应尽量避免使其受到面外载荷，当面外载荷不可避免时，必须采取适当的措施，降低层间应力或提高层间强度。

④可修理性和可更换性

复合材料呈脆性，易分层，抗冲击性能明显低于金属，因此在设计时，需考虑到在结构受损伤时能方便地进行修理和更换。

⑤可检查性

对于重要的接头、应力集中部位及其他关键部位，需考虑能方便地进行日常维护和定期检查。

（3）耐久性/损伤容限评定关键部位（PSE）的定义

损伤容限评定的关键部位一般是指对承受飞行、地面载荷起到极其重要的作用，一旦破坏或其破坏持续未被查出会造成严重后果的部位，又称危险部位。耐久性评定的关键结构部位主要影响功能可靠性和经济性，凡其开裂（损伤）可能影响飞行功能和备用状态，不能经济更换的零、构件应列入其中。对于可进行修理的重要损伤容限评定关键结构部位一般也列入耐久性评定关键结构部位，因此，耐久性评定关键结构部位一般与损伤容限评定关键结构部位的选择同时进行，两者没有严格界限。

（4）损伤容限分析与评定步骤

由于承认雷达天线罩结构中存在着初始裂纹（或缺陷），这些裂纹（或缺陷）可能是材料固有的，也可能是在生产制造加工装配中，以及在使用中产生的，因此，必须通过对结构的损伤容限设计分析和试验来进行结构的断裂控制。损伤容限分析与评定的主要步骤如下。

①筛选和确定损伤容限分析与评定的部位，包括筛选和确定损伤容限关键件。

②给定损伤容限评定部位的损伤容限要求，包括以下内容：给定材料参数；给定结构设计类型；给出可适用的检查级别和与该检查级别相应的最小未修使用周期；确定裂纹形

式并确定初始裂纹尺寸；确定该部位所需的最小剩余强度要求。

③根据飞机的典型任务剖面确定设计使用载荷谱，该载荷谱一半应为随机排列的飞 –
续 – 飞谱。

④根据载荷谱对雷达天线罩进行应力分析，由应力分析结果和实践经验，编制损伤容
限分析部位的应力谱。

⑤根据裂纹形式、加载方式和几何构型计算应力强度因子，选择裂纹扩展方程和裂纹
扩展模型，进行裂纹扩展寿命分析。

⑥进行剩余强度分析。剩余强度分析是损伤容限分析的核心，通过剩余强度分析绘制
剩余强度图，然后根据剩余强度要求值，由剩余强度图确定出满足最小剩余强度要求的最
大允许损伤尺寸，最后结合裂纹扩展寿命曲线和断裂准则判定该部位是否满足损伤容限要
求与使用寿命要求。如不满足，则要重新修改设计，重新进行损伤容限分析。

3.5　强度试验验证

3.5.1　结构许用值和疲劳特性

在进行强度计算时，材料性能使用设计许用值包括两部分，一部分是在结构元件中引
入典型损伤后的设计许用值，另一部分是在结构元件中引入损伤后的设计许用值。由于复
合材料对面外载荷的敏感性、破坏模式的多样性、环境影响的严酷性、试验数据的较高分
散性以及缺乏标准的分析方法，"积木式"方法通常被认为是复合材料结构认证 / 合格审
定必不可少的。"积木式"方法通常分为试样试验、元件试验、结构细节试验、次部件试
验和全尺寸结构试验。复合材料零件"积木式"试验框架如图 3–51 所示。

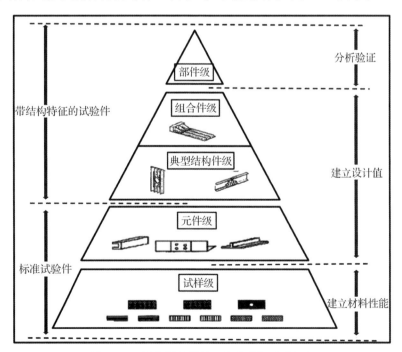

图 3–51　复合材料零件"积木式"试验框架

雷达天线罩的结构许用值试验是雷达天线罩适航验证的必要部分，是结构零组件"积木式"验证试验的基石。许用值试验项目见表3-2。

表3-2　许用值试验项目

试验项目	执行标准	单向板	铺层板
层压板开孔拉伸许用值试验	ASTM D 5766（2011）		√
层压板开孔压缩许用值试验	ASTM D 6484（2009）		√
层压板层间剪切强度许用值试验	ASTM D 3846（2008）	√	√
层压板冲击后压缩强度许用值试验	ASTM D 7136（2012） ASTM D 7137（2012）		√
层压板机械连接强度许用值试验	ASTM D 5961（2010）		√
泡沫夹层结构剪切强度模量试验	ASTM C 273（2007a）	√	√
V口面内及层间剪切强度模量试验	ASTM D 5379（2005） ASTM D 7078（2005）	√	√
层压板拉伸强度模量、泊松比试验	ASTM D 3039（2008）	√	√
层压板压缩强度模量试验	ASTM D 6641（2009）	√	
泡沫夹层板平拉强度试验	ASTM C 297（2004）		√
泡沫夹层板弯曲强度模量试验	ASTM C 393（2006）		√
泡沫夹层板侧压强度试验	ASTM C 364（2007）		√
泡沫夹层板冲击后压缩试验	ASTM D 7136（2012） ASTM D 7137（2008）		√
层压板拉脱阻抗试验	ASTM D 7332（2009）		√

其中铺层板应当采用实际铺层的整数倍，结合标准试样要求，确定适当的倍数，以便兼顾铺层和标准要求。

门槛值试验主要考核结构的耐久性，在较小和较简单的试验件上发现结构耐久性的薄弱环节。雷达天线罩在预期的使用寿命内，遇到疲劳开裂、腐蚀、热退化、剥离、分层、磨损和外来物冲击损伤后，要求强度和刚度必须保持一定的能力，以在整个寿命期间不会因频繁的维护修理而产生高昂的成本代价。雷达天线罩的疲劳门槛值与损伤特性试验是雷达天线罩疲劳寿命适航验证的必要部分，其中基本试验项目见表3-3。

表3-3　疲劳门槛值与损伤特性试验项目

试验项目	执行标准	铺层板
层压板开孔拉伸疲劳试验	ASTM D 5766（2011）	√
层压板开孔压缩疲劳试验	ASTM D 6484（2009）	√
层压板冲击后压缩强度疲劳试验	ASTM D 7136（2012） ASTM D 7137（2012）	√
泡沫夹层板冲击后压缩疲劳试验	ASTM D 7136（2012） ASTM D 7137（2008）	√

利用结构的许用值及疲劳门槛值和损伤特性数据，可以完成雷达天线罩适航所需要的强度计算验证及疲劳寿命验证。

3.5.2　静力试验

完成雷达天线罩静强度试验是研制的飞机进行飞行试验和设计定型的先决条件之一。完成雷达天线罩静强度试验的主要目的如下。

a. 验证雷达天线罩结构静强度是否满足设计要求，其最大承载能力大于极限载荷，验证强度和刚度计算方法的合理性；

b. 检验制造工艺；

c. 确定结构的可增潜力（提高承载能力或减轻结构重量）；

d. 减少和预防结构可能发生的维修问题；

e. 得到全尺寸结构静强度破坏模式和结构设计薄弱部位，验证结构分析方法，为结构改型、改进提供数据和资料。

3.5.2.1　试验结构特点

a. 雷达天线罩复合材料结构对面外载荷敏感，应尽可能弄清楚所有可能的面外载荷来源，以避免在试验时由于试验方案不合理而产生非正常破坏。

b. 雷达天线罩复合材料结构有着多种可能的破坏模式，而且由于对缺口、加载方向及环境条件的敏感性，很难预计全尺寸结构的破坏模式。由于同样的原因，如果试验件结构形式、支持状态、环境条件等与实际使用状况不同，有可能出现不真实的破坏模式，使验证试验的结果无效。

c. 雷达天线罩复合材料结构的薄弱环节一般通过全尺寸部件静强度验证试验鉴别。

3.5.2.2　试验结构要求

雷达天线罩结构应有足够的静强度，以承受所有受载情况的载荷而不降低机体的结构特性。对于各种使用、维护及模拟受载情况的任何试验，都应具有足够的强度，以使：

a. 在等于或小于115%限制载荷的情况下，或在首飞前的功能验证试验及强度验证试验期间，结构不发生有害变形；

b. 在等于或小于极限载荷的情况下，结构不发生破坏；

c. 雷达天线罩应按名义尺寸值或最小的110%设计，取其中较小者；

d. 胶结结构应能承受规定的剩余强度载荷，以确保不发生整条胶缝破坏或脱胶的飞行安全事故。

3.5.2.3　试验设计原则

a. 如果某项设计研制试验已用于证实结构设计，则该项试验可以作为设计验证试验的组成部分。

b. 应尽可能在较小和简单的试验件上发现结构的薄弱环节，特别是有可能受到面外载荷的结构部位和只有在湿热联合作用下才会出现的薄弱环节。

c. 计划在室温大气环境下的全尺寸静力试验验证复合材料部件极限强度时，应预先用足够数量适当尺寸的试验件验证，证实可以覆盖最不利环境组合条件下的破坏模式和得到全尺寸试验使用的环境补偿系数。

3.5.2.4 试验件

设计研制试验和预生产结构件试验中出现的任何破坏所导致的结构更改均应在雷达天线罩静强度试验的试验件上得到体现。除下列情况外，试验件应与交付装机的雷达天线罩结构相同。

a. 对于不严重影响雷达天线罩结构的载荷传递、内力和热分布、强度或变形的固定设备以及用于装载和支撑的结构等，可以从试验结构中略去。

b. 用于非考核雷达天线罩而必须安装的一些结构件或连接件可以用假件代替，但应保证原有的安装位置及某些物理量等量的代替。对假件施加载荷的方法应由试验单位与承制方协商确定。为适应加载装置所需的所有结构修改，应保证更改后的结构强度和刚度特性与真实结构的特性相同。

c. 对试验件可不做表面涂层与不影响强度和刚度的表面处理。

3.5.2.5 载荷筛选

雷达天线罩静力试验载荷筛选应当遵循下列原则。

（1）静强度安全裕度最小原则——雷达天线罩静强度安全裕度最小时对应的载荷作为雷达天线罩静力试验载荷。

（2）稳定性安全裕度最小原则——雷达天线罩稳定性安全裕度最小时对应的载荷作为雷达天线罩静力试验载荷。

（3）连接件支反力最大原则——雷达天线罩连接件支反力最大时对应的载荷作为雷达天线罩静力试验载荷。

（4）最大变形原则——雷达天线罩变形最大时对应的载荷作为雷达天线罩静力试验载荷。

3.5.2.6 载荷简化

试验载荷大小与分布尽可能地和真实载荷与分布相一致。初期静强度试验载荷大小与分布应通过分析和可用的风洞试验数据获得。如果飞行和地面载荷实测中测得的载荷与初期试验载荷存在显著差异，应适时地以飞行和地面载荷实测数据来修正试验载荷大小和分布。

经承制方充分论证并经订货方认可，加载情况和载荷可以简化与合并。对试验中非考核结构部位的平衡载荷，可以通过修改作用结构区域上的载荷分布来完成加载情况的简化，但简化不应导致非正常的永久性变形或破坏。如果各个不同加载情况的互相作用不影响考核结构任何部位上的受载情况，也可对结构不同部位同时施加不同的载荷。

通常雷达天线罩采用分块载荷叠加求力/力矩和的方法进行载荷简化。载荷简化方法为

$$\boldsymbol{F} = \sum_{i=1}^{N} \left(p_i \boldsymbol{A}_i \right) \tag{3-12}$$

$$P_c = \frac{\sum_{i=1}^{N} \left(p_i \boldsymbol{A}_i p_i \right)}{|\boldsymbol{F}|} \tag{3-13}$$

式中：p_i——分区内第 i 个元素的气压矢量；

　　　A_i——分区内第 i 个元素的面积矢量；

　　　F——分区的合力矢量；

　　　$|F|$——合力矢量的模；

　　　P_c——合力的作用点坐标；

　　　N——分区内元素的数目。

3.5.2.7　试验件安装

雷达天线罩的静力试验分为两种，一种是完全模拟实际的安装状态，将雷达天线罩安装在产品主结构上，以产品主结构作为支撑将雷达天线罩安装固定，再进行载荷施加的安装形式；另一种是单独进行雷达天线罩的静力试验，模拟雷达天线罩与主体结构的安装形式，将雷达天线罩独立安装在试验工装上进行静力试验。目前两种试验方式获得的试验数据吻合。

3.5.2.8　试验测量

雷达天线罩静强度试验中，所有数据采集应与试验技术要求的规定相一致，应在足够数量的有代表性的点上采集应变、位移、温度和施加的载荷等数据，以验证载荷分布、应力分布、温度分布和变形。

3.5.2.9　试验加载

雷达天线罩的静力试验载荷一般为面外拉载荷或面外压载荷，拉载荷通常利用加载帆布带或拉压垫施加，压载荷通常利用气囊、木块或拉压垫施加，试验过程中通常采用协调控制加载系统进行协调加载。

3.5.2.10　试验加载控制误差

要求对考核结构部位内力有贡献的加载点控制误差不大于 1%，其他非考核结构部位的平衡载荷点控制误差不大于 2%。

加载点控制误差计算公式为

$$试验加载点控制误差 =（反馈值－命令值）/传感器满量程值$$

对考核结构部位内力有贡献的加载点所用载荷传感器的满量程一般不大于该点最大载荷的 1.25 倍。

3.5.2.11　高温环境的静强度试验

对需要考虑在热环境作用下，产生热应力及强度降低的雷达天线罩结构应进行静热联合试验。用于热强度试验的加热设备，应具有足够的加热能力，保证能施加试验技术要求规定的最高温度，并满足最大温升率或温度－时间历程的要求；能实现温度自动控制，保证温度分布的均匀性。若受试验设备等条件限制，不能进行静热试验，应征得订货方同意，采用环境因子的办法对温度进行补偿，通常环境因子从结构许用值试验中获得。

3.5.2.12　试验中的问题处理

试验中若发生试验件过早破坏，或当试验件出现有害的变形、操纵系统不能正常工作和结构局部出现提前破坏时，应停止试验，经订货方同意，由承制方进行必要的修复、加强或更改。凡是不能修复或虽修复但不能达到鉴定静强度目的的，应更换经设计更改的试验件并重新进行试验。这些修复、加强或更改均应贯彻到飞行试验和批生产的飞机上。

3.5.3　振动与冲击试验

3.5.3.1　振动试验

（1）试验目的

振动试验的主要目的如下。

①使得研制的装备能够承受寿命周期内的振动与其他环境因素叠加的条件并正常工作。

②验证装备能否承受寿命周期内的振动条件并正常工作。

（2）试验方法

振动试验方法根据振动环境类别和试验程序，确定相应的试验量级和试验持续时间。

选择振动试验方法还需考虑如下方面。

①试验量级选择的保守性：振动试验条件通常包含附加的裕度来代表那些在制定条件时不能涵盖的因素。这些因素通常包括未能确定的最严重工况、通其他环境应力（温度、加速度等）的叠加作用和正交轴方向上三维振动与三个轴向分别振动的不同等。为降低重量和造价，常不考虑这些裕度，但要意识到这样可能增大装备寿命和功能风险。

②测量数据的保守性：应尽可能用特定的测量数据作为振动条件的基础。由于受传感器数量、测量点的可及性、极端情况下数据的线性度以及其他一些条件限制，测量可能无法涵盖所有的极端工况。另外，试验还受到实施条件的限制，如用单轴振动代替多轴振动、用试验夹具模拟支撑平台等。当采用实测数据来确定试验条件时，应增加裕度来代替这些因素。如果有足够的测量数据，则应采用统计方法。

③预估数据的保守性：在无法得到测量数据时，可参考相关标准获取试验条件的预估数据。这些预估数据是基于对多种工况的包络，对任一工况都是保守的。

（3）环境效应

振动可能导致雷达天线罩及其内部结构的动态位移。这些动态位移和相应的速度、加速度可能引起或加剧结构疲劳，结构、组件和零件的机械磨损。另外，动态位移还能导致某些部件的碰撞/功能的损伤。由振动问题引起的一些典型现象如下：紧固件松动、密封失效、结构裂纹或断裂、连接件的磨损等。

（4）试验顺序

利用预期寿命周期事件的顺序作为通用的试验顺序，同时考虑下列因素。

①振动应力引起的累积效应可能影响其他环境条件（如温度、高度、湿度等）下雷达天线罩的性能。如果要评估振动和环境因素的累积效应，用一个试验件进行所有的环境因素的试验，通常先进行振动试验，但若预计其他环境因素（如温度循环）造成的损伤使装备对振动更敏感，则应在振动试验前先进行这个环境因素的试验。例如，温度循环可能造成初始疲劳裂纹，裂纹在振动作用下会扩展。

②试验件一般要按照寿命周期的顺序进行各项振动试验。对大多数试验，为了适应试验装置的计划安排或由于其他原因，可以对试验顺序进行调整。但某些试验必须按其寿命周期中的顺序进行。例如，在振动试验之前应完成与制造过程有关的预处理（包括环境应力筛选），在进行代表任务的环境试验之前应先完成与维修过程有关的预处理（包括环境应力筛选），最后进行代表任务最后阶段的关键环境试验。

（5）试验要求

①试验设备

试验设备应达到规定的振动环境、控制方案和试验允差要求。测量传感器、数据记录和数据处理设备应符合数据测量、记录、分析和显示的要求。

试验利用通用的实验室振动台（激振器）、滑台以及夹具。根据所要求的试验频率范围、低频行程（位移）以及试件和夹具的尺寸与质量选定振动台。

②试验控制

选择的控制方案应能在要求的试件位置上产生所要求的振动量值。这种选择取决于所要求的振动特性和平台／装备之间的动力耦合作用。一般采用单一控制方案，也可采用多种控制方案。

③加速度输入控制方法

加速度输入控制是振动试验的传统方法。控制加速度计安装在与试验件相连的夹具上。振动台的运动由控制加速度计的反馈来控制，以保证夹具／试验件界面处达到规定的振动量值。根据试验的要求，控制信号可是若干个安装在试验件／夹具界面上加速度计输出信号的平均值。这种控制方案适用于模拟平台对装备的输入并假定装备不会影响平台的振动。

④力限控制方法

在振动台／夹具和试验件中间安装动态力传感器，振动台的运动由动态力传感器的反馈来控制，以再现外场实测的界面力。使用这种方法可以避免装备在结构最低共振频率上的过试验或欠试验。

⑤加速度限控制方法

按加速度输入控制方法的规定输入振动。另外，装备特定点的振动加速度相应限也要加以规定，在这些特定点上安装监测加速度计。按加速度输入控制方法对试验件进行激励，用试验件安装点的加速度计信号控制振动台。当某些频带上出现监测加速度计的相应值超过预先设定的响应限时，可对输入谱进行修改以将监测加速度计的响应限制在预先规定的响应限内。在能满足所规定的响应限制的情况下，对输入谱的这种修改应尽可能少。

⑥加速度响应控制方法

用试验件上或试验件内的特定点的状态类规定振动条件。控制加速度计安装在振动台／夹具的界面上，监测加速度计安装在时间的特定点上。在试验开始时，先对试验件施加一个随意的低量级振动，用控制传感器的反馈信号进行控制，然后在试验中根据经验调节振动的输入，直到监控加速度计的振动量值达到规定的振动量值。

⑦开环波形控制方法

监测加速度计安装在试验件上，安装位置与实测时一样。振动台由经适当补偿的时间／电压波形来驱动，这个补偿波形直接从外场测量数据或特定的数字化波形中获得。试验时测量监测加速度计的响应，并与给定的条件做比较。

（6）试验允差

①加速度谱密度

加速度谱密度的允差要求如下。

振动环境：在给定的频率范围内，将控制传感器上的加速度谱密度保持在2.0dB

或 –1.0dB 之内。在任何情况下，整个试验频率范围内的允差不应超过 ±3dB；500Hz 以上可为 3dB 或 –6dB。这些超过允差的累积带宽应限制在整个试验频带范围的 5% 之内。

振动测量：要保证在试验频率范围内，振动测量系统提供传感器安装面上的加速度谱密度测量数据，其精度在振动量级的 ±0.5dB 之内。当频率不大于 25Hz 时，分析带宽应小于等于 2.5Hz；当频率大于 25Hz 时，分析带宽应不大于 5Hz。对于基于快速傅里叶变换的控制和分析系统，在试验频带内至少要使用 400 线的谱线数。对于更宽的频带范围，推荐使用 800 线的谱线数。

均方根（RMS）加速度值：不要用均方根的加速度值来规定或控制振动试验，因为它不包含谱信息。

②正弦峰值加速度

正弦峰值加速度的允差要求如下。

振动环境：保证在规定的频率范围内，控制传感器上的正弦峰值加速度偏差不大于规定值的 ±10%。

振动测量：保证在试验频率范围内，振动测量系统提供传感器安装面上的正弦峰值测量数据，其偏差在振动量值的 ±5% 之内。

均方根（RMS）加速度值：正弦振动均方根加速度等于 0.707 倍的峰值加速度。

③频率测量

在试验频率范围内，振动测量系统提供传感器安装面上（或传感器连接块安装面上）的频率测量偏差应在 ±1.25% 内。

④横向加速度

在任何频率上，相互正交并与试验驱动轴正交的两个轴上的振动加速度应不大于试验轴向上的加速度的 0.45 倍（或加速度谱密度的 0.2 倍）。在随机振动试验中，横向加速度谱密度常有一些高而窄的尖峰，在裁剪横向允差时需要考虑这些因素。

⑤安装与调试

试验件的技术状态应与所要模拟的寿命周期阶段的雷达天线罩工作使用时的状态一样。用与寿命周期内工作使用时相同类型的固定装置，把试验件固定在试验夹具安装部位上。提供雷达天线罩在工作时要使用的所有机械、电气、液压、气动或其他的连接。除另有规定外，这些连接能动态模拟试验件服役时的连接状态，而且功能安全一致。

（7）试验过程

①试验前准备

试验开始前，根据有关文件确定的试验程序、试验件技术状态、试验量级、试验持续时间、振动台控制方法、失效判据、试验件功能要求、测量仪器要求、试验设备能力及夹具等。

a. 选择合适的振动台和夹具；

b. 选择合适的数据采集系统（仪器、电缆、信号调节器、记录仪和分析设备等）；

c. 在安装试验件前，对振动设备进行预调试，以确认工作正常；

d. 保证数据采集系统的功能符合技术要求。

②初始检测

试验件在标准大气条件下进行试验前检测，以得到原始基准数据。检测按以下步骤进行。

a．检查试验件是否有物理损伤并记录结果；

b．按技术文件规定，如果有要求就按工作技术状态准备试验件；

c．检查试验件、夹具与振动台的组合是否符合试验件和技术文件的要求；

d．如适用，则按技术文件对试验件进行工作状态下的工作检查并记录检查结果，以便与试验中和试验后得到的数据比较。

③试验步骤

a．对试验件进行外观检查和功能检查。

b．如果有要求，进行夹具的模态测试以验证夹具是否满足要求。

c．将试验件按寿命周期实际使用状态安装在夹具上。

d．在试验件／夹具／振动台连接处或附近安装足够数量的传感器，测量试验件／夹具界面的振动数据，根据控制方案的要求控制振动台并测量其他需要的数据。把控制传感器安装在尽量靠近试验件／夹具的界面处。

e．如果有要求，进行试验件的模态测试。

f．对试验件进行外观检查。

g．在试验件和夹具连接处施加低量级振动。

h．检查振动台、夹具和测量系统是否符合规定要求。

i．检查试验件／夹具连接处的振动量值是否符合规定。如果试验持续时间不大于0.5h，在首次施加满量值振动后和全部试验结束前立即进行这个步骤。否则，在首次施加满量值振动后，此后每隔0.5h和全部试验结束前立即进行这个步骤。

j．在整个试验过程中监测振动量值。

k．在达到要求的试验持续时间时，停止振动。

l．检查试验件、夹具、振动台和测量仪器。

m．检查测量设备功能。

n．在每个要求的激振轴向上重复以上步骤。

o．在每种要求的振动环境上重复以上步骤。

p．将试验件从夹具上卸下，检查试验件。

（8）试验结果分析

①失效机理。与振动相关的失效分析应将失效机理与失效雷达天线罩的动态特性和动力学环境关联。简单地确定雷达天线罩是由于高周疲劳或是磨损损坏的是不充分的，必须将失效与动态环境和动态响应关联在一起。

②鉴定试验。当试验是用于鉴定与合同要求的符合程度时，应使用下列说明。

a．失效：如果出现永久变形或断裂，如果固定零件或组件出现松动，如果组件活动或可动部分在工作时变为不受控或动作不灵敏，如果可动部件或受控量在设定、定位或调节上出现漂移，如果性能在功能振动中和耐久试验后不能满足要求，可认定该试验失效。

b．试验完成：在试验件的所有部件成功通过整个试验后，振动鉴定试验完成。

3.5.3.2　冲击试验

（1）试验目的

①评估雷达天线罩的结构和功能承受装卸、运输和使用环境中不常发生的非重复冲击的能力。

②确定雷达天线罩的易损性、用于包装设计、以保护雷达天线罩结构和功能的完好性。

③测试雷达天线罩固定装置的强度。

（2）试验方法

确定雷达天线罩寿命期内冲击环境出现的阶段，根据环境效应确定是否需要进行冲击试验。

（3）环境效应

冲击可能对整个雷达天线罩结构和功能完好性产生不利影响。不利影响的程度一般随冲击量级和持续时间的增减而改变。雷达天线罩的机械冲击响应具有高频振荡、短持续时间、明显的初始上升时间和高量级的正负峰值。这些影响可能导致：结构或非结构件的过应力引起雷达天线罩部件的永久性机械变形，材料加速疲劳（低周疲劳）等。

（4）试验顺序

一般情况下，在试验程序中应尽早安排冲击试验，但应该在振动试验之后。

（5）试验过程

①试验前准备

试验开始前，根据有关文件确定试验程序、模拟负载、试验件技术状态、测量仪器技术状态、冲击量级、持续时间、冲击次数等。

②初始检测

试验件在标准大气条件下进行试验前检测，以得到原始基准数据。检测按以下步骤进行。

a. 对试验件进行全面外观检查，特别注意关键部位或易损伤区域。

b. 试验件合格，将试验件安装到夹具上。

c. 按技术文件规定，进行试验件的运行检测，记录检查结果。

③试验步骤

a. 选择试验条件，按要求校准冲击试验设备。

b. 对试验件进行冲击前检查。

c. 在工作状态，对试验件进行冲击激励。

d. 记录必要的数据以检查试验是否达到或超过要求的试验条件。

e. 对试验件进行冲击后功能检查，记录性能数据。

f. 一般地，功能性冲击在每一正交轴重复 3 次以上；坠撞安全冲击在每一正交轴重复 2 次以上，最多总计 12 次。

g. 记录试验次序。

3.5.4 环境适应性试验

3.5.4.1 试验目的

雷达天线罩进行环境试验的目的在于获取有关数据，以评价可能遇到的不同环境条件对雷达天线罩的安全性、完整性和性能的影响。

3.5.4.2 试验项目

雷达天线罩是机体结构的一部分，用于保持气动外形，承受飞行中的气动载荷、惯性载荷等，满足结构强度要求，同时保护内部雷达天线免受气动载荷和恶劣环境的直接影响，雷达天线罩作为电磁窗口又是雷达火控系统的重要组成部分。雷达天线罩一般裸露在机体表面，涉及的环境通常有低气压（高度）、高温、低温、温度冲击、温度－高度、太阳辐射、淋雨、湿热、霉菌、盐雾、酸性大气、砂尘、液体污染、加速度、振动、冲击、温度－湿度－高度等。

3.5.4.3　试验件

对于与自然环境相关的试验项目可以采用非产品级的试验件进行相关环境试验，采用非产品级的试验件进行相关环境试验应经过订货方同意。

环境试验件一般分为用于试验后观察外观的试验件和试验后用于表征雷达天线罩性能的试验件。对用于试验后观察外观的试验件可采用与雷达天线罩产品相同材料的结构样件替代，结构样件与雷达天线罩产品具有相同的结构形式和结构厚度，样件须具有足够大小，不能因为样件的大小影响环境试验结果，结构样件用于环境试验应经过订货方认可。对用于试验后表征性能的试验件可采用与雷达天线罩产品相同材料的结构元件替代，结构元件应按照相应的标准制作，结构元件用于环境试验应经过订货方认可。

对于与机械环境相关的试验项目必须采用雷达天线罩产品，除非在试验件技术条件中规定可以不安装的某些部件或组成。

3.5.4.4　试验顺序

试验顺序应根据雷达天线罩的特性、预期使用场合、现有条件、各个试验环境的预期综合效应等因素确定。确定寿命周期中环境影响的顺序时，需要考虑装备在使用中会重复出现的环境影响。在确定试验顺序时应考虑如下一些因素。

（1）利用预期寿命期事件的顺序作为通用的试验顺序。某一试验在其他试验之前、之后或与其他试验组合进行都各有优点。如果相关标准推荐了某种试验顺序时，一般应按其顺序进行试验；若选用其他试验顺序，应征得订货方的同意。除另有说明外，不应为减轻试验效应而改变试验顺序。

（2）建立装备性能和耐久性能的累积效应与试验顺序的相互关系，该试验顺序是装备按照其任务剖面经受相应应力的顺序。

3.5.4.5　试验条件

（1）低气压（高度）试验

雷达天线罩低气压（高度）试验一般包括两个部分：储存试验和工作试验。

试验压力为相关文件规定的压力值或高度值，高度变化速率一般采用 10m/s。储存试验时间至少持续 1h，工作试验时间持续到所要求的各项性能测试完成为止，但雷达天线罩一般无法在低气压条件下进行测试，通常取工作试验时间为 1h。试验精度不低于其满量程的 2%。

试验方法按规定要求或遵照 GJB 150A《军用装备实验室环境试验方法》执行。

试验完成后对试验件外观进行观察，对试验件性能进行测试。

（2）高温试验

雷达天线罩高温试验一般包括两个部分：储存试验和工作试验。

试验温度为相关文件规定的温度值。储存试验至少进行 7 次循环，每个循环 24h；工作试验至少进行三次循环，建议最多采用 7 次循环，每个循环 24h。

试验方法按规定文件或遵照 GJB 150A 执行。

试验完成后对试验件外观进行观察，对试验件性能进行测试。

（3）低温试验

雷达天线罩低温试验一般包括两个部分：储存和工作试验。

试验温度为相关文件规定的温度值或一般为 -55℃。储存试验待温度稳定后保持此温度至少 4h，工作试验待温度稳定后保持此温度至少 2h。

试验方法按规定文件或遵照 GJB 150A 执行。

试验完成后对试验件外观进行观察，对试验件性能进行测试。

（4）温度冲击试验

雷达天线罩温度冲击试验一般为恒定极值温度冲击。

试验温度为相关文件规定的温度值或高温为 +70℃、低温为 -55℃，转换时间不大于 1min。通常进行三次循环。

试验方法按规定文件或遵照 GJB 150A 执行。

试验完成后对试验件外观进行观察，对试验件性能进行测试。

（5）温度 - 高度试验

温度 - 高度试验参数设置按相关技术文件规定的温度值和高度值。温度 - 高度试验循环次数应满足相关技术文件对试验持续时间的要求，或达到 10 次循环（以长者为准）。

试验方法按规定文件或遵照 GJB 150A 执行。

试验完成后对试验件外观进行观察，对试验件性能进行测试。

（6）太阳辐射试验

雷达天线罩太阳辐射试验一般为稳态试验（光化学效应）。

光化学效应试验最大辐照度为 1120W/m^2，温度为 49℃，试验建议至少进行 10 次循环，每次循环时间为 24h。如连续暴露在户外条件下，则需考虑进行 56 次循环，每次循环时间为 24h。

试验方法按规定文件或遵照 GJB 150A 执行。

试验完成后对试验件外观进行观察，对试验件性能进行测试。

（7）淋雨试验

雷达天线罩淋雨试验一般为降雨试验和吹雨试验。

通常降雨强度 ≥ 1.7mm/min；雨滴直径在 0.5 ~ 4.5mm；水平风速 ≥ 18 m/s。

试验方法按规定要求或遵照 GJB 150A 执行。

试验完成后对试验件外观进行观察，对试验件性能进行测试。

（8）湿热试验

雷达天线罩湿热试验 24h 为一个循环周期，一般最少进行 10 个周期。湿热试验条件如表 3-4 所示。

表 3-4　湿热试验条件

试验阶段	温度 /℃	温度容差 /℃	相对湿度 /%	相对湿度容 /%	时间 /h
升温	30 → 60	/	升至 95	/	2
高温高湿	60	±2	95	±5	6
降温	60 → 30	/	>85	/	8
低温高湿	30	±2	95	±5	8

试验方法按规定要求或遵照 GJB 150A 执行。

试验完成后对试验件外观进行观察，对试验件性能进行测试。

（9）霉菌试验

雷达天线罩霉菌试验通常选取黄曲霉、杂色曲霉、绳状青霉、球毛壳霉、黑曲霉等。试验持续时间最短为 28d，由于长霉对试验件产生的间接侵蚀和物理影响不可能在较短的试验持续时间内出现，如果要求在确定长霉对试验件的影响方面需要提高确定度或降低风险时，则应考虑将试验时间延长至 84d。

试验方法按规定要求或遵照 GJB 150A 执行。

试验完成后对试验件外观进行观察，对试验件性能进行测试。

（10）盐雾试验

雷达天线罩盐雾试验条件一般为交替进行的 24h 喷盐雾和 24h 干燥两种状态共 96h（两个喷雾湿润阶段和两个干燥阶段）的试验程序。

需要长期耐受海洋环境的雷达天线罩盐雾试验条件一般为交替进行的 24h 喷盐雾和 24h 干燥两种状态共 240h（5 个喷雾湿润阶段和 5 个干燥阶段）的试验程序。

试验方法按规定要求或遵照 GJB 150A 执行。

试验完成后对试验件外观进行观察，对试验件性能进行测试。

（11）砂尘试验

雷达天线罩砂尘试验考核雷达天线罩对飞散砂尘环境的适应性，要求进行吹砂（砂尘直径 150～850μm）试验。吹砂试验要求见表 3-5。

表 3-5　吹砂试验要求

项目	吹砂试验
温度 /℃	恒定工作或储存高温
风速 /（m/s）	18～29
吹砂浓度 /（g/m³）	$0.18^{+0.2}_{0}$（只承受自然条件影响的飞机雷达天线罩）
	2.2±0.5（对于可能会在未铺砌的路面上空飞行的直升机附近工作的雷达天线罩）
相对湿度 /%	<30
试验时间 /min	每个易损面不小于 90

试验方法按规定要求或遵照 GJB 150A 执行。

试验完成后对试验件外观进行观察，对试验件性能进行测试。

（12）流体污染试验

雷达天线罩液体试验要求为在接触油类或在保养中可能遇到的其他液体的情况下，不应变软或产生永久变形或损坏。

正常使用和维护过程中，通常遇到由于操作的问题或载机自身的问题，载机上的各种液体，如航空煤油、润滑油会滴到电磁窗上，雷达天线罩在遭受该类液体的浸泡后，应该没有软化或损伤。试验件在液体中浸泡规定时间后取出，不应当软化和产生永久性损伤。这些液体包括发动机燃料；液压系统用油；合成航空润滑油；喷气机润滑油；低浓度的肥皂水；防冻液、酒精等。

试验方法按规定要求或遵照 GJB 150A 执行。

试验完成后对试验件外观进行观察，对试验件性能进行测试。

（13）加速度试验

雷达天线罩加速度试验通常包括结构试验、性能试验和坠撞安全试验三个试验程序。每个试验程序，试验件都应沿三个互相垂直轴的每个轴向进行试验。

试验方法按规定要求或遵照 GJB 150A 执行。

试验完成后对试验件外观进行检查，对试验件性能进行测试

（14）振动试验

雷达天线罩振动试验通常包括功能试验和耐久试验。试验的振动量值一般按具体型号要求执行，如具体型号未明确要求，则参考国军标中相应的类别执行，试验件应沿 X、Y、Z 三个轴向进行试验。

试验方法按规定要求或遵照 GJB 150A 执行。

试验完成后对试验件外观进行检查，对试验件性能进行测试

（15）冲击试验

雷达天线罩冲击试验通常包括功能性冲击试验、坠撞安全试验、弹射起飞和拦阻着陆试验三个试验程序。其中弹射起飞和拦阻着陆试验适用于舰载机上的雷达天线罩。每个试验程序，试验件都应沿三个互相垂直轴的每个轴向共 6 个轴向进行试验。

试验方法按规定要求或遵照 GJB 150A 执行。

试验完成后对试验件外观进行检查，对试验件性能进行测试。

（16）温度－湿度－高度试验

雷达天线罩温度－湿度－高度试验包括变化到冷/干、冷/干浸泡、冷/干温升、冷/干性能检查、冷/干高度、变化到温/湿、温/湿保持、变化到热/干、热/干浸泡、热/干性能检测、变化到热/干高度、热/干高度、热/干高度性能检测、变化到实验室环境条件。重复上述过程达到 10 个循环。

试验方法按规定要求或遵照 GJB 150A 执行。

试验完成后对试验件外观进行观察，对试验件性能进行测试。

（17）酸性大气试验

雷达天线罩酸性大气试验通常采用喷雾 2h、储存 7d 为一个循环，共 4 次循环。试验溶液应使用含硫酸和硝酸的蒸馏水或去离子水溶液作为试验喷雾溶液，溶液的 pH 为 4.02（代表了我国目前酸雨最严酷地区的最低 pH）或按相关文件规定。

试验方法按规定要求或遵照 GJB 150A 执行。

试验完成后对试验件外观进行观察，对试验件性能进行测试。

（18）雹冲击试验

雹冲击试验条件为试验件应能经得起直径为 19mm 的冰雹冲击，结构不应有损坏。在飞机平均巡航速度下，在 6.45cm^2 的面积上以每分钟 6 次的速率进行雹冲击试验，共进行 1min。

试验方法按规定要求或遵照 GJB 1680 执行。

试验完成后对试验件外观进行观察，对试验件性能进行测试。

（19）抗静电试验

暴露在气流中的雷达天线罩，其外表面摩擦带点达到对设备性能和人员安全不利的程度时，应当使用防静电涂层。

试验方法按规定要求或遵照 GJB 1680 执行。

试验完成后对试验件外观进行观察，对试验件性能进行测试。

3.5.5　冰雹与鸟撞试验

进行雷达天线罩的雹击及鸟撞试验，采用压缩气体，通过空气炮管对撞击体加速到规定的速度，在出口端需要有激光测速设备与挡气屏设备，在试验件上进行高速应变测试，在远端进行变形测试，并且用高速摄像机进行现场摄像，以便确定是否有飞溅物产生。

通常，在雷达天线罩的结构与工艺确定以后，应当采用相同的工艺与材料制造等效平板，进行撞击试验，以便确定雷达天线罩等效平板在撞击下的响应，并且，修订等效平板的计算模型，确定相关的参数，并且用于整罩的撞击计算。

在利用平板撞击结果，并结合模型完成雷达天线罩冰雹撞击计算以后，确定雷达天线罩的撞击薄弱部位，并且设计撞击试验，对雷达天线罩进行冰雹与鸟撞击试验。试验中要测量撞击体的速度变化，并检测碎片的飞溅。

3.6　雷达天线罩适航性设计与验证

3.6.1　适航性要求

对于有适航性要求的雷达天线罩，强度方面的适航性要求通常为：25.305 强度和变形，25.307 结构符合性的证明，25.613 材料的强度性能和材料的设计值，25.625 接头系数，25.571 结构的损伤容限和疲劳评定。

雷达天线罩的适航要求，在不同的标准中，都指向了 FAR 25 文件，在文件中，包括①材料方面的适航要求，FAR 25.613 条款；②气动载荷方面的要求，包括 FAR 25.305 条款和 25.307 条款的要求；③离散元损伤要求，FAR 25.571 条款；④疲劳寿命要求，FAR 25.571 条款。验证方法对应 MC0 至 MC9 共 10 种，可根据部件的实际情况进行符合性方法的选择，并对识别出的适航条款进行说明。其中，MC0 至 MC9 分别表示：MC0—简述，MC1—设计说明，MC2—分析和计算，MC3—安全性评估，MC4—实验室试验，MC5—飞机地面试验，MC6—飞行试验，MC7—检查，MC8—模拟器试验，MC9—设备鉴定。

3.6.2　适航性设计

适航性设计包括设计许用值、静强度和疲劳寿命。

设计许用值：设计许用值的获得来源于雷达天线罩的结构，通过对真实铺层角度下的雷达天线罩结构件的试验，获得雷达天线罩预浸料材料面内的拉伸、压缩、剪切和层间剪切的性能，通过模拟真实结构的试验件，获得雷达天线罩夹层结构的剪切性能，并且测试雷达天线罩夹层结构的面内压缩、面外平拉和弯曲性能，所使用的标准为 ASTM 系列标准及 SAE-17G 手册中的 B 基准值的公式，所有这些应当满足 FAR 25.613 及 AC 25.613 条款的要求。同时，在材料设计值的试验中，应当包括雷达天线罩所有的结构细节及其相应的受力形式，以及雷达天线罩在 BVID 损伤条件下预期的受载形式。对于经常可能受到冲击的外部结构，一般初始缺陷的假设为地面巡检有可能发现的目视勉强可见冲击损伤（BVID）或出现冲击能量概率小于每次飞行 10^{-5} 次的冲击损伤；对于内部结构一般可以采用详细目检可能发现的目视勉强可见冲击损伤（BVID）或常见的 27J 冲击能量引起的损伤，此时要求结构能承受设计极限载荷。复合材料结构的损伤容限要求必须考虑目视可见冲击损伤（VID）或出现冲击能量概率小于每次飞行 10^{-9} 次的冲击损伤，此时要求结构能承受设计限制载荷。

对于雷达天线罩的静强度计算应当采用基于 ASTM 系列标准及 SAE-17G 手册中的 B 基准值的公式获得的结构性能数据，对雷达天线罩满足 FAR 25.305 和 FAR 25.307 条款的情况进行 MC2 验证。

对于雷达天线罩的疲劳特性，应当设计疲劳损伤特性及疲劳门槛值元件试验，通过试验得到雷达天线罩结构的疲劳门槛值及损伤特性数据，结合雷达天线罩的疲劳载荷谱，进行雷达天线罩的疲劳寿命计算，对雷达天线罩满足 FAR 25.571 条款的情况进行 MC2 验证。

雷达天线罩的离散源损伤也应当采用基于许用值的设计结果进行计算，通常，雷达天线罩是不能够耐受鸟撞的，但要求雷达天线罩遭受撞击以后不能产生新的离散源，造成飞机其他部位的损坏。

3.6.3 适航性验证

适航性验证包括材料许用值、疲劳门槛值，静强度、疲劳寿命试验验证。

雷达天线罩的适航性验证包括许用值验证、静力试验验证、疲劳与损伤容限验证三个部分。

许用值试验是基本的试验，试验采用 ASTM 的相关标准。结合以往的经验，雷达天线罩的许用值试验包括层板的试验和夹层结构的试验。

（1）许用值试验、疲劳门槛值及损伤特性试验见 3.5.1 节。

（2）静力试验项目

雷达天线罩的静力试验要采用雷达天线罩的全尺寸试验件，试验件应当满足生产图样的要求，并且要预制产品技术条件中的缺陷，在试验中应当施加 BVID 等缺陷。

静力试验载荷的化简应当能够代表雷达天线罩在气动载荷下的应力状态，试验的工装应当满足试验载荷化简的要求。

对于军机雷达天线罩，静力试验应当遵循国家军用标准的要求，民机雷达天线罩的静力试验应当满足 CCAR-25《运输类飞机适航标准》条款的要求。

（3）疲劳试验项目

雷达天线罩的疲劳试验项目不是单独进行的，在雷达天线罩的疲劳试验中穿插进行雷达天线罩的静力试验，考虑到雷达天线罩疲劳试验的复杂性，且疲劳试验载荷低，在雷达天线罩疲劳试验的设计中，应当以雷达天线罩的静力试验中的载荷方向为基准，而疲劳试验仅仅改变雷达天线罩的载荷。

疲劳载荷谱复杂，且疲劳工况组合多，因而，应当通过雨流计方法结合元件疲劳门槛值与损伤特性的试验结果对疲劳载荷谱进行简化，从而得到用于试验的载荷谱。

（4）冰雹与鸟撞试验

冰雹与鸟撞适航验证试验同 3.5.5 节的内容。

对于冰雹撞击试验，主要是检查试验件上撞击点处的深度与 BVID 试验的关系，并且检查撞击点附近是否出现局部穿透。

对于鸟撞试验，主要检查试验前后雷达天线罩是否出现离散源损伤。另外，需要测量鸟体在撞击前后的速度变化，从而确定雷达天线罩所吸收的鸟体能量。

第4章 透波材料与性能

4.1 引言

4.1.1 雷达天线罩对透波材料的要求

雷达天线罩是功能性复合材料结构件，透波材料是雷达天线罩研制的重要基础。雷达天线罩材料要满足介电性能、力学性能、耐环境、重量、寿命和工艺性等要求。随着现代航空电子技术的迅猛发展和各种先进探测设备、新型雷达以及中远距精密制导武器的不断问世，对作战飞机在战争中的生存产生了极为严重的威胁。在恶劣复杂的电子战环境中，为了提高作战飞机的生存力和战斗力，世界各国都在不断地研究和提高机载雷达的技术性能与飞机隐身性能。雷达天线罩是航空飞行器最主要的电磁透波窗口，也是影响雷达作战能力的主要部件。

雷达天线罩材料的性能和透波率直接影响雷达技战能力。用于制造雷达天线罩的材料的介电性能（介电常数 ε 和损耗角正切 $\tan\delta$）直接影响其电性能。$\tan\delta$ 越大，电磁波能量在透过雷达天线罩过程中转化为热量而损耗掉的能量就越多。ε 越大，则电磁波在空气与介质罩壁分界面上的反射就越大，这将增加镜像波瓣电平并降低传输效率。因此，要求雷达天线罩材料的 $\tan\delta$ 接近于零，ε 尽可能低。低介电常数的材料还能给雷达天线罩带来宽频带响应，允许放宽壁厚公差，从而降低制造成本。透波复合材料是由增强纤维和树脂基体构成的，两者的电性能优良才能成型出好的透波复合材料。材料介电常数的关系如下式所示

$$\lg \varepsilon_N = V_f \lg \varepsilon_f + V_r \lg \varepsilon_r + V_0 \lg \varepsilon_0 \tag{4-1}$$

式中：ε_N——复合材料的介电常数；

ε_f——复合材料中纤维的介电常数；

ε_r——复合材料中树脂基体的介电常数；

ε_0——复合材料中空隙中介质的介电常数；

V_f——复合材料中纤维的体积分数；

V_r——复合材料中树脂基体的体积分数；

V_0——复合材料中空隙中介质的体积分数。

此外，随着作战飞机及导弹的飞行马赫数的提高，因气流冲击带来的高温对雷达天线罩材料的耐高温性能也提出更高要求。因此，现代航空武器的发展将在透波复合材料的宽频带性能和耐高温性能两个方面提出更高的技术性能要求。

4.1.2 介质中电磁波传输的基本理论及影响因素

电磁波透射到窗口材料时，会在材料的表面产生部分反射，经过折射投入材料内部的电磁波在传输过程中会有少量损耗转变成热能，其余的大部分电磁波透过材料。下面以电

磁波穿过平板材料的过程为例分析电磁波在介质中的传输。

　　透波材料均为绝缘体,假设厚度为 d 的绝缘板三维空间是均匀的(各向同性),在制备过程中已消除了孔隙,当电磁波以任意角 θ 入射至材料表面时有少量电磁波反射进入大气,透入材料内部的电磁波在表面处发生折射,其折射率为 n;到达材料后表面的电磁波只有满足全反射条件的少量电磁波返回前表面,绝大部分透过后表面进入大气,如图 4-1 所示。

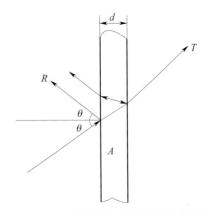

　　电磁波在材料内部的传输属于复杂过程,并不像上面叙述得那么简单,一般要经过多次反射,其传输路径伴随有介电损耗。从宏观角度可以把电磁波与平板材料之间的相互作用归纳为三个部分,即反射波、透射波和损耗,见式(4-2)

图 4-1　电磁波在平板材料中传输示意图

$$|T|^2 + |R|^2 + A = 1 \qquad (4-2)$$

式中:$|T|^2$——功率传输系数;

　　　$|R|^2$——功率反射系数;

　　　A——衰减系数,主要是介电损耗。

　　如果材料是理想的均匀分布,且这种材料的反射损耗随频率的变化是固定不变的。材料的透射能力与衰减系数之间是简单的数学关系,随 A 逐渐变大而单调递减。

　　根据试验得到如下公式

$$A = \frac{2\pi d}{\lambda} \frac{\varepsilon \tan\delta}{(\varepsilon_r - R^2\theta)^{\frac{1}{2}}} \qquad (4-3)$$

式中:λ——电磁波的波长;

　　　ε——介质的相对介电常数;

　　　$\tan\delta$——介质的损耗角正切;

　　　θ——从大气入射到材料表面的入射角;

　　　d——板材的厚度。

　　当平行极化时,电磁波在介质表面的反射系数为 R,由电磁波的几何光学可知

$$R = (1-n)/(1+n) \qquad (4-4)$$

n 为折射率,并且

$$n = \varepsilon_r \cos\theta / (\varepsilon_r - R^2\theta)^{\frac{1}{2}} \qquad (4-5)$$

　　透射波式功率传输系数 $|T|^2$ 可表示为

$$|T|^2 = (1-R^2)^2 / [(1-R^2)^2 + 4R^2\sin^2\varphi] \qquad (4-6)$$

$$\varphi = 2\pi d/\lambda \cdot (\varepsilon_r - R^2\theta)^{\frac{1}{2}} \qquad (4-7)$$

　　此外,透波材料虽然属于绝缘体,但不同材料的电阻率都有数量级上的差别,一般在 $10^{15} \sim 10^{21}\,\Omega \cdot m$,电阻率是一个宏观物理量,并不能反映微观导电机制,因此在判断电磁

窗口材料的优劣时，常用到介电常数 ε 和损耗角正切值 $\tan\delta$。其中 $\tan\delta$ 反映的是某种物质在某一频率下介电损耗的相对大小，它是频率的函数，是一个无量纲的物理参数。

介电常数和损耗角正切是介质材料的特性参数，它们与材料的化学组成、微观结构以及使用环境等因素有关。介电常数主要取决于各相的介电常数、体积密度和相与相间的配置情况。介电损耗主要来源于电导损耗、松弛质点的极化损耗及结构损耗，以及材料表面气孔吸附的水分、油污和灰尘造成的表面电导引起的介电损耗。

4.1.3 透波材料分类

4.1.3.1 基体树脂

透波复合材料一般由聚合物基体和增强纤维构成。透波复合材料树脂基体的性能要求是具有低的介电常数和损耗角正切，其他要求与结构复合材料相一致，同样对强度、模量、韧性和耐环境特性等有要求。早期的透波复合材料的树脂基体使用的是与结构复合材料相一致的热固性树脂，如酚醛树脂、环氧树脂、不饱和聚酯树脂等常用基体树脂，对传统树脂的研究主要集中在降低损耗方面。

酚醛树脂是最早人工合成的一种热固性树脂，其优点是机械强度高、电性能良好、耐热性能突出，以及树脂本身具有广泛的改性余地，所以目前仍得到广泛的应用。较早期的透波复合材料的树脂基体一般使用酚醛树脂，如从苏联引进的米格系列飞机等，其缺点是固化时需用高压、固化反应后容易产生分层等。目前在透波复合材料领域已较少使用。

环氧树脂以其分子结构中含有活泼的环氧基团为特征。环氧树脂及其固化后的体系具有固化方便、收缩率低、力学性能好以及电性能优良等优点，所以广泛地应用于机械、航空航天等工业部门，缺点是在使用某些树脂和固化剂时毒性较大。目前，在国内外军民用航空领域使用的透波复合材料的树脂基体大量使用环氧树脂。由于分子结构的原因，环氧树脂固化体系的损耗角正切降低不明显，目前的水平为 0.018~0.020。

不饱和聚酯树脂（UPR）是复合材料中一类重要的树脂基体，通常是指不饱和聚酯在交联单体中的溶液。它可在过氧化物引发下，进行室温接触成型制备复合材料，成型工艺简单，可制造大型制件，并可进行机械化连续生产，改变了复合材料成型时手工操作的落后局面。不饱和聚酯树脂体系的损耗角正切为 0.012~0.018。

除了上述三大类树脂外，透波复合材料的树脂基体主要还有乙烯基树脂、1，2-聚丁二烯（PB）树脂、丁苯树脂、有机硅树脂和烯丙基酯树脂等。

近年来，国内外的改性双马来酰亚胺（BMI）树脂、间苯二甲酸二烯丙基酯（DAIP）树脂和氰酸酯树脂（CE）等新型高性能树脂在透波复合材料中得到迅速发展和广泛应用。

改性双马来酰亚胺树脂是一种具有双官能团多用途的有机化合物，其双键的高度亲电子性使其易于和多种亲核性化合物反应，由于其五元杂环的结构，决定了特有的力学性能和耐热性，以二烯丙基双酚 A 改性的 BMI 树脂具有优异的力学性能、耐热性和良好的成型工艺性受到了广泛的关注，在结构复合材料上获得了广泛的应用。双马来酰亚胺树脂应用在透波复合材料上的主要障碍是损耗角正切较大，主要原因是树脂纯度不够，杂质较多。目前，这个技术难关已经被攻克，国内航空工业特种所和西北工业大学联合研制了用于实芯半波壁结构雷达天线罩 RTM 工艺的 4503A 双马来酰亚胺树脂、用于人工介质材料的 4501AH 双马来酰亚胺树脂和用于预浸料的 4501A 双马来酰亚胺树脂等，并用于先进战斗机机载雷达天线罩制造。

间苯二甲酸二烯丙基酯树脂中具有两个不饱和双键，都可以打开进行游离基加成反应，聚合成具有三向网络结构的、不熔、不溶的聚合物，完成固化反应。DAIP 树脂分子结构的特点主要是以 C—C 键为主，因而具有较好的介电性能、耐热性和尺寸稳定性等，和其他乙烯基类树脂相比，DAIP 树脂由于空间位阻效应和易于发生链转移反应而不活泼，在引发剂存在下的第一步预聚反应必须在较高温度（80~100℃）下进行，第二步固化反应由于空间位阻效应增大，分子中的第二个双键更不活泼，反应更慢，必须采用高温引发剂，以使固化反应完全，从而获得较优异的性能。航空工业特种所联合国内有关高等学校研制成功了用于实芯半波壁结构雷达天线罩 RTM 工艺的 F·JN-9-03 DAIP 树脂。

氰酸酯树脂是一类带有—OCN 官能团的树脂，具有优异的力学性能、热性能和极佳的介电性能。在氰酸酯树脂的官能团结构式中，由于氧原子和氮原子的电负性都很高，实际上是一个共振结构，因而具有很高的反应活性，使得氰酸酯树脂在受热之后可以聚合，形成带有三嗪环的均聚物，根据氰酸酯树脂结构的不同，其聚合温度范围为 150~350℃。此外氰酸酯树脂还可以和氨基树脂、环氧树脂、乙烯基酯树脂以及双马来酰亚胺树脂等进行共聚反应，因而具有广阔的应用前景。在国内，航空工业特种所 1997 年首次成功合成出双酚 A 氰酸酯树脂，并实现工业化生产。氰酸酯的预聚加工、改性、复合材料制造技术也取得突出成果，研发了满足"陆、海、空、天、电"应用环境的 7 大类、15 种谱系化氰酸酯产品，形成了年产千吨树脂、预聚体和 200 万平方米预浸料的生产能力，已完成飞机、遥感探测卫星、护卫舰等 5000 多个国家重点武器装备和多个民用项目的研制与生产。在国外，高性能氰酸酯树脂透波复合材料在第五代战斗机上获得应用，如 Dow 化学公司研制的 Tactix XU71787.07L 氰酸酯树脂复合材料使用在美国 F-22 飞机的雷达天线罩上，BASF 公司研制的 5575-2 氰酸酯树脂复合材料使用在欧洲联合研制的 EF-2000 战斗机上。氰酸酯树脂复合材料的介电常数和损耗角正切在 X 波段到 W 波段的频率范围内基本保持不变，相对于传统的环氧树脂、双马来酰亚胺树脂，具有明显的宽频特性优势。

4.1.3.2　增强材料

在透波复合材料中最早使用的是 E 玻璃纤维，以后又发展和使用高强度玻璃纤维（S-glass）、高模量玻璃纤维（M-glass）和低介电玻璃纤维（D-glass）等特种玻璃纤维。S 玻璃纤维的化学成分为氧化硅、氧化铝、氧化镁的化合物，其强度要比 E 玻璃纤维高 20%，但也不是专为雷达天线罩应用的一种高强度玻璃纤维。M 玻璃纤维是由于加入了氧化铍才使其弹性模量大幅度提高，模量要比 E 玻璃纤维高 20%，这基本上是中国所独有的一个玻璃纤维品种。

真正用于雷达天线罩的专用玻璃纤维主要是 D 玻璃纤维、石英纤维和高硅氧玻璃纤维。D 玻璃纤维专用于雷达天线罩，它具有较低的介电常数和损耗角正切，但同时力学性能较低，一般仅为 E 玻璃纤维的 70%。为达到一定的介电性能，往往采用 D 玻璃纤维。石英纤维的化学成分是纯度达 99.9% 以上的二氧化硅，经熔融制成纤维，其介电常数和损耗角正切与上述玻璃纤维相比都是最小的，石英纤维的力学性能取决于制造工艺技术。另外，石英纤维的线膨胀系数较小，而且具有弹性模量随温度增高而增加的罕见特性。高硅氧玻璃纤维中二氧化硅的含量为 91%~99%，它是以酸浸洗 E 玻璃纤维，除去碱金属，再在 670~800℃下加热烧结形成高硅氧玻璃纤维。几种常用玻璃纤维的性能见表 4-1。

表 4-1 几种常用玻璃纤维的性能

玻璃品种	密度 /（g·cm⁻³）	拉伸强度 /MPa	弹性模量 /GPa	介电常数（10GHz）	损耗角正切值（10GHz）
E 玻璃	2.54	3140	73.0	6.13	0.0055
S 玻璃	2.49	4020	82.9	5.21	0.0068
M 玻璃	2.77	3700	91.6	7.00	0.0039
D 玻璃	2.10	2000	48.0	4.50	0.0026
石英玻璃	2.20	1700	72.0	3.78	0.0002
高硅氧	2.30	2500	52.0	4.00	0.0048

4.1.3.3 人工介质材料

人工介质材料是一种可进行人工调控介电常数的轻质高强电介质材料，对人工介质材料的性能要求是介电常数可调、损耗角正切低、密度小、力学性能高、性能均匀、工艺稳定。人工介质材料是当前国内新型号军用飞机脉冲多普勒雷达天线罩中急需的一种关键材料。它既可以满足 PD 雷达天线罩的电性能要求，又能同时满足 PD 雷达天线罩的重量要求，当该材料被用于制造 PD 雷达天线罩的夹芯材料时，可以使该雷达天线罩在满足电性能和力学性能等指标的前提下，有效地减轻结构重量，并改善电性能。

人工介质材料大都是以复合泡沫塑料为基础，经填加功能性填料而得到的。所用填料主要有两种：一种是金属颗粒，另外一种是镀金属膜空芯颗粒。航空工业特种所研制的 RJ-1 人工介质材料是一种以复合泡沫塑料为基础，经加入金属氧化物粒子（而不是金属粒子）而形成的。这种类型的人工介质材料损耗角正切低，性能均匀，有利于提高机载雷达罩的透波率。该材料的研究主要包括两个部分，即配方组成研究和制造工艺性研究。在国外，人工介质材料的配方原理早在 20 世纪 70 年代初期便已提出，但由于工艺方面的原因，人工介质材料的性能均匀性难以解决而影响了它的实际应用。直到 20 世纪 80 年代人工介质材料的性能均匀性问题才得以解决，并颁布了美国宇航材料规范（American Aerospace Material Specification）AMS3709B。

根据美国 AD 报告 AD83725，美国 F-4J "鬼怪" 飞机雷达罩资料以及美国宇航材料技术规范 AMS3709B 等有关资料，可以与 RJ-1 人工介质材料进行对比。从配方组成上看，无论是国外的人工介质材料还是航空工业特种所的 RJ-1 人工介质材料，所选用的基础都是复合泡沫塑料。但人工介质 RJ-1 材料中采用的功能填料是金属氧化物粒子填料，而非金属颗粒。从配方上看，RJ-1 人工介质材料的介电性能有一定的优越性，它更能有效地降低材料的损耗角正切。当然也就有利于提高雷达罩的透波率。

4.1.4 透波复合材料的发展现状总体分析

我国透波复合材料，特别是用于武器装备系统如雷达天线罩的透波复合材料目前存在的主要问题如下。

（1）高性能树脂基体发展滞后，品种少，树脂固化耗能和加工成本高

目前我国透波复合材料应用的树脂基体以多官能团环氧树脂体系、改性双马来酰亚胺树脂体系、氰酸酯树脂为主，树脂体系品种单薄，介电常数局限于 2.8~4.0（10GHz）的水平。介电性能优异（介电常数 <2.6），又具有突出耐高温性能（500℃长期使用）的有机物树脂的研究刚刚开始。同时上述几类树脂体系须在较高温度下固化，加工和制造成本高。

（2）高性能增强纤维品种少，与国外相比性能水平低

透波复合材料专用纤维的研究在我国起步较晚，玻璃纤维织物品种和处理剂技术水平与国外有较大差距。有机纤维如超高分子量聚乙烯纤维、PBO 纤维仍处于实验室探索阶段。

（3）复合材料成型工艺有限，制造成本高；缺少复合材料模拟设计、自动化制造技术等

目前复合材料构件的成型工艺包括缠绕成型、铺放成型、模压成型、热压罐成型、树脂传递模塑成型（RTM）、真空辅助树脂传递模塑成型（VARTM）、树脂浸渍模塑成型（SCRIMP）、树脂膜渗透成型（RFI）、结构反应注射模塑成型技术（SRIM）等。其中 SRIM 成型工艺飞速发展，是制备低成本、高质量复合材料制件的主要方法。除此以外，电子束固化技术等新兴技术也在迅猛发展。

我国今后一段时期透波复合材料的发展趋势和方向主要如下。

（1）高性能树脂体系与增强纤维的研发和工程化应用

为满足新型武器装备的技术要求，必须大力发展具有耐高温、宽频带性能的高性能树脂基体和高强度功能性增强纤维的研制，并尽快实现批量生产和工程化应用，尽快提高我国树脂基功能复合材料的各种综合性能。

（2）低成本制造技术

一方面，通过新技术、新材料进行传统树脂性能的进一步发掘，如利用纳米或其他高性能树脂等改性环氧树脂、双马树脂、聚酰亚胺树脂等，赋予其新的功能，达到新的应用水平。另一方面，从复合材料的设计、制造、使用、维护多方面综合考虑，发展和应用低温低压固化技术、复合材料液体成型技术和自动化制造技术等，强调各种先进成型技术的协调综合利用，全方位降低复合材料成本，提高复合材料应用效能。

（3）复合材料结构智能化与制造技术数字化发展

复合材料从设计、制造、加工、检测到性能评估以及材料由单一承载到多功能化等方面都有数字化技术的应用，目的是提高生产效率，降低工艺成本，这是未来树脂基功能复合材料制造技术的主要发展方向。

4.2　增强材料

透波复合材料所用增强材料，即透波纤维，不仅要具有增强体的功能，还要具有良好的透波性能。透波纤维可以分为无机纤维、有机纤维两大类，其中无机纤维主要包括：玻璃纤维、氧化铝纤维、氮化物纤维、石英纤维等。有机纤维主要包括：芳纶纤维、聚酰亚胺纤维以及超高分子量聚乙烯纤维等。

4.2.1 无机纤维

4.2.1.1 玻璃纤维

玻璃纤维是由玻璃配料，在池窑或坩埚中熔化成玻璃液，再以极快的速度抽拉成细丝状玻璃，可并股、加捻成玻璃纤维纱（见图4-2），再放置成玻璃带、玻璃布等纤维制品。玻璃纤维是由各种金属氧化物的硅酸盐类，经熔融后抽丝制成，在玻璃纤维的最终组成中是各种金属氧化物和二氧化硅组成的混合物，属无定型离子结构物质。玻璃纤维的组成中，以二氧化硅为主，通常还含有碱金属氧化物，如氧化钠和氧化钾，碱金属氧化物的加入，能降低玻璃的熔化温度和黏度，使玻璃液中的气泡易于排除，故称为助熔氧化物。表4-2列出国内外常用玻璃纤维的化学成分。

图 4-2　玻璃纤维

表 4-2　国内外常用玻璃纤维的化学成分

玻璃纤维品种	玻璃纤维化学成分								
	SiO_2	K_2O	Na_2O	Al_2O_3	MgO	CaO	ZnO	B_2O_3	ZrO
无碱 E	53.5	0.3		16.3	4.4	17.3	—	8.0	—
普通有间碱 A	72.0	14.2		0.6	2.5	10	—	SO_3 0.7	—
中碱 B_{17}	64.8		12	4.7	4.2	8.5		3.0	—
抗碱 G20	71	2.49	1.0	—	—	—		–	16
耐酸 C	65	8.0		4.0	3.0	14		6.0	—
高强 S	64.3	0.3		25	—	10.3		—	—
高模 M	53.7	Be 8.0	TiO_2 7.9	Li_2O 3.0	9.0	12.7	CeO 3.0	Fe_2O_3 0.5	2.0

（1）无碱（E）玻璃纤维

无碱成分是指碱金属氧化物含量小于1%的铝硼硅酸盐玻璃成分。在透波复合材料中最早使用的是无碱玻璃纤维，国际上通常称作"E"玻璃纤维。最初是为电气应用研制的，但现在 E 玻璃纤维应用范围已远远超出了电气应用，成为一种通用玻璃纤维。在国际上应用的玻璃纤维有90%以上是 E 玻璃纤维。

表 4-3 是国内常用的 E 玻璃纤维制品。表 4-4 是 E 玻璃纤维透波复合材料的典型性能。

（2）低介电玻璃纤维

低介电玻璃纤维又称 D 玻璃纤维，具有密度低、损耗角正切低，介电性能受频率、温度等环境影响小等特点，是制作高透波、宽频带、轻质等高性能雷达天线罩理想的增强材料。与 E 玻璃纤维相比，D 玻璃纤维介电常数降低30%，损耗角正切降低80%，纤维强度降低 1/3 左右，具体参数见表4-5。

表 4-3 国内常用的 E 玻璃纤维制品

序号	产品名称	厚度 /mm	单位面积质量 /（g·m⁻²）	组织	处理剂
1	EW100-90	0.1	100	平纹	—
2	EW210-90	0.21	210	2/2 斜纹	FE-5
3	EW210-90	0.21	210	2/2 斜纹	A-151
4	EW240-100	0.24	—	八枚缎	HA-2

表 4-4 E 玻璃纤维透波复合材料的典型性能

树脂基体	弯曲强度 / MPa	弯曲模量 / GPa	介电常数 （10GHz）	损耗角正切值 （10GHz）	耐热温度 / ℃	密度 / （g·cm⁻³）
4501B BMI 树脂	420	24	4.05	0.014	180	1.78
503 BMI 树脂	350	20	4.02	0.014	150	1.76
FJN-9-03 烯丙基酯树脂	320	20	3.98	0.012	135	1.75
改性氰酸酯树脂	380	22	3.96	0.012	168	1.76

表 4-5 低介电玻璃纤维性能表

性能	新生态单丝强度 / MPa	弹性模量 / GPa	介电常数 （10GHz）	损耗角正切值 （10GHz）	密度 / （g·cm⁻³）
D 玻璃纤维	≥ 2600	>55	≥ 4.5	<0.0035	2.30

（3）高强玻璃纤维

高强玻璃纤维具有高强度、高模量等特点，是高性能复合材料的增强基材，广泛应用于航空、航天、航海、兵器、核工业等领域。近年来，尽管发达国家的碳纤维、Kevlar 纤维的性能有所提高，质量稳定，价格有所下降，但是高强玻璃纤维的需求量仍然保持年增长 23% 的旺势，在未来相当长的时间内，高强玻璃纤维、碳纤维、Kevlar 纤维仍然呈现三足鼎立、共同发展之态。

目前国外的高强纤维有 AGY 的 S 型玻璃纤维、Owens-Corning 公司的 Hiper-tex 纤维和法国 Saint-Gobain 的 R 玻璃纤维等。其中 S-2 型玻璃纤维与普通的 E 玻璃纤维相比，纤维拉伸强度提高 80%，模量提高 25%，抗变形能力提高 80%，介电常数降低 20%，最高使用温度可达 760℃。

高强 2 号（HS2）、高强 4 号（HS4）、高强 6 号（HS6）玻璃纤维是我国自 20 世纪 70 年代以来为适应国防军工的需要自主开发并投产规模化工业生产的硅 – 铝 – 镁系统玻璃纤维，国外称为 S 玻纤或 R 玻纤。高强玻璃纤维强度和无碱 E 玻璃纤维相比，拉伸强度提高 30%~40%，弹性模量提高 16%~20%，耐温提高 100~150℃，其增强材料制品的耐疲劳特性提高近 10 倍，而且高强玻璃纤维的断裂伸长量大，抗冲击性能好，并具有耐老化、耐腐蚀性能好、树脂浸透性能好的特点。国内外高强玻璃纤维与 E 玻璃纤维部分性能对比见表 4-6。

表 4-6 国内外高强玻璃纤维与 E 玻璃纤维部分性能对比

纤维	新生态单丝强度 /MPa	环氧预浸纱强度 /MPa	弹性模量 /GPa	断裂伸长量 /%
HS2 玻璃纤维	4100	3000 ~ 3400	87 ~ 91	5.3
HS4 玻璃纤维	4600	3200 ~ 3600	90 ~ 94	5.3
HS6 玻璃纤维	4800	3600 ~ 4000	92 ~ 96	5.7
E 玻璃纤维	3140	1800 ~ 2400	69 ~ 76	4.6
美国 S-2	4580 ~ 4890	—	84.7 ~ 86.9	—
日本 "T"	4650	—	84.3	—
法国 "R"	4400	—	83.8	—

S 玻璃纤维有低捻纱和无捻纱工艺，现已制成纱和布两类产品，其中南玻院的 S 玻璃纤维布的性能见表 4-7。

表 4-7 高强度玻璃纤维布性能

产品代号	厚度 /mm	拉伸断裂强力 /N		单位面积质量 /（g·m⁻²）	适合树脂	组织结构
		经向	纬向			
SW80B-90b	0.08	>500	>500	80	聚脂	2/2 斜纹
SW100A-90a	0.10	>550	>550	100	环氧	平纹
SW110C-90a	0.11	>600	>600	110	环氧	四枚缎纹
SW140B-90a	0.14	>900	>900	140	环氧	2/2 斜纹
SW140C-90a	0.14	>900	>900	140	环氧	四枚缎纹
SW180D-90a	0.18	>1200	>1200	180	环氧	五枚二飞
SW200C-90a	0.20	>2300	>400	200	环氧	四枚缎纹
SW210B-92a	0.21	>1600	>1350	210	环氧	2/2 斜纹
SW210A-92a	0.21	>1600	>1350	210	环氧	平纹
SW220B-90a	0.22	>1900	>1600	240	环氧	2/2 斜纹
SW220B-90b	0.21	>1900	>1600	240	聚脂	2/2 斜纹
SW220C-90b	0.21	>1900	>1600	240	聚脂	四枚缎纹
SW280F-90a	0.25	>2000	>1700	280	环氧	八枚三飞
SWR480-100	0.48	>3000	>3000	480	环氧	方格布
SA120-100	0.34	>2800		414	环氧	单向布
SA083-100	0.24	>2800		288	环氧	单向布

（4）高模量玻璃纤维

高模量玻璃纤维（简称 M 玻璃纤维）大都以 SiO_2-Al_2O_3-MgO 系统为基础并掺入 TiO_2、ZrO_2、ZnO 等氧化物来制造，也有的在铝硅酸盐玻璃中加入重金属氧化物和稀土元素氧化物来制造。与 E 玻璃纤维相比，其模量提高 20%~30%，抗拉强度提高 20%~40%，国内生产的高模玻璃纤维与 E 玻璃纤维性能对比见表 4-8。主要应用于航空、航天领域制造增强结构的复合材料雷达天线罩，可与碳纤维、Kevlar 纤维混杂编织。

表 4-8　国内生产的高模玻璃纤维与 E 玻璃纤维性能对比

性能指标	M 玻璃纤维	S2 号玻璃纤维	S4 号玻璃纤维	E 玻璃纤维
新生态单丝强度 /MPa	3700	4020	4600	3140
拉伸弹性模量 /GPa	91.6	82.9	86.4	73.0
密度 /（g·cm^{-3}）	2.77	2.54	2.53	2.54

（5）高强空心玻璃纤维

高强空心玻璃纤维具有轻质、高比强度、高比模量、高透波性等特性，是一种优质的结构材料。空心高强 S-2 玻璃纤维力学性能相当于 E 玻璃纤维，但重量减轻了 20%~30%，比石英玻璃纤维还低 8%，我国已成功研制高强空心玻璃纤维。表 4-9 为国内研制的空心纤维与实芯纤维性能对比。

表 4-9　国内研制的空心纤维与实芯纤维性能对比

纤维种类	密度 /（g·cm^{-3}）	抗拉强度 /MPa	比拉伸强度 /（10^{7}m）	弯曲模量 /GPa	比弹性模量 /（10^{7}m）
实芯 HS2- 玻璃纤维	2.54	4020	8.03	82.9	2.02
空心 HS2- 玻璃纤维	1.78~2.1	3200	7.13~8.29	66.3	2.24~2.61
实芯 E- 玻璃纤维	2.54	3140	4.44	73	1.78

（6）高硅氧玻璃纤维

高硅氧玻璃纤维是以酸浸洗钠硅酸盐玻璃纤维除去其中的碱金属，再于 670~800℃下加热烧结而形成的高硅氧玻璃纤维，组分中 SiO_2 含量在 96% 以上，是一种耐高温的玻璃纤维，具有优良的耐腐、绝缘、介电等性能，长期使用温度在 900℃以上，短期使用温度可高达 1450℃、2500℃，Ma2.4 喷烧速度下，线烧蚀率小于 0.2mm/s，已广泛应用于耐高温缘材料、防火防护材料、高温气体和液体过滤材料、航天飞行器的防热抗烧蚀及透波材料等。连续高硅氧玻璃纤维纱可用于编织、缝合、缠绕、短切等工艺生产的耐高温制件，如三维立体编织物、套管、短切或割断纱、缝合垫，以及经特殊表面处理的缝纫线、绳等高硅氧制品。我国研制的钠硅酸盐二元系统玻璃制得的连续高硅氧纱与现有的钠硼硅酸盐三元系统制得的连续高硅氧纱相比，玻璃纤维纱的拉伸强度提高 51% 以上。国内连续可编织高硅氧玻璃纤维性能见表 4-10。

表 4-10　国内连续可编织高硅氧玻璃纤维性能

SiO_2 含量 /wt%	密度 /（g·cm^{-3}）	单丝直径 /μm	线密度 /tex	断裂强力 /N
96	2.18	2	90±10	≥15
		6	380±19	≥40
		8	570±29	≥60

（7）石英纤维

石英纤维是一种均匀、超纯玻璃纤维，化学成分是纯度达 99.9% 以上的二氧化硅。因而，石英纤维具有很多优异的性能，如耐高温、耐烧蚀、低导热、抗热振、优良的介电性能和良好的化学稳定性等。石英纤维基本性能见表 4-11。

表 4-11　石英纤维基本性能

纯度 /%	SiO$_2$ ≥ 99.9	热膨胀系数	轴向：5.4×10^{-7}；径向：5.4×10^{-7}
密度 /（g·cm^{-3}）	2.2	电阻率 /（Ω·m）$^{-1}$	20℃，10^{19}；800℃，2×10^7
拉伸强度 /GPa	3.6	比热容 /［J/（g·℃）］$^{-1}$	0.756
弹性模量 /GPa	78	热导率 /［W/（m·K）］$^{-1}$	1.38
硬度	6~7	介电强度 /（kV/mm）$^{-1}$	37
耐温 /℃	1050	介电常数	3.78
软化点 /℃	1730	损耗角正切	0.0002

石英纤维的介电常数和损耗角正切是目前为止矿物纤维中最小的，并且在高频和高温下依然保持良好性能，各种纤维的介电性能对比如图 4-3 和图 4-4 所示。由于这个原因再加上低密度特性、不吸潮、力学性能优异，且与氰酸酯、环氧、酚醛等树脂有很好的兼容性，与各树脂制备的复合材料性能见表 4-12。石英纤维是雷达天线屏蔽器、电磁窗口和低介电相关的应用首选材料。

与其他玻璃纤维相比，石英纤维表现出优异的力学性能，石英纤维与 D 玻璃纤维、E 玻璃纤维增强环氧树脂复合材料性能对比如图 4-5 所示。

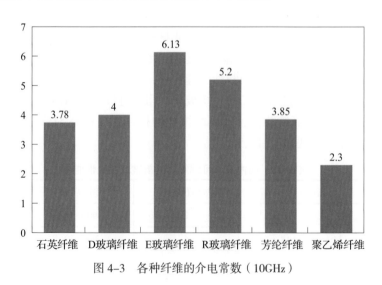

图 4-3　各种纤维的介电常数（10GHz）

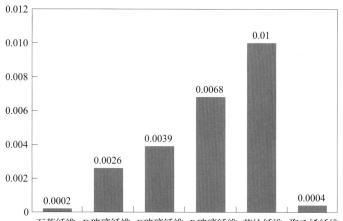

图 4-4　各种纤维的损耗角正切（10GHz）

表 4-12　石英纤维布增强环氧或氰酸酯树脂的力学性能

树脂	拉伸强 / MPa	拉伸模量 / GPa	弯曲强度 / MPa	弯曲模量 / GPa	压缩强度 / MPa	压缩模量 / GPa	层间剪切 / MPa
EX-1522	861	31.7	827	29.6	813	31.0	76
EX-1522	923	31.7	861	30.3	827	31.0	69
BTCy-1A	882	30.8	827	31.7	841	31.0	75
BTCy-2	792	30.8	841	31.0	792	30.3	74
测试方法	ASTM D3039		ASTM D790		ASTM D695		ASTM D2344

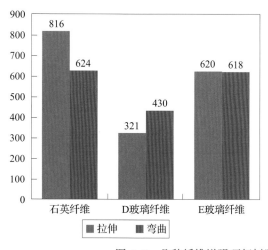
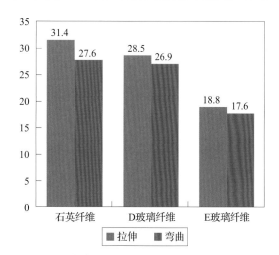

图 4-5　几种纤维增强环氧树脂（EPON828）复合材料性能对比

4.2.1.2　氧化铝纤维

氧化铝纤维的主要成分是 Al_2O_3，还含有一定量的其他成分，如 SiO_2、B_4C、Fe_2O_3、ZrO_2 和 MgO 等，一般将含氧化铝 70% 以上的纤维称为真正意义上的氧化铝纤维。氧化铝纤维具有质量轻、耐化学腐蚀、耐高温（使用温度在 1300~1700℃）、热稳定性好、热导率低等优点，同时生产氧化铝纤维的原料成本较低、生产工艺简单。现在已商品化的多晶氧化铝纤维主要有美国 3M 公司生产的 Nextel 系列，英国 ICI 公司生产的 Saffil 系列，日本 Sumitomo 公司生产的 Altex 系列等。国内氧化铝纤维生产行业在溶胶－凝胶法的生产工艺和热处理制度等方面的研究也有了长足的发展。

美国 3M 公司采用水溶性胶体法制造出了世界上第一种陶瓷纤维 AB312，纤维的成分为硼硅酸铝，纤维结构为微晶多晶态，纤维直径为 11.0μm，室温抗拉强度为 1.7GPa，在氧化气氛下最高使用温度为 1360℃。3M 公司经过多年的不断深入研究，现拥有 Nextel 系列氧化铝基陶瓷纤维产品，主要性能见表 4-13。英国 ICI 公司通过喷吹法生产了直径约为 3.0μm 的 Saffil 系列氧化铝短纤维，主晶相为 $\gamma-Al_2O_3$，其中掺杂大约 3% 的 SiO_2。日本住三菱采矿（Mitsui Mining）公司研制出名为 Almax 的氧化铝陶瓷纤维，$\alpha-Al_2O_3$ 含量为 99.9%，纤维直径 10~20μm。

目前国内进行氧化铝纤维研究的主要有厦门大学、中科院山西煤炭研究所、山东大学、北京钢研院和洛阳耐火材料研究院等几家单位。厦门大学采用直接反应制备氧化铝纤维，以氧化铝、铝粉等为原材料，经过加热回流等步骤得到溶胶，再加入适量的高分子化合物，将水溶液浓缩形成纺丝液，经过挤压纺丝形成先驱体纤维，然后先驱体纤维在较低温度下干燥，再在高温下进行烧结，得到了氧化铝纤维。中科院山西煤炭研究所主要研究的是制备过程中控制氧化铝纤维长度的问题，采用胶体工艺法，以铝盐为原料，加热收缩，制成可纺胶体，之后在一定条件下成纤，纤维在较低温度下干燥后进行高温烧结，最后得到氧化铝纤维。洛阳耐火材料研究院利用浸渍法制备了高性能氧化铝纤维隔膜，以铝粉、氯化铝、酸性硅溶液和去离子水制备的氧化铝溶胶为浸渍液，采用浸渍法，经过一定的制备工序得到氧化铝纤维。山东大学主要对氧化铝基陶瓷纤维的基础应用进行研究。

表 4-13 Nextel 系列氧化铝基陶瓷纤维产品主要性能

牌号	直径 /μm	组成	拉伸强度 /GPa	拉伸模量 /GPa	密度 /(g·cm⁻³)	长期使用温度 /℃
Nextel440	/	$AlO_3$70% $SiO_2$28% $B_2O_3$2%	1.72	207 ~ 240	3.10	1430
Nextel550	10 ~ 12	$AlO_3$73% $SiO_2$27%	2.2	220	3.75	—
Nextel610	10 ~ 12	$AlO_3$99% $SiO_2$1%	3.2	370	3.75	—
Nextel720	12	$AlO_3$85% $SiO_2$15%	2.1	260	3.40	—

4.2.1.3 氮化物陶瓷纤维

氮化物陶瓷纤维除了具有与碳纤维、氧化铝纤维等类似的增韧作用，同时还具有组成结构与介电性能的可调控特性，是耐高温、承载、电磁功能一体化的关键原材料。Si_3N_4 纤维、BN 纤维和 SiBN（C）陶瓷纤维也陆续被国内外实验室研制出来，典型性能见表 4-14。

表 4-14　氮化物陶瓷纤维典型性能

纤维	Si_3N_4	SiCN	SiCN	SiBN	SiBCN
制造商	日本 TONRN	美国 Matech	美国康宁	日本 TONRN	德国
拉伸强度 /GPa	2.5	2.8	2.8	2.2	1.7
弹性模量 /GPa	250	200	180	200	150
密度 /（g·cm⁻³）	2.5	2.5	2.4	2.5	2.0
直径 /μm	10 ~ 12	12 ~ 14	10 ~ 14	12	8 ~ 12
介电常数（10GHz）	6 ~ 8	—	—	4 ~ 6	—
损耗角正切值（10GHz）	0.01	—	—	0.006	—
空气中的耐高温性能 /℃	1300	1350	—	1400	1500
氮气中的耐高温性能 /℃	1400	—	—	1400	1700

（1）氮化硅陶瓷纤维

Si_3N_4 纤维综合性能十分优异，不但具有高比强、高比模等优越的力学性能，还具有耐高温、耐化学腐蚀、良好的耐热冲击性以及高耐氧化性。Si_3N_4 纤维主要采用先驱体聚合物热解法制备，与由有机硅聚合物制备的 SiC 纤维相似，也包括聚合物（聚硅氮烷等）合成、纺丝、不熔化处理（干法纺丝无须进行）和高温烧成四步工序，纤维的性能随合成路线的不同也有所差异。国外的典型代表包括美国的 Dow Corning 公司、日本的东亚燃料公司等，国内氮化硅纤维的制备单位主要有国防科技大学、厦门大学和重庆大学。

美国 Dow Corning 公司先合成一种稳定的、可熔融纺丝的全氢聚硅氮烷（HPZ），然后在惰性气体保护下熔融纺丝可得到直径 l0 ~ 20μm 的纤维，最后在 $RSiCl_3$ 中进行不熔化处理，在 1200℃氮气中高温烧结，得到一种无定形的 Si_3N_4 纤维。其拉伸强度为 3.1GPa，拉伸模量为 260GPa。日本东亚燃料公司采用原料聚合、干式纺丝和烧成三步的工艺制备了准化学计量比的无定形连续 Si_3N_4 纤维。这种 Si_3N_4 纤维纯度很高，直径 10μm，密度 2.39g·cm⁻³，拉伸强度 2.5GPa，拉伸模量 300GPa。

国防科技大学制备出 Si_3N_4 陶瓷纤维（KD-SN）。KD-SN 纤维碳质量分数低于 1%，氧含量低于 2%，单丝拉伸强度为 1.5GPa，弹性模量为 150 ~ 160GPa，电阻率在 $10^9 \Omega \cdot cm$。KD-SN 纤维为非晶态，主要由 Si_3N_4 结构基元以及 SiN_xO_y 相组成。其无定形结构可以保持到 1400℃，在氩气中 1450℃和氮气中 1500℃开始出现微晶。在氮气中，KD-SN 纤维经 1400℃处理 1h 后拉伸强度保留率大于 70%，1450℃处理后拉伸强度保留率在 50% 左右。厦门大学、重庆大学分别在 1300℃、1200℃热解制备出 Si_3N_4 纤维，厦门大学制备的 Si_3N_4 纤维性能见表 4-15。

（2）氮化硼陶瓷纤维

BN 纤维具有低介电常数（5.16）和低损耗角正切（0.0002），优异的热稳定性、抗热振、耐烧蚀等性能。BN 纤维的抗氧化温度比碳纤维和硼纤维还要高，BN 纤维在 2000℃以内的惰性气氛中晶粒不会长大，强度也不会下降，并且其高温强度（1800℃左右）反而比室温强度高。可以在 900℃以下的氧化气氛和 2800℃以下的惰性气氛中长期使用。

表 4–15　厦门大学制备的 Si_3N_4 纤维性能

指标	连续氮化硅纤维	指标	连续氮化硅纤维
上浆剂	环氧树脂	断裂伸长率 /%	≥ 0.8
束丝上浆率 /%	标准型 2.5% ± 0.5%	氧含量 /（wt%）	<3.0
单丝直径 /μm	13.0 ± 1.0	碳含量 /（wt%）	<0.9
单丝直径离散系数 /%	<20	氮含量 /（wt%）	37.0 ± 3.0
线密度 / Tex	155 ± 8	介电常数（10GHz）	<7
密度 /（g·cm⁻³）	2.25 ± 0.10	损耗角正切值（10GHz）	<0.005
单丝拉伸强度 /GPa	≥ 1.60	高温强度保留率 /%	1200℃氮气，1h：≥ 80
束丝拉伸强度 /GPa	≥ 1.60		1200℃空气，1h：≥ 70
束丝强度离散系数 /%	<10	外观质量	颜色均匀、呈淡黄色
拉伸弹性模量 /GPa	≥ 140		表面无细丝、无粗丝

BN 纤维的制备方法主要有两种，一种是无机先驱体法，另一种是有机先驱体法。前者利用硼酸为原料制备 B_2O_3 先驱体纤维，该纤维在 NH_3（大于 1000℃）及 N_2（小于 2000℃）气氛下高温转化为 BN 纤维；后者先通过有机聚合物（主要为硼 – 氮聚合物和硼 – 氧聚合物）在气氛保护下进行纺丝，再经过高温氮化处理获得 BN 纤维。早期的无机先驱体法存在很多缺点，如 BN 纤维产生晶体取向困难；B_2O_3 极易吸潮，导致产品产生缺陷，致使纤维性能降低等。因此，人们开发出了有机先驱体转化制备 BN 纤维的方法。此法不仅弥补了上述缺点，而且产品具有较好的加工性，便于制备高质量的纤维，故近年来这种方法受到人们越来越多的重视，发展速度很快。表 4–16 为不同研究学者所制备的 BN 纤维的性能。从表 4–16 中可以看出，BN 纤维的力学性能较差，拉伸强度低，仅约数百至 1400MPa，且模量不高，不能满足透波复合材料的基本要求。

表 4–16　不同研究学者所制备的 BN 纤维的性能

研究者	纤维直径 /μm	拉伸强度 /MPa	弹性模量 /GPa
Paciorek K. J.（美国）	10 ~ 20	250	5.5
Wickman T.（美国）	30	180	14
Kimura（日本）	—	300 ~ 1300	35 ~ 67
Okana Y.（日本）	20	1400	—
Miele P.（法国）	—	1400	250

山东工业陶瓷研究设计院采用无机转化法制备 BN 纤维。纤维直径在 4~6μm，抗张强度 1.0GPa，模量 80~100GPa，但由于氮化过程是 NH_3 与 B_2O_3 之间的气 – 固非匀相反应，所得纤维一般为皮芯结构，这种结构在高温的环境中性能将很快下降。另外，B_2O_3 纤维极易吸潮，会导致纤维粉化并急剧降低纤维的介电性能。

（3）SiBN（C）陶瓷纤维

SiBN 透波陶瓷纤维具有优异的耐高温、抗氧化以及抗蠕变性能，并可通过调节纤维中 Si、B、N 的原子比例来调节纤维的力学性能和介电性能，增加 BN 相组分可提高纤维的介电性能，增加 Si 相组分可从某种程度上改善纤维的力学性能。目前，国内外还没有关于 SiBN 陶瓷纤维研究的相关报道，各相关研究单位所制备的 SiBN 陶瓷纤维均含有一定量的碳元素，即 SiBN（C）陶瓷纤维。

先驱体转化法是目前制备 SiBN（C）纤维的首选方法。其主要工艺过程包括先驱体的合成、熔融纺丝、不熔化处理和高温裂解。对 SiBN（C）陶瓷纤维进行研究的科研机构主要有日本 Shin-Etsu 化学公司，德国 Bayer 公司，法国里昂大学、美国麻省理工学院，中国国防科技大学、东华大学等。不同机构研制的 SiBN（C）陶瓷纤维的特性及组成如表 4-17 所示。从表中可以看出，上述科研机构所制备的 SiBN 纤维含有一定量的 O、C，而含碳量较高的纤维不适宜作为透波材料使用。

表 4-17　不同机构研制的 SiBN（C）陶瓷纤维的特性及组成

机构	直径 / μm	拉伸强度 / GPa	拉伸模量 / GPa	元素组成 /wt%				
				Si	N	C	O	B
Shin-Etsu 公司，日本	11	3.2	—	60.5	1.2	34.7	2.7	0.9
Tone 公司，日本	10	3.2	400	43.5	38.7	0.7	8.4	5.6
Bayer 公司，德国	10～15	2.8～4.0	290	35.0	40.0	12.2	0.2	12.5
MPI，德国	8～15	3.0	—	—	—	—	—	—
UL 1，法国	20～25	1.3	172	44.6	17.7	31.6		6.1
MIT，美国	20	—	—	45.3	42.7	0.3	—	5.4
国防科大，中国	12.1	1.83	196	42.73	43.62	0.1	0.48	11.76
东华大学，中国	10～15	—	—	44.1	44.9	0.1	—	10.5

日本东亚燃料公司采用 Funayama 等的方法先合成出聚硼硅氮烷陶瓷先驱体，经干法纺丝后高温裂解得到 SiBN（C）陶瓷纤维。德国 Bayer 公司制得商品化的 SiBN₃C 纤维 Silboramic。Silboramic 纤维的抗蠕变性好，密度低（1.8g/cm³），力学性能好（强度 2.8～4.0MPa，模量 290GPa），热膨胀系数小（3×10^{-6}/K），耐温性能优异，氩气气氛中 1800℃、空气气氛中 1500℃维持强度不降低。德国马普所制备的 SiBN（C）陶瓷纤维抗蠕变性和机械强度可保持到 1400℃，可在 1500℃空气环境中长时间使用，在 1900℃析晶和相分离 2000℃开始热降解。法国里昂大学制备了直径为 20～25μm 的 SiBN（C）纤维，其强度为 1.3MPa，模量为 172GPa。

国防科技大学王军等采用单体路线合成制备 SiBN（C）陶瓷纤维。合成的纤维平均直径为 12.1μm，室温下抗拉强度和弹性模量分别为 1.83GPa 和 196GPa。所得 SiBN 陶瓷纤维为无定形态，无定形态可以保持至 1400℃，1400℃下其抗拉强度和弹性模量分别为 1.65GPa 和 189GPa，强度保留率大于 90%。室温下介电常数和损耗角正切分别为 3.68 和 1.1×10^{-3}（10GHz），含碳量为 0.1%（质量分数）。东华大学余木火等制备了直径为 10～20μm 的 SiBN₂.₈C₂ 连续纤维，该纤维强度为 2.2GPa，模量为 230GPa。将上述纤维在 NH₃ 中热解高温陶瓷化，得到含 C 量小于 0.2%（质量分数）的 SiBN（C）陶瓷纤维。纤维室温下介电常数和损耗角正切分别为 2.61 和 2.7×10^{-3}（10GHz），可作为新一代耐高温透波增强候选材料。

4.2.2 有机纤维

4.2.2.1 芳纶纤维

分子结构主链上的重复链结只含芳香环和酰胺键的合成纤维称为芳香族聚酰胺纤维，一般所提及的芳纶纤维主要是这类纤维，亦有的称作芳香族聚酰胺纤维、芳酰胺纤维等，其中对苯二甲酰对苯二胺（PPTA）应用最广。芳纶纤维首先由美国杜邦公司研制的商品名称为 Kevlar（PPTA 纤维），间位商品名称为 Nomex。荷兰 AKZO 公司的 Twaron 纤维系列、俄罗斯的 Terlon 等纤维相继投入市场。芳纶纤维包括芳纶Ⅰ型（芳纶 14）、芳纶Ⅱ型（芳纶 1414 和芳纶 1313）和芳纶Ⅲ型（芳纶常见结构中加入了第三单元单体，杂环芳纶）。各国芳纶纤维性能对比见表 4–18。

表 4–18　各国芳纶纤维性能对比

商品名称	生产国家	纤维直径 / μm	密度 / ($g \cdot cm^{-3}$)	拉伸强度 / MPa	拉伸模量 / GPa	断裂伸长率 /%	热膨胀系数 / ($10^{-6}K^{-1}$)
Kevlar29	美国	12	1.45	2800	63	2.5	
Kevlar49	美国	12	1.44	3620	134	2.5	−2.8
Kevlar149	美国		1.47	3830	176	1.45	
Nomex	美国	4	1.57	700	14 ~ 17.5	22	
CBM	俄罗斯		1.43	2800 ~ 3500	80 ~ 120	2 ~ 4	
Technora	日本	12	1.39	2800 ~ 3000	70 ~ 80	4.4	−2.6
芳纶 14	中国	12	1.43	2700	176	1.45	0.47
芳纶 1414	中国	12	1.43	2980	103	2.7	0.41
STARAMID F–358	中国	—	—	4500 ~ 5500	150–180	2.5 ~ 3.5	—

美国杜邦公司生产的 PPTA 纤维注册商标为 Kevlar 系列，Kevlar 纤维的第一代产品有 RI 型、29 型和 49 型，第二代 Kevlar Hx 系列纱有 Ha（高黏结型）、Ht（129，高强型）、Hc（100，原液着色型）、Hp（68，高性能中模型）、Hm（149，高模型）和 He（119，高伸长型）。各种 Kevlar 纤维物理性能对比见表 4–19。

表 4–19　各种 Kevlar 纤维物理性能对比

性能	Kevlar RI Kevlar29	Kevlar Ht （129）	Kevlar He （119）	Kevlar Hp （68）	Kevlar 49	Kevlar M （149）
韧性 /CN/tex	205	235	205	205	205	170
拉伸强度 /MPa	2900	3320	2900	2900	2900	2400
拉伸模量 /GMPa	60	75	45	90	120	160
断裂应变 /%	3.6	3.6	4.5	3.1	1.9	1.5
吸水率 /%	7	7	7	4.2	3.5	1.2
密度 / ($g \cdot cm^{-3}$)	1.44	1.44	1.44	1.44	1.45	1.47

芳纶纤维具有拉伸强度高、弹性模量大、断裂伸长率小的特点，而且耐冲击性能特别好，若与碳纤维混杂用于复合材料，还能大大提高复合材料的耐冲击性能。芳纶纤维还具有质轻的特点，相对密度仅为 1.44 ~ 1.45。因此，芳纶纤维具有高的比强度和高的比模量，可应用于要求高强高模量和高耐冲击的场合，如防弹衣材料，以及低延展的场合，如某些特殊的绳索。

芳纶纤维对中性化学药品的抵抗能力一般是很强的，但易受各种酸碱的侵蚀，尤其对强酸抵抗力较弱。由于芳纶分子结构中存在极性基团酰胺基，致使纤维耐水性较差。芳纶纤维具有良好的热稳定性，耐火而不熔，低可燃氧指数，LOI 在 27% ~ 43%，能长期在 180℃下使用。另外，在低温 –60℃下不发生脆化，亦不降解。芳纶纤维的热膨胀系数很小，具有各向异性的特点：纵向热膨胀系数在 $-2 \times 10^{-6} \sim -4 \times 10^{-6}/℃$；横向热膨胀系数为 $59 \times 10^{-6}/℃$。芳纶纤维的热膨胀系数为负值，若能和其他具有正值热膨胀系数的材料复合，可制成热膨胀系数为零的复合材料，这种材料可很好地用于模具的制造。芳纶纤维具有优良的耐磨性能，尤其是用于增强热塑性基体时，其润滑性能最佳。在摩擦过程中芳纶纤维起到提高摩擦系数稳定性、降低磨损的作用，表现为复合材料制品的磨损速率随复合材料中芳纶纤维含量的增加而显著下降，同时还可降低摩擦对应面材料的磨损。芳纶纤维的优良耐磨性能，使其可用于汽车轮胎、刹车片等耐磨品的制造。

芳纶纤维具有低介电常数，以 Kevlar29 为例，其介电常数约为 3.8。自问世以来，国内外均开展了用芳纶纤维及其织物增强树脂基复合材料研制雷达天线罩的工作，如美国贡斯纳飞机公司的桨状飞机雷达天线罩，加拿大飞机制造公司的挑战者飞机雷达天线罩都是用芳纶纤维增强树脂复合材料制造。但是芳纶纤维在高性能雷达天线罩中应用的最大缺陷是其吸水率较高，长时间在阴湿环境下使用导致其内部含水量提高，复合材料介电常数和介电损耗都会大大提高，对系统的透波性能造成不可逆的严重损伤。

4.2.2.2 聚酰亚胺纤维

聚酰亚胺（PI）是指主链上含有酰亚胺环的一类高性能聚合物，具有良好的热氧化稳定性，优异的力学性能、耐辐射性能及绝缘性能，应用领域十分广泛。聚酰亚胺纤维是一种重要的高性能纤维。其具有超常的耐高温性能，对于全芳香 PI，其分解温度一般都在 500℃左右，由联苯二酐和对苯二胺合成的 PI，其分解温度更是高达 600℃。PI 纤维还可耐极低温，其可在液氢中不脆断。同时 PI 纤维具备优异的介电性能，普通芳香型 PI 的相对介电常数为 3.4 左右，若在 PI 中引入氟或大的侧基，其相对介电常数、损耗角正切、介电强度可分别达到 2.5、10^{-3}、100 ~ 300kV/mm，并且在宽广的频率范围和温度范围内其介电性能仍能保持较高水平。在耐光性、吸水性、耐热性等方面与芳纶和聚苯硫醚纤维相比都更为优越，高性能聚酰亚胺纤维的强度比芳纶高出约 1 倍，是目前力学性能最好的有机合成纤维之一，见表 4-20，也是航空、航天、环保、防火等领域急需的材料。

法国的罗纳布朗克公司开发了一种属于 m– 芳香聚酰胺类型的聚酰亚胺纤维，后来由法国 Kermel 公司以商品名 Kermel 销往全世界。聚酰亚胺纤维的主要品种及其抗张强度列于表 4-21。我国 PI 纤维最早由上海合成纤维研究所和东华大学合作研发，通过干法纺丝工艺，由均苯四甲酸二酐（PMDA）和 4，4′– 二苯醚二胺（ODA）的聚酰胺酸纺制 PI 纤维。其主要应用于电缆的防辐射包覆、耐辐射降落伞绳和带等领域。

表 4–20　PI 纤维与其他高性能纤维的力学性能对比

类型	拉伸强度 /GPa	拉伸模量 /GPa	断裂伸长率 /%
联苯型 PI 纤维	3.1	174	2.0
Kevlar29	2.8	63	4.0
Kevlar49	2.7	124	2.4
芳纶 1313	0.6	10	20
PBO	5.8	180	3.5
T300	3.0	225	

表 4–21　聚酰亚胺纤维的主要品种及其抗张强度

聚酰亚胺纤维	国家	抗张强度 / (cN · tex^{-1})
聚苯四甲酰亚胺	Dupont 美国	113 ~ 130
PRD14	Dupont 美国	≥ 26
Arimid T	俄罗斯	≥ 35
Arimid T–TK160	俄罗斯	≥ 50
Arimid PM	俄罗斯	45 ~ 53
Arimid PFT	俄罗斯	59
Vniivsan	俄罗斯	133 ~ 147
P84	Lenzing 奥地利	35 ~ 38
Kermel	Kermel 法国	40

4.2.2.3　超高分子量聚乙烯纤维

超高分子量聚乙烯（UHMWPE）高分子达到了极高的取向度和结晶度，从而使纤维具有质轻、柔软、高强、高模等优良性能，不仅断裂伸长低、挠曲寿命长、耐冲击、低导电性、高防水性、断裂功大，还具有很强的吸收能量的能力、突出的抗冲击和抗切割韧性，UHMWPE 纤维增强复合材料的比冲击总吸收能量分别是碳纤维、Kevlar 和 E 玻璃纤维增强复合材料的 1.8、2.6 和 3 倍，其防弹能力比 Kevlar 纤维的装甲结构高，其分子量一般为 100 万 ~ 300 万，是普通纤维的数十倍，主链结合好，具有最高的强度与物质量之比（比强度），相同物质下的强度是钢丝绳的 15 倍，比芳纶高 40%，是普通化学纤维和优质钢的 10 倍，仅次于特级碳纤维而优于芳纶，且耐光性好，在户外暴露 1 年以上强度只稍有下降。超高分子量聚乙烯纤维部分性能见表 4–22。

表 4–22　超高分子量聚乙烯纤维部分性能

性能	数值	性能	数值
密度 / (g/cm^3)	0.97	沸水收缩率 /%	<1
强度 / (g/d)	28 ~ 40	介电常数（10GHz）	2.25
模量 / (g/d)	1000 ~ 1300	介电强度 / (kV/cm)	900
熔点 /℃	135 ~ 145	损耗角正切值（10GHz）	2×10^{-4}
断裂伸长率 /%	<3	单丝纤度 /D	3.5 ~ 4.0

目前，荷兰的 DSM 公司，美国的 Honeywell 公司，日本与荷兰 DSM 公司在日本联合建立的东洋纺织 DSM 公司，以及日本的三井公司都已实现了超高分子量聚乙烯纤维的工业化生产。在国际市场上，其中三个公司先后推出自己的品牌，有 Honeywell 公司的 Spectra900、Spectra1000 和 Spetra2000，Spectra 系列与其他纤维主要性能的比较见表 4-23。DSM 公司的 Dyneema SK60、SK65、SK70、SK75、SK76、SK77 等，以及日本三井公司的 Tekmilon 品牌。通过十几年的研究摸索，国内很多公司也成功建成了数十条超高分子量聚乙烯纤维生产线，形成了较为完善的规模化生产能力。

表 4-23 超高分子量聚乙烯纤维 Spectra 系列与其他纤维主要性能的比较

性能参数	密度 / (g/cm^3)	强度 / (g/d)	模量 / (g/d)	断裂伸长率 /%
Spectra900	0.97	30	1300	4
Spectra1000	0.97	35	2000	3
尼龙 HT	1.14	8	35	12
聚酯 HT	1.38	9	100	14
Vectran	1.41	23	520	3
Kevlar29	1.45	22	450	4
Kevlar49	1.45	24	950	1.9
碳纤维 HS	1.77	10	1250	1.5
碳纤维 HM	1.87	20	2500	0.5
钢	7.6	3	300	1.4

UHMWPE 的缺点是耐热性较低，在应力下的熔融温度为 145~160℃，压缩性较差，有可燃性并存在一定蠕变性，力学性能方面性能优异，但是 UHMWPE 的纤维化学性不活泼，表面能低，表面缺乏极性基团，以及纤维具有很高的结晶度和取向度，这些使得纤维表面的化学惰性特别突出，集中表现在与热固性树脂基体制成复合材料后，界面结合力很低，复合材料的力学性能差。长期以来许多学者采取多种处理方法对 UHMWPE 纤维表面加以改性，常用的方法有化学试剂处理、等离子体处理、电晕放电处理、辐射引发表面接枝处理等。针对以上特性，有人提出了 UHMWPE 纤维增强复合材料用树脂基体需具备的条件：能够改善界面黏结性，对纤维具有良好的浸润性，固化温度不能高于 120℃，基体所用溶剂必须是易挥发的低毒溶剂，满足 UHMWPE 纤维增强复合材料作为防护材料及结构材料等方面的性能要求，目前，满足上述要求的树脂体系主要有环氧树脂、乙烯基酯树脂、聚乙烯树脂等。

4.2.3 纤维织物

在雷达天线罩等透波复合材料的制造中，经常使用的是增强材料的各种编织物，如平面织物 - 布、异形织物、立体织物。

4.2.3.1 平面织物

在平面织物中，最常用的是玻璃纤维布。织物的特性由纤维性能、经纬密度、纱线结构和织纹所决定。经纬密度又由纱线结构和织纹决定。经纬密度加上纱线结构，就决定了织物的物理性质，如质量、厚度和断裂强力等。

织物的基本织纹又分为五种：平纹、斜纹、缎纹、罗纹和席纹，如图 4-6 所示。

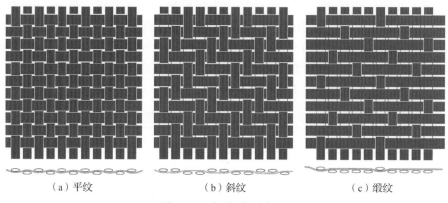

（a）平纹　　　　　　　　　（b）斜纹　　　　　　　　　（c）缎纹

图 4-6　平面织物示意图

（1）平纹指每根经纱（或纬纱），交替地从一根纬纱（或经纱）的上方和下方越过的织纹。平纹结构最稳定，布面最密实，适于做平面状的复合材料制品。在遇到有曲面的制品时，必须使平纹的悬垂性相适应，否则就要把布剪开，以适应这种曲面。各种织纹中，平纹结构的强度最低。

（2）斜纹指经纬纱以三上一下或二上二下的方式交织形成的织纹。斜纹布的悬垂性比平纹布好，强度也高于平纹布，手感柔软，但稳定性比平纹布差。

（3）缎纹指经纬纱以几上一下的方式交织所形成的织纹。缎纹组织其相邻两根经纱上的单独组织点间距较远，独立且互不连续，并按照一定的顺序排列，一个完全组织中最少有五根经纬线数，它也可以用分数表示，如 5/3 纬面缎纹，可读作五枚三飞纬面缎纹，与斜纹组织不同，缎纹组织的分子代表一个完全组织的经纬数，分母代表飞数，飞数是指相邻两根线或相邻两个组织点之间相隔的线的根数，缎纹的飞数不少于二，飞数分为经向飞数和纬向飞数。这种织纹虽不如平纹稳定，但由于浮经或浮纬较长，纤维弯曲少，故制成玻璃纤维增强复合材料的强度较高。常见的 8 经缎纹织物，用于需要最大悬垂性的手糊成型，或者预浸制品。

（4）罗纹指经线绞转与纬线进行交织而成的组织。其特点是稳定性很好，用于需要变形最小、经纬密度低的地方，如作为表面织物。

（5）席纹指两根或多根纬纱上下进行交织的组织。席纹虽不如平纹稳定，但它比较柔顺，更能贴合简单的形状。

目前国内研制和开发的平面织物品种主要有各种规格的无碱玻璃纤维布、高强 2 号玻璃纤维布、高强 4 号玻璃纤维布、高模量玻璃纤维布、低介电玻璃纤维布、高强空心玻璃纤维布、石英高强纤维混杂布和石英纤维布等。其中，低介电玻璃纤维布、石英高强纤维混杂布和石英纤维布专门为高性能雷达天线罩研制生产，高强度玻璃纤维布也可应用于高性能雷达天线罩的制作。

高性能雷达天线罩用混杂纤维，研制开发的石英/高强变厚度混杂玻璃纤维织物，通过设计合理的石英/高强玻纤体积比，同时对影响织物厚度变化的因素进行更深入的研究，使研究的变厚度混杂玻璃纤维织物具有良好的介电性能和力学性能。

4.2.3.2　仿形织物

国际上 20 世纪 60 年代就开始研究用作增强材料的玻璃纤维仿形织物，70 年代逐渐扩大应用范围，80 年代在航天、航空、航海用雷达、天线和声呐等罩壳中得到了普遍的应用。美国加利福尼亚州的亨丁顿织物结构公司、英国的纤维材料公司及增强微波塑料分公司都先后研制了各种飞行器天线罩、雷达天线罩用仿形增强织物。国内在 80 年代初开始机载雷达天线罩用仿形织物的研制并获得成功，随后在机载雷达天线罩中大量使用。

仿形织物是将空间曲面体按一定的方法展开成近似平面，并通过织机连续织造获得平面仿形织物。将该织物套模后可以实行圆柱、圆锥、非对称椭圆等复杂型面的精确仿形。仿形织物的研制工艺流程如图 4-7 所示。仿形机织物的特点包括：仿形精度高，无皱褶、搭接、贴模性好，材质均匀，可保证复合材料的力学性能和电学性能；织物变厚度设计织造，多层叠合和可实现高精度变厚，可满足雷达天线罩厚度设计的要求。

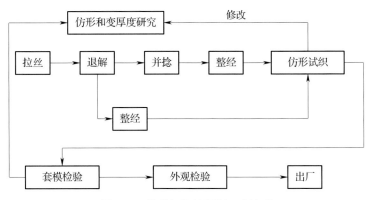

图 4-7　仿形织物的研制工艺流程

4.2.3.3　立体织物

立体织物是相对平面织物而言的，其编织技术中的一部分是传统的放置技术的延伸；另一部分则是吸收了其他技术并几乎脱离了传统纺织技术的范畴。结构特征从一维发展到三维，从而使以此为增强体的复合材料具有良好的整体性和仿形性，大大提高了复合材料的层间剪切强度和抗损伤容限。目前立体织物的结构形式如下。

（1）机织立体织物根据 3D 机织物中经纱与纬纱的不同连接方式，3D 机织物的主要结构形式可分为正交结构和角联锁结构。典型结构包括：2.5D 机织结构、3D 机织结构等。制造的机械化、自动化程度高，费用比较低，所制成复合材料层间剪切强度高，但织物的厚度受到一定限制。

（2）针织立体织物用一组或多组纱线，本身之间或相互之间采用套圈方式钩联成片的织物，针织立体织物主要通过多层循环勾结与双针床夹层钩联等方式进行成型。制造的机械化、自动化程度高，在空间异形曲面的仿形能力强，但由于针织组织中的纱线弯曲导致了较差的力学性能。

（3）三维编织立体织物成形工艺主要有二步法三维编织、四步及多步法三维编织，可用于结构件、压力容器、火箭喷管等。

4.3 树脂基体材料

4.3.1 不饱和聚酯树脂

4.3.1.1 概述

不饱和聚酯树脂（UPR）于 1942 年首先在美国实现了工业化生产，用玻璃纤维布增强制得第一批聚酯玻璃钢雷达天线罩，其重量轻、强度高、透波性能好、制造简便，迅速用于战争。此后，英国（1947 年）、日本（1953 年）、德国、法国、意大利、荷兰等也相继投产。

不饱和聚酯的发现可以追溯到 1847 年，瑞典科学家伯齐利厄斯（Berzelivs）用酒石酸和甘油反应生产聚酒石酸甘油酯，是一种块状树脂。以后，1894 年和 1901 年又出现了乙二醇和顺丁烯二酸合成的聚酯以及用苯二甲酸酐和甘油反应获得的苯二甲酸甘油酯。1934 年以后出现了过氧化苯甲酰固化（引发）剂。1937 年布雷德利（Bradley）发现利用游离基引发剂可使线型聚酯变为不溶的固体。随后不久，发现不饱和聚酯和苯乙烯单体可以发生交联反应，其反应速度比没有交联单体时的反应速度要快 30 倍左右，这是现代不饱和聚酯（UP）的起点。我国于 1958 年开始不饱和聚酯树脂生产。20 世纪 60 年代初期常州建材二五三厂（现为常州天马集团公司）引进了英国斯高特 – 巴德尔（scott-Bader）公司的工艺与设备，对推动我国聚酯工业和玻璃钢工业的发展起到了一定的作用。到 20 世纪 70 年代初期，玻璃钢制品开始由军工到民用，得到较快的推广。经过 40 多年的发展，我国 UPR 工业的发展速度居世界领先地位。1976 年我国 UPR 总产量不足 3000t，而美国当年产量为 43 万吨。经过 30 年的发展，美、日、欧等发达国家中发展最快的美国 UPR 产量翻了一番，2004 年达到 87.5 万 t，而我国则于 2003 年达到 73 万 t。2006 年已达 103 万 t，居世界首位。

4.3.1.2 不饱和聚酯树脂的分类

不饱和聚酯树脂主要分为通用不饱和聚酯树脂、韧性不饱和聚酯树脂、柔性不饱和聚酯树脂和其他类型不饱和聚酯树脂四类。

（1）通用不饱和聚酯树脂

通用不饱和聚酯树脂主要为邻苯型不饱和聚酯树脂（也包括部分间苯型不饱和聚酯树脂）。该类树脂固化物介电性能优异，但耐热性能低（如热变形温度在 70℃以下）。一般采用手糊法，也可用于浸渍法、喷射法、预成型法、缠绕法等成型工艺，可制造汽车车身、小型舰船壳体、容器、电磁窗及波形板等玻璃纤维增强的复合材料制件。

（2）韧性不饱和聚酯树脂

韧性不饱和聚酯树脂由一缩二乙二醇或一缩二乙二醇与乙二醇的混合物、顺丁烯二酸酐与邻苯二甲酸酐（或间苯二甲酸酐、己二酸）按适当配料比，熔融缩聚后加入苯乙烯与阻聚剂混合后得到。韧性不饱和聚酯树脂的性能接近通用型不饱和聚酯树脂，特点是韧性好，冲击强度高。适于室温低压成型，也可热压成型，可用来制造大型、异型结构的船体、车身、机械设备外壳、电磁窗等玻璃钢制品。

（3）柔性不饱和聚酯树脂

柔性树脂是 UPR 中的一个特殊品种，树脂室温固化，固化后柔韧性好，可做家具、地板等仿木制品。可加入各种填料，如滑石粉、石灰石粉以及轻质微珠等，做成不同柔性和质量的制品，还可以与砂子混合做马路、桥梁维修的急用路面，只需 7%~8% 的树脂即可黏结成路面。柔性不饱和聚酯树脂还有一个重要用途是作为改性树脂与其他各种树脂混合，以提高混合树脂的柔韧性。

（4）其他类型不饱和聚酯树脂

其他类型不饱和聚酯树脂包括光稳定性不饱和聚酯树脂、双酚 A 型不饱和聚酯树脂、乙烯基酯树脂、烯丙酯树脂、间苯二甲酸型不饱和聚酯树脂、阻燃型不饱和聚酯树脂等，具有耐候性、透光性、耐酸、耐碱、耐水解、耐高温、阻燃、介电性能好等优点。

4.3.1.3　不饱和聚酯树脂的性能

（1）工艺性能优良。这是不饱和聚酯树脂最突出的优点，室温下具有适宜的黏度，可以在室温下固化，常压下成型，固化过程中无小分子形成，因而施工方便，易保证质量，并可用多种措施来调节它的工艺性能，特别适合于大型和现场制造玻璃钢制品。

（2）耐化学腐蚀性：不饱和聚酯树脂与普通金属的电化学腐蚀机理不同，它不导电，在电解质溶液里不会有离子溶解出来，因而对大气，水和一般浓度的酸、碱、盐等介质有着良好的化学稳定性，特别是在强的非氧化性酸和相当广泛的 pH 范围内的介质中都有着良好的适应性，如盐酸、氯气、二氧化碳、稀硫酸、次氯酸钠和二氧化硫等，但现在可以很好地解决此类问题，固化后的树脂综合性能良好。该树脂的力学性能略低于环氧树脂，但优于酚醛树脂和呋喃树脂，耐腐蚀性能好于其他树脂。

（3）耐热性，绝大多数不饱和聚酯树脂的热变形温度都在 50~60℃，一些耐热性好的聚酯树脂可达 120℃。

（4）优良的电性能；不饱和聚酯树脂是一种优良的电绝缘材料，用它制造的设备不存在电化学腐蚀和杂散电流腐蚀，可广泛用于制造仪表、电极及电路中的绝缘零部件，以提高使用寿命。

（5）不饱和聚酯树脂具有较高的拉伸、弯曲、压缩等强度。

4.3.1.4　不饱和聚酯树脂的应用与展望

（1）用乙烯基、聚氨酯、聚氰酸酯、环氧树脂等接枝改性 UPR，提高其物理力学、耐化学介质、电性能等。改性的聚酯－氨基甲酸酯组成物同未改性的不饱和聚酯树脂相比，提高了冲击强度，并且硬度几乎没变。由于拉伸强度得到很大提高，并且相对提高了断裂伸长率，其可用于玻璃毡增强层压板的制造。

（2）改进和开发低挥发（无）苯乙烯的 UPR。BYK Chemie 公司开发一种新型助剂 LPX-5500，可使苯乙烯挥发量减少 70%~90%。美国 Satyomer 技术公司、Hewit John C 等人，德国 Hegemann Guerter 等也研制了低挥发或无苯乙烯单体的 UPR 组合物，并应用于凝胶涂料、黏合剂、层压树脂或模塑树脂。美国 Hewitt John C 等人、McAlvin、John E 等以及德国 Hegemann、Guenter 等研制了无（苯乙烯）单体的不饱和聚酯树脂及其组成物，可分别用于开口浇铸，凝胶涂料和电子工业之中。

（3）低成本 UPR 的研究和开发，如采用双环戊二烯（DCPD）等应用到 UPR 生产中，得到低成本的 UPR，并提高产品质量。20 世纪 80 年代江苏常州亚邦化学有限公司在 UPR 生产中大量使用了 DCPD，从而降低了树脂成本，提高了该公司在市场竞争中的地位。

（4）高阻燃 UPR 的开发研究。大日本化学工业有限公司制备了无卤含磷阻燃 UPR 组合物，其固化物达到 UL–94V–0 级。

（5）环境友好，再生利用方面的开发研究。一方面是 UPR 生产中的环保、节能、再利用的开发研究，另一方面是玻璃钢复合材料的再生利用。如日本，将其废弃物进行粉碎，然后混入乙二醇进行分解，再加入马来酸或对苯二甲酸重新合成，对分解的树脂和玻璃纤维全部加以利用，利用率在七成左右，预计可再利用的数量每年达 40 万 t。

（6）纳米改性方面。纳米粒子改性不饱和聚酯树脂改善了产品的物理 – 化学性能，如抗划伤性、自洁性、耐玷污性、渗透性、耐化学介质、阻燃等性、降低收缩率等。纳米改性不饱和聚酯树脂可用于制造透明木材填孔料、汽车用修补腻子、陶瓷清漆、防污染涂料、提高抗玷污性涂料、防滑润滑涂料等。在我国汽车工业、机床工业、木器行业、建筑业等迅猛发展的前提下，纳米聚酯不饱和树脂潜力巨大。

4.3.2　环氧树脂

4.3.2.1　概述

由两个碳原子和一个氧原子形成的环称为环氧环或者环氧基，含这种三元环的化合物统称环氧化合物。环氧树脂是一个分子中含有两个或两个以上的环氧基，并在适当的化学试剂存在下能形成三维交联网络状固化物的化合物总称。将环氧氯丙烷于双酚 A 或多元醇等缩聚得到初期缩聚物，再于胺类或聚酰胺类、有机酸酐类固化剂等作用，使环氧基开环，进行加聚反应，最终得到硬质环氧树脂。环氧树脂的种类很多，其分子量属低聚物范围，为区别于固化后的环氧树脂，有时也称为环氧低聚物。

在 19 世纪末和 20 世纪初有两个重大发现，揭开了环氧树脂合成发明的序幕。早在 1891 年，德国化学家 Lindmann 即采用对苯二酚和环氧氯丙烷反应，得到树脂状的产物。1909 年俄国化学家 Prileschajew 发现采用过氧化苯甲酰可使烯烃氧化成环氧化合物。时至今日，这两个反应依然是环氧树脂的主要合成路线。

环氧树脂由于具有优良的工艺性能、力学性能和物理性能，价格低，作为涂料、胶黏剂、复合材料树脂基体、电子封装材料等广泛应用于机械、电子、航空、航天、化工、交通运输、建筑等领域。

4.3.2.2　环氧树脂的种类

环氧树脂的种类很多，且在不断地发展，因此，明确地进行分类是困难的。按化学结构分类，在类推固化树脂的化学及力学性能研究等方面是便利的；在实际使用上，按在室温条件下所呈现的状态来分类也是很重要的。

（1）按化学结构分类

环氧树脂按化学结构可分为以下几类：缩水甘油醚类环氧树脂、缩水甘油酯类环氧树脂、缩水甘油胺类环氧树脂、脂肪族环氧树脂、脂环族环氧树脂、新型环氧树脂。

（2）按状态分类

环氧树脂按状态可以分为液态环氧树脂和固态环氧树脂。属于液态环氧树脂的仅仅是一小部分低分子量环氧树脂，如通用双酚 A 型缩水甘油醚环氧树脂，n 值为 0.7 以下，在室温下呈现为黏稠的液体，作为无溶剂成膜材料使用的就是此类环氧树脂。固态环氧树脂通常以薄片状来使用，这类树脂供粉末的黏料和固态成型材料使用。

4.3.2.3　环氧树脂的性能

（1）双酚 A 型环氧树脂

双酚 A（二酚基丙烷）型环氧树脂即二酚基丙烷缩水甘油醚。在环氧树脂中它的原材料易得、成本最低，因而产量最大（在我国约占环氧树脂总产量的 90%，在世界占环氧树脂总产量的 75%~80%），用途最广，被称为通用型环氧树脂。双酚 A 型环氧树脂的分子结构决定了它的性能具有以下特点：①双酚 A 型环氧树脂是热塑性树脂，但具有热固性，能与多种固化剂、催化剂及添加剂形成多种性能优异的固化物，几乎能满足各种使用需求；②树脂的工艺性好。固化时基本上不产生小分子挥发物，可低压成型。能溶于多种溶剂；③固化物有很高的强度和黏结强度；④固化物有较高的耐腐蚀性和电性能；⑤固化物有一定的韧性和耐热性；⑥耐热性和韧性不高，耐湿热性和耐候性差。常用双酚 A 型环氧树脂的典型性能见表 4-24。

表 4-24　常见双酚 A 型环氧树脂的典型性能

牌号	平均相对分子质量	环氧值/（当量/100g）	维卡软化点/℃	挥发分/%	外观
E-12	1800	0.09~0.14	85~95	≤1	淡黄色至棕黄色透明固体
E-20	1000	0.18~0.22	64~76	≤1	淡黄色至棕黄色透明固体
E-31	—	0.23~0.38	40~55	≤1	黄色至琥珀色高黏度透明液体
E-42	470	0.38~0.45	21~27	≤1	淡黄色至棕黄色透明液体
E-44	—	0.41~0.47	12~20	≤1	淡黄色至棕黄色透明液体
E-51	370	0.48~0.54	—	≤2	淡黄色至黄色透明液体

（2）双酚 F 型环氧树脂

双酚 F 型环氧树脂是为了降低双酚 A 型环氧树脂本身的黏度并具有同样性能而研制出的一种新型环氧树脂。通常是用双酚 F（二酚基甲烷）与环氧氯丙烷在 NaOH 作用下反应而得的液态双酚 F 型环氧树脂。双酚 F 型环氧树脂的特点是黏度小，对纤维的浸渍性好。其固化物的性能与双酚 A 型环氧树脂几乎相同，但耐热性稍低而耐腐蚀性稍优。液态双酚 F 型环氧树脂可用于无溶剂涂料、胶黏剂、铸塑料、玻璃钢及碳纤维复合材料等。双酚 F 环氧树脂固化物的典型性能见表 4-25。

表 4-25　双酚 F 型环氧树脂固化物的典型性能

项目	典型性能	项目	典型性能
热变形温度[2]/℃	129	表面电阻率[2]/Ω	$1.35 \times 10^{13} \sim 3.38 \times 10^{12}$
热失重 5% 时的温度[1]/℃	240	介电常数[2]	3.84
弯曲强度/MPa	149	损耗角正切值[1]/（60GHz）	0.0025
体积电阻率[2]/（Ω·cm）	4.35×10^{16}		

注：①用环戊二烯甲基马来酸加成物作为固化剂；
②用邻苯二甲酸酐作为固化剂。

（3）多酚型缩水甘油醚环氧树脂

多酚型缩水甘油醚环氧树脂是一类多官能团环氧树脂。在其分子中有两个以上的环氧基，因此固化物的交联密度大，具有优良的耐热性、强度、模量、电绝缘性、耐水性和耐腐蚀性。常见的有间苯二酚环氧树脂，由间苯二酚和甲醛在草酸的催化下缩合得到低分子量的酚醛树脂，在氢氧化钠的存在下与环氧氯丙烷继续反应制得间苯二酚缩甲醛四缩水甘油醚环氧树脂，其浇注料的典型性能见表4-26。该类树脂黏度低，用于浇注、浸渍、包封时具有良好的工艺性，除了用于耐高温浇注料、纤维复合材料、胶黏剂，还可作为其他环氧树脂的改性剂，提高其耐热性。

表4-26 间苯二酚缩甲醛四缩水甘油醚环氧树脂浇注料典型性能

项目	典型性能	
	Moca 固化剂	酸酐固化剂
维卡软化点 /℃	>295	>296
弯曲强度 /MPa	114	117
冲击强度 / (kJ·m⁻²)	6.8	4.7
压缩强度 /MPa	226	185
拉伸强度 /MPa	52	22
断裂伸长率 /%	2.5	0.8
损耗角正切值	0.031	0.034

（4）脂肪族缩水甘油醚环氧树脂

脂肪族缩水甘油醚环氧树脂是由二元或多元醇与环氧氯丙烷在催化剂作用下开环醚化，生成氯醇中间产物，再与碱反应，脱 HCl 闭环，形成缩水甘油醚。脂肪族缩水甘油醚环氧树脂是由两个或两个以上环氧基与脂肪链直接相连而成。在分子结构里没有苯环、脂环和杂环等环状结构。这类树脂绝大多数黏度很小，大多数品种具有水溶性，大多数是长链型分子，因此富有柔韧性，但其耐热性较差。该类环氧树脂可作为胶黏剂和其他树脂的改性剂，在造纸工业中用于改善纸张的印刷和黏结性，在涂料工业中作为树脂固化剂等。

（5）缩水甘油酯型环氧树脂

缩水甘油酯型环氧树脂是 20 世纪 50 年代发展起来的一类环氧树脂，是分子结构中有两个或两个以上缩水甘油酯基的化合物。其主要特点是：①黏度小、工艺性好，可用于浇注、包封，也可用作活性稀释剂；②反应活性大，凝胶时间只有双酚 A 型环氧树脂的一半左右；③与其他环氧树脂的相容性好，可与之混用以改进普通环氧树脂的性能；④黏结强度高，固化物的力学性能好；⑤具有良好的耐超低温性；⑥在 –196~–253℃的超低温条件下，具有比双酚 A 型环氧树脂高的抗剪强度；⑦电绝缘性好，尤其是耐漏电痕迹性好；⑧表面光泽度及透光性好；⑨由于分子中不含酚氧基，因此耐候性优于双酚 A 型环氧树脂；⑩主要缺点是酯键的存在使其耐水性、耐酸性和耐碱性较差，耐热性也较低。国内缩水甘油酯型环氧树脂浇注料性能见表4-27，表中所有牌号均使用间苯二胺作为固化剂。

表 4-27　国内缩水甘油酯型环氧树脂浇注料性能

项目	711	TDE-85	731	732	NAG
马丁耐热 /℃	107	180	93	113	114
弯曲强度 /MPa	214	215	180	225	120
冲击强度 / (kJ·m^{-2})	27	16.5	23	32.8	10.6
压缩强度 /MPa	—	223	187	177	160
拉伸强度 /MPa	83	100	77.3	105	70.8
断裂伸长率 /%	5.4	1.64	2.4	5.8	—
损耗角正切值	—	0.045	—	0.035	—
介电强度 / (kV/mm)	26.7	—	29	26.7	18.7 ~ 19.3

（6）缩水甘油胺型环氧树脂

缩水甘油胺型环氧树脂是用伯胺或仲胺与环氧氯丙烷合成的含有两个或两个以上缩水甘油胺基的化合物。这类环氧树脂的特点是多官能性、黏度低、活性高，氧当量小，交联密度大，耐热性高，黏结力强，力学性能高，耐腐蚀性好，可与其他类型环氧树脂混用。其缺点是有一定脆性，分子结构中有环氧基又有胺基，因此有自固化性，储存期短。缩水甘油胺型环氧树脂可用于纤维复合材料，特别是碳纤维复合材料及耐热胶黏剂，除此之外还能作为高黏度环氧树脂的稀释剂，能有效改善耐热性能，提高力学性能。

（7）脂环族环氧树脂

脂环族环氧树脂是含有两个脂环环氧基的低分子化合物。本身不是聚合物，但是与固化剂作用后能生成性能优异的三维体型结构的聚合物。脂环族环氧树脂是低分子化合物，黏度小、工艺性好。可作为活性稀释剂用。环氧当量小，交联密度大，再加上有热稳定性好的刚性脂环，因此耐热性高，但较脆，韧性差。固化收缩小，拉伸强度高。由于合成过程中不含 Cl、Na 等离子，所以电性能好，尤其是高温电性能及耐电弧性好。不含苯环，因而耐紫外线及耐候性好。

（8）脂肪族环氧化烯烃化合物

脂肪族环氧化烯烃化合物是以脂肪族烯烃的双键用过氧化物环氧化而制得的环氧树脂。在其分子结构中没有苯环、脂环和杂环，只有脂肪链。其性能特点：①为线型大分子，同时具有聚丁二烯橡胶结构和环氧树脂结构，因此具有良好的冲击韧性和黏结性能；②和脂环族环氧树脂相似，易与酸酐类固化剂发生反应，而与亲核性固化剂（胺类）的反应性较低；③树脂分子中还含有双键和羟基；④当采用酸酐 – 多元醇为固化剂，并同时添加苯乙烯及过氧化物引发剂时，则可进一步增加交联密度，从而提高耐热性及力学性能；⑤与固化剂混溶后黏度小，操作方便，工艺性好；⑥固化物有良好的耐热性，热变形温度可达 200℃以上，在高温下有非常突出的强度保持率，黏结性、耐候性及电性能均优异，在 200℃电性能很稳定；⑦主要缺点是固化收缩率大。

（9）混合型环氧树脂

混合型环氧树脂是一类在其分子中同时含有两种不同类型环氧基的环氧树脂。因此它同时具有这两类环氧树脂的特性，从而在其固化性能和使用性能上带来了一些单一类型环氧树脂所不具备的特点。例如，由于两类环氧基的活性不同，因而有可能实现分段固化，或制成 B 阶树脂，亦有可能实现低温固化高温使用的要求。在选择固化剂时有更大的灵活性。这就给配方设计和工艺设计提供了更多的选择余地，能更好地满足工艺要求和使用要求，扩大了使用范围。

4.3.2.4　环氧树脂的改性

（1）橡胶弹性体增韧改性环氧树脂

具有活性端基的弹性体分子可以通过活性端基与环氧基的反应，将其嵌段进入环氧树脂的交联网络中，用于增韧改性的弹性体包括：液体端羧基丁腈、液体无规羧基丁腈橡胶、羟基丁二烯、液体羟基硅橡胶等。要实现良好的增韧效果，除了弹性体本身与固化前的环氧树脂相容之外，还需在固化后形成以弹性体为颗粒分散相的结构。橡胶弹性体对环氧树脂的增韧效果取决于分散相、连续相及相界面等因素。

关于橡胶类弹性的增韧机理主要包括橡胶桥联作用和橡胶粒子所导致的裂纹歧化与偏转。橡胶桥联作用认为，分散在环氧树脂表面的橡胶粒子跨越裂纹，在表面封闭了裂纹的扩展能力。这个过程可以有效地减少在裂纹尖端的应力强度因子。此外，橡胶粒子被拉伸、撕裂或者撕断，也会消耗一部分断裂能。橡胶粒子引发的裂纹歧化和偏转认为，橡胶粒子引起主裂纹分出许多次级裂纹，将主裂纹的局部应力强度分散给多重裂纹和使裂纹偏离扩散的平面，从而提高了裂纹的表面积，并诱导出现裂纹扩展。橡胶增韧环氧树脂过程比较复杂，依赖材料的性质如材料的本征延性和橡胶的尺寸。这些机理可能单独或者协同发挥作用。

橡胶增韧环氧树脂效果显著，且在实际运用方面取得了很大的成果和发展。然而橡胶增韧环氧树脂时，由于橡胶粒子会部分溶于环氧树脂中，对环氧树脂起到增塑效果，使得改性环氧树脂体系的模量损失往往较大，强度有时也会有损失，而且橡胶增韧只对低交联密度且具有较高延性的环氧树脂有效。

（2）热塑性树脂增韧改性环氧树脂

热塑性树脂具有良好的韧性、较高的模量和玻璃化转变温度，早在 20 世纪 80 年代就有学者开始采用热塑性树脂来增韧环氧树脂的研究。热塑性树脂可以连续地贯穿在环氧树脂交联网络中，当环氧基体遭到外力冲击时首先被破坏，而热塑性树脂发生延展性变形吸收破坏能，从而起到桥接裂纹的作用，使得环氧树脂的韧性得到极大提高，同时不会降低环氧固化物的模量和耐热性。这种聚合物的增韧效果主要取决于共混添加物与基体互溶程度、分布状态、分散相尺寸以及与基质间的化学或极性作用等。

热塑性塑料改性环氧树脂主要有以下三种增韧机理：①反应诱导相分离（RIPS），将热塑性材料均匀地溶解到未固化的环氧树脂中，然后在环氧树脂固化时产生相分离，形成相分离形态。所采用的热塑性塑料如聚醚砜（PES）、聚醚酰亚胺（PEI）、聚砜（PSF）、聚甲基丙烯酸甲酯（PMMA）、聚苯乙烯（PS）和聚苯醚（PPE）等。②形成互穿网络（IPN），首先将热塑性塑料均匀地溶解在未固化的环氧树脂中，固化后热塑性塑料仍然溶解在树脂中形成均匀的混合物。可以通过选择可溶性改性剂、改变固化周期或树脂配方来获得均匀的固化体系。③热塑性塑料不溶于环氧树脂，并以颗粒形式分散在树脂中，树脂固化后分散体保持不均匀。非均相共混物可以通过添加聚对苯二甲酸丁二醇酯（PBT）、邻苯二甲酸酐（PA）和聚（偏二氟乙烯）（PVDF）等颗粒获得。

热塑性树脂已经被证明是一种改善脆性环氧树脂断裂韧性的有效方法，并且在改善环氧树脂韧性的同时不降低其玻璃化转变温度和模量。在使用热塑性树脂时可以通过对诱导相分离过程的有效调控来增韧环氧树脂的同时，使其满足不同应用时所需要的力学性能及耐老化性能等，具有潜在的发展前景。

（3）纳米填料增韧改性环氧树脂

纳米填料具有平均粒径小、比表面积大、极高的不饱和性等特点，纳米填料增韧聚合物具有重要的理论研究价值以及广阔的应用前景。其增韧原理可以概括为：①增韧体系产生形变时，纳米填料能使应力集中，从而使填料附近的环氧树脂基体屈服，吸收基体中大量的结构能；②纳米填料即使受到很大拉应力，也只会产生极小的变形，因此纳米填料和基体的黏结界面会分开而出现孔洞，阻止裂纹进一步扩展；③由于纳米填料较大的比表面积，填料和基体的接触面很大，界面黏合力强，当材料受外力冲击时，纳米填料能吸收大量的能量而仅产生微裂纹。常用的纳米填料包括纳米二氧化硅、高岭土纳米管、纳米碳酸钙、碳纳米管等。

纳米颗粒增韧改性环氧树脂的难点主要集中在以下两个方面：第一，当基体树脂中加入纳米粒子后，复合体系经常会出现流变性不稳定的问题，带来加工成型方面的问题；第二，纳米粒子的基本特性决定了其易于发生团聚现象，使改性效果不明显。

基于上述问题，研究人员开发了原位聚合增韧方法，通过在被增韧基体树脂上直接制备刚性粒子，且以准分子级别均匀分散在树脂基体上实现增韧。该方法具有以下三个优点：①由于增韧的刚性粒子与树脂基体之间的界面积很大，从而减少了应力集中，有利于复合材料中树脂与纤维的界面黏结。②由于刚性粒子是以准分子级别分散在树脂基体上，这样解决了粒子与树脂基体之间的热力学不相容问题，能充分发挥刚性粒子优异的力学以及其他性能。③制备流程简单，不需要其他步骤预先单独制备刚性粒子聚合物，从而节省生产成本。

4.3.2.5 环氧树脂的应用

（1）涂料

涂料是环氧树脂应用最广泛的领域，环氧树脂涂料具有优异的机械强度，对不同表面具有较好的漆膜附着力，且耐腐蚀性、耐溶剂、耐化学性较好。近年来，环氧树脂涂料的应用主要集中在防腐涂料领域、食品罐用涂料领域、功能性涂料领域。考虑环境、技术和经济等因素的影响，促使研究方向倾向于制备含低挥发性有机化合物（VOC）或无VOC的环境友好型涂料。

（2）胶黏剂

环氧树脂胶黏剂是结构胶黏剂中重要的一类，它对多种界面均具有较好的黏结性能，广泛应用于航空飞行器、汽车、船舶等领域。不同应用领域对环氧树脂胶黏剂具有不同的应用要求，如电子、航空、航天等领域对环氧胶黏剂耐温性提出更高的要求。此外，未来还需要开发低温快固化、绿色环保、高性能化和多功能化的环氧树脂胶黏剂。

（3）电子电器材料

在电子工业中环氧树脂主要作为电器浇注材料、电子器件的绝缘材料、集成电路和半导体元件的塑封材料、线路板和覆铜板材料、电子电器的灌封材料来使用。环氧树脂具有较好的绝缘性，能防止电子器件短路且可以对电子器件起到绝缘、防尘、防潮的作用。环氧模塑料被广泛研究用作电子封装材料来防止集成电路装置受潮、电磁干扰、搬运过程中被污染、机械物理损坏等环境的影响。目前环氧树脂电子电器材料的研究方向主要集中在提高材料的耐热性和阻燃性，降低其介电常数以及吸水率。

（4）复合材料

环氧树脂具有优异的黏结强度，且耐高温、阻燃、耐腐蚀性好，是制备复合材料的理想原料。环氧复合材料是由环氧树脂和纤维增强材料经过复合加工而形成的，广泛应用于航天科技领域。除了要提高现有环氧复合材料的综合性能，还需考虑材料使用后的回收问题，因此利用天然纤维增强复合材料，并提高它们与环氧树脂的相容性以及复合材料的阻燃性等也是目前环氧复合材料领域关注的问题。

环氧树脂用途日益广泛，对其性能要求不断提高，对传统环氧树脂改进和开发新型结构环氧树脂一直受到科研工作者的关注。各种耐热型、阻燃型、强韧型、环境友好型新型环氧树脂得到了不断探索开发并已广泛应用于涂料、胶黏剂、电子工业材料和复合材料等领域。今后，开发多功能多用途新型产品、拓展应用领域、简化制备工艺、降低生产成本是环氧树脂发展的方向。

4.3.3 烯丙基酯树脂

4.3.3.1 概述

烯丙基酯树脂（allyl resin）是在树脂分子结构中主链由烯丙基（$CH_2=CH-CH_2-$）的双键聚合而成的一类热固性树脂，1946 年由美国壳牌化学公司生产销售，我国于 20 世纪 60 年代中期开始该类树脂产品的研制和生产。烯丙基酯树脂具有优良的介电性能、水解稳定性和尺寸稳定性，主要用于精密电子器件、绝缘板、雷达天线罩等。

4.3.3.2 烯丙基酯树脂的分类

目前商品化的烯丙基酯树脂主要包括三类单体结构的聚合物。

（1）聚三聚氰酸三烯丙基酯（PTAC）

三聚氰酸三烯丙基酯（TAC）单体的化学结构式如下所示

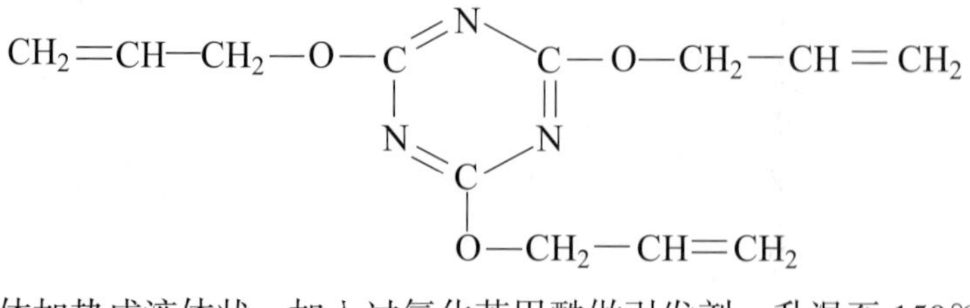

$$\tag{4-8}$$

将 TAC 单体加热成液体状，加入过氧化苯甲酰做引发剂，升温至 150℃固化，可得到具有较高热稳定性和力学性能的聚三聚氰酸三烯丙基酯。即使在 260℃下，其拉伸强度和模量仍保持良好的稳定性。

（2）聚邻苯二甲酸二烯丙基酯（DAP）

DAP 单体结构式如下所示

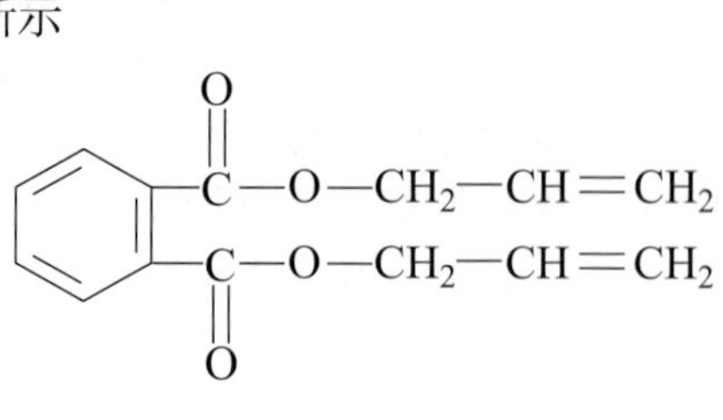

$$\tag{4-9}$$

DAP 单体可在过氧化苯甲酰、过氧化苯甲酸叔丁酯等引发剂作用下进行本体聚合，得到介电性能优良、吸水率极低、尺寸稳定性及热稳定性能高的聚合物，可在 150℃长期使用、200℃短期使用。

（3）聚间苯二甲酸二烯丙基酯树脂（DAIP）

间苯二甲酸二烯丙基酯与 DAP 属同系物，与后者的两个烯丙基在苯环上的取代位置不同。DAIP 单体结构式如下所示

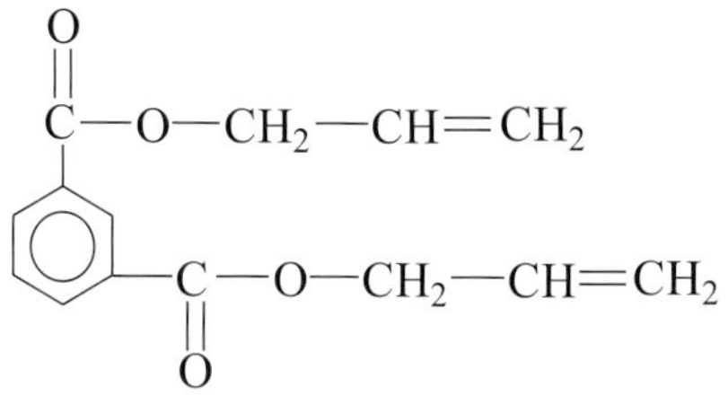

$$\text{(4-10)}$$

DAIP 单体的聚合形式、基本性能与 DAP 大体相似，而且更易成型。

4.3.3.3 烯丙基酯树脂的性能

表 4-28 和表 4-29 分别列出了 DAP 和 DAIP 两种单体及聚合物的性质及性能。

表 4-28 DAIP 与 DAP 单体的性质

性质	DAP	DAIP
相对分子质量	246	246
密度 /（g/cm³）	1.12	1.12
沸点（400Pa）/℃	160	181
冰点 /℃	−70	−3
闪点 /℃	166	340
黏度（20℃）/（Pa·s）	0.012	0.017
汽油中的溶解度 /%	24	100

表 4-29 DAIP 与 DAP 固化物的性能

树脂	DAP	DAIP
相对密度 /（g/cm³）	1.57	1.68
吸水率 /%	0.2	0.1
收缩率 /%	0.2	—
冲击强度 /（kJ/m²）	2	6.5
弯曲强度 /MPa	75	105
洛氏硬度 /MPa	M103	M108
热变形温度 /℃	—	232
体积电阻率 /（Ω·cm）	10^{15}	10^{14}
介电常数 /1MHz	4.4	3.3
损耗角正切值 /1MHz	0.007	0.01
连续使用温度 /℃	204	260

由表中数据可以发现，DAIP 比 DAP 树脂具有更高的热稳定性和机械强度，更广泛地应用于高性能玻璃纤维增强复合材料。但 DAIP 树脂高的交联密度和分子结构的刚性导致该树脂脆性较大。难以满足先进飞机雷达天线罩的性能要求。必须通过改性提高 DAIP 树脂的韧性。

环氧乙烯基树脂 VA-1B（结构式见式（4-11））具有较好的柔韧性和较高的热变形温度，采用 VA-1B 对 DAIP 树脂进行改性，既可以增加 DAIP 树脂的韧性，又能降低其耐热性。

$$CH_2=CH-\overset{\overset{\displaystyle O}{\|}}{C}-O-CH_2-\underset{\underset{\displaystyle OH}{|}}{CH}-CH_2-O-\bigcirc-\overset{\overset{\displaystyle CH_3}{|}}{\underset{\underset{\displaystyle CH_3}{|}}{C}}-\bigcirc-O-R_1-CH_2-\underset{\underset{\displaystyle OH}{|}}{CH}-CH_2-O-\overset{\overset{\displaystyle O}{\|}}{C}-CH=CH_2$$

$$（4-11）$$

聚氨酯改性的乙烯基酯树脂 DAUT-1B（结构式如式 4-12）具有较好的柔韧性和黏结性，采用 DAUT-1B 对 DAIP 树脂进行改性，既起增韧作用，又能提高对纤维的浸润性和黏结性。

$$CH_2=CH-\overset{\overset{\displaystyle O}{\|}}{C}-O-CH_2-\underset{\underset{\displaystyle CH_3}{|}}{CH}-O-\overset{\overset{\displaystyle O}{\|}}{C}-NH-\text{(aromatic ring with }CH_3\text{)}$$

$$HN-\overset{\overset{\displaystyle O}{\|}}{\underset{\underset{\displaystyle O}{\|}}{C}}-O-R_2-CH-CH_2-O-\overset{\overset{\displaystyle O}{\|}}{C}-CH=CH_2$$

$$（4-12）$$

采用以上两种乙烯基树脂增韧改性 DAIP 树脂，由于两者反应活性的差异，改性剂与 DAIP 树脂之间可以形成有一定联系的"互穿网络"结构，因此改性 DAIP 的共固化结构在力学性能如拉伸、弯曲方面都有所提高的同时，又保持了较好的耐热性、电性能和可加工性能。

4.3.3.4 烯丙基酯树脂的应用

烯丙基酯树脂一个很重要的应用领域是通信、计算机、宇航系统中应用的电连接装置，其他应用包括绝缘体、电位器、电路板、开关、电视元件等方面。烯丙酯类树脂预浸渍在玻璃布或粗纱上，可制作管、导管、天线罩、接线盒、飞机和导弹部件等。

一些烯丙酯类单体广泛用作预成型聚酯或毡片黏结剂的交联剂和层合预浸坯料或湿铺料交联剂，也广泛用于纯料、粒料和预混模塑料中，以及玻璃布与装饰层合物的加工成型中。由于模塑温度条件下的蒸汽压低，302°F 时为 2.4 mmHg，因此，在制造成品时，特别是制造大件成品时，常用邻苯二酸二烯丙酯或其他低挥发性的烯丙酯单体，而较少用苯乙烯。

由于低挥发性，故烯丙酯聚酯较苯乙烯聚酯可在更高温度下模塑成型，因而模塑周期较快。

4.3.4 双马树脂

4.3.4.1 概述

双马来酰亚胺（简称 BMI）是由聚酰亚胺树脂体系派生的另一类树脂体系，其通式为

$$\text{(结构式)} \tag{4-13}$$

它是以马来酰亚胺（MI）为活性端基的双官能团化合物，其树脂具有与典型热固性树脂相似的流动性和可模塑性，可用与环氧树脂相同的一般方法加工成型。但它同环氧树脂一样也有固化物交联密度很高使材料显示脆性的弱点，因此 BMI 树脂作为聚酰亚胺的一类在保持固有的耐高温、耐辐射、耐潮湿和耐腐蚀等特点的同时，对其进行克服脆性、提高韧性的研究（改性）就成了满足高技术要求和扩大新应用领域的技术关键。改性 BMI 树脂的性能处于不耐高温的环氧树脂和耐高温而难加工的聚酰亚胺之间，具有既耐高温又容易加工的优点，这也大大推动了 BMI 增韧改性技术的发展。

20 世纪 60 年代末期，法国的罗纳 – 普朗克公司首先研制 M-33 树脂及其复合材料，并很快实现了商品化。随后各种类型的 BMI 及改性 BMI 被研制出，且部分已经商品化。现在世界上许多发达国家不惜花费大量人力、财力进行 BMI 的改性研究工作，而且取得了许多令人满意的结果。

我国在 20 世纪 70 年代初期开始 BMI 的研究工作，起初的研究和应用主要是针对电器绝缘材料，砂轮黏合剂、橡胶交联剂和增强塑料添加剂等方面。进入 80 年代，随着尖端科学、宇航科技的发展，我国许多高分子工作者开展了对高性能结构复合材料用树脂基体 – 双马来酰亚胺树脂的研制及改性工作，已经取得了一定的科研成果，发表了许多学术水平较高的论文，有的成果已经商品化，如 QY8911、4501A、5405、4503A 等。

4.3.4.2　BMI 的分类

从原理上讲，任意一种二元胺均可用于 BMI 单体的合成，这些二元胺可以是脂肪族胺，也可以是芳香族胺，或者是某种端胺基预聚体。因此，由于合成二胺单体的种类繁多，导致双马来酰亚胺树脂的种类已达上百种。通常按照分子结构的种类将双马树脂划分为脂肪族双马树脂和芳香族双马树脂。

4.3.4.3　BMI 的性能

（1）熔点

BMI 单体多为结晶固体，因其不同的结构而具有不同的熔点（M_p）。一般来讲，脂肪族 BMI 单体具有较低的熔点，且其熔点随着亚甲基链段中甲基数量的增大而降低，这是分子中极性基团密度的降低和分子链的柔顺性增大所致。芳香族 BMI 的熔点大都较高，但随着结构的不同而有较大的差异。不对称因素（如取代基、扩链）的引入破坏了分子结构的对称性，使其晶体的完善程度下降，因而熔点下降。为此，人们合成了一些结构对称性非常差的 BMI 单体。表 4-30 列出了一些 BMI 单体的熔点，可以看出—◯—R—◯—型 BMI 的熔点随着 R 的不同而差异较大，如 $SO_2>O>CH_2$。对于二氨基苯型 BMI，间位的熔点低于对位和邻位，若在顺丁烯二酸酐中引入取代基如甲基、氯等可使 BMI 的熔点降低 100℃ 左右。

表 4-30　BMI 单体的熔点（M_p）

R	熔点 /℃	R	熔点 /℃
$(CH_2)_2$	190~192	（甲基苯结构）	198~201
$(CH_2)_4$	171	（对位苯结构）	>340
$(CH_2)_6$	137~138	（甲基苯结构）	307~309
$(CH_2)_8$	113~118	（二甲基—CH_3苯结构）	172~174
$(CH_2)_{10}$	111~113	（联苯结构）	307~309
$(CH_2)_{12}$	110~112	（萘结构）	397
$-CH_2-C(CH_3)_2-CH_2-CH$ $(CH_3)-(CH_2)_2$	70~130	（芴类双甲基苯结构）	>300
（苯—CH_2—苯结构）	154~156		
（苯—O—苯结构）	180~181		
（苯—SO_2—苯结构）	251~253		

（2）溶解性

常用的 BMI 单体不能溶于普通有机溶剂如丙酮、乙醇、氯仿中，只能溶于 DMF、N—甲基吡啶咯烷酮（NMP）等强极性、毒性大、价格高的溶剂中。这是由 BMI 的分子极性以及结构对称性所决定的，因此如何改善溶解性是 BMI 改性的一个重要内容。

（3）反应性

BMI 单体结构中，C═C 双键受邻位两个羰基的吸电子作用而成为贫电子键，因而容易与二元胺、酰胺、酰肼、硫化氢、氰尿酸和多元酚等活泼氢的化合物进行加成反应，它也可以同含不饱和双键的化合物、环氧树脂及其他结构的 BMI 进行共聚反应，同时也能在催化剂或热作用下发生自聚反应。BMI 的固化和后固化温度与其结构有很大的关系，一般 BMI 及其改性树脂的固化温度为 200~220℃，后处理温度为 230~250℃。

（4）耐热性

BMI 由于含有苯环、酰亚胺杂环及交联密度较高而使其固化物具有优良的耐热性，其 T_g 一般大于 250℃，使用温度范围为 177~232℃。表 4-31 中列出了一些 BMI 固化物（PBMI）的耐热性数据，可看出脂肪族 BMI 中乙二胺是最稳定的，随着亚甲基数目的增多起始热分解温度（T_{di}）将下降。芳香族 BMI 的 T_{di} 一般都高于脂肪族 BMI 的 T_{di}，其中 2，4—二氨基苯类的 T_{di} 高于其他种类。另外，T_{di} 与交联密度有着密切的关系，在一定范围内 T_{di} 随着交联密度的增大而升高。

表 4-31　PBMI 的耐热性

R	$T_{di}/℃$	失重率（在 260℃空气中 100h）/%	聚合条件 /（h/℃）	
（CH$_2$）$_2$	435	—	1/195	3/240
（CH$_2$）$_6$	420	3.20	1/170	3/240
（CH$_2$）$_8$	408	3.30	1/170	3/240
（CH$_2$）$_{10}$	400	3.10	1/170	3/240
（CH$_2$）$_{12}$	380	3.20	1/170	3/240
◯—O—◯	48	1.10	1/170	3/240
◯—CH$_2$—◯	452	1.40	1/185	3/240 ~ 3/260
—◯—CH$_3$	462	0.10	1/175 ~ 181	3/240

（5）力学性能

BMI 树脂的固化反应属于加成型聚合反应，成型过程中无低分子副产物放出，且容易控制。固化物结构致密，缺陷少，因而 PBMI 具有较高的强度和模量。但是由于固化物的交联密度高、分子链刚性强而使 PBMI 呈现出极大的脆性，表现为抗冲击强度差、断裂伸长率小、断裂韧性 G_{IC} 低（<50J/m^2）。而韧性差正是 BMI 适应高技术要求、扩大新应用领域的重大障碍，所以如何提高韧性就成为决定 BMI 应用及发展的技术关键之一。此外，PBMI 还具有优良的电性能、耐化学性能、耐环境及耐辐射等性能。

BMI 改性方面的研究近年来发展较快，主要目的是降低 BMI 单体的熔点和融体黏度，提高在丙酮、甲苯等普通有机溶剂中的溶解能力，降低聚合温度、增加其预浸料的黏附性及提高固化物的韧性等。当前已实现商品化的几种主要的改性 BMI 树脂的牌号、组成及主要性能见表 4-32。

表 4-32　BMI 树脂的牌号、组成及主要性能

树脂牌号	基本组成	主要性能或应用	供应商或公司
Compimide-183, -353, -795, -795E, -800, -65FWR, X-15MRK	低共熔 BMI 或添加间氨基苯酰肼和各种添加剂	无溶剂低共熔树脂，固化物 250℃下强度高，耐湿热性和尺寸稳定性好，热膨胀系数小。用于耐热绝缘板、飞机内舱蜂窝面板和耐磨件	Boots Technochemic（德）
G9107	半互穿网络 BMI	韧性好、低吸湿率（2.25%）、耐湿热性能高，固化温度与环氧树脂一样为 170℃，适于制作预浸料	
Kerimide353	二苯甲烷型 BMI，甲苯 BMI 和三甲基六亚甲基 BMI 的低共熔物	熔融温度（M_p）为 70 ~ 125℃，120℃熔体黏度为 0.15Pa.s，黏度增加较慢，适于熔融浸渍纤维和热缠绕成型固化时间长，热稳定性较差	Rhone-Poulenc（法）

表 4-32（续）

树脂牌号	基本组成	主要性能或应用	供应商或公司
Kerimid 改良型 FE7003，FE7006	二苯基硅烷二醇改性 BMI	无胺、无溶剂体系，耐热 250℃，热稳定性好，机械强度保持率高，吸水性小，电性能优异	Rhone-Poulenc（法）
sbimide	BDM、反应型丙烯酸类共聚单体、弹性增韧体、过氧化物等组成	150℃可完成固化反应，适于 RTM 工艺成型，可用长丝缠绕及热熔法制备预浸料	DSM（荷兰）
F-178	BMI-DDM 预聚物与少量三烯丙基氰尿酸酯（TAC）的共聚物	M_p=24℃，可热熔或丁酮溶液中浸渍纤维，130～232℃固化，T_g=260～275℃，吸水率 3.7%，较脆	Hexcel（美）
V378-A	二乙烯基化合物改性 BMI 树脂	加工性能与环氧树脂相同，可在 180℃下成型固化，耐热分别为 230℃、315℃、371℃三个等级，其复合材料耐湿热强度高，适用于飞机结构材料。	Polymeric（美）
XU292	二苯甲烷型 BMI 与二烯丙基双酚 A 的共聚物	100℃为低黏度液体且很稳定，180～250℃固化后 T_g=273～287℃，最高使用温度 256℃，耐湿热性、韧性优异	Ciba-Geigy（美）
RX130-9	新型 BMI	耐冲击韧性高	
X5245C	二异氰酸酯和环氧树脂改性 BMI	易加工，固化温度 180℃，固化物韧性好，T_g=228℃，在 130～150℃热湿条件下高强度，可作飞机主承力件	Narmco（美）
X5250	X5245C 改良型	储存寿命长，耐湿性、韧性、抗冲击性和高温力学性能优异，刚性和高温热/湿性能均优于 X5245C	
5405	改性 BMI	成型工艺好，韧性优，耐 130℃湿热环境，复合材料可在 130℃湿热下长期使用	西北工业大学
QY8911	BDM 和二烯丙基双酚 A 或聚醚砜共聚而成	适于湿法成型预浸料，固化物耐热性、韧性、抗氧化性优良，复合材料可在 230℃下使用	北京 625 所
X4502	耐热型 BMI	储存寿命长，可以湿法成型，复合材料可在 200℃下使用，可作飞机主结构件	
4501AH	改性 BMI	软化点低，在丙酮中溶解性好，固化物耐热韧性优良，介电性能优异，适于人工介质及高性能复合材料制造	西北工业大学
4501A		韧性、介电性能优良，可低温成型，为低损耗高韧性耐热树脂基体，用于先进战斗机雷达天线罩	
4503A		RTM 工艺成型的高性能低损耗树脂基体，压注温度低，活性期长，固化物耐热性及力学性能、介电性能优良	

4.3.4.4　BMI 的应用

因为双马来酰亚胺树脂具有与热固性树脂相似的流动性和可模塑性及优异的电绝缘性、透波性、阻燃性、良好的力学性能、尺寸稳定性，所以被广泛应用于航空航天、电子和交通运输等部门。

（1）在航空航天中的应用

双马来酰亚胺在航空航天中的应用主要是由于 BMI 能与碳纤维复合，制备连续纤维增强复合材料。该材料主要用于飞机上的承力或非承力构件，如飞机机身和骨架、尾翼及机翼蒙皮等。

为了适应新型歼击机的需要，1986 年我国开展了对双马来酰亚胺复合材料的研究。我国研制的第一个通过国家鉴定的双马来酰亚胺树脂基体是 QY89 Ⅱ。它已在 5 种飞机及导弹结构上获得应用。

（2）在雷达天线罩中的应用

随着作战技术的高速发展，对雷达天线罩的性能要求也变得越来越高。先进的雷达天线罩应具有良好的电绝缘性和力学性、高频电磁波透过性、耐环境等性能，故树脂基体是决定雷达天线罩性能的关键因素。

目前国外应用的树脂基体主要是高性能环氧树脂和聚酰亚胺（PI），国内应用的树脂基体主要是酚醛树脂和环氧树脂。由于环氧树脂和酚醛树脂的介电性能与耐热性能满足不了先进雷达天线罩的要求，故也要求对聚酰亚胺（PI）进行研究，目前的主要问题是其复杂的成型工艺和高的成型温度。

（3）在耐磨材料中的应用

双马来酰亚胺作为一种新型耐热热固性树脂，可在 200℃左右高温中连续使用，其成型工艺简单，成型过程中无挥发物产生。双马来酰亚胺树脂作为耐磨材料使用时与对偶材料存在黏着磨损问题。因此，可以通过引入调节剂来改善双马来酰亚胺树脂与对偶材料的黏着磨损问题。

（4）在其他领域的应用

由于导弹发射后在飞往目标的过程中处于极热冲击环境，这就要求材料具有良好的力学性能和耐高温性能。

研究结果表明，具有轻质、易加工特性的双马来酰亚胺和氰酸酯应用于该复合材料中，有望用于超声速空中截击导弹弹体的零部件。因此，双马来酰亚胺树脂由于耐热性能突出，特别是聚合过程无低分子挥发物产生引起了人们的重视。成都飞机工业公司与四川联大以双马来酰亚胺为基体，高强度玻璃布和碳布为增强材料，制得的复合材料已经在航空工业进行模具试制研究。

4.3.5　氰酸酯树脂

4.3.5.1　概述

氰酸酯树脂是为满足宇航和电子工业需要，继环氧树脂、聚酰亚胺树脂后逐步发展起来的一类高性能热固性树脂。它是氰酸酯单体、预聚体及其固化聚合物的统称。

氰酸酯树脂通常定义为含有两个或两个以上氰酸酯（$—O—C≡N$）官能团的酚衍生物。根据其主链化学结构一般分为芳香族主链氰酸酯、脂肪族主链氰酸酯和氟代烃主链氰酸酯三种树脂类型。其中，芳香族主链氰酸酯（结构通式见式（4-14））由于综合性能优异，特别是耐热性能方面的优越性，成为商品化最多，也最具实用性的一类氰酸酯树脂。该类树脂可在热或催化剂作用下发生环化三聚反应，生成含有三嗪环的高交联密度网络结构的大分子（反应见式（4-15））。从而表现出优异的介电性能（ε=2.6~3.2，$\tan\delta$=0.002~0.008）、耐高温性能（T_g=240~290℃）、低吸湿率（1%~3%）、低收缩率，以及优良的力学性能和加工工艺性能等。目前已商品化的氰酸酯树脂主要应用于电子（高速数字及高频用印刷线路板）、宇航（航空航天用高性能结构复合材料、高性能透波功能复合材料）及胶黏剂工业。

$$（4\text{-}14）$$

X：CH_2；$(CH_3)_2C$；$(CF_3)_2C$；O；S；SO_2 等

R：H；CH_3— ；$H_2C=CH-CH_2$—等

$$（4\text{-}15）$$

4.3.5.2 氰酸酯树脂的分类

氰酸酯种类繁多，根根单体分子结构不同可将氰酸酯细分为单官能团氰酸酯、单环多官能团氰酸酯、双酚型二氰酸酯、低聚物型氰酸酯、稠环型二氰酸酯、氟代脂肪族氰酸酯和碳硼烷型氰酸酯。氰酸酯类型及其室温下物理状态列于下表3-33中。

表 4-33 氰酸酯类型及其室温下物理状态

氰酸酯树脂类型	单体结构	物理状态
单官能团氰酸酯		液体
		油
单环多官能团氰酸酯		$M_p=80℃$
		$M_p=102℃$
双酚型二氰酸酯		$M_p=131℃$
		$M_p=169\sim170℃$
		$M_p=48\sim49℃$
低聚物型氰酸酯		$M_p=63℃$
		半固态
稠环型二氰酸酯		140℃分解
		$M_p=149℃$
氟代脂肪族氰酸酯	$NCO—CH_2\!\!+\!\!(CF_2)_3CH_2—OCN$	液体
碳硼烷型氰酸酯	$NCO—CH_2—C≡C—CH_2—OCN$ 下方 $B_{10}H_{10}$	$M_p=127.5\sim128℃$

4.3.5.3 氰酸酯树脂的性能

（1）氰酸脂单体的性能

①熔点及熔融黏度

多数氰酸酯单体为结晶固体，其熔点都低于制备它们的相应酚类化合物的熔点（见表4-34）。双酚A型及类似结构的双官能团氰酸酯的熔点在29~88℃，熔融后冷却至室温可形成稳定的过冷液（ η =90~120cP），这对某些常温下有降低黏度需要的工艺操作极有意义。

表 4-34 氰酸酯树脂结构及热性能

单体结构	M_p/℃	η /（cP/℃）
 NCO—⟨⟩—OCN	116~118	—
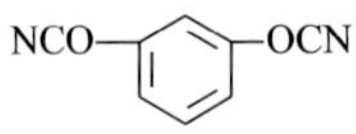 NCO—⟨⟩—OCN	80	—
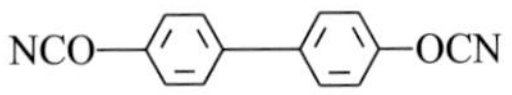 NCO—⟨⟩—⟨⟩—OCN	131	—
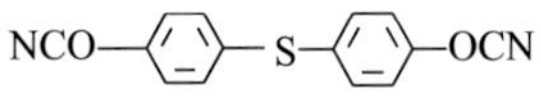 NCO—⟨⟩—S—⟨⟩—OCN	94	—
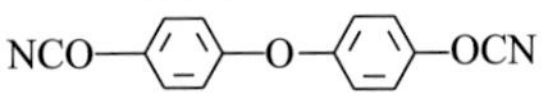 NCO—⟨⟩—O—⟨⟩—OCN	87	—
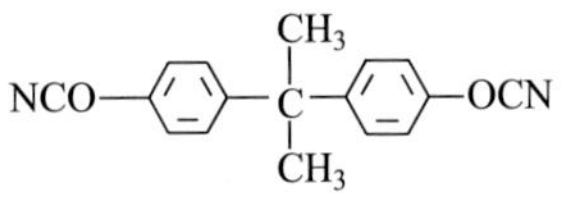 NCO—⟨⟩—C(CH₃)₂—⟨⟩—OCN	85	<50/80
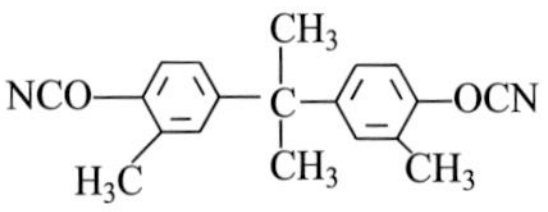 NCO—⟨⟩(H₃C)—C(CH₃)₂—⟨⟩(CH₃)—OCN	77~78	—
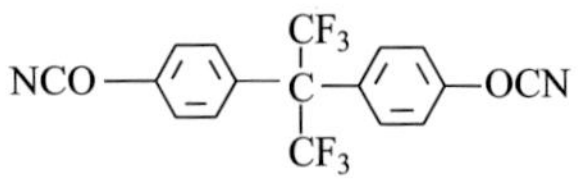 NCO—⟨⟩—C(CF₃)₂—⟨⟩—OCN	88	<50/90
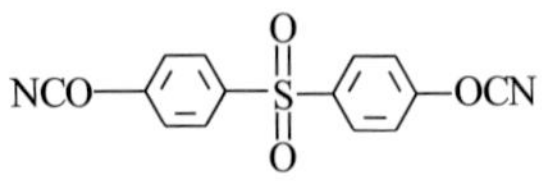 NCO—⟨⟩—SO₂—⟨⟩—OCN	169~170	—
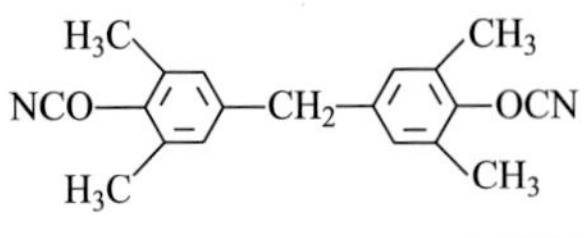 NCO—⟨⟩(H₃C,H₃C)—CH₂—⟨⟩(CH₃,CH₃)—OCN	106	<20/110
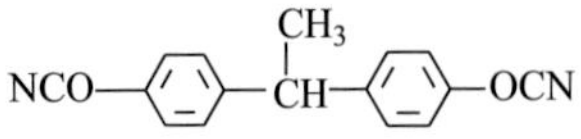 NCO—⟨⟩—CH(CH₃)—⟨⟩—OCN	29	90~120/25
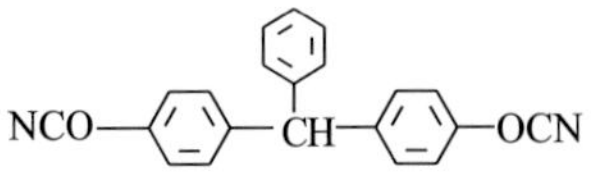 NCO—⟨⟩—CH(C₆H₅)—⟨⟩—OCN	72.5~73	—
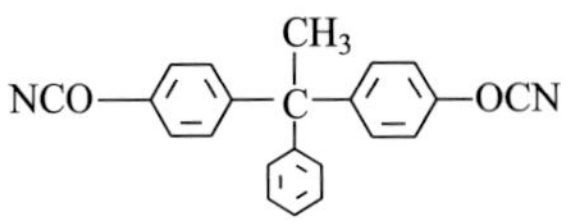 NCO—⟨⟩—C(CH₃)(C₆H₅)—⟨⟩—OCN	87~88	—

212

表 4–34（续）

单体结构	M_p/℃	η /（cP /℃）
NCO—⟨⟩—C—⟨⟩—OCN（四苯基甲烷结构）	190.5～191.5	—
NCO—⟨⟩—N=N—⟨⟩—OCN	163	—
NCO—⟨⟩—C(CH₃)₂—⟨⟩—C(CH₃)₂—⟨⟩—OCN	68	8000/25 过冷液，可析出结晶
NCO—⟨⟩ 芴基 ⟨⟩—OCN	163	—
NCO—⟨⟩ 结构 ⟨⟩—OCN	170	—
NCO—⟨⟩—双环戊二烯基—⟨⟩—OCN	半固体	700/85

②化学稳定性

高纯度的氰酸酯单体稳定性高，储存期长，不添加催化剂需在 200~300℃的高温条件下才可固化，并放出大量的反应热。图 4-8 为双酚 A 型氰酸酯在不同升温速率（β=5、10、15、20℃/min）下的 DSC 曲线，数据处理后，得到固化反应活化能 Ea=107.2kJ/mol，频率因子 $\ln A$=25.7s^{-1}。

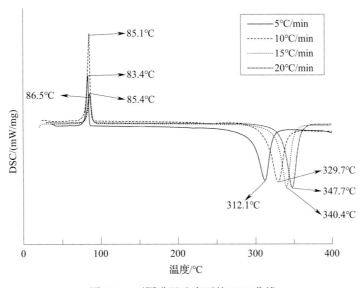

图 4-8　不同升温速率下的 DSC 曲线

③水解反应

芳香族氰酸酯室温下（无其他催化剂存在）对水相当稳定，如双酚 A 型氰酸酯与水接触 6 个月以上，只有不到 5% 的树脂发生水解。而氟代烃氰酸酯对水则敏感得多（16h后即有 5% 树脂水解）。水解产物对树脂的储存和固化是极为不利的。

强酸和强碱均能使氰酸酯快速水解，见式（4-16）。

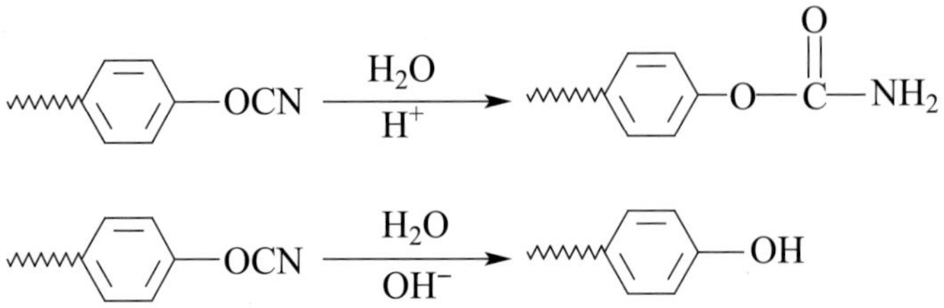

$$（4-16）$$

④毒性

氰酸酯树脂低毒，并且绝大多数氰酸酯为芳基或多环化合物，挥发性极小，其水解反应也不会产生挥发性氢氰酸。只有在高温加热时有可能存在水解产物氨基碳酸酯受热分解逸出的情况，需戴面罩保护呼吸器官。因此，氰酸酯使用过程中采取一般的防护措施对人体是安全的。

表 4-35 是几种氰酸酯树脂的动物毒性试验，说明其低毒性。但单环氰酸酯（如间苯二氰酸酯、对苯二氰酸酯）、低分子量的脂肪链氰酸酯和氟代脂肪链氰酸酯有明显的刺激性气味。

表 4-35　几种氰酸酯树脂的动物毒性试验

试验项目	树脂类型		
	B-10	L-10	RTX-366
	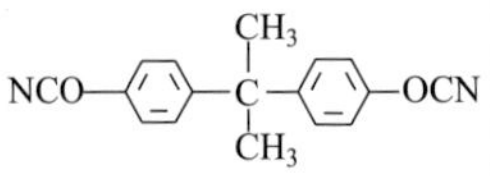 NCO—〇—C(CH₃)₂—〇—OCN	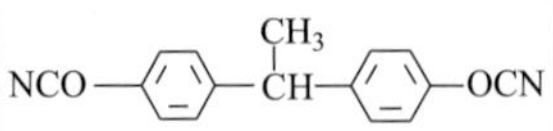 NCO—〇—CH(CH₃)—〇—OCN	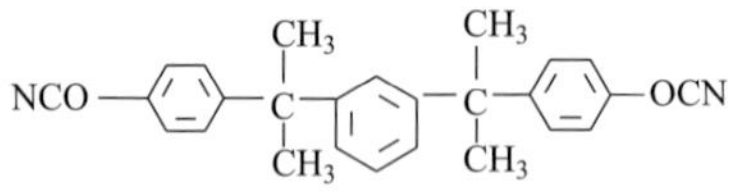 NCO—〇—C(CH₃)₂—〇—C(CH₃)₂—〇—OCN
口服 LD_{50} 鼠 /（g/kg）	>2.5	0.5～1.0	>5.0
皮肤 LD_{50} 兔 /（g/kg）	>2.5	>5.0	>2.0
皮肤刺激性	无	无	无
眼睛刺激性	—	无	无

（2）氰酸酯树脂的性能

①氰酸酯的结构与性能

氰酸酯树脂固化后形成网络分子结构（见式（4-15）），结构中含有大量三嗪环、芳环及其他刚性脂环通过醚氧键连接起来，具有较高的交联密度。因此氰酸酯固化物表现出较高的力学性能、耐热、耐湿热性能和优异的介电性能。表 4-36 为氰酸酯固化物特殊的化学结构与性能对应关系。

表 4-36 氰酸酯固化物特殊的化学结构与性能对应关系

化学结构	表现性能	化学结构	表现性能
氰酸酯官能团 —OCN	低毒性 良好的加工工艺性 良好的化学反应性	低极性基团	低介电 低吸湿率
三嗪环结构	耐高温	高纯度	低介电 耐腐蚀
醚键 —O—	韧性		

由于各种氰酸酯单体结构不同，其物理性能和工艺特性也有较大差异。表 4-37 是几种商品化氰酸酯固化物性能。为改善结晶性氰酸酯单体工艺性能，也可将氰酸酯单体部分预聚合，以预聚物的形式供应。

表 4-37 几种商品化氰酸酯固化物性能

树脂结构	商品名/供应商 物理状态	均聚物性能			
		T_g/℃	吸水率/%	ε/（1MHz）	G_{1C}/（J/m²）
NCO—〇—C(CH₃)₂—〇—OCN	Arocy B/Ciba-Geigy BT-2000/Mitsubishi 晶体	289	2.5	2.91	140
H₃C/CH₃ 取代的 NCO—〇—CH₂—〇—OCN	Arocy M/Ciba-Geigy 晶体	252	1.4	2.75	175
NCO—〇—C(CF₃)₂—〇—OCN	Arocy F/Ciba-Geigy 晶体	270	1.8	2.66	140
NCO—〇—CH(CH₃)—〇—OCN	Arocy L-10/Ciba-Geigy 液体	258	2.4	2.98	190
NCO—〇—S—〇—OCN	Arocy T/Ciba-Geigy 晶体	273	1.5	3.11	158
NCO—〇—C(CH₃)₂—〇—C(CH₃)₂—〇—OCN	RTX-366/Ciba-Geigy 半固体	192	0.7	2.64	210
OCN 苯酚醛型结构	PrimasetPT/Allied-Signal REX-371/Ciba-Geigy 半固体	270~350	3.8	3.08	60
NCO—〇—双环戊二烯—〇—OCN	XU-71787/DOW 半固体	244	1.4	2.80	125

②氰酸酯的耐热及耐湿热性能

氰酸酯树脂用于宇航结构材料和印刷线路板制造行业，重要原因之一就是氰酸酯有较高的耐热和耐湿热性能。从结构上分析，氰酸酯固化物分子中大量的均三嗪环具有近似苯环的热稳定性，且分子中多为芳环等疏水性基团，交联密度高，结构致密。表4-38为几种氰酸酯树脂的典型热性能。Arocy系列氰酸酯树脂的玻璃化转变温度在250~290℃，其中非对称结构的Arocy L和—OCN侧位四甲基取代的Arocy M的T_g较低，而XU 71787虽然分子中含有大量刚性脂环，但由于交联点间分子距离过长，其T_g也较低。

表4-38　几种氰酸酯树脂的典型热性能

性能		Arocy					XU 71787	BMI-DAB	TGMDA-DDS
		B	M	F	T	L			
HDT/℃	干态	254	242	238	243	249	—	266	232
	湿态	197	234	160	195	183	—	217	167
T_g/℃		289	252	270	273	258	244	288	246
CTE/（ppm/k）40~200℃			71	54	68	64	68	63	67
TGA/℃（空气）			403	431	400	408	405	371	306
燃烧性能 UL-94	第一次点燃/s	33	20	0	1	1	>50	>50	>50
	第二次点燃/s	23	14	0	3	>50	—	—	—

与T_g变化不同的是树脂的HDT相差较小，而且Arocy M的湿态HDT最大，并与干态热变形温度相差最小，仅下降8℃。表明Arocy M耐湿热性能最好。而六氟取代的Arocy F耐湿热性能最差，其湿态HDT仅为160℃，与干态下的HDT相差了近80℃。不同化学结构的氰酸酯热稳定性和热氧化性能（见表4-39）也有一定的差异。但Arocy系列的热失重起始分解温度都在400℃以上，远高于四官能环氧树脂和二烯丙基双酚A改性的双马来酰亚胺树脂。

表4-39　氰酸酯树脂结构与热性能

单体结构	T_{od}/℃	T_{wl}/℃
NCO—⬡—OCN	360	390
NCO—⬡—OCN	395	390
NCO—⬡—⬡—OCN	380	390
NCO—⬡—S—⬡—OCN	—	400
NCO—⬡—O—⬡—OCN	400	380
NCO—⬡—C(CH₃)₂—⬡—OCN	385	411

表 4-39（续）

单体结构	$T_{od}/℃$	$T_{wt}/℃$
NCO-〇-C(CH₃)₂-〇-OCN (带CH₃取代)	280	280
NCO-〇-C(CF₃)₂-〇-OCN	360	431
NCO-〇-SO₂-〇-OCN	360	360
NCO-〇-CH₂-〇-OCN (带CH₃取代)	—	403
NCO-〇-CH(CH₃)-〇-OCN	—	408
NCO-〇-CH(C₆H₅)-〇-OCN	410	410
NCO-〇-C(CH₃)(C₆H₅)-〇-OCN	370	395
NCO-〇-C(C₆H₅)₂-〇-OCN	360	400
NCO-〇-N=N-〇-OCN	—	—
NCO-〇-C(CH₃)₂-〇-C(CH₃)₂-〇-OCN	—	—
NCO-〇〇(芴)〇〇-OCN	375	400
NCO-〇〇〇〇-OCN	395	400
NCO-〇-〇-OCN	—	405

图 4-9 和表 4-40 是氰酸酯树脂不同条件下的吸湿性能，邻位甲基化的 Arocy M 吸湿率最低，这与其能在湿态下保持稳定的 HDT 性能是相符的。

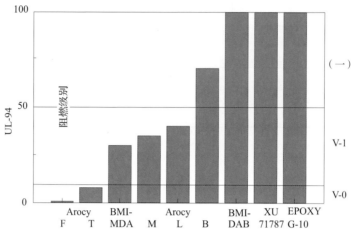

图 4-9　氰酸酯树脂常温体积吸湿率

表 4-40　氰酸酯饱和吸湿率（水煮 500h）

固化树脂	吸湿率 /（bw %）	固化树脂	吸湿率 /（bw %）
RTX 366	0.6	Arocy L	2.4
XU 71787	1.4	Arocy B	2.5
Arocy M	1.4	BMI-MDA	4.2
Arocy F	1.8	BMI-DAB	4.4
Arocy T	2.4		

③介电性能

a. 树脂结构与介电性能关系

氰酸酯固化形成的三嗪网络结构中，电负性的氧原子和氮原子均匀对称地分列在带正电的中心碳原子周围（以双酚 A 型氰酸酯为例，氧原子和氮原子含量分别约为 11% 和 10%），这种高度极性对称的共轭体系，平衡了电子间作用力，使分子具有极小的偶极距，因而在电磁场作用下少有极化作用，表现出很低的介电常数和能量损耗。此外，氰酸酯中少有极性基团和质子给体，固化后也不会产生较强的氢键，因此其损耗角正切和吸湿率极低。表 4-41 列出了商品化氰酸酯树脂的介电性能。RTX-366 和 Arocy F 有最低的介电常数，这是因为 RTX-366 分子中苯环之间有较大的烃基链（间二异丙基苯），降低了极化密度和取代基苯环的电负性。其他氰酸酯树脂的介电常数也有随烃基分子增大而降低的趋势，如烃基大小顺序为

而相应氰酸酯树脂的介电常数由大到小依次为

$$\text{Arocy L>Arocy　B>XU 71787>RTX-366}$$

Arocy M 由于 –OCN 邻位全部被甲基取代，屏蔽和减弱了 C—O、C—N 和 C≡N 的偶极化作用，也表现出极低的介电常数（2.54/1GHz）和损耗角正切。

表 4–41　商品化氰酸酯树脂的介电性能

氰酸酯单体结构 / 制备酚名称	商品名称	ε		$\tan\delta \times 10^{-3}$	
		1MHz	1GHz	1MHz	1GHz
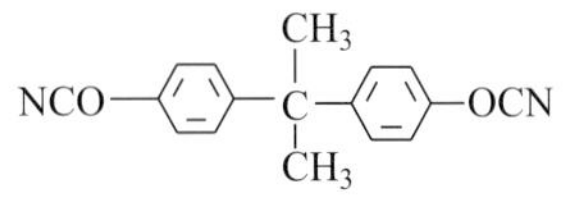 双酚 A	Arocy B/Ciba–Geigy BT2000/Mitsubishi	2.91	2.79	5	6
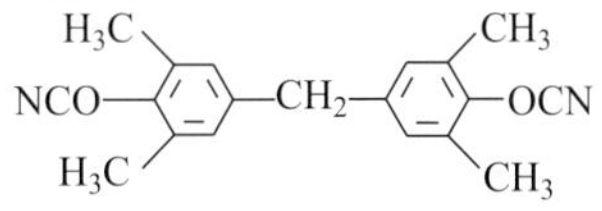 四甲基双酚 F	Arocy M/Ciba–Geigy	2.75	2.67	3	5
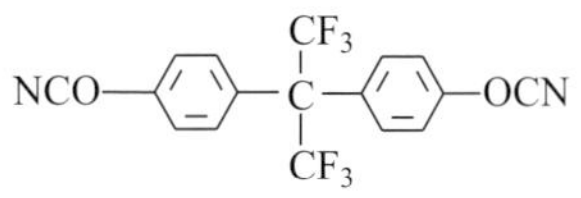 六氟代双酚 A	Arocy F/Ciba–Geigy	2.66	2.54	5	5
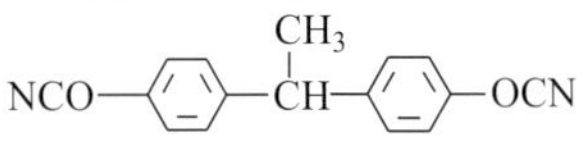 双酚 E	Arocy L-10/Ciba–Geigy	2.98	2.85	5	6
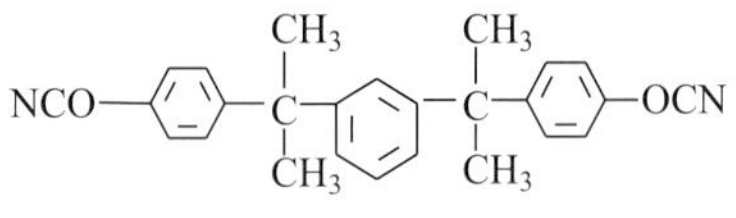 双酚 M	RTX–366/Ciba–Geigy	2.64	2.53	1	2
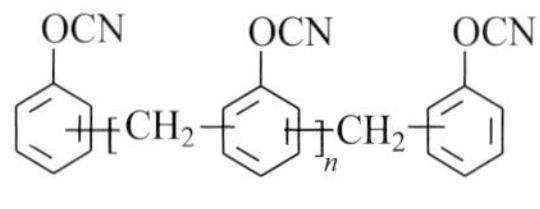 线性酚醛树脂	Primaset PT/Allied–Signal REX–371/ Ciba–Geigy	3.08	2.97	6	7
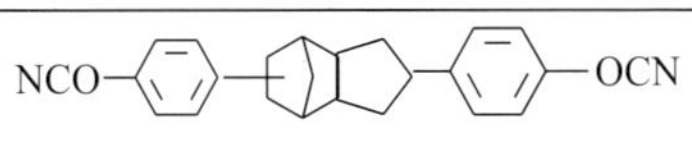 联环戊二烯二酚	XU 71787/DOW Chemical	2.80	—	3	5

b. 介电性能影响因素

（a）频率与温度的影响

环氧树脂、双马来酰亚胺树脂等当外界电磁场作用发生变化时，介电常数也随之改变。而氰酸酯固化后形成的均三嗪结构对电磁波频率变化很不敏感，可在不同波段保持低而稳定的介电常数和介质损耗因数，这就是氰酸酯树脂特有的宽频带性能。图 4-10 是树脂介电性能与测试频率的关系。同时，氰酸酯树脂介电性能对温度的变化也不敏感，如 XU 71787 均聚物在 220℃介电常数基本不变，损耗角正切仍可保持在 0.005 以下。

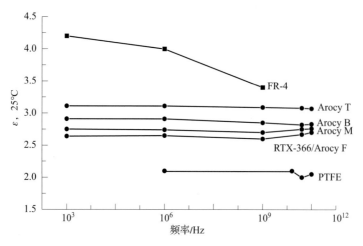

图4-10 树脂介电性能与测试频率的关系

（b）吸湿率影响

除PTFE和其他含氟塑料、橡胶等不易受吸湿条件影响外，吸湿率（0.5%～5.0%）严重影响热固性树脂的介电性能，图4-11、图4-12分别为各种热固性树脂在室温和1MHz下的介电性能随吸湿状态的变化情况。其中氰酸酯树脂的介电常数在吸湿后增加了10%～15%，而典型双马树脂BMI-MDA的介电常数在吸湿后增加了33%，环氧TGMDA-DDS的ε在吸湿后也增加了18%。

④力学性能

氰酸酯树脂力学性能良好，与典型环氧和双马树脂比较，氰酸酯有很高的耐冲击性能和弯曲性能，这主要是由于连接苯环和三嗪环之间大量醚氧键的存在，使树脂表现出优良的韧性。表4-42是氰酸酯树脂等力学性能比较。可见氰酸酯树脂与增韧双马BMI-DAB树脂力学性能相当，尤其Arocy L的弯曲、抗冲击性能及断裂韧性都高于其他树脂（其分子中C—C和C—O旋转自由度较大）。

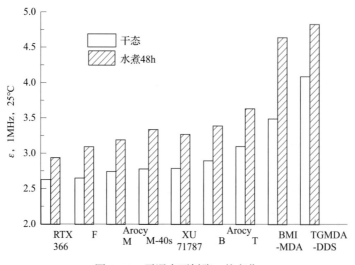

图4-11 干湿态下树脂ε的变化

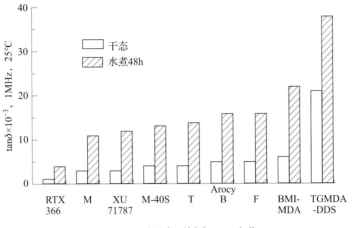

图 4-12 干湿态下树脂 $\tan\delta$ 变化

表 4-42 氰酸酯树脂等力学性能比较

性能		Arocy					XU 71787	RTX 366	TGMDA-DDS	BMI-MDA	BMI-DAB
		B	M	T	F	L					
弯曲性能	强度 /MPa	174	161	134	123	162	125.4	121	96.6	75.1	176
	模量 /GPa	3.1	2.9	2.96	3.31	2.89	3.38	2.8	3.79	3.45	3.65
	应变 /%	7.7	6.6	5.4	4.6	8.0	4.1	5.1	2.5	2.2	5.1
冲击强度	I_{zod}/ (J/m)	37.3	42.6	42.6	37.3	48	—	—	21.9	16	26.6
	G_{1C}/ (J/m²)	139	174	156	139	191	60.8	69.4	69.4	86.8
拉伸性能	强度 /MPa	88	73	78.5	74.4	86.8	68.2	—	—	—	—
	模量 /GPa	3.17	2.96	2.76	3.1	2.89	2.78	—	—	—	—
	断裂延伸率 /%	3.2	2.5	3.6	2.8	3.8					

⑤其他性能

氰酸酯树脂还具有优良的黏结和耐化学腐蚀性能。近年来加工工业对不同材料（不同材料间发生电化学腐蚀的机会最小）间的连接技术发展迅速，使用高性能胶黏剂在某些方面，特别是壁厚较薄的金属与其他材料间胶结比传统的铆钉和焊接工艺更有优势。氰酸酯树脂对金属、玻璃纤维、碳纤维等有近似环氧树脂的黏结性，并且树脂固化收缩率低、断裂延伸率高、易与黏结物表面羟基或金属氧化物形成共价键或配位键的能力更有利于提高其黏结性能。试验证明，氰酸酯具有与 FR-4 环氧相当的黏结性能，且在高温条件下优于环氧树脂的黏结力。

（3）氰酸酯树脂改性体系

①氰酸酯改性环氧树脂体系

氰酸酯树脂 / 环氧树脂改性体系，固化物分子中不含羟基、胺基等极性基团，吸湿率低，耐湿热性能好；三嗪环结构和与环氧生成的噁唑啉五元杂环结构具有较高的耐热性；大量的 C—O—C 醚键又使树脂固化结构具有很好的韧性；并且氰酸酯与环氧树脂有很好的相溶性，在稍高于氰酸酯熔点的温度下混合均匀，降至室温既不会析出，也不会产生分相，混合物黏度介于环氧和氰酸酯熔融黏度之间（黏度大小与树脂配比有关），有很好的工艺适用性。表 4-43 列出了 F·JN-4-01 环氧树脂改性氰酸酯体系的基本性能。

表 4-43　F·JN-4-01 环氧树脂改性氰酸酯体系的基本性能

性能		典型值	试验方法
物理性能	密度 / (g/cm³)	1.24	GB/T 1463—1988
	吸水率 /%	0.153	GB/T 1462—1988
	玻璃化转变温度 /℃	218	DMA 法
	介电常数	2.79	10GHz
	介质损耗因数	0.01362	
力学性能	弯曲强度 /MPa	185	GB/T 1449—1983
	弯曲模量 /GPa	3.30	
	压缩强度 /MPa	177	GB/T 2570—1995
	冲击强度 / (J/mm²)	13.6	GB/T 2571—1995

②氰酸酯改性双马来酰亚胺树脂

氰酸酯改性双马来酰亚胺树脂，又称双马来酰亚胺三嗪树脂，简称 BT 树脂，是氰酸酯与不饱和烯烃间的重要反应之一，也是目前最实用的一种改性氰酸酯树脂。由日本三菱瓦斯公司商品化生产，年产量约 700t。

BT 树脂一般由双酚 A 型氰酸酯（T 组分）和二苯甲烷双马来酰亚胺（B 组分）两种组分构成。未固化树脂有固态（熔点 100℃，中高分子量）、半固态（低分子量）、液态（黏度 2~10Pa·s）、甲乙酮溶液（中、低分子量）和粉末（高分子量）等类。其基本分子结构见式（4-17）

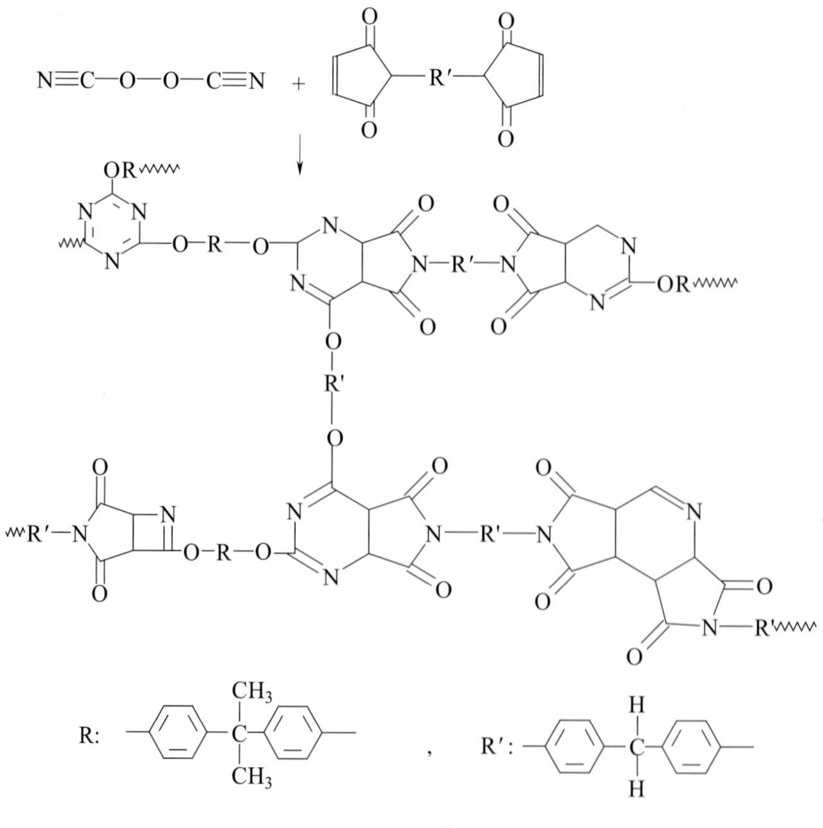

（4-17）

222

BT 树脂的 T_g>350℃（DMTA），因此有人认为氰酸酯与双马来酰亚胺之间并没有发生真正的共聚反应，而是形成半互穿网络结构（SIPN），这样能比较好地解释共固化产物的 T_g 与两种均聚物（氰酸酯或 BMI 均聚物）T_g 之间的较大差别。

BT 树脂加热自行固化，无须使用催化剂和固化剂，固化树脂在耐热、介电性能、高温黏结性、尺寸稳定性等方面具有优良的综合性能，特别是耐高温潮湿性能优异，并且有良好的成型加工性、反应性及低毒性。BT 树脂即使不加任何阻燃剂也可达到 UL94-V-1 阻燃级别。表 4-44 是目前国际上 BT 树脂的性能和技术规范。

表 4-44　国际上 BT 树脂性能和技术规范

性能			技术规范
T_g/℃			250
热膨胀系数（20~250℃）/（ppm/℃）			64
热失重率 /%（411℃时）			2
力学性能	弯曲强度 /MPa		88
	弯曲模量 /GPa		3.17
	弯曲应变 /%		3.2
介电性能	1MHz	介电常数	3.5~3.8
		损耗角正切值	0.005
	1GHz	介电常数	3.5~3.8
		损耗角正切值	0.006

BT 树脂已成功应用于高频使用的高性能印刷线路板及多层复合材料、空间再入及核电设施结构材料等高科技领域。在绝缘制品和耐高温导电涂料等方面也有广泛应用。

4.3.5.4　氰酸酯树脂的应用与展望

氰酸酯树脂综合性能优异，可综合双马来酰亚胺等树脂的耐高温性和环氧树脂良好的工艺性，此外介电性能极佳，因此在电子、航空航天、涂料、胶黏剂等诸多领域获得了广泛的应用，目前氰酸酯主要用于高频高速宇航通信电子设备的印刷电路板（PCB）、航空航天结构部件、隐身材料、高性能雷达天线罩、通信卫星等。

（1）氰酸酯在雷达天线罩和人造卫星中的应用

氰酸酯高强度、高模量，具有良好的热稳定性和耐湿热性，极低的线膨胀系数，以及优异的透波性能和良好的加工工艺性，是理想的雷达天线罩用树脂基体材料。氰酸酯也被用在人造卫星上。卫星在大气层外真空和高低温交替的环境下，易受树脂中残余挥发物的损害，挥发物覆盖在光学和电子部件的表面而使其失去功能。氰酸酯的聚合反应属于加聚反应，聚合过程中无低分子物等挥发物放出，因而可避免此问题。此外，氰酸酯基复合材料的高尺寸稳定性、抗辐射能力、抗微裂纹能力等优异性能使其在卫星材料中的应用日益扩大，广泛用作先进通信卫星构架、太阳电池基板、支撑结构和光具座等。

（2）氰酸酯在高性能 PCB 中的应用

PCB 必须具有耐高温性（$T_g>180℃$）、较好的尺寸稳定性（线膨胀系数要低）、低吸湿率和良好的耐腐蚀性能。氰酸酯具有与环氧树脂相近的工艺性、高尺寸稳定性以及优异的介电性能和耐热性，因此氰酸酯可应用于高性能 PCB 上。

（3）氰酸酯在胶黏剂中的应用

氰酸酯树脂胶黏剂的优点包括：与金属极好的黏结力；比环氧树脂更高的湿热使用性能；加工、固化剂性能范围更宽；固化时无低分子放出，所以黏结操作无须高压；对表面湿润性较好，固化无收缩现象。此外，氰酸酯还被用于汽车工业以及 3D 打印材料。

然而，氰酸酯的固化温度高、时间长、高耗能，且材料脆、抗冲击性能差，这些因素限制了氰酸酯的应用。如何在保持氰酸酯优异介电性能的基础上增强增韧，在不引起其他性能降低的前提下，降低固化时间和固化温度，这些问题需要进一步研究探索。

4.3.6　有机硅树脂

4.3.6.1　概述

有机硅树脂（也称聚硅氧烷），是一类由硅原子和氧原子交替连接组成骨架，不同的有机基团再与硅原子连接的聚合物的统称。有机硅树脂结构中既含有"有机基团"，又含有"无机结构"，这种特殊的组成和分子结构使它集有机物特性与无机物功能于一身。

有机硅树脂最突出的性能之一是优异的热氧化稳定性。在 250℃ 条件下加热 24h 后，有机硅失重仅为 2%~8%，聚碳酸酯为 55.5%，聚苯乙烯为 65.6%，环氧树脂为 22.7%；在 350℃ 条件下加热 24h 后，一般有机树脂失重为 70%~99%，而有机硅树脂失重低于 20%。有机硅树脂另一突出的性能是优异的电绝缘性能，在宽的温度和频率范围内能保持良好的绝缘性能。一般有机硅树脂的电击穿强度为 50kV/mm、体积电阻率为 10^{13}~10^{15}、介电常数在 3.0 左右、损耗角正切值在 10^{-3}。

有机硅树脂还具有突出的耐候性，即使在紫外线强烈照射下也耐泛黄，是任何一种有机树脂所望尘莫及的。此外，有机硅树脂还具有防水、防盐雾、防霉菌等特性。

由于有机硅聚合物表现出的优异特性，20 世纪 60 年代以来，美、德、日、法、英、俄等工业发达国家积极发展有机硅工业，有机硅产品的开发研究、工业生产及推广应用进入全面发展阶段。国外已有 3000 多种牌号，产量最大的有美国的道康宁公司、通用电气公司、联合碳化物，法国的罗纳－普朗克公司，德国的华克公司、拜耳公司，日本的信越株式会社等公司。我国有机硅产品的研制起始于 20 世纪 50 年代中期，经过几十年的发展，产品生产牌号已达 500 多个。从事有机硅基础研究及应用研究的主要单位有中国科学院化学所、山东大学、南京大学、武汉大学及南开大学等，有机硅单体生产厂家有江西星火有机硅厂、吉林化学工业公司电石厂、北京化工二厂、浙江新安化工集团等。近年来，国内有机硅工业保持了较好的增长势头，年均增长率在 20% 左右。

4.3.6.2　有机硅树脂的分类

有机硅树脂按硅氧链节中硅原子上有机取代基的不同，基本上可以划分为聚烷基有机硅树脂、聚芳基有机硅树脂与聚烷基芳基有机硅树脂三大类。

（1）聚烷基有机硅树脂

①聚甲基硅树脂

聚甲基硅树脂一般是由 $SiO_{3/2}$、$CH_3SiO_{3/2}$、$(CH_3)_3SiO_{2/2}$、$(CH)SiO_{1/2}$ 等硅氧烷链节组成的共聚物。采用每一个硅原子上只连有两个以下甲基的原料（如甲基三氯硅烷、二甲基二氯硅烷），可制得网状结构的聚甲基硅树脂，加热时能够转变为不溶不熔产物。聚甲基硅树脂耐热性高、抗氧化性强。将甲基硅树脂制成片状试样，在真空中加热至 550℃ 或在氢气流中加热至 500℃ 也不会遭到破坏，并长时间保持不熔；制成的云母压片加热至 600~700℃ 几乎不发烟。树脂塑片在 200℃ 条件下加热一年未引起破坏，在温度超过 300℃ 时，其表面才缓缓地被空气中的氧所氧化。在超过最高工作温度时，树脂不会裂解成碳，其表面被氧化成硅酸酐。树脂还具有很高的电气性能。

②聚乙基硅树脂

聚乙基硅树脂是硅氧烷链中含有乙基的共聚物。聚乙基硅树脂的聚合速度比聚甲基硅树脂较缓，但硅氧烷链中与硅原子相连的乙基能够增大树脂的可溶性并降低其硬度。为制得不溶不熔的聚乙基硅树脂，聚合物中乙基数与硅原子数之比最佳为 0.5~1.5。此值低于 0.5 时，制成的树脂聚合过速，在缩合过程中产生较大量的水，使树脂变得脆而不坚固，在高温下容易开裂；此值在 0.5~1 时，缩合产物的柔韧性和弹性都增高了；当此值约为 1 时，形成的产物具有良好弹性，能够形成具有附着能力的漆膜；此值继续增大至 1.5 后，聚合物中低分子产物的含量增多，较难缩合成固体；此值为 2 时的缩合产物已是典型的弹性体。聚乙基硅树脂比聚甲基硅树脂更易与聚酯、聚缩醛和其他有机聚合物互混与共聚。

（2）聚芳基有机硅树脂

聚芳基硅树脂是硅氧烷链中仅含有苯基的共聚物，具有耐热性高、抗氧化性强等优异性能。将聚芳基硅树脂塑片在空气中加热至 400℃ 或 500℃，经数小时苯基也不会从硅上脱落下来；在 400℃ 下加热更长的时间或将聚合物置于封焊的密封管内与稀酸或溴水共热，苯基才能脱落下来。采用三官能团的有机硅单体（苯基三氯硅烷），经水解重排后形成梯形聚合物——全苯基硅树脂，具有比一般树脂更高的耐热性能。这是因为树脂的一条链上的化学键断裂后，另一条链上是完整的，因而整个聚合物还能保持其主要的力学、热力学性能。

（3）聚烷基芳基有机硅树脂

聚烷基有机硅树脂和聚芳基有机硅树脂两类树脂的性质可以在一类树脂中加入另一类树脂加以改变，形成聚烷基芳基有机硅树脂。实际上不是简单的混合，而是在合成时把烷基和芳基直接连接到同一硅原子上，或者是以烷基和芳基氯硅烷水解与共缩合的方法生成共聚体。聚烷基芳基有机硅树脂比纯粹的烷基或芳基有机硅树脂具有更好的力学性能和硬度。

①聚甲基苯基有机硅树脂

聚甲基苯基有机硅树脂一般是由 $CH_3SiO_{3/2}$、$(CH_3)_2SiO_{2/2}$、$C_6H_5SiO_{3/2}$ 等硅氧烷链节组成的共聚物，树脂中苯基硅氧链节的引入，使其在热弹性、力学性能、与无机填料的相容性方面明显优于聚甲基硅树脂，因而广泛应用于耐高温电绝缘涂料、耐高温涂料、耐高温胶黏剂、耐高温模塑封装材料等。聚甲基苯基有机硅树脂一般是由多种甲基氯硅烷与苯基氯硅烷在甲苯或二甲苯中经共水解缩聚制得。

②聚乙基苯基有机硅树脂

聚乙基苯基有机硅树脂一般是硅氧烷链节中含有乙基和苯基的共聚物，这种形式的共聚体比只含有苯基的有机硅树脂具有更好的弹性。聚乙基苯基有机硅树脂也具有良好的介电性能和机械强度，但因为乙基在高温下容易氧化，故其在空气中的最高工作温度要低于聚甲基苯基有机硅树脂。

4.3.6.3 有机硅树脂的性能

由于纯有机硅树脂存在高温烘干、固化时间长、大面积施工不便、附着力和耐有机溶剂性能差、温度较高时漆膜力学强度差等缺点，因此常用有机硅树脂和其他有机树脂共同制备改性有机硅树脂以弥补其缺点，形成一种兼具两者优良性能的改性树脂，从而提高性能，拓展应用。

（1）环氧改性有机硅树脂

环氧基作为功能基团进入聚硅氧烷侧链或封端能提高聚合物的表面活性和低温柔顺性，改性后的有机硅树脂黏结性能、耐介质、耐水、耐大气老化性能良好，并且可以使用胺类固化剂固化，甚至可以室温固化，大大降低了有机硅树脂的固化温度。改性后的树脂可以在 –60~200℃范围内长期使用。

美国 Ameron 国际公司研制的 PSX700 高性能环氧 – 有机硅涂料已获得美国专利；西安航空发动机公司以环氧 – 有机硅为基料的涂料耐海水热循环、耐600℃高温、耐高温润滑油的性能优异。武汉材料保护研究所采用环氧树脂与有机硅缩聚，提高了耐热性，具有良好的防腐性能。天津大学采用羟基封端的聚甲基苯基硅氧烷与环氧树脂反应得到接枝聚合物，具有良好的耐热性和耐水性。

（2）聚酯改性有机硅树脂

聚酯改性有机硅树脂可分为 Si–C 型和 Si–O–C 型两种。前者可以由含羧基的有机硅烷（或硅氧烷）与多元醇反应制得，后者通过聚酯分子中的羟基与有机硅氧烷分子的烷氧基发生酯交换反应，从而达到改性的目的。此类改性树脂固化温度低，甚至可以室温固化，介电性能优异、黏附性能良好、耐水防潮。

（3）聚氨酯改性有机硅树脂

聚有机硅氧烷分子中的烷氧基与聚氨酯预聚物中的部分羟基进行酯交换反应可制得聚氨酯改性有机硅树脂。将聚氨酯引入有机硅中，不仅可以在常温下干燥，还可以显著提高有机硅的附着力、耐磨性、耐油及耐化学介质性。

晨光化工研究院在聚氨酯乳液中引入铵盐做亲水基，与有机硅进行共聚合成皮革涂饰剂，提高了皮革的耐湿擦性、耐寒性及储存期，同时省去了制革中甲醛固定工艺；中科院成都有机化学研究所采用盐乳化法将聚氨酯 – 有机硅共聚物制成皮革涂饰剂，提高了胶膜的力学性能和耐溶剂性能，处理过的皮革有更高的耐湿擦性能。安徽大学研制成聚氨酯—有机硅嵌段共聚物；西安交通大学用丙三醇和蓖麻油聚氨酯改性有机硅，改善了有机硅抗冲击性能。

（4）聚酰亚胺改性有机硅树脂

聚酰亚胺（PI）树脂是目前耐热性较好的高性能树脂，可在500℃温度下短期内保持物理性能，长期使用温度高达300℃以上。但大多数聚酰亚胺为热固性树脂，因为它本身结构上的刚性，导致了它在加工成型及应用于某些特定场合时的困难。有机硅树脂具有优良的柔性、高弹性。

（5）酚醛改性有机硅树脂

酚醛树脂具有良好的耐热性能、刚性、稳定性、低成本等优点，但脆性大，在高温下容易开裂，应用受到较大限制。用有机硅改性不仅可以改善其脆裂性及使用可靠性，而且可以制成耐热涂料及其复合材料。

4.3.6.4　有机硅树脂的应用与展望

由于有机硅树脂固化后表现出优异的耐高温性能，近年来国内外在有机硅树脂的科研、生产和应用上都有了很大发展，产品的品种和产量成倍增加。有机硅树脂主要用途之一是作为高温防护涂料。

美国道康宁公司在有机硅树脂中填加铝粉研制成功的 DC-805 涂料，耐高温 650℃，应用于飞机热交换器。美国 Tempil Division 公司研制的牌号为 Pyromark Series 2500 的有机硅涂料耐热温度可高达 1400℃，在高温下玻璃化而形成黏结力强的耐火涂层，能经受从环境温度到 1100℃的冷热循环 20 次，主要应用于航天飞机耐火涂层。法国宇航公司采用硅树脂和中空二氧化硅颗粒，制成导热系数 0.1~0.15W/（m·K^{-1}）、密度 0.6g/cm^3 的可喷涂涂层，应用于战略导弹气动热蚀防护。日本兔田化学工业公司在纯有机硅树脂中加入无机填料和玻璃料，制成耐温 500~600℃的耐高温涂料；日本国立材料化工研究所用环氧乙烷混合物与 1，3- 双苯基乙烯基苯共聚合成有机硅聚合物，耐温高达 1000℃。

我国已在 20 世纪 90 年代初研制开发了耐温 500~800℃的耐温涂料，在有机硅树脂中加入陶瓷物料或铁粉，能够制得耐温 800℃以上的涂料，应用于烟囱、锅炉、消音器、燃烧室、热转换器、喷射发动机零件、排热管等高温设备的热防护。

4.3.7　聚酰亚胺

4.3.7.1　概述

聚酰亚胺是含氮环状结构的耐热树脂，其分子结构中含有酰亚氨基，由于分子结构的不同，有热固性、热塑性和改性聚酰亚胺三类产品。改性聚酰亚胺又称共聚型聚酰亚胺，品种繁多，如聚酰胺 - 酰亚胺（PAI）、聚酯 - 酰亚胺、聚酰胺 - 亚胺、聚酯酰胺 - 亚胺、聚双马来酰亚胺、含氟聚酰亚胺及混合型聚酰亚胺等，以聚酰胺 - 酰亚胺用途最广，产量亦最大。

4.3.7.2　聚酰亚胺的分类

根据聚酰亚胺分子结构、生产方法、加工方法和用途的不同，可有很多种类，但没有统一的标准。按重复单元的化学结构可分为芳香族聚酰亚胺、脂肪族聚酰亚胺和半芳香性聚酰亚胺三大类；按生产方法可分为缩合型聚酰亚胺和交联型聚酰亚胺，虽然聚酰胺亚胺及聚醚亚胺也属于缩合型，但它们属于聚酰亚胺重要的改性品种，故单独列出，如图 4-13 所示。

从加工方法的角度，聚酰亚胺可以分为热塑性聚酰亚胺和热固性聚酰亚胺，也是目前常用的分类方法。

（1）热塑性聚酰亚胺具有突出的抗热氧化性能，在 -200~260℃范围内具有能保持良好的力学性能、介电性能、耐辐射性能。根据所用芳香族四酸二酐单体结构的不同，热塑性聚酰亚胺又可分为均苯酐型、酮酐型、醚酐型和氟酐型聚酰亚胺等。

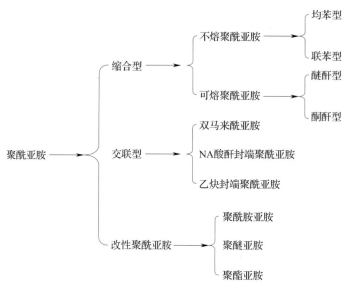

图 4-13　聚酰亚胺的分类

①均苯酐型聚酰亚胺

均苯酐型聚酰亚胺作为最早实现商品化的一类聚酰亚胺，是由 PMDA 与芳香族二胺反应，经热亚胺化过程生成的不溶不熔的聚酰亚胺。对于薄膜型号为 Kapton®（美国杜邦），工程塑料型号为 Vespel®（美国杜邦）材料，此类品种的聚酰亚胺耐热性能突出，属于 H 级以上的绝缘材料。其玻璃化转变温度超过 380℃，起始热分解温度大于 500℃。400℃恒温处理 15h 后，重量损失只有 1.5%。

②酮酐型聚酰亚胺

酮酐型聚酰亚胺是由二苯甲酮四酸二酐（BTDA）与二胺缩聚而成的。这类材料除了具有普通聚酰亚胺的特性外，还具有良好的黏结性。由间苯二胺和 BTDA 制成的聚酰亚胺是性能优良的耐高温黏结剂，对多种金属、复合材料均具有良好的黏结性能。代表性产品有 FM-34 等。由二苯甲酮二胺和 BTDA 在 DMAc、DMF 或双二甘醇二甲醚等极性溶剂中形成的聚酰胺酸溶液是一种性能良好的耐高温黏结材料（LaRC-TPI）。LaRC-TPI 的特性黏度约为 0.7dL/g，能以聚酰亚胺形式加工制得大面积无气孔的黏结胶件，在 220℃的空气中亚胺化得到玻璃化转变温度为 229℃的固体材料。此外，美国科学家在 LaRC-TPI 的基础上开发出水溶性的热塑性聚酰亚胺。使用水作为溶剂具有生产环保、成本低、安全等优点。

③醚酐型聚酰亚胺

醚酐型聚酰亚胺由二苯醚四羧酸酐（ODPA）与芳香二胺反应得到。由醚酐和二胺基二苯醚制备的聚酰亚胺在 270℃软化，300~400℃变为黏流态，可热压成型。模压过程中 390℃保持 1h，不失其工艺性，并且可以反复模压。其薄膜制品于空气中 250℃处理 500h，其断裂伸长率和拉伸强度的损失不超过 10%。空气氛围中 210℃保持 300h 的热失重低于 0.05%。沸水中煮沸 24h 后，吸水率仅为 0.5%~0.8%。此外，该类聚合物具有出色的介电性能，常温下的介电常数是 3.1~3.5，损耗角正切为 1×10^{-3}~3×10^{-3}，表面电阻为 10^{15}~$10^{16}\Omega$，体积电阻率为 10^{14}~$10^{15}\Omega\cdot m$，200℃的电气强度为 100~200MV/m，体积电阻

率为 $2 \times 10^{12} \Omega \cdot m$。

④氟酐型聚酰亚胺

氟酐型聚酰亚胺由六氟二酐（6FDA）和芳香二胺缩聚而得。六氟二酐中含有六氟异丙基，此类聚酰亚胺拥有出色的耐热性，多数呈现无定形态且不会交联，自由体积较大的六氟异丙基提高了分子链的柔性，使此类聚酰亚胺具有可熔性。典型的产品如杜邦的 NR-150 系列材料。300℃空气中的长期老化后的机械强度保持率良好。此外，该材料易于加工，耐水解性好，可用于制备层压制件、黏合剂和涂料等。不足的是，6FDA 较高的成本在一定程度上阻碍了该材料的大规模应用。

（2）热固性聚酰亚胺材料通常是由低相对分子量的端部带有不饱和基团的聚酰胺酸或聚酰亚胺，在一定条件下通过不饱和端基进行聚合固化得到。按封端剂和合成方法的不同，常见的树脂有 PMR 型、双马来酰亚胺型、乙炔封端型和苯乙炔封端型。

① PMR 型聚酰亚胺树脂

PMR 英文全称为 in situ polymerization of monomer reacetants，即单体反应物的聚合。PMR 型聚酰亚胺树脂是将芳香族二酐、芳香族二元胺和 5- 降冰片烯 - 二酸酐（或 5- 降冰片烯 -2，3- 二羧酸的单烷基酯、炔基苯酐等）等单体溶解在一种烷基醇（如乙醇）中，作为溶液可直接用于浸渍纤维，经过交联、聚合，得到力学性能和热性能优异的先进复合材料。20 世纪 70 年代初，NASA 的科学家利用 PMR 技术成功合成出 PMR-15 树脂并将其应用于航空、航天领域。PMR 树脂成型加工简单、力学性能突出，可在 260~288℃ 的条件下使用数千小时，316℃ 条件下力学性能仍具有较高的保持率。由 PMR 型树脂制成的复合材料目前主要应用于飞行器的耐高温结构部件中，如果使用有机碳纤维或者玻璃（石英）纤维作为增强材料，可制成具有优良的介电、耐高温性能和高机械强度的复合材料，可广泛应用于电子电力等高技术领域。

②双马来酰亚胺树脂

双马来酰亚胺（BMI）树脂是马来酸酐与二胺反应形成的双马来酰亚胺，再经过共聚或者均聚得到的热固性树脂。使用温度一般不高于250℃，主要用作复合材料的基体。与芳香族聚酰亚胺相比，BMI 树脂合成及后加工工艺简单，成本低，能简便制成各种复合材料制品，缺点是固化物较脆。

③乙炔封端型聚酰亚胺树脂

乙炔基封端的聚酰亚胺树脂具有交联温度低及交联过程中无挥发物放出等优点，交联后形成低孔隙率的三维网状结构，使其具有优异的热氧化稳定性、力学性能和耐溶剂性，但也存在加工窗口小和凝胶时间短的问题。目前研究大多是通过控制预聚体的分子量或者向预聚体中引入柔性结构和自由体积较大的取代基来扩大加工窗口，延长凝胶时间，进而改善加工性能。

④苯乙炔封端型聚酰亚胺树脂

苯环的引入使含有苯乙炔基的树脂交联温度升高，因而可以有效地拓宽材料的加工窗口，常见的封端剂是 3- 苯乙炔基胺、4- 苯乙炔基苯酐等。低聚物的分子量对低聚物及固化后的聚合物的性能产生很大的影响，低分子量的低聚物比高分子量的低聚物具有更低的起始 T_g 和熔体黏度，因而具有良好的加工性能。若低聚物的 T_g 或者结晶区的温度太高，会导致聚合物加工性能劣化，同时低分子量低聚物交联后 T_g 较高，树脂的耐热性能更加优异。

4.3.7.3 聚酰亚胺的性能

聚酰亚胺被誉为"解决问题的能手"（protion solver），并被认为"没有聚酰亚胺，就没有今天的微电子技术"，这主要由于其优异的综合性能，主要表现在以下几个方面。

（1）优异的耐热性

对于芳香族聚酰亚胺，起始分解温度一般在500℃左右，由对苯二胺和联苯四甲酸二酐缩聚得到的Upilex-S热分解温度高达600℃，是迄今聚合物中热稳定性最高的品种之一。聚酰亚胺的玻璃化转变温度一般在200℃以上，可在200~250℃空气中长期使用。

（2）突出的耐低温性

聚酰亚胺可耐超低温度，如在4K（-269℃）的液氦中不会脆断。

（3）出色的力学性能

未填充塑料的抗张强度多数大于100MPa，Kapton$^®$薄膜为250MPa，联苯型聚酰亚胺薄膜（Upilex-S）的抗张强度高达530MPa。作为工程塑料，聚酰亚胺的弹性模量通常为3~4GPa。据报道，部分共聚聚酰亚胺制得的纤维弹性模量可达220~280GPa，抗张强度为5.1~7.2GPa。据理论计算，对苯二胺（PDA）和均苯四甲酸二酐（PMDA）合成的纤维弹性模量可达500GPa，仅次于碳纤维。

（4）良好的尺寸稳定性

芳香族聚酰亚胺的热膨胀系数一般在20~50ppm·K^{-1}，联苯型可达1ppm·K^{-1}，个别品种可低至0.1ppm·K^{-1}。

（5）良好的化学稳定性

聚酰亚胺品种对稀酸比较稳定，但一般的品种不大耐水解。利用聚酰亚胺有别于其他高性能聚合物的特点可以回收聚酰亚胺原料。例如，将Kapton$^®$薄膜碱解，其回收率可达80%~90%。另外，改性聚酰亚胺可得到耐水解的品种，如经得起120℃、500h水煮。

（6）良好的电性能

聚酰亚胺具有很好的介电性能，其介电常数一般介于3~4之间。含氟取代基、空气或者纳米尺寸的粒子引入聚酰亚胺材料中，可以使介电常数降低至2.5以下。聚酰亚胺的介电强度为100~300kV/mm，损耗角正切为10^{-3}，体积电阻为10^{17}Ω·cm。这些性能在较宽的温度及频率范围仍能够维持在较高的水平。

（7）突出的耐辐射性能

聚酰亚胺薄膜具有优异的耐辐照性能，吸收剂量高达5×10^7Gy时，强度仍可保持原来的86%。部分聚酰亚胺品种经过5×10^7Gy剂量的辐射照射后强度保持率在90%以上。

（8）无毒性、自熄性、低挥发性

聚酰亚胺无毒，能经得起数千次的消毒，可用来制作医用器械、餐具等。部分品种具有良好的生物相容性，例如，聚酰亚胺在血液中表现为非溶血性，体外细胞毒性试验表明，聚酰亚胺对活体细胞无毒害。此外，聚酰亚胺具有自熄性、发烟率低的特点。

4.3.7.4 聚酰亚胺的应用与展望

聚酰亚胺由于制备方法的多样性、优异的综合性能以及可以用多种方法加工的特点而得到广泛的应用。在众多聚合物中，很难找到一种像聚酰亚胺应用如此广泛而且每一方面的应用都表现出优异性能的材料。

（1）薄膜

薄膜是聚酰亚胺最早开发的商品之一，用于电缆绕包材料、变压器、电机槽绝缘、电容器等。主要产品有美国杜邦 Kapton，日本钟渊 Apical，日本宇部的 Upilex 系列等。透明的聚酰亚胺薄膜可用作太阳帆和柔软的太阳能电池底板。

（2）纤维

弹性模量仅次于碳纤维，作为放射性物质及高温介质的防弹、防火织物和过滤材料。

（3）先进复合材料

作为耐高温的结构材料之一，聚酰亚胺可用于航空、航天器、火箭部件。例如，美国超声速客机设计速度为 $Ma2.4$，要求使用寿命为 60000h，飞行时表面温度为 177℃。据报道，已确定 50% 的结构材料为碳纤维增强的热塑型聚酰亚胺复合材料。此外，PI 还被制备成透波复合材料用于航空航天领域的雷达天线罩上，美国研究开发基于 PI 的透波材料有 PMR-1S、AFR-7000 等。

（4）涂料

作为耐高温涂料使用或者用于绝缘漆电磁线。

（5）工程塑料

有热塑性也有热固性，热塑性可以模压成型、注射成型或传递模塑，主要用于自润滑、绝缘、密封及结构材料。广成聚酰亚胺材料已开始应用在压缩机旋片、特种泵密封、活塞环等机械部件上。

（6）泡沫塑料

聚酰亚胺泡沫塑料具有隔热、减振、降噪的特点，同时还具有耐辐射、耐高温、耐低温、本征阻燃、低发烟等优点，在航空、航天、空间、船舶、核电等许多高科技领域有着广泛的应用。

（7）医用材料

聚酰亚胺无毒，在医学领域有着多方面的应用。部分聚酰亚胺品种对人体组织和血液具有良好的生物相容性。

（8）质子传输膜

可用作燃料电池隔膜。将聚酰亚胺薄膜用作甲醇燃料电池隔膜时，甲醇的透过率远低于全氟磺酸膜（Nafion）的透过率。

（9）光电材料

用作有源或无源波导材料、光学开关材料等；经过改性的氟化聚酰亚胺在通信波长的范围内是透明的；采用聚酰亚胺作为发色团的基体能显著提高聚合物的稳定性。

（10）光刻胶

有正性光刻胶和负性光刻胶两种，与染料或颜料复配可用于彩色滤光膜，可显著简化加工工序。

（11）分离膜

用于各种气体对如氮气 / 氧气、氢气 / 氮气、二氧化碳 / 氮气的分离，从烃类燃料气、空气及其他混合气体中脱除水分，也可以用作超滤膜和渗透汽化膜。聚酰亚胺的化学稳定性和耐热性能对于有机气体与液体的分离有着重要意义。

（12）胶黏剂

可用于高温结构胶使用，也可作为电子元件高绝缘封装料。

（13）液晶显示用的取向排列剂

聚酰亚胺在 STN-LCD、TN-LCD、TFT-LCD 和铁电液晶显示器的取向器材料中有着重要的应用。

（14）在微电子领域的应用

作为绝缘层使用在介电层与进行层之间；作为缓冲层减少应力，提高成品率；作为保护层不仅可以减少环境对器件的影响，还能屏蔽 α 粒子，减少或消除器件的软误差。

（15）湿敏材料

根据聚酰亚胺材料吸湿后线性膨胀系数（CTE）的变化，可用作湿度传感器材料。

4.3.8 酚醛树脂

4.3.8.1 概述

酚类化合物与醛类化合物缩聚而得到的树脂统称为酚醛树脂，其中，苯酚与甲醛缩聚而得的酚醛树脂最为重要。它是最早的人工合成树脂，同时也是三大热固性树脂之一。

早在 1872 年，德国化学家 Bayer 就首先发现酚与醛在酸的存在下形成树脂状产物。1910 年，Backeland 提出了关于酚醛树脂"加压、加热"固化的专利，成功地确立了通过"缩合反应"使预聚体发生固化的技术。他还明确指出，酚醛树脂是否具有热塑性取决于苯酚与甲醛的用量比，以及所用催化剂的类型，并介绍用木粉或其他填料可以克服树脂性脆的缺点，实现了酚醛树脂的实用化和工业化。在随后的多年中，许多科学家从事酚醛树脂的研究工作，对酚醛树脂进行了深入研究，出版了许多综述和专著，如 Hultzsch、Martin、Megson、Robitschek、Knop 等在酚醛树脂化学、改性、加工工艺和应用等方面均做了大量研究工作。20 世纪 80 年代以后，酚醛树脂仍体现着强大的生命力，高反应性和新成型工艺成为酚醛树脂发展的两大方向，美国 Dow 化学、西方化学公司、OCF 公司、Indspec 化学公司、ICI 公司等先后研究和开发用于 SMC、拉挤、手糊等成型工艺的酚醛树脂，研制出新型酚醛复合材料体系。

酚醛树脂作为一种原材料易得、价格低廉、性能优异的品种，至今已有 80 多年的历史，面对航空、航天、电子工业、汽车工业等高性能技术领域的需要，科学工作者充分发挥了酚醛树脂所固有的潜力，在其高性能化方面又做了大量的工作，开发了许多高性能的新品种。

4.3.8.2 酚醛树脂的分类

通过控制反应条件（如酚和醛的比例，所用催化剂的类型等），可以得到两类酚醛树脂：一类称为热固性酚醛树脂（Resol），它含有可进一步反应的羟甲基基团，如果合成过程不加以控制，缩聚反应会一直进行至形成不熔不溶的具有体型交联网络结构的固化树脂；另一类是线性热塑性酚醛树脂（Novolak），在合成过程中不会形成体型交联结构，进一步固化时必须加入固化剂如乌洛托品等。

（1）热固性酚醛树脂

热固性酚醛树脂的合成是由甲醛和苯酚在摩尔比大于 1 并且在碱性催化剂催化条件下制备的，碱性催化剂将甲醛与苯酚反应生成羟甲基酚，并进一步缩合形成寡聚体。少量添加剂如阻燃剂、增塑剂、染料等通常会加入树脂中以满足其不同用途。大部分热固性酚醛树脂是以水溶液形式存在的，用于涂料、木材胶黏剂等行业，有的热固性酚醛产品也以醇或酮溶液存在，主要用于制备浸渍料。

工业生产上热固性酚醛树脂大多是用间歇式反应器制备的，反应器容积根据树脂最终用途决定。大容量反应器一般用于生产矿棉或木材黏结用酚醛，此类用途对于酚醛质量要求不高，但需求量大。小容量反应器生产的酚醛产品主要用于浸渍料等高档用途，因为其更容易控制反应条件，生产的树脂分子量分布较窄，品质较高。树脂生产在线控制的指标包括 pH、黏度、含水量以及凝胶时间等。常用的催化剂包括氢氧化钠、氢氧化钡、氢氧化钙、氢氧化镁、氨水等，氢氧化钠的用量为 1%~5%wt，氢氧化钡的用量为 3%~6%wt。苯酚和甲醛的摩尔比一般为 1:（1~1.5）。Resol 型树脂的制备分为两步，即甲醛与苯酚加成形成羟甲基以及羟甲基之间的缩聚反应。

①甲醛与苯酚的加成反应

在碱性条件下苯酚与甲醛先进行加成反应，生成多种羟甲基酚。这些羟甲基苯酚在室温下是较稳定的，但在加热条件下可以进一步发生加成反应。

②缩聚反应

多羟甲基酚发生缩合反应形成以亚甲基或亚甲基醚相连接的二、三聚体，亚甲基醚键与酚醛比成反比，甲醛越多越易形成醚键。二聚体可以进一步缩合得到多聚体。其分子为线型或支链型结构，含有未缩聚的羟甲基加热可交联固化。

碱性酚醛预聚物溶液多在厂内使用，如与木粉混匀，铺在饰面板上，经压机热压制合成板。也可将浸有树脂溶液的纸张热压成层压板。热压时，交联固化的同时，还蒸出水分。

碱性酚醛树脂中的反应基团无规律排布，因而称作无规预聚物，酚醛预聚阶段和以后的交联固化阶段均难定量处理，官能团等活性概念也不适用。

（2）热塑性酚醛树脂（Novolac）

热塑性酚醛树脂是在酸性（pH<3）条件下甲醛和苯酚反应制备的，也称作酸性酚醛树脂。物质的量之比小于 1（0.75~0.85）进行的。其反应过程也可分为如下两步。

①羟甲基酚的形成

在酸存在下，甲醛的亲电性增强，易与芳环上电子云密度较高的位上发生亲电取代反应形成羟甲基酚。

②羟甲基酚缩合

酸不但能够催化醛的反应，还能活化并促进羟甲基酚间的脱水缩合反应。

热塑性酚醛树脂制备过程中，苯酚过量，甲醛用量不足，树脂结构中无羟甲基，即使再加热，也无交联危险。制备得到的热塑性酚醛树脂粉末与木粉填料、六亚甲基四胺交联剂、其他助剂等混合，即成模塑粉。模塑粉受热成型时，六亚甲基四胺分解，提供交联所需的亚甲基，其作用与甲醛相当。同时产生的氨，部分可能与酚醛树脂结合，形成苄胺桥。

概言之，碱性酚醛树脂主要用作黏结剂，生产层压板；酸性酚醛树脂则用于模塑粉。

4.3.8.3 酚醛树脂的性能

酚醛树脂的固化是指酚醛树脂由线型结构转变为体型结构的化学过程。这一系列化学反应过程通常是在制品的成形中完成的。因此，酚醛树脂的固化对制品的成型工艺及产物的性能有很大的影响。

达天线罩的应用中无法满足高的透波性能需求。氟原子的引入可以改善聚合物的介电性能和耐水性。这是由于 C–F 键比 C–H 键有更小的极化率，同时氟原子还能增加自由体积，特别是在聚合物中引入 –CF₃ 更能充分地增加分子间的自由体积，因此一系列高性能新型含氟类 BCB 树脂被研制。

（3）含低极性大体积官能团类 BCB 树脂

由于低极性大体积官能团的化学键极化率低，且官能团中含有大体积结构，可以增加聚合物的自由体积，所以低极性大体积刚性官能团的引入可以改善树脂的介电、热稳定性等性能。

（4）含其他可聚合官能团 BCB 树脂

鉴于 BCB 树脂独特的开环机理，可在其他材料中引入 BCB 基团来改善材料的介电、热稳定性等性能。

4.3.9.3 苯并环丁烯树脂的性能

苯并环丁烯具有低的吸湿性和优异的应力行为与良好的金属黏附性（包括与铜、金、铝黏合），其单体结构式如式（4–18）所示。BCB 聚合物可广泛用作多芯片模（multichip modules，MCM）和超大规模集成电路制造。由于 BCB 材料具有显著的平面性（行为平整度 DEP>90%）和低介电常数（ε=2.7），所以 BCB 材料成为多水平的互联结构的层间材料。BCB 是一类高活性的化合物，通过共聚、共混等改性，可获得多样化高性能的聚合物材料，满足各种应用要求。随研究和开发工作的深入开展，其应用将越来越广。

$$（4–18）$$

陶氏 CYCLOTENE Advanced Electronics Resins（产品介绍无结构描述，根据其他文献推测应该为双联体的预聚体，并非热塑性产品，推测其分子结构应类似式（4–19）），其介电性能、玻璃化转变温度、固化度与固化工艺的关系如图 4–14~图 4–17 所示。

$$（4–19）$$

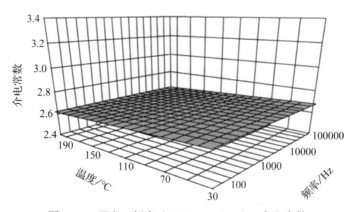

图 4–14　温度 – 频率（1MHz ~ 10GHz）– 介电常数

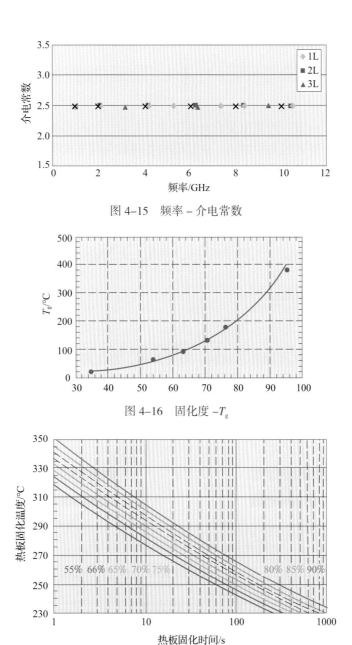

图 4-15　频率 – 介电常数

图 4-16　固化度 $-T_g$

图 4-17　固化温度 – 固化时间 – 固化度

国内外多家高校对苯并环丁烯及其双联体进行了大量研究，研究主要集中在苯并环丁烯单体的合成、不同种类双联体的合成与性能表征。

4.3.9.4　苯并环丁烯树脂的应用与展望

苯并环丁烯树脂综合性能优异，国外已在诸多高新技术，尤其在军事、航天领域以及微电子工业有着广泛应用，并且其应用领域正在不断拓展，现已应用于大规模集成电路多芯模块、微电机系统、液晶显示器（LCD）封装、高分子薄膜导波器、生物相容 BCB 的微流体通道的神经植入器件。中国航空工业集团济南特种结构研究所对纤维增强苯并环丁烯树脂基复合材料展开了研究，优良的耐温性和力学性能，使其在航空领域具有广阔的应用前景。

4.4 夹芯材料

夹层结构雷达天线罩一般是由复合材料蒙皮、芯材、芯材与面板的胶结层所构成，这三个要素组成了一个整体的夹层结构。夹层结构传递载荷的方式类似于工型梁，上下蒙皮主要承受由弯矩引起的面内拉压应力和面内剪应力，而芯材主要承受由横向力产生的剪应力和压应力。

通常夹层结构雷达罩蒙皮具有高强度、模量、较高的密度和介电常数；夹芯材料的密度、强度、刚度和介电常数、损耗角正切较低，但夹芯材料具有一定的抗压、承剪能力。夹层结构制件由于重量低、刚度高广泛应用于航空航天领域。夹层结构雷达天线罩具有以下特点。

（1）重量小；

（2）比强度、比刚度高；

（3）抗疲劳性能优良；

（4）通带频率较宽。

夹层结构雷达天线罩所用夹芯材料一般有蜂窝、泡沫和复合泡沫，典型 A 夹层结构复合材料如图 4-18 所示。蜂窝一般由芳纶纸或玻璃布作为基材，浸渍树脂制成所需的孔格形状；泡沫由聚合物发泡制成；复合泡沫是由聚合物与空芯微球组成的复合泡沫材料。雷达天线罩常用夹芯材料如图 4-19 所示。

图 4-18　典型 A 夹层结构复合材料

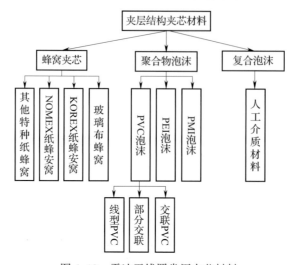

图 4-19　雷达天线罩常用夹芯材料

4.4.1 蜂窝材料

4.4.1.1 蜂窝夹芯的主要种类

蜂窝夹芯是一种常用的雷达天线罩用夹芯材料，采用布状或纸状基材和胶黏剂，在特定的工艺和设备条件下制造的具有规则孔格形状的再加工材料。蜂窝夹芯材料可按以下方式进行分类。

蜂窝夹芯按所用基材的不同可分为：牛皮纸蜂窝、间位芳纶纸蜂窝、对位芳纶纸蜂窝、玻璃布蜂窝。牛皮纸蜂窝因为强度较低、吸湿性较差等已很少在雷达天线罩中应用。玻璃布蜂窝因制造工艺比较烦琐、玻璃纤维对操作工人的健康影响等原因，仅在耐温性高、结构刚度要求较高的夹层结构雷达天线罩上使用。在夹层结构雷达天线罩中，应用比较普遍的是间位芳纶纸蜂窝。

蜂窝夹芯按蜂窝孔格形状不同可分为：正六边形蜂窝、棱性（欠拉）蜂窝、矩形（过拉或全拉）蜂窝、增强蜂窝、柔性蜂窝等。正六边形蜂窝因为制造工艺简单、机械化程度高，得到了普遍应用；柔性蜂窝因为变形能力强，非常适合于制作三维形面的复合材料夹芯，相对于六边形蜂窝具有更高的剪切强度。其他形状的蜂窝应用较少。

蜂窝夹芯按蜂窝浸渍的树脂不同可分为：聚酯蜂窝、环氧蜂窝、酚醛蜂窝、聚酰亚胺蜂窝等。蜂窝浸渍树脂的类型对蜂窝的耐热性、刚度具有很大影响。酚醛树脂以其良好的耐热性和刚性，被广泛地用于蜂窝浸渍树脂；聚酰亚胺蜂窝则具有更高的使用温度、优良的介电性能，可用于耐热要求更高的天线罩夹芯。

蜂窝夹芯按蜂窝格孔侧壁扎孔与否可分为：有孔蜂窝和无孔蜂窝。有孔蜂窝是在蜂窝孔格壁上加工出孔洞，以便气体从蜂窝孔格内排出（见图 4-20）。

蜂窝夹芯孔格形状分类如图 4-21 所示。

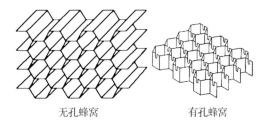

无孔蜂窝　　　有孔蜂窝

图 4-20　无孔蜂窝和有孔蜂窝

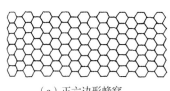

（a）正六边形蜂窝

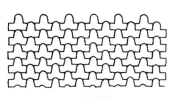

（b）柔性蜂窝

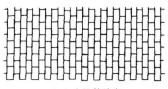

（c）全拉伸蜂窝

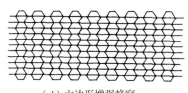

（d）六边形增强蜂窝

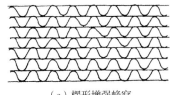

（e）楞形增强蜂窝

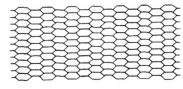

（f）欠拉伸蜂窝

图 4-21　蜂窝夹芯孔格形状分类

4.4.1.2 蜂窝的性能

（1）芳纶纸蜂窝

芳纶纸蜂窝是采用间位芳香族酰胺聚合物纤维制成的仿生型蜂窝芯材。蜂窝孔格形状为近似正六边形，具有极为突出的比刚度（约为钢的9倍）；优良的耐腐蚀性、自熄性、耐环境性和绝缘性；独特的回弹性，可吸收振动能量；良好的透电磁波性和高温稳定性，长期使用温度为 −60 ~ 160℃；优异的工艺性和外场修复性。它与复合材料蒙皮制成的夹层结构在保持刚性的前提下，大大降低了结构的重量，适合于制作飞机的各种夹层结构件，也适合于制作赛艇及其他性能要求高的夹层结构。

芳纶纸蜂窝夹芯的基材是以一种芳纶族聚酰胺絮状纤维，采用造纸工艺并经高温高压碾制而成的纸质材料，具有较高的抗拉强度和耐高温性能。由于美国杜邦公司是该类材料的主要供应商，其产品的注册商标为 NOMEX，故这种芳纶纸又称为 NOMEX 纸，用这种纸制造的蜂窝材料也称为芳纶纸蜂窝。

NOMEX 纸表面光滑、柔韧、无油渍性污染，涂胶前不需要进行表面处理。尽管 NOMEX 纸强度较高，但在用来制造蜂窝夹芯时，仍需浸渍一定量的树脂类材料，才能使蜂窝达到预期的力学性能，特别是抗压模量。目前适宜于制造蜂窝夹芯的 NOMEX 纸主要有 412 型和 E78 型，表 4-45 列出来这两种纸的典型力学性能。

表 4-45　NOMEX 纸典型力学性能

纸质类型		412 型			E78 型	
		1.5mil①	2mil	3mil	2mil	3mil
纸质实际厚度 /μm		40	50	80	50	80
抗拉强度 /（N/cm）	纵向	26	44	58	24	47
	横向	14	23	39	12	23
断裂伸长率 /%	纵向	6	9	11	4.5	6.0
	横向	4	6	9	3.0	4.0
收缩率 /%，300℃		1.4	1.5	0.8	/	/
注①：1mil=25.4μm。						

国内蜂窝一般采用环氧类胶黏剂作为芯条胶，酚醛树脂为浸渍胶。芳纶纸蜂窝主要特性如下。

①比强度、刚度高；

②良好的耐化学腐蚀性能，在机油、液压油、航空汽油和蒸馏水中浸泡后强度降低小于 10%；

③优异的抗冲击性能和低吸湿性能；

④阻燃和自熄性能，低烟气和毒气释放；

⑤耐霉菌；

⑥良好的介电性能，在 9375 MHz，介电常数为 1.08 ± 0.05，损耗角正切小于 0.005；

⑦容易切割加工成型并可加热定型，可根据需要制成有孔蜂窝；

⑧导热率低；

⑨与大多数复合材料具有较好的相容性，为胶黏剂以及预浸料提供了良好的黏结表面。

由于具有上述特点，芳纶纸蜂窝已广泛作为雷达天线罩的蜂窝芯材替代玻璃布蜂窝芯，主要用于机载、舰载、星载雷达天线罩。

GJB 1874—1994《飞机结构用芳纶纸基蜂窝芯材规范》规定了不同孔格边长和容重的间位芳纶蜂窝夹芯的力学性能，见表 4-46。

表 4-46　纸蜂窝芯材的力学性能

夹芯规格 孔格边长 - 容重	平面压缩 /MPa			纵向剪切 /MPa			横向剪切 /MPa		
	强度		模量	强度		模量	强度		模量
	平均	最小	平均	平均	最小	平均	平均	最小	平均
2.0（1.8）-29	0.58	0.43	—	0.48	0.38	20.6	0.25	0.20	8.9
2.0（1.8）-48	1.63	1.48	107.0	1.16	0.89	37.8	0.67	0.53	22.8
2.0（1.8）-56	2.17	1.85	133.0	1.55	1.28	42.9	0.90	0.89	28.2
2.0（1.8）-80	4.77	3.75	241.3	2.55	1.74	68.2	1.44	0.97	35.7
2.0（1.8）-96	6.05	5.12	297.1	2.80	2.38	71.9	1.59	1.36	42.0
2.0（1.8）-144	11.06	9.57	460.2	3.20	2.95	101.0	2.03	1.70	66.6
2.5（2.7）-32	0.85	0.71	65.8	0.61	0.45	21.8	0.42	0.23	15.5
2.5（2.7）-48	1.80	1.40	107.6	1.15	0.96	36.9	0.70	0.47	23.2
2.5（2.7）-64	3.35	2.43	183.4	1.91	1.46	52.1	1.08	0.75	28.0
2.5（2.7）-72	4.26	3.47	222.8	2.39	1.65	65.8	1.38	0.82	29.8
2.5（2.7）-128	8.71	8.11	441.0	3.85	2.84	106.7	2.25	1.48	47.9
3.0-48	1.81	1.41	107.6	1.15	0.96	36.9	0.70	0.47	23.8
3.0-64	3.35	2.43	183.4	1.91	1.46	52.1	1.08	0.75	28.0
3.0-80	4.74	3.71	219.0	2.51	1.73	63.4	1.58	0.95	41.0
4.0（3.5）-32	0.85	0.72	65.8	0.61	0.45	21.8	0.42	0.23	15.5
4.0（3.5）-48	1.74	1.39	117.0	1.53	0.97	44.5	0.74	0.49	21.8
4.0（3.5）-64	3.01	2.43	137.0	1.91	1.45	45.1	1.11	0.78	29.1
5.0（4.5）-24	0.49	0.38	42.7	0.43	0.31	17.9	0.24	0.18	9.28
5.0（4.5）-56	2.09	1.71	128.6	1.60	1.04	45.4	0.95	0.61	27.3

HexWeb A1 蜂窝是美国 Hexcel 公司生产的间位芳纶纸蜂窝，浸渍酚醛树脂，具有较高的强度、刚度和化学稳定性，HexWeb A1 蜂窝典型力学性能列于表 4-47 中。作为复合材料夹层结构的芯材，广泛应用于航空、舰船和地面运载设备。

通常六边形最有利于发挥蜂窝的力学性能，过拉伸成矩形的蜂窝相对于六边形蜂窝更易与弯曲形面贴合。

表 4-47　HexWeb A1 蜂窝典型力学性能

夹芯规格	平面压缩 /MPa		纵向剪切 /MPa		横向剪切 /MPa	
	强度	模量	强度	模量	强度	模量
A1-23-19	0.60	38	0.50	16	0.25	11
A1-24-6	0.70	41	0.50	20	0.26	14
A1-29-3	0.90	60	0.50	25	0.35	17
A1-32-6	1.20	75	0.70	29	0.38	19
A1-32-13	1.00	75	0.75	30	0.35	19
A1-50-6	3.00	144	1.25	44	0.72	28
A1-64-6	5.00	190	1.55	55	0.86	33
A1-64-13	4.50	190	1.75	55	0.82	32
A1-72-3	5.10	225	2.00	65	1.05	36
A1-72-5	5.10	225	2.00	65	1.05	36
A1-96-3	7.70	400	2.60	85	1.50	50
A1-96-5	7.70	400	2.60	85	1.50	50
A1-123-3	11.50	500	3.00	100	1.80	60
A1-128-3	12.50	538	3.20	110	1.85	64
A1-139-3	14.00	580	3.40	113	1.88	67
A1-144-3	15.00	600	3.50	115	1.90	69
A1-29-5 OX	1.00	50	0.40	14	0.40	21
A1-48-6 OX	2.90	120	0.80	20	0.85	35
A1-56-6 OX	4.60	140	1.20	29	1.25	45

（2）玻璃布蜂窝

玻璃布蜂窝相对于芳纶纸蜂窝，具有更好的耐热性，其力学性能见表4-48。由于制造工艺比较烦琐，玻璃布蜂窝应用较少。国内制造玻璃布蜂窝一般采用 EW-100A 及 EW-200 平纹无碱玻璃布为基材，浸渍树脂为酚醛树脂。

HB 5436-1989 规定了 GH-1 平纹玻璃布蜂窝芯材标准。

表 4-48　玻璃布蜂窝芯材力学性能

孔格边长 / mm	密度 / （kg/m³）	压缩性能			剪切性能			
		强度 /MPa		模量 /MPa	强度 /MPa		模量 /MPa	
		H/C	SW	SW	纵向	横向	纵向	横向
2.5	64	1.56	1.67	163.0	1.03	0.48	65.0	24.9
	96	1.85	3.56	395.0	1.20	0.75	87.0	34.4
	128	3.28	3.92	415.0	1.41	0.80	120.1	49.1
3.5	56	1.20	1.37	103.0	0.52	0.45	50.1	23.0
	72	1.81	2.01	220.1	1.10	0.70	66.2	31.1
	104	2.51	2.77	255.6	1.38	0.74	92.4	47.0

表 4-48（续）

孔格边长 /mm	密度 /（kg/m³）	压缩性能			剪切性能			
		强度 /MPa		模量 /MPa	强度 /MPa		模量 /MPa	
		H/C	SW	SW	纵向	横向	纵向	横向
4.5	51	0.98	1.18	101.0	0.45	0.44	41.2	22.1
	64	1.15	1.61	111.0	1.02	0.46	48.4	28.4
	98	1.71	2.54	249.1	1.18	0.68	70.1	30.7
6.0	35	0.42	0.58	17.7	0.40	0.20	16.0	10.0
	51	0.78	0.98	39.0	0.45	0.34	31.0	12.0
	72	1.06	1.60	67.7	1.08	0.39	42.5	29.1

（3）非金属柔性蜂窝

柔性蜂窝相对于普通六边形蜂窝具有更好的变形能力，易于变形为双曲面形状，并且在曲面状态下具有较高的力学性能保持率，可降低曲形制件的制造成本，适合于夹层结构雷达天线罩等型面曲率较大的复合材料制件的夹芯的成型。

美国 Hexcel 公司生产了两种类型的非金属柔性蜂窝，商标为 HexWeb® Flex-Core®，HRP 为耐高温酚醛树脂增强玻璃布柔性蜂窝，该类型产品可在高达 176℃ 温度下具有较高的强度保持率；HRH-10 为耐高温酚醛树脂增强间位芳纶纸蜂窝，最高使用温度为 148℃，HexWeb 非金属柔性蜂窝的室温力学性能列于表 4-49 中。

表 4-49　HexWeb 非金属柔性蜂窝的室温力学性能

蜂窝规格	压缩性能				剪切性能					
	纯蜂窝		稳定状态		L 方向			W 方向		
材料 - 孔格 - 密度	强度 /MPa		强度 /MPa		强度 /MPa		模量 /MPa	强度 /MPa		模量 /MPa
	平均值	最小值	平均值	最小值	平均值	最小值	平均值	平均值	最小值	平均值
HRP/F35-2.5	0.83	0.62	0.97	0.72	0.59	0.50	66	0.31	0.28	21
HRP/F35-3.5	2.21	1.69	2.76	2.07	1.38	0.97	103	0.72	0.52	69
HRP/F35-4.5	3.03	2.34	4.14	3.24	1.93	1.52	152	0.97	0.76	83
HRP/F50-3.5	2.17	1.55	2.72	1.76	1.17	0.90	110	0.62	0.45	55
HRP/F50-4.5	2.90	2.34	4.14	3.45	1.83	1.38	172	0.97	0.69	90
HRP/F50-5.5	4.83	3.72	5.52	4.69	3.03	2.28	276	1.62	1.24	124
HRH-10/F35-2.5	1.38	1.03	1.62	1.21	0.76	0.62	28	0.45	0.34	17
HRH-10/F35-3.5	2.83	2.21	2.96	2.28	1.52	1.17	41	0.83	0.62	26
HRH-10/F35-4.5	4.00	3.03	4.27	3.31	2.07	1.59	62	1.31	1.03	30
HRH-10/F50-3.5	2.62	2.07	2.76	2.14	1.21	0.90	38	0.69	0.52	25
HRH-10/F50-4.5	3.90	3.10	4.03	3.24	2.28	1.72	66	1.21	0.97	32
HRH-10/F50-5.0	4.62	3.59	4.76	3.72	2.62	2.07	69	1.48	1.17	36
HRH-10/F50-5.5	5.52	4.27	5.86	4.55	2.76	2.21	72	1.59	1.24	39

图 4-22 为柔性蜂窝示意图。

按美国军用标准 MIL-STD-401B 测试，蜂窝厚度为 0.500in[1]。

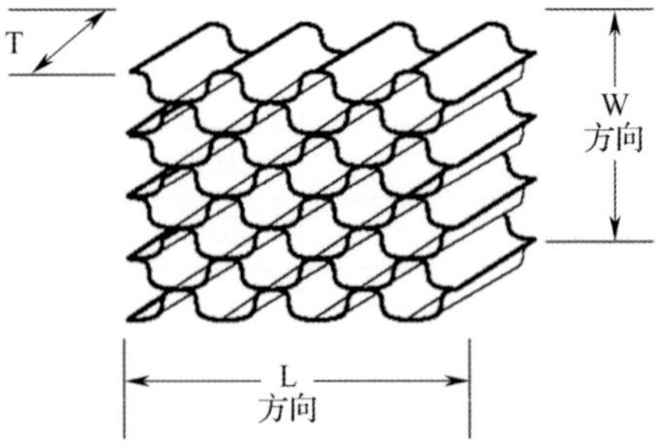

图 4-22　柔性蜂窝示意图

4.4.1.3　蜂窝芯材研究应用进展

（1）聚酰亚胺树脂浸渍蜂窝

①聚酰亚胺树脂浸渍芳纶纸蜂窝

聚酰亚胺浸渍芳纶纸蜂窝特性如下。

a. 优异的介电性能；

b. 较低的密度；

c. 较高的损伤容限；

d. 良好的成型性；

e. 高质量的切割加工表面；

f. 热、电绝缘性。

HRH-310 为美国 Hexcel 公司生产的芳纶纸蜂窝，采用了聚酰亚胺树脂作为浸渍胶，相对于酚醛浸渍胶，其介电性能优异，主要应用于天线栅条和夹层结构雷达天线罩的夹芯，而不是作为耐高温制件的夹芯。表 4-50 为聚酰亚胺浸渍芳纶纸蜂窝的典型力学性能。

表 4-50　聚酰亚胺浸渍芳纶纸蜂窝的典型力学性能

压缩性能		剪切性能							
非稳度		L 方向				W 方向			
强度 /MPa		强度 /MPa		模量 /MPa		强度 /MPa		模量 /MPa	
平均值	最小值	平均值	最小值	平均值	最小值	平均值	最小值	平均值	最小值
0.38	0.36	0.36	0.34	23	21	0.17	0.16	8	7

②聚酰亚胺浸渍玻璃布蜂窝

HRH-327 聚酰亚胺浸渍玻璃布蜂窝基材是采用斜纹玻璃布，以聚酰亚胺胶黏剂作为芯条胶，并且浸渍聚酰亚胺树脂，浸渍后需进行高温固化。这种蜂窝具有优异的耐高温性能，可在 260℃长期使用，并且在 370℃短时使用。HRH-327 蜂窝还具有良好的介电性能和绝缘性能。适用于对介电性能和使用温度有较高要求的复合材料夹层结构制件。

表 4-51 为 HRH-327 蜂窝的力学性能，经过固化后的 HRH-327 蜂窝在高温状态下强度保持率如图 4-23 所示。

（2）对位芳纶纸蜂窝

对位芳纶是近年来发展最快的一种高性能纤维，它具有高强度、高模量等优异的力学性能，还具有耐热性能，耐切割和耐腐蚀等特性。杜邦公司在 20 世纪 90 年代推出对位芳纶纸，主要应用于蜂窝结构制件，由于对位芳纶的高强度、高模量和耐高温优异性能，与间位芳纶纸相比性能大大提高，采用对位芳纶纸制造的蜂窝在强度、刚性等方面性能全面优于间位芳纶纸蜂窝，是航空航天等高性能材料发展方向之一。该材料优越的性能吸引了飞机制造商和美国军方，在新型民用大型飞机上如空客 380、波音 737、波音 787，以及美国海军 H-1、V-22 验证机，空军的 F-22 战斗机、F-35 战斗机（含空军型和海军型）

---

[1]　1in ≈ 2.54cm。

表 4-51 HRH-327 蜂窝的力学性能

蜂窝规格 材料–孔格–密度	稳态压缩性能			剪切性能					
	强度 /MPa		模量 / MPa	L 方向			W 方向		
				强度 /MPa		模量 / MPa	强度 /MPa		模量 / MPa
	平均	最小	平均	平均	最小	平均	平均	最小	平均
HRH-327-1/8-3.2	2.14	1.52	186	1.34	0.97	131	0.66	0.48	52
HRH-327-3/16-4.5	3.59	2.76	400	2.21	1.52	228	1.03	0.76	76
HRH-327-3/16-6.0	5.38	4.31	600	3.17	2.38	310	1.59	1.17	103
HRH-327-3/16-8.0	8.34	6.90	869	4.83	3.38	379	2.90	2.07	152
HRH-327-3/8-4.0	3.03	2.24	345	1.93	1.34	200	1.03	0.69	83
HRH-327-3/8-5.5	4.69	3.72	538	2.90	2.07	283	1.45	1.10	90

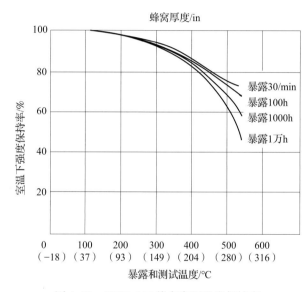

图 4-23 HRH-327 蜂窝高温强度保持率

及太空飞机 X-33 上得到全面应用。其中，波音 737 机舱壁板采用对位芳纶纸蜂窝后，较最初的芳纶纸蜂窝夹层设计减重 25%，机舱直径得以扩大 24in；美国海军称对位芳纶纸蜂窝在 V-22 验证机平台上的应用为其节省了 3500 万美元（单机 92000 美元）的成本费用，为 V-22 减重目标、成本控制目标及战略目标的实现做出了巨大贡献，因为对位芳纶纸蜂窝由于强度、刚性方面的优越性，允许在飞机设计过程中采用更为轻质的蜂窝芯材实现其结构强度设计目标。

通过表 4-52 可以看出，相同的规格，对位芳纶纸蜂窝较间位芳纶纸蜂窝压缩强度以及 L、W 方向的剪切强度均明显提高，L、W 方向剪切模量提高可达 100% 以上。国外对位芳纶纸蜂窝的发展非常成熟，材料的品种规格非常齐全，最大密度为 96kg/m³，最小密度为 28kg/m³，孔格边长最大为 5.5mm，最小为 1.83mm，相应的材料标准有波音公司 BMS8-124、空客 AIMS11-01-004 等。国内华南理工大学、烟台民世达特种纸业股份有限公司、超美斯新材料股份有限公司等单位也已经开展了对位芳纶纸蜂窝方面的研究。

表 4-55　F·NF-1K 有孔蜂窝芯材介电性能

分类	介电常数	损耗角正切
F·NF-1-01K	1.10 ± 0.05	≤ 0.005
F·NF-1-02K	1.10 ± 0.05	≤ 0.005

Ultracor 公司以碳纤维纱罗织物为基材，制备格孔壁上自带排气孔的有孔蜂窝，如图 4-26 所示。

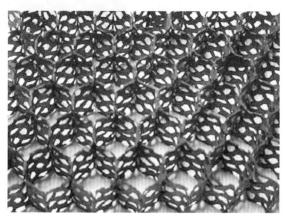

图 4-26　纱罗织物有孔蜂窝

该蜂窝产品不能用于雷达天线罩产品，但是其为有孔蜂窝的制作开辟了新的思路。

4.4.2　泡沫材料

4.4.2.1　泡沫材料类型及发展史

复合材料中常用的泡沫夹芯材料有聚氯乙烯（PVC）、聚苯乙烯（PS）、聚氨酯（PUR）、丙烯腈－苯乙烯（SAN）、聚醚酰亚胺（PEI）、聚甲基丙烯酰亚胺（PMI）等泡沫，其中 PS 和 PUR 泡沫仅作为浮力材料，不适合于结构用途。目前国外 PVC 泡沫已几乎完全代替 PUR 泡沫而作为结构夹芯材料，只是在一些现场发泡的结构中除外。

第一种用于承载夹层结构制件中的结构泡沫夹芯材料是使用异氰酸酯改性的 PVC 泡沫，或称交联 PVC，是最早用于保温隔热车厢的夹层结构的夹芯材料。交联 PVC 的生产工艺是由德国人林德曼在 20 世纪 30 年代后期发明的。目前交联 PVC 两个主要的生产厂家是戴博（DIAB）公司的 DIVINYCELLR 和 KLEGECELLR 系列 PVC 泡沫及艾瑞克斯（AIREX）公司的 HEREXR 系列 PVC 泡沫。

20 世纪 40 年代后期，林德曼使用高压气体作为发泡剂，制造出来线形 PVC 泡沫。

英国于 1943 年首先制成聚苯乙烯泡沫塑料，1944 年美国道化学公司用挤出法大批量地生产聚苯乙烯泡沫塑料。

第二次世界大战期间，德国拜耳的试验人员对二异氰酸酯及羟基化合物的反应进行研究，制得了 PUR 硬质泡沫、涂料和胶黏剂。1952 年，拜耳公司报道了软质聚氨酯泡沫的研究成果。

1993 年，加拿大的 ATC 公司开始生产 SAN 泡沫，其制造工艺和线形 PVC 相似。

PMI 泡沫是由德国罗姆（ROHM）公司于 1966 年首先用丙烯腈、甲基丙烯腈、丙烯酰胺和甲基丙烯酰亚胺酯热塑性树脂在 180℃下发泡并交联制作聚甲基丙烯酰亚胺泡沫的技术，接着日本的积水化学公司于 1967 年使用辐射交联方法制作聚甲基丙烯酰亚胺泡沫。

4.4.2.2　各种泡沫材料的特点和使用范围

（1）交联 PVC 泡沫

交联 PVC 泡沫是由热塑性的 PVC 和热固性的聚氨酯交联组成。其主要产品型号有戴博（DIAB）公司的 DIVINYCELL 和 KLEGECELL 系列 PVC 泡沫及艾瑞克斯（AIREX）公司的 HEREX C 系列 PVC 泡沫，有多种不同型号和密度的泡沫可供选择。

交联 PVC 的强度和刚度比线形 PVC 的高，但是韧性较差。交联 PVC 泡沫的使用温度范围为 -240～80℃，热稳定温度为 120℃，所以与预浸料共同使用时，需要注意 PVC 的热蠕变性能。交联 PVC 泡沫能够耐多种化学物质腐蚀，可耐苯类溶剂，所以能够与聚酯树脂共同使用。PVC 泡沫主要用于一些不需要压力罐工艺的产品。选择固化工艺方法时，应考虑 PVC 泡沫在温度升高时会释放气体，在采用 RTM 工艺时应注意。交联 PVC 泡沫通常用于船底、舷部、甲板、舱部及上层建筑中。

交联 PVC 泡沫在国内还没有生产，国外产品主要有 ALCAN AIREX 公司的 HEREX C70 和 HEREX C71 型等。

① HEREX C70 泡沫

HEREX C70 泡沫夹芯是一种比刚度、比强度很高的闭孔泡沫芯材，不吸水，且具有良好的耐化学性，为应用广泛的结构泡沫夹芯。HEREX C70 泡沫工作温度 70℃，最高工艺温度 80℃，主要应用于风力发电机的叶片、各种游艇、工作艇、小型飞机的机身结构、独木舟、帆板、冲浪板、激浪板等。据国外报道，也可用于平板式天线罩夹芯。其特性有以下几点。

a. 高比刚度。

b. 良好的防腐性。

c. 良好的隔热性。

d. 良好的阻燃性能，离火自熄。

e. 树脂吸入量很少。

f. 良好的苯乙烯耐受力。

HEREX C70 泡沫的典型特性和主要尺寸规格见表 4-56 和表 4-57。

表 4-56　HEREX C70 泡沫的典型性能

产品牌号	单位	C70.40	C70.48	C70.55	C70.75	C70.90	C70.130	C70.200	参考标准
密度	kg/m³	40	48	60	80	100	130	200	ISO 845
压缩强度	N/mm²	0.45	0.6	0.9	1.3	1.9	2.6	4.8	ISO 844
压缩模量	N/mm²	34	44	58	83	110	155	260	DIN 53421
拉伸强度	N/mm²	0.7	1	1.3	2	2.7	3.8	6.2	DIN 53455
拉伸模量	N/mm²	28	40	45	63	81	115	180	DIN 53457
剪切强度	N/mm²	0.45	0.55	0.8	1.2	1.6	2.3	3.5	ISO 1922
剪切模量	N/mm²	13	15	22	30	38	50	75	ASTM C393
剪切应变	%	8	10	16	23	27	30	30	ISO 1922

表 4-57 HEREX C70 泡沫的主要尺寸规格

尺寸规格	公差	C70.40	C70.48	C70.55	C70.75	C70.90	C70.130	C70.200
长度 /mm	± 10	1330	1270	1150	1080	950	850	750
宽度 /mm	± 10	1425	1365	1225	1500	2050	1900	1600
		2850	2730	2450	c	c	c	c
厚度 /mm	± 0.5	5 ~ 80	5 ~ 70	5 ~ 70	3 ~ 70	3 ~ 60	5 ~ 50	5 ~ 40

②耐高温泡沫夹芯 HEREX C71

HEREX C71 泡沫是一种轻质且具有耐高温性能的闭孔泡沫芯材，具有很高的比刚度、比强度和良好的体积稳定性，最高可耐 140℃成型温度，广泛应用于预浸料工艺，产品包括风力发电机的叶片、地铁列车的车头罩等，也可作为雷达天线罩夹芯材料使用。对于处于高温环境，并且需要承受一定动载或静载的夹层结构，HEREX C71 泡沫是一种理想的夹芯材料。

HEREX C71 泡沫特性如下。

a. 高比刚度。

b. 高温环境下，强度、刚度稳定。

c. 良好的防腐性。

d. 良好的隔热性。

e. 良好的阻燃性能，离火自熄。

f. 良好的苯乙烯耐受力。

适用于预浸工艺（高达 140℃）、手糊、纤维喷射、RTMH 和黏合剂黏结等成型工艺。

HEREX C71 泡沫典型性能和供应规格见表 4-58 和表 4-59。

表 4-58 HEREX C71 泡沫典型性能

项目	单位	C71.55	C71.75	参照标准
密度	kg/m^3	60	80	ISO 845
压缩强度	N/mm^2	0.9	1.5	ISO 844
压缩模量	N/mm^2	60	90	DIN 53421
拉伸强度	N/mm^2	1.4	2	DIN 53455
拉伸模量	N/mm^2	35	60	DIN 53457
剪切强度	N/mm^2	0.85	1.3	ISO 1922
剪切模量	N/mm^2	20	30	ASTM C393
剪切应变	%	20	32	ISO 1922
室温热传导率	W/ (m · K)	0.031	0.036	ISO 8301

表 4-59　HEREX C71 泡沫供应规格

尺寸规格	公差	C71.55	C71.75
长度 /mm	± 10	1120	1000
宽度 /mm	± 10	2400	2150
厚度 /mm	± 0.5	3～78	3～70
颜色		黄褐色	黄褐色

（2）线形 PVC 泡沫

这类泡沫具有高的韧性、良好的抗冲击性能、能量吸收性能和耐疲劳性能。线形 PVC 泡沫的强度和刚度相对交联 PVC 要低。在使用过程中需要注意的是，树脂中的苯会渗透到泡沫里面，使树脂固化不完全，同时引起泡沫降解。这种泡沫通常用于船体受冲击载荷比较大的部位。目前主要产品有 AIREX 公司的 AIREX R63 系列。

AIREX R63 系列线形 PVC 泡沫材料是一种具有极高损伤容限的、闭孔的热塑性泡沫，可以冷成型为简单三维形状。对于承受动载或耐受冲击的夹层结构件来说，AIREX R63 是一种理想的夹芯材料。AIREX R63PVC 泡沫工作温度为 55℃，最高工艺温度为 60℃。主要应用于船舶、公路及铁路交通运输工具的部分结构件，工业领域一些承受动载的结构件，也可作为室温或低温成型雷达天线罩夹芯材料使用。AIREX R63 线形 PVC 泡沫的主要特性如下。

a. 极高的抗冲击性能（非脆性失效模式）；

b. 优良的抗疲劳性能；

c. 容易加热成型为三维结构；

d. 良好的防腐性和耐疲劳性能。

AIREX R63 线形 PVC 泡沫典型性能和尺寸规格见表 4-60 和表 4-61。

表 4-60　AIREX R63 线形 PVC 泡沫典型性能

项目	单位	R63.50	R63.80	R63.140	参照标准
密度	kg/m³	60	90	140	ISO 845
压缩强度	N/mm²	0.38	0.9	1.6	ISO 844
压缩模量	N/mm²	30	56	110	DIN 53421
拉伸强度	N/mm²	0.9	1.4	2.4	DIN 53455
拉伸模量	N/mm²	30	50	90	DIN 53457
剪切强度	N/mm²	0.5	1	1.85	ISO 1922
剪切模量	N/mm²	11	21	37	ASTM C393
剪切应变	%	70	75	80	ISO 1922
冲击强度	kJ/m²	4	5	6.5	DIN 53453
室温下的热传导率	W/（m·K）	0.034	0.037	0.039	ISO 8301

251

表 4-61　AIREX R63 线形 PVC 泡沫尺寸规格

尺寸规格	公差	R63.50	R63.80	R63.140
长度 /mm	± 10	1200 ~ 1450	1200	1050
宽度 /mm	± 10	2700 ~ 3200	2700	2400
厚度 /mm	± 0.5	5 ~ 50	3 ~ 25	3 ~ 20
颜色		黄褐色	黄褐色	黄褐色

（3）聚醚酰亚胺泡沫

聚醚酰亚胺（PEI）泡沫是由聚醚酰亚胺 / 聚醚砜发泡而成，是一种热塑性泡沫材料。PEI 泡沫主要产品为 AIREX 公司生产的 AIREX R82 系列。PEI 泡沫的特性如下。

a. 高的使用温度，可在 –194 ~ 180℃温度范围内使用；

b. 良好的防火阻燃性能，能满足严格的阻燃、耐火要求，可以在兼有结构强度要求和防火要求的部位使用；

c. 良好的抗冲击性能（非脆性失效模式）；

d. 可以热成型，可热成型为三维结构；

e. 具有优良的透波性能和介电性能，可用于雷达天线罩夹芯材料。

AIREX 公司生产的 AIREX R82 系列 PEI 泡沫的典型性能见表 4-62。

表 4-62　AIREX R82 系列 PEI 泡沫的典型性能

项目	单位	R82.60	R82.80	R82.110	参照标准
密度	kg/m³	60	80	110	ISO 845
压缩强度	N/mm²	0.7	1.1	1.4	ISO 844
压缩模量	N/mm²	46	62	83	ASTM D1621/B
拉伸强度	N/mm²	1.7	2.0	2.2	DIN 53455
拉伸模量	N/mm²	45	54	64	DIN 53457
剪切强度	N/mm²	0.8	1.1	1.4	ISO 1922
剪切模量	N/mm²	18	23	30	ASTM C393
剪切应变	%	20	18	18	ISO 1922
冲击强度	kJ/m²	1.0	1.3	1.4	DIN 53453
室温热传导率	W/（m·K）	0.036	0.037	0.040	ISO 8301

因为 AIREX R82 系列 PEI 泡沫具有低的介电常数和损耗角正切，对各种波段的电磁波都具有良好的透波性能，适合于制作雷达天线罩夹芯。AIREX R82 系列 PEI 泡沫具有良好的耐候性，尤其是抗雹击性能优异，用于雷达天线罩夹芯对保护雷达天线等电子设备可发挥重要作用。

AIREX R82 系列 PEI 泡沫另一重要特性是燃烧状态下良好的低释放性能，通过了严格的航空阻燃性能认证，燃烧性能见表 4-63。

表 4-63　R82 系列 PEI 泡沫燃烧性能

项目	标准	R82.60/80	R822.110
可燃性	FAR 25.853/ABD0031	通过	通过
烟度	FAR 25.853/ABD0031	通过	通过
毒性	ABD0031	通过	通过
热释放	FAR 25.853/ABD0031	通过	通过

AIREX R82 系列 PEI 泡沫的介电常数如图 4-27 所示，其损耗角正切如图 4-28 所示。

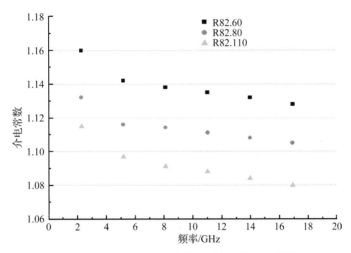

图 4-27　AIREX R82 系列 PEI 泡沫的介电常数

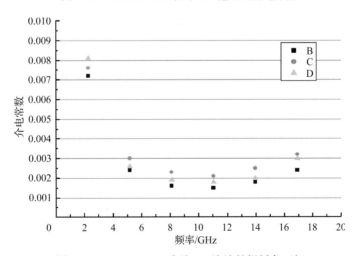

图 4-28　AIREX R82 系列 PEI 泡沫的损耗角正切

（4）聚甲基丙烯酰亚胺泡沫

聚甲基丙烯酰亚胺泡沫（PMI 泡沫）是一种闭孔发泡泡沫，相同的密度条件下，PMI 泡沫是强度和刚度最高的泡沫材料。其高温下耐蠕变性能使其能够适用高温固化的树脂和预浸料。PMI 泡沫经适当的高温处理以后，能满足 190℃的固化工艺对泡沫尺寸的稳定性要求，适用于环氧或 BMI 树脂共固化的夹层结构构件中，如航空航天结构制件、医疗床板等。PMI 泡沫是采用固体发泡工艺制作，为孔隙基本一致、均匀的 100% 闭孔泡沫。目前市场上有德国德固萨（Degussa）公司生产的 ROHACELL® 和日本积水化学公司生产的 FORMAC® PMI 泡沫。

ROHACELL 通过加热甲基丙烯酸 / 甲基丙烯腈共聚板，发泡制成 PMI 泡沫。在发泡共聚板的过程中，共聚物转变为聚甲基丙烯酰亚胺，使用酒精作为发泡剂。共聚使用水浴进行加热，时间通常在一周左右，厚板可达两周，发泡温度在 170℃ 以上，根据型号和密度不同而不同。在发泡以后，泡沫块冷却至室温。因为泡沫的热导率很低，温度梯度会产生内应力，因此，在泡沫块切割成板材过程中，会产生翘曲。但因为内应力很小，即使在夹层结构面板很薄的情况下，夹层板仍能保持平整。

PMI 泡沫的主要特性如下。

a. 易于机械加工，不需要特殊的机具；

b. 可热成型；

c. 100% 闭孔泡沫，各向同性；

d. 高热变形温度；

e. 比强度、比刚度高，聚合物泡沫中最高；

f. 优异的耐疲劳性能；

g. 具有很好的抗压缩蠕变性能，适用于中温环氧、高温环氧、BMI 树脂预浸料等复合材料夹层结构共固化工艺；

h. 良好的防火性能；

i. 良好的相容性，所有反应型胶黏剂都适用于黏结 ROHACELLPMI 泡沫。

① ROHACELL A 型泡沫

ROHACELL A 泡沫为航空级泡沫，热变形温度 180℃，与复合材料面板共固化温度可达 130℃，固化压力 0.35MPa，适用于预浸料共固化工艺、RTM 工艺。ROHACELL A 泡沫在航空工业应用广泛，也可应用于夹层结构雷达天线罩夹芯材料。表 4-64 为 ROHACELL A 型泡沫典型性能。

表 4-64　ROHACELL A 型泡沫典型性能

性能	单位	31 A	51 A	71 A	110 A	参照标准
密度	kg/m³	32	52	75	110	ISO 845
压缩强度	MPa	0.4	0.9	1.5	3.0	ISO 844
拉伸强度	MPa	1.0	1.9	2.8	3.5	ISO 527-2
弯曲强度	MPa	0.8	1.6	2.5	4.5	ISO 1209
剪切强度	MPa	0.4	0.8	1.3	2.4	ASTM C 273
弹性模量	MPa	36	70	92	160	ISO 527-2
剪切模量	MPa	13	19	29	50	ASTM C 273
断裂伸长率	%	3.5	4.0	4.5	4.5	ISO 527-2
热变性温度	℃	180	180	180	180	DIN 53 424

② ROHACELL HF 型泡沫

ROHACELL HF 型泡沫除具有良好的力学性能和耐温性能，还具有优异的介电性能，应用于雷达天线罩、天线系统和 X 射线床板等夹层结构制件的夹芯材料。波音公司首先把 HF 型泡沫应用于阵列天线系统和人造卫星通信系统，应用范围从移动电话的微型天线到大型的陆基 / 舰载天线。

ROHACELL HF 型泡沫适宜的最高固化温度为 130℃，固化压力为 0.35MPa，适于与复合材料面板共固化成型工艺。

ROHACELL HF 型泡沫典型性能见表 4-65，介电性能见表 4-66。

表 4-65　ROHACELL HF 型泡沫典型性能

性能	单位	31 HF	51 HF	71 HF	参照标准
密度	kg/m³	32	52	75	ISO 845
压缩强度	MPa	0.4	0.9	1.5	ISO 844
拉伸强度	MPa	1.0	1.9	2.8	ISO 527-2
剪切强度	MPa	0.4	0.8	1.3	ASTM C 273
弹性模量	MPa	36	70	92	ISO 527-2
剪切模量	MPa	13	19	29	ASTM C 273
断裂伸长率	%	3.5	4.0	4.5	ISO 527-2
热变性温度	℃	180	180	180	DIN 53 424

表 4-66　ROHACELL HF 型泡沫介电性能

项目	频率 /GHz	31HF	51HF	71HF
介电常数	2.5	1.050	1.057	1.075
	5.0	1.043	1.065	1.106
	10.0	1.046	1.067	1.093
	26.5	1.041	1.048	1.093
损耗角正切	2.5	<0.0002	<0.0002	<0.00020
	5.0	0.0016	0.0008	0.0016
	10.0	0.0017	0.0041	0.0038
	26.5	0.0106	0.0135	0.0155

③ ROHACELL WF 型泡沫

ROHACELL WF 型泡沫作为夹芯材料在航空航天领域广泛应用于先进夹层结构构件，可承受高达 180℃共固化温度，承受固化压力 0.70MPa。适用于热压罐成型工艺和 RTM 工艺。

ROHACELL WF 型泡沫被波音空间公司应用于德尔塔Ⅱ、Ⅲ和Ⅳ型运载火箭中段、段间、推进器头锥和隔热罩等部位夹层结构的芯材。由于 ROHACELL WF 泡沫具有优异的抗压缩蠕变性能，波音公司在热压罐中固化夹层结构制件时，能够保证产品厚度不变，并且保持光滑的表面。

ROHACELL WF 型泡沫的力学性能见表 4-67，介电性能见表 4-68。

表 4-67　ROHACELL WF 型泡沫的力学性能

性能	单位	51 WF	71 WF	110 WF	200 WF	参照标准
密度	kg/m³	52	75	110	205	ISO 845
压缩强度	MPa	0.8	1.7	3.6	9.0	ISO 844
拉伸强度	MPa	1.6	2.2	3.7	6.8	ISO 527-2
弯曲强度	MPa	1.6	2.9	5.2	12.0	ISO 1209
剪切强度	MPa	0.8	1.3	2.4	5.0	ASTM C 273
弹性模量	MPa	75	105	180	350	ISO 527-2
剪切模量	MPa	24	42	70	150	ASTM C 273
断裂伸长率	%	3.0	3.0	3.0	3.5	ISO 527-2
热变性温度	℃	205	200	200	200	DIN 53 424

表 4-68　ROHACELL WF 型泡沫的介电性能

性能	频率 /GHz	51 WF	71 WF	110 WF	200 WF
介电常数	2.0	1.070	1.080	1.080	1.27
	5.0	1.070	1.090	1.140	1.22
	10.0	1.050	1.070	1.140	1.25
	26.0	1.110	1.070	1.140	1.24
损耗角正切	2.0	0.0003	0.0004	0.0006	0.0007
	5.0	0.0005	0.0006	0.0009	0.0009
	10.0	0.0017	0.0017	0.0021	0.0025
	26.0	0.0061	0.0067	0.0071	0.0100

4.4.3　人工介质材料

人工介质材料是一种轻质、低损耗、介电常数可调的新型材料，由树脂基体、空心二氧化硅微球、介电填料和增强剂混和制成，是一种功能性复合泡沫材料。人工介质材料的介电常数调节功能是通过人工介质材料各组分的配比调整实现的，同时，人工介质材料的密度和力学性能也会随配比的变化而变化。因此，人工介质材料具有很强的可设计性，可在一定范围内根据设计的要求，制造出符合产品性能要求的材料。由于以上特点，人工介质材料在航空领域主要用于雷达天线罩的夹芯材料。

人工介质雷达天线罩是一种夹层结构的雷达天线罩，其中，外蒙皮均由玻璃纤维复合材料组成，夹芯为人工介质材料。人工介质雷达天线罩从介电性能方面来讲，是均匀介质结构的半波壁结构雷达天线罩，在结构上却是夹层结构，因此称为准半波结构。它有如下特点。

a. 电性能等效于实芯半波壁结构；

b. 强度、刚度特性等效于夹层结构；

c．雷达天线罩的重量具有夹层结构的特征。

近年来的研究结果表明，人工介质雷达天线罩还可以适当地展宽使用频带，因此，这种雷达天线罩兼有实芯半波壁结构和"A"型夹层结构雷达天线罩的双重优点。由于人工介质材料的介电常数可根据需要进行适当的调整，人工介质雷达天线罩的夹芯材料的介电常数可调整至和蒙皮复合材料相一致，因此夹芯材料的制备是人工介质雷达天线罩的关键技术。

4.4.3.1　人工介质材料制造工艺

根据人工介质材料的工艺特点，可以采用两种成型工艺方法进行人工介质夹芯的成型，一种是真空成型/磨削法，即人工介质材料各固体组分混合均匀，并与液态树脂基体混合，然后直接在内蒙皮上加热加压成型人工介质夹芯，最后按照夹芯设计厚度对夹芯进行磨削加工，美国 F-4J 飞机雷达天线罩的人工介质夹芯便采用了这种成型工艺方法。真空成型/磨削法需在热压罐中成型人工介质材料，由于是高压气体直接对材料施加压力，压力均匀，固化成型后材料均匀性较高；但人工介质夹芯的尺寸精度较差，需进行磨削加工。另一种是模压法，即预先在热压机上压制成型人工介质夹芯曲板，然后与内蒙皮进行胶结组合。模压法制造人工介质夹芯工艺具有如下特点。

a．尺寸精度较高；

b．成型压力大，人工介质材料强度、模量高；

c．制件的工艺质量易于控制；

d．需专用成型模具。

人工介质材料是一种多相的高填料含量的材料体系，为了达到人工介质内部的各个组分的均匀分散，使其具有宏观上均匀的介电性能，应合理选择人工介质材料的混合成型工艺。对于人工介质材料来讲，如果出现填料不能完全分散的情况，则会使材料间的数据对比失去意义。同时，人工介质材料的性能也会出现较大的分散性。

固体颗粒在树脂流体介质中的分散作用是一个复杂的过程，要使固体颗粒填料达到完全分散，外界应该对该体系做功，以克服缓慢的分散过程。只有当填料在树脂基体中达到完全分散后，才能充分发挥填料的功能。为使人工介质材料各组分充分混合分散，采用了多步法分散混合工艺，第一步为实现干粉的充分混合，通过外力的作用，破坏颗粒间的吸附作用，使各种粉体颗粒之间实现充分分散；第二步为干粉与树脂胶液的混合；然后通过制粒作用，进一步改进人工介质材料的分散效果。

采用颗粒法压制人工介质材料，人工介质粒料制造工艺如图 4-29 所示。

4.4.3.2　人工介质材料的介电常数设计

人工介质材料是一种低密度的电介质材料，并且介电常数有一定的调控范围，可根据设计需要，精确调控人工介质材料的介电常数，满足雷达天线罩优化设计的需要。一般来讲，各种介质材料都有一个相对精确的介电常数，这个介电常数和材料的密度有一定的关系，介电常数大的材料密度相对大一些。复合材料的介电常数一般符合对数定律（见式（4-20）），即复合材料的介电常数的对数等于

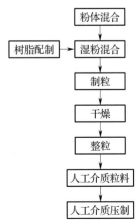

图 4-29　人工介质粒料制造工艺

各组分介电常数对数与体积分数之和

$$\lg \varepsilon_0 = \sum (V_i \cdot \lg \varepsilon_i) \qquad (4\text{-}20)$$

在人工介质材料的介电性能设计中，考虑到人工介质材料的组分较多，孔隙率不易确定，无法用对数定律准确计算人工介质材料的介电常数，常常采用近似的计算方法。在树脂基体和空心二氧化硅微球含量不变的前提下，因为介电填料的介电常数远高于其他组分，而介电填料的含量变化对介电填料的体积分数影响很小，人工介质材料的介电常数与介电填料的用量呈近似的线性关系。图 4-30 为人工介质材料介电常数与介电填料含量关系。根据人工介质材料的介电常数与介电填料的关系，可根据试验数据初步推断出一定介电常数的人工介质材料的介电填料用量，经过试验确定最终的材料配比。

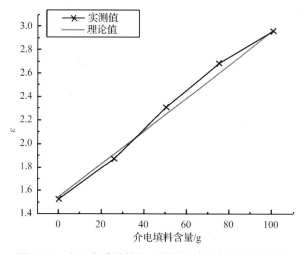

图 4-30　人工介质材料介电常数与介电填料含量关系

图 4-31 为人工介质材料介电常数与密度关系。从图中可看出，在人工介质材料配比不变情况下，改变装料量，即改变人工介质材料的密度，人工介质材料的介电常数与密度呈线性关系。

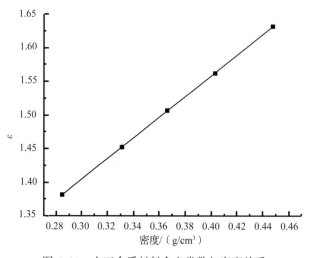

图 4-31　人工介质材料介电常数与密度关系

4.4.3.3 介电性能

在雷达天线罩应用范围之内，我们研制的人工介质材料与玻璃纤维复合材料蒙皮相比较，当介电常数相同时，人工介质材料的密度与蒙皮复合材料相比有很大的下降，同时具有较低的损耗角正切。这就是研制人工介质材料的意义所在。

为满足介电性能的要求，人工介质使用改性氰酸酯树脂和改性双马来酰亚胺树脂作为人工介质材料的树脂基体，这两种树脂都具有良好的介电性能、耐热性能和工艺性。人工介质材料的介电性能见表 4-69。

表 4-69 人工介质材料的介电性能

配方号	介电常数	损耗角正切	密度 / (g/cm³)
1	1.63	0.0098	0.45
2	2.01	0.0100	0.72
3	2.81	0.0123	0.86
4	3.51	0.0125	1.01
5	3.99	0.0130	1.08
6	4.05	0.0134	1.10

4.4.3.4 力学性能

人工介质材料的力学性能见表 4-70。

表 4-70 人工介质材料的力学性能

名称	单位	性能			
		室温	80℃	120℃	155℃
抗拉强度	MPa	23	20	18	15
抗拉模量	GPa	5.0	4.0	3.9	3.8
抗压强度	MPa	48	50	50	50
抗压模量	GPa	4.8	4.8	4.7	4.5
弯曲强度	MPa	55	48	40	37
弯曲模量	GPa	5.3	5.3	5.3	5.0
剪切强度	MPa	3.0	3.0	3.0	2.9
冲击强度	J/mm²	2.3×10^{-3}			
断裂延伸率	%	0.84	0.91	—	—
泊松比	—	0.197	0.140	—	—

通过对比分析人工介质材料的力学性能，可以认为，该材料的拉伸模量与压缩模量基本相当，因此，它属于各向同性材料，这为人工介质雷达天线罩的强度计算和结构分析提供了方便。

通过表4-70的数据我们可以看出人工介质材料具有较高的力学性能，在155℃具有较高的强度保持率，可以满足较高温度范围的使用要求。

4.4.3.5 国内外人工介质材料性能对比

国内外主要就人工介质材料的配方组成和制造工艺进行了研究，国内研究处于较高水平。国内研制的RJ-1人工介质材料与国外人工介质材料的主要性能对比见表4-71。

表4-71 国内外人工介质材料主要性能对比

材料	密度 / (g/cm³)	介电常数（10GHz）	损耗角正切（10GHz）	剪切强度 /MPa
RJ-1人工介质材料	0.86 ~ 1.10	2.80 ~ 4.2	0.013	3.0
F-4J飞机雷达材料	0.513	3.10	0.015	—

4.5 涂层材料

4.5.1 防雨蚀抗静电涂层

雷达天线罩一般由玻璃纤维增强复合材料实芯结构或蜂窝夹层结构制成，为电的绝缘体。当飞机、导弹、航天器等在复杂气象条件下高速飞行、起飞和降落时，位于其头部的雷达天线罩容易受到雨滴、冰雹等冲刷，长时间冲刷会对雷达天线罩蒙皮产生损伤，使雷达天线罩的厚度减薄，影响雷达天线罩的机械强度，而厚度的变化和不均匀性则会导致透波率下降以及瞄准误差增加，严重的甚至使整个雷达天线罩结构破坏，造成雷达天线罩报废。另外，飞机、导弹、航天器等高速飞行时雷达天线罩与空气产生强烈摩擦会使雷达天线罩表面产生静电，如果静电不能及时释放而积累到一定程度就会发生放电现象，进而可能对雷达天线罩甚至雷达天线罩内的天线等电子设备产生破坏性影响，严重干扰无线电导航和通信设备性能的发挥。因此，为保护雷达天线罩内天线等电子通信设备以及雷达天线罩的力学性能和电传输性能，雷达天线罩表面需要涂装防雨蚀、抗静电涂料。

雷达天线罩所需防雨蚀抗静电涂料应该具有以下特点。

a. 优异的防雨蚀性能；

b. 优异的耐磨性能；

c. 优异的耐热性能；

d. 优异的耐介质性能；

e. 优异的介电性能；

f. 优异的耐环境性能；

g. 优异的附着力；

h. 适中的抗静电性能；

i. 良好的施工工艺性能。

4.5.1.1 国外防雨蚀抗静电涂料的发展及现状

国外早期雷达天线罩所用防雨蚀抗静电涂层主要以树脂型为主，它具有良好的施工工艺性以及固化工艺性能，如黏度较低、可室温固化、不需要底漆和特殊的表面处理过程。常用的有不饱和聚酯树脂和环氧树脂涂料，不饱和聚酯树脂涂层的突出特点是力学性能、电性能及光稳定性（特别是紫外线稳定性）良好，且成本低，但其耐酸耐碱性不佳。环氧树脂的黏结性优良，力学性能高，化学稳定性好。为满足某些特殊的性能要求有时使用丙烯酸酯涂层，它具有优良的耐热性、耐油性及耐候性，但其耐寒、耐湿、耐水性差，力学性能不高。树脂型涂层的最大缺点是硬而脆，抗冲击性较差。

　　自 20 世纪 50 年代起，美国就开始研制橡胶型涂层。最初采用的是氯丁橡胶涂层，黑色氯丁橡胶涂层（Mil-C-7439B）和白色氯丁橡胶涂层（Mil-C-27315）用于歼击机、运输机、轰炸机的雷达天线罩的表面防护。但氯丁橡胶保护涂层的抗亚声速性能就显得不够好，其耐温性低（93℃），施工性能差，60—70 年代逐渐被聚氨酯涂层代替。1965 年美国空军材料实验室（AFML）开始研究聚氨酯防雨蚀抗静电涂层，它的主要特点是硬度高而弹性好，经过两年以上的试飞，结果表明性能尚好，耐磨性卓越，耐热性优良，耐雨蚀性及电性能俱佳。美国空军采用了该涂层，并制定了军用标准 Mil-C-83231 和 Mil-C-83445。在 C-141 和 F-4 飞机雷达天线罩上涂覆后，经两年多使用，情况良好。其中尤以弹性聚氨酯为最佳。长期使用温度为 150℃，短期使用温度为 180℃。但随着飞行速度的提高，当温度为 205℃时，聚氨酯涂层就迅速失去弹性及抗雨蚀能力。因此，聚氨酯涂层不能适用于 200℃以上的热防护和亚声速雨蚀的保护。为了寻求一种耐高温的抗雨蚀防静电聚合物涂料，80—90 年代美国空军材料实验室做了较长期的研究工作，他们认为各种热稳定聚合物，如有机硅、聚酰亚胺、聚酰胺、亚胺、氟硅聚合物、羧基亚硝基聚合物、硅苯撑二甲基硅烷及其他弹性体在雷达天线罩用涂层方面成效甚微。为满足先进机种高速飞行和耐高温的需要，美国首先发展了氟橡胶防雨蚀抗静电涂层，其研制的氟碳弹性体（af-c-934）260℃具有长期热稳定性，美军采用的抗静电黑色氟橡胶（af-c-935）、耐辐射防雨蚀白色氟橡胶（af-c-vbw15-15）等氟树脂涂层具有优异的耐热性和耐雨蚀性，透波性能良好，在 9.375GHz 条件下，白色含氟涂层透波率为 95.3%，在佛罗里达天然暴晒六个月后透波率仍能达到 94.3%。另外氟树脂涂料施工性好、耐老化性能好等特点，使得这一品种成为雷达天线罩高温防护的重要品种。美军几种雷达天线罩保护涂料技术指标见表 4-72。

表 4-72　美军几种雷达天线罩保护涂料技术指标

项目	MIL-C-7439B	MIL-C-83231	Mil-C-83445	AF-C-935	AF-C-VBW15-15
	黑氯丁橡胶	黑弹性聚氨酯	聚氨酯	黑氟弹性体	白氟弹性体
抗雨蚀 /min	40	160	75	60	110
介电常数 /ε	3.11	3.16		3.77	
损耗角正切，$\tan\delta$	0.047	0.059		0.055	
透波系数 /%	98.8	93.4		94.0	95.3
使用温度极限 /℃	93	149	149	260	260
使用期限 / 月	<6	>36	>24	>36	>24
静电性能	优	优	优	优	优
喷涂难易	困难	适中	适中	适中	适中
施工条件	低湿度	40% 湿度	40% 湿度	<80% 湿度	<80% 湿度
* 采用 AFML 悬臂试验器（降雨速度为 800km/h，降雨量为 25.4mm/h，雨滴直径为 1.8mm）。					

近年来，国外防雨蚀抗静电涂料逐步朝着特殊功能化方向发展，如美国斯坦福特研究所研究了一种保护飞机雷达天线罩的白色抗静电涂料，该涂层能反射掉大部分热效闪光环境中的可见光波和红外波的入射能量，还能起到释放静电荷通道的作用，以保证飞机雷达在正常飞行环境和有害的热效闪光环境中正常工作。随着新材料、新工艺的不断涌现，研制出很多新型保护材料，如美国专利 US7713347 报道波音公司采用溶胶凝胶法制备一种耐热及雨蚀的涂层材料，耐温可达 800°F，同时具有良好的耐蚀性。对于美国最先进的第五代战斗机 F-22 和 F-35 的雷达天线罩用防雨蚀抗静电涂料，目前尚未见公开报道。由于应用领域的敏感性，国外雷达天线罩用耐雨蚀抗静电涂层相关技术严格保密，无法得知其所用涂层材料的电性能数据和制备工艺。

4.5.1.2 国内防雨蚀抗静电涂料的发展及现状

早期我国雷达天线罩用防雨蚀抗静电涂料采用树脂型涂料，如酚醛树脂、过氯乙烯树脂、丙烯酸树脂和环氧树脂等，这些涂料与橡胶型涂料相比，缺点突出表现为质地脆硬，耐气流、耐雨蚀、雨冲击、沙冲击、冰粒等冲击性能差，在使用过程中容易受紫外线作用而泛黄、粉化、脱落，因此在较短的时间内，雷达天线罩表面涂层容易发生损坏而失去保护作用。

我国对抗静电涂料的研究也在 20 世纪 50 年代兴起，天津油漆厂、上海合成树脂研究所和武汉化工研究所研制出较低电阻率的抗静电涂层。但这些抗静电涂层都不能满足或不适用于雷达天线罩的抗静电功能。70 年代初，由常州涂料化工研究院和北京航空材料研究院合作，共同研制成功了以环氧聚酸胺为底漆、弹性聚氨酯为面漆的涂层体系，应用于某型号飞行器上，效果较好。80 年代，我国的北方涂料工业设计研究院研制出弹性聚氨酯涂料，长期使用温度为 -55~140℃，短期使用温度为 150℃，耐雨蚀性能较好。90 年代，国内研制出防雨蚀抗静电的聚氨酯涂料体系，该体系三层均为聚氨酯弹性体，其电性能稳定、电传输效率高，但在实际使用过程中发现该系列涂料耐候性不足，某型飞机雷达天线罩的涂层曾发生过黄变和粉化等现象，原因为芳香族聚氨酯树脂受紫外线长期照射后老化分解。常州涂料院于 21 世纪初研制了脂肪族耐雨蚀抗静电涂层体系，该涂层体系电性能稳定、介电性能好、传输效率高（透波率 ≥ 95%）、力学性能优（弹性与硬度兼优）、施工性能好（干燥时间短且适用期长）、耐水性、耐高低温（长期在 -55~200℃使用，短期在 260℃使用）及耐候性能优异，广泛应用于国内预警机、轰炸机、战斗机等。

为满足新一代战斗机高传输的性能要求，国内研制了具有低介电、低损耗的氟碳树脂涂层体系，并在飞机雷达天线罩中得到了应用。为满足飞行器高速飞行、耐高温需求，国内研制了以有机硅树脂为主体的防雨蚀抗静电涂料，该系列涂料耐高温性能好，抗静电性能优良，已在相关型号中得到应用。国内雷达天线罩常用防雨蚀抗静电涂料的主要技术指标见表 4-73。

表 4-73　国内雷达天线罩常用防雨蚀抗静电涂料的主要技术指标

项目	芳香族聚氨酯涂层体系	脂肪族聚氨酯涂层体系	氟碳树脂涂层体系	有机硅树脂涂层体系
介电常数 / ε	≤ 15	≤ 10.2	≤ 3.2	≤ 6.0
损耗角正切	≤ 0.6	≤ 0.41	≤ 0.05	≤ 0.45
附着力 / 级	0	≤ 2	0	≤ 1

表 4-73（续）

项目	芳香族聚氨酯涂层体系	脂肪族聚氨酯涂层体系	氟碳树脂涂层体系	有机硅树脂涂层体系
柔韧性 /mm	≤ 1	≤ 1	≤ 1	≤ 1
耐冲击性 /mm	≥ 50	≥ 50	≥ 50	≥ 50
断裂伸长率 /%	≥ 320	≥ 200	≥ 200	/
抗拉强度 /MPa	≥ 10.7	≥ 9.8	≥ 10	/
表面电阻 / (MΩ/sq)	0.5 ~ 25	0.5 ~ 25	0.5 ~ 25	0.5 ~ 25
喷涂难易	容易	容易	容易	适中
施工条件	<80% 湿度	<80% 湿度	<80% 湿度	<80% 湿度

4.5.1.3　防雨蚀抗静电涂料的发展趋势展望

随着武器装备技术的不断发展，要求新一代飞机雷达天线罩在超宽频带范围内拥有高透波率，对雷达天线罩用防雨蚀抗静电涂料的介电性能以及耐高温性能提出了更高要求。伴随着武器装备在恶劣环境条件下服役时间越来越长，对雷达天线罩用防雨蚀抗静电涂料的耐环境性能提出了更高要求。同时，随着现代科学技术的飞速发展，红外探测技术迅速发展，尤其是红外探测器热成像技术的不断发展，使得目标物极易被发现与摧毁，给战略和战术防御系统带来了较为严峻的挑战，严重威胁到了军事目标的安全性，对雷达天线罩用防雨蚀抗静电涂料的红外隐身性能提出了一定的需求。因此，雷达天线罩用防雨蚀抗静电涂料在未来武器装备中需要具有更好的介电性能、优异的耐高温性能、更好的耐环境性能以及红外隐身性能等综合性能，以适应未来武器装备的发展需要。

4.5.2　封孔涂层

导弹天线罩是保证雷达天线系统正常工作的关键部件，它既是弹体的组成部分，又是雷达制导系统的组成部分，起到防热、透波、承载、耐候和抗烧蚀的作用，保证导引头的正常工作。因此，导弹天线罩要有较好的介电性能，导弹天线罩的介电性能主要指材料的介电常数和损耗角正切值。介电常数越大，则电磁波在空气与天线罩分界面上的反射就越大，这将增加径向波瓣电平并降低传输速率。材料的损耗角正切值越大电波透过天线罩转化的热量越多，损耗的能力就越多。因此，要求天线罩材料的损耗角正切值低至接近于零，介电常数尽可能低，以获得较高的传输系数，较宽的壁厚容差。

陶瓷材料由于具有热膨胀系数小、导热率较低、抗热振性能稳定，而且介电性能稳定等特性，是目前战术导弹天线罩较为理想的材料。但是陶瓷材料具有较高的空隙率，容易吸潮，从而严重影响天线罩的性能。陶瓷材料会在使用过程中产生如下问题：①力学性能降低。气孔的存在使陶瓷材料在使用过程中发生应力集中，降低材料的强度和抗冲蚀能力。②使用寿命降低。易吸潮，水汽容易进入陶瓷材料内部，发生水解反应。③介电性能不稳定。水分子是极性分子，易极化，会引起陶瓷材料介电常数和损耗角正切值显著增大。④隔热效果减弱。水的导热系数远大于空气的导热系数，水汽进入多孔陶瓷材料内部后，隔热性能会受到较大影响。为了有效地发挥导弹天线罩的性能，需要对采用封孔涂层导弹天线罩的陶瓷材料进行封孔处理。封孔处理主要有以下几个目的：①提高和保证陶瓷的致密性，提高抗雨蚀性能；②保证陶瓷材料不被外界材料污染；③防止陶瓷材料吸潮，进一步提高天线罩的强度、耐冲刷以及耐烧蚀等性能；④保证天线罩陶瓷材料的透波率不下降，从而使导弹天线罩有效发挥作用。

采用封孔涂层进行封孔处理就是指通过刷涂、浸涂或机械喷涂等方法使封孔液很好地渗入陶瓷材料的孔隙中，以达到对陶瓷材料封孔的目的。封孔涂层应满足以下条件。

（1）具有很好的渗透性，即要求封孔涂层的黏度低并且要与陶瓷材料有良好的浸润作用。但溶胶的黏度不能过低，如果黏度太低，溶胶中的固含量较少，虽然溶胶能很好地渗入孔隙中，但由于固含量过少，不能起到很好的封孔作用，须多次反复浸渍收效不佳，而且黏度过低时，成膜较困难。

（2）具有良好的化学稳定性和耐侵蚀性，由于陶瓷材料要经历不同的环境历程，如果封孔涂层不能经受介质的侵蚀，则封孔处理会很快失效。

（3）易固化，且与陶瓷材料结合牢固，要能经受一定的机械作用。即封孔涂层应与陶瓷材料结合牢固，不会因为机械作用而脱落或碎裂；在工作温度下性能稳定，封孔涂层不能在使用温度下发生熔化、蒸发或分解等物理变化。

（4）不降低基体陶瓷材料的性能，且不能与基体发生有害化学反应。在工作环境下应与陶瓷基体材料保持化学稳定性，安全无毒，使用方便，保证施工时安全方便。

4.5.2.1 封孔涂层的制备方法

采用溶胶－凝胶法制备封孔涂层是近年发展起来的一种涂层制备方法。溶胶－凝胶涂层涂覆技术是利用胶体化学原理使基体在溶胶中通过沉积形成氧化物薄膜。与基体材料具有一定结合强度，可以克服基体材料的某些缺陷，改善基体的表面特性，如电学特性、耐腐蚀性、耐磨损性以及提高机械强度等。采用溶胶－凝胶法制备封孔层具有许多优点。

①反应温度低，可以在较温和的条件下制备封孔涂层；
②反应温度低使得反应过程易于控制，减少了副反应的发生，还可以避免结晶等发生；
③所制备的封孔涂层均匀性好，其均匀度可达分子或原子水平；
④化学计量准确，封孔涂层易于改性，可以掺杂的量和种类范围较宽；
⑤溶胶－凝胶法应用广泛、操作简单、操作环境好、无粉尘、无噪声等，而且所需工艺设备简单，不需要任何真空条件或者其他昂贵设备，便于应用推广；
⑥易于大面积地在各种不同形状、不同种类的基材上制备封孔层；
⑦用料省，成本较低。

鉴于溶胶－凝胶法制备封孔涂层具有以上优点，而被广泛应用。采用溶胶－凝胶法制备封孔层的方法主要有浸涂、喷涂、自旋涂和辊涂等。

（1）浸涂技术

浸涂技术的工艺过程是将经过清洗后的基体材料浸入预先制备好的溶胶中，然后以一定的速度均匀地将试样从溶胶中提拉出来，溶胶在黏度和重力的共同作用下，在基体材料表面形成一层均匀的薄膜，然后随着溶剂的不断蒸发，涂层表面的溶胶发生凝胶化形成一层封孔涂层。

浸涂技术常使用三种不同的浸渍方式：①一般是先把基体浸入溶胶中，然后再以精确控制的均匀速度把基体从溶胶中提拉出来；②先将基体固定在一定的位置，提升溶胶槽，使基体浸入溶胶中，再将溶胶槽以恒速下降到原来的位置；③先把基体放置在静止的空槽中的固定位置，然后向槽中注入溶胶，使基体浸没在溶胶中，再将溶胶从槽中等速排出，此方法适用面较广。

封孔涂层的厚度主要决定于提拉速度、封孔液中的固态含量和封孔液的黏度。浸涂技术所需的设备简单，操作方便，所以得到了广泛的应用。但是当基体的面积较大时不太容易操作，而且在空气中不能保证封孔液的稳定性，所以还需要进一步研究和改进。

（2）喷涂技术

喷雾封孔技术主要是将溶胶封孔涂层材料通过雾化产生非常细小的液滴，然后喷涂到基体材料上形成均匀的封孔涂层。因此封孔涂层材料的雾化是否均匀对制备的封孔层的性能有较大的影响。

与浸涂技术相比，采用喷雾封孔技术封孔具有以下优点：喷雾的速度快，可以达 1m/min，约为浸涂技术的十倍；溶胶封孔涂层材料的利用率较高；可使用储放时间较短的溶胶封孔涂层材料，并且可以建立生产线。但是与浸涂技术相比，喷雾封孔技术雾化时所需的设备要求较高。

（3）自旋涂技术

在自旋涂工艺技术中，基体材料绕一根垂直的轴转动，将溶胶封孔涂层材料滴在基体材料的中心，然后在基体材料的旋转作用下使溶胶均匀地涂覆在基体材料的表面形成封孔层。制备的封孔层的厚度可以为几百纳米到十微米，即使涂层表面不是很不平整，也可以得到比较均匀的封孔层。

（4）辊涂技术

辊涂就是用辊子将溶胶封孔涂层材料涂覆在基体材料表面的封孔处理方法。与刷涂法相比，其封孔效率比较高。采用辊涂法封孔时需要特别注意封孔涂层材料黏度的调整和封孔层厚度的控制。

4.5.2.2　国内外封孔涂层的发展及现状

国内外学者在陶瓷材料封孔涂层方面做了大量研究，并取得一定的进展。Sankar Sambasivan 等以硝酸铝、五氧化二磷及无水乙醇为原料，通过控制磷、铝的物质的量比，合成无定形磷酸铝化学前体溶液以制备改性的封孔涂层。研究表明，无定形磷酸铝具有低氧扩散性、化学耐久性好、高辐射系数、低传热性、低介电常数、制作容易等优良特点，而且可以通过简单的浸涂、旋涂、喷涂、刷涂、流涂等方法将其沉积成薄的、气密的、显微组织致密、均匀透明的涂层。无定形磷酸铝涂层因为自身的特点已在金属和合金、陶瓷基复合材料封孔领域得到应用。张联盟等以正硅酸乙酯和引入硅氧基封端有机硅树脂为原料，采用溶胶－凝胶工艺制备的封孔复合涂层具有优良的防潮、耐温、透波性能。获得的涂层在扫描电镜下观察结构均匀致密，涂层与基体结合良好。陶瓷材料封孔前后的介电常数变化小于 0.05，损耗角正切的变化小于 0.001；在经历湿热、泡水等恶劣环境后，介电常数变化小于 0.09，损耗角正切的变化小于 0.005。日本著名科学家着野藤甲、木村雄二等人以正硅酸乙酯为封孔剂，对陶瓷材料进行封孔处理，研究结果表明：经正硅酸乙酯封孔剂两次刷涂之后，封孔剂能够渗入陶瓷内部 30nm 处，陶瓷中的贯穿孔约减少 25%，从而降低了陶瓷材料的孔隙率，提高了陶瓷材料的耐腐蚀性能。王树彬等采用溶胶－凝胶法，以 $CaO-SiO_2-B_2O_3$ 复合氧化物体系作为 $\alpha-Si_3N_4$ 的结合剂和助烧剂，对自制的多孔氮化硅陶瓷为基片进行了封孔研究。经过 1300℃烧结后，涂层表面平整，涂层与基体结合紧密。封孔后多孔氮化硅陶瓷吸水率下降了 90.93%~96.96%，抗弯强度提高了 9%~22%，封孔处理对基体的密度和介电性能影响很小。孟令娟等以硅酸乙酯和硝酸铝为前驱体，无水乙醇和蒸馏水为溶剂，盐酸为催化剂制成新型 SiO_2-Al_2O_3 封孔涂层材料，用其对等离子喷涂陶瓷涂层封孔处理后涂层的孔隙率明显降低，且致密性得到显著提高，该封孔剂具有极好的浸渗性和封孔能力。基体陶瓷材料在封孔后耐介质性得到很大程度的提高。

4.5.2.3 封孔涂层的发展趋势展望

随着制导精确度和飞行器飞行速度的不断提高，导弹天线罩对陶瓷基体材料的力学、热学、透波等功能提出了更高的要求。相应地，对于用于导弹天线罩陶瓷基体材料的封孔涂层也提出了更高的要求，封孔涂层可以提高天线罩的力学性能和高温耐烧蚀性能，改善和提升天线罩的防潮性能以及抗粒子和雨水侵蚀性能，并有效拓宽透波频带。封孔涂层正不断朝着提高天线罩基体材料的防潮、耐冲刷、耐烧蚀、耐高温以及拓宽应用频带等多功能方向发展。

4.5.3 超疏水涂层

众多研究表明，雨水对雷达天线系统性能的影响是很大的。水对微波和毫米波具有很高的介电常数与损耗角正切，当雨水造成天线、雷达天线罩或馈线波导表面积水时，甚至很薄的水膜均能大大增加雨水传输损耗，且增加与水膜厚度成正比。随着战斗机等各种飞行器飞行速度和飞行高度的提高，各种飞行器雷达天线罩表面很容易积水甚至结冰，容易造成传输效率下降，影响飞行器的战斗力，影响全天候和长航时飞行时的通信畅通，甚至会影响飞行器的飞行安全性，容易造成严重的安全事故。要减少这种影响，需提高传输表面的疏水性，雷达因天线罩的使用减少了天线表面水沉积，而雷达天线罩本身的表面疏水性就显得很重要了，优良的疏水表面能使雷达天线罩变得更干燥，因此可以减少雨水传输损耗。一般雷达天线罩表面涂层有底漆、防雨蚀漆、防静电漆和装饰涂层，但这类涂层一般没有疏水特性，无法避免水在雷达天线罩涂层表面聚集。因此，需要增强雷达天线罩表面的疏水性能，避免雷达天线罩表面积水或结冰，保证雷达天线罩内雷达天线等电子设备功能的正常发挥。

表面疏水性即为"憎水"，其含义为水在固体表面是呈珠状的，而不是铺展开的，即可保证水不会在固体表面聚集，进而结冰。一般而言，固体表面与水珠的表面接触角 $\theta > 90°$ 时即可认为固体表面具有疏水性能。但是针对雷达天线罩而言，则需要疏水涂层具有更大的接触角，具有更好的疏水性能，以防止水在雷达天线罩表面结冰，需要超疏水涂层，以满足雷达天线罩以及罩内雷达天线等电子通信设备的性能发挥需求。

超疏水涂层是指涂膜在光滑表面的静态水接触角大于 150° 的一类低表面能涂层，这类涂层材料具有防水、防污、防雪、防污染、防黏连、抗氧化、防腐蚀和自清洁等功能。雷达天线罩上所需超疏水涂层需要满足雷达透波的要求，其应该是对雷达透波率影响较小的超疏水涂层。高透波超疏水涂层可用于雷达天线罩表面，使雷达天线中罩免受雨雪的冲击，防止因雨雪和污垢堆积导致雷达天线罩的电性能下降和使用寿命缩短。

4.5.3.1 超疏水涂层工作原理

液体在固体表面会表现出沾湿的现象，一般使用表面静态接触角来表征固体表面的润湿性能，也称接触角（contact angle，CA）。如图 4-32 所示，接触角是指在固、液、气三相交界处，自固液界面经液体内部到气液界面的夹角（θ），在研究液体对固体表面的润湿行为时，通常将 $\theta = 90°$ 最为分界线：$\theta < 90°$ 说明固体表面可以被液体润湿，称为亲液性，接触角越小则固体材料表面的润湿性越好；相反，

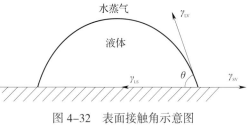

图 4-32　表面接触角示意图

$\theta > 90°$ 表明固体表面不能被液体润湿，称为疏液性，接触角越大则固体材料表面的润湿性越差，疏液性越佳，表面疏水性能越好。固体表面的这种浸润性是固体表面的重要性质之一，它是由表面的化学成分和微观几何结构共同决定的。当 $\theta > 150°$ 时，称为超疏水表面，其不仅可以疏水，且可以防止涂层表面结冰。

疏水涂层固化后会在雷达天线罩表面形成疏水固体表面，当遇到雨雪天气或因高速飞行产生积水时，则会因为疏水表面的原因，水或水滴同涂层表面的接触角 >150°，不会在涂层表面润湿铺展开来或在雷达天线罩表面结冰，而是在其表面呈现珠状，随着飞行器的飞行从雷达天线罩的涂层表面滚落，从而保证雷达天线罩表面的清洁，进而保证雷达天线罩及罩体内部天线等通信设备的正常工作。

4.5.3.2　国外超疏水涂层的发展及现状

美国早在 20 世纪 50 年代就开始研究保护雷达天线罩的专用涂层，涂层品种越来越多，性能逐步提高。针对雷达天线罩用超疏水涂层材料，目前已经有比较成熟的超疏水涂层产品应用于具体的型号中。如美国的 DCI-2577 有机硅树脂涂料是一种有硅结构的有机硅高聚物，既有树脂的硬度，又有类似橡胶的弹性，抗紫外线、耐大气老化、抗潮湿、抗污染且雷达透波率高，但由于研究领域的敏感性，关键技术严格保密，无法得知其具体数据。日本专利 JP 2005257352-A 提到了疏水涂层可用于雷达罩天线表面，但未报道具体数据。美国专利 US 2004131789-A1 和 US 6767587-B1 公开了用于雷达天线罩的氟碳涂层技术，但未见具体数据。国外的专家学者采用了多种手段制备了超疏水涂层，如 Yoshimitsu Z 等利用化学气相沉积（CVD）方法，通过控制气体压力和底材的温度以使表面粗糙度控制在 9.4~60.8nm，在表面上接氟硅材料，生成了透明的超疏水膜。进一步的研究发现，膜表面具有相同的化学成分和聚集方式，当其表面物理形貌微构造发生变化时，其疏水性能有较大的差异。Nakajima 等利用相分离的方法，通过在四乙基正硅烷（TEOS）中添加丙烯酸聚合物得到了具有坑状结构（crater-like）的粗糙表面，该表面经氟硅烷修饰后为高硬度的超疏水透明性薄膜。Kako T 等利用有机相和无机相的相分离现象，结合胶体 SiO_2 粒子的填充作用得到了粗糙表面。这种方法将由相分离产生的约 800nm 的粗糙度和由胶体 SiO_2 粒子所产生的约 20nm 的粗糙度有机地结合起来，形成双微观结构。该表面经氟硅烷修饰后形成超疏水性薄膜。以上方法制备的疏水涂层需要特殊的仪器设备和复杂的加工过程，未考虑雷达天线罩的透波功能要求，不能用于雷达天线罩表面的疏水防护，由于应用领域的敏感性，国外高透波超疏水涂层相关技术严格保密，无法得知其所用涂层材料的性能和制备工艺。有关雷达天线罩用超疏水涂层的报道不多。

4.5.3.3　国内超疏水涂层的发展及现状

国内有多位学者在制备超疏水涂层方面开展了大量工作。中科院化学所徐坚等研制

了一种自清洁薄膜，将原料混合物搅拌并成膜干燥后得到了水接触角达 150° 的自清洁薄膜，具有超疏水特性。清华大学王晓工课题组根据荷叶表面超疏水特性，制备了仿荷叶表面超疏水特性的涂层。南京工业大学陆小华课题组通过喷涂工艺制备出聚四氟乙烯 – 聚苯硫醚复合超疏水涂层，其水接触角为 155°。中国科学院兰州化学物理研究所研究人员利用简便、经济、实用的复合有机涂层材料制备方法，于铝、铜、钢等金属材料表面构筑出了具有微 / 纳米结构的超疏水表面功能涂层材料，解决了超疏水涂层材料在工程应用中构筑方法复杂、工程实用困难的关键技术问题。项目研究组利用聚四氟乙烯和聚苯硫醚复合聚合物采用一步成膜法构筑出的表面同时具备低表面能疏水基团及多孔网络微纳米结构的超疏水涂层。该涂层具有优异的超疏水性能（接触角约 165°，滚动角约 4°）、与基材高的结合强度、优异的耐酸碱介质性能、良好的耐高低温及长期稳定性能，为超疏水有机涂层材料的工程应用奠定了科学和技术基础。上述涂层均具有较好的超疏水特性，但制备工艺复杂，无法应用于雷达天线罩的表面防护，且涂层研制过程中均没有考虑透波性能。国内对雷达天线罩用超疏水涂层的研究薄弱，文献报道极少。仅有天津大学、青岛海洋化工研究院等进行了超高透波疏水性涂层制备技术研究。其中青岛海洋化工研究院研制的雷达天线罩用超疏水涂层具有较好的疏水性能、介电性能和耐环境性能，具有一定的实用价值。

4.5.3.4　超疏水涂层的发展趋势展望

由于超疏水表面具有广泛的应用前景，近年来已成为材料研究的热点，开发了众多不同的制备原料和工艺方法，但雷达天线罩用超疏水涂层的实际应用还未能普及，许多问题还亟待解决。首先，工艺简便、经济、环境友好的制备方法有待开发。由于在粗糙表面修饰的低表面自由能物质一般为含氟或硅烷的化合物，其价格昂贵且有些特殊的制备方法涉及昂贵的设备如 CVD、激光刻蚀等。同时较长的制备周期也是当前面临的一个难题，如有些刻蚀方法需在腐蚀液中浸泡数天才能获得性能优良的粗糙表面，难以有效地制备大面积超疏水表面。其次，超疏水表面的持久性不足，使得这种表面在许多环境条件下的应用受到限制，包括表面修饰的低自由能薄膜的强度、耐候性差使其在一些环境条件下长期使用可能被破坏污染，使得雷达天线罩表面疏水性变差；同时表面的微结构因机械强度差而易被外力破坏，导致超疏水性的丧失。总之，如何利用简单有效的方法构造和调控表面的微观结构，从而获得性能持久、优异的超疏水性表面，并有效应用于实际生产的各个方面是雷达天线罩用超疏水涂层研究的最终目的。

4.5.4　吸波涂层

随着高精尖探测技术的发展，军事侦察的方式变得多种多样，高技术侦察和识别能力也有了很大提升。在现代信息化条件下，战争的胜负与是否能先敌发现有着重要的关系。为使装备适应信息化条件下战场的需求，需要尽可能地降低装备被敌方发现的概率，因此装备的隐身技术显得尤为重要。作为隐身技术的重要组成部分，雷达隐身技术的发展和应用使得武器装备的作战能力得到极大的提高，雷达隐身技术已成为提高军用目标生存力和战斗力的关键技术之一。雷达隐身技术的核心是降低 RCS，提高其隐身作战能力，其技术途径主要包括外形技术和雷达吸波材料技术，外形改造难度大，耗费较高，因而不易实现，相对而言，吸波材料设计制造难度较小，耗费较低，故而受到各国的重视。吸波材料是指能吸收、衰减入射的电磁波，并将其电磁能转换成热能耗散掉或使电磁波因干涉而消失的一类材料。与其他雷达吸波材料相比，雷达吸波涂层材料具有吸波效果好、工艺简单、设计难度小、成本低等特点，是提升装备隐身性能的一项关键技术，在雷达隐身技术中占具重要的地位。近年来，各种新型战机和舰艇大量使用雷达吸波涂层材料来提高自身的反侦察能力，世界各国对雷达吸波涂层材料的研究都非常重视。

4.5.4.1 吸波涂层的隐身机理

雷达隐身技术的目的是在某些特定区域内，降低目标的雷达截面积，使其不被敌方雷达探测到，采用的方法主要有减弱、抑制、吸收、偏转雷达波等。根据雷达系统的工作原理，雷达的最大探测距离 R_{max} 表示为

$$R_{max} = \left[P_t G_t^2 \lambda^2 \delta / (4\pi)^3 P_{min} \right]^{1/4}$$

式中：P_t、G_t——雷达的发射功率和天线增益；

$\quad\quad \lambda$——雷达的工作波长；

$\quad\quad P_{min}$——雷达接收机的最小可检测信号功率；

$\quad\quad \lambda$——被探测目标的 RCS。

由分析式可知，降低目标的雷达截面积可以减小雷达的最大探测距离，因此目标 RCS 是决定目标对雷达波反射能力强弱的关键因素之一。降低目标 RCS 的措施主要有两种：一是通过估计雷达的主要威胁方向，并在此探测方向上改变目标的外形以减少该方向的 RCS；二是将雷达吸波材料涂覆在目标表面，利用吸波材料的吸收、衰减、消除作用减弱雷达波的反射。

雷达吸波涂层是一种涂覆在武器装备表面，能将吸收的雷达波的电磁能转换成热能而耗散掉，或者使电磁波通过干涉相消，减小电磁波反射的吸波材料。雷达吸波涂层材料的隐身原理主要有两种：①通过内部的吸收剂将电磁能转化成热能耗散掉，从而达到隐身的效果。雷达波入射到涂覆型雷达吸波材料上时，除了一小部分雷达波自然反射，大部分雷达波进入涂层内部与吸收剂相互作用将电磁能转化成热能，最终以热能的形式耗散掉。其基本原理如图 4-33 所示。②在雷达吸波材料的上下表面的反射波因为相位相反而发生干涉相消，从而达到减少电磁波反射的效果。其基本原理如图 4-34 所示。

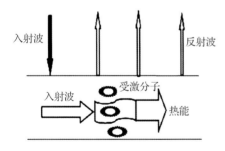

图 4-33 雷达波电磁能转化成热能的
基本原理

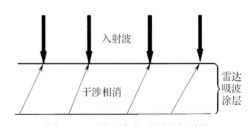

图 4-34 雷达波实现干涉相消的
基本原理

4.5.4.2 国内外吸波涂层发展及现状

由于吸波涂层材料在军事上的广泛应用，在国内外掀起了研制吸波涂层材料的热潮，重点研究和应用的吸波涂层材料主要有以下几种：

（1）铁氧体吸波涂层材料

铁氧体吸波材料是研究较多而且比较成熟的吸波材料，由于在高频下有较高的磁导率，且电阻率也较大，电磁波易于进入并快速衰减，因而被广泛地应用在雷达吸波涂层材料领域。

同济大学的张晏清等以柠檬酸作为络合剂与硝酸钡和硝酸铁在高温下发生固相反应，在多孔空心玻璃微珠表面生成钡铁氧体薄膜，形成钡铁氧体包裹多孔空心玻璃复合体。研究了产物的结构组成、表面形貌、复介电常数与磁导率。试验表明，多孔空心玻璃微珠表面形成厚度小于 $1\mu m$ 六角磁铅型钡铁氧体 $BaFe_{12}O_{19}$ 包覆层，包覆钡铁氧体的多孔玻微珠吸波粉体的吸波性能良好，采用聚合物乳液与复合粉体制备了 1.8mm 厚的涂层，在 5~18GHz 范围内，涂层的微波反射损耗在 –8dB 以下，在 6GHz 处最大反射损耗约为 –15dB。北京交通大学的朱红等通过二茂（络）铁热裂解法合成了填充铁纳米丝的碳纳米管，并研究了它在 8~18GHz 范围内的电磁参数和吸波特性。当涂层厚度为 3.5mm 时，最大反射损耗约为 –22.73dB，小于 –10dB 的频宽为 4.22GHz，随着涂层厚度的增加，最大反射损耗峰值向低频端方向移动。日本在研制铁氧体方面处于世界领先地位，研制出一种由阻抗变换层和低阻抗谐振层组成的双层结构宽频高效吸波涂料，可吸收 1~2GHz 的雷达波，反射率为 –20dB。日本 NEC 公司研究的铁氧体吸波材料，衰减在 –10dB 以下时，频宽为 7GHz（6~13GHz）；衰减在 –20dB 以下时，频宽为 3.7GHz（8.5~12.2GHz）。日本的 Saitoh 等研制了一种由磁性物质羰基铁 $[Fe(CO)_5]$ 和介电物质二氧化钛（TiO_2）复合而成的双层吸波涂层，通过改变第二层中物质的配比，可以改变最大反射损耗对应的频率。

（2）纳米吸波涂层材料

纳米吸波材料是指材料组分的特征尺寸在纳米量级（1~100nm）的吸波材料，其具有宽、轻、薄等特点，是一种具有发展潜力的雷达吸波涂层材料。目前，国内外主要研究纳米复合膜吸波材料、纳米金属与合金吸波材料、陶瓷纳米吸波材料和纳米氧化物吸波材料几个方面。纳米吸波材料因具有良好的吸波效果而成为国外吸波材料研究的方向和热点，许多国家都把它作为新一代隐身材料的重点研究对象，特别是美国和法国。美国通过不断地探索和研究，研制出了"超黑粉"纳米吸波涂层材料，其吸收率高，而且在低温下具有很高的韧性。法国成功研制的钴镍纳米材料与绝缘层构成的复合结构，由黏结剂和纳米级微屑填充材料组成，这种由多层薄膜叠合而成的结构具有很好的磁导率，其在 0.1~18GHz 范围内，电磁参数的实部和虚部均大于 6。目前，国内对纳米吸波涂层材料的研究也很重视，何婷婷通过静电纺丝技术改变磁性颗粒的质量分数得到 PAN/Fe_3O_4 纳米复合材料，通过对实芯结构和中空结构的 PAN/Fe_3O_4 纳米复合材料研究发现，中空结构的 PAN/Fe_3O_4 纳米复合材料对雷达波的吸收带宽分别从实芯结构的 9.25GHz 和 5.3GHz 拓展到 9.9GHz 和 7.4GHz，最大反射损耗从 34.2dB 增大至 37.1dB，反射损耗最大差值已经达到 7.7dB。穆永民通过理论探索和计算机辅助设计研究出纳米 SiC 粉体涂层、纳米 Fe_3O_4 粉体涂层以及纳米 SiC 粉体和纳米 Fe_3O_4 粉体混合三种吸波涂层，三种吸波涂层样品在 8~18GHz 具有较好的吸收效果，且对毫米波具有良好的吸波性能，特别是纳米 Fe_3O_4 粉体制成的吸波涂层，吸波效果最好，反射损耗达到 7.988dB。

（3）多晶铁纤维吸波涂层材料

多晶铁纤维吸波材料是一种优良的雷达吸波材料和精、密度高的磁记录材料，广泛应用于医学、生物工程，因此各国学者对其研究热度较高。国外对于多晶铁纤维吸波材料研究时间早，且技术比较成熟，但由于技术封锁，相关文献较少。美国 3M 公司运用平均直径为 0.26μm、平均长度为 6.5μm、长径比约为 25 的多晶铁纤维，制备出厚度为 1.0mm 的雷达吸波涂层，测试得出的最小反射率低于 30dB。欧洲 GAMMA 公司研发了以多晶铁纤维为吸收剂的新型雷达吸波涂层，报道称该项技术已用于法国国家战略防御部队的导弹和飞行器。国内对多晶铁纤维吸波涂层材料也进行了不少研究，取得了较好的成果。李小莉利用磁引导的有机物气相分解法（MOCVD）制备了多晶铁纤维，通过对不同添加量的吸波材料性能的比较，得出多晶铁纤维涂层的面密度会随着填充比的减小而减小。另外，电磁参数的测试表明，多晶铁纤维的磁导率实部和虚部以及介电常数实部和虚部都很大，得出多晶铁纤维是一种双复介质吸收剂，这也是多晶铁纤维能够实现薄涂层的重要原因之一。赵振声等研究了纤维取向样品的制备，测试结果表明，多晶铁纤维吸收剂的微波电磁参数具有明显的形状各向异性，其轴向磁导率大于径向磁导率，轴向介电常数大于径向介电常数。

由于国内学者研究深度不够以及试验条件的限制，多晶铁纤维吸波材料的制备和应用方面还是存在很多问题，其性能与国外材料的性能相比差距较大。因此对于多晶铁纤维吸波材料还需要做进一步的研究，如从多晶铁纤维的直径均匀化程度等方面来增加数据的准确度等。

（4）手征吸波涂层材料

手征吸波涂层材料，是一种用任何操作方式都不能让实物与镜像物体重合的材料。它不仅能够吸收电磁波，还能减少电磁波的反射，成为各国学者大力研究开发的一种新型雷达吸波涂层材料。与普通吸波涂层材料相比，手征吸波材料具有阻抗匹配易实现、频带宽等优点。自 20 世纪 80 年代以来，国外学者就开始对手征介质中电磁波的传输特性、手征微波器件及手征特性的物理机制进行研究。A. Lakhtakia 等利用表面电荷和电流分析了手征介质的散射特性，研究了任意截面手征吸波材料介质圆柱的散射特性。目前国内学者对于手征吸波材料研究较少。肖中银等的研究表明，掺杂手征体后的基质，其介电常数和磁导率都会发生改变，反射系数会受到较大影响，具体试验表明，反射系数会随着介电常数实部的增大而减小。李文军等通过调节合金组分得到直径在 1~12μm 各种尺寸的微碳卷，研究表明该微碳卷是一种吸波性能优异的手征吸波材料。

（5）导电高聚物吸波涂层材料

导电高聚物吸波材料是由含一价阴离子、具有非定域的电子共轭体系的高聚物组成的吸波材料。可以通过化学或者电化学方法掺杂使其电导率在绝缘体、半导体和导体范围内变化。与普通高聚物相比，导电高聚物最显著的特点如下：一是通过化学或者电化学的方法掺杂，它们的电导率可以在绝缘体、半导体和金属态宽广的范围内变化，而它的物理化学、电化学行为强烈依赖于掺杂剂的性质和掺杂的程度；二是在导电高聚物研究领域所引用的"掺杂"术语完全不同于传统的无机半导体的"掺杂"概念。

自 20 世纪 90 年代以来，美国、法国和日本等国的学者就开始对导电高聚物吸波材料进行研究，准备将导电高聚物作为未来隐身战斗机及侦察机的"灵巧蒙皮"，以及巡航导弹头罩上的可逆智能隐身材料等。法国 Laruent 研究了聚吡咯、聚苯胺在 0~20GHz 范围内的吸收性能，结果表明聚吡咯平均衰减 7dB，最大达到 37dB，频宽为 3.0GHz。Franchitto 等利用十二烷基苯磺酸掺杂的聚苯胺与乙丙橡胶共混制成厚度 3mm 的复合材料，在 X 波段反射率低于 6dB，峰值达到 15dB。国内近几年对导电高聚物吸波材料研究比较深入，毛卫民等制备了导电聚苯胺/羰基铁粉复合吸波涂层材料，研究表明，它在 2~12GHz 频段范围内反射率小于 10dB。李元勋等采用原位掺杂聚合法制备了聚苯胺/M 型钡铁氧化体纳米复合吸波涂层材料，研究表明，该复合材料的反射率小于 20dB 的频宽可达 15.07GHz。

（6）磁性高分子微球吸波涂层材料

近年来国内外在研究并改进铁氧体等传统吸波材料的同时，还进行了卓有成效的新材料探索，其中以将包覆有纳米磁性物质的高磁含量磁性高分子微球直接以涂料形式应用于隐身领域最具发展前景。根据电磁波理论，当吸波材料兼具电、磁损耗时有利于展宽频带和提高波吸收率，以及纳米材料本身的吸波性能，从而可合成轻质、宽频、高吸收率的新型微波吸收剂。澳大利亚国防部材料实验室研究表明，为了使磁性颗粒具有较高的磁导率，其粒径不宜过小，作为吸收剂用的金属磁性颗粒，其粒径应在 0.01~5μm 的范围内。采用磁性高分子微球涂料，依靠其中的"活性成分"对电磁波的响应使分子结构内部重新排列，以分子振荡来吸收雷达入射波的大部分能量，目前此类涂料的工作频率范围仅限于 1~2GHz（精密雷达的主要工作频段）。黄婉霞等合成了 PZT/Ni–Zn 铁氧体复合吸波介质材料，并考察了该材料在 1MHz~1GHz 的电磁特性，该材料复合介电常数和磁导率可调。中科院北京化学所万梅香等将聚苯胺（PANI）溶于氮甲基吡咯烷酮（NMP）中，将之与含有表面活性剂的 Fe_3O_4 水溶液混合，合成了 PANI/纳米 Fe_3O_4 复合吸波介质材料，并详细研究了复合物的导电性与 KOH 浓度和测试温度的关系，同时报道了该材料的磁性能。Cocker 等在磁性 Fe_3O_4 微粒存在下，采用反相悬浮聚合技术合成了 60~600μm 的聚丙烯酰胺磁性微球，并通过测定磁化率来判定复合微球的磁性种类和磁性强度。邱广明等将过硫酸钾引发剂和苯乙烯单体预先吸附在聚乙二醇稳定的磁性 Fe_3O_4 颗粒表面，采用分散聚合法合成了 50~500μm 的核壳结构型磁性聚苯乙烯微球。

4.5.4.3 吸波涂层发展趋势展望

在未来战争中，高性能雷达对各种军用航空航天飞行器等目标构成了致命的威胁。世界各个国家积极发展雷达隐身技术，开展隐身材料的研究。雷达隐身技术的深入发展对吸波涂层材料提出了更高的要求。综合吸波涂层材料的发展，开展吸波涂层材料强吸收、多功能、智能化研究；开展吸波涂层材料复合化研究，如将电损耗材料与磁损耗材料复合，以制备具有良好的阻抗匹配的吸波涂层材料；开展吸波涂层材料多波段及低频化研究，探索可同时在不同波段发挥效能的吸波涂层，特别是在低频段也有良好吸收性能的吸波涂层；开展如何提高雷达吸波涂层材料的环境适应能力研究，研发耐腐蚀、耐高温和抗磨损的吸波材料，拓宽雷达吸波涂层材料的工程应用领域等将成为吸波涂层材料的主要发展方向。有关吸波涂层材料的新材料、新技术的探索研究也将是今后研究发展的方向。此外，采用合适的制备工艺来提高吸波涂层材料的耐高温性、附着力和使用寿命也是未来吸波涂层制备过程中需要解决的问题。

4.6 无机材料

无机材料主要指陶瓷材料，一些陶瓷材料凭借其自身的高熔点、良好的高温力学性能、优异的介电性能、抗烧蚀性能好等逐渐成为高马赫数飞行器的首选材料。这些陶瓷材料主要包括：氧化铝、微晶玻璃、石英、氮化物等。

4.6.1　氧化铝陶瓷

氧化铝是最早应用于天线罩的单一氧化物陶瓷。氧化铝具有刚玉（$\alpha\text{-Al}_2\text{O}_3$）密排六方结构，晶体结构如图 4–35 所示。稳定性强，在 1925℃的氧化、还原气氛中可稳定存在。耐腐蚀性好，在 1700℃环境下，除氟蒸气外可耐其他气体腐蚀。表 4–74 列出了氧化铝陶瓷的性能。

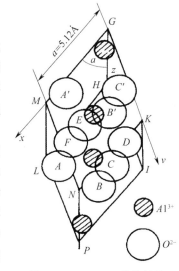

图 4–35　$\alpha\text{-Al}_2\text{O}_3$ 晶体结构

氧化铝陶瓷的主要优点是强度高，硬度大，不存在雨蚀问题，已成功用于美国的"麻雀Ⅲ"和"响尾蛇"导弹天线罩上。缺点在于热膨胀系数和弹性模量高导致抗热冲击性能差，介电常数高并随温度变化过大导致壁厚容差要求高，给天线罩加工带来困难。因此，一般只能用于小于或等于 $Ma3$ 的防空导弹上。当超过 $Ma3$ 时，气动加热将引起天线罩"热炸"，引发灾难性破坏。

表 4–74　氧化铝陶瓷的性能

性能		氧化铝
		99% Al_2O_3
密度 /（g/cm³）		3.9
介电常数	25℃	9.6
	500℃	10.3
	1000℃	11.4
损耗角正切	25℃	0.0001
	500℃	0.0004
	1000℃	0.0014
弯曲强度 /MPa	25℃	275
	500℃	254
	1000℃	240
弯曲模量 /GPa	25℃	370
	500℃	340
	1000℃	240
泊松比（0~800℃）		0.28
热膨胀系数 /（10^{-6}/℃）		8.1
热导率 /（W/（m·K））		37.7
比热容 /（kJ/（kg·℃））		1.17

为了拓展氧化铝陶瓷在透波领域的应用，Caldwell O. G. 等采用在氧化铝、莫来石等的悬浮液中加入可气化的有机中空颗粒（合成树脂），烧除油剂物颗粒制备出密度可控、能适应热梯度而不产生高应力（1400~1600℃），同时能在极高和超宽频带内具有较高的透波率与瞄准误差的氧化铝 A 夹层结构天线罩，具有较高强度的同时实现了 30%~40% 的减重。Goto 等在氧化铝粉末中加入烧结助剂，配制成稀浆料，经过喷射干燥、模压成型等工艺后，在一定温度下烧结得到气孔率在 35%~55% 的多孔氧化铝，并采用树脂涂层或浸渍非经二氧化硅或硼硅玻璃里填充孔隙进行密封，以提高天线罩的耐高温、抗氧化性能。其成功制备出力学性能优异，并在 1~20GHz 频带范围内具有良好透波性的多孔氧化铝陶瓷天线罩。Rice R. W. 等成功制备出了氧化铝/氮化硼复相陶瓷材料，方法是在氧化铝陶瓷基体材料中掺入微米级的氮化硼粉体颗粒物，通过热压烧结工艺制备出该复相陶瓷材料，在不降低材料透波性能的同时，不仅提升了材料的抗热冲击性能，还有效改善了单相氧化铝陶瓷材料的热膨胀系数较高、硬度较大等缺陷。王军林、方志军等成功将金刚石膜材料沉积制备出氧化铝陶瓷材料表面，很好地提升了氧化铝陶瓷材料的透波性能。研究结果表明，当金刚石薄膜的厚度为 100μm 时，基体材料的介电常数降为 6.5，损耗角正切值降为 10^{-3} 数量级。

4.6.2 微晶玻璃/堇青石陶瓷

微晶玻璃（Pyroceram 9606）是一种以 TiO_2 为晶核的 Mg_2Al_2Si（堇青石）系无机材料。该料以二氧化钛为晶核剂，通过晶化过程控制和透明玻璃组分的失透，制备出组分结构为 $2MgO \cdot 2Al_2O_3 \cdot 5SiO_2$ 的微晶玻璃（型号：9606）。相对于树脂材料和氧化铝陶瓷，具有介电常数低、损耗角正切小、耐高温、强度高、热膨胀系数低以及介电常数随温度和频率的改变变化小等优点。制造时，原料先被融化成玻璃，然后注入大约是最终产品两倍厚度的模型中。玻璃体在熔融温度以下热处理，以使玻璃基体中产生结晶相。密度约为 $2.6g/cm^3$，介电常数为 5.65，该材料广泛应用于 $Ma3~4$ 的导弹天线罩，如"小猎犬""百舌鸟""Tphon"以及"Garlx"等导弹。

中科院上海硅酸盐研究所研制的 3-3 微晶玻璃与 9606 性能相当，是国内第一种高温天线罩材料，该材料在性能组成上与 9606 极其相似，除了损耗角正切略偏高外，其他性能非常相似。表 4-75 列出了微晶玻璃与 3-3 的主要性能。但是微晶玻璃有熔点较低、高温介电性能较差、制备成型较难等缺点，限制了其发展和应用。

表 4-75 微晶玻璃与 3-3 的主要性能

性能		9606	3-3
密度 / (g/cm^3)		2.6	2.59
介电常数	25℃	5.65	5.6
	500℃	5.8	—
	1000℃	6.1	—
损耗角正切值	25℃	0.0002	<0.005
	500℃	0.001	—
	1000℃	—	—

表 4-75（续）

性能		9606	3-3
密度 /（g/cm³）		2.6	2.59
弯曲强度 /MPa	25℃	233	228
	500℃	200	200
	1000℃	76	—
弯曲模量 /GPa	25℃	120	120
	500℃	120	120
	1000℃	98	—
泊松比（0~800℃）		0.24	0.26
热膨胀系数 /（10⁻⁶/℃）		4	2.7
热导率 /（W/（m·K））		3.77	1.6~2.5
比热容 /（kJ/（kg·℃））		0.8	0.87

美国雷神（Raytheon）公司对康宁公司的微晶玻璃制备工艺进行了改进，用等静压工艺路线替代了原有的浇注工艺路线，研制出一种新型堇青石陶瓷材料。与 Pyroceram 9606 型号材料相比，该堇青石陶瓷材料通过原料颗粒尺寸以及组成成分的精确控制，具有更理想的介电性能、更低的热膨胀系数和抗热冲击性能、更低的密度，可以应用于 $Ma5\sim6$ 的飞行器天线罩中。但是同样是由于其熔点低，800℃以上时介电性能随频率和温度变化较大，使其应用受阻。

美国康宁（Corning）公司研发出两种以 Cordierite 为主要成分，并含有第二相组分（钛酸镁和白硅石（cristobalite））的高温结构功能陶瓷材料：Q 和 Z-9603。与 9606 相比，这两种材料具有更好的力学性能和更低的热膨胀系数，9603 和 Q 的基本性能见表 4-76。美国研制出型号为 M7 的微晶玻璃，其热膨胀系数比 9606 低 78%，并且抗热冲击性能得到了进一步的提升，M7 可用于 $Ma5$ 以上的导弹，其承载能力比 9606 提高了 25%。

表 4-76　9603 与 Q 的主要性能

性能	9603	Q
密度 /（g/cm³）	2.59	2.64
介电常数（8.515GHz，500℃）	5.853	6.625
损耗角正切（8.515GHz，500℃）	0.0021	0.0007
弯曲强度（25℃），MPa	245	—
弯曲模量（25℃），GPa	125	—
线膨胀系数（25~300℃）/℃	3.7×10^{-6}	2.2×10^{-6}

堇青石陶瓷（Raycermm）的理论组成为 $2MgO \cdot 2Al_2O_3 \cdot 5SiO_2$ 或 $Mg_2Al_3\left[(Si_5Al)O_{18}\right]$。各组分的质量分数是 MgO 为 13.8%，$Al_2O_3$ 为 34.9%，SiO_2 为 51.3%。堇青石在 MgO–Al_2O_3–SiO_2 三元相图中的位置如图 4-36 所示，该组成区域 MgO–Al_2O_3–SiO_2 系相图中以堇青石结晶相组成点（$2MgO \cdot 2Al_2O_3 \cdot 5SiO_2$）为中心的狭小组成范围，有资料显示，若其化学组成点在分别靠近富 MgO 侧、富 Al_2O_3 侧的若干组成点，则堇青石陶瓷将有更低的热膨胀系数。堇青石的结构一直是矿物学界研究的一个热点，堇青石有三种同素异性体：高温稳定的 α– 堇青石，属于六方结构又称印度石；低温稳定的 β– 堇青石，属于斜方结构；亚稳态的 μ– 堇青石，属于类高温石英结构。

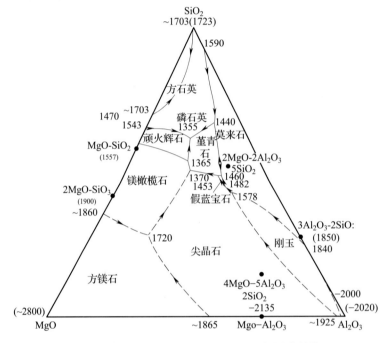

图 4-36　堇青石在 MgO–Al_2O_3–SiO_2 三元相图中的位置

由于堇青石材料中的原子排列不够紧密，晶格内存在较大的空隙，堇青石具有介电常数小、线膨胀系数小、热导率小等特点。在室温到 800℃ 之间平均线膨胀系数为 $(0.9\sim1.4) \times 10^{-6}/℃$，热导率为 $2W/(m \cdot K)$。有与硅相近的线膨胀系数及介电常数，因此堇青石可作为透波材料和优良的电子封装材料。

美国 Raytheon 公司开发的堇青石陶瓷具有良好的力学性能，热膨胀系数较低，抗热冲击性能优异，可用于 $Ma5\sim6$ 的导弹天线罩。其主晶相密度比 9606 的更低，约为 $2.45g/cm$，美国 Coors Porcelain 公司联合南方研究所、麻省理工学院以 Amraam 导弹为应用背景，对多晶堇青石（CD-1）天线罩进行了综合性能评价，但结果未见报道。

由于堇青石陶瓷具有疏松的晶体结构，因此很难烧结，损耗角正切值也比较大，而且烧结温度范围较窄，致密烧结温度和不一致熔融温度只差几度，故不宜致密烧结。国外研究者一般以高纯度的氧化硅、氧化铝、氧化镁等原材料来合成堇青石，或者使用正硅酸乙脂、硝酸铝和硝酸镁通过溶胶 – 凝胶法合成。近几年应用较多的制备技术是水解法，水解法可以获得原子级混合物。水解法通常采用硅酸乙脂和铝或镁的醇化物及硝酸盐。用这些原料以水解方法所得到的粉末，其中的硅、铝、镁可以达到纳米级以上的混合程度，如控制得当，可以达到原子级混合。用这些粉末合成堇青石时，随粉末的混合程度不同而有不同的反应过程。当粉末中各种成分的混合程度达到原子级混合时，在坯体中出现任何结晶质之前，就可在较低温度下产生烧结。煅烧了的坯体在更高的温度下（>1455℃），则可直接得到稳定的 α− 堇青石。堇青石陶瓷另一个缺点是力学性能不好，弯曲强度仅100MPa 左右，极大地限制了其应用。

4.6.3 石英陶瓷

美国 Georgia 理工学院以石英玻璃碎块为原料，将其磨碎、制浆、浇注成型后烧结得到熔融石英陶瓷（fused silica ceramics），也称石英陶瓷（silica ceramics 或 quartz ceramics），这是一类主要由玻璃相组成，而非以结晶相为主的陶瓷材料。石英陶瓷因结构网络的高度致密性和完整性以及原子间很高的键强，而具有非常低的密度、线膨胀系数、电导率和较高的机械强度、耐热温度、抗热冲击性、抗腐蚀性和介电性能，石英陶瓷的性能见表 4–77。石英陶瓷是高速高空导弹天线罩的一种优良材料，与其他天线罩材料相比有下列优点。

表 4–77 石英陶瓷的性能

性能		石英陶瓷
密度 /（g/cm³）		2.2
介电常数	25℃	3.42
	500℃	3.55
	1000℃	3.8
损耗角正切	25℃	0.004
	500℃	0.001
	1000℃	—
弯曲强度 /MPa	25℃	43
	500℃	54
	1000℃	65
弯曲模量 /GPa	25℃	480
	500℃	480
	1000℃	—
泊松比（0~800℃）		0.15
热膨胀系数 /（10⁻⁶/℃）		0.54
热导率 /（W/（m·K））		0.8
比热容 /（kJ/（kg·℃））		0.75

（1）极小的线膨胀系数（约 $0.5 \times 10^{-6}/℃$），具有较好的体积稳定性，因此抗热冲击性能好，在 1000℃ 与 20℃ 空气或水之间冷热交换次数可大于 20 次。

（2）具有良好的化学稳定性，除氢氟酸及 300℃ 以上的热浓磷酸对其具有侵蚀作用外，盐酸、硫酸、硝酸等对其几乎没有作用。

（3）低的介电常数（3.0~3.5）和损耗角正切（小于 0.0004），且随温度变化小，远远低于氧化铝等其他高温陶瓷。

（4）导热系数小 $[2.1W/(m·K)]$，在室温 $-1100℃$ 范围内，石英陶瓷的热导率几乎不变，热防护能力好。

（5）由于石英陶瓷随着温度的升高其塑性增加脆性减小，因而抗弯强度随温度的升高而增加。从室温至 600℃ 抗弯强度随温度的升高而呈线性增加，在 1100℃ 时氧化铝的抗弯强度下降 67%，石英陶瓷反而增加了 33%。

（6）石英陶瓷坯体在干燥及烧成时收缩小于 5%，因而易于制作大件制品。法国维苏威公司制作了长达 5.8m 的石英陶瓷制品，山东中博先进材料股份有限公司制备的石英制品也在 4.0m 以上。

（7）制造工艺相对来说较简单，成本较低。

石英陶瓷满足再入环境条件下的热绝缘和抗热冲击特性要求，同时还可以实现较高的透波率，是一种综合性能优异的天线罩透波材料。石英陶瓷不但能适用于飞行速度为 $Ma3~5$ 的导弹天线罩，还能满足再入环境条件下的热绝缘和抗热冲击特性要求以及雷达透明要求。它已被成功地用于美国的"潘兴Ⅱ"导弹、SAM-D 导弹、"开路先锋"战略导弹、"爱国者"防空导弹。

但传统的石英陶瓷的强度较低（45~70MPa）、断裂韧性较低（约 $1MPa·m^{1/2}$）、孔隙率高、较易吸潮、抗雨蚀性能差，限制了其在极端工况（$Ma>5$）下的应用。为了改善石英陶瓷的力学性能，国外通过多种方式进行了研究，其中包括添加 TiO_2 等方法，所制备的陶瓷材料性能见表 4-78。

表 4-78　改性石英陶瓷材料性能

性能 ＼ 陶瓷种类	石英陶瓷	含氧化钛石英陶瓷（7940）	高硅氧陶瓷
热膨胀系数 / （$10^{-6}/℃$）	0.55	0.05	0.75
密度 / （g/cm^3）	2.20	2.21	2.18
弹性模量 /GPa	740	690	691
泊松比	0.16	0.17	0.19
体积固有阻抗	10^{17}	10^{20}	10^{17}
介电常数（1MHz，20℃）	3.8	4.0	3.8
损耗角正切（1MHz，20℃）	3.8×10^{-3}	8×10^{-2}	1.5×10^{-2}
折射率	1.459	1.484	1.458

为了进一步拓宽透波材料的带宽和宽频透波特性，美国 Georgia 理工学院的 Harris 等通过缠绕法、泥浆浇注蜂巢结构、发泡超高纯非晶态石英等方法制备出多孔石英芯层结构，在多孔石英芯层结构上复合高强度蒙皮，制备了低密度高强度的 A 夹层结构天线罩。天线罩的总有效介电常数小于 2.2，总重量不超过同样尺寸和设计中心频率下的实芯半波壁结构重量的 2/3，在垂直入射下带宽有 ±20% 设计频率，且在这一频率范围内入射角为 ±45° 时的最低传输效率高 85%。

石英陶瓷是我国现行使用的主要陶瓷天线罩材料，但石英陶瓷由于强度不高，抗雨蚀和耐烧蚀性能差，当飞行速度大于 $Ma6.5$ 时，就难以满足导弹的使用要求。因而，石英陶瓷主要用于使用温度低于 1800℃、飞行速度小于 $Ma6.5$ 的导弹天线罩。国内科研机构采用颗粒、连续纤维增强石英陶瓷材料以提高石英陶瓷的韧性和强度，在防空导弹天线罩中得到了应用，但是高温下烧蚀严重的问题仍然难以解决。各国制备的石英陶瓷的性能见表 4-79。

表 4-79　各国制备的石英陶瓷的性能

性能	美国		法国	德国	中国
	HS	UHS			
SiO_2/%	99.5	99.7	99.5	99.6	99.5
方石英/%	<1	<0.5	<2	—	<2
体积密度/（g/cm^3）	1.92~1.94	1.92~2.02	1.90	1.92~2.00	1.90~1.99
先气孔率/%	10~12	8~12	12	10~14	7~13
耐压强度/MPa	56	175.7~246	—	70~80	60
抗弯强度/MPa	24	55.5~59	20	45~60	25

到目前为止国内外制备异形及大件石英陶瓷制品最长用的方法是注浆成型、注凝成型、等静压成型。其他成型方法还包括离心浇注成型、浇灌成型、蜡浇注成型、半干压成型、捣打成型等方法。几种石英陶瓷成型方法的工艺特性对比见表 4-80。

表 4-80　几种石英陶瓷成型方法的工艺特性对比

	注浆	注射	压滤	注凝
浆体固含量/vol%	40~60	>50	40~60	>55
有机物含量/vol%	1~2	40~50	1~2	5~10
适宜成型坯体形状	复杂形状	复杂形状	复杂形状	复杂形状
模具要求	多孔	非多孔	多孔	非多孔
冲模方式	常温常压	加热加压	常温常压	常温常压
成型时间	1~10h	10~90s	0.5~5h	5~60min
生坯机械强度	低	高	低	高
坯体均匀性	存在密度梯度	均匀	存在密度梯度	均匀
近净尺寸成型	否	可	可	可
有机物排除时间/h	2~3	30~200	2~3	5~10

4.6.4 莫来石陶瓷

莫来石陶瓷为 Al_2O_3-SiO_2 二元体系中唯一稳定存在的化合物，化学式为 $3Al_2O_3 \cdot 2SiO_2$。莫来石陶瓷具有高熔点（1870℃）、低热导率[5.48W/（m·K）]及线膨胀系数（20~400℃，平均值为 4.2×10^{-6}/K）、低弹性模量（200GPa）、低介电常数（25℃，1MHz下为6.4~7.0）。莫来石陶瓷主要性能见表4-81。

表4-81 莫来石陶瓷主要性能

性能	典型值
密度/（g/cm³）	3.17
熔点/℃	1850
线膨胀系数/（10^{-6}/K）（25~1000℃）	4.2
泊松比	0.238~0.276
热导率/[W·（m·K）$^{-1}$]	5.45
电阻率/（Ω·cm）	10^{18}
弯曲强度/MPa（2.0%气孔率）	132
介电常数（1MHz，20℃）	6.4~7.0
断裂韧性/（MPa·m$^{1/2}$）	2~3

李光亚等以氧化铝及硅溶胶为原料，通过凝胶注模工艺与发泡法制得了气孔率为61.0%、15GHz下介电常数为3.2、损耗角正切值为0.0017、抗弯强度为65.45MPa的多孔刚玉–莫来石复相陶瓷材料，有望成为天线罩的候选材料之一。目前，关于莫来石陶瓷用作天线罩材料方面的研究不多，这是因为其虽具备优异的热学性能和适中的介电性能，但力学性能稍差，并且烧结过程较困难，一般研究莫来石基多相复合材料。

4.6.5 氮化物陶瓷

氮化物都是以共价键结合的，具有高的原子结合强度，因此高强度、耐高温、抗热冲击，且强度和硬度在高温下很少下降。氮化物陶瓷主要指 Si_3N_4、BN 等氮化物陶瓷。

4.6.5.1 氮化硅陶瓷

氮化硅属于六方晶系，有 α-Si_3N_4、β-Si_3N_4、γ-Si_3N_4 三种晶型。α-Si_3N_4 为等轴颗粒状结晶体，β-Si_3N_4 为针（长柱）状结晶体，两种晶型都属六方晶系，都是[SiN_4]四面体共用顶角构成的三维空间网络。它们的差别在于[SiN_4]四面体层的排列顺序上，β 相是由几乎完全对称的六个[SiN_4]四面体组成的六方环层在 c 轴方向重叠而成，而 α 相是由两层不同，且有形变的非六方环层重叠而成。α 相结构对称性低，内部应变比 β 相大，故自由能比 β 相高。γ-Si_3N_4 为尖晶石立方结构的晶体。α-Si_3N_4 在1450℃左右氮化可得到 β-Si_3N_4。在1400~1600℃下加热会发生相变，α-Si_3N_4 转变为 β-Si_3N_4。β-Si_3N_4 的结构和晶胞平面图如图4-37和图4-38所示。

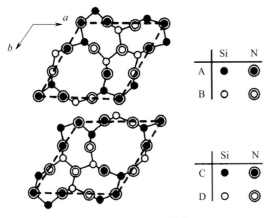

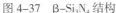

图 4-37　β-Si₃N₄ 结构

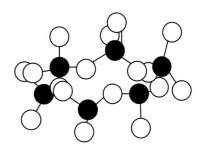

图 4-38　β-Si₃N₄ 晶胞平面图

氮化硅理论密度为 $3.44g/cm^3$，氮化硅基陶瓷是结构陶瓷综合性能最好的材料之一，热膨胀系数为 $2.7\times10^{-6}/℃$，具有良好的热稳定性；1200℃以下不氧化且强度不下降，具有优异的力学性能，以及较低的介电常数；它的分解温度为 1900℃，其抗烧蚀性能比熔融石英好，能经受 $Ma6\sim7$ 飞行条件下的抗热振，不同方法制备的氮化硅陶瓷性能见表 4-82。

表 4-82　不同方法制备的氮化硅陶瓷性能

项目	反应烧结氮化硅	热压氮化硅	常压烧结氮化硅	重烧结氮化硅
体积密度 / (g/cm^3)	2.55 ~ 2.73	3.17 ~ 3.40	3.20	3.20 ~ 3.26
显气孔率 /%	10.0 ~ 20.0	0.1	0.01	0.2
抗弯强度 /MPa	250.0 ~ 340.0	750.0 ~ 1200.0	828.0	600.0 ~ 670.0
拉伸强度 /MPa	120.0	—	400.0	225.0
抗压强度 /MPa	1200.0	3600.0	3500.0	2400.0
冲击强度 / (J/cm^2)	1.5 ~ 2.0	0.40 ~ 5.24	—	0.61 ~ 0.65
硬度 /HB	80.0 ~ 85.0	91.0 ~ 93.0	91.0 ~ 92.0	90.0 ~ 92.0
弹性模量 /GPa	160.0	300.0	300.0	271.0 ~ 286.0
断裂韧性 / ($MPa\cdot m^{\frac{1}{2}}$)	2.85	5.5 ~ 6.0	5.0	7.4
热膨胀系数 / ($10^{-6}/℃$)	2.70	2.95 ~ 3.50	3.2	3.55 ~ 3.6
热导率 / ($W/(m\cdot K)$)	8.0 ~ 12.0	25.0	—	—

美国将以氮化硅为基本组成的复合陶瓷材料天线罩列为研究的主要目标之一。美国陆军战略防御司令部对此高度关注，并启动了高超声速导弹天线罩研究计划，见表 4-83。目前，研究集中在两种氮化硅材料上：一是反应烧结氮化硅（RSSN），为硅与氮的反应，在反应时，通过火焰喷射将硅粉熔融而形成坯件；二是热压氮化硅（HPSN），是硅与氮反应生成的粉状物，经热压形成坯件。HPSN 比 RSSN 更致密，也有着更大的介电常数。

表 4-83　毫米波导引头天线罩计划

项目	目标	频率 /GHz	承包商
主动冷却氮化硅天线罩	演示主动冷却的轻质氮化硅天线罩，测量平板和圆锥形天线罩试样的气动热和电性能	35	GE
低成本陶瓷天线罩	钡铝矽酸盐增强氮化硅材料天线罩缩比件的制备和测试	35	LTX，Dallas，TX
反应烧结氮化硅天线罩	高纯反应烧结氮化硅天线罩，从实验室到工程应用的缩比件制备和测试	35	Raytheon
冷却陶瓷罩	演示主动冷却的氧化铝夹层结构平板和弯曲表面试样	35	Rockwell

4.6.5.2　氮化硼陶瓷

氮化硼（BN）具有类似石墨的六方晶型（h-BN）、类似金刚石的立方晶型（c-BN）和类似无定形碳的无定形态。h-BN 在 6000~9000MPa 压力、1500~2000℃高温和催化剂（碱金属或碱土金属）的作用下，会转变成 c-BN。而用作高温透波材料的主要是 h-BN，俗称"白石墨"，其晶体为层状结构，每一层由硼、氮原子相间排列成六角环状网络。层内原子之间呈很强的共价结合，B-N 原子间距为 0.1446nm，原子间弹性模量 E 为 910GPa，所以结构致密，不易破坏，要到 3000℃以上才分解。氮化硼具有耐高温、抗热振、抗氧化、高热导率、高电阻率、高介电性能、自润滑、低密度、良好的加工性、耐化学腐蚀、与多种金属不浸润等优良的物理和化学特性。在很宽的温度范围内，BN 陶瓷都能保持稳定的热性能和介电性能，作为高温透波材料非常适合。表 4-84 为氮化硼陶瓷的性能。

表 4-84　氮化硼陶瓷的性能

性能	氮化硼	
	热压	热解
密度 /（g/cm³）	2.0	1.25
介电常数	4.5	3.1
ε 随温度变化	0.6%/100℃	0.6%/100℃
损耗角正切（10GHz，25℃）	0.0003	0.0003
抗弯强度 /MPa	96	96
弹性模量 /GPa	70	70
热导率 /（W/（m·K））	25.1	29.3
热膨胀系数 /（10⁻⁶/℃）	3.2	3.8
抗热冲击	很好	很好

但是，BN 陶瓷也有一些缺点：低硬度；易吸潮导致不耐雨蚀；加工性差，给大尺寸天线罩的加工制备带来许多困难；高速飞行器在大气再入时烧蚀表面产生较高的温度，透波材料部件的厚度方向的温度梯度小；高温介电性能不能令人满意，当使用温度过高时会显示出异常的无线电遥测信号衰减。因此，单相的氮化硼陶瓷在天线罩上尚未得到真正的

应用，常与 Al_2O_3、Si_3N_4、SiO_2 一起使用来制备高温透波复合材料，目前研究的主要为氮化硼透波纤维和氮化硼透波复合材料两个方面。

4.6.5.3 氮化铝陶瓷

氮化铝（AlN）属于六方晶系纤维锌矿共价键结构，也是一种性能优异的耐高温透波材料，其性能见表 4-85。美国 Martin Marietta 公司的 Gebbardt 以乙基铝烷和氨气为原料，在较低温度下制备了高纯度的氮化铝天线窗材料，并申请了美国专利。由于氮化铝热导率、相对介电常数较高，目前，未见单相的氮化铝陶瓷在导弹上的实际应用报道。

表 4-85 氮化铝陶瓷的性能

性能	普通烧结		热压烧结	
	AlN	AlN-Y_2O_3	AlN	AlN-Y_2O_3
密度 / (g/cm³)	2.61 ~ 2.93	3.26 ~ 3.50	3.20	3.26 ~ 3.50
气孔率 /%	10 ~ 20	0	2	0
介电常数 /10GHz	9.0	—	—	—
损耗角正切 /10GHz，25℃	0.0004	—	—	—
抗弯强度 /MPa	100 ~ 300	450 ~ 650	300 ~ 400	500 ~ 900
弹性模量 /GPa	—	310	351	279
热膨胀系数 / (10^{-6}/℃)	5.70	—	5.64	4.90

4.6.6 红外光学材料

对于红外光学材料，其最重要的物理性质之一就是在某特定的红外波段内的透过率，对于各向同性的完善晶体材料，在不计其反射损失的条件下，其透过率可表示为

$$T = \frac{I}{I_0} = e^{-\alpha t}$$

式中：T——透过率；

I——透射辐射强度；

α——吸收系数，cm^{-1}；

t——被测材料样品的厚度，cm。

其中吸收系数 α 是波长的函数。

一般来说，只有当 $T > 50\%$ 时，这种材料才被考虑用作透射材料。

在红外探测过程中，红外线经过在空气中的传播才可到达探测器。理论和试验都证明大气层中红外辐射的传播会随距离而衰减，该衰减主要是由于大气的吸收引起的。由于大气的主要组成比较稳定，经大气中气体吸收衰减后，在 0.67 ~ 1.1μm、1.2 ~ 1.3μm、1.6 ~ 1.75μm、2.1 ~ 2.4μm、3.4 ~ 4.2μm、4.4 ~ 5.4μm 和 8 ~ 14μm 波长范围内，具有较高的大气透过率。为此常用的透波窗口为 0.76 ~ 1.1μm、3 ~ 5μm、8 ~ 12μm，这三个波段即为近红外、中红外和远红外。对于红外光学材料的透射性能，主要测试上述三个波段内的性能。

一些常用的红外光学材料的性能见表4-86~表4-89。

表4-86　常用 3~5μm 波段材料光学特征

材料	透过波段 /μm	折射指数 n			吸收指数 α		
		3μm	4μm	5μm	3μm	4μm	5μm
蓝宝石	0.26	1.713	1.677	1.627	0.0006	0.055	0.92
氧化钇	7.5	1.872	1.859	1.839	—	0.0001	0.0053
尖晶石	0.35	1.665	1.641	1.598	0.0009	0.048	0.52
AlON	0.35	1.68	1.68	1.68	0.002	0.131	1.5
D：MgF_2	0.211	1.364	1.353	1.353	—	<0.001	0.07
CaP	2.511	3.025	3.014	3.014	<0.01		

表4-87　常用 8~12μm 波段材料光学特征

材料	透过波段 /μm	折射指数 n			吸收指数 α		
		8μm	10μm	12μm	8μm	10μm	12μm
金刚石	0.30	2.381	2.381	2.380	—	—	—
ZnS	0.414	2.24	2.230	2.23	0.1	0.104	0.4
GaAs	0.18	3.284	3.273	3.263	<0.1	<0.1	<0.1
ZnSe	0.414	2.416	2.406	2.392	0.0014	0.0005	0.0026

表4-88　常用红外光学材料的介电性能

序号	材料	介电常数 ε	损耗角正切 tan δ
1	蓝宝石	9.39（E∥C），11.58（E⊥C）	0.00005
2	氧化钇	11.8	0.0005
3	金刚石	5.7	<0.0004
4	尖晶石	9.190	0.00022
5	AlON	9.280	0.00027
6	MgF_2	5.1	0.0001
7	GaAs	12	0.003
8	ZnS	8.347	0.0024
9	ZnSe	8.976	0.0017

表 4-89　常用红外光学材料的力学性能

序号	性能	单位	材料名称									
			蓝宝石	氧化钇	金刚石	尖晶石	AlON	MgF$_2$	GaAs	GaP	ZnS	ZnSe
1	密度	g/cm^3	3.98	5.03	3.51	3.58	3.68	3.18	5.32	4.13	4.09	5.27
2	硬度	kg/mm^2	2200	660	76~115	1650	1950	576	750	845	250	150
3	熔点	℃	2040	2710	>3500	2135	2140	1396	1238	1467	1830	1520
4	断裂韧性	MPa·m$^{\frac{1}{2}}$	2.0	0.7	3.4	1.9	1.4	—	0.4	0.8	1.0	0.5
5	断裂强度	MPa	400	110	3000	190	300	100	71.7	36.5	103.4	55.2
6	弹性模量	GPa	380	164	1143	190	315	115	85.5	102.6	74.5	67.2
7	热导率	W/(m·K)	24	14	2300	15	11	16	53	97	17	13
8	线膨胀系数	10^{-6}/℃	8.8	7.1	0.87	8.0	7.8	11	5.7	5.3	6.8	19.7
9	泊松比		0.27	0.29	0.069	0.26	0.24	0.30	0.33	0.31	0.28	0.21
10	抗热冲击品质因子		2.10	0.94	—	1.39	1.02	0.89	—	4.49	2.5	0.43

4.7　复合材料

4.7.1　树脂基透波复合材料

4.7.1.1　环氧树脂基复合材料

F·JN-2-25/QW200B 石英纤维增强环氧树脂基预浸料，适于真空袋热压罐法、真空袋低压法、模压法成型复合材料。具有优良的介电性能、力学性能和耐环境性能，可作为驻点温度 93℃以下飞机雷达天线罩或其他电磁窗材料使用。F·JN-2-25/QW200B 复合材料层压板（热压罐法成型）的性能见表 4-90。

表 4-90　F·JN-2-25/QW200B 复合材料层压板的性能

序号	项目	单位	典型值	测试标准
1	密度	g/cm^3	1.67	GB/T 1463—2005
2	含胶量	%	42.1	GB/T 2577—1989
3	介电常数	/	3.34	波导短路法，10GHz
4	损耗角正切	/	0.015	
5	拉伸强度	MPa	632	GB/T 1447—2005
6	拉伸模量	GPa	23.2	
7	压缩强度	MPa	390	GB/T 1448—2005
8	压缩模量	GPa	25.9	
9	弯曲强度	MPa	653	GB/T 1449—2005
10	弯曲模量	GPa	19.9	
11	层剪强度	MPa	47.8	GB/T 1450.1—2005

4.7.1.2　DAIP 树脂基复合材料

采用室温 RTM 工艺成型制备玻璃纤维增强 DAIP 树脂基复合材料，性能见表 4-91。

表 4-91　玻璃纤维增强 DAIP 树脂基复合材料性能

性能		典型值	测试标准
物理性能	密度 /（g/cm³）	1.72 ~ 1.74	GB/T 1463—1988
	空隙率 /%	0.15	GB/T 3365—1982
	吸水率 /%	0.12	GB/T 1462—1988
	介电常数	3.9 ± 0.1	波导短路法，10GHz
	损耗角正切值	0. 0126 ~ 0.0138	
力学性能	拉伸强度 /MPa	323	GB/T 1447—1983
	拉伸模量 /GPa	21.3	
	弯曲强度 /MPa	404	GB/T 1449—1983
	压缩强度 /MPa	204	GB/T 1448—1983
	层间剪切强度 /MPa	31	GB/T 1450.1—1983
	挤压强度 /MPa	307	GB/T 7559—1987

4.7.1.3　改性 BMI 树脂基复合材料

采用改性双马来酰亚胺树脂体系与无碱玻璃布，通过 RTM 工艺压注成型的高性能复合材料。它具有介电性能优异，力学性能、耐湿热性能及耐环境性能良好的特点，适于高性能电磁窗尤其是机载雷达天线罩的制造，可在 150℃ 长期使用。双马来酰亚胺树脂 / 玻璃布复合材料性能见表 4-92。

表 4-92　双马来酰亚胺树脂 / 玻璃布复合材料性能

性能		典型值	测试标准
物理性能	密度 /（g/cm³）	1.71 ~ 1.73	GB/T 1463—1988
	空隙率 /%	0.2	GB/T 3365—1982
	吸水率 /%	0.09	GB/T 1462—1988
	介电常数	3.9 ± 0.1	波导短路法 10GHz
	损耗角正切值	≤ 0.014	
力学性能	拉伸强度 /MPa	309	GB/T 1447—1983
	压缩强度 /MPa	343	GB/T 1448—1983
	弯曲强度 /MPa	478	GB/T 1449—1983
	层间剪切强度 /MPa	37.2	GB/T 1450.1—1983
	冲击强度 /（J/mm²）	0.32	GB/T 1450.2—1983

4.7.1.4 氰酸酯树脂基复合材料

采用改性氰酸酯树脂体系浸渍 B 型石英纤维布制成预浸料，经真空袋热压罐法成型复合材料。该复合材料介电常数优异，常温和 155℃下的力学性能优良，适于制作宽频高透波雷达天线罩及其他电磁窗产品的制作。氰酸酯复合材料性能见表 4-93。

表 4-93 氰酸酯基复合材料性能

序号	项目	单位	性能	测试标准
1	密度	g/cm³	1.64	GB/T 1463—1988
2	介电常数	—	3.15	波导短路法，10GHz
3	损耗角正切	—	0.004	矢网法，10GHz
4	拉伸强度	MPa	744	GB/T 1447—1983
5	拉伸模量	GPa	23.5	
6	弯曲强度	MPa	830	GB/T 1449—1983
7	弯曲模量	GPa	20.3	
8	纵横剪切强度	MPa	166	GB/T 3355—1983
9	冲击强度	kJ/m²	334	GB/T 1451—1983

4.7.2 陶瓷基透波复合材料

4.7.2.1 石英陶瓷基复合材料

SiO_{2f}/SiO_2 复合材料力、热、电综合性能优异，表面熔融温度与石英玻璃接近（约 1735℃），改善了石英陶瓷脆性大、韧性低的问题，是目前国内外最为成熟、应用最为广泛的陶瓷基透波复合材料。

美国航空实验室研制开发了熔融石英纤维增强氧化硅材料。这种材料的关键技术是使用严格净化过的胶体氧化硅溶胶，如用离子交换法清除工业原料中的杂质，并采用有效的定向编织玻璃纤维技术，即先进的三维编织技术以及用氟化物处理半成品，在氧化物存在下进行烧结。纤维增强二氧化硅基复合材料与石英玻璃的主要性能比较见表 4-94。美国菲格福特公司和通用电器公司采用硅溶胶浸渍石英织物并在一定温度下热处理，研制了 3D 石英纤维增强二氧化硅复合材料，牌号为 AS-3DX 和 Markite 3DQ，其中 AS-3DX 材料

表 4-94 SiO_{2f}/SiO_2 复合材料与石英玻璃的性能比较

性能	3D SiO_2/SiO_2	石英陶瓷	高硅氧纤维增强 SiO_2
密度 /（g/cm³）	1.78	2.20	1.60 ~ 1.65
ε	2.70 ~ 2.90	3.78	2.96 ~ 3.20（RT）
$\tan\delta$	0.008	<0.001	0.005 ~ 0.006（RT）
弯曲强度 /MPa	Z：14.0 X：13.2	—	79（RT）
热导率 /［W·（m·K）⁻¹］	0.838	1.676	0.352 ~ 0.427
线膨胀系数 /℃⁻¹	0.55 × 10⁻⁶	0.50 × 10⁻⁶	（0.51 ~ 0.53）× 10⁻⁶

常温时 5.841GHz 下的介电常数 ε=2.88，损耗角正切 $\tan\delta$=0.00612，石英纤维织物增强石英复合材料的表面熔融温度与石英玻璃接近（约 1735℃），是高温状态再入型透波材料的理想选择之一，已用于美国"三叉戟"潜地导弹。

国内从 20 世纪 80 年代末开始研究 SiO_{2f}/SiO_2 复合材料，开发出缝合结构、针刺结构、2.5D 立体编织结构等织物增强二氧化硅复合材料，SiO_{2f}/SiO_2 材料的长时使用温度为 1000℃。材料中 SiO_2 的质量分数高（≥99.9%），熔融后的黏度大，具有很好的烧蚀性能。在烧蚀条件下，材料表面也没有纤维分层和剥蚀现象，烧蚀表面光滑规整。该材料也可在更高温度条件下作为烧蚀型透波材料使用，材料基本性能列于表 4-95。

表 4-95　国内 SiO_{2f}/SiO_2 复合材料基复合材料性能

性能		SiO_{2f}/SiO_2 复合材料
密度 /（g/cm³）		1.5～1.85
介电常数 /10GHz	RT-1000℃	2.9～3.4
介电损耗 /10GHz	RT-1000℃	0.005～0.008
拉伸强度 /MPa		30～80
拉伸模量 /GPa		10～20
压缩强度 /MPa		40～200
压缩模量 /GPa		10～20
弯曲强度 /MPa		40～110
弯曲模量 /GPa		5～15
热膨胀系数 /（10^{-6}/℃）		<1.0
热导率 /［W·（m·K）$^{-1}$］（300℃）		<1.0

4.7.2.2　氮化物陶瓷基复合材料

随着高超声速飞行器飞行马赫数增加，以 Si、B、N 元素为基体的氮化物陶瓷基复合材料由于耐高温、耐烧蚀、耐冲刷、抗热振等各项优异性能，越来越多地得到研究机构和研究者们的关注与重视，逐步成为研究热点。

氮化物纤维 / 氮化物透波复合材料主要有 Si_3N_4、BN 和 SiBN 三种材料体系（包括纤维和基体）。氮化物纤维增强氮化硼陶瓷基透波复合材料研究方面相关的公开报道资料甚少，仅可从一些发明专利中获知少量研究进展。T. M. Place 等利用硼酸浸渍烧成制备三维正交 BN 纤维织物结构增强 BN 基复合材料，介电常数为 2.86～3.19，损耗角正切为 0.0006～0.003（25～1000℃，9.375GHz），弯曲强度为 40～69MPa。

国内国防科技大学制备了氮化硼纤维 / 硅氮硼陶瓷基复合材料，性能见表 4-96。西北工业大学制备 2D-SiO_{2f}/Si_3N_4 复合材料，抗弯强度 58MPa、介电常数 2.8～3.1。山东工业陶瓷研究设计院制备了氮化硼纤维三维编织体增强的氮化硅基复合材料（$3DBN_f/Si_3N_4$），其断裂韧性可达 5.1MPa·$m^{1/2}$，在 3～6GHz、16～18GHz 波段透波率大于 85%，但未见其他性能方面的报道。

表 4-96　氮化硼纤维 / 硅氮硼陶瓷基复合材料性能

序号	项目	单位	数值
1	密度	g/cm³	1.60
2	比热	$J \cdot g^{-1} \cdot K^{-1}$	0.618
3	热导率	$W \cdot m^{-1} \cdot K^{-1}$	1.016
4	热膨胀系数	$10^{-6}K^{-1}$	3.81
5	介电常数（10GHz）	—	3.07
6	正切损耗（10GHz）	—	0.004
7	弯曲强度	MPa	53.8
8	弹性模量	GPa	20.8
9	断裂韧性	$MPa \cdot m^{\frac{1}{2}}$	8.6
10	1000℃弯曲强度	MPa	36.2
11	1000℃弹性模量	GPa	8.6

4.7.2.3　磷酸盐基复合材料

磷酸盐基复合材料研究主要集中在硅质纤维增强磷酸铝、磷酸铬、磷酸铬铝等复合材料方面。固化前磷酸盐基体呈液态，或称无机聚合物、黏结剂。因此其成型工艺与树脂基复合材料的成型工艺相近，制备工艺简单。磷酸铬复相陶瓷材料和磷酸铝铬复相陶瓷材料均具有良好的透波性能、介电稳定性和综合力学性能。其中磷酸铬基复合材料适合在1200℃下使用，磷酸铝基复合材料可在 1500 ~ 1800℃高温条件下正常使用。

俄罗斯研究制备出的磷酸铝铬复合材料的介电常数为 3.2 ~ 3.7，最高使用温度达1200℃，制备过程中的固化温度仅为 170℃，制备工艺以及制备出的材料性能均比较理想。英国一家电气公司以磷酸盐作为晶核，制备出具有良好透波性能、防隔热性能和力学性能的玻璃，典型性能见表 4-97。

表 4-97　石英纤维 / 磷酸铬复合材料的介电性能和不同温度下的典型力学性能

性能	20℃	400℃	800℃	1000℃	1200℃
介电常数 / ε	3.6 ~ 3.7	3.65 ~ 3.75	—	4.1 ~ 4.3	—
损耗角正切值 $\tan \delta$	0.008 ~ 0.015	0.0085 ~ 0.015	—	0.02 ~ 0.03	—
弯曲强度 /MPa	120	100	60	50	45
压缩强度 /MPa	75	100	—	50	40
拉伸强度 /MPa	85	95	80	20	10

哈尔滨工业大学以高硅氧纤维布为增强材料制备出的复合材料常温抗弯强度为140.27MPa，介电常数为 2.71，但 800℃烧蚀后力学性能迅速下降至 5.7MPa。华东理工大学黄发荣等以磷酸盐为黏结剂，金属氧化物为固化剂，高硅氧纤维布为增强材料，所得

材料抗弯强度分别达到 116MPa、149.3MPa，介电常数为 3.1～3.7，但未见复合材料高温条件下性能报道。黑龙江省科学院石油化学研究院等制备了可在 160℃下固化磷酸盐胶黏剂，并采用模压成型工艺制备了石英纤维／磷酸盐复合材料，复合材料室温弯曲强度为 160MPa，1000℃弯曲强度为 100MPa，在高温时能保持较高的机械强度，但未见对介电性能的报道。

第5章 加工与制造

5.1 雷达天线罩成型工艺

5.1.1 热压罐成型工艺

5.1.1.1 热压罐成型工艺介绍

热压罐成型工艺是将叠层预浸料、蜂窝夹芯、组合件结构或胶结结构用真空袋密封在模具上，置于热压罐中，在抽真空（或非真空）状态下，经过升温、加压、保温（中温或高温）、降温和卸压过程，使其成为所需要的形状、尺寸和质量状态的先进复合材料及其构件的成型工艺方法。

5.1.1.2 热压罐成型工艺特点

热压罐成型工艺是目前广泛应用的先进复合材料的主要成型方法之一，可用于制造夹芯结构雷达天线罩和实芯雷达天线罩，也可成型组合结构和胶结结构雷达天线罩，用热压罐成型的雷达天线罩多应用于航空航天领域等的主承力和次承力结构，如各种机载、弹载雷达天线罩，其特点见表5-1，工艺适用范围见表5-2。

表 5-1 热压罐成型工艺特点

序号	特点		说明
1	优点	罐内压力均匀	用压缩空气或惰性气体（N_2、CO_2）或惰性气体与空气混合气体向热压罐内充气加压，作用在真空袋表面各点法线上的压力相同，使真空袋内的构件在均匀压力下成型、固化
2		罐内空气温度均匀	热压罐内装有大功率风扇和导风套，空气在罐内高速循环，罐内各处气体温度基本相同，在模具结构合理的前提下，可保证密封在模具上的构件升降温过程中各点温差不大。一般而言迎风面及罐头升降温较快，背风面及罐尾升降温较慢
3		适用范围较广	热压罐尺寸大，适用于结构和型面复杂的大型制件成型。热压罐的温度和压力条件几乎能满足所有树脂基雷达天线罩的成型工艺要求
4		成型工艺稳定可靠	热压罐内的压力均匀和温度均匀，可保证成型的质量稳定。热压罐成型工艺制造的雷达天线罩空隙率较低，树脂含量均匀，相对其他成型工艺，成型的构件力学性能稳定、可靠
5		生产效率高	一次可放置多层模具，同时成型各种较复杂的结构及不同尺寸的构件。而其他成型方法较难实现
6	缺点	投资大、成本高	相比其他成型工艺，热压罐系统庞大，结构复杂，属于压力容器，投资建造一套大型热压罐的费用很高；由于每次固化都需要制备真空密封系统，将耗费大量价格昂贵的辅助材料，同时成型中要耗费大量水电等能源

表 5-2　热压罐成型工艺适用范围

序号	适用范围		说明
1	适用于多种结构	层压结构	各种形状的实芯雷达天线罩及共固化整体成型夹芯结构雷达天线罩等的成型
		夹芯结构	蜂窝、泡沫等夹芯结构雷达天线罩的成型
		组合结构	不同复合材料、蜂窝夹层结构雷达天线罩的组合成型
		胶结结构	复合材料间或复合材料与金属间的胶结成型
2	适用于各种结构尺寸		可成型机载、舰载、导弹、卫星、车载及地面等各种外形结构尺寸雷达天线罩
3	局限性		形状特别复杂及制造成本有限制的雷达天线罩不适于用热压罐成型，可根据具体情况选择 RTM 低成本成型工艺或其他成型工艺

5.1.1.3　热压罐成型设备

热压罐是一个具有整体加热、加压系统的大型压力容器，一般由罐体系统、真空系统、加热系统、冷却系统及控制系统等组成（见表 5-3），是复合材料雷达天线罩高温固化成型的关键设备，它为先进雷达天线罩的热压罐成型提供必要的温度和压力。常用的典型热压罐设备如图 5-1 所示。

表 5-3　热压罐系统组成及一般要求

系统名称	组件	一般要求
罐体系统	罐体、罐门、开门机构、尾部封头、密闭电机、隔热层等	按最大雷达天线罩大小设计时应考虑模具尺寸，在最高使用温度下罐体外表温度不大于60℃
加热系统	加热管、热电偶、控制系统、记录仪等	可达制件的最高温度，罐内各点的空气温度偏差≤5℃；装入固化模具环境下，升温速率在0.3~6℃/min可调
压力系统	空气压缩机、储气罐、压力调节阀、气流管道、远传压力表、电磁阀、安全阀、减压阀等	一般采用空气充气加压，固化温度和压力较高时，须采用惰性气体（一般为氮气），并设有安全防爆放气装置
真空系统	真空泵、真空罐、真空管路、真空表、截止阀、控制阀门等	真空管道及接头可满足复合材料雷达天线罩固化工艺要求
鼓风系统	鼓风机、电机、导风板、冷却及润滑系统	噪声≤75dB。电机具有超温报警及自动保护功能，冷却水供应不足时能够自动报警
冷却系统	冷却器、进水及加水截止阀、电磁阀、预冷装置	采用循环水冷却，装入固化模具环境下，降温速率在0.3~5℃/min可调
控制系统	温度、压力显示记录仪，真空显示记录仪，报警器，各种按钮、指示灯、超温、超压报警器、计算机及控制软件系统等	具有自动控制系统，显示系统，真空渗漏检查系统，温度、压力报警系统，罐门自锁系统
其他附件	制氮气系统、托车、滑轨等	配备托架、牵引设备

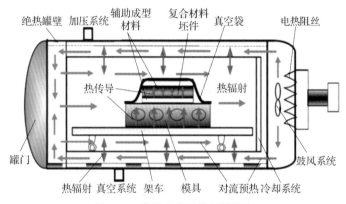

图 5-1　常用的典型热压罐设备

5.1.1.4　适用于热压罐成型工艺的雷达天线罩结构特点

复合材料雷达天线罩的结构成型与材料形成同时完成的工艺特点，使得结构设计与结构成型工艺密不可分，即结构设计必须考虑其成型工艺的可行性，针对整体成型这一特点更为突出。因此，复合材料雷达天线罩设计选择的结构方案必须具有良好的结构工艺性，确保工艺的可行性。热压罐成型工艺对雷达天线罩结构的细节要求见表 5-4。

表 5-4　热压罐成型工艺对雷达天线罩结构的细节要求

序号	结构细节	要　　求
1	铺层	结构形状和铺层设计应考虑雷达天线罩复合材料蒙皮的可铺贴性，各个铺层应能够展开成平面或近似平面。大面积蒙皮尽量避免布置大量插层，变厚凹陷区可用加筋形式。若必须保留不可展铺层，在局部铺贴处应考虑将预浸料开缝或采用局部拼接的形式
2	表层要求	在复合材料表层开口处应铺贴一层薄玻璃布，制孔时，可保护表层纤维，且不易分层
3	表面粗糙度	表面粗糙度要求应仅限于贴模面，非贴模面应放宽要求
4	厚度偏差	厚度偏差一般为其厚度的 8%，重要区可为其厚度的 5%，过高要求是不合理的。厚蒙皮厚度偏差较易控制，薄蒙皮厚度不易控制，可适当放宽厚度偏差要求
5	变厚区过渡	厚度变化应避免突变，宜采用渐变或台阶逐级过渡，增加的插层应均匀地加于其他整层铺层之间

表 5-4（续）

序号	结构细节	要 求
6	拐角	拐角处应避免形成尖角，宜采用圆弧过渡，内圆半径应大于壁厚，且不小于 2mm，外圆半径应大于 2 倍壁厚
7	脱模斜度	对于有小闭角的结构，在不影响装配协调或与型面无关的情况下，应给出脱模斜度
8	装配	对于因厚度偏差引起的装配偏差，应允许用复合材料补偿

5.1.1.5　雷达天线罩热压罐成型工艺过程

热压罐成型实芯结构雷达天线罩典型制造工艺流程如图 5-2 所示，热压罐成型蜂窝夹芯结构雷达天线罩典型制造工艺流程如图 5-3 所示，热压罐成型技术工艺过程如图 5-4 所示。

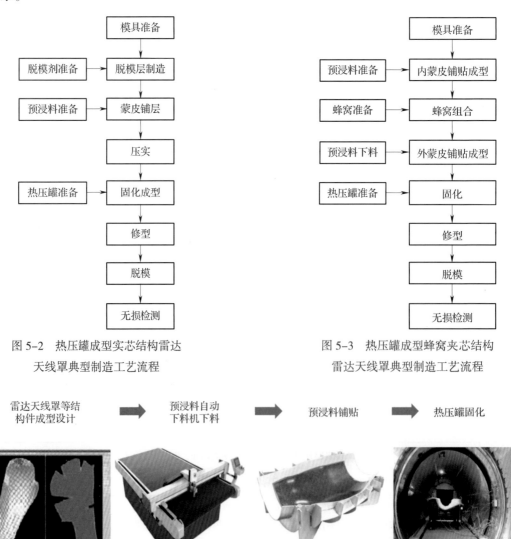

图 5-2　热压罐成型实芯结构雷达
天线罩典型制造工艺流程

图 5-3　热压罐成型蜂窝夹芯结构
雷达天线罩典型制造工艺流程

图 5-4　热压罐成型技术工艺过程

①模具准备：用干净纱布蘸汽油或工业乙醇等溶剂擦拭成型模具表面清洁无污，然后贴上表面隔离膜或涂覆脱模剂，隔离膜不允许有夹杂、气泡和褶皱；涂覆脱模剂要均匀，多次涂覆，必须等待前次涂覆的脱模剂晾干再涂覆，根据溶剂类型的不同还可以利用烘箱进行烘干。

②预浸料下料：首先按照预浸料材料规范或标准对预浸料进行检验，合格后方可使用，常用的下料方法有手工下料和自动下料。手工下料一般借助尺子和下料样板，手工下料灵活、投资少但是效率低，适用于单件和少量制件的生产。自动下料采用自动下料机按下料数模进行下料，自动下料精度高、速度快，但投资大，适用于工程化批量生产。对于不能展开成平面或近似展开成平面的铺层，无法采用自动下料，可将预浸料裁成适当宽度的条带。

③预浸料铺贴：蒙皮铺贴过程一般采用激光辅助定位铺贴，激光辅助定位铺贴精度高、效率高。实芯叠层区可以按定位线或定位样板进行铺贴。铺贴过程中每铺一层都要用塑料板或刮板将预浸料刮平，除去层间空气，必要时可使用吹风机加热辅助铺层。预浸料需要拼接时，拼缝应平直，并将各层的拼接缝均匀错开。在凹陷区、拐角或曲率半径小的区域应展平压实，在凹陷区应注意避免架桥。

雷达天线罩真空袋热压成型工艺真空袋制备过程如图 5-5 所示。

④预压实：通过抽真空减少铺层中携带的空气，根据预浸料以及雷达天线罩结构类型每铺贴 1～10 层应进行一次真空压实处理，真空度达到 0.08MPa 以上，保持 10～20min 以达到排除铺叠过程中夹裹的空气及预浸料中的挥发物的目的，防止出现缺陷，保证雷达天线罩的内部质量。

⑤均压板制备：对外表面外形要求较高或者不易加工的转角处，用未硫化的橡胶制备均压板。制备均压板时，按雷达天线罩外形铺贴，同雷达天线罩复合材料固化一起硫化，也可在雷达天线罩复合材料固化前硫化。均压板厚度可根据制件外形结构确定。为提高均压板的透气性，可在均压板上均匀开孔。均压板材料可采用热膨胀硅橡胶或者 Airtech 的 Air-pad 未硫化橡胶片。

⑥组合封装：将蒙皮、蜂窝等各组件按相应的顺序铺叠组合在一起，放置相应的隔离材料，定位均压板

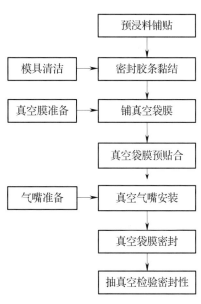

图 5-5　真空袋制备过程

软膜，铺放各种辅助材料。辅助材料是完成热压罐成型工艺的必备材料，是热压罐成型得以完成的保证。因此，必须用性能稳定的、可靠的并且储存期长的辅助材料。检查真空袋密封情况，常压状态下，真空值达到 0.092MPa 以上后，关闭真空阀，10min 后真空值下降不大于 0.02MPa 为合格，然后将模具送入热压罐，按标示位置放置热电偶并固定，连接好温度、真空系统（见图 5-6）。

⑦固化：组装后的雷达天线罩坯件（见图 5-7），送入热压罐，按材料标准及工艺文件等控制温度、压力、时间、升降温度速率及加压、卸压温度。

图 5-6　真空袋密封完成的待固化雷达天线罩

⑧脱模：将辅助材料去除，将雷达天线罩坯件从模具上取下，脱模的难易程度取决于模具设计是否合理。

⑨检测：使用超声等无损检测手段对固化后的雷达天线罩复合材料坯件进行内部质量和空隙率及厚度检测，评价制件是否合格。

⑩加工：采用手提式风动铣刀或其他机械加工方法对制件外形进行加工，根据材料及结构选择相应的刀具。

5.1.1.6　雷达天线罩热压罐成型模具的要求

成型模具是制造复合材料雷达天线罩的基础，是所有复合材料在进行铺层和固化过程中的保证，它为复合材料构件提供边界约束。对雷达天线罩热压罐成型模具的基本要求是：导热快、比热容低、刚度大、质量轻、热膨胀系

图 5-7　热压罐中待固化的雷达天线罩

数小、耐高温、热稳定性好、使用寿命长、制造简单、成本低、使用和维护方便。另外，在热压罐成型固化时，模具致密不渗漏、密封性良好。

（1）模具材料

目前常用于雷达天线罩热压罐成型工艺的模具材料有铝、钢、碳纤维复合材料、玻璃纤维复合材料等；常用的模具支撑结构有蛋箱式、框架式等。模具材料的选择应根据铺贴蒙皮材料的线膨胀系数来选择相适应的线膨胀系数的模具材料，以保证模具同成型的复合材料相匹配，保证复合材料成型后型面尺寸的准确性。模具材料的选择还取决于制件的成型固化温度及制造成本等方面的因素，模具材料应满足成型固化温度的要求，材料及加工成本较低。

（2）模具结构形式

真空袋热压成型工艺的模具结构形式主要为阴模和阳模。阳模模具制备的复合材料雷

达天线罩内表面质量高，尺寸精度好。阳模模具工艺操作方便，便于通风处理，质量易于控制。阴模模具制备的复合材料雷达天线罩外表面质量高，尺寸精度高，但工艺操作不如阳模方便，且通风不便，实际设计中需要根据复合材料雷达天线罩的要求选择合适的模具结构形式（见图 5-8）。

图 5-8　真空袋热压成型工艺模具（右：阳模；左：阴模）

模具在设计制造时，应尽量选用薄壁结构，并在模具的支撑结构上开设通风口，以保证在固化成型时的模具（制件）各部位温度均匀，并减少模具在升降温过程中因各部位温度差引起的模具变形。模具应具有足够的刚度和强度，以免由于刚度、强度不够导致模具变形（尤其是在高温环境下成型）。

5.1.1.7　辅助材料

对于真空热压成型工艺方法，为保证复合材料雷达天线罩的制造质量，工艺上通常选用辅助材料来达到进一步控制构件质量的目的。常用的辅助材料有隔离材料、吸胶材料、透气材料和真空密封材料等（见图 5-9）。

图 5-9　真空热压成型工艺辅助材料

辅助材料是完成真空袋热压成型工艺的必备材料，辅助材料工艺性能的好坏，将直接影响到最终产品质量，是真空袋热压成型得以完成的保证。因此，辅助材料的选用很重要，必须选用性能稳定、可靠及储存期长的辅助材料。常用辅助材料的种类见表 5-5。

表 5-5　常用辅助材料的种类

序号	种类	用　途	要　求
1	脱模剂	用于模具表面，保证雷达天线罩成型固化后能与模具脱开	要求不能污染复合材料雷达天线罩表面，影响后续工序的施工
2	隔离材料	在成型的雷达天线罩复合材料毛坯与模具或辅助材料（盖板）之间放置的一层起隔离作用的材料，使得复合材料毛坯固化后不与模具或辅助材料（盖板）之间发生黏结，也叫脱模材料，包含隔离膜/隔离布/脱模布	隔离材料应表面含胶量均匀，符合耐温性要求，与其他材料隔离效果好，并满足工艺尺寸的要求。隔离材料分透气和不透气两种
3	吸胶材料	具有一定的吸胶能力，能够定量吸出复合材料毛坯中多余的树脂胶液，包含吸胶纸/吸胶毡	有一定的透气性，保证复合材料含胶量符合要求
4	压敏胶带	主要起定位和固定作用	保证辅助材料铺贴后位置尺寸正确，不发生滑动、滑移，保证成型质量
5	透气毡	质地软、帖服好，可经历温度压力场等条件下多次使用	在真空袋内形成气流通道，保证复合材料成型质量
6	密封胶条	用于将真空袋膜密封至工装表面	在常温下必须具有良好的自黏性，高温下密封性好，在温度压力场下使用不流淌并满足全过程气密，且固化后易清理
7	真空袋膜	用于制造真空袋，保证完成复合材料雷达天线罩固化成型	要求有较好的强度、延展性、耐温性、耐磨性和韧性，满足气密的全过程要求，经历温度压力场等条件下使用后，仍有一定的强度韧性

5.1.1.8　成型辅助设备

预浸料下料应在铺贴前进行，要求下料尺寸准确，对于形状复杂的复合材料制件（铺层），人工手工下料比较烦琐，而且需要专用样板，效率不高。采用预浸料自动下料设备可解决这一问题。自动下料主要应用于相对复杂雷达天线罩蒙皮等的铺层的下料，并且可以配合激光定位仪，实现精确定位铺层。常用的辅助设备介绍如下。

（1）预浸料自动下料机

自动下料机由计算机系统、预浸料吸附平台（预浸料一般吸附在平台上）及切割系统组成。自动下料设备的工作原理是：利用计算机技术，将复合材料零件建模（一般将曲面展开成平面），将要下料的各层编排好（可套裁），将数据输入计算机，使用自动下料机进行自动下料。

自动下料机设备的特点是：效率高、省料、尺寸精确、省人力，但设备投入较大。自动下料机如图 5-10 所示。

（2）激光定位仪

在铺贴预浸料时，经常遇到一些铺层的精确定位问题。一般情况下，可用样板等工具定位，但操作比较麻烦，而且有些铺层很难用样板定位。激光定位仪就可以解决这一难题。

激光定位仪由计算机及激光定位系统组成。激光定位仪的工作原理是：利用计算机技术，将复合材料零件建模，在铺到某一铺层时，将此层的数据信息传输给激光定位系统，在铺贴毛坯的模具上激光显示出此层的位置和边界，按此位置铺层。

激光定位仪不但能进行铺层定位，还可以用于模具定位、检验等，具有自动跟踪、自动检测的功能，激光线位置和靶标精度范围在 ±0.5mm 内，适用于各种复杂型面的定位需求。激光定位仪和自动下料机结合使用，可显著提高工作效率和铺贴质量。激光定位仪如图 5-11 所示。

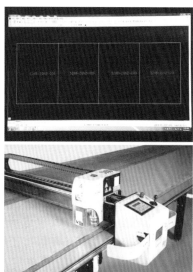

图 5-10　自动下料机

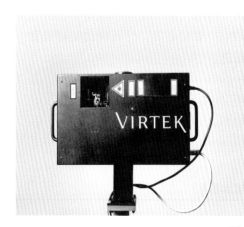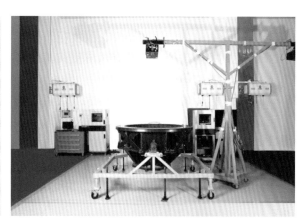

图 5-11 激光定位仪

5.1.1.9　厂房和环境要求

雷达天线罩成型厂房分为一般工作间和净化间。整个制造过程一般应在同一厂房内连续进行，净化间与一般工作区之间距离不能太远，应相互连接。雷达天线罩的蒙皮预浸料铺贴、蜂窝等芯层材料的组合胶结、表面涂胶等工作都需要在洁净、恒温和低湿度的净化间环境中进行。合格的净化间（见图 5-12）是雷达天线罩保证质量的必要条件。

图 5-12 净化间

雷达天线罩成型厂房须符合 HB 5342《复合材料航空制件工艺质量控制》的要求。

（1）净化间要求

①室内应保持温度 22℃ ±4℃，相对湿度不大于 65%，并且应备有温度、湿度监视测量设备。

②室内空气的洁净度应达到等于和大于 10μm 的尘粒不超过 10 个 /L。

③室内对应于室外应保持正压力差（参考值 10 ~ 40Pa）。

④进入净化间的压缩空气，应经除油、除水处理。检验方法为：准备最小尺寸为 100mm × 100mm 的洁净镜子、试纸或铝板试样；将压缩空气管嘴垂直对准试样的中心，排气口距试样 200 ~ 250mm；开足压缩空气吹 15 ~ 30s，试样表面应无肉眼可见的水、油或固体颗粒。

⑤室内应有良好的照明条件，照度应为 200 ~ 300lx。如有必要，灯具应加防爆装置。

⑥净化间的入口处，应设有风淋室或其他除尘设施。

（2）一般工作间的要求

①一般工作间的温度应为 15 ~ 32℃，相对湿度应不大于 75%。

②室内应有良好的照明条件，照度应为 200 ~ 300lx。

③室内应有良好的通风设施。

符合材料厂房基本要求见表 5-6。

表 5-6　复合材料厂房基本要求

序号	工作场地		场地用途	条件要求
1	材料库	一般材料	保存可在常温下储存的材料，如大部分辅助材料、工具及设备零件等	常温
		冷库	树脂、预浸料、胶黏剂等需要在低温下保存的材料	温度一般在 -18℃ 以下
2	树脂合成或配制间		为预浸料制备或配制树脂	洁净、防水

表 5-6（续）

序号	工作场地		场地用途	条件要求
3	仪器分析间		进行树脂分析试验，应有红外光谱仪（IR）、差动扫描量热仪（DSC）、动态介电分析仪（DDA）、动态力学分析仪（DMA）等	温度：23℃±2℃；洁净；相对湿度：≤65%
4	净化间	预浸料制备间	进行预浸料制备	温度：23℃±2℃；相对湿度：≤65%。并有换气、过滤装置
		铺贴间	预浸料下料裁剪、铺贴及预吸胶或固化工艺组合等操作	
		胶结操作间	进行胶结操作准备，如复合材料、夹芯材料胶结面涂胶等处理、胶结组合等操作	
5	固化设备区		放置烘箱等固化设备，进行产品的固化操作	常温
6	无损检测、校正操作间		进行无损检测操作、电厚度校正操作	常温
7	机加区		放置机械加工设备，进行复合材料的机械加工操作	常温、吸尘装置
8	装配区		放置型架等设备，进行雷达天线罩的装配	常温
9	模具存放区		放置雷达天线罩成型用模具	常温、吊车
10	产品放置区	待验区	放置待检验的产品	常温
		合格区	放置合格产品	
		不合格区	放置不合格产品	

5.1.2　真空袋热压成型工艺

5.1.2.1　真空袋热压成型工艺介绍

真空袋加压原理是将铺叠完的复合材料预制件置于刚性模具与真空袋之间，通过抽真空产生负压，对产品均匀加压，同时去除铺层间气体，使产品更加致密、力学性能更好。

真空袋热压成型工艺是将复合材料、蜂窝夹芯结构或胶结结构用真空袋密封在成型模具上，置于烘箱中，在真空状态下，经过加热→加压→保温（中温或高温）→降温和卸压过程，使其成为所需要的形状和质量状态的成型工艺方法。

5.1.2.2　真空袋热压成型工艺特点和设备

（1）工艺特点

真空袋热压成型工艺的优点是：相对于热压罐加压成型，真空袋热压工艺在烘箱内即可加热固化，大大节省了设备费用；而且采用烘箱固化时，固化工艺制度简单，只需要控制温度和真空度水平；低压固化减小了芯材塌陷和真空袋破裂的风险，烘箱的形状和尺寸更容易按制件大小要求定制，适合大型制件整体化成型。

真空袋热压成型工艺是目前雷达天线罩领域应用的主要成型方法之一，可用于制造夹芯结构雷达天线罩和实芯雷达天线罩，多应用于成型及胶结各种要求相对较低的雷达天线罩，其特点见表 5-7，工艺适用范围见表 5-8。

表 5-7　真空袋热压成型工艺特点

序号	特点		说　明
1	优点	生产成本相对较低	相比于其他成型工艺，真空袋热压成型工艺所用设备仅需真空泵、烘箱等简单设备即可实现复合材料雷达天线罩成型，因而生产成本相对较低
2		所需模具简单	真空袋热压成型工艺所需模具相对比较简单，无须阴阳对合模，仅需单面的阳模或阴模即可实现复合材料雷达天线罩成型，成型压力低，对模具强度和气密性要求低，进一步降低了成本
3		适用范围较广	适合成型机载、舰载、导弹、卫星、车载各类尺寸及简单复杂型面的夹芯结构和实芯雷达天线罩的成型
4		成型工艺稳定可靠	通过真空袋可以实现真空均匀加压，减少复合材料毛坯中的气泡，有效控制复合材料雷达天线罩的厚度和含胶量，保证性能均匀
5		生产效率高	可以一次性同时成型各种较复杂的结构及不同尺寸的复合材料雷达天线罩
6	缺点	空隙率相对较高	相比于其他成型工艺，真空袋热压成型工艺仅通过真空对复合材料毛坯进行加压，不能施加外压，成型后的复合材料的空隙率较热压罐工艺固化产品要高

表 5-8　真空袋热压成型工艺适用范围

序号	适用范围		说　明
1	适用于多种结构	层压结构	各种形状的实芯雷达天线罩及共固化整体成型夹芯结构雷达天线罩等的成型
		夹层结构	蜂窝、泡沫等夹芯结构雷达天线罩的成型
2	适用于各种结构尺寸		可成型机载、舰载、导弹、卫星、车载及地面等各种外形结构尺寸雷达天线罩
3	局限性		形状特别复杂、胶结强度要求高及需要高压成型的实芯和夹芯结构雷达天线罩不适于用真空袋热压成型工艺，可根据具体情况选择真空袋热压成型工艺或其他成型工艺

（2）成型设备

真空袋热压成型设备采用烘箱或烘房，设备由箱体、加热单元、热风机、控制系统等组成，其特点是通过电能使加热管加热，并通过电机利用管道送风，温度控制系统保持设备内的温度均匀性（±5℃），并且设定温度范围广（室温至250℃），连续可调。复合材料雷达天线罩在烘箱内抽真空加压、升温、保温、降温完成结构成型。图5-13为雷达天线罩固化常用的典型烘箱和烘箱鼓风加热的结构原理。

5.1.2.3　适用于真空袋热压成型工艺的雷达天线罩结构特点

复合材料雷达天线罩结构成型与其材料形成同时完成的工艺特点，使得复合材料的结构设计与制造成型工艺密不可分，即结构设计必须考虑其制造成型工艺的可行性，对整体成型，这一特点更为突出。因此，设计选择的结构方案必须具有良好的制造工艺性。表5-9为适用于真空袋热压成型工艺的雷达天线罩的结构设计要求。

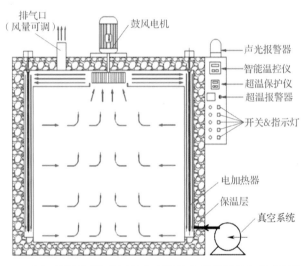

图 5-13　雷达天线罩固化常用的典型烘箱和烘箱鼓风加热的结构原理

表 5-9　适用于真空袋热压成型工艺的雷达天线罩的结构设计要求

序号	设计细节	要求
1	铺层	结构形状和铺层设计应考虑零件毛坯的可铺贴性，各个铺层应能够展开成平面或近似平面。若必须保留不可展铺层，在局部铺贴处应考虑将预浸料开缝或采用局部拼接的形式
2	表面粗糙度	表面粗糙度要求应仅限于贴模面，非贴模面应放宽要求
3	厚度偏差	厚度偏差一般为其厚度的 8%，重要区可为其厚度的 5%，过高要求是不合理的。厚蒙皮厚度偏差较易控制，薄蒙皮厚度不易控制，可适当放宽厚度偏差要求
4	变厚区过渡	厚度变化应避免突变，宜采用渐变或台阶逐级过渡，增加的插层应均匀地加于其他整层铺层之间
5	拐角	拐角处应避免形成尖角，宜采用圆弧过渡，内圆半径应大于壁厚，且不小于 2mm，外圆半径应大于 2 倍壁厚
6	脱模斜度	对于有小闭角的结构，在不影响装配协调或与型面无关的情况下，应给出脱模斜度
7	装配	对于因厚度偏差引起的装配偏差，应允许用复合材料补偿

5.1.2.4 雷达天线罩真空袋热压成型工艺过程

雷达天线罩真空袋热压成型工艺制造流程如图 5-14 所示。

5.1.2.5 雷达天线罩真空袋热压成型工艺方法

雷达天线罩真空袋加压固化成型工艺预浸料铺贴工艺方法与热压罐成型工艺相同，固化过程与热压罐的本质区别仅为固化压力不同。相对于热压罐成型工艺，真空袋加压固化预浸料成型过程中最高只能施加 0.1MPa 真空压力。为减小复合材料空隙率，除了优化预浸料形式、树脂体系的挥发物含量、黏度和反应活性等材料相关因素外，需要严格控制工艺，可以采取的方法如下。

（1）铺层过程中多次抽真空预压实，通常铺贴 1~8 层预压实一次，预压实时间为 10~30min，过度预压实会造成气体排出通道闭合。

（2）精确控制预浸料的树脂含量，任何树脂的非预期流出都可能导致空隙和干纤维，尤其是对于低黏度树脂体系。

（3）维持铺层边缘的排气通道并避免树脂从制件边缘流出，因为预浸料面内透气性远大于厚度方向。在铺叠及封装过程中可以在铺层余量区铺放一层玻璃纤维织物以利于边缘透气，如图 5-15 所示。

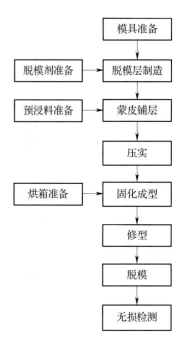

图 5-14 雷达天线罩真空袋热压成型工艺制造流程

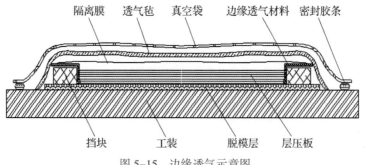

图 5-15 边缘透气示意图

5.1.2.6 其他要求

雷达天线罩真空袋热压成型工艺的其他要求包括以下内容。

（1）对厂房和环境的要求。

（2）对辅助材料的要求。

（3）预浸料下料设备。

（4）预浸料铺贴定位设备。

以上条件保障的详细介绍见 5.1.1 节热压罐成型工艺。

5.1.3 树脂传递模塑成型工艺

5.1.3.1 RTM 成型工艺原理

树脂传递模塑技术是目前最具发展前景的先进复合材料低成本快速制备技术之一，该技术的基本原理是先在模腔内预先铺放增强材料预成型体、芯材和预埋件，然后在压力或真空作用下将树脂注入闭合模腔，浸润纤维，经固化、脱模后加工而成制品的工艺。常用真空辅助 RTM（VARTM）工艺原理如图 5-16 所示。

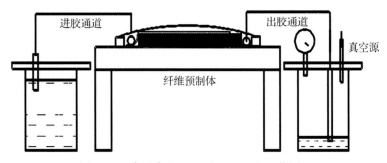

进胶通道　　出胶通道　　真空源

纤维预制体

图 5-16　常用真空 RTM（VARTM）工艺原理

5.1.3.2　RTM 成型工艺特点

RTM 技术具有许多优点。

（1）与其他先进的复合材料制造技术相比，所需设备的费用要低，制造周期短；

（2）制件的尺寸精度高，内外表面光洁度高，预成型体尺寸易控，可设计性强；

（3）制件的纤维 / 树脂比例精确易控制，纤维含量较高，空隙含量低，生产质量重复性高；

（4）对操作环境的温度与湿度要求不高，可实现半自动或自动化生产，效率高，生产周期短，对环境污染很小等。

和传统的热压罐工艺相比，该工艺技术的成本能够降低约 40%。所以该技术自 20 世纪 60 年代初问世以来，一直在不断发展完善，同时由于 RTM 能够应用计算机辅助设计进行模具和产品设计，可实现充模过程的模拟，因而得到了国内外复合材料界的高度重视，发展迅速。

RTM 技术的难点是由于在成型阶段树脂和纤维通过浸渍过程实现赋型，纤维在模腔中的流动、纤维浸渍过程以及树脂的固化过程都对最终产品的性能有很大的影响，因而导致了工艺的复杂性和不可控性增大。主要问题如下。

（1）树脂对纤维的浸渍不够理想，制品里存在空隙率较高、干纤维的现象；

（2）制品的纤维含量较低；

（3）大面积、结构复杂的模具型腔内，模塑过程中树脂的流动不均衡，不能进行精确预测和控制。

此外，RTM 工艺需要树脂流动以浸润纤维增强体，难以应用于蜂窝夹层结构复合材料的成型，一般可用于实芯结构雷达天线罩的成型。

雷达天线罩一般是双曲面的锥形结构复合材料壳体，具有高的电磁性能和高的性能重复性，即要求很高的形状、结构精度，准确的纤维含量和均匀的材质均匀度、极低的空隙率。这对雷达天线罩的制造工艺和模具提出了相对苛刻的要求。中国航空工业集团公司济南特种结构研究所成功地使用 RTM 工艺制造出了高精度飞机雷达天线罩，并应用于我国自行研制的飞机。

5.1.3.3　RTM 成型工艺过程

RTM 成型首先将干纤维或织物铺覆在下模内，可以预先施加压力使纤维与模具形状贴合，并予以黏合固定；再把上模固定在下模上形成型腔，再将树脂注入型腔，通常采用真空辅助树脂的注入和对纤维或织物的浸润。典型 RTM 工艺工艺流程如图 5-17 所示。

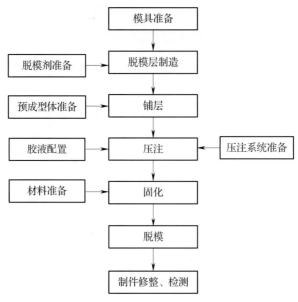

图 5-17　典型 RTM 工艺流程

5.1.3.4　RTM 工艺影响因素、常见缺陷及其解决措施

RTM 成型工艺主要涉及 RTM 模具、注射设备、增强材料、树脂体系以及固化工艺等各种要素，对雷达天线罩产品的最终性能有重要的影响，表 5-10 列出了一系列影响要素和具体因素。

表 5-10　雷达天线罩 RTM 成型制品最终性能影响要素及具体因素

影响要素	具体因素
纤维等增强体	增强体类型、结构、方向、表面处理、铺层程序、体积含量等
树脂	特性黏度、流变特性、凝胶特性、对增强体材料的浸润性，树脂体系的固化反应性、挥发份含量等
模具（见图 5-18）	结构、模具温度、注胶嘴和出胶嘴的位置与数量
工艺参数	注胶温度、注胶压力、注胶速度、环境条件、固化时的升温速率、降温速率、脱模温度等

这些因素中有些是独立存在的，有些是相互依赖、相互影响的，在进行雷达天线罩产品设计和制造时应充分考虑上述因素，方能获得高质量的产品，否则制件中可能会出现一些缺陷。

目前生产中经常遇到的问题主要发生在以下几个环节：模具清洗准备、预成型体合模、树脂注入、固化等。这些问题的具体表现形式为：空隙、干斑、预成型体变形、产品表面局部粗糙无光泽、富树脂或贫树脂、分层、纤维/基体界面结合不好等，不同的缺陷对制品性能都有着或多或少的影响，导致产品性能降低。

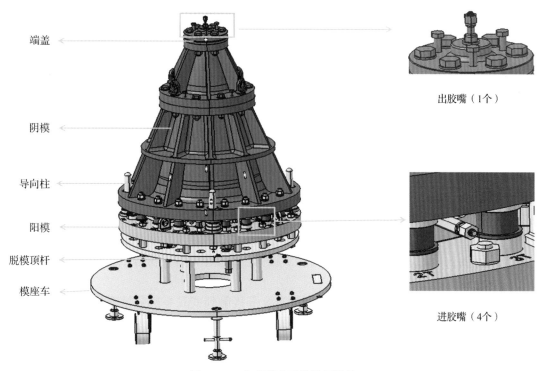

端盖

阴模

导向柱

阳模

脱模顶杆

模座车

出胶嘴（1个）

进胶嘴（4个）

图 5-18　典型雷达天线罩用模具

（1）气泡

气泡是 RTM 产品常见的缺陷，是危害最大的缺陷之一，气泡的存在不仅会引起纤维浸润性降低、黏结性变差、复合材料构件强度不一致及表面质量低劣，而且还会降低复合材料的耐久性和耐疲劳性能。

RTM 充模过程中，流体在纤维预成型体中的流动受到两个驱动力的作用：动压力和毛细作用力。纤维增强材料中，一束纤维内含有大量的纤维单丝，纤维束内的空隙（相当于毛细管）远远小于纤维束间的空隙，因此，纤维束内的毛细作用力远大于纤维束间的毛细作用力。也就是说，纤维束间的流动取决于施加的动压力；而纤维束内的流动主要受毛细作用力的控制。在纤维预成型体的任一位置，如果两种驱动力的大小不一致，流体流动方式也就有所差别，流动前沿的形态也就改变了。当毛细作用力大于动压力时，纤维束内的流体流动速度比纤维束间的要快；相反，如果动压力比毛细作用力大，纤维束间流体的流动较纤维束内的快。这种流速上的差异将导致流动前沿的超前、滞后现象，超前、滞后的程度取决于毛细作用力和动压力的相对大小。

当动压力小于毛细作用力时，纤维束内的流动较之纤维束间的流动要快，这是大气泡形成的主要原因：当注射压力较低时，纤维束内的毛细作用力起重要作用，纤维束内的流体将向纤维束间的空隙流动，如果此时纤维束间滞后的流动前沿还没有到达纤维束内流体向纤维束间大空隙内渗流的位置，在纤维束之间就会裹入空气从而形成大气泡。在纤维织物层间也会形成大气泡，这是纤维织物平面渗透率和横向渗透率的差异所致，树脂流体沿纤维方向和垂直纤维方向的流动速率不一致，也就是纤维的平面渗透率与横向渗透率有差异的结果。

当动压力大于毛细作用力时，纤维束间的流动较之纤维束内的流动要快，这是小气泡或微小气泡形成的主要原因：当注射压力较高时，纤维束内的毛细作用力相对于动压力作用较弱，动压力对纤维束间的流动起主要作用，纤维束间超前的流体将向纤维束内部渗透，如果纤维束内滞后的流动前沿在纤维束间流体渗入之前还未到达渗透发生的位置，则此处纤维束内部的空气将被包裹在里面从而形成小气泡。

对于气泡的排除方法研究，一般可从以下几个方面入手：①适当调低树脂固化剂用量，防止固化时间过短；采用低黏度树脂，以增加树脂的流动性和浸润性。②采用真空法辅助 RTM 成型即 VARTM，经过微观结构的成像分析，在真空下成型的平板平均空隙含量只有 0.15%，且空隙分布均匀，而无真空条件下的制件平均空隙率达到了 1%。③采用振动的方法，由于振动产生高的剪应变速率，导致树脂黏度下降，促进了树脂的流动，改善了增强材料的浸渍，减少了空隙含量。④在树脂注入模腔前用可溶于树脂的气体或蒸发的方法将模腔里的空气排出，而残留在模腔中的气体在充模结束后可溶解于树脂中，从而达到排除气泡的效果。⑤合理设计注胶嘴和出胶嘴。⑥使用低挥发份含量树脂。

（2）干斑

在树脂浸渍增强体的过程中，树脂没有全部接触到或只是部分填充的区域称为"干斑"。RTM 产品内部出现干斑的主要原因是浸润不充分，比起气泡缺陷，干斑对制品质量的影响更严重，若干斑出现在关键的承载位置将严重影响制品的质量，甚至会导致制品完全报废。干斑产生的原因一般是充模过程中注射口和排气口位置设置不当；纤维增强体的渗透率不均匀，树脂只能沿着渗透率小的区域边缘流动；如果纤维增强体的尺寸小于模具，边缘效应可能导致树脂沿着纤维增强体边缘流动而产生干斑。

消除干斑缺陷的方法主要是：当模腔注满树脂之后，不立刻停止树脂注射，而是让更多的树脂流出模具出口，通过延长注胶时间能够使得树脂尽可能多地浸润纤维，但这样可能会造成树脂浪费。更好的方法是，当树脂注满模腔后，保压一段时间再打开排气口，树脂和夹裹的空气可以一起从排气口排出，重复进行这一过程能够起到较好的效果（见图 5-19）。

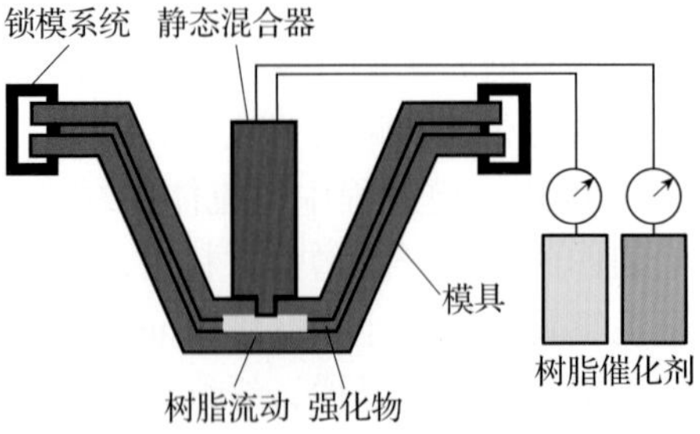

图 5-19　树脂注入过程模拟

（3）纤维增强体变形

纤维增强体的皱褶是许多 RTM 产品经常遇到的问题，皱褶产生的主要原因有两点：①合模时，模具对纤维增强体产生挤压而使其变形皱褶。②树脂注射压力过大或纤维增强体铺敷不紧密，在膜腔内流动的树脂冲刷或挤压纤维增强体使其产生皱褶。因此要注意合模操作方法及布层的厚度，合模操作方法的不恰当或布层过厚都会引起皱褶现象，同时在铺覆纤维增强体时要紧密，提高纤维增强体的耐冲刷性，采取适当的注射压力，降低树脂对布层的冲刷力。

（4）裂纹

RTM 制品中的裂纹缺陷产生的原因主要有两种：①制品在模腔中固化不完全，或树脂的固化收缩率大，导致制件内部存在较大的内应力，在制品中纤维含量低的部位，由于承力载体强度不够会产生裂纹。②脱模温度过高或升降温过速或储存过程温差变化大，热胀冷缩，产生较大的内应力，在制品的薄弱部位——纤维含量低的部位产生裂纹。

为了避免裂纹缺陷的产生，最主要的是采取措施保证制件的纤维含量均匀，减小固化过程中的内应力。

随着数字化仿真技术的发展，可以通过数字化仿真技术对 RTM 进行仿真，并通过试验加以印证（见图 5-20）。RTM 工艺仿真软件作为一种重要的复合材料天线罩成型工艺仿真软件可模拟 RTM 成型工艺的各项参数，通过输入温度、压力、渗透率、黏度等参数，进行数字可视化模拟树脂注入过程，并对填充及固化过程进行模拟，输出相关固化数据。同时也可以避免在 RTM 工艺成型过程中，为合理设计浇口和隘口，确定铺层设计和注胶工艺等，需进行大量的工艺试验确定合适的工艺参数，最大限度地避免贫胶、富胶等缺陷的发生。

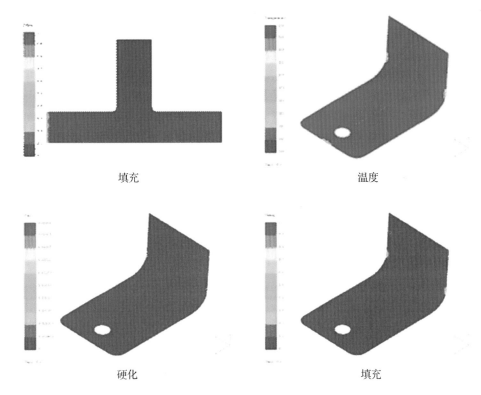

填充　　　　　　　　　　　　　　温度

硬化　　　　　　　　　　　　　　填充

图 5-20　数字化模拟结果输出

5.1.3.5　RTM 常用的材料

RTM 工艺的主要原材料是树脂基体和纤维增强体。

（1）RTM 用树脂基体

RTM 工艺的特点决定了其对树脂基体具有一定的要求，RTM 对基体树脂的要求可概括如下。

①室温下或相对较低的温度下具有低的黏度（一般应不大于 1Pa·s）和一定的储存期（如 ≥ 48h）。

②挥发物含量低。

③对增强材料具有良好的浸润性、匹配性和黏附性。

④在固化温度下有良好的反应活性，且后处理温度不宜过高，固化速度要适宜。

针对雷达天线罩用RTM树脂而言，树脂基体还应具有力学性能高、低介电常数和损耗角正切小等特点，以满足雷达天线罩的透波传输功能。常用的雷达天线罩的RTM树脂主要有不饱和聚酯树脂、乙烯基酯树脂、酚醛树脂、低黏度环氧树脂、双马来酰亚胺树脂和氰酸酯树脂等。

在雷达天线罩研制过程中，需要对树脂体系的特性进行研究，以确保树脂的有效应用。在一定的温度范围内，树脂体系的黏度随着温度的升高而降低。当达到某一温度值后，树脂体系的黏度值达到一个较低的范围，并且黏度变化趋于平缓，当温度继续升高时，树脂体系各组分开始反应，黏度逐渐增大，直至凝胶、固化。在RTM工艺技术中，通过研究树脂体系的黏度随温度的变化规律，来确定树脂体系在充模过程中的最适宜黏度。树脂体系的黏度特性可以通过试验用黏度 – 温度关系曲线来研究其变化规律。一般情况下，取树脂体系黏度降到1Pa·s以下时的温度作为RTM工艺注胶温度，在实际应用中还要结合树脂体系浸润特性确定的温度范围、树脂体系的活性期和制品的注胶周期等因素来确定RTM工艺最佳注胶温度。在满足浸润特性和活性期的条件下，注胶时尽可能使树脂体系保持较低的黏度值。

树脂体系的反应活性随温度升高而增大，反应速率加快。对于在某一恒定温度下的树脂体系，其反应速率也是不断变化的。一般情况下，起始反应速度较慢，树脂的黏度变化较小，当达到一定时间后，反应速度会迅速增大，树脂黏度也会快速变大。为了使树脂体系在充模过程中保持最适宜的黏度和浸润效果，通常更注重于研究在某一恒定温度下树脂体系的反应活性，即黏度随时间的变化规律。研究方法是，根据树脂体系的黏度和浸润性能，选择若干个温度，做出每一恒定温度下树脂体系的黏度 – 时间曲线，从中选择适合RTM工艺制品所需的注胶温度。注胶温度既能保证树脂体系对制品有足够的活性期，同时满足树脂体系具有最佳的黏度和对增强材料的浸润性能。

（2）RTM用增强材料

RTM成型对增强材料的主要要求是：增强材料的分布应符合制品结构设计的要求，要注意方向性；增强材料在模具内铺好后，其位置应固定不动，不会因模具闭合和树脂注射过程而移动；对树脂基体的浸润性好；有利于树脂的流动并能承受树脂的注射压力冲击。RTM制件的增强材料种类可以是玻璃纤维、石墨纤维、碳纤维、碳化硅纤维和芳纶纤维。但由于雷达天线罩有电性能的要求，高介电的石墨纤维和碳纤维难以用于雷达天线罩的增强材料。

由于雷达天线罩结构和形状的约束，雷达天线罩上一般采用编织布或编织体作为增强材料，并且要求其适用性强，即在无皱褶、不断裂的情况下，容易形成和维持与制件相同的形状；重量均匀性好，增强材料在树脂注入时能够比较好地保持其原有位置；对树脂流动阻力小，力学性能高。一般来说，雷达天线罩用增强材料根据制品形状先做成预成型的编织体（套），编织体（套）的厚度根据模腔体积、含胶量及单位面积质量而确定。

预成型体有多种制造工艺，本节只针对可用于雷达天线罩的机织结构预制体、针织结构预制体、编织结构预制体及针刺结构预制体等类型进行论述。

机织结构预制体由两个相互垂直排列的纱线系统按照一定的规律交织而成。其中，平行于织物布边、纵向排列的纱线系统称为经纱；与之垂直、横向排列的另一个纱线系统称为纬纱。机织结构预制体在经向和纬向都展示了很好的稳定性,在织物厚度方向(相当于纱线直径的两倍)具有很高的不变密度或纱线聚集密度。

针织结构预制体是由一系列纱线线圈相互串套连接而成,其基本单元为线圈。针织织物结构可变化,提供所有方向的拉伸,因此适合用深拉模压的复合材料。纬编针织可设计在某一特定方向拉伸,通过纬衬(非针织)纱线体系,可设计在这一方向有稳定性而在另一方向有变形能力。采用纬衬纱线体系在双轴特别是经纬向可得到最大的稳定性。

编织结构预制体是由若干携带编织纱的编织锭子沿着预先确定的轨迹在编织面上移动,使所携带的编织纱在编织面上方某点处相互交叉或交织构成空间网络结构。编织结构预制体具有稳定性和可成型性,带有轴向或径向纱线的编织结构具有纱线体系方向的拉伸稳定性。

针刺结构预制体采用专门设计的带有倒钩的针,对每一层一维纤维层或正交纤维织物层进行针刺,倒钩挂住的纤维随刺针的刺入而向毡体内部运动,当刺针从毡体内部退出时,钩刺上的纤维由于摩擦等作用保留在毡体内部而成为垂直方向的纤维,由于刺入的纤维与层面内的纤维呈环套,从而把多层纤维结合成为一个整体。通过改变刺针型号、倒钩的数量、增加针刺密度和针刺深度可以提高垂直方向纤维的含量,但针刺密度的提高,会损伤平面内的纤维,因而必须选择合理的工艺参数。

5.1.4　模压成型技术

5.1.4.1　模压成型技术的工艺特点

模压成型工艺是将一定量的经过预处理的模压料放入预热的金属模腔内,施加较高的压力使模压料充满模腔。在预定的温度条件下,模压料在模腔内逐渐固化,然后将制品从模具内取出,再打磨毛边和表面处理即得到最终制品。在模压料充满模腔的流动过程中,不仅树脂流动,增强材料也要随之流动,所以模压成型工艺的成型压力较其他工艺高,属于高压成型,它既需要能对压力进行控制的液压机,又需要高强度、高精度、耐高温的金属模具。模压成型工艺所用模具制造复杂,需要具备加热、加压设备,如电热板、液压机等,投资较大,适合大批量生产中小型复合材料制品。

根据模压料中基体树脂与增强材料的浸渍方式不同,模压成型工艺可分为湿法成型工艺和干法或半干法成型工艺。

湿法成型工艺即基体树脂在成型时和增强材料同时加入模腔,如手糊模压和预成型坯模压。

干法或半干法成型工艺是指基体树脂在成型前就已与增强材料充分混合浸渍,制备成模压料,在成型时直接放入模腔中,大部分模压方法都属于干法模压成型工艺。

5.1.4.2　模压成型设备

树脂基复合材料模压成型的主要设备是液压机,液压机在压制过程中的作用是通过模具对物料施加压力、开启模具和顶出制品。

液压机规格的主要内容包括操作吨位、顶出吨位、固定压模用的模板尺寸和操作活塞、顶出活塞的行程等。一般压机的上下模板装有加热和冷却装置。

(1)液压机工作原理

液压机的工作原理(见图 5–21)是在帕斯卡定律的基础上建立起来的。帕斯卡定律认为,在一密闭的容器内向液体施加的力,会由液体自身均匀地传递到容器内壁的各个部位，而且由液体传递到容器内壁上力的大小与内壁的面积成正比。

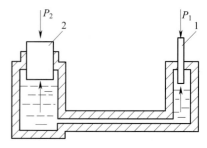

注：P_1、P_2为作用在小活塞和大活塞上的力。

图 5-21　液压机的工作原理

1—小活塞；2—大活塞

实际上还应从最大总压力中扣除活塞空行程、克服摩擦阻力以及其他阻力而消耗掉的那一部分压力。液压机实际最大总压力要比计算的最大总压力小 10% ~ 15%。

（2）注意事项

温度、压力、时间是压制成型的重要条件。为了提高机器的生产率和运行的安全可靠，机器的运转速度也是一个不可忽视的重要因素。因此，做压制用的塑料液压机应能满足下列基本要求。

①压制压力应该足够并能调整，还要求在一定的时间内达到和保持预定压力。

②液压机的活动横梁在行程中的任何一点位置上，都能停止和返回。这在安装模具、预压、分次装料或发生故障时，是十分必需的。

③液压机的活动横梁在行程中任何一点位置都能进行速度控制和施加工作压力，以适应不同高度模具的要求。

液压机的活动横梁，在模具尚未接触制品前的空行程中，应有较快的速度，以缩短压制周期，提高机器的生产率和避免塑料流动性能降低或硬化。当模具接触制品后即应放慢闭模速度，不然可能使模具或嵌件遭致损坏或粉料从阴模中冲散出来，同时放慢速度还可以使模内空气充分排除。

5.1.4.3　模压成型模具

典型模具由上模和下模两部分组成，上下模闭合使装于型腔内的模压料受热受压变为熔融态充满整个型腔。当制品固化成型后上下模打开利用顶出装置顶出制品件。压模可进一步分为如下各部件：型腔、加料室、导向机构、侧向分型抽心机构、脱模机构和加热系统。典型模具结构如图 5-22 所示。

模具按上下模闭合形式可分为：敞开式模具、密闭式模具及半密闭式模具。图 5-23 所示为敞开式模具，该模具特点是没有加料室。此类模具结构简单且造价低，耐用，易脱模，安装嵌件方便。

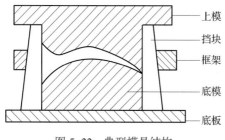

图 5-22　典型模具结构

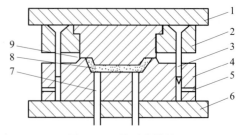

图 5-23　敞开式模具

1—上模板；2—组合式凸模；3—导柱；4—凹模；5—气口；
6—下模板；7—顶杆；8—制品；9—溢胶道

图 5-24 所示为密闭式模具。模具的加料室为型腔上部的延续部分，无挤压面。压机所施加的压力全部作用在制品上。模压料的溢出量非常少。制品的密实性好，机械强度较

高，且飞边在垂直方向，易于去除。

这种模具适合成型形状复杂、薄壁、长流程的制品，也适用于流动性小、单位压力大、密度大的模压料。其缺点是：加料量必须准确控制模具凸模与加料室边壁摩擦，边壁容易损伤，在顶出时带有有损伤痕迹的加料室壁又容易将制品表面损伤。

图 5-25 所示为半密闭式模具。该种模具型腔上有加料室，型腔内有挤出环，制品的密实性比敞开式模具成型的制品好，且易于保证高度、方向、尺寸、精度，脱模时可以避免擦伤制品。

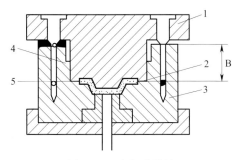
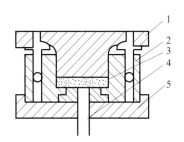

图 5-24　密闭式模具

1—凸模；2—制品；3—凹模；4—孔槽；5—支撑面；
B—加料室

图 5-25　半密闭式模具

1—阳模；2—阴模；3—制品；4—顶杆；5—下模板

5.1.4.4　模压成型工艺

（1）模压成型的基本原理

热固性塑料在模压成型加工中所表现的流变行为，要比热塑性塑料复杂得多，在整个模压过程中始终伴随着化学反应，加热初期物料呈现低分子黏流态，流动性尚好，随着官能团的相互反应，部分发生交联，物料流动性逐步变小，并产生一定程度的弹性，使物料呈胶凝态，再继续加热使分子交联反应更趋完善，交联度增大，物料由胶凝态变为玻璃态，树脂体内呈体型结构，成型即告结束。

从工艺角度看，上述过程可分为三个阶段：流动阶段、胶凝阶段和固化阶段。

（2）模压成型的控制因素

模压成型的控制因素，俗称"三要素"，即压力、温度和时间。

①模压压力

压力的作用：使物料在模腔内流动；增加原料的密实性；克服树脂在缩聚反应中放出的低分子物和塑料中其他挥发物所产生的压力，避免出现肿胀、脱层等缺陷；使模具紧密闭合，从而使制品具有固定的尺寸、形状和最小毛边；防止制品在冷却时发生变形。

影响因素：a. 物料流动性越小，固化速度越快，物料的压缩率越大，所需模具压力越大。b. 制品复杂，压力越大。

②模压温度

作用：使物料熔融流动充满型腔；提供固化所需热量。调节和控制模温的原则：保证充模固化定型并尽可能缩短模塑周期，一般模压温度越高，模塑周期越短。对于厚壁制品，应适当降低模压温度，以防表面过热，而内部得不到应有的固化。

模温与物料是否预热有关，预热料内外温度均匀，物料流动性好，模压温度可以比未预热的高些。其他影响因素如材料的形态、成型物料的固化特征等，应确保各部位物料的温度均匀。

③模压时间

模压时间是指熔融体充满型腔到固化定型所需时间，一般提高模温，可缩短模压时间。模具温度不变，壁厚增加，模压时间延长，另外还受预热、固化速率、制品壁厚等因素影响。

通常，模压压力、温度和时间三者并不是独立的，实际生产中一般是凭经验确定三个参数中的一个，再由试验调整其他两个，若效果不好，再对已确定的参数进行调整。

典型模压工艺成型流程如图 5-26 所示，采用模压工艺制备的雷达天线罩如图 5-27 所示。

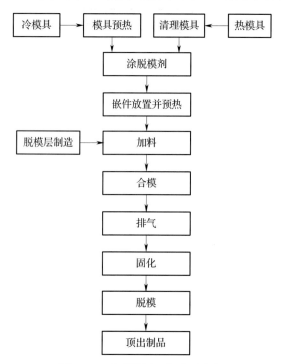

图 5-26 典型模压工艺成型流程

图 5-27 采用模压工艺制备的雷达天线罩

5.1.5 纤维缠绕成型技术

5.1.5.1 纤维缠绕成型技术基本原理

纤维缠绕技术是指通过丝嘴与模具间的相对运动，将束纱按照一定规律缠绕到模具上制造复合材料构件的成型技术。首先将浸渍树脂的纱或丝束缠绕在芯模上，然后在常压或一定压力、室温或较高的温度下将复合材料固化成型，制备各种尺寸的回转体结构的雷达天线罩。图 5-28 为典型的纤维缠绕成型工艺。

雷达天线罩纤维缠绕成型过程中，树脂浸渍的连续纤维在张力作用下以精确的模型缠绕到芯模上，当达到所需的缠绕厚度时，缠绕机即停止工作，对制品进行加工处理，芯模可以用拔出器拔出。

飞机雷达天线罩的典型结构是在机体前端部被称为"头锥罩"的形式，它包容了通常民用飞机及航空运输机的气象观测用雷达天线，以及轰炸机、歼击机在内的军用飞机火控

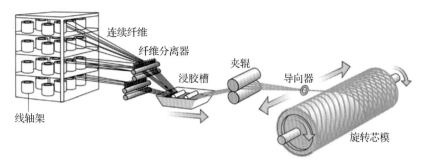

图 5-28　典型的纤维缠绕成型工艺

用雷达天线。美国在 20 世纪 50 年代中期开始进行纤维缠绕成型工艺制造雷达天线罩的工艺探索，至 20 世纪 60 年代中期，技术上已较为成熟，应用也较为普遍。美国生产的高性能战斗机中，相当大的一部分均装备了玻璃纤维缠绕成型的雷达天线罩，例如，Bruswick 公司制造的 F-104J、F-4EJ 幻影式战斗机所装备的火控雷达天线罩，该雷达天线罩内层和外层均由玻璃纤维环向缠绕成型，中间层要求轴向强度，玻璃纤维按轴向配置。

5.1.5.2　纤维缠绕成型的特点

通过纤维缠绕成型技术制备的雷达天线罩具有以下优点。

（1）雷达天线罩结构性能优异，能够按照受力状况设计缠绕规律，保证纤维的强度。

（2）纤维缠绕成型技术制备雷达天线罩容易实现机械化和自动化生产，工艺条件确定后，能精确控制树脂含量，纤维配置合理，使生产的雷达天线罩质量稳定，电性能优异。

（3）此法生产效率高，适于大批量生产。

纤维缠绕成型技术具有以下缺点。

（1）雷达天线罩强度方向性比较明显，层间剪切强度低。

（2）缠绕成型需要有缠绕机、芯模、固化加热炉、脱模机等，需要的投资大，技术要求高，因此只有大批量生产时才能降低成本，获得较高的技术经济效益。

（3）此工艺仅限于制造圆形中空结构雷达天线罩。

5.1.5.3　纤维缠绕成型工艺分类

纤维缠绕成型工艺的一般流程如图 5-29 所示。

根据纤维缠绕成型时树脂基体的物理化学状态不同，在生产上将缠绕成型分为干法缠绕、湿法缠绕和半干法缠绕三种。

（1）干法缠绕

干法缠绕是采用经过预浸胶处理的预浸纱或带，在缠绕机上经加热软化至黏流态后缠绕到芯模上。由于预浸纱（或带）是专业生产，能严格控制树脂含量（精确到 2% 以内）和预浸纱质量，因此，干法缠绕能够准确地控制产品质量。其缺点是缠绕设备贵，需要增加预浸纱制造设备，故投资较大，此外干法缠绕制品的层间剪切强度较低。

（2）湿法缠绕

湿法缠绕是将纤维集束（纱式带）浸胶后，在张力控制下直接缠绕到芯模上。湿法缠绕的优点为：成本比干法缠绕低 40%；产品气密性好；纤维排列平行度好；纤维磨损少。湿法缠绕的缺点为：树脂浪费多，操作环境差；含胶量及成品质量不易控制；可供湿法缠绕的树脂品种较少。

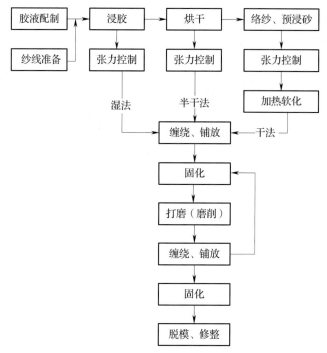

图 5-29　纤维缠绕成型工艺的一般流程

（3）半干法缠绕

半干法缠绕是将纤维浸胶后，到缠绕至芯模的途中，增加一套烘干设备，将浸胶纱中的溶剂除去，与干法相比，省去了预浸胶工序和设备；与湿法相比，可使制品中的气泡含量降低。

三种缠绕方法中，以湿法缠绕应用最为普遍；干法缠绕仅用于高性能、高精度的尖端技术领域。

5.1.5.4　纤维缠绕方法

在缠绕过程中，纤维必须有规律地缠绕，只有这样才能确保纤维缠绕时良好的工艺性能，不至于发生纤维"打滑"现象，这对制备满足设计强度要求的、高质量的制品十分重要。缠绕规律与参数同时也是缠绕设备运动机构设计的重要依据。其规律总结起来主要有三种。

（1）纵向平面缠绕

如图 5-30 所示，它的特点是绕丝头固定在一个平面内做圆周运动，而芯模则绕自己的中心轴做间歇转动。绕丝头转一周，芯模转过与一条纱带宽度相对应的角度。这种规律主要用于球形、扁椭圆形以及短粗形容器的缠绕。这种缠绕在头部易出现架空现象，影响强度。

（2）环向平面缠绕

如图 5-31 所示，这种规律的特点是绕丝头沿着芯模轴线方向做缓慢的往返运动，而芯模则绕自己的轴线做均匀转动。芯模转一周，绕丝头移动一条纱带宽的距离。环向平面缠绕设备简单、质量容易保证，并能使环向强度增大和充分保证纤维的强度。所以一般内压容器的成型都采用环向平面缠绕和径向平面缠绕相结合的方式。

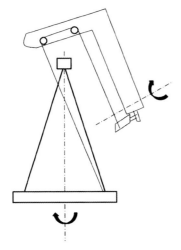

图 5-30 纵向平面缠绕线型图

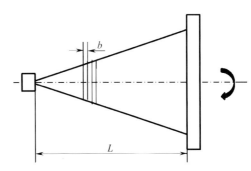

图 5-31 环向缠绕线型图

（3）螺旋缠绕

缠绕时，芯模绕自己轴线匀速运动，丝嘴按特定速度沿芯模轴线方向往复运动，于是，在芯模的筒身和封头上就实现了螺旋缠绕，其缠绕角为 12°～70°，如图 5-32 所示。在螺旋缠绕中，纤维缠绕不仅在筒身段进行，而且在封头上进行，纤维从容器一端的极孔周围上某点出发，沿着封头曲面上与极孔圆相切的曲线绕过封头，随后按螺旋线轨迹绕过圆筒段，进

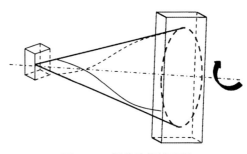

图 5-32 螺旋缠绕线型图

入另一端的封头，如此循环下去，直到芯模表面布满纤维为止。由此可见，纤维缠绕的轨迹是由圆通段的螺旋线和封头上与极孔相切的空间曲线所组成，在缠绕过程中，纱片若以右螺旋纹缠到芯模上，返回时，则以左螺旋纹缠到芯模上。螺旋缠绕的特点是每条纤维都对应极孔圆周上的一个切点，相同方向临近纱片之间相接不相交，不同方向的纤维则相交，这样当纤维均匀缠满芯模表面时，就构成了双层纤维层。

由于平面缠绕、环向缠绕规律较简单，且在一定条件下可以看作螺旋缠绕的特例，所有本节主要讨论螺旋缠绕规律。有关缠绕规律的研究有两种分析方法，即标准线法和切点法。

5.1.5.5 纤维缠绕成型工艺及参数

（1）纤维处理工艺

雷达天线罩成型用纤维一般选用 1200tex、2400tex 和 4800tex 缠绕成型专用纱等玻璃纤维，这种缠绕用玻璃纤维粗纱的表面处理都是采用增强型浸润剂，所以纤维的表面经常有较高含量的水分，这不仅影响树脂基体与纤维的结合，同时将引起应力腐蚀，并使微裂纹等缺陷进一步扩展，从而使制品强度降低，耐老化性能下降。因此玻璃纤维使用前有必要进行烘干处理。烘干方法视含水量和纱锭大小而定，通常无黏粗纱在 60～80℃烘干 24h 即可。当缠绕成型采用芳纶纤维等极性有机纤维时烘干处理时间应更长些。

采用石蜡型浸润剂的玻璃纤维纱使用前需要先除蜡，以提高纤维与树脂基体的黏结力，常用方法为热处理和化学处理。

（2）含胶量控制

含胶量对雷达天线罩的性能影响很大，主要表现在影响制品的质量和厚度：含胶量过高，使制品强度降低；含胶量过低，又会使制品中空隙增加，气密性、耐老化性及剪切强度下降。

因此，必须严格控制纤维在浸胶过程中的含胶量，保证整个缠绕过程纤维含胶量均匀。缠绕制品结构层的纤维含胶量一般控制在 20%～45%。

（3）缠绕张力

缠绕过程中张力是很重要的参数，张力大小及各束纤维间张力均匀性以及各层纤维的张力均匀性都对制品质量影响很大。

张力过小，制品强度偏低。张力过大，纤维磨损大，纤维制品强度均降低。各束纤维之间张力的均匀性，对制品性能影响也很大，假如纤维张力程度不同，当承受载荷时纤维就不能同时受力，导致各个击破，使纤维强度的发挥和利用大受影响，各纤维束所受张力的不均匀性越大，制品强度越低。

缠绕张力对纤维浸渍质量及制品含胶量的大小影响非常大，随着缠绕张力增大，含胶量会降低。在多层缠绕过程中，由于缠绕张力的径向分量——法向压力的作用，胶液由内层被挤向外层，因而将出现胶液含量沿壁厚不均匀——内低外高现象，采用分层固化或预浸材料可减轻或避免这种现象。

在纤维通过张力器时应用梳子将各股纤维分开，以免打捻和磨损，张力器最小直径约为 50mm，直径过小会引起纤维磨损，降低纤维的机械强度，张力器上的辊过多，纤维多次弯曲也会减低强度。

（4）缠绕速度

缠绕速度是指纤维缠绕到芯模上的线速度。缠绕速度直接影响生产率，为提高生产率，当然希望缠绕速度越快越好，但提高缠绕速度，必须以维持正常的纤维缠绕稳定性作为前提。

湿法缠绕中，缠绕速度受到纤维浸胶时间的限制。如果缠绕速度过快，势必造成浸胶不足，同时，芯模转速过高，容易造成胶液在离心力的作用下向外飞溅。通常情况下，湿法缠绕中的缠绕速度不宜超过 0.9m/s。干法缠绕中的缠绕速度可适当提高，但同样受到限制，主要是必须保证预浸纱（带）加热到所需黏度。

（5）固化规范

固化规范是保证制品充分固化的重要条件，直接影响到制品的力学性能。现代飞机机头雷达天线罩的缠绕成型一般要求进行高温固化。

在雷达天线罩固化升温阶段要求升温要平稳，否则会出现激烈的化学反应。同时由于复合材料制品热导率低，必然使结构各部分温差很大，特别是为使制品内部达到反应温度而又不使外表面层温度过高，升温速度应严格控制，通常采用 0.5～1.0℃/min 的升温速率。

固化恒温温度取决于所选用的树脂体系，恒温时间取决于两方面：一是树脂聚合所需要的时间；二是传热时间，即通过不稳定导热使制品内部达到固化温度所需的时间，目的是使树脂完全固化，并使制品各部分的固化收缩均匀平衡，避免内应力引起的变形或开裂。

降温冷却时要缓慢，这是因为复合材料制品中顺纤维方向与垂直纤维方向的线膨胀系数相差近 4 倍，制品若从较高的温度快速冷却，则各部位收缩不一致，特别是垂直纤维方向的树脂将承受拉力，可能发生开裂破坏。

固化工艺参数主要取决于所选树脂体系的性质和制品的物理化学性能，此外还需考虑制品结构、形状、尺寸以及生产率等因素。

5.1.5.6 雷达天线罩缠绕成型常见问题及解决措施

现选缠绕玻璃纤维增强复合材料机头雷达天线罩这类制件的缠绕工艺中的几个问题为例分析如下。

（1）工艺方案确定

在选择缠绕成型工艺方案时应注意以下几个问题。

①工艺方案的可能性和技术上的难易程度。有些缠绕玻璃纤维增强复合材料制品的工艺方法既可以采用干法也可以采用湿法，但难易程度显著不同。例如，在缠绕玻璃纤维增强复合材料导弹头锥罩和战斗机的机头雷达天线罩时，因为要在锥体上实现环向缠绕，采用干法就比湿法容易得多。实践表明，若采用湿法缠绕工艺，锥体的锥角不得超过 22°；当锥角达到 32° ~ 35° 时，利用干法进行环向缠绕未遇到任何困难。干法的适用范围甚至比这大得多。但是，当缠绕由圆筒形和其他几何形状组成的组合体时就只能采用湿法缠绕了。因此，干法和湿法各有不同的适用领域与优缺点，要根据不同情况进行选定，不可偏废。

②制品的力学性能和其他物理性能的对比。究竟采用哪种工艺方案更为合适，还要看成型制品的力学性能和其他物理性能哪种更好。利用同一种规格的原料，通过干法和湿法分别制成缠绕玻璃纤维增强复合材料厚壁壳体进行对比试验。结果表明，对于制品的压缩强度、剪切强度以及壳体承受外压载荷能力来说，工艺方法的影响并不明显。

（2）滑线问题

众所周知，在缠绕圆筒形制件时，只有当纤维位于封头和圆筒曲面的测地线位置时，才是最稳定的。否则，在缠绕压力的作用下，纤维可能发生滑动。圆筒曲面上的测地线就是螺旋线；在极孔半径为 r、赤道半径为 R 的封头曲面上的测地线必须满足下述条件

$$X \cdot \sin a = r \tag{5-1}$$

式中：a——测地线与曲面子午线的交角，即缠绕角；

　　　X——交点处平行圆半径；

　　　r——极孔半径。

由式（5-1）可以得到，赤道处的缠绕角 a_D 为：

$$a_D = \arcsin r/R \tag{5-2}$$

由式（5-2）不难看出，只有两个封头上的极孔直径相等，才能实现圆筒形制件的测地线缠绕。可是，对于缠绕玻璃纤维增强复合材料机头雷达天线罩这类纤维缠绕制品来说，封头极孔的大小通常是不相同的，有时甚至相差悬殊，根本不可能实现测地线缠绕。既然纤维不是配置在测地线上，在张力的作用下，当然有可能发生滑动，这就是纤维滑动问题的由来。应当指出，张力大小、缠绕表面的状态以及缠绕速比是否合适等因素，均与纤维滑动问题密切相关。

（3）纤维堆积问题

由于纤维缠绕过程是连续进行的，所以封头上所缠的纤维总股数不变，封头上不同截面的厚度是非均匀变化的。螺旋缠绕线型与平面缠绕线型皆如此，如图 5-33 所示。这种纤维堆积直接影响制件的有效长度，容易引起纤维架空，有时甚至会使缠绕过程无法继续进行，因此除了最终严格地按照设计要求对雷达天线罩外形进行精密的机械加工外，在缠绕成型时期就应使缠绕层达到基本等厚的要求。

5.1.6 自动铺丝技术

5.1.6.1 自动铺丝成型技术基本原理

自动铺丝技术是由自动铺带技术和纤维缠绕技术发展而来的，旨在打破自动铺带技术必须沿"自然路径"和纤维缠绕技术"周期性、稳定性、非架空"的限制，同时集成自动铺带技术和纤维缠绕技术的优点，实现雷达天线罩铺放的技术。自动铺丝机包含两大部分：运动执行系统和多自由度转动的铺丝头，运动执行系统在计算机指令下将铺丝头精确地运送到芯模表面特定的位置，铺放的路径规划和铺放过程中所需的纤维丝束的数量根据该铺层的型面特点来确定，铺丝头在芯模支撑旋转装置的配合下，将纤维束铺放到芯模或铺层表面。在铺丝过程中还需要对预浸纤维丝束进行加热处理使其软化，由施压装置压实，实现预浸纤维丝束的构件成型，典型的自动铺丝设备如图 5-34 所示。

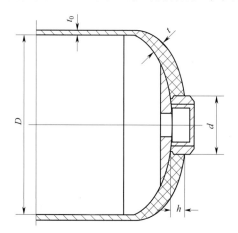

图 5-33 封头厚度变化和纤维堆积示意图

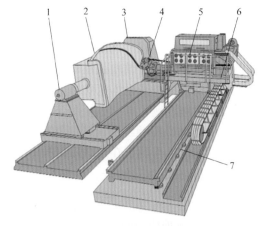

图 5-34 典型的自动铺丝设备
1—尾架；2—模具；3—主轴箱；4—铺丝头；
5—纱架系统；6—小车；7—导轨

通常情况下，预浸丝束的宽度为 1/2in、1/4in、1/8in（12.7mm、6.35mm、3.175mm），依据不同的构件进行选择，丝束宽度越小则可铺放的构件就越复杂。在自动铺丝过程中，单条轨迹通常可以同时完成数根预浸纱束的铺放，目前的自动铺丝设备最多可以实现 32 根丝束的同时铺放。目前，商用自动铺丝机最大的直线铺放速度可达 800mm/s，最大的直线加速度可达 $2m/s^2$，铺放效率最高可达 50kg/h。

5.1.6.2 自动铺丝成型技术特点

自动铺丝技术兼具纤维缠绕和自动铺带的优点，适用于各种复杂型面复合材料结构件的铺放成型，并可以在铺层过程中进行剪裁从而满足局部厚度的变化、铺层递减和开口等多方面的需要，可用于天线罩的成型，但在锥形机头雷达天线罩的成型生产中应用较少。表 5-11 列出了自动铺丝成型技术的优缺点。

表 5-11　自动铺丝成型技术的优缺点

优点	缺点
①可以根据产品外形自动增减纱束根数，自动切纱以适应边界，废料极少； ②由计算机测控系统控制，可以实现连续变角度铺放，适应于雷达天线罩的成型，同时具有极高的生产效率； ③可以根据铺放压实精确控制产品外型面，得到光滑的表面； ④高度自动化，落纱铺层方向准确，可以实现天线罩的快捷生产； ⑤质量稳定，可靠性高，实现产品低成本、高性能	①设备和程序设计复杂； ②设备剪切纤维丝束存在最小值，当所需纤维束长度小于最小剪切长度时，无法达到铺放要求； ③铺丝机能够运行的弧线或者曲面的曲率半径存在最小值，当铺放过程中所需要的转弯半径小于这个最小值时，所铺放的纤维束会在该曲线内径处堆积形成褶皱，影响铺层和复材构件的质量

5.1.6.3　自动铺丝成型工艺过程

纤维缠绕成型工艺铺丝是一个自动化程度很高的过程，整个过程均由计算机系统来实现控制。为了保证纤维铺放工艺过程的顺利进行，需要针对纤维铺放过程中的多个参数进行控制，保证多参数的匹配，参数主要包括：铺放温度、铺放压力、张力控制、铺放基准点的定位、各运动轴的空间位置实时调节与监控、程序代码的修正等多方面内容。自动铺丝工艺过程如图 5-35 所示。

自动铺丝技术较为复杂，涉及机械、电气、控制、复合材料工艺和软件等诸多领域，仍需要从基础方法、理论和应用技术等多方面深入研究。

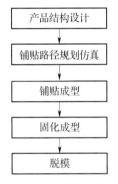

图 5-35　自动铺丝工艺过程

（1）铺放温度

预浸料的铺覆性能主要受预浸料的黏性影响，自动铺丝机对预浸料黏性的敏感主要表现在两个方面，一是铺丝机的丝束传输及送纱机构对预浸料黏性较为敏感。若铺丝机的工作环境温度较高，预浸料黏性较大，丝束极易黏到纱路导纱辊或铺丝头的送纱辊上，造成送纱困难，严重影响铺丝机的工作效率。二是快速铺放时，铺放质量对预浸料黏性较为敏感。自动铺丝机是自动化设备，铺放速度快，若铺放表面预浸料温度较低，树脂的流动性差，层与层间预浸料在压辊作用下贴合，树脂来不及充分流动，极易出现层间结合不良。为满足自动铺丝机对预浸料黏性的两种不兼容要求，自动铺丝机一般在低的工作环境温度下工作，使丝束便于输送，同时对铺放表面预浸料单独加热，确保铺覆质量。

为提高预浸窄带的可铺覆性，必须对铺放表面的温度进行调节。

自动铺丝过程是动态的铺放过程，加热装置以铺放速度在铺放表面扫过，被加热的预浸料表面接受来自加热灯的辐射能，树脂分子的振动增加，温度上升，预浸料表面温度变化与接受的辐射能关系为

$$cm\Delta t = \delta\left(\xi\varphi_{1,2}\varphi_{2,3}+\varphi_{1,3}\right)P\frac{L}{v}$$

式中：c——预浸料的比热容；

m——有效辐射表面的预浸料质量；

Δt——铺放表面的温度升高值；

L——有效辐射表面沿轨迹方向的长度；

v——自动铺丝机沿轨迹方向的铺放速度。

由于引入了漫射表面的假设，也就是等强辐射的假设，因此，角系数是纯粹的几何量，它只与灯丝表面和预浸料表面的大小、形状和相对位置有关，与两者的性质和温度无关。此角系数的性质对于铺放过程中没有到达热平衡的系统也适用。自动铺丝机在铺放过程中，铺丝头基本上都垂直于铺放表面的公切线，从工程应用角度来看，铺丝头上加热灯与铺放表面的相对位置恒定，有效加热面保持不变，从而获得加热灯的控制方程

$$P=kv\Delta t$$

$$k=\frac{cm}{\delta s\,(\xi\varphi_{1,2}\varphi_{2,3}+\varphi_{1,3})\,L}$$

式中：ξ——反射层的反射率；

$\varphi_{1,2}$，$\varphi_{2,3}$，$\varphi_{3,4}$——均为角系数；

δ——预浸料的红多吸收率；

s——有效辐射面积。

上式为推导出的动态温度控制方程，环境温度 t_1 一定，目标温度 t_2 确定，$\Delta t=t_2-t_1$ 为定值，由此可建立铺放速度与加热系统功率之间的关系方程，控制系数 k 可通过铺放试验确定。

（2）铺放张力

张力是影响铺放质量的因素之一，预浸窄带铺放张力选择不当或张力控制不到位在铺放变曲率表面时会出现铺放缺陷，主要是预浸窄带的侧向偏移和架空。预浸窄带的侧向偏移主要表现为铺丝头沿轨迹运动，刚刚铺放在铺放表面的预浸窄带受铺放角度变动产生的剪切力影响，出现滑移，脱离原来的铺放位置，破坏铺放定位的精度，并在铺放表面出现丝束的重叠或间隙；架空主要表现为铺放凹曲面时，已铺放的预浸窄带被重新拉起，与铺放表面脱离，出现悬空。产生预浸窄带铺放偏移和架空的原因有多种，如铺放张力过大、铺放轨迹问题、铺放压力过小等，但铺丝机张力系统必须要有优异的性能，以便排除因张力控制不到位而导致的缺陷，因此，自动铺丝的纱箱张力控制系统要将丝束张力控制在低值，以确保铺放质量。

（3）机床控制

简单的示教编程方式已经不能满足复杂的复合材料构件铺放成型轨迹控制的需要，必须借助离线编程技术。离线编程技术主要包括用户接口、三维建模、运动学和动力学仿真等核心模块，借助计算机图形学来建立机器人及其工作环境的三维模型。

软件系统的开发需要设备和工艺技术的支持。国内对自动铺丝轨迹规划技术的研究起步较晚，且缺乏相应较为成熟的铺放设备及工艺条件，匹配软件的开发仍处于初步探索研究之中。

5.1.6.4 自动铺丝成型设备及软件

自动铺丝装备系统的核心是铺丝头和 CAD/CAM/CAE 软件，铺丝头作为一个核心模块可搭配各式机床或是机器人外加控制系统作为自动铺丝的硬件部分，自动铺丝的铺丝头可以实现对每根预浸窄带分别进行夹持、切断和重送操作，这个特点使自动铺丝工艺可以根据实际需要，实时地增减铺放预浸窄带的根数，更加适合于具有边界不规则外形制件的成

型，当铺放设备行进至之间边缘时可以通过切断所有纱束来避免材料的浪费；铺放过程中将指定数量的丝束聚集成丝束紧密排列的丝带，输送到压辊下方，在加热装置和压辊的共同作用下，丝带被压实到制品表面的铺层上。

　　自动铺丝的 CAD/CAM/CAE 软件是自动铺丝的另一个关键模块，CAD 部分可以实现数模软件到自动铺丝的路径规划；CAM 部分根据机床需要实现路径转为 NC 程序；CAE 部分可实现自动铺丝的加工仿真。首先，针对复合材料的功能及用途进行结构、构型、铺层的设计，并通过结构模拟进行设计阶段力学性能的验证。然后对设计的构件进行不同铺层铺丝路径的规划，输入相关参数进行编程输出路径轨迹点。接着，进行路径的后置处理，将轨迹路径点转化为铺丝设备可以识别的加工代码，并通过机床的模拟仿真进行轨迹的验证。最终通过铺丝设备的工艺制备过程获得成型的构件。

5.1.6.5　雷达天线罩自动铺丝成型发展方向

　　自动铺丝技术作为航空航天等制造业的重要工艺，是传统生产工艺体系的提升，需要从预浸丝束材料体系、自动铺丝设备和工艺、CAD/CAM 软件、模具设计制造等方面综合推进，才能使复合材料制造水平迈上新的台阶。

　　（1）针对热塑性复合材料的自动铺丝设备

　　热塑性复合材料具有良好的可循环使用性、抗冲击韧性、耐化学腐蚀性等优点，具有广阔的应用前景。将热塑性复合材料与自动铺丝技术相结合，可以显著降低生产成本和缩短加工时间。

　　（2）完善 CAD/CAM 软件系统

　　需要从算法效率、工艺支撑和后置处理仿真等环节不断完善 CAD/CAM 软件系统，针对复杂型面复合材料构件开发出适应性更强的路径规划算法。

　　（3）自动铺丝设备和工艺的开发

　　进一步优化自动铺丝设备的智能化控制，如通过工业机器人作为平台模块化铺丝头，自动铺丝机器人能够实现铺丝过程中的在线监测，包括断纱、缺纱、缺陷、边界监测、模具的自动标定、温湿度精确控制、预浸丝束张力的精确控制，提高控制精度，减少人员操作难度。

　　通过设计具有多个可交换模块化铺丝头实现双头铺放、多头铺放的自动铺丝成型工艺，将所需要不同规格的纤维丝束放在多个模块化铺丝头上，在需要交换不同规格的丝束时，可进行类似传统数控机床"换刀"的操作快速交换铺丝头；此外应用双向铺放工艺，在铺丝过程中尽量避免空程运行也能够有效提高生产效率（见图 5-36）。

图 5-36　多模块化铺丝头

5.2 雷达天线罩加工工艺

5.2.1 概述

在雷达天线罩制造过程中，通常需要根据加工需求、材料种类、结构特征等选择多种不同的机械加工方式。其中加工需求主要包括为保证雷达天线罩厚度尺寸精度而进行的型面加工，以及为保证雷达天线罩安装接口尺寸精度而进行的接口加工，两种需求在不同材料及结构要求的约束下，常用的加工方法见表5-12。

表5-12 雷达天线罩常用加工方法

加工需求	被加工材料	结构特征	常用加工方法
型面加工	蜂窝	平面/曲面	高速铣削、超声加工
	泡沫	平面/曲面	高速数控铣削
	陶瓷	回转体/非回转体	磨削
	玻纤复合材料	回转曲面	车削
		非回转体圆孔	镗削
		非回转曲面	高速数控铣削
接口加工	实芯复合材料	回转体平面接口	车削
		非回转体平面接口	铣削
		曲面接口	高速数控铣削
		超大尺寸	手工

①加工泡沫及玻纤复合材料时，为减小切削力，防止材料主体发生变形、撕裂、分层等缺陷，需采用专用的刀具以较高的主轴转速进行铣削。

②蜂窝材料为各向异性材料且孔壁方向刚性及强度较弱，为防止破坏蜂窝格孔结构，除采用特定的蜂窝刀具，以较高的主轴转速进行加工外，还要求刀具与型面法向呈一定角度进行铣削；此外，超声加工技术已应用到雷达天线罩蜂窝加工中，加工效率、蜂窝质量等相比于高速铣削加工有了较大提高。

③陶瓷材料硬度较高，成型后只能采用磨削方式进行加工。

④对于回转体结构雷达天线罩，可通过夹具将雷达天线罩固定于车床后采用车削的方式加工接口或型面。

⑤对于非回转体结构雷达天线罩上平面接口和圆孔的加工，可通过夹具将雷达天线罩固定于镗铣床后采用铣削和镗削的方式进行加工。

⑥雷达天线罩上曲面接口或曲面型面的加工，只能采用数控高速铣削的方式。

⑦当工件尺寸较大、超出一般设备的加工行程时，需采用手工方式进行接口加工。手工加工时，通常先切去大余量，再进行打磨精修。手工方式简单快捷，但存在的问题也较多，如对操作者的技能熟练度要求高、质量稳定性较差、工人劳动强度大、防护要求高等。

5.2.2　车削加工工艺

传统飞机机头雷达天线罩、复合材料导弹天线罩等雷达天线罩的型面及接口均为结构简单的回转体，因此可以采用车床加工其型面和接口，保证其安装接口端面及连接区型面的精度要求。车削加工工艺一般要求如下。

①采用车夹具将罩体定位、夹紧至车床上（见图 5-37），通过打表找正罩体及夹具。

②接口加工时，为方便操作，可分粗车、精车两步加工，粗车时留一定余量、去除根部大部分余量，精车时参照罩体上的模具返线、接口尺寸等进行加工，保证接口端面精度。

③连接区型面加工时，按理论直径要求对罩体内外型面进行加工，满足连接区型面的阶差、对缝要求。

④在进行复合材料罩体车削时，为保证加工精度及表面质量，需根据材料种类、罩体尺寸等对刀具的进给量、主轴转速及吃刀量进行优化，防止发生分层等缺陷。

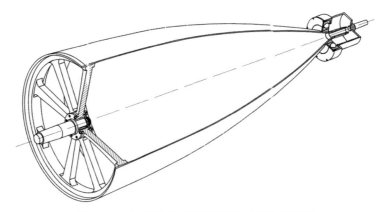

图 5-37　典型雷达天线罩车削装夹结构示意图

5.2.3　铣削 / 镗削加工工艺

对于非回转体的雷达天线罩，无法采用车床进行安装定位，但当其要加工的接口为平面时（如机头雷达罩根部安装端面、尖部空速管安装端面）可采用普通铣削方式加工，当其要加工的型面为圆孔时（如尖部空速管安装孔）可采用镗削方式加工。铣削 / 镗削工艺常用加工类型如图 5-38 所示。

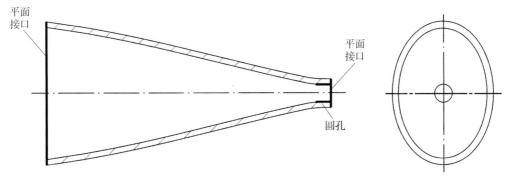

图 5-38　铣削 / 镗削工艺常用加工类型

此类加工可在铣床或镗床上完成，加工工艺要求如下。

①采用夹具将罩体定位、夹紧至铣床或镗床上，通过罩体型面及模具返线进行罩体的定位，在夹具上设置定位基准用于工装的找正。

②平面接口铣削时，采用铣刀，分粗铣、精铣两步完成加工。

③圆孔加工时，采用镗刀按理论直径及公差要求进行镗削。

④铣削 / 镗削时，需要根据材料种类进行进给量、主轴转速等参数的优化。

5.2.4　磨削加工工艺

磨削加工工艺多用于硬度较高的陶瓷雷达天线罩。陶瓷雷达天线罩通常采用浇注、烧结工艺，成型后型面通常会存在较大的误差，只能通过磨削方式将型面及接口加工到位。磨削加工工艺要求如下。

①采用专用工装将陶瓷雷达天线罩定位至磨床上，加工内型面时以外型面定位，加工外型面时以内型面定位，保证壁厚的均匀性及内外表面的同轴度。

②陶瓷材料是具有硬脆性的多孔材料，应采用硬度高的金刚石砂轮刀具，同时根据陶瓷材料具体特性、磨削位置形状特征、表面质量要求等选择不同规格的砂轮。

③陶瓷磨削时主要是以脆性断裂的方式去除材料，为防止发生裂纹、减小热累积、获得良好的表面质量，应采用合适的砂轮转速、进给速度等工艺参数。

5.2.5　多轴数控高速铣削工艺

5.2.5.1　雷达天线罩数控铣削类型

雷达天线罩制造过程需要进行数控铣削的工序，主要包括泡沫 / 蜂窝芯材加工、玻璃纤维复合材料型面加工以及接口轮廓加工。

（1）泡沫 / 蜂窝芯材加工

聚酰亚胺泡沫和芳纶纸蜂窝是最常用的两种雷达天线罩夹芯材料，其中泡沫夹芯材料具有各向同性、易加工、吸水率较低等特点，但与蜂窝材料相比，其抗压、抗剪性能较弱，在雷达天线罩结构中应用相对较少；蜂窝材料在雷达天线罩结构中应用较多，它是一种正六边形棱柱孔格轴向均布的薄壁纤维材料，沿蜂窝孔轴方向具有很高的剪切模量、弹性模量和刚度，而蜂窝六边形平面内的剪切模量、弹性模量却很低，在面内负载的作用下容易发生变形，作用负载太大时甚至会出现芯格压溃现象。

在加工刀具及运动轨迹选择方面，由于泡沫材料硬度较低，加工时可采用普通球铣刀，在数控铣床上以固定摆角进行泡沫厚度和轮廓的加工。而蜂窝加工时，为防止蜂窝格孔结构被破坏，需要采用蜂窝加工专用的复合刀具，加工时先将蜂窝切断，随即将切下的蜂窝粉碎；这种特殊的刀具结构和加工形式要求加工过程中刀具与蜂窝型面始终呈一定角度；在保证蜂窝被顺利切断并粉碎的同时，减小切削力，防止蜂窝变形或破坏，还要求严格控制主轴转速和进给速度，从而实现蜂窝的高精度、高质量加工。

在加工方式方面，泡沫和蜂窝夹层结构的加工可分为离线加工与在线加工。离线加工是指将芯材分块展平后单独加工，这种方式可降低加工要求、节约数控设备资源，但由于芯材分块在转移到主体结构后会发生一定程度的变形和错位，因此仅适用于型面精度要求不高的夹层结构。对于双向变厚度蜂窝，为保证电磁特性指标，其型面精度要求通常较高，必须采用在线加工方式，即将芯材固定到主体结构后再进行型面的数控加工。

夹芯材料离线加工时需要固持到工作台面或工装上，常用的固持方法包括如下四种。

①聚乙二醇法。该方法是利用聚乙二醇加热到 70～90℃熔化后具有冷却固持的特性来实现夹芯材料的可靠固持，但是前期准备工序花费时间较长，成本较高，并且加工结束后残留在工作台面和夹芯材料上的聚乙二醇难以完全清除，因此使用较少。

②真空吸附法。该方法利用双面黏结带将用塑料胶片或纤维增强塑料制成的隔膜黏在夹芯材料底部，再将隔膜与固持平台之间的空气抽走，形成真空来实现蜂窝材料的固持。该固持方法操作简便，适用于泡沫加工；但对于蜂窝加工，由于蜂窝横截面积小，固持可靠性差。

③双面黏结带固持法。直接利用双面黏结带将夹层材料黏到固持平台上。该方法操作简单，成本低，广泛运用于芳纶纸蜂窝的加工。

④基于磁场和摩擦学原理的固持方法。基于磁场和摩擦学原理，利用永磁体产生的磁场对填充在蜂窝材料中的铁粉产生磁化作用，在自重和磁场引力的共同作用下，铁粉与蜂窝壁、固持工装平台产生摩擦作用，实现对蜂窝材料的可靠固定。该方法固持可靠，对蜂窝材料的损伤较小，但是通用性差，使用成本高。

（2）玻璃纤维复合材料型面及接口轮廓加工

固化后的玻璃纤维复合材料强度较高，加工难度较大，加工过程中选取的刀具材料必须具有极高的硬度、耐磨性、耐热性等特点，通常选用涂层硬质合金刀具，在合适的主轴转速、进给速度条件下进行复合材料的数控加工，可达到良好的切削效果。

复合材料型面铣削时，可采用球面铣刀，以固定的摆角完成一定区域内的加工，从而降低编程及加工要求。接口轮廓加工时则要根据接口轮廓特征制定加工轨迹策略。

5.2.5.2　雷达天线罩数控加工设备要求

雷达天线罩数控加工用机床除满足刚度、精度等要求外，针对加工对象的特殊性还必须满足以下要求。

（1）配置高转速电主轴。加工设备配置高性能电主轴时，一般要求转速在 24000r/min 左右或更高，以利于复合材料切削。

（2）主轴配置集油防渗装置。为避免油滴污染工件，加工用机床应进行有效的润滑油防渗处理，并在主轴鼻端配备集油器等装置；在可能的条件下优先选择脂润滑，避免润滑油带来的潜在污染。

（3）配置吸尘集尘装置。机床应配置吸尘系统和切屑收集装置，保证能够实时有效地收集 90% 以上复合材料切屑和粉尘，五轴设备、吸尘装置应能根据工件和刀具的不同状况实现自动更换与手动调节，保证实时有效地收集主轴和主轴头周围的复材切屑。

5.2.5.3　雷达天线罩数控编程与仿真

雷达天线罩数控程序编制主要采用 UG 及 CATIA 等商业软件，编程人员在计算机上建立数字模型，通过人机交互确定必要的参数数据及边界条件，由计算机完成数据计算、指令处理、加工程序等，然后通过专用后处理接口输出程序代码。雷达天线罩数控加工典型刀具轨迹如图 5-39 所示，生成程序的基本过程如图 5-40 所示。

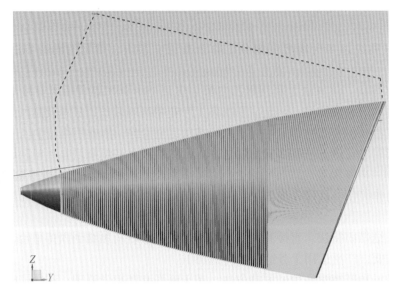

图 5-39　雷达天线罩数控加工典型刀具轨迹

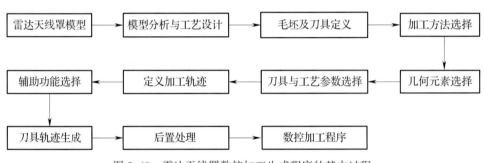

图 5-40　雷达天线罩数控加工生成程序的基本过程

数控程序编制后，对于刀具运动轨迹的正确性、加工过程中是否过切、是否残留等，编程人员往往难以预料，雷达天线罩结构复杂，相应的数控程序也非常庞大，为避免因程序问题发生质量事故，进行几何仿真是必不可少的。通常采用 VeriCut 软件进行程序仿真，检查、验证程序代码合理性，VeriCut 仿真软件提供了机床建模、夹具建模、毛坯建模等功能，可读入刀具信息、程序代码等基本数据。VeriCut 仿真工作环境如图 5-41 所示，雷达天线罩数控程序仿真基本流程如图 5-42 所示。

5.2.6　超声加工工艺

超声振动切削作为一种先进的特种加工方法，具有降低切削力和切削热效应、大幅降低工件表面粗糙度、提高加工精度、延长刀具寿命等特性，适用于蜂窝、陶瓷等难加工材料。

5.2.6.1　蜂窝超声铣削

芳纶纸蜂窝材料超声复合加工技术就是将超声振动切削与传统蜂窝铣削工艺进行有机结合，可以很好地解决高速铣削加工存在的表面质量差、易产生毛刺和撕裂及大量粉尘等问题。

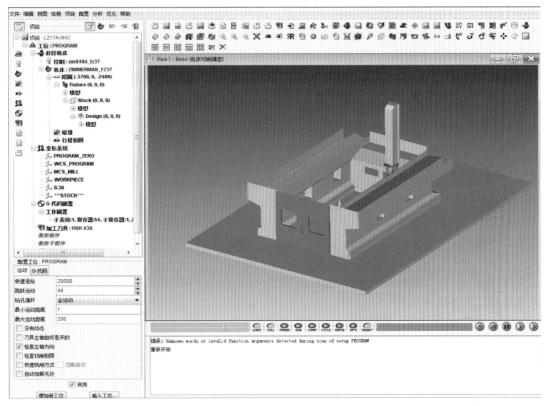

图 5-41　VeriCut 软件仿真工作环境

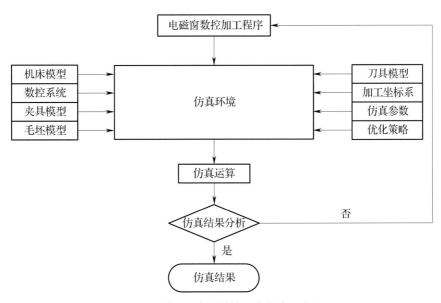

图 5-42　雷达天线罩数控程序仿真基本流程

　　与传统的高速铣削、磨削等加工技术不同的是，超声复合加工工艺的核心在于能够产生机械振动能量的超声复合加工主轴头，包括超声换能器、超声变幅杆和切削刀具。在加工过程中超声换能器实际上是作为能量转换器，其作用是将超声波发生器输出的高频交流振荡电信号转变成相同频率的机械振动信号；超声变幅杆主要有两大功能作用：一是聚能作用，将来自超声换能器的微弱机械振动信号的振幅进行聚能放大，以达到实际切削加工所需要的振幅；二是作为一个声阻抗匹配的转换器，实现换能器与刀具之间的有效匹配，保证在加工过程中整个声学系统始终处于共振状态，以进行超声复合加工。图 5-43 所示为典型超声加工机床及刀具。

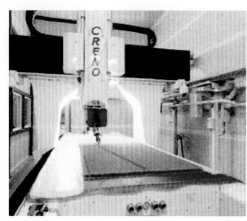

图 5-43　典型超声加工机床及刀具

芳纶纸蜂窝材料超声复合加工与传统高速铣削加工相比，具有如下优点。

切削力小，加工效率高。超声复合加工改变了材料破损机理，超声振动能量有助于改变材料的性能，从而降低材料切断的难度，减小切削力。同时，使用超声复合加工可以大幅提高切削进给速度，有效地提高了加工效率。

固持难度降低，固持方法简单。由于超声复合加工产生的切削力小，降低了蜂窝复合材料与工作台的固持要求，降低了固持难度，避免了采用高速铣工件易被拉起而产生大量毛刺的现象，改善了工件的加工质量。

无粉尘污染。超声复合切削加工方式类似于裁切，在切割加工中不存在将材料打碎的过程，形成连续带状的切屑而不是粉尘状切屑，对环境几乎无污染。

表面加工质量好。芳纶纸蜂窝复合材料的横向强度低，受力容易变形。而超声复合切削主要是利用刀具高频振动能量的冲击作用来完成工件加工，所需的切削力较小。同时，断续切削加工过程中减小了摩擦切削热量的产生，避免了刀具与工件之间烧灼现象的发生，保证工件加工型面有较好的表面质量。

刀具磨损小。超声复合切削的间断性加工特点，缩短了刀具与工件的接触时间，降低了摩擦因数同时减少了切削热的产生，避免了刀具与切屑之间发生黏结现象，减小刀具磨损，从而有效地提高了刀具的使用寿命。

5.2.6.2　陶瓷超声磨削

超声加工技术用于陶瓷雷达天线罩的磨削时，采用电镀金刚石磨头作为加工工具，通过超声波发生器、原边支架、超声刀柄等实现超声振动辅助加工。陶瓷雷达天线罩加工时，可先用平面磨头进行粗加工，再用球头磨头以端面铣磨的形式对雷达天线罩型面进行精加工。

与普通磨削相比，超声振动辅助磨削可以显著地降低加工中的力，同时更便于排屑，因此在降低刀具磨损的同时，有效地降低了由于排屑不及时可能出现的刀具突发性烧伤现象。

5.2.7 自动化铣边加工工艺

飞机制造领域复合材料自动化铣边系统方案中，主体设备形式主要包括五轴高速数控龙门铣床和工业机器人两种。

工业机器人本体为弱刚性的串联结构，重复定位精度较高而绝对定位精度较低，当用于复合材料铣削时，铣削产生的振动载荷会加剧机器人的定位误差，因此基于工业机器人的自动化铣边系统仅可用于低精度要求的雷达天线罩接口加工或雷达天线罩接口精铣前的粗加工。

五轴高速数控龙门铣床在结构稳定性、加工精度、技术成熟度上均具有优势，通过自动化技术的应用，可实现自动上下料、自动识别工件、自动调用加工程序、自动调用加工刀具、自动加工、自动排号等功能，提高加工效率，适用于多种类型的雷达天线罩铣边加工。图 5-44 为基于五轴机床的自动化铣边系统。

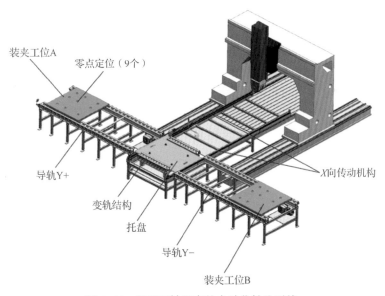

图 5-44 基于五轴机床的自动化铣边系统

5.3 雷达天线罩装配工艺

5.3.1 雷达天线罩传统装配工艺

5.3.1.1 概述

典型结构雷达天线罩通常由复合材料罩体、根部加强框组件、防雨蚀帽、防雷击系统、涂层系统及标准件等组成。雷达天线罩是飞机机身的重要组成部分，其装配精度和装配质量相较一般工业产品具有更高要求，作为保证雷达天线罩质量和制造准确度的决定性环节，装配工艺在雷达天线罩制造过程中起到不可替代的作用。

雷达天线罩装配的三要素分别为：定位、支撑和夹紧。雷达天线罩在装配过程中，首先需确定复合材料罩体、根部加强框等零部件之间的相对位置，即需对各零部件进行定位；为减小制孔、铆接等受力状态下复合材料罩体变形对装配精度的影响，需在复合材料罩体刚性较弱的部位进行支撑；同时雷达天线罩需在夹紧的状态下进行装配，以保证整个装配过程各零部件定位准确、支撑牢固。

5.3.1.2 典型雷达天线罩装配工艺流程

典型结构雷达天线罩的装配过程主要有以下工步。

复合材料罩体切边：复合材料罩体在成型脱模后，需通过数控机床或切割锯，对复合材料罩体根部进行切边，并在根部保留较小余量用于端面精修。

复合材料罩体精修端面：通过角磨机及砂纸等，在产品粗切后对端面进行精细打磨至最后轮廓，并将根部端面度控制在图样要求公差范围内。

复合材料罩体调姿定位：将罩体通过端面、水平、上下对称轴线等与装检工装进行定位，通过托架支撑及螺旋压紧器压紧。

根部加强框拼接：在装检工装上对加强框的上、下半框进行预拼接，修配加强框–加强框、加强框–罩体之间的间隙后，完成连接角片与加强框的定位与修配，需在配合面之间涂导电胶，并在架下根据定位基准完成角片与加强框的铆接。

安装根部金属件：在安装金属件前，须在加强框与复合材料罩体配合表面涂密封剂进行密封，并在装检工装上重新对加强框与复合材料罩体进行定位和夹紧，将承剪销支座和锁支座等通过定位销定位、压紧器压紧后安装连接紧固件。

制孔锪窝：雷达天线罩连接紧固件多数为沉头螺栓和埋头铆钉，在安装紧固件之前需进行制孔及锪窝。为保证复合材料结构及金属件孔的质量，需通过钻孔、扩孔、铰孔的方式完成；制孔后需进行锪窝，通过锪窝限位器与锪窝钻配合使用控制锪窝深度。

加强框与复合材料罩体连接：雷达天线罩常用紧固件包括铆接、螺栓连接和胶结，在安装紧固件前需在螺栓沉头及连接孔孔壁涂密封剂。对于特殊结构的雷达天线罩，需通过胶黏剂对加强框与复合材料罩体进行连接。

阶差修配：在雷达天线罩完成定位后，需对根部结构区域的阶差进行修配，通过塞尺测量、砂纸打磨的方式将阶差修配至公差范围内。

安装搭铁片、雨蚀帽等：为保证雷达天线罩在喷漆工序能够被全型面覆盖，需在喷漆完成后安装金属搭铁片、把手螺母、雨蚀帽等，并做水平测量点、涂刷标牌等。

其装配工艺流程如图 5-45 所示。

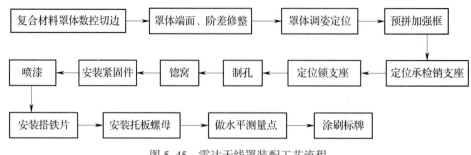

图 5-45 雷达天线罩装配工艺流程

5.3.1.3　复合材料制孔及锪窝工艺

雷达天线罩的主体部分为复合材料罩体，由于复合材料组织和力学性能的特殊性，复合材料罩体制孔具有以下特点。

①因为高强度纤维对切削刀具有强烈的磨耗作用，刀具很快磨损；层压复合材料的层间强度较低，在切削力作用下可能使复合材料分层；

②复合材料的塑性较小，在制孔过程中会出现大量粉尘和有毒害的碎屑，需及时处理；

③复合材料的弹性模量大，制孔时易产生孔径收缩；

④复合材料的强度各向异性，制孔后孔壁粗糙度较大；

⑤复合材料吸附性强，吸潮后强度和电性能会降低，切削时不宜采用冷却液。

根据复合材料的上述特点，在雷达天线罩制造过程中成功总结出了一整套面向工程应用的制孔工艺。

按照钉孔的定位方式，可分为手工划线制孔、钻模制孔和数控钻孔，其中钻模制孔的经济性和效率较高，加工精度由钻模孔位保证，是最常采用的方式。

根据零件特征，又可分为复合材料结构上制孔、金属基底复合材料上制孔以及复合材料基底金属结构上制孔。

当仅为复合材料雷达天线罩上制孔时，按照图 5-46 所示分步进行。分步 1—用硬质合金麻花钻（匕首钻）钻孔，钻孔参数按复合材料进行；分步 2—如需满足规定的孔公差，用硬质合金铰刀铰孔。

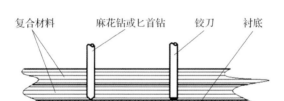

图 5-46　复合材料雷达天线罩制孔工艺

当在带有金属基底的复合材料结构上制孔时，按照图 5-47 所示分步进行。分步 1—用硬质合金麻花钻钻孔，钻孔参数按金属材料进行，此时不可在金属结构上预先制备初孔；分步 2—如需满足规定的孔公差，用硬质合金铰刀铰孔。

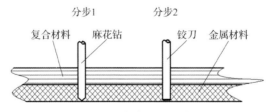

图 5-47　金属基底复合材料天线罩制孔工艺

当在带有复合材料基底的金属结构上制孔时，按照图 5-48 所示分步进行。分步 1—用硬质合金麻花钻钻孔，钻孔参数按金属材料进行，此时可在金属结构上预先制备初孔；分步 2—如需满足规定的孔公差，用硬质合金铰刀铰孔。

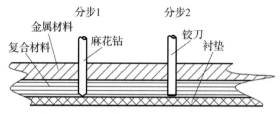

图 5-48　复合材料基底金属结构制孔工艺

铆接埋头钉或安装沉头螺钉时，钻孔后需锪窝，如图 5-49 所示。在锪埋头窝时，其主轴转速一般应是钻孔时转速的 1/2 或者更低，进给量应是钻孔时的 2 倍；为保证锪窝质量，操作过程应尽量使用锪窝限制器，如图 5-50 所示；应选择与沉头窝相适应的锪窝钻，以防止标准件安装后无法盖住埋头窝，露白边。

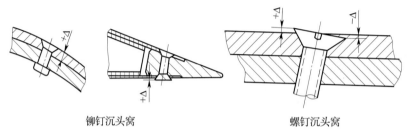

铆钉沉头窝　　　　　　　　　螺钉沉头窝

图 5-49　铆钉机沉头螺栓示意图

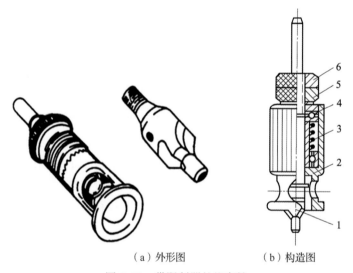

（a）外形图　　　　　（b）构造图

图 5-50　带限制器的锪窝钻

1—带有导销的锪窝钻头；2—壳体；3—弹簧；4—止推滚珠轴承；5—限动螺母；6—保险螺母

5.3.1.4　铆接装配工艺

由于复合材料的伸长率小、层间强度低、抗撞击能力差等弱点，一般认为不宜进行铆接连接。但因铆接的成本低、重量轻、工艺简单，只要采取一定措施，铆接同样能应用在复合材料结构上。雷达天线罩采用铆接的部位一般是铝合金件与复合材料之间，金属加强环与连接角片之间，托板螺母与复合材料罩体之间。

　　雷达天线罩铆接形式主要包括拉铆与压铆。压铆是通过上、下铆模压铆钉杆而形成镦头的过程。拉铆是利用手工活压缩空气作为动力，使芯棒的凸肩部分对铆钉形成压力，从而形成铆钉头，主要用于反面无法顶钉或结构复杂的零部件。因雷达天线罩结构较为开敞，压铆是雷达天线罩装配过程中的主要铆接形式。

　　在雷达罩零部件进行铆接之前，需在连接位置进行制孔、锪窝，并把两零部件的配合表面清洗干净，涂覆适量胶黏剂；然后，分别定位、夹紧，保证零件之间无间隙，用钉杆镦粗的实芯沉头铝合金铆钉铆接。

5.3.1.5　螺接装配工艺

　　螺接具有高强度、高可靠性、安装方便、易于拆卸等特点，是雷达天线罩结构的主要连接形式之一。雷达天线罩常用的紧固件包括沉头螺栓、高锁螺栓、扁圆头螺钉、托板螺母、六角自锁螺母、垫圈、弹簧垫圈等。

　　雷达天线罩所用沉头螺栓（钉）有 120°、100°、90° 等形式（见图 5-51），主要用于金属加强框与复合材料罩体之间的连接，沉头螺栓（钉）安装后应满足 HB/Z 23《飞机气动外缘公差》，即须控制埋头钉的凹凸量，见表 5-13 所示。

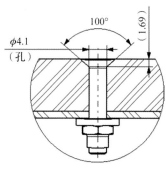

图 5-51　沉头螺栓示意图
（单位：mm）

表 5-13　埋头螺钉凹凸量公差

公差 区域	凹凸量公差 /mm	
	基本	大曲率部位
Ⅰ区	± 0.15	± 0.2
Ⅱ区	± 0.2	± 0.25

　　托板螺母是雷达天线罩上常用标准件，多用于结构封闭区域，托板螺母可分为游动托板螺母和固定托板螺母，如图 5-52 所示，需通过铆钉与复合材料罩体或金属环进行连接。

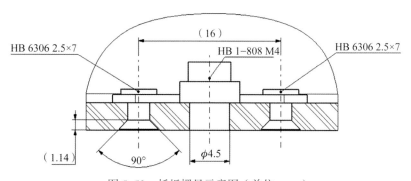

图 5-52　托板螺母示意图（单位：mm）

　　扁圆头螺钉常用于分流条 – 复合材料罩体 – 加强框之间的连接，用于雷达天线罩的电搭接，如图 5-53 所示，一般在喷漆完成后安装。

钛合金高锁螺栓是一种快速安装的螺栓，它具有强度高、重量轻、自锁性好、安装方便、可控夹紧力、疲劳寿命高等优点，但在雷达天线罩结构上应用较少。

复合材料螺接的安装工艺和安装工具与金属结构基本相同，由高锁螺栓、高锁螺母及垫圈组成，螺栓尾部有一内六角孔，孔内插入六角扳手后，可以单面进行螺母安装，螺母上有一断颈槽，当拧紧力矩达到预定值时，高锁螺母头部的工艺螺母自行断落。高锁螺栓品种规格较多，有平头型的也有埋头型的。

高锁螺栓、螺母的安装过程如图5-54所示。

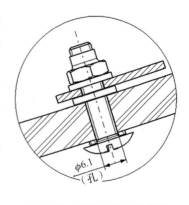

图5-53　扁圆头螺钉示意图

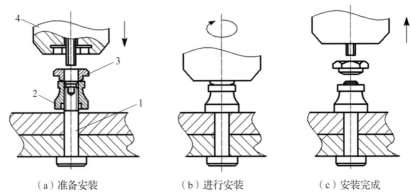

（a）准备安装　　　　（b）进行安装　　　　（c）安装完成

图5-54　高锁螺栓、螺母的安装过程

1—高锁螺栓；2—高锁螺母；3—工艺螺母；4—安装工具

安装时，首先将螺栓插入孔内，人工装上高锁螺母（约两扣螺纹），如图5-54（a）所示。然后将安装工具的六角扳手插入螺栓尾部的内六方孔中，同时套筒套住高锁螺母，旋转套筒，如图5-54（b）所示。当达到一定旋转力矩时，用安装工具拧断高锁螺母，顶出工艺螺母，安装完毕，如图5-54（c）所示。

5.3.1.6　胶结及密封装配工艺

胶结是通过胶黏结将雷达天线罩零部件连接成装配体，是一种连接技术，常用于金属连接环与复合材料罩体之间、雨蚀帽与复合材料罩体之间；雷达天线罩零部件胶结前需进行预装配，并使用砂纸打磨至均匀的粗糙度，清洗完毕的待胶结表面粗糙度应均匀、一致、无杂质。将胶黏剂在待密封表面刮涂或刷涂，在一定的温度下，胶黏剂能达到规定的剪切强度、压缩强度、拉伸强度、冲击强度。该过程主要包括胶黏剂的制备，胶结表面的处理，胶黏剂的涂敷、叠合、固化和检验等。

将配制好的胶黏剂用刮刀或毛刷涂覆于经表面处理过的待胶结表面，胶黏剂应完全覆盖胶结部位，固化一定的时间，自然冷却至室温。固化后要目视其连续性、完整性，不得有剥离、起层及局部变形。

雷达天线罩密封是通过将密封剂涂覆于标准件–复合材料或金属连接环–复合材料罩体之间从而达到密封的目的，密封剂一般不起连接作用，密封剂的涂覆方式与胶黏剂相同。

5.3.2　雷达天线罩数字化装配工艺

5.3.2.1　数字化虚拟装配

在雷达天线罩试制过程中，雷达天线罩装配是最重要的环节之一。多年来雷达天线罩装配，一直沿用根据实物样件以模拟量形式传递零部件的形状和尺寸，以型架进行定位和夹紧的传统手工装配方法。装配工人在现场工作过程中，要仔细翻阅图样和工艺文件，稍不注意就会出现工作上的失误；在装配的过程中，经常出现装配工装无操作空间的情况，导致装配操作无法按工艺文件安排的工序进行；同时，在装配时，时常遇到雷达天线罩结构性的问题，导致装配无法进行。以上各种问题的存在，影响了装配质量，延长了装配周期，导致雷达天线罩整体制造成本居高不下，装配技术已成为雷达天线罩制造过程中的最薄弱环节之一。

采用虚拟装配是解决上述问题的有效途径。虚拟装配由两部分组成，即虚拟现实软件内容和虚拟现实外设设备，这两个内容协同工作，通过三维仿真软件，根据虚拟现实的内容制作相应的三维模型，导入虚拟现实软件中，通过虚拟仿真，实现人机之间的充分交换信息。

在数字化平台上，首先构建虚拟制造环境，建立产品零部件以及工装夹具和各种辅助设备的 CAD 模型，根据产品的装配工艺，通过数字化 3D 仿真技术实现雷达天线罩装配全过程的仿真。在仿真过程中，设计人员如身临现实的装配环境，全方位地感受装配过程，眼可看到、手可摸到虚拟的零件，通过手势、声音等智能设计完成产品的装配，能够及时发现产品设计和工装设计中存在的结构性与空间性问题，能够对工艺文件的可操作性做出直接的判断，并可根据模拟、分析和装配工效评估的结果对工艺方法、工装结构和生产线布局等进行修改与优化。

目前，虚拟装配技术在国外已广泛应用于航空、航天、汽车、造船等制造业支柱行业，其中在航空业中的典型用户有波音、空客等，汽车行业的典型用户有标志、雪铁龙、通用、丰田、尼桑等。

虚拟装配技术在国内近几年来也得到了工程应用，成飞、沈飞、郑飞、西飞、上飞、603 所、中华汽车已尝试在装配过程中运用虚拟装配技术。

5.3.2.2　自动钻铆

自动钻铆设备是融电气、液压、气动、自动控制为一体的，应用于航空、航天紧固件安装的专用设备。它不仅可以实现组件（或部件）的自动定位，还可以一次完成钻孔、锪窝、涂胶、送钉和紧固件安装，或独立完成上述操作的一种或几种操作的组合，是现代飞机装配中常用的设备。自动钻铆设备可以对各种材料钻孔和锪窝，如铝合金、不锈钢、钛合金、凯夫拉和碳纤维复合材料等，可以完成普通铆钉、干涉配合铆钉、抽钉、高锁螺栓、环槽钉的安装。

自动钻铆技术从 20 世纪 70 年代起就在国外普遍采用，并持续发展。国外目前生产中的军、民用飞机的自动钻铆率分别达到了 17% 和 75% 以上，大量采用无头铆钉干涉配合技术。新型紧固件包括无头和冠头铆钉、钛环槽钉、高锁螺栓、锥形螺栓以及各种单面抽钉等，80% 的铆接和 100% 的不可卸传剪螺栓连接均采用干涉配合，并对孔壁进行强化。

近年来，铆接正向着机器人和由机器人视觉系统、大型龙门式机器人、专用柔性工艺装备、全自动钻铆机和坐标测量机组成的柔性自动化装配系统发展。

随着自动化技术的发展，雷达天线罩的制孔也逐渐由纯手工制孔向自动制孔方向发展，根据雷达天线罩的结构特点和生产需求，可通过自动化技术实现复合材料/金属叠层结构的自动化精密制孔、锪窝，并实现制孔孔位及孔径的在线自动化测量。

如图 5-55 所示为雷达天线罩自动化制孔系统整体架构，其中，自动制孔设备由工业机器人、末端执行器、移载平台、自动换刀系统、集成控制系统、吸尘系统、冷却系统、仿真系统、测量系统、安全防护系统等组成。柔性工装由主框架机构、旋转定位机构、模块化装夹组件等组成。

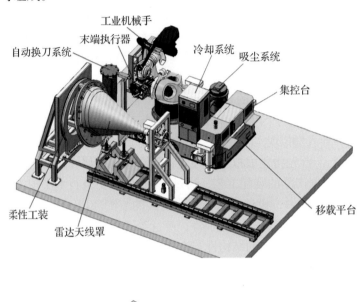

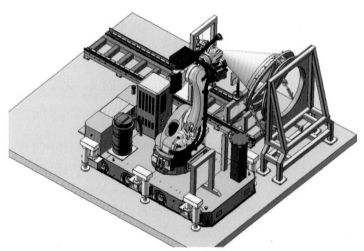

图 5-55 雷达天线罩自动化制孔系统整体架构

在实际作业时，雷达天线罩采用柔性工装实现精准装夹。同类型产品中的不同型号产品，可以通过可拆卸模块的更换实现定位安装。

移载平台托运工业机器人（含末端执行器）、自动换刀系统、集成控制系统、吸尘系统、冷却系统等，可以在不同类型产品的站位精准自主移动，完成制孔锪窝作业。

当移载平台运动至工作位，精确定位并实现固定支撑后，操作人员方可进入作业区域进行相关参数设置。当操作人员参数设置完毕，并远离作业区域后，设备方可开始进行制孔锪窝操作，从而充分确保操作人员的安全。

5.3.2.3　柔性装配

随着飞机装配技术发展迅速，大部分航空企业已经着手开发并应用柔性装配技术，以波音和空客两大国际民用飞机制造公司为代表，均已广泛采用柔性装配技术。

柔性装配技术主要包括如下技术。

①面向柔性装配的数字化飞机产品设计、分析与仿真技术

主要研究基于数字样机的柔性装配协调技术、装配及强度计算公差分配分析技术、数字样机装配仿真技术、柔性装配影响因素分析与误差预测技术。研究分析设计、制造、公差分配与协调技术等柔性装配影响因素，研究在设计阶段用于预测和控制飞机部件装配总误差的系统分析技术。研究柔性工装模块化参数化设计技术、柔性工装结构优化技术、柔性工装快速装配技术、柔性工装快速安装技术、柔性装配工艺设计技术。研究柔性装配系统的装配单元规划技术与工艺过程设计技术。

②柔性装配单元技术研究

激光跟踪定位与控制技术。重点研究光学目标定位技术、主动寻位技术、快速准确控制技术等。伺服控制技术。研究柔性装配平台定位控制技术。柔性夹紧技术。研究模块化夹紧技术和可重构夹紧技术，确定不同工件的夹紧方式和夹紧结构。精确测量检测技术。研究机构跟踪技术、线性 CCD 照相和使用回射目标的等非接触测量检测技术以及测量数据处理技术。

③柔性装配信息集成技术

柔性装配工艺设计集成技术。综合集成数字化飞机产品设计、分析与仿真技术、柔性工装设计制造技术、柔性装配工艺规划技术、可视化柔性装配过程仿真技术等，以产品数据管理系统（PDM）为集成平台，对已有和在本项目开发的数字化设计软件系统进行集成，实现数字量传递，支持飞机产品、装配工装与装配过程的并行设计，支撑飞机部装柔性装配系统的运行。

结合雷达天线罩形状特点，需要在以下几方面开展针对性的柔性装配研究。

①柔性装配工装的可行性研究；

②模块化研究；

③数字化装配技术研究；

④室内装配定位系统（IGPS）研究。

5.4　雷达天线罩涂装技术

5.4.1　防雨蚀抗静电涂层涂装工艺

现有雷达天线罩用防雨蚀抗静电涂料的不同涂层间多采用干碰湿的涂装工艺，雷达天线罩防雨蚀抗静电涂料典型涂装工艺流程如图 5-56 所示。涂装过程中需要严格按照设计要求控制不同涂层之间的厚度，以满足电性能要求并实现雷达天线罩表面的防静电功能的综合设计要求。

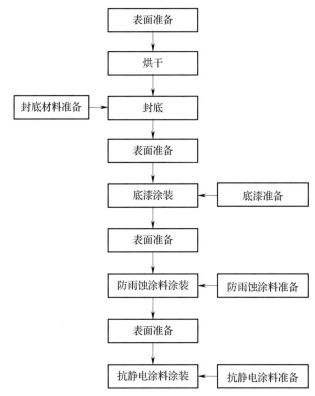

图 5-56　雷达天线罩防雨蚀抗静电涂料典型涂装工艺流程

　　针对雷达天线罩而言，涂层系统参与整个雷达天线罩体的电性能设计，因此对于涂层的厚度控制要求相对精确，从而对涂料涂装的用量有较为明确的控制。同时对整个罩体的电性能要求具有良好的稳定性，以保证罩内雷达、天线的正常工作。作为雷达天线罩防护功能的防雨蚀抗静电涂层应具有良好的涂装外观，不应存在气泡、鼓包、裂纹、漏涂、较大颗粒聚集及明显凹坑，以防使用过程中涂层体系发生损伤，导致雷达天线罩罩体裸露直接接触外界环境，从而吸潮致产品性能下降。

　　为防止雷达天线罩表面涂层出现缺陷，一般需严格对材料执行质量一致性检验项目入厂验收监控，执行涂装环境控制要求的规定，并按照相关工艺要求的用量进行控制施工及晾置固化。针对启封后材料出现结块的涂料应予以废弃，不可使用。实际涂装过程中避免采用小孔径喷枪、大气压压力、远距离操作施工，以免带来涂装的缺陷。

　　除了采用常规的喷涂工艺，针对形状相对规则的回转体也可采用自动化喷涂手段进行防雨蚀抗静电涂料的涂装施工。目前普遍采用的自动喷涂工艺为喷漆机器人喷涂。喷涂机器人离线编程系统通常包括两个部分的内容，一是传统的工业机器人离线编程模块，包括传统的运动学建模、轨迹插补、示教再现、运动仿真和自动编程等；二是喷涂轨迹规划模块，即根据已知环境和需求，自动生成满足工艺要求的喷涂轨迹。

　　采用喷涂机器人可实现雷达天线罩表面底漆、防雨蚀漆、抗静电漆等涂料的喷涂。与传统人工喷涂工艺相比，自动喷涂工艺在提升效率、质量稳定性，改善工人操作环境的同时，需要注意更多的问题。

　　（1）涂料通常需要在管路中存放较长时间，为防止沉积或固化，需要采用固化时间较长的涂料；

（2）涂料黏度不能过高，以免影响喷涂效果；

（3）更换涂料时，需要用丙酮等溶液对管路和供料装置进行快速清洗；

（4）喷涂厚度、均匀度等喷涂质量指标与喷枪形状、喷幅距离、扇幅、流量、运动轨迹等多个参数综合相关，需要进行参数的综合优化。

机器人喷涂系统包括喷漆机器人、喷枪系统、流量调节系统、离线编程系统及模块化换模型架。其中离线编程系统采用人工示教技术对复杂雷达天线罩曲面喷涂轨迹进行记录，并由机器人携带喷枪系统根据喷涂轨迹对雷达天线罩型面进行喷涂（见图 5-57），进而消除了喷涂过程中的人为因素，提高产品的喷涂质量，同时保证喷涂过程中的安全性，降低了对人体健康的影响。根据雷达天线罩结构设计模块化换模型架（见图 5-58），此项技术使自动喷涂系统可以同时适用于多型号产品的喷涂，提高了系统柔性，巧妙地缓解了雷达天线罩多品种、小批量造成的难以实现自动化的问题。

图 5-57　喷涂机器人系统

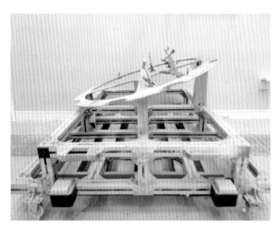

图 5-58　快速换型工装

5.4.2　表面金属化工艺

雷达天线罩的主体部分一般为树脂基透波复合材料，其具有重量轻、比强度高、比模量高、耐腐蚀性能好、抗疲劳性能好、可设计性强等一系列独特的优点。为实现雷达天线罩某些特定的功能，需要对复合材料表面进行处理，其中应用比较广泛的一种处理手段就是表面金属化。实现复合材料表面金属化的工艺方法有很多，主要包括化学镀、电镀、喷涂、喷涂转移、真空镀膜等，各种工艺方法针对不同的应用，各有优缺点。化学镀、电镀、喷涂转移因需要电镀液、化学镀液及喷涂转移带来的均匀性差等问题难以应用于雷达天线罩。以下针对可应用于雷达天线罩表面金属化的真空镀膜及喷涂展开论述。

5.4.2.1 真空镀膜

真空镀膜方法又称气相沉积方法，一般分为两大类，包括物理气相沉积和化学气相沉积。物理气相沉积是指在真空条件下，利用各种物理方法，将被镀材料气化成原子、分子或离子化为离子，直接沉积在制件表面上的方法。化学气相沉积是指把含有构成薄膜元素的一种或几种化合物、单质气体供给制件，借助气相作用或在制件表面的化学反应，在制件上制得金属或化合物薄膜的方法。

物理气相沉积由于薄膜沉积环境清洁而不易受到污染，因此所镀的薄膜纯度高、致密性好、厚度均匀，且附着力较高，是一种可满足高性能复合材料制件表面金属化要求的方法。但真空镀膜时需要将待镀制件整体放入真空室，因此其可镀制件的尺寸受设备大小限制，而且相对其他方法来说真空镀膜设备是比较昂贵的。

物理气相沉积大致可分为蒸发镀膜、溅射镀膜、离子镀膜，其典型代表分别为电子束蒸发、磁控溅射、电弧离子镀膜（arc ion plating，AIP）等。就复合材料表面金属化而言，三种技术都可以实现较好的效果，但它们产生的粒子能量还是存在较大的差异。

真空蒸发镀膜是在真空条件下，用蒸发器加热被镀材料使之气化，蒸发粒子直接射向制件并在制件表面沉积形成固态薄膜的技术。真空蒸发镀膜是物理气相沉积技术中发展最早、应用较为广泛的镀膜技术，且拥有许多优点，如设备与工艺相对比较简单等，但其产生的粒子能量只有几个电子伏（eV），因此无法实现较大距离的薄膜沉积。

真空溅射镀膜是利用高能粒子（通常是由电场加速的正离子）轰击固体表面，进而使固体表面的原子、分子与这些高能粒子交换动能，从而由固体表面飞溅出来，然后这些溅射出的具有一定能量的原子（集团）重新凝聚在制件表面，形成薄膜。通常是利用气体放电产生气体电离，其正离子在电场作用下高速轰击阴极靶材，击出阴极靶材的原子或分子，飞向被镀制件表面沉积成薄膜。与真空蒸发镀膜比较，溅射原子的能量比蒸发原子的能量高1~2个数量级，达到了十几个eV，因此高能粒子沉积在制件上可通过能量转换，产生较高的热能，从而增强了溅射原子与制件表面的附着力。此外，在溅射粒子的轰击过程中，制件始终处于等离子区中被清洗和激活，不但清除了附着不牢的沉积原子，而且还可以净化且活化制件表面，从而使得溅射膜层与制件表面的附着力大大增强。与真空蒸发镀膜相比，真空溅射镀膜有以下优点。

①任何呈块状或粒状的物质，都可以作为靶材对其进行溅射。

②溅射膜与制件之间的附着性好。

③溅射镀膜密度大、针孔少，膜层的纯度较高，不存在蒸发镀膜时无法避免的坩埚污染现象。

④膜厚可控性和重复性好。由于溅射镀膜时的放电电流和靶电流可分别控制，通过控制靶电流则可控制膜厚。所以，溅射镀膜的膜厚可控性和多次溅射的膜厚再现性好，能够

有效地镀制预定厚度的薄膜。

⑤溅射镀膜还可以在较大面积上获得厚度均匀的薄膜。

真空离子镀膜技术是由美国 Sandin 公司的 D. M. Mattox 于 20 世纪 60 年代开发的将真空蒸发镀膜和真空溅射镀膜结合的一种新镀膜技术。离子镀膜过程是在真空条件下，利用气体放电使工作气体或被蒸发物质（膜材）部分离化，在工作气体离子或被蒸发物质的离子轰击作用下，把蒸发物或其反应物沉积在被镀制件表面的过程。

电弧离子镀膜就是将电弧技术应用于真空镀膜中，在真空环境下利用点火电极接触金属阴极，然后使点火电极迅速从阴极表面离开，引发弧光放电，利用弧光放电蒸发靶材物质，并沉积到制件表面实现镀膜。弧光放电会形成在阴极靶表面无规则运动的弧斑，弧斑的电流密度高达 $10^{12}A/m^2$ 量级，能量密度高达 $10^{13}W/m^2$ 量级，高能量密度直接导致弧斑处靶材物质从固相向金属蒸气等离子体的转变。由阴极弧斑产生的离子初始能量在 $20\sim200eV$，与真空溅射镀膜相比还要高一个数量级。由于较高的离子初始能量，在薄膜沉积过程中，会发生轰击效应，增强了沉积粒子的扩散能力和成核密度，同时剥去了薄膜表面结合松散的粒子，部分消除了柱状晶和薄膜的内应力，故电弧离子镀膜技术有增加薄膜表面活性、使薄膜致密化等效果，沉积的薄膜具有均匀致密、结合力高等优点。

从上述分析可知，蒸发镀膜、磁控溅射、电弧离子镀膜产生的膜材粒子的能量依次增大，其沉积到制件表面后的附着力依次增强，因此电弧离子镀膜技术在实现复合材料表面金属化方面具有很大的优势。

真空镀膜方法对于待镀制件的表面质量有相对比较高的要求。树脂基透波复合材料由于是由纤维材料和树脂材料复合而成，其表面质量与单一材料如金属材料、半导体材料等相比有着较大的差距。如果复合材料表面前处理不到位，如存在裂纹或者未擦拭干净留有印渍则会出现如图 5-59 和图 5-60 所示的现象。

图 5-59 所示现象发生的原因是复合材料表面存在微裂纹，真空镀膜时该区域沉积的薄膜应力较大进而断裂无法连续，因此在复合材料表面处理时一定要增加一道抛光步骤，至复合材料表面光滑、平整、无褶皱、无裂纹、无划痕、无肉眼可视的凹陷和孔洞、无纤维外漏。图 5-60 所示现象发生的原因是镀膜前对复合材料制件表面擦拭时不到位，导致复合材料表面存在擦拭后的印渍，经真空镀膜后更加明显地映射了出来，因此在关闭真空室前一定要对复合材料制件表面再次进行擦拭，且擦拭应完整、全面并至拭布不变色为止。

图 5-59　复合材料表面铝膜的裂纹

图 5-60　复合材料表面铝膜的擦拭痕迹

实现表面金属化后的复合材料制件在使用时有一些注意事项，主要包括如下几点。

①镀有金属薄膜的复合材料制件必须轻拿轻放，严禁金属薄膜受到刮蹭、磕碰和撞击。

②使用镀有金属薄膜的复合材料制件时，必须佩戴口罩和细纱手套，严禁裸手或身体其他裸露部位直接接触金属薄膜，防止金属薄膜受到汗渍、油渍等的污染。

③金属薄膜表面出现少量轻微污染可用脱脂纱布或绸布蘸酒精或丙酮轻轻擦除，但要注意不要使纤维残留在金属薄膜上。

5.4.2.2　喷涂

喷涂法制备金属涂层，不需要昂贵的设备，操作简单，实施方便。喷涂法具有以下优点。

①对待镀制件的材料属性几乎没有限制，可在各种材料的制件表面进行喷涂。

②可喷涂的涂层材料非常广泛，可以用来喷涂几乎所有的金属材料。

③操作工艺灵活方便，不受待镀制件形状限制，施工方便。

④经济效益好。

但喷涂法也存在一些不足，如喷涂法制备的金属涂层相对粗糙（平均粗糙度在微米级以上），涂层厚度差一般都大于几十个微米，致密性和均匀性也较差，需要进一步进行封底处理，可用于对金属化要求不高的雷达天线罩。

喷涂法一般可分为热喷涂和冷喷涂两大类。热喷涂是利用某种热源（如电弧、燃烧火焰或等离子体等）将粉末状或丝状的金属材料加热到熔融状态或半熔融状态，然后借助焰流本身或压缩空气以一定速度喷射到制件表面，从而沉积形成金属薄膜。利用热喷涂工艺在复合材料制件表面制备金属涂层时，需要注意复合材料的温度升高问题。如等离子喷涂、电弧喷涂等温度过高时，复合材料会发生变形甚至被烧毁。因此，采用热喷涂法制造金属层时需严格控制喷涂工艺参数，以防温度过高导致复合材料发生损伤。

冷喷涂不需要热源，它的原理是利用压缩空气加速金属粒子到临界速度（超声速），金属粒子撞击到制件表面后发生物理形变，金属粒子撞扁在制件表面并牢固附着，整个过程金属粒子未被熔化，但如果金属粒子没有达到超声速则无法实现喷涂。由于利用冷喷涂工艺没有过多的热量传输到复合材料，因此避免了温度升高问题。由此可见，冷喷涂工艺对表面粗糙度要求不高的复合材料制件可进行表面金属化处理，但其同复合材料基底之间的附着力不如热喷涂。

雷达天线罩主要采用火焰喷涂铝制造金属层，常用火焰喷涂铝涂装工艺流程如图 5-61 所示，常用火焰喷涂铝工艺相关控制参数见表 5-14。

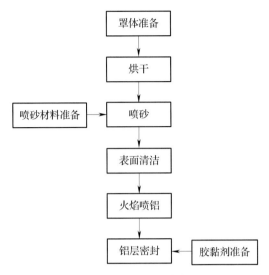

图 5-61　常用火焰喷涂铝涂装工艺流程

表 5-14　常用火焰喷涂铝工艺相关控制参数

序号	控制参数	控制范围
1	压缩空气压力 /kPa	450 ~ 600
2	压缩空气流量 /NLPM	440 ~ 631
3	氧气压力 /kPa	172 ~ 207
4	氧气流量 /NLPM	35 ~ 42
5	乙炔气压力 /kPa	90 ~ 103
6	乙炔气流量 /NLPM	15 ~ 22
7	喷铝温度	不大于 49℃

只有良好的表面预处理状态，才能保证火焰喷涂铝涂层与基体具有优异的附着力。在工程应用过程中，对需要喷涂的表面进行喷砂处理，并对喷砂后的表面进行清洁。

为了进一步增强金属铝层同复合材料基材之间的附着性能，需对 10% ~ 15% 的火焰喷涂铝层进行密封的工艺措施，从而得到结构致密、性能满足要求的火焰喷涂铝层。

5.5　雷达天线罩制造相关工艺装备

工艺装备（简称工装）是指雷达天线罩在成型、机械加工、装配、检验、试验等过程中使用的各种模具、夹具、量具等。工装作为雷达天线罩制造工艺系统的重要组成部分，贯穿产品制造过程的始终，是产品制造各道工序的前提和基础。工装设计、制造质量直接影响产品质量，是雷达天线罩研制和生产过程的关键环节之一。

5.5.1　雷达天线罩用工装特点及分类

因雷达天线罩制造特殊工艺要求，所需工装品种较多、专用性强，特别是成型工装结构尺寸较大、形状较复杂、精度要求很高。

为满足雷达天线罩产品各制造工序的使用环境要求和最终产品的性能要求（强度、刚度、尺寸精度等），雷达天线罩制造工装必须满足较高的尺寸精度、形状精度、气密性、耐温性和耐压性等要求。

以飞机雷达天线罩为例，飞机雷达天线罩为满足飞机的气动性，外形通常都是类锥形结构，头部形状较尖或直径较小，而根部的尺寸较大。各种雷达天线罩的外形和尺寸也有很大差别，结构形状有回转体的，也有非回转体的，这些都影响到雷达天线罩的成型、机加等制备工艺，也影响到对应工装的结构形式、加工费用和制造周期。

飞机雷达天线罩制造过程所需要的工艺装备，可以按以下两种方法进行分类。

（1）按用途分类

①成型工装：压注成型模、成型模（单阳模或单阴模）、芯模等。

②机械加工工装：车夹具、镗夹具、钻模等。

③电厚度校正与补偿测试工装。

④电性能测试工装：电测夹具、天线座、天线座夹具、天线过渡件等。

⑤装配和检验工装：装配夹具、装配检验夹具、协调钻模和协调样件等。

⑥辅助工装：脱模装置、模具翻转装置、阴模座、阳模座、罩体放置架、吊具等。

（2）按成型工艺分类

①真空袋成型工装：成型模、模座车、模具放置架、母模和样板等。

②缠绕成型工装：主要有缠绕与磨削用芯模、模具运输车、模具吊具、芯模翻转及搬运装置或翻转模座车和专用吊具等。

③热压罐成型工装：同真空袋成型工装的品种相似，也是主要有成型模、模座车、模具放置架、母模和样板等。

④树脂传递模塑成型工装：主要有压注成型模、脱模装置、模具翻转装置、成型架、外加热套、内加热器、阴模座、阳模座等。

⑤夹层结构雷达天线罩工装：常用的工装除有成型模、模座车、模具放置架、母模和样板外，还有蜂窝或泡沫预定型模、蜂窝或泡沫定位夹具等。

5.5.2　成型工艺装备

5.5.2.1　成型工装结构

雷达天线罩成型工装主要包括成型模和蜂窝定型模等。

（1）成型模

按结构形式分，成型模主要有阳模结构、阴模结构和阴阳匹配模结构等，最常用的为阳模结构，其次为阴模结构，阴阳匹配模结构则因制造复杂、成型工艺受限而较少使用。

阳模结构的成型模如图5-62所示，模具为四周开敞的结构，制造时加工方便、制造周期短；使用时便于粘贴真空袋，容易查找泄漏点，便于确定雷达天线罩的根部切割线位置，也利于脱模。它的缺点是雷达天线罩外表面质量受成型工艺和操作人员水平影响比较大，比阴模成型的雷达天线罩外表面质量差。阳模结构的成型模适用于真空袋成型工艺、热压罐成型工艺、缠绕成型工艺和夹层结构雷达天线罩成型工艺。阳模结构的成型模应用最为广泛。

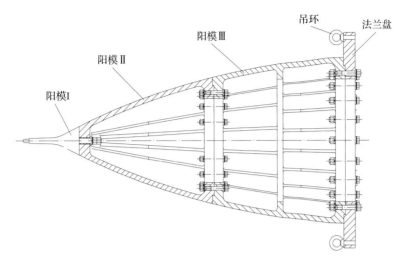

图 5-62　阳模结构的成型模

　　阴模结构的成型模如图 5-63 所示，其工作型面质量直接决定雷达天线罩外表面，所以成型后雷达天线罩外表面质量高，不易受成型工艺和操作人员的水平影响。但是阴模不便于制造，相比阳模制造不仅精度要低，而且制造周期长；在使用时不易于粘贴真空袋，也不易查找泄漏点，脱模相对困难。小型模具和长径比大的模具不能采用阴模结构。阴模结构的成型模适用于真空袋成型工艺、热压罐成型工艺、夹层结构雷达天线罩成型工艺。

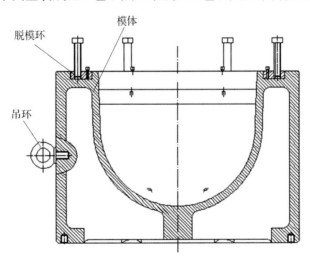

图 5-63　阴模结构的成型模

　　阴阳匹配模结构较为复杂，如图 5-64 所示。成型时雷达天线罩外型面由阴模控制，内型面由阳模控制，故成型后内外表面质量都比较高，而且可以有效地控制壁厚。其缺点是阴阳匹配模对制造要求高，压注成型需要专用设备，生产成本较高。阴阳匹配模适用于实芯壁结构采用 RTM 工艺的雷达天线罩。

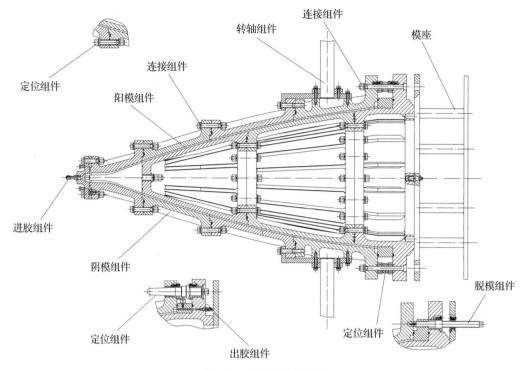

图 5-64　阴阳复合模结构

（2）蜂窝定型模

蜂窝定型模，主要用于夹层结构雷达天线罩成型工艺，将夹层中的蜂窝预定型后再进行雷达天线罩成型。蜂窝定型模型面精度要求较低，气密性要求也比成型模低得多。

蜂窝定型模一般采用钢板焊接结构，尽量简化，以减少制造成本，典型结构如图 5-65 所示。

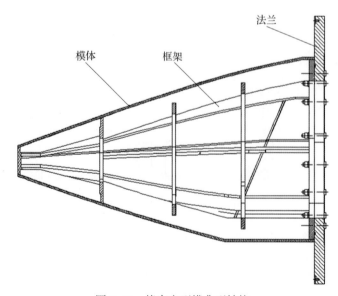

图 5-65　蜂窝定型模典型结构

5.5.2.2 成型工装材料

成型模具按材质可分为金属材料模具和非金属材料模具。其中，金属材料模具主要有铸铝材料、铸钢材料和钢板材料（框架式结构），非金属材料模具主要有玻璃纤维复合材料模具和碳纤维复合材料模具。

在大型成型模设计时，为了减轻重量大多采用铸造铝合金材料。铸造铝合金是一种密度小、塑性高、化学稳定性好的优良模具材料，它的比强度和比刚度高，易于制造，工作温度和使用寿命均可满足成型模具的使用要求。铸造铝合金具有优良的铸造工艺性，即高的流动性、好的气密性和低的热开裂、疏松倾向，同时还具有良好的耐腐蚀性能，适用于多种铸造方法。常用的材料牌号包括 ZL101、ZL105，其拉伸强度一般为 200～300MPa，适用于尺寸较大、形状复杂、承受中等载荷的模具制造。但在实际应用中，铸造铝合金材料的缺点也十分明显，主要表现在：用铸铝材料生产的模具表面硬度较低，易造成划伤；模具经常拆卸的部位和有滑动或配合表面难以保持精度，需增加钢件，增加了设计难度和制造成本，加大了机加工作量；铸铝材料的热膨胀系数较大，高温下尺寸稳定性不好，对雷达天线罩的尺寸精度产生不利影响。

铸钢材料在成型模上有一定的应用，但大多用在中小型模具和脱模环。铸钢材料的硬度比铸铝材料高，强度和韧性也比铸铝材料优越，一般适合制作尺寸小、形状复杂、精度要求高、批量大、成型压力大、使用温度高的模具。常用的铸钢牌号为 ZG200-400、ZG310-570。从铸钢模具具体的应用情况看，其表面光洁度和高温下的尺寸稳定性均优于铸铝材料。但是铸钢模具的铸造成本较高，铸造质量不稳定，热响应速度差，重量大，工作表面易生锈。

复合材料模具与雷达天线罩材料有相近的热膨胀系数，这对产品的尺寸稳定性十分有利。同时复合材料模具还具有质量轻、易成型、易加工、热传递快等诸多优点，适合于长径比小且开口尺寸较大的雷达天线罩。复合材料模具具有较好的可修复性：模具一旦损坏（如冲击损伤、真空泄漏、表面划伤等）后，能在短时间内，以较低的成本修复好。而金属模具受损断裂或变形后，一般很难修复。

复合材料模具的缺点是耐高温性能较差，材料的密封性也不稳定，出现泄漏可能造成整个模具的报废。这种模具表面硬度相对低一些，容易造成划伤，也容易变形。而且价格非常昂贵，并且需要高精度的母模来翻制复合材料模具。复合材料模具的使用寿命也相对较短。

综合来看，原则上铸铝模具一般用于大型雷达天线罩的成型，小型的雷达天线罩采用铸钢模具成型，长径比小且开口尺寸较大的雷达天线罩采用复合材料模具成型。

各种材料的物理性能对比可参考下表 5-15 和表 5-16，表 5-15 为非金属材料，表 5-16 为金属材料。

表 5-15　常用非金属模具材料的物理性能

性能指标	玻璃纤维复合材料	碳纤维复合材料	聚合物材料
拉伸强度 /MPa	~500	~900	~100
拉伸模量 /GPa	23	60	0.5~5
韧性	冲击引起损伤	耐冲击性差	只耐低速冲击

表 5–15（续）

性能指标	玻璃纤维复合材料	碳纤维复合材料	聚合物材料
密度 / (g/cm^3)	1.8	1.5	0.6 ~ 2
热膨胀系数 / (10^{-6}/℃)	11.7	4	30 ~ 100
热导率 /［ W/ (m · K) ］	~ 1	~ 1	0.2 ~ 1
比热容 /［ J/ (kg · K) ］	~ 1000	879	2000
最高使用温度 /℃	210	250	<100
型面粗糙度	1.6μm	0.8 ~ 1.6μm	易产生划痕
制造周期	8 ~ 10 周	比制造玻璃纤维模具稍长	几天
使用寿命	200 ~ 500 次	比玻璃纤维模具长	较玻璃钢、碳纤维模具长

表 5–16　常用金属模具材料的物理性能

性能指标	铝	钢	铸铁
拉伸强度 /MPa	50 ~ 500	>300	100 ~ 200
拉伸模量 /GPa	70	210	~ 150
韧性	易产生划痕	坚硬，不易产生划痕	坚硬，不易损伤
密度 / (g/cm^3)	2.7	7.9	7.2
热膨胀系数 / (10^{-6}/℃)	23	15	11
热导率 /［ W/ (m · K) ］	200	60	70
比热容 /［ J/ (kg · K) ］	~ 900	420	500
最高使用温度 /℃	> 树脂固化温度	> 树脂固化温度	> 树脂固化温度
型面粗糙度	<1.6μm	0.4 ~ 1.6μm	较铝、钢低
制造周期	取决于铸造或机加时间	比制造铝模具长	取决于铸造或机加时间
使用寿命	长	比铝模具长	长

5.5.3　机械加工工艺装备

雷达天线罩机械加工工装主要有车夹具和镗夹具，制造工序主要包括：沿尖部切割线将雷达天线罩成型余量切断，镗制尖部内孔；沿根部切割线将雷达天线罩成型余量切断，镗制根部定位面。

机械加工工装的总体要求可归纳为三个方面。

（1）保证工件的加工精度。

（2）结构简单，操作方便。

（3）具有良好的结构工艺性，便于夹具的制造、装配、检验、调整和维修。

5.5.3.1　车夹具

雷达天线罩车夹具主要用来解决回转体雷达天线罩在车床上进行车削加工时的装夹和定位问题，与其他车床夹具的结构类似。雷达天线罩车夹具按功能可分为根部车夹具和尖部车夹具两个部分，根部车夹具主要完成雷达天线罩根部切断和内孔的加工，尖部车夹具主要完成尖部的切断和内孔的加工以及尖部斜锥的加工。车夹具的难点主要集中在结构设计特别是定位部分的结构和与机床接口的协调。

（1）尖部车夹具结构

根据雷达天线罩的结构特点，对尖部加工的要求有如下两个方面。

①沿尖部切割线将雷达天线罩成型余量切断，对切割精度有明确的量化要求。

②对尖部内孔进行车削加工（或镗制），保证装配精度。

（2）机床接口

首先要明确车夹具与机床接口的定位形式，可分为主轴接口和尾座接口两大部分，主要有以下两种连接形式。

①夹具以其尾部锥柄和主轴锥孔配合定心，并通过螺杆与主轴紧固。

②用卡盘内孔定位，并利用其上分布的 T 形槽，使用 T 形螺母和螺栓对夹具进行调整紧固。

（3）定位部分的典型结构

①根部用雷达天线罩内型卡盘定位，外部用压块压紧，尖部靠雷达天线罩外形定位，并设计有调整装置对定位精度进行调整。

②根部用雷达天线罩内型卡盘定位，尖部靠雷达天线罩外形定位，使用机床尾座对罩体压紧。

就以上两种定位结构来说，第二种较为简单，操作也较为简便，但其结构有一定的局限性，尖部内孔加工较为困难。第一种结构复杂，但可以完成头部的切断和内孔加工，并能对夹具定位精度进行微调，如图 5-66 所示。

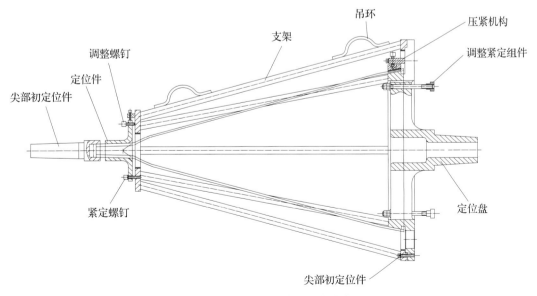

图 5-66　雷达天线罩车夹具定位装置

5.5.3.2 镗夹具

当雷达天线罩不是回转体，无法在车床上完成根部和尖部加工时，就需要在镗床上完成加工。由于雷达天线罩尺寸较大，一般选用卧式镗床进行加工。

①接口与连接部分

镗夹具安装在工作台上，底部定位轴用工作台中心孔定位，使用 T 形螺栓通过工作台上的 T 形槽与镗床进行连接，夹具的外形尺寸不能影响到雷达天线罩的加工。由于镗夹具结构的特殊性，每次加工前，都必须找正，所以在设计时必须设置基准，以方便找正时使用。

②总体方案

镗夹具多为框架式结构，其结构如图 5-67 所示。

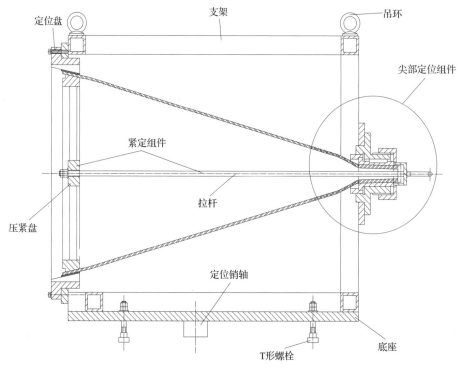

图 5-67　雷达天线罩镗夹具结构

镗夹具主要由根部定位盘、支架、底座、尖部定位组件、紧定组件 5 部分组成，夹具可以在工作台上回转 180°。使用时，先将底座安装定位于工作台上，底座上有定位销轴与工作台定位，并能通过螺栓与工作台连接固定。支架是夹具的主体，通常采用焊接结构，焊后应进行去应力处理，以保证装配精度。支架一端装有定位基准环，基准环内型面与雷达天线罩接触面附型，支架另一端与尖部定位组件连接，可以轴向微量调节，以消除雷达天线罩在加工定位时可能产生的轴向间隙，并通过紧定组件的拉杆和压紧盘把雷达天线罩拉紧、固定。

5.5.4　装配和检验工艺装备

装配和检验工装是用于雷达天线罩的装配和检验的工艺装备，包括装配夹具和检验夹具。装配夹具有时也兼顾检验的功能，可以合二为一。

　　装配夹具具有将雷达天线罩中的各个零部件组合装配在一起并满足一定的位置关系的功能，包括罩体根部钻孔、安装金属件等。利用装配夹具进行雷达天线罩的装配，可以满足与飞机装配时的互换性要求，有利于雷达天线罩的维护和换装。

　　检验夹具是在所有零件装配完成后，对其进行检验的工装。检验工装的运用，可以使检验效率更高，检验更为直观。

　　装配和检验夹具结构相对比较复杂，功能较多，可以分为立式和卧式两种，主要包括支撑框架、根部型面阶差对缝修锉功能组件，钻模组件，金属件的定位安装组件等。

　　装配夹具应综合考虑：参加装配的部件、组件、零件图号、装配程序、工艺方法；定位、压紧的部件、组件、零件图号及定位基准；装配件在架内放置状态及工作状态，完工后的出架方式和方向；工作高度等。

　　检验夹具应综合考虑：检验内容、方法；检验件的定位基准，位置及夹紧形式；被检验件在检验架中的放置状态；检验销尺寸、数量；工作高度等。

　　典型装配和检验夹具如图 5-68 所示。

　　随着计算机技术的发展，目前已经可以实现在计算机上虚拟装配，将装配过程进行模拟，可以发现是否有装配干涉，并识别出装配关键点。

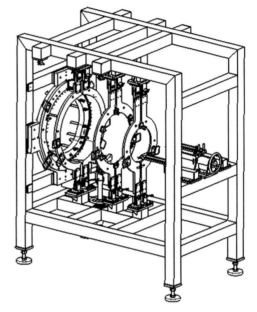

图 5-68　典型装配和检验夹具

5.5.5　电厚度校正工艺装备

　　电厚度测试校正系统用于雷达天线罩的电厚度测试与喷涂校正，是雷达天线罩品质保证的重要手段，主要由测试台、微波测量系统、喷涂系统和控制系统几部分组成，能完成滚动和测试台的平移（包括纵向和横向）以及方位转动四个自由度的运动。电厚度校正与补偿工装安装于测试台滚环上，用于雷达天线罩在测试台上的装夹和定位。

5.5.5.1　雷达天线罩电厚度测试技术要求

　　不同类型的雷达天线罩的测试要求一般都包括以下主要内容。

　　①雷达天线罩安装在滚环上，其旋转中心应与滚环的转动中心保持一致。

　　②雷达天线罩根部距滚环定位平面距离。

　　③测试工装的易用性和操作性要求。

　　④测试工装与测试台接口的定位方式。

　　⑤雷达天线罩的测试状态。

　　电厚度校正与补偿工装与电测工装有许多相似之处，有许多结构可以相互借用。相比较而言，电厚度校正与补偿工装的测试精度要求更高，由于受到转台和微波测量系统的结构限制，对金属反射面的大小也比较敏感，这些在设计时都应该仔细考虑，尽量降低不利影响。

5.5.5.2　工装结构

　　电厚度测试对测试工装定位精度要求高，因此一般采用铸件作为工装的主体，采用铸造的结构形式可以得到较高的尺寸稳定性和刚性。工装结构方案的重点是协调雷达天线罩和测试台之间的位置关系，确定测试工装的具体结构形式，并分别确定工装与雷达天线罩和测试台的装夹与定位方式。

（1）与雷达天线罩的连接和定位

在进行定位部分的设计时，应着重考虑何种定位结构定位精度高，重复性好。在雷达天线罩的定位设计中通常采用高精度定位孔的形式，即工装上的定位孔采用镗铣床一次装夹加工而成。这样可以有效地保证定位精度，消除中间环节带来的误差。但由于雷达天线罩的外形尺寸较大，整体加工对设备依赖性大，成本高。对于头部带空速管的雷达天线罩，为了降低加工成本，可采取精密刻线，装配时调整找正雷达天线罩头部空速管内孔，使其轴线与测试台滚环转动轴线一致，塑制定位部分的方法。这种方法在实际生产中也能取得较好的效果，只是调整操作烦琐，对操作者水平要求高，不容易掌握。

（2）与测试台的连接和定位

测试台在设计和制造时，都预留了与工装连接和定位的接口。滚环内孔一般精度高，可用于测试工装的定位，另外测试台滚环上还设有连接孔用于测试工装的连接。具体结构如图5-69所示。设计时通常以滚环内孔为基准，工装采用止口定心，通过工装上的连接孔，用连接螺栓将工装固定在测试台滚环上。

有时，雷达天线罩的轮廓尺寸可能超过转台的轮廓尺寸，为了尽量减小雷达天线罩根部测试盲区，消除工装对测试范围的影响，工装在设计上应具有可调整性并预设有定位基准，基准的位置应便于测量，装配时调整测试工装与测试台滚环转轴同轴后，组合加工定位销孔，用定位销将工装定位在测试转台上，定位销应采用内螺孔圆锥销，和圆柱销相比，圆锥销定位精度更高，在受横向力时能自锁，对工装的定位更有利。

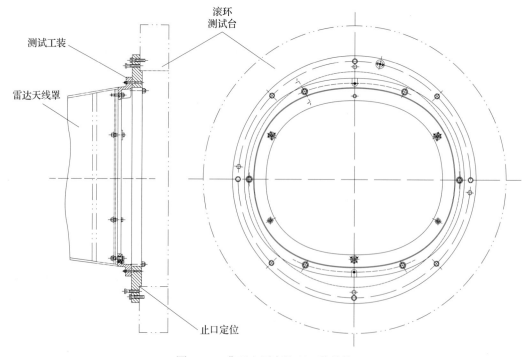

图 5-69　典型电厚度校正工装结构

5.5.6　电性能测试工艺装备

测试转台是雷达天线罩测试的主要设备，电性能测试工装安装于转台上，是雷达天线罩生产中的重要工装之一。工装设计时通常要重点考虑转台的承载重量和力矩，并对天线和雷达天线罩的运动轨迹进行模拟仿真，以确认在整个测试过程中不会发生干涉。

5.5.6.1　雷达天线罩电测技术要求

雷达天线罩电测工装需要保证产品测试过程中产品的姿态和运动状态，主要包括以下内容。

（1）测试角度范围（方位旋转、俯仰旋转）。

（2）保证雷达天线罩和测试天线的位置关系。

（3）保证天线座转动中心与测试转台转动中心重合。

测试工装按功能分类主要包括雷达天线罩测试夹具和天线座测试夹具两个部分，根据测试项目的不同，有时会用到天线支杆，是否使用支杆对天线和雷达天线罩的相对运动有不同的影响，所以测试夹具结构也有所区别。

有时雷达天线罩相对于测试天线的插入深度（雷达天线罩后端面距天线口面的垂直距离）也会有多个不同的测试状态要求，为了保证测试精度，对运动和定位部分的结构应充分考虑，同时还需兼顾可操作性。

5.5.6.2　电测工装结构

在明确了测试转台、天线及雷达天线罩的位置关系以及天线测试状态后，进行电测工装的零部件设计。图 5-70 为典型电测工装安装使用环境。

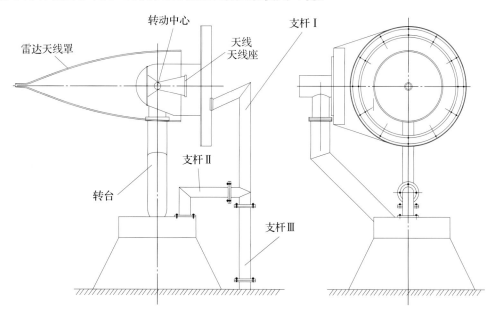

图 5-70　典型电测工装安装使用环境

零部件设计过程主要包括以下几个方面。

（1）根据雷达天线罩和天线与测试转台的位置关系，确定雷达天线罩夹具和天线座夹具的结构形式。雷达天线罩测试夹具的结构形式要求简单实用，易于制造，尺寸稳定性好，测试转台的结构特点决定了测试夹具通常要承受较大的力矩，这就对夹具的刚性提出了较高要求，因为这直接关系到测试精度。电测夹具的形式可分为笼式和箱式两种，电测夹具的内部一般是空心的，这样既能减轻零部件重量，又能让电控设备的线缆从其内部穿过，不致影响测试动作。

（2）根据加工工艺的需要，对夹具进行零部件设计。加工工艺性是我们在设计时需要考虑的一个重要因素。测试夹具定位零部件越少，误差累积越少，对保证测试精度越有利。但有时根据加工工艺的需要，我们不得不把一个大尺寸或形状复杂难以加工的零件拆分为两个或多个零件。如何拆分易于加工，采取何种结构形式易于保证制造精度对实现我们的设计目标非常关键。

（3）根据测试状态及承载要求确定零部件材料。电测夹具材料一般以钢型材和铝型材为主，如零部件尺寸较大时，也使用铸铁或铸造铝合金；另外，有些雷达天线罩在测试时角度太大，使用金属材料对微波信号反射较大，这时就需要采用非金属复合材料。

5.5.6.3　运动分析

在装机状态下，雷达天线罩相对于机身保持静止状态，天线进行扫描动作。而雷达天线罩在转台上测试时，天线与罩体之间的运动较为复杂，天线的插入深度也有多种不同的状态，尤其在使用电子定标方法进行测试时，需要使用天线支杆，很容易发生磕碰现象。在做完结构设计后，需要对天线和雷达天线罩的运动轨迹进行模拟，检查是否有干涉、磕碰的部位，并及时进行调整。

第6章　电磁特性试验

6.1　引言

雷达天线罩电磁特性试验技术是通过试验途径对雷达天线罩电磁特性进行表征的技术，它是涉及微波天线、自动控制、信号处理、机械、计算机等专业的一项跨学科综合技术，主要包括雷达天线罩材料介电性能测试、电厚度测试与校正、电性能测试技术、隐身性能试验技术等内容。

6.2　雷达天线罩材料介电性能试验

6.2.1　介电性能概念

材料的介电性能是指在电场作用下，表现出对静电能的储蓄和损耗的性质，如图 6-1 所示。

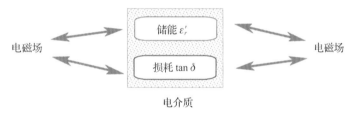

图 6-1　电介质处于电磁场中表现出的特性

一般用电阻率 ρ、介电常数 ε'_r 和介质损耗角正切 $\tan\delta$ 三个参数来表示此特性，由于电阻率是宏观物理量，无法反映微观电运输机制，因此，判断材料的优劣常使用介电常数和损耗角正切参数来表示

$$\varepsilon_r = \varepsilon'_r - j\varepsilon''_r = \varepsilon'_r(1 - j\tan\delta) \tag{6-1}$$

式中：ε'_r——介电常数；

$\tan\delta$——介质损耗因数，即介质损耗角正切。

（1）介电常数（dielectric constant）

电介质处于外电场（电磁波）中，由于极化而出现极化电荷，于是在外电场上叠加了一个极化电荷的电场，而这个电场的方向与外电场的方向相反，因此，介质内部的合电场减弱。如果在真空中的场强为 E_0，则在介质中的场强 $E = E_0/\varepsilon'_r$，ε'_r 称为介质的介电常数，是表征物质绝缘能力的一个系数。

（2）介质损耗（dielectric loss）

电介质处于交变电场中，由于介质极化的进程与返程有差别而形成滞后现象，这时所产生的能量损耗称为介质损耗。

（3）损耗角正切（$\tan\delta$）

$\tan\delta$ 为介质损耗因数，也名损耗角正切，δ 为损耗角（loss angle）。

研究介质的极化和损耗，一般以电阻等效电路和流经该电路的电流矢量图表示，如图 6-2 所示。

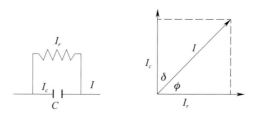

图 6-2　电阻等效电路和流经电路的电流矢量图

合成电流 I 为 I_r 和 I_c 的矢量和，可用复数形式表示如下

$$I=I_r+I_c=\frac{V}{r}+\mathrm{j}\omega cV=\left(\frac{1}{r}+\mathrm{j}\omega c\right)V \tag{6-2}$$

用图 6-2 中矢量图所示，则

$$\tan\delta=\frac{I_r}{I_c}=\frac{1}{\omega cr} \tag{6-3}$$

由此引出了损耗角正切 $\tan\delta$ 这个物理量，而系统的功率损耗等于

$$P=\frac{V^2}{r}=V^2\omega c\cdot\tan\delta \tag{6-4}$$

从式（6-4）可以看出，损耗角正切 $\tan\delta$ 越大，则介质损耗越大，$\tan\delta$ 是表征物质损耗大小的一个物理量。

6.2.2　测试内容与要求

（1）测试方法的选取要求

介电性能测试主要测试电介质的介电常数和损耗角正切，该参数与频率相关，测试频段通常分为 X、Ku 和 Ka 频段，由于毫米波（3mm）频段具有更短的波长、更窄的波束宽度、能够进行全天候探测和抗干扰能力强等优点，介电测试有向 3mm 频段发展的趋势。

在雷达天线罩材料测试中，一般根据图 6-3 和图 6-4 选择相应的测试方案。对于雷达天线罩材料，一般 $\tan\delta \geqslant 0.01$ 的材料测试采用传输 / 反射法测试方案，$\tan\delta \leqslant 0.01$ 的材料测试则采用谐振法测试方案。

（2）试样制作要求

由于雷达天线罩电介质材料损耗非常小，因此需要采取相应的措施减小误差，提高测试精度。在试样制作方面，一般有以下几点要求。

①波导试样的尺寸需要严格的控制，试样的长度和宽度由测试频段的波导夹具尺寸决定，波导试样的厚度根据材料的介电常数预估值和不同的测试方法计算，试样公差要求为 –0.01mm。

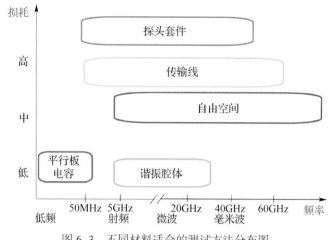

图 6-3　不同材料适合的测试方法分布图

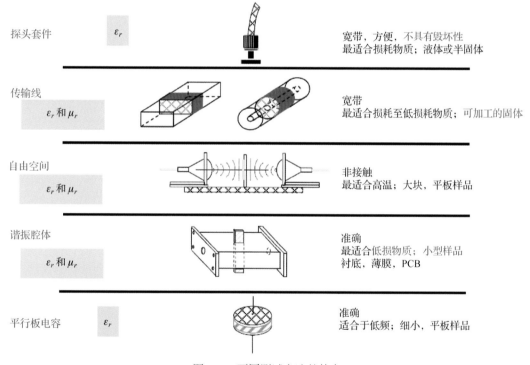

图 6-4　不同测试方法的特点

②波导试样与夹具吻合度要高，缝隙要足够小，试样无变形。

③波导试样及测试夹具接触面应干净整洁，平整光滑。

④波导试样材料应均匀，内无气孔和裂缝。

⑤谐振腔试样的上下平面必须平行，介质材料均匀性好。

（3）电缆连接和仪器设置要求

为了提高测试精度，系统连接和仪器设置有以下两点要求。

①电缆和矢量网络分析仪及波导同轴转换器必须良好接触；

②在矢量网络分析仪指标范围内，信号源发射能量的设置尽可能大。

6.2.3 测试技术

6.2.3.1 基于传输 / 反射的测试技术

基于传输 / 反射的测试方法，也叫传输线法，就是将待测试样放入微波传输线内，测试放入试样前后的传输线参数，然后根据相应的微波理论公式，计算出介电常数和损耗角正切。本节主要介绍基于传输线测试的波导短路法、传输 / 反射法和自由空间法三种方法。

（1）波导短路法

①测试原理

波导短路法的测试原理为反射法，就是将介质放在测试系统的末端，输出端接良导体短路板产生全反射波，根据介质引起的驻波节点的移动和驻波比，通过公式计算，可测出介质的介电常数和损耗角正切。介质加入前驻波点移动示意图如图 6-5 所示。

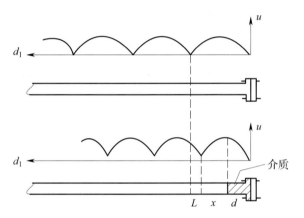

图 6-5 介质加入前后驻波点移动示意图

②计算公式

$$\frac{\tanh\gamma d}{\gamma d}=\frac{\lambda_1}{\text{j}2\pi d}\frac{1-\text{j}\rho\tan\left(\frac{2\pi}{\lambda_1}x\right)}{\rho-\text{j}\tan\left(\frac{2\pi}{\lambda_1}x\right)} \qquad (6\text{-}5)$$

$$x=\frac{\lambda_1}{2}-d-L \qquad (6\text{-}6)$$

$$\varepsilon_r^*=\left(\frac{\gamma\lambda_0}{2\pi}\right)^2+\left(\frac{\lambda_0}{\lambda_c}\right)^2 \qquad (6\text{-}7)$$

当矩形波导中传输 H10 波时

$$\varepsilon_r^*=\varepsilon_r{}'-\text{j}\varepsilon_r{}''=\left(\frac{\lambda_0}{2\pi}\right)^2\left[\left(\frac{\pi}{a}\right)^2-\alpha^2+\beta^2-\text{j}2\alpha\beta\right] \qquad (6\text{-}8)$$

$$\varepsilon_r{}'=\left(\frac{\lambda_0}{2\pi}\right)^2\left[\left(\frac{\pi}{a}\right)^2-\alpha^2+\beta^2\right] \qquad (6\text{-}9)$$

$$\tan\delta = \frac{j2\alpha\beta}{\left(\dfrac{\pi}{a}\right)^2 - \alpha^2 + \beta^2} \qquad (6-10)$$

$$\lambda_c = 2a \,,\; \lambda_0 = c/f$$

式中：γ ——传输常数；

a ——波导宽边尺寸，mm；

c ——真空中光速，2.998×10^{11} mm/s；

d ——试样厚度，mm；

f ——测试频率，GHz；

ρ ——驻波比，通过测试得出；

λ_1 ——波导空腔导内波长，通过测试得出，mm；

L ——驻波节点的移动距离，通过测试得出，mm。

③试样厚度计算

由于式（6-5）解超越方程具有多值性，因此，试样厚度需要根据材料介电常数的预估值进行计算，设 λ_g 为介质中的波长，样品厚度 d 一般取 $\lambda_g/4$ 的奇数倍，因为此时样品中的能量吸收达到极大值，这时被测驻波比降低，波导自身损耗的影响较小。在工程应用中，当介电常数较大时，取样品厚度约等于 $3\lambda_g/4$；当介电常数较小时，取样品厚度约等于 $\lambda_g/4$。

对于 TE 波，λ_g 计算公式如下

$$\lambda_g = \frac{\lambda_0}{\sqrt{\varepsilon'_r - \left(\dfrac{\lambda_0}{\lambda_c}\right)^2}} \qquad (6-11)$$

式中：λ_g ——介质波长；

ε'_r ——介电常数；

λ_c ——截止波长，$\lambda_c = 2a$；

λ_0 ——真空波长，$\lambda_0 = c/f$；

a ——波导宽边尺寸，mm；

c ——真空中光速，2.998×10^{11} mm/s；

f ——测试频率，GHz。

波导短路法介质试样如图 6-6 所示。

图 6-6　波导短路法介质试样

（2）传输 / 反射法

①测试原理

传输 / 反射法就是将被测材料放置于同轴线、波导等微波传输线中，将测试夹具等效为一个二端口网络，网络示意图如图 6-7 所示。

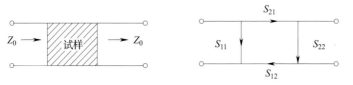

图 6-7　网络示意图

采用矢量网络分析仪测得微波散射参数，然后根据测试出的散射参数与材料介电之间的关系，通过一定理论算法，求得待测材料的 ε'_r 和 $\tan\delta$。

该方法测试夹具形式分为同轴线和标准波导等，同轴传输线采用 TEM 波进行测试，波导传输线采用 TE_{01} 波进行测试，测试模型如图 6-8 和图 6-9 所示。

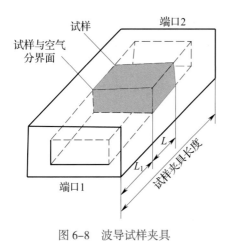

图 6-8　波导试样夹具　　　　　　图 6-9　同轴线试样夹具

②计算公式

a. 同轴试样计算公式

$$\varepsilon_r = \sqrt{\frac{y}{x}} \tag{6-12}$$

$$x = \left(\frac{1+\Gamma}{1-\Gamma}\right)^2 \tag{6-13}$$

$$y = -\left[\frac{c}{2\pi fd}\ln\left(\frac{1}{T}\right)\right]^2 \tag{6-14}$$

$$T = \frac{S_{21}}{1-S_{11}\Gamma} \tag{6-15}$$

$$\Gamma = K \pm \sqrt{K^2 - 1} \ （这里 "\pm" 取决于 |\Gamma| \leqslant 1） \tag{6-16}$$

$$K = \frac{\left[S_{11}^{\ 2} - S_{21}^{\ 2} \right] + 1}{2S_{11}} \tag{6-17}$$

b. 波导试样计算公式

$$\varepsilon_r = \frac{\left(\dfrac{1}{\Lambda^2} + \dfrac{1}{\lambda_c^{\ 2}} \right) \lambda_0^{\ 2}}{\mu_r} \tag{6-18}$$

$$\lambda_c = 2a, \ \lambda_0 = c/f$$

$$\frac{1}{\Lambda} = \pm j \frac{1}{2\pi d} \ln \left(\frac{1}{T} \right), \ \left[这里 "\pm" 取决于 \mathrm{Re}(\Lambda \geqslant 0) \right]$$

式中：对于非磁性材料，$\mu_r = 1$；

　　　a——波导宽边尺寸，mm；

　　　c——真空中光速，2.998×10^{11} mm/s；

　　　d——试样厚度，mm；

　　　f——测试频率，GHz。

③试样厚度计算

由于波导试样相对于同轴线试样制作简单且精度高，因此，本章仅讨论波导试样的制作和测试。

根据介质材料介电常数的预估值和不同的计算模式估算试样的厚度，估算公式见表 6-1。

表 6-1　不同计算模式下试样厚度预估公式

序号	计算模式	预估试样厚度 /d
1	Refl/Tran u&e N.R	$\lambda_g/4$
2	Refl/Tran e Prec'n	$n\lambda_g/2$
3	Refl/Tran e Fast	$n\lambda_g/2$
4	Refl e Short Back	$\lambda_g/2$
5	Refl e Arbit-Back	$\lambda_g/2$
6	Refl u & e Sing/Dbl Thk	$\lambda_g/4 \ \& \ \lambda_g/2$

$$\lambda_g = \frac{\lambda_0}{\sqrt{\varepsilon_r' \cdot \mu_r - \left(\dfrac{\lambda_0}{\lambda_c} \right)^2}} \tag{6-19}$$

$$\lambda_0 = c/f$$

$$\lambda_c = 2a$$

式中：c——真空中光速，2.998×10^{11} mm/s；

ε'_r——相对介电常数；

μ_r——相对磁导率，对于非磁性材料，$\mu_r=1$；

a——波导夹具宽边尺寸，mm；

为了提高测试精度，一般以表 6-1 中第 2 种模式制作试样厚度。

④确定校准参考面

试样放在夹具中测试，无法直接测得基于试样端面的 S 参数，需要将可测的基于矢量网络分析仪端口校准端面的 S 参数转换为基于试样端面的 S 参数，为了减小测试误差，引入了校准参考面的确定方式。

通常的校准方法为全二端口校准法，根据校准参考面的不同，又分为测试夹具两端和夹具单端作为校准参考面两种校准方式。

a. 测试夹具两端作为参考面校准

该校准方式在如图 6-10 所示的参考面上，分别进行 Short、Offset Short 和 Load 校准，图 6-11 仅画出了端口 1 的校准示意图，端口 2 的校准方法与端口 1 完全相同。

双端口校准后，再进行正反向传输校准，如图 6-12 所示。

该校准方式需要测试波导夹具长度以及试样在波导中的位置，从而引入了两项测试误差，并且存在试样位置模糊性问题。研究表明，微小的距离测试误差对材料电磁参数的测试精确度有比较显著的影响，特别是对材料损耗测试影响很大。

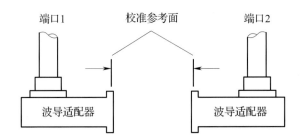

图 6-10　测试夹具两端作为参考面

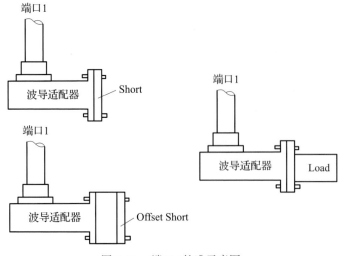

图 6-11　端口 1 校准示意图

364

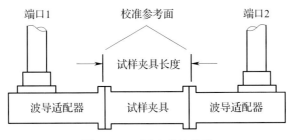

图 6-12　正反向传输校准

b. 测试夹具单端作为参考面校准

为了提高测试精度，下面介绍夹具单端参考面校准法，即测试夹具固定于端口 2 所连接的波导适配器上，参考面的选定如图 6-13 所示。在校准参考面上，分别对端口 1 和端口 2 进行 Short、Offset Short 和 Load 校准，校准方法与测试夹具双端参考面完全相同。

校准完成后，网络分析仪的两个测试面均被延伸至夹具的一端，设测试的 S 参数为 S_m，则试样两端的 S 参数和 S_m 具有以下关系式

$$s_{11} = s_{11m} \exp\left(2\gamma_0 L_1\right) \tag{6-20}$$

$$s_{21} = s_{21m} \exp\left(-\gamma_0 L\right) \tag{6-21}$$

式中，L_1 和 L 的物理意义如图 6-8 所示。测试过程中，如保证波导试样测试面与校准面齐平，则 L_1 等于 0，整个测试过程仅仅测试试样厚度即可，从而有效解决了试样位置模糊问题，大大提高了测试精度。对于低损耗介质测试，夹具单端参考面校准是减小测试误差行之有效的方法。

（3）自由空间法

①测试原理

自由空间法本质上是准光束传输/反射法，它是利用聚焦透镜喇叭天线模拟平面电磁波辐射到自由空间中，忽略待测样板边缘绕射的影响，当遇到测试样板时，发生反射和透射现象，利用天线接收反射和透射信号，通过矢量网络分析仪测得样板的 S 参数，并根据 S 参数计算介质材料的介电常数和损耗角正切。自由空间法测试原理如图 6-14 所示。

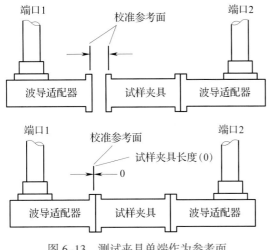

图 6-13　测试夹具单端作为参考面

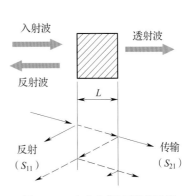

图 6-14　自由空间法测试原理

②计算公式

如果测试波为 TEM 波，根据式（6-22）~式（6-27）（即可求出复介电常数和复磁导率，对于非磁性介质，$\mu=1$）

$$S_{21}=S_{12}=\frac{T(1-\Gamma^2)}{1-\Gamma^2 T^2} \quad (6-22)$$

$$S_{11}=S_{22}=\frac{\Gamma(1-T^2)}{1-\Gamma^2 T^2} \quad (6-23)$$

$$\Gamma=\frac{\gamma_0\mu-\gamma\mu_0}{\gamma_0\mu+\gamma\mu_0} \quad (6-24)$$

$$T=e^{-\gamma L} \quad (6-25)$$

$$\gamma_0=\frac{\omega}{c} \quad (6-26)$$

$$\gamma=\frac{\omega}{c}\sqrt{\mu_r\varepsilon_r} \quad (6-27)$$

式中：S_{21}、S_{12}、S_{11} 和 S_{22} 可通过矢量网络分析仪测出；L 为介质厚度；ω 为角频率，通过测试频率可以计算得到；c 为真空中光速。

③测试校准

为了减小系统误差，介质测试前需要对系统进行校准，最常用的是基于二端口校准的 TRM 校准方法和 TRL校准方法，如图 6-15 和图 6-16 所示。

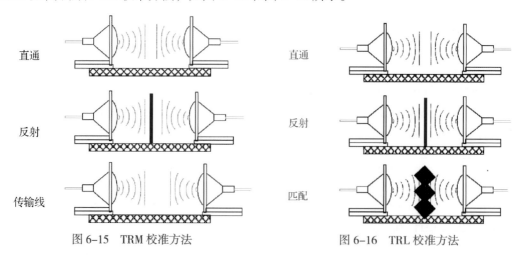

图 6-15　TRM 校准方法　　　　图 6-16　TRL 校准方法

TRM 校准方法的局限性是很难找到频带较宽的匹配吸收负载，而 TRL 校准方法则需要精密的定位装置，且定位装置昂贵。后来，安捷伦公司又推出了 GRL 校准方法，该方法能够克服以上两种方法的缺点，但需要分两步进行处理，校准过程稍微复杂。GRL 校准方法如图 6-17 所示。

第一步：移除天线，使用波导或同轴线校准件进行 ECal、TRL 或者 SOLT 二端口校准处理，消除矢量网络分析仪和电缆的影响误差。

第二步：使用 Thru 和金属板校准件，进行 Line 和 Reflect 校准，消除天线和定位装置的影响误差。

　　当然，TRM、TRL 和 GRL 校准方法各有利弊，测试过程中，需要根据实际情况选择合适的校准方法。

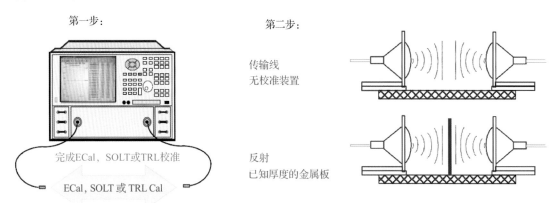

第一步：　　　　　　　　　　　　第二步：

完成ECal，SOLT或TRL校准

ECal, SOLT 或 TRL Cal

传输线
无校准装置

反射
已知厚度的金属板

图 6-17　GRL 校准方法

6.2.3.2　基于谐振的测试技术

　　谐振腔法就是将待测试样放入微波谐振腔内，测试放入试样前后的谐振频率 f_0 和品质因数 Q。f_0 是谐振腔中某一模式的场发生谐振的频率，它是描述谐振腔中电磁能量振荡规律的参量，与介质试样的 ε'_r 有关；品质因数 Q 是描述谐振腔选择性的优劣和能量损耗的程度，与介质试样的损耗角 $\tan\delta$ 有关。

　　由所测的 f_0 和 Q，根据相应的公式，计算出介电常数和损耗角正切，谐振腔法一般应用于极低损耗介质材料的测试。

　　谐振腔法测试的主要夹具是谐振腔，它是由集总参数 LC 电路演变而来的，演变过程如图 6-18 所示。

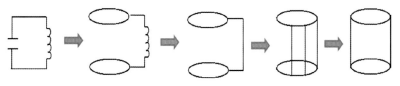

图 6-18　集总参数 LC 电路向空腔谐振器的演变过程

　　对于谐振频率 f_0，我们很好理解，下面介绍品质因数 Q 的意义。

　　品质因数包括固有品质因数 Q_0、有载品质因数 Q_L 和外部品质因数 Q_e。Q_0 是谐振腔自身的品质因数，又称无载品质因数，当谐振腔发生谐振时，Q_0 可由下式表示

$$Q_0 = 2\pi\frac{腔内电磁场总储能}{一个周期内腔中总损耗能量} = 2\pi\frac{W_0}{P_0T_0} = \omega_0\frac{W_0}{P_0} \qquad （6-28）$$

式中：W_0——腔内总储能；

　　　　P_0——单位时间内腔中损耗功率；

　　　　T_0——谐振时的振荡周期；

　　　　ω_0——谐振角频率。

当谐振腔通过耦合装置接有负载时，就会产生腔内能量损耗和腔外负载损耗，这时，有载品质因数 Q_L 由式（6-29）表示

$$Q_L = 2\pi \frac{\text{腔内电磁场总储能}}{\text{一周期内整个谐振系统中总损耗能量}} = \omega_0 \frac{W_0}{P_0 + P_e} \qquad （6-29）$$

式中：P_e——谐振时通过耦合装置到腔外负载的功率。也就是说，P_e 反映了耦合装置的耦合能力。

根据式（6-28）和式（6-29）可得

$$\frac{1}{Q_L} = \frac{P_0}{\omega_0 W_0} + \frac{P_e}{\omega_0 W_0} = \frac{1}{Q_0} + \frac{1}{Q_e} \qquad （6-30）$$

Q_e 为外部品质因数，由谐振腔负载吸收的功率所决定，即取决于负载与腔体的耦合程度。

当然，谐振腔的基本参量均是对同一振荡模式而言的，不同的模式有不同的谐振参量。

高 Q 腔法、开放腔法、分离式圆柱腔法、介质谐振器法、微扰法、准光腔法等都是基于谐振的测试方法。封闭式的圆柱形或矩形谐振腔一般用于微波的中低频段，随着航空武器向更高频率发展，短毫米、亚毫米波成为现在热点关注的频段。随着频率的增高，导体的欧姆损耗增大，封闭式腔体存在 Q 值下降、谐振模式太过密集和高次模干扰严重等弊端，因此，在短毫米波、亚毫米波频段，开放式的准光学谐振腔具有 Q 值高、工作模式简单、高阶模影响小、模式稀疏、操作简便、腔体的尺寸远远大于工作电磁波的波长和方便加工等诸多优点，因此，该方法是在短毫米波和亚毫米波段精确测试低损耗材料复介电常数的不二选择。

以上方法都是基于谐振的原理，具有 Q 值高、测试损耗小和腔内存在多种谐振模式等共同特点，测试原理基本相同，因此，计算机控制腔体自动测试的方法是一致的，仅仅是测试腔的形状、模式的选择和计算公式不同，本节主要介绍高 Q 腔法和准光腔法。

（1）高 Q 腔法

①工作原理

传统的圆柱谐振腔结构件简图如图 6-19 所示，其原理为在一个固定的模式和频率下，改变活塞位置，读测试腔置入试样前后长度的变化量来测定 ε'_r。该方法的优点是具有较高的准确度，缺点是在做出一个腔体后，腔体的长度是无法改变的，因而无法满足宽频带测试要求，面对现代武器向宽频发展的趋势，则需要大量的仪器设备和花费更多的时间。

在现代测试技术中，频率测试的精确度和分辨率均比长度测试的精度高，随着扫频技术的发展，传统的圆柱谐振腔法演变为现在常用的高 Q 腔法。

为了满足宽频带工作要求，高 Q 腔法采用一腔多模技术，即在谐振腔长度固定的情况下，采用改变不同的模式来实现多频点测试。其中，腔体的长度用测试谐振频率的方法求得，通过测试腔体置入试样前后谐振频率的变化来测定 ε'_r。这样，整个测试过程全部变为频率的测试，从而提高了测试精度，同时又有利于快速的 CAT（计算机辅助测试）。

从图 6-20 可以看出，空腔长为 L，直径为 D，对 TE_{0mn} 模有不同的谐振频率 f_{0l0mn}，它们有各自的无载品质因数 Q_{00}。

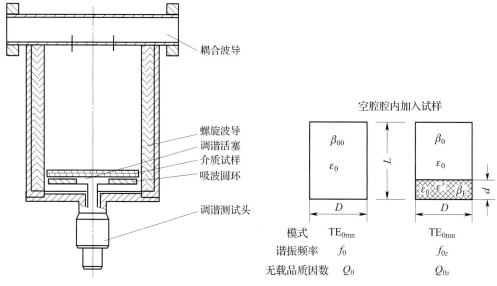

图 6-19　传统的圆柱谐振腔结构件简图　　　　图 6-20　高 Q 腔法原理示意图

当空腔中置入厚度为 d 的试样时，试样的复介电常数为 ε'_r 和 $\tan\delta$，此情况下无载品质因数为 $Q_{0\varepsilon}$。

②计算公式

建立了测试模型，就可以推导出求解 ε'_r 和 $\tan\delta$ 的公式，对于空腔，存在以下关系式

$$(f_0 D)^2 = \left(\frac{c}{\pi} X_{0m}\right)^2 + \left(\frac{cn}{2}\right)^2 \left(\frac{D}{L}\right)^2 \tag{6-31}$$

式中：X_{0m}——贝塞尔函数的根；

　　　D——腔体内径；

　　　n——工作模式；

　　　c——真空中光速，2.998×10^{11}mm/s；

　　　f_0——空腔谐振频率，通过测试得到；

　　　L——谐振腔的长度。

根据式（6-31），求得 L。

对于加入试样的腔体，存在以下关系式

$$\beta_\varepsilon^2 = \left[\left(\frac{2\pi f_{0\varepsilon}}{c}\right)^2 \varepsilon' - \left(\frac{2X_{0m}}{D}\right)^2\right] \tag{6-32}$$

$$\beta_0^2 = \left[\left(\frac{2\pi f_{0\varepsilon}}{c}\right)^2 - \left(\frac{2X_{0m}}{D}\right)^2\right] \tag{6-33}$$

式中：$f_{0\varepsilon}$——谐振腔加入试样后的谐振频率，通过测试求得。

根据场的储能和耗能的关系可以导得

$$\frac{\tan\beta_\varepsilon d}{\beta_\varepsilon} + \frac{\tan\beta_0 (L-d)}{\beta_0} = 0 \tag{6-34}$$

联立式（6-32）~式（6-34），ε' 可由下式求得

$$\varepsilon' = \left(\frac{c}{2\pi f_{0\varepsilon}}\right)^2\left[\beta_\varepsilon^2 + \left(\frac{2X_{0m}}{D}\right)^2\right] \tag{6-35}$$

$\tan\delta$ 可由式（6-36）求得

$$\tan\delta = \left(1 + \frac{u}{pv\varepsilon'}\right)\left(\frac{1}{Q_{0\varepsilon}} - \frac{1}{Q'_{00}}\right) \tag{6-36}$$

$$\frac{1}{Q'_{00}} = \frac{1}{Q_{00}}\left(\frac{f_0}{f_{0\varepsilon}}\right)^{\frac{5}{2}}\frac{\left(\frac{2X_{0m}}{D}\right)^2(pv+u) + D(p\beta_\varepsilon^2 + \beta_0^2)}{(pv\varepsilon'+u)\left[\left(\frac{2X_{0m}}{D}\right)^2\left(1-\frac{D}{L}\right) + \left(\frac{2\pi f_0}{c}\right)^2\frac{D}{L}\right]} \tag{6-37}$$

$$p = \left[\frac{\sin\beta_0(L-d)}{\sin\beta_\varepsilon d}\right]^2 \tag{6-38}$$

$$u = 2(L-d) - \frac{\sin 2\beta_0(L-d)}{\beta_0} \tag{6-39}$$

$$v = 2d - \frac{\sin 2\beta_\varepsilon d}{\beta_\varepsilon} \tag{6-40}$$

测得空腔无载品质因数 Q_{00} 和置入试样后腔的无载品质因数 $Q_{0\varepsilon}$，代入上述方程组即可求得 $\tan\delta$。

③测试系统

高 Q 腔法测试系统如图 6-21 所示。图中，根据测试频率，选择不同的矢量网络分析仪和耦合装置，由测控计算机通过 GPIB 口或网口控制矢量网络分析仪，开发测试和计算分析软件进行数据采集与处理。由对传输的测试确定谐振曲线，从而测出谐振频率和有载品质因数 Q_L；由对反射的测试确定腔体两端的耦合系数 β_1 和 β_2，从而确定无载品质因数 Q_{00}。

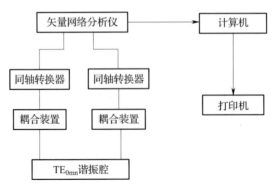

图 6-21　高 Q 腔法测试系统

（2）准光腔法

①工作原理

准光学谐振腔是一种毫米波开放式谐振腔，它的四周不全封闭，有一部分敞开于自由

空间当中。准光学谐振腔的形状多种多样，常用的准光学谐振腔有两种形式，一种是双凹腔，即由两个球面镜相对对称放置；一种是平凹腔，即由一个平面镜和一个球面镜半对称放置，如图 6-22 所示。

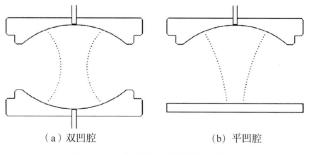

（a）双凹腔　　　　　（b）平凹腔

图 6-22　常用准光学谐振腔结构

　　准光腔测试方法与其他谐振腔相似，也包括两种测试方式。一种是固定频率法，即通过改变腔长的方法，使得放置样品后的谐振频率与空腔时的谐振频率相同，然后通过测试腔长和品质因数前后的变化来求得材料的相对介电常数与损耗角正切，由于长度的测试精度和分辨率比频率测试的精度低，所以较少采用。另一种则是固定腔长法，准光学谐振腔腔长不变，通过测试样品放置前后腔体谐振频率以及品质因数的变化来求得相对介电常数和损耗角正切。本章介绍平凹腔的固定腔长测试法。

　　②计算公式

　　根据图 6-23，在平面镜上放置样品（其相对介电常数为 ε'_r）后，将平凹腔内部划分为介质样品部分 V_1 和空气部分 V_2 两个区域，准光学谐振腔的工作模式为 TEM_{00q} 模式，通过相应的公式推导，可以求得 ε'_r 和 $\tan\delta$ 的计算公式。

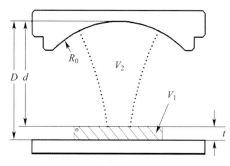

图 6-23　放置样品后的平凹腔

　　a．ε'_r 的计算公式

$$\varepsilon'_r = n^2 \tag{6-41}$$

$$\frac{1}{n}\tan(nkt-\phi_t) = -\tan(kd-\phi_d) \tag{6-42}$$

$$k = \frac{2\pi f_{0s}}{c} \tag{6-43}$$

$$\phi_t = \arctan\left(\frac{t}{nz_0}\right) \tag{6-44}$$

$$\phi_d = \arctan\left(\frac{d''}{z_0}\right) - \arctan\left(\frac{t}{nz_0}\right) \tag{6-45}$$

$$w_0{}^2 = \frac{2}{k}\sqrt{\left(d+\frac{t}{n}\right)\left(R_0-d-\frac{t}{n}\right)} \tag{6-46}$$

$$z_0 = \sqrt{d''(R_0-d'')} \tag{6-47}$$

$$d'' = d + \frac{t}{n} \tag{6-48}$$

$$d = D - t \tag{6-49}$$

测出置入样品后主模的谐振频率f_{0s}，并将样品厚度t、球面镜曲率半径R_0和实际精确腔长D一起代入式（6-42）~式（6-49），最后求解超越方程得到ε'_r。

　　b. $\tan\delta$的计算公式

$$\tan\delta = \frac{1}{Q_e} \cdot \frac{t \cdot \Delta + d}{t \cdot \Delta + \frac{1}{2k} \cdot \sin(2kd - 2\phi_d)} \tag{6-50}$$

$$\frac{1}{Q_e} = \frac{1}{Q_{0s}} - \frac{1}{Q_1} \tag{6-51}$$

$$Q_1 = Q_{00} \frac{2(t\Delta + d)}{D(\Delta + 1)} \tag{6-52}$$

$$\Delta = \frac{n^2}{n^2 \cos^2(nkt - \phi_t) + \sin^2(nkt - \phi_t)} \tag{6-53}$$

式中：Q_{00}是平凹腔空腔时的无载品质因数；Q_{0s}则代表了放置样品材料后的无载品质因数。将测试的Q_{00}、Q_{0s}、D、f_{0s}和已知的R_0、t以及前面计算得到的ε'_r一起代入，即可求得$\tan\delta$。

　　③测试系统

　　根据图6-24搭建相应的测试系统。

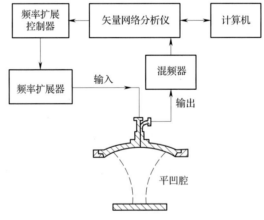

图6-24　准光腔法系统框图

　　与其他测试方法类似，电介质测试前需要测试频率范围内的系统校准，校准后，分别测出空腔和有载下的品质因数和谐振频率，然后将空腔谐振频率f_{00}和腔长初估值代入谐振频率公式得到取整后的模式数q，再将f_{00}和q代入谐振频率公式再次反解得到精确腔长D，最后代入计算公式求得电介质的ε'_r和$\tan\delta$。

6.2.3.3　材料介电性能的高温测试技术

　　进行高温测试，需要相应的温度控制系统。由于测试仪器及连接电缆必须在使用温度范围内工作，如果工作温度超出温度使用范围，其测试性能将会变差，甚至损坏。因此，不能将高温的测试样品直接连接到测试端口上，必须设计相应的隔热装置、散热装置和冷却装置，以确保连接入的测试电缆和仪器工作在正常的温度范围。

　　介电性能高温测试技术主要是高温系统的设计和组建，涉及高温测试物理模型、高温测试传感器、变温环境中的微波信号传输、高温加热测温和热保护、高温测试系统集成和测试误差分析技术。微波测试原理与常温测试原理相同，本章仅介绍高 Q 腔法高温测试系统。

　　（1）高 Q 腔法高温测试系统原理

　　高 Q 腔法高温测试系统框图如图 6-25 所示，灰色部分为填充的氮气。

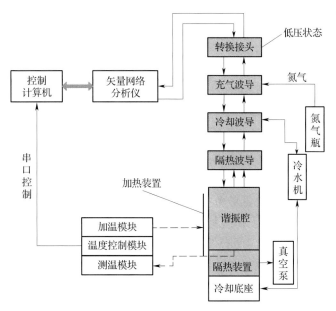

图 6-25　高 Q 腔法高温测试系统框图

　　该系统采用直接电加热的方法提高测试样品的温度，并用温度传感器进行温度测试，因此，需要相应的加热设备和温度测试装置。

　　（2）高温器件材料的选择

　　高温测试首先需要能够工作于高温环境的器件，而这些器件的研制主要从材料和工作性质来考虑。

　　选择高温材料主要考虑以下几个因素。

　　①材料变温情况下表面电阻率的变化情况；

　　②高温下的机械强度；

　　③高温下能承受一定应力并具有抗氧化或抗腐蚀能力。

　　具有以上性能的材料为高温合金。高温合金根据基体元素、制备工艺和强化方式可以进行不同的分类。按基体元素主要可分为铁基高温合金、镍基高温合金和钴基高温合金；按制备工艺可分为变形高温合金、铸造高温合金和粉末冶金高温合金；按强化方式可分为固溶强化型、沉淀强化型、氧化物弥散强化型和纤维强化型等。根据高温合金性能的对比，可以选择铁基高温合金制作谐振腔和波导传输线。

　　（3）高温微波器件和系统

　　由系统框图可以看出，高温微波器件主要为谐振腔、隔热波导、冷却波导和充气波导等。

（4）温度控制系统

要实现高温测试，温度控制系统的设计非常重要，系统框图如图6-26所示。

温度控制系统包括：物体加热、保温或隔热冷却、温度测试、温度调节和控制信号的转化等，分别由加温元件、测温元件、温度调节电路和控制信号转化器等器件完成。要进行准确的温度测试，需要设计科学的测温点结构，温度／时间设定、温度检测与控制可采用单片机进行集中控制。

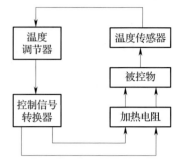

图6-26　温度控制系统框图

（5）氮气保护系统

如前所述，当微波测试系统高温工作时，需要进行相应的氮气保护，需要建立氮气保护系统。

测试前，腔体内的空气可以由真空泵通过谐振腔底部抽出，氮气则通过充气波导的充气孔进入，经过多次气体置换，就可完成氮气的填充，达到氮气对测试腔体内表面的保护。

（6）系统测试

对高温测试系统进行硬件集成后，编制相应的测试控制软件，就能够完成材料高达800℃的测试。

高温测试系统的组建，既要考虑加热设备，又要考虑测试系统，微波测试和加热同时进行，使测试系统变得复杂。传统加热方法必须采用冷却措施确保测试系统不受高温影响，许多研究者正在寻求一种简便有效的方法来避免这些缺点。目前研究主要集中在设计耐高温的测试探头以及与高温材料热隔离，但这仅仅是在传统低温复介电常数测试基础上对系统的改进，并没有采用新的方法。目前，已有人根据测试结果以及先验知识利用全局寻优搜索算法反演低温介质的复介电常数，或许我们也可以将这些优化算法引入高温材料复介电常数的获取技术中，相信不久的将来，在科学工作者的共同努力下，一定会出现更简便、更精确的材料复介电常数高温测试方法。

6.3　雷达天线罩电厚度试验与校正

6.3.1　电厚度的概念

（1）电厚度

电厚度是指对任意的入射角来说，在法线方向上的介质层的波数。对于均匀材料，电厚度可以由下式计算

$$\phi = \frac{2\pi d}{\lambda}\sqrt{\varepsilon_r - \sin^2\theta} \qquad （6-54）$$

式中：ϕ——介质的电厚度；

λ——电磁波在自由空间的波长，mm；

ε_r——介质的相对介电常数；

θ——电磁波在介质表面的入射角；

d——介质的物理厚度，mm。

介质的电厚度既与物理厚度有关，又与材料的相对介电常数有关。如果介质材料内部相对介电常数保持比较好的均匀性，则电厚度的变化主要取决于物理厚度的变化，控制电厚度就变成控制物理厚度。但是雷达天线罩成型以阳模手工裱型或手工与阴阳匹配模相结合的 RTM（树脂传递模塑）工艺为主，材料的均匀性及一致性取决于材料的批次性能及成型的工艺过程，最终结果往往是复合材料内部介电常数的均匀性不稳定。阴阳匹配模在合模中如果不能保持两个模具的旋转轴线的绝对重复性，也会引起雷达天线罩壁厚分布的偏差。此外，对变厚度雷达天线罩来说，雷达天线罩的变厚度曲线通常是平滑渐变的，而玻璃纤维的厚度是均匀等厚的，因此只能通过玻璃纤维阶梯渐变的方式实现雷达天线罩的平滑渐变，从而导致壁厚公差的不一致。因此，雷达天线罩的制造公差不是一个简单的几何尺寸的公差，而是体现出一种复合材料电厚度的公差。通过对雷达天线罩电厚度的控制，不仅能纠正雷达天线罩成型的壁厚公差，也能修正复合材料的介电常数偏离所引起的雷达天线罩电性能误差。雷达天线罩的电厚度分布，综合反映了壁厚与介电常数在雷达天线罩透波性能上的平均效应，一定程度上也模拟了雷达信号透过雷达天线罩后的宏观参数，因而电厚度分布与雷达天线罩其他电性能指标密切相关，成为调整雷达天线罩瞄准误差及方向图的最直接手段。

（2）插入相位变化

插入相位变化，是指空间两个平面之间插入一介质薄板所产生的波程变化。

（3）电厚度与 IPD 的关系

电厚度与 IPD 本身无量纲，仅指某个"波数"，但工程应用中通常按照一个波长为 360° 转换为度数便于理解，也有时转换为"弧度"便于计算。

电厚度与 IPD 有区别。电厚度仅指法线方向上的介质层的波数。如果想在其他角度测试电厚度值，则应通过计算得到法向上的一个结果。而 IPD 可在任意的角度上测试。只要前后两次的测试入射角相同，就有比较相位变化的意义。

电厚度与 IPD 之间既有区别也有联系。工程应用中通常用 IPD 表征电厚度的变化。当我们在法向上测试介质层电厚度有难度时，可以选择其他角度测试 IPD，无须复杂的换算，同样能表征介质层的电厚度影响。

可以更进一步说明两者的区别：利用矢量网络分析仪的 S_{11} 参数测试夹层结构雷达天线罩壁的电厚度时，应该先在喇叭天线口面进行测试面校准再贴合测试，这种方法测的是电厚度值。但如果用自动测试设备贴近测试，则可以首先对模具空台进行测试，再对成型中的带模具的雷达天线罩测试，两相比较，得到的是 IPD 值。

（4）雷达天线罩电厚度技术特点

雷达天线罩电厚度有两个技术特点：一是与测试频率密切相关。由于机载雷达天线罩的电厚度主要是以微波干涉仪为测试手段的，测试结果反映的是某一微波频率下的电厚度值。正因如此，雷达天线罩电性能才与其电厚度如此关联，这是其他传统的质量控制手段所无法比拟的。二是测试的准确性和稳定性很难控制。从理论上分析，电厚度的测试是基于对信号相位的测试，雷达天线罩电厚度实质上是微波传输过程中因雷达天线罩的存在而导致的相位插入变化，而雷达天线罩传输效率只能达到 80%～90%，其余将被损耗、反射或散射。反射和散射的信号，以及测试天线的驻波信号，都会以矢量叠加的形式，构成对电厚度测试精度及稳定性的影响；从测试工程上分析，雷达天线罩电厚度测试过程中由于定位台位置不断变换，测试信号始终处于一个恒变的电磁环境里，增加了测试结果的不确定度。因此，提高雷达天线罩电厚度测试的准确性和稳定性难度极大，但又特别重要和必须。

6.3.2　双喇叭干涉仪试验技术

双喇叭干涉仪测试是指收发天线分离的透射法测试，此时收发天线必须固定安装，因此适用于雷达天线罩装配完成后的整罩电厚度自动测试。

图 6-27 是典型的双喇叭干涉仪测试与校正系统框图。

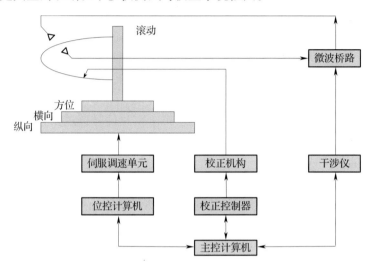

图 6-27　典型的双喇叭干涉仪测试与校正系统框图

（1）主机子系统

主机子系统的核心是集中控制计算机，主要功能包括建立运动坐标文件，实现测试点定位、电厚度测试、平板测试、电厚度自动校正，以及测试数据文件处理等。

雷达天线罩电厚度测试系统应建立两个坐标系、三个坐标文件。

①雷达天线罩坐标系及测试点文件

装机状态下，顺航向看，以雷达天线罩尖部理论原点为坐标系原点，雷达天线罩自身旋转轴线为 Y 轴，水平方向为 X 轴，垂直方向为 Z 轴（见图 6-28），以此坐标系建立雷达天线罩外形坐标文件及测试点坐标文件。

②定位台坐标系及运动点文件

定位台上用于安装雷达天线罩的滚环旋转轴线为 Y' 轴，水平方向为 X' 轴，垂直方向为 Z' 轴，绕 Z' 轴旋转方向为 θ 轴（方位轴），绕 Y' 轴旋转方向为 γ 轴（滚动轴）（见图 6-29），以此坐标系建立雷达天线罩运动坐标文件。

旋转对称雷达天线罩电厚度测试时，定位台应具备 X'、Y'、θ、γ 四个运动轴；非旋转对称雷达天线罩电厚度测试时，定位台应具备 X'、Y'、Z'、θ、γ 五个运动轴。

主机子系统控制定位器运动，使得雷达天线罩壁上被测点始终处于固定的电厚度测试天线照射区域，在雷达天线罩工作区域测试电厚度值，测试结果与标准值比较，形成校正文件，传递给校正子系统，在雷达天线罩表面进行自动校正。主机子系统还应具有多重的安全保护功能。

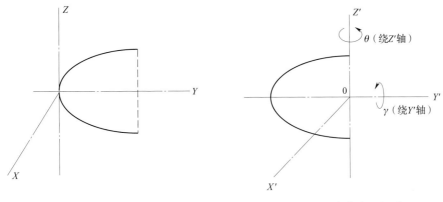

图 6-28　雷达天线罩坐标系　　　　　　图 6-29　定位台坐标系

　　集中控制计算机通过接口实现与其他子系统的连接，并需要强大的软件功能实现测试意图。主机软件功能模块结构如图 6-30 所示。

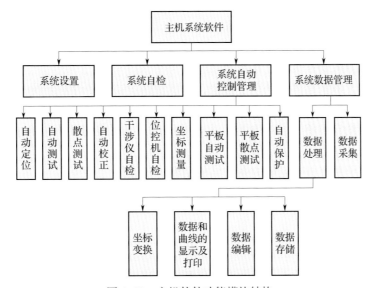

图 6-30　主机软件功能模块结构

（2）位控子系统

　　位控子系统是双喇叭干涉仪电厚度测试系统主要组成部分，位置控制的准确性和重复性直接影响整个大系统的精度。因测试过程中发射喇叭必须与雷达天线罩始终保持固定入射角，所以其运动轨迹十分复杂，在整个测试过程中雷达天线罩定位器四个运动轴始终处在跟踪状态，要求雷达天线罩定位器既要有良好的快速性，又要有优越的低速性，操作要简单、可靠。各个运动轴的控制，可根据技术要求的不同，采用全闭环控制或半闭环控制。闭环控制原理如图 6-31 所示。

　　位置控制计算机（简称位控机）是控制的关键部件之一，联机状态下，它接收主控计算机传来的信号，使雷达天线罩定位器运动到指定的测试点，主控计算机直接将位置数据传送给位控机，雷达天线罩定位器到位以后向主控计算机发送到位信息，主机则向电厚度子系统发送测试命令，然后向位控机发下一次指令。在脱机状态下位控机通过本身的键盘

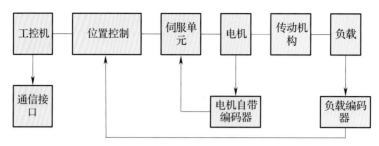

图 6-31　闭环控制原理

进行控制，控制方式可按坐标值输入，它是一个独立的控制系统，其运动速度可以选择，以满足检查和各种测试的需要。

（3）定位子系统

对一个曲面雷达天线罩来说，三维坐标即可描述一个定位点。测试过程中，为了保证电厚度测试的精度及稳定性，微波信号必须以某个低反射角入射，这就需要引入一个雷达天线罩的转动轴。因此，旋转对称雷达天线罩的电厚度测试，应当具备四个运动轴，即运动轴 X'、运动轴 Y'，滚动轴 γ 及转动轴 θ。

四个运动轴应采用层级式布局设置，自上而下依次为滚动轴、转动轴、两个运动轴。

（4）电厚度测试子系统

电厚度测试子系统整体安装在平台上，测试桥路安装在平台上架设的波导支座上，微波干涉仪安装在平台上的适合位置。电厚度测试子系统根据主控计算机的触发命令测试电厚度值，并按照约定的格式传送数据，实现对雷达天线罩或等效平板的电厚度高稳定性、高精度测试，为电厚度校正提供依据。

电厚度测试子系统具有足够的系统结构刚性，各器件之间的连接以及测试仪与测试平台的连接定位均应牢固可靠，应采取有效措施消除背景反射电平对电厚度测试的影响，以满足电厚度测试精度及稳定性要求。

电厚度测试子系统包括以下几个部分。

①微波干涉仪

作为一种非接触测试技术，微波干涉仪具有空间分辨率高、测试误差小、响应快等优点，在多个研究领域有着广泛用途，如相位测试、等离子体测试、介电常数测试等。

从技术特点上看，干涉仪技术分电桥式、扫频式、外差式及频率调制式等。但其原理都是相同的，都是利用电磁波通过对被测介质引入的相移，以及电磁波与被测介质的某种属性关系，来确定被测介质的某种特性。因此干涉仪测试技术实际上最终都可归结为相位测试技术。图 6-32 是微波干涉仪基本原理示意图。L_1 是测试支路，通过被测物；L_2 是参考支路，不通过被测物。两条支路的输出信号经混频鉴相后，得到的信号中含有被测介质的插入相位信息。

②测试桥路

测试桥路结构方案与微波干涉仪的原理有关。图 6-33 是与本节微波干涉仪相配的一种测试桥路模型，由测试传输线、发射接收天线、相位检波器等组成。

③测试天线

发射天线的微波信号透过雷达天线罩被接收天线接收，通过微波干涉仪对接收信号进

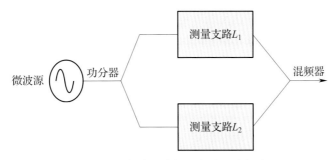

图 6-32　微波干涉仪基本原理示意图

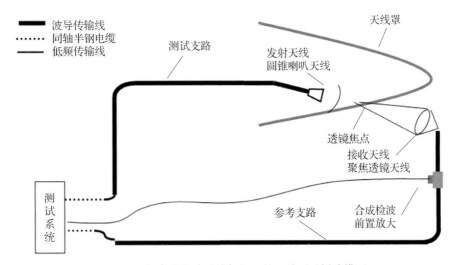

图 6-33　与本节微波干涉仪相配的一种测试桥路模型

行分析，获取雷达天线罩壁的相关参数。发射天线和接收天线在工作中配对使用，需要同步设计。

发射天线位于雷达天线罩内侧，口径不可能过大，否则雷达天线罩尖部区域的测试盲区将会很大，因此发射天线的选择余地并不大，如圆锥天线或圆锥波纹喇叭天线。

基于对电厚度单点测试面积的考虑，点聚焦天线在目前来说是一个不错的选项。点聚焦透镜天线是 20 世纪末国际上兴起的一门新技术，它由圆锥喇叭或圆锥波纹喇叭和凸透镜组成，其特点是波束在设计的焦点上汇聚形成焦斑。两个点聚焦透镜天线的焦点重合时，两天线之间的传输损耗最小。由于相交的点附近的区域较小，因此点聚焦透镜天线是研究介质材料的局部微波特性的最好方法之一。图 6-34 是点聚焦天线实物照片。

近 30 年来，透镜天线成为很多学者研究的热点，但工程应用的实例不多，规模化、标准化的应用更

图 6-34　点聚焦天线实物照片

少。将点聚焦透镜天线应用在雷达天线罩电厚度测试中，将有效减小测试单元面积，避免了多轴运动系统结构所带来的微波信号的反射及多路径绕射，同时也降低了测试天线对背景反射电平的要求。

④入射角的选择

对于均匀结构雷达天线罩，通常是在平行极化下以布鲁斯特角测试，以求提高测试的精确性。

布鲁斯特角可以通过光学上的菲涅耳（Fresnel）公式推导出来。根据菲涅耳公式，可以推导出

$$\tan\theta=\sqrt{\varepsilon} \ \text{或} \ \theta=\arctan\sqrt{\varepsilon} \tag{6-55}$$

为了克服介质层与天线之间耦合影响和介质层内表面间电磁波多次反射的影响，从理论上讲可采取无反射角（布鲁斯特角）条件下进行测试。在无反射角条件下，电厚度测试精度最高。但是，无反射角只存在于单层均匀介质中，事实上，在进行单层均匀介质雷达天线罩电厚度测试时，雷达天线罩外表面已经带有表面涂层，理论上的无反射角已经不复存在。在实际应用过程中，根据雷达天线罩的设计厚度，考虑到表面涂层以后，利用平面波平板传输理论计算功率反射相对于入射角的关系曲线，将曲线中最低功率反射所对应的入射角作为测试角。此时的测试角对应的是低反射角，而不是无反射角。图 6-35 给出了计算某雷达天线罩电厚度测试所采用测试角的计算曲线。

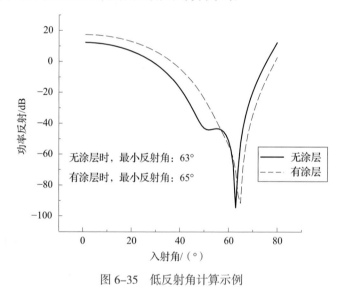

图 6-35　低反射角计算示例

6.3.3　单喇叭干涉仪试验技术

（1）单喇叭干涉仪电厚度自动测试方法

①单喇叭电厚度测试原理

反射法电厚度测试属于比较法测试，能测试被测件的电厚度分布，并且通过与等效平板的比较，评价被测的雷达天线罩壁与设计期望在电性能上的相符程度。

反射法的电厚度测试通常用于夹层结构雷达天线罩的工序间电厚度测试。宽带夹层结构雷达天线罩，由若干蒙皮和夹芯层构成，如图 6-36 所示。

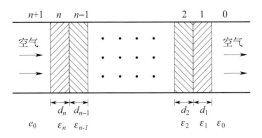

图 6-36　夹层结构雷达天线罩的壁结构示意图

设雷达天线罩壁由 N（$N \geqslant 1$）层介质材料组成，则 N 层介质平板的转移矩阵为

$$\begin{bmatrix} A & B \\ C & D \end{bmatrix} = \begin{bmatrix} A_1 & B_1 & A_2 & B_2 & \cdots & A_N & B_N \\ C_1 & D_1 & C_2 & D_2 & \cdots & C_N & D_N \end{bmatrix} \quad (6\text{-}56)$$

$$A_n = \cosh(jv_n d_n) \quad (6\text{-}57)$$

$$B_n = Z_{cn}\sinh(jv_n d_n) \quad (6\text{-}58)$$

$$C_n = \sinh(jv_n d_n)/Z_{cn} \quad (6\text{-}59)$$

$$D_n = \cosh(jv_n d_n) \quad (6\text{-}60)$$

$$V_n = \frac{2\pi}{\lambda_0}\sqrt{\delta_n - \sin^2\theta_i} \quad (6\text{-}61)$$

$$Z_{cn} = f(x) = \begin{cases} \dfrac{\sqrt{\delta_n - \sin^2\theta_i}}{\delta_n} \text{（水平极化）} \\ \dfrac{1}{\sqrt{\delta_n - \sin^2\theta_i}} \text{（垂直极化）} \end{cases} \quad (6\text{-}62)$$

$$\delta_n = \varepsilon_n(1 - j\tan\delta_n) \quad (6\text{-}63)$$

式中：N——多层介质平板的总层数，n=1，2，3，$\cdots$，N；

　　θ_i——测试入射角；

　　λ_0——工作波长；

　　d_n——第 n 层介质的厚度；

　　ε_n——第 n 层材料的相对介电常数；

　　$\tan\delta_n$——第 n 层材料的损耗角正切；

　　Z_{cn}——第 n 层材料的特性阻抗。

当 n=0 时，ε_0=1，Z_{c0} 表示自由空间归一化特性阻抗。那么，天线射线穿过雷达天线罩壁的复电压传输系数 T 为

$$T = \frac{2}{A + B' + C' + D} = R_e(T) + j\text{Im}(T) \quad (6\text{-}64)$$

式中：$B' = B/Z_c$；

　　$C' = Z_{c0}C$。

复电压反射系数为

$$R = \frac{(A+B') - (C'+D)}{A+B'+C'+D} \tag{6-65}$$

插入相位变化为

$$\mathrm{ipd} = \arctan\left(\frac{\mathrm{Im}(T)}{\mathrm{Re}(T)}\right) - \frac{2\pi}{\lambda_0}\cos\theta_i \sum_{n=1}^{N} d_n \tag{6-66}$$

从上式可以看出，罩壁的电厚度既与介质材料的物理厚度有关，又与材料的相对介电常数有关。夹层结构雷达天线罩的壁厚与电厚度之间存在单调而非线性关系。由于雷达天线罩壁厚的偏离误差需要依靠等效平板来比较，而等效平板的厚度值是离散的，雷达天线罩壁厚却是连续的，因此必须增加等效平板的数量，使得两种厚度之间的关系可以在微观上依照线性关系来处理，这将大大降低雷达天线罩电厚度校正的难度。因此等效平板在反射法电厚度测试中有着更为重要的意义。

②单喇叭电厚度自动测试的入射角选择

在双喇叭透射法测试中，布鲁斯特角存在的意义是最大限度地减小入射信号的界面反射。但夹层结构雷达天线罩存在多个反射界面，无论在什么角度上入射，都不可能逐一消除。尽管我们可以计算出一个等效的介电常数，但对电厚度测试来说没有工程意义。因此夹层结构雷达天线罩的电厚度测试结果通常会与理论数据有一定差异。

图 6-37 是 C 夹层的反射示意图。E 是入射信号，透射过程中共有 6 个反射界面，分别是：E'_{01}、E'_{12}、E'_{21}、E'_{12}、E'_{21}、E'_{10}，其中对应着四个低反射角，假定蒙皮 $\varepsilon_1=3.2$，蜂窝（泡沫）$\varepsilon_2=1.1$，根据式（6-55）计算如下

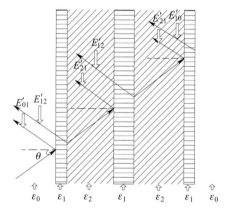

图 6-37 C 夹层的信号反射示意图

$$\varepsilon_{01} = \arctan\sqrt{\frac{\varepsilon_1}{\varepsilon_0}} = \tan^{-1}\sqrt{3.2} = 60.8 \tag{6-67}$$

$$\varepsilon_{12} = \arctan\sqrt{\frac{\varepsilon_2}{\varepsilon_1}} = \tan^{-1}\sqrt{0.34} = 30.2 \tag{6-68}$$

$$\varepsilon_{21} = \arctan\sqrt{\frac{\varepsilon_1}{\varepsilon_2}} = \tan^{-1}\sqrt{2.9} = 59.6 \tag{6-69}$$

$$\varepsilon_{10} = \arctan\sqrt{\frac{\varepsilon_0}{\varepsilon_1}} = \tan^{-1}\sqrt{0.31} = 29.1 \tag{6-70}$$

由上可知，在不考虑界面反射情况下，计算得到的三个低反射时的入射角相差很大。事实上，夹层结构的每层界面都存在反射，因此总反射系数要经过几何级数叠加。介质层数越多，总反射系数的公式越复杂，所以多次反射下几何级数叠加的方法不适于任意层数情况。电磁波在均匀介质中的传播可以用均匀传输线等效，将多层介质问题等效为级联网

络，问题就会大大简化。相关计算方法在很多电磁场专著中都有介绍，在此不再赘述。

图 6-38 是某变厚度 C 夹层雷达天线罩最低反射的入射角，可以看出最低反射的入射角与罩壁厚度呈单调而非线性关系，这一点与均匀结构完全不同。工程测试也验证了这一现象。

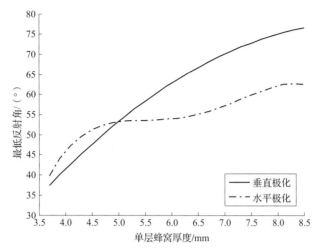

图 6-38　某变厚度 C 夹层雷达天线罩最低反射的入射角

图 6-39 是该罩夹层平板在平行极化下测得的随入射角变化的 IPD 曲线，显示入射角为 $10° \sim 31°$ 时，测试值变化小于 $0.5°$。而如果是相同厚度的实芯平板，在介电常数为 4 左右时，IPD 变化在 $3° \sim 4°$。这说明对夹层结构平板来说，在某些入射角范围内，IPD 值随入射角的变化并不敏感，其中的反射等因素对测试结果的影响肯定也较小。这给选择最低反射的入射角带来了方便。

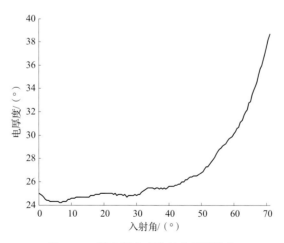

图 6-39　随入射角变化的电厚度分布

因此，对于夹层结构介质来说，确定入射角的原则应该是相互兼顾，在确保界面处于较小反射范围同时保证该范围内由入射角变化引起的电厚度变化比较平坦。

（2）便携式干涉仪电厚度测试

在高性能宽带雷达天线罩成型中，电厚度自动测试设备固然精度高、速度快，但仍具有一定的局限性。首先，无法处理生产现场中的临时检测，也不能参与到产品交付后的现场维修服务；其次，随着雷达天线罩的功能由"传输"向"隐身与传输兼备"跨越，机头雷达天线罩越来越呈现极不规则的扁平外形，外形突变区域有一定范围的测试盲区。这就需要补充手持式辅助测试手段，以实现对整个电性能工作区的全面电厚度测控。

①基于矢量网络分析仪的电厚度测试

矢量网络分析仪目前仍然是很多雷达天线罩电厚度测试的首选仪器。图 6-40 是基于矢量网络分析仪的一种便携式测试方法框图。

图 6-40 基于矢量网络分析仪的一种便携式测试方法框图

便携式测试的数据离散性很大，雷达天线罩离尖部越近曲率越大，数据越不稳定。因此必须对喇叭天线进行改进，一是降低驻波比；二是确保天线口面的稳定接触。

通常雷达天线罩反射相位贴合测试所用的天线是圆锥喇叭或方锥喇叭，口面是圆形或正方形，而雷达天线罩外形是不规则的曲面体，因而喇叭与雷达天线罩外形贴合时只能做到两点接触。这显然是一种不稳定的贴合。据计算每 0.1mm 的抖动幅度将带来 2.4° 的测试误差。为改进这种接触方式，提高测试稳定性，可以对喇叭口面进行改进设计。

通用的标准圆锥喇叭口面有两种改进设计方法。

方法一：喇叭口面按 120° 三等分后，每两点之间铣成弧面，最大去除厚度为 1mm，如图 6-41 所示。

方法二：在喇叭口面上选定上方的 90° 弧线和下方的 120° 弧线进行加工，将三段弧线铣成弧面，最大去除厚度为 1mm，如图 6-42 所示。

图 6-41 和图 6-42 的加工尺寸可以根据被测雷达天线罩的外形而调整，以保证更大曲面范围的相位测试及优化驻波比。图 6-43 是喇叭的局部外形照片。

天线驻波是反射法电厚度测试中不可回避的问题，也是设计与加工需要重视的。在天线仿真设计中应该按照待加工的真实尺寸建模仿真。事实表明：按照三段弧或两段弧口面尺寸仿真，同样会设计出低驻波比的喇叭天线。

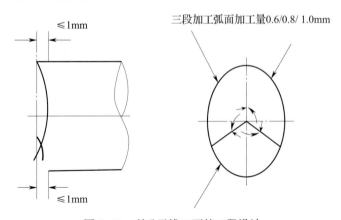

图 6-41 喇叭天线口面的三段设计

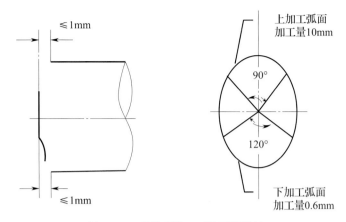

图 6-42　喇叭天线口面的两段设计

图 6-43　喇叭的局部外形照片

②多端口反射计的电厚度测试

基于矢量网络分析仪的单喇叭电厚度测试方法最大缺点是受制于稳相电缆，因为所有的稳相电缆都会给高精度相位测试带来扰动。首先，稳相电缆的货架规格尺寸较小，不适合生产现场不同高度及位置的测试，而定制尺寸的成本较高。其次，稳相电缆通常是用于实验室固定测试，在生产现场各个不同位置的转换测试中，容易拉扯造成可靠性降低以至于损坏。另外稳相电缆的所谓稳相能力是相对的，具体是指电缆盘成某一直径的圆，再松开并自然舒展，电缆的传输相位变化比较低，而生产现场的使用有可能需要稳相电缆在扭曲情况下进行测试，导致电缆实际上的传输相位变化指标高于额定值。因此，基于矢量网络分析仪的单喇叭电厚度测试方法有很大的局限性。

图 6-44 是一种依靠多端口网络计测试复反射系数的相位测试方法，主要部件是一个多端口网络。其测试网络与测试端口直接相连，不需要附加测试电缆，解决了分析仪使用中的一大难题。与测试网络相连的电缆除信号源输出线外均为检波后的直流信号，因此可以用低频传输线，也就不存在附加相移误差问题。多端口测试网络本身为无源器件，其精度主要取决于机械加工误差，且结构简单，体积小，便于手持测试，微波多端口测试系统由于自身的这些特点决定了它更适合用于对雷达天线罩在单频上进行反射式电厚度测试。工作原理是基于对测试网络的复反射系数的测试。

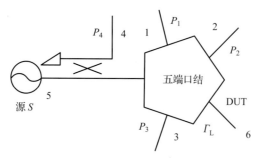

图 6-44　六端口反射计结构图

在图 6-44 中，1~4 口为 4 个功率检测口，其检测功率用 P_1~P_4 表示，5 口接微波信号源，6 口接被测负载（DUT），被测负载的复反射系数为 Γ_L，由于系统工作于 X 或 Ku 波段，频率较高，其中五端口结是系统的关键部件，对系统的测试精度与工作频率影响较大，理想情况下，其核心部件微波五端口结，需旋转对称且其散射参数满足以下条件

$$\begin{cases} S_{11} = 0 \\ |S_{12}| = |S_{13}| = 0.5 \\ \arg(S_{12}/S_{13}) = 120° \end{cases}$$

通常情况下，该条件很难达到。但根据以往项目经验，一般当对称网络的 $S_{11} < 0.1$ 即可满足系统正常工作要求。

为便于手持操作，测试网络的体积与重量都需要有一定限制。由于测试频率较高，对 X 波段及 Ku 波段，可采用微带结构，利用仿真软件进行网络的设计与优化。当 S_{11} 足够小时有

$$\left| |S_{12}| - 0.5 \right| \leqslant \frac{\sqrt{3}}{2} |S_{11}|　　（6-71）$$

$$\left| |S_{13}| - 0.5 \right| \leqslant \frac{\sqrt{3}}{2} |S_{11}|　　（6-72）$$

$$\left| \left| \arg\left(\frac{S_{12}}{S_{13}}\right) \right| - \frac{2\pi}{3} \right| \leqslant \frac{2}{\sqrt{3}} |S_{11}|　　（6-73）$$

显然，当 S_{11} 满足设计条件时，其他设计条件即可满足。

6.3.4　雷达天线罩电厚度校正技术

雷达天线罩的校正（calibration）是指为改变介质层的电厚度而从事的对雷达天线罩表面进行修磨、贴补、喷涂等工艺手段。下面以双喇叭电厚度自动测试为例，介绍雷达天线罩电厚度校正方法。

（1）等效平板要求

雷达天线罩电厚度校正的依据是电性能设计要求和等效平板的电厚度测试数据。雷达天线罩等效平板是指为验证雷达天线罩的壁结构电性能设计和工艺制造的符合性而加工的平板。在雷达天线罩电厚度测试中，等效平板是建立雷达天线罩电厚度校正标准的重要依据。

等效平板的成型材料、工艺、涂层参数、介电常数公差、存储条件等应与被测雷达天

线罩一致。

（2）校正标准的建立

应采用等效平板建立雷达天线罩电厚度校正标准。对变厚度雷达天线罩，应至少加工两块等效平板。对等厚度雷达天线罩，可采用一块等效平板。

对变厚度雷达天线罩，等效平板的厚度分别取雷达天线罩设计壁厚的最大值和最小值，采用下面的公式计算雷达天线罩壁各点的电厚度标准值，并建立标准文件

$$\text{ipd} = \frac{\text{ipd}_2 - \text{ipd}_1}{d_2 - d_1} \times d \qquad (6-74)$$

式中：d_2、d_1——等效平板的厚度，含涂层，mm；

$\quad$ ipd_2，ipd_1——与等效平板对应的 IPD 值，（°）；

$\quad$ d——雷达天线罩壁的设计厚度，含涂层，mm；

$\quad$ ipd——雷达天线罩标准电厚度值，（°）。

新研制的雷达天线罩产品，在连续三件的电厚度校正效果符合电性能指标要求后，可以连续借用最近一次建立的电厚度校正标准，而不必每次都对等效平板进行测试。

（3）电厚度测试数据处理

电厚度测试范围应覆盖雷达天线罩全部工作区。测试完成后，将雷达天线罩移动到测试起始点位置，再次记录带罩的起始点电厚度值。测试前后的两次起始点电厚度值相差不大于 0.5°，则测试数据有效。拆卸罩后，应再次测试不带罩的初始点电厚度空台值，记录环境温度。

测试完成后，应对测试数据文件进行空台修正，方法如下

$$\text{ipd} = \text{ipd}_{测} - \text{ipd}_{空} \qquad (6-75)$$

式中：ipd——雷达天线罩 IPD 值；

$\quad$ $\text{ipd}_{测}$——电厚度测试值；

$\quad$ $\text{ipd}_{空}$——电厚度空台值。

将雷达天线罩 IPD 文件与标准文件比较，建立 IPD 校正文件，方法如下

$$\text{ipd}_{校} = \text{ipd} - \text{ipd}_{标} \qquad (6-76)$$

按照雷达天线罩电性能设计要求，对 $\text{ipd}_{校}$ 大于设计要求的被测点应采用修磨工艺给予校正，$\text{ipd}_{校}$ 小于设计要求的被测点应采用喷涂或贴补的工艺进行校正。

校正后的罩体表面应光滑、平整、无毛刺、无污损。校正区域与非校正区域须平滑过渡，过渡宽度应不小于 10mm。校正后的外观质量应满足 GJB 1680—1993 的要求。

（4）校正量的计算

假定某单元的电厚度设计值为 $\phi_s(m,n)$，实测值为 $\phi(m,n)$，其中，m 是雷达天线罩剖面序号，n 是剖面内单元序号，则电厚度差值为

$$\Delta\phi(m,n) = \phi(m,n) - \phi_s(m,n) \qquad (6-77)$$

当 $\Delta\phi(m,n)$ 超过电厚度公差时，需要进行电厚度校正。电厚度校正是基于测试单元而连片处理，并综合考虑校正后对其他区域的影响。

当 $\Delta\phi(m,n) > 0$ 时，称为正差，如果需要进行电厚度校正，应该采用揭层或者打磨的

办法，此时依据下边的物理厚度超差量来控制揭层数量或者打磨量

$$\Delta d = \frac{\phi(m,n)-\phi_s(m,n)}{\phi(d_1)-\phi(d_2)} \times (d_1-d_2) \quad (6\text{-}78)$$

当 $\Delta\phi(m,n)<0$ 时，称为负差，如果需要进行电厚度校正，应该采用贴补或者喷涂的办法，此时依据下边的物理厚度超差量来控制贴补数量或者喷涂量

$$\Delta d = \frac{\phi_s(m,n)-\phi(m,n)}{\phi(d_1)-\phi(d_2)} \times (d_1-d_2) \quad (6\text{-}79)$$

6.4 雷达天线罩电性能试验技术

6.4.1 雷达天线罩电性能试验场

6.4.1.1 测试场的特点和分类

雷达天线罩电性能测试场是测试和鉴定天线及雷达天线罩的场所。雷达天线罩电性能综合测试分别要测试装机状态下天线的辐射特性和雷达天线罩加天线的辐射特性。天线及雷达天线罩测试场可以是室外的，也可以是室内的。室外测试场受环境条件和天气的影响，而室内测试场主要受空间大小的限制。理想的测试场应具有自由空间的性质，能提供均匀照射的平面电磁波。实际中，测试场可能存在以下影响测试精度的因素。

① 收发天线间的感应耦合；
② 收发天线间的多次辐射耦合；
③ 照射波的相位曲率；
④ 照射波的幅度锥削度；
⑤ 由地面反射波引起的干扰；
⑥ 由寄生辐射源引起的干扰。

上述前四项因素引起的测试误差要小于 0.25dB，且同时满足相位、幅度和互耦对测试距离的要求。可以按照以下公式确定测试最小距离

$$R = \frac{2D^2}{\lambda} \quad (6\text{-}80)$$

式中：D——天线口径的最大尺寸，m；
　　　λ——工作波长，m。

除了源天线照射待测天线的直射波外，还有来自地面、周围建筑等物体的反射波，从而使待测天线口面产生相位差，造成增益下降、副瓣电平抬高等现象，引起较大的测试误差。

式（6-80）为公认的辐射近远场的分界距离。另外，测试距离还与所要求的测试精度、误差源影响的严重程度有关。在一般实验室条件下，雷达天线罩的电性能测试方法可采取远场测试和紧缩场测试等主要方法来保证平面波条件，即用公认的辐射远近场的分界距离来作为远场测试最小距离。

按照测试场所环境的不同，雷达天线罩远场测试的测试场主要有室外场和室内场。室

外场包括高架型远场、斜天线测试场和地面反射场。室内场也称"微波暗室"，避免了天气的影响，可以进行全天时、全天候测试。

6.4.1.2　室外场

（1）高架天线测试场

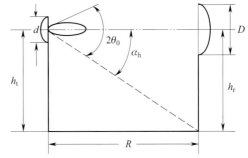

图 6-45　零点偏离地面的高架型测试场

为避免地面反射波的影响，把收发天线架设在水泥塔或相邻高大建筑物的顶上。

①采用锐方向发射天线，使它垂直面方向图的第一个零点偏离测试场，指向待测天线塔的底部，如图 6-45 所示。

发射天线对架设高度 h 所张的平面角为

$$\alpha_h = \arctan \frac{h_r}{R} \approx \frac{h_r}{R}(R \gg h_r) \tag{6-81}$$

设发射天线主瓣波束宽度为 $2\theta_0$，要有效抑制地面反射，应使

$$\alpha_h \geqslant \theta_0 \ 或 \ \theta_0 \leqslant \frac{h_r}{R} \tag{6-82}$$

对方向函数为 $\sin x / x$ 的发射天线，主瓣零值波束宽度为

$$2\theta_0 \approx \frac{2\lambda}{d} \tag{6-83}$$

把式（6-83）代入式（6-82），并取 $R = \frac{2D^2}{\lambda}$ 得

$$h_r d \geqslant 2D^2 \tag{6-84}$$

由 0.25 锥削幅度准则得

$$d \leqslant 0.5D \tag{6-85}$$

把上两式组合起来得

$$0.5Dh_r \geqslant h_r d \geqslant 2D^2 \tag{6-86}$$

为了同时满足相位、幅度和有效抑制地面反射的准则，显然

$$h_r \geqslant \frac{2D^2}{0.5D} = 4D \tag{6-87}$$

②采用锐方向性发射天线，使它垂直方向第一个零点指向地面反射点。若使得发射天线垂直面方向图第一个零点偏离测试场，需要把待测天线架设在四倍直径的高度上。对几何尺寸比较大的天线，由于高度太高，往往不易实现。比较实用的方法是让发射天线垂直面方向图的第一个零点指向地面反射点。如图 6-46 所示。

使收发天线最大辐射方向对准，设 β_t、β_r 分别为辅助天线和待测天线最大辐射方向与地面反射线之间的夹角。

通常 $R \gg h_r + h_t$，由图 6-46 的几何关系可以得出

$$\beta_r \approx \frac{2h_t}{R} \qquad \beta_t \approx \frac{2h_r}{R} \tag{6-88}$$

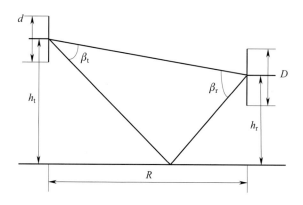

图 6-46　零点指向地面的高架型测试场

很显然，要使发射天线垂直面方向图的第一个零辐射方向对准地面反射点，必须使

$$\theta_{0t} \leqslant \beta_t \qquad (6-89)$$

对口面均匀分布的发射天线，已知它的零波束宽度 $2\theta_{0t} = 2\dfrac{\lambda}{d}$，由式（6-88）和式（6-89）得出

$$h_r > \frac{\lambda R}{2d} \qquad (6-90)$$

可见，接收天线的架设高度满足式（6-90），就能确保发射天线零辐射方向对准地面反射点，而与发射天线的架设高度无关。为安置测试仪器方便起见，在测天线增益时，可以把发射天线架得低一点。

（2）斜天线测试场

斜天线测试场就是收发天线架设高度不等的一种测试场，也称不等高测试场，是高架天线测试场的一个特例。通常把待测天线架设在较高的非金属塔上，做接收使用。把辅助发射天线靠近地面架设，由于发射天线相对待测天线有一定仰角，适当调整它的高度，使自由空间方向图的最大辐射方向对准待测天线口面中心，零辐射方向对准地面就能有效抑制地面反射。斜天线测试场如图 6-47 所示。

（3）地面反射测试场

反射场就是合理利用和控制地面反射波与直射波干涉而建立的一种测试场。地面反射测试场主要适用于低频段、宽波束的天线测试。该测试

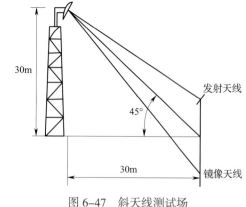

图 6-47　斜天线测试场

方法是把发射天线低架在光滑平坦的地面上，把直射波和地面反射波的干涉方向图第一个瓣的最大值对准待测天线口面中心，在待测天线口面上同样可以近似得到一个等幅同相入射场。地面反射测试场如图 6-48 所示。

为了满足待测天线口面垂直方向入射场锥削幅度分布的准则，收发天线的架设高度 h_r、h_t 为

$$h_r \geqslant 4D \qquad (6-91)$$

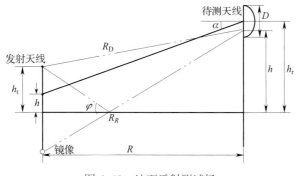

图 6-48　地面反射测试场

$$h_t = \lambda R / 4 h_r \tag{6-92}$$

地面平坦度须满足瑞利准则

$$\Delta h = \frac{\lambda}{m \sin\varphi} \tag{6-93}$$

式中：Δh——地面偏离平均表面的高度；

　　　λ——工作波长；

　　　φ——擦地角；

　　　m——平坦系数，取值范围为 8～32，常取 20。

6.4.1.3　室内场

室内场也称"微波暗室"，通过在测试房间的墙体上粘贴吸波材料来吸收入射到墙壁上的大部分电磁能量，较好地模拟自由空间测试条件。其优点是能全天候工作，避免了外来电磁干扰，工作安全可靠。微波暗室主要适用于微波频段，但是随着吸波材料性能的改进和提高，当工作在 100MHz 时，其静区反射电平可达到 –40dB。

常用的微波暗室有两种类型：矩形暗室和锥形暗室，它们的设计是以几何光学为基础的，目的是减少镜面反射。其几何结构如图 6-49 和图 6-50 所示。

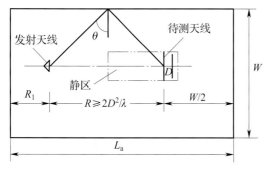

图 6-49　矩形微波暗室几何结构

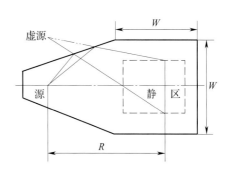

图 6-50　锥形微波暗室几何结构

（1）矩形暗室

暗室的长度：满足远场测试条件。收发天线间的最小测试距离必须满足 $R \geq \dfrac{2D^2}{\lambda}$，此时 D 是静区的直径，λ 是最短工作波长。待测天线到暗室后墙的距离约等于暗室宽度 W 的一半，发射天线距暗室前墙的距离 R_1 约 1m 到 $W/2$，暗室的总长度为

$$L_a = \frac{2D^2}{\lambda} + \frac{W}{2} + R_1 \qquad (6\text{-}94)$$

当入射角 $\theta=70°$ 时

$$W \geqslant \frac{R}{2.75} \qquad (6\text{-}95)$$

暗室的高度应等于宽度。

（2）锥形暗室

锥形暗室工作于两种模式。在高频段，由于可以采用高增益发射天线及性能优良的吸波材料，因而性能与矩形暗室相似，属自由空间测试场。在低频段，由于发射天线靠锥顶放置，所以到暗室四个侧壁的擦地角很小，类似地面反射测试场。

锥形暗室的主要尺寸与矩形暗室一样，关键是选择顶角。为了使两种极化波都能工作，擦地角要小。一般取 26°左右。发射天线放置在锥顶角处，由于实源和虚源比较近，它们到达待测处的波程差减小，因而干涉形成的入射波前振幅的起伏度比在矩形暗室中的小。暗室侧壁的反射如图 6-51所示。

由于锥形暗室发散的几何形状，避免了来自侧壁、地板和天花板大角度镜像反射，因而低频特性比矩形暗室好。矩形暗室频率低到1GHz，反射电平可以达到 –40dB，锥形暗室达到这个电平的频率却可以低到 100MHz，实际使用频率可以低到 30MHz。

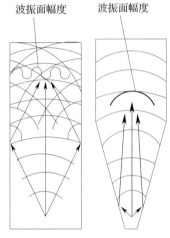

(a) 矩形暗室　　（b）锥形暗室

图 6-51　暗室侧壁的反射

6.4.1.4　紧缩场

随着被测天线口径的增大和天线工作频率的提高，为了满足远场条件，要求测试距离达到几千米甚至几十千米。同时，为了避免地面反射，测试收 / 发天线的架设高度变得非常可观，以至于难以实现。紧缩场技术为雷达天线罩暗室测试提供了强有力的支持，紧缩场主要借助精密反射面将点源产生的球面波在近距离变换为准平面波，从而在有限的实际测试距离上，获得天线测试所需的远场条件。紧缩场示意图如图 6-52 所示。

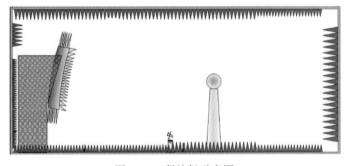

图 6-52　紧缩场示意图

反射面作为紧缩场的关键设备，其表面精度确定了上限工作频率，反射面的边缘绕射效应决定了下限工作频率。目前投入市场的紧缩场其主要性能指标包括以下几个方面。

①静区尺寸：反映紧缩场平面波测试区域的大小，长 × 宽 × 高，静区一般不随频率变化而变化；

②工作频率：紧缩场的使用频率范围，一般是 1 ~ 100GHz；

③静区场振幅变化：紧缩场平面波的幅度特性，振幅变化越小越好，一般紧缩场静区的振幅变化小于 1dB；

④静区场相位变化：紧缩场平面波的特性，相位变化越小越好，一般紧缩场静区的相位变化小于 10°；

⑤交叉极化电平：紧缩场平面波的交叉极化特性，交叉极化越小越好，一般紧缩场静区的交叉极化小于 –27dB。

为达到以上指标，紧缩场的设计应考虑以下问题。

①为了减小馈源和支架的遮挡与绕射效应，采用偏馈切割抛物面作为聚束器；

②为了减小馈源的直接辐射，采用低副瓣照射器，并在可能直接辐射的方向上放置吸波材料，同时将其放在转台的下方；

③为了减小抛物面天线交叉极化和空间衰减效应，采用焦距与直径比为 0.6 ~ 0.8 的长焦距抛物面。

反射面的尺寸不是无限大，为了减少反射面边缘绕射，边缘绕射问题必须考虑，通常采用以下措施：

①用具有近似矩形方向图的同轴圆波导口辐射器，它既可降低边缘照射电平，又可以使口面获得比较均匀的照射。

②使反射面的边缘"翻卷"成圆弧状，这种边缘使原来绕射到反射面前面的能量转到反射面后面。卷边的曲率半径一般应大于最低工作波长，弧长大于 180°。

③反射器的边缘也可做成锯齿形，使绕射场向多方向散射。锯齿形的位置和长度一般可通过试验来调整。

反射面的尺寸很大，反射面面板必须是一块块拼接而成的，必须考虑接缝隙的影响，反射面表面精度要求高，在一个 λ^2 的面积内，表面公差小于 $\lambda/100$。

6.4.2　雷达天线罩功率传输效率试验

6.4.2.1　功率传输效率测试方法

（1）窄波束雷达天线罩功率传输效率测试方法

雷达天线罩功率传输效率的测试方法和所配套天线的波束宽窄有关，按照天线波束宽窄可把雷达天线罩分为宽波束雷达天线罩和窄波束雷达天线罩两类，和宽波束天线配套的雷达天线罩称为宽波束雷达天线罩，和窄波束天线配套的雷达天线罩称为窄波束雷达天线罩。这两类天线的波束宽度并没有明确的定量的分界线，工程实践中，可以把波束宽度大于 10° 的作为宽波束天线看待，而把波束宽度小于 10° 的作为窄波束天线看待；或者按照天线的功能进行归类，凡是火控雷达、气象雷达和预警雷达天线，以及卫星通信天线，都可以视作窄波束天线，而电子干扰和电子侦察天线则视作宽波束天线。

窄波束雷达天线罩功率传输效率的测试方法主要为方向图峰值比较法，方向图峰值比较法是结合方向图测试进行功率传输效率测试的一种方法，测试方向图之前，调整接收天线的指向，使收发天线电轴对准，然后进行天线方向图测试，从测试数据中找到功率最大值。带上雷达天线罩以后，再次微调接收天线的指向，使收发天线电轴对准，随后进行带罩天线方向图测试，从测试数据中找到功率最大值。带罩后天线方向图峰值功率除以不带罩时天线方向图峰值功率，就得到雷达天线罩的功率传输效率。采用方向图峰值比较法测试功率传输效率，只需在几度方向图角范围内画出方向图，不需要画出完整的天线方向图，这样可以提高测试效率。有时甚至不用画方向图，只需调整收发天线电轴对准，记录该位置的功率值即可。如果功率传输效率测试的扫描角和方向图测试的扫描角相同，则可以先进行方向图测试，功率传输效率就不用进行测试了，只需要从已有的方向图测试曲线中读数，进行简单的计算就可以了。利用方向图峰值比较法测试功率传输效率时，方向图不要进行归一化处理，要保留绝对功率或者功率电平的数值。方向图峰值比较法测试功率传输效率的主要步骤如图 6-53 所示。

（2）宽波束雷达天线罩功率传输效率测试方法

宽波束雷达天线罩的功率传输效率测试方法和窄波束雷达天线罩的功率传输效率测试方法有很大区别，这种区别主要是由于天线的扫描方式造成的。窄波束天线的波束很窄，为了在大的空域范围内搜索和跟踪目标，天线需要扫描，在天线扫描过程中天线波束照射雷达天线罩的区域是不断变化的，而宽波束天线的波束宽度很宽，一个波束就能够覆盖很大的空域，因此这种天线多数情况下是不扫描的，天线波束和雷达天线罩之间的位置关系固定不变。如果采用方向图峰值比较方法测试宽波束雷达天线罩的功率传输效率，只能够得到天线轴向的功率传输效率，其他方向的数据是得不到的。

宽波束雷达天线罩功率传输效率采用方向图比较法进行测试，即分别测试带罩天线和不带罩天线的方向图曲线，两条曲线上相同方向角的两个功率值相除，用带罩时的功率除以不带罩时的功率，就得到宽波束雷达天线罩的功率传输效率，如图 6-54 所示。

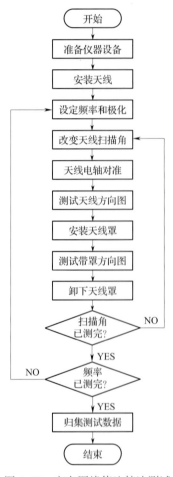

图 6-53 方向图峰值比较法测试功率传输效率的主要步骤

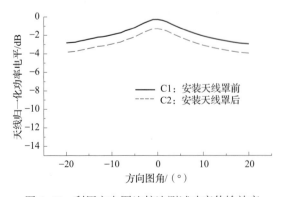

图 6-54 利用方向图比较法测试功率传输效率

　　宽波束雷达天线罩的方向图比较法和窄波束雷达天线罩的方向图峰值比较法是不同的，前者是在整个方向图主瓣范围内进行功率幅值的比较，后者只是在峰值功率处进行比较。

　　宽波束天线的方向图变化缓慢，有的在电轴附近还有幅度起伏，难以确定其电轴方向，通常是以宽波束天线的机械轴当作电轴，在天线安装时找准机械轴的方向，在测试过程中不需要进行收发天线电轴对准，只需要将被测天线的机械轴对准发射天线就可以。

　　利用方向图比较法测试宽波束雷达天线罩的功率传输效率时，方向图的切割平面有两种取法，一种方法是在水平面和垂直面两个主平面上进行方向图测试，主要测试步骤如图 6-55 所示；另一种方法是利用立体方向图的比较，即分别在水平主平面和次水平面上进行方向图测试，即改变天线的俯仰指向，使天线的俯仰角依次取不同值，在每个俯仰角下进行水平切割，进行方向图测试，主要测试步骤如图 6-56 所示。

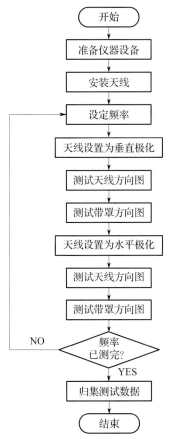

图 6-55　利用主平面方向图测试功率
传输效率的主要步骤

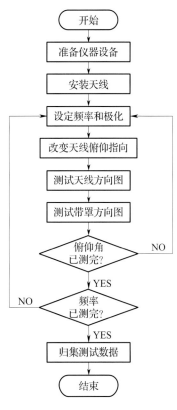

图 6-56　利用立体方向图测试功率
传输效率的主要步骤

　　影响宽波束雷达天线罩功率传输效率测试精度的因素很多，主要因素是天线的波束宽度。天线的波束宽度很宽意味着在很大的空域范围内的入射信号都能够被天线接收，而且不同方向入射信号的放大倍数差别不大。由于宽波束雷达天线罩罩壁的功率反射是不可避免的，天线接收的既有从发射天线发射后直接被接收天线接收的直射波，也有发射信号经雷达天线罩壁反射进入天线的反射波。接收天线接收的直射波和反射波发生干涉，导致接收信号出现波动。通常情况下，直射波和反射波的幅度相差不大，这两者干涉的结果是带雷达天线罩后天线方向图的峰值有可能增加 1 倍，而且有可能出现"零点"，在功率传输效率的测试结果上出现超过 100% 的数据和低得离谱的数据。

6.4.2.2 数据处理

采用方向图峰值比较法时，记录带罩前后天线的方向图曲线，或者直接记录方向图峰值功率的观测结果。测试工作完成以后，利用测试软件进行数据处理，得到雷达天线罩功率传输效率的计算结果。根据雷达天线罩功率传输效率的所有计算结果，结合雷达天线罩功率传输效率的指标要求，对测试结果进行统计处理，形成测试报告。通常功率传输效率的指标包括最小值和平均值，有的雷达天线罩还按天线的扫描范围将雷达天线罩分为头部区和边壁区等，不同的区域对应不同的指标。在进行数据处理时，要按照雷达天线罩的分区，在分区内查找功率传输效率的最小值，并统计功率传输效率的算术平均值，功率传输效率平均值的计算公式如下

$$|T|^2_{avg} = \frac{\sum_{k=1}^{nf}\sum_{j=1}^{n\beta}\sum_{i=1}^{n\alpha}|T|^2(\alpha,\beta)}{\left(\frac{f_2-f_1}{\Delta f}+1\right)\left(\frac{\beta_2-\beta_1}{\Delta\beta}+1\right)\left(\frac{\alpha_2-\alpha_1}{\Delta\alpha}+1\right)} \quad (6\text{-}96)$$

式中： $|T|^2_{avg}$——功率传输效率平均值；

f——测试频率；

f_1、f_2 和 Δf——测试频率的起始值、终值和间隔；

β_1、β_2 和 $\Delta\beta$——测试俯仰角的起始值、终值和间隔；

α_1、α_2 和 $\Delta\alpha$——测试方位角的起始值、终值和间隔；

nf——测试频点数；

$n\beta$——每个测试频率下俯仰角的个数；

$n\alpha$——每个测试俯仰角下方位采样点的个数。

nf、$n\beta$ 和 $n\alpha$ 的值分别为

$$nf = \frac{f_2-f_1}{\Delta f}+1 \quad (6\text{-}97)$$

$$n\beta = \frac{\beta_2-\beta_1}{\Delta\beta}+1 \quad (6\text{-}98)$$

$$n\alpha = \frac{\alpha_2-\alpha_1}{\Delta\alpha}+1 \quad (6\text{-}99)$$

式（6-96）是假定测试频率间隔、每个频率下俯仰角的个数、每个俯仰角下方位采样点的个数均为常数时的计算公式，当这些条件不满足时，可以用简单累加的方法求多个功率传输效率测试值的算术平均值。

6.4.3 雷达天线罩方向图试验

6.4.3.1 方向图的概念

天线方向图是表征天线辐射特性（场强振幅、相位、极化）与空间角度关系的图形，

用来表征天线向一定方向辐射电磁波的能力。对于接收天线而言，是表示天线对不同方向传来的电波所具有的接收能力。天线的方向性特性曲线通常用方向图来表示。

（1）方向图分类

①根据辐射方向图的表示方法不同主要有：功率方向图、场强方向图、分贝方向图、绝对方向图、归一化方向图等。

a. 功率方向图：用功率密度表示的天线方向图；

b. 场强方向图：用电场强度表示的天线方向图；

c. 分贝方向图：场强（功率）用分贝表示的天线方向图；

d. 绝对方向图：如果辐射方向图的幅度以电的单位给出，就称它为绝对方向图；

e. 归一化方向图：令场强、功率方向图最大值等于 1，分贝方向图最大值等于零分贝，其余方向的值均对最大值归一的方向图。

②根据各种不同应用场合的要求主要有：全向波束方向图、笔形波束方向图、扇形波束方向图、赋形波束方向图。

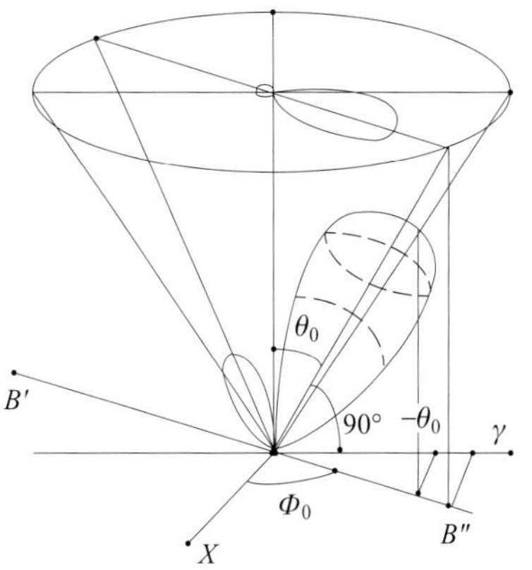

（2）方向图的表示法

从一个点出发，在空间沿着与不同 θ 和 Φ 角的不同方向做一系列与归一化方向图函数 θ 成正比的矢量，这些矢量终端所围的表面就是三维（空间）方向图。绘制天线极坐标方向图的说明图如图 6-57 所示。

图 6-57　绘制天线极坐标方向图的说明图

三维空间方向图尽管可以利用已有软件方便地进行测绘，但在实际工程应用中，一般只需测绘下面函数表示的两个方向图。

$$F_E(\theta) = \begin{cases} F(\theta, \Phi_0) \\ F(\theta, \Phi_0 + \pi) \end{cases} \qquad (6\text{-}100)$$

$$F_H(\Phi) = F(\theta_0, \Phi) \qquad (6\text{-}101)$$

这两个函数代表经过图 6-57 三维图形的主瓣最大方向 $\theta = \theta_0$ 和 $\Phi = \Phi_0$ 的两个互相垂直的截面。其方向图如图 6-58 所示。

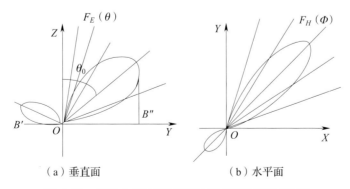

（a）垂直面　　　　　　　　　（b）水平面

图 6-58　与图 6-57 三维方向图相应的极坐标方向图

锐方向性天线具有三维方向图。把经过主最大方向分别与电场和磁场平行的两个正交平面方向图叫 E 面方向图和 H 面方向图。

天线方向图可以用极坐标绘制，也可以用直角坐标绘制。极坐标方向图的特点是直观、简单，从方向图可以直接看出天线辐射场强的空间分布特性。当天线方向图的主瓣窄而电平低时，直角坐标绘制法显示出更大的优点。因为表示角度的横坐标和表示辐射强度的纵坐标均可任意选取，即使不到 1° 的主瓣宽度也能清晰地表示出来，而极坐标无法绘制。这种情况在测试卫星天线时尤为突出，所以在绘制卫星天线的方向图时，一般画其直角坐标下的方向图。

通常绘制的方向图是经过归一化的，即径向长度（极坐标）或纵坐标值（直角坐标）是以相对场强 $E(\theta, \Phi)/E_{max}$ 表示。$E(\theta, \Phi)$ 是任一方向的场强值，E_{max} 是最大辐射方向的场强值。因此，归一化最大值是 1。对于极低副瓣电平天线的方向图，大多采用分贝值表示，归一化最大值取为零分贝。

6.4.3.2　测试方法

（1）概述

雷达天线罩方向图测试的目的是测定或检验带雷达天线罩后天线的辐射特性。天线的波束宽度、副瓣特性等多项技术指标都是由天线方向图确定的，表征天线的辐射特性与空间角度关系的方向图是一个三维的空间图形，它是以天线的相位中心为球心，在半径 r 足够的球面上，逐点测定其辐射特性绘制而成。测试场强振幅就可得到场强方向图；测试功率就可得到功率方向图；测试极化就可得到极化方向图；测试相位就可得相位方向图。方向图是一个空间图形，实践中为了简便，常取两个正交面的方向图，例如，取垂直面和水平面方向图进行讨论，而且除了特殊的需要，一般只测试功率方向图或场强方向图即可。

（2）固定天线法测试方向图

待测天线作为发射天线且固定不动，辅助天线作为接收天线，该天线与待测天线保持固定的距离，并绕其旋转以得出不同方向角上的场强或功率。测试水平面方向图时，一般将辅助天线和测试仪表（场强计或功率计）装在车上绕天线转动一周。测试天线铅垂面方向图时，则将辅助天线和测试仪表装在飞行器（如飞机、直升飞机、气球等）上。

固定天线法测试工作量大，耗资大，常用于以下情况：大型固定地面天线或天线结构庞大、笨重时；天线架设场地、环境作为辐射系统的一部分时；总体雷达天线罩工程鉴定时。常用于长、中、短波天线及大型干涉仪等天线的测试。

（3）旋转天线法测试方向图

旋转天线法是最基本也是最常用的方向图测试方法，图 6-59 为待测天线作为发射天线时测试装置框图，将待测天线与辅助天线互换可得待测天线用作接收时的测试装置框图。

测试时旋转待测天线，记录天线方向变化引起的场强（或功率密度）的变化，绘出场强（或功率密度）随方向变化的图形即得到方向图。

测试步骤大致如下。

①根据要求确定球坐标取向和控制台；

②确定最小测试距离和天线架设高度；

③进行电道估算，选择测试仪器；

④收发天线应架在同一高度上（用俯仰在方位上的转台或简单方位转台时），并将转

台调到水平位置；

⑤检查周围的反射电平及必须具备的测试条件；

⑥转台的转轴应尽可能通过待测天线相位中心；

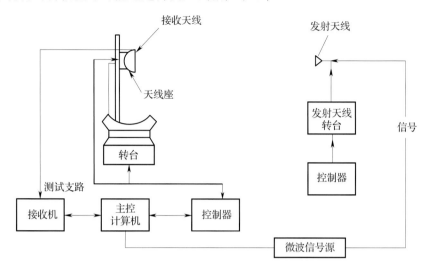

图 6-59　待测天线作为发射天线时测试装置框图

⑦转动待测天线，使准备测试方向图的平面为水平面，并使辅助天线极化与待测试场极化一致；

⑧将收发天线主最大方向对准，调整检波器与测试放大器（或接收机）使接收指示最大；

⑨旋转待测天线，记录接收信号，特别留心测试主瓣宽度和副瓣电平，对副瓣有严格要求时应用精密可变衰减器读数，垂直面方向图测试方法同上，只要将天线变成俯仰转动或将待测天线极化旋转 90° 在水平面测试；

⑩改变频率重复上述测试过程。如果待测天线为椭圆极化，且方向图形状比较复杂时，必须在同一平面内测试两个正交的分量方向图。

（4）测试方向图时需要注意的事项

无论用哪种方法进行天线方向图测试，都必须注意下述几点。

①根据互易原理，待测天线可以作为接收天线，也可以作为发射天线，还要视测试的方便程度而选定，但测试方法和结果是不变的。

②收 / 发天线之间的距离应大于最小测试距离。

③测试主平面方向图时，收 / 发天线的最大辐射方向应对准，且都在旋转平面内。

④天线转动的轴线应通过天线的相位中心。

⑤若非连续记录而是逐点测试时，视天线方向图波瓣的多少和大小，应选取足够的测试点，一般来说，一个波瓣的测试点应不少于 10 个，且对波瓣最大值和最小值所在的区域更应特别注意。

⑥测试时必须注意信号源输出的稳定和接收机的校准。

6.4.3.3　数据处理

（1）波束宽度变化

雷达天线罩引起的波束宽度变化，见第 2 章式（2-7）。

（2）副瓣电平

①近区副瓣电平抬高

在雷达天线罩电性能测试中通常所说的近区副瓣电平是指方向图角在 –15°～15° 范围内的副瓣电平。雷达天线罩引起的近区副瓣电平的抬高，见第 2 章式（2–8）。

②远区副瓣电平抬高

远区（RMS）副瓣电平通常是指 15º～90º、–90°～–15° 方向图角范围内的副瓣电平，按下式计算得到

$$SL_{AVE}(dB) = 10\lg\sqrt{\frac{\sum_{i=1}^{n} ATT_i^2}{n}} \qquad (6\text{–}102)$$

式中：　　n——方向图上主波束 ±15°（不包括 –15° 和 +15° 两个点）扫描角以外、±90° 以内，采样点的个数。

$ATT_i = 10^{\frac{ATT_{dBi}}{10}}$——其中 ATT_{dBi} 为方向图按峰值归一化后，±15° 以外第 i 个点的副瓣电平值（dB）。

雷达天线罩引起的 RMS 副瓣电平的抬高，见第 2 章式（2–11）。

（3）镜像波瓣电平

镜像波瓣电平在天线方向图上，在镜像波瓣出现的角度区间内天线副瓣的最大电平，单位：dB。

（4）零深电平抬高

由雷达天线罩引起的零深电平抬高，见第 2 章式（2–12）。

6.4.4　雷达天线罩瞄准误差试验

6.4.4.1　测试技术

（1）概述

瞄准误差测试技术有搜零技术、电子定标技术、动态电轴跟踪技术、方向图比较测试技术。

（2）搜零技术

搜零技术（null seeking technology）是一种雷达天线罩瞄准误差闭环测试技术。根据工作原理的不同，搜零技术又可分为辅助天线搜零技术和被测天线搜零技术。

辅助天线搜零技术工作原理框图如图 6–60 所示。雷达天线作为被测天线，工作于接收状态，安装在天线定位器上。天线定位器安装在天线支杆上，天线支杆固定于雷达天线罩定位器后方的平台上，不随雷达天线罩定位器运动。雷达天线罩安装在雷达天线罩定位器上，随雷达天线罩定位器做方位、俯仰和滚动运动，从而形成与雷达天线之间的相对位置改变，以模拟飞机飞行状态下，雷达天线与雷达天线罩之间的相对运动关系。辅助天线安装在搜零器上并工作于发射状态。测试前，在不安装雷达天线罩的情况下，计算机控制定位器控制器，改变天线定位器的方位和俯仰角度，从而改变雷达天线的方位指向和俯仰指向，使得雷达天线和辅助天线电轴对准，并以此作为基准位置。安装雷达天线罩，开始测试瞄准误差，在测试过程中雷达天线固定不动，雷达天线罩定位器带动雷达天线罩运动，雷达天线罩与天线的相对位置发生改变，相当于改变了天线的方位扫描角和俯仰扫描

角，通过改变辅助天线的位置使雷达天线和辅助天线始终保持电轴对准，搜零器相对于基准位置的 X、Y 位移量转换成角度后分别对应瞄准误差的方位分量和俯仰分量。

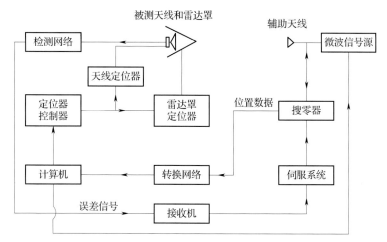

图 6-60　辅助天线搜零技术工作原理框图

被测天线搜零技术工作原理框图如图 6-61 所示。雷达天线和雷达天线罩的安装方式与辅助天线搜零技术相同，辅助天线工作于发射状态，只需安装在固定的安装支架上即可，无须安装在搜零器上，这与辅助天线搜零技术不同。测试前，在不安装雷达天线罩的情况下，计算机控制定位器控制器，改变天线定位器的方位和俯仰角度，从而改变雷达天线的方位指向和俯仰指向，使得雷达天线和辅助天线电轴对准，并以此作为基准位置。安装雷达天线罩，开始测试瞄准误差，在测试过程中雷达天线固定不动，雷达天线罩定位器带动雷达天线罩运动，雷达天线罩与天线的相对位置发生改变，相当于改变了天线的方位扫描角和俯仰扫描角，通过定位器控制器控制天线定位器，不断改变天线的方位和俯仰位置，使雷达天线和辅助天线始终保持电轴对准，雷达天线的方位和俯仰角度分别对应瞄准误差的方位分量与俯仰分量。

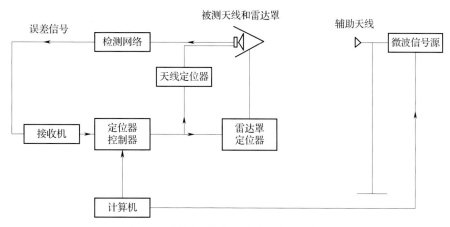

图 6-61　被测天线搜零技术工作原理框图

（3）电子定标技术

电子定标技术（electronic calibration technology）是一种雷达天线罩瞄准误差开环测试

技术，其原理框图如图 6-62 所示。雷达天线用天线支杆支撑且工作于接收状态，辅助天线安装在搜零器上并工作于发射状态，雷达天线罩安装在雷达天线罩定位器上。测试前在不安装雷达天线罩的情况下调整雷达天线的方位指向和俯仰指向，使得雷达天线和辅助天线电轴对准，并以此作为基准位置，依次在方位扫描平面和俯仰扫描平面内改变辅助天线的位置，建立辅助天线电轴相对于基准位置的偏角与定标变量的关系曲线，即定标曲线。安装雷达天线罩，开始测试瞄准误差，在测试过程中雷达天线固定不动，依靠雷达天线罩定位器的转动改变天线方位扫描角和俯仰扫描角，计算定标变量的值，通过查定标曲线得到瞄准误差的方位分量和俯仰分量。

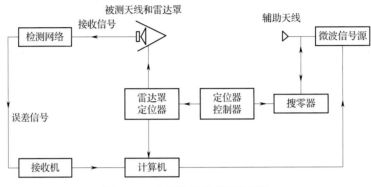

图 6-62 电子定标技术原理框图

（4）动态电轴跟踪技术

动态电轴跟踪技术（dynamic boresight tracing technology）的原理框图如图 6-63 所示。辅助天线工作于发射模式，在整个测试过程中该天线一直固定不动。被测天线工作于接收模式，通过天线定位器直接固定在雷达天线罩定位器上，与搜零技术和电子定标技术相比，动态电轴跟踪技术去掉了天线支杆。这样，被测天线既可在天线定位器驱动下做方位、俯仰运动，也可与雷达天线罩定位器的方位、俯仰运动随动。

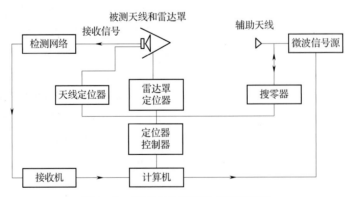

图 6-63 动态电轴跟踪技术原理框图

在测试瞄准之前，在不安装雷达天线罩的情况下，调整被测天线的方位指向和俯仰指向，使得被测天线和辅助天线电轴对准，称为收发天线电轴对准。在测试过程中，当天线定位器沿某一方向做扫描运动时，被测天线电轴不再对准辅助天线电轴，为使两者始终保持对准，雷达天线罩定位器必须沿着与被测天线扫描方向相反的方向运动。在整个测试过程中，雷达天线罩定位器运动方向始终和被测天线扫描方向相反，被测天线和辅助天线始终电轴对准，被测天线电轴始终处于动平衡状态，因此称为动态电轴跟踪技术。在测试过程中，收发电轴对准依靠的是两个反方向的转动实现的，如果天线定位器左转，则雷达天线罩定位器右转，反之亦然。收发电轴是否已经对准的判据是检测网络的输出信号。在测试系统设计中，通常将转动惯量大的雷达天线罩定位器设定为固定转速，通过调整转动惯量小的天线定位器的转动速度使被测天线和辅助天线电轴保持对准。

（5）方向图比较法测试技术

方向图比较测试技术（pattern comparison technology）的原理框图如图 6-64 所示。辅助天线工作于发射模式，在整个测试过程中该天线一直固定不动。被测天线工作于接收模式，通过天线定位器直接固定在雷达天线罩定位器上。被测天线既可在天线定位器驱动下独立做方位和俯仰运动，也可与雷达天线罩定位器的方位、俯仰运动随动。

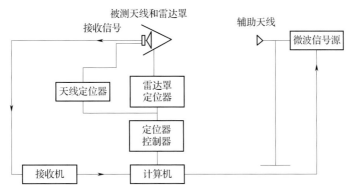

图 6-64　方向图比较测试技术原理框图

在测试瞄准之前，在不安装雷达天线罩的情况下，调整被测天线的方位指向和俯仰指向，使得被测天线和辅助天线的收发天线电轴对准。对于有瞄准零点的天线，分别在方位和俯仰方向扫描，采用旋转被测天线的方法，测试方位差和俯仰差方向图曲线。安装雷达天线罩后，再次分别在方位方向和俯仰方向扫描，测试带罩后方位差和俯仰差方向图曲线。在方位差方向图上，带罩前后零点方向角的偏移即为瞄准误差方位分量；在俯仰差方向图上，带罩前后零点方向角的偏移即为瞄准误差俯仰分量，如图 6-65 所示。对于没有瞄准零点的天线，分别在方位和俯仰方向扫描，采用旋转被测天线的方法，测试和方向图曲线。安装雷达天线罩后，再次分别在方位方向和俯仰方向扫描，测试带罩和方向图曲线。在方位方向扫描得到的和方向图上，带罩前后和波束 –3dB 中心角度的偏差即为波束偏转的方位分量；在俯仰方向扫描得到的和方向图上，带罩前后和波束 –3dB 中心角度的偏差即为波束偏转的俯仰分量，如图 6-66 所示。

6.4.4.2　数据处理

（1）瞄准误差矢量

已知瞄准误差方位、俯仰分量值，瞄准误差矢量按下式计算

$$\mathrm{BSE} = \sqrt{\mathrm{BSE_{AZ}}^2 + \mathrm{BSE_{EL}}^2} \tag{6-103}$$

式中：BSE——瞄准误差的矢量值，mrad；

　　　$\mathrm{BSE_{AZ}}$——瞄准误差的方位分量，mrad；

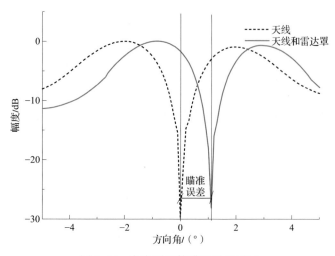

图 6-65　方向图比较瞄准误差测试

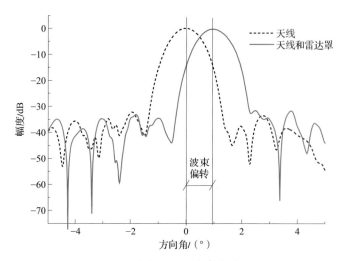

图 6-66　方向图比较波束偏转测试

BSE_{EL}——瞄准误差的俯仰分量，mrad。

（2）瞄准误差变化率

瞄准误差变化率是指瞄准误差的方位分量或者俯仰分量在单位扫描角内的变化量，具体可按以下公式计算

$$BSER_{AZ}(\theta) = [BSE_{AZ}(\theta + \Delta\theta) - BSE_{AZ}(\theta)] / \Delta\theta \qquad (6-104)$$

$$BSER_{EL}(\theta) = [BSE_{EL}(\theta + \Delta\theta) - BSE_{EL}(\theta)] / \Delta\theta \qquad (6-105)$$

式中：$BSER_{AZ}$——瞄准误差方位分量变化率，mrad/（°）；

　　　$BSER_{EL}$——瞄准误差俯仰分量变化率，mrad/（°）；

　　　BSE_{AZ}——瞄准误差方位分量，mrad；

　　　BSE_{EL}——瞄准误差俯仰分量，mrad；

　　　θ——扫描角，与测试过程的采样点对应，（°）；

　　　$\Delta\theta$——计算瞄准误差变化率的角度间隔，（°）。

6.4.5　雷达天线罩功率反射试验

6.4.5.1　反射计法

幅值反射计主要是利用定向耦合器（或环形器和高隔离度电桥）分别拾取正比于反射波和入射波的功率，经检波器检波后送至比值计或通过其他信号采集方式送入相应的信号接收仪器，从而得出驻波比的装置。采用这种驻波比测试方法统称反射计法。反射计法是测试驻波比的一种重要方法。一般反射计法主要有定向耦合器式、环形器式和电桥式三种形式。三种形式的反射计测试原理相同，本书仅对定向耦合器式反射计法做简单介绍。

（1）定向耦合器式反射计法测试系统

①定向耦合器式反射计法测试系统框图如图 6-67 所示。

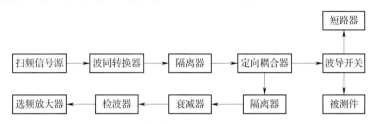

图 6-67　定向耦合器式反射计法测试系统框图

定向耦合器式反射计法测试步骤如下。

a. 根据图 6-67 搭建测试系统。

b. 开启扫频信号源和选频放大器的电源开关，并预热 30min。

c. 设置信号源的频率为所需测试的频率，带宽设置为"0"GHz（单频测试），输出功率设置为稳幅下最大输出功率，设置内调制、内调制频率、内调制脉冲宽度。

d. 将波导开关拨到短路器一侧。

e. 调节检波器，使选频放大器接收信号最大，测试所接收到的信号即为入射波信号。如果系统中的信号过高，可降低信号源的输出功率或调节衰减器使信号降低到检波器的晶体检波律的线性区域内。

f. 将波导开关拨到被测件一侧。

g. 调节检波器，使选频放大器接收到的信号最大，测试所接收到的信号即为反射波信号。

h. 通过对测试出的入射波信号和反射波信号进行计算，即可得出被测件的驻波比。

②扫频测试系统的实现

如果将检波器更换为宽带检波器，波导开关更换为电动波导开关，再增加计算机和数据采集板卡等，即可将测试系统改进为扫频驻波比测试系统。定向耦合器式反射计法扫频测试系统框图如图 6-68 所示。

测试步骤与单频点测试基本一致，只是测试频率控制、波导开关控制和数据采集可以通过计算机中的测控软件进行，测试中由于是宽带检波器则省去了信号调节的环节。

（2）反射计法系统误差源

对上述反射计测试方法进行误差分析后，可得到系统的测试误差主要来源如下。

①定向器件的有限方向性；

②信号源的失配误差；

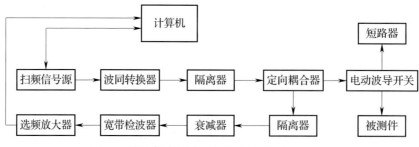

图 6-68　定向耦合器式反射计法扫频测试系统框图

③转换接头所引起的误差；

④替代标准精度不高；

⑤校准器件的精度不够高和校准方法不够完善；

⑥信号源所引起误差；

⑦测试端失配等误差；

⑧其他误差源，如检波器平方律的非线性误差，电平漂移误差等。

6.4.5.2　网络分析仪法

随着网络分析仪的普及，功率反射的测试越来越方便，可以用校准的方法很方便地通过测试被测天线与带雷达天线罩后被测天线的驻波比，来计算出反射系数。

首先简单介绍下反射系数、驻波比和 S 参数之间的关系。回波损耗（return loss）指入射功率与反射功率的比值，单位 dB。反射系数（Γ）指反射电压与入射电压的比值，一般为标量。电压驻波比（voltage standing wave ration，VSWR）指波腹电压与波节电压之比。S 参数中 S_{12} 为反向传输系数，也就是隔离；S_{21} 为正向传输系数，也就是增益；S_{11} 为输入反射系数，也就是输入回波损耗；S_{22} 为输出反射系数，也就是输出回波损耗。

功率反射一般按下式计算

$$\Gamma_{\text{refl}} = \Gamma_{\text{r}} - \Gamma_{\text{a}} \qquad (6\text{-}106)$$

式中：Γ_{refl}——雷达罩引起的功率反射；

Γ_{r}——带罩后的功率反射系数；

Γ_{a}——不带罩时的功率反射系数。

式（6-106）中，Γ_{refl}（Γ_{r} 或 Γ_{a}）由式（6-107）得出

$$\Gamma = [(1\text{-}VSWR)/(1+VSWR)]^2 \times 100\% \qquad (6\text{-}107)$$

以上各参数的定义与测试都有一个前提，就是其他各端口都要匹配。这些参数的共同点：它们都是描述阻抗匹配好坏程度的参数。其中，S_{11} 实际上就是反射系数 Γ，只不过它特指一个网络 1 号端口的反射系数。反射系数描述的是入射电压和反射电压之间的比值，而回波损耗是从功率的角度来看待问题。而电压驻波的原始定义与传输线有关，将两个网络连接在一起，虽然我们能计算出连接之后的电压驻波比的值，但实际上如果这里没有传输线，根本不会存在驻波。我们实际上可以认为，电压驻波比上是反射系数的另一种表达方式，至于用哪一个参数来进行描述，取决于怎样方便，以及习惯如何。

在多数正规表述中，反射系数是矢量（复数），不是标量。在计算驻波比时用到的反射系数，需要加绝对值符号。史密斯圆图中以圆点为圆心的圆被称为等反射系数圆，圆周

上的点显然并不限于标量。

使用网络分析仪测试驻波的步骤如下。

①通过低损耗稳相微波电缆连接被测天线"和口"和矢量网络分析仪的 PORT 1 口（此时认为系统已经组建完成，如被测天线已经安装好，雷达天线罩的工装已经安装到测试转台上）。微波电缆尽可能短，而且要固定好，保证测试过程中尽可能不产生形变。

②开启矢量网络分析仪，首先设置 S 参数为"S_{11}"。

③设置测试的频率范围：按下"FREQ"键，然后按下屏幕右侧的"Strart"键设置起始频率，再按下屏幕右侧的"End"键设置终止频率。

④设置网络分析仪的输入功率，一般是测试频率范围内保证功率输出稳定情况下，将输出功率设置为最大，此时功率的开关最好为"OFF"。

⑤设置测试类型：按下"FORMAT"键，然后从菜单中选择"SWR"。

⑥在"REFLECTION"菜单下，选择"CAL"，然后选择"ONE PORT"校准，选择校准件的型号（一定要选择你有的校准件型号，如果没有就去买吧，或者换种测试方法），校准件一般有"OPEN""SHORT"和"LOAD"三个。

⑦此时将微波电缆接天线"和口"一端松开，分别接上校准流程中所需校准的器件，然后校准。

⑧校准完成后，把电缆重新接到被测天线"和口"，记录此时天线频段内的驻波。

⑨安装上雷达天线罩，再记录下带雷达天线罩时系统的驻波。

⑩由于此种测试方法，无法校准天线的驻波，因此最终计算功率反射时无法直接用公式计算，需要先将天线驻波转换一下。

6.5 雷达天线罩隐身性能试验技术

6.5.1 隐身性能试验概述

雷达天线罩隐身性能试验主要目的是获得对雷达天线罩散射情况的了解，取得雷达天线罩的特征数据，检验雷达天线罩的隐身性能。雷达天线罩隐身性能试验包含雷达天线罩的 RCS 和对雷达天线罩的电磁成像。

在雷达天线罩试验技术中，一般情况下电磁波传播的方向与水平面平行，通常将测试场所的水平面作为参考面。若电场矢量方向平行于水平面，则称为平行极化，通常记作"HH"极化；若电场矢量方向垂直于水平面，则称为垂直极化，通常记作"VV"极化。雷达天线罩隐身性能试验通常测试水平和垂直两种极化状态。

用已知雷达截面积的定标体做相对测试，分别测试背景回波功率、定标体回波功率和雷达天线罩回波功率，利用下式计算得出雷达天线罩的 RCS

$$\sigma = \frac{p}{p_0} \times \sigma_0 \qquad (6-108)$$

式中：σ——目标的雷达截面积，m^2；

p——目标回波功率，W；

p_0——定标体的回波功率，W；

σ_0——定标体的雷达截面积，m^2。

背景等效 RCS，是将试验场的环境、目标支架的反射及收发天线泄漏等杂波分量等效为目标支架处一个假想杂波源，其雷达截面积为试验场背景等效雷达截面积。试验系统常采用背景矢量相减、距离门选通等技术减小场内背景杂波的等效雷达截面积，此时背景等效雷达截面积决定了试验场测试目标雷达截面积的极限灵敏度。

雷达截面积试验定标是一个将试验系统采集的目标回波信号与目标的雷达截面积、极化散射矩阵、雷达图像等物理量相互关联的过程。对一个全极化的相干测试定标包括幅度、相位及极化定标。在室内静态场常采用替代法测试定标。

6.5.2 试验场与试验系统

6.5.2.1 试验场

试验场的作用是为雷达天线罩隐身性能试验提供一个试验空间和适宜的电磁环境。雷达天线罩 RCS 试验场有室外场和室内场。无论是室外场还是室内场，其设计目标都是一致的，即要求尽可能模拟自由空间和满足远场条件。

（1）室外场

对于室外 RCS 试验场，为了使天线辐射的球面波在目标试验区内近似于平面波，室外 RCS 试验场应具有足够的长度。试验场的距离遵循瑞利远场准则。即

$$R \geqslant \frac{2D^2}{\lambda} \tag{6-109}$$

式中：R——雷达到被测目标中心的距离，m；

D——目标的最大横向尺寸，m；

λ——雷达工作频段的最大频率对应的波长，m。

①地面平面场

地面平面场（本书简称地平场）充分利用了试验场区地面对于入射波的多次反射波，通过调整雷达收发天线高度以及目标安装高度，使得在目标区照射到被测目标上的直接入射波和地面反射波的回波相位相差 2π 的整数倍，使得被测目标的多径回波同相叠加，由此等效形成对入射波的功率增益，从而大大提高目标 RCS 试验的信噪比。

地平场的信号路径几何关系示意图如图 6-69 所示。在地平场条件下，被测目标受到两种不同的入射场的照射，一个是发射天线辐射场的直接照射，另一个则是入射场经地面反射后照射到目标，由此构成多路径传输的入射波在目标区矢量叠加。同样，被测目标的

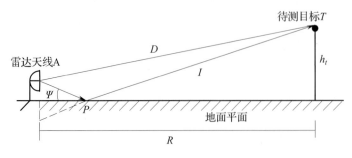

图 6-69 地平场的信号路径几何关系示意图

散射场也以类似传输路径到达雷达接收天线。如此，如果不考虑更高层次的地面反射，则目标散射回波由以下四条传输路径的回波分量组成：发射天线—目标—接收天线（直达路径），发射天线—地面—目标—接收天线，发射天线—目标—地面—接收天线，发射天线—地面—目标—地面—接收天线。

对于给定的雷达频率和试验场距离，地平场通过调整收发天线高度和目标架设的高度，使得在目标区地面反射的信号与直接路径信号相位相差 2π 的整数倍，从而形成多路径信号的同相叠加。显然，这是一种比减小地面反射效果更好的利用多路径反射信号的方法，因为通过这一技术，原本不希望有的地面反射信号以一种可控的方式对提高 RCS 试验的信噪比做出贡献，理论上可形成 16 倍的功率增益。

当然地平场也存在缺点。

a. 由于多径信号的存在，目标区垂直方向上的幅度锥削除了受到天线方向图的影响外，也受到来自地面反射的影响。其结果是，地平场在目标区所形成的均匀照射区通常在水平面方向上足够宽，而在垂直面上则由于多径信号相位干涉小而变窄。

b. 由于多径回波的同相叠加是通过调整雷达与目标之间的几何关系来达到的，而相位是随雷达波长而变化的，这意味着在试验几何关系固定的条件下，理论上只有一个频点的回波真正满足同相叠加关系。可见，在宽带试验情况下，由地平场带来的功率增益是随着频率而改变的，不是一个恒定常数。为了解决这一问题，地平场一般可通过架设多部不同高度的天线来覆盖大的试验带宽。

②高架试验场

高架试验场要求将雷达天线和目标均架设得足够高，使得雷达天线主波束远离地面，将地面照射减少到可接受的水平；或者将试验雷达天线架设在高处，模拟对地、海面目标下视测试。

高架试验场广泛用于天线及雷达天线罩试验场，但较少用于 RCS 试验，这是因为对于天线或者雷达天线罩的试验，定向天线的架设可以采用固定在地面的金属塔架结构，对主瓣的测试准确度依然很好；而对于 RCS 试验，则要求目标安装在具有低雷达截面积的支架结构上，但采用高度很高的低 RCS 目标支架其设计、加工制造以及使用过程中的目标安装等均是难题。

事实上，用于大型目标、微波以上高频段测试时，满足式（6-109）所需的试验场的尺寸一般较大，造成试验系统的灵敏度及动态范围降低，不满足试验精度的要求。因此，比较常用的试验场为室内紧缩场。

（2）室内紧缩场

紧缩场是现代室内 RCS 试验场的关键设施之一。紧缩场采用一个或多个反射面组合，在相对短的距离内将馈源辐射的球面波校准为平面波，因此称为"紧缩"场或"紧凑"场。目前得到广泛应用的几类反射面系统介绍如下。

①偏置馈电抛物面系统：采用偏置抛物面反射面，位于主焦点处的馈源经旋转后对反射面进行"偏置馈电"。

②卡塞格伦双反射面系统：有凸面副反射器作为馈源的偏置抛物面反射面，馈源先照射到副反射面，再由副反射面的反射波照射主反射面。副反射面可进行构型以优化主反射器的照射场强分布，并通过改变几何形状以改善极化纯度。

③双柱面系统：用两个圆柱形抛物反射面来生成平面波。采用"折叠光学"配置以允许更长的有效路径长度，从而改善主焦区范围内的极化纯度。两个反射面均为二维圆柱形，因此生产成本较低，与普通偏馈单反射面紧缩场相比，其交叉极化隔离度更高。

④格里高里双反射面系统：一种双反射面系统，其中主、副两个反射面均采用凹面反射器，这样副反射面在主抛物面焦点处形成馈源的虚像，从而使遮挡效应最小化。如果设计合理，这种几何构型能够提供比上述三种设计都更好的交叉极化隔离度；通过采用双暗室，还有可能实现更低的杂散电平设计。

在上述四种类型的紧缩场结构布局中，第一种最简单，所以偏馈抛物面反射器紧缩场系统应用最广泛。

6.5.2.2 试验系统

本书介绍的雷达天线罩 RCS 试验系统搭建于紧缩场暗室内，主要由试验场、机械及伺服控制子系统、射频子系统和试验软件等组成。

（1）试验场

试验场由反射面、馈源、馈源极化转台及其控制器等组成。结构形式是采用典型的点源偏馈式抛物面反射器结构。馈源位于抛物面反射器的焦点上，由馈源发出的球面电磁波照射到抛物面上后，再由抛物面反射成平行波束向试验区域辐射，具体如图 6-70 所示。

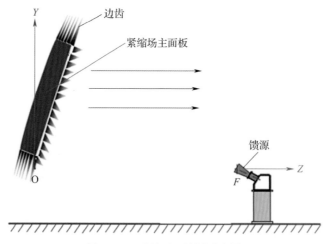

图 6-70　反射面、馈源示意图

（2）机械及伺服控制子系统

机械及伺服控制子系统主要是支架与目标转台，其主要功能是支撑被测目标，并精确控制目标方位或者方位和俯仰姿态角。根据试验任务和被测目标的不同，选取不同的支架及目标转台。典型的支架及目标转台有泡沫支架及转台、低散射金属支架及转台和伺服控制系统。无论采用何种支架及目标转台，除了满足 RCS 背景电平要求外，还必须满足以下基本机械指标要求：具备足够的机械强度、能够承受支撑应力、移动或转动目标时不产生大的偏差等。

①泡沫支架及转台

a. 泡沫支架

泡沫支架一般由"膨化聚苯乙烯发泡材料"（EPS 发泡材料）组成，这类材料有膨胀的薄层表面、质量轻、可透过射频信号等特点，可提供稳定的低 RCS 目标支撑。发泡材料支架与被测目标之间的相互耦合作用一般很小。

　　b．泡沫支架转台

　　泡沫支架转台为单轴转台，用于支撑泡沫支架和被测目标，完成被测目标的精确定位。

　　泡沫支架转台及伺服控制系统主要由机械台体、电机、控制柜、电缆及限位和缓冲组件等组成。整个设备采用控制器集中控制的电控方式来实现。

　　②低散射金属支架及转台

　　低散射金属支架转台包括金属支架本体及其基座、目标转顶等，具体如图 6-71 所示。

　　a．低散射金属支架

　　金属支架本体是目标散射特性试验时的低散射支撑结构，在目标自重载荷和一定回转扭矩作用下，要满足整个低散射金属支架系统对其刚度和强度要求。

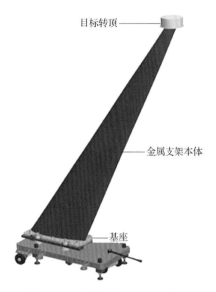

图 6-71　低散射金属支架及转台

　　图 6-71 显示，金属支架斜立安装固定在地面上，其外形像喷气式飞机的尖拱形后掠翼，目标转顶安装在窄端。这样的几何外形虽然在很大程度上其金属表面暴露在入射波的照射下，但对后向散射的抑制却相当有效。

　　b．二维转顶（转台）

　　低散射金属支架顶部安装有目标定位器（目标转台），通常安装在一个圆柱形筒内，称为目标转顶，目标试验中需要将转顶直接安装嵌入被测目标体的内部，由此带动目标做各种姿态运动。

　　目标转顶机械系统主要由电机、精密减速器、精密蜗轮副、转顶俯仰基体、转顶罩壳等组成。通过控制系统实现目标转顶俯仰和方位姿态运动。目标转顶如图 6-72 所示。

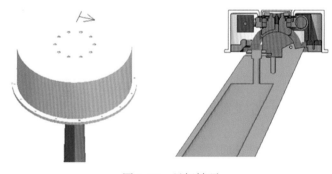

图 6-72　目标转顶

　　（3）射频子系统

　　射频子系统主要由矢量网络分析仪、功率放大器、低噪声放大器和微波电缆等组成。

　　（4）试验软件

　　RCS 试验软件能够控制矢量网络分析仪等射频仪器，也能控制转台运动，能够完成点频和宽带扫频模式试验，具备径向成像、横向成像、二维成像和数据转存等功能，能够满足雷达天线罩 RCS 的试验需求。

6.5.3　试验技术

6.5.3.1　低散射背景技术

在 RCS 试验中，背景反射电平是影响试验精度的关键因素。为了精确测试低 RCS 目标，必须尽可能地降低背景反射电平，这就是所谓的低散射背景技术。

低散射背景技术主要包括低散射目标支架技术、矢量场相减技术、软件距离门技术和硬件选通门技术。

（1）低散射目标支架技术

RCS 试验一般采用三种方法支撑目标：

①悬线吊挂：这种方法操作麻烦，误差较大，而且在试验大目标时悬线本身就要做得很粗，且受弹性变形的影响。

②泡沫塑料支架：广泛用于目标 RCS 试验，优点在于容易制造、价格低廉、对被测目标没有特殊要求等。但是，由于试验时，目标与支架一起转动，支架的非圆对称造成支架回波的起伏；同时，安装目标后，支架的变形影响了背景抵消技术的效果。

③金属支架：目前国内外有很多试验场均配置了一个或多个金属支架，其金属外壳呈橄榄形，并在其上覆盖吸波材料。

为了抵消金属支架产生的回波影响，需先测出无目标时金属支架的回波，为了模拟支架与目标的耦合，设计了专门的固定架，可精确模拟目标的影响而自身回波极小（低散射载体）。试验时采用先测试有低散射载体时金属支架的回波，然后移走低散射载体，放置目标，测试目标回波的方法，补偿金属支架背景回波，提高了试验精度。

（2）矢量场相减技术

暗室的后墙、侧墙、目标支架等引起的反射回波通称背景回波，考虑在时间间隔不是很大的两次试验中目标环境基本是不变的，绝大多数回波稳定地重复出现。

矢量场相减技术：首先测试定标体的反射回波 E_0，然后取走定标体测试空暗室的回波 E_1，最后测试放置目标后的散射波 E_t，则目标的 RCS 为

$$\sigma_t = 20\lg\frac{\left|E_t - E_1\right|}{\left|E_0 - E_1\right|} + \sigma_0 \tag{6-110}$$

其中的背景回波是作为一个复数值从目标回波和定标体回波中减去的，这是一个已被广为采用的 RCS 基本定标方法。

（3）软件距离门技术和硬件选通门技术

对扫频测试获得的 RCS 数据进行傅里叶反变换可以得到散射源在纵向距离上的分布，使目标回波与背景回波在距离上分开，利用试验程序可以只录取目标区域的 RCS 数据，消除背景回波的干扰。

①将频率域数据变换成时间域数据。

②从时间域数据中消去不希望有的信号成分。

③反变换成频率域数据。

硬件选通门技术只适用于时域 RCS 试验系统。时域系统发射机发射的是脉冲串，可以在接收机上加时间选通门，仅当目标反射信号到达接收机时选通门打开，目标反射信号

进入接收机，而与目标反射信号在时间上有差异的其他干扰信号到达时则关闭选通门。但是与目标回波同时到达的干扰信号对试验的影响仍然存在。

6.5.3.2　RCS 试验方法

（1）RCS 试验原理

雷达方程是进行目标 RCS 试验定标的基础，其方程如下

$$P_r = \frac{P_t G_t G_r \lambda^2 \sigma}{(4\pi)^3 R^4} L \qquad (6\text{--}111)$$

式中：P_r——雷达接收的目标回波功率，W；

$\quad$ P_t——雷达发射的功率，W；

$\quad$ G_t、G_r——发射、接收天线增益；一般 $G_t = G_r$；

$\quad$ λ——雷达波长，m；

$\quad$ σ——目标 RCS，m^2；

$\quad$ R——雷达与目标间距离，m；

$\quad$ L——系统损耗。

由雷达距离方程可知，式中除 P_r 和 σ 外，其他各项参数固定不变时，目标的雷达截面积 σ 的值仅与接收功率 P_r 成正比。据此，我们可确立目标 RCS 的试验方法，得到 RCS 试验的表达式

$$\sigma = \sigma_0 \frac{P_r}{P_0} \qquad (6\text{--}112)$$

式中：σ_0——标定目标（如标准的金属球或金属平板）的 RCS 值，m^2；

$\quad$ P_0——雷达接收的标定目标回波功率，W；

$\quad$ σ——目标的雷达截面积，m^2；

$\quad$ P_r——目标回波功率，W。

被测目标的复量 RCS 为

$$\sqrt{\sigma} = \frac{U_{0T}}{U_{0S}} \sqrt{\sigma_s} \qquad (6\text{--}113)$$

式中：σ——被测目标复量 RCS，$\text{m}^2 \cdot (°)$；

$\quad$ σ_s——定标体复量 RCS，$\text{m}^2 \cdot (°)$；

$\quad$ U_{0T}——被测目标回波的接收机输出复量电压，$V \cdot (°)$；

$\quad$ U_{0S}——定标体回波的接收机输出复量电压，$V \cdot (°)$。

（2）试验程序

用已知雷达截面积的定标体做相对测试，分别测试背景回波功率、定标体回波功率和目标回波功率。具体步骤如下。

①采用背景矢量相减减小背景干扰的影响；

②测试 RCS 已知的定标体回波；

③当需测回波相位时，选择通过目标转台中心且垂直雷达视线的平面为相位参考面；

④试验目标的回波；

⑤根据式（6-112）或者式（6-113）确定目标的 RCS 幅度或者相位。

（3）RCS 试验模式

① RCS 随方位角（单频点或多频点）变化，相应的曲线纵坐标为 RCS 幅度（dBm^2）或相位（°），横坐标为方位角（°）；

② RCS 随频率（目标姿态角固定）变化，相应的曲线纵坐标为 RCS 幅度（dBm^2）或相位（°），横坐标为频率（GHz）；

③ RCS 随径向距离（目标姿态角固定）变化，相应的曲线纵坐标为 RCS 幅度（dBm^2），横坐标为径向距离（m）或时间（ns），转台中心为 0m 或 0ns；

④ RCS 随横向距离（频率固定）变化，相应的曲线纵坐标为 RCS 幅度（dBm^2），横坐标为横向距离（m），转台中心为 0m；

⑤ RCS 二维成像（目标姿态角固定），相应的图像为立体图及等高线图，纵坐标为 RCS 幅度（dBm^2），横坐标为横向距离（m），另一坐标为径向距离（m），转台中心为距离参考点；

⑥极化散射矩阵随方位角变化，极化散射矩阵随频率变化，极化散射矩阵随距离变化，极化散射矩阵用二阶矩阵表示。

6.5.3.3 RCS 成像

RCS 成像技术可反演出目标各散射点的位置分布及幅度，在目标 RCS 减缩方面起着重要作用。目标 RCS 成像试验的基本目的是通过对目标的散射特性进行一维、二维和三维高分辨率成像，对目标的电磁散射特性进行诊断和分析，以便改进目标设计，降低目标整机和部件的 RCS 电平，或者通过对目标散射机理的理解和特征提取，实现目标分类识别。

本节将分析使用频率步进信号的宽频特性，利用理论推导对目标进行一维成像。通过转台控制系统调整被测目标状态，提取目标散射点的横向散射信息，对被测目标进行二维成像，再通过对应散射的相位变化对被测目标进行三维成像。下面介绍一维、二维、三维 RCS 成像的原理。

（1）一维 RCS 成像

利用发射机发射宽带频率步进信号，再通过接收机接收回波并对数据进行处理，得到目标散射场分布，可以实现 RCS 一维成像试验。为了提高试验精度，在一维 RCS 成像试验时可借助距离波门技术对目标信号和噪声信号进行分离，从而消除距离向背景噪声信号。然而，该方法无法消除暗室内与目标等距离的噪声信号，同时也无法消除其他维度的噪声信号。为了降低环境对目标成像效果的影响，试验时需在暗室中完成。一维 RCS 成像试验系统如图 6-73 所示。

采用功率放大器可将频率步进信号放大，由标准喇叭天线将信号发射出去，经过目标反射后，再通过接收天线接收回波信号，经矢量网络分析仪记录该试验数据，并利用矢网的时域功能，对目标进行距离向成像。一维 RCS 成像试验主要步骤如下。

①测试暗室背景噪声。

②测试定标体回波信号。将频域信号变换为时域信号，再使用距离门技术，截取目标所在区域的信号，并将该信号逆变换为频域信号，得到定标体 RCS 的频域响应信号。

③测试目标回波信号。与步骤②类似，截取相同距离门处的时域信号，并将该信号逆变换回频域信号，得到被测目标的频域响应，计算目标的 RCS 值。

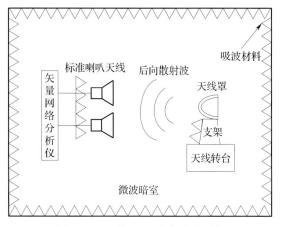

图 6-73　一维 RCS 成像试验系统

（2）二维 RCS 成像

二维 RCS 成像以一维成像为基础，在一维成像基础上增加方位角旋转数据，通过转台旋转使得雷达天线罩在方位角上产生分辨率，将横向散射点分离。下面介绍二维 RCS 成像原理。

如图 6-74 所示，将收发天线固定于天线支架上，调节天线支架高度使得收发天线与雷达天线罩等高。θ 表示雷达天线罩绕旋转中心 O 点逆时针旋转时的角度大小，$(\rho，\varphi)$ 表示雷达天线罩上各散射点的极坐标，φ 为雷达天线罩逆时针旋转角度。以 O 点为坐标原点，相对于雷达天线罩位置建立直角坐标系 xOy，同理相对于天线位置建立另一直角坐标系 uOv，两坐标系具有相同坐标原点 O。由于天线位置固定，直角坐标系 uOv 固定不变，而雷达天线罩随着转台转动，因此直角坐标系 xOy 随着雷达天线罩的旋转而转动。假设天线到 O 点的距离为 R_0，两组坐标系的关系如下

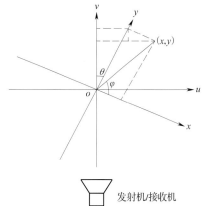

图 6-74　二维 RCS 成像模型

$$x=u\cos\theta-v\sin\theta \tag{6-114}$$

$$x=u\sin\theta+v\cos\theta \tag{6-115}$$

或者

$$u=x\cos\theta+y\sin\theta \tag{6-116}$$

$$v=y\cos\theta-x\sin\theta \tag{6-117}$$

从收发天线到空间任意坐标点（x，y）处的距离表示为

$$R(x,y)=\sqrt{(R_0+v)^2+u^2} \tag{6-118}$$

当满足远场条件时，照射在雷达天线罩表面的电磁波及接收天线接收到的散射波均可近似看作平面波。因此，收发天线到雷达天线罩的距离可近似表达为

$$R(x,y)=\sqrt{(R_0+v)^2+u^2}\approx R_0+v \tag{6-119}$$

如图 6–74 所示，天线辐射的电磁波照射到雷达天线罩表面，经雷达天线罩散射所形成的回波被接收天线接收，该回波信号可表示为

$$E_t(f,\theta) = \int\limits_{-\infty}^{\infty}\int\limits_{-\infty}^{\infty} g(u,v)\exp(-\text{j}4\pi fR/c)\,\text{d}u\text{d}v =$$
$$\int\limits_{-\infty}^{\infty}\int\limits_{-\infty}^{\infty} g(x,y)\exp\left[-\text{j}(4\pi f/c)(R_0 + y\cos\theta - x\sin\theta)\right]\text{d}x\text{d}y \tag{6-120}$$

其中，$g(x,y)$ 表征了雷达天线罩二维散射中心像的分布情况，即雷达天线罩散射中心成像分布，该函数不仅是雷达天线罩散射中心坐标 (x,y) 的函数，也是发射天线频率 f 与雷达天线罩方位角 θ 的函数。

定标体的反射率分布为

$$g(x,y) = \delta(0,0) \tag{6-121}$$

其对应的接收信号为

$$E_s(f,\theta) = \int\limits_{-\infty}^{\infty}\int\limits_{-\infty}^{\infty}\delta(0,0)\exp\left[-\text{j}(4\pi f/c)(R_0 + y\cos\theta - x\sin\theta)\right]\text{d}x\text{d}y =$$
$$\exp\left[-\text{j}(4\pi f/c)R_0\right] \tag{6-122}$$

在二维成像处理前，通过雷达天线罩散射试验数据与定标体数据比较，消除系统频率特性的影响，即可得到目标的净响应表达式为

$$E(f,\theta) = E_t(f,\theta)/E_s(f,\theta) =$$
$$\int\limits_{-\infty}^{\infty}\int\limits_{-\infty}^{\infty} g(x,y)\exp\left[-\text{j}(4\pi f/c)(y\cos\theta - x\sin\theta)\right]\text{d}x\text{d}y \tag{6-123}$$

令 $f_x = 2\sin\theta/\lambda$，$f_y = 2\cos\theta/\lambda$，进行傅里叶变换，上式可改写为

$$E(f_x,f_y) = \int\limits_{-\infty}^{\infty}\int\limits_{-\infty}^{\infty} g(x,y)\exp\left[-\text{j}2\pi(f_x x + f_y y)\right]\text{d}x\text{d}y \tag{6-124}$$

若已知 $E(f_x, f_y)$ 则 $g(f_x, f_y)$ 可由傅里叶逆变换得到

$$g(x,y) = \int\limits_{-\infty}^{\infty}\int\limits_{-\infty}^{\infty} E(f_x,f_y)\exp\left[-\text{j}2\pi(f_x x + f_y y)\right]\text{d}f_x\text{d}f_y \tag{6-125}$$

式（6–124）和式（6–125）则构成了傅里叶变换对

$$g(x,y) \Leftrightarrow E(f_x,f_y) \tag{6-126}$$

式中：$g(x,y)$ 为空间函数；$E(f_x, f_y)$ 为对应的波谱。

式（6–126）表明，空间函数 $g(x,y)$ 可由对应波谱 $E(f_x, f_y)$ 的傅里叶逆变换获得，而波谱 $E(f_x, f_y)$ 则可在实际试验数据中得到。由于试验空间有限，因此 $g(x,y)$ 函数在空间上为有限函数。$E(f_x, f_y)$ 则应该分布在整个 f_x–f_y 平面上，然而实际试验数据仅仅分布于以 $2/\lambda$ 为半径的圆上。因此，在目标空间内采用空间频率等距采样会导致反演出的成像结果旁瓣较高，可采用添加适当的滤波器对信号进行处理以便提高 RCS 成像分辨率。

RCS 重构图像是通过反射率分布函数 $g(x,y)$ 估计而来，对式（6–126）做傅里叶

逆变换，即可得出 $g(x,y)$，此时需将直角坐标系中波谱 $E(f_x,f_y)$ 的坐标变换为极坐标，如图 6-75 所示。

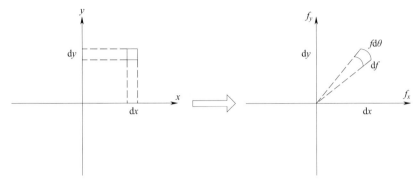

图 6-75　波谱的坐标变换

变换为极坐标后，$\hat{g}(x,y)$ 的表达式如下

$$\hat{g}(x,y) = \frac{4}{c^2} \int_{\theta_{min}}^{\theta_{max}} \int_{f_{min}}^{f_{max}} E(f,\theta) \exp\left[\mathrm{j}(4\pi f/c)(y\cos\theta - x\sin\theta)\right] f \mathrm{d}f \mathrm{d}\theta \qquad (6\text{-}127)$$

令 $k = 2f/c$、$G(k,\theta) = E(f,\theta)$，可得到

$$\hat{g}(x,y) = \int_{\theta_{min}}^{\theta_{max}} \int_{k_{min}}^{k_{max}} k G(k,\theta) \exp\left[\mathrm{j}2\pi k(y\cos\theta - x\sin\theta)\right] \mathrm{d}k \mathrm{d}\theta \qquad (6\text{-}128)$$

式（6-127）或式（6-128）即为二维 RCS 成像的基本公式。

二维 RCS 成像主要基于微波成像技术。在微波暗室内测试雷达天线罩和定标体的散射数据，与一维 RCS 成像试验相比，二维 RCS 成像试验增加了方位向数据。采用频率步进信号照射于雷达天线罩表面，通过转台控制系统调节转台转动，并记录回波信号，当转台完成一周旋转后，可获取雷达天线罩 360° 全方位的回波数据。

二维 RCS 成像试验的主要步骤如下。

①连接设备，并定标矢网；

②测试定标体及暗室的回波信号；

③将雷达天线罩放置于转台上，控制转台 360° 旋转，并记录回波数据；

④根据回波信号对雷达天线罩进行二维成像；

⑤利用上述试验数据计算雷达天线罩的 RCS 值。

在进行二维 RCS 成像试验时，可通过设置距离门分离环境噪声，但仅在距离向和方位向有消除杂波的功能，在俯仰向则无法实现噪声分离。在处理数据时，由于采用的算法需要进行极坐标与直角坐标之间的插值变换，会对 RCS 成像产生一定的影响。

（3）三维 RCS 成像

当雷达天线罩相对收发天线做小角度转动时，雷达天线罩回波信号的相位信息会发生改变，经过接收机内的相关积分器处理，即可得到雷达天线罩的横向分辨率。如果采用宽带信号对雷达天线罩进行照射，不仅可以获得雷达天线罩的纵向分辨率，同时还保留了电磁波在传播过程中的相位信息。在二维 RCS 成像中，单幅二维成像并未使用相位信息。

当采用相干合成孔径法对目标成像时，对高度有微小差异的两幅天线测得的二维图像进行相位干涉处理，便可得到雷达天线罩的三维散射中心图。

图 6-76 为三维成像几何模型，根据右手螺旋法建立坐标系，z 轴为雷达天线罩旋转轴，x 轴的正方向为两个天线的入射方向。假设任意散射中心点 A 的坐标为 (x_0, y_0, z_0)，天线 1 的位置坐标为 $(-R, 0, -d_1)$，天线 2 的位置坐标为 $(-R, 0, -d_2)$，天线 1 和天线 2 辐射方向均对准坐标原点，此时两天线的入射方向与 x 轴的夹角分别为 α_1 和 α_2，可得

$$d_1 = R\tan\alpha_1 \tag{6-129}$$

$$d_2 = R\tan\alpha_2 \tag{6-130}$$

式中：$\alpha_1 \in [0°, 90°)$，$\alpha_2 \in (-90°, 0°]$。

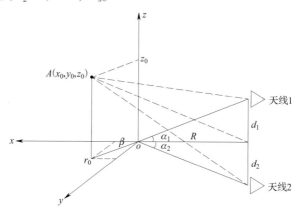

图 6-76　三维成像几何模型

当雷达天线罩以角速度 ω 绕 z 轴旋转时，θ 表示 A 点的瞬时角，可得

$$\begin{cases} x_0 = r_0\cos\theta \\ y_0 = r_0\sin\theta \\ z_0 = z_0 \end{cases} \tag{6-131}$$

其中，$\theta = \omega t + \beta$。

天线 1 与点 A 之间的距离为

$$r_1 = \sqrt{(r_0\cos\theta + R)^2 + r_0^2\sin^2\theta + (z_0 - d_1)^2} =$$
$$\frac{R}{\cos\alpha_1}\left(1 + \frac{2r_0\cos\theta\cos^2\alpha_1}{R} - \frac{2z_0\tan\alpha_1\cos^2\alpha_1}{R} + \frac{(r_0^2 + z_0^2)\cos^2\alpha_1}{R^2}\right)^{1/2} \tag{6-132}$$

由于 $R \gg x_0$，y_0，z_0，即满足远场条件，因此式（6-132）可近似表示为

$$r_1 \approx \frac{R}{\cos\alpha_1} + x_0\cos\alpha_1 - z_0\sin\alpha_1 \tag{6-133}$$

同理可得天线 2 与 A 点之间的距离为

$$r_2 = \sqrt{(r_0\cos\theta + R)^2 + r_0^2\sin^2\theta + (z_0 + d_2)^2} =$$
$$\frac{R}{\cos\alpha_2}\left(1 + \frac{2r_0\cos\theta\cos^2\alpha_2}{R} + \frac{2z_0\tan\alpha_2\cos^2\alpha_2}{R} + \frac{(r_0^2 + z_0^2)\cos^2\alpha_2}{R^2}\right)^{1/2} \tag{6-134}$$

由于 $R \gg x_0$，y_0，z_0，同理可近似为

$$r_2 \approx \frac{R}{\cos\alpha_2} + x_0\cos\alpha_2 - z_0\sin\alpha_2 \qquad (6\text{-}135)$$

因此两天线的双程相位差可通过下式计算出

$$\phi = \frac{4\pi}{\lambda}(r_2 - r_1) =$$
$$\frac{4\pi}{\lambda}\left[\left(\frac{R}{\cos\alpha_2} - \frac{R}{\cos\alpha_1}\right) + x_0(\cos\alpha_2 - \cos\alpha_1) + z_0(\sin\alpha_2 + \sin\alpha_1)\right] \qquad (6\text{-}136)$$

当 $\alpha_1 = \alpha_2$ 时，$(\phi = 8\pi z_0\sin\alpha_1)/\lambda$，即可得到点 A 的位置高度 z_0

$$z_0 = \frac{\phi\lambda}{8\pi\sin\alpha_1} \qquad (6\text{-}137)$$

三维成像试验以二维成像为基础，在试验系统中增加一个接收天线，并将两个天线对称架设，通过该方法可获取雷达天线罩的高度信息，系统连接如图 6-77 所示。调节天线高度，使被测雷达天线罩与发射天线等高，两接收天线对放置于发射天线上下，采用宽带功率放大器放大信号，用标准喇叭天线照射雷达天线罩，再通过两个接收天线接收雷达天线罩的回波信号，并将信号返回到矢量网络分析仪记录数据。由式（6-137）可知，当试验点目标位于转台顶部时，两接收天线接收的信号相位保持相同，而回波信号到接收端口的传播路径不同，因此需进行定标。

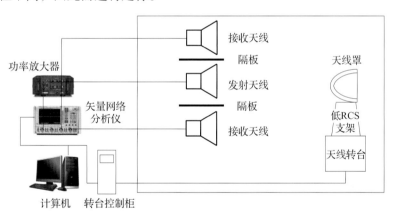

图 6-77　三维成像试验系统框图

三维成像试验主要步骤如下。

①将发射天线置于转台顶部，通过矢量网络分析仪记录两接收端的 S 参数，包括 S_{11} 参数和 S_{21} 参数。将该数据保存于矢量网络分析仪的存储器中并做归一化处理，使得两接收天线到矢量网络分析仪接收端的相位相等。取下发射天线，将其固定于发射架上。

②测试暗室背景信号，通过控制系统控制转台旋转一定角度，并记录数据。

③保持试验条件不变，定标体和雷达天线罩分别放置于转台中央固定，分别测试并记录试验数据。

数据处理时，先将两个通道测得的数据采用二维成像算法获得两个二维成像图，再根据三维成像原理，利用二维成像中的相位数据获得目标在高度向的信息。在试验时应注意

下面两个问题。

a. 接收天线的间距

由式（6-137）可知，为了获取雷达天线罩的高度信息，在试验时架设了两个接收天线，根据两个天线接收信号的相位差，可计算出目标的高度信息。然而，相位的周期为 2π，因此试验所得的相位差有可能超出 2π，致使在数据处理过程中计算得到的目标高度值不准确，这种现象称为相位模糊。

对高度一定的目标进行试验时，为避免出现相位模糊现象，两个接收天线的间距 D 应当满足下面的条件

$$D \leqslant \frac{\lambda R}{2Z_0} \tag{6-138}$$

式中：λ——天线发射频率；

R——收发天线与转台之间的距离；

Z_0——被测目标的最大高度。

发射天线与接收天线之间通常会铺设吸波材料，两个接收天线之间的距离可根据试验要求进行调节，如图 6-78 所示。

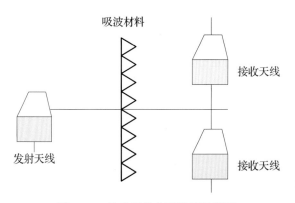

图 6-78　收发天线分开放置示意图

b. 发射信号带宽的选取

在对获得的两幅二维成像结果进行相干处理时，需保证两幅成像图中各散射点一一对应。由于各散射点与收发天线的传播路径不同，如发射信号带宽较宽，经过脉冲压缩后，各散射点距离分辨很窄，很难使得两幅二维成像图各散射点一一对应。因此，在对两幅成像图做相干处理时，需将发射信号带宽调节至适当带宽，确保两幅成像图中各散射点对应。

6.5.4　数据处理

多数被测目标属于复杂目标，自身包含数十甚至数百个散射中心，在较高的雷达频段上，其合成的 RCS 随姿态角的变化往往非常剧烈，散射图中的各个波瓣相隔可能小于 $0.1°$。

一方面，电磁散射理论工作者、低可探测目标研究人员等通常希望得到采样足够细密、尽量详尽的原始 RCS 数据，并把这些数据作为对比标准，同预测计算的理论的数据

逐一进行比较，以判定计算方法是否选择正确，各部件间的屏蔽与耦合关系是否考虑周全，表面波、爬行波等的影响是否处理得当；或者从试验数据的细节变化中找出起主导作用的散射机理，寻求可能的 RCS 缩减办法并判定缩减的效果。

另一方面，也有一部分用户对 RCS 数据的关注重点不在于 RCS 的原始数据，而是需要利用处理后的数据。例如，对于雷达总体设计而言，RCS 试验的目的是确定一个给定雷达对该目标的检测能力。目标检测是一个统计处理过程，大多数检测分析用一个统计模型来表征目标起伏，同时对杂波、多路径及机内噪声等也采用统计模型来描述。此时，用户所关心的可能是在与目标姿态角有关的一定空间立体角范围内对全部 RCS 试验数据进行统计处理。

对于典型的试验程序，可得到不同目标或不同结构在不同俯仰角、滚转角以及不同频率、极化下的大量数据。每一组数据均以"（角度、RCS）"数据对的形式出现，一般是在部分或完整方位区域上每隔一个小的角度步长采样一个数据。

由于 RCS 数据的动态范围一般很大，为了压缩 RCS 散射数据的量程范围，减少 RCS 数据在存储媒质上的字长，经过定标的原始 RCS 数据通常按照对数值来记录。原始数据记录的 RCS 数据对数值（dBm^2）和算术值（m^2）的相互转化关系为

$$\sigma\left(\mathrm{dBm}^2\right) = 10\lg\sigma\left(\mathrm{m}^2\right) \qquad (6\text{-}139)$$

$$\sigma\left(\mathrm{m}^2\right) = 10^{\frac{\sigma\left(\mathrm{dBm}^2\right)}{10}} \qquad (6\text{-}140)$$

式中：$\sigma\left(\mathrm{m}^2\right)$ ——RCS 算术值，m^2；

$\sigma\left(\mathrm{dBm}^2\right)$ ——RCS 对数值，dBm^2；

$\sigma\left(\mathrm{dBm}^2\right)$ 常简记为 σ dB，以与 σ 相区别。

取对数形成的 RCS 试验数据，即分贝平方米值，称为"对数空间"，以平方米值表示的 RCS 数据，称为"线性空间"。一般情况下，如不做特别说明或者为了特性目的，RCS 的数据的统计处理应该在线性空间进行。

RCS 数据的滑窗统计处理是对原始 RCS 数据处理最常用的形式，例如，通过滑窗处理求取分段均值、分段中值和分段 RCS 分位数。具体做法为：将全方位 360° 的 RCS 原始数据或者某个扇区内的数据，按照一定的滑窗宽度和滑动步长逐段求取均值、中值和不同分位数值等，最终得到全方位或者给定扇区上的分段 RCS 统计特性曲线，其中滑窗宽度和滑动步长的选取对于结果有重要影响。

在滑窗统计处理时，首先确定一次统计取多少个 RCS 的原始数据点，RCS 试验中一般按照固定的角度间隔（如 0.5°、0.2°、0.1° 等）进行采样，取多少个连续的数据点，实际上就等于选择一个进行统计的角度窗口宽度。例如，在微波频段，多数飞行器目标对应的窗口宽度典型值为 1° ~ 10°，具体取决于雷达频段和目标尺寸及复杂度。

滑窗均值统计主要存在两种方式，线性空间均值为 $\frac{1}{N}\sum\limits_{n=1}^{N}\sigma_n$，对数空间的均值为 $\left(10\lg\prod\limits_{n=1}^{N}\sigma_n\right)^{\frac{1}{N}}$，前者是算术平均的对数，后者是几何平均的对数，二者是不一样的。通过试验验证，滑窗宽度的选择对于滑窗平均的结果影响很大，而滑动步长对于滑窗平均的影响较小。

6.6 电磁特性试验新技术动态

雷达天线罩电磁特性试验技术，与其他专业技术一样，也是不断遇到新问题，解决新问题，在这个过程中不断发展完善，没有止境。迄今为止，雷达天线罩电磁特性试验技术体系虽然已经比较完善，但是仍有部分关键技术没有解决方案，在以后需要进行关键技术攻关，解决这些问题。另外，雷达天线罩电磁特性试验技术的发展取决于飞行器平台技术和雷达天线技术的发展，飞行器平台技术和雷达天线技术的发展会对雷达天线罩提出新的技术需求，针对这些新的技术需求，需要通过试验进行定量考核，就要研究试验方法和试验程序。雷达天线技术体制的变化，具体而言就是天线扫描方式和跟踪方式的变化，对雷达天线罩电磁特性试验方法影响巨大，可以说有什么样的雷达天线，就有什么样的雷达天线罩，也就有什么样的试验方法，这些内容是紧密联系在一起的。

需求牵引和技术推动是雷达天线罩电磁特性试验技术发展的两大动力，电磁特性试验技术的研究内容来源于飞行器平台和雷达天线对雷达天线罩提出的技术需求。应围绕以下核心问题开展研究。

①扩大试验范围，比如试验频率向更高和更低频率扩展、引入飞行器实际工作的温度环境等；

②提升试验效率，借助扫频测试、时域测试、同时多波束测试等试验方法，提高试验效率；

③提高试验精度，宽频带雷达天线罩电性能试验误差较大，需要研究提高试验精度的方法；

④引入新的试验概念，比如研究虚拟试验在雷达天线罩电性能试验中的应用。

6.6.1 真实飞行环境下雷达天线罩电磁特性试验

通常，雷达天线罩电磁特性试验都是在常温常压的实验室环境下进行的，在大多数情况下这种做法是可以接受的。但是当飞行环境与实验室环境差别很大，而且这种差别直接影响雷达天线罩的电磁性能时，在室温条件下的试验结果就失去了可靠性。可能会出现这样的情况，在室温下一个电磁特性合格的雷达天线罩，在实际飞行状态下，则是不合格的。因此，在某些情况下必须模拟真实的飞行环境进行电磁特性试验，尤其是在进行雷达天线罩电磁特性鉴定试验时，试验环境一定要和飞行环境接近，只有这样试验数据才是可信的。

飞行器的真实飞行环境与实验室环境是有区别的。通常，飞行器的飞行环境与其飞行高度和速度相关。目前大多数在大气层中飞行的飞行器所处的环境可以概括为高温、低温、温度冲击、温度－高度、湿热、盐雾、霉菌、日照、沙尘、鸟撞、雹击、雷击、振动、冲击、坠撞安全、加速度等，也就是说飞行器雷达天线罩是在这样的环境下工作的。为了反映雷达天线罩的真实性能，需要模拟飞行器的飞行环境，在这样的环境下得到的试验数据才是雷达天线罩工作时的真实数据。当然，这么复杂的飞行环境，在实验室中是无法模拟的，也没有必要百分百地模拟，只要把影响雷达天线罩电磁特性的主要环境因素模拟出来就可以了。制造雷达天线罩所用的材料是玻璃钢复合材料，大量的试验数据表明，这类材料的介电性能主要受温度和湿度的影响。在雷达天线罩的外表面涂覆防雨蚀抗静电涂层，使雷达天线罩内部无法进入水汽，因此，雷达天线罩的电性能主要受温度的影响最大。在雷达天线罩电磁特性试验过程中，环境条件的模拟主要是模拟其温度环境。

与温度环境有关的雷达天线罩电磁特性试验包括两部分内容：一是带温度环境的雷达天线罩材料介电参数的测试；二是带温度环境的雷达天线罩全尺寸件测试。温度环境既包括高温环境，也包括低温环境，低温一般是 –55℃，高温则取决于飞行器的飞行速度和高度，当前，飞机雷达天线罩的最高工作温度在 150℃ 左右，空空导弹天线罩的最高工作温度接近 600℃，而且随着飞行速度的提高，空空导弹天线罩的最高工作温度将超过 1200℃。控温和测温是模拟温度环境的关键，被测件的温度梯度是试验的输入条件。

雷达天线罩高温环境的模拟可以采用石英灯加热、风洞吹风、激光加热或者火箭滑车等方式，但是这些加热技术都难以与高精度的雷达天线罩电磁特性试验设备有机结合起来。火箭滑车可以多次重复实现气动加热，但是加热的过程就是被测件运动的过程，目前的技术还做不到在雷达天线罩高速运动的过程中进行性能测试。因为风洞空间限制，无法把被测件和相关的试验设备一起放到风洞中，因此，在风洞中进行高温电磁特性试验是行不通的。用石英灯加热的话，庞大的加热设备会破坏雷达天线罩测试的自由空间，影响试验精度。

美国应用物理实验室，利用太阳能做雷达天线罩动力热源进行了雷达天线罩瞄准误差测试。该试验选用新墨西哥州 Albuguesgue 的 CRTF（central receive test facility）作为试验场地。CRTF 的主要组成部分包括高 61m 的试验塔、222 只定日镜提供 8257m^2 的反射镜面、数字定日镜指令及控制系统。雷达天线罩置于高塔上，而另一端的搜零装置在定日镜场地中，两者相距 101m，搜零装置的 x、y 运动距离分别为 0.8m 和 1.2m，测试分辨率是 ± 0.1mrad。

该项试验研究分三个阶段进行，第一阶段完成试验验证工作，表明 CRTF 能够提供雷达天线罩飞行条件下的热流分布。第二阶段的工作是制作一个薄壁雷达天线罩，罩内壁附有许多热电偶，并用光学温度计测试表面温度分布，然后将试验结果与预期飞行中的温度进行比较。第三阶段进行加热状态下的雷达天线罩瞄准误差测试工作，在此项工作前后都要进行室温下雷达天线罩瞄准误差的测试，以便于对比。美国应用物理实验室的试验结果表明：温度对雷达天线罩瞄准误差的影响是相当可观的。

6.6.2　不断扩展的测试频率

以前，火控雷达天线罩的工作频率主要集中在 X 波段和 Ku 波段，预警雷达天线罩的工作频率主要是 L 波段和 S 波段，因此，雷达天线罩电磁特性试验的频率范围以 L ~ Ku 波段为主。从发展趋势来看，雷达天线罩的工作频率会向两端扩展，高端扩展到毫米波，低端扩展到米波。随着反隐身技术的发展，用米波雷达探测隐身飞机的技术得到重视，米波雷达天线罩电磁特性试验将提上日程。毫米波具有频段范围宽、波长短、信息容量大、定向精度高等特点，在导弹导引头和武装直升机火控雷达上开始得到应用。

在米波波段测试雷达天线罩，主要难点在于如何建立良好的电磁环境。在米波波段，室外空间中弥漫着多种民用广播电视和通信设施发射的信号，如果在室外环境测试雷达天线罩的话，干扰信号很多，难以全部消除，因此，试验误差会很大，理想的米波测试场是室内测试场。可以利用电磁场仿真计算软件进行测试场设计，确定室内测试场的尺寸、形状和试验设备的布置。通过采用高性能的微波吸收材料，降低环境反射，提高试验精度。

毫米波频段雷达天线罩电磁特性试验的难点主要是试验系统的集成。目前，国内针对毫米波天线的试验系统都是在微波系统的基础上扩频而来，受毫米波部件性能的限制，系统灵敏度、动态范围等方面都存在很大不足，对高性能天线的试验造成较大困扰。国内现有天线试验系统的核心思想都是以矢量网络分析仪为核心组成幅相接收系统，实现天线幅度和相位特性的试验。在毫米波频段，通常都是采用倍频方式产生毫米波信号，采用谐波混频的方式进行矢量接收处理。这种方式的特点是比较灵活，通过更换不同的扩频模块即可实现不同波段的试验，其主要缺点是系统动态范围有限，特别是在 1mm 波段。

中国电科集团第四十一研究所最新的毫米波天线试验系统通过技术改进获得了较好的性能。其最新研制的倍频器采用分级放大倍频的方案，通过倍频、放大、再倍频的形式，有效提升了驱动最后级倍频器的本振功率，使毫米波信号的输出功率在 170～220GHz 优于 −1dBm，220～325GHz 优于 −7dBm。另外，试验系统中使用外置高性能本振源和射频源，以提高毫米波信号的信噪指标，并可以使系统动态范围提高 10dB 以上。采用降低谐波次数的方式降低变频损耗，在谐波混频器毫米波部件中，将毫米波倍频器集成到本振路径上，在混频器内对本振信号进行倍频、放大，有效提高了施加到混频器本振端口的频率，降低了谐波次数。利用这种方式，比传统谐波混频器的变频损耗降低 10dB 以上。

6.6.3 雷达天线罩电性能虚拟试验

在雷达天线罩研制过程中，电性能试验是必不可少的。借助电性能试验，可以发现雷达天线罩设计过程的偏差，通过调整设计达到改善雷达天线罩电性能的目的。传统的研制流程是先进行雷达天线罩设计，然后进行产品试制，等试制的产品出来以后再进行电性能试验。如果试验结果达到指标要求，则万事大吉，否则需要修改设计，重新制造试验件进行二次电性能试验。这个反复的过程十分漫长，不利于缩短研制周期。更不利的情况是如果更改设计的话，有可能需要重新加工模具，由此带来的经济损失和研制周期的延误是无法接受的。如果能够在产品生产前进行雷达天线罩电性能试验，并据此调整设计结果，则可以取得很好的效果。目前，正在流行的虚拟试验能够担当此重任。

虚拟试验是指借助于多媒体、仿真和虚拟现实等技术在计算机上营造可辅助、部分替代甚至全部替代传统试验各操作环节的相关软硬件操作环境，试验者可以像在真实的环境中一样完成各种试验项目，所取得的试验效果等价甚至优于在真实环境中所取得的效果。虚拟试验技术改变了传统的试验模式。过去是必须先有实物才可以进行试验验证，而虚拟试验使整个试验方法发生了根本变化，原来的试验过程要经过画图设计、产品加工、实装试验，试验未通过必须重新设计修改，导致装备的研制周期非常长。虚拟试验将试验验证环节前移，通过设计建模试验，迭代改进模型，然后生产再进行最后实装试验，从而降低研制风险，缩短研制周期。虚拟试验是相对于真实产品的物理试验而言的，是无破坏性的。虚拟试验不仅可以作为真实试验的前期准备，而且在一定程度上可以替代传统的物理试验，特别是代替科研摸底试验。虚拟试验在武器装备研制过程中已经开始发挥作用，目前研究较多的是虚拟振动试验和虚拟静力试验等试验项目。随着虚拟试验技术的不断发展，其应用将更加广泛。虚拟试验的内涵主要涉及三方面内容。

①试验手段（所需仪器设备）的虚拟；

②试验对象的虚拟；

③试验环境的虚拟。

针对雷达天线罩电性能虚拟试验的三个方面，所建立的雷达天线罩电性能虚拟试验系统包括：雷达天线罩电性能试验的试验环境、试验样机和试验过程的虚拟仿真。虚拟试验系统由虚拟试验环境子系统、虚拟试验样机子系统和虚拟试验过程子系统三个子系统组成。这三个子系统既相互关联又相互独立，虚拟试验环境和虚拟试验样机可以分别开发，并可以独立运行或联合运行，虚拟试验过程子系统是建立在这两个仿真子系统之上的，与它们一起共同完成完整的雷达天线罩电性能虚拟试验系统。

虚拟试验环境仿真子系统能够进行雷达天线罩电性能试验的试验方案设计，并模拟设备安装与运动，验证试验设计的正确性与可靠性。环境仿真子系统应建立常用测试场和测试转台的三维数模，以真实比例尺寸显示测试场的类别和布局、发射天线、接收天线以及转台的安装效果，可以直观地检查雷达天线罩与转台结构是否干涉、天线在雷达天线罩内的安装位置是否正确、天线转动中心与转台转动中心是否重合等。

虚拟试验样机仿真子系统用虚拟的雷达天线罩样机模拟真实雷达天线罩在穿过电磁波后对天线方向图所造成的影响，虚拟样机的三维模型和所用的电性能仿真工具相关，必须符合电性能仿真环境的要求。雷达天线罩结构的有限元模型可以作为试验样机的一种仿真模型，有限元方法分析的结果作为仿真试验的结果。

雷达天线罩电性能试验过程的计算机仿真是通过虚拟现实技术，在试验环境仿真与试验样机仿真的基础上，对整个雷达天线罩电性能试验体系与试验结果进行的计算机仿真。虚拟试验过程调用和协调试验环境仿真与试验样机仿真子系统，动态地、直观地表现雷达天线罩电性能试验的过程和结果。试验过程仿真子系统既要对雷达天线扫描过程中主波束的追踪过程进行仿真，也要对雷达天线罩电性能进行仿真。

第 7 章　飞机雷达天线罩工程技术

7.1　概述

　　凡是安装雷达的飞机上都必须使用雷达天线罩，如战斗机机头的流线型雷达天线罩（见图 7-1）、预警机背驮的圆盘形旋转雷达天线罩（见图 7-2）、运输机和民航客机机头的"鼻"形雷达天线罩（见图 7-3、图 7-4），以及轰炸机、武装直升机、电子侦察机等飞机上的各式雷达天线罩。长期以来，雷达天线罩往往被视为飞机结构的一部分。实际上，它还是雷达系统的一部分，是雷达天线的电磁窗口，是一个功能性部件，主要用来保护飞机雷达天线系统免受外界恶劣环境如风沙、雨雪、冰雹、盐雾、尘土、昆虫及低温和高温天气的损害，增加飞机雷达系统的可靠性和使用寿命，同时给天线系统提供透明电磁窗口，保证飞机的气动外形以及隐身性能。

图 7-1　战斗机机头的流线型雷达天线罩

图 7-2　预警机背驮的圆盘形旋转雷达天线罩

426

图 7-3　运输机机头的"鼻"形雷达天线罩

图 7-4　民航客机机头的"鼻"形雷达天线罩

　　随着电子技术的发展，雷达天线罩已成为飞机雷达天线系统的重要组成部分。理想的雷达天线罩不应该降低天线性能，但实际上，安装雷达天线罩后对飞机雷达天线性能是有不利影响的，如造成天线电磁能量的传输损失、天线方向图发生畸变、产生交叉极化、产生瞄准误差等，从而导致雷达的作用距离减小、使用频带宽度变窄、跟踪精度降低等。雷达天线罩的主要任务就是要将这些不利影响减至最小。

7.1.1　飞机雷达天线罩技术的复杂性和重要性

　　飞机雷达天线罩性能的优劣直接影响飞机雷达天线系统的功能。对于现代作战飞机，航电系统的先进与否直接关系到战斗的胜负。作为航电系统的关键组成部分，雷达天线系统在持续改进发展。往往有这种情形，经过多年精心改进的飞机雷达天线性能，由于雷达天线罩的种种限制，影响了天线改进部分的特性，使雷达系统的性能仍停留在原来的水平上。

　　雷达天线罩技术是一项系统工程，它综合了电磁学、空气动力学、结构力学、材料学、工艺学等多学科的知识。各学科的共同发展与联合优化是研制高性能雷达天线罩的必要条件。

　　在电性能设计技术方面，高功率传输效率一直是雷达天线罩设计追求的目标，以往的雷达天线罩设计一般把"最大功率传输效率"作为设计准则。然而，雷达天线罩的低功率传输效率并不是影响飞机雷达系统的主要因素，罩壁反射引起的杂波效应对飞机雷达系统性能所产生的影响比雷达距离方程中增益损失的影响要更加严重，因此，现代飞机雷达天线罩的设计正在从注重高功率传输性能转变到注重低副瓣性能，作战飞机雷达天线罩的设计尤其是这样。早期雷达天线罩的设计和性能评估采用二维的计算分析方法，现代高性能雷达天线罩的设计要求计算雷达在任何一个天线扫描位置上所反射的总功率，必须进行三维的计算分析。由于飞机雷达天线一般具有较大的电尺寸（天线直径大于 10 倍波长），而且雷达天线罩绝大部分区域的曲率半径远大于波长，因此，采用几何光学－三维射线跟踪法能够满足计算分析的精度要求，在天线电尺寸较小时，可采用口径积分－表面积分法进行计算分析。雷达天线罩上安装的附加系统（主要是机头空速管系统和防雷击系统）对雷达天线罩电性能产生很大的不利影响。这些金属附件对天线辐射的电磁波产生阻挡、反射和绕射影响，严重制约了雷达天线罩整体性能的提高。目前，高性能雷达天线罩上已采用分段式（也称纽扣式）防雷击分流条取代了老式的实芯铝条，从而改善了雷达天线罩的电性能。对于安装在雷达天线罩上的机头空速管、压力导管、加热线、接地线等附件，则采取尽量减小其尺寸、布置在天线的磁场面和弱能量区及不使其产生的反射波瓣照射地面等方法减小其影响，最根本的办法是移掉雷达天线罩上的空速管。现在，国外很多飞机的雷达天线罩已经去掉了机头空速管，用安装在机翼或机身上的"L"形空速管取而代之，使雷达天线罩电性能大为改观。

在结构强度设计技术方面，雷达天线罩作为飞机结构的关键功能／性能部件之一，要求其满足机体的强度和刚度要求，尤其位于机头、前缘、进气道口、翼尖等位置处的雷达天线罩，气动载荷大，承载要求高，雷达天线罩的结构必须足够"厚实"才能具备足够的承载能力，保证机体的飞行安全；作为电磁透波窗口，雷达天线罩的结构必须足够"透明"才能实现高频段下的高透波和宽带范围内的高传输，实现对目标的精准探测和打击。此时结构强度与电磁特性之间的尖锐矛盾，必须通过多学科综合优化设计进行均衡。值得注意的是，在雷达天线罩设计中，一般情况下会牺牲电磁特性以满足气动要求，但是也有的飞机为了改善电磁特性而修改了罩体外形，并将空速管从罩体移开，如美国的 F-18 战斗机机头雷达天线罩（见图 7-5）便是如此。

图 7-5　美国 F-18 战斗机机头雷达天线罩

在材料技术方面，飞机雷达天线罩的主体材料通常是纤维增强树脂基复合材料、芳纶纸蜂窝、复合泡沫等。飞机雷达天线罩是功能性复合材料结构件，其材料要满足介电性能、力学性能、耐环境、重量、寿命和工艺性等要求。材料的介电性能直接影响雷达天线罩的电性能，损耗角正切越大，电磁波能量在透过雷达天线罩过程中转化为热量而损耗的能量就越多。介电常数越大，则电磁波在空气与介质罩壁分界面上的反射就越大，这将增加镜像波瓣电平并降低功率传输效率。因此，要求雷达天线罩材料的损耗角正切接近于零，介电常数尽可能低。除此之外，雷达天线罩外表面的保护涂层材料对雷达天线罩电性能有着举足轻重的影响，由于雷达天线罩防雨蚀、抗静电的要求，目前的雷达天线罩上一般涂有聚胺酯弹性涂层材料。其中，抗静电涂层材料要满足规定的表面电阻率要求以泄放静电荷，因此，涂层材料中含有石墨或碳黑一类的导电物质，使得其介电常数和损耗角正切都大大上升，导致传输效率下降，反射增大，是影响雷达天线罩电性能提高的一大障碍。新的技术是使用氟碳弹性体涂层材料，利用涂层中均布的导电短切碳纤维单丝网络泄放静电荷，以解决涂层材料的导电性能与介电性能之间的矛盾。

在制造技术方面，主要关注雷达天线罩材料的介电常数及其均匀性、物理厚度及其公差能否满足设计要求，这关系到雷达天线罩能否达到预期的性能，为了保证制造与设计的符合性，往往在雷达天线罩制造前先用与雷达天线罩同样的原材料和成型工艺方法制造等效平板，再从等效平板上取样检测其介电性能并对等效平板进行功率传输效率和插入相位延迟的测试，在试验值与理论值取得一致后方可转入雷达天线罩的制造。即便这样，雷达天线罩制造出来后还可能存在工艺缺陷，因为平板制造与曲面罩体制造还是不尽相同。常见的工艺缺陷是，树脂含量达不到要求使得罩体材料的介电常数偏离设计值；阴阳匹配模的模腔厚度不均匀而造成罩壁物理厚度不均匀并超出公差要求；玻璃纤维编织套及其铺层的疏密和松紧程度不均匀使得罩壁上出现贫胶或富胶现象，这些工艺缺陷都会降低雷达天线罩的电性能。

在电性能试验技术方面，雷达天线罩电性能试验的目的是检查产品性能是否达到了指标要求，高性能雷达天线罩的试验对测试系统的测量精度有很高的要求。要实现精确测试，一方面要求高稳定度、高可靠度、高灵敏度、动态范围大、自动化程度高的先进测量仪器和设备；另一方面要有视角范围大、环境反射小、平面波程度好的测试场。测试场问题往往是影响测量精度的关键，通常的雷达天线罩测试场为室外架高型远场，如图 7-6 所示。对于低副瓣天线／雷达天线罩的电性能测试，要求有高的副瓣测试精度，因此需要较大的收发距离，而大的室外远场往往很难避免周围建筑物及地面反射波的影响，并受气候条件的制约，测试精度和效率受到很大限制。紧缩场为雷达天线罩电性能测试提供了一种新型的室内测试场，如图 7-7 所示，它可在短距离内将球面波变成平面波，使得天线和雷达天线罩的测试满足远场条件，且背景反射电平低、测试精度高、占地面积小、不受外界气候影响，具有好的稳定性和可靠性。目前，美、英、以色列等技术发达国家的雷达天线罩测试基本上都是在紧缩场中进行的，建立紧缩场对满足高性能雷达天线罩的电测要求以及发展雷达天线罩试验技术都是十分重要的。

在质量保证技术方面，雷达天线罩制造要有严格的质量保证措施，这是高的性能指标和高的性能重复性所要求的。采用先进的成型工艺方法制造雷达天线罩，其物理厚度公差可以达到较高的水平，但由于树脂含量不均匀和玻璃纤维织物的疏密程度不一致，仍会引起罩壁一些区域的电厚度超差，导致雷达天线罩电性能不达标。因此，在雷达天线罩制造过程中，单纯控制罩壁的物理厚度是不够的，控制电厚度才是全面的。电厚度检测（见图 7-8）与校正设备是雷达天线罩制造过程中十分重要的精加工设备，同时也是质量监控和保障设备。

图 7-6 室外架高型远场测试图

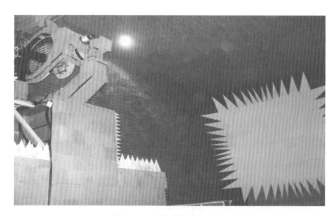

图 7-7 紧缩场测试图

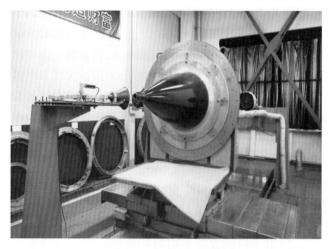

图 7-8 电厚度检测图

7.1.2 飞机雷达天线罩技术的发展概况

飞机雷达天线罩技术的发展历史是与飞机的发展紧密相关的，随着飞行器性能和雷达性能的不断提高，对雷达天线罩的技术要求也不断提高，从而推动了飞机雷达天线罩技术的发展。

7.1.2.1　国外飞机雷达天线罩技术发展概况

雷达天线罩最早应用于飞行器中可以追溯到第二次世界大战，1941 年美国在波音 B-18A 飞机上安装了一种供轰炸机瞄准使用的雷达，采用有机玻璃材料制成半球形雷达天线罩来保护雷达天线正常工作。在 1941 年多采用胶合板材料制造雷达天线罩，由于材料的吸湿性严重，因此该类雷达天线罩多使用在机载平台上。1942 年先后出现过采用浸过树脂的玻璃布、酚醛树脂浸渍棉布或者尿素塑料包在胶合板外面制造雷达天线罩，后来出现了迭层玻璃布增强塑料雷达天线罩。这一时期仅按重量要求确定雷达天线罩的壁厚，不做电性能设计，对雷达天线罩的电性能设计研究开始于 1942 年底。在 1943 年到 1944 年期间，美国麻省理工学院辐射实验室对 A 型夹层罩壁结构的电性能设计做了研究，蒙皮是迭层玻璃布，芯层为低密度格孔的聚苯乙烯材料。美国莱特空军基地于 1944 年研制出了玻璃布蜂窝夹层结构，并用于飞机部件。

在第二次世界大战期间，德、英、美、法等国家在发展机载雷达和雷达天线罩技术方面开展了大量研究和试制工作，出现了数百种军用雷达，积累了大量数据和资料，在电子学和高频电磁场领域发展了新技术。由于这些研究成果对科学和工程均有很大价值，在美国国防研究委员会指导下，在保密允许范围内，由美国麻省理工学院辐射实验室邀请有关杰出专家，对美、英、加拿大等国的空军、大学和部分工业单位的飞机雷达天线罩技术进行了系统总结，于 1948 年出版了《雷达扫描器和雷达天线罩》（*Radar Scanner and Radomes*）一书。该书对飞机雷达天线罩的电性能和力学性能要求、电性能和结构设计、介质材料对电磁波的反射和传输理论、材料、制造、测试等均做了介绍，是世界上第一本有关飞机雷达天线罩技术的专著。

20 世纪 50 年代以后，随着飞机飞行速度的不断提高以及雷达天线技术的发展，出现了一系列新的技术问题，其中最突出的是超声速飞机要求的机头雷达天线罩的气动外形具有较大的长细比，为尖顶形，并且往往装有空速管，极大地恶化了雷达天线罩的电磁特性，使雷达天线罩的设计变得十分复杂，同时由于气动加热产生的热冲击、热应力、雨蚀以及高温对电磁性能的影响，罩体结构与电磁传输性能的矛盾日趋尖锐，对罩体材料提出了更苛刻的要求。在此期间，以美国、西欧为代表的西方国家和苏联等工业先进国家开展了各种类型飞机雷达天线罩的研究工作，对雷达天线罩的气动力分布、温度场、材料、设计、测试和环境等做了多方面的探讨和研究，发表了大量研究报告。这一阶段最重要的研究成果是环境对飞机雷达天线罩的影响和测试技术的发展。由于影响飞机雷达天线罩设计的因素太多，从理论上暂时无法得到完美解决，相关专家学者便从试验和试飞方面采取措施，加大投资强度，致力于地面电性能测试设备、仪器的研制和改进，寻求正确的测试方法和技术。然后与试飞结果做比较，从积累的大量试验和实测数据中寻找规律并用于新雷达天线罩的研制，从而建立了飞机雷达天线罩的测试技术基础，为雷达天线罩的设计、改进提供了保证。

有关飞机雷达天线罩的分析研究开始于 20 世纪 60 年代，G. Tricoles 利用基于几何光学理论的射线跟踪方法，通过将平面波入射到雷达天线罩内的接收天线，利用互易原理计算带罩天线辐射方向图和瞄准误差，从而形成了一个比较完整的系统化计算方法。这以后，射线跟踪法便成为雷达天线罩分析中的重要方法，直到现在射线跟踪法以其直观简明的特性仍然在工程应用中发挥着不可替代的作用。同时，一些新的介质材料及它们的制造工艺得到了发展，飞机雷达天线罩的瞄准误差、频带、极化等电性能和热传导性、热冲击、雨蚀等力学性能分析由理论发展到了实践，为飞机雷达天线罩的研制提供了更广阔的空间。

1948 年到 1970 年期间的研究成果大多包含在美国人 J. D. Walton 主编的大型技术报告《机载雷达天线罩设计技术》（*Techniques for Airborne Radome Design*）（1966 年）和《雷达天线罩工程手册》（*Radome Engineering Handbook*）（1970 年）中。可以看出，这时的技术水平比 1948 年有了显著的提高。

20 世纪 70 年代以后，国外把研究重点放在飞机雷达天线罩的设计和分析计算方面，发展了多种近似分析计算方法，雷达天线罩对天线电波的影响已从二维设计发展到三维设计。提出了以物理光学为理论基础的分析方法，其中平面波谱－表面积分法由于对于圆对称口面天线近场计算的高效性，在工程中也得到了广泛研究和使用。在此基础上进一步发展出相适应的柱面波谱－表面积分法，同时基于互易原理的反应积分法也得到了比较广泛的关注，在瞄准误差的评估上获得了比较好的成果。另外，对飞机雷达天线罩电性能试验技术也做了更细致的研究，例如，对紧缩场测试中各种影响测试精度的因素做了分析，发展了近场测试技术，对材料电磁参数的测试精度做了大量的试验和分析工作。在结构和环境方面，对防雷击、热冲击、环境振动、可靠性、维修性等均做了大量分析和试验研究，发展了快速拆装连接结构。在材料研制方面，由于电性能和结构对材料的苛刻要求，材料研发者以极大的努力不断开发新型飞机雷达天线罩材料，可以说，雷达天线罩技术的发展历史与材料的不断开发紧密相关，目前雷达天线罩性能的提高仍期待着新型材料的研制和开发。

7.1.2.2 国内雷达天线罩技术发展概况

我国对飞机雷达天线罩研究工作起步较晚，开始于 20 世纪 50 年代。由于受到外部技术的封锁，走的是一条"自行设计、联合攻关、探索前进"的道路。由于长期的科学发展滞后，通过仿制苏联的歼击机机头雷达天线罩，逐渐开展雷达天线罩的相关技术研究，主要依托于少数研究实力较强的研究所。1961 年在国家科委的主持下，组成了 11 个主要单位、20 多个二级配套单位的协作网，首次自主开展雷达天线罩研制。1964 年，用改进的"3-3 配方"微晶玻璃材料制成了长 600mm 的半波壁结构雷达天线罩，20 世纪 60 年代末国内相关单位开始进行石英陶瓷材料的研究，在 70 年代将研究成果应用到了航天产品上。1979 年底，航空系统成立了飞机雷达天线罩专业单位，集预先研究、新型雷达天线罩研制、批量生产于一身，我国飞机雷达天线罩技术的发展进入一个新阶段。经过 40 多年的努力，我国的飞机雷达天线罩在设计、制造、试验等方面均得到很大提高。

7.1.3 飞机雷达天线罩分类

按机载平台，飞机雷达天线罩可以分为战斗机雷达天线罩、轰炸机雷达天线罩、预警机雷达天线罩、直升机雷达天线罩、民机雷达天线罩等；按功能，飞机雷达天线罩可以分为火控雷达天线罩、预警雷达天线罩、电子战天线罩、气象雷达天线罩、卫星通信天线罩、SAR 天线罩、敌我识别天线罩、应答天线罩、数据链天线罩、仪表着陆天线罩等。下面将对几种典型飞机雷达天线罩进行介绍。

7.1.3.1　机载火控雷达天线罩

机载火控雷达天线罩在第二次世界大战中发展很快，早期的雷达天线罩大多采用单层结构，少数采用 A 型夹层结构。米波雷达天线罩用过聚甲基丙烯酸甲酯（有机玻璃）材料，厘米波雷达天线罩常用玻璃纤维层压板、聚苯乙烯纤维层压板、玻璃纤维和聚酯 – 苯乙烯树脂复合体。对热塑性材料如玻璃纤维层压板、聚苯乙烯纤维层压板加热，在模具上弯曲成型。对热固性材料如玻璃纤维和聚酯 – 苯乙烯树脂复合体加热，在模具上弯曲固化成型。雷达天线罩性能主要取决于材料的损耗和厚度的控制，玻璃纤维和聚酯 – 苯乙烯树脂复合体厚度控制方便，例如，厚度为 8mm 的罩壁可以用多层纤维铺叠而成，且固化后比较均匀。

1948 年，麻省理工学院辐射实验室主持编辑了一套雷达技术丛书，其中第 22 卷《雷达扫描器和雷达天线罩》比较完整地总结了雷达天线罩的技术发展，对小入射角入射的雷达天线罩和流线型雷达天线罩的设计进行了详细论述。基于菲涅耳定理和多次反射理论，给出了一套较为完整的计算机载火控雷达天线罩传输和反射的方法；提出了最小反射设计原理，给出了最佳厚度设计准则；阐述了材料工艺和试验技术；提出了测试系统和测试方法。该书给出了单层和 A 型夹层的计算曲线与图表，基本满足了机载火控雷达天线罩设计的需求。

为降低空气阻力，机载火控雷达天线罩外形趋于细长，此时雷达天线罩对雷达天线的入射角达 70° 以上，雷达天线罩外表面必须涂覆抗静电涂层和防雨蚀涂层。早期的机载火控雷达天线罩入射角范围小，传输系数曲线随入射角变化小；入射角增大后，传输系数曲线变化剧烈，涂层影响大，且多次反射法的计算量大。另外，由于单层罩壁带宽有限、质量大，需要采用夹层罩壁，所以急需一种快速的计算方法。1957 年，研究者提出传输线等效矩阵级联方法，多层介质罩壁的计算大大简化，给设计带来很大便利。

第三代超声速飞机（F–16 等）装备了低副瓣天线—平板裂缝阵列，脉冲多普勒雷达采用多普勒频移的信息，依赖于高纯度频率源、低副瓣天线和数字处理技术。加雷达天线罩后，副瓣如何变化，如何降低雷达天线罩对天线低副瓣的不利影响，迫切需要进行理论分析。1970 年左右先后研究了机载火控雷达天线罩二维射线跟踪技术和三维射线跟踪技术，借助于计算机技术，初步解决了机载火控雷达天线罩性能计算问题。采用三维射线跟踪技术，定量分析了雷达天线罩对雷达天线的影响，分析结果表明，要实现低副瓣，一方面要降低雷达天线罩的反射瓣，另一方面要严格控制雷达天线罩的制造公差。早期的工艺技术制造公差较大，20 世纪 60—70 年代先后研究出低耗高温树脂材料技术、预浸料技术、RTM 生产技术、缠绕技术、电厚度控制技术等，这些技术提高了雷达天线罩产品的性能。

与早期雷达天线罩相似的是，三代机火控低副瓣雷达天线罩的截面多采用单层结构，即采用实芯半波壁或全波壁的结构；不同的是大部分采用变厚度设计，即罩壁的厚度呈渐变分布，一般是头部厚、根部薄；部分产品采用了夹层雷达天线罩，其中的夹芯材料采用泡沫或蜂窝，有时采用人工材料，人工材料介电常数比泡沫和蜂窝材料高，有助于提高大入射角情况下的工作带宽，同时还能控制雷达天线罩的重量。

20 世纪 80 年代开始研制第五代战斗机，机载电子系统开始研究采用多功能相控阵、综合电子孔径、隐身雷达天线罩技术等新内容。到 90 年代，代表机载火控雷达最高水平的有源相控阵火控雷达 APG–77 研制成功。有源相控阵雷达是指在天线阵中每个辐射器都配装有一个发射 / 接收组件，每一个组件都能自己产生、接收电磁波。它可以通过利用数字波束形成、自适应波束控制和射频功率管理等先进技术，使雷达的功能和特性得到极大的扩展与提升，满足现代恶劣电磁环境中的信息战需要。

这一阶段突破了雷达天线罩与有源相控阵雷达匹配设计技术、宽频带与隐身设计技术。美国已将有源相控阵雷达装备在 F-22 战斗机中；在欧洲，英国、法国和德国联合研制的机载多功能固态阵列雷达（AMSAR），用于法国的"阵风"战斗机和欧洲联合战斗机中；另外，日本、俄罗斯和以色列也有机载有源相控阵火控雷达投入使用。

根据公开报道，西方国家的 F-15、F-16、F/A-18、"台风""阵风"等现役主力战机，纷纷改进升级为相控阵雷达（见图 7-9），提高了战机的作战能力。

F-22 AESA雷达APG-77

F-16UAE雷达APG-80

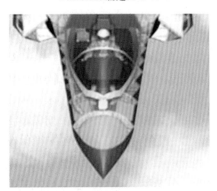

F-35雷达APG-81

F/A-18F/F雷达APG-79

改装了AESA雷达的F-15C

F-15C AESA雷达APG-63（V）2

图 7-9　国外四代机和五代机配装的相控阵雷达

7.1.3.2　机载预警雷达天线罩

由于地球曲率的缘故，地面预警雷达仅限于观察高仰角目标，对于远距离的低仰角目标无法探测，机载预警雷达提高了平台的高度，能够搜索远距离的低仰角目标。与机载火控雷达不同的是，机载预警雷达天线的口径电尺寸更大；天线的平均副瓣更低；雷达天线罩的形状也有明显的区别，为得到360°的全方位覆盖，通常采用扁平式椭球形，在方位面远大于波长，有些情况下俯仰面上仅有几个波长，或者与飞机侧边机身共形，一般尺寸都比较大；机载预警雷达天线罩的重量和安全性要求更为严格。

机载预警雷达天线罩分机背式、吊挂式和共形式三种，机背式预警雷达天线罩目前以旋转对称扁椭球为主（如图 7-10 中的美国 E-2 预警机、图 7-11 中的美国 E-3 预警机），个别采用长条外形（如瑞典的平衡木）以及美国开发的扁多面体形状的雷达天线罩。这种类型的雷达天线罩俯仰面曲率变化激烈，克服俯仰面的反射瓣是设计的一个主要目标。

图 7-10　美国 E-2 预警机雷达天线罩

图 7-11　美国 E-3 预警机雷达天线罩

机械旋转扫描雷达天线罩称为旋罩，有源相控阵雷达天线罩依靠电控扫描，两者在设计上各有侧重。旋罩天线方位扫描范围小，而相控阵天线扫描范围大，所以相控阵雷达天线罩的设计更为复杂。1963 年美国开始论证机载预警雷达的可行性，在大型运输机的背部上方建造一个大型的旋转平台，对平台位置和高度、旋罩的形状和尺寸都进行了深入细致的研究，最终确定在波音 707 的飞机腹背部改造建设两个巨型的撑腿，在撑腿上安装一个扁平的椭球，椭球的中心条带称为 DOME，在 DOME 的两侧分别安装预警雷达和航管二次雷达，预警雷达天线罩在预警雷达的前面。试验验证通过后，正式的 E-3 预警机开始研制。在 E-3 预警雷达天线罩（见图 7-11）研制过程中需要解决一系列关键问题，如电性能分析及设计技术、大型结构设计技术、生产工艺技术、涂层技术、电磁测厚技术、NDT 技术等，迄今为止，E-3 预警雷达天线罩的大部分技术资料还没有公开。随后开发了舰载预警机 E-2（见图 7-10），采用旋转雷达天线罩；苏联也研制了 A-50 预警机（见图 7-12），同样是采用了大型旋转雷达天线罩。20 世纪 90 年代以来，新型的预警机如战场型 E-8（见图 7-13）、E-10（见图 7-14）采用了长吊舱形式的预警雷达天线罩；以色列的 Phailcon（见图 7-15）采用了与机身共形的雷达天线罩，与扁平椭球罩相比，技术难度得到缓解。

根据有关资料，E-3A 雷达天线罩在电性能设计上经历了等厚度设计、加介质透镜、变厚度设计三个阶段，用三维射线跟踪技术、物理光学方法进行了大量的仿真，多次改进的数学模型较好地模拟了雷达天线罩的真实情况，指导电性能设计，降低了杂波强度；在制造技术上，采用了预浸料热压罐 – 分步固化等技术，使用了复合材料模具，保证了罩壁电厚度均匀性，蒙皮和蜂窝黏结的可靠性，以及雷达天线罩外形的精确性；在结构设计

图 7-12　苏联 A-50 预警机雷达天线罩

图 7-13　美国 E-8 预警机雷达天线罩

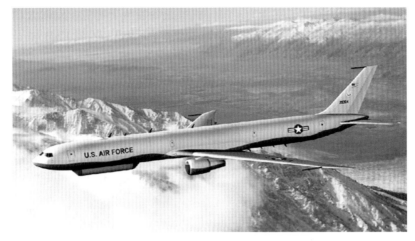

图 7-14　美国 E-10 预警机雷达天线罩

图 7-15　以色列 Phailcon 预警机雷达天线罩

技术上，采取了损伤容限设计理念，进行大量有限元分析，大大提高了结构性能的仿真能力；开发了涂层自动精密涂覆系统，涂层厚度得到了精确控制，总厚度误差在 2 丝（1 丝 = 0.01mm）左右；提出了电磁测厚方法，采用了雷达天线罩超声 C- 扫描 X 射线等先进的 NDT 技术。1977—1980 年，美国 E-3A 和苏联 A-50 预警机先后投入使用，1992年美国 E-2C 舰载预警机交付服役。

7.1.3.3　机载宽带雷达天线罩

　　机载宽带雷达天线罩技术的需求源于电子对抗和电子侦察技术的发展。现代战争的战场信息瞬息万变，以各类电子侦察、干扰系统为主体的电子对抗技术的作用迅速提高，以EA-18G（见图 7-16）为代表的电子战飞机迅速发展。以机载电子支援侦察（ESM）为例，在载机的不同部位装备超宽带的全向天线阵、定向天线阵，利用天线阵测量目标信号到达时间或幅度、相位等信息，在很宽的电磁频谱范围内确定各种辐射源方位。无论是地面宽带无源雷达探测还是机载无源定位，宽带无源系统都不向空中辐射任何能量，通过接收目标辐射的电磁波对雷达辐射源探测、测量、识别、定位，引导反辐射导弹打击对方的雷达系统，具有很强的隐蔽性和反干扰能力。飞行机群配备随队干扰机，发射大功率宽带电磁波对对方的雷达辐射源实施阻塞干扰，掩护飞机编队的行动，机载 ESM 和干扰系统都对宽带雷达天线罩有强烈的需求。

图 7-16　EA-18G 电子战飞机

早期，美军曾将大型运输机腹部改造成吊舱，在吊舱中安装宽带的天线和天线罩用于收集战场情报。20 世纪 70 年代以后，在宽带雷达天线罩设计技术方面提出了介电常数渐变的夹层结构、切比雪夫多层级联结构、Olessky 夹层、B 型夹层，由于种种条件的限制，没有得到真正的应用。相比之下，目前使用最广泛的是夹层宽带结构。

7.2　技术要求

7.2.1　电性能要求

7.2.1.1　飞机雷达天线罩电性能指标的定义

常见的飞机雷达天线罩电性能指标项目包括：功率传输效率、功率反射、瞄准误差、波束宽度变化、近区副瓣电平抬高、远区副瓣电平抬高、镜像波瓣电平、零深电平抬高以及交叉极化电平抬高。详见 2.2 节。

7.2.1.2　不同类型飞机雷达天线罩电性能项目

飞机雷达天线与雷达天线罩共同组成雷达天线系统，雷达天线罩电性能要求与雷达天线系统的功能密切相关。按功能可将雷达天线罩划分为以下类型：火控雷达天线罩、预警雷达天线罩、有源发射类电子战天线罩、无源侦收类电子战天线罩、气象雷达天线罩、卫星通信天线罩、SAR 天线罩、敌我识别天线罩、应答天线罩、数据链天线罩、仪表着陆天线罩等。

不同类型雷达天线罩电性能指标要求不尽相同，现将不同类型雷达天线罩电性能指标进行归纳总结，见表 7-1。表中概括了不同类型飞机雷达天线罩常规的电性能指标项目。根据机载平台及任务系统的差异，表中指标项目可做相应调整。

表 7-1 不同类型飞机雷达天线罩电性能项目（工作频带内）

序　号	雷达天线罩类型	指标项目
1	火控雷达天线罩	1）功率传输效率； 2）瞄准误差； 3）瞄准误差变化率； 4）波束宽度变化； 5）近区副瓣电平抬高； 6）远区均方根副瓣电平抬高； 7）零深电平抬高； 8）镜像波瓣； 9）交叉极化； 10）功率反射； 11）耐功率
2	有源发射类电子战天线罩	1）功率传输效率； 2）相位一致性； 3）耐功率
3	无源侦收类电子战天线罩	1）功率传输效率； 2）相位一致性或幅度一致性
4	气象雷达天线罩	1）功率传输效率； 2）波束偏转； 3）副瓣抬高； 4）波束宽度变化； 5）功率反射
5	卫星通信天线罩	1）功率传输效率最小值； 2）第一副瓣电平抬高； 3）交叉极化电平抬高（天线为线极化）或极化轴比抬高（天线为圆极化）； 4）功率反射； 5）瞄准误差（天线有差通道）或波束指向误差（天线无差通道）
6	SAR 天线罩	1）功率传输效率； 2）功率反射； 3）瞄准误差或波束指向误差； 4）波束指向误差一致性； 5）波束宽度变化； 6）近区副瓣电平抬高； 7）远区均方根副瓣电平抬高； 8）镜像波瓣； 9）零深电平抬高； 10）交叉极化
7	数据链天线罩	1）功率传输效率； 2）第一副瓣电平抬高； 3）全向波束水平圆度增量； 4）波束宽度变化； 5）瞄准误差或波束指向误差

表 7–1（续）

序 号	雷达天线罩类型	指标项目
8	敌我识别天线罩	1）功率传输效率； 2）波束偏转； 3）副瓣电平抬高； 4）后瓣电平抬高； 5）零深电平抬高
9	应答天线罩	功率传输效率
10	仪表着陆天线罩	功率传输效率

7.2.2 强度、刚度要求

7.2.2.1 强度要求

雷达天线罩强度应满足 GJB 67A《军用飞机结构强度规范》的要求。在极限载荷和相应的最严重环境组合条件下，结构不应发生破坏。

雷达天线罩复合材料结构应按照设计许用值进行设计，应特别考虑湿热影响，包括结构寿命末期达到的平衡吸湿量和各种飞行情况工作温度的联合作用下引起的材料性能降低湿热应力。按照 GJB 67A，雷达天线罩的静强度、动强度、疲劳与损伤容限需通过地面试验、飞行试验或根据以往的使用统计，进行验证。在室温大气环境下进行全尺寸结构试验时，应考虑环境补偿系数。雷达天线罩的连接设计是雷达天线罩结构设计的一部分，应当考虑密封要求、载荷要求和环境要求，对雷达天线罩的连接件进行综合设计和验证。

7.2.2.2 刚度要求

在考虑最严酷的工作环境影响下，限制载荷引起的变形不得导致以下情况的发生。

（1）机械设备不能正常工作；

（2）显著影响飞机的气动特性。

7.2.3 通用质量特性要求

飞机雷达天线罩的通用质量特性要求通常包括可靠性、维修性、保障性和安全性，雷达天线罩通常没有测试性要求。

在雷达天线罩研制初期，应该制订产品的通用质量工作计划，对产品开展通用质量特性设计、分析及验证工作；采用安全裕度设计方法进行结构设计，以提高结构的刚度和强度；在生产、安装、试验、运输、使用及维修保障过程中贯彻航空产品通用质量特性要求，以确保产品的可靠性、维修性、保障性和安全性。

通常情况下雷达天线罩应满足以下条件。

①储存期限；

②首翻期；

③总寿命；

④维修性定量要求（外场级）；MTTR（平均修复时间）和 Mmaxct（最大修复时间）；

⑤雷达天线罩在外场使用维护时，应注意以下问题。

a. 严禁用干硬的抹布擦拭雷达天线罩表面灰尘或污渍，应使用柔软、洁净、干燥的揩布或脱脂棉擦拭雷达天线罩涂层表面。

b. 飞机在地面停放时，若阳光直射雷达天线罩的时间大于 1h，宜使用保护套或其他措施进行保护。

c. 严禁化学药品、溶剂（程序规定使用的除外，且只能在程序规定时使用）接触雷达天线罩表面漆层。

d. 在紧急情况下，雷达天线罩表面涂层小面积损伤（面积不大于 3cm²），飞机可以正常起飞完成飞行任务，但在飞机降落后，应立即修复涂层。

7.2.4　环境适应性要求

雷达天线罩进行环境试验的目的在于获取有关数据，以评价可能遇到的不同环境条件对雷达天线罩的安全性、完整性和性能的影响。

雷达天线罩是机体结构的一部分，用于保持气动外形，承受飞行中的气动载荷、惯性载荷等，满足结构强度要求，同时保护内部雷达天线免受气动载荷和恶劣环境的直接影响，雷达天线罩作为电磁窗口又是雷达火控系统的重要组成部分。雷达天线罩一般裸露在机体表面，涉及的环境见 3.2.4 节环境适应性要求。

7.2.5　工艺性要求

在进行飞机雷达天线罩的设计过程中，选择所用的材料和制作方法是一项重要的工作，选择得合理与否对零件的工艺性影响甚大。图 7-17 示出了设计、材料与制造方法之间的关系，这是所有的结构设计工程师为使设计达到工艺性要求而必须采用的一个不可或缺的决策流程。

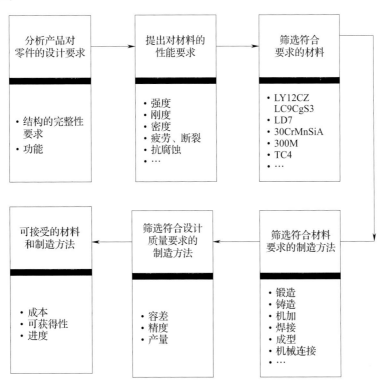

图 7-17　设计、材料与制造方法之间的关系

从流程可以看出，前一步都对后面的一步加以限制，是后一步的准则。

在设计开始的时候，应该做到：第一步分析产品对零件的要求，其中包括结构完整性和零件的功能等；第二步提出对材料性能的具体要求；第三步列出符合这些性能要求的材料；第四步筛选出符合材料特点的制造方法；第五步对照设计质量和产量的要求（如容差、精度、技术状态、产量和进度等），以确定哪些制造方法符合这些要求；第六步根据成本、可获得性、进度等因素的优先列出可以采用的材料和制作方法。

根据这一决策过程，设计零件时必须注意下列一般性工艺要求。

（1）要重视所选材料的工艺性

①材料的力学性能、物理性能和化学性能，通常是设计选材的决定因素，但是这些性能与成型、切削性、连接和热处理等因素有密切关系，它们一般对制造方法有限制和要求，因此不可简单化地追求上述性能而忽视了加工方面的特点。正确的做法是，对这种材料进行一系列的权衡，采用使零件既有良好的设计性能，又具有良好的工艺性能的材料。

②要注意材料的可得性，要考虑国家资源情况和供货来源，对于供货来源方面可能会枯竭的材料要允许代料，这一点在战争条件下尤其重要。

③成本问题，材料对成本的影响包括原材料的价格和制造构件加工费用。成本问题是评价工艺性的基本指标，所以原材料的价格和其构件的加工费用往往是选材的决定因素。

（2）选用合理的制造方法

制造方法的选择应遵循以下原则。

①所谓零件的加工制造方法是将原材料变为最终产品或构件的过程。因此，选择制造方法应包括零件制造过程中各个环节所采用的具体制造方法，包括成型、切割或机械加工、连接和最终加工等。

②符合所用材料的可加工性及其工艺特点。

③要根据生产批量的规模，采用经济性好的制造方法。

④要考虑制造方法的可得性，考虑承制厂自己能否生产，如需外协或外购，经济上可否接受。

⑤要注意对最终加工方法的选择，最终加工是指为零件表面最终处理制备表面，以及零件直接进行最终处理的加工过程。设计之初容易忽视对最终加工方法的选择，而最终加工工序往往是影响零件工艺性的主要因素。

（3）积极、慎重地采用先进制造技术

从根本上讲，采用先进的制造技术，是提高产品性能、降低制造成本的重要途径，是企业产品具有竞争力的重要特征，要积极采用经过预先研究、试用证实可行的先进制造技术。

（4）结构的继承化和规格化

加工中时间和物力的花费大小，一般取决于该结构所包括的组合件和零件的数量。在新产品设计中尽量利用已经生产过的工艺性好的零部件，以便利用现有的设备和生产组织进行制造。尽可能使零部件规格化，严格限制采用非标件的紧固件，结构用紧固件要采用现行有效的标准件，如有特殊功能要求重新设计紧固件时应严格控制。

7.2.6 经济性要求

飞机雷达天线罩的研制过程，应依据产品的全生命周期管理，从方案设计、研制到小批试制，价值管理工程与经济性分析工作随同开展，严格质量控制，不断摸索、优化产品工艺，提高材料利用率，降低废品损耗，提高产品的经济性。

飞机雷达天线罩的研制成本涉及材料、结构布局、结构形式、连接技术、对结构设计的要求和采用的制造技术等因素。在处理这些问题时，应谋求缩短型号的研制周期，减少研制试验项目，减少质量检测内容和降低风险，以使所采用的设计方案既能满足设计要求又能降低成本，主要的设计要求如下。

（1）尽可能采用成熟的结构材料

成熟的结构材料是指那些性能数据齐全，在设计、生产、使用中性能稳定、质量可靠和供应渠道通畅的材料。一个型号研制中，为了保证型号的先进性，选用一些新型材料是必要的，但对其项目的数量应当控制。成熟的材料一般价格便宜，工厂已掌握其工艺特点，结构制造费用较低，选用成熟材料也是降低成本结构的基础。

（2）采用成熟的结构布局和结构形式

①雷达天线罩的种类繁多，但相同位置的雷达天线罩结构形式相对固定。在进行结构布局的时候，尽可能采用已经证明是先进的、成熟的结构方案和有关设计要求。这对新机研制中缩短研制周期，减少工作量，降低风险具有重要意义。

②采用经过预研、试用、鉴定后证明具备工业化应用条件的先进、高效、低成本结构。

（3）做好结构的维修性设计，简化技术保障条件

①合理地确定和设计使用分离面

在使用分离面的选择中，不仅应该考虑使用中维修的需要，同时应考虑装箱运输和存放的要求。分离面的连接形式应力求简单，易于装拆；要求地面设备简单，最好不需要专用设备和工具；装拆、更换部件所需的工时要少。

②减少备件的数量

购置零备件是保障飞机正常使用的重要措施，结构设计应尽可能满足减少零备件的项目和数量要求，以降低采购费用。主要的措施有两方面：一是提高结构的可靠性，缩小所需备件的范围；二是提高所需更换零部件的互换性。

③压缩标准件的类型、规格

新机研制之初，应调查现役机种选用标准件的情况，制定标准件选用和管理办法，尽可能缩小所用标准件种类及其规格的范围，对减少外场使用费用非常有意义。

④减少定期维修，采用视情维修

（4）调查现役雷达天线罩的常见故障，制定设计对策

在设计研制之初，应对现役飞机雷达天线罩外场使用中发生的一般性故障进行系统的调查研究，对收集到的情况进行整理分类，立项攻关，提出有效的解决办法，形成设计对策，在新机雷达天线罩设计中给以贯彻，防止这类故障在新机雷达天线罩使用中重现。

（5）贯彻生产性要求，为降低制造成本创造条件

结构的生产性，在国内习惯称为工艺性。在实际工作中常常把生产性仅仅理解为可生产性，忽视了生产的经济性一面。为了降低生产性费用，必须重视贯彻生产性要求中生产经济性的原则。

雷达天线罩的结构应力求简单，主要表现为：零件数目少，形状简单和所用连接件

少。结构构造简单所需要的工艺设备就减少，不仅节省了材料而且大大降低生产准备工时；结构简单通常也可以理解为传力路线直接，减少了众多零件之间的连接造成的多余重量，结构效率较高；结构简单通常可以采用较便宜的方法制造；另外，所需要的连接件少，减少了连接件用孔，减少了裂纹源，减少了外场维护工作量。可见结构简单是降低结构成本的基本特征，亦是结构生产性好的基本特征。

对新结构、新工艺、新材料、新技术的应用必须进行评估，其所带来的风险度应在可接受范围内，否则应更改设计或缩减项目。应该指出，在贯彻生产性原则时，决不可使结构的功能和使用性能有所降低。

7.3 电性能设计

7.3.1 入射角计算

7.3.1.1 入射角及设计角的定义

电磁波的传播方向即天线孔径射线与雷达天线罩壁表面法线之间的夹角称为入射角。对于雷达天线罩罩壁为传统的球锥外形来说，当天线射线投射到锥面上时，天线孔径面上各条射线在罩壁上的入射角是相同的，如图 7-18 所示，$\theta_1 = \theta_2$；随着天线波束在雷达天线罩内连续扫描，入射角发生连续变化，但始终满足 θ_1 + 天线扫描角 α + 锥面半锥角 = 90°。当雷达天线罩罩壁为二次曲线的旋转体时，天线孔径面上各条射线的入射角便不再相同，加上天线波束在雷达天线罩内是连续扫描的，对于不同的扫描角而言，相对于雷达天线罩表面每一点的入射角是变化的。

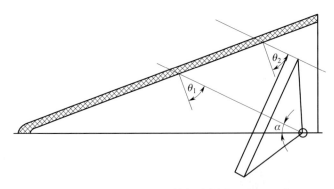

图 7-18　入射角示意图

计算雷达天线罩的入射角分布最常用的方法是三维射线跟踪法。在雷达天线罩坐标系下，确定雷达天线罩—天线之间的位置关系和天线的扫描范围，通过三维射线跟踪法计算雷达天线罩不同站位下的方位面与俯仰面入射角分布。计算入射角分布的首要作用是确定雷达天线罩罩壁平板设计的设计角，设计角通常取入射角最大值与最小值的平均值。

对于大部分机头雷达天线罩，其外形多为球锥形式。这种形式雷达天线罩的入射角范围通常较大，且大入射角所占比例较大。因此通常设计角的取值较雷达天线罩入射角均值大一些。

7.3.1.2　入射角及设计角的计算

影响雷达天线罩入射角分布的物理模型因素包括：雷达天线罩外形、天线与雷达天线罩相对位置关系、天线扫描方式、转动中心到天线口面距离（机械扫描天线）、口径大小、扫描范围、口径场幅度相位分布等设计输入。雷达天线罩电性能设计过程中，入射角计算是将物理模型转化为数学模型的方法。数学模型精度会影响计算精度和设计结果准确性，因此应对入射角和设计角进行精确的计算。

某型雷达天线罩外形及天线与雷达天线罩相对位置关系如图 7-19 所示，以天线转动中心为坐标原点建立三维坐标系，雷达天线罩 XYZ 坐标轴及站位定义如图 7-20 所示。由图 7-20 可知当天线方位、俯仰角度为 0° 时，天线口面法向与 Z 轴之间的夹角为 8.1°。雷达天线罩站位原点为尖部顶点，站位正向为 Z 轴负向。

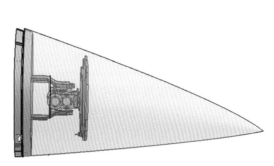

图 7-19　某型雷达天线罩外形及天线与
雷达天线罩相对位置关系

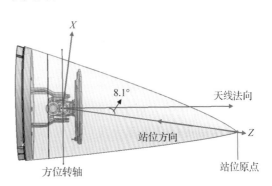

图 7-20　坐标系及站位定义示意图

由图 7-20 可知，雷达天线罩外形为非旋转对称外形，外形母线方程为高次方程，天线初始俯仰角为 8.1°，上述条件增加了入射角计算难度。为增加入射角计算精度，采用的方法是对外形进行三维网格剖分，如图 7-21 所示。通过网格剖分获取局部区域节点信息，并将局部区域看作小平面，应用平面入射角计算公式求解每个节点对应局部小面元的入射角。按上述计算方法，计算得到不同扫描角度下雷达天线罩入射角随站位分布曲线，如图 7-22 所示。

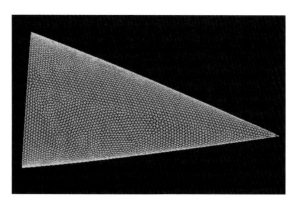

图 7-21　雷达天线罩三维网格剖分图

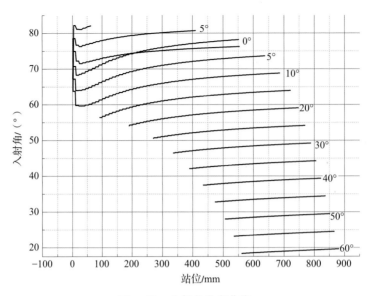

图 7-22　入射角分布曲线

　　图 7-22 中的入射角分布曲线，是将天线口径场分布中幅度按等幅考虑的。实际天线口径场幅度信息是随天线口面坐标值变化的，一般具有中心区域幅度强、边壁区域幅度弱的特点。为增加入射角计算精度，需要以口径场幅度为加权因子，对雷达天线罩入射角分布进行加权，如式（7-1）所示，式中 ϕ_i 为第 i 条射线对应的入射角，A_i 为该射线在口径场中对应的幅度。幅度强区域的入射角对平均入射角贡献大，幅度弱区域的入射角对平均入射角贡献小。此天线某一扫描状态下，口面中所有单元幅度加权平均入射角计算公式如式（7-2）所示。俯仰 -8.1°、方位 0° ~ 60° 扫描时，加权平均入射角随方位扫描角变化曲线如图 7-23 所示，加权平均入射角随站位变化曲线如图 7-24 所示。

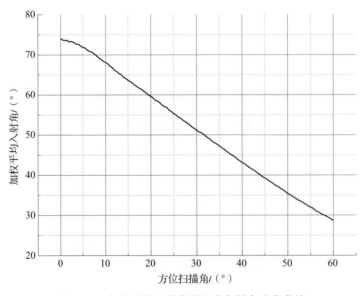

图 7-23　加权平均入射角随方位扫描角变化曲线

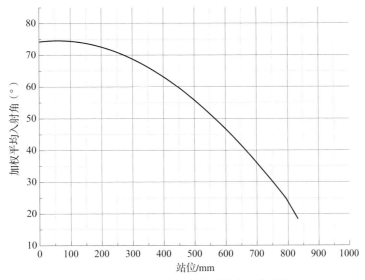

图 7-24　加权平均入射角随站位变化曲线

$$\phi_i = \varphi_i \times A_i \tag{7-1}$$

$$F_i = \frac{\sum \phi_i}{\sum A_i} \tag{7-2}$$

通过对入射角进行幅度加权，得到的加权平均入射角增加了入射角计算的准确性。以单个扫描状态或站位点的加权平均入射角作为该状态或站位的设计角对雷达天线罩进行电性能设计，提高了设计精度。

7.3.2　设计准则、设计方法与迭代优化

7.3.2.1　飞机雷达天线罩的影响

雷达天线罩作为雷达天线的电磁窗口，对雷达天线的性能影响不可避免。雷达天线罩对雷达天线的影响主要有以下几方面。

（1）天线增益下降

雷达天线罩材料的损耗特性使入射到雷达天线罩上的部分电磁能量转化为热能损耗掉；当电磁波透过雷达天线罩壁时，由于空气与雷达天线罩介质材料的介电常数不同，电磁波在两种介质的分界面上产生反射和折射，导致电磁波能量的损失。雷达天线罩所引起的损耗和反射是降低雷达天线增益的主要因素。

（2）天线副瓣电平抬高、波束宽度增加

雷达天线罩壳体往往具有复杂的空气动力学外形，雷达天线辐射到雷达天线罩各处的射线具有不同的入射角和极化角，因而射线以不同的电压传输系数和插入相位延迟穿过雷达天线罩，使天线近场幅度分布和相位分布发生畸变，引起波束宽度增加和副瓣电平抬高。现代机载雷达工作带宽的不断拓展给雷达天线罩的副瓣电平控制带来挑战，雷达天线罩引起的副瓣电平抬高能到 10dB 量级。

（3）天线主波束偏转

由于雷达天线罩的存在，天线辐射的电磁波在空气—介质—空气三种介质构成的空间

中传播，在各介质分界面处必然引起相应的反射和折射，尤其是雷达天线罩的非理想外形使得不同部位引起的电磁波的相位延迟不同，从而改变了电磁波的等相位面，使得带罩后天线的电轴方向发生了偏移。

（4）天线方向图产生镜像波瓣

镜像波瓣是雷达天线罩的介质壳体经过反射后在某一优势方向上形成的天线—雷达天线罩综合体的副瓣，是机载雷达加罩后副瓣电平抬高的一种特殊形式，其形成机理如图7-25（a）所示。雷达天线加罩后因罩壁反射会在天线主瓣的一侧出现高大副瓣，俗称"镜像波瓣"，如图7-25（b）所示。由于雷达天线罩流线型的外形设计，电磁波入射到雷达天线罩壁时，其反射角与反射率随天线扫描角而变化，镜像波瓣的指向及其电平的高低也随之改变。一般而言，镜像波瓣出现在相离主瓣35°～70°的角度上，其增益比主瓣低20～30dB。

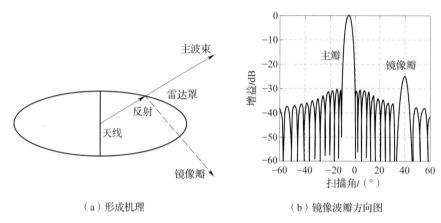

（a）形成机理　　　（b）镜像波瓣方向图

图7-25　天线方向图镜像波瓣

（5）天线零深电平抬高

由于雷达天线罩在结构和电磁性能上的不对称性，通过天线阵面在和差比较器的输入端会引入高频相移。通常高频相移无法直接测量，一般采用零深电平（亦叫零值深度）来表示。当雷达天线波束的等强信号轴指向目标时，差信号幅度相对于和信号幅度的归一化数值 D 即为零深电平，一般用dB数表示。天线带罩后引入的额外高频相移将使天线的差通道零深电平抬高，如图7-26所示。一般而言，机载雷达天线的零深电平优于-30dB。

天线作为雷达系统发射和接收电磁信号的关键设备，其带雷达天线罩后的性能下降会影响机载雷达系统的性能水平，主要涉及雷达测距、测角两个方面。

（1）对机载雷达系统测距性能的影响

①天线增益下降对测距性能的影响

雷达发射电磁波对目标进行照射并接收其回波，由此获得目标的相关信息。脉冲多普勒雷达方程为

$$R^4 = \frac{P_t G_t G_r \lambda^2 \sigma N \tau}{(4\pi)^2 S_{min}} \tag{7-3}$$

式中：R——雷达作用距离；

　　　P_t——发射峰值功率；

G_t、G_r——雷达天线的发射增益和接收增益；

λ——波长；

N——积累点数；

τ——发射脉冲宽度；

$S_{\min}$——雷达灵敏度。

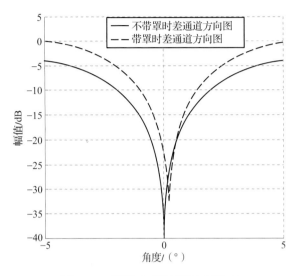

图 7-26　带罩后天线零深电平抬高

一般机载雷达收发共用一个天线，即 $G_\mathrm{t}=G_\mathrm{r}=G$，由式（7-3）可得雷达距离 R 与天线增益 G 的开方根成正比。

②副瓣抬高、镜像波瓣对测距性能的影响

天线的副瓣电平（镜像波瓣是雷达天线副瓣的一种特殊形式）是雷达系统的一个重要指标，与雷达战术、技术水平有密切关系，它在很大程度上决定了雷达的抗杂波能力。

机载 PD 雷达在副瓣杂波区检测目标时的雷达方程为

$$R^4 = \frac{G_\mathrm{t} G_\mathrm{r} \sigma_\mathrm{t} R_1^3}{G_\mathrm{st} G_\mathrm{sr} \sigma_0 \theta_\mathrm{B} (c\tau/2) \sec(\psi)} \tag{7-4}$$

式中：R——雷达作用距离；

R_1——地面杂波单元到雷达的距离；

G_t、G_r——雷达天线主瓣发射增益和接收增益；

G_st、G_sr——雷达副瓣的发射增益和接收增益；

θ_B——双程波束宽度；

ψ——天线主瓣的斜视角。

根据式（7-4）可得当雷达在副瓣杂波区检测目标时，副瓣电平抬高会降低雷达作用距离。

③天线主波束变宽对测距性能的影响

天线主波束宽度决定了雷达主杂波的频率带宽度

$$B = \frac{2V_a}{\lambda} \cos(\theta_{EL}) \sin(\theta_{AZ}) \theta_{3dB} \tag{7-5}$$

式中： B——主瓣杂波带宽；

V_a——载机地速；

θ_{AZ}、θ_{EL}——雷达天线扫描的方位角和俯仰角；

θ_{3dB}——雷达天线波束的半功率点宽度。

由式（7-5）可知天线主波束变宽导致主杂波的频率带宽线性增加。对于在主杂波附近区域检测目标的工作模式（如地面动目标检测、海面目标检测等），主杂波展宽将会增大其频率向的盲区，降低机载雷达系统探测低接近速度目标的能力。

（2）对机载雷达系统测角性能的影响

①天线主波束偏转对测角性能的影响

主波束偏转使天线的瞄准轴线产生一个偏差，造成真实目标位置与视在目标位置有一个角度差，即雷达天线罩的瞄准误差。瞄准误差会降低机载雷达的测角精度。

②天线主波束变宽对测角性能的影响

雷达在方位和仰角上分辨目标的能力主要由方位与俯仰角波束宽度决定，3dB波束宽度通常被用作雷达角度分辨力的度量。天线主波束变宽会降低雷达的角分辨力。天线主波束变宽还会影响到雷达的跟踪测角精度。雷达跟踪测角的均方根理论精度表达式如下

$$\delta_{ang} = \frac{k\theta_B'}{k_s \sqrt{B\tau(S/N)N_a}} \tag{7-6}$$

式中：θ_B'——半功率波束宽度；

S/N——单个脉冲的信噪比；

N_a——积累脉冲数。

由式（7-6）可知当主波束宽度变宽会导致雷达角跟踪均方根精度线性增大。

③天线零深电平抬高对测角性能的影响

零深电平的定义如下

$$D = 20\lg(1.885\sin\phi) \tag{7-7}$$

式中：D——零深电平；

ϕ——高频相移。

当机载雷达进入跟踪状态后，角位置通常在零深附近调整，零深左右的测角精度对于稳定跟踪目标是至关重要的。零深电平抬高将会增大雷达在零深附近测量角误差，恶化雷达的角跟踪性能。

7.3.2.2 飞机雷达天线罩的设计准则

飞机雷达天线罩的设计要遵循与性能需求相匹配的设计原则。飞机雷达天线罩电性能设计指标主要包括RCS、功率传输效率、插入相位延迟、功率反射、方向图畸变、瞄准误差、带外插损等。不同飞机雷达天线罩的电性能指标要求不同，如机载火控雷达对RCS、功率传输效率、瞄准误差要求较高，而预警机雷达对功率传输效率、插入相位移、相位一致性要求较高。根据设计指标不同，所选的雷达天线罩壁结构需要满足良好的电性能，如最小RCS、最大功率传输效率、等插入相位移、最小反射系数、最小的瞄准误差及误差

率、最小的副瓣电平抬高或波束畸变等，即保证雷达天线罩对天线性能的影响最低。相对应的设计准则则为最小 RCS 准则、最大功率传输效率准则及等插入相位移准则等。

　　由于飞机雷达天线罩需求的电性能项目较多，因此一般以多目标的综合设计准则来设计飞机雷达天线罩。以机载火控雷达天线罩为例，其设计过程如图 7-27 所示。

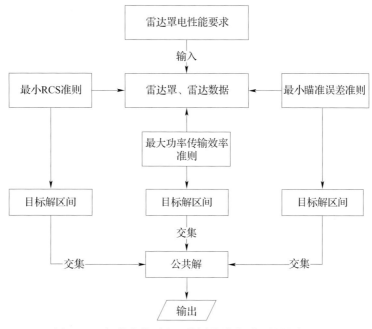

图 7-27　机载火控雷达天线罩设计准则下的设计过程

7.3.2.3　飞机雷达天线罩的设计方法与迭代优化

　　传统的雷达天线罩电磁特性的设计分析方法有高频近似方法、解析或半解析方法和低频数值仿真方法。高频方法中主要有几何光学法（GO）、物理光学法（PO）等，主要适用于雷达天线罩的曲率半径相对波长比较大的情况。对于结构和形体较为规则的雷达天线罩，如柱面、球面、球冠形状且介质等厚度的结构，可使用解析或半解析方法获得精度较高的分析结果。对于电小尺寸的雷达天线罩，通常采用低频方法如矩量法（MoM）、有限元法（FEM）及其混合算法等进行分析，可达到很高的计算与设计精度。例如，J.L.Volakis 等使用了有限元—边界积分方程（FEM-BIE）混合算法，并采用快速多极子技术求解矩阵方程，适用于分析材料和几何结构都很复杂的电小雷达天线罩结构。

　　对于现代先进的飞机宽带雷达天线罩，单纯的高频方法和低频方法都难以有效地解决这类结构及材料复杂且电尺寸变化范围很大的超宽带雷达天线罩的电磁性能分析计算问题。一方面，现代先进的雷达天线罩电尺寸大，且其外形结构复杂，存在头锥、边棱等电小尺寸复杂结构区域，其罩壁材料是复合多夹层介质且是二维变厚度的。分析这类电大尺寸的复杂结构复合夹层雷达天线罩电性能时，目前的分析方法中主要存在的问题是：高频方法能实现对雷达天线罩的快速分析，但是由于电小尺寸复杂结构的存在，在计算精度上无法达到实际工程要求；而低频方法虽然计算精度可以达到要求，但由于雷达天线罩的电尺寸太大，计算效率低且仿真分析时一般计算机容量远远不够。因此，采用高低频混合方法进行分析是一种有效的解决办法，能同时兼顾现代雷达天线罩电大尺寸和结构复杂的特点。另一方面，在电子对抗等宽带和超宽带电子系统中，雷达天线罩的几何尺寸固定，但是其电尺寸变化范围非常大，分析计算方法需要同时适应高频和低频的情况。基于体积积分方程的矩量法（VIE-MoM）能很好地处理复合介质夹层等电小尺寸的复杂结构，多层快速技术可以有效地降低计算内存的消耗，拓展了体积分矩量法所分析目标的电尺寸范围。虽然快速多极子方法可有效降低经典矩量法的存储需求并提高矩阵与矢量乘积的效率，但是由于转移因子是存在于所有非空组两两之间的，当所分析对象的电尺寸非常大的时候，将成为制约算法效率提高的新的瓶颈。这一制约因素的产生机理与经典矩量法中需要直接计算所有未知元两两之间相互作用的情形非常类似。

旋转对称扁平椭球罩是机载预警雷达天线罩的主要形式，定量分析雷达天线罩对天线副瓣的影响，对设计这类雷达天线罩十分必要。扁平椭球罩在俯仰面上曲率半径变化很大，最小约为一个 λ，仅仅用三维射线跟踪法计算带罩的方向图会在俯仰面上造成很大的误差。用射线跟踪和矢量积分的物理光学算法分析此类雷达天线罩的波瓣特性，计算量巨大，所需时间与天线口径的单元数 m 和波瓣观察角采样点数 n 的乘积成正比，完成一个主面波瓣的计算，需作 $m \times n$ 次表面积分。由于平面波谱积分计算效率对口径的严重依赖，目前仅适用于圆对称口径。为提高计算精度和计算效率，用矢量口径积分和表面积分法分析天线罩的波瓣特性，仅需作 k 次（k 是天线罩表面采样点数）口径积分和 n 次表面积分，简化了算法，节省了时间，同时得到了较高的计算精度。而且口径积分法对天线口径没有限制，包括线天线如敌我识别（IFF）天线，尤其适用于自适应的口径分布。

飞机雷达天线罩种类繁多，不同类型雷达天线罩设计时侧重点不同，同时根据其差异性会带来对雷达天线罩电性能的不同影响。迭代与优化过程要增加不同的影响因素与限制条件。下面以机载火控雷达天线罩和机载预警雷达天线罩为例介绍其不同之处。

（1）机载火控雷达天线罩

与地面罩相比，火控雷达天线罩存在一些特殊问题。

①入射角范围大，雷达天线罩的插入相位在投影到天线口径上呈现平方律相差，加罩后天线等效口径边缘的相移相对于口径中心滞后达 $100°$，将展宽天线的主瓣，甚至第一副瓣。在飞机雷达天线罩中，由于入射角大，反射能量大，反射线指向天线的前半空间，且相干性强、反射瓣较大。雷达天线罩的反射瓣与天线扫描角有关：一般在 $0°$ 时，反射瓣最大；天线扫描角偏离 $0°$ 时，反射瓣逐渐变小。

②机载火控雷达天线罩一般为旋转对称体，雷达天线罩的外形必须满足空气动力学要求，雷达天线罩长细比对性能的影响是明显的，长细比越大，瞄准误差越大。

③机载火控雷达天线罩与一般雷达天线罩还有一个不同之处在于，其头部区域往往存在空速管，使得其设计难度剧增，既不能用传统的三维射线几何光学法设计，也不能用物理光学近似法，头部金属的空速管和介质管座的影响需要采用矩量法与物理光学混合法。除空速管外，防雷击分流条也会影响火控雷达天线罩的性能。

火控雷达天线罩的设计与优化过程需要考虑这些不同之处，以最大传输与最小瞄准误差等相结合为综合设计原则进行雷达天线罩设计，分析空速管及防雷击分流条等对雷达天线罩性能的影响与作用，考虑材料工艺、结构强度等专业性能，进行多目标综合迭代优化。

（2）机载预警雷达天线罩

机载预警雷达天线的口径尺寸较大，天线的平均副瓣更低，雷达天线罩的形状也有明显的区别，为得到 360° 的全方位覆盖，通常采用扁平式椭球形，在方位面尺寸远大于波长，有些情况下俯仰面上仅有几个波长。雷达天线罩俯仰面曲率变化激烈，克服俯仰面的反射瓣是设计的一个主要目标。

预警机雷达采用相控阵体制，为满足雷达抗各种积极干扰、对付反辐射导弹、降低环境噪声及满足在强地杂波中检测目标的要求，阵面天线一般为极低副瓣天线，要求雷达天线罩与低副瓣天线相匹配，严格控制雷达天线罩对天线副瓣的抬高。

预警雷达天线罩设计以最小反射与最低副瓣抬高等综合设计准则为基础，应用 AI-SI 分析方法分析大扫描范围内的雷达天线罩对天线性能的影响。在此基础上，考虑结构强度等要求进行迭代优化设计。

7.3.3 壁结构及壁厚设计

7.3.3.1 壁结构形式

在进行机载雷达天线罩设计时，需要进行入射角分析，采用三维射线跟踪法计算射线与罩壁的交点及入射角和极化角的分布。根据频带和入射角确定壁结构形式。可供选择的壁结构形式有实芯半波壁、A 型夹层、B 型夹层、C 型夹层、双层壁、半夹层壁和多层壁等。根据不同雷达天线罩的性能选择的罩壁结构不同。

（1）机载火控雷达天线罩

机载火控雷达天线罩一般选择的壁形式有实芯半波壁结构与 C 型夹层结构。单层实芯半波壁结构，抗热冲击性能好，适用于高速歼击机，缺点是质量大；C 型夹层由 3 层密实的蒙皮之间夹入 2 层低密度的夹芯组成，C 型夹层质量小、强度高、设计裕度大、工艺性好，产品的一致性容易得到控制，20 世纪 90 年代以来开始用于机载火控雷达天线罩。

多数战术飞机流线型机头雷达天线罩采用了实芯半波壁，如美国的 F-16、F-18、F-20 及英国的"狂风"战斗机等。工作在 Ku 波段的 B-1 轰炸机机头罩的设计还采用了全波壁（二阶最佳厚度，罩壁厚度接近波长）石英增强的复合材料结构，需要说明的是，实际上即使雷达天线罩的机械厚度相等，但电厚度（插入相位移）是不等的。因为制造过程中复合材料的组成比例不是理想均匀的，所以需要进行电厚度的校准。实芯半波壁雷达天线罩存在频带窄和质量大两个问题，为减低实芯半波壁质量，设计了一种"夹层半波壁"，采用与蒙皮材料的介电常数相近的低耗低密度的夹芯材料。在理想情况下，夹层半波壁与实芯半波壁具有相同的介电常数，由于使用了低密度的介质做夹芯，比实芯半波壁在质量上约减轻 30%。美国 F-4"鬼怪"战斗机、F-5F"虎鲨"及以色列"狮"战斗机雷达天线罩采用了人工介质夹芯半波壁。

现代战争对机头火控雷达系统提出了宽频化的需求，使相应配套的机载火控雷达天线罩也向着宽频化发展。采用薄壁结构可以实现雷达天线罩的宽频特性，但其罩壁厚度通常小于波长的 1/20，只可应用在对雷达天线罩力学性能要求不高的场合。对于宽频机头火控雷达天线罩，多采用多层罩壁结构来满足频带宽度的要求。常用的多层罩壁结构类型有 A 型夹层、C 型夹层。A 型夹层是由两层比较致密的薄表面层（如玻璃纤维）和低介电常数、低损耗、低密度的中间芯层（如泡沫或蜂窝状结构材料）组成，多用于头锥或流线型雷达天线罩；C 型夹层是由两层 A 型夹层组合而成，它能进一步抵消独立的 A 型夹层的剩余反射，扩充频带，对大入射角范围增加适应性，但此结构的插入相位延迟随入射角的变化剧烈。以上两种结构各有优缺点，应用时需要结合具体使用要求和环境进行选择。

（2）机载预警雷达天线罩

实芯半波壁频带窄，机载预警雷达的工作波长较长，例如，在 L 波段的最佳厚度约为 120mm，质量太大；与实芯半波壁相比，A 型夹层为轻质高强结构，蒙皮的厚度一般远小于波长，夹芯的介电常数接近于 1，因而损耗小，工作带宽较宽。夹芯的厚度使得蒙皮的反射相互抵消，所以 A 型夹层在一定的带宽内能够获得良好的功率传输效率。A 型夹层的缺点是在大入射角情况下，功率传输效率下降很快，一般不用于大入射角的场合。C 型夹层能够将 A 型夹层的剩余反射再次抵消，得到更低的反射，特别适用于需要极低反射的场合。另外，C 型夹层的结构强度比 A 型夹层高，结构稳定度好。大型机背雷达天线罩位于机背上方，受到的气动载荷很大，工作环境复杂，温度、湿度、高度变化范围大，所以均使用强度更高的 C 型夹层结构。对于侧边布置的扁平形罩，可以采用 A 型夹层。

7.3.3.2 壁厚设计

雷达天线罩壁厚设计的主要过程分为以下两个部分。

①平板厚度设计

在确定的设计角下，基于选定的壁结构形式，应用传输线理论或高频有限元法对壁厚进行优化设计。对于有些频段（主要是高频）会出现一阶厚度与二阶厚度，在平板厚度确定中，可以作为两个解输出。对于多频段的雷达天线罩须综合考虑多频段的较优厚度结果，确定最优厚度值。

②整罩壁结构厚度确定

将平板优化厚度结果代入整罩电性能计算中，如果计算结果满足电性能指标要求，则将雷达天线罩壁结构与厚度代入结构与强度计算程序中。如果不符合，再对厚度进行优化，直到满足指标要求为止。雷达天线罩壁厚确定是经多次迭代优化的结果，需与结构强度等协同设计。

传统的飞机介质雷达天线罩通常采用整罩壁厚等厚度设计。但是当雷达天线扫描时，电磁波入射到罩壁上的入射角在变化，采用等厚度设计不能满足所有入射角情况下的最佳传输，垂直极化分量的功率传输效率对厚度十分敏感，需要根据入射角分别采取不同的厚度设计。

变厚度设计的前提是雷达天线罩入射角范围有一定的规律，某一部分平均入射角较大，而某一部分平均入射角较小，方能采用变厚度设计。如果没有这种基础，变厚度设计适得其反。变厚度设计的目标函数是对功率传输效率和插入相位移的综合优化，在指定的极化和入射角范围内得到最大功率传输效率，并且尽量缩小相位移的差距。最大传输优化的目的是降低反射瓣，提高功率传输效率；插入相位移优化的目的是减小瞄准误差和主瓣宽度变化。对于 C 型夹层，优化的变量为内中外蒙皮厚度和夹芯厚度，以功率传输效率最大为约束优化，优化的目标是实现不同极化下、不同入射角下的透波要求。

7.4　结构强度设计

7.4.1　接口设计

雷达天线罩最终目的是实现装机，雷达天线罩的接口设计是雷达天线罩实现装机要求的前提。由于雷达天线罩在飞机上所处的位置不同，其接口形式不尽相同。雷达天线罩接口设计主要包括：连接接口设计、密封设计、设计分离面的确定。

（1）连接结构设计

雷达天线罩的连接接口设计主要是确定雷达天线罩与飞机结构的连接方式。相关内容可参见 3.3.4 节连接设计。

（2）密封设计

雷达天线罩需采取一定措施确保水等外界物质无法进入内部（罩体内部及雷达舱），因此密封设计主要涉及雷达天线罩与飞机结构之间的密封，以及雷达天线罩结构内部之间的密封。

通常是通过以下三种方式实现雷达天线罩与飞机结构之间的密封。

①在雷达天线罩与飞机结构之间涂一定厚度的密封剂，硫化后形成密封胶垫，密封剂的厚度通常为 1mm。密封剂的选择应充分考虑雷达天线罩所处的环境，即环境适应性。

②在雷达天线罩与飞机结构之间设置密封胶带，其原理与方法①相同，相比较而言，密封带更利于安装，供选择的余地比方法①更多。

③在雷达天线罩与飞机结构之间设置密封圈，密封圈的种类通常为 P 形或者 O 形。在进行密封圈的设计时，一定要注意压缩量与预留缝隙之间的关系，需要预留缝隙满足压缩量的要求，如图 7-28 所示。同时，P 形密封圈的 O 形部分和直线段的交界处一定不要在压缩过程中产生干涉。

密封圈安装在雷达天线罩上，安装方式一般有两种。一种是用胶黏剂将密封圈黏结雷达天线罩内部加强框与飞机结构平行的端面上，该种方式主要是靠雷达天线罩加强框与飞机结构之间的挤压来实现密封，密封圈挤压密封示意图如图 7-29 所示。另一种是通过压条，将密封圈固定在复合材料罩体上，该种方式主要是靠复合材料罩体和飞机结构之间的挤压实现密封，密封圈挤压密封示意图如图 7-30 所示。这两种方式都是通过罩体与飞机结构之间挤压密封剂、密封带、密封圈来实现密封的。

对于雷达天线罩各结构之间的密封，见本书 3.3.9.2 节，雷达天线罩各零部件之间的水密设计。

（3）设计分离面的确定

在进行接口设计时，最先做的就是确定设计分离面，也是确定雷达天线罩与飞机结构的设计分工，同时，对阶差、对缝等提出要求。如无特殊要求，雷达天线罩与飞机

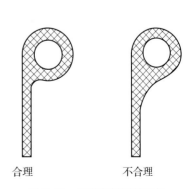

合理　　　　不合理

图 7-28　P 形密封圈的选择

结构的阶差对缝按照 HB/Z 23—1980《飞机气动外缘公差》执行。对于阶差、对缝等公差的分配，还需要工艺等相关专业配合。在确定接口关系的时候，尽可能实现雷达天线罩与飞机结构安装的互换性。

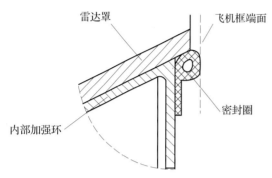

图 7-29　密封圈挤压示意图（第一种方式）

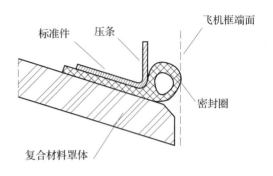

图 7-30　密封圈挤压示意图（第二种方式）

7.4.2　防雨蚀设计

飞机在爬升、下降穿云阶段常伴随着冰、雨的袭击，日积月累慢慢地侵蚀着雷达天线罩的防雨蚀系统（主要是涂层系统），一旦雷达天线罩表面出现微裂纹，或者涂层脱落的地方，如图 7-31 所示，水分便浸入雷达天线罩的内部结构，在低温环境中水又会结冰膨胀，致使雷达天线罩内部的复合材料积水面积增大，使结构出现分层、脱胶等现象，严重降低雷达天线罩的透波率等电性能，影响雷达的性能。

图 7-31　典型的飞机雷达天线罩雨蚀侵蚀损伤现象

因此，雷达天线罩应具有防雨蚀功能。在进行雷达天线罩防雨蚀设计时，雷达天线罩表面涂层应具有防雨蚀漆。防雨蚀漆应该选择低介电、低损耗的漆层，特别地，对于机头雷达天线罩，还应考虑结构雨蚀。主要从以下三方面进行考虑。

第一，对于头部带有空速管的雷达天线罩。空速管支杆与雷达天线罩之间通常采用套接形式，空速管支杆与雷达天线罩空速管支座安装前缘的阶差，需要进行防雨蚀设计。通常会在该位置设置保护套，如图 7–32 所示。

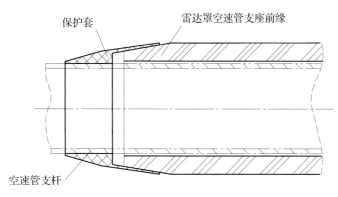

图 7–32　保护套安装示意

第二，对于头部没有安装空速管的结构，如图 7–33 所示，当雨滴冲击角小于 15°时，雨滴对雷达天线罩的侵蚀作用极大，造成涂层脱落严重，该部位应安装防雨蚀性能好的雨蚀帽。为了减小对电性能的影响，雨蚀帽通常采用低介电的非金属材料制成。

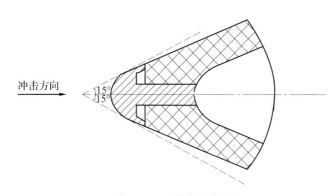

图 7–33　雨蚀作用范围

第三，对于头部区域曲率变化平缓的雷达天线罩，特别是民机雷达天线罩，通常会在头部局部区域设置防蚀罩，以起到防雨蚀的效果。

7.4.3　强度计算

7.4.3.1　概述

众所周知，飞机在大气圈内活动，其飞行升力的产生主要靠空气流过机翼上下翼面的气流速度。也就是说，飞机获得的升力与自身和空气的相对速度相关，相对速度越大，其获得的升力也越大。但是，飞机速度越快，空气气流对飞机的冲击力也越大，也就是气动载荷越大。在前面章节中，我们已经了解了雷达天线罩的主要功能之一就是作为飞机机体的一部分承受飞机外界环境，保护内部天线免受外界环境的影响。

在大气圈内活动的飞机具有不同的状态或姿态，如停放、滑跑、起飞、飞行、转弯、降落等。随着飞机自身速度和状态的不同，雷达天线罩表面流过的空气气流的速度和施加到表面的压力是不同的。即使同样的空气气流流过雷达天线罩的表面，在贴近地面的稠密空气中和在20km处的稀薄空气中，其压力也不相同。这种压力就是空气动力载荷，简称气动载荷。作用在雷达天线罩上的气动载荷主要是飞行速度、雷达天线罩的安装位置和形状以及飞机飞行高度和姿态的函数。气流在雷达天线罩上产生的压力是由气流动量的变化 ρV^2 产生的。ρ 为空气密度，V 为气流速度。在雷达天线罩头部气流速度为零的点的压力称为驻点压力。为了给读者一个初步概念，现给出三种情况下的气动压力分布：图7-34示出了流过球形体的气动压力分布；图7-35为雷达天线罩在对称气流中的压力分布；图7-36为雷达天线罩在非对称气流中的压力分布。

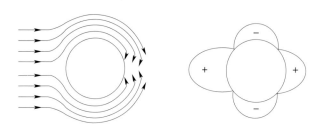

图7-34　流过球形体的气动压力分布

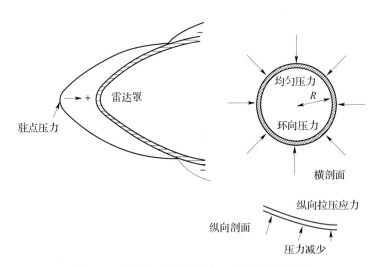

图7-35　雷达天线罩在对称气流中的压力分布

雷达天线罩通常安装在气流直接冲击的飞机前端，如机头、机翼前缘等。载荷最大点在气流垂直冲击的最前端，该点压力也是驻点压力，驻点处的温度称为驻点温度。当 $Ma<1$ 时，驻点压力 P_0 遵循以下方程

$$P_0 = P + \frac{\rho V^2}{2}(1+\varepsilon)$$　　　　　　　　（7-8）

式中：P——当地静止空气压力；

　　　ρ——当地静止空气密度；

　　　V——飞行器速度；

　　　ε——空气压缩性的修正系数，$\varepsilon = \frac{1}{4}Ma^2 + \frac{1}{40}Ma^4 + \cdots$；某些 Ma 数时的 ε 值如表7-2。

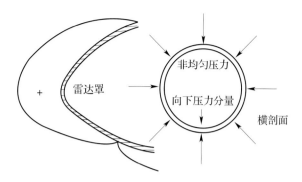

图 7-36　雷达天线罩在非对称气流中的压力分布

表 7-2　不同 Ma 时的 ε 值

Ma	0.1	0.2	0.3	0.4	0.5	0.6	0.7	0.8	0.9
ε	0.0025	0.01	0.0225	0.04	0.062	0.09	0.128	0.173	0.219

20 世纪 50 年代，国外对飞机机头雷达天线罩的空气动力曾做过详细研究。后来发现，这些研究结果与实际飞行数据差距较大。其根本原因是，对雷达天线罩的气动载荷孤立地去做，机头雷达天线罩与机身、机翼等部件的相互影响未能计入。所以雷达天线罩上的气动载荷是通过全机风洞测试出来的，应由飞机总体设计师给出。飞机总体设计师制造出飞行器的缩比模型，在缩比模型上面布置一系列孔洞，在风洞中，测出各个孔洞的压力，再利用软件进行计算即可得出飞行器表面的压力。雷达天线罩作为飞行器结构的一部分，其表面的气动载荷同样可以计算出来。

为了便于计算，往往给出飞行器各个姿态的驻点压力值，雷达天线罩表面给出离散点的坐标及与驻点压力的比值。如图 7-37 所示，A 点为驻点，气动载荷为 0.15MPa，压力系数为 1；B 点的压力系数为 0.85；E 点的压力系数为 0.30，则：

B 点的压力

$$P_B = P_A \times \varepsilon = 0.15\text{MPa} \times 0.85 = 0.1275\text{MPa} \tag{7-9}$$

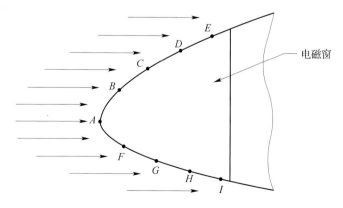

图 7-37　电磁窗载荷分布示意图

E 点的压力

$$P_E = P_A \times \varepsilon = 0.15\text{MPa} \times 0.30 = 0.045\text{MPa} \qquad (7\text{--}10)$$

7.4.3.2 飞机雷达天线罩结构载荷

（1）机体结构载荷

当雷达天线罩安装在飞机头部或尾部时，其结构重量较轻，往往与较强的机身结构相连接，这时飞机的结构载荷与雷达天线罩无关，雷达天线罩的总体载荷及变形将传递到其安装接口界面。在某些情况下，雷达天线罩安装在机体结构载荷比较大的部位，这种情况天线罩除承受自身的气动载荷外，还需与安装处的机体结构同步协调变形，承受机体结构变形传递给天线罩的机体结构载荷，在天线罩强度及连接设计时应考虑到这部分载荷。

（2）惯性载荷和离心力载荷

飞机在加速、减速、机动飞行、刹车、着陆等情况时由于速度的改变会在飞机和雷达天线罩上产生惯性载荷；而飞机在翻滚、螺旋飞行中会引起离心载荷。

在飞机上，通常空气动力载荷是主要载荷，而惯性载荷是次要载荷，对雷达天线罩也是这种情况。机头雷达天线罩其质量从头部向后是逐渐增加的，其惯性载荷较小。但是在雷达天线罩头部安装有空速管及其附件或安装有空中加油管的情况下则会严重些。所以作用在雷达天线罩上的惯性载荷必须在强度计算中计入。当雷达天线罩结冰时也会引起附加的惯性载荷。

纵向加速度会引起雷达天线罩上的纵向压应力，在机头雷达天线罩的根部有最大应力，在加速度大的飞机上，这部分应力必须计入。

在侧向加速、向下、向上加速中要仔细确定最大载荷条件，罩体上会产生拉应力和压应力。强度计算中，对这种情况下的雷达天线罩根部的螺栓连接部位应仔细校核。

7.4.3.3 飞机雷达天线罩主体强度计算

雷达天线罩结构大多为壳体结构，也有个别情况采用平板式结构的。罩壁结构有层合式的，一般称为单块式结构，也有相当多的罩体采用夹层结构，夹芯有各向同性的泡沫塑料或正交各向属性的蜂窝夹芯。蜂窝夹芯有玻璃布蜂窝和 Nomex 纸蜂窝。对于许多卵形双曲壳体，用解析法得不到精确的应力和变形分析结果，最有效的方法是有限元法。

对一般形状的飞机雷达天线罩，采用有限元法分析应力和稳定性有很强的适应性，计算精度也较高，现在已普遍采用，尤其在结构详细设计和强度校核计算中显示出明显的优越性。在飞机雷达天线罩结构分析中，采用有限元法应达到以下四点要求。

①所用元素应该有较好的适应性：既可用于计算轴对称旋转壳，也可用于计算非对称几何形状的复合材料壳体。

②外载包括：气动外载、热载，可以是轴对称分布，也可以是任意分布的外载。

③对规则几何形状，网格能自动生成。

④在各向同性壳体稳定性计算中，线性理论计算结果偏高，对变厚度、几何形状复杂的壳体，误差会更大些。对于常用的复合材料雷达天线罩结构采用线性或非线性理论计算，然后根据试验值做修正。

（1）有限元的模型

有限元的模型可分为二维和三维两种，可以由点单元、线单元、面单元或实体单元组成，当然，也可以将不同类型的单元混合使用（注意要保证自由度的相容性）。例如，带筋的薄壳结构可用三维壳单元离散蒙皮，用三维梁单元来离散蒙皮下的筋。对模型的尺寸和单元类型的选择也就决定生成模型的方法。

线模型代表二维和三维梁或管结构，及三维轴对称壳结构的二维模型。实体建模通常不便于生成线模型，而通常由直接生成方法创建。三维实体模型为薄平板结构（平面压力）、等截面的"无限长"结构（平面应变）或轴对称实体结构。尽管许多二维分析模型用直接生成方法并不困难，但通常用实体建模更容易。三维壳模型用于描述三维空间中的薄壁结构，尽管某些三维壳模型用直接生成方法创建并不困难，但用实体建模方法通常会更容易。

考虑横向剪切变形影响的双曲变厚度八节点等参元素，如图 7-38 所示。在确定元素位移模式时，按薄壳中通常使用的假设：沿厚度方向的应变和应力为零做了简化。

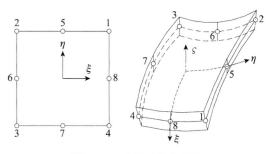

图 7-38　八节点等参元素

在连接有不同自由度的单元时必须小心，因为在界面处可能会发生不协调的情况，当单元彼此不协调时，求解时会在不同单元之间传递不适当的力或位移。为保证协调，两个单元必须有相同的自由度。例如，它们必须有相同数目和类型的位移自由度及相同数目和类型的旋转自由度，而且，自由度必须是耦合的，即它们必须连续地穿过界面处单元的边界。一般雷达天线罩结构的有限元网格划分如图 7-39 所示。

（2）加载

主要考虑三种载荷：表面气动载荷、温度载荷及惯性载荷。

如前所述，表面气动载荷通常给出的是雷达天线罩外表面点的压力分布，并且由于测力模型的问题，压力点的分布比较疏松，用于强度计算往往不够，因此，我们需要得到外表面任意点处压力，这里我们用"拉格朗日线性插值法"来求解任意点处压力。同样，外表面的温度也如此处理。惯性载荷施加到每一个单元上。分别求出单元节点三种载荷的等效节点力，再装配得到相应结构的总等数节点力。利用有限元分析软件即可求解出应力、形变及稳定性系数等。

7.4.3.4　飞机雷达天线罩与载机连接强度计算

在前节中列出了雷达天线罩与机身的多种连接形式，其中有机械紧固件连接、胶结连接和胶－螺连接。但从连接的应力

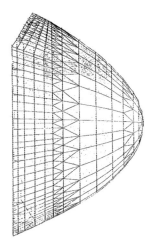

图 7-39　一般雷达天线罩
结构的有限元网格划分

和破坏分析角度则可将其归结为机械紧固件连接和胶结连接两大类。而连接形式则可归结为四种：单面搭接、双面搭接、楔形连接和阶梯形连接。复合材料结构的连接涉及的因素很复杂，详细分析和设计请参阅文献，在此仅做一般性简单介绍。

（1）胶结连接

①单面搭接胶结连接

这种连接形式有三种主要破坏形式。

破坏形式 1：由剥离应力引起的层间拉伸破坏；

破坏形式 2：由轴向应力和载荷偏心引起的弯曲应力产生的连接板破坏；

破坏形式 3：胶层剪切破坏。

搭接长度短的连接一般发生胶层剪切破坏，或者发生胶层剪切破坏与层间剥离破坏的联合形式，与连接板的厚度无关。具有中等搭接长度的胶结连接，一般破坏首先发生在连接板上，而厚连接板连接则多为层间横向拉伸破坏。对于一般实际采用的搭接长度，胶层切应力值较高，由于层间剥离应力较小，不能发挥胶层承受剪切的潜力，最终破坏仍发生在连接板上。

②双面搭接胶结连接

分析这种连接形式的应力时，假设胶黏剂是脆性的，塑性切应变为弹性切应变的 1.5 倍。随着搭接长度的增加，胶结强度略有增加，但增加到一定值后，再增加搭接长度，胶结强度趋于定值。

③楔形胶结连接

为了提高楔形胶结连接的承载能力，最重要的是确定楔形角。如果两搭接板相同，可获得均匀胶结切应力分布。最大胶结强度的最佳楔形角 θ 为

$$\theta = \arctan \frac{\tau_{\max}}{\sigma_{\max}} \tag{7-11}$$

式中：$\tau_{\max}$——最大许用胶层切应力；

$\sigma_{\max}$——连接板最大许用正应力。

上述分析没有考虑连接板各纤维层和树脂层的非匀质影响。由详细分析和试验得知，由于各层刚度差引起的胶层应力集中系数约为 2.88，用此修正连接板的非匀质影响。最大胶层切应力为

$$\tau_{\max} = 2.88 \times \frac{p}{wt} \cos\theta \sin\theta \tag{7-12}$$

若 $\theta \leqslant 10°$，则

$$\tau_{\max} = \frac{p}{wt} \cos\theta \tag{7-13}$$

连接板上的最大拉伸切应力为

$$\sigma_{\max} = \frac{2.35p}{wt} \tag{7-14}$$

④阶梯形胶结连接

对于三个或少于三个台阶的阶梯形胶结连接，可以按单面搭接胶结连接分析。即把每个台阶当作厚度为 t 的单面搭接。对于四个或四个以上台阶的情况，可以通过取阶梯台阶

厚度 t_1 和 t_2 进行双面搭接胶结分析。

（2）机械紧固件连接

本节只做机械紧固件连接的破坏分析。连接破坏包括紧固件破坏和连接板破坏。在复合材料的机械连接中，一般仍采用金属紧固件，因此紧固件的破坏分析与一般金属元件连接情况相同。对于复合材料连接板，其破坏分析却要复杂得多。到目前为止还没有一种有效的理论分析方法能将大量的试验结果统一起来，只能靠试验确定。

①紧固件破坏计算

对于大多数飞机雷达天线罩连接，仍采用金属紧固件，有时为了避免孔边分层，加以金属衬套。

a. 铆钉连接

铆钉的剪切强度。对于具体结构连接，根据解析分析或有限元分析，找出受力最严重的铆钉，计算其剪切破坏载荷。在单剪情况，铆钉的破坏剪力为

$$p_s = \frac{\pi d^2}{4} \tau_b \tag{7-15}$$

如果铆钉有 k 个剪切面，则每个铆钉的破坏剪力为

$$p_s = \frac{\pi d^2}{4} \tau_b k \tag{7-16}$$

式中：d——铆钉直径；

　　τ_b——铆钉的破坏切应力。

铆钉的挤压强度。破坏挤压力为

$$p_B = dt_{\min} \sigma_B \tag{7-17}$$

式中：$t_{\min}$——连接板的最小厚度；

　　σ_B——铆钉材料或连接板在挤压方向的等效挤压破坏应力。

铆钉的抗拉强度。在一般树脂基复合材料层合结构连接中，层合板的拉脱强度较低，铆钉一般不会被拉断。如果复合材料与金属件连接，或者层合结构连接处采用特殊的局部增强，则铆钉有可能产生拉伸破坏。铆钉的抗拉强度应由试验得出。

b. 螺接

螺栓的抗拉强度。各种材质、各种规格的螺栓受拉破坏载荷可以查标准或手册得到。

螺栓的抗剪强度。各种材质、各种规格的螺栓单剪破坏载荷可以查标准或手册得到。

螺栓的挤压强度。各种材质、各种规格的螺栓挤压破坏载荷可以查标准或手册得到。

②连接板破坏分析

在玻璃纤维增强树脂基复合材料连接中，大都采用各向同性材料的连接破坏分析方法。要注意计算中的参数，要采用等效参数，以计入材料各向异性的影响。

在结构连接中，往往有多行多列紧固件。对于均匀厚度连接板，位于搭接两端的紧固件孔受载荷最大。当紧固件间距大于某一数值（这一数值与铺层方向和铺层顺序有关）后，紧固件孔受载的相互影响可以忽略不计。对于实际结构连接，选用单孔计算破坏载荷在工程上是方便的。

拉伸破坏。当连接板宽度 w 与紧固件孔直径 d 之比比较小时，穿过有孔截面的连接板

被拉断。净截面平均拉伸应力为

$$\sigma_T = \frac{P}{(w-d)t} < \sigma_b \tag{7-18}$$

或者

$$\sigma_T = \frac{P_0}{(w-nd)t} < \sigma_b \tag{7-19}$$

式中：P——一个紧固件（孔）分担的载荷；

    t——连接板有孔处的板厚度；

    P_0——连接板承受的总拉伸载荷；

    n——同一截面（垂直于拉伸载荷方向的截面）上直径为 d 的孔的个数；

    σ_b——接头的拉伸极限应力。

剪切破坏。一般当连接端距 e 与紧固件孔直径 d 之比较小时，紧固件将连接板剪切拉脱破坏。连接板的平均切应力为

$$\tau = \frac{P}{2et} \leqslant \tau_b \tag{7-20}$$

式中：e——平行于载荷方向、孔中心到板端的距离，称为端距；

    τ_b——连接板的极限切应力。

挤压破坏。一般当 $\frac{w}{d}$，$\frac{e}{d}$ 值较大时，连接板孔边被挤压而分层破坏；或者孔变形量较大，不能满足使用要求的称为挤压破坏。紧固件与孔壁间的挤压应力分布比较复杂。工程上多采用沿孔半周成余弦分布处理。如果采用平均应力表示挤压应力，则可用下式表示

$$\sigma_B = \frac{P}{dt} \leqslant [\sigma_B] \tag{7-21}$$

或者

$$\sigma_B = \frac{P_0}{ndt} \leqslant [\sigma_B] \tag{7-22}$$

式中：$[\sigma_B]$——连接板的许用挤压强度。

③紧固件孔周围侧向限制，即紧固件拧紧力矩的确定

紧固件孔的侧向限制一般是指用螺母加上垫圈拧紧的办法产生垂直于连接板平面的压力。试验表明，施加侧向限制（拧紧力矩）时，接头的挤压强度比无侧向限制（销钉连接）时，有明显提高。对给定板厚的连接，当拧紧力矩达到某一数值后，再增大拧紧力矩，则连接的挤压强度变化不大，趋于定值。对不同厚度和铺层的层合板连接，为了得到最佳拧紧力矩，需要通过试验确定。

对于因施加拧紧力矩而受拉的无润滑螺栓，螺栓的拉伸载荷为

$$p_z = \frac{M}{kd} \tag{7-23}$$

式中：M——拧紧力矩；

    k——扭矩系数；

    d——螺栓直径。

7.4.3.5　飞机雷达天线罩鸟撞计算

飞行器在起飞及降落过程中是最容易发生鸟撞的阶段，超过 90% 的鸟撞发生在机场和机场附近空域，其中 50% 的鸟撞发生在低于 30m 的空域，仅有 1% 的鸟撞发生在超过760m 的高空。在飞机出现以前，没有高速飞行的飞行器，鸟类在空中的飞行与人类的活动没有重叠，不会造成危害，飞机的出现使情况发生了变化。由于飞机飞行速度快，与飞鸟发生碰撞后常造成极大的破坏，严重时会造成飞机的坠毁。目前鸟撞是威胁航空安全的重要因素之一。在中国，由于鸟撞造成的事故征候占事故征候总数的 1/3。在美国，由于鸟撞造成的经济损失每年高达 6 亿美元。自 1988 年以来，由于鸟撞引起的坠机事故已经造成 190 人死亡。

对于飞机来说，机头位置雷达天线罩、机翼前缘、发动机进气道等部位是遭受鸟撞概率最大的部位。其中，位于中间位置的雷达天线罩的鸟撞概率最大，几乎占所有鸟撞事故的一半。因此，需要对雷达天线罩的耐受鸟撞能力进行计算评估。

在 CCAR-25-R4《运输类飞机适航标准》中，对运输类飞机遭受鸟撞时的要求进行了规定，在下列原因很可能造成结构损伤的情况下，飞机必须能够成功地完成该次飞行：受到 1.80kg（4lb）重的鸟的撞击，飞机与鸟沿着飞机飞行航迹的相对速度取海平面 VC（设计巡航速度）或 2450m（8000ft）0.85VC，两者中的较严重者。

在歼击机类的军用飞机设计中，由于考虑到飞机的先进性大于安全性，且发生安全事故后，飞行员可以弹射逃生，因此对歼击机类的军用飞机目前还没有提出明确的耐受鸟撞要求。本书中以 ARJ21-700 飞机雷达天线罩鸟撞为例，进行计算过程说明。

（1）载荷选取

如图 7-40 所示，其为 ARJ21 飞机飞行包线，按 CCAR-25-R4《运输类飞机适航标准》的规定，试验选取鸟的重量 1.80kg（4lb）。其中海平面 VC 为 Ma0.44，8000ft 处的 VC 为 Ma0.52，其 0.85VC 为 Ma0.442，比海平面 VC（Ma0.44）大，因此 ARJ21 飞机的鸟撞计算速度取 Ma0.442。

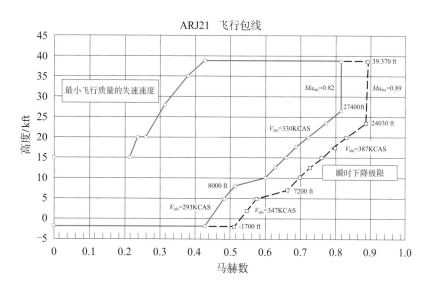

图 7-40　ARJ21 飞机飞行包线

由于飞机雷达天线罩遭受鸟撞的情况主要发生在低空飞机起飞/降落的过程中，雷达天线罩的温度较低，因而雷达天线罩鸟撞计算按常温进行。

（2）有限元模型及根部约束

高速撞击的仿真软件有 LS-DYNA，利用该软件建立撞击模型。雷达天线罩的有限元模型与强度计算有限元模型相同，可以参照建立。为了计算速度和有限元网格方便划分，鸟的模型简化为密度为 $1000kg/m^3$ 的圆柱体。结合鸟撞载荷，利用撞击理论的欧拉算法，建立有限元模型，如图 7-41 和图 7-42 所示，鸟体网格与计算网格重合，包含在计算网格中，并且在计算网格中模拟飞溅和流动。

在高速撞击下，雷达天线罩根部约束简化为固支约束。考虑到鸟撞击在雷达天线罩不同位置时，其破坏不相同，因此需要考虑不同位置的撞击。我们可以想象得出，最危险的状态为正面撞击，即撞击发生在雷达天线罩的最前端顶点处。鸟撞发生在雷达天线罩的侧面时，雷达天线罩的损坏比正面要低，但是否满足"遭受鸟撞后，飞机能安全完成本次飞行任务"的要求，需要仿真来证明。

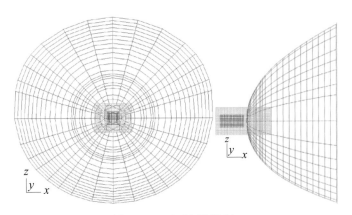

图 7-41　正面鸟撞模型

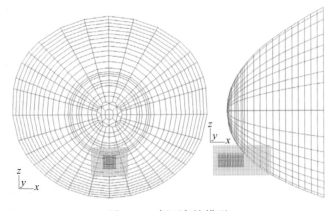

图 7-42　侧面鸟撞模型

（3）计算及结果

建立好模型后，利用 LS-DYNA 软件进行求解计算，可以算出鸟撞时的雷达天线罩破坏过程及破坏程度，以 ARJ21-700 飞机雷达天线罩为例。最前端撞击后，撞击区域出现最大变形及最大应力（见图 7-43），并且雷达天线罩可能发生局部破裂现象，但是不会出现雷达天线罩碎片向外飞散。在其他部位撞击的情况下，雷达天线罩的应力水平及变形相对较低，雷达天线罩可能出现的破坏情况不比头部撞击出现的破坏情况严重。雷达天线罩在可能出现破坏的情况下，不会对雷达天线罩区域以外的飞机其他部位造成损坏。飞机可以安全完成飞行任务。

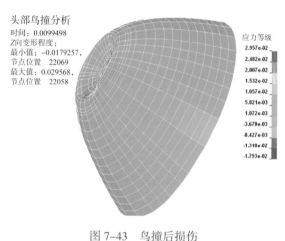

图 7-43　鸟撞后损伤

7.4.4　振动与冲击计算

7.4.4.1　概述

飞机上存在着激振的振源，如发动机、螺旋桨等。由于它们的旋转部件的质量无法做到完全平衡，就会产生激振力。不论飞机结构的固有频率如何，都会由此产生强迫振动。如果结构的固有频率（特别是低阶）与激振频率中的某一个接近或相等，则产生强烈的振动或共振。由于旋转设备的转速都比较高，所以激振频率也比较高；而飞机大部件的低阶固有频率都比较低，所以大部件一般不会产生共振。

振源的振动根据振动的规律性可分为正弦振动与随机振动。正弦振动是指振动频率相对稳定，振幅随时间为正弦变化。随机振动是指振幅、频率都随时间变化的振动，不能通过一定时间的测量来预测其未来的运动，如图 7-44 所示。实际在型号试验应用的都是做了平稳性假定的随机振动，平稳的随机振动其统计特性不随时间变化。于是，可以通过一定时间测量的统计特性来表征随机振动。常用的统计特性有两种：均方根与功率谱。

各种动力响应（振动响应）问题既会影响结构的强度设计又会导致结构的振动疲劳、机上人员的不舒适或使其工作能力降低以及机载设备不能正常工作。针对这些设计要求，把飞机上可能出现的各种动力响应归纳成为飞机振动环境包线，其中，既包括具有连续功率谱的响应，也包括具有孤立频率的响应。

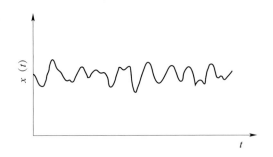

图 7-44　随机振动示意图

这里，再对有关共振问题做一些说明：所谓共振，指的是激振频率同飞机的某个固有频率相近或相等。飞机的各种部件存在着许多相近的固有频率。飞机设计中只要求飞机构件的固有频率不要同发动机或其他旋转部件的激振频率相近或相同。雷达天线罩的振动特性计算，就是计算出其固有频率，使固有频率避开发动机或其他旋转部件的激振频率。

7.4.4.2　计算分析

雷达天线罩振动特性分析的模型与强度计算的模型相同。利用有限元分析软件可以求解出雷达天线罩的各阶固有频率，通过以上求解，可以求出雷达天线罩的固有频率。

对于直升机机头气象雷达天线罩，其激振频率主要是由发动机与螺旋桨引起的，我们需要避开其频率点。比对求出的固有频率与发动机与螺旋桨的激振频率，如果相同或接近，需要对雷达天线罩的结构进行调整，使其固有频率避开激振频率，这样可以避免由于共振造成的雷达天线罩的损坏。

7.5　雷电防护设计

飞机雷达天线罩由非金属材料制成，很容易遭受雷击，雷达天线罩的雷电防护设计是飞机雷电防护设计的重要组成部分。特种飞机上有多个雷达天线罩，这些雷达天线罩位于不同的雷电附着区域，雷电对这些雷达天线罩潜在的危害程度各不相同，并非每个雷达天线罩都必须采取雷电防护措施。需综合考虑各雷达天线罩的雷电关键性类别、雷电防护系统对雷达天线罩电性能的影响、雷达天线罩所处雷电附着区域等因素，确定该雷达天线罩是否需要进行雷电防护设计。

通常，雷达天线罩的雷电防护措施是在雷达天线罩外表面安装分流条，需要对分流条布局方法进行研究，合理确定分流条的数量和长度，使得既有足够的雷电防护效果，又尽量降低分流条对雷达天线罩电性能的影响。

7.5.1　飞机雷达天线罩雷电防护必要性分析

既然飞机雷达天线罩遭遇雷击的概率很高，那么，雷达天线罩的雷电防护问题就显得十分重要。就某个具体的雷达天线罩而言，需要面对雷电防护的必要性和具体防护措施两个问题。雷达天线罩雷电防护的必要性取决于雷达天线罩雷电关键性类别、防护成本和防护系统对雷达天线罩性能的影响。飞机雷电关键性类别是根据飞机系统、分系统和部件遭遇雷击时对飞行安全与任务完成的影响程度确定的，共分为三类。

（1）1 类，是关系到飞行安全的系统、分系统和部件，雷电对它们的损害可能危及人身或飞机安全；

（2）2 类，是关系到系统安全和飞行任务完成的系统、分系统和部件，雷电对它们的损害可能导致人员伤害或影响飞行任务的完成；

（3）3 类，是影响较小的系统、分系统和部件，雷电对它们的损害不会明显降低系统的效能。

确定飞机雷达天线罩雷电关键性类别，必须从整机和天线系统的角度出发，分析评估雷达天线罩遭受雷击时对飞行安全有无影响、是否影响天线系统正常工作。雷击对雷达天线罩的直接损害通常是罩壁穿孔、凹陷和局部撕裂，当雷达天线罩处于半密封舱时，在极端情况下会导致雷达天线罩脱落；雷达天线罩遭雷击时对飞机的间接损害包括对天线系统和飞机其他系统的影响，如阶跃先导附着在天线上是否会损坏天线的射频器件和供电线路，雷达天线罩脱落的螺钉会不会影响发动机叶轮等。分析清楚雷击对雷达天线罩的危害，是确定雷达天线罩雷电关键性类别的主要依据。

此外，参照有关标准对雷电防护重要度进行划分也是一种可行的方法。CCAR-25《运输类飞机适航标准》是运输类飞机研制过程中必须遵循的适航技术标准，其 581 条款对雷电防护提出了要求，具体内容为：

（1）飞机必须具有防止雷电引起灾难性后果的保护措施。

（2）对于金属组件，下列措施之一可表明符合第（1）条的要求：

①该组件合理地搭接到飞机机体上；

②该组件设计不致因雷击而危及飞机。

（3）对于非金属组件，下列措施之一可表明符合第（1）条的要求：

①该组件的设计使雷击的后果减至最小；

②具有可接受的分流措施，将产生的电流分流而不致危及飞机安全。

上述条款的核心是飞机在雷电环境中遭遇雷击是无法避免的，利用防护措施可以使雷击的危害降低，避免灾难性后果。飞机雷电防护的设计原则是使雷击造成的影响最小，并且确保在被雷击后可以继续安全飞行和着陆。此条款是民用飞机雷达天线罩雷电防护的基本要求。

确定了雷达天线罩的雷电重要度等级后，就可以确定是否需要采取雷电防护措施。属于 1 类雷电重要度的雷达天线罩，必须采取雷电防护措施。属于 2 类雷电重要度的雷达天线罩，需要考虑防护成本和防护系统对雷达天线罩性能的影响。如果雷电防护系统的成本远低于雷达天线罩的维修成本，并且雷电防护系统对雷达天线罩电性能的影响较小，那么，雷达天线罩应采取雷电防护措施，否则，可不采取雷电防护措施。属于 3 类雷电重要度的雷达天线罩，不必进行雷电防护设计。

雷达天线罩雷电防护的设计目标有高、中、低三个层次：最高目标是确保雷达天线罩的安全，雷达天线罩不穿孔，雷电防护装置可以重复使用，雷达天线罩遭雷击后不需维修或者只需少量维修；最低目标是雷达天线罩遭雷击后完全损坏，但是不影响飞机安全飞行和着陆；中等目标是雷达天线罩有一定程度的损坏，但是飞机能安全返航。

7.5.2 飞机雷达天线罩雷电防护设计方法

7.5.2.1 雷电分区的确定

雷达天线罩具体的雷电防护措施与雷达天线罩所处雷电附着区域的类型息息相关。雷电1区为初始附着区，其雷电风险最高，雷电防护的难度最大；雷电2区为扫略冲击区域，具有一定雷击风险，相较于1区更易进行雷电防护；除了1区和2区外的所有飞机表面均为3区，雷击风险最低。按照放电悬停时间的长短，1区和2区又被划分为A区和B区。A区雷电悬停时间较短而B区雷电悬停时间较长，因此B区雷电防护设计应相应地加强雷电防护措施的雷电流耐受能力。

现代飞机上天线众多，相应地雷达天线罩在机身表面各位置均有分布。图7-45所示的飞机上显示了6个雷达天线罩，其中，L波段侦测天线罩和干涉仪天线罩均为左右件。在考虑这些雷达天线罩的雷电防护问题时，必须首先确定各雷达天线罩的雷电关键性类别和雷电分区，并据此进行雷电防护设计。在GJB 2639、GJB 3567、HB 6129和SAE ARP 5414中给出了部分典型飞机雷电附着区域的分布示意图。要注意不同的飞机其形状和结构尺寸都有所区别，因此，并不能完全根据这些图来确定任意一款飞机的雷电分区。严格的做法是利用飞机的比例模型的雷电附着点试验来确定该飞机的雷电分区。

7.5.2.2 雷电防护系统的选择

飞机雷达天线罩之所以遭雷击是因为雷达天线罩内金属物体产生的流光比雷达天线罩外金属产生的流光更早地与阶跃先导交汇。要想避免雷击，就必须使雷达天线罩外的流光早于雷达天线罩内的流光而与阶跃先导交汇。

针对非导电复合材料的闪电防护，通常有在表面进行金属化处理、布置防雷击分流条等措施。对于雷达天线罩而言，因其透波功能需求，应尽量避免雷电防护措施对其透波功能的影响，而表面金属化处理严重影响雷达天线罩透波性能，因此通常采用在雷达天线罩表面布置条带状防雷击分流条的方式进行防护。通过在雷达天线罩外表面适当布置防雷击分流条，合理设计防雷击分流条的数量、长度和方向，使防雷击分流条完全遮蔽罩内的金属物体，能够为雷达天线罩提供充分的雷电防护。

目前，在雷达天线罩上使用的防雷击分流条主要有两种，一种是金属条，另一种是纽扣式防雷击分流条。金属条结构简单、可靠性高、造价低，但重量大，需使用连接件固定在雷达天线罩上，对罩体有一定损伤，且对透波性能有一定影响，在民机雷达天线罩上有着广泛的应用，如ARJ21飞机雷达天线罩、C919大型客机雷达天线罩以及波音、空客多机型民机雷达天线罩均采用金属铝条。纽扣式防雷击分流条轻巧、可靠性较高，可粘贴在雷达天线罩外表面，对罩体损伤较小，对雷达天线罩电性能的影响也较小，但结构复杂、造价昂贵，比较适合电性能指标要求较高的军机雷达天线罩。纽扣式防雷击分流条由基条、金属纽扣等组成，其基条厚度一般不大于1mm，纽扣的长度一般不大于5mm，对工作于X波段的雷达天线罩而言，纽扣式防雷击分流条对电磁波的遮挡和反射远低于金属条，因此，纽扣式防雷击分流条是一种低反射分流条。试验表明，使用纽扣式防雷击分流条后，雷达天线罩的功率传输效率仅下降1%左右。

7.5.2.3　分流条布局设计

不同雷电分区雷达天线罩的分流条布局设计方法在第 3 章中有详细描述，现以图 7-45 所示飞机各雷电分区中典型雷达天线罩加以说明。

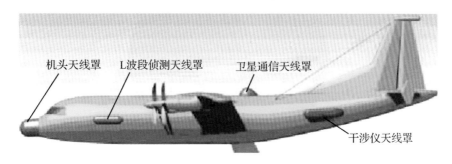

图 7-45　飞机上多个天线罩示意图

以图 7-46 所示的机头雷达天线罩为例说明 1 区雷达天线罩的雷电防护设计方法。该机头雷达天线罩处于雷电 1 区，机头雷达天线罩内有 ESM 天线、低频段高增益天线和高频段高增益天线三组天线，天线的布置如图 7-46 所示。雷达天线罩采用三层夹层结构，内外蒙皮厚度均为 0.8mm。机头雷达天线罩对电性能要求很高，故选用纽扣式防雷击分流条。根据第 3 章相关公式，确定分流条的数量和长度，结果如图 7-47 所示。1 号分流条的长度为 1400mm，2 号、4 号和 6 号分流条的长度均为 1000mm，3 号和 5 号分流条的长度均为 560mm。分流条沿飞机航向布置，分流条末端通过搭铁片与飞机机身搭接，以构成低阻电流通道。

图 7-45 所示飞机上的卫星通信天线罩位于雷电 2 区，其外形尺寸如图 7-48 所示。该天线罩采用五层夹层结构，内蒙皮、中蒙皮和外蒙皮的总厚度为 1.6mm，天线与罩壁之间的最小间隙为 51mm。雷达天线罩的耐压等于罩壁耐压加最小空气隙的击穿电压，根据雷达天线罩沿飞机对称面的曲线长度可以计算出对应的扫掠电压，结果显示扫略电压大于雷达天线罩的耐压，所以，必须在雷达天线罩上安装分流条。根据相关公式，确定需要一根分流条，该分流条沿飞机横向排布，位于雷达天线罩中间位置。

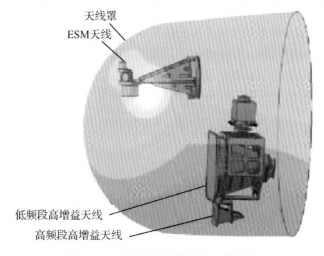

图 7-46　机头雷达天线罩内天线的布置

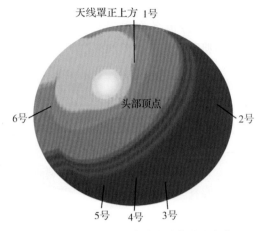

图 7-47　机头雷达天线罩防雷击分流条布局

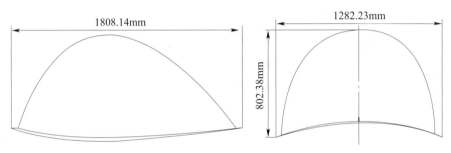

图 7-48　卫星通信天线罩外形尺寸

7.6　制造工艺

7.6.1　飞机雷达天线罩成型工艺

雷达天线罩是功能复合材料结构件，可根据选用材料树脂体系的不同，采用各种常用的复合材料成型工艺方法制造，涉及的树脂体系有不饱和聚酯树脂、环氧树脂、烯丙基酯树脂、双马树脂、氰酸酯树脂、有机硅树脂、聚酰亚胺树脂、酚醛树脂、苯并环丁烯树脂等，其涉及的主要成型工艺包括真空袋压工艺、热压罐成型工艺、缠绕工艺、RTM 工艺、模压工艺等。表 7-3 所示为根据不同树脂体系推荐的成型工艺方法。

表 7-3　根据不同树脂体系推荐的成型工艺方法

序号	树脂体系	成型工艺方法
1	不饱和聚酯树脂	真空袋压成型工艺
2	环氧树脂	真空袋压成型工艺； 热压罐成型工艺
3	烯丙基酯树脂	真空袋压成型工艺； 缠绕成型工艺

表 7–3（续）

序号	树脂体系	成型工艺方法
4	双马树脂	热压罐成型工艺； RTM 工艺
5	氰酸酯树脂	热压罐成型工艺； RTM 工艺
6	有机硅树脂	热压罐成型工艺
7	聚酰亚胺树脂	模压工艺
8	酚醛树脂	真空袋压成型工艺； 热压罐成型工艺
9	苯并环丁烯树脂	热压罐成型工艺

7.6.2　飞机雷达天线罩机加工艺

7.6.2.1　概述

　　飞机雷达天线罩的机加主要包括两种，一是对飞机雷达天线罩的外形轮廓进行加工，保证飞机气动外形精度、壁厚均匀性等指标；二是对飞机雷达天线罩的安装接口进行加工，保证飞机雷达天线罩与机体连接的外形接差和对接间隙要求。

　　外形轮廓加工可分为离线加工和在线机加两种方式。为降低机加难度，蜂窝、泡沫等具有一定柔性的夹层结构可采用离线方式进行机加然后再转移到雷达天线罩主体结构上。但采用该方式时，夹层结构会产生一定的变形，对最终产品型面精度产生一定影响。因此，当夹层或最终产品型面精度要求较高时，须采用在线加工的方式。

　　接口加工方面，可根据飞机雷达天线罩的结构、尺寸、精度要求等，选择合适的机加方式。典型飞机雷达天线罩接口类型如图 7–49 所示，对于接口为平面的回转体型机头雷达天线罩［见图 7–49（a）］，可采用大型卧式车床进行接口加工；对于接口为平面的非回转体型机头雷达天线罩、机翼边缘天线罩［见图 7–49（b）］等结构可采用卧式镗铣床进行接口加工；对于接口为曲面的雷达天线罩［见图 7–49（c）］只能采用多轴数控铣床进行接口加工；此外，对于一些大尺寸雷达天线罩［见图 7–49（d）］，由于受加工设备行程限制，可采用手工锯切配合锉修打磨的方式进行接口加工。

7.6.2.2　典型雷达天线罩的机械加工

　　下面以图 7–50 所示典型飞机机头雷达天线罩结构为例，介绍飞机雷达天线罩的机械加工工艺。该雷达天线罩为非回转体结构，主体为复合材料蒙皮 – 泡沫夹层结构，其接口包括两段平面接口以及上段平面接口处的曲面倒角。

　　泡沫夹层为等厚结构，可采用多轴数控铣床对泡沫的厚度和端面进行离线或在线加工；由于该雷达天线罩为非回转体且包括曲面接口，因此无法采用车床、镗铣床等方式进行接口加工，须采用多轴数控铣床进行接口加工。

　　若选择离线方式加工泡沫夹层，需要采用真空吸附工装或机加工装对泡沫毛坯进行固定，保证泡沫材料与工装贴合紧密、压实；然后根据型面特征选择三轴或五轴数控铣床，

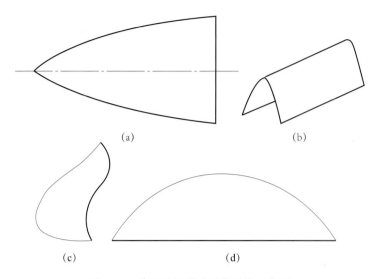

图 7-49　典型飞机雷达天线罩接口类型

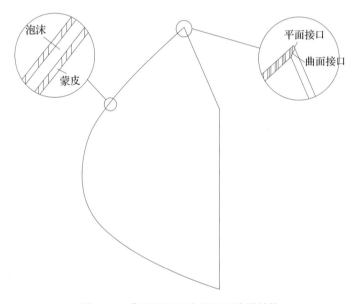

图 7-50　典型飞机机头雷达天线罩结构

并按照数控加工程序加工泡沫的外轮廓。若选择在线方式加工泡沫夹层，则采用多轴数控铣床在成型模或胶结装配工装上进行加工，同时需要考虑泡沫结构的刚性，必要时增加支撑结构。

接口加工时，采用机加工装进行雷达天线罩的定位与夹紧，然后采用多轴数控铣床按照数控加工程序加工雷达天线罩的接口。其中，机加工装的工艺要求如下。

（1）机加工装上应设置雷达天线罩定位基准和机加基准，用于确定雷达天线罩与数控机床的相对位置；

（2）采用工作型面进行雷达天线罩的定位；

（3）采用压紧、真空吸附等方式使罩体与工装紧密贴合；

（4）利用罩体上的定位标识对其定位精度进行检测，保证定位精度；

（5）机加工装应具有足够刚性，保证雷达天线罩在加工过程中不会出现位置的错动。

与夹层结构加工相比，接口机加时的切削力和热量较大，刀具磨损也较快，因此接口机加的工艺要求也有所区别。

（1）应严格控制刀具转速、进给速度等机床加工参数；

（2）机加过程中采用强力吹气装置对加工区域进行吹气，将产生的热量和粉尘吹散；

（3）关注刀具状态，刀具磨损达到一定程度时应及时更换刀具。

7.6.2.3　机械加工面的防潮

为防止机械加工后的表面受潮，影响产品性能，在机械加工工序中应做好防潮工作，具体包括如下内容。

（1）机加使用的工装应去除表面水渍；

（2）机加前检查加工设备，对油污等进行清理，防止污染产品；

（3）罩体接口端面加工后，对端面涂清漆等进行封口防潮

（4）机加后的表面应采用塑料袋等进行及时封存。

7.6.3　飞机雷达天线罩装配工艺

7.6.3.1　概述

雷达天线罩装配工艺是按照图样及其技术要求，将复合材料零部件及金属零部件进行修配组装，并经过调试及检验后满足设计要求及装机接口精度的过程；装配工序是保证雷达天线罩制造精度的决定性环节，同时也是产品质量稳定性、高强度及长寿命的重要保障。

与飞机机身等其他部件类似，雷达天线罩具有弱刚性的结构特点，为保证雷达天线罩装配精度，以满足其装配协调及互换的要求，需依靠装配型架或钻模对雷达天线罩进行装配。根据雷达天线罩的结构特点和装配工装的复杂程度，雷达天线罩可分为型架式装配和移动式装配。

雷达天线罩作为飞机结构的重要组成部分，其装配质量和精度要求高、装配过程复杂，因此装配过程具有装配工序种类多、流程长的特点。典型装配工序有复合材料制件切边、装配间隙控制、连接区阶差控制，定位调姿，金属零部件定位安装，钻孔、扩孔、铰孔，锪窝，铆接，紧固件安装，胶结，电搭接等。装配工序通常以装配型架或其他装配工装为平台，由装配钳工使用风枪、角磨机、铆枪、定力矩扳手等装配工具完成。

7.6.3.2　典型机头雷达天线罩的装配

雷达天线罩具有多品种、小批量的特点，为满足产品设计及装机需求，需根据产品结构选择相应的装配工序，以制订合理的装配方案。

图 7-51 为某大型客机机头雷达天线罩示意图，根据其结构特点制定了图 7-52 所示的装配工艺流程。

为保证复杂结构飞机雷达天线罩的精度和互换性，需依赖复杂装配型架完成装配，称为型架式装配，此类装配型架需在工作站点固定。为满足不同产品结构对装配形式的需求，可将型架式装配分为立式装配和卧式装配，其型架如图 7-53 所示。

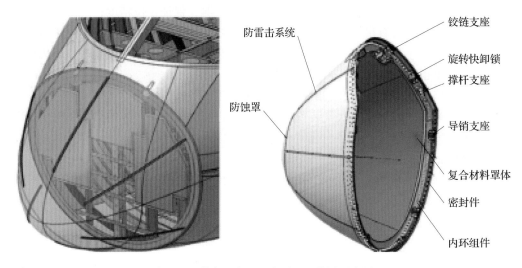

防雷击系统

防蚀罩

铰链支座

旋转快卸锁

撑杆支座

导销支座

复合材料罩体

密封件

内环组件

图 7-51 某大型客机机头雷达天线罩示意图

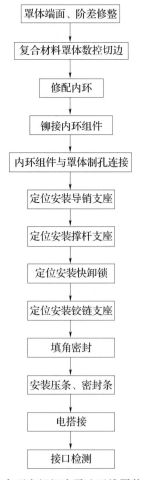

罩体端面、阶差修整

复合材料罩体数控切边

修配内环

铆接内环组件

内环组件与罩体制孔连接

定位安装导销支座

定位安装撑杆支座

定位安装快卸锁

定位安装铰链支座

填角密封

安装压条、密封条

电搭接

接口检测

图 7-52 某大型客机机头雷达天线罩装配工艺流程

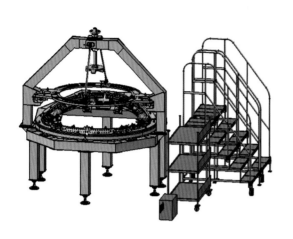
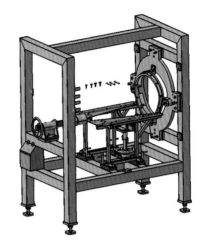

（a）立式装配型架　　　　　　　　　　　　　　（b）卧式装配型架

图 7-53　型架式装配

此类雷达天线罩由复合材料罩体、加强环、铰链支座、锥销支座及快卸锁等零部件组成。在复合材料罩体完成切边后，需在装配型架上完成复合材料罩体定位调姿、端面及阶差修配，并通过装配型架上的定位装置定位铰链支座、锥销支座等金属零部件，随后根据装配型架的钻模孔定位连接孔，通过钻枪等工具制出复合材料罩体与金属件的连接孔，借助力矩扳手或铆枪安装紧固连接件，并在特殊位置进行电搭接和填角密封，最后在型架上完成接口精度检测。

7.7　试验验证

7.7.1　电性能试验

7.7.1.1　电厚度检测校正

对于飞机雷达天线罩，尤其是高速飞机雷达天线罩，其高度流线型的外形构成 80° 甚至更高的入射角，物理壁厚公差和介电常数公差都会引起电厚度的明显变化，从而影响雷达天线罩的电性能。因此，在制造过程中，必须对罩壁的电厚度进行检测，根据检测结果对超差部位进行电厚度补偿，以满足飞机雷达天线罩的电厚度公差指标。

对于机载脉冲多普勒雷达天线罩，通常有镜像波瓣和均方根副瓣指标要求。若壁厚偏离设计值，罩壁反射增大，引起较高的镜像波瓣电平和均方根副瓣电平，给脉多雷达造成功能障碍。因此，必须用严格的电厚度公差来保障镜像波瓣、均方根副瓣电平等重要指标达到规范要求。

机载火控雷达天线罩通常对瞄准误差有严格要求，这就要求机载雷达天线罩瞄准误差随天线扫描角的分布稳定，以便对所有的该型雷达天线罩都有近乎一致的瞄准误差，从而可以产生一个统一的标准校正曲线，完成对雷达天线罩瞄准误差的校正，这需要严格的电厚度公差来保证。

表 7-4 是某 A 型夹层结构机载雷达天线罩电厚度控制效果对比。通过电厚度校正技术明显提高了雷达天线罩的电性能水平。

表 7-4　某 A 型夹层结构机载雷达天线罩电厚度控制效果对比

电性能指标	电厚度校正前	电厚度校正后
功率传输效率平均值 /%	82.3	88.6
波束偏转最大值 /mrad	7.9	5.5
近区副瓣电平抬高 /dB	8.2	7.6
注：雷达天线罩蒙皮厚度 0.8mm，蜂窝厚度 11.6mm。		

电厚度测试和校正是高性能雷达天线罩制造过程中的重要环节，是高质量的保证。对于不同壁结构形式和不同的成型工艺的飞机雷达天线罩，电厚度检测方法和校正方法也不相同。

对于实芯结构雷达天线罩来说，金属阳模上缠绕成型的雷达天线罩可采用单喇叭反射法检测，利用金属模具充当反射面，在不脱模状态下进行电厚度检测；RTM 或浇注工艺成型的雷达天线罩可采用双喇叭透射法，利用双喇叭微波相位桥路进行电厚度检测。

对于蜂窝夹层结构雷达天线罩来说，也可采用单喇叭反射法检测，但其测试思路与实芯结构雷达天线罩的电厚度方法又有所不同。夹层结构分别对蒙皮和芯层的厚度及公差提出了公差要求，若在成型完成后进行电厚度的总检测，将不能实现超差区域的判定和有效补偿校正。因此，对于蜂窝夹层雷达天线罩，需要采用层间测试的方法，在其生产过程中，对每层的电厚度状况进行分步监控，及时发现超差区域，并做出补偿校正。

目前，国内很多高校和研究所已有成熟的双喇叭测试系统工程应用经验。结合多年理论研究和成熟的工程应用经验，中国航空工业集团公司公布了《机载雷达天线罩电厚度测量与校正方法》（Q/AVIC 04066—2015）测试标准，为飞机雷达天线罩的双喇叭透射式电厚度检测与校正提出了明确要求和标准支撑。单喇叭测试系统需要反射面，同时要求反射面与雷达天线罩内型面完全贴合，对机械精度要求较高，目前实际工程应用较少，还未形成统一的测量标准和完备的应用体系。

7.7.1.2　相控阵雷达天线罩的电性能测试

雷达天线罩的电性能测试是以天线方向图为基准，天线带罩方向图与天线方向图进行比较，得到雷达天线罩的各项电性能。对于常规的内部装有机扫天线和固定波束天线的雷达天线罩的电性能测试，已有成熟的解决方案，难度较大的是相控阵雷达天线罩的电性能测试，本节对该部分内容进行了阐述。

（1）系统硬件平台的搭建

系统硬件平台包括测试场、射频子系统、伺服控制子系统、机械子系统、计算机子系统等。

①测试场

主要测试场有室外远场、室内远场和紧缩场（compact antenna test range，CATR）等，三种测试场的示意图如图 7-54 ~ 图 7-56 所示。三种测试场均可用于雷达天线罩的方向图测试。

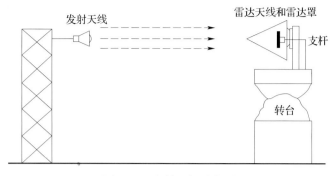

图 7-54　室外远场示意图

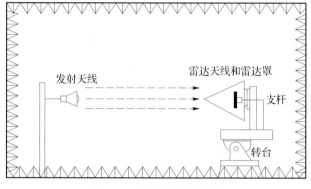

图 7-55　室内远场示意图

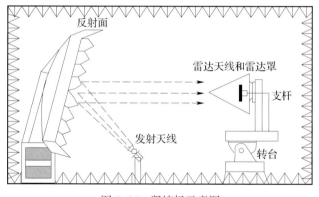

图 7-56　紧缩场示意图

②射频子系统

射频子系统的作用是完成射频信号的产生、传输和处理。该子系统由接收机、发射源、混频器、通道开关和定向耦合器等组成。射频子系统是雷达天线罩电性能测试系统的关键组成部分，尤其是接收机性能的优劣直接影响测试精度和测试效率。

③机械子系统

机械系统包括转台和测试夹具。转台和测试夹具的作用是固定被测天线和雷达天线罩，并改变天线和雷达天线罩之间的位置关系以模拟天线在雷达天线罩内的扫描状态，使得所测试的数据能如实反映天线实际扫描状态下雷达天线罩的各项性能参数。

④伺服控制子系统

伺服控制子系统包括位置控制器、角度传感器及功率放大器等，用于控制转台运动、定位、调速等。

⑤计算机子系统

计算机子系统主要指工作站，其内部安装有 GPIB 接口板、DAC 接口板等。

（2）软件使用

①方向图测试前的检查。检查各射频子系统、机械子系统和伺服控制子系统的工作情况，确认无异常的情况下，方可进行测试。

②在测试前，需对所有的射频子系统提前预热，预热时间不少于 20min。

③根据测试要求设置被测天线的极化、测试频率、波束指向角、信号源的输出功率等参数。

④在不带雷达天线罩时，通过调整转台的方位和俯仰角度，使被测天线接收到最大功率电平。

⑤运行方向图多通道扫频测控软件，旋转被测天线，完成规定方向图角度范围的测试。

⑥安装被测雷达天线罩，通过改变转台的方位和俯仰角度，使测试天线与发射馈源天线电轴对准。

⑦测试安装雷达天线罩后的方向图曲线。

⑧改变天线方位和俯仰指向角，重复④～⑦步，直到所有指向角都测试完毕。

⑨当测量天线在另一个主平面上的方向图时，将被测天线极化方向和发射馈源天线极化方向同时转 90°之后，重复上述步骤；测量某个平面内的交叉极化方向图时，则应使发射馈源天线与被测天线的主极化方向相差 90°。

（3）测试实例

在该测试系统上，对某雷达天线罩进行了扫频测量，方向图角范围为 –70°～90°，采样间隔 0.1°，一次扫描完成 40 个方向图测量。部分方向图测试曲线如图 7-57 所示。

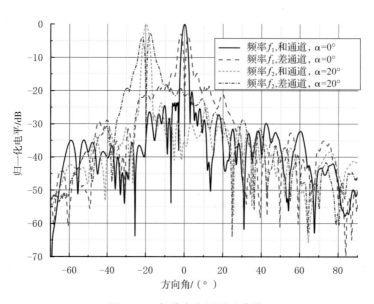

图 7-57　部分方向图测试曲线

7.7.2　雷电防护试验

因为雷电的实验室模拟试验无法重现自然界雷击放电的实际情况，即巨大的空间电场击穿空气，随之带电云团的巨大电流和大量电荷便从该击穿通路传递到飞机。所以雷电的实验室模拟主要是模拟雷击对结构的影响情况。由于设备的限制，通常雷达天线罩的雷电防护试验包括两项单独的试验，即雷电压试验和雷电流试验。其中雷电压试验用以确定雷电附着的部位和范围，验证任何方向的雷击都会落在雷电防护系统上，而不是落在雷达天线罩上。雷电流试验考核雷电附着部位能否承受得住雷电流的冲击，验证其是否符合雷电安全性。

7.7.2.1　全尺寸附着点试验

（1）试验目的

通过试验考验雷电压能否击穿罩壁。验证所采取的雷击防护措施是否有效，即雷达天线罩表面的分流条等能否有效地形成雷电通路。找出具体的雷击点，以便设计适当的壁厚或采取更为有效的防护措施。

（2）试验设备

本试验通常需用脉冲电压发生器。一般情况下，放电极距离试件 1m 左右间距，要求电压上升率为 1000kV/μs，考虑到电路衰减因素，一般要求发生器额定输出 1.3 ~ 1.5MV。

施加到试验件上的电压即放电极到试件之间电压通过电阻或电容分压器用示波器记录。雷电附着点试验设备安装如图 7-58 所示。

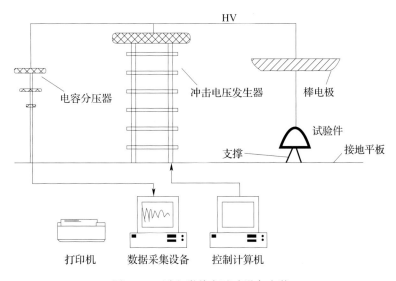

图 7-58　雷电附着点试验设备安装

（3）雷电压波形

依据 HB 6129 中雷电压波形规定，雷电附着点试验一般采用雷电压波形 A 和雷电压波形 D 进行放电冲击。

雷电压波形 A 为一个上升率为 1000kV/μs ± 50% 的波形，其幅值增加到试验件被击穿或出现闪络滑过试验件而终止，并迅速跌落到零。

雷电压波形 D 的前沿时间为 50 ～ 250μs，然后击穿气隙放电。

雷电压波形 A、D 示意图如图 7-59 所示。

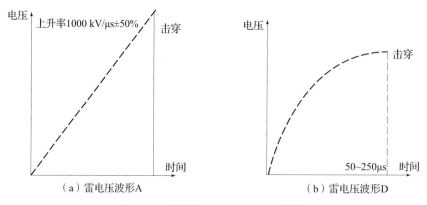

图 7-59　雷电压波形 A、D 示意图

（4）试验件要求

对于验证性试验，需采用与实际结构一样的全尺寸雷达天线罩试验件，并模拟在飞机上的安装情况，包括雷达天线罩内外的金属件。在试验过程中应变换放电电极的位置和方向，以模拟空中雷击情况。

罩内金属件如天线可以用同样外形的金属模拟件取代，也可以用外表涂上导电涂层的非金属材料制作，只要将金属件接地即可。这是因为雷达天线罩内部的金属件产生电子流和附着现象取决于其周围电场，而与材料特性无关。但罩体外部金属件应尽量模拟真实情况，因为高压试验也可以用来验证雷击防护系统，如防雷击分流条的性能。该试验可用来决定分流条恰当间距及分流条与平板下部导线的间距。这种试验也可用平板试验件代替，试验平板采用与罩体相同的材料。

（5）试验电极

试验电极尖端距试验件距离一般为 1m 左右，方向和位置根据雷达天线罩在空中可能遭受雷击的方位确定。但是当试验的雷达天线罩尺寸较大（比如运输机或预警机的雷达天线罩）时，电极与试验件的距离应该更远一些，太近则不能真实模拟附着点位置。只要高电压放电设备能够击穿电极到试验件之间的距离，那么电极距离试验件距离越远越真实。如果试件非常小，那么这一距离也可以适当减小。

7.7.2.2　结构的直接效应试验

（1）试验目的

结构的直接效应试验亦称大电流试验。其目的是考验结构在雷电流通过时的破坏情况，同时考验防护系统承受破坏的能力。

（2）试验设备

直接效应试验过程中，应特别注意试验回路和试验件中雷电流的电磁力的作用。因此，试验时必须将试验件牢固地固定。为了尽可能地消除试验回路中附加的电磁力的影响，采用复式回路可以抵消或减小不真实的电磁力的影响。

试验过程中，因放电电极距离试验件距离很小，如果电极尖部太钝，放电时将会产生气压和冲击波，对试验件造成破坏。这种情况并不代表自然界雷电放电的情况。因此试验时应尽量使放电电极尖部具有 $R_1 \sim R_2$mm 的尖角，以减小这种破坏。雷电直接效应试验设备安装如图 7–60 所示。

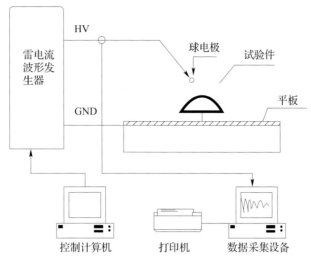

图 7–60 雷电直接效应试验设备安装

（3）电流波形

大电流试验的电流波形必须满足 HB 6129 的要求，根据天线罩所在分区选择相应电流分量进行试验，电流波形及分量如图 7–61、表 7–5 所示。

①电流分量 A，峰值为 200kA ± 20kA，持续时间 ≤ 500μs，作用积分为 $2.0 \times 10^6 A^2 \cdot s \pm 0.4 \times 10^6 A^2 \cdot s$；

②电流分量 B，平均幅值为 2kA ± 0.2kA，最大持续时间为 5ms，电荷传递量为 10C ± 1C，波形不做规定，但必须是单向的；

③电流分量 C，平均电流不小于 400A，电荷传递量为 20C ± 4C，波形不做规定，但必须是单向的；

④电流分量 D，峰值为 100kA ± 10kA，持续时间 ≤ 500μs，作用积分为 $0.25 \times 10^6 A^2 \cdot s \pm 0.05 \times 10^6 A^2 \cdot s$。

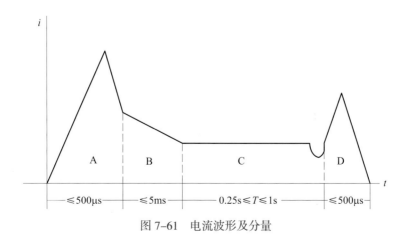

图 7–61 电流波形及分量

表 7-5　直接效应试验应用的电流分量

适用的区域	电流波形及分量			
	A	B	C	D
1A	√	√		
1B	√	√	√	√
2A		√*	√*	√
2B		√	√	√
3	√		√	

注：* 使用平均电流 200kA ± 10% 的悬停时间不应超过 5ms。如果悬停时间超过 5ms，在超过的悬停时间使用 400A 的平均电流，悬停时间应事先通过扫掠冲击附着点试验或分析给以确定。如果悬停时间还不明确，就取 50ms。

（4）记录内容

试验过程应记录：试验时的环境条件，如温度、湿度、气压；用照相、录像的方法记录试验的整个过程（见图 7-62）；试验装置的技术参数和照片；每一次试验电压和电流的波形；放电电弧通道和附着点的照片及雷达天线罩上明显损坏痕迹的照片；试验前后雷达天线罩的照片；试验日期、地点和参加试验的人员。

图 7-62　雷达天线罩雷电防护试验

7.7.3　静力试验

静力试验的载荷是借助帆布带或者拉压垫等结构将杠杆系统传递来的集中载荷转换成雷达罩结构表面的分布载荷，目前静力试验加载方式主要包括：帆布带 – 杠杆加载、卡板加载、拉压垫加载和气囊加载。其中胶布带 – 杠杆系统因不能施加双向载荷，加载时需要雷达罩结构表面进行全覆式粘贴。卡板加载主要是利用杠杆或槽钢等夹持件对试验件进行固定，可以对需要进行双面加载的结构如机翼进行加载，模拟机翼上下表面的气动载荷，但这种加载方法夹持件的重量较大，而且必须固定在试验件上，安装困难并且有一定的风险，气囊加载造价昂贵；而且由于机翼型号各不相同，气囊也没有制定统一的标准，因此其通用性不强。

7.7.3.1　头部试验

在大多数飞机机头雷达天线罩的头部，都安装有机头空速管。空速管金属支杆和雷达天线罩之间一般采用螺钉连接。这部分结构在实际使用过程中，载荷较为集中，传力形式复杂。又因为它处于飞机头部，飞行时外表面温度较高，内外蒙皮温差较大，使得设计结果很难精确，首飞前的静力试验显得尤为必要。

（1）试验目的

验证雷达天线罩头部结构在规定载荷下的承载能力，考核设计的合理性和工艺的稳定性；测量雷达天线罩头部结构在载荷作用下的应变分布，验证计算模型的合理性，以便今后的改进改型。

（2）试验件要求

每种型号雷达天线罩安排一个头部试验件。试验件应按实际结构尺寸制造，结构形式应根据罩壁结构形式进行确定，各种头部试验件推荐尺寸如图 7-63 和图 7-64 所示。

对于实芯壁结构的雷达天线罩，由于其强度剩余系数较大，试验件按头部设计载荷试验后，仍然可以继续用于后续的全尺寸雷达天线罩试验。因此，此类结构的雷达天线罩可以使用全尺寸试验件进行头部试验。

（3）试验条件

①空速管载荷：设计载荷为空速管金属件部分总重量的 50 ~ 100 倍，以主机给定的着陆冲击载荷为准，该载荷包括空速管振动载荷和着陆冲击载荷。

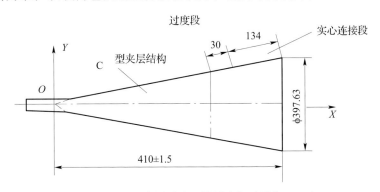

图 7-63　C 型夹层雷达天线罩头部（单位：mm）

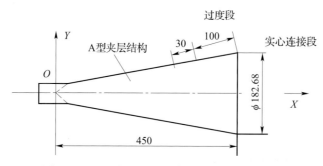

图 7-64　A 型夹层雷达天线罩头部（单位：mm）

②气动载荷：载荷方向分为沿空速管轴线方向和垂直轴线方向两种，其大小取决于相应方向空速管截面积及飞行速度和过载。

③温度：施加着陆载荷时，不加温度。但进行气动载荷试验时，应在雷达天线罩头部外表面实现雷达天线罩最高温度。

④载荷的简化应征得定货方的同意，其目的是减少设备和试验安装工作，以缩短试验周期和减少试验费用。简化原则包括：危险剖面应力等效原则和合力等效原则。

（4）支持状态

用全尺寸雷达天线罩进行头部静力试验时，其根部用前机身的一部分或刚硬夹具支持。当用截短的头部试验件进行试验时，根部只能用刚硬夹具支持。

（5）安全装置

进行雷达天线罩头部静力试验时应设置安全装置，当头部试验件变形速率迅速增加，如发生破坏而施加的载荷不会消除时，应采用安全装置以防止结构的其他部分过度变形或超载。

（6）试验测量

在头部静强度试验中，应测量应变、位移、温度和施加的载荷等数据，判断是否满足试验大纲的要求。

（7）试验过程

①载荷增量与保持时间

试验过程中应逐级协调加载。在使用载荷以下，每级载荷增量不超过设计载荷的10%；在使用载荷以上，每级载荷增量不超过设计载荷的5%。施加载荷时应使载荷保持均匀稳定，加载到使用载荷时应保持载荷停留30s。加载到设计载荷或试验大纲规定的最大载荷时，保持载荷时间不少于3s。

②试验步骤

首先进行使用载荷试验，载荷水平0～67%～0；然后进行设计载荷试验，载荷最大值对于实芯全尺寸雷达天线罩试验件，由0～100%～160%停止；对于特制的头部试验件，由0～100%直至破坏。

（8）头部试验件可能的破坏形式

空速管非金属连接管弯曲、剪切破坏；空速管与非金属连接管之间连接孔挤压破坏；雷达天线罩头部壳体失稳破坏。

（9）试验记录

记录载荷、温度、应变、变形、破坏形式。

7.7.3.2　整罩试验

整罩试验通常安排在头部试验之后进行。雷达天线罩经设计载荷试验后，一般不得留做其他强度试验用。

（1）试验目的

鉴定雷达天线罩结构的设计静强度，并为验证强度和刚度的计算方法以及结构的合理性提供必要的数据和资料。

（2）试验件

雷达天线罩全尺寸试验件除下列情况外，应和装机件的结构相同。

①卡箍，搭铁片、地面撑杆支座等零件，如果略去这些零件并不严重影响雷达天线罩的试验载荷、应力和温度分布以及强度或变形，而且在试验中装上后又不承受较大载荷的话，这些零件可以从雷达试验罩中去掉；

②为适应加载装置所需的雷达试验罩结构修改，应保证更改后的结构强度和刚度特性与真实结构相同；

③不影响强度和刚度的油漆或其他表面处理可以省略，在试验过程中应考虑适当的罩体表面保护措施。

（3）雷达天线罩的支持状态

试验件的支持状态应尽量符合真实情况，无论采取哪种类型支持，都应尽可能少地影响考核部位的真实内力分布，也不能使非考核部位出现永久变形和局部破坏。若不能满足以上要求，则夹具应能模拟雷达天线罩与机身连接框的连接边界，或设置前机身过渡段。

（4）测试仪器

雷达天线罩静力试验中对测试仪器的要求为：应能测出结构对模拟的试验载荷和温度环境的响应；应能迅速和准确地给出试验数据的读数与曲线，以便监控雷达天线罩的状态并及时地与结构设计分析结果相比较；应有足够的仪器以便监控所施加的载荷和温度环境条件；测试仪器均应有校验合格证。

（5）试验过程

雷达天线罩试验必须满足静强度试验任务书和静强度试验大纲的要求。依据 GJB 67A—2008《军用飞机结构强度规范》。分别按照预试（30% 设计载荷）、使用载荷试验、设计载荷试验、破坏载荷试验来进行试验。预试的目的是检查整个试验系统是否处于良好状态并把试验件初步拉紧，消除间隙。预试载荷一般不超过，试验前应检查和记录试验件的原始缺陷，使用载荷试验是鉴定试验件承受使用载荷能力的试验。设计载荷试验是鉴定试验件承受设计载荷能力的试验，对于主要设计情况，一般均应加载至 100% 设计载荷。部分设计情况可以只加载到低于设计载荷的某一百分数。为了了解所研制雷达天线罩的实际承载能力与强度余量，为以后改进设计与扩大使用范围提供依据，对雷达天线罩可选定一个最严重的设计情况做破坏试验。

（6）载荷和温度环境的简化

①载荷

全尺寸雷达天线罩的试验载荷可按合力等效原则及危险剖面应力等效原则进行化简，从而大大减少试验设备和试验安装工作。雷达天线罩轴向载荷变为等效均压，有关系式

$$N=P \cdot s \qquad\qquad (7\text{--}24)$$

式中：N——轴向力，N；

　　　P——等效均压，Pa；

　　　s——雷达天线罩底面积，m^2。

按危险剖面应力等效方案进行试验时，要求对雷达天线罩进行飞行载荷和温度条件下的应力分析。雷达天线罩在试验载荷下的应力分析结果在危险剖面上应和实际应力分布一致，并在小比例实际试验载荷下得到验证。此时可用多通道帆布带协调加载，试验在常温下进行。

②温度

按合力等效方案进行试验时，可在雷达天线罩外表面通过热油施加均匀头部结构的影响；按危险剖面应力等效方案试验时，可在常温下进行。试验前，应进行小试件试验，以便对雷达天线罩的温差应力计算结果进行验证，必要时，可以对多通道载荷加载分布进行修正。

两种方案加载方式如图 7-65 和图 7-66 所示。

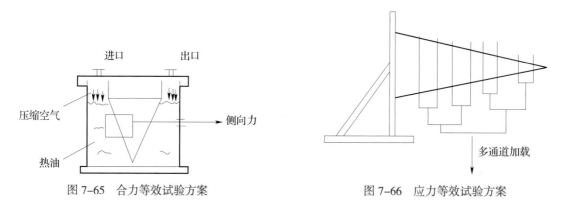

图 7-65　合力等效试验方案　　　　　图 7-66　应力等效试验方案

（7）载荷增量与保持时间

雷达天线罩试验过程中应逐级协调加载。在使用载荷下，每一级载荷增量不超过设计载荷的 10%；在使用载荷以上，每级载荷增量不超过设计载荷的 5%。施加载荷时，应使载荷保持均匀稳定加载，到使用载荷时应保持载荷停留时间 30s；加载到设计载荷或大纲规定的最大载荷时，保持载荷时间不少于 3s。

（8）支持状态

应尽可能采用前机身段作为雷达天线罩的支持，这样能更真实地考核雷达天线罩与机身连接部分的强度。当不具备这些条件时，可用刚性夹具作为试验支持，此类夹具对整罩破坏及失稳结果影响极小，但对连接部分的试验结果应根据实际情况进行分析。

（9）安全装置

采用合力等效原则进行全尺寸雷达天线罩静力试验时，由于存在高温高压油这种试验媒质，要特别注意雷达天线罩破坏时热油飞溅出来对试验现场人员的危险。同时应设计紧急卸载装置以防止雷达天线罩破坏时载荷不消除而引起的试验件过度变形。

7.7.4　振动与冲击试验

雷达天线罩振动试验主要是考核产品耐环境振动的能力，通常是和温度环境一起进行联合试验。雷达天线罩振动环境的主要来源包括：发动机噪声对飞行器结构的激励；沿雷达天线罩结构外部的气动扰流；由飞机的机动飞行、气动抖振、着陆滑行等引起的机体结构的振动。

7.7.4.1　随机振动试验

（1）试验目的

考核雷达天线罩经环境振动后的结构完整性和电性能的变化。

（2）试验件

试验件为合格的全尺寸雷达天线罩，当雷达天线罩上安装有空速管时，振动试验件应安装模拟空速管，模拟空速管的质量分布应与真实空速管系统相同，模拟空速管与雷达天线罩的连接螺钉也应采用装机件。

（3）试验件安装

试验时将雷达天线罩通过试验夹具水平置于振动台面或水平滑台上，通过尽可能刚硬的夹具和振动台连接。夹具的设计应能使振动台分别对雷达天线罩施加规定的纵向振动和横向振动。

（4）试验类型及量值

雷达天线罩振动试验分为功能试验和耐久试验两种，振动频率范围为 10 ~ 2000Hz，试验时将加速度传感器安装在雷达天线罩和振动夹具的连接点上，选 4 个典型部位，振动量值以这 4 个连接点测量的平均值作为控制点。

（5）试验时间及温度

雷达天线罩应首先在规定的轴向分布进行功能试验。其耐久试验时间和要求的飞行总寿命有关系。具体计算方法为：当雷达天线罩使用寿命为 1000 飞行小时，耐久试验量值为 1.6 倍功能试验量值时，耐久试验持续时间为每轴 5h。

（6）试验轴向

若无另行规定，试验样品应沿互相垂直的三个轴向激励。激励应沿每个轴进行，每次一个轴向，或同时沿两个或三个轴向施加。

（7）试验步骤

①试验前，对雷达天线罩的主要电性能项目进行检测。

②选定一个试验轴向，在这个轴向试验取得雷达天线罩前 3 阶振频和振型。记录下来与经过振动试验的雷达天线罩前 3 阶振频和振型进行对比，以确定雷达天线罩是否存在机械损伤。

③进行一半时间的振动功能试验，检查雷达天线罩有无机械损伤。

④按高、常、低温顺序依次进行振动耐久试验，每种温度试验完成后，检查雷达天线罩有无机械损伤。

⑤再进行剩余一半时间的振动功能试验，检查雷达天线罩有无机械损伤。

⑥在对雷达天线罩支持条件不变的情况，重测雷达天线罩的前 3 阶振频和振型。

⑦进行另外两个轴向的振动功能试验和振动耐久试验。

⑧进行电性能对比测试。

（8）试验容差

当用窄带分析仪测量激励功率谱密度时，控制点的功率谱密度相差不超过 ±3dB。在500 ～ 2000Hz 范围内，允许容差为 −6dB，但累计带宽不得大于试验频率范围的 5%。

功率谱密度的测量应满足 BT 大于 50。B、T 分别为分析系统的带宽和平均时间。对各种分析仪的具体规定如下：10 ～ 200Hz 最大带宽 $B=25$Hz；200 ～ 1000Hz 最大带宽 $B=50$Hz；1000 ～ 2000Hz 最大带宽 $B=100$Hz。此外，当分析带宽比最大带宽窄得多时，允许个别点超出规定容差。但当确定该点为欠试验时，则应在相应频带内补做试验。

7.7.4.2 正弦定频振动试验

正弦定频振动试验是在雷达天线罩随机振动试验设备特别是随机振动控制设备缺乏的条件下进行的代替试验。对真正的使用环境而言，雷达天线罩所需开展的正弦定频试验是一种过试验，一般情况下应尽量避免。除下列各项内容外，正弦定频振动试验的要求是和随机振动试验一致的。

（1）试验类型及量值

试验分为振动功能试验和振动强度试验两种。振动功能试验检查雷达天线罩在所要求条件下的工作可靠性。在试验中应首先寻找和记录雷达天线罩在规定频率范围内的谐振点。然后在 5Hz ～ 500Hz ～ 5Hz 范围内循环扫描 3 次，一次循环为 10min。在整个试验条件下产品应能正常工作. 不得产生有害谐振。

振动强度试验检查雷达天线罩的耐振动疲劳能力。产品在试验台上的安装形式和振动功能试验相同。试验的振动总次数不少于 10^7 次，按低中、高频率分配，振动次数见表 7–6。

表 7–6 振动次数

振动次数	振动频率 /Hz	振动时间 /h
2×10^6	20	27.8
4×10^6	50	22.2
4×10^6	190	5.85

若产品在振动功能试验中发现谐振点，则必须在谐振点上进行不少于 10^6 次振动，其振动次数应包括在总振动次数中，同时应减去相近频率点的振动次数。如果发现的谐振点多于 4 个，则只取其中最严重的 4 个进行谐振试验。

雷达天线罩在经过上述试验后，应无机械损伤。当对雷达天线罩振动试验提出温度要求时，可进行占整个试验时间 1/3 左右的温度 – 振动联合试验。

（2）试验容差

按照 HB 5830.5—1984《机载设备环境条件及试验方法 振动》，振动台的容差为：振动振幅 ±10%；振动频率 ±2%，低于 25Hz 的为 ±0.5Hz；共振频率 ±0.5% 或 ±0.5Hz，取二者中的较大者；在进行宽带正弦扫描时，允许个别点超过规定容差，但当确认该点为欠试验时，则在相应频率内应补做试验。

7.7.4.3 冲击试验

冲击试验适用于评估雷达天线罩在其寿命周期内可能经受的机械冲击环境下的结构和

功能特性。

（1）试验目的

考核雷达天线罩经环境冲击之后的结构完整性和电性能的变化。

（2）试验件

试验件为合格的全尺寸雷达天线罩，当雷达天线罩上安装有空速管时，振动试验件应安装模拟空速管，模拟空速管的质量分布应与真实空速管系统相同，模拟空速管与雷达天线罩的连接螺钉也应采用装机件。

（3）试验件安装

试验时将雷达天线罩通过试验夹具水平置于振动台面或水平滑台上，通过尽可能刚硬的夹具和振动台连接。试验工装应当能够满足规定的三个轴向的冲击试验要求。试验工装与试验件的根部连接形式应当模拟真实装机状态。

（4）试验类型及量值

雷达天线罩振动试验分为功能性冲击和坠撞安全冲击试验两种，频率范围一般不超过10000Hz，持续时间不超过 1.0s。多数机械冲击环境作用下，装备的主要响应频率不超过2000Hz，响应持续时间不超过 0.1s。

（5）试验条件

在没有测试数据时，可使用 GJB 150.18A 中推荐的冲击响应谱或者经典冲击脉冲进行试验；若有测量数据，直接使用实测冲击波形作为试验条件。采用波形再现方式来复现实测冲击测量数据或者使用冲击响应谱（SRS）和有效冲击持续时间 T_e 作为试验条件。通过一个复杂瞬态过程合成冲击波形。没有测试数据时使用的试验冲击响应谱见表 7-7。

表 7-7　没有测试数据时使用的试验冲击响应谱

试验类型	波形	峰值加速度 /g	持续时间 /ms	频率折点
功能性冲击	后峰锯齿波	20	15～23	45
坠撞安全冲击	后峰锯齿波	40	15～23	45

（6）试验轴向

若无另行规定，试验样品应沿互相垂直的三个轴向激励。

（7）试验步骤

①试验前，对雷达天线罩的主要电性能项目进行检测。

②选定一个试验轴向，在这个轴向试验取得雷达天线罩前 3 阶振频和振型。记录下来与经过振动试验的雷达天线罩前 3 阶振频和振型进行对比，以确定雷达天线罩是否存在机械损伤。

③对试验件施加冲击激励，记录数据检查试验是否达到或者超过要求的试验条件。

④冲击试验结束后，检查雷达天线罩有无机械损伤。

⑤根据 GJB 150.18A 的规定，受试品应承受足够次数的冲击，为满足规定的试验条件，三个正交轴的每一轴的两个方向上至少各进行三次冲击，如果存在正交轴仅一个方向能满足试验的要求，可在改变冲击时间历程的极性或者调换受试品的方向后，对受试品再

施加三次冲击，以满足另一个方向的试验要求。

⑥进行电性能对比测试。

（8）试验容差

后峰锯齿脉冲的波形参数和允差如图7-67所示，波形图应显示 $3T_D$ 时间长度的时间历程，脉冲大致位于中心。锯齿脉冲的峰值加速度是 P，持续时间为 T_D。测量的加速度脉冲应在虚线界线以内，测量的速度变化量（可通过加速度脉冲积分得到）应处在 $V_i \pm 0.1V_i$ 的范围之内，其中 V_i 是理想脉冲的速度变化量，等于 $0.5T_DP$。确定速度变化量的积分区间应从脉冲前的 $0.4T_D$ 延伸到脉冲后的 $0.1T_D$。

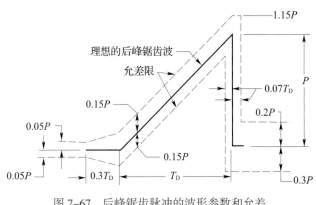

图 7-67　后峰锯齿脉冲的波形参数和允差

7.7.5　加速度试验

雷达天线罩应满足由载机速度变化或机动飞行、刹车等引起的惯性载荷要求。雷达天线罩的加速度试验载荷按相关详细规范要求，试验方法参照 GJB 150.15A—2009。

7.7.6　耐环境试验

雷达天线罩的耐环境试验，是在模拟真实环境的情况下，考核与验证雷达天线罩对各种环境的适应性。通常需要模拟的环境有低温、高温、温度—湿度—高度—振动、液体、湿热、盐雾、霉菌、砂尘、加速度、振动、冲击、温度冲击、雨蚀、雨冲击、雹冲击、太阳辐射、炮振与雷电等，基本的试验方法主要依据 GJB 150—2009《军用装备实验室环境试验方法》进行，试样的尺寸和件数依据每项环境试验后应进行的力学性能与电性能试验项目确定。涂层对环境试验结果的影响应在制订试验方案时考虑。

雷达天线罩在各种环境中，应能正常工作，这是一个基本要求。但是雷达天线罩根本上是一个结构功能件，在试验时，无法验证其是否能正常"工作"。在这里，我们利用另外的两种方式来证明。

第一种方式：用试验平板来验证。同时准备两套试验平板，一套用于各种环境试验；另一套不做试验，用于对比测试。试验后，共同测试平板的各种性能，通过性能的比对，来证明环境对性能的影响，或者没有影响。

第二种方式：用正式产品来验证。在进行环境试验前，对产品进行非破坏性性能测试。试验后，再次进行性能测试，比对两次的测试结果，来证明环境对性能的影响，或者没有影响。

通常采用以上两种方式的组合，来证明环境对性能的影响，或者没有影响。

合格判据有：雷达天线罩表观质量和结构不应出现变形、裂纹、分层和其他机械损伤，其力学性能和电性能等参数允许一定的降低或升高，但是不应偏离技术文件或标准允许的范围。

7.7.6.1　高温试验

高温试验分为高温储存试验和高温工作试验，是为了验证雷达天线罩在高温环境下，是否能够正常使用。

高温储存试验是用来考查在储存期间高温对雷达天线罩的安全性、完整性和性能的影响。雷达天线罩的高温储存环境往往是根据整机将来的预定使用地域来确定的。如果使用的区域为国内任一区域，高温储存的高温要求通常为 50℃。试验按 24h 为一个循环，需要试验 7 个循环。

高温工作试验是用来考查雷达天线罩在工作期间高温对其性能的影响。其工作温度由安装在雷达天线罩里面天线及飞机的飞行包线（高度及速度决定）决定。通常无人机或民用飞机雷达天线罩使用温度为 80℃，超声速飞机雷达天线罩的使用温度为 100 ~ 150℃。试验按 24h 为一个循环，通常需要试验 3 个循环。

试验方法参见 GJB 150.3A—2009。

7.7.6.2　低温试验

低温几乎对所有的基体材料都有不利的影响。对于暴露于低温环境的雷达天线罩，由于低温会改变其组成材料的物理特性，因此可能会对其工作性能造成暂时或永久性的损害。所以，只要雷达天线罩暴露于低于标准大气条件的温度下，就要考虑做低温试验。

低温试验分为低温储存试验、低温工作试验和低温安装试验。低温储存试验检查储存期间的低温对装备在储存期间和储存后的安全性，以及储存后对装备的性能的影响。低温工作试验用于检查雷达天线罩在低温环境下的工作情况。低温安装试验用于检测操作人员穿着厚重的防寒服组装和拆卸雷达天线罩或其组件时是否容易。

各个试验温度由飞行器的飞行包线和使用环境来确定。通常低温储存试验温度为 –55℃，试验时间不低于 72h。低温工作试验温度为 –40℃，低温安装试验温度一般为 –40℃。

试验方法参见 GJB 150.4A—2009。

7.7.6.3　温度 – 湿度 – 高度 – 振动试验

温度 – 湿度 – 高度 – 振动试验可评价雷达天线罩在空中（或高海拔地区）受到温度、湿度、振动的综合作用时可能引发的故障。本试验方法为振动和气候因素或者气候因素之间的综合试验提供了一种选择。综合环境试验模拟雷达天线罩在服役寿命期内经常遇到的叠加环境效应。本试验可以代替低气压、高温、低温、湿热和振动试验。本试验分为三个试验程序：工程研制、飞行或使用支持及鉴定。通常按鉴定试验程序考核。

试验方法参见 GJB 150.24A—2009。

7.7.6.4　流体污染试验

在载机的正常使用和维护过程中，通常会遇到操作的问题或载机自身的问题，载机上的各种液体，如航空煤油、润滑油会滴到雷达天线罩上，雷达天线罩在遭受该类液体的浸泡后，应该没有软化或损伤。通常用结构样件来进行该试验，将样件在液体中浸泡规定时间后取出，不应当软化和产生永久性损伤。

这些液体包括：发动机燃料；液压系统用油；合成航空润滑油；喷气机润滑油；低浓度的肥皂水；防冻液、酒精等。

试验方法参见 GJB 150.26—2009。

7.7.6.5 湿热试验

本试验的目的是确定雷达天线罩耐湿热大气环境的能力。在湿热环境要求条件下，雷达天线罩结构不应分层或损坏，其物理性能和电性能参数不应偏离技术文件或标准允许的极限。

试验方法参见 GJB 150.9A—2009。

7.7.6.6 盐雾试验

本试验的目的是确定雷达天线罩结构或材料的保护层（漆层）和装饰层的有效性，测定盐的沉积物对雷达天线罩物理和电气性能的影响。

试验方法参见 GJB 150.7A—2009

7.7.6.7 霉菌试验

在 GJB 150.10A—2009 规定的霉菌环境中，雷达天线罩结构不应有物理和结构的变化。

7.7.6.8 砂尘

在 GJB 150.12A—2009 规定的砂尘要求条件下，雷达天线罩结构不应损坏，其物理性能和电性能参数不应偏离技术文件或标准允许的极限。

7.7.6.9 加速度

雷达天线罩应满足由载机速度变化或机动飞行、刹车等引起的惯性载荷要求。雷达天线罩的加速度试验载荷按相关详细规范要求，试验方法参见 GJB 150.15A—2009。

7.7.6.10 温度冲击

在 GJB 150.5A—2009 规定的温度冲击下，雷达天线罩结构不应出现变形、裂纹、分层和其他机械损伤，其性能参数不应偏离技术文件或标准允许的极限。

7.7.6.11 雨冲击

雷达天线罩受雨冲击后不能有分层或损坏。应将带实际厚度涂层的罩壁试样，放在一个已批准的雨冲击设备上进行试验。试验时，试样置于最大冲击角位置，并模拟高度为 3km 以下的飞行器最大飞行速度。落雨场地应有 25.4mm/h 的雨量并自然分布。对于超声速飞行器，试样经 1min 试验，不应出现分层和损坏。对于亚声速飞行器，试样经 5min 试验，不应出现分层和损坏。

7.7.6.12 雨蚀

易受雨蚀的雷达天线罩，应按飞机的飞行任务和飞行高度 – 速度特性进行设计并通过鉴定。在设计雷达天线罩时，应考虑到飞机执行任务区域的落雨资料和在一般外场保养条件下的飞行小时数，尽量延长预期的修补。除非预先经过鉴定，具有表面涂层的罩壁试样，应当在一个已批准的雨蚀设备上进行试验，以确定它在标准雨蚀环境下的寿命。

7.7.6.13 雹冲击

在受雹冲击后，雷达天线罩结构不应有损坏。雷达天线罩应能经得起直径为 19mm 的冰雹冲击。在平均巡航速度下，在 $6.45mm^2$ 的面积上以 6 次 /min 的速度进行雹冲击试验，在 1min 内结构不应损坏。

7.7.6.14　太阳辐射

试验方法参见 GJB 150.7A—2009 中的循环热效应试验和稳态长期光化学效应试验。

7.7.6.15　炮振

根据雷达天线罩安装部位的不同，有些雷达天线罩有炮振要求。在 GJB 150.20A—2009 规定的炮振环境条件下，雷达天线罩不应产生下列现象。

①雷达天线罩与内部安装设备之间的物理干扰；

②电性能降低到所规定的最小值以下；

③永久性的变形或破坏。

第8章 导弹天线罩工程技术

8.1 概述

导弹是衡量一个国家军工科技综合发展能力的重要尺度,是体现一个国家国防现代化程度的主要标志。在现代战争中,导弹武器发挥着越来越重要的作用。目前战场上各类装备及设施的毁伤大部分是靠导弹来完成的。而导弹天线罩是保护导弹导引头天线在恶劣的环境下能正常工作的一种装置,它既是导弹弹体的一个完整的舱段——导弹的头部,又是关系到导弹制导精度的关键因素之一。天线罩对电磁波的折射,使真实目标位置和视在目标位置之间产生一个角度差,造成导弹跟踪时的偏差,因此天线罩又是导弹控制回路的一个环节,其性能的优劣将影响导弹的作用距离、脱靶量和稳定性。为了保证导弹在飞行过程中的正常工作及达到所规定的战术、技术指标要求,天线罩必须满足下列要求。

(1)导弹飞行过程中对天线罩所提出的空气动力学要求,即天线罩的外形应是满足飞行条件的流线型;

(2)在导弹高速飞行过程中,天线罩必须具备承受气动加热和机械载荷的能力;

(3)天线罩必须具有良好的电性能,保证天线罩的存在对导弹导引头回波天线及导弹跟踪系统影响最小;

(4)天线罩能在高速飞行的恶劣环境条件下正常工作。

因此,天线罩的设计必须在综合考虑导弹的气动、结构和电性能要求的条件下进行天线罩外形、材料、壁结构形式和罩壁厚度以及连接方式的设计。其中选取最优的罩壁厚度是最关键的,在此基础上能保证通过罩壁后电磁波的插入相位差保持最小或恒值,以及在给定方向上具有最高的功率传输效率,对单脉冲天线系统的电轴偏移量影响最小。然而,在天线罩的设计中,要能同时满足最佳的气动特性、结构和电性能的要求是困难的,其各项要求往往是相互矛盾和相互制约的,所以在设计中必须综合考虑影响天线罩的各项因素和各项性能要求。

导弹天线罩的制造工艺性,也是保证导弹是否能够满足使用要求的重要环节之一,包括头锥的工艺制造、天线罩的密封处理和连接结构的装配等。

为确认导弹天线罩的各种性能是否达标及稳定,还要进行相关的电性能试验、力学性能试验、气密试验及环境试验,对交付产品还要进行一致性检验等。

8.2 导弹天线罩类型

按作战方式,导弹天线罩主要分为以下几类。

(1)弹道导弹天线罩

按作战使命,弹道导弹天线罩又可以分为战略弹道导弹天线罩和战术弹道导弹天线罩两类。战略弹道导弹天线罩按射程又可分为洲际导弹天线罩（导弹射程超过 8000km）、远程导弹天线罩（导弹射程大于 4000km）和中程导弹天线罩（导弹射程在 1000km 以上）。战术弹道导弹可以装备核弹头或常规弹头，用于攻击敌方战役战术纵深内的重要目标，战术弹道导弹的越野机动能力和作战使用的灵活性较好，这使得战术弹道导弹除了能有效地执行战场和战区支援任务外，还能完成攻击部分战略目标的任务。随着反导弹技术的发展，进攻性战略导弹遇到了突防问题。突防效果更好的集束式和分导式多弹头导弹应运而生，集束式导弹天线罩、多弹头导弹天线罩特别是分导式多弹头导弹天线罩获得了迅速的发展。

（2）巡航导弹天线罩

巡航导弹天线罩又称飞航式导弹天线罩。通常把带核弹头打击战略目标的远程巡航导弹天线罩称为战略巡航导弹天线罩，反舰导弹天线罩和战术空对地导弹天线罩则归属于战术巡航导弹天线罩。亚声速巡航导弹的最大缺点是飞行时间长、突防能力低，不适于飞越敌方防空火力较强的地区去攻击机动性较大的活动目标。为了降低其可探测性，减少敌人的防御反应时间，就要求天线罩设计过程中设法减少其雷达、红外等特征，采用隐身技术，增加隐蔽飞行能力。

（3）面空导弹天线罩

按导弹制导方式来划分，主要有以雷达主动寻的为主的自动寻的精密制导体制导弹天线罩、红外被动寻的导弹天线罩、激光制导导弹天线罩。在频谱上着重发展毫米波导弹天线罩、亚毫米波导弹天线罩以及中、远红外制导手段导弹天线罩。新一代战术面空导弹天线罩采用新的雷达天线罩体制，进一步发展光电结合的探测制导手段，以提高抗干扰能力和全天候作战能力。

（4）空地导弹天线罩

空对地导弹天线罩指装备攻击地面目标的导弹天线罩。新一代空地导弹天线罩支持红外热成像、激光半主动、主／被动复合毫米波等制导工作模式，并且具有更小的雷达和红外特征，大大减小了可探测性。

为了满足未来空间化、信息化、智能化战场的需要，迎接射束武器的挑战，导弹天线罩正向智能化、隐身化、多模式的更高层次发展。目前来看，导弹天线罩主要有三个发展方向：耐高温导弹天线罩、超宽频／多波段导弹天线罩、多模式综合导引头导弹天线罩。首先，新一代歼击机的速度和加速能力都有了极大提高，在导弹发射时飞机将赋予导弹极大的初始动能，从而增大了导弹的发射速度和距离。高速飞行引起的导弹天线罩的气动加热限制了导弹速度的提升。因此，研究能够承受大马赫数飞行条件下气动加热的耐高温导弹天线罩至关重要。其次，反辐射／电子战系统逐步开始两套或多套天线共用一个天线罩，需要导弹天线罩具有超宽频带或多波段的电磁波接收能力。最后，近几年红外／毫米波复合制导导引头、微波／毫米波／红外多模式复合制导导引头的出现，需要针对多模复合体制设计，要求导弹既可以工作在主动、被动两种模式下，又可以兼顾微波、毫米波、红外等多个频段，在快速准确地对多个高速运动目标进行搜索与跟踪的同时，具有良好的隐身性能以及抗干扰性能。因此，导弹天线罩的设计任重道远。

8.3 技术要求

为了实现导弹作用距离远、命中率高、可靠性高、作战反应时间短等性能，天线罩必须保证具有优良的功率传输效率、瞄准误差及瞄准误差变化率等电性能参数，需要能够承受飞行过程中的气动载荷、惯性载荷以及热载荷，耐受高温、低温、温度冲击、湿热、淋雨、霉菌、盐雾、砂尘、酸性大气等环境条件，能够实现便捷快速的检查、维护、修理。

8.3.1 电性能要求

导弹天线罩的电性能要求主要包括：功率传输效率、瞄准误差及瞄准误差变化率。

其中，天线罩的瞄准误差随着天线扫描角的变化而变化，在天线扫描角范围内典型的瞄准误差曲线如图 8-1 所示。天线罩的瞄准误差随天线扫描角的变化率称为瞄准误差变化率，这是天线罩电性能参数中最主要的指标，它将影响导弹控制回路的稳定性和导弹的脱靶量，对所测得的瞄准误差曲线进行一次微分即可求得天线罩的瞄准线误差变化率曲线，典型的瞄准误差变化率曲线如图 8-2 所示。

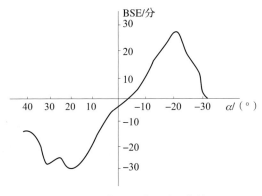

图 8-1　典型的瞄准误差曲线

BSE—瞄准线误差；α—天线方位扫描角

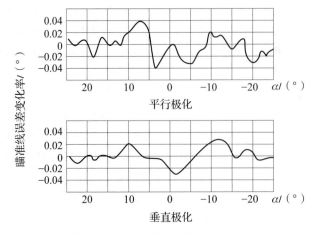

图 8-2　典型的瞄准误差变化率曲线

8.3.2　结构要求

导弹天线罩一般由罩体、防雨蚀结构、根部连接结构、涂层系统等组成，如图 8-3 所示。

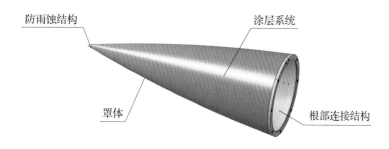

图 8-3　导弹天线罩结构组成

罩体是导弹天线罩的主体结构，应选择介电性能、力学性能、耐温性能、耐环境性能等均符合技术要求的材料，其结构外形应满足导弹总体设计提出的外形要求，并在头部和根部分别设置与防雨蚀结构和根部连接结构匹配的组装界面。

防雨蚀结构设置在导弹天线罩头部，应合理选择具有耐雨蚀性能的材料，并根据导弹天线罩外形和工作条件合理设计外形与安装形式。

根部连接结构主要用于导弹天线罩与弹体的装配，应选择力学性能、耐温性能、耐环境性能较为优异且与罩体材料线膨胀系数较为匹配的材料，应具有足够的刚度以确保与弹体可靠拆装，与罩体的连接形式应能承受规定的气动和热载荷联合作用，结构形式和尺寸应与导弹天线传动系统的结构和尺寸相协调，对天线罩电性能无影响。

涂层系统应能满足电性能、耐高温、防雨蚀、抗静电、耐环境等技术要求。另外，导弹天线罩整体及各组件应具有较低的重量。

8.3.3　强度、刚度和可靠性要求

8.3.3.1　强度

导弹在飞行过程中，承受气动载荷、惯性载荷以及热载荷（气动加热）的作用。由于导弹飞行空域很广，各种不同的弹道、不同的高度、不同的速度、不同的飞行姿态使得导弹天线罩在飞行过程中不同的瞬间都承受着不同大小和不同形式的载荷。静热强度在导弹天线罩的设计中起到决定性的作用，须放在首位来考虑。

要使设计的天线罩结构满足机械强度的要求，就必须正确确定飞行中作用在导弹天线罩上的外载荷。导弹在垂直平面内的运动受载情况如图 8-4 所示。

导弹天线罩最严重受载情况如图 8-5 所示。其中 F_p 为侧向压力载荷，F_A 为轴向压力载荷，F_L 为导弹过载引起的侧向惯性力，F_R 为天线罩绕导弹质心旋转运动引起的侧向附加惯性力，ε 为天线罩绕导弹质心旋转的角加速度。

导弹天线罩在飞行中所受外载荷主要分以下三类。

（1）气动载荷

导弹在大气层中飞行时，承受气动力和气动力矩。气动力包括升力和阻力，它们可分

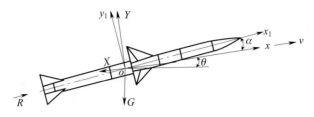

图 8-4   导弹在垂直平面内运动的受载情况

R—发动机推力；Y—升力；G—重力；X—阻力；

o—导弹质心；v—导弹飞行速度矢量；

α—迎角；θ—弹道倾角

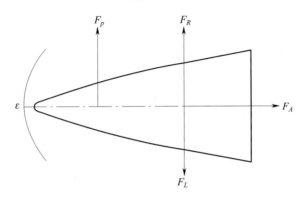

图 8-5   导弹天线罩最严重受载情况

为两类：一是由于空气摩擦引起的力，即阻力；二是由于导弹表面压差引起的力，它既产生升力又产生阻力。

（2）惯性载荷

导弹的高速度、高机动性引起垂直于飞行方向的巨大加速度，导弹的最大横向过载可达 30 ~ 50。具有高推重比发动机的导弹必然产生巨大的轴向加速度。横向与轴向的巨大加速度，都会引起作用在导弹上的巨大的横向惯性载荷与轴向惯性载荷。对于导弹头部的天线罩，其惯性载荷还应包括绕导弹质心旋转运动引起的附加惯性力。

天线罩上的横向惯性载荷 F_n 可由下式计算

$$F_n = F_L - F_R = m_r \left(n_y g - \frac{M_z}{J_z} X_r \right) \tag{8-1}$$

式中：n_y——导弹质心的过载；

$\quad\quad m_r$——天线罩质量；

$\quad\quad M_z$——导弹的转动力矩；

$\quad\quad J_z$——导弹的转动惯量；

$\quad\quad X_r$——天线罩质心距离导弹质心的距离；

$\quad\quad g$——重力加速度。

（3）热载荷

这主要是由绕导弹外部流动的气流引起的，即由于空气与导弹表面的摩擦与空气在导弹外部驻点附近的压缩而引起的。随着导弹飞行速度的日益提高，飞行时的空气动力加热将对天线罩的设计产生重大影响。

首先天线罩罩壁温度的增加，将使天线罩的电特性变差，它影响天线罩的电气厚度，进而影响天线罩的传输与瞄准误差。天线罩壁温的快速升高使罩壁内外产生极大的温差，导致罩壁内表面由于热冲击产生较大的拉应力。其次温度的升高导致罩壁材料性能下降，会破坏天线罩的结构。由于罩壁温度的升高，在天线罩后端连接部位两种材料结构接合处，因材料热膨胀系数的不同，造成连接破坏和变形。随着罩壁温度的升高，罩内空气温度升高，进而影响内部构件及天线装置的工作性能。

总之，对高速飞行的导弹的天线罩结构设计，气动加热已经成为重要的设计条件，因此在分析天线罩结构设计条件时，对气动加热及其影响应予以足够的重视。

8.3.3.2　刚度

对于薄壁天线罩来说，仅仅计算强度是不够的，必须进行稳定性分析。导弹天线罩由于薄壁结构形式，有可能在破坏之前就发生了局部或整体的失稳。尤其是在有迎角飞行时，气动载荷呈现非对称性和不均匀性的特点，更加大了产生失稳的可能性，因此，在导弹天线罩结构设计时必须考虑这一点。壳体受外压时所承受的不失去稳定的最大压力叫临界压力，临界压力与壳体的几何形状、尺寸、材料力学性能及加工方式有直接关系。

在有限元数值计算中，屈曲分析是研究结构或结构件的平衡状态是否稳定的问题。屈曲分析包括特征值屈曲分析和非线性屈曲分析。特征值屈曲分析一般用于理想弹性体的理论屈曲分析，用来估计理想弹性结构的理论屈曲强度。特征值屈曲分析主要通过求解特征方程，得到特征值 λ，经过重复求解方程，直到找到与 λ 的最小值相对应的 n 即为失稳系数。屈曲失稳临界载荷为

$$P_{cr} = \lambda_{min} P_0 \tag{8-2}$$

8.3.3.3　可靠性

产品在规定的条件下和规定的时间内完成规定功能的概率称为产品的可靠性，也称可靠度。可靠性的研究起源于电子设备，电子设备比较容易出现故障，但是电子设备发生的故障不一定都会对结构的安全性造成威胁。对于结构件而言，出现故障的概率要低于电子设备，但一旦出现故障，就会对整个结构的安全性产生较为严重的影响。通常在结构设计时会使用一定的安全系数保证产品的强度，但这不代表已经充分、全面地考虑了产品的可靠性。在进行产品设计时，当产品材料体系、生产制造工艺、使用条件完全相同时，设计选用的安全系数越大该产品的可靠性越高。但选用的安全系数并不能代替可靠性设计，仅根据安全系数不能确定产品的可靠性水平，即使安全系数选得很大也不能保证结构可靠。

根据高超声速导弹天线罩的工作特点和可靠性设计要求，在天线罩设计、生产、试验、使用过程中都要考虑可靠性问题。

（1）天线罩可靠性故障模式

通常，高超声速导弹天线罩是由头锥与低膨胀合金连接环胶结组成，飞行中需承受导弹高速飞行时的气动加热和过载，因此天线罩的强度、耐温性能和胶结强度的缺陷均会使天线罩在飞行时失效。作为一个结构件，天线罩的可靠性故障模式属于成败型的，一旦失

效，全弹就完全失效。天线罩的可靠性故障模式主要有如下几种。

①头锥的强度和耐温性能不能承受导弹飞行时的气动加热和机动过载要求，在导弹飞行过程中天线罩破裂造成失效；

②头锥内部存在初始缺陷，飞行过程中，在气动加热和惯性载荷综合作用下，缺陷扩展，造成天线罩整体结构失效；

③胶结面胶结强度不够或脱胶，造成天线罩与连接环脱离引起天线罩失效，进而导致全弹失效；

④雨蚀头脱落和损坏，造成天线罩的防雨蚀功能降低或丧失。

（2）天线罩可靠性设计关注要点

天线罩结构可靠性设计任务是使天线罩实际能承受的载荷能力要大于实际使用载荷。天线罩可靠性设计应主要考虑以下几方面。

①按导弹总体提出的载荷强度和温度要求，选择高强度、耐高温、低膨胀系数的天线罩材料，使天线罩满足导弹高速飞行时强度和热载荷的要求；

②连接环设计时，选择与天线罩材料的低膨胀系数相接近的材料，使天线罩与连接环胶结面在高温工作状态下的热应力最小，保证天线罩的可靠性；

③选择合适的胶，并进行胶结的可靠性设计；

④雨蚀头采用耐雨蚀和抗老化性能优异的材料，与头锥胶结选用黏结强度高、耐老化性能优异的密封剂，有效黏结的同时能够保证罩体的密封性能。

天线罩与连接环的连接通常采用胶结方式，在设计中通常把胶层作为缓冲层，这种连接方法能使天线罩的应力集中降到最低。为保证胶结可靠性，设计时应主要考虑如下问题。

①胶结区域长度；

②胶层厚度及其随胶结区域长度的变化规律；

③胶结强度和高温工作温度范围内胶结强度的变化；

④胶层的耐老化性能；

⑤胶层的密封性能。

8.3.4　环境适应性要求

导弹天线罩的环境要求主要包括高温及低温储存要求、温度冲击要求、湿热要求、砂尘要求、淋雨要求、霉菌要求和盐雾要求等。

要求导弹天线罩在高温、低温和温度冲击环境下外观应无明显变化，各零部件无损坏，连接部位无松动；在湿热环境下外观应无明显变化，各零部件无损坏，连接部位无松动，隔热涂层不能出现鼓泡；在砂尘环境下导弹天线罩陶瓷部分允许有轻微磨损，雨蚀头允许有磨损；在淋雨环境下导弹天线罩不能出现新增的损伤；霉菌环境下导弹天线罩的长霉等级为2级（含2级）判定合格；在盐雾环境下，导弹天线罩外观不允许有超过防护层表面10%的锈蚀，涂漆层除局部边棱角处外，隔热涂层外表面应无明显气泡，无起皱、开裂或脱落。

在装备研制过程中，承制方应根据规定的环境适应性要求开展环境适应性设计。环境适应性设计应从两方面着手，一是采取改善环境或减缓环境影响的措施；二是选用耐环境能力强的结构、材料、元器件和工艺等。

8.3.5　工艺性要求

（1）导弹天线罩的制造工艺应满足设计要求，即满足战术指标、设计图样、规范等技术文件的要求；

（2）导弹天线罩的制造工艺优先采用成熟的、经过应用验证的工艺；

（3）新工艺应经过充分论证或试验验证；

（4）应考虑工艺文件的适用性和有效性；

（5）导弹天线罩的制造工艺应满足可检性、可操作要求。

具体要求如下。

（1）导弹天线罩表面颜色一致，无明显色差或色差符合技术文件和规范的规定；

（2）外表面光滑平整，外观无机械损伤、破损和连接环松动脱落等缺陷；

（3）接口尺寸具有互换性。

8.3.6　使用维护要求

使用维护要求是一种前提性的基本要求。导弹天线罩随导弹长期储存，一次使用，并且要定期检查、维护乃至修理。因此，导弹天线罩结构是否便于使用维护是衡量设计好坏的重要标志之一。导弹天线罩及各组成部件需分别按周期进行检查、维护和维修，应使维护、作战反应时间满足总体设计要求。具体考虑以下几个方面。

（1）导弹天线罩结构应能承受恶劣的自然环境、工作环境，并能在规定的时间满足储存质量要求；

（2）导弹天线罩外表面涂层应易于修理维护；

（3）导弹天线罩与弹体的设计分离面数量和连接形式应合理，保证拆卸、对接方便迅速；

（4）导弹天线罩随导弹在值勤、维护、作战过程中，应保证各类操作安全、迅速、方便。

8.3.7　经济性要求

经济性要求是结构设计的主要要求之一，也是应非常重视的基本要求，在评价导弹天线罩质量时，不能只着眼于技术性能指标，对经济指标也应十分重视，因此在研制、生产、使用过程中，应从"费用—效能"角度综合评判方案的优劣。

全寿命周期费用（LCC）是近年来提出的一种概念。全寿命周期费用主要指武器装备的概念设计、方案论证、全面研制、生产、使用与保障 5 个阶段，直到退役或者报废期间所付出的一切费用之和。一方面，实际产生的生产费用和使用、保障费用约占全寿命周期费用的 82% 左右，减少这部分费用就可以有效提升武器装备的费用—效能比；另一方面，全寿命周期费用的 95% 在设计研制阶段已经决定，因此在设计研制阶段采取针对性措施，可实现对后续各阶段费用的有效控制，从而提升武器装备的经济性。具体应考虑以下几个方面。

（1）尽可能采用成熟的结构布局和结构形式，例如，采用经过预研、试用、鉴定后证明具备条件的先进、高效、低成本的结构；

（2）提高设计的工艺性水平，缩短生产周期、减少工艺装备；

（3）尽量保证结构的继承性并且提高标准化程度；

（4）采用高可靠性和可维修的设计，降低使用和保障费用；

（5）应在设计的各主要阶段都进行成本分析，使经济性设计贯穿研制全过程。

8.4　电性能设计

在对电磁波通过介质壁的分析基础上，选择满意的介质材料，根据功率传输效率和插入相位差的计算来设计天线罩的壁厚，使电磁波通过天线罩后能满足导弹武器系统总体提出的功率传输效率、瞄准误差及瞄准误差变化率的要求。

对单层结构天线罩来说，壁厚可设计成比波长小得多的薄壁天线罩，但它在结构强度性能上往往无法满足要求。因此天线罩的壁厚可设计成接近于半介质波长整数倍的半波壁结构天线罩。对流线型天线罩来说，为补偿天线口径面上每条射线在不同天线扫描角情况下入射角的区别，天线罩半介质波长壁厚沿天线罩轴线可以是等壁厚或不等壁厚。对于夹层结构天线罩来说，需设计合理的芯层和蒙皮厚度使天线罩具有优良的电性能。

8.4.1　电性能设计基本理论

用渐近级数法求解电磁波穿过带有曲率的电介质壁的传输问题。在采用此方法时，可以归结为在一定的边界条件下对各级数项求解偏微分方程，通过分析偏微分方程组可以理解电磁波穿过带有曲率弧线的介质壁传输的物理实质。

电磁波穿过带有曲率弧线的介质壁的初级解，其收敛性和曲率半径的大小有关，级数的一阶项给出了几何光学射线跟踪法的近似解，而且余项为各阶修正项。当 $1/k_\rho \ll 1$ 时，（式中：$k = 2\pi/\lambda$，ρ 为介质壁的曲率半径），幸运的是级数收敛得很快，只需解其中的前一、二项就可以计算电磁波所要求的近似解。估算表明，当 $\rho \geqslant (1.5 \sim 2.0)\lambda$ 时（λ 为电磁波在空气中的波长），电磁场的相位误差不会超过 $10° \sim 15°$，说明可以用几何光学射线跟踪法得到较满意的结果，也就是说，可以利用电磁波穿过平面介质板的传输和反射特性进行设计。

假定插入相位延迟随入射角的变化定义为

$$v = \partial\varphi / \partial\theta \qquad\qquad (8-3)$$

它是流线型天线罩设计中的有关量，根据平面电磁波通过介质平板时的插入相位移特性曲线能够观察到，v 虽然对天线罩材料的介电常数并不特别灵敏，但与 d/λ 成正比，并按半波长周期性地变化，在接近半波长电厚度整数倍时 v 相对减小，而在接近 1/4 波长电厚度奇数倍时 v 相对增大。垂直极化和平行极化的插入相位延迟与 d/λ 的变化规律是不同的，在不同入射角时的变化也是不同的，这使得天线罩设计中确定天线罩厚度时将遇到在两个极化之间的矛盾，即适用于垂直极化的天线罩厚度分布规律往往在平行极化不能适应，相反，适用于平行极化的天线罩厚度分布规律对垂直极化不能适应。这就是天线罩设计中的极化矛盾问题，为保证天线罩在垂直极化和平行极化状态下均能正常工作，就要在两种极化状态下折中选择天线罩的壁厚。从介质平板传输特性可以得出如下三个结论。

（1）功率传输效率与电磁波传播的极化形式有很大关系

　　由于在平行极化时有布鲁斯特角的存在，当入射角等于布鲁斯特角时其功率传输效率接近于最大。而垂直极化时不存在布鲁斯特角，使得两种极化状态下在不同入射角时功率传输特性有很大差别。垂直极化时功率传输曲线的峰值位置随入射角的增大而逐渐减小，而平行极化在入射角小于布鲁斯特角时，功率传输曲线的峰值变化不大而且比垂直极化要好，但当入射角大于布鲁斯特角时，功率传输曲线的峰值随入射角的增大而逐渐减小。故在设计天线罩的功率传输性能时，其主要矛盾来自垂直极化，只要垂直极化能满足，平行极化一般均能满足。

　　（2）功率传输效率与材料的介电性能有关

　　对于低介电常数、低损耗的材料，其功率传输曲线变化比高介电常数、高损耗的材料要小。但由于天线罩使用的材料强度一般是随密度和介电常数的增加而提高的，为了保证满意的强度和电性能，通常选用介电常数值为 2.0～10.0、损耗角正切小于 10^{-2} 的介质材料作为天线罩材料。

　　（3）功率传输效率与入射角密切相关

　　对于流线型天线罩，其入射角沿入射波前的分布是不均匀的，为使天线罩的功率传输特性保持最佳，在设计天线罩功率传输效率时，应根据天线口径面射线入射角分布情况，设计天线罩的壁厚分布来补偿因入射角引起的不一致性。

8.4.2　天线罩入射角计算法

　　电磁波传播方向即天线口径射线与天线罩壁表面法线之间的夹角称为入射角。当天线罩外形为半球形时，入射角沿入射波前的分布变化较小，但对于流线型天线罩来说，天线口径面上各条射线在弯曲的天线罩壁上的入射角都不相同，加上天线波束在天线罩内是连续扫描的，扫描角不同，则天线罩表面每一点的入射角均不同，对于高流线型天线罩来说，其入射角的变化范围在 25°～85°。

　　入射角可以用作图法和解析法来求得，下面分析入射角的计算方法。图 8-6 是入射角定义示意图。计算步骤如下。

　　（1）列出天线罩外形曲线方程

　　通常情况下，导弹天线罩外形是由二次曲线沿轴线旋转而成的回转曲面，对这种轴对称的外形可将天线罩求入射角的三维问题简化为二维问题来表示。若天线罩的外形比较复杂，则可将外形曲线分解成几段二次曲线来处理；或将天线罩数模剖分成诸多的一次面元，求解射线与面元在交点处的入射角，即可近似为天线罩在该处的入射角。

　　图 8-6 中所示的天线罩外形曲线用固定坐标系来描述，可用一般的二阶方程表示为

$$f(x, y) = ax^2 + by^2 + cxy + dx + ey + n = 0 \qquad (8-4)$$

其中：a、b、c、d、e、n 是确定天线罩截面的一组常数。

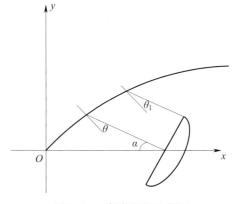

图 8-6　入射角定义示意图

（2）列出天线口径面上某一点的射线方程

将天线口径面分成等间距的若干射线，以点斜式描述从天线口径平面上点(x_a, y_a)到天线罩壁的射线方程为

$$y-y_a=k_R\ (x-x_a) \tag{8-5}$$

式中：k_R——射线在(x, y)坐标系中的斜率。

当天线扫描角为α时，$k_R=-\tan\alpha$。

（3）确定射线与天线罩壁相交点的坐标

解式（8-4）与式（8-5）求出射线与天线罩壁相交点的x坐标x_m

$$x_m^2+\frac{(-2bk_R^2x_a+2bk_Ry_a-ck_Rx_a+cy_a+d+ek_R)}{a+bk_R^2+ck_R}x_m+$$
$$\frac{(2bk_Ry_ax_a+bk_R^2x_a^2+by_a^2-ek_Rx_a+ey_a+n)}{a+bk_R^2+ck_R}=0 \tag{8-6}$$

式（8-6）的解给出了射线和天线罩交点的x坐标，式（8-6）可简化成下列形式

$$x_m^2+2Bx_m+C=0 \tag{8-7}$$

于是，式（8-6）的解可写成

$$x_m=-B\pm\sqrt{B^2-C} \tag{8-8}$$

由系统的几何关系可知，在式（8-8）中应选择正的平方根以给出合理的交点。将求出的x_m值代入式（8-5）中，求得射线与天线罩壁交点的y坐标

$$y_m=k_R\ (x_m-x_a)+y_a \tag{8-9}$$

（4）求入射角

计算式（8-4）在点m处的导数，求出天线罩表面天线口径面某条射线相交点切线的斜率

$$k_T=\frac{2ax_m+cy_m+d}{2by_m+cx_m+e} \tag{8-10}$$

只要天线罩的切线与射线都不平行于y轴，而且二者又不正交，则两条射线的交角为

$$\theta^m=\arctan\frac{k_R-k_T}{1+k_Rk_T} \tag{8-11}$$

式中：θ^m是天线口径上某条射线与天线罩壁入射角的外角，则入射角为

$$\theta_\lambda^m=\frac{\pi}{2}-\theta^m \tag{8-12}$$

逐一改变天线扫描角α，对天线口径面上每一根射线（射线的数量可根据设计要求选定）进行计算，就可计算出入射角沿天线口径面的分布情况。

当天线罩外形方程是一段圆弧曲线的旋转图形时，即正切尖拱形天线罩，计算天线罩入射角的方法简便。这时天线罩外形方程为

$$y=\left[R^2-(x-x_0)^2\right]^{\frac{1}{2}}-y_0 \tag{8-13}$$

式中: R——圆弧半径;

(x_0, y_0)——圆弧的圆心坐标。

计算入射角的示意图如图 8-7 所示，图中 $G(h, 0)$ 是天线转动中心坐标，D 是圆心到某条射线的垂直距离。当天线扫描角为 α 时，由天线口径面上某点做射线与天线罩壁相交于 $M(x_m, y_m)$ 点，则射线计算公式为

$$y=-\tan\alpha x+\left(h+\frac{r_i}{\sin\alpha}\right)\tan\alpha \tag{8-14}$$

圆心到射线的距离为

$$D=\frac{-y_0-x_0\tan x+\left(h+\dfrac{r_i}{\sin\alpha}\right)\tan\alpha}{\sqrt{1+\tan^2\alpha}} \tag{8-15}$$

由图 8-7 可以看出，入射线可用下式求出

$$\theta_\lambda=\arcsin D/R \tag{8-16}$$

同时还可以求出天线口径面上射线与天线罩壁相交点的坐标

$$\begin{cases} x_m=x_0-R\cos\mu \\ y_m=y_0+R\sin\mu \end{cases} \tag{8-17}$$

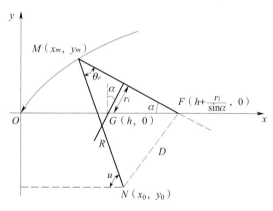

图 8-7　计算入射角的示意图

式中: $\mu=\alpha+\theta_\lambda$，当 $-\arcsin\dfrac{r_i}{h}\leqslant\alpha\leqslant\dfrac{\pi}{2}$ 时;

$\mu=\pi+(\alpha+\theta_\lambda)$，当 $-\dfrac{\pi}{2}\leqslant\alpha\leqslant-\arcsin\dfrac{r_i}{h}$ 时。

用这套公式能很方便地计算天线罩的入射角分布情况。设正切拱形天线罩的外形计算公式为

$$y=\left[2645.5^2-(858-x)^2\right]^{\frac{1}{2}}-2502.5 \tag{8-18}$$

则 $R=2645.5$，$x_0=858$，$y_0=2502.5$。设天线转动中心到天线罩理论尖点的距离为 500，当天线扫描角为 10° 时，天线口径面中心射线的入射角为

$$\theta_{\lambda_0}=\arcsin\frac{D}{R}=65.24^\circ \tag{8-19}$$

射线与天线罩壁交点坐标为

$$x_m = x_0 - R\cos\mu = 184$$
$$y_m = R\sin\mu + y_0 = 55.7$$

$(8-20)$

同样，只要改变天线扫描角 α 和天线口径面上射线的位置 r_i，就可以很方便地计算出各不同扫描角下天线口径面上各条射线的入射角及射线与天线罩壁交点的坐标。

根据对不同扫描情况下天线口径面与各条射线的计算，可了解整个扫描角范围内天线罩入射角的变化情况。根据计算数据可作图表示天线罩入射角沿天线口径面的分布情况，如图 8-8 所示；也可作图表示天线罩入射角沿天线罩轴线的分布情况，如图 8-9 所示。天线罩入射角分布情况是计算和分析天线罩性能的基本参数。

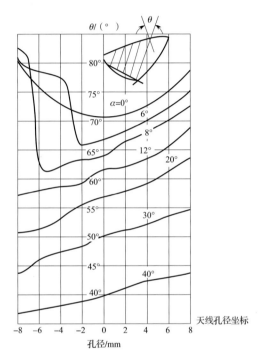

图 8-8　天线罩入射角沿天线口径面的分布情况

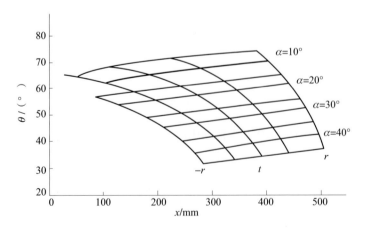

图 8-9　天线罩入射角沿天线罩轴线的分布情况

8.4.3　高温情况下天线罩电性能设计

　　导弹天线罩在飞行过程中会受气动加热的影响而温度升高, 在天线罩轴线和壁厚方向存在温度梯度。在 Ma3 ~ 5 飞行情况下, 导弹头部表面温度在 450 ~ 1000℃, 这导致与温度相关的介电常数、损耗角正切发生变化。只按常温介电常数和损耗角正切设计的天线罩壁厚不能符合要求, 天线罩的电性能变差。在天线罩设计时, 往往将罩壁分成若干部分, 使每部分在高温状态下有给定的一组介电常数、损耗角正切和壁厚参数; 或者将壁厚分成若干层, 按多层结构确定壁厚方向热梯度影响。

　　在高温情况下, 天线罩真实的电性能参数难以测试。可以通过专用仪器测量材料介电特性参数随温度变化的数据来估算天线罩高温时的电性能参数。

　　对于半波长壁厚天线罩, 当介电常数随温度变化 $\Delta\varepsilon(T)$ 已知时, 天线罩壁厚的增量 Δd 约为

$$\Delta d = \mp \frac{1}{4} \frac{\lambda\Delta\varepsilon(T)}{(\varepsilon-\cos^2\theta)^{\frac{3}{2}}} \qquad (8-21)$$

　　一般来说, 介电常数值会随温度增加而增加, 在常温状态下 Δd 是负值。

8.4.4　天线罩壁厚设计方法

8.4.4.1　平均入射角法确定天线罩壁厚

　　用前节叙述的方法计算出天线扫描范围内天线口径面上各条射线的入射角, 并在 $x \sim \theta$ 坐标系上做出入射角沿天线罩轴线的分布图, 如图 8-9 所示。天线罩表面的每一点 (在实际计算时可选定若干个点) 都有一个入射角变化范围 $\Delta\theta$, 这些入射角分别是天线口径面上各条射线产生的。分析天线的辐射特性表明, 天线口径面上各条射线辐射能量的电平是不相同的, 例如, 口径中心区域的辐射场比边缘射线的辐射场要强, 那么天线 – 天线罩系统辐射特性的影响在很大程度上是由天线中心射线造成的, 由此根据每根射线所含能量的轻重关系进行逻辑分析, 从而能对天线罩表面的每个点确定一个平均入射角 θ_{av}, 这个平均入射角与天线口径面的振幅分布特性有关。天线口径面的辐射分布对不同天线可能不同, 一般高斯分布的辐射场值表示为

$$E(r) = a+(1-a)\sin^2\left[\frac{\pi}{2}\left(\frac{r_0-r}{r_0}\right)\right] \qquad (8-22)$$

式中: r_0——天线口径面的半径;

　　　a——天线口径面边缘照射系数。

　　一般情况下, 其分布曲线如图 8-10 所示。

　　除高斯分布外, 还有其他如矩形分布、平方律分布等各种分布形式。但在实际情况下, 由于多径反射、边缘绕射、口径阻挡等因素的影响, 天线口径面场强分布形式不可能如此理想, 在天线罩设计时要根据各种不同因素对给定的天线口径辐射特性分布规律做必要修正或用测试方法求得。

　　在确定了天线口径辐射分布特性以后, 用计算加权平均值的方法计算出平均入射角,

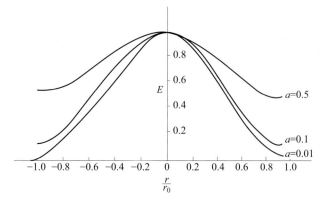

图 8–10　分布曲线

表示为

$$\theta_{av} = \frac{\sum \theta(r)P(r)}{\sum P(r)} \qquad (8-23)$$

　　根据流线型天线罩功率传输效率曲线与天线转角 α 之间的关系可知，在天线罩轴线方向上功率传输效率较差，而当 α 向左或向右增大时，功率传输效率就单调增加。实际天线罩功率传输效率最低点的天线转角 α 通常为 0° ~ ±15°。同样也能分析出在此角度范围内天线罩的瞄准误差及变化率也出现最大值。而 α 超过 15° 时则比较单调和均匀，这是由于此时射线簇的入射角相差不是很大和入射角本身也较小。这样在采用平均入射角法设计天线罩壁厚时，就可以无须考虑入射角沿天线罩所覆盖的天线有效口径分布的全部可能情况，只需考虑 15° 左右范围内的分布情况。

　　平均入射角是按天线口径面的辐射功率分布对相应的入射角加权取得的，如式（8–23）所示。因此，用平均入射角计算天线罩的传输特性比用天线口径中心射线计算天线罩的传输特性较接近于实际情况。图 8–11 表示在天线口径面上取给定的等间隔射线求得的典型流线型天线罩的平均入射角，a 虚线——计算所得的平均入射角，b 实线——天线孔径面中心射线的入射角，c 点画线——考虑 θ 角正负值时计算所得的平均入射角。从图中可以看出，当天线转角小于 15° 时，理论计算的平均入射角比用天线口径中心射线计算的入射角要大；当天线转角大于 15° 时，二者没有区别，这样按平均入射角计算天线罩壁厚时，只考虑天线转角 0° ~ 15° 范围就可以了。

　　在确定平均入射角以后，就可以根据半介质波长壁厚公式 $d = \lambda/2\sqrt{\varepsilon - \sin^2\theta}$ 求得天线罩沿轴线位置的壁厚分布。

　　从图 8–11 还可以看出，图中曲线 a 是所有入射角都采取正值按式（8–23）求出的平均入射角，这时在天线转角 $\alpha = 0° ~ 6°$ 时平均入射角最大，功率传输效率相应增加。但用最大平均入射角计算瞄准误差，不能反映由于天线罩轴对称则瞄准误差递减以及天线转角为零时瞄准误差为零的趋势。图中曲线 c 是在天线口径面辐射射线通过天线罩顶点以后，入射角采用负值，按式（8–23）计算平均入射角的结果。这时，在 $\alpha = 0°$ 时，$\theta = 0°$，得到 $\alpha = 8°$ 以后瞄准误差呈递减趋势。

以上分析是在给定流线型天线罩外形尺寸、天线口径尺寸和辐射场分布情况下进行的。不同的天线罩外形、不同的天线口径尺寸和辐射场分布所计算的平均入射角不同，用以描述的天线转角和平均入射角的关系曲线也不同。

用平均入射角设计天线罩壁厚非常简单，但这种用几何光学原理设计天线罩的方法是粗糙的，可在初步设计时使用。

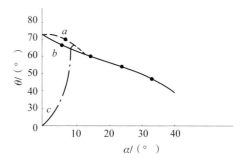

图 8-11　入射角曲线对比

8.4.4.2　准对称等相位法设计天线罩壁厚

天线罩的存在除使电磁波在传输过程中产生反射和损耗以外，还会改变电磁波的相位从而引起瞄准误差。当天线罩罩壁材料、结构形式、罩内天线类型及相对位置确定以后，主要是设计天线罩壁厚来调整电磁波通过天线罩后的振幅和相位特性，使天线罩产生的瞄准误差减小到允许的范围内。

上节叙述的平均入射角法计算的天线罩壁厚是从最佳传输要求考虑的。在寻的制导系统中，对天线罩的瞄准误差及其变化率提出了较苛刻的要求，采用平均入射角法设计天线罩壁厚难以满足全部设计要求。

天线罩的瞄准误差是由电磁波通过天线罩后的振幅和相位特性决定的，当天线口径面中心射线两边振幅和相位特性对称时，天线轴线（对圆锥扫描体制是等强信号线，对单脉冲体制是零深跟踪点）的视在方向和真实方向是一致的，即瞄准误差等于0。设法在不同天线扫描角下，使天线中心射线两边天线口径面的振幅和相位特性保持对称来设计天线罩的壁厚，能获得较好的瞄准误差性能。这种方法称为准对称等相位法。

采用这种方法设计天线罩壁厚的分析如下。

（1）主要扫描角位置的确定

对于不同的扫描角，天线口径面上各射线通过天线罩壁的位置和入射角都不同，如果对每一个扫描角都进行计算势必使问题复杂化，为简化计算，可选择特定的扫描角进行计算，选取标准是计算结果对整个扫描范围均具有普遍意义。对天线罩进行分析后，选择天线转角 α_0、α_1、α_2，即

$$\alpha_0 = 0, \alpha_1 = \arctan \frac{1}{4F}, \alpha_2 = \arctan \frac{1}{2F} \tag{8-24}$$

采用上述三个不同的扫描角来分析计算天线罩的壁厚分布（其中 F 是天线罩外形曲线的长细比）。

由于一般的导弹天线罩是一个回转体，其形状是轴对称的，所以在 α_0=0 时，天线口径面上各条射线通过天线罩壁的位置的入射角完全对称，这样罩壁引起的相位和振幅畸变应该是对称相等的，此时的瞄准误差为零或较小；但当 α_0=0 时，天线罩对电磁波存在反射和衰减现象，所以此时的功率传输系数小于1。

当天线转角 α_2=arctan（1/2F）时，对流线型天线罩来说，罩内天线口径面上射线通过罩壁的入射角接近最大值，这时天线口径面对称位置上的入射线通过罩壁对称位置发生差异，对称性遭到破坏，所引起的插入相位不一样（见图8-12），使天线轴线偏移，产生瞄准

误差。为减小这种瞄准误差和其随天线扫描角的变化率，必须控制罩壁厚度，使天线口径面上对称射线引起的插入相位差近似相等。

当天线转角 $\alpha_1=\arctan(1/4F)$ 时，天线口径面两边缘射线中的一边射线通过天线罩顶点，而且射线通过罩壁的覆盖面较大，如图 8-12 所示。一般情况下，这时天线罩瞄准误差接近最大值。

天线射线通过天线罩的顶点时，将可能不满足前述 $1/k_\rho \ll 1$ 的条件要求，亦即不能采用射线光学近似解。因此给分析或计算 $\alpha_1=\arctan(1/4F)$ 时的传输特性带来了困难。为简单起见，下面讨论 $\alpha_2=\arctan(1/2F)$ 情况下，用准对称等相位法计算天线罩壁厚的方法。

（2）天线罩壁厚的计算方法

首先当天线转角 $\alpha_2=\arctan(1/2F)$ 时，计算天线口径面上各条射线的入射角和射线与天线罩壁的交点坐标，按单层半

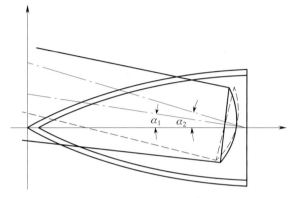

图 8-12　瞄准误差产生原因示意

介质波长壁厚计算公式计算半侧天线口径射线通过天线罩壁的厚度。由于各条射线通过天线罩壁时的入射角不同，得到的厚度也各不相同。考虑到靠近天线罩顶部区域所处的气动环境恶劣，如严重的气动热使罩壁温度升高，从而介质材料的介电常数会随温度变化，所以应该选择天线口径面射线中心的下半侧计算最佳传输特性的壁厚，如图 8-13 所示。在此区域所设计的壁厚可以采用等壁厚，也可以采用不等壁厚，须根据天线罩的总体设计要求综合考虑。

在确定了等厚区域以后，根据插入相位延迟对称相等时，瞄准误差最小的原则，估算另半侧天线射线与罩壁相交点的壁厚。

当 $\alpha_2=\arctan(1/2F)$ 时，根据对称等相位原理计算天线各条射线与天线罩壁相交点的壁厚，天线罩顶部不满足 $1/k_\rho \ll 1$ 条件处可以忽略。计算的结果用来修正或调整当 $\alpha_1=\arctan(1/4F)$ 时的设计壁厚，以减小天线罩最大瞄准误差值。

以上计算是分别在两个极化上进行的，由于垂直极化和平行极化状态下插入相位延迟的不同，计算的结果不会完全一致，而且影响天线罩电性能的各项因素在厚度设计时都要进行考虑，所以计算出的壁厚必须进行必要的折中。

（3）在两个极化之间进行壁厚折中

计算结果表明，两个极化所确定的壁厚是不相同的，对于功率传输效率来说，只要满足垂直极化的设计要求，即可满足平行极化的要求。但对于瞄准误差值，两种极化所要求的壁厚分布是不一样的，如图 8-14 所示，即两种极化下天线罩厚度曲线的计算结果。

（4）天线口径面幅—相特性对计算天线罩壁厚的影响

对各种不同的天线来说，其口径场的幅度分布是不相同的，在分析和计算天线罩壁厚时，为了方便常假设天线幅度分布是规则的，但实际上天线由于受次反射面阻挡等影响，口径面的幅度分布可能是不规则的。

天线口径面的相位分布一般是等相位的，但也受到次反射面阻挡等因素的影响，使天

线口径面上相位发生畸变。

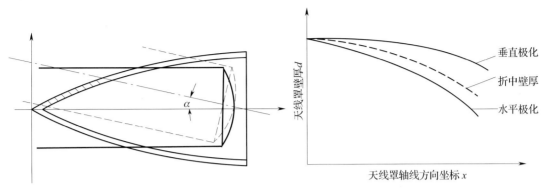

图 8-13　计算最佳传输特性壁厚分布
图 8-14　两种极化所要求的壁厚分布

这两个因素在计算天线罩壁厚时都要加以考虑，假如口径中心区域的辐射特性比边缘强，那么天线—天线罩系统入射特性的影响在很大程度上是由天线中心部分射线造成的。这就能根据每条射线所含能量的多少，在计算天线罩壁厚时加以考虑，对于口径面上相位的畸变，往往假设天线口径面相位有一个线性分布的规律，在计算时，根据每条射线的初始相位来计算各条射线的插入相位延迟。

（5）计算实例

归纳上述技术过程与分析方法，用对称位置上相位对称相等的设计方法，可设计和计算天线罩的壁厚分布，基本方法如下。

①计算天线罩的入射角、功率传输效率和插入相位延迟；

②从天线口径面上对称射线引起的插入相位延迟相等时瞄准误差最小的原理出发，在三个特定的扫描角位置计算天线罩壁厚；

③按照天线的幅—相特性、极化矛盾、气动加热的温度特性和天线口径面上入射角分布情况，对计算出的天线罩厚度进行必要的折中或修正。

我们用以上设计天线罩的方法对某天线罩进行设计分析，根据导弹天线罩的外形方程计算出入射角变化范围在 30° ~ 80°，用上述方法计算了天线罩的壁厚，在计算所确定的基础上，考虑到各种因素对天线罩电性能的影响，对所计算的壁厚又做了适当的修正，最终确定天线罩的壁厚分布规律。按此设计加工满足要求的天线罩，用原设计所选用的天线，在天线罩电性能试验系统中对天线罩各项电参数进行了测试。测试结果表明：被设计的天线罩在中心频率上瞄准误差变化率小于 2（′）/（°），在 400MHz 范围内均小于 3.5（′）/（°），其功率传输效率在所设计的频率范围内均大于 90%，图 8–15（a）、（b）分别表示所测试的垂直极化和平行极化在 $f_0 \pm 200$MHz 频带范围内测得的瞄准误差曲线，此天线罩还顺利地通过了各种地面试验和飞行试验，证明用这种方法进行半介质波长壁厚设计是简便而有效的（见图 8–15）。

以上方法尽管忽略了天线射线通过天线罩顶部转折处所产生的瞄准误差，但在两个区域（天线通过天线罩的入射角接近最大的区域以及天线罩瞄准误差接近最大的区域）根据插入相位延迟对称相等时瞄准误差最小的原则设计天线罩壁厚，从而使天线罩最大瞄准误差降低，以上方法还对垂直极化和平行极化产生的插入相位延迟差异予以修正、折中，这也是必要的。

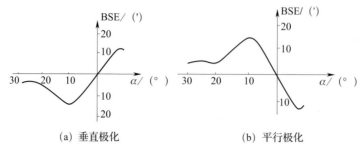

(a) 垂直极化　　　　　　　(b) 平行极化

图 8–15　瞄准误差曲线

值得注意的是, 用准对称等相位法计算壁厚之后, 应进一步验证准对称等相位法所计算的壁厚对功率传输效率的影响, 如果不超过设计指标, 则算通过。

8.4.5　天线罩电性能补偿方法

在各种制约条件下, 可通过电磁波穿过介质壁的折射、反射特性来设计天线罩截面厚度, 减小电磁波通过天线罩的畸变。但各种设计方法都是在一定的假设和近似基础上进行的, 如果罩壁的多次反射不考虑在内, 天线罩的瞄准误差和瞄准误差变化率又受到各种因素的影响, 如材料介电性能的不均匀、加工制造中的公差, 流线型的气动外形对电磁参量 (如频率、极化) 的敏感性等。试验证明, 可以通过各种不同的方法来补偿由于天线罩存在而引起的电磁波相位畸变, 从而减少天线罩所产生的瞄准误差, 使天线罩电性能指标大大改善。

采用的补偿方法通常有两种: 一种是在天线罩上进行的, 即在分析和确定通过天线罩壁电磁波畸变的所有不均匀之后, 在天线罩的局部区域适当地增加或减小厚度, 或在天线罩的某部位装置天线罩补偿器, 产生一个与天线罩产生的电磁波畸变相反的不均匀性, 来弥补天线罩对电磁波的畸变; 另一种是在导弹控制回路中采用滤波器分析回路或微型计算机来实现对天线罩瞄准误差及瞄准误差变化率的补偿。

8.4.5.1　天线罩补偿器

设计天线罩补偿器是天线罩电性能设计的一种辅助手段, 依靠这种设计手段能改善天线罩的电性能和适当展宽天线罩的工作频带。

天线罩补偿器常采用的形式有块状、环形及锥体, 可根据不同要求采用与罩体材料相同或不同的材料制作; 也可采用金属栅网。天线罩补偿器的尺寸和安装位置可根据测得的天线罩瞄准误差曲线及天线罩的几何结构参数来进行设计, 并通过多次试验修正来确定。天线罩补偿器的基本原理如下。

随着天线扫描角 α 的改变, 天线罩会使透射波的相位特性发生各种畸变 (也就是说天线罩是一个畸变体), 其相位轮廓是 α 的函数。

采取相位补偿措施对工作扇区内不同截面罩壁电厚度加以调整, 并仿真计算相位补偿对瞄准误差的改善。将未加相位补偿、初始补偿方案和最终补偿方案三种状态的计算结果进行比较。图 8–16 表示的是天线罩有补偿器和无补偿器时的瞄准误差与扫描角 α 的关系曲线, 实线——未加补偿方案、点画线——初始补偿方案、虚线——最终补偿方案。由此曲线可明显看出这一补偿方法的效果。带补偿器天线罩的瞄准误差值, 在所有工作角扇区内都下降了。

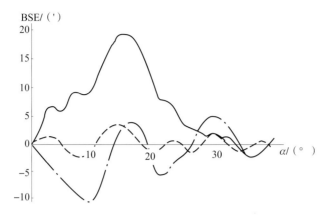

图 8-16　天线罩有补偿器和无补偿器时的瞄准误差与扫描角 α 的关系曲线

　　分析天线振幅—相位关系的影响表明，在一定的范围内，偶次相位畸变对天线方向图没有影响，而当天线罩形成奇次相位畸变时，就会出现瞄准误差。误差大小和符号与相位畸变的程度有关，也与沿振幅、沿口径的分布有关，那么显然补偿器的轮廓应能使奇次分量的影响得到补偿。图 8-17 表示了用开槽加补偿器的方法实现的补偿结果，图 8-18 表示了仅用开槽方法实现的补偿结果，图 8-19 表示了仅用补偿器实现的补偿结果。图中曲线 1 表示补偿前的结果，曲线 2 表示补偿后的结果。

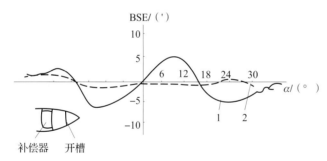

图 8-17　用开槽加补偿器的方法实现的补偿结果

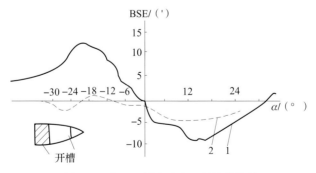

图 8-18　仅用开槽方法实现的补偿结果

　　在天线罩研制过程中，最好在确定天线罩材料和工艺类型时，就选择好天线罩补偿器的类型、尺寸和安装位置。通常是在天线罩内壁配置多种电介质插入物或沟槽作为补偿系统。选择方法如下：根据测试和设计的天线罩瞄准误差曲线（或天线罩引起的天线口径面的相位畸变），选择和制成一组宽度和厚度一定的插入物，然后依次将每个插入物置于天线罩内壁，并在工作角扇区和工作波段内研究天线罩有、无插入物时的瞄准误差，由此得到一组曲线，从而可以估计插入物对该天线罩瞄准误差的影响，即可选择最佳的补偿器方案。

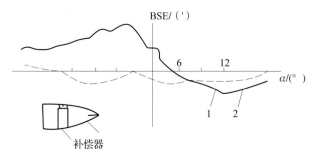

图 8-19　仅用补偿器实现的补偿结果

在大多数情况下，补偿实际上都是通过改变最大瞄准误差值所对应的 α 角实现的。图 8-20 中曲线 1、2 为补偿前、后瞄准误差曲线，由图可知，实现最大瞄准误差补偿后，其余 α 角的误差值也不会超过给定的值。

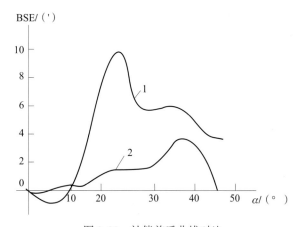

图 8-20　补偿前后曲线对比

实际上，大多数导弹天线罩都是轴对称结构，瞄准误差曲线也是对称的，即用 α 表示的最大值是对称的，那么在轴向附近的瞄准误差值很小。当补偿器向最大误差值的角度靠近时，由于逐渐进入最大电场强度区域，此时开始越来越强地发挥作用，此时补偿器的作用最大。当 α 进一步增大时，补偿器开始逐渐接近天线波束轴线对称的位置，此时其作用开始变小，随着 α 角的增大，瞄准误差值也发生变化。

在按等强信号区定位的情形下，当出现两个具有一定空间间隔的波束时，选择补偿器的尺寸和安装位置必须考虑补偿器对这两个波束的影响。当补偿复杂的天线罩瞄准误差曲线时，用一个插入物或开槽不够时，必须采用一个补偿系统。

在设计天线罩电性能时，经常还会遇到极化矛盾的问题。通常在设计天线罩壁厚时，往往在垂直极化和平行极化两种状态下进行折中来确定天线罩的最佳壁厚，这样相对于一个极化来说，天线罩的性能往往不是最佳的。在这种情形下，可以采用补偿的方法来加以调整，这种补偿方法称为极化补偿。将设计厚度适当偏向某一个极化，如垂直极化，而在另一个极化状态下用补偿器来进行适当补偿，使天线罩的电性能有较明显的提高。图 8-21 表示的是某长细比为 2∶1 的尖拱形氧化铝陶瓷天线罩极化补偿器安装示意图。

为了使补偿器只在一个极化平面上起作用，这种补偿器是条状的，安装在天线罩内壁的对称位置上，使补偿器在一个极化状态下起作用，在另一个极化状态下不起作用。图 8-22 表示的是带极化补偿器时的两种极化下的瞄准误差曲线，图 8-23 表示的是不带极化补偿器时的两种极化下的瞄准误差曲线。比较图 8-22 与图 8-23 可以看出，极化补偿器可起到明显作用，但在部分天线转角下瞄准误差变差。

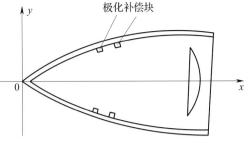

图 8-21　极化补偿器安装示意图

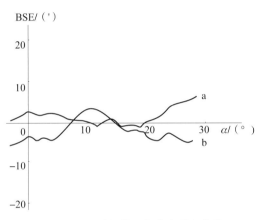

图 8-22　两种极化下的瞄准误差曲线
（带极化补偿器）

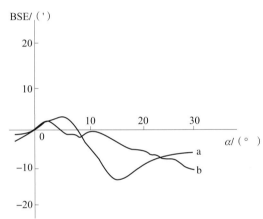

图 8-23　两种极化下的瞄准误差曲线
（不带极化补偿器）

8.4.5.2　天线罩瞄准误差的数学补偿方法

天线罩瞄准误差的数学补偿方法，不是在天线罩内部用补偿器来进行补偿，而是在导弹控制回路中引入一个装置来实现对瞄准误差的补偿，该部件能把天线罩整个结构的不均匀性效应平衡掉。这种补偿器可采用多种方法来实现，现在广泛采用的方案是使用微处理机作为补偿装置，它具有如下优点。

（1）在补偿天线罩各项参数方面有非常高的性能和广泛的适应性；

（2）能考虑到补偿的发展和经济性；

（3）可用各种方法进行存储、检索、变址等。

计算机补偿可采用两种方法，即点对点补偿和曲线补偿。

所谓点对点补偿方法就是根据预先测得的瞄准误差曲线，计算出导弹飞行过程中不同方位角和偏航角的瞄准误差值，然后在计算机中存入相应位置的瞄准误差的相反数。导弹在飞行过程中，根据导弹位置的不同方位角和偏航角取出相应的数值，与通过天线罩壁引起的畸变信号进行叠加，随着飞行位置的不断变化，取出的值也相应变化，由此能在天线罩整个工作过程中减小或抵消天线罩引起的瞄准误差，从而相应减小天线罩的瞄准误差变化率。这种补偿方法必须通过对天线罩三维空间的瞄准误差曲线予以正确的描述才能实现。

所谓曲线补偿方法就是根据预先测得的天线罩在工作频率范围内的瞄准误差曲线,折中求出典型的瞄准误差变化规律,并计算成一种或几种标准的函数曲线,然后在计算机中存入这种折中的瞄准误差曲线的负曲线。采用这种补偿方法,导弹在飞行过程中由天线罩产生的瞄准误差得到大大改善,但这种补偿方法在补偿精度上不如点对点补偿方法高,在工作频带较宽的情况下,折中选择补偿曲线比较困难,所以在工程上具体采用何种补偿方案要视情况而定。

8.5 结构强度设计

8.5.1 罩体结构设计

如图 8-24 所示,导弹天线罩的外形通常为回转体。在罩体结构设计时,主要任务之一是完成电性能工作区三维模型构建。目前,罩体电性能工作区常采用等壁厚或单向变壁厚形式。单向变壁厚通常是指电性能工作区壁结构厚度沿罩体轴线连续变化,同一站位(环向)的壁结构厚度则处处相等,壁结构厚度变化规律可表述成自变量为站位的函数关系。对于等壁厚形式,可借助各类 CAD 软件中的等距偏移命令较为便捷地完成建模。对于单向变壁厚形式,可利用回转体外形几何特性,以一条理论外形母线为基础,按电性能设计给定的壁厚分布函数内推得到一条对应的变壁厚型面母线,再以旋转方式得到变壁厚型面,最终完成电性能工作区结构三维建模。

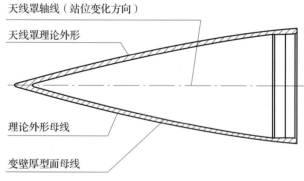

图 8-24 回转体外形天线罩变壁厚罩体典型剖面

根据防雨蚀需求,罩体头部一般需设置雨蚀帽安装接口,如图 8-25 所示。为保证天线罩与弹体连接的可靠性,罩体根部一般需安装根部连接结构(主要是连接环),因此罩体根部需设置相应安装接口,如图 8-26 所示。可根据安装可靠性要求、结构空间限制、强度刚度计算分析结果、制造工艺性等方面的要求综合设计上述接口的型面、壁厚以及几何尺寸。

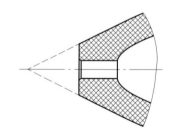

图 8-25 罩体头部与防雨蚀结构
典型安装接口形式

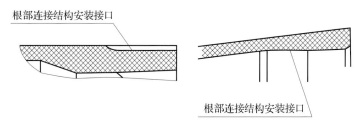

图 8-26　罩体根部与连接环典型安装接口形式

8.5.2　根部连接结构设计

（1）金属环胶结

目前最常见的根部连接结构是在天线罩根部设置连接环，材料选用低膨胀系数合金（殷瓦钢），与罩体通过耐高温密封剂黏结。连接环可分为内环和外环两种结构形式，如图 8-27 所示。通过合理设计胶结面积和胶层厚度可使罩体与连接环之间获得较高的连接强度。对于陶瓷材料罩体，连接环与罩体根部采用胶结可避免在陶瓷材料上制孔，降低加工制造难度。但连接环与罩体材料不同，线膨胀系数存在差异，在高温条件下仍然存在变形不匹配问题。

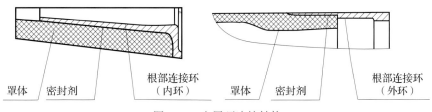

图 8-27　金属环连接结构

（2）螺钉连接

用一定数量的沿圆周分布的螺钉将罩体与连接件连接在一起，如图 8-28 所示，由于陶瓷类材料硬而脆，孔加工比较困难，钻孔时出口边缘往往产生蹦角，而且孔边缘应力集中现象十分明显，导致承受能力大大下降。

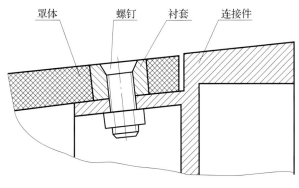

图 8-28　孔连接结构

（3）夹紧连接

罩体夹在用螺钉拉紧的金属箍中，中间夹以低弹性模数垫板，如图 8-29 所示。罩体和金属箍的材料线膨胀系数在给定的温度范围内应很接近，再利用低弹性模量垫板的变形来消除由于气动加热所引起的热应力，但连接件质量较大，金属箍直接受到气热加载所引起的热应力，使其强度迅速减小，且罩体与根部连接结构之间的载荷是靠摩擦力来传递的，可靠性不高。

（4）带弹性垫板的螺柱连接

用弹性垫板来消除由于气动加热所引起的热应力，罩体需要开孔，应力集中比较严重，罩体本身的构造也较复杂。如图 8-30 所示，弹性垫板的尺寸与材料的选择需做一系列的试验后才能确定。

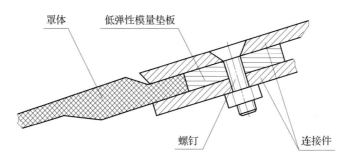

图 8-29　夹紧连接结构

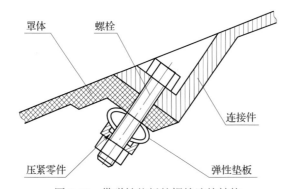

图 8-30　带弹性垫板的螺栓连接结构

（5）与灯头连接相似的螺纹连接

用弹性螺纹扣来消除由于气动加热所引起的热应力，如图 8-31 所示。

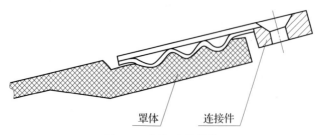

图 8-31　螺纹连接结构

（6）外包增强塑料连接

将耐热玻璃布及玻璃纤维、玻璃带放在罩体后端凹槽处，如图 8-32 所示，在拉紧的状态下缠绕成增强塑料框，由于增强塑料线膨胀系数比罩体材料大，因而增强塑料内产生的热应力不会影响到罩体，但增强塑料框与罩体之间的结合力相对较低。

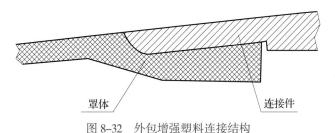

罩体　　　　　　　　连接件

图 8-32　外包增强塑料连接结构

8.5.3　密封与隔热设计

导弹在大气层中飞行，存在严重的气动加热现象。导弹天线罩位于导弹头部，往往是气动加热最严重的区域，某些高超声速导弹天线罩表面温度高达 1000℃左右，甚至更高，因此必须具备良好的热防护能力。热防护设计是导弹天线罩结构设计重点关注的内容之一。

常用的热防护结构基本形式主要有热沉（吸热）式防护结构、辐射式热防护结构、烧蚀式热防护结构等。

（1）热沉（吸热）式防热

热沉式防热是选用热容大的材料制成的防热层，如图 8-33 所示，能吸收大部分气动加热，使传入结构内部的热量小到使结构及内部仪器设备与舱内气体的温升低于允许值。

从防热层表面传入防热层材料的净热流密度 q_n 为

$$q_n = q_c(1 - i_w/i_s) - \sigma \varepsilon T_w^4 \tag{8-25}$$

表面温度不是很高时，辐射散热项可忽略不计。

防热材料为良导体，全部防热材料立即参与吸热，即表面吸收的热量能很快传到整个防热层，则单位面积防热层材料吸收的最多热量 q 为

$$q = \rho d C_p(T_w - T_0) = w C_p(T_w - T_0) \tag{8-26}$$

只在加热时间短、热流密度不太高的情况下才可使用，否则防热层太笨重；防热层材料必须采用比热容大和热导率高的材料，才可减轻防热层质量；受防热层材料熔点或氧化破坏的限制，一般情况下使用温度条件不高，在 600～700℃。

（2）辐射式防热

从防热层表面传入防热层材料的净热流密度 q_n（见式（8-25）），如图 8-34 所示。

若辐射散热项中 T_w 的值足够大，在理想情况下可做到进入防热层内的净热流等于零，即气动加热进入表面的热量完全靠表面的辐射散射出去。

辐射式放热结构由直接与高温气流接触的外蒙皮、内部的飞行器承力结构（内蒙皮）、内外蒙皮之间的隔热层等组成。两种条件下能使进入外蒙皮表面的热量完全被辐射散去。

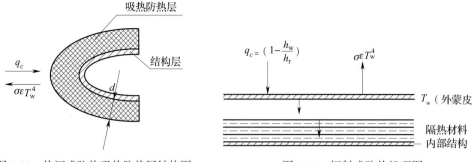

图 8-33 热沉式防热吸热防热层结构图　　　　图 8-34 辐射式防热机理图

①隔热材料与外蒙皮贴合

$$q_n = q_c(1 - i_w/i_s) - \sigma\varepsilon T_w^4 = -\left(k\frac{\partial T}{\partial X}\right)_w \tag{8-27}$$

如果用理想的隔热材料，其热导率 $k=0$，则 $q_n=0$，从而表面的气动加热完全被辐射散热抵消，即

$$q_c(1 - i_w/i_s) \equiv \sigma\varepsilon T_w^4 \tag{8-28}$$

②隔热材料与外蒙皮有间隙

外蒙皮同隔热层之间留有间隙，两者之间仅有辐射传热。如果对外蒙皮内表面进行处理，使内表面（向结构内部）的辐射系数 $\varepsilon_{in} \equiv 0$，则向内部结构表面的辐射传热为零。于是，外蒙皮接受的气动加热被全部辐射掉。

$$q_c(1 - i_w/i_s) \equiv \sigma\varepsilon T_w^4 \tag{8-29}$$

由上述两种极端情况分析可知，最佳的辐射防热结构应该是：外蒙皮的向外辐射系数 ε_{out} 尽可能高，外蒙皮内表面的辐射系数 $\varepsilon_{in} \to 0$，隔热层材料的热导率 $k \to 0$，虽然实际上无法完全做到这两点，但只要在结构和材料的设计与选材上尽量满足这两个条件，就可以采用辐射式防热概念将绝大部分气动加热的热量辐射出去。

③辐射防热结构的基本特点

与高温气体接触的外蒙皮，其主要功能是辐射散热。如果外表面处理成 $\varepsilon_{out} > 0.8$ 的特性，内表面处理成 $\varepsilon_{out} < 0.2$ 的辐射特性，则外蒙皮有可能承受较高的温度。

辐射防热结构虽受热流密度限制，但不受气动加热时间的限制。加热时间越长，总加热量越大，防热效率越高。

辐射式防热结构的外形不变，可以满足重复使用和有气动外形要求的飞行器。

（3）烧蚀式防热

以常见的炭化烧蚀材料为例，全过程大概如下：当烧蚀防热层表面加热后，烧蚀材料表面温度升高，在温升过程中依靠材料本身的热容吸收一部分热量，同时通过固体传导方式向内部结构导入一部分热量；只要表面温度低于 T_{p1}，上述状态便持续下去，这时，整个防热层类似前面所述的热沉式防热结构。

随着加热继续进行，表面温度继续升高到 T_{p1}，材料开始热解，继之温度大于 T_{p2}，材料开始炭化。

烧蚀材料可形成炭化层、热解层和原始材料层三个分区。烧蚀过程中，各层内发生的物理、化学变化以及由此表现出来的热效应表述如下。

炭化层：温度均大于 T_{p2}，不再发生材料的热解，炭层是由热解的固体产物积聚而成，热解生成的气体通过疏松的炭层流向表面，炭层也可能随表面温度的继续升高而发生炭化层高温化学反应。该层内热现象有三种，分别为炭层及热解气体温度升高时的吸热、炭层向内的热传导、可能发生的炭层高温氧化或热解气体二次裂解反应热。

热解层：内边界温度为 T_{p1}，外边界温度为 T_{p2}，两个边界均以一定速度向内移动。层内的主要现象是材料的热解，热解形成气体产物（如甲烷、乙烯、氢等）和固体产物（炭）。层内存在三种热现象，分别为材料热解的吸热、热解产生的固体的气体产物温度升高时的吸热、固体向内部的导热。

原始材料层：温度低于 T_{p1}，材料无热解，没有化学及物理状态变化；在材料内部只有两个传热效应，即材料本身的热容吸热和向材料内部的导热。

8.5.4　防雨蚀设计

当导弹随飞机等平台挂载飞行时，与飞机雷达天线罩同样存在雨蚀问题，当导弹天线罩在雨中以超过 112m/s 飞行时，雨蚀问题必须考虑。

一般导弹天线罩材料是较高孔隙率的无机陶瓷类材料。较高孔隙率虽然有利于天线罩的抗热冲击性，但会使材料的抗雨蚀能力下降，因此，当材料的孔隙率较高时，应对天线罩的抗雨蚀性能进行必要的设计和考虑。天线罩的结构特点决定了雨滴的冲击角，即雨的速度矢量与天线罩表面切线之间的夹角，这点与飞机天线罩的原理相同，本章不再赘述。

不同于有机材料，雨滴对无机陶瓷类天线罩侵蚀的基本形式表现在会使天线罩的材料表面脱落，从而使光滑表面变成粗糙表面，一方面降低了天线罩的结构强度；另一方面由于改变了所设计的壁厚分布规律，会破坏天线罩的电气性能，增大瞄准误差。雨蚀在非常严重的情况下会导致整个天线罩的破坏，另外，雨滴的大量动能在撞击天线罩表面时转换为热，并传入天线罩内层，而且表面粗糙度的增加也会导致气动加热增加，从而使天线罩的工作环境恶化。

目前，解决导弹天线罩雨蚀的主要方法是改变头部雨蚀区域的结构材料性能，在天线罩头部增加抗雨蚀能力强的金属雨蚀帽，如图 8-35 所示。该帽的尺寸应在覆盖雨蚀区域的同时与天线罩头锥进行良好的连接匹配。该结构国外也大量采用，例如，美国的 Sparrow AIM-Ⅲ空空导弹、意大利的 Aspide 地空及空空导弹的天线罩其头锥均采用熔融浇铸石英材料，在其头部采用金属防雨蚀帽进行了防护。但是这种防护结构由于采用了金属结构，对天线罩的电磁性能产生了不利的影响。现代高速导弹的防雨蚀头逐步开始研究是否能采用较好抗雨蚀性能及电性能的氮化硅陶瓷材料或对石英陶瓷材料进行烧结，提高致密性从而实现防雨蚀功能。然而，由于其烧结不易完全，剩余硅粉的存在会影响介电性能，至今该材料还未

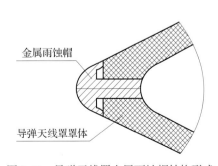

金属雨蚀帽

导弹天线罩罩体

图 8-35　导弹天线罩金属雨蚀帽结构形式

在天线罩上获得实际应用。

采用头部安装雨蚀帽的方式还存在与陶瓷材料的黏结性以及由于膨胀系数不同造成的热应力，因此，天线罩抗雨蚀问题的解决，从根本上还是要研究和发现新的介质材料。此类介质材料应满足包括抗雨蚀性能要求，与罩体材料膨胀系数相近，对电性能影响较小。目前的研究和发展方向主要是氧化铝陶瓷、微晶玻璃、石英陶瓷以及硅氮化合物等。

8.5.5 振动与冲击

由于导弹天线罩有其自身的固有频率，结构的动态响应与其自身的动态固有特性密切相关。结构动态固有特性设计不好，即天线罩重量、刚度、阻尼的大小和分布不合理，在外激励下都有可能产生过大的动态响应。因此，导弹天线罩的固有特性分析是天线罩设计的重要环节，也是动态环境预示和故障诊断的依据之一。

导弹天线罩结构的动态响应分析是一项极为复杂的工作。一方面是天线罩本身结构复杂，使分析模型自由度很大且出现各种耦合振动；另一方面是天线罩动载荷的多样性和复杂性。本节仅介绍确定性振动的动响应分析和设计。

8.5.5.1 动响应分析

对于复杂结构动响应的求解，工程上往往采用离散化模型。通过将连续变量离散化，将偏微分方程转化为常微分方程，甚至代数方程，从而使求解大大简化。

离散化手段最常用的是有限差分法与有限元方法。有限差分是将导数运算近似地用差分运算代替，而差分方程为离散变量方程，这是一种数学上的近似替换法。有限元法是将连续结构离散为有限个元素，而原始的连续的控制变量则改用各个元素交点处（称为节点）的离散控制变量近似地刻画。有限元节点为有限量，因而也使运动方程变为离散化方程，只不过它是通过物理模型离散化达到的。两种离散化方法，都是在分割变得微小时，逼近于原始连续结构，从而得到满足精度要求的解。一般来讲，有限差分法精度要高些，但它对边界条件适应性较差，而有限元法对边界条件的适应性则强得多。

结构动力学运动方程，无论是用平衡法或用能量法导出，都是在时间域内写出的，它们是时间变量、空间变量的微分方程，在这些时间域运动方程的基础上实施离散化就能得到各种时间域动响应分析法。

若将空间变量进行有限元离散，而对时间变量实施有限差分离散，则得到直接积分法，这是目前广泛采用的方法之一。

将空间变量进行有限元离散，并引入模态广义坐标，使通过空间离散得到的联立常微分方程解耦，这种方法称为模态叠加法。它是将多自由度问题转化为 n 个单自由度问题的叠加。对每个自由度问题，可以引入时间变量差分离散，也可以不离散使用杜哈姆积分解出。

将空间变量有限元离散化，并且转化为状态方程，使 n 个二阶常微分方程组转变为 $2n$ 个一阶常微分方程组求解，这就是所谓的状态空间法。

若将时间变量有限元离散化，而运动变量保持连续，应用传递矩阵法求解，则为"CSDT"法。建立在有限元基础上的直接积分法和模态叠加法，是导弹天线罩动响应分析最常用的方法。

（1）直接积分法

直接积分法有多种具体方法，它们的共同特点是，首先将运动方程运用有限元方法进

行空间离散化，偏微分方程变为常微分方程组

$$M\ddot{x}(t)+C\dot{x}(t)+Kx(t)=F(t) \qquad (8-30)$$

这些以时间为连续变量的常微分方程组，解起来仍然很困难，为此对时间变量也实施离散化。在直接积分法中，对时间变量采用各种差分来代替，完成离散化，从而形成各种直接积分法。

（2）模态叠加法

通过有限元法实施空间离散化后的基本运动方程

$$M\ddot{x}(t)+C\dot{x}(t)+Kx(t)=F(t) \qquad (8-31)$$

不进行直接积分运算，而是引入新的广义空间变量，对它实施基的变换，然后求解，这是模态叠加法的基本思想。设引入模态矩阵作为坐标变换矩阵 φ，对式（8-32）实施如下变换

$$x=\varphi q \qquad (8-32)$$

式中：q——模态正交坐标，是时间函数。

则运动方程变为

$$M\varphi\ddot{q}+C\varphi\dot{q}+K\varphi q=F(t) \qquad (8-33)$$

8.5.5.2 动强度分析

在进行结构动态设计时，利用结构动态响应进行强度分析是一个重要环节。

使用有限元法进行动响应分析可以得到节点位移、速度、加速度的时间历程。根据单元力学特性，有

$$\sigma_e=DB_Nu_{Ne} \qquad (8-34)$$

即可获得单元应力 σ_e 随时间 t 的响应历程。其中，D 为材料的弹性矩阵，B_N 为应变矩阵，u_{Ne} 为单元广义位移矢量。

工程上，为设计计算方便起见，可采用动载荷因数法，近似地把动载荷问题转化为静载荷问题，按照静载荷方法进行计算。

这种方法的基础，是把受动载荷作用下的结构用无阻尼单自由度弹簧——质量系统代替，把动载荷所引起的最大挠度 $\delta_{\max}$ 与由动载荷最大值作为静载荷引起的静挠度 δ_f 之比定义为动载荷因数 K_d，即

$$K_d=\frac{\delta_{\max}}{\delta_f} \qquad (8-35)$$

通过实践，按照统计的方法为结构件规定合理的 K_d。在应用中只要已知 K_d，把按动载荷最大值作为静载计算出的应力乘以 K_d 就得出了最大动应力数值，并以此作为类似于静力设计的依据。在应用中要求该动应力值不大于材料的比例极限，若动应力超过材料比例极限，则不能使用此法。导弹天线罩在常见的动载荷作用下，动载荷因数不大于2.0。

8.5.6 静热强度计算

导弹天线罩的静热强度计算，主要有以下两方面。

①计算天线罩在导弹飞行中由于气动加热引起的温度分布；

②计算在静热载荷联合作用下，天线罩的变形和应力分布。

8.5.6.1 热传导问题的有限元法

（1）热传导微分方程

设空间内一物体 Ω，边界为 Γ。热传导边界示意图如图 8-36 所示。

其任意一点的温度场用直角坐标系表示为

$$\varphi=\varphi\,(x,\,y,\,z,\,t) \qquad (8\text{-}36)$$

在固体的热传导问题中，热传导基本定理（傅里叶定律）表明：热流密度与温度梯度成正比，即

$$q_x=-k_x\,\frac{\partial\varphi}{\partial x},q_y=-k_y\,\frac{\partial\varphi}{\partial y},q_z=-k_z\,\frac{\partial\varphi}{\partial z} \qquad (8\text{-}37)$$

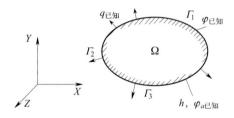

图 8-36　热传导边界示意图

式中：q_x、q_y、q_z——x、y、z 方向的热流量，W/m^2；

　　　k_x、k_y、k_z——x、y、z 方向的导热系数，W/（m·K）；

　　　负号——热量从高温向低温处流动。

设物体 Ω 内有热源密度为 Q 的体热源，由热力学第一定律（能量守恒定律）可推得固体热传导方程如下

$$c\rho\,\frac{\partial\varphi}{\partial t}-\frac{\partial}{\partial x}\Big(k_x\,\frac{\partial\varphi}{\partial x}\Big)-\frac{\partial}{\partial y}\Big(k_y\,\frac{\partial\varphi}{\partial y}\Big)-\frac{\partial}{\partial z}\Big(k_z\,\frac{\partial\varphi}{\partial z}\Big)-\rho Q=0 \qquad (8\text{-}38)$$

式中：c——比热容，J/（kg·K）；

　　　ρ——密度，kg/m^3；

　　　t——时间，s；

　　　$Q=Q\,(x,\,y,\,z,\,t)$——物体内部的热源密度，W/kg。

热传导微分方程只给出了各种热传导所遵循的普遍规律，要具体确定物体内部的温度场，还必须给出定解条件，即边值条件，它包含初始条件和边界条件。

初始条件是指给出某一时刻（通常 $t=0$）物体的温度分布，可由下式给出

$$\varphi\big|_{t=0}=\varphi_0 \qquad (8\text{-}39)$$

对于稳定温度场，温度不随时间变化，不需给出初始条件。

边界条件是指物体在边界与周围介质的换热条件，通常分为以下三类。

第一类边界条件是给出边界上的函数值，即给出物体边界上的温度，即

$$\varphi=\overline{\varphi}\,(在 \Gamma_1 边界上) \qquad (8\text{-}40)$$

式中：$\overline{\varphi}=\overline{\varphi}\left(\varGamma,\ t\right)$ ——$\varGamma_1$ 边界上的给定温度。

第二类边界条件是给出物体边界上的热流（相当于给出温度梯度），即

$$k_x\frac{\partial\varphi}{\partial x}n_x+k_y\frac{\partial\varphi}{\partial y}n_y+k_z\frac{\partial\varphi}{\partial z}n_z=q\left(\text{在 }\varGamma_2\text{边界上}\right)\qquad(8-41)$$

式中：n_x、n_y、n_z——边界外法线的方向余弦；

　　$q=q\left(\varGamma,\ t\right)$ ——$\varGamma_2$ 边界条件上的给定热流量，W/m^2；当 $q=0$ 时，属于绝热边界条件。

第三类边界条件是给出物体边界上的对流换热条件，即

$$k_x\frac{\partial\varphi}{\partial x}n_x+k_y\frac{\partial\varphi}{\partial y}n_y+k_z\frac{\partial\varphi}{\partial z}n_z=h\left(\varphi_a-\varphi\right)\left(\text{在 }\varGamma_3\text{边界上}\right)\qquad(8-42)$$

式中：h——放热系数，$W/\left(m^2\cdot K\right)$；

　　$\varphi_n=\varphi_a\left(\varGamma,\ t\right)$ ——在自然对流条件下的外界环境温度，在强迫对流条件下，是边界
　　　　　　　　　　　　层的绝热壁温度。

边界应满足

$$\varGamma_1+\varGamma_2+\varGamma_3=\varGamma\qquad(8-43)$$

其中，$\varGamma$ 是 $\varOmega$ 域的全部边界。

如果边界上的 $\overline{\varphi}$、φ_n、q 及内部的 Q 不随时间变化，则经过一定时间的热交换后，物体内各点温度也不再随时间变化，即

$$\frac{\partial\varphi}{\partial t}=0\qquad(8-44)$$

此时瞬态热传导方程退化为稳态热传导方程，即

$$\frac{\partial}{\partial x}\left(k_x\frac{\partial\varphi}{\partial x}\right)+\frac{\partial}{\partial y}\left(k_y\frac{\partial\varphi}{\partial y}\right)+\frac{\partial}{\partial z}\left(k_z\frac{\partial\varphi}{\partial z}\right)+\rho Q=0\left(\text{在 }\varOmega\text{ 内}\right)\qquad(8-45)$$

（2）稳态热传导问题的有限元法

利用有限元法对热传导微分方程的边值问题进行求解，一般有两种方法。一种是对其直接求解，选取试探函数利用加权余量法；另一种是利用微分方程的边值与泛函求极值问题的等价原理，即变分有限元法。

现以二维问题为例，利用加权余量的伽辽金法说明稳态热传导的有限元解法。对于二维稳态热传导，设 Z 方向温度变化为零，这时微分方程为

$$\frac{\partial}{\partial x}\left(k_x\frac{\partial\varphi}{\partial x}\right)+\frac{\partial}{\partial y}\left(k_y\frac{\partial\varphi}{\partial y}\right)+\rho Q=0\left(\text{在 }\varOmega\text{ 内}\right)\qquad(8-46)$$

构造近似函数 $\widetilde{\varphi}$，并设 $\widetilde{\varphi}$ 已满足 $\varGamma_1$ 边界条件式（8-41）。将近似函数代入场方程（8-47）及边界条件式（8-42）和式（8-43）。因为 $\widetilde{\varphi}$ 的近似性，将产生余量，即有

$$R_{\Omega} = \frac{\partial}{\partial x}\left(k_x \frac{\partial \tilde{\varphi}}{\partial x}\right) + \frac{\partial}{\partial y}\left(k_y \frac{\partial \tilde{\varphi}}{\partial y}\right) + \rho Q$$

$$R_{\Gamma_2} = k_x \frac{\partial \tilde{\varphi}}{\partial x} n_x + k_y \frac{\partial \tilde{\varphi}}{\partial y} n_y - q$$

$$R_{\Gamma_2} = k_x \frac{\partial \tilde{\varphi}}{\partial x} n_x + k_y \frac{\partial \tilde{\varphi}}{\partial y} n_y - h(\varphi_a - \tilde{\varphi})$$

（8-47）

用加权余量法建立有限元格式的基本思想是使余量的加权积分为零，即

$$\int_{\Omega} R_{\Omega}\omega_1 \mathrm{d}\Omega + \int_{\Gamma_2} R_{\Gamma_2}\omega_2 \mathrm{d}\Gamma + \int_{\Gamma_3} R_{\Gamma_3}\omega_3 \mathrm{d}\Gamma = 0 \quad （8-48）$$

其中，ω_1、ω_2 和 ω_3 是权函数。上式的意义是使微分方程（8-46）全域及边界得到加权意义上的满足。

将式（8-48）代入式（8-49）并进行分布积分可以得到

$$-\int_{\Omega}\left[\frac{\partial w_1}{\partial x}\left(k_x \frac{\partial \tilde{\varphi}}{\partial x}\right) + \frac{\partial w_1}{\partial y}\left(k_y \frac{\partial \tilde{\varphi}}{\partial y}\right) - \rho Q w_1\right]\mathrm{d}\Omega +$$

$$\oint_{\Gamma} w_1\left(k_x \frac{\partial \tilde{\varphi}}{\partial x} n_x + k_y \frac{\partial \tilde{\varphi}}{\partial y} n_y\right)\mathrm{d}\Gamma + \int_{\Gamma_2}\left(k_x \frac{\partial \tilde{\varphi}}{\partial x} n_x + k_y \frac{\partial \tilde{\varphi}}{\partial y} n_y - q\right) w_2 \mathrm{d}\Gamma + \quad （8-49）$$

$$\int_{\Gamma_3}\left[k_x \frac{\partial \tilde{\varphi}}{\partial x} n_x + k_y \frac{\partial \tilde{\varphi}}{\partial y} n_y - h(\varphi_a - \tilde{\varphi})\right] w_3 \mathrm{d}\Gamma = 0$$

将空间域离散为有限个单元体，在典型单元内各点的温度 Φ 可近似地利用单元的节点温度 Φ_i 插值得到

$$\varphi = \tilde{\varphi} = \sum_{i=1}^{n_e} N_i(x,y)\varphi_i = N\varphi^e \quad （8-50）$$

$$N = [N_1, N_2, \cdots, N_{n_e}] \quad （8-51）$$

式中：n_e——每个节点个数；

$N(x,y)$——插值函数，它具有以下性质

$$N_i(x,y) = \begin{cases} 0 & j \neq i \\ 1 & j = i \end{cases}, \quad \sum N_i = 1 \quad （8-52）$$

由于近似函数是构造在单元中，因此式（8-50）的积分可改写为对单元积分的总和。

用伽辽金法选择权函数

$$w_1 = N_j \ (j=1, 2, 3, \cdots, n_e) \quad （8-53）$$

其中 $,n_e$ 是 Ω 域全部离散得到的节点总数。在边界不失一般性地选择

$$w_2 = w_3 = -w_1 = -N_j \ (j=1, 2, 3, \cdots, n_e) \quad （8-54）$$

528

因 $\tilde{\varphi}$ 已满足强制边界条件（在解方程前引入强制边界条件修正方程），因此在 Γ_1 边界上不再产生余量，可令 w_i 在 Γ_i 边界上为零。

将以上各式代入式（8-50）可得

$$\sum_e \int_{\Omega^e} \left[\frac{\partial N_j}{\partial x}\left(k_x \frac{\partial N}{\partial x}\right) + \frac{\partial N_j}{\partial y}\left(k_y \frac{\partial N}{\partial y}\right) \right] \varphi^e \mathrm{d}\Omega - \sum_e \int_{\Omega^e} \rho Q N_j \mathrm{d}\Omega - $$
$$\sum_e \int_{\Gamma_2^e} N_j q \mathrm{d}\Gamma - \sum_e \int_{\Gamma_3^e} N_j h \varphi_a \mathrm{d}\Gamma + \sum_e \int_{\Gamma_3^e} N_j h \varphi^e \mathrm{d}\Gamma = 0 \quad (j=1,2,\cdots,n) \tag{8-55}$$

写成矩阵形式则有

$$\sum_e \int_{\Omega^e} \left[\left(\frac{\partial N}{\partial x}\right)^{\mathrm{T}} k_x \frac{\partial N}{\partial x} + \left(\frac{\partial N}{\partial y}\right)^{\mathrm{T}} k_y \frac{\partial N}{\partial y} \right] \varphi^e \mathrm{d}\Omega - \sum_e \int_{\Gamma_3^e} h N^{\mathrm{T}} N \varphi^e \mathrm{d}\Gamma - $$
$$\sum_e \int_{\Gamma_2^e} N^{\mathrm{T}} q \mathrm{d}\Gamma - \sum_e \int_{\Gamma_3^e} N^{\mathrm{T}} h \varphi_a \mathrm{d}\Gamma + \sum_e \int_{\Omega^e} N^{\mathrm{T}} \rho Q \mathrm{d}\Omega = 0 \tag{8-56}$$

式（8-57）是 n 个联立的线性代数方程组，解此线性方程组，就可以确定 n 个节点温度 φ_i，从而求得物体的温度分布。

8.5.6.2 热应力问题的有限元法

当物体各部分温度发生变化时，物体由于热变形而产生线应变 $\alpha(\varphi-\varphi_0)$，其中 α 是材料的线膨胀系数，φ 是弹性体内任一点的实时温度，φ_0 是初始温度。如果物体各部分的热变形不受任何约束，则物体上有变形但不引起应力。当物体由于约束或各部分温度变化不均匀，热应变不能自由进行时，则会在物体中产生应力。物体由于温度变化而引起的应力称为热应力或温度应力。在求得物体的温度场 φ 后，即可进一步求出热应力。

物体由于热膨胀只产生线应变，剪切应变为零。这种由于热变形产生的应变可以看作物体的初应变。计算应力时只需要计算热变形引起的初应变 ε_0，求得相应的初应变引起的等效节点载荷 P_{T0}（温度载荷），然后按照通常求解应力的方法求出由于热变形引起的节点位移 a，再由位移求得热应力 σ。也可将热变形引起的等效节点载荷与其他载荷项合在一起，求得包括热应力在内的综合应力。计算应力时应包含初始应变项

$$[\sigma] = [D]([\varepsilon][\varepsilon_0]) \tag{8-57}$$

其中，ε_0 是温度变化引起的温度应变，作为初应变出现在应力—应变关系式中。

根据最小位能原理可推导出有限元求解方程

$$[K][a] = [P] \tag{8-58}$$

式中：刚度矩阵

$$[K] = \int_{\Omega} [B]^{\mathrm{T}} [D] [B] \mathrm{d}\Omega \tag{8-59}$$

式中：$[B]$ 为几何矩阵，$[D]$ 为弹性矩阵。

$$[P] = [P_f] + [P_T] + [P_{\varepsilon 0}] \tag{8-60}$$

式中：P_f、P_T 是体积载荷和表面载荷引起的载荷项，$[P_{\varepsilon0}]$ 是温度应变引起的载荷项，即

$$[P_{\varepsilon0}] = \sum_e \int_{\Omega^e} [B]^T [D] [\varepsilon_0] \, \mathrm{d}\Omega \qquad (8\text{-}61)$$

由式（8-60）求得位移 $[a]$，代入位移与应变关系式 $[\varepsilon] = [B][a]$ 及式（8-58）中，即可得到结构中的应力分布情况。

8.6 制造工艺

8.6.1 导弹天线罩成型

导弹天线罩主体结构材料一般为陶瓷材料、陶瓷基复合材料或者玻璃纤维复合材料，不同材料的导弹天线罩采用的成型工艺也不尽相同。

8.6.1.1 陶瓷材料导弹天线罩成型

陶瓷材料导弹天线罩的制备工艺，主要有冷等静压成型法和凝胶注模法两种。表 8-1 是两种成型工艺的主要特点和对应的材料体系。

表 8-1　两种成型工艺的主要特点和对应的材料体系

成型工艺	主要特点	材料体系
冷等静压成型法	干法成型，可成型结构形状复杂样件，成型坯体表面质量高、坯体致密度高、坯体强度高	氧化硅、氮化硅、氧化铝、氮化硼、AlON、SiAlON
凝胶注模法	湿法成型，可成型结构形状复杂样件，设备简单，坯体组分均匀	氧化硅、氮化硅、氧化铝、、SiAlON

8.6.1.2 陶瓷基复合材料导弹天线罩成型

陶瓷基复合材料导弹天线罩，可对应不同的陶瓷基体材料体系选择相匹配的成型方法，主要有溶胶-凝胶法（sol-gel）、有机先驱体浸渍-裂解法（PIP）及化学气相渗透法（CVI），可选用的陶瓷纤维主要为石英纤维、氮化硅纤维、氮化硼纤维、莫来石纤维、氧化铝纤维、硅氮氧纤维及硅硼氮纤维等，纤维增强体的结构形式可分为 2.5D 编织结构、3D 编织结构、叠层缝合结构、针刺缝合结构以及 2.5D 仿型套缝合结构；涉及的陶瓷基体主要有氧化硅、氮化硅、氧化铝、氮化硼、AlON、SiAlON、硅硼氮、硅硼氧氮等。表 8-2 所示为不同成型工艺的特点及对应的材料体系。

表 8-2　不同成型工艺的特点及对应的材料体系

成型工艺	主要特点	陶瓷基体材料体系
溶胶-凝胶法	可制备大型复杂结构件，可实现近净尺寸成型，烧成温度低，制备周期长，材料体系安全	氧化硅、氧化铝、AlON、SiAlON
有机先驱体浸渍-裂解法	基体材料组分可设计，烧结温度低，制备周期长，需进行多次循环浸渍烧结，有机先驱体易燃具有一定危险性	氮化硅、氮化硼、硅硼氮、硅硼氧氮
化学气相渗透法	对设备要求高，制备温度低，制备周期长，容易产生外密内疏现象，采用的基体气源有一定的危险性	氮化硅、氮化硼、硅硼氮、硅硼氧氮

8.6.1.3　玻璃纤维复合材料导弹天线罩成型

玻璃纤维复合材料导弹天线罩，可根据选用材料树脂体系的不同，采用各种常用的复合材料成型工艺方法制造，涉及的树脂体系有双马树脂、氰酸酯树脂、有机硅树脂、聚酰亚胺树脂、苯并环丁烯树脂等，涉及的主要成型工艺包括热压罐成型工艺、RTM 工艺、模压工艺等。表 8-3 所示为根据不同树脂体系推荐的成型工艺方法。

表 8-3　根据不同树脂体系体系推荐的成型工艺方法

序号	树脂体系	成型工艺方法
1	双马树脂	热压罐成型工艺
		RTM 工艺
		模压工艺
2	氰酸酯树脂	热压罐成型工艺
		RTM 工艺
3	有机硅树脂	热压罐成型工艺
4	聚酰亚胺树脂	模压工艺
5	苯并环丁烯树脂	热压罐成型工艺
		RTM 工艺

8.6.2　导弹天线罩机加

导弹天线罩的外形通常为较简单的回转体结构，接口通常为平面，但其型面和接口的精度要求较高，通常需要通过精密机加手段保证。

8.6.2.1　陶瓷材料导弹天线罩的机加

对于陶瓷导弹天线罩，由于陶瓷毛坯的型面制备精度较低，且陶瓷硬度较高，因此需要采用精密磨削设备对内外型面进行磨削，然后参与后续的制造工序；在此基础上，还要根据电性能要求，通过磨削型面进行电厚度校正。

陶瓷导弹天线罩型面磨削时，需采用专用夹具进行导弹天线罩的安装定位，采用镀金刚石颗粒的砂轮进行磨削。磨削时应注意砂轮的磨损情况，磨损较重时要及时更换。

8.6.2.2　玻璃纤维复合材料导弹天线罩的机加

对于玻璃纤维复合材料的导弹天线罩，可采用数控高速铣削的工艺方式加工型面，采用车削的工艺方式加工端面。

复合材料导弹天线罩外形铣削时，可直接将成型模具作为机加工装，在脱模前，通过模具上的机加基准对工件进行找正，然后进行型面的高速数控铣削。

复合材料导弹天线罩接口车削时，需要使用车削夹具，保证导弹天线罩与车床同轴度的同时，为导弹天线罩提供足够的夹紧力，防止在车削过程中发生位置错动。

8.6.3　导弹天线罩装配与定位

导弹天线罩的装配主要为天线罩主体结构与连接环的装配，主要采用胶结装配的工艺方式，部分导弹天线罩也有螺钉、螺栓的连接等螺接工艺过程。

如图 8–37 所示，某典型导弹天线罩由陶瓷头锥、金属连接环、防雨蚀帽等组成，相互之间通过胶黏剂进行黏结，在对头锥根部连接区进行表面处理后，将其与金属连接环在装配工装上定位，通过在装配工装上进行定位调姿，控制两者的同轴度和对接处的阶差，并在金属环与头锥之间的配合型面处涂胶黏剂，并控制两者之间的间隙保证黏结的填充量，金属环与头锥相对位置固定后，待胶黏剂固化后起到连接作用。雨蚀帽与陶瓷头锥进行修配后，同样通过胶黏剂将两者进行连接。导弹天线罩的胶结与密封在下节详细介绍。

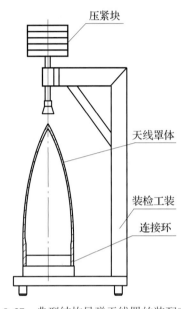

图 8–37　典型结构导弹天线罩的装配工装

8.6.4　导弹天线罩胶结与密封

（1）材料选择要求

在将天线罩头锥和连接环间进行胶结时，按照连接环与天线罩胶结处的工作温度、导弹飞行时的受力状态和工作时间来选择合适的黏结材料，要求其具有较好的韧性，固化温度与时间应满足工艺操作要求。对于上述性能要求，体现在密封剂性能指标方面，见表 8–4。

表 8–4　密封剂性能要求

序号	项目	要求
1	使用温度	使用温度必须高于天线罩连接区黏结胶层区的最高温度
2	拉伸强度	较高的拉伸强度
3	拉伸模量	具有合适的拉伸模量，当模量较高时，不能较好地缓冲天线罩头锥和连接环的线膨胀系数差。当模量较低时，天线罩在受到侧向力时，易产生较大的变形量
4	拉伸剪切强度	越高越好，体现出与天线罩头锥和连接环间有较高的黏结性能
5	线膨胀系数	较低的线膨胀系数，若线膨胀系数较大时，在高温条件下，其产生较大的变形量，对于与其连接的天线罩头锥和连接环产生较大的压力，容易导致上述部件损坏
6	固化温度	较低的固化温度，有利于降低生产成本
7	固化时间	较短的固化时间，有利于缩短生产周期

（2）影响密封与胶结效果的因素

①密封与黏结胶层厚度的影响

对于密封胶层厚度的选择，当密封胶层厚度较小时，在进行天线罩头锥与连接环之间套接胶结时，需要较大的压力才能完成套接，并且容易产生缺胶现象；而当胶层厚度较大时，则会降低胶结强度，同时由于密封剂在高温条件下的线膨胀变形量，容易将天线罩头锥胀裂；当天线罩受到侧向力时，易产生较大的侧向偏移量。因此，对于导弹天线罩头锥与连接环之间的密封胶层的选择，需要根据天线罩的使用条件以及结构形式进行确定。

②胶结区表面处理的影响

采用打磨、喷砂等表面处理方式，增加了被黏结区域的表面积，可较大程度地提高黏结强度。

③底涂的影响

对于有机硅类、聚硫类密封材料，由于其与被黏结材料的黏结强度较弱，一般在被黏结材料表面涂覆钛酸酯类、硅酸酯类底涂，其作用类似于偶联剂，可增强密封剂与被黏结材料间的黏结强度。

（3）密封施工工艺

①密封材料的施工方式

对于天线罩头锥材料与连接环黏结面积较小的连接，密封材料的施工方式为：在连接环和天线罩头锥材料黏结区域涂覆密封材料，然后将连接环与天线罩头锥进行套接，以实现天线罩头锥与连接环的连接。而对于有较大黏结面积的连接，如果采用上述方式进行套接，在将天线罩头锥和连接环套接过程中，需要施加非常大的压力才能实现。为此，一般先将天线罩头锥和连接环进行套接，然后再向连接区域缝隙注入密封材料，以实现天线罩头锥和连接环间的密封与胶结。

②连接精度保证

将天线罩头锥与连接环进行密封与胶结时，由于天线罩整体需要保证其同轴度和总高度，故在进行胶结时，需要将连接环和天线罩头锥采用工装固定后进行密封材料的固化。

（4）胶结状态检查

对于天线罩头锥与连接环间的胶结状态检查，一般采取超声无损检测。

8.7　试验验证

8.7.1　电性能试验

导弹天线罩的电性能测试技术包括常规远场测试技术、近场测试技术、紧缩场测试技术、微波暗室远场测试技术等。对于导弹天线罩来说，其天线工作频率一般在毫米波频段。如果使用常规远场，频率越高，收发天线距离越大，空间衰减也越大，使用近场和紧缩场也是不错的选择，但在高达 110GHz 频率下，近场测试不太成熟，而压缩反射场投入太大，因此在满足测试条件的前提下，优先使用微波暗室远场，微波暗室远场收发天线的几何关系如图 8-38 所示。

微波暗室远场就是在一定的工作频段内反射低于某一限定电平的室内试验场，它是利用吸波材料对电磁波的吸收特性和合理的工艺设计来模拟自由空间，这种室内试验场的优点是：不受气候条件的影响、有益于抑制外界干扰、适用于导弹天线罩电性能的综合测量、适用于低增益导弹天线罩的测量、有利于保密。

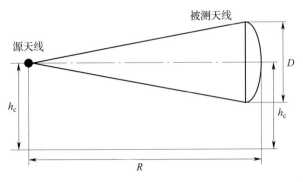

图 8-38　微波暗室远场收发天线的几何关系

目前多采用的测试系统为天线罩幅相测试系统，该测试系统具有速度快、精度高的特点，同时具备丰富的编程指令库，其所有的人工操作环节由计算机程序完成。计算机与网络分析仪之间通过 LAN 口进行通信。测试过程中，网络分析仪以连续波或者扫频的方式接收信号，通过外部触发，最快速度地接收信号，测试数据保存于网络分析仪中，计算机通过 LAN 将网络分析仪数据快速读取，得到测试的幅度和相位信息。测试完成之后，利用一定的计算方法得到导弹天线罩的电性能测试指标，包括瞄准误差、副瓣电平抬高、波束偏转等。

8.7.2　无损检测

导弹天线罩的罩体与连接环常采用胶结形式。为了确保导弹飞行时的可靠性，对天线罩连接环的胶结性能提出了更高的要求。天线罩与连接环之间胶层脱胶和出现气孔都可能导致天线罩与导弹弹体连接强度下降，甚至发生故障。为确保连接环胶结的性能，必须对连接环胶结质量进行检测。一般采用两种方法来控制连接环胶结性能的可靠性：一是试片胶结强度试验；二是胶层的无损检测。

（1）试片胶结强度试验

在天线罩与连接环胶结的同时，制成几对与天线罩材料和连接环材料相同的试片，并在相同的工艺条件下，同时对试片进行胶结（习惯上称"三同"条件），然后检测其胶结强度。以此来检验天线罩与连接环胶结的胶结性能。

（2）胶层的无损检测

这种方法是用超声波或射线等来检测天线罩与连接环胶结面的脱胶现象。常用的方法有声阻法等。用预先制作好的试样，用相对比较的方法，来确定胶结面的脱胶面积。据报道采用红外热扫描和超声软接触耦合扫描等无损检测的方法，可检测环向裂纹、分层、气孔和大于或等于 $\phi3mm$ 的脱胶层。

8.7.3　静热联合试验

随着导弹的不断发展，导弹的飞行速度越来越快。当导弹以高马赫数在大气层中飞行时，导弹天线罩的气动加热问题日趋严重，其热设计是一个关键的问题，热环境已经作为结构设计的外载荷与力载荷一起列入了设计规范。结构静热联合试验作为验证结构强度的有效方法，目前已成为导弹天线罩结构设计、强度及可靠性分析、产品性能检验和鉴定的重要手段之一。

静热联合试验采取力载荷与热载荷同时施加的方法进行。力载荷一般通过专门根据天线罩外形尺寸加工的加载环施加到天线罩上，在加载过程中均匀加载，不会因为局部应力集中而使天线罩损坏。热载荷加载是根据给定的数据和要求，采用温度控制进行加热。由于天线罩结构各个部位的气动加热状态不同，各部位表面所吸收的热流密度呈非均匀分布状态，要在大面积内实现一个非均匀分布的热场，最有效的方法是对整个加热器进行离散化控制，即将整个加热器划分为多个温区。理论上讲，温度划分得越多，加热模拟的效果越真实，但与此同时增加了设计和试验的复杂程度，当前条件下一般根据试验的实际条件进行温度分区。

通常，天线罩上热载荷的施加是通过圆筒形碘钨石英灯加热器进行加热，选用温度或热流作为控制参数。同时在天线罩内表面粘贴热电偶，用以监测内壁的温度时间历程。

8.7.4　振动与冲击试验

8.7.4.1　振动试验

（1）振动来源

应考虑导弹天线罩在各种振源下引起的振动载荷。喷气式飞机的组合外挂可能会遇到三种不同的振动环境：外部挂飞、内部挂飞和自由飞。

①喷气式飞机的外挂经受的振动主要来源于以下 4 个方面：喷气发动机噪声、分布在外挂表面的气动湍流、载机的振动通过结构传递到外挂上、外挂也可能对因内部设备和局部气动力产生的振动敏感。

②机舱内的外挂在机舱关闭和打开时，经历的是两种振动环境。有大迎角机动飞行能力的飞机易经历抖振，由于抖振是机械地传递给外挂，因而舱室不能提供保护，需按照抖振的方法进行处理。

③飞机或舰船上发射的导弹在飞行中会经历振动，自由飞的振源是发动机排气噪声、由内部设备产生的振动和噪声以及边界层的湍流等。

（2）振动试验方法

根据 GJB 150.16A—2009《军用装备实验室环境试验方法第 16 部分：振动试验》，战术导弹按照程序Ⅵ进行试验。

①将导弹天线罩悬挂在实验室中并使测试设备工作，测量其固有频率，检查导弹天线罩的动态特性是否符合规定。

②将试验件置于工作状态。

③通过振动台对导弹天线罩根部施加振动载荷，确保振动台正常工作。对于加速度反馈控制，按监测传感器所要求谱的 –9dB 开始施加振动。对于力反馈控制，施加平直推力谱，监测加速度传感器的响应在整个试验频段上应低于所要求试验监控值的 –9dB。

④调节振动台激励，使监控传感器在激励方向上满足试验要求。对于加速度控制，找出监控传感器超出输入谱 6dB 以上的峰值。对于力反馈控制，从力测量数据中找出主要峰值，校验监控加速度计传递函数。两种情况下都要对输入谱进行均衡，直到所找出的那些峰值等于或超出试验要求的量级。在达到所要求的峰值响应前，输入谱应尽量平滑、连续。

⑤当振动输入调节到所需要的响应 A_1 时，测量其他轴的响应（A_2，A_3）。用式（8–63）

和式（8-64）中的方程验证其他轴的响应量级在所要求的量级内。如果方程得到的结果（左面）大于由方程确定的值（右面），则降低输入振动量级直到输入和其他轴的响应值使方程平衡。每个峰值单独使用这些方程，对于要求在两个相互正交轴向上施加振动的试验，使用式（8-63）；对于要求在三个相互独立的正交轴向上施加振动的试验，使用式（8-64），即

$$2 = \frac{R_1}{A_1} + \frac{R_2}{A_2} \qquad (8\text{-}62)$$

$$3 = \frac{R_1}{A_1} + \frac{R_2}{A_2} + \frac{R_3}{A_3} \qquad (8\text{-}63)$$

式中：R_i——要求的量级；

A_i——响应的量级，g^2/Hz 或 $(N\text{-}m)^2/Hz$，$i=1\sim3$。

⑥验证振动量级是否符合规定的量级。如果持续时间不大于0.5h，在满量级振动首次施加后和全部试验结束前应立即进行这个步骤。否则，在满量级振动首次施加后，此后每隔0.5h和全部试验结束前立即进行这个步骤。

⑦在整个试验过程中检测振动量级和试验件性能。如果出现超差、性能超出允许范围或发生失效，中止试验。确定异常原因，按照试验中断恢复程序进行处理。

⑧在达到了要求的试验持续时间时，停止振动。将试验件从夹具上卸下，检查试验件。

8.7.4.2 冲击试验

对于导弹天线罩，一般进行功能性冲击试验和坠撞安全冲击试验。

（1）功能性冲击试验

功能性冲击试验的目的是发现在外场使用中可能由冲击引起的装备故障。试验步骤如下。

①选择试验条件，并按照相关要求校准冲击式试验设备。

②对试验件进行冲击前的功能检查。

③在工作状态下，对试验件施加冲击激励。

④记录必要的数据以检查试验是否达到或超过要求的试验条件，并符合规定的允差要求。

这些数据包括试验装置照片、试验记录、从数据采集系统得到的实际冲击波形照片等。

⑤对试验件进行冲击后的功能检查，记录性能数据。

⑥若采用规范规定的冲击响应谱，在每一正交轴上重复②~⑤三次。

如果采用经典冲击脉冲，试验件应能承受正反两个方向的输入脉冲。若冲击响应谱的波形既能满足脉冲时间历程允差，又能满足冲击响应谱允差，考虑极性的影响，每一正交轴上应进行两次，共进行6次冲击试验。如果试验脉冲的时间历程和冲击响应谱中有一种超差或者都超差，则需继续调整波形，直到两者的试验都满足允差为止。若两种允差不能同时满足，则应优先满足冲击响应谱试验允差。

⑦记录试验次序。

（2）坠撞安全冲击试验

坠撞安全冲击试验的目的是暴露在空中的装备的结构故障。试验步骤如下。

①将试验件按照使用中的安装方式安装在冲击设备上。

所用的试验件可以是与装备动力学特性相似的试验件，或者是力学特性等效的模拟件。若使用模拟件，则表明它与被模拟装备具有相同的潜在危险、质量、质心和相对安装点的惯性矩。

②沿试验件的三个正交轴的每个方向进行两次冲击，最多进行 12 次冲击。

③对试验装置进行结构检查。

④记录试验检查结果，包括评估由于装备的损坏或结构变形或者两者综合而引起的潜在危险。按照最大加速度冲击响应谱要求处理测量数据。

8.7.5　加速度试验

加速度试验的目的在于验证装备在结构上能够承受使用环境中由于平台加、减速和机动引起的稳态惯性载荷的能力，以及在这些载荷作用期间和作用后其性能不会降低。导弹天线罩一般进行结构试验和性能试验，结构试验用来验证天线罩有使用加速度产生的载荷的能力，性能试验用来验证天线罩在承受有使用加速度产生的载荷时以及之后的性能不会降低。试验步骤如下。

（1）初始检测

试验前所有试验件均需在标准大气条件下进行检测，以取得基线数据，在试验中和试验后还要进行另外的检查与性能检查。

（2）试验件安装

在离心机臂上能提供试验规定的加速度量值的位置上安装试验件，并使试验件的几何中心正好处于该位置。试验量值按照式（8-65）进行计算

$$N_T = krn^2 \qquad\qquad (8\text{-}64)$$

式中：N_T——试验过载系数；

k——常数，其值为 1.118×10^{-3}；

r——从旋转中心到离心机臂上试验件安装位置的径向距离，m；

n——离心机每分钟转数，r/min。

（3）试验

使离心机达到规定的加速度值的转速，在转速稳定后，在该值上至少保持 1min，6 个方向的试验全部完成后，对试验件进行检查。

8.7.6　耐环境试验

8.7.6.1　高温储存试验

试验方法：按照 GJB 150.3A—2009 进行试验，模拟一舱接口结构对天线罩大端进行封口，在高温试验箱中进行试验，记录试验温度、相对湿度、试验时间和天线罩检查结果。

8.7.6.2　低温储存试验

试验方法：按照 GJB 150.4A—2009 进行试验，模拟一舱接口结构对天线罩大端进行封口，在低温试验箱中进行试验，记录试验温度、相对湿度、试验时间和天线罩检查结果。

8.7.6.3 温度冲击试验

试验方法: 按照 GJB 150.5A—2009 进行试验, 模拟一舱接口结构对天线罩大端进行封口, 在高低温试验箱中进行试验。顺序为: 低温→高温→低温→高温→低温→高温→低温→高温→低温→高温, 记录试验温度、试验时间和天线罩检查结果。

8.7.6.4 湿热试验

试验方法: 按照 GJB 150.9A—2009 进行试验, 模拟一舱接口结构对天线罩大端进行封口, 在交变湿热试验箱中进行试验, 试验结束放置 12h 后, 记录试验温度、相对湿度、试验时间和天线罩检查结果。

恢复处理方法: 30℃条件下保温 0.5h。

8.7.6.5 吹砂试验

试验方法: 按照 GJB 150.12A—2009 进行试验, 将天线罩的后端进行封口, 按照规定方向放置在试验箱内, 并按上述试验条件进行试验。试验结束后, 用毛刷刷掉聚在天线罩上的砂尘, 检查试验件的磨蚀情况。

8.7.6.6 淋雨试验

试验方法: 按照 GJB 150.8A—2009 进行试验, 将天线罩后端进行封口, 紧固到试验箱内, 天线罩在淋雨期开始时至少比水温高 10℃, 按上述试验条件进行试验。

8.7.6.7 霉菌试验

试验方法: 按 GJB 150.10A—2009 规定的试验条件, 将天线罩后端进行封口, 紧固到试验箱内。试验结束后, 立即检查试验样品表面霉菌生长情况, 记录霉菌生长部位、覆盖面积、颜色、生长形式、生长厚度, 必要时拍摄照片。

8.7.6.8 盐雾试验

按规定的试验条件, 将天线罩后端进行封口, 紧固到试验箱内, 试验方法如下。

试验前必须检查试验箱是否能够保持稳定的试验条件和盐溶液是否符合要求。连续喷雾期间每 12h 检测盐雾沉降率和 pH 一次, 试验样品在试验期间不工作。试验结束后试验样品在正常的试验大气条件下放置 48h, 如有直观检查需要, 可用不超过 38℃的流动水轻轻冲洗, 允许用清洁的压缩空气吹去水珠, 最后对试验样品进行检查。

第9章 地面、车载及其他天线罩工程技术

9.1 概述

9.1.1 地面天线罩

在大型地面天线罩结构研究方面，美国起步较早。20 世纪 70 年代，美国在大型金属空间桁架天线罩（MSF）的概念设计、理论分析方法、具体应用技术开发等方面进行了深入系统的研究，最终成功开发出了球面直径为 47.75m 的大型天线罩，80—90 年代 ESSCO 品牌的此类天线罩技术逐渐成熟，美国通信天线公司（AFC）研制的大型介质天线罩也大量地用于航空、气象、天文观测等领域。目前各种高性能的大型空间薄壁、金属空间骨架和各类介质夹层天线罩成为各国研究的重点。在结构强度分析方面，主要根据天线罩的材料特性，利用先进的有限元软件对大型桁架结构进行各种载荷组合下的强度分析和优化，从而使这些地面截球天线罩的环境设计温度满足温度要求，抗风设计能力达到 50 ~ 75m/s，甚至更高。为了得到更优异的电性能，同时减少电损耗，在复合材料成型工艺研究方面，利用复合材料液体模塑成型技术（LCM）及新型的真空辅助注射技术（VARTM），可以保证天线罩材料的介电性能和均匀性要求，使成型的大型曲面介质复合材料板块的电性能和结构强度大大提高。Nippon 天线公司（EU）在 2004 年成功研制出直径 26.14m 几乎是整体的大型刚性半球夹层天线罩，对接边界采用高精度的五坐标数控机床加工成型，使得板块之间镶嵌达到了无缝胶结，整罩无任何金属连接，这种天线罩的材料和成型工艺成本非常昂贵，但电性能可以达到非常理想的效果。美国 2005 年 5 月成功地制造和安装了"海基" X 波段的充气天线罩，天线罩重 18000lb，高 103ft，球面直径 36m，采用高性能整体复合材料膜制造，抗风能力达到 58m/s。典型的地面天线罩如图 9-1 所示。

我国地面天线罩的研究起步于 20 世纪 50 年代，1965—1972 年，中国电子科技集团公司第十四研究所、上海玻璃钢研究所和上海耀华玻璃钢厂合作，研制出我国当时最大的玻璃钢蜂窝夹层桁架天线罩，球面直径达 44m。1975 年后哈尔滨玻璃钢研究所以介质空间析架薄壁天线罩和金属空间骨架天线罩为研究方向，上海玻璃钢研究所以介质夹层天线罩为研究方向。到 20 世纪末，已生产直径 3 ~ 28m 的地面截球天线罩 200 多部。近年来随着我国大型高性能雷达的相继问世，对大型高性能天线罩的需求也十分迫切，尤其是对天线的低副瓣性能影响较小的大型天线罩，哈尔滨玻璃钢研究所相继研制出 C 波段、P/L 波段和 S 波段的大型高性能天线罩。另外，上海之合玻璃钢有

图 9-1 典型的地面天线罩

限公司、上海玻璃钢研究所等单位在高性能天线罩方面也取得了一定的成果，成功研制了 L/S/X 大型宽频段高性能天线罩。这些天线罩大都采用了玻璃钢蜂窝或泡沫夹层板结构，板块采用准随机、随机分割板块使电性能和结构强度得到了很大提高，抗风能力达到了 67m/s。同时，地面天线罩设计理论方面的研究也有了很大的进步。2009 年，东南大学的王文博采用体积积分方程矩量法结合多层快速多极子算法，快速且准确地分析了多层非均匀介质天线罩的电磁性能，并仿真了数个天线罩模型验证了此方法的准确性。2011 年，刘莹等针对多层薄介质的计算难点提出了等效阻抗边界条件，解决了介质过薄引起的剖分奇异化问题，实现了对多层薄介质天线罩电磁性能的数值研究。2015 年，唐守柱等详细研究了截球形金属空间桁架天线罩的设计要点，并给出了一个工作频率在 20GHz、直径为 7m 的天线罩的实测结果，并将其用于验证理论分析的正确性。同年，信息工程大学的王宇等详细探讨了地面天线罩金属骨架不同的结构划分对其散射特性的影响。2016 年，西安电子科技大学的许万业、李鹏等针对截球形金属桁架式天线罩结构受载变形影响系统电性能的问题进行了研究，推导了蒙皮与桁架共同作用下的天线远场，并仿真分析了天线罩形变前后对天线阵列方向图的影响。2018 年，王立超等针对大型充气天线罩的研制进行了分析，并采用几何光学射线跟踪法对球面直径 26m 的天线罩进行了仿真。

9.1.2 车载天线罩

目前，车载天线罩主要是用于车载移动通信天线的保护罩。"动中通"卫星移动通信是指载体在移动过程中仍能通过同步卫星保持正常的通信联络。"动中通"不仅具有卫星通信覆盖区域广、不受地形地域限制的优点，还真正实现了宽带、移动通信的目的。其主要由卫星自动跟踪系统和卫星通信系统两部分组成，采用自主跟踪、信号闭环等新技术，很好地解决了各种车辆、轮船等移动载体在运动中通过地球同步卫星实时连续地传递语音、数据、高清晰动态视频图像、传真等多媒体信息的难关，是通信领域的一次重大突破。"动中通"在当前卫星通信领域需求旺盛、发展迅速，在军民两个领域都有极为广泛的应用前景。为保护天线在载体运动过程中不受风压，保证各种环境条件下的实时通信需求，必须为天线配备具有足够安全系数、高透波率、低畸变的高性能"动中通"天线罩。

目前，国内广泛装备的是 0.8m、0.9m、1.2mKu 波段车载"动中通"天线，其体积较大，特别是其天线高度较高，因此，在车辆上进行安装时，由于高度限制无法直接安装于车顶，通常的做法是将天线安装至车内天线舱内，切割车顶并定制透波材料天线罩。这种安装方式一般都需要大中型车辆进行安装，车内占用空间很大，且改造、安装费用昂贵。传统的"动中通"天线及装车实物图如图 9–2 所示。

近年来，美国、以色列等国家的低高度"动中通"天线罩产品大量进入我国。另外，随着我国直播卫星的开通，在旅客列车、私家车、旅游大巴等交通运输及旅游行业，小型的低高度"动中通"天线具有广泛的应用前景，它将成为"动中通"卫星通信系统新的市场。

国外的"动中通"天线技术发展较为成熟，目前市场上比较成熟的低高度"动中通"天线产品主要由美国的 Raysat 公司、Tracstar 公司及以色列的 Orbit 公司提供。

（1）美国 Raysat 公司

StealthRay 01250 型"动中通"双向通信系统采用阵列天线，发射及接收通道采用不同的反射阵列，这个改进的天线系统能自动搜索并捕获指定的卫星信号，并且能在车辆运动的状态下通过对方位、俯抑和极化的控制，自动跟踪对准卫星。其天线罩实物图如图 9–3 所示，产品尺寸 1153.2mm×896.6mm×144.8mm。

图 9–2　传统"动中通"天线及装车实物图

图 9–3　StealthRay 01250 型"动中通"天线罩实物图

（2）以色列 Orbit 公司

AL–3602 双向列车"动中通"系统采用面天线 + 机械扫描方式，通过压低反射面的高度使反射面由原来的圆对称形状变成高度较低、宽度较宽的不对称反射面。其天线罩实物图如图 9–4 所示，产品尺寸 Φ1160mm×465mm。

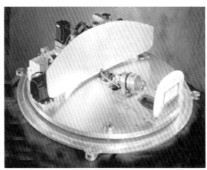

图 9–4　AL–3602 双向列车"动中通"天线罩实物图

（3）美国 Tracstar 公司

IMVS450M 型双向卫星通信天线产品采用柱面反射器天线系统，等效口径 45cm。其天线罩实物图如图 9–5 所示，产品尺寸 Φ119cm×29cm。

图 9–5　IMVS450M 型"动中通"天线罩实物图

9.1.3 其他天线罩

其他类型的天线罩，如潜艇天线罩和舰载天线罩等在国防军事和民用等领域也有着广泛的应用。

潜艇雷达对抗侦察设备的天线接收系统是雷达对抗侦察设备的重要组成部分，它相当于一个传感系统，将外界的电子信号接收进设备并进行初步处理，再传输给信号处理系统进行后续处理。潜艇天线罩具有极高的要求：①天线罩要有较好的透波性以满足电性能要求；②天线罩要有足够的强度以满足潜艇安全性要求；③近年来，出于隐身方面的需求，对潜艇天线罩也提出了缩减 RCS 的要求。因此，潜艇天线罩的设计是一项系统性工程，通过潜艇天线罩材料的选择、组分分数的确定、结构形状的选择、力学性能设计、电性能设计、RCS 设计和制作工艺的选择，使潜艇天线罩的透波性、RCS 缩减和安全性达到最佳的协调统一。潜艇天线罩除了需长期耐海水腐蚀之外，还具有极低吸水率和耐高水压的能力。天线罩设计能力和制造工艺水平直接影响到通信系统的通信距离、安全性、可靠性和使用寿命。

自 20 世纪 30 年代以来，舰载雷达一直受到各国海军的高度重视，经过 70 多年的发展，其性能得到了很大提高，已成为舰载作战系统的重要组成部分，是海上信息战的重要信息来源，担负着无源侦察、远程警戒、跟踪、目标指示、火控、制导等任务。随着作战环境的不断变化，雷达也面临着反辐射导弹、隐身目标、超低空突防、综合电子干扰以及多方向、多批次、大密度饱和攻击的威胁，为了提高雷达在复杂电磁和作战环境下的探测能力，雷达正向多功能相控阵、低截获、一体化、数字化、分布式和网络化等方向发展。典型的舰载天线罩如图 9-6 所示。

图 9-6 典型的舰载天线罩

常规舰载雷达通常按单一功能进行设计，有远程警戒雷达、目标指示雷达、对海探测雷达、火控雷达、照射雷达、二次雷达等多种形式。舰载多功能相控阵雷达具有功率口径面积大、反应速度快、数据率高、资源能够自适应管理、抗干扰能力强等优点，是舰载雷达发展的新方向，可同时完成搜索、跟踪制导等任务，能取代多部搜索雷达和跟踪雷达的功能。舰载相控阵雷达有无源相控阵和有源相控阵两种体制，其中无源相控阵雷达具有技术难度小、造价低等优点；有源相控阵雷达具有可靠性高、功率孔径积大等优点。舰载无源相控阵主要有美国的 SPY-1 系列，法国的 ARABEL，意大利、英国及法国联合研制的 EMPAR 等；舰载有源相控阵雷达主要有英国的 SAMPSON，荷兰、德国及加拿大联合研制的 APAR，日本的 OPS-24，美国正在研制的 SPY-3 和 VSR 等。

综合集成桅杆保护通信和指挥天线不受外界环境侵蚀，但其矗立在水面舰艇的最高处，其外形产生很大的 RCS，容易被敌方探测雷达发现，使得整个舰船、甚至整个编队都处于敌方的控制中。随着电子战在现代战争中的重要性日益增强，需要布置在舰船上层结构及桅杆上的各种无线电天线数量迅速增加，使得电磁兼容/电磁干扰（EMC/EM）问题越来越严重。综合桅杆则是解决 EMC/EM、提高舰船隐身性能最有效的技术途径，其中综合桅杆隐身技术成为各国海军优先发展的技术之一，如图 9-7 所示，对舰载综合桅杆天线罩提出了高性能、多功能的性能要求。

美国海军在 20 世纪 80 年代中期，提出"海上革命"计划，简化舰船上层结构；经过十多年论证，设立了雷达路线图（radar roadmap）、先进封闭式桅杆/传感器系统（AEM/S）、多功能电磁辐射系统（MERS）、先进多功能射频系统（AMRFS）等多个先进技术演示（ATD）项目，来完善相关技术。除了美国海军外，欧洲泰利斯公司开展了舰船"集成上部结构设计"（ITD）技术研究，英国海军开发了名为"先进技术桅杆"（ATM）的集成桅杆系统，德国海军研制出称为"多探测器集成桅杆"（IMSEM）的封闭式桅杆。这些综合桅杆电磁兼容问题的解决、隐身性能的提升，除了对天线集成化、平面化和小型化外，采用高技术含量的频率选择结构制备桅杆天线罩是必须的技术途径。美英等国海军在研和列装的新型水面舰艇（如美国 CVN77 航母、英国"皇家方舟"号航母）综合桅杆都采用了频率选择结构天线罩，来阻止来自舰外可能会对本舰辐射产生干扰的噪声或其他频率信号，从而确保舰上雷达和通信设备毫无障碍地侦测或与外界联络。1997 年，美国海军在 DD968 驱逐舰上加装了由上、下两个内倾 10° 的复合材料六锥体连接而成的 AEM/S 试验样机。该样机是美海军舰船有史以来安装的最大的复合结构，高达 26.5m，直径为 10.67m，重达 40t，将频率选择表面技术应用于该结构制造，将各种天线和有关设备统一组合装配在该结构之内。这种用来减少雷达截面积的六角形天线罩上半部分安装有起电磁波滤波器作用的频率选择结构，下半部分采用反射性材料或者覆盖雷达频段的吸波材料。美国已完成海试的 LPD 级两栖登陆舰已装备两套 AEM/S 系统。该舰的舰艏部 AEM/S 桅杆支撑 SPQ-9B 水平搜索雷达，并封装各种通信天线系统。艉部较高的 AEM/S 桅杆封装了 SPS-48E 三坐标对空搜索雷达、多功能电磁辐射系统（MERS）和其他的传感器。

图 9-7　综合通信桅杆示意图

9.2 地面天线罩

9.2.1 结构分类

地面天线罩从结构特点上可分为空间桁架式天线罩和薄壳式天线罩。

（1）空间桁架式天线罩采用自行式支撑结构设计，适用于大型的天线罩结构。根据雷达通信设备的用途和工作环境，大型桁架天线罩从材质上主要分为金属桁架天线罩和介质桁架天线罩，工作波长高于 L 波段的常用金属桁架天线罩，低于 L 波段的常用介质桁架天线罩。

①金属桁架天线罩的金属肋比介质肋的弹性模量大得多。建造一个金属空间桁架，其金属肋的横断面比介质梁杆（肋）小得多，却可以承受同样的结构负荷，而且在高频使用条件下，其传输损耗比介质肋要小。图 9-8 所示为典型的金属桁架天线罩。金属空间桁架天线罩是一种高通滤波器，其用途广泛，尺寸可大可小，能够承受较大的风载，且宽带性能好，性价比高。一般来说，它是由许多平面基本三角形单元组合而成的，而三角形单元主要由金属桁架、中枢以及薄膜组成，如图 9-9 所示。

图 9-8　典型的金属桁架天线罩

②介质空间桁架天线罩，通常是由许多自成平面（或球面的一部分）的介质层板构成的，其结构载荷主要由平板的翼缘（凸缘）承担。大型介质桁架天线罩的框架法兰和面板薄膜都采用玻璃钢制成，球面结构形式多采用多边形随机分割。天线罩由曲面肋板块、圆顶形肋板块、加强肋和基础底座组成。曲面肋板块四周有边加强肋，加强肋

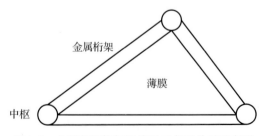

图 9-9　金属空间桁架天线罩三角形单元示意图

上有孔，孔与孔相对应。曲面肋板之间通过加强肋用螺栓将其连接成环形壳体，圆顶形肋板块通过环形加强肋用螺栓与曲面肋板块构成的环形壳体连接成为球壳体，并形成一个骨架整体结构。曲面肋板块之间的连接缝隙、圆顶形肋板块与环形壳体之间的连接缝隙填以弹性防水腻子，上面有可伸缩的软盖条，形成光滑的球壳体。球壳体的底部为基础底座，基础底座用钢筋混凝土制成并预埋螺栓。预埋螺栓的位置与球壳体底部曲面肋板块四周边肋上的孔相对，通过螺栓将球壳体固定于基础底座上。图 9-10 为介质桁架天线罩。

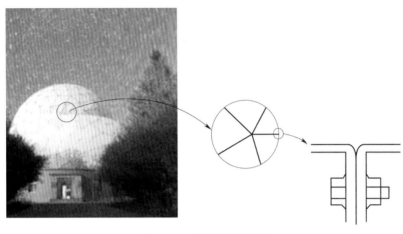

图 9-10　介质桁架天线罩

（2）薄壳式天线罩又分为刚性壳体天线罩和充气式天线罩，纯刚性壳体结构形式主要用于小型天线罩，而充气式天线罩的尺寸相对较大。

①在壳体结构天线罩中，各板块通常是弯曲的，其结构负载靠壳体作用来支撑。这类天线罩没有加强肋，如泡沫夹芯天线罩等。泡沫夹芯天线罩球面结构形式多采用多边形半随机分割，板块壁结构常采用 A 型或 C 型夹层结构形式。A 型夹层优点是强度重量比和刚度重量比大，适用于一定波长的大型地面天线罩。但缺点是工作频带窄，制造复杂，成本高。当 A 型夹层不能满足要求时，可采用由奇数层组成的多层夹层结构。另外，夹层天线罩的设计主要与天线的最高工作频率和风速的大小有关，随着夹芯层厚度的增加，临界扭曲破坏风速和安全系数裕度也相应增加。但天线的最大工作频率则相反，随着芯层厚度的增加而降低。因此在给定天线罩的临界扭曲安全系数条件下，随着天线工作频率的增加天线罩承载的额定风速将减小。与单层介质板相比，A 型夹层天线罩具有透波性好、频带宽等优点，因此广泛应用于高质量地面天线罩的制造中。图 9-11 所示为某 A 型夹层泡沫天线罩。

②充气式天线罩采用膜材料整体焊接而成，球形薄膜在截口四周用压板固定于满足气密性的平台上。周围或用绳索拉紧，或用其他方法固定，内部充气。它的优点是罩壁薄且均匀、电性能好、适于宽频带工作，罩体柔软便于折叠，重量轻、体积小，运输、储藏、安装方便。缺点是需要持续向罩内充气，以维持天线罩形状和必要的刚性。若充气设备发生故障，会使天线罩倒塌而损坏天线。图 9-12 所示的充气式天线罩，罩体采用高性能复合材料膜制造。

图 9-11　某 A 型夹层泡沫天线罩

图 9-12　充气式天线罩

9.2.2　天线罩厚度的确定原则

对于天线罩的设计来说，首先要做的是根据特定的要求确定基本的结构形式。如天线罩的形状、结构尺寸、板块划分方式、板块的壁结构形式等，这些结构参数的确定同时受到电性能和结构强度性能的约束。下面根据电性能的要求来确定天线罩厚度的初始值。

（1）蒙皮厚度设计

在夹层结构中，板块的最大功率传输系数由下式决定

$$\tau_{0\max}^2 = （1-B_{1cb}）（1-B_{2cb}） \tag{9-1}$$

式中：$\tau_{0\max}$——夹芯结构的最大功率传输系数；

B_{1cb}——一次传输衰减因子，与电波极化方向无关，$B_{1cb}=B_c+2B_b$；

B_{2cb}——多次反射引起的衰减因子，与电波极化方向有关。

$$B_b \approx \frac{2\pi d_b}{\lambda_0} \frac{\varepsilon_b \tan\delta_b}{（\varepsilon_b-\sin^2\theta_0）^{0.5}} \tag{9-2}$$

$$B_b = \frac{2\pi d_c}{\lambda_0} \frac{\varepsilon_c \tan\delta_c}{（\varepsilon_c-\sin^2\theta_0）^{0.5}} \tag{9-3}$$

$$B_{1cb} = \frac{2\pi d_c}{\lambda_0} \frac{\varepsilon_c \tan\delta_c}{（\varepsilon_c-\sin^2\theta_0）^{0.5}} + \frac{4\pi d_b}{\lambda_0} \frac{\varepsilon_b \mathrm{tg}\delta_b}{（\varepsilon_b-\sin^2\theta_0）^{0.5}} \tag{9-4}$$

$$B_{2cb} = \frac{4r_{ab0}^2（1-r_{ab0}^2）B_b+\left[（r_{cb0}-r_{ab0}）^2+4r_{ab0}r_{cb0}\sin^2\varphi_b\right]B_c}{（1-r_{ab0}^2）（1-r_{cb0}^2）} + \frac{4r_{ab0}r_{cb0}\sin2\varphi_b\Psi_{cb}}{（1-r_{ab0}^2）（1-r_{cb0}^2）} \tag{9-5}$$

其中：ε_b、ε_c——蒙皮和夹芯材料的介电常数；

$\tan\delta_c$、$\tan\delta_b$——蒙皮和夹芯材料的介质损耗角正切；

d_b、d_c——蒙皮和夹芯材料的厚度。

由式（9-5）可知，夹层结构的传输系数与 d_b、d_c、$\tan\delta_c$、$\tan\delta_b$ 成比例关系，也就是说 d_b、d_c 由结构强度和最佳传输条件共同决定。因此降低一次传输损耗的最有效办法就是选择低损耗材料，对多次传输损耗也是如此。在低损耗材料的条件下，特别是垂直极化波的多次反射引起的衰减不可忽略时，蒙皮越厚，衰减越大。

单层罩又分为薄壁罩和半波长壁罩，薄壁和半波长壁的反射系数都趋近于零。薄壁是指壁的电厚度小于 $\lambda/20$。

即有如下等式关系

$$\sqrt{\varepsilon_b}d_b = \frac{\lambda}{20} \tag{9-6}$$

其中，光速公式：$c=\lambda v$。

如天线设计频段为 6.0 ~ 8.5GHz，中间频点为 7.25GHz。经过计算获得夹层结构的蒙皮厚度为 1.035mm，从成型工艺考虑取整即 1.000mm。

（2）夹芯厚度设计

当 $\varphi_b+\varphi_{r\to a}=n\pi$ 时，对称 A 型夹层平板有最大的功率传输系数，此时

$$\frac{d_c}{\lambda_0} = \frac{n\pi-\varphi_{r\to a}}{2\pi（\varepsilon_c-\sin^2\theta_0）^{0.5}} \tag{9-7}$$

$$\varphi_{r\to a} = \arctan \frac{\left(r_{cb0}-\dfrac{1}{r_{cb0}}\right)r_{ab0}\sin 2\varphi_b}{（1+r_{ab0}^2）-r_{ab0}\left(r_{cb0}+\dfrac{1}{r_{cb0}}\right)\cos 2\varphi_b} \tag{9-8}$$

由式（9-8）可知，$\varphi_{r \to a}$ 与夹芯厚度 d_c / λ_0 无关，但因为 r_{ab0}、r_{cb0} 与极化有关，所以对于不同的极化，在同一入射角下，$\varphi_{r \to a}$ 的值不一样，固由此而决定的 d_c / λ_0 也不一样。在同样截面结构的情况下，对称 A 型夹层平板的平行极化的传输系数略大于垂直极化的传输系数。所以在一般情况下，可以根据垂直极化的情况来决定平板的最佳夹芯厚度。对于垂直极化波，$\varphi_{r \to a}$ 随入射角 θ_0 的变化不明显，即 $\varphi_{r \to a}$ 是 θ_0 的缓变函数。所以，d_c / λ_0 随入射角 θ_0 的变化主要决定于 $(\varepsilon_c - \sin^2 \theta_0)^{0.5}$。

对于球形罩和柱形罩，电磁波对罩壁的入射角都较小，最大入射角约在 50° 以内。所以，最佳入射角可选在 20° ~ 40°。将相关数据代入计算得到 $d_c / \lambda_0 = n/1.8$，从而可得出相应厚度的芯层。

9.2.3 天线罩的板块划分方法及制造安装方式

地面天线罩大都架设在山顶高岗上，上山的道路一般也都是崎岖狭窄的土石路。并且地面天线罩本身的体积比较大，因此尽管整体成型的天线罩能使电气性能均匀一致，达到较高的水平，但考虑到运输等因素，天线罩大多都要进行板块划分，但板块划分又给制造安装带来了问题。一般来说，划分板块的规格越少，制造模具的规格种类就会越少，制造成本就会越小，安装也越容易。

9.2.3.1 天线罩板块划分方法

大型天线罩无论采用何种形式的板块划分方法，都是以空间正多面体即正十二面体、正二十面体为基础，并在此基础上进行规则的或随机的划分。这样可以使空间板块的形状种类相对减少，减少制造成本，同时满足电性能要求。

（1）经线划分法

对球形充气天线罩和较小型的球形壳体天线罩，常用经线划分的方法。具体做法：将基圆分作若干等份，过各分点的经线，把罩体等分为若干块瓜瓣状单元件，如图 9-13（b）所示。为了避免顶点处密集的接缝，再加一块圆形顶盖单元件。如果忽略该圆形单元件，那么它就是迄今为止唯一的单种规格的单元件的分块形式，也可称为西瓜皮瓣分块法。对大型天线罩来说，采用此种分块法会给制造和运输带来麻烦，同时由于从上到下的同一经度的经线接缝会引起较大的扩散副瓣，与极低副瓣的天线是不匹配的。

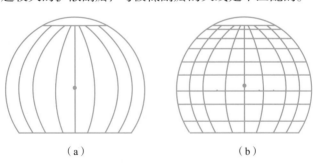

（a）   （b）

图 9-13　天线罩的划分方法

（2）经纬线划分法

经纬线划分法的优势是板块尺寸调节余度较大，可按要求随意调整。设计时尽可能将板块调节成细长结构，使宽度小于 3.5m，长度尽可能长，以减少连接缝。具体做法：在经线分块的基础上为了方便大型天线罩的制造、运输和安装，再添加纬线，使板块尺寸减小，如图 9–13（b）所示。

（3）在球面正多面体基础上的经纬线划分法

此法属于从球面正多面形出发的分块方法。长期以来，人们试图找到一种大型球面天线罩的分块方法，希望用这种分块方法得到只有一种规格的单元件，于是想到了按正多面形（如果一个凸多面体的表面都是全等的正多边形，并且所有的多面角全部相等，这样的凸多面体表面就称正多面形）分块。在天线罩设计中一般采用正十二面体。如图 9–14 所示为球面正十二面体。前面已经提到的经向分块，虽然满足单元件为一种的要求，但就大型天线罩而言，从工艺、制造、运输、安装尤其电性能看，是不可取的。因此，现阶段较为理想的分块方法是：先将球面分为正多面形，然后从正多面形出发，做进一步划分。这种分块方法既基本保证了单元之间的接缝在各个方向上均匀分布，使其对电性能，特别是对副瓣和瞄准误差的影响减少，而且只要在正多面形的进一步划分中进行适当的处理，就可使单元类型减至最少。

①规则划分法

当天线罩直径比较小时，如 $R_0=8.0$m，先将球面分成 12 个全等的球面正五边形，再将每个正五边形分成具有公共顶点 5 个相等的球面等腰三角形，即把整个球面分割成 60 个全等的球面等腰三角形。这种划分仅有一种规格的单元件（基础部分除外）。

②不规则划分法

对于更大型的天线罩来说，按上述所示划分 60 个球面等腰三角形是不可行的，因为每一块的面积都太大。为了便于实现，可在上述规则分块法的基础上再将每一个球面等腰三角形进行分块。图 9–15 所示即对球面等腰三角形进行再划分。

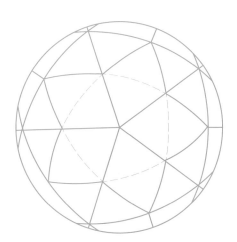

图 9–14　球面正十二面体

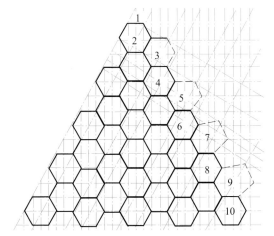

图 9–15　球面等腰三角形的不规则分块

首先，将球面等腰三角形底边上的高 14 等份（把某一球面等腰三角形的高放在赤道线上，将高分成 14 等份）。然后过各分点，在球面上分别做垂直于此高且具有同一个南北极的一族子午圆（经线）；同时让其与球面等腰三角形的两个腰分别相交（注意该交点并不等分腰）；过这些交点再做与此高所在的赤道圆周具有同心轴的一族平行圆环（纬线）；这些圆环与底边及前面过各等分点所做的一族子午圆（经线）相交（但它们并不等分这些线）。最后适当连接有关各点，即构成所要求的六边形及五边形。由图 9-15 可以看出，这种分块方法共有 10 种基本单元件，便于批量化生产。

（4）在球面正二十面体基础上的有规则划分法

首先将球面分成 20 个等边的球面三角形，如图 9-16 所示。然后将每个球面等边三角形的每一边分成若干等份，如 6 等份。如图 9-17 所示。这样又将球面等边三角形再分成有 7 种规格的 36 个球面三角形。第一种规格为 3 块；第二种规格为 6 块；第三种规格为 3 块；第四、五、六、七种规格均为 6 块。这种分块方法的规律性较强，肋的取向基本上在三个方向构成有规律的排列，但是这种分块方法会形成大的扩散副瓣。对球面等边三角形每边的等分数不同，可得到不同规格的单元件。图 9-18 所示的天线罩就是基于对球面三角形的每边进行不同的等分而设计制造的。

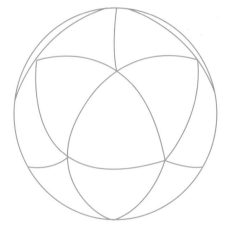

图 9-16　20 个球面等边三角形

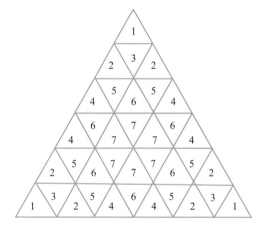

图 9-17　正二十面体的规则分块法

图 9-18　球面三角形分割所得到的天线罩

（5）在球面正二十面体基础上的无规则划分法

同前，先将球面分成 20 个等边球面三角形，将其中心投影构成正二十面体（见图 9-19）；然后从每个球面正三角形的三边分别做高（也是中线），从而将每个球面正三角形分成三个相同的不等边球面四角形，如图 9-20 所示。每个球面四角形又分成两个三角形，其中一个是另一个的镜像。将这种划分得到的球面三角形称为"阴影线三角形"，全球面共分为 120 个阴影线三角形。

根据球半径的大小，又可以将一个球面四边形再进行划分，可以划分为 $14\frac{1}{3}$、17、18 或 $28\frac{1}{3}$ 个不等的球面三角形。图 9–21 是将球面四边形 $ADFG$ 进行 $14\frac{1}{3}$ 划分。

电性能要求地面天线罩的板块具有一定的不规则性（连接缝尽量避免平行边），板块之间接缝要少（板块尺寸规格尽可能少），以减少连接螺栓对电性能的不利影响。因此，三角形板块已不能满足电性能要求较高的天线罩，必须对板块进行随机化处理。表 9–1 为不同划分形式的板块面积及种类。

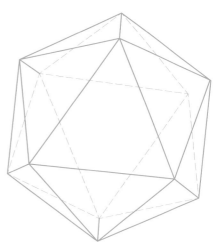

图 9–19　正二十面体

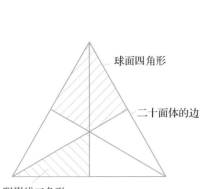

图 9–20　二十面体的阴影线三角形

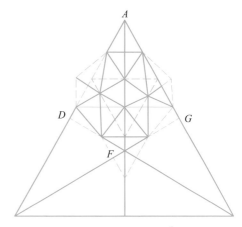

图 9–21　球面四边形 $14\frac{1}{3}$ 划分

表 9–1　不同划分形式的板块面积及种类

划分形式	整球板块的数量	平均面积	规格种类	边界板块种类
12 面体	12	$4\pi r^2/12$	1	1
20 面体	20	$4\pi r^2/20$	1	1
32 面体	32	$4\pi r^2/32$	2	2
60 面体	60	$4\pi r^2/60$	2	3
20 面体边长 2 等分	80	$4\pi r^2/80$	4	4
92 面体	92	$4\pi r^2/92$	3	3
20 面体边长 2 等分	180	$4\pi r^2/180$	9	6
随机划分 2°	180	$4\pi r^2/180$	3	4
212 面体	212	$4\pi r^2/212$	4	5

表 9-1（续）

划分形式	整球板块的数量	平均面积	规格种类	边界板块种类
60 面体边长 2 等分	240	$4\pi r^2/240$	4	5
随机划分 1°	362	$4\pi r^2/362$	8	7
212 面体加密	392	$4\pi r^2/392$	6	6
60 面体边长 3 等分	540	$4\pi r^2/540$	9	9

将"足球"形板块按图 9-22（a）所示图形进行划分，其中 $AP=BQ$，$BE=CF$，中间为球面正五边形和正六边形。按图 9-22（b）、（c）所示图形进行连接即可。根据罩体直径调整中间小六边形的边长，可得到各种不同板块尺寸。整罩共 7×20+6×12=212 块板块，尺寸规格为 4 种。

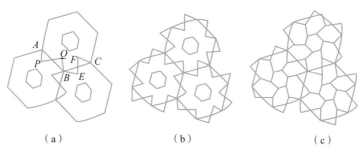

| （a） | （b） | （c） |

图 9-22　无规则划分法

212 面体的天线罩尺寸规格少，易于批量化生产，在实际中应用比较广泛。图 9-23 和图 9-24 分别为某 212 面体球罩分布示意图和天线罩实物图。

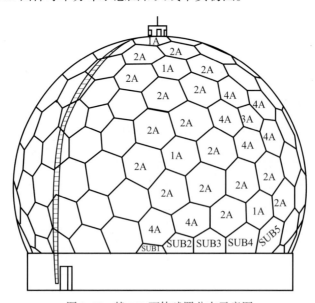

图 9-23　某 212 面体球罩分布示意图

（6）多边形随机划分法

多边形随机划分是在多边形准随机划分的基础上，对单元基本划分的随机调整，而得到的一种划分方法。例如，某直径为 9.144m 的 A 型夹层泡沫天线罩的板块划分方法即为多边形板块的随机划分。在截高为 7.904m 时，天线罩共分为 49 块，有四边形 5 块、六边形 44 块，其中六边形又分为 8 种，分块后的天线罩模型如图 9-25 所示。经检验，此种分块方式可以较好地满足天线罩的电性能要求，并具有一定的强度和刚度，抗风能力达到 57m/s 以上。

图 9-24　某 212 面体天线罩实教物图

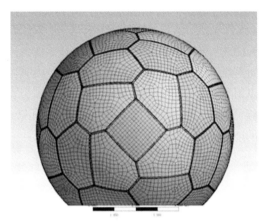

图 9-25　49 分块天线罩模型

9.2.3.2　天线罩的工艺制造及安装方式

无论是金属桁架结构天线罩还是介质天线罩，透波介质材料的性能和工艺在天线罩工程中都起着关键的作用。

工艺方法一般以手糊成型工艺为主。根据天线罩板块的结构特点和电性能的要求，对于实芯结构天线罩常采用湿法手糊工艺；而夹层结构天线罩常采用湿法、半湿法手糊工艺，并结合真空袋压或加压袋压技术，以保证夹层结构的蒙皮和芯材间的紧密结合。

手糊成型工艺一般采用不饱和聚酯树脂和环氧树脂作为基体，增强材料常用玻璃纤维布。成型过程依次为：向模具上涂脱模剂，喷涂胶衣，铺放增强材料并浸渍树脂，然后用刮板和辊子使纤维浸透，并排除气泡。

真空按压或加压袋压技术，是将气体的压力传递到未固化的玻璃钢制品表面，达到排除空气、层合致密目的的一种方法，且设备费用较低，适用于双曲面的玻璃钢大型天线罩的成型。

天线罩的安装质量是保证天线罩功能发挥的最后一道关口，是保证天线罩性能稳定可靠的重要方面。一方面由于天线罩多数安装在高山沿海一带，气候条件十分恶劣，在这种情况下，保证天线罩的安装质量就面临很大困难；另一方面随着天线技术的发展对天线罩的性能要求也不断提高，天线罩结构和单元板块的分割也发生了很大的变化，使得天线罩的安装难度不断增加。所以应有一支精干的安装队伍，具有良好的技术和组织能力及安装经验，确保安装工作在短时间内完成。

除航海雷达、气象雷达安装的地方有时具备吊车使用条件外，一般情况，天线罩的安装都在无吊车的情况下进行。满堂红脚手架是安装天线罩，特别是安装直径 20m 以上随机分割的天线罩常采用的方法。

一般在罩内侧架设满堂红脚手架，就可完成天线罩的安装。对于高性能天线罩，连接件都是从罩外向内安装，因此还应在罩外再架设一个简易的可移动的脚手架。天线罩安装脚手架强度值高于一般的建筑用脚手架，以便于单元板块吊装，板块组装要按照预先设计好的板块顺序进行。安装第一层时先选择背风和非电磁窗口位置，安装含有门的板块，然后按画好的基准线将第一层板块拼好，并用螺栓连接。为防止板块外倾，须用绳索将板块与架杆固定。其他层的安装与第一层的安装方法相同。在安装时要求一天内完成一层，并将镶嵌件如梯架、照明线等同时安上。合理设置平台以方便施工，内侧布置之字形梯子。大型天线罩顶部的安装尤为困难，一般采用地面组装，整体吊装的方法完成。

9.2.3.3 天线罩的辅助结构

为保证大型天线罩的正常使用，根据天线罩的立体结构形式配备相应的辅助结构。如基础结构、出入门、照明、避雷、预警、通风等辅助结构。辅助结构是天线罩不可分割的组成部分，对天线罩的安装、安全、维修、使用寿命都有重要的作用。某介质天线罩与基础的连接结构形式如图9-26所示。

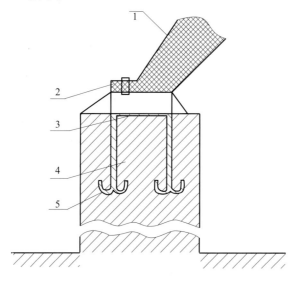

图9-26 某介质天线罩与基础的连接结构形式

1—边界罩；2—连接螺栓；3—预埋环；4—基础墩；5—预埋地锚

天线罩与基础的连接直接关系到天线罩整体结构的稳定。工程经验表明，天线罩的破坏经常从罩体的根部开始，基础的结构形式至关重要。介质天线罩底部常制作成内突形，用螺栓连接在钢筋混凝土结构的钢制环形梁上，接缝处涂密封硅胶。

大部分天线罩的避雷、预警、通风装置都安装在天线罩顶部。图9-27为某种介质天线罩避雷、预警、通风结构。从经济性上考虑，大型介质天线罩常采用顶部被动通风设计。利用基础底部通风口与顶部通风，直接在钢筋混凝土基础的围墙上预留若干通风窗，并设置开关装置。通风孔与通风窗加装金属防鼠网，在天线主要工作方位的相反方向安装天线避雷铜带。平台基础上预留避雷地网接头，天线、天线罩和地基避雷网相连，避雷针安装在顶部通风罩上。同时内部保护罩可以防水和风沙。大型天线罩的预警灯在不影响电性能的情况下，可在罩体顶部或侧面四周均匀安装4~8个，对罩体进行整体预警。

为了确保雷达天线罩的正常使用，必须对局部破坏或脱落的罩体、腐蚀的连接螺栓、板块连接密封脱落等情况进行维修。应设计内部和外部维修软梯（见图 9-28），外部软梯可沿罩体 360° 转动，保证罩体外部任意位置的维修。罩体内部维修有时可借助天线辐射梁架设维修爬梯，维修爬梯随天线方位俯仰转动，保证覆盖整个罩体内部。

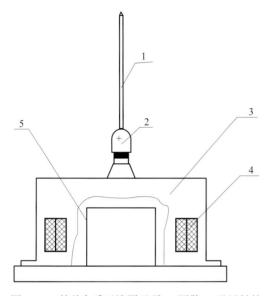

图 9-27　某种介质天线罩避雷、预警、通风结构

1—避雷针；2—预警灯；3—通气罩；4—防护网；5—内防护罩

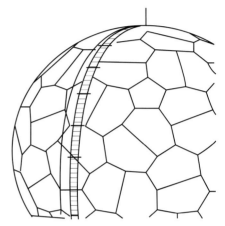

图 9-28　天线罩的维修爬梯

9.2.4　强度刚度要求

（1）整体稳定性

以截球形壳体为例，球壳的稳定性分析有长久的历史和丰富的试验资料。经典的线性理论是由 R.Zoeuy 在 1915 年得出的，而后通过许多研究者和试验者统一为

$$p_{cr}=KE\left(t/R\right)^2 \tag{9-9}$$

式中：p_{cr}——临界失稳压力；

　　　K——稳定系数；不同学者对 K 的取值是不同的；

　　　E——材料的弹性模量；

　　　t——球壳的计算厚度；

　　　R——球壳半径。

（2）各类载荷计算

作用在雷达罩体上的载荷有：罩体自重、风、冰雹、温度应力等。

①罩体自重载荷

罩体自重集度为

$$q_c=q_c'\times k_1\times k_2\times k_3 \tag{9-10}$$

式中：q_c'——每平方米罩体重量；

k_1——封边系数，取 1.1；

k_2——附加载荷因数（螺栓、保护层等），取 1.2；

k_3——超载系数，取 1.3。

②风载荷

取球壳在风载荷下的压力分布函数 $\rho(\varphi, \theta)$ 为

$$\rho(\varphi, \theta) = (A + B\sin\varphi\cos\theta + C\sin^2\varphi\cos^2\theta + D\sin^3\varphi\cos^3\theta)q \qquad (9-11)$$

式中：$A=-1.3$、$B=0.1801$、$C=1.56$、$D=0.5599$ 为常数，通过风洞试验测得；q 为风压集度（kN/m^2），为

$$q = \frac{1}{2}\rho v^2 k_3 = \frac{v^2}{1600}k_3 \qquad (9-12)$$

式中：ρ——空气密度，标准空气密度为 $1.25kg/m^3$；

v——风速（m/s）；

k_3——超载密度，取 1.3。

③冰雹载荷

冰雹载荷（kN/m^3）为

$$q_n = t \times \rho_u \times k_a \qquad (9-13)$$

式中：t——冰雹厚度，m；

ρ_u——冰雹密度，kg/m^3；

k_u——超载系数，取 1.4。

9.2.5 地面天线罩环境适应性要求

对于机载雷达天线罩，其环境适应性要求应符合飞机环境适应性要求，主要环境适应性相关标准为 GJB 150A。现阶段地面天线罩没有专门的行业标准，可以借鉴机载雷达天线罩的相关标准。地面天线罩重点要考虑的环境试验项目包括高温、低温、温度冲击、湿热、霉菌、砂尘、酸性大气、太阳辐射、淋雨、冰雹冲击、雷电防护试验等。

9.3 车载天线罩

随着人们对信息网络需求的增大，汽车、火车对电子系统的要求越来越多，人们已经不满足于仅在家里或固定场所获取网络信息，人们希望在车上也有稳定的网络信号，畅通的网络信息通道。车载天线罩已成为雷达天线罩领域备受关注的新兴种类之一。

9.3.1 电性能要求

在军事行动中，通信车往往需要工作在各种复杂的地形环境中，车辆不仅需要在静止时能够实现良好的无线通信效果，而且也要满足机动时的通信需求。随着全民网络的普及，目前国内一些交通车辆如高铁也安装了卫星通信天线以供乘客上网与收看电视节目，相应

的民事交通车载天线罩也开始进行设计生产。天线作为通信系统中必不可少的组成部件，其安装位置一般位于车顶。为保护天线不受外界损伤，车载天线罩位于天线的上方，一般作为车顶盖的一部分或者车顶形式存在。为了保证通信的顺畅，不影响天线的收发信号性能，车载天线罩一般具有较低的功率传输损耗要求。其应用频率随不同通信车的需求从几百兆赫到几十吉赫。

9.3.2　强度、刚度和可靠性要求

车载天线罩相比于地面天线罩、机载天线罩和舰载天线罩，又有其特殊性，车载天线罩相对于机载天线罩而言，其尺寸相对较大，我们都知道随着尺寸外形的增大，同样透波要求的雷达天线罩往往刚性较差。刚性差了之后随之而来的是罩体的固有频率非常低，这就极易与车体产生共振，给罩体的连接和长久可靠的使用带来威胁。所以，一般车载天线罩的设计会对罩体的固有频率提出较严苛的要求。另外，由于车辆在地面行驶，对于雷达天线罩来说地面风载不是主要的破坏因素，外来物体的冲击损伤会对其强度、刚度和稳定性造成比较大的影响。

随着高速铁路的快速发展，车载天线罩的需求会越来越旺盛，而随着铁路机车的速度在不断提高，这会对复合材料透波件即雷达天线罩的强度、刚度和可靠性提出更高的要求。同时，要求雷达天线罩具有更高的可靠性、更短的可修复时间。

对车载天线罩的性能要求相对于机载天线罩、舰载天线罩等来说较低，一般要求具有阻燃性、耐霉性、耐盐雾、耐酸碱。工作温度为 –40 ~ +50℃。耐湿热为在 30℃ 条件下，相对湿度 ≥98%。工作寿命为 ≥ 10 年，要求在三级公路上行驶不发生变形破坏。目前，常见的有"动中通"卫星移动通信天线罩和普通的大型车载天线罩。

9.3.3　车载天线罩设计制造

用于"动中通"天线罩的复合材料由增强纤维和树脂基体构成，两者的电性能良好才能成型出好的透波材料。增强材料常选用无碱玻璃纤维。对于无高温要求的天线罩，选择基体树脂时，一般考虑环氧树脂或不饱和树脂。高性能"动中通"天线罩设计，从工艺实现的难易程度、基体树脂的介电常数等方面综合考虑，选择不饱和树脂、环氧树脂、聚氨酯泡沫和芳纶纸蜂窝都是非常理想的电磁窗材料。

"动中通"天线罩通常采用单层、夹层等结构形式，由于重量要求等因素，多选用夹层结构。夹层又分为 A 型、B 型、C 型及多层等形式。在高性能"动中通"天线罩研制过程中，综合性价比等诸多因素，常选取 A 型泡沫夹层结构，结构示意图如图 9–29 所示，生产工艺流程如图 9–30 所示。"动中通"天线罩应用实例如图 9–31、图 9–32 所示。

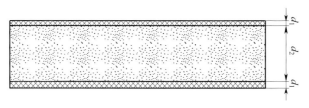

图 9–29　结构示意图

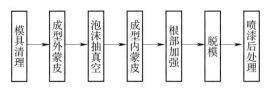

图 9-30　生产工艺流程

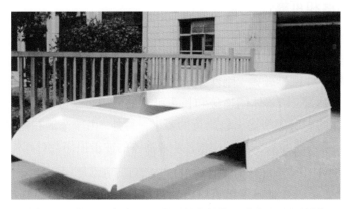

图 9-31　应用于奔驰 -×× 车型的高性能 "动中通" 天线罩

图 9-32　应用于东风 -×× 车型的高性能 "动中通" 天线罩

9.3.4　车载大型天线罩设计

在制造车载天线罩时，除了满足其性能要求之外，很大程度上还要考虑制造成本问题。其中模具、材料、工艺是决定成本的关键因素。

模具设计直接影响雷达天线罩的质量，复合材料成型模具主要有阴模和阳模等结构形式，实际操作中具体选用哪种形式，主要取决于制品的外形、尺寸公差、表面质量和其他特殊要求等。一般采用大理石或玻璃平板制造模具，可以满足雷达天线罩精度的要求。

在材料方面，增强材料常选用玻璃纤维，选择基体树脂时，一般考虑环氧树脂或不饱和树脂，夹芯材料一般选用聚氨酯泡沫或芳纶纸蜂窝。

制造工艺一般是手糊成型、模压成型、树脂传递模塑、真空袋压成型等，常选用经济性和工艺性较好的手糊成型，固化方式常采用烘箱固化和常温固化。

以某大型车载天线罩为例，简单介绍一下其制备工艺。其外形尺寸为长 4940mm、宽 2080mm、高 170mm，如图 9-33 所示。

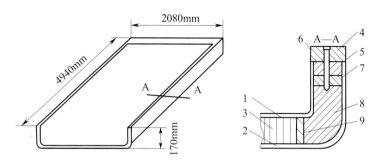

图 9-33　雷达天线罩结构示意图

1—内蒙皮；2—内蒙皮；3—蜂窝板；4—边框（铝合金）；
5—玻璃钢；6—平头螺钉；7—预埋件；8—泡沫；9—过渡段

由于该雷达天线罩的面积大，若要在高温下成型则操作困难，选择适合常温下成型，并兼顾良好的介电性能和力学性能的材料是该雷达天线罩研制的关键。可选择双酚 A 型不饱和聚脂 /E 型玻璃纤维织物作为蒙皮材料，能够较好地满足蒙皮的性能要求，性能见表 9-2。

表 9-2　双酚 A 型不饱和聚脂 /E 型玻璃纤维织物复合材料性能

项目	测试结果	测试方法
介电常数	3.80	波导短路法
损耗角正切	0.013	波导短路法
拉伸强度 /MPa	230	GB 1447—1983
弯曲强度 /MPa	260	GB 1449—1983

固化剂为过氧化苯甲酰，促进剂为 N，N′– 二甲基苯胺。该固化剂及促进剂对材料的介电性能影响较小，施工工艺易于把握。蜂窝芯材选择格孔宽度为 5mm、酚醛清漆浸渍的电缆纸蜂窝。该蜂窝价格便宜，性能良好，其主要性能见表 9-3。

制备工艺流程如图 9-34 所示。

表 9-3　蜂窝主要性能

项目	测试结果	测试方法
介电常数	1.07	谐振腔法
损耗角正切	0.0027	谐振腔法
压缩强度 /MPa	0.6	GB 1447—1983

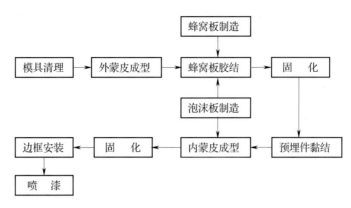

图 9-34　制备工艺流程

根据图 9-35 所示的铺层方式铺置玻璃布，树脂含量为 52%。铺置完毕后，将蜂窝板和泡沫板安置在玻璃布上。其中，蜂窝板的接缝应错开，以避免应力集中从而使罩体易从此处破坏。用气球布密封后，接通真空系统，保持真空压在 6.6kPa 以下，常温固化 10h。

预埋件是雷达天线罩与汽车间的连接件，主要起到承受连接螺栓应力的作用。在泡沫板上铺置数层玻璃布，并用环氧树脂浸透。将预埋件安置在玻璃布上，再次在预埋件上铺置数层玻璃布，并用环氧树脂浸透，常温固化

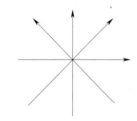

图 9-35　内外蒙皮铺贴方向示意图

24h。用平头螺钉和环氧树脂安装边框。树脂固化后，将雷达天线罩脱模。由于雷达天线罩使用期长，使用和保存过程中需长期处在露天环境下，这要求雷达天线罩具有良好的耐雨蚀、日晒等性能，所以雷达天线罩表面的防腐处理尤为重要，选择聚氨酯防雨蚀磁漆能较好地满足防雨蚀的技术要求。

9.3.5　车载天线罩环境适应性要求

车载天线罩也没有专门的环境试验方面的行业标准，可以借鉴机载雷达天线罩的相关标准。车载天线罩重点要考虑的环境试验项目包括高温、低温、温度冲击、湿热、霉菌、砂尘、酸性大气、太阳辐射、淋雨、流体污染、振动、冲击、积冰/冻雨、冰雹冲击、雷电防护试验等。

9.4　其他天线罩

9.4.1　潜艇天线罩

我国现有潜艇用天线罩均是在水面航行状态使用的，天线罩的设计都是按照水面状态考虑，若作为卫星通信天线支撑杆，则必须适应潜望状态下的工作要求。同时，卫星通信天线的使用对天线罩透波性也有较高的要求。

高强度耐外压天线罩用于综合浮标，综合浮标装备在潜艇上，主要目的是实现潜艇隐

蔽多频段双向通信、卫星通信，在保证高精度和高时效的前提下，可以实现远程目标指示信息及导航信息的可靠接收，达到远程精确打击的目的。因此，要求潜艇天线罩具有多频段、高透波的技术特点，当前，潜艇天线罩的隐身能力也经常作为重要性能要求而被提出。

作为潜艇的重要电磁透波窗口，潜艇天线罩作用重大。在潜艇天线罩的设计中，强度、刚度和稳定性设计仍然是各项设计的前提。潜艇天线罩与其他天线罩的不同之处在于，它承受的载荷主要是水下压力，随着潜艇潜入深度的增加，对潜水天线罩的耐压、密封有很高的要求，水压会造成潜艇天线罩变形增加，反复地变换潜水深度，会带来潜艇天线罩的疲劳。

9.4.1.1　潜艇天线罩耐压制造工艺

潜艇天线罩的成型加工方式主要是树脂传递模塑成型，具体制造工艺见 5.1.3 节。此外，还可以通过热压罐和真空袋热压工艺制造潜艇天线罩。

9.4.1.2　潜艇天线罩环境适应性要求

潜艇天线罩也可以借鉴机载雷达罩的相关标准。潜艇天线罩重点要考虑的环境试验项目包括高温、低温、温度冲击、温度－湿度－高度、湿热、霉菌、盐雾、太阳辐射、流体污染、振动、冲击、加速度等。

9.4.2　舰载天线罩

随着科技的发展，现代海战已进入电子化和信息化阶段，海上舰艇编队面临来自多方位的武器威胁。为了解决这一问题，美国、俄罗斯、法国、英国、荷兰、德国、意大利、日本、澳大利亚、以色列等国竞相研制并装备了舰载相控阵雷达，以提高水面舰艇的作战能力。相控阵雷达具有覆盖空域广、多目标跟踪及抗干扰强等特点，作为保护雷达天线系统的天线罩也应具有相应的频带宽、多频段传输等特点。同时由于舰载环境的复杂性以及防探测能力的需求，舰载天线罩还具有隐身方面的需求。

舰载天线罩是安装在雷达天线外面的保护罩，要求天线罩在不影响雷达天线发射或接收电磁波的条件下，防止恶劣环境对雷达天线工作状态的影响和干扰，确保雷达在各种工况下全天候正常运行，提高雷达使用可用度、使用寿命和效费比，改善雷达站工作环境、隐身能力和维修保障能力。

9.4.2.1　舰载天线罩制造工艺

舰载天线罩的成型加工可采用手糊成型、模压成型、树脂传递模塑、真空袋压成型等成型方式，成型制造工艺见第 5 章。加工的样罩随设备通过应力筛选、环境试验和电性能测试，各项指标都需满足设备的使用要求。

9.4.2.2　舰载天线罩环境适应性要求

舰载天线罩的环境适应性要求可以参照 GJB 4、GJB 367A、GJB 4000 等，GJB 1060.2—1991《舰船环境条件要求气候环境》。舰载天线罩重点要考虑的环境试验项目包括低气压、高温、低温、温度冲击、温度－湿度－高度、湿热、霉菌、盐雾、砂尘、酸性大气、太阳辐射、淋雨、流体污染、积冰／冻雨、振动、冲击、加速度、冰雹冲击、颠震、海水浸泡、雷电防护等试验。

9.5　天线罩试验验证

9.5.1　静力试验

为保证产品使用的安全性，理论上在产品交付之前均应通过静力试验考核。

9.5.2　耐水压试验

9.5.2.1　试验载荷及试验方法

潜艇天线罩承受的主要载荷为处于深水中的静水压力，试验方法参照 GB/T 40073–2021《潜水器金属耐压壳外压强度试验方法》。

9.5.2.2　试验工装

（1）试验工装和试验所需的仪器设备应当能够施加规定的载荷；

（2）试验工装和试验所需的仪器设备应当能够保护试验件免受损坏；

（3）试验工装应保证试验件与其接口处的密封性，不得由于试验工装的密封性影响试验结果；

（4）试验设备所产生静水压力的升压速率可以根据设备的实际情况进行调节，但不得小于 0.3MPa/min；

（5）为了模拟天线罩实际受压情况，试验中的水源采用海水。

9.5.2.3　合格判据

试验件在承受极限载荷 30min 后，不分层、不破坏、不渗水，作为试验件满足高强度、高刚度和高密封性能要求的合格判据。

9.5.3　耐环境试验

参考借鉴 GJB 150A—2009《军用装备实验室环境试验方法》进行舰载天线罩、车载天线罩、潜艇天线罩和地面雷达天线罩等的环境试验设计，选择标准中的相关试验程序进行低气压（高度）试验、高温试验、低温试验、温度冲击试验、温度–湿度–高度试验、湿热试验、霉菌试验、盐雾试验、砂尘试验、酸性大气试验、太阳辐射试验、流体污染试验、振动试验、冲击试验、加速度试验、淋雨试验和结冰/冻雨试验等试验项目，同时开展冰雹冲击试验和雷电防护试验。除此之外还应开展的试验项目如下。

（1）颠震试验

舰船天线罩还应视情况开展颠震试验，具体参照 GJB 4.8—1983《舰船电子设备环境试验　颠震试验》进行。

（2）海水浸泡试验

潜艇天线罩还应开展海水浸泡试验，海水浸泡试验具体参见 GJB 8893.5《军用装备自然环境试验方法　第 5 部分：表层海水自然环境试验》，该标准用于研究或验证产品在海水飞溅、潮差、全浸环境下使用的环境适应性，持续积累材料工艺的环境适应性，考核产品的选材正确性、工艺性和结构设计的合理性。

第10章 雷达天线罩新技术

10.1 概述

雷达天线罩既是飞行器的结构部件，也是飞行器的功能部件，因此，雷达天线罩既要承受高超声速飞行器空气动力载荷、环境热气流、雨流冲刷及其载荷的振动冲击性能要求，又要满足功率传输效率、瞄准误差、方向图畸变等电性能的要求。雷达天线性能的不断提高对雷达天线罩提出了高性能、宽频带、低重量、耐高温和隐身等要求，促进了雷达天线罩技术的不断发展。

随着超大规模集成电路（VLSI）技术、数字技术和微波组件技术的日渐成熟，以第五代战斗机为代表的机载电子系统开始采用多功能相控阵天线技术，现代无线电技术和雷达探测系统由此得到迅猛发展，极大地提高了飞行器探测系统搜索、跟踪目标的能力。此外，国外军事大国已进入新一代战斗机研制阶段，美国波音、诺斯罗普－格鲁门与洛克希德－马丁，俄罗斯苏霍伊、法国达索均提出了新一代战斗机的概念方案，新一代战斗机有如下几大特点。

（1）外形上采用大量翼身融合技术，机身整体呈扁平化，无垂尾；

（2）性能方面突出优良的气动特性和隐身特性；

（3）智能化、信息化作战能力进一步提升。

故而，新一代武器平台面临的作战环境、作战目标、作战任务更为复杂，作战能力和隐身能力的提升需求牵引着新一代雷达天线罩技术的突破。

新一代武器平台对探测与隐身功能的要求如下。

（1）可承受高超声速飞行条件下的气动和热载荷；

（2）隐身目标全向探测；

（3）甚宽频带探测；

（4）智能化探测；

（5）透波、隐身、抗干扰等一体化；

（6）射频、雷达、红外综合隐身；

其对雷达天线罩也提出了相应的技术需求，重点发展方向如下。

（1）耐高温技术；

（2）功能梯度结构技术；

（3）多功能电磁智能蒙皮技术；

（4）透波／隐身一体化技术；

（5）吸波技术。

针对上述雷达天线罩新技术需求，本章重点介绍国内外新一代飞行器所涉及的雷达天线罩技术，综合阐述耐高温雷达天线罩、多功能电磁智能蒙皮、红外隐身雷达天线罩、透波/隐身一体化雷达天线罩、功能梯度结构雷达天线罩、吸波结构雷达罩等方向的新技术发展和应用情况。

10.2　耐高温雷达天线罩技术

10.2.1　背景与应用

高超声速飞行器是指飞行马赫数大于5、以吸气式发动机或其组合发动机为主要动力、能在大气层和跨大气层中远程飞行的飞行器,其应用形式包括高超声速巡航导弹、高超声速有人/无人飞机、空天飞机和空天导弹等多种飞行器。高超声速飞行器具有飞行速度快、升空时间短、攻击能力强、突防概率高等显著优点,可进行天地往返运输,还可用于摧毁敌方空间系统、拦截弹道导弹和对地进行精确打击等,近年来受到世界各大军事强国的重视,纷纷将高超声速飞行器研制作为本国航空航天科技发展的前沿高地。

高超声速飞行器雷达天线罩必须满足耐高温、电性能、气动性能、结构及接口、力学性能和隐身性能等要求,同时还要满足可靠性、维修性、保障性、测试性、安全性和环境适应性等要求。因此,耐高温雷达天线罩技术是一项涉及电磁场、结构力学、空气动力学、传热、材料、工艺等多学科领域技术的复杂工程。

10.2.2　总体设计

10.2.2.1　壁结构形式

高超声速飞行器在飞行过程中,由于受到剧烈的气动加热,温度会急剧升高,同时发生剧烈烧蚀。此类飞行器往往有迎角飞行,会形成周向和轴向的非对称加热,导致雷达天线罩表面烧蚀量不均匀,以及内外表面温度呈梯度分布。烧蚀量会引起雷达天线罩壁厚的不规则变化,雷达天线罩材料介电性能也会随温度的升高发生变化,这两个方面直接影响雷达天线罩在飞行过程中的电性能指标,包括功率传输效率、主波束偏移和方向图畸变等。

高超声速飞行器雷达天线罩由主要解决电性能问题变为要同时解决气动防热、电性能和强度等综合设计问题。雷达天线罩设计必须遵循防热是前提、透波是目的、结构承载需满足、结构完整性是最低要求的原则,气动、电性能、环境、成本和雷达天线罩外形、壁厚、结构形式、材料等可调的设计参量,形成了错综复杂的关系,加大了雷达天线罩总体设计的难度。

在高超声速飞行器电性能设计中,要综合考虑雷达天线罩壁厚非均匀变化、材料介电性能变化等问题。受试验手段的制约,目前尚无法开展雷达天线罩边烧蚀边进行电性能测试的相关试验,也就无法获得雷达天线罩高温烧蚀条件下的电性能测试数据,因此需要从理论上分析和软件仿真计算雷达天线罩高温烧蚀状态下的电性能。

雷达天线罩结构设计与电性能设计同样重要,且相互制约。雷达天线罩采用半波壁厚设计时,如果材料力学性能偏低,壁厚则应增加;而壁厚每增加一阶,透波率会下降,瞄准误差也会增大;当雷达天线罩采用薄壁结构设计时,雷达天线罩壁厚远小于半波壁厚,材料力学性能对雷达天线罩结构可靠性的影响更大。

10.2.2.2　热载荷

飞机雷达天线罩的热载荷主要由空气动力加热引起，有时发动机热源或核爆炸产生的热量也会对雷达天线罩加热。飞机头部雷达天线罩的加热源主要是气流的动量和摩擦力产生的。在气流流速减至零时，气流的动能全部转化为热能，达到驻点温度。

气流沿雷达天线罩外表面流动时，由于边界层与罩体的摩擦导致流速减慢，与邻近层产生剪切作用，由摩擦产生温升。热空气对雷达天线罩局部加热，直到达到热平衡。雷达天线罩上的温度分布和大小与雷达天线罩的形状有直接关系，一般在雷达天线罩头部温度最高，沿罩体轴向向后温度降低。罩体前端温度最高，之后温度下降很快，在此处形成的拉伸应力最大。机头雷达天线罩在高速飞行中产生的热应力是比较大的，往往超过通常的机械应力，所以必须仔细分析和测试雷达天线罩壁上的温度梯度，并考虑材料在相应温度下力学性能的变化。

10.2.3　材料与工艺

10.2.3.1　耐高温耐烧蚀、透波复合材料设计技术

高超声速飞行器雷达天线罩用耐高温透波材料包括粉体陶瓷材料和纤维增强陶瓷基复合材料，迄今已发展的耐高温透波材料体系见表 10-1，其中几种典型耐高温透波材料热透波性能比较如图 10-1 所示。高温透波材料经历了从单向材料逐步向复合材料转变的发展过程。

表 10-1　耐高温透波材料体系

	粉体陶瓷材料	纤维增强陶瓷基复合材料	
材料体系	氧化铝、微晶玻璃、氧化铍、石英陶瓷、氮化硅、氮化硼、Si-Al-O-N 体系陶瓷、氮化物/氮化物复相陶瓷、先驱体转化硅氧氮陶瓷等	基体：磷酸盐、二氧化硅/氧化铝/莫来石及其混合相、氮化硅、氮化硼、先驱体转化陶瓷	增强纤维：高硅氧、石英、氮化硼、氮化硅、氧化铝和莫来石等
制备方法	无压烧结、反应烧结、气压烧结、热压烧结、热等静压烧结和 CVD 等	循环浸渍法、压制成型法、缠绕成型法、先驱体转化法和原位复合法等	

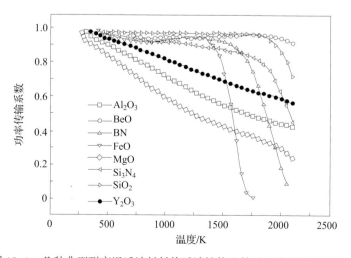

图 10-1　几种典型耐高温透波材料热透波性能比较（二阶壁厚，10GHz）

（1）第一代高温透波材料以粉体陶瓷为主，典型材料包括氧化铝、微晶玻璃、石英陶瓷；

（2）由于粉体陶瓷材料的热结构可靠性无法满足更高热力环境下的使用要求，因此发展了第二代高温透波材料，以连续纤维编织体为增强体，通过循环浸渍致密化形成陶瓷基复合材料，典型代表包括石英纤维增强二氧化硅基复合材料和纤维增强磷酸盐基复合材料；

（3）第三代高温透波材料的典型代表是以新型陶瓷纤维（包括 SiBN 纤维、Si_3N_4 纤维、BN 纤维等）为增强纤维的 Si–B–N–O 基复合材料，该材料体系具有更为优异的综合性能，其主要特征是成分体系从 M–O 二元体系向 Si–B–N–O 多元体系演化。

较第二代高温透波材料具有更好的高温强度及耐烧蚀性能的第三代高温透波材料是一个值得关注的重要发展方向。研究表明，在材料主成分中引入 N 元素，材料力学性能明显提高；B、N 等元素的引入，可改变材料烧蚀机制，调控材料烧蚀性能。第三代高温透波材料的关键技术是新型陶瓷纤维的研制，目前技术还不成熟，需要进行技术攻关。通过材料设计、制备方法创新，新型先驱体和新型纤维应用以及微成分、微结构调控，实现材料体系由氧化物、氮化物向 Si–B–N–O（M）体系演进，满足高透波、高强韧和低（非）烧蚀要求。

在严重的气动加热环境下，雷达天线罩表面温度会迅速达到 1000～3000K，甚至更高，雷达天线罩自外至内形成明显的温度梯度。雷达天线罩材料表面高温区将发生相变，或者分解、气化；材料内部也会随温度的变化而发生不同的物理、化学、微观组织结构变化，从而引起材料物性的变化，甚至发生由量到质的突变。而伴随这一变化过程，电磁波通过材料表层和内部的传输特性可能发生很大的、甚至是跳变式的改变。因此，作为高超声速飞行器雷达天线罩使用的材料，其基本的要求是在高温下具有良好的耐烧蚀和透波性能。

高超声速飞行器雷达天线罩耐高温透波材料需要充分考虑介电性能、稳定性、力学性能、抗热振性、防隔热性能与耐热性及工艺可实现等多个因素。目前发展的各种耐高温透波材料都有自己的性能优势，同时也存在性能不足，迄今为止还没有一种材料同时具备理想的热、力、电各项性能。即使对于同一种耐高温透波材料，从材料设计和工艺实现上来看，材料的热、力、电等关键性能之间也存在相互制约的矛盾，其中最为突出的是力学性能和介电性能之间的矛盾。因此，需要在充分了解各种材料各项性能的基础上，从实际应用需求出发，合理取舍，平衡折中，在保证主要性能的同时兼顾次要性能。必要时，还可通过构件结构的合理设计补偿材料性能的不足。

高超声速飞行器雷达天线罩最主要的功能是防热、透波和承载，这三大类功能匹配设计的矛盾是耐高温透波材料设计面临的主要课题。在织物增强陶瓷基雷达天线罩材料研究中存在如下问题：①材料烧蚀对透波的影响和热结构及透波要求的矛盾；②材料致密度与电性能和力学性能要求的矛盾；③电性能稳定处理方法与高温烧蚀透波要求的矛盾。增强纤维、大尺寸织物及增强结构、基体组成设计、制造工艺、环境与成本因素等形成了错综复杂的关系。

10.2.3.2 隔热透波材料技术

高超声速飞行器需要长时间在大气层中高速飞行，因此气动加热环境非常影响雷达天线罩，为了保证雷达天线罩结构及其内部电子仪器设备的安全，必须使用高效隔热材料以阻止外部热流向内部传递。为了保证高超声速飞行器的飞行安全和天线等电子设备正常通信，雷达天线罩一方面要使用隔热、透波、承载一体化的耐高温轻质隔热材料；另一方面其材料还必须要具有良好的隔热、透波性能，而且在一定的频带和温度范围内具有稳定的介电性能。目前常用的雷达天线罩隔热透波材料主要是 SiO_2 气凝胶复合材料。SiO_2 气凝胶是一种由纳米级 SiO_2 微粒互相连接而成，且具有三维网络结构的纳米多孔材料，密度最低可达 $3kg/m^3$，是目前已知固体中最轻的材料。其所含基本粒子和孔的直径均为纳米级，纳米孔可显著降低气体分子的热传导和对流传导，常温下热导率仅为 $0.013W/(m \cdot K)$。随孔隙率的变化，介电常数在 $1.1 \sim 3.5$ 可调。但纯 SiO_2 气凝胶脆性大、力学性能差，不能直接作为隔热透波材料使用，需采用晶须、短切纤维、长纤维、硅酸钙等增强后制备成 SiO_2 气凝胶隔热透波复合材料，这在保留了 SiO_2 气凝胶透波性能、隔热性能的同时弥补了气凝胶力学强度低的缺点。

10.2.4　耐高温试验

10.2.4.1　高温介电性能测试与热透波模拟试验

高温介电性能测试对耐高温透波复合材料研制及应用至关重要，与常温介电性能测试相比，高温介电性能要解决以下问题。①高温测试环境的实现与控制；②高温微波器件的选择；③高温校准。在 $2 \sim 18GHz$ 频率范围内，可选的高温介电性能测试方法包括高 Q 腔法、终端短路波导法、微扰法、终端开路法、自由空间法和带状线谐振腔法等，见表 10-2。受测试精度、试样大小、关键器件制造以及高温相容性的多因素制约，目前，小损耗材料主要采用高 Q 腔法测试，较大损耗材料主要采用终端短路波导法测试。带状线谐振腔法对低频小损耗测试具有试样尺度较小的优势，可作为低频（$2 \sim 7GHz$）测试的方案，当试样为部分填充时需采用插值法求解。

表 10-2　高温介电性能测试方法

测试方法	高 Q 腔法	终端短路波导法	微扰法	终端开路法	自由空间法	带状线谐振腔法
测试物理模型						
ε 测试范围	$1 \sim 20$	$1 \sim 100$	$1 \sim 20$	$1 \sim 100$	$1 \sim 100$	$1 \sim 15$
$\tan\delta$ 测试范围	<0.05	<2.0	<0.1	<2.0	<2.0	<0.05
样品尺寸要求	$\Phi 50mm$（$7 \sim 18GHz$）；$\Phi 300mm$（$2 \sim 7GHz$）	同轴：外径 $\Phi 7mm$，内径 $\Phi 3mm$；波导：大于 $75mm \times 30mm$（2GHz）	$\Phi 4mm$（$2 \sim 7GHz$）；$\Phi 1mm$（$7 \sim 18GHz$）	大于 $\Phi 14mm$	$\Phi 150mm$（$2 \sim 7GHz$）；$\Phi 50mm$（$7 \sim 18GHz$）	$10mm \times 35mm \times 5mm$（$2 \sim 4GHz$）；$10mm \times 35mm \times 2mm$（$4 \sim 8GHz$）

目前，对于固体材料，欧美已经建立了微扰法和终端反射法的变温（室温到1650℃）测试标准，国内也建立了高 Q 腔法、带状线谐振腔法、终端短路波导法的测试系统，可以进行由室温到1600℃的介电性能测试，频率覆盖 2~18GHz。目前国内突破了高温熔体介电性能测试关键技术，采用波导法获得了不同掺杂石英玻璃样品的熔体高温介电性能实测数据。

10.2.4.2 热透波试验

雷达天线罩热透波模拟试验可较为真实地考核材料的热透波性能，其关键技术在于如何获得适用于电性能测试的热环境。目前主要有两种试验方法：太阳炉（塔）法和电弧加热器法。两种方法各有利弊，太阳炉法的优点是所产生的热环境对微波的干扰小，但热场不均匀，热场尺度及热流密度存在制约，可用于热透波试验的热流峰值较小，难以达到 $1.0MW/m^2$ 以上热流密度。20世纪70年代，沃尔太特（Basstl）和兰利（Langley）研究中心采用此方案成功进行了热透波模拟测试，总热流接近 $1MW/m^2$ 量级。电弧加热器法具有较大的热流密度调节范围，但由于流场电子密度过高，对微波衰减幅度大，早期的试验只能在加热器关机后进行。美国国家航空航天局艾姆斯研究中心（Ames）、兰利研究中心和空军飞行动力实验室，以及国内相关研究部门，早期均采取烧蚀关机后立即进行降温电测的方法，这可以在一定程度上获取有用的热透波信息，但无法进行轨道模拟测试。

10.2.5 小结

高超声速飞行器凭借良好的快速反应能力、强大的突防能力、远程突袭能力和打击坚固目标的能力，能够应对现有的大部分拦截系统，占据战场有力地位。因此，加强对高超声速技术的跟踪，加快对高超声速飞行控制技术研究，能够为未来打赢高技术局部战争提供有力的技术支持。高超声速飞行器严酷的飞行环境和不断超越的飞行速度对雷达天线罩综合设计、耐高温透波材料和试验等领域提出了重大挑战。

10.3 功能梯度结构雷达天线罩设计技术

10.3.1 背景与应用

大部分电子战雷达天线罩都是超宽频带的，有的可达 5~6 个倍频程，均要求有高的功率传输效率和相位一致性。通常可以用于超宽带雷达天线罩的罩壁结构有单层介质薄壁结构，介电常数极低的刚性泡沫结构（也是单层结构，机载条件下通常不能使用），由高密度的薄蒙皮和低介电常数芯子组成的 A 型夹层、C 型夹层和多层夹层结构，以及基于传输线理论的通过阻抗梯度结构设计的切比雪夫阶梯变换器式的多层结构。对于超宽频带雷达天线罩，相对于单层、A 型夹层、C 型夹层和多层夹层结构，切比雪夫梯度变换器式的多层功能梯度结构具有很高的刚度和强度，在同等或较高的入射角下可拓展频带宽度，该结构对各项要求都有很好的适应性。

10.3.2 设计与仿真

图 10-2 所示为介电常数梯度变化的罩壁结构示意图，电磁波从 d_0 区域入射，介电常

数的大小从区域 d_1 到 d_n 呈梯度渐变分布，在虚线右侧，介电常数从空气介电常数 ε_0 逐渐增大，易于与空气相衔接匹配；在左侧介电常数又逐渐减小至 ε_0，这样虚线两边可以等效为一个由低阻抗到高阻抗和由高阻抗到低阻抗的阻抗变换器。

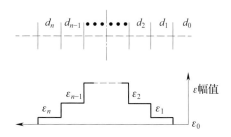

图 10-2　介电常数梯度变化的罩壁结构示意图

介电常数梯度结构是一类特殊的多层介质平板结构，因而其传输效率的计算模型与多层介质平面波平板结构传输的计算公式一致，运用传输计算公式可以设置遗传算法优化中的适应度函数，并使其在频域上配合通带的低介电常数，实现介电常数梯度变化的结构设计，很好地实现了空气与结构的匹配，其宽带特性类似于切比雪夫阻抗变换器，其最简单的模型是 B 型夹层结构。

在雷达天线罩设计中，可以将对称多层介质平板等效为阶梯式阻抗变换器，如图 10-3 所示。将多层介质平板分为左右两部分，这样对（N+1）区的中心线来说，两边可以各等效为一个由低阻抗到高阻抗的变换器，或由高阻抗到低阻抗的变换器，而后经"多次反射概念"把两部分联系起来，求其总的传输系数和反射系数。以图 10-3 左边部分为例，其输入阻抗为 Z_{c0}，输出阻抗为 $Z_{c(N+1)}$，这样左边部分就相似于一个多阶梯式阻抗匹配器。实际就是将单阶梯匹配器的较大阻抗突变分散成几个较小的阻抗突变，合理地选择突变平板的等效阻抗及厚度，可使反射系数随频率的变化满足切比雪夫多项式的关系，故称其为切比雪夫阶梯式阻抗变换器，下面将对其设计机理进行详细介绍。

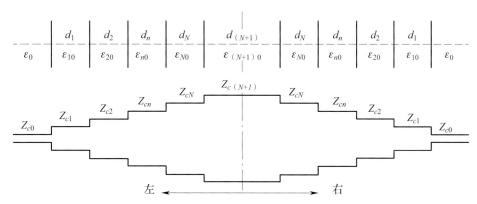

图 10-3　对称多层介质平板的等效阶梯式阻抗变换器示意图

假设切比雪夫阶梯式阻抗变换器设计的已知条件如下。

（1）半边介质平板层数为 N；

（2）输出与输入等效特性阻抗之比为 r，即 $r=Z_{c(N+1)}/Z_{c0}$；

（3）在工作带宽范围内，给定的最大功率反射系数为 $|\Gamma|^2_{\max}$；

（4）在给定极化方向、入射角 θ_0，各层介质都是无耗的情况下，各层介质平板的等效厚度 d_n 是相等的。

求解：

（1）各分层介质的等效特性阻抗 Z_{cn}，$n=1, 2, \cdots, N$，由 Z_{cn} 值求得 ε_{n0} 值；

（2）各分层介质的厚度 d_n，由 d_n 求得几何厚度 d_n；

（3）该阻抗匹配的相对工作带宽 $\Delta f/f_0$。

令功率传输效率 $|T|^2$ 满足切比雪夫多项式，即

$$\frac{1}{|T|^2} = 1 + h^2 T_N^2 \left(\frac{\cos\theta}{P}\right) \tag{10-1}$$

式中：θ——入射角；

N——左边介质平板层数；

P——与工作频带有关的常数。

令 $x = \dfrac{\cos\theta}{P}$，$T_N(x)$ 为第一类切比雪夫多项式，则

$$T_N\left(\frac{\cos\theta}{P}\right) = T_N(x) = \begin{cases} \cosh(N\cosh^{-1}x) & |x| > 1 \\ \cos(N\cos^{-1}x) & -1 \leqslant x \leqslant 1 \end{cases} \tag{10-2}$$

当 $-1 \leqslant x \leqslant 1$ 时，$-1 \leqslant T_N(x) \leqslant 1$，即 $x = \dfrac{\cos\theta}{P}$ 在工作频率范围内，即 $[-1, 1]$ 之间变化，则 $\left(\dfrac{1}{|T|^2}\right)_{\max} = 1 + h^2$，当功率传输效率最小值确定时，$h$ 值也确定。

由于 $x_{\max}=1$，$x_{\min}=-1$，则 $\cos\theta_m = \pm P$，P 只取正值。同时

$$\theta_m = \frac{2\pi d_n}{\lambda} \tag{10-3}$$

$$d_n' = d_n\sqrt{\varepsilon_{n0} - \sin^2\theta_0} \tag{10-4}$$

当 $x_{\max}=1$ 时

$$\lambda_2 = \frac{2\pi d_n}{\arccos P} \tag{10-5}$$

当 $x_{\min}=-1$ 时

$$\lambda_1 = \frac{2\pi d_n}{\pi - \arccos P} \tag{10-6}$$

$$\lambda_0 = \frac{2\lambda_1\lambda_2}{\lambda_1 + \lambda_2} = 4d_n \tag{10-7}$$

则确定中心频率后，就可以求解各层等效电厚度，进而确定各层几何厚度。

同时，根据传输矩阵理论，有以下关系式

$$\frac{1}{|T|^2} = \frac{r}{4}\left[\left(A + \frac{Z_{c0}}{Z_{c(N+1)}}D\right)^2 + \left(B\frac{1}{Z_{c(N+1)}} + Z_{c0}C\right)^2\right] = 1 + h^2 T_N^2\left(\frac{\cos\theta}{P}\right) \tag{10-8}$$

式中：A、B、C、D 为介质结构的传输矩阵系数。

根据以上各关系式可以求解 P 及各层介质的等效特性阻抗，可以实现超宽带功能梯度结构的设计。

切比雪夫阶梯式阻抗变换器设计方法是介电常数梯度结构传输效率的典型优化方法，以下是应用该方法优化的一个七层梯度结构平板，示意图如图 10-2 所示（n=7）。设计条件是：频率为 1~18GHz，入射角为 0~60°，优化参数见表 10-3。

表 10-3　七层梯度结构平板优化参数

层数	d/mm	ε	$\tan\delta$
1	6.1123	1.10	0.0015
2	5.8421	1.25	0.0015
3	5.4127	1.56	0.0020
4	3.1240	2.15	0.0030
5	5.4127	1.56	0.0020
6	5.8421	1.25	0.0015
7	6.1123	1.10	0.0015

　　为了达到全局优化和工程应用的目的，可对介电常数梯度结构在约束条件下使用遗传算法，其特点如下。

　　（1）针对作为优化变量的各层材料的介电常数，建立较为丰富的可选用材料列表，这些材料都具有工程可实现性；

　　（2）拥有遗传算法所特有的宽频带、一定入射角范围内的全局优化功能，与切比雪夫阶梯式阻抗变换器设计方法相比，自由度较大；

　　（3）遗传算法在优化多层介质结构时，容易收敛到介电常数较低的同一种介质材料上（如介电常数为 1 的空气，或很低介电常数下相对于工作波长的单层薄壁状态），应以总厚度和厚度区间划分的约束来弥补这一缺陷。

　　因而，在介电常数梯度结构的优化设计中，可在约束条件下应用遗传算法。设计策略为：在规定的总厚度范围内，将厚度划分为很小很多的区间（图 10-2 中 n 很大，如 $n=101$），应用遗传算法调配各层的材料参数，当相邻两层（或几层）收敛到同一种材料参数时，两层（或几层）合为一层，其厚度之和即为该材料层的厚度，这样设计使得厚度变量简化，优化参量的自由度增大，更容易得到最优解。

　　应用上述方法优化了一个多层梯度结构的介质平板，最终优化结果为一个七层的平板结构（优化频率为 1 ~ 18GHz，入射角为 0° ~ 60°），优化参数见表 10-4。

表 10-4　七层梯度平板结构优化参数

层数	d/mm	ε	$\tan\delta$
1	2.05	1.20	0.012
2	3.80	1.37	0.012
3	1.05	1.50	0.012
4	1.52	2.50	0.012
5	1.05	1.50	0.012
6	3.80	1.37	0.012
7	2.05	1.20	0.012

　　一侧外表面带有保护涂层的七层功能梯度结构平板，其参数为：d_8=0.20mm，ε_8=3.20，$\tan\delta_8$=0.064。图 10-4 给出了七层功能梯度结构平板在两种极化下、1 ~ 18GHz 典型频点上的功率传输效率与入射角的关系曲线；图 10-5 给出了七层功能梯度结构平板功率反射与入射角的关系曲线；图 10-6 给出了七层功能梯度结构平板插入相位延迟与入射角的关系曲线。

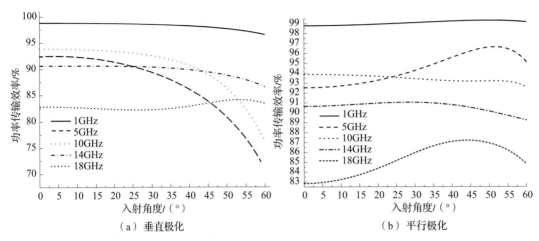

图 10-4　七层功能梯度结构平板功率传输效率与入射角的关系曲线

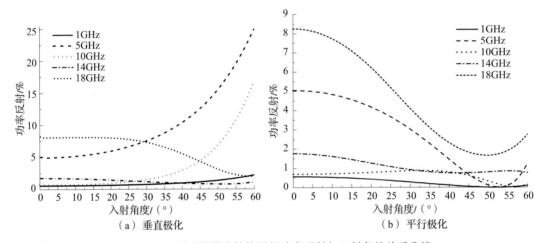

图 10-5　七层功能梯度结构平板功率反射与入射角的关系曲线

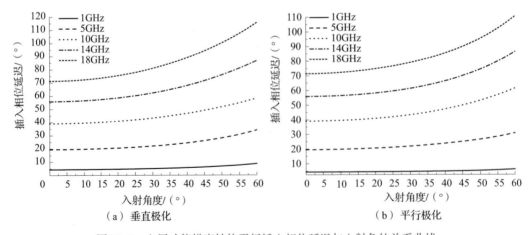

图 10-6　七层功能梯度结构平板插入相位延迟与入射角的关系曲线

　　图 10-7 给出了七层功能梯度结构平板在两种极化下、入射角分别在 0°、20°、45° 和 60° 时的功率传输效率频响曲线；图 10-8 给出了其功率反射频响曲线；图 10-9 给出了其

IPD 频响曲线。为了更全面地与常规七层夹层结构平板的性能比较，七层功能梯度结构平板的性能频响计算到了 26GHz。

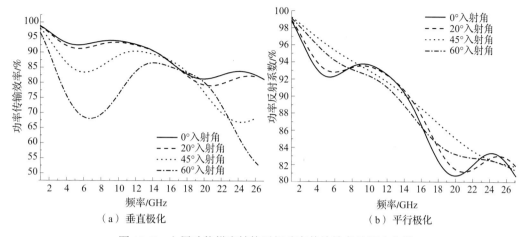

图 10-7 七层功能梯度结构平板功率传输效率的频响曲线

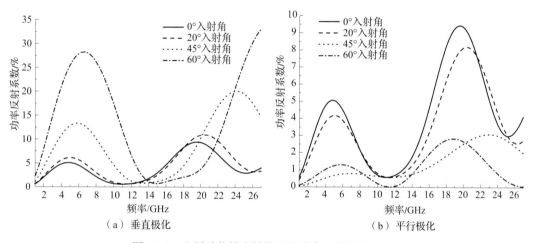

图 10-8 七层功能梯度结构平板功率反射的频响曲线

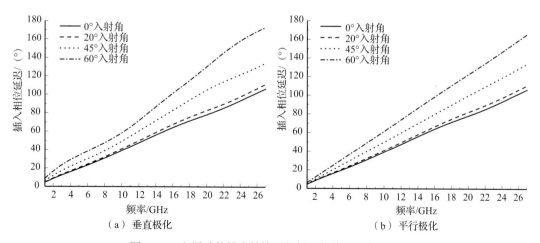

图 10-9 七层功能梯度结构平板插入相位延迟频响曲线

10.3.3 功能梯度结构优化设计方法

基于模拟退火遗传算法的梯度结构宽带雷达天线罩的优化设计方法流程如图 10-10 所示。

根据雷达天线罩外形数据、雷达天线罩与天线的相对位置关系、天线口径场和天线扫描范围，在雷达天线罩坐标系中，计算雷达天线罩入射角、极化角分布情况，得到雷达天线罩入射角、极化角、入射交点文件；根据入射角范围，利用平板传输理论进行平板功率传输、功率反射计算，确定合适的罩壁结构和材料电磁参数；按照 GJB 1680 对雷达天线罩的限制和工艺的可实现性确定雷达天线罩最小蒙皮厚度。模拟退火遗传算法的主要流程如图 10-11 所示，利用以上主要操作完成基于模拟退火遗传算法的雷达天线罩厚度优化。

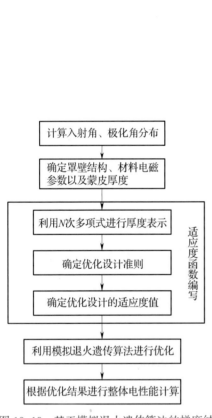

图 10-10 基于模拟退火遗传算法的梯度结构宽带雷达天线罩的优化设计方法流程

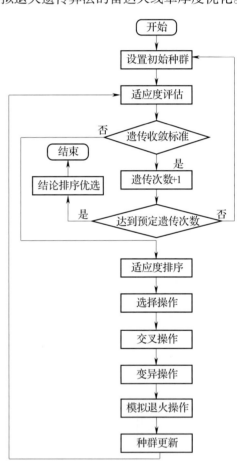

图 10-11 模拟退火遗传算法的主要流程

10.3.4 小结

超宽带雷达天线罩电性能设计不像窄带雷达天线罩仅中心频率上设计即可，它需要在整个频带内寻求最优。功能梯度结构通常是电子战雷达天线罩常用的结构，它既可以满足结构刚度的要求，又可以通过适当选择和布置每层材料的介电常数和厚度使整个结构具有良好的宽带阻抗匹配特性。

10.4　多功能电磁智能蒙皮技术

10.4.1　背景与应用

"智能蒙皮"的概念属于航空材料领域中"智能材料"的范畴，智能材料（intelligent material 或 smart material）是一种能感知外部环境情况，能够判断并适当处理且本身可执行的新型功能材料。智能材料是继天然材料、合成高分子材料、人工设计材料之后的第四代材料，是现代高技术新材料发展的重要方向之一，将支撑未来高技术的发展，使传统意义下的功能材料和结构材料之间的界线逐渐消失，实现结构功能化、功能多样化。电磁智能蒙皮技术则是一项从根本上解决天线的电磁散射问题、电磁兼容问题以及天线与飞行器机动性之间矛盾的有效措施。共形雷达天线罩是电磁智能蒙皮的一种，它将天线单元嵌入雷达天线罩中，使天线和雷达天线罩融为一体，其外形符合飞机的气动要求，其电性能满足天线的要求。共形雷达天线罩具有低剖面的特点，可以安装在飞机表面，增大天线孔径且 RCS 很小。另外，为克服平面相控阵天线有效口径随扫描角变化而变化的固有缺点，也需要采用共形天线及其雷达天线罩。

10.4.2　优化设计与仿真

10.4.2.1　总体架构

随着天线技术的发展，雷达天线罩的存在形式也将发生变化，复合材料与天线要实现结构上的融合。"电磁智能蒙皮"或"智能蒙皮天线"若要同时实现"共形"和"智能"两个根本目标，就必须采用与战机表面曲率相同的多层复合介电材料，各层之间嵌入大量功能器件，如天线辐射单元（微带形式为佳）、传感器、收发等有源电路、馈电网络、机械与热控制系统等，形成结构复杂的多层共形阵列结构。

Josefsson 等学者于 1993 年提出了如图 10-12 所示的"智能蒙皮"的基本架构，该架构在多层结构中，集成了天线辐射单元、馈线网络、放大器等收发有源器件、控制功能系统、供电系统、冷却系统等，且该架构适用于多种曲面。

中国西南电子技术研究所的何庆强、何海丹，以及电子科技大学的王秉中教授，于2014 年提出了如图 10-13 所示的新型智能蒙皮天线体系构架，包括三种功能层：封装功能层、射频功能层、控制与信号处理功能层。封装功能层主要包括承载介质、隔热介质、绝缘介质以及外围封装结构；射频功能层主要包括天线阵列、TR 电路、热控装置以及馈电网络；控制与信号处理功能层主要由波控电路、DC 电源以及屏蔽挡板组成。整个智能蒙皮天线采用高密度集成设计技术和结构功能一体化成型制造技术，撤去了传统天线设计制造与飞机设计制造分离的模式，即在飞机设计制造期间，就将机载天馈系统相对分离的结构与电磁独立功能组件高度集成，并与飞机结构一体化成型，这打破了传统天线在飞机蒙皮上开孔安装的局限，形成可与机载平台结构高度融合并直接承载环境载荷的一类新型天线。

基于图 10-13 的总体构架设想，图 10-14 给出了智能蒙皮天线的电路组成和总体方案设计。在这里，光纤传感器、驱动装置以及微处理器存在于封装功能层的承载介质内，成

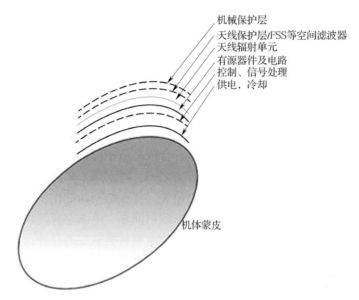

机械保护层
天线保护层/FSS等空间滤波器
天线辐射单元
有源器件及电路
控制、信号处理
供电，冷却

机体蒙皮

图 10-12　Josefsson 等学者提出的智能蒙皮架构

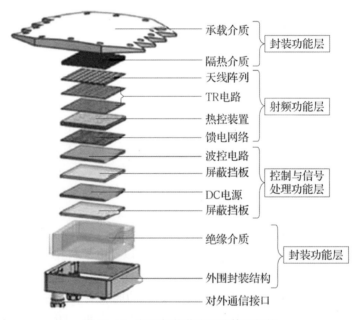

承载介质 — 封装功能层
隔热介质

天线阵列
TR电路 — 射频功能层
热控装置
馈电网络

波控电路
屏蔽挡板 — 控制与信号
处理功能层
DC电源
屏蔽挡板

绝缘介质 — 封装功能层

外围封装结构
对外通信接口

图 10-13　新型智能蒙皮天线体系架构

为能够感知外界环境信息的智能化雷达天线罩；可重构天线阵列、芯片化 TR 电路以及可重构馈电网络构成了射频功能层，实现电磁信号的动态调控；控制与功能维护单元、健康监测单元、波控计算单元以及驱动的 DC 电源构成了控制与信号处理功能层，能够实现波束自适应。

以下基于图 10-12 的架构和图 10-13、图 10-14 所对应的研究成果，分别介绍各个功能层所涉及的关键技术。

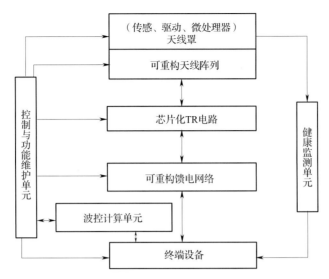

图 10-14　智能蒙皮天线的电路组成和总体方案设计

10.4.2.2　封装功能层

封装功能层要实现四大功能：一是结构承载功能，以满足智能蒙皮天线在结构强度、空气动力学等方面的特殊要求，能起到防止氧化、衰减紫外线、防雨雪侵蚀、抵抗气动载荷的作用；二是信息感知功能，封装功能层内层埋有光纤／传感器能探测疲劳损伤和攻击损伤，并可使蒙皮产生需要的纠正，同时将获取的信息传送给终端设备；三是系统散热／隔热功能，以保证微波／毫米波集成电路正常工作；四是电磁防护功能，既包括对外来电磁攻击的防护，也包括对系统内部电磁干扰的防护。

封装功能层的承载介质和隔热介质也发挥着雷达天线罩的作用，在雷达天线罩中植入传感元件、驱动元件和微处理器，这些器件与飞行器执行系统相连，可对设备各处应力、应变、温度、裂纹、形变等诸多参量进行监控，达到结构健康检测、振动与噪声控制、共形承载天线保形等目的。这样，封装功能层就有可能像人的皮肤一样，根据传感元件感知的信息，进行自我调配而具有一定的自修复能力，对破坏产生一定的纠正和响应，故封装功能层中的层埋光纤／传感器可以实时感知战斗和其他事故引起的损伤，并重新向损伤区传送信号，达到功能重组和天线智能化的目的。

光纤传感器可用于蒙皮共形天线的形变、错位、裂变的感知，如图 10-15 所示，当该处的蒙皮表面有扰动时，传感器感知并反馈形变的位置和形变程度。多模工作的光纤在探测点呈相互正交排布，该节点上蒙皮结构所产生的形变，会影响该处光输出信号的强度，利用该信号完成蒙皮形变的定位、形变程度的感知。

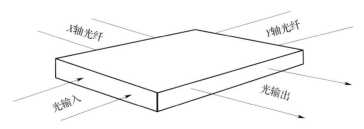

图 10-15　智能蒙皮上某一感知节点处的光纤传感器原理示意

蒙皮形变引起的光纤信号变化的物理原理简述如下：在探测节点处，光纤被制成如图10-16所示的双曲锥形"渐变光纤"（tapered fiber sensor），如果锥形的束腰处遭到一个侧向的受力，光纤便会产生一个微小弯曲，光纤中的传输信号将受到一个周期性的扰动，该扰动信号可以被预先设计、调制成光纤弯曲角度（bend angle）的函数。之所以有这样一个扰动信号，是因为在形变发生时光纤中信号的主模能量被转换为其他模式的能量，当仍然用主模来接收信号时，这个主模能量的损失就会被精确探测到。

图10-16所示的"渐变光纤"结构在使用中被固定于图10-17所示的树脂玻璃凹块（plexiglass block）之上，该凹块被倒扣固定于战机蒙皮的探测点上，如图10-18所示，当探测点有形变时，凹块的两个接触点之间会产生微小的位移，该位移被图10-16所示的"渐变光纤"所探测，并由其弯曲角度函数定量描述。

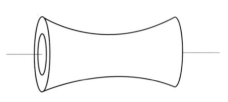

图10-16　双曲锥形"渐变光纤"

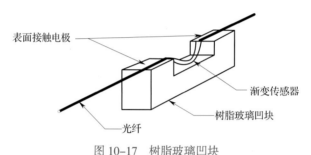

图10-17　树脂玻璃凹块

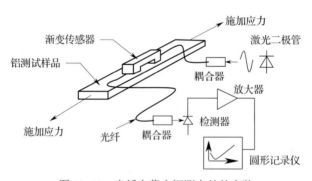

图10-18　光纤在蒙皮探测点处的安装

10.4.2.3　射频功能层

射频功能层主要由可重构天线阵列、TR电路以及可重构馈电网络组成，它集成了辐射单元、多功能芯片、功分器、移相器、衰减器、混频器、电子控制元件、MEMS、功率源、滤波器、热控装置等元器件。

射频功能层通常采用三维微波/毫米波集成电路、片式多芯片组件以及微机电控制技术，使其能够适应不同的曲面结构，将可重构天线单元、TR电路、探测结构、驱动元件以及微处理器与基体材料相融合，形成多层共形阵列，具有识别、分析、判断、重组等功能，实现射频功能层电磁信号的辐射/散射特性可重构。

从图10-13可以看出，智能蒙皮天线在射频功能层能实现电磁信号辐射/散射可重构，从而完美地实现射频前端、信号处理终端以及平台一体化设计，达到电磁隐身、功能重构、结构仿生变形的自诊断、自修复、自适应的目的。智能蒙皮天线执行有源探测或通信时，对抗的主要对象是敌方的截获接收系统，必须巧妙控制智能蒙皮天线的辐射特性，使自身处于低截获概率（ low probability of intercept，LPI）状态；当执行无源探测任务时，对抗的主要对象是敌方的有源探测系统，必须控制智能蒙皮天线的散射特性，即减小雷达截面积，使自身处于低可观测（ low observable，LO）状态。从主动辐射方面来看，天线系统在发射和接收我方电磁波时应具有 LO，而有效的 LPI 的基础是对辐射电磁信号在时域、空域和频域上的有效管理。为了实现对辐射电磁信号在时域、空域和频域上的有效管理，要求智能蒙皮天线具备辐射特性动态调控的潜力，能够在可重构天线阵列、可重构馈电网络、控制与功能维护单元的配合下，按需实时地重构天线的时域 / 空域 / 频域辐射特性。从被动散射方面来看，为了对付来自敌方的电磁侦察，应降低智能蒙皮天线的RCS。然而，要在全时域 / 全空域 / 全频域实现智能蒙皮天线的低 RCS 是不可能的。考虑到敌方电磁侦察在时域 / 空域 / 频域的多样性，要求智能蒙皮天线具有散射特性动态调控的潜力，能够感知战场电磁环境的变化，在可重构天线阵列、可重构馈电网络、控制与功能维护单元的配合下，按需实时地重构天线的时域 / 空域 / 频域散射特性，保持动态的低RCS。

为了满足上述系统要求，以及解决弯曲结构状态下的制造成型问题，高度集成化的集成电路（IC）工艺是其关键技术之一。其中，垂直互联技术是必须要考虑的系统实现途径。从辐射单元来看，常见的设计方法有耦合馈电方式和探针馈电方式，天线基板材料可选择低温共烧陶瓷（ low temperature cofired ceramic，LTCC）和印制电路板，常用的垂直互联方式有槽—带状线转换、微带—微带转换以及同轴方式等。

相控阵雷达是现代机载雷达的主流，将相控阵雷达组件共形于曲面的机体表皮时，TR 组件是智能蒙皮天线的核心部件。TR 组件的排布和工艺，可分为砖块式和瓦片式结构。砖块式 TR 组件设计和制造工艺要求较低，该组件集成密度较低，散热能力差，很难在智能蒙皮天线上得到应用。瓦片式 TR 组件具有优良的散热能力，子阵集成度高，在降低TR 组件成本、减小体积尺寸、减轻设备重量方面具有优势，易于实现大规模共形多层阵列。瓦片式 TR 组件设计采用分层结构，将多个通道相同功能的芯片或电路集成在数个平行放置的瓦片上，芯片之间通过金属过孔和焊球互联，并采用倒装芯片的封装方式实现，其中芯片 IC 垂直互联技术在降低相控阵系统体积、提高可靠性方面扮演着重要的角色。

基于非集成 IC 垂直互联技术的 TR 组件，体积大、厚度与表面积之比高，不可能应用于智能共形蒙皮的应用中，为了在流线型、曲率变化大的战机表面集成相控阵天线及其TR 组件，组件的厚度必须大大降低。图 10-19 对比了常规技术下的 TR 组件（图中左上方的大块 TR 组件图）和期望的采用三维 IC 垂直互联技术的 TR 组件（图中右上方的超薄电路）。可观的厚度降低会造成多层集成电路的工艺、层间互联的技术的复杂度急剧增加，需要新概念的设计方法和更先进的微加工工艺。

图 10-20 以 TR 组件的发射单元为例，给出了致力于超薄型三维垂直互联 IC 的模型设计方案，集成了天线辐射单元、馈线、巴伦、功分、功率放大、移相器等 TR 组件必须的子电路器件，各子电路嵌入集成 IC 的各层介质之间采用垂直导线、孔隙互联技术。在设计时，先对空间受限的各子电路进行仿真、设计，最后对组装成型的全模块进行仿真、

优化，优化目标是在不影响 TR 组件性能的情况下，采用先进集成电路工艺形成超薄的、可适应于任意机体表面的"智能、共形蒙皮 TR 组件"。

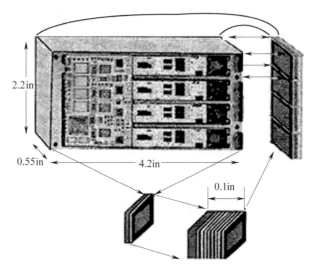

图 10-19　采用 IC 垂直互联技术的 TR 组件所期望的尺寸缩减

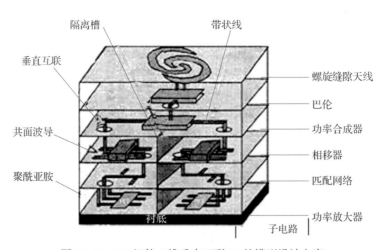

图 10-20　TR 组件三维垂直互联 IC 的模型设计方案

10.4.2.4　控制与信号处理功能层

　　智能蒙皮天线不仅能依靠后端信号处理来实现波束形成，还能在射频功能层采用可重构技术实现电磁特性的可重构，极大地增强了天线系统的智能化，使天线系统能够根据外界的电磁环境自适应调整，以满足多种军 / 民用的需求。

　　波控计算单元是智能蒙皮天线波束自适应的重要组成部分，它能够根据终端设备指令，计算出波束指向捷变与波束形状捷变的幅相控制码，并实时传送给控制与功能维护单元，使天线波束准确指向预定的空间方向，达到波束指向捷变与波束形状捷变的目的。控制与功能维护单元是对智能蒙皮天线的传感器、驱动装置、检测元件、MEMS、DC 电源等进行控制，使天线系统能够正常运作起来。

　　控制与功能维护单元通过对智能蒙皮天线的 MEMS 进行控制，使辐射单元具有电磁特性可重构的能力，从而完成射频功能层的电磁动态调控。此外，控制与功能维护单元还能控制电子设备的振动噪声，从而降低设备产生疲劳裂纹、结构破坏的可能性，防止酿成重大事故。

健康监测单元是指通过实时监测嵌入在智能蒙皮天线内的光纤/传感器来判定天线系统是否正常工作，同时对战斗损伤做出判断、评估，并把信息传递给波控计算单元、控制与功能维护单元，以进行剩余资源的重新计算、分配、组合，实现蒙皮天线的电磁性能可重构，实现智能化。

10.4.3　多功能共形天线阵智能蒙皮设计

10.4.3.1　共形雷达天线罩对辐射特性的影响分析

当雷达天线被集成于雷达天线罩、机翼或机体等共形载体上时，为保护天线不受潮湿、气流冲刷、雨蚀冲击等外部恶劣环境的影响，必须在天线前面覆盖复合材料介质保护层（雷达天线罩）。没有介质保护层时，电磁波由天线的口面直接辐射到空间，而加载介质保护层后，辐射电磁波将穿过一层或多层介质壁，不可避免地会影响天线的辐射特性。本小节讨论在天线上加载介质层后，对天线谐振频率、匹配带宽、增益、辐射效率各方面的影响程度，以指导共形雷达天线罩的设计。在实际共形天线结构设计时，可根据所得的一系列数值结果及图表，对各影响因素进行权衡、折中，并对天线自身的参数进行预先矫正。微带天线适用于机体的曲面，是共形天线设计的首选形式，因此本节所讨论的天线多以贴片、微带天线为例，集中讨论共形载体保护层对一个天线单元的辐射特性的影响，而其研究方法和结论可应用于天线阵列或多天线系统。

从众多科研文献结论可知，在贴片天线上方覆盖介质保护层，会降低天线谐振频率。如图 10-21（a）所示的矩形贴片天线（长 × 宽 =$a \times b$），紧贴其辐射单元覆盖着厚度为 h 的介质保护层。图 10-21（b）是覆盖介质前后天线的谐振频率之差（f_h-f_0）随介质板厚度 h 变化的曲线，可见介质板厚度的增加引起天线谐振频率的单调降低（$a \times b$=3.3cm × 2.8cm）。

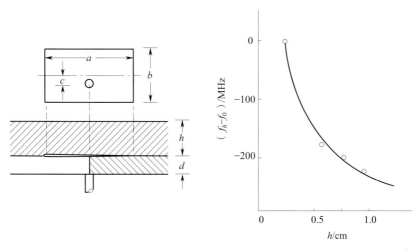

（a）结构示意图　　（b）谐振频率随介质层厚度h变化的曲线

图 10-21　覆盖介质保护层的矩形贴片天线

又如图 10-22 所示的探针馈电圆环形贴片天线，圆环内径 a=3cm，外径 b=6cm，覆盖介质保护层的厚度为 d_1，图 10-22 为不同介质层厚度 d_1 下圆环贴片主模（TM_{12} 模）的输入阻抗的实部与虚部值的频响曲线，其中曲线（a）、（b）、（c）分别为 d_1=0cm（无介质覆盖）、d_1=0.318cm、d_1=0.795cm 时的频响特性，这三种情况下介质层介电常数均为 2.47，损耗角正切均为 0.0005。可见随着介质的厚度增加，天线的谐振频率（图中输入阻抗实部最大点，或虚部零点所对应的频率）逐渐减小。这一现象可解释为，随着介质板厚度的增加，天线模式所对应的等效电尺寸增大，因而带来谐振频率的降低。图 10-23 额外考察了介质层厚度保持 d_1=0.318cm 不变，增加介质的介电常数对谐振频率的影响，图 10-23 中曲线 d 保持 d_1=0.318cm，而保护介质层介电常数增为 4.94，相对于曲线 b 此时的谐振频率也有所降低，这也是介电常数的增加，导致天线结构等效电尺寸的增大的缘故。

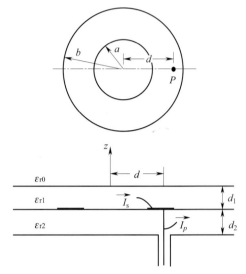

图 10-22 覆盖介质保护层的探针馈电圆环形贴片天线

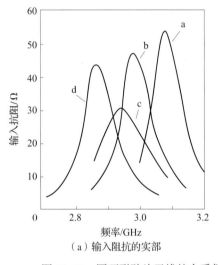

（a）输入阻抗的实部

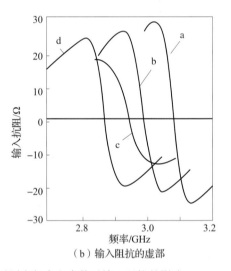

（b）输入阻抗的虚部

图 10-23 圆环形贴片天线的介质保护层厚度与介电常数对输入阻抗的影响

对于其他形状的贴片天线，也同样存在谐振频率随保护介质厚度增加而降低的特性。针对谐振频率的偏移，可以在天线置入载体保护介质之前，模拟覆盖介质后天线谐振频率的偏移量，根据这个偏移量修正天线的结构参数，以预先提高天线自身的谐振频率。然而，共形天线所涉及的参数除谐振频率外，还有匹配带宽、增益等参数，应对这些重要参数都进行详细考察，综合评估加载保护层后对天线总体辐射特性的影响。

保护介质层的加入并非总是给天线带来不利影响，有时根据共形载体的实际情况，合理设计介质层的位置与厚度，可以适当提高天线在主波束方向的增益，这对于跟踪雷达天线等非通信应用场合是有利的，但肯定会牺牲匹配带宽等其他特性。因此，在共形天线设计时，应用现有的商业软件，多方面考察介质保护层对天线各辐射参数的影响，将介质保护层视为天线结构的一部分，一体化分析计算贴片 / 介质层总体结构的各个重要辐射性能参数，依据计算得到大量数据表及曲线，就能针对实际共形天线复杂结构，总结出一套性能参数的变化规律，进而制定出一套实用的设计准则。以下是一个加载介质保护层的空隙耦合激励贴片天线的设计例子，用以说明存在介质保护层时，如何全面考察各重要参数，从而优化、折中天线系统的增益、带宽等性能。

该设计例子所采用的天线结构如图 10-24 所示，第一层 FR4 介质的背面是由 CPW 过渡而成的微带探针，与该层 FR4 介质正面的狭缝孔隙相耦合，耦合到孔隙的电磁波用以激励第二层 FR4 上的金属贴片，形成一个缝隙耦合贴片天线单元。天线的保护层置于第二层 FR4 板上方高 H 处。两层 FR4 板之间、介质保护层与第二层 FR4 板之间，均设为空气介质，实际应用中可用泡沫、蜂窝等与空气介电常数相当的介质代替。天线的设计频率为 f_0=5.5GHz。

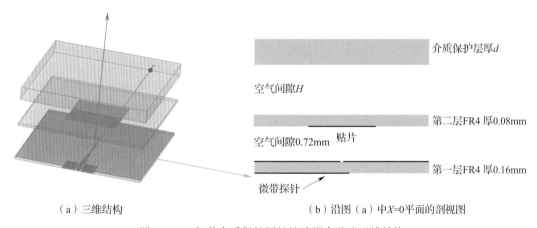

介质保护层厚d

空气间隙H

第二层FR4厚0.08mm

空气间隙0.72mm　贴片

第一层FR4厚0.16mm

微带探针

（a）三维结构　　　　　　　　　（b）沿图（a）中X=0平面的剖视图

图 10-24　加载介质保护层的缝隙耦合贴片天线结构

假设贴片天线本身的各辐射参数已经达到最佳设计要求，应用电磁计算软件，考察介质保护层的位置、厚度对贴片天线的匹配带宽、增益等辐射特性的影响。

（1）介质保护层与天线间距 H 对天线阻抗匹配特性的影响

设计好的贴片天线在所需要的带宽内具备很好的阻抗匹配特性，未加载保护介质层天线的 S_{11} 参数曲线见图 10-25 中的粗实线，其工作频带为 5 ~ 6GHz；在贴片天线上直接加载介质保护层，即 H=0 时的 S_{11} 参数曲线为图 10-25（a）中带十字的细实线，其相对匹配带宽由原来的 27.8% 骤降为 10.2%（这里将带宽定义为：VSWR ≤ 2，即 S_{11} ≤ –9.54dB 的频域），可见紧贴在天线上的介质保护层对天线的匹配带宽影响很大；当介质保护层距贴片天线的高度 H 增加为 $0.12\lambda_0$ 时（λ_0 为中心频率 f_0=5.5GHz 所对应的波长），带宽有所增加［见图 10-25（a）中细实线］；当 H 继续增大到 $0.47\lambda_0$ 时，见图 10-25（b）中带十字的细实线，带宽进一步增加；H 增大为 $1.9\lambda_0$ 时，见图 10-25（b）中的细实线，加载介质保护层的天线带宽与原天线的带宽相差不大。可见，匹配带宽并非随介质保护板放置高度 H 的增加而线性单调增大，若增加对 H 的取值，将 H 的取样间隔细化，将得到图 10-26 所示的匹配带宽随 H 变化的曲线，可见在 H=$0.25\lambda_0$、H=$0.87\lambda_0$ 处存在两个局部最低点，在半波长间隙上有谐振点，在 H=$1.0\lambda_0$ 处带宽最宽，H>$1.0\lambda_0$ 后带宽稍有下降。

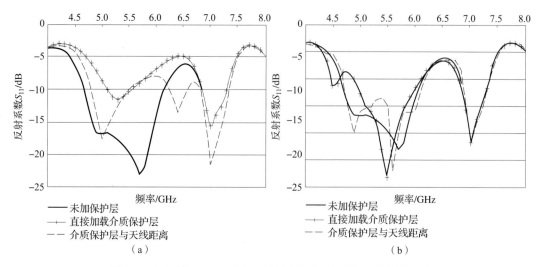

图 10-25　天线 S_{11} 频响曲线随介质保护层与天线间距 H 的改变

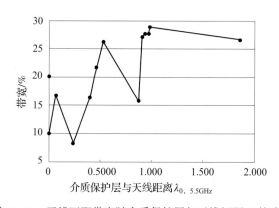

图 10-26　天线匹配带宽随介质保护层与天线间距 H 的改变

在实际设计中，若不想牺牲太大的匹配带宽特性，应通盘考虑安装天线所在位置的空间裕量等因素，若该位置空间大，则可以尽量大地增加天线距介质保护层的间隙；若安装位置空间有限，H 不能太大，则可选择 $H=0.5\lambda_0$。

（2）介质保护层与天线间距 H 对天线增益特性的影响

当共形天线的载体允许介质保护层与天线之间有一定的间距（空间允许 H 不为 0），结构设计合理时在一定程度上能够提高原天线的增益。当天线与介质保护层间距 H 从 $0.058\lambda_0$ 到 $1.0\lambda_0$ 逐渐增大时，带内最高增益也逐渐提高。但最高增益所在工作频率呈无规律变化，且当进一步考察不同 H 值天线系统所对应的 3dB 增益带宽时（见图 10-27），发现 H 的增加使带内最高增益提高的同时，3dB 增益带宽总体呈降低趋势。另外，覆盖于贴片天线上方的介质保护层，不可避免地引起表面波损耗，从而降低了天线的辐射效率，图 10-28 给出了在工作频率为 5.5GHz 时 H 对辐射效率的影响，可见，加载介质保护层后的天线效率有所降低，且随着 H 的增加，天线效率在 $H=0.25\lambda_0$ 处最低，随后增大，直至一个较为稳定的辐射效率值。此外表 10-5 展示了不同 H 下，两个辐射主平面的 3dB 波束宽度，随着 H 的增加，使带内最高增益提高的同时，会降低 3dB 波束宽度，对于通信类的天线，这一影响必须予以考虑。

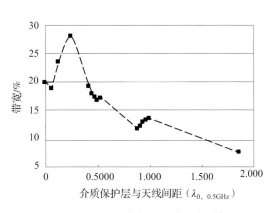

图 10-27　3dB 增益带宽随天线与介质保护层间距的变化

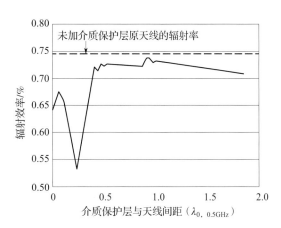

图 10-28　天线辐射效率随天线与介质保护层间距的变化

表 10-5　频带内最高增益与半功率波束宽度受介质保护层放置高度的影响

H（$\times \lambda_{0,5.5GHz}$）	最大增益所在频率 /GHz	E 面方向图 3dB 波束宽度 /（°）	H 面方向图 3dB 波束宽度 /（°）	最大增益 /dBi
无保护层	5.3	80	98	5.79
0.058	5.7	28	18	2.68
0.12	6.3	24	46	5.76
0.23	6	38	34	7.97
0.41	5.3	27	27	12.6
0.44	5.1	28	29	12.32
0.47	5	27	28	12.14
0.49	4.8	29	29	11.59
0.52	4.7	30	28	10.86
0.87	5.6	22	20	13.6
0.90	5.5	23	22	13.4
0.93	5.3	25	23	13.2
0.96	5.2	25	24	13
0.99	5.1	26	24	13
1.9	5.6	21	20	13

（3）介质保护层厚度 d 对天线阻抗匹配特性的影响

为考察介质保护层（介电常数 9.2，损耗角正切 0.0022）厚度对天线特性的影响，使天线距介质保护层的间距 H 固定不变，计算保护介质层厚度 d 从 $0.05\lambda_g$ 增加到 λ_g 过程中的天线阻抗匹配带宽（λ_g 为 5.5GHz 时的介质波长）的变化情况，分析结果如图 10-29 所示。随着介质层厚度增加，其匹配带宽的变化较为剧烈，从最低值到最高值之间的介质层

厚度之差约为 $0.25\lambda_g$，在 $0.5n\lambda_g$（$n=0$，1，2，…）附近有较好的匹配带宽。

（4）介质保护层厚度 d 对天线辐射特性的影响

图 10-30 是天线频带内最高实际增益随介质保护层厚度 d 变化的曲线（图中实线），最高点与最低点同样相差 $0.25\lambda_g$，周期与图 10-29 的匹配带宽曲线的周期相同，带内最高增益分别在 $d=0.3\lambda_g$ 与 $d=0.8\lambda_g$ 时。图 10-30 同时给出了最高增益出现时的频率（图中虚线）。对比图 10-30 与图 10-29，可见随着介质层厚度的变化，带内最高增益与匹配带宽互为矛盾。图 10-31 是工作频率在 5.5GHz 时，辐射效率随介质层厚度变化的曲线，图 10-32 是天线 3dB 增益带宽随介质层厚度变化的曲线，二者基本上均呈现出随厚度增加而降低的趋势，意味着在实际天线设计中，介质层的厚度不能取得过大。

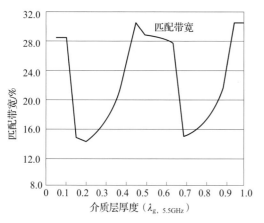

图 10-29　天线匹配带宽随介质层厚度
d 的变化情况

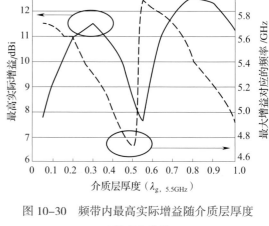

图 10-30　频带内最高实际增益随介质层厚度
d 的变化曲线

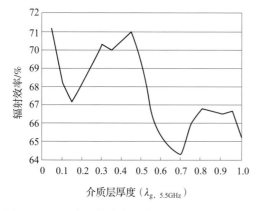

图 10-31　天线辐射效率随介质层厚度变化的曲线

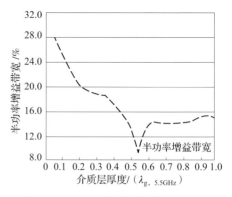

图 10-32　3dB 增益带宽随介质层厚度
变化的曲线

（5）介质保护层材料介电常数对天线辐射特性的影响

天线是一种导行波与自由空间波之间的换能器，是电路与空间的转换器件。如果在天线的设计中，电路与自由空间之间原本达到了很好的阻抗匹配，在转换器件上引入具有一定介电常数的介质层，便会带来天线阻抗的失配，从而影响天线的辐射特性，这时就希望保护层的介电常数越低越好。如果受到安装空间、阵列周期尺寸的限制，天线本身难以完成很好的阻抗匹配，这时在天线与自由空间之间引入的介质层，经过良好的设计（如介电常数的合理选择，如上述介质厚度 d 以及与天线口面距离 H 等参数的优化），介质层本身可以起到辅助阻抗匹配、校正天线频率偏移的作用。这时，将介质保护层的复介电常数作为可调参数，可以为共形天线系统的性能优化提供额外的自由度。

但在实际工程应用中，往往因为机体的结构强度有特殊要求，机体蒙皮的材料已经给定，可选择的余地较小；另外，根据图 10-25（b）和图 10-32 的结果对比可见，就谐振频点的偏移特性来说，介电常数的增加，与介质板厚度的增大是同样的效果（谐振频率降低），因此在材料种类相对固定、可选择余地较小的情况下，调整介质板的厚度 d 可起到与介电常数的改变相对等的优化效果，因此，涉及介电常数对辐射性能的具体影响，可以与上述第（4）点的分析相类比，即较高的介电常数的影响，可以由较大的厚度 d 的影响来定性估计。

10.4.3.2　共形雷达天线罩设计与仿真

共形雷达天线罩电性能设计与仿真要基于共形天线方向图的计算，涉及曲面共形阵列天线的幅度 / 相位分配与调控方法。采用大量单元组成阵列天线，是实现雷达天线高增益、高定向性及电扫描的重要手段，直接将平面阵天线弯曲，使其共形于机头、机翼等曲面载体时，由于各天线单元在空间位置上产生变化，相当于各自附加了一个不同的相移，则原有的平面阵列天线的方向图、增益会产生大的变化，尤其会抬高天线的副瓣电平。因此，如果希望共形天线维持原有的高定向性、低副瓣，或使方向图的畸变尽可能最小，则必须对共形阵列天线的各辐射单元的幅度与相位进行重新分配和校正。

以下概述一个较为简单的、对曲面阵列各激励单元的幅度进行综合的方法，以理解在共形天线阵设计中必须考虑的幅度综合的实质。图 10-33 是曲面共形阵天线单元的幅度分配，曲面上每个天线单元的辐射指向（对应于曲面上该点的法向）均不同。函数 D 是假设天线阵列为平面、满足设计期望时的天线各单元激励幅度的分布，或者说是曲面共形天线通过幅度分配后，在虚拟口面 S 上期望形成的幅度分布，如机载雷达中常见的泰勒、切比雪夫口面分布等。

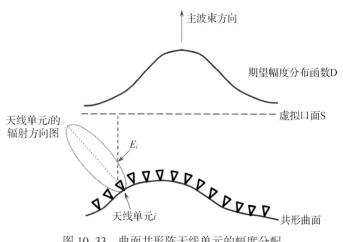

图 10-33　曲面共形阵天线单元的幅度分配

以共形曲面上每个天线的馈电幅度 A_i 为待求量，在图 10-33 中，由天线单元 i 的中心向虚拟口面做垂线，该垂线平行于图中天线辐射场的主波束方向，垂足点对应的期望口面幅度分布值（分布函数 D）为 T_i，且设单个天线单元 i 在主波束方向上的方向图值为 E_i。则 A_i、T_i、E_i 三者之间的关系为

$$A_i = T_i \times S_i / E_i \qquad (10-9)$$

依照该方法，将共形曲面上各天线的馈电幅度设置为 A_i，即可实现与一个馈电幅度分布为 D 的、平面阵列相等效的辐射天线阵。

作为该方法的一个验证，对图 10-34 所示的半球面共形天线阵的各天线单元馈电幅度进行设计。该半球面半径为 5λ，在球面上 θ 每隔 0.5λ rad、ϕ 每隔 0.5λ rad 放置一个天线单元，整个半球面共有 293 个天线单元，每个天线单元的方向图为 $\cos^p\theta$，p=1.0，0.5，…。这样的天线阵若不经过幅度综合，无疑是高副瓣、低定向性的。依照上述方法，对半球面各个天线单元重新分配馈电幅度，期望馈电后，相应的平面阵（对应图 10-34 中虚拟口面 S）的口面幅度分布 T_i 为泰勒分布，然后根据综合后的单元激励幅度，计算曲面共形阵的远场方向图，如图 10-35 和图 10-36 所示。图 10-35 是天线单元方向图为 $\cos\theta$，且期望泰勒分布副瓣电平低于 -25dB 的计算结果；图 10-37 是天线单元方向图为 $\cos^{0.5}\theta$，且期望泰勒分布副瓣电平低于 -35dB 的计算结果。由这些结果可见，幅度分配后的共形天线阵的辐射方向图与泰勒分布平面阵的辐射性能相当，且具有低副瓣的特点。

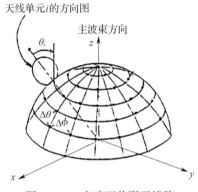

图 10-34 半球面共形天线阵

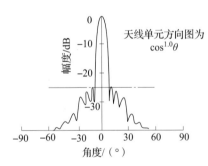

图 10-35 p=1.0 时半球面共形天线阵幅度分配后的远场方向图（纵坐标改为：dB，ANGLE（DEG）- 角度（°））

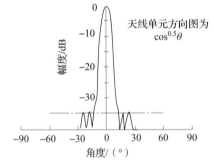

图 10-36 p=0.5 时半球面共形天线阵幅度分配后的远场方向图（纵坐标改为：dB，ANGLE（DEG）- 角度（°））

以上对共形天线阵各天线单元的幅度进行了分配，对于更复杂曲面，或所期望的辐射方向图较为复杂时，则需要在幅度分配的基础上，进行相位上的分配与校正。以下是一个基于最小二乘法，针对共形阵单元进行相位分配（共形阵上各单元的幅度固定）的方法，即先确定共形阵各单元的幅度分配后，进行相位分配与校正，对天线的辐射性能做进一步优化以实现目标要求。

考虑 N 个天线单元所组成的曲面共形天线阵，该阵列在远场各方向上的方向性系数可写成矢量形式

$$\boldsymbol{E}_0 = \left[\boldsymbol{E}_0(\theta_1,\phi_1)\cdots\boldsymbol{E}_0(\theta_K,\phi_K)\right]^{\mathrm{T}} \tag{10-10}$$

远场方向用球坐标系表示，共 K 个，且用以下矩阵等式表示

$$\boldsymbol{E}_0 = \boldsymbol{X}_0 \boldsymbol{A}_0 \tag{10-11}$$

其中：$\boldsymbol{A}_0$ 为共形天线阵各单元的馈电激励矢量，矢量各元素记为 $[a_1,\cdots,a_N]^{\mathrm{T}}$，均为复数，同时包含了每个天线单元上的馈电幅度与相位信息。X_0 为一（$K\times N$）阶矩阵，每个元素 X_{ij} 表示为

$$X_{ij} = g_j(\theta_i,\phi_i) \times \mathrm{e}^{\mathrm{j}k_0\left[\sin\theta_i\cos\phi_i x_j + \sin\theta_i\sin\phi_i y_j + \cos\theta_i z_j\right]} \tag{10-12}$$

这里，$g_j(\theta_i,\phi_i)$ 是第 j 个天线单元在第 i 个远场方向上的方向图值，x_j、y_j、z_j 是每个天线单元在共形曲面上的位置坐标。

设最终期望达到的天线阵的方向性系数矢量，即优化目标矢量为 $\boldsymbol{D}_0$，对馈电激励矢量 $\boldsymbol{A}_0$ 的相位进行分配，应使 $[\mathrm{abs}(\boldsymbol{E}_0)-\rho_0\boldsymbol{D}_0]^{\mathrm{T}}[\mathrm{abs}(\boldsymbol{E}_0)-\rho_0\boldsymbol{D}_0]$ 达到最小，该式中的 ρ_0 为一待定的比例系数，$\mathrm{abs}(\boldsymbol{E}_0)$ 是对矢量的每个单元取模值。

矢量 $\boldsymbol{A}_0$ 中任一元素的相位都可以被选为 0 相位参考点，为了分析方便，将 $\boldsymbol{A}_0$ 的第一个元素 a_1 的相位选为零相位点，将式（10-10）中的矩阵 $\boldsymbol{X}_0$ 和矢量 $\boldsymbol{A}_0$ 用分块矩阵表示为

$$\boldsymbol{X}_0 = [X_1 \ \ X], \quad \boldsymbol{A}_0 = [a_1 \ \ \mathrm{A}^{\mathrm{T}}]^{\mathrm{T}} \tag{10-13}$$

考虑应用于机载雷达等用途的、高定向性、低副瓣的共形天线，希望天线阵的定向性系数在几个空间方向上有深零点，即在多个位置 (θ_i,ϕ_i) 上满足 $\boldsymbol{D}_0(\theta_i,\phi_i)=0$。将矢量 $\boldsymbol{D}_0$ 中有关 $\boldsymbol{D}_0(\theta_i,\phi_i)=0$ 的元素移到矢量 $\boldsymbol{D}_0$ 的前几行，同时根据式（10-13），将与 $\boldsymbol{D}_0$ 相关的矩阵 $\boldsymbol{X}_0$、矢量 $\boldsymbol{E}_0$ 的行与列分块均作相应调整

$$\boldsymbol{X}_0 = \begin{bmatrix} X_{1Z} & X_Z \\ X_{1N} & X_N \end{bmatrix}, \quad \boldsymbol{D}_0 = \begin{bmatrix} 0 \\ D_N \end{bmatrix}, \quad \boldsymbol{E}_0 = \begin{bmatrix} E_Z \\ E_N \end{bmatrix} \tag{10-14}$$

带有下标"Z"的矩阵分块均与矢量 $\boldsymbol{D}_0$ 中的零元素有关，下标"N"则与矢量 $\boldsymbol{D}_0$ 中的非零元素有关，下标"1"则与矢量 $\boldsymbol{A}_0$ 中的零相位元素 a_1 有关。

现分析共形天线馈电激励矢量 $\boldsymbol{A}_0$ 的子矢量 A［见（10-12）式］产生一个微增量 $\mathrm{d}A$ 后，天线方向性系数矢量 $\boldsymbol{E}_0$ 也随之产生一个微增量

$$\mathrm{d}\boldsymbol{E}_0 = [\mathrm{d}E_Z^{\mathrm{T}} \ \ \mathrm{d}E_N^{\mathrm{T}}]^{\mathrm{T}}$$

也即

$$\begin{bmatrix} E_Z + \mathrm{d}E_Z \\ E_N + \mathrm{d}E_N \end{bmatrix} = \begin{bmatrix} X_{1Z} & X_Z \\ X_{1N} & X_N \end{bmatrix} \begin{bmatrix} a_1 \\ A + \mathrm{d}A \end{bmatrix} \tag{10-15}$$

为以下分析运算方便，将该矩阵等式中的一些分块子矩阵（一般为复数矩阵）写成实部、虚部相加的形式

$$X_{1Z} = X_{1ZR} + jX_{1ZI}, X_Z = X_{ZR} + jX_{ZI}$$

$$X_{1N} = X_{1NR} + jX_{1NI}, X_N = X_{NR} + jX_{NI} \qquad (10\text{-}16)$$

$$a_1 = a_{1R} + ja_{1I}, A_N = A_R + jA_I$$

下标"R"表示实部，而"I"表示虚部。

对馈电激励矢量 $\boldsymbol{A}_0$ 中分向 A 的相位因子进行一阶泰勒级数展开，那么子矢量 A 的微增量可近似写为

$$dA = j[\operatorname{diag}(A_R) + j\operatorname{diag}(A_I)]p \qquad (10\text{-}17)$$

其中，$\operatorname{diag}(A)$ 表示一个正方阵，其对角元素由矢量 A 的各分量构成，矢量 $\boldsymbol{p}$ 是待求矢量，其各元素均为实数，正是它对应着所求的各天线单元的相位综合值。

式（10-14）中的子块 $E_Z + dE_Z$，对应于优化目标矢量 $\boldsymbol{D}_0$ 中的 $\boldsymbol{0}$ 元素部分，因此满足 $E_Z + dE_Z = 0$，代入式（10-15）的相关形式后，得到以下矩阵方程

$$\begin{bmatrix} \boldsymbol{\Xi}_{ZR} \\ -\boldsymbol{\Xi}_{ZI} \end{bmatrix} p = \begin{bmatrix} \boldsymbol{\Psi}_{ZR} \\ \boldsymbol{\Psi}_{ZI} \end{bmatrix} \qquad (10\text{-}18)$$

其中

$$\boldsymbol{\Xi}_{ZR} = X_{ZR}\operatorname{diag}(A_I) + X_{ZI}\operatorname{diag}(A_R) \qquad (10\text{-}19)$$

$$\boldsymbol{\Xi}_{ZI} = X_{ZR}\operatorname{diag}(A_R) - X_{ZI}\operatorname{diag}(A_I) \qquad (10\text{-}20)$$

$$\boldsymbol{\Psi}_{ZR} = X_{1ZR}a_{1R} - X_{1ZI}a_{1I} + X_{ZR}A_R - X_{ZI}A_I \qquad (10\text{-}21)$$

$$\boldsymbol{\Psi}_{ZI} = X_{1ZR}a_{1I} + X_{1ZI}a_{1R} + X_{ZR}A_I + X_{ZI}A_R \qquad (10\text{-}22)$$

上述过程仅针对优化目标矢量 $\boldsymbol{D}_0$ 中为 $\boldsymbol{0}$ 的部分建立了式（10-22），而对 D_0 中非 $\boldsymbol{0}$ 部分的处理，则由以下方法建立矩阵方程。

期望矢量 $\boldsymbol{D}_0$ 中的非 $\boldsymbol{0}$ 部分 D_N，涉及式（10-22）中的 E_N 与 dE_N 等子阵。当馈电激励矢量 A 产生微增量 dA 时，E_N 的微变量为 dE_N，由式（10-11），应当是要求 $\operatorname{abs}(E_N + dE_N)$ 向 $\rho_0\boldsymbol{D}_0$ 的值逼近，直到 $\operatorname{abs}(E_N + dE_N) = \rho_0\boldsymbol{D}_0$，但这个过程涉及非线性过程，求解非常困难，而当变化量 dE_N 很小时，该问题可以近似为要求 $\operatorname{abs}(E_N) + dE_{NN}$ 向 $\rho_0\boldsymbol{D}_0$ 的值逼近，其中 dE_{NN} 是 dE_N 中与矢量 E_N 同相位的部分，即求解 $\operatorname{abs}(E_N) + dE_{NN} = \rho_0\boldsymbol{D}_0$。联合式（10-14）、式（10-15）和式（10-16），求得 dE_N

$$dE_N = -\boldsymbol{\Xi}_{NR}p + j\boldsymbol{\Xi}_{NI}p \qquad (10\text{-}23)$$

其中，$\boldsymbol{\Xi}_{NR} = X_{NR}\operatorname{diag}(A_I) + X_{NI}\operatorname{diag}(A_R)$，$\boldsymbol{\Xi}_{NI} = X_{NR}\operatorname{diag}(A_R) - X_{NI}\operatorname{diag}(A_I)$。

引入相位矩阵：$\boldsymbol{\Theta}_R = \operatorname{diag}\{\cos[\operatorname{angle}(E_N)]\}$，$\boldsymbol{\Theta}_I = \operatorname{diag}\{\sin[\operatorname{angle}(E_N)]\}$，则可获得 dE_{NN} 的表达式

$$dE_{NN} = -\boldsymbol{\Phi}_N p \qquad (10\text{-}24)$$

其中，$\boldsymbol{\Phi}_N = \boldsymbol{\Theta}_R\boldsymbol{\Xi}_{NR} - \boldsymbol{\Theta}_I\boldsymbol{\Xi}_{NI}$。

因此，$\operatorname{abs}(E_N) + dE_{NN} = \rho_0\boldsymbol{D}_0$ 的条件可写成

$$\operatorname{abs}(E_N) + dE_{NN} = \operatorname{abs}(E_N) - (\boldsymbol{\Theta}_R\boldsymbol{\Xi}_{NR} - \boldsymbol{\Theta}_I\boldsymbol{\Xi}_{NI})p = \rho_0 D_N$$

写成矩阵式为

$$\begin{bmatrix} \boldsymbol{\Phi}_{\mathrm{N}} & D_{\mathrm{N}} \end{bmatrix} \begin{bmatrix} \boldsymbol{p} \\ \rho_0 \end{bmatrix} = \mathrm{abs}(E_{\mathrm{N}}) \qquad (10\text{--}25)$$

联合式（10-17）和式（10-24），得到总的矩阵方程

$$\begin{bmatrix} \boldsymbol{\Xi}_{\mathrm{ZR}} & 0 \\ -\boldsymbol{\Xi}_{\mathrm{ZI}} & 0 \\ \boldsymbol{\Phi}_{\mathrm{N}} & D_{\mathrm{N}} \end{bmatrix} \begin{bmatrix} \boldsymbol{p} \\ \rho_0 \end{bmatrix} = \begin{bmatrix} \boldsymbol{\Psi}_{\mathrm{ZR}} \\ \boldsymbol{\Psi}_{\mathrm{ZI}} \\ \mathrm{abs}(E_{\mathrm{N}}) \end{bmatrix} \qquad (10\text{--}26)$$

最终建立的矩阵方程（10-26），可以通过最小二乘法求解出未知矢量 $\boldsymbol{p}$，即求得对原馈电激励矢量 $\boldsymbol{A}$ 相位的修正量。

在对共形天线阵列单元的相位进行数值分配优化时，可先确定共形天线阵各单元天线的一个初始幅值分布（$\boldsymbol{A}$ 矢量的幅度，其初始相位为 0），根据期望的矢量 $\boldsymbol{D}_0$，由矩阵方程（10-26）求解出矢量 $\boldsymbol{p}$，如果最小二乘法得到的结果仍然没有满足要求，则可以根据获得的矢量 $\boldsymbol{p}$ 更新矢量 $\boldsymbol{A}$，使得 $\boldsymbol{A}$ 矢量中的各元素 a_i 更新为 $a_i \mathrm{e}^{\mathrm{jarctan}\,(p_i)}$，将更新后的新矢量 $\boldsymbol{A}^{(1)}$、依据 $\boldsymbol{A}^{(1)}$ 修正的矩阵 E_{N}、$\boldsymbol{\Phi}_{\mathrm{N}}$，再次代入矩阵方程（10-26）求解，得到新的解矢量 $\boldsymbol{p}^{(1)}$，如此反复迭代，直到满足最终的求解要求，即获得或逼近优化目标矢量 $\boldsymbol{D}_0$。

作为优化方法的检验例子，这里针对一个球面共形天线阵进行相位修正，使其定向性系数方向图达到所期望的形状（对应于目标矢量 $\boldsymbol{D}_0$）。球面的半径 6.458λ，每个天线单元为圆形贴片天线，共 136 个，各单元之间距离为 0.65λ。未进行相位分配的各天线单元的馈电幅度分布（初始矢量 $\boldsymbol{A}$，各元素初始相位均为 0）服从 $\cos^{0.1}\theta$ 分布，该分布用线段的长短绘于图 10-37，图中的球面即为共形天线阵所在的曲面，球面上各点法向线段的长短指代该点天线单元的初始幅值（初始矢量 $\boldsymbol{A}$ 各元素）的大小。

期望的归一化天线右旋极化定向性系数方向图（对应于前文所述的目标矢量为 $\boldsymbol{D}_0$）见图 10-38 中的细线部分，这是一个以等值线表示的方向图，四个三角形的等值线由内向外分别对应 $-3\mathrm{dB}$、$-8\mathrm{dB}$、$-15\mathrm{dB}$ 和 $-20\mathrm{dB}$ 的归一化分贝值，图 10-38 中粗实线是依照上述方法对天线阵各单元进行相位综合后，最终达到的定向性方向图等值线，可见相位优化达到了预设的目标。图 10-39 给出了阵列中各天线单元优化后的相位值，以钟表走针的方式形象标出各单元的相位。

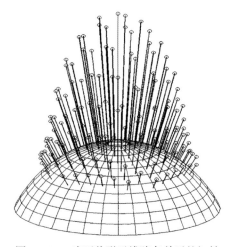

图 10-37　球面共形天线阵各单元的初始幅值分布（图中线段长短代表幅度大小，每个单元初始相位均为 0）

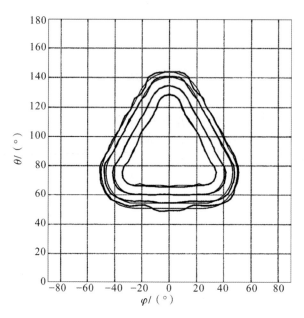

图 10-38　期望的天线阵定向性方向图（细实线）与相位综合后达到的结果
（粗实线），在球坐标系（φ, θ）上用等值线表示

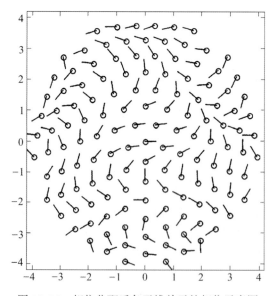

图 10-39　相位分配后各天线单元的相位示意图

10.4.4　小结

以多功能共形天线阵智能蒙皮为代表的电磁智能蒙皮技术，由于设计的多样性，已成为一项从根本上解决天线的电磁散射问题、电磁兼容问题以及天线与飞行器机动性之矛盾的有效措施，是未来军事智能化的主要目标之一。

10.5　透波 / 隐身一体化雷达天线罩技术

10.5.1　背景与应用

　　隐身技术，又称低可探测技术或目标特征信号控制技术，包括雷达隐身、红外隐身、射频隐身、可见光隐身和声隐身等。二战以来雷达技术得到了迅速发展，在对飞行器、舰船等军事目标的探测侦察、监视警戒以及锁定攻击等军事领域起着越来越重要的作用。雷达是目前发现目标并对目标精确定位的主要探测手段，具有可全天候工作、抗干扰能力强和远程探测精度高等优点，对飞行器的生存能力和突防能力构成严重威胁。以某型号主 / 被动制导导弹攻击对抗模型为例，如图 10-40 所示，导弹在接近攻击目标的过程中，被动雷达、主动雷达启动侦察，一经发现，导弹将成为"靶弹"。因此，采用雷达隐身技术降低飞行器可探测性，成为提高飞行器综合作战效能的关键问题之一。

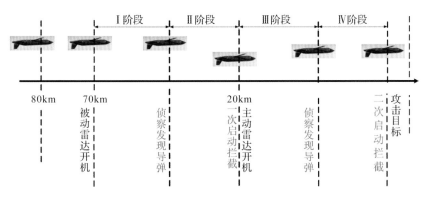

图 10-40　以某型号主 / 被动制导导弹攻击对抗模型

　　在飞行器的隐身技术中，为降低飞行器的 RCS，可采用三种方法：①飞行器外形的隐身技术，即从飞行器外形设计上着手使 RCS 降低。②涂覆式吸波材料技术，即在飞行器对电磁波反射的主要部位涂覆吸波材料，以降低 RCS。③结构式吸波材料隐身技术，即在飞行器外形机体的合适部位，在不影响机体气动性能及结构强度的前提下，利用阻抗加载等原理，增加分布的有源或无源加载阻抗，以增加额外的散射场，用以抵消或减小飞行器的散射，以达到降低 RCS 的目的。

　　外形隐身技术是雷达隐身的最有效措施之一，它通过适当的外形设计，消除雷达波照射到飞行器表面后产生的镜面反射和角反射，减小在特定方向上的 RCS，但是外形隐身技术以牺牲飞行器的气动性能为代价，不可能无限提升隐身性能。而涂覆式吸波技术的工作带宽较窄，阻抗匹配设计难度大，并且耐高温与耐腐蚀的性能对涂覆材料要求较高。如今结构式材料隐身技术已成为雷达隐身的另一重要手段，它通过多层材料与自由空间的阻抗匹配，实现电磁波的低反射。目前所使用的吸波材料多针对厘米波雷达，主要用于飞行器的机腹、进气道、弹体、机翼等部位。

　　随着探测技术的发展，飞机雷达舱、导弹制导舱等雷达天线系统成为飞行器头锥方向的强雷达散射源，如图 10-41 所示，天线系统以及"腔体效应"对飞行器正前方 RCS 的贡献量超过 50%。制导天线（见图 10-42）工作时，雷达末制导头罩作为一种观通窗口，既要最大限度地保证自身雷达信号的正常接收和发射，又要在非工作波段有效地缩减飞行器正前方的 RCS，常规的隐身措施（如飞行器外形隐身技术、吸波材料技术等）均不能有效地解决这一问题。采用频率选择表面这一空间滤波材料制备隐身雷达天线罩，已成为目前的最佳技术选择。

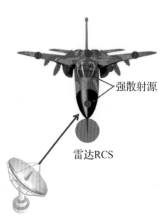

图 10-41　飞行器散射源分布图

图 10-42　AIM-120A 的主动制导引导头

加载 FSS 的雷达天线罩被称为 FSS 雷达天线罩（FSS radome）或混合雷达天线罩。图 10-43 给出了 FSS 雷达天线罩隐身原理示意图。加载 FSS 后，由于 FSS 的频率选择特性，FSS 雷达天线罩在己方雷达工作频段内具有带通传输特性，允许电磁波通过，不影响天线正常工作；而在己方雷达工作频段之外，FSS 雷达天线罩则具有全反射特性，利用其流线型表面的低 RCS 特征可以将敌方雷达探测波散射到非重要方向，有效缩减飞行器雷达舱正前方的 RCS。

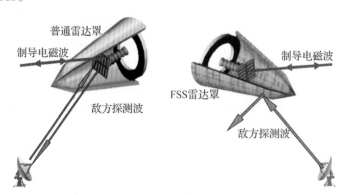

图 10-43　FSS 雷达天线罩隐身原理示意图

目前，频率选择表面已经越来越多地被应用于雷达天线罩的设计中。由于其特有的频率选择特性，FSS 雷达天线罩可以保证天线系统在其工作频带内的正常工作，同时借助于雷达天线罩的外形设计，将工作频带外的信号反射到远离来波的方向，降低雷达天线系统在头锥方向的反射，达到减小雷达天线系统 RCS 的目的。由于 FSS 相对于传统雷达天线罩表现出的工作性能优势，FSS 雷达天线罩在电子装备中已得到广泛的应用。

10.5.2　频率选择表面设计分析

如图 10-44 所示，单层矩形贴片单元周期阵列的等效电路，任何 FSS 都可以使用准静态分析，将其等效为 LC 电路。

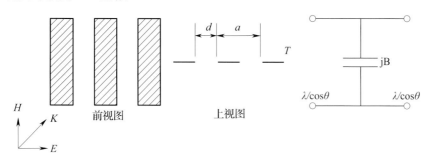

图 10-44　矩形贴片 FSS 及其等效电路

计算公式如下

$$\frac{B}{Y_0} = \frac{4a\cos\theta}{\lambda}\left\{\ln\csc\frac{\pi d}{2a} + \frac{1}{2}\frac{(1-\beta^2)^2\left[\left(1-\frac{\beta^2}{4}\right)(A_+ + A_-) + 4\beta^2 A_+ A_-\right]A_-}{\left(1-\frac{\beta^2}{4}\right) + \beta^2\left(1+\frac{\beta^2}{2} - \frac{\beta^2}{8}\right)(A_+ + A_-) + 2\beta^6 A_+ A_-}\right\} \quad (10\text{-}27)$$

其中

$$A_\pm = \frac{1}{\sqrt{1 \pm \frac{2a}{\lambda}\sin\theta - \left(\frac{a\cos\theta}{\lambda}\right)^2}} - 1, \quad \beta = \sin\frac{\pi d}{2a} \quad (10\text{-}28)$$

在由多层 FSS 组成的结构中，就将上面（单层）每一层的 FSS 的等效电路使用如图 10-45 所示的方式进行级联。这个过程，要注意不同的介质将被等效为不同阻抗的传输线，而且其长度等于介质的厚度。当两层 FSS 有较大面积相对的时候，要在电路中加入跨接电容，这个电容将改变对应介质层对应的传输线的特征阻抗。

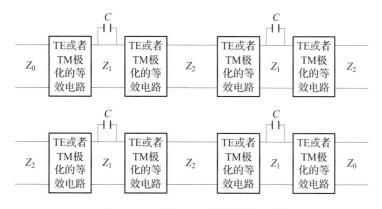

图 10-45　多层 FSS 的级联等效电路

总之，需要根据设计需求，分析和设计周期单元，选择可行结构，然后探究多层频率选择表面级联效果，开展具体设计分析，常用的设计分析方法主要有如下 4 种。

（1）模式匹配法

模式匹配法是第一个可以求解 FSS 的数值算法，对于缝隙型 FSS 特别有效。该法可用于预测周期结构滤波性能，其积分方程式可用于空间域与频域，计算结果精度比较高，使用广泛。只要假定入射场为平面波和 FSS 为无限大周期性结构，FSS 的散射问题就能够应用标准的模式匹配法得到严格的解。求解过程大致为，首先对缝隙或导电贴片单元建立积分方程，然后将未知电流展开成正交模函数的完备集，再用矩量法确定其模系数。

1967 年，Alvin Wexler 等在分析了前人算法不足的基础上提出了利用多模匹配分析来求解波导不连续性问题的想法，利用规则波导模式的叠加来满足边界条件，考虑突变结构两边的场匹配建立一系列的线性方程组，为准确求解广泛类型的非规则结构打下了理论基础。1969 年，Bryant 运用模匹配技术分析了波导中的模式传播特性。1990 年，Jose 利用模匹配方法详细地分析了光栅天线的传输和辐射特性，并且给出了计算结果与试验结果的比较。进入 21 世纪，用模匹配方法的研究工作依然在继续。2002 年，悉尼大学的 Brand G.F. 教授发表了 *The Strip Grating as a Circular Polarizing Beamsplitter* 一文，在文中用模匹配方法设计了薄片型分光器，给出了数值计算结果和试验结果。

模式匹配法有一个假设的前提，在 FSS 中传输的波在不同界面上是一致的，简单地说就是在不考虑边缘效应的前提下进行。具体解法模型如图 10-46 所示。

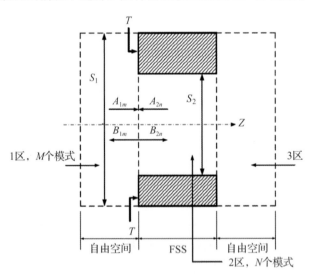

图 10-46　模式匹配法的解法模型

将 FSS 两侧的电磁波通过类似周期矩量法（PMM）的 Floquet 模式展开，可以得到 TE 波和 TM 波的模式方程，留有待定系数。

① TE 波

$$E = \sum_{p=-\infty}^{\infty} \sum_{q=-\infty}^{\infty} a_{pq} \frac{k_u u + k_v v}{k_{tpq}} \mathrm{e}^{\mathrm{j}k_u u} \mathrm{e}^{\mathrm{j}k_v v} \mathrm{e}^{-\mathrm{j}k_{tpq}r} \mathrm{e}^{-\mathrm{j}\beta_{pq}z} \qquad (10-29)$$

$$H = \frac{\mathrm{j}\omega\varepsilon}{k_{tpq}^2} z \times \nabla_t \left(\sum_{p=-\infty}^{\infty} \sum_{q=-\infty}^{\infty} a_{pq} \frac{k_u u + k_v v}{k_{tpq}} \mathrm{e}^{\mathrm{j}k_u u} \mathrm{e}^{\mathrm{j}k_v v} \mathrm{e}^{-\mathrm{j}k} k_{tpq} r \mathrm{e}^{-\mathrm{j}\beta_{pq}z} \right) \qquad (10-30)$$

② TM 波

$$E = \frac{j\omega\varepsilon}{k_{tpq}^2} z \times \nabla_t \left(\eta \sum_{p=-\infty}^{\infty} \sum_{q=-\infty}^{\infty} a_{pq} \frac{k_u u + k_v v}{k_{tpq}} e^{jk_u u} e^{jk_v v} e^{-jk_{tpq}r} e^{-j\beta_{pq}z} \right) \qquad (10\text{--}31)$$

$$H = \eta \sum_{p=-\infty}^{\infty} \sum_{q=-\infty}^{\infty} a_{pq} \frac{k_u u + k_v v}{k_{tpq}} e^{jk_u u} e^{jk_v v} e^{-jk_{tpq}r} e^{-j\beta_{pq}z} \qquad (10\text{--}32)$$

而 FSS 中的通过有限元求解 FSS 对应单一周期结构的本征解。

① TE 波

$$\boldsymbol{E} = \sum_{n=1}^{N} (A_{2n} + B_{2n}) \boldsymbol{e}_{2n} \qquad (10\text{--}33)$$

$$H = z \times \nabla_t \left[\sum_{n=1}^{N} \frac{j\omega\varepsilon}{k_n^2} (A_{2n} + B_{2n}) \boldsymbol{e}_{2n} \right] \qquad (10\text{--}34)$$

② TM 波

$$E = z \times \nabla_t \left[\eta \sum_{n=1}^{N} \frac{j\omega\varepsilon}{k_n^2} (A_{2n} + B_{2n}) h_{2n} \right] \qquad (10\text{--}35)$$

$$H = \eta \sum_{n=1}^{N} (A_{2n} + B_{2n}) h_{2n} \qquad (10\text{--}36)$$

在自由空间和 FSS 的交界面上有切向电场连续和法向磁场连续，就可以求解全部的待定系数，从而就求出透射场和反射场。

（2）周期矩量法

周期矩量法的代表人物是 B.A.Munk，在美国 Wright Patterson 空军基地航空电子实验室的资助下，B.A.Munk 研究小组自 20 世纪 60 年代中后期起，对 FSS 从基础理论到实际应用进行了长期的和富有成效的研究。B.A.Munk 在他的著作 *Frequency Selective Surface Theory and Design* 中全面阐述了周期矩量法分析 FSS 的过程，对 FSS 频率响应中的各种特殊现象，如表面波、Wood 不规则性、多层 FSS 之间相互扰动形成的反射零点等问题进行了系统的研究，比较了各种单元形式的 FSS 的频率响应，包括带宽、谐振模式、谐振频率的稳定性等，并提供了 FSS 设计的完整思路，包括带通型和带阻型 FSS 的设计，谐振频率的确定，带宽的入射角、极化不敏感性设计，多层 FSS 的设计等。

周期矩量法是一般矩量法的一种变形，其不同在于，入射波基于 Floquet 模式展开。即

$$E = e^{-jkz} = \sum_{p=-\infty}^{\infty} \sum_{q=-\infty}^{\infty} \left(a_{pq} e^{jk_u u} e^{jk_v v} e^{-jk_{tpq}r} e^{-j\beta_{pq}z} \right) \qquad (10\text{--}37)$$

$$k_u = k_x \cos(a_1) + k_y \sin(a_2) \qquad (10\text{--}38)$$

$$k_v = k_x \cos(a_2) + k_y \sin(a_1) \qquad (10\text{--}39)$$

$$k_{tpq} = k\sin(\theta)\cos(\psi)\boldsymbol{x} + k\sin(\theta)\sin(\psi)\boldsymbol{y} \qquad (10\text{--}40)$$

其中，a_{pq} 为正交函数系数；ψ 为 Floquet 相位复数矢量。

这种展开仅仅是为了在形式上和 FSS 匹配。通过这样的展开计算，一个 FSS 单元就可以等效为计算整个 FSS 的特性。因为 Floquet 相位在单元上有正交性。即

$$\{\psi_{pq}, \psi_{1n}\} = \iint_{\substack{\text{unit} \\ \text{cell}}} \psi_{pq} \psi_{1n}^{\ *} \, \mathrm{d}\sigma = A\delta_{p1}\delta_{qn} = \begin{pmatrix} A & p = 1 \cap q = n \\ 0 & p \neq 1 \cap q \neq n \end{pmatrix} \qquad (10\text{-}41)$$

① TE 波

$$E = \sum_{p=-\infty}^{\infty} \sum_{q=-\infty}^{\infty} a_{pq} \left(\frac{k_u u + k_v v}{k_{tpq}} \mathrm{e}^{jk_u u} \mathrm{e}^{jk_v v} \mathrm{e}^{-jk_{tpq}r} \mathrm{e}^{-j\beta_{pq}z} \right) \qquad (10\text{-}42)$$

$$H = \frac{j\omega\varepsilon}{k_{tpq}^2} z \times \nabla_t \left(\sum_{p=-\infty}^{\infty} \sum_{q=-\infty}^{\infty} a_{pq} \frac{k_u u + k_v v}{k_{tpq}} \mathrm{e}^{jk_u u} \mathrm{e}^{jk_v v} \mathrm{e}^{-jk_{tpq}r} \mathrm{e}^{-j\beta_{pq}z} \right) \qquad (10\text{-}43)$$

② TM 波

$$E = \frac{j\omega\varepsilon}{k_{tpq}^2} z \times \nabla_t \left(\eta \sum_{p=-\infty}^{\infty} \sum_{q=-\infty}^{\infty} a_{pq} \frac{k_u u + k_v v}{k_{tpq}} \mathrm{e}^{jk_u u} \mathrm{e}^{jk_v v} \mathrm{e}^{-jk_{tpq}r} \mathrm{e}^{-j\beta_{pq}z} \right) \qquad (10\text{-}44)$$

$$H = \eta \sum_{p=-\infty}^{\infty} \sum_{q=-\infty}^{\infty} a_{pq} \frac{k_u u + k_v v}{k_{tpq}} \mathrm{e}^{jk_u u} \mathrm{e}^{jk_v v} \mathrm{e}^{-jk_{tpq}r} \mathrm{e}^{-j\beta_{pq}z} \right) \qquad (10\text{-}45)$$

然后将电场积分方程

$$\hat{n} \times E_i(r) = \hat{n} \times \oiint_S \left[j\omega\mu j_s(r) G + \frac{1}{j\omega\varepsilon} \nabla' j_s(r) \nabla' G \right] \mathrm{d}s \qquad (10\text{-}46)$$

再离散化，求解互阻抗，从而就可以求出散射场。不过，PMM 算法很少有文献探讨，只有两本专著涉及该算法，而且都没有详细的推导过程。

（3）传输矩阵法和广义散射矩阵法

传输矩阵法是先求出单层 FSS 的散射矩阵，然后将它转化为相应的传输矩阵，再与介质层的传输矩阵相乘，得到整个 FSS 结构的传输矩阵，最后将传输矩阵转化为散射矩阵，从而得到整个 FSS 结构的散射矩阵。这种方法由于要涉及从散射矩阵到传输矩阵和从传输矩阵到散射矩阵的转换，效率较低。

广义散射矩阵法在求解多层 FSS 的散射特性时，将 FSS 与其相临的介质层看作一个结构单元块，分别求出这些单元块在多个入射模式（入射的平面波及其相应的高阶 Floquet 模式）时的多模散射矩阵，求出后一层的入射波、反射波与前一层的入射波、反射波的关系，通过递推关系得到总的散射矩阵。此方法比前一种方法的效率要高一些。但是这两种方法对于某些问题是不适用的。例如，在 1988 年，Yee 在波音公司提出的一种贴片–孔径–贴片结构 Yee-FSS，采用以上两种散射矩阵方法是不合适的，它需要求解三个联立的积分方程组来确定反射 / 传输特性。后来 Pous 和 Pozar 又提出了一种矩形单元的孔径–贴片–孔径结构，相当于 Yee-FSS 的互补结构。而对于多层介质存在时求解 FSS 频率响应的问题，除了将介质等效为传输线的方法以外，还可以通过求解多层介质的格林函数来求解散射场。由此可见，对于多层 FSS，仍是一个值得深入研究的问题。

（4）矩量法结合平面波谱展开法

可以采取矩量法结合平面波谱展开对多层 FSS 复合结构进行建模仿真，通过计算 FSS 的缝隙电压，同时对方程中的参数化简，从而求得 FSS 的透射电磁场。

常见的缝隙 FSS 按照图 10-47 所示的方式建模，模型中间是金属面，周围是介质层，金属面上周期分布着缝隙。

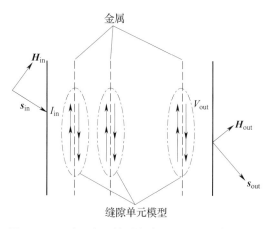

图 10-47　平面波入射到缝隙型 FSS 上的感应电压

设想一平面波投射在如图 10-47 所示的 FSS 上，此平面波在缝隙上激励出感应电压。FSS 作为一种周期性结构，空间中任何一点必须满足电磁场的 Helmholtz 微分方程，同时也必须满足周期性边界条件。根据此定理，缝隙上的感应电压实际上也呈周期分布。因此，可以选定任意一个缝隙作为参考单元，假设该参考单元上的电压为 V，就可以相应推导得到其他缝隙上的电压 V_{qm}，根据参考单元上的感应电压，可以求得 FSS 透射侧的电磁场分布。但对于较复杂的缝隙单元，很难利用现成的函数表示其上的感应电压，因此，采用矩量法的思想，把未知函数（感应电压）表示成一组基函数的线性组合，然后选用合适的检验函数在线性方程两边取内积，这样便生成一个线性方程组，求解该线性方程组就可求得该未知函数。采用分段基函数、检验函数和基函数一致（迦辽金法），经过一系列变换可得到参考单元上的感应电压，从而可以方便地求出电磁波经过 FSS 后的透射电磁场。

10.5.3　宽带 FSS 雷达天线罩电性能设计

10.5.3.1　大入射角范围谐振频率的稳定性设计

战斗机机头流线型雷达天线罩在天线的波束扫描内会有较大的电磁波入射角变化，最大入射角高达 80° 以上。即便对于线极化天线，雷达天线罩上两种极化也同时存在。FSS 的谐振频率通常会随着入射波入射角和极化角的不同而变化，而 FSS 雷达天线罩需要稳定的谐振频率。

FSS 的谐振频率主要依赖于单元的尺寸。预估 FSS 谐振频率（不考虑介质衬底）的近似方法是：对于缝隙型单元，其平均周长近似等于一个波长时产生谐振；对于贴片型单元，当一端到另一端的最大长度近似等于半个波长时，将产生谐振。

谐振频率与介质衬底也有很大关系。对于缝隙型单元，由于波从表面透过，则介质衬底表现为对 FSS 的加载。在 FSS 导电屏上添加一层薄的介质层，缝隙阵列的谐振频率将有所下降，且随着介质衬底厚度逐渐减小，FSS 的谐振频率将向自由空间谐振频率趋近。

谐振频率与入射角和电场极化同样存在联系，在 FSS 两侧进行介质加载将使谐振频率稳定。图 10-48 示出了十字形缝隙单元阵列，在平行和垂直极化下，入射角为 0°、45°、60° 和 70° 时的传输频响特性曲线。左图给出了未加载介质层的情况，右图给出了 FSS 两侧加载介质层的情况，可以看到在不同入射角下，后者谐振频率更加稳定。该例反映了加载介质对缝隙单元阵列的一般影响。

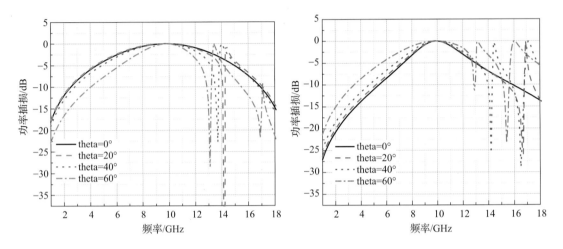

图 10-48　十字形缝隙单元阵列及其加载介质层前后的频率响应

此外，小的单元间距亦能够产生对入射角较为稳定的谐振频率。对于任意的周期性阵列表面，为了获得相对于任意入射角都稳定的谐振频率，单元间距应尽量小。

FSS 雷达天线罩电性能设计中最重要的一点是：无关 FSS 层的数目和单元的形状，FSS 结构两侧最外面的两层介质层必须作为 1/4 波长的阻抗变换器，其厚度取约 $\lambda_g/4$ 或稍大一点（$0.3\lambda_g$），这对稳定任意入射角下的谐振频率十分重要。

10.5.3.2　两种极化条件下的宽带及其稳定性设计

（1）FSS 雷达天线罩的宽带设计

现代机载火控雷达从孔径综合和抗干扰的角度出发，朝着宽频带方向发展，从而要求雷达天线罩也是宽带的。人们通常认为：由于 FSS 的谐振特性，导致这种周期结构本身就是窄带的，但实际上，可以采取一些措施达到较宽的频带。

带宽主要由单元类型来决定。设计宽带 FSS 雷达天线罩首先应采用宽带型单元，如六边环单元。当单元之间的间隙较大时，在单元周长为一个波长时，FSS 将近似产生谐振；随着单元间距变小，带宽将增加；但当单元之间很近时，相邻单元间的电容将增加，这样将迫使谐振频率降低，必须通过减小单元的周长使谐振频率回升。

一般来说，任何单元类型 FSS 的带宽都会随着单元间距的改变而发生变化，间距增大会使带宽变窄。假如 FSS 的单元间隔 D_x 或 D_z（平面的垂直方向为 Y 向）增加 10%，那么带宽将大约减小 10%；假如 D_x 和 D_z 同时增加 10%，那么带宽将大约减小 20%。需注意，对许多单元来说，在这种带宽变化的同时会伴随着谐振频率的微小变化。另外，FSS 金属导电屏的厚度通常应该小于 $\lambda/1000$。如果增加导电屏的厚度，将使缝隙阵列的带宽减小。

（2）FSS 雷达天线罩的稳定带宽设计

如果设计的 FSS 结构的带宽受入射波入射角和极化的影响很大，那这种设计是不满足隐身要求的、不可取的。一般来说，将缝隙 FSS 夹嵌在雷达天线罩介质壁中间，可获得相对于入射角变化更加稳定的带宽特性。虽然 FSS 的研究基于纯金属表面，但不带任何介质的周期结构是不现实的，也是不被期望的。因为除了力学性能的需求外，介质可以用来改变 FSS 结构的带宽及反射和传输特性。这一点对于任意角度和极化入射都具有恒定带宽的带通滤波器的设计具有尤其重要的作用。

获得稳定带宽的方法是在 FSS 外侧使用介质层。介质层应尽量选择较低的介电常数，且介质层的厚度应依据不同的入射角保持在 $\lambda/4$ 左右。另外，相邻缝隙阵列 FSS 屏之间的介质层对控制传输曲线的起伏也有着重要的作用。

雷达天线罩不仅需要良好的传输特性，同时还需要低反射特性以使"镜像波瓣"控制在较低的电平。对于高质量的雷达天线罩设计，必须要求反射系数尽可能低。脉冲多普勒火控雷达需要具有稳定带宽、低反射的雷达天线罩，而 FSS 的介质加载对反射和传输曲线的控制十分关键。

研究结果表明，对称的壁结构设计远比非对称性设计在电性能上优越得多。双屏 FSS 对称壁结构是最重要的应用。双屏 FSS 夹在三层介质层中，外面两层介质应该相同，在给定入射角和极化的情况下，提供恒定的带宽；中间一层介质则决定传输曲线的顶部是否平坦。为了获得对于入射角具有恒定带宽和平坦通带传输的雷达天线罩，需要满足：①合理运用介质层；②选择合适的两层缝隙阵列 FSS 间的互导纳，即两屏之间介质的 ε；③使用小的单元和小的单元间距。

对于对称形式的 N 层 FSS 结构，带宽基本上由单层缝隙阵列决定，而与缝隙阵列的层数无关，其外层介质在于稳定不同入射角和不同极化下的带宽。对于 N 层非对称 FSS 级联结构，其通带的宽度主要取决于缝隙单元结构及各层 FSS 的单元谐振参数，通过多谐振点撑开频带。

10.5.3.3　FSS 结构的栅瓣控制

平面波入射到 FSS 结构表面，通常其反射应沿镜像方向，但可能还沿其他方向传播，从而形成栅瓣。

如图 10-49 所示，设入射角为 θ_i，可能的栅瓣方向角为 θ_g，则单元总相位延迟为 $k_0 P(\sin\theta_i + \sin\theta_g)$。假如这个延迟等于 2π 的倍数，所有从单元出来的波在 θ_g 方向上同相，即可能出现传播。用公式表示，产生栅瓣的条件为

$$k_0 P(\sin\theta_i + \sin\theta_g) = 2\pi n \qquad (10\text{-}47)$$

$$k_0 = \frac{2\pi}{\lambda_g}$$

式中：p——单元周期间距，m。

由此式可以得到栅瓣在入射方向上被反射的条件。对于单元间距为 P 的一维阵列，栅瓣在入射方向上被反射的频率为

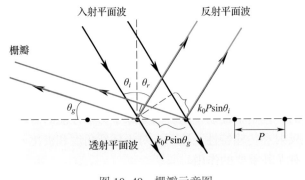

图 10-49　栅瓣示意图

$$f_g = \frac{nc}{2P\sin\theta_i}(\text{Hz})$$

$$c = 3 \times 10^8\,\text{m/s}$$

（10-48）

由式（10-48）可知，f_g 只依赖于入射角 θ_i 与单元间隔 P，与其他任何参数都无关。因此，为避免 FSS 雷达天线罩的散射栅瓣带来大的单站 RCS，应使单元间距足够小，以推迟栅瓣的出现或者说将栅瓣外推到有 RCS 要求的频域之外。这也要求就波长而言单元的尺寸较小，以及所选择单元的形状有利于使它们能够被插接得更紧密。

10.5.3.4　宽带多层 FSS 结构构型设计

FSS 通常为谐振结构，其带宽随入射角的变化可以归结为波阻抗的变化。波阻抗改变会直接影响谐振结构的品质因数。平行极化波入射时，随着入射角度的改变，波阻抗以 $Z_0\cos\theta$ 变化。随着入射角增大，品质因数减小，谐振结构的带宽增大。但是垂直极化波入射时，随着入射角度的改变，波阻抗以 $Z_0/\cos\theta$ 变化。因此对于大角度入射，波阻抗增大、品质因数增大而谐振结构的带宽降低。因此，在宽带 FSS 结构设计中，垂直极化入射的带宽实现是技术的关键。

高阶 FSS 由于极点间相互耦合作用，具有较宽工作带宽，带外抑制强，通带边缘陡降性好。采用三层相同单元的 FSS 级联，结构的频率响应陡降性增强，但是可实现带宽相对于两层级联结构的带宽降低。对于具有高选择性的 FSS 结构，谐振结构难以实现较宽的带宽。互补型非谐振结构对宽带需求成为一种重要选择。

六边形单元具有良好的对称性和周期排列紧密性，因此为获得相对较宽带宽，采用中间层为缝隙型六边环单元阵列，两边级联相同的六边形贴片单元阵列，三层 FSS 间由介质层连接，单元结构如图 10-50 所示。

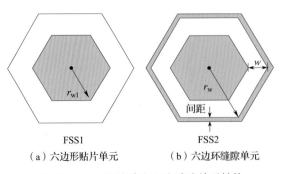

（a）六边形贴片单元　　　（b）六边环缝隙单元

图 10-50　六边缝隙和六边贴片单元结构

三层 FSS 级联非谐振结构模型如图 10-51 所示，其中 FSS1 为贴片型单元，FSS2 为缝隙型单元，FSS1 与 FSS2 具有相同的周期。内蒙皮与外蒙皮所用材料相同。针对此种级联形式，设计了两种 FSS 结构。

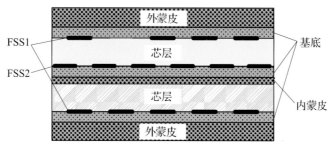

图 10-51　三层 FSS 级联非谐振结构模型

结构 1：r_w=3mm，间距为 0.14mm，r_{w1}=1.5mm，w=0.7mm。中间介质层选用 F4B-2，芯层厚度 3mm，外蒙皮厚度为 0.55mm，内蒙皮厚度为 0.11mm（见图 10-52）。

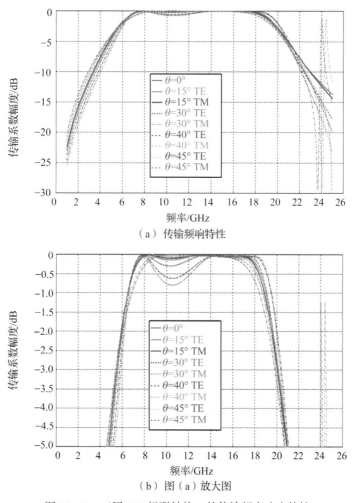

（a）传输频响特性

（b）图（a）放大图

图 10-52　三层 FSS 级联结构 1 的传输频率响应特性

0°～45°不同入射角时频率响应如图10-53所示。垂直入射时，-3dB带宽14.36GHz（5.5773～19.937GHz）相对带宽112.56%，带内最大插入损耗-0.1dB，-1dB带宽12.37GHz（6.47～18.85GHz）。另外，从通带整体来看，0°～45°斜入射时，工作通带基本不漂移，此结构具有很好的角稳定性。但是，随入射角增大结构的插损逐渐增大。

结构2：单元参数：间距为0.1mm，r_w=4.4mm，w=2.6mm，r_{w1}=2.4mm。介质参数与上相同。图10-53（a）给出入射角分别为0°～80°（间隔10°）垂直极化（TE）传输响应。其中，60°入射时-0.5dB带宽范围为7～12GHz。图10-53(b)给出入射角分别为0°～80°（间隔10°）平行极化（TM）传输响应。其中，60°入射时-0.5dB带宽范围为8～18GHz。

由结构2的优化设计和仿真结果可以看出：60°入射时，-0.5dB带宽达到4GHz；带外平均损耗：垂直极化，1～8GHz平均损耗-7.8dB；平行极化，1～8GHz平均损耗-5.2dB。

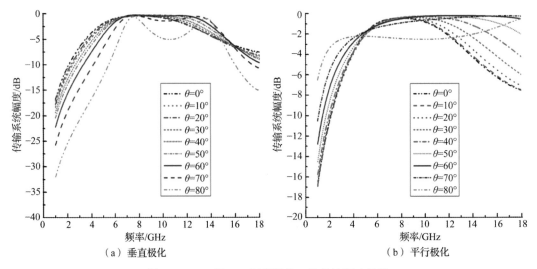

图10-53　三层FSS级联结构2的传输频响特性

10.5.3.5　宽带FSS设计示例

以设计一个覆盖X波段的宽带、大入射角的带通FSS结构为例，说明一种宽带多层互补FSS的单元和壁结构设计考虑。设计的关注点在于大角度入射、宽带高透波、带外截止性和极化一致性。

多层互补谐振单元FSS复合结构如图10-54所示，是将互补谐振的单元交叉纵向排列，将低阻单元和高阻单元复合构成谐振单元。在小入射角条件下，使用三层高阻单元（圆贴片）＋两层低阻单元（圆孔径）即可实现高于二阶的滤波效果，从而兼顾低频截止特性和宽带透波特性。

图10-55给出了5层互补单元阵列复合结构示意图，左为外方向，外侧是工程应用中所需的介质蒙皮（红色部分），内部（蓝色部分）为介电常数较小的芯层介质，中间薄层代表互补的金属单元阵列。FSS基底（支撑层）介质与蒙皮介质基本相同。表10-6列出了该结构的设计参数。

图10-56所示是60°入射两种极化下传输频响曲线。在60°设计角上，两种极化的传输频响示于0。采用多层互补FSS结构可实现平坦宽带性能。

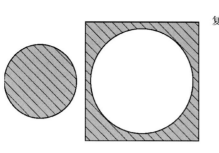
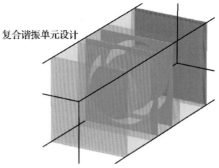

复合谐振单元设计

图 10-54　多层互补谐振单元 FSS 复合结构

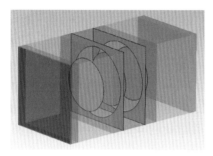
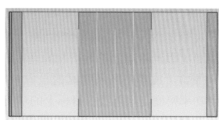

图 10-55　5 层互补单元阵列复合结构示意图

表 10-6　5 层互补 FSS 复合结构设计参数

参数	外层蒙皮厚度 /h_m	芯层厚度 /h_x	支撑层厚度 / ($h_c \times 4$)	X 方向周期 /p_x	Y 方向周期 /p_y	圆孔径半径 /r_1	圆贴片半径 /r_2
参数值 /mm	0.6	4.8	1.5	8.4	8.4	3.8	2.9

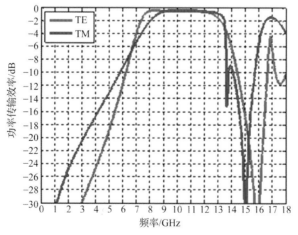

图 10-56　60° 入射两种极化下传输频响曲线

10.5.4　宽带 FSS 雷达天线罩 RCS 计算分析

10.5.4.1　RCS 基本概念

雷达散射截面是度量目标在电磁波照射下产生回波强度的物理量，是雷达隐身技术中的重要指标。

（1）基于电磁散射原理的 RCS 定义

任意形状目标的 RCS 都可用一个各向均匀辐射的等效反射器（通常是球）的投影面积（横截面积）来定义，这个等效反射器与被定义的目标在接收方向单位立体角内具有相同的回波功率，如图 10-57 所示。

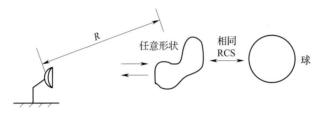

图 10-57　RCS 的等效截面

RCS 是在给定方向上返回的散射功率大小的量度，并用入射场的功率密度归一化，进一步乘以距离 R 以消除球面扩散引起的衰减的影响。根据电磁场理论，功率密度正比于电场强度 E 的平方（或者磁场强度 H 的平方）。RCS 可定义为：目标在单位立体角内在接收机处的散射功率密度与入射波在目标上的功率密度之比的 4π 倍，用符号 σ 来表示

$$\sigma = \lim_{R \to \infty} 4\pi R^2 \times \left| E^s / E^i \right|^2 \tag{10-49}$$

$$\sigma = \lim_{R \to \infty} 4\pi R^2 \times \left| H^s / H^i \right|^2 \tag{10-50}$$

式中：E^s、H^s——散射电场和散射磁场；

E^i、H^i——入射电场和入射磁场。

RCS 的单位是 m^2，由于目标 RCS 随着方位变化剧烈，故也常用平方米的分贝数 dBsm 表示

$$\sigma(\mathrm{dBsm}^2) = 10 \log_{10} \left[\sigma(m^2) \right] \tag{10-51}$$

目标的 RCS 减少 10dBsm，意味着回波功率只剩下 1/10。RCS 的影响因素主要有：目标材料的电特性；目标的几何外形；目标被雷达波照射的方位；入射波的波长、入射波的极化形式和接收天线的极化形式。

（2）目标 RCS 的计算方法

目标 RCS 的大小基于目标散射特性的计算，可以通过计算电磁学方法来求解，主要分为精确法和近似法。对于复杂外形结构的目标、高频段计算等问题，使用精确法受制于计算机硬件能力限制。目标 RCS 的求解方法主要有低频法和高频法两种类型。精确法指低频法，主要有微分方程法和积分方程法，微分方程法包括频域有限差分法（FDFD）、时域有限差分法（FDTD）和有限元法（FEM）；积分方程法主要为矩量法（MoM）；低频法原则上可适用于处理所有结构目标的散射问题，处理所有的电磁激励类型，但是低频法求解电大尺寸的物体散射问题需要使用很大的计算机内存。

近似法指高频法，可分为两大类：一类是基于惠更斯原理，主要包括物理光学法（PO）、等效电磁流方法（MEC）、物理绕射理论（PTD）等；另一类方法是基于射线光学理论，主要有几何光学（GO）、一致性几何绕射理论（UTD）、几何绕射理论（GTD）等。高频法比低频法处理远场问题更有优势，需要的计算机内存少，处理速度快，但计算精度

相对较低。很多 RCS 计算问题只使用一种方法无法很好地处理，人们提出了组合两种或更多方法优点的高低频混合方法，来解决电磁计算的精度与效率问题。

现代计算机技术的飞速发展促进了计算电磁学的进步，出现了很多优秀的商业电磁仿真软件，如 HFSS、FEKO、CST 等软件，这些软件都是采用低频法，计算机集群系统、超算中心等也为电磁计算提供了强劲的硬件资源，给工程师们提供了很好的电磁仿真工具和条件。

10.5.4.2　FSS 雷达天线罩的隐身效能

如图 10-58 所示是偶极子天线加载 FSS 雷达天线罩与介质雷达天线罩在不同频率下电场幅度的对比仿真。可以看出，在 4.0GHz、5.0GHz 频率处，相比于介质雷达天线罩，天线加载 FSS 雷达天线罩的电场值得到了显著的减小，对比值 α 减小了 −20～−40dB，有效缩减了天线的 RCS。同时，对工作的 4.5GHz 的侦测雷达信号几乎无影响。

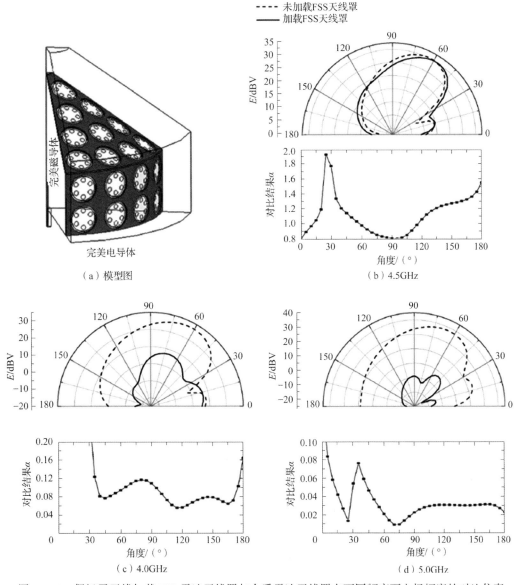

图 10-58　偶极子天线加载 FSS 雷达天线罩与介质雷达天线罩在不同频率下电场幅度的对比仿真

10.5.4.3 FSS 雷达天线罩的 RCS 仿真

很多商业电磁软件为 FSS 雷达天线罩 RCS 仿真分析提供了工具。例如，HFSS 的 FE-BI、IE Region 混合算法可实现大规模 RCS 问题的精确求解。在全波算法中，有限元法擅长处理复杂结构和介质材料；矩量法，也称积分方程法，擅长求解纯金属电大尺寸的开放空间问题。有限元法和积分方程法相融合，通过 FE-BI 边界和 IE Region 技术将两种算法应用到一个模型的求解中，结合了两种算法的优点，适合电大尺寸问题的精确求解。该混合算法可以将边界（FE-BI 边界）设置得离目标更近，减小求解网格量；容易实现与任意形状复杂结构共形；模型可以分离，用于仿真模型分离的情况（见图 10-59）。

HFSS 的 Wrap 功能可以将 FSS 的周期性平面直接贴合至罩体曲面，如图 10-60 所示。图 10-60 示出了某双层六边环缝隙 FSS 结构雷达天线罩模型。该雷达天线罩模型的仿真计算结果反映出：由于罩内装有平板天线，在通带 9GHz，雷达天线罩前向（罩尖方向，方位 0°）的 RCS 很大（见图 10-61）；在阻带 15GHz，雷达天线罩前向的 RCS 降低约 25dB（见图 10-62）；在阻带 5GHz，雷达天线罩前向的 RCS 降低约 30dB（见图 10-63）。

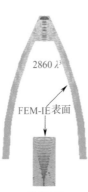

图 10-59 雷达天线罩与天线混合算法示意图——模型的分离

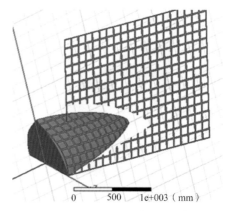

图 10-60 FSS 平面到雷达天线罩曲面的转移

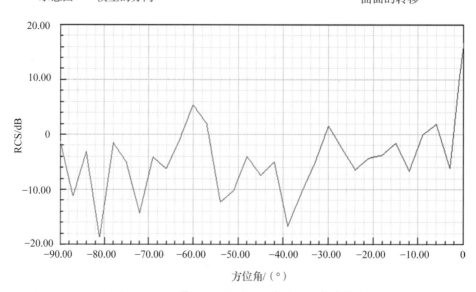

图 10-61 通带 9GHz 的雷达天线罩 RCS 仿真曲线

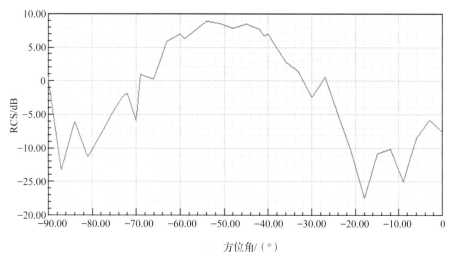

图 10-62　阻带 15GHz 的雷达天线罩 RCS 仿真曲线

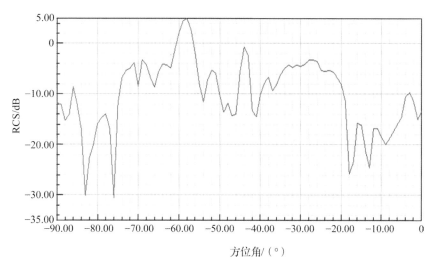

图 10-63　阻带 5GHz 的雷达天线罩 RCS 仿真曲线

该六边环缝隙单元 FSS 雷达天线罩仿真计算机资源见表 10-7，反映了全波法计算需要较大的计算机资源配置。

表 10-7　该六边环缝隙单元 FSS 曲面雷达天线罩仿真计算机资源

雷达天线罩壁结构	Mesh 网格量	Mesh 时间 /h	内存占用 /GB	单次求解时间 /h
双层六边环 FSS	2000 万	90	1000	60
三层六边环 FSS	4000 万	120	2000	90

10.5.5　小结

频率选择表面已经越来越多地被应用于雷达天线罩的设计中。由于其特有的频率选择特性，透波隐身一体化雷达天线罩可以保证天线系统在其工作频带内的正常工作，同时借助于雷达天线罩的外形设计，将工作频带外的信号反射到远离来波的方向，降低雷达天线系统在头锥方向的反射，达到减小雷达天线系统 RCS 的目的。

10.6　吸波结构设计及在雷达天线罩上的应用

10.6.1　背景与应用

在飞行器上，除了雷达天线罩，其他部位也需要进行特殊处理，以降低 RCS 来提高飞行器的生存能力，而在这些部位较为方便且常用的方式是涂覆吸波材料。关于吸波材料的研究存在的难点主要在于：频带窄、密度大、效率低，这些问题严重制约了吸波材料的实际应用。经过试验研究发现，利用频率选择表面可以增强吸波体的吸收率。由于衍射极限的限制，传统吸波体不能做得足够薄。为了克服传统吸波体的缺点，结合频率选择表面设计出了新的吸波体——吸波型频率选择表面。其显著特点是能够方便地实现对电谐振和磁谐振单元的调控，并且可以使介电常数和磁导率相匹配来实现自由空间的阻抗匹配，这样就可以实现对入射电磁波的高吸收。具有高阻抗表面的吸波频率选择表面相比传统吸波材料，其结构简单、吸收能力强、质量更轻、厚度更薄、设计灵活度高、加工简单并且吸收带可调、材料的电磁参数可设计，在电磁隐身等领域应用广泛。由于 FSS 选择频率的特性能够极大地改善材料的吸波性能，国内外许多学者对吸波频率选择表面的应用做了很多探索性研究，并取得了一定进展，实现对宽频带内的电磁波吸收。

10.6.2　吸波结构优化设计

10.6.2.1　吸波材料理论分析

（1）吸波结构模型构建

首先，通过多反射干涉理论建立入射波垂直入射到三层典型超材料吸波结构时的模型，如图 10-64 所示，假设顶层超材料电谐振阵列与底层金属反射板为零厚度界面，即电磁波在经过该界面时不会造成相位改变，但仍然保留原来结构的性质。

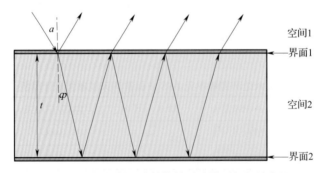

图 10-64　超材料吸波结构的干涉模型与相关变量

假设入射波的振幅为 1，相位为 0。在空气与介质板分界面 1 上，部分电磁波发生反射变成反射波，其系数为 $|S_{11}|e^{j\theta_{11}}$。部分电磁波继续向前传播称为透射波（其系数为 $|S_{21}|e^{j\theta_{21}}$），到达界面 2，透射波存在一个传播相位 $\tilde{\beta}$，由于铜是完美的金属导体，在界面 2 上电磁波全部发生反射，其系数为 $S_{23}=-1$。继续向前传播到达空气与介质板的界面 1，

同样存在一个传播相位 $\widetilde{\beta}$，然后电磁波再次发生反射与透射，其系数分别为 $|S_{22}|\mathrm{e}^{\mathrm{j}\theta_{22}}$ 与 $|S_{21}|\mathrm{e}^{\mathrm{j}\theta_{21}}$。因此，在空间 1 中将界面 1 上的多个反射波叠加，可得到整个超材料结构的反射波

$$
\begin{aligned}
S_{11\mathrm{total}} &= S_{11} + S_{21}\mathrm{e}^{-\mathrm{j}\beta}S_{23}\mathrm{e}^{-\mathrm{j}\beta}S_{12} + S_{21}\mathrm{e}^{-\mathrm{j}\beta}S_{23}\mathrm{e}^{-\mathrm{j}\beta}\left(S_{22}\mathrm{e}^{-\mathrm{j}\beta}S_{23}\mathrm{e}^{-\mathrm{j}\beta}\right)S_{12} + \\
&\quad S_{21}\mathrm{e}^{-\mathrm{j}\beta}S_{23}\mathrm{e}^{-\mathrm{j}\beta}\left(S_{22}\mathrm{e}^{-\mathrm{j}\beta}S_{23}\mathrm{e}^{-\mathrm{j}\beta}\right)^2 S_{12} + {}_{21}\mathrm{e}^{-\mathrm{j}\beta}S_{23}\mathrm{e}^{-\mathrm{j}\beta}\left(S_{22}\mathrm{e}^{-\mathrm{j}\beta}S_{23}\mathrm{e}^{-\mathrm{j}\beta}\right)^3 S_{12} + \cdots = \\
&\quad S_{11} + S_{12}S_{21}S_{23}\mathrm{e}^{-\mathrm{j}2\beta}\sum_{n=0}^{\infty}\left(S_{22}S_{23}\mathrm{e}^{-\mathrm{j}2\beta}\right)^n = \\
&\quad S_{11} - \frac{S_{12}S_{21}\mathrm{e}^{-\mathrm{j}2\beta}}{1+S_{22}\mathrm{e}^{-\mathrm{j}2\beta}}
\end{aligned}
\tag{10-52}
$$

由此多次反射模型为无源模型，可知 $S_{12}=S_{21}$，因此上式可化简为

$$
\begin{aligned}
S_{11\mathrm{total}} &= |S_{11}|\mathrm{e}^{\mathrm{j}\theta_{11}} - \frac{|S_{12}|^2\mathrm{e}^{\mathrm{j}(2\theta_{12}-2\beta)}}{1+|S_{22}|\mathrm{e}^{\mathrm{j}(\theta_{22}-2\beta)}} = \\
&\quad |S_{11}|\mathrm{e}^{\mathrm{j}\theta_{11}} + \frac{|S_{12}|^2\mathrm{e}^{\mathrm{j}(2\theta_{12}-2\beta-\pi)}}{1-|S_{22}|\mathrm{e}^{\mathrm{j}(\theta_{22}-2\beta-\pi)}}
\end{aligned}
\tag{10-53}
$$

其中，$\beta=kd$ 为介质基板中的传播相位，k、d 分别为介质中的传播波数与距离。在电磁波垂直入射情况下，β 的表达式为

$$
\beta = kd = \frac{2\pi\sqrt{\varepsilon_2\mu_2}ft}{c_0}
\tag{10-54}
$$

因为在此多次反射模型中入射波的透射率为 0（金属背板的透射率为 0），所以吸波结构的吸波率为 $A(\omega)=1-R(\omega)-T(\omega)=1-S_{11\mathrm{total}}^2$。

（2）吸波结构多反射干涉理论验证

从上面的分析可以看到，通过多反射干涉理论分析超材料吸波结构时，其吸波特性仅仅与谐振单元的传输特性有关，金属背板只起到反射入射波的作用。下面将建立两种不同的仿真模型，通过数值计算与模拟仿真曲线的对比来验证上述多反射干涉理论的正确性。

第一个模型为典型的三层超材料吸波结构，称为耦合模型。第二个模型为典型的三层超材料结构去掉金属背板，即仅仅保留顶层电谐振阵列及介质层，通过上式计算得到超材料吸波结构的吸波率，称为解耦合模型。两种模型示意图如图 10-65 所示。利用商业电磁场有限元仿真软件 HFSS 进行模型仿真。这种电磁场仿真软件通过切向矢量有限元法进行仿真，其仿真精度高、仿真速度快、结果可靠性高，目前广泛应用于航空、电子、通信、半导体、计算机等多个领域。

在仿真模型中，将如图 10-65 所示的模型边界设置为 Master 和 Slave 边界条件，同时，将模型端口设置为 Floquet 端口激励平面波（TEM 波）。在耦合模型中，金属背板与端口 2 中有一段空气层，因此端口 2 并不参与模型的仿真。但是在解耦合模型中，端口 2 与介质层直接接触，这种设计可以避免电磁波从介质层进入空气层中产生额外的传输系数，这种额外的传输系数会使得解耦合模型中 S_{12}、S_{22} 变得与理论分析中的传输系数不一样。同时，在解耦合模型中，需要对 Floquet 端口 1 与端口 2 进行 deembed（去嵌入）设

定，选取参考面至顶层电谐振单元阵列表面，消除解耦合模型中因为波从端口传输到顶层电谐振单元阵列表面产生的相位变化对仿真求解得到的 S 参数的相位影响。

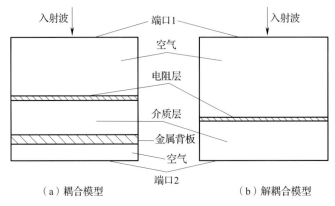

图 10-65　超材料吸波结构的耦合模型与解耦合模型

吸波结构顶层采用典型的 ELC 谐振单元，如图 10-66 所示，这种谐振单元已在现有文献中被证明具有单负介电常数性质并且广泛应用于吸波结构的设计与分析中，该单元的具体尺寸为：b=3.5mm，l=1.4mm，w=0.3mm，g=0.2mm。该吸波结构周期为 5mm，介质层介电常数为 10.2，损耗角正切为 0.03，厚度为 0.45mm。超材料吸波结构谐振单元为厚度 0.035mm 的金属铜，导电率为 5.8×10^7S/m。

图 10-67 和图 10-68 分别给出了入射波垂直入射时耦合模型的仿真曲线和解耦合模型的数值计算曲线。虽然两个模型中反射曲线是完全不一样的，但是分别通过模拟仿真以及数值计算得到了两条几乎完全一样的吸波曲线，并且在 6.6GHz 频率处得到几乎相等的吸波率。因此可以确定在入射波垂直入射的情况下，使用多反射干涉理论建立的吸波结构的模型是正确的。

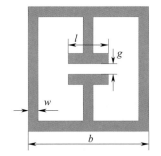

图 10-66　超材料吸波结构 ELC 谐振单元示意图

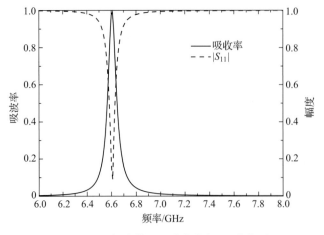

图 10-67　耦合模型吸波曲线与 S_{11} 曲线图

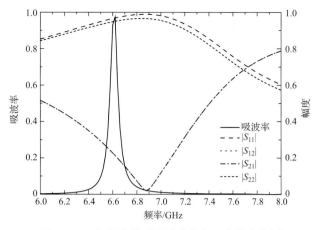

图 10-68　解耦合模型吸波曲线与 S 参数曲线图

由图 10-69 可以观察到，在整个吸波频段中反射系数 $|S_{11}| > |S_{22}|$，这是因为在入射波垂直入射到吸波结构上使谐振单元在特定频率点产生了强谐振，对于非损耗介质（空气）来说，由于谐振单元产生强谐振而在介质中产生的损耗是可以忽略不计的。对于损耗介质来说，这种由于谐振单元产生强谐振而在介质层中产生的损耗是不可以忽略的，并且这种损耗随着介质层的损耗角正切增大而增大，如图 10-69 所示。因此，由于空气与介质层的损耗角正切不同导致在空气中与在介质层中反射系数振幅的不同，即 $|S_{11}| > |S_{22}|$。

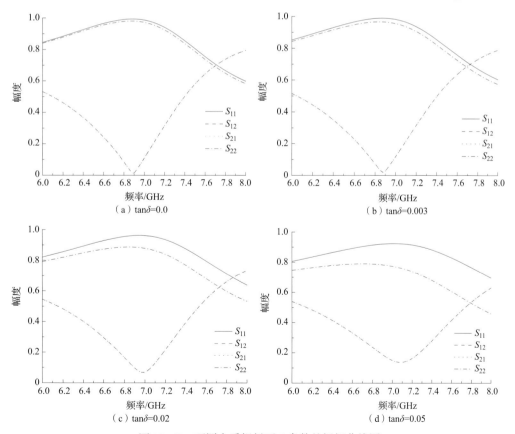

图 10-69　不同介质损耗下 S 参数的振幅曲线图

10.6.2.2 斜入射情况下吸波结构理论分析

（1）吸波结构模型构建

在电磁波斜入射到吸波结构时，利用多反射干涉理论建立吸波结构吸波模型的方法与电磁波垂直入射的情况类似，只不过分析介质层中相邻两束电磁波的相位关系存在着很大的不同。在电磁波垂直入射到超材料吸波结构时，因为折射电磁波、反射电磁波与入射电磁波的路径是同一条直线的，所以利用多次反射理论建立模型时可以只考虑一条入射波与其本身的反射波的多次叠加，而当电磁波斜入射到超材料吸波结构时，因为电磁波的入射波、反射波以及透射波并不在同一条直线上，所以需要考虑多条入射波之间的多次叠加。电磁波斜入射到吸波结构的多反射干涉模型如图 10-70 所示。

在图 10-70 中，直线 1 为第一条入射电磁波，直线 2 为第二条入射电磁波，直线 3 为直线 1 透射过电阻层的电磁波，直线 4 为直线 3 被金属背板反射回介质的电磁波，直线 5 为直线 4 透射过超材料谐振单元进入空气的电磁波，直线 6 为直线 2 被电磁谐振单元反射回空气的电磁波（在图中与直线 5 重合）。在图中可以清楚地发现，电磁波 2 被电磁谐振单元反射回空气的电磁波并不与电磁波 2 发生干涉，而是与电磁波 1（以及电磁波 1 之前的入射电磁波，图中为了简略未标出）经过透射反射后的电磁波发生干涉。因为电磁波 5 与电磁波 6（以及之前反射出的电磁波）的叠加为总的反射系数，因此接下来分析电磁波 5 与电磁波 6 的相位关系。

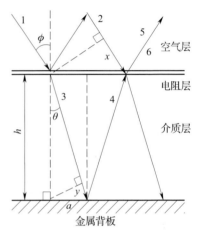

图 10-70　电磁波斜入射到吸波结构的多反射干涉模型

假设介质层厚度为 h，入射波的入射角为 ϕ，透射进入介质层的折射角为 θ，空气的相对介电常数为 ε_1，介质层的介电常数为 ε_2。在空气中，入射波 2 比入射波 1 多走了 x 路程，设 x 路程相对的相位变化为 $\Delta\varphi_1$。在介质层中，设 y 路程相对的相位变化为 $\Delta\varphi_2$。由图中的几何关系可知

$$\sin\phi = \frac{x}{2a}, \quad \sin\theta = \frac{y}{a} \tag{10-55}$$

根据 Snell 定律有

$$\frac{\sin\phi}{\sin\theta} = \sqrt{\frac{\varepsilon_2}{\varepsilon_1}}, \quad \text{即} \frac{\sin\phi}{\sin\theta} = \frac{x}{2y} = \sqrt{\frac{\varepsilon_2}{\varepsilon_1}}, \quad y = \frac{x}{2}\sqrt{\frac{\varepsilon_1}{\varepsilon_2}} \tag{10-56}$$

在空气中，x 路程相对的相位变化为

$$\Delta\varphi_1 = \frac{2\pi}{\lambda_0}x = \frac{2\pi}{\lambda_0}(2h\tan\theta\sin\phi) \tag{10-57}$$

在介质层中，y 路程相对的相位变化为

$$\Delta\varphi_2 = \frac{2\pi}{\lambda_1}y = \frac{2\pi}{\lambda_1}\left(\frac{2h}{\cos\theta}\right) \tag{10-58}$$

其中，λ_0 与 λ_1 分别为电磁波在空气与介质层中的波长。根据电磁波理论可知，在同一频率下，波长与相对介电常数存在关系

$$\lambda = \frac{1}{f\sqrt{\mu\varepsilon}} \qquad (10\text{-}59)$$

因此可以得到，电磁波 5 与电磁波 6 相位差为 $2h\cos\theta$ 路程所对应的相位。因为

$$\theta = \arcsin\left(\sin\phi\sqrt{\frac{\varepsilon_1}{\varepsilon_2}}\right) \qquad (10\text{-}60)$$

所以总的相位改变量

$$\beta = \frac{\Delta\varphi_2 - \Delta\varphi_1}{2} =$$
$$\frac{2\pi}{\lambda_1}\left(\frac{h}{\cos\theta}\right) - \frac{2\pi}{\lambda_0}(h\tan\theta\sin\phi) = \qquad (10\text{-}61)$$
$$kh\cos\left[\arcsin\left(\sin\phi\sqrt{\frac{\varepsilon_1}{\varepsilon_2}}\right)\right]$$

在式（10-61）中我们可以观察到，当 $\phi=0$ 时，$\beta=kh$，这是入射波垂直入射时波在介质层中传播导致的相位改变。因此可以得到垂直入射时因为传播导致的相位改变量为斜入射时因为传播导致的相位改变量的特殊情况。

将总的相位改变量公式代入 $S_{11\text{total}}$ 公式，便可以得到电磁波斜入射到吸波结构时的多反射干涉吸波模型。

（2）吸波结构多反射干涉理论验证

与电磁波垂直入射时的情况类似，通过建立耦合模型和解耦合模型直接模拟仿真与数值计算，得到垂直极化下不同入射角两组吸波曲线，如图 10-71 所示。由图可知，数值计算得到的吸波曲线与模拟仿真得到的吸波曲线非常一致，因此验证了通过多反射干涉理论得到的吸波结构模型在入射波斜入射情况下也是正确的。

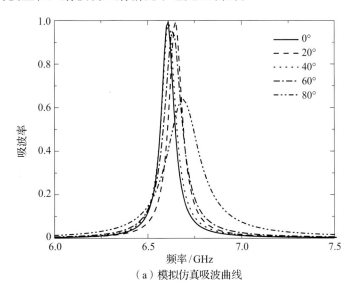

（a）模拟仿真吸波曲线

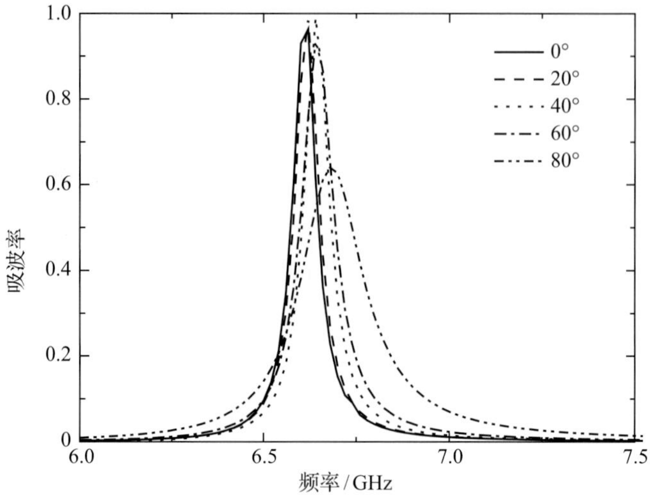

（b）数值分析吸波曲线

图 10–71　垂直极化波斜入射条件下吸波结构多反射干涉理论模型

10.6.2.3　电路模拟吸波结构建模和仿真

FSS 与吸波材料复合隐身结构由 Salisbury 屏和 Jaumann 层衍生而来，即将 Salisbury 屏或 Jaumann 层中的电阻片换成频率选择表面构成新型的雷达吸波材料，以下简称 FSS 复合吸波结构。

由于 FSS 复合吸波结构可变参数多、结构复杂，并且 FSS 对应的阻抗无法用解析解精确地表示出来，这里我们采用有限元软件 HFSS 对 FSS 吸波结构进行仿真设计。如图 10–72 所示，Salisbury 屏利用入射波与反射波在电阻片位置有 0.5λ的波程差，即入射波与反射波在此处等幅反向，以叠加相抵消的方式，能量在电阻片以热的形式消耗，形成吸波。

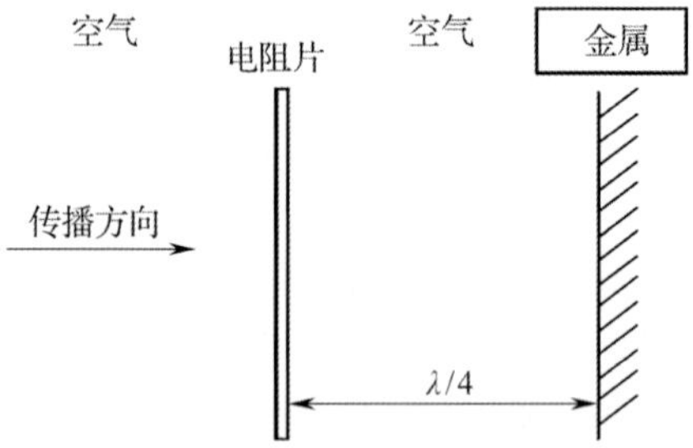

图 10–72　Salisbury 屏

带有金属底板的非磁性吸波材料实现一定的频率与反射系数的吸波效果根据 Kramers–Kronig 条件有一个理论极限厚度，关系如下

$$\left|\int_0^{\infty} |\ln|\rho_0(\lambda)|\,\mathrm{d}\lambda|\right| \leqslant 2\pi^2\sum_i \mu_{s,i}d_i \tag{10-62}$$

我们考虑 $\rho_0(\lambda)$ 在要求的吸波频带内为定值，且带外忽略，则可以得出

$$|\ln\rho_0|(\lambda_{\max}-\lambda_{\min}) < 2\pi^2\sum\mu_{s,i}d_i \tag{10-63}$$

其中，ρ_0 是最大容许的反射系数，$\mu_{s,i}$ 为第 i 层的磁导率，d_i 为第 i 层的厚度，$\lambda_{\max}$ 和 $\lambda_{\min}$ 分别对应吸波频带内最大与最小波长。

10.6.3　低频透波 / 高频吸波的 FSS 结构设计

10.6.3.1　低频透波 / 高频吸波结构理论分析

从 FSS 的特性来看，设计时需要同时考虑带内透波和带外吸波两方面特性。带内透波要求允许信号良好透过，用作雷达天线罩时对天线的辐射特性产生很小的影响，包括驻波、方向性等；带外吸波要求对宽带外电磁波产生较好的吸收效果，吸收任何方向的反射波，包括主要的镜面散射和可能出现在其他任意方向的栅瓣等，对天线实现全方位 RCS 减缩。FSS 一般为由带通 FSS 和阻抗表面一起组成的多层结构，每层结构的设计对带内透波和带外吸波特性都有着重要的影响，需要进行认真设计。

10.6.3.2　栅瓣条件及其抑制

首先考虑入射角为 η 的平面波照射到单元间隔为 D 的一维周期结构上的情况。显然平面波到达每个单元时，相对于左侧相邻单元有 $\beta D \sin\eta$ 的相位滞后。而在镜像方向，同一单元反射的波又会有等量的相位超前；从所有单元出来的波相位都一致，因此镜像反射方向的平面波总是存在的。然而，除了镜像反射，周期结构对平面波的反射还可能在其他方向存在波的传播。设可能产生栅瓣的方向为 η_g，则在栅瓣方向波的总相位延迟为 $\beta D(\sin\eta + \sin\eta_g)$。如果该延迟在某种条件下等于 2π 的整数倍，则每个单元出来的波又达到相位一致，此方向将存在波的传播。栅瓣存在的条件为

$$\beta D(\sin\eta + \sin\eta_g) = 2\pi n \tag{10-64}$$

其中

$$\beta = \frac{2\pi}{\lambda_g} \tag{10-65}$$

因此栅瓣产生频率为

$$f_g = \frac{c}{\lambda_g} = \frac{nc}{D(\sin\eta + \sin\eta_g)} \qquad (c = 3 \times 10^8 \, \text{m/s}) \tag{10-66}$$

对于平面周期结构，一阶栅瓣（$n=1$）和镜面反射是主要的散射源。当栅瓣出现在后向方向 $\eta_g \approx \eta$，即为后向栅瓣散射。对于要设计的具有吸波 / 透波特性的 FSS 结构，在吸波频带内如果不能有效地吸收出现在所有方向的散射波，包括镜面反射和栅瓣散射，就会影响其吸波效果，而可能的后向栅瓣散射也会造成单站 RCS 增加。

栅瓣出现频率与 FSS 结构的单元周期成反比，这样栅瓣出现频率就会被移至远离吸波频带的较高频率，在吸波频带内可以实现全方位隐身效果。假设设计的吸波频带上限为 f_H，为了避免在吸波频带内出现栅瓣，那么栅瓣出现的最低频率 f_{gmin} 就要大于 f_H，即

$$f_{gmin} = \frac{c}{D_{max}(\sin\eta + \sin\eta_g)} \geq f_H \tag{10-67}$$

FSS 顶层结构单元尺寸应该满足

$$D_{max} \leq \frac{c}{f_H(\sin\eta + \sin\eta_g)} = \frac{\lambda_H}{\sin\eta + \sin\eta_g} \leq \frac{\lambda_H}{\sin\eta + 1} \tag{10-68}$$

10.6.4　低频吸波 / 高频透波的 FSS 结构设计

前面设计了具有低频透波 / 高频吸波特性的 FSS 结构，其结构由带通 FSS 和阻抗表面组成。现有文献中类似的 FSS 结构也大多只能实现低频透波 / 高频吸波特性，对于如何实现高频透波 / 低频吸波 FSS 的理论分析与结构设计，很少有文献提及。事实上，设计具有高频透波 / 低频吸波特性的 FSS 比实现具有低频透波 / 高频吸波特性的 FSS 更有难度。虽

然高频透射、低频全反射带通 FSS 层比较容易设计，而对于阻抗表面层，其吸波一般要依靠对电磁波的谐振再加入损耗结构来实现，谐振要求单元尺寸与波长相比拟，而其透射则要求尺寸远小于波长，才能产生较弱的谐振和吸收。因此要设计出在低频段谐振吸收，而在高频段透射的阻性单元，必须采取某些措施来控制阻性单元上感应电流的分布，使单元尺寸在电磁场中看起来对低频"长"，但对高频"短"。

如果单元总长度约为半波长（$l \sim \lambda/2$），振子上将产生较强的谐振，感应电流基本呈余弦分布，并且强度很强，会产生较强的散射，如果为损耗材料会产生强吸收效果；如果单元总长度较小（$l < \sim \lambda/3$），振子上会产生较弱的余弦分布感应电流，相应其散射和吸收效果也会较弱。由于这种性质，低透高吸 FSS 结构得以在不同频段设计吸波 / 透波效果。另外，如果单元总长度较长（$2l > 2\lambda/3$），振子上会产生较强的正弦分布感应电流，散射和吸收相应变得复杂与不确定。

基于以上对平面波照射下的简单振子单元上的感应电流分布情况的理解，要实现低频段的吸波，单元长度要满足 $l \sim \lambda_l/2$，单元上将产生强烈电流分布，可以通过采用损耗材料或者电阻性加载实现强吸收；而要实现高频段的透波，单元长度要满足 $l < \sim \lambda_h/3$，单元上感应电流很弱，这样产生的散射和吸收也会较弱，获得良好的透波效果。因此要实现高频透波 / 低频吸波效果，就必须同时满足这两个看起来互相矛盾的条件。事实上，可以在单元上加入某些结构来控制感应电流分布，这些结构在低频段有限阻抗，可以连接单元两侧，使单元看起来对低频"长"；而在高频段呈现无穷大阻抗，进而将单元隔断为较小的结构，而看起来对高频"短"。下面讨论两种采用振子作为基本单元以实现高频透波 / 低频吸波效果的可行方案，包括 $\lambda h/4$ 短路支节加载（λh 为高频透波带的波长）和并联 LC 加载。

第一种方法，可以在振子单元中间加入长度为 $\lambda h/4$ 的短路支节。由于短路线的输入阻抗为 $Z_{in}(d) = \mathrm{j} Z_c \tan\beta d$，$\beta = 2\pi/\lambda$，$d = \lambda_h/4$ 为短路线长度，$\lambda h/4$ 短路支节的开口端将呈现无穷大的电抗性阻抗，可以有效阻塞振子单元上对高频电磁波产生的感应电流流经两段短振子的缺口。

同时，当振子单元被低频段电磁波入射，短路支节开口端输入阻抗将呈现为感性，两侧的短振子将由短路支节连接起来，在低频段可以产生较强谐振，从而呈现出与类似的强感应电流。为了实现对低频电磁波的有效吸收，需要在振子单元中加入损耗材料。可以通过采用阻性材料制作整个振子单元或者在金属单元中加入集总电阻来实现低频吸波。我们采用加载集总电阻的方式，这样可以通过将集总电阻加载在振子单元上感应电流最大的位置来实现尽可能的低频吸收，同时避免对高频透波信号产生过大的损耗。

第二种方法，可以通过加载并联的集总电容电感来实现在高频段呈现无穷大阻抗，并联 LC 的阻抗为 $Z = 1/(\mathrm{j}wC + 1/\mathrm{j}wL)$，在使 $\mathrm{j}w_h C + 1/\mathrm{j}w_h L = 0$ 的谐振频率 $f_h = \dfrac{1}{2\pi}\sqrt{\dfrac{1}{LC}}$ 处，阻抗为无穷大，并联 LC 两侧的短振子将呈现出弱感应电流，产生弱散射吸收，使信号良好透过；在低于 f_h 的低频，并联 LC 阻抗也表现为感性，整个振子单元上可以产生较强谐振，产生较强的感应电流，通过集总电阻加载的方式实现低频段较好的吸收效果。

以上两种方式均可以在某种程度上实现高频透波 / 低频吸波的效果。但是由于振子单元的极化特性，采用振子作为基本单元结构的 FSS 只能实现对一种极化波的吸收效果，下面的章节中设计的 FSS 都是在此基础上的单一极化吸波，包括对任意极化的吸波等更多深入的问题将在未来的工作中进行研究探索。

10.6.5　带外两端吸收型 FSS 结构的初步设计

10.6.5.1　带外两端吸收型 FSS 结构的工作原理

在前面提到的两种带外吸收型 FSS 结构工作方式的启发下，可以得到带外两端都吸收的 FSS 工作方式，也就是将这两种 FSS 的通带移到相同的位置，保证雷达天线正常工作，并将带外低频吸波频带以及带外高频吸波频带的位置都尽可能靠近通带位置，这样就能够得到中间频带为通带，两端的频带为吸收频带。

10.6.5.2　带外两端吸收型 FSS 仿真模型和参数优化取值

对电阻膜 FSS 集总电阻加载 FSS 以及带通 FSS 进行了仿真优化，优化后的模型如图 10-73 所示。

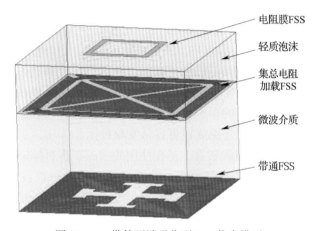

图 10-73　带外两端吸收型 FSS 仿真模型

电阻膜 FSS 在低频段和工作频带内表现透波，如在 12GHz 时的插入损耗为 0.5dB，说明透波较好；在高频段插入损耗增大，说明在高频段具有吸波性能。通过集总电阻加载 FSS 的反射作用，吸波性能能够进一步改善，但是从图中也看到，传输曲线变化是很平缓的，过渡带很宽，这与我们要求在带内完全透波、带外立即完全吸波的理想情况相矛盾，还需要进一步深入研究。

集总电阻加载 FSS 能够实现在低频吸波，在工作频带内和高频透波，而且通过带通 FSS 的反射，低频段吸波性能会进一步改善，该 FSS 的反射系数在工作频带内反射较好，但是在工作频带内的透波性能较差，其透波频带向高频偏移，导致带内透波较差。如何将该 FSS 的透波频带调整到工作频带内，而且保证反射较小，以及低频段的吸收性能良好是要深入研究的内容。

10.6.6　小结

飞行器上除了雷达天线罩的其他部位也需要进行特殊处理，以降低 RCS 来提高飞行器的生存能力，而在这些部位较为方便且常用的方式是涂覆吸波材料。而高阻抗表面的吸波频率选择表面相比传统吸波材料，其结构简单、吸收能力强、质量更轻、厚度更薄、设计灵活度高、加工简单并且其吸收带可调、材料的电磁参数可设计，在电磁隐身等领域应用广泛。

带外吸收型 FSS 结构可应用与雷达天线罩电性能工作区上，可将带外低频吸波频带以及带外高频吸波频带的位置都尽可能靠近通带位置，实现中间频带为通带，两端的频带为吸收频带。实现带内允许信号良好透过，用作雷达天线罩时对天线的辐射特性产生很小的影响，包括驻波、方向性等；对宽带外电磁波产生较好的吸收效果，吸收任何方向的反射波，包括主要的镜面散射和可能出现在其他任意方向的栅瓣等，进而对飞行器实现全方位 RCS 减缩。

10.7 红外隐身雷达天线罩技术

10.7.1 背景与应用

军事目标的安全与军事目标的隐身效果好坏有很大的关系，目标的热红外辐射特征是影响目标隐身的重要因素，热红外辐射的传输介质是目标与红外探测器之间的大气，尽管大气对热红外辐射有一定的衰减和干扰，但在 $3\sim5\mu m$ 和 $8\sim14\mu m$ 这两个波段上的热红外辐射的透过率还是很高的。主要原因是在 $3\sim5\mu m$ 和 $8\sim14\mu m$ 这两个波段上大气中的水、二氧化碳和臭氧等对热红外辐射的吸收最弱，所以热红外辐射的穿透率高。为此在这两个大气窗口上的热红外辐射是比较透明的。正是这一透明性使得目标很容易被红外探测器发现、识别和跟踪。同时很多的军事目标都有一定的温度，一般要高于环境温度，因此热红外辐射的能力更强，这样红外探测器更容易发现目标。

从国内外军事目标的伪装现状来看，正在使用的常温军事目标一般都未经过充分的红外伪装就已出厂，所以在这两个大气窗口，尤其是在 $8\sim14\mu m$ 波段具有非常明显的热红外特征。目前正在发展和设计的军事目标很少从伪装角度考虑它的热红外辐射抑制问题。有时，尽管同一目标各部分的分子热运动温度不同，但由于目标表面的发射率与周围背景的发射率相差较大，致使很多目标（包括不少常温目标）与背景之间的热红外辐射差异仍然非常的明显。目标与背景的红外辐射差异引起不同的温度分布，形成了不同的热图像，于是在可见光、近红外波段非常隐蔽的目标也能从复杂的背景里显现出"庐山真面目"。

红外隐身包括近红外（$1\sim3\mu m$）、中红外（$3\sim5\mu m$）、远红外（$8\sim14\mu m$）三个大气窗口的隐身，其中，$3\sim5\mu m$ 是红外制导用探测器工作波段，$8\sim14\mu m$ 是红外热成像的重要波段。在实际应用中，军用飞行器受到的主要威胁来自 $8\sim14\mu m$ 波段的红外热像仪。因此，需要重点开发在 $8\sim14\mu m$ 波段具有较低发射率的材料。

10.7.2 红外涂层材料

10.7.2.1 涂层树脂基体的研究

相关研究表明，树脂基体黏结剂红外透明性越好，红外发射率越低，这是因为大多数树脂在近红外波段虽无强烈的吸收，但由于其中官能团的分子振动，如碳氢在 $3.3\mu m$ 处、羰基在 $5.7\mu m$ 处、碳氧在 $8.0\mu m$ 处的伸缩振动，碳氢在 $7.0\mu m$ 处的变形振动都能引起树脂在热红外波段的强烈吸收。

10.7.2.2 红外特性研究

红外隐身涂层用树脂基体有两个基本要求，首先必须保护填料，并在涂层的整个使用期能保持填料的红外特性不变；其次树脂基体需在所选光谱范围内红外透明性好。图 10-74 为不同树脂红外波段光谱，图 10-75 为不同树脂在 $8\sim14\mu m$ 红外谱图，图 10-74

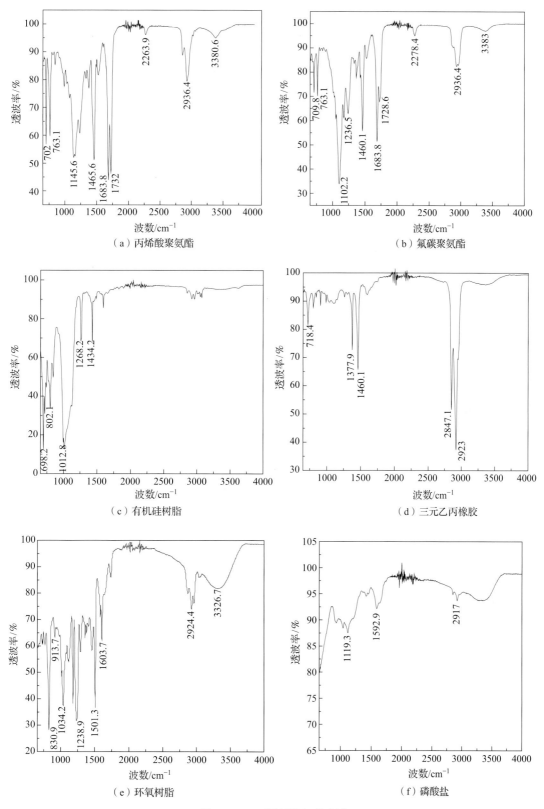

图 10-74　不同树脂红外光谱

621

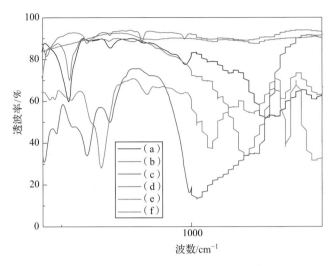

图 10-75 不同树脂在 8～14μm 红外谱图

中（a）～（f）同图 10-75 中（a）～（f）树脂，从图 10-74 中可以看出，不同树脂基体的红外透过性大致顺序为：三元乙丙橡胶＞磷酸盐＞丙烯酸聚氨酯、氟碳聚氨酯＞有机硅树脂、环氧树脂。从树脂基体的红外透明性角度看，三元乙丙橡胶、磷酸盐最好；有机硅树脂、环氧树脂最差；丙烯酸聚氨酯、氟碳聚氨酯居中。

有机硅树脂、环氧树脂、丙烯酸聚氨酯、氟碳聚氨酯、三元乙丙橡胶、无机磷酸盐等常用树脂基体的红外发射率见表 10-8。

表 10-8 常用树脂基体的红外发射率

材料	红外发射率	材料	红外发射率
有机硅树脂	0.921	氟碳聚氨酯	0.912
环氧树脂	0.941	三元乙丙橡胶	0.859
丙烯酸聚氨酯	0.912	无机磷酸盐	0.926

从表 10-8 分析可以得知，三元乙丙橡胶的红外发射率最小，红外隐身性能最优，同树脂基体的红外光谱透过率分析相一致。但是三元乙丙橡胶的涂膜成膜性能较差，同复合材料制件的黏结力也较弱，因此需对其改性增强其极性或选择合适的树脂同三元乙丙橡胶复合使用。采用马来酸酐对其改性，则其改性前后的红外发射率见表 10-9。

表 10-9 三元乙丙橡胶改性前后红外发射率

材料	红外发射率	材料	红外发射率
三元乙丙橡胶	0.859	改性后三元乙丙橡胶	0.898

从表 10-9 可以看出，改性后三元乙丙橡胶的红外发射率有所上升，但仍较其他树脂基体稍低。

10.7.2.3 填料的研究

由于高分子化合物的红外发射率通常都比较高，近年来性能优良的红外隐身涂料主要是依靠其中填料的调节作用来得到尽可能低的发射率。

10.7.3　特种碳材料研究

10.7.3.1　红外发射率的影响因素

　　不同材料的红外发射率值不同，一般来说，金属导电体的红外发射率数值较小，电介质材料的红外发射率数值较高。这是因为与构成金属和电介质材料的带电粒子及其运动特性有关，即与材料的本身结构有关。带电粒子的特性不同，材料的导电性和红外发射的性能就不一样，而这往往与材料的晶体结构有关。金属导体的结构可以看作正离子晶格由自由电子把它们约束在一起，离子型电介质材料主要由正、负离子的静电力结合在一起，共价型晶体是靠两个原子各自贡献出自旋方向相反的电子，共同参与两个原子的束缚作用。这样电子跃迁时产生的能量变化就不一样，所发射的电磁波的波长就不一样。一般来说，金属的红外发射率较小，如 Al、Fe、Cu、Ag 等红外发射率都较小。

　　一般电介质晶体材料，其发射红外线的性能，在短波段主要与电子在价带至导带间的跃迁有关，在长波段主要与晶格振动有关。其振动频率取决于晶体的结构组成、晶体的元素的原子量及化学键特性。在 $8 \sim 14\mu m$ 主要是与晶格振动、化学键振动有关。由于频率的变化，其发射的波长也发生变化，发射波长的变化导在某一波长范围内发射率的变化。

　　温度影响材料的发射率。巴克和阿勃特提出假设：在均匀的温度场中，金属可以看作匀质而有光滑表面的不透明体，根据传导电子有限的非零弛豫时间（或称松弛时间）推得其半球发射率与温度关系式。卓罗夫指出，晶体氧化物的法向全发射率数值，与其电阻率成指数关系，在一定的温度下，电介质材料的电阻率比金属材料的电阻率大得多，所以电介质材料的发射率较金属大得多。有些随温度升高而降低，有些却随温度的升高而有复杂的变化，因而对于具体材料必须通过试验加以研究。

　　一般说来，材料表面越粗糙，其发射率值越小，这种情况对金属比对电介质材料更为显著。其主要原因可能是金属粗糙的表面散射效果好。对红外线透明或半透明的材料，其发射率值还与其他因素有关，如材料的厚度、填料的粒径大小和含量，其原因可以通过光的散射理论和折射理论做解释。材料在长期使用过程中，可能会与环境介质相互作用或发生其他物理、化学变化从而使发射率发生改变，如材料的老化、与空气里的氧发生化学反应等。通常由于环境的影响，发射率一般会提升。

10.7.3.2　低红外发射率涂料研究

　　所谓涂料，通俗地说就是涂覆在被涂物件表面并能形成牢固附着的连续薄膜的材料，它主要包括树脂基体和填料。要得到低的红外发射率涂料，必须要寻找低红外发射率的树脂基体和填料，同时涂层的施工工艺对涂层的红外发射率也有很大影响。

　　（1）红外隐身涂料树脂基体的研究

　　由于隐身涂料中树脂基体的含量很高，均在 50% 以上，故隐身涂料的发射率受树脂基体的影响是最大的（尤其是在 $2 \sim 30\mu m$ 波段）。因为树脂基体树脂的红外透明性越大，吸收就会越弱，其发射率也就越低。研究表明，用于低发射率涂料的树脂基体应符合如下两个基本要求：一是必须保护填料并在涂层的整个使用过程保持它们的红外特性；二是所用树脂基体必须在选定的光谱范围内红外透明，一般要求在大气窗口内要透明。美国涂料技术协会以有机化合物分子所含有的基团与连接键来大致判断其红外吸收能力，结果显示，大多数树脂基体在近红外区并无强烈的吸收，但在中远红外区由于官能团的振动，如波段位于 $3.3\mu m$ 的碳氢伸缩振动，位于 $5.7\mu m$ 处的拨基伸缩振动以及位于 $7.0\mu m$ 处的碳氢变形振动，$8.0\mu m$ 处的碳氧伸缩振动，致使相应的树脂基体在上述各波段均有着强烈的吸收。所以在低发射率涂料的配方设计中，可根据已有文献中有机树脂的红外吸收光谱，选用不含有这些官能团的树脂以减少红外吸收。

目前，正在发展的低发射率树脂基体主要有两类：一是发展在可见光和红外区都很透明的树脂基体；二是发展选择性吸收树脂基体，即在大气窗口 $3\sim5\mu m$ 和 $8\sim14\mu m$ 处是透明的，在非大气窗口 $5.5\sim7.5\mu m$ 处可以有较强的吸收即不透明。从涂料的热红外伪装性能来分析，可以认为石蜡族化合物、具有环状结构的橡胶、异丁烯橡胶、聚乙烯以及氯化聚丙烯等都是属于选择性吸收树脂基体，可用于低红外发射率隐身涂料的树脂基体。

（2）金属填料的低发射率隐身涂料研究

在涂料中添加能降低涂料红外发射率的金属微粒（如铝、锌、铜、锡等），添加量达到 $3\%\sim30\%$（质量百分数）时，可以使涂层的发射率达到 0.5 或者更低，从而使目标的辐射强度易于接近背景的辐射强度。其根本原因在于金属箔片的强反射性。

另外，所添加的金属填料的形态和涂覆方式不同，其降低红外发射率的效果也不相同。比如，国外在研究铝质涂料时发现，铝颗粒的形状、大小对涂层的光学特性亦有很大影响。片状铝粉配成的涂料比粉末状铝粉配成的涂料的发射率要低得多。

（3）半导体填料的低发射率隐身涂料研究

半导体填料是一种新型的掺杂填料。从理论上说，通过适当选择载流子密度 N、载流子迁移率 μ、载流子碰撞频率 ω 等参数，就可以使掺杂半导体在红外波段有较低的发射率，而在微波和毫米波段具有较高的吸收率，从而形成红外 – 雷达一体化材料。王自荣等将 ITO（掺锡氧化铟）粉末经研磨后烧结并与不同的树脂基体构成不同的涂料，涂于金属铝片上，干燥固化后，测得其平均发射率，使用 ITO 颜料比原有的树脂基体的发射率均有一定的下降，尤其是酚醛树脂和 KRATON 树脂，当 ITO 颜料含量达到 25% 时，其发射率可以从 0.90 左右分别下降为 0.68 和 0.624。因此半导体填料也是一种好的填料。

（4）加入其他填料低发射率隐身涂料研究

大多数的着色颜料不具备降低红外发射率的作用，因此对于着色颜料的选择是研究的难点之一。有机填料由于复杂的 C、N、O 结构，如菲黑、酞菁蓝及酞菁绿等都在热红外波段有明显尖锐的吸收频谱，但主要在 $6\sim11\mu m$。对于硫化物红外材料和硒化物红外材料，一般地说，硫化物提供了有限的对可见光的透明性，而硒化物对可见光谱区是不透明的，然而这些材料对近红外波段和远红外波段却有很好的透明性。大部分无机填料在中远红外波段均有明显的宽吸收频谱。多数陶瓷材料的红外发射率一般在 $0.7\sim0.9$，以陶瓷材料制成的涂层或隔热层，虽然降低了表面温度，但它的红外发射率却未必明显下降。如席夫碱填料可以制得红外发射率为 0.60 的涂料。对于氧化物填料的研究目前已经取得很大的进展，同时结合金属材料进行多层设计，可以取得更好效果。

（5）红外隐身涂料涂装工艺的研究

通常在进行红外隐身时，常采用增加基底涂层（或底材）的多层结构来进行低发射率隐身涂料研究，这种多层结构低反射率隐身涂料的最大特点在于热红外隐身与光学隐身的兼容性。不同发射率的热隐身网与隔热层的结合，使这种新的多涂层隐身体系能够适合不同背景，具有相当的多谱性，在热隐身技术方面具有一定的突破性。多涂层结构还可以弥补一些具有低红外发射率，但物理力学性能差的树脂基体的不足。

采用 X 射线广角衍射仪进行物相表征，对所制备的不同形貌和不同碳化温度处理的碳材料的结构参数进行测定。膜片状的聚丙烯腈研磨成粉末，纤维状的聚丙烯腈研磨成短丝，设定加速电压为 40kV，电流强度为 50mA，扫描间隔为 0.02°，扫描速度为 3（°）/min，扫描衍射角为 2θ，扫描范围为 10°～60°。膜片状碳材料和纤维状碳材料在不同的碳化温度下的 X 射线衍射分析图谱分别如图 10-76 和图 10-77 所示。

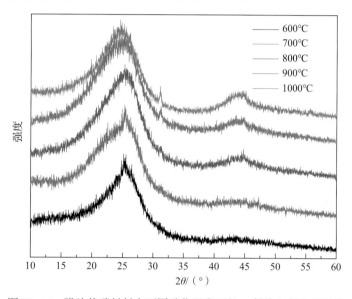

图 10-76　膜片状碳材料在不同碳化温度下的 X 射线衍射分析图谱

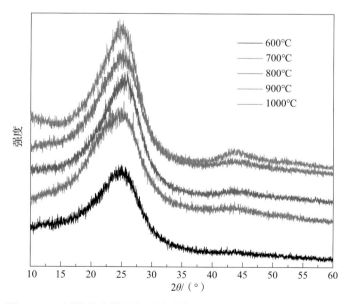

图 10-77　纤维状碳材料在不同碳化温度下的 X 射线衍射分析图谱

从图 10-76 和图 10-77 可以看出，纤维状碳材料的 X 射线衍射分析图谱和膜片状碳材料的 X 射线衍射分析图谱大致类似。碳化温度为 600℃时，得到的碳材料在 25°附近，已经有对应于（002）晶面的宽而弥散的衍射峰，即已经形成了初始形态的微晶。随着碳化温度的升高，碳材料在（002）晶面衍射的强度逐渐增强，结晶度增大。同样，随着碳化温度的升高，碳材料在 43°附近出现对应于石墨结构的（101）晶面的衍射峰，且衍射峰的强度随温度的升高而逐渐增强。

对不同形貌、不同碳化温度处理和不同碳材料添加量的涂层的红外发射率进行测试。膜片状的聚丙烯腈研磨成粉末，纤维状的聚丙烯腈研磨成短丝，分别与弹性聚氨酯和固化剂进行复合，刷涂在钛合金圆片上，设定黑体温度为 200℃，功率控制在 38%。结果表明，当碳化温度从 600℃升温至 1000℃时，随着碳化温度的提高，碳纤维复合涂层的红外发射率也随之提高。经过不同温度的碳化处理的膜片状碳材料涂层和纤维状碳材料涂层的红外发射率分别见表 10-10 和表 10-11。

表 10-10　不同的碳化温度下膜片状碳材料涂层的红外发射率

材料及添加量	红外发射率	材料及添加量	红外发射率
弹性聚氨酯空白对照	0.912	800℃粉 20%	0.731
600℃粉 20%	0.725	900℃粉 20%	0.739
700℃粉 20%	0.729	1000℃粉 20%	0.750

表 10-11　不同的碳化温度下纤维状碳材料涂层的红外发射率

材料及添加量	红外发射率	材料及添加量	红外发射率
弹性聚氨酯空白对照	0.912	800℃丝 20%	0.733
600℃丝 20%	0.727	900℃丝 20%	0.743
700℃丝 20%	0.729	1000℃丝 20%	0.755

从表 10-10 分析可以得知，随着碳化温度的升高，膜片状碳材料涂层的红外发射率也逐渐增大。结合 X 射线衍射分析可知，随着温度的升高，碳材料的石墨化程度也变高，碳材料结构的变化与红外发射率的变化趋势是一致的。

从表 10-11 分析可以得知，除了 900℃下碳化的纤维状碳材料涂层的红外发射率较 800℃的略有下降之外，总体的趋势与膜片状碳材料涂层的变化趋势类似，即纤维状碳材料涂层的红外发射率也随着碳化温度的升高而逐渐增大。同样结合 X 射线衍射分析图谱可知，随着温度的升高，碳材料的石墨化程度也变高，这样结构的变化与红外发射率的变化趋势是一致的。

10.7.3.3　特种碳纤维填料添加量对涂层红外发射率及介电性能的影响

特种碳纤维添加量对涂层红外发射率的影响如图 10-78 所示。

从图中可以看到，随着纤维添加量的提高，复合涂层发射率降低。这是因为碳材料经过预氧化以及碳化处理后，在 8~14μm 中红外波段没有明显的红外吸收峰，所以它具有比涂料低得多的红外发射率，随着纤维的添加量提高，涂层的发射率也就逐渐降低，但添加量达到 15% 以上时，红外发射率降低的趋势减弱。

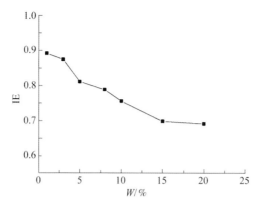

图 10-78　特种碳纤维添加量对涂层红外发射率的影响

特种碳纤维添加量对涂层介电性能的影响见表 10-12。

表 10-12　特种碳纤维添加量对涂层介电性能的影响

特种碳纤维添加量 /%	介电常数	介电损耗	特种碳纤维添加量 /%	介电常数	介电损耗
1	2.71	0.022	10	3.15	0.032
3	2.72	0.025	15	3.23	0.033
5	2.85	0.027	20	3.46	0.042
8	3.08	0.030			

从表中可以看到，随着特种碳纤维添加量的提高，复合涂层的介电性能逐渐变差。这是因为碳材料经过碳化处理后，电导率增加，在绝缘性树脂中引入导电纤维后，复合材料中存在着电导率差异巨大的绝缘相和导电相，在电场的作用下，导电相中的载流子会发生迁移。而载流子在迁移的过程中必受到界面的阻碍，根据界面极化理论，大量的自由电荷会在两相的边界处聚集，造成复合材料中电荷分布不均匀而产生界面极化。这种界面极化导致涂层的介电常数显著增大。而介电损耗与纤维的电导率有关，电导率越大，其介电损耗越大。所以，在树脂基体中添加特种碳纤维后，涂层的介电性能变差，但由于特种纤维特殊的结构，对涂层整体的介电性能损害不是很大。

10.7.3.4　ZAO 的添加量对涂层红外发射率及介电性能的影响

片状 ZAO 的添加量对复合涂层红外发射率的影响如图 10-79 所示。

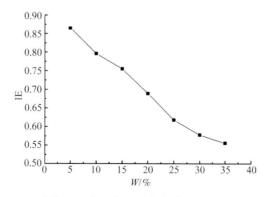

图 10-79　片状 ZAO 的添加量对复合涂层红外发射率的影响

从图 10-79 来看，随着 ZAO 添加量的提高，复合涂层发射率降低。ZAO 由于其在 $8\sim14\mu m$ 中红外波段没有红外吸收峰，而聚氨酯在中红外波段红外吸收峰多且复杂，所以树脂基体相较于填料的发射率要高得多。所以，ZAO 同树脂基体二者混合，随着 ZAO 质量分数的提高，复合涂层的发射率降低。复合涂层的介电 ZAO 添加量对涂层介电性能的影响表 10-13。

表 10-13　ZAO 添加量对涂层介电性能的影响

ZAO 添加量 /%	介电常数	介电损耗	ZAO 添加量 /%	介电常数	介电损耗
5	3.84	0.025	25	6.27	0.195
10	4.35	0.048	30	6.98	0.238
15	5.10	0.082	35	7.56	0.389
20	5.85	0.156			

从表中可以看到，添加 ZAO 之后，涂层的介电性能变差，并且随着 ZAO 添加量的提高，涂层的介电性能逐渐变差。这种规律和机理与添加特种碳纤维的涂层一致，且加入 ZAO 相对于添加特种碳纤维后，涂层的介电性能下降严重，是因为 ZAO 的电导率相对于特种碳纤维较高，故对涂层的介电性能影响较大。

10.7.4　小结

随着红外传感技术的日臻完善、高探测精度和分辨率红外探测手段的出现及探测距离的提升，红外跟踪设备成为雷达隐身战机最有效的目标跟踪系统之一，使得目标物极易被发现与摧毁，红外探测已成为对战机生存能力威胁较大的因素，对战略、战术防御系统提出了严峻挑战，严重威胁军事目标的安全性。因此，军事目标要想在日益复杂而恶劣的战场环境中具有足够的生存力，红外隐身的作用越来越重要。

第11章 雷达天线罩工程发展展望

11.1 概述

未来航空装备呈现出"向信息化、隐身化、网络化、智能化发展，向全维度、无疆域扩展"的趋势，将具有全向宽频谱隐身、高超声速飞行、超强势态感知、高效信息交互、智能化响应等特征，其机载电子系统则朝着分布式孔径、孔径综合、射频前端综合、多传感器融合等方向发展。为实现上述构想，新型雷达天线罩的功能和性能也必须大幅拓展提升，全向宽频谱隐身、超宽频带高透波、透波/隐身自适应等是其技术发展的主要方向。基于频选技术的宽频带高透波雷达天线罩、基于超材料技术的雷达天线罩、基于有源频选技术的雷达天线罩、共形天线罩、电磁智能蒙皮等是未来发展的重点。

11.2 基于频选技术的宽频带高透波雷达天线罩

新一代航空武器装备，将具有更高的探测能力，以及更精确的跟踪、定位、测距和参数测量能力，因而对作为航电系统关键部件的雷达天线罩提出了更高要求。例如，在较宽工作频带内，满足更高的功率传输效率要求，更低的瞄准误差、瞄准误差变化率、主波束宽度变化、近区副瓣电平抬高、远区均方根（RMS）副瓣电平抬高、镜像波瓣电平、零深电平抬高和功率反射要求。

为实现新一代雷达天线罩的宽频带、高透波性能，首先需要采用先进的电性能设计技术与方法，选择合适的罩壁结构形式。多层夹层结构在大的入射角范围内和较宽的频率范围内可以达到较低反射/较高透射，是宽频带、高透波雷达天线罩最常采用的罩壁结构形式。同时，宽频带、高透波雷达天线罩往往需要采取变厚度设计技术才能达到更高的性能。变厚度设计技术包括雷达天线罩轴向变厚度设计和双向（轴向和环向）变厚度设计。双向变厚度设计技术可弥补多层夹层结构两种极化之间插入相位延迟较分散的缺陷，从而取得综合的、优良的电性能。在未来工程研制过程中，将继续以变厚度多层夹层结构为基础，发展新的分区精细化设计技术和更精准高效的优化仿真算法。

另外，研制宽频带、高透波雷达天线罩还需要高性能复合材料作为基础，如采用新型低介电、低损耗透波材料。目前，雷达天线罩蒙皮广泛使用的是纤维增强树脂基复合材料。树脂基体主要有不饱和聚酯（UP）、环氧树脂（EP）、酚醛树脂（PF）、聚酰亚胺树脂（PI）、聚四氟乙烯树脂（PTFE）及氰酸酯树脂（CE）等。氰酸酯树脂热稳定性能优异、耐湿性好，且在较宽的温度范围（$-160 \sim 220$℃）和频率范围内具有非常小的介电常数与很低的损耗角正切，因此是透波复合材料的主要发展方向，未来还需研发介电常数和损耗性能更加优良的氰酸酯树脂材料。雷达天线罩蒙皮最常用的增强材料是玻璃纤维，具有高强度、优良的介电性能、耐腐蚀、吸湿性小以及尺寸稳定等优点。石英玻璃纤维是所有玻璃纤维中介电性能最好的，其介电性能在较宽的频带范围内基本不变化，可实现宽频带、低损耗，未来将在纤维成分和结构形式方面进行优化，进一步提升性能。另外，高性能夹芯材料是研制宽频带、高透波夹层结构的关键材料之一，未来主要在低介电、低损耗的芳纶纸蜂窝和聚甲基丙烯酰亚胺（PMI）硬质闭孔泡沫两个技术方向寻求突破。

11.3　基于超材料技术的雷达天线罩

超材料（metamaterial）是由人工微结构单元构成的、具有自然材料不具备的物理特性的复合结构或复合材料，其物理特性由构成单元主导。如图 11-1 所示，自然材料的基本结构单元为原子、分子和离子，而超材料是通过人造微结构单元的设计和加工，实现人造原子或分子对电磁波的调控。

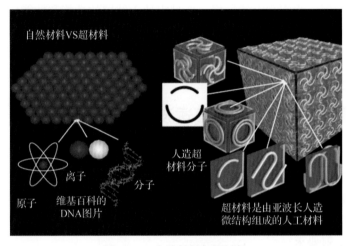

图 11-1　自然材料与超材料

在电磁波与介质的相互作用中，可以以介质的介电常数 ε 和磁导率 μ 来分别描述电场、磁场与介质的相互作用过程，于是自然界的介质可以根据 ε 和 μ 的不同取值被区分开来。考虑电磁波在无损各向同性介质中传播，此时材料参数 ε 和 μ 可以被看作实数。理论上存在的介质空间按介电常数和磁导率的正负关系可以划分在四个象限中，如图 11-2 所示，其中介电常数为横坐标，磁导率为纵坐标。

由于超材料具有的特殊电磁性能，将其运用于雷达天线罩的电性能设计中是必然的选择和发展方向，利用不同超材料的独特电磁响应特性，可以在多种军事运用场景下设计出电性能更佳的雷达天线罩。超材料的基本特征及其在雷达天线罩上的应用介绍如下。

（1）"亚波长结构"特征。超材料的单元结构至少为亚波长尺度，应为波长的 1/10 以下。其结构单元尺度远远小于工作波长，在长波长条件下（波长远大于结构单元尺寸），具有等效介电常数和等效磁导率，这些电磁参数主要依赖于其组成结构单元的谐振特性。超材料的亚波长特征使其具有更小的空间尺寸和更高的角度稳定性，结构特性趋近于匀质材料，有利于在曲面上排布且其电磁特性不会因为曲面带来的微小单元排布变化造成很大的性能影响。在宽角度扫描、宽频带工作雷达天线罩设计上具有很大的优势和发展潜力。

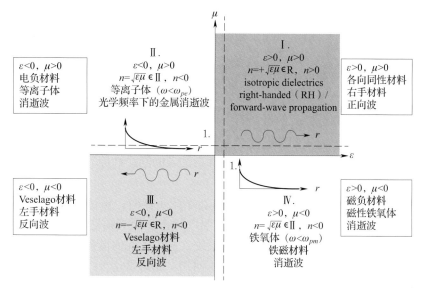

图 11-2　介质电磁特性的空间划分

（2）"奇异物理性质"。超材料具有自然界介质所没有的电磁响应特性，这些超常性质主要取决于构成超材料的结构单元。利用双负材料与双正材料的组合对消功能，可获得入射角无关性，还可修正雷达天线罩瞄准误差或实施天线波束指向控制；利用双负材料设计雷达天线罩，可实现带罩天线增益提高，减小波束宽度；另外，超材料雷达天线罩可以在保证宽带电磁波能量高效透射的同时，以屏蔽、漫散、吸收等多种模式实现通带外的高隐身，有利于宽带高透波、全向高隐身雷达天线罩设计。

（3）"等效介质"特征。超材料物理性质和材料参数可使用等效介质理论描述。在特定频段对超材料的等效电磁参数进行有效调控，可以使其等效介电常数和等效磁导率接近于零，甚至为负。利用超材料的等效介电常数频域变化，可实现频率选择，如在超材料的单负频域实现截止；在右手材料范畴，通过设计电谐振单元的谐振，使超材料的等效介电常数在 1 附近，等同于空气，若获得等效介电常数为 1 的频带很宽，则可获得宽带传输性能，可应用于宽带高透波隐身雷达天线罩设计。

综上，超材料电磁参数可设计等特点，为其在雷达天线罩上的应用创造了空间，超材料在雷达天线罩上的设计研究已经取得许多成果。但是，针对新一代武器装备的宽带应用需求，超材料的窄带（单色 / 单频）性和各向异性存在应用局限，尚需技术突破。

另外，目前国内外在具有吸波能力的超材料雷达天线罩方面发展较快，但都不够成熟，主要面临的问题有：①没有足够的带宽保证天线之间的通信。②吸波能力有待提高，主要集中于低频透波、高频吸波的雷达天线罩设计研究，高透低吸的相关设计较少，且没有明显的带通特性。③理论不够成熟，基本都是针对具体性能要求的结构设计，相关的理论研究不够深入。④面向工程应用性不强，其结构的简单易加工性有待提高。

11.4　基于有源频选技术的雷达天线罩

由于对空间电磁波所表现出的特定滤波响应，频选技术在 RCS 减缩领域有着广泛的应用，基于频选技术所设计的隐身雷达天线罩几乎已经成为隐身飞行器及隐身舰船等装备的标配。随着技术的进步，雷达天线正在朝着多频和变频方向发展，这无疑增加了频选结构的设计难度。同时，反隐身技术尤其是雷达组网探测技术对隐身提出了新挑战。传统频选技术显然已经不能满足新形势下的各项应用需求。为解决上述问题，在传统频选的基础上衍生出了有源频率选择表面的概念。有源频选技术是在传统无源频选结构的基础上加载有源组件，从而实现对频选性能的可调谐、可重构，该技术的最大特点就是能主动地改变自身的工作频段、功率传输效率及吸收率等电磁特性，从而适应外部环境的变化。该技术应用于雷达天线罩等电磁功能结构可使其具有更优异的隐身性能。应用有源频选技术的雷达天线罩主要可分为以下两种类型。

（1）"开关"型有源频选雷达天线罩。雷达系统工作时，雷达天线罩需要保证其内部的天线发射波正常通过，雷达天线罩呈"透明"状态；而当雷达系统处于隐蔽静默模式时，则希望敌方电磁波不能进入己方的天线系统，避免天线内谐振及随后的二次反射，从而有利于己方天线隐身，并难以被敌方雷达所侦知，此时雷达天线罩对敌方雷达呈传输很低的"屏蔽"状态。

（2）频率可调谐型雷达天线罩。通过合理的设计，如选择合适的变容管或 PIN 管的型号、构造合适的馈电方案，能够使得变容管或 PIN 管的等效电阻、电容、电感值在一个设定的范围内缓慢变化。控制频选结构等效回路的阻抗特性，从而控制频选结构的谐振特性，实现在特定频段内谐振频率连续可调。如果将变容管和 PIN 管混合使用，则既可以实现通带的开关，又可以实现通带的中心频点连续可调。

为实现有源频选结构的预想功能，可借助加载电磁特性可调的元器件，或者能够按需改变阵列结构的几何参数，以及改变结构所用材料的物理特性等手段。总体而言，主要技术途径有以下 3 种。

（1）在传统频选结构中加入有源器件。该方法是国内外研究最为广泛的一种，大都是通过在频选单元上加入 PIN 管或变容二极管，通过控制偏置电压或电流来改变频选结构的谐振特性。有源可调器件的加载方式有两种，一种是单元上加载，一种是单元间加载。加载有时针对杂化频选单元中的一部分进行，直接实现多频段可调。

（2）调节频选单元的形状和排布方式。该方法是将 FSS 单元的形状和排布方式直接做成可调节的方法，目前仅有一些探索性研究。有文献报道将水银和矿物油装到 T 形管中制备成频选阵列，利用压力来调节水银的量和排布。另有文献报道基于 MEMS 开关实现 FSS 单元外形尺寸和排布方式的变化，如利用多层 FSS 层间相对位置的调整和变化，控制不同层间的耦合方式，调节 FSS 单元的形状和排布方式，实现对结构谐振频率或带宽特征的调节。

（3）使用电磁特性可调的介质材料作为结构基底。该方法是在频选单元形状和排布方式固定的基础上，利用光电信号调节基底的电磁特性进而调节结构的谐振频率。国内外已经有基于有机半导体材料、液晶分子及含离子液体的人工介质基底的有源频选研究。将导电态 – 绝缘态可切换的导电高分子作为带通型 FSS 导电层是一种可能实现的方式，但是需要对导电高分子和 FSS 进一步深入研究。

有源频选技术由于具有独特的可调电磁特性，具有广阔的应用前景与研究价值。在雷达天线罩工程领域，针对不同的工作场景，其研究关注重点也不尽相同，主要有以下几个方面。

（1）对于"开关"型有源频选结构，应在"导通"状态时低反射、高传输，"截止"状态时高反射、低传输，且具备很好的入射角与极化角稳定性以及传输峰具备陡峭的上升下降沿。发展方向是采用入射角与极化角不敏感有源 FSS 图形，合理加载阻抗元件，合理设计偏置线路，采用仿真预测、试验验证的研究模式，逐步提高"导通""截止"开关性能。

（2）对于可调谐型有源频选结构，要求具有动态可调的工作频带、很好的入射角与极化角稳定性以及传输峰具有陡峭的上升下降沿。发展方向是偏重应用，在给出的指标要求下，不断优化设计有源 FSS，实现在要求频段内电磁特性的动态可调。

（3）对于带外吸收型有源频选结构，应实现"厚度薄、密度小、吸收强、频段宽"，还应实现"智能化"，即实现吸波强度、吸波频带双重可调。发展方向是采用对称有源 FSS 图形，通过过孔在有源频选结构背面设置偏置线路来增强入射角、极化角稳定性，采用多层结构、多种图形、多种激励元件组合，进一步提升其吸波性能和可调能力。

11.5　共形天线罩

共形天线罩是将天线单元嵌入天线罩中，使天线和天线罩融为一体，有的文献也把共形天线罩称作共形天线。共形天线罩采用与载体表面共形的多层复合介电材料，在复合材料的预装阶段，在各层之间嵌入大量形状各异或周期性放置的金属贴片、传感器、微机电系统、T/R 电路、馈电网络、传动装置以及热控装置，形成结构复杂的多层共形阵列结构。共形天线罩的总体架构可分为三个功能层：封装功能层、射频功能层、控制与信号处理功能层，如图 11-3 所示。共形天线罩具有低剖面的特点，可以安装在飞机表面而不增加风阻。在飞机上采用共形天线罩的另一个原因是增大天线的孔径。

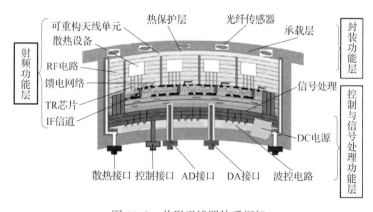

图 11-3　共形天线罩体系框架

共形天线罩在理论研究和演示验证方面取得了一定的进展，在通信和雷达领域获得了一定应用，但是在理论研究和工程实践中仍存在许多技术难题，特别是在大型共形阵列天线罩应用时，问题更为突出。共形天线罩关键技术如下。

（1）共形阵列天线方向图仿真问题

在平面阵列天线方向图计算时，阵列天线的方向性函数等于阵函数乘以单元天线的方向函数，而在共形阵列天线中，不同天线单元所在的位置不同，其轴线方向也不同，方向图是有区别的，这就破坏了方向性乘积原理成立的条件。因此，共形阵的方向图不能表示成一个显式，必须采用数值计算方法。另外，共形天线一般属于电大、超电大尺寸，且电磁结构十分复杂，目前缺乏可供使用的商用软件，只能对某些简单情况近似求解。因而，在设计上必须借助大量的试验工作。

（2）馈电网络设计

对于共形天线而言，当波束扫描到某一方向时，并不是所有天线单元都对主波束有贡献，为避免增加副瓣电平和降低天线效率，必须断开或者改善对主波束无贡献的单元激励，这样势必增加馈电网络的复杂性。在很多情况下，共形天线的复杂性、成本和质量主要取决于馈电网络。

（3）天线单元之间的耦合问题

共形天线的单元天线距离很近，天线单元之间的耦合问题十分严重。耦合将导致天线阵的电流分布发生变化，引起副瓣电平抬高、增益下降和主瓣宽度变宽等不良后果；耦合使天线单元的反射增加，且随着天线扫描角度的变化而变化。天线单元与馈线中各节点间场的来回反射使天线阵的匹配更加困难；耦合会导致天线扫描出现"盲角"。由于相互耦合的影响，当天线波束扫描至接近出现栅瓣的方向时，有源反射系数将可能突然增大到接近1。这意味着所有加在天线单元上的发射信号几乎全部被反射回来，使得该天线波束指向的天线波瓣出现一个很深的凹口，甚至零点。与此对应，天线增益将急剧下降，出现"盲视现象"。因此，研究减小耦合影响是十分重要的。

（4）雷电防护问题

一般情况下，共形天线是非金属材料和金属材料的组合体，共形天线的外面不再配置传统的天线罩。当共形天线直接暴露在飞行器外部时，雷电防护问题就显得十分突出。出于电磁辐射方面的考虑，共形天线多安装在飞行器上比较突出的位置，这些位置属于雷电1区，雷电先导很容易附着在这些地方。如果雷电附着在共形天线上，则可能损坏天线，甚至天线的接收设备，极端情况下甚至会造成机毁人亡。在传统的天线加天线罩情况下，雷电防护的任务主要由天线罩承担。对于共形天线而言，雷电防护的主要任务是避免雷电附着或者使雷电附着所造成的损失在可接受的范围内。

飞行器平台上一般会装载几十甚至上百条天线，天线是飞行器平台的主要散射源，这对于飞行器的隐身性能提出了非常大的挑战。随着相控阵技术的发展，通过时分和物理分割，能够使多个天线共用一个孔径，从而减少飞机射频孔径的数量。射频孔径综合后，孔径尺寸将有所增大，在飞机上难以找到合适的安装位置。另外，射频孔径的雷达隐身也是一个棘手的问题，共形天线罩技术是解决这些问题的一个有效方法。共形天线罩技术在理论研究和演示验证方面取得了一定的进展，在通信和雷达领域获得了一定应用，但是在理论研究和工程实践中仍存在许多技术难题，如方向图仿真计算、馈电网络设计、天线与天线罩之间的耦合问题等。特别是在大型共形阵列中，问题更为突出。因此，仍需要对共形天线罩做进一步研究，解决现存的技术难题。

11.6 电磁智能蒙皮

电磁智能蒙皮实质上是一种构建于飞行器蒙皮上，具有高度智能化、多功能、超宽频带的带有保护罩的赋形综合天线孔径。它在保证任务要求的辐射性能、散射性能和电磁兼容等性能的前提下，实现天线的孔径复用和功能综合；它能根据对电磁环境的感知，自主进行天线电磁辐射与散射特性的重构和控制，并通过实时动态调整保证隐身、通信、定位、探测等各项任务要求的性能；同时作为飞行器的共形加载结构件，具有良好的承载能力和对阵面形变的适应性，从而保证天线电磁特性的稳定性。美军率先提出电磁智能蒙皮概念并展开研究，目前该技术已经在典型武器平台上应用。国内目前尚无电磁智能蒙皮应用的报道，因此，对电磁智能蒙皮技术做深入探讨，研究电磁智能蒙皮的重点发展方向和关键技术具有非常重要的意义。电磁智能蒙皮的关键技术包括以下 3 项。

（1）智能控制技术

智能控制技术是电磁智能蒙皮天线实现波束自适应的关键技术。为了实现波束捷变和动态调控，可以采用两种方式来实现：第一种是在波控计算单元中实现，采用信号处理的方式计算出波束指向捷变与波束形状捷变的幅相控制码，并向射频功能层提供不同的输入信号方案，达到对电磁信号的调控；第二种是在控制与功能维护单元中实现，采用可重构技术，通过控制射频功能层中的开关（MEMS 开关或 PIN 二极管），直接调控射频功能层的辐射阵元或馈电网络，实现智能蒙皮天线波束的可重构和功能重组。控制与功能维护单元提高了飞机的可用性，它能够在向健康监测单元报告辐射单元损毁的情况下，启动备用单元或备用算法，进行硬件补偿或软件补偿，完成资源的重新分配、组合以及功能重构，保障系统功能继续正常发挥。为了实现这一功能，需要在智能蒙皮天线中嵌入对各个状态进行监测的光纤 / 传感器，负责状态感知、状态信息传输以及状态信息分析等任务。通过实时监测智能蒙皮上的光纤 / 传感器的信息来判定整个系统是否正常工作，并把判定结果传递给控制与功能维护单元。在天线电磁性能监测方面，健康监测单元必须包括信号的采集分析以及控制信号的传输。具有有源收发组件的智能蒙皮相控阵天线，可以采用一种内置性能监控与故障隔离校正系统进行监测。

（2）垂直互联技术

高密度垂直互联技术是智能蒙皮系统的核心技术。目前垂直互联相关的基础理论研究较少，急需进行新材料和新技术的探索。因此，探索并研究高密度集成的智能蒙皮系统垂直互联，并解决弯曲结构状态下互联一致性的工艺成型问题极为关键。智能蒙皮系统是由射频介质材料、低频电路介质材料、填充材料等多种材质组成的一种复合结构，需要创新研究天线与结构一体化设计中的垂直互联问题。从辐射单元馈电设计来看，常见方案有耦合馈电方式和探针馈电方式，天线基板材料可选择低温共烧陶瓷和印制电路板材，常用的垂直互联方式有槽 – 带状线方式、多层 LTCC 的微带 – 微带方式以及类同轴线连接方式等。

（3）热设计技术

当飞行器高速运动时，高性能战斗机的蒙皮表面温度能达到 200℃，而飞弹、火箭等载体的某些部位的蒙皮表面温度甚至能达到 1000℃ 以上。目前层埋在智能蒙皮里的光纤尤其是砷化镓芯片只能承受低于 145℃ 的温度，温度超过 120℃ 电子设备就失效。因此，必须寻求一种方法，在热量传入埋在飞机蒙皮表面之下的射频功能层以前就将其散发。另外，从智能蒙皮内部来看，高密集组装已经形成过热危险，尤其是大功率毫米波相控阵天线，其内部的热耗高达几百甚至上千瓦。因此，对于包含众多 TR 组件等有源单元的智能蒙皮天线，在采用三维多层集成电路时，系统散热是一个必须在系统体系架构规划时就要解决好的问题。从目前的设计方式来看，强迫风冷和液体冷却已经在机载平台上得到应用，综合考虑智能蒙皮天线的高性能、高密度集成特点，直接在多功能芯片下面埋置液冷管道是可选的解决方案之一。从系统体系架构角度考虑，散热层应该充分利用系统内部未放置元器件的空间以尽量减小系统总体体积，并且达到使系统整体更稳固的目的。从系统散热性能及效率角度看，散热层应主要置于系统产热较多的芯片周围，例如，TR 组件功放芯片的下方，并且与热源器件之间保持良好的热传导，以达到高效散热效果。

为适应现代战场环境的变化，电磁智能蒙皮未来发展方向包括以下两方面。

（1）分布式孔径雷达系统

为提高在信息化战争中的生存能力，航空武器平台需要同时具备探测距离远、测量精度高、机动性强和可扩展性好的特点。分布式孔径雷达又称分布式孔径（阵列）相参合成雷达（DACR），由若干小孔径雷达和一个中心系统组成，各单元孔径按照一定的基线准则与布阵理论进行阵列布局，由中心控制处理系统统一调配，波束指向相同区域，并通过中心控制处理系统进行收发相参工作，实现收发信号全相参。其探测威力与一部具有相同功率孔径的大型雷达等效，可实现对目标的远距离搜索和高精度跟踪。

对于航空武器装备平台，可借助电磁智能蒙皮技术的优势，将机体结构外表面均作为孔径，根据目标位置和观测环境，按需选择天线孔径，调整孔径的波束指向形成综合方向图，突破战场环境自适应感知、中央控制单元资源灵巧调度等关键技术，实现同一平台上多个单元孔径的联合探测，从而更好地满足通信、导航、探测、敌我识别、电子战等功能要求，如图 11-4 所示。

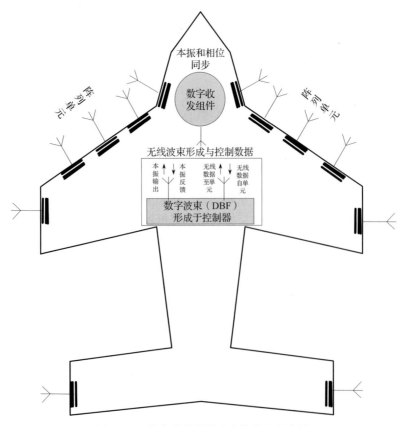

图 11-4　分布式孔径雷达在战机上的布局

　　电磁智能蒙皮天线的分布式硬件架构的核心思想是将不同规模、形状各异、多种功能的宽带 / 超宽带电磁智能蒙皮天线子阵单元分布于航空武器装备周身，最大限度地利用飞行器表面积，取代传统航空武器装备上众多独立功能的天线孔径，将高度综合化推进到天线射频前端和集中式处理终端。不同位置的子阵单元可独立控制，实现多功能分时传感器协同。多个子阵单元可协同控制，实现分布式多孔径智能协同探测，形成更宽的视场角，瞬时进行大空域范围的目标搜索以消除探测盲点。电磁智能蒙皮的分布式布局可以最大限度地实现资源整合，提高航空武器平台在复杂环境中的生存能力。

　　（2）宽频谱全向隐身

　　与传统的将天线大量凸显于航空武器装备表面的安装方式不同，电磁智能蒙皮可取消飞行器上的外露天线，将各种天线与机翼、机身蒙皮结合起来，甚至将若干分离的单功能天线综合成多功能天线孔径，有效地利用飞行器的表面积、减轻重量、降低飞行器阻力，同时也极大地减小 RCS。可见，采用电磁智能蒙皮是实现天线气动 / 隐身设计的有效方案之一。

　　与传统的共形阵列概念不同的是，电磁智能蒙皮不但从结构方面有利于飞行器气动 / 隐身一体化外形设计，而且能自适应地调控天线辐射 / 散射特性。当系统在进行有源探测或通信时，可有效对天线辐射信号的能量、空域、频域、时域进行控制，以便使自身处于低截获概率（LPI）状态；当其执行无源探测任务时，可通过隐身蒙皮天线罩以及可重构低 RCS 天线，使自身处于低可观测（LO）状态。因此，电磁智能蒙皮在可捷变天线罩、可重构天线阵列、可重构馈电网络、感知和信息处理单元的配合下，能够根据战场电磁环境变化，按需实时地重构天线的时域 / 空域 / 频域辐射特性与散射特性，保持动态的低 RCS。

参 考 文 献

［1］杨儒贵. 高等电磁理论［M］. 北京：高等教育出版社，2009：328-457.

［2］杜耀惟. 天线罩电信设计方法［M］. 北京：国防工业出版社，1993：420-586.

［3］谢处方，邱文杰. 天线原理与设计［M］. 成都：成都电讯工程学院出版社，1985.

［4］李世智. 电磁散射与辐射问题的矩量法［M］. 北京：电子工业出版社，1985.

［5］麻军. 矩量法及其并行计算在粗糙面和目标散射中的应用［D］. 西安：西安电子科技大学，2003.

［6］袁伟良. 时域有限差分关键问题研究及其应用［D］. 西安：西安电子科技大学，1998.

［7］张强. 天线罩理论与设计方法［M］. 北京：国防工业出版社，2014.

［8］张耀锋. 频率选择表面分析与优化设计［D］. 西安：西北工业大学，2003.

［9］康立山，谢云，尤矢勇，等. 非数值并行算法——模拟退火算法［M］. 北京：科学出版社，1998：22-38.

［10］路平. 采用矩量法分析频率选择表面的电磁散射特性［D］. 大连：大连理工大学，2008：2-3.

［11］王小平，曹立明. 遗传算法理论、应用与软件实现［M］. 西安：西安交通大学出版社，2002.

［12］杜庆荣. 频率选择表面的电磁仿真［M］. 北京：北京航空航天大学出版社，2006.

［13］朱鹏刚. 频率选择表面仿真设计与优化［D］. 兰州：兰州理工大学，2012.

［14］武振波. FSS 隐身雷达罩电性能理论分析的基本问题研究［D］. 北京：北京航空航天大学，2004.

［15］张明习. 超材料概论［M］. 北京：国防工业出版社，2014：1-20.

［16］刘晓春，张文武，孙世宁. 频选天线罩电性能的基本问题及解决方法［J］. 雷达科学与技术，2012（6）：339.

［17］屈绍波，王甲富，马华，等. 超材料设计及其在隐身技术中的应用［M］. 北京：科学出版社，2013：237-260.

［18］马鑫，万国宾，万伟. FSS 天线罩的电磁特性分析与设计［J］. 北京宇航学会隐身专业委员会 2012 年研讨会会议论文.

［19］张耀锋. 频率选择表面分析与优化设计［D］. 西安：西北工业大学，2003.

［20］解思适. 飞机设计手册：第 9 册［M］. 北京：航空工业出版社，2000.

［21］王宝忠. 飞机设计手册：第 10 册［M］. 北京：航空工业出版社，2000.

［22］陶梅贞. 现代飞机结构综合设计［M］. 西安：西北工业大学出版社，2001.

［23］郦正能. 飞行器结构学［M］. 北京：北京航空航天大学出版社，2005.

［24］赵丽滨，徐吉峰. 先进复合材料连接结构分析方法［M］. 北京：北京航空航天大学

出版社，2015.

［25］薛克兴. 复合材料结构连接件设计与强度［M］. 北京：航空工业出版社，1988.

［26］陈绍杰，曹正华. 复合材料结构修理指南［M］. 北京：航空工业出版社，2001.

［27］中华人民共和国第三机械工业部. HB/Z23-1980 飞机气动外缘公差［S］. 北京：三〇一研究所，1980.

［28］航空工业第一集团公司. GJB 5193—2003 飞机复合材料结构设计通用要求［S］. 北京：中国航空综合技术研究所，2003.

［29］航空航天工业部. GJB 1680—1993 机载火控雷达罩通用规范［S］. 济南：航空航天工业部六三七所，1996.

［30］中国人民解放军空军. GJB 67 A—2008 军用飞机结构强度规范［S］. 西安：中国航空研究院六三〇所，2008

［31］余旭东，葛金玉，段德高，等. 导弹现代结构设计［M］. 北京：国防工业出版社，2007.

［32］谷良贤，温炳恒. 导弹总体设计原理［M］. 西安：西北工业大学出版社，2004.

［33］《力学环境试验技术》编著委员会. 力学环境试验技术［M］. 西安：西北工业大学出版社，2003.

［34］中国人民解放军总装备部电子信息基础部. GJB 150A—2009 军用装备实验室环境试验方法［S］. 北京：中国航空综合技术研究所，2009.

［35］国家经贸委军品配套办公室. GJB 2464—2007 飞机透明件鸟撞试验方法［S］. 北京：建筑材料工业技术监督研究中心，2007.

［36］航空无线电技术委员会. RTCA/DO—213 无人飞机雷达透射率测试范围标准［S］. 美国：航空无线电技术委员会，2016.

［37］航空航天工业部. GJB 776—1989 军用飞机损伤容限要求［S］. 成都：航空航天工业部611所，1989.

［38］克里斯托斯·卡萨波格罗. 飞机复合材料结构设计与分析［M］. 颜万亿，译. 上海：上海交通大学出版社，2011.

［39］美国联邦航空管理局. AC20-107B 飞机复合材料咨询通告［S］. 美国：美国联邦航空管理局，2009.

［40］美国国防部. MIL-HDBK-516B 军机适航性审查标准［S］. 美国：美国国防部，2005.

［41］美国国防部. JSSG-2006 美国国防部飞机结构联合使用规范指南［S］. 美国：美国国防部，2006.

［42］中国民用航空局. CCAR-25 运输类飞机适航标准［S］. 北京：中国民用航空局，2011.

［43］美国材料实验协会. ASTM D 5766 聚合物基复合材料层压板开孔拉伸强度标准试验方法［S］. 美国：美国材料实验协会，2011.

［44］美国材料实验协会. ASTM D 6484 聚合物基复合材料层压板开孔压缩强度标准试验方法［S］. 美国：美国材料实验协会，2009.

［45］美国材料实验协会. ASTM D 3846 增强塑料的平面剪切强度的标准测试方法［S］.

美国：美国材料实验协会，2008.

［46］美国材料实验协会．ASTM D 7136 测量纤维增强聚合物基复合材料对落锤冲击事件的损伤阻抗的标准试验方法［S］．美国：美国材料实验协会，2012.

［47］美国材料实验协会．ASTM D 7137 含损伤聚合物基复合材料板压缩剩余强度性能的标准试验方法［S］．美国：美国材料实验协会，2012.

［48］美国材料实验协会．ASTM D 5961 聚合物基复合材料层压板挤压强度标准试验方法［S］．美国：美国材料实验协会，2010.

［49］美国材料实验协会．ASTM C 273 夹层芯材剪切性能的标准试验方法［S］．美国：美国材料实验协会，2007.

［50］美国材料实验协会．ASTM D 5379 复合材料剪切性能标准试验方法［S］．美国：美国材料实验协会，2005.

［51］美国材料实验协会．ASTM D 7078 由 V 型轨道剪切方法测定复合材料剪切性能标准试验方法［S］．美国：美国材料实验协会，2005.

［52］美国材料实验协会．ASTM D 3079 聚合物基质复合材料拉伸性能的试验方法测试方案［S］．美国：美国材料实验协会，2008.

［53］美国材料实验协会．ASTM D 6641 聚合物基复合材料压缩性能标准试验方法［S］．美国：美国材料实验协会，2009.

［54］美国材料实验协会．ASTM C 297 夹层结构平面拉伸强度标准试验方法［S］．美国：美国材料实验协会，2004.

［55］美国材料实验协会．ASTM C 393 用梁弯曲法测定夹层结构核心抗剪性能的标准试验方法［S］．美国：美国材料实验协会，2006.

［56］美国材料实验协会．ASTM C 364 夹层结构边压强度的标准试验方法［S］．美国：美国材料实验协会，2007.

［57］美国材料实验协会．ASTM D 7332 纤维增强复合材料紧固件的抗过拉阻力测试标准［S］．美国：美国材料实验协会，2007.

［58］美国联邦航空管理局．FAR 25 运输类飞机适航标准［S］．美国：美国联邦航空管理局，2014.

［59］中国航空研究院．复合材料结构设计手册［M］．北京：航空工业出版社，2001.

［60］陈绍杰．复合材料设计手册［M］．北京：航空工业出版社，1990.

［61］沈真．复合材料飞机结构耐久性/损伤容限设计指南［M］．北京：航空工业出版社，1995.

［62］孙侠生．飞机结构强度新技术［M］．北京：航空工业出版社，2017.

［63］张志民．复合材料结构力学［M］．北京：北京航空航天大学出版社，1993.

［64］杜善义．复合材料及其结构的力学、设计、应用和评价［M］．哈尔滨：哈尔滨工业大学出版社，2000.

［65］彭望泽．防空导弹天线罩［M］．北京：宇航出版社，1993

［66］宋银锁．空空导弹天线罩发展展望［J］．航空兵器，2005（3）：19-23.

［67］章葆澄，朱立群，周雅．防腐蚀设计与工程［M］．北京：北京航空航天大学出版社，1998.

［68］颜鸣皋. 中国航空材料手册［M］. 北京：中国标准出版社，2002.

［69］中国特种飞行器研究所. 海军飞机结构腐蚀控制设计指南［M］. 北京：航空工业出版社，2005.

［70］宋银锁. 导弹天线罩的雨蚀及试验研究［J］. 制导与引信，1998（1）：9-15.

［71］欧阳绍修，廖圣智. 海军特种飞机结构腐蚀防护与控制设计指南［M］. 北京：航空工业出版社，2019.

［72］任艳萍，邓红华，邵茂敏. 飞机金属材料腐蚀防护与控制技术［M］. 西安：西北工业大学出版社，2016.

［73］曾荣昌，韩恩厚. 材料的腐蚀与防护［M］. 北京：化学工业出版社，2006.

［74］赵麦群，雷阿丽. 金属的腐蚀与防护［M］. 北京：国防工业出版社，2002.

［75］航空工业总公司. HB 7671—2000 飞机结构防腐蚀设计要求［S］. 北京：中国航空综合技术研究所，2000.

［76］王富生，岳珠峰，刘志强，等. 飞机复合材料结构雷击损伤评估和防护设计［M］. 北京：科学出版社，2016.

［77］合肥航太电物理技术有限公司. 航空器雷点防护技术［M］. 北京：航空工业出版社，2013.

［78］虞昊. 现代防雷技术基础［M］. 2 版. 北京：清华大学出版社，2005.

［79］张义军，言穆弘，孙安平，等. 雷暴电学［M］. 北京：气象出版社，2009.

［80］陈渭民. 雷电学原理［M］. 2 版. 北京：气象出版社，2006.

［81］中华人民共和国航空工业部. HB 6129—87 飞机雷电防护要求及试验方法［S］. 北京：航空工业部第三〇一研究所，1987.

［82］高成，宋双，郭永超，等. 飞机雷击附着区域的划分仿真研究［J］. 电波科学学报，2012，27（6）：1238-1243.

［83］孙柯岩，赵小莹，张功磊，等. 基于分形理论的飞机雷击初始附着点的数值模拟［J］. 物理学报，2014，63（2）：472-478.

［84］中国航空工业总公司. GJB 3567—1999 军用飞机雷电防护鉴定试验方法［S］. 北京：中国航空工业总公司第三〇一研究所，1999.

［85］蔡良元，王清海，温磊，等. 某飞机气象雷达天线罩雷电防护技术的研究［J］. 玻璃钢/复合材料，2010（5）：66-70.

［86］中国民用航空局. CCAR-25-R4-2008 运输类飞机适航标准［S］. 中国民用航空局，2008 第四次修订.

［87］航空航天工业部. GJB 1804—1993 运载火箭雷电防护［S］. 北京：国防科工委军标出版发行部，1994.

［88］中国航空工业总公司. GJB 2639—1996 军用飞机雷电防护［S］. 北京：中国航空工业总公司三〇一所，1996.

［89］陈业标 汪海 陈秀华. 飞机复合材料结构强度分析［M］. 上海：上海交通大学出版社，2011.

［90］路遥. 民用飞机复合材料结构适航验证概论［M］. 上海：上海交通大学出版社，2013.

［91］朱菊芬，汪海，徐胜利. 非线性有限元及其在飞机结构设计中的应用［M］. 上海：上海交通大学出版社，2011.

［92］沈真，张晓晶. 复合材料飞机结构强度设计与验证概述［M］. 上海：上海交通大学出版社，2011.

［93］中国飞机强度研究所. 航空结构强度技术［M］. 北京：航空工业出版社，2013.

［94］冯振宇，邹田春. 复合材料飞机结构合格审定［M］. 北京：航空工业出版社，2012.

［95］阿兰·贝克，斯图尔特·达特恩（澳），唐纳德·凯利. 飞机结构复合材料技术［M］. 柴亚南，丁惠梁，译. 北京：航空工业出版社，2015.

［96］徐京祥，于吉选. 飞机雷达罩防腐蚀设计和控制［J］. 价值工程，2015（17）：149–151.

［97］李旭东，范金娟. 雷达罩抗静电涂层失效模拟［J］. 失效分析与预防，2009（3）：133–137.

［98］纪丕华，于吉选. 基于复杂型面天线罩的建模技术研究［J］. 机械设计与制造工程，2017（3）：51–53.

［99］曲秀晓，李兴德. 飞机雷达罩根部约束精细化建模［J］. 复合材料科学与工程，2020（1）：27–32.

［100］李兴德，周春苹. 雷达罩产品外型的反演算法［J］. 玻璃钢/复合材料，2015（9）：52–56.

［101］周春苹，李兴德. 确定雷达罩许用值的方法研究［J］. 玻璃钢/复合材料，2013（5）：51–56.

［102］王敏，李兴德. 电磁透波复合材料结构疲劳寿命预测研究［J］. 纤维复合材料，2020（10）：114–118.

［103］航空工业部. GJB 358—1987 军用飞机电搭接技术要求［S］. 北京：航空工业部三〇一所，1987.

［104］王自力. 航空可靠性工程技术与应用［M］. 北京：国防工业出版社，2008.

［105］方同，薛璞. 振动理论及应用［M］. 西安：西北工业大学出版社，1998.

［106］姚卫星. 结构疲劳寿命分析［M］. 北京：科学出版社，2019.

［107］张国强，袁萍，岑建勇，等. 闪电首次回击过程中通道温度与电导率的演化特征［J］. 原子与分子物理学报，2015（6）：1078–1084.

［108］郄秀书，张义军，张其林，等. 闪电放电特征和雷暴电荷结构研究［J］. 气象学报，2005，63（5）：646–658.

［109］段泽民. 飞机雷电防护概述［J］. 高电压技术，2017，43（5）：1393–1399.

［110］康健. 提高我国民用航空安全水平的对策研究［D］. 沈阳：东北大学，2005.

［111］李多聚，谢志国，郑翔. 波音737透波功能结构的结构损伤及修理［J］. 航空工程与维修，1999（4）：24–26.

［112］济南特种结构研究所. 航空电磁窗技术［M］. 北京：航空工业出版社，2013.

［113］刘丽. 天线罩用透波材料［M］. 北京：冶金工业出版社，2008.

［114］祖群，赵谦. 高性能玻璃纤维［M］. 北京：国防工业出版社，2017.

［115］张颖，余煜玺. 高性能陶瓷纤维［M］. 北京：国防工业出版社，2018.

［116］马千里，李常胜，田明. 对位芳香族聚酰胺纤维［M］. 北京：国防工业出版社，2018.

［117］武德珍，齐胜利. 高性能聚酰亚胺纤维及应用［M］. 北京：科学出版社，2020.

［118］赵莹，王笃金，于俊荣. 超高分子量聚乙烯纤维［M］. 北京：国防工业出版社，2018.

［119］巴亮. 织物结构与设计［M］. 北京：中国纺织出版社，2015.

［120］道德锟，吴以心，李兴国. 立体织物与复合材料［M］. 上海：中国纺织大学出版社，1998.

［121］李玲. 不饱和聚酯树脂及其应用［M］. 北京：化学工业出版社，2012.

［122］马之庚，陈开来. 工程塑料手册·材料卷［M］. 北京：机械工业出版社，2004.

［123］赵渠森，郭恩明. 先进复合材料手册［M］. 北京：机械工业出版社，2003.

［124］梁国正，顾嫒娟. 双马来酰亚胺［M］. 北京：化学工业出版社，2001.

［125］祝保林. 氰酸酯树脂应用研究［M］. 北京：科学出版社，2017.

［126］关悦瑜，贾晓莹，曹灿. 氰酸酯树脂的改性方法［J］. 化学与黏合，2016（38）：378-381.

［127］李大进，肖加余，邢素丽. 机载雷达天线罩常用透波复合材料研究进展［J］. 材料导报，2011（25）：352-357.

［128］郭宝春，贾德民. 氰酸脂-环氧共聚反应机理研究进展［J］. 绝缘材料，2004（3）：53-57.

［129］张雪平，刘润山，刘景民. 双马来酰亚胺-三嗪树脂及其改性研究进展［J］. 绝缘材料，2007（40）：15-18.

［130］宫大军，魏伯荣，刘郁杨. 氰酸脂树脂的改性及应用研究［J］. 中国胶黏剂，2009（18）：48-53.

［131］唐玉生，曾志安，陈立新. 氰酸酯树脂改性及应用概况［J］. 工程塑料应用，2004（32）：67-69.

［132］赵颖，刘晓辉，张立国. 氰酸酯树脂及其胶黏剂的研究概况［J］. 化学与黏合，2008（30）：50-54.

［133］吴宏博，新静，于敬晖. 有机硅树脂的种类、性能及应用［J］. 纤维复合材料，2006（2）：55-59.

［134］冯海猛，王力. 有机硅耐高温涂料的研究进展［J］. 化工文摘，2008（6）：29-30.

［135］陈英韬，张清华. 聚酰亚胺纤维的制备与应用研究进展［J］. 高分子通报，2013（10）：71-79.

［136］梁敏，陈伟. 工程塑料聚酰亚胺的性能及应用［J］. 化学时刊，2015（29）：23-24，40.

［137］杨士勇. 耐高温聚酰亚胺树脂研究［J］. 高分子通报，2014（12）：23-28.

［138］袁海根，周玉玺，透波复合材料研究进展［J］. 化学推进剂与高分子材料，2006（4）：30-36.

［139］钱兴，田春蓉，王建华. 聚酰亚胺泡沫塑料研究进展［J］. 化工新型材料，2014（42）：23–25.

［140］马榴强，周秀民，李晓林. 酚醛树脂改性研究进展［J］. 塑料，2004（33）：39–42.

［141］朱永茂，殷荣忠，潘晓天. 2010—2011 年国内外酚醛树脂及其塑料工业进展［J］. 热固性树脂，2012（27）：54–59.

［142］潘祖仁. 高分子化学［M］. 北京：化学工业出版社，2007.

［143］伍林，欧阳兆辉，曹淑超. 酚醛树脂耐热性的改性研究进展［J］. 中国胶黏剂，2005（14）：45–49.

［144］刘喜宗，李贺军，马托梅. 硼酚醛树脂的制备和研究进展［J］. 中国胶黏剂，2009（18）：42–46.

［145］付飞，沈明贵，王丹. 苯并环丁烯树脂的研究进展［J］. 现代化工，2019（39）：61–66.

［146］王在铎，左小彪，余瑞莲. 含醚结构双苯并环丁烯树脂的合成与性能［J］. 宇航材料工艺，2010（4）：37–40.

［147］李响，方子帆. 轻质高强类蜂窝夹层结构创新设计及其力学行为研究［M］. 北京：中国水利水电出版社，2021.

［148］李绍棠. 泡沫塑料丛书：泡沫塑料–机理与材料［M］. 北京：化学工业出版社，2012.

［149］詹茂盛，王凯. 聚酰亚胺泡沫材料［M］. 北京：国防工业出版社，2018.

［150］赵丽虹，边城，王斌. 聚甲基丙烯酰亚胺泡沫塑料的制备和发展现状［J］. 应用化工，2020（49）：3162–3167.

［151］刘国杰. 特种功能性涂料［M］. 北京：化学工业出版社，2002.

［152］胡传炘. 特种功能涂层［M］. 北京：北京工业大学出版社，2009.

［153］张玉龙，李萍，石磊. 隐身材料［M］. 北京：化学工业出版社，2018.

［154］尹衍升，张景德. 氧化铝陶瓷及其复合材料［M］. 北京：化学工业出版社，2001.

［155］何峰等. 微晶玻璃制备与应用［M］. 北京：化学工业出版社，2017.

［156］李斌，李端，张长瑞，等. 航天透波复合材料——先驱体转化氮化物透波材料技术［M］. 北京：科学出版社，2019.

［157］薛红前. 飞机装配工艺学［M］. 西安：西北工业大学出版社，2015.

［158］程宝蕖. 飞机制造协调准确度与容差分配［M］. 北京：航空工业出版社，1987.

［159］范玉青. 飞机数字化装配技术综述［J］. 航空制造技术，2006（10）：44–48.

［160］白冰如，拜明星. 飞机铆接装配与机体修理［M］. 北京：国防工业出版社，2015.

［161］邹仁珍. 飞机装配型架设计约束求解技术研究与实现［D］. 南京：南京航空航天大学，2009.

［162］耿育科. 飞机装配工装复合材料结构设计技术研究［J］. 中国设备工程，2020（24）.

［163］尤海潮. 数字化装配技术概述［J］. 科技创新与应用，2020（4）.

［164］赵旭，刘海涛. 一种复杂产品总装工艺流程设计方法研究［J］. 制造技术与机床，2020（5）.

［165］高成，宋双，郭永超，等. 飞机雷击附着区域的划分仿真研究［J］. 电波科学学报，2012，27（6）：1238-1243.

［166］孙柯岩，赵小莹，张功磊，等. 基于分形理论的飞机雷击初始附着点的数值模拟［J］. 物理学报，2014，63（2）：472-478.

［167］蔡良元，王清海，温磊，等. 某飞机气象雷达天线罩雷电防护技术的研究［J］. 玻璃钢/复合材料，2010（5）：66-70.

［168］中华人民共和国国家技术监督局. GB9533—88 微波固体介电质材料介电特性测试方法［S］. 同轴终端短路法. 北京：中国标准出版社，1989.

［169］刘晓春. 机载雷达罩制造中的电厚度监控技术［J］. 飞机设计，1998（4）：10-15.

［170］魏宗阳. 雷达罩 IPD 检测及喷涂校正系统［J］. 测控技术，1993（12）：5-9.

［171］韦高，许家栋，吴昌英. 天线罩电厚度与材料电参数六端口测试系统设计［J］. 强激光与离子束，2007，19（8）：1347-1350.

［172］张生芳，郭东明，贾振元. 天线罩制造中的电厚度测量技术［J］. 仪器仪表学报，2004，25（4增刊）：34-37.

［173］刘洪斌，王增平，王金兰. 雷达罩内壁电厚度测量与磨削校正系统研究［J］. 测控技术，2012，31（8）：123-127.

［174］鲍峻松，傅德民. 天线远场方向图的测量和实现［J］. 信息安全与通信保密，2005（6）：81-82.

［175］林昌禄. 天线测量技术［M］. 成都：成都电讯工程学院出版社，1987.

［176］刘晓春. 雷达天线罩电性能设计技术［M］. 北京：航空工业出版社，2016.

［177］王玖珍，薛正辉. 天线测量实用手册［M］. 北京：人民邮电出版社，2013.

［178］贾耀成，张景鹏，郑少超. 低增益 GPS 天线方向图的微波暗室测试方法［J］. 西安工业大学学报，2015，35（8）：683-688.

［179］万国宾. 带罩天线与有限阵列结构的研究［D］. 西安：西安交通大学，2000.

［180］王向晖，陈士举，袁健全. 天线罩相关参数的改变对天线方向图影响［J］. 制导与引信，2007，28（1）：30-32.

［181］张林光. 基于物理光学法的天线罩电磁性能分析［D］. 西安：西安电子科技大学，2017.

［182］张学飞. 天线罩电磁特性的研究［D］. 西安：西安电子科技大学，2006.

［183］李洋，张强，何丙发，等. 相控阵系统中天线罩高效测试技术的研究［J］. 2016年全国军事微波、太赫兹、电磁兼容技术学术会议论文集.

［184］杨晖，张谟杰. 寻零系统天线罩测试设备的局限及改进［J］. 制导与引信，1999（2）：29-32.

［185］秦顺友，张文静，许德森. 大型天线罩小损耗测试的一种新方法［J］. 电子测量与仪器学报，2005，19（3）：18-21.

［186］宋银锁，天线罩瞄准误差测试原理和方案分析［J］. 航空兵器，1996（5），26-36.

［187］许群，王云香，刘少斌，等. 搜零法在相控阵雷达罩电性能测试中的应用［J］. 现代雷达，2013，35（4）：62-65.

［188］许群，王云香，徐京祥．机载雷达罩动态电轴跟踪系统的设计和实现［J］．测控技术，2013，32（1）：117-120.

［189］倪汉昌．天线罩自动化测量技术［J］．航天出国考察技术报告，1996（1）：164-168.

［190］彭望泽．防空导弹天线罩［M］．北京：宇航出版社，1993.

［191］宋银锁．高性能导弹天线罩测试系统［J］．微波学报，2007，23（8）：28-30.

［192］王云香，许群，刘尚吉，等．试验天线对雷达罩传输效率的影响及分析［J］．现代雷达，2015，37（12）：65-67.

［193］罗黎希，王小兵．地理位置对卫通天线跟踪的影响［J］．计算机与网络，2009，35（9）：55-57.

［194］张晗，陈小青，孔令志．船载卫通天线圆极化方式切换改进方案［J］．无线电通信技术，2009，53（3）：41-43.

［195］马国霞，谭志良．船载动中通卫星天线系统的应用［J］．广东造船，2012，31（4）：62-65.

［196］李朝旭，刘晓春，方斌．某小型雷达罩电性能测试用高精度天线座设计［J］．电子机械工程，2007，23（2）：35-38.

［197］高文生．机载卫星通信系统设计［J］．卫星与网络，2014（9）：60-67.

［198］贲德，韦传安，林幼权．机载雷达技术［M］．北京：电子工业出版社，2006.

［199］许群，孙论．动态电轴跟踪系统中扭极化问题的解决方案［J］．测控技术，2012，31（2）：111-113.

［200］张祖稷，金林，束咸荣．雷达天线技术［M］．北京：电子工业出版社，2007.

［201］四川省广播电视厅微波总站．微波技术［M］．北京：中国广播电视出版社，1993.

［202］梁步阁，袁乃昌，王建朋．宽带RCS自动测试系统设计［J］．计算机测试与控制，2004，12（1）：64-65.

［203］李南京，张麟兮，许家栋，等．远场RCS的精确测试方法研究［J］．现代雷达，2006，28（8）：70-73.

［204］王万富．雷达目标RCS宽带测试技术和应用［J］．制导与引信，1996（1）：34-43.

［205］陈海波，何国瑜，李志平．基于二维成像的散射特性近远场变换方法［C］//全国微波毫米波会议．2007.

［206］张晓玲，陈明领，廖可非，等．基于三维SAR成像的RCS近远场变换方法研究［J］．电子与信息学报，2015，37（2）：297-302.

［207］王燕．目标单站RCS近场测试方法研究［D］．西安：西安电子科技大学，2014.

［208］王洪帅．雷达散射截面的测试与转台成像研究［D］．西安：西安电子科技大学，2015.

［209］吴勇．双站逆合成孔径雷达二维成像算法研究［D］．北京：国防科学技术大学，2005.

［210］沈静，万国宾，尤立志，等．目标二维RCS成像仿真与实验研究［J］．微波学报，2015，31（6）：78-81.

［211］张宇桥，符礼，刘志忠，等. RCS 成像测试系统的设计、集成与实现［J］. 电子质量，2013（7）：74-77.

［212］阮成礼，梁淮宁. 旋转目标 RCS 的二维成像［J］. 电子科技大学学报，2000，29（6）：604-608.

［213］郭静. 微波暗室目标 RCS 测试方法的研究与试验［D］. 南京：南京航空航天大学，2008.

［214］胡楚锋. 雷达目标 RCS 测试系统及微波成像诊断技术研究［D］. 西安：西北工业大学，2007.

［215］阮颖铮. 雷达截面与隐身技术［M］. 北京：国防工业出版社，1998.

［216］黎峰. 复杂目标的 RCS 计算［D］. 西安：西北工业大学，2001.

［217］姚兆宁. 雷达 RCS 目标特性测试与分析［D］. 南京：南京理工大学，2003.

［218］薛明华，王振荣. 扫频 RCS 测试系统原理及应用［J］. 航空电子技术，1996（4）：20-25.

［219］陈秦，魏薇，肖冰，等. 国外武器装备 RCS 测试外场研究现状［J］. 表面技术，2012，41（5）：129-132.

［220］张学飞. 天线罩电磁特性的研究［D］. 西安：西安电子科技大学，2006.

［221］安玉元. 目标电磁散射特性的快速计算方法研究［D］. 南京：南京理工大学，2015.

［222］张宁红. 目标特性雷达数据处理及 RCS 解算过程［J］. 现代雷达，2004，26（6）：29-32.

［223］门薇薇，王志强，轩立新. 隐身雷达罩技术研究进展综述［J］. 现代雷达，2017，39（10）：60-66.

［224］彭望则，等. 防空导弹天线罩［M］. 北京：国防工业出版社，1987：337-339.

［225］王亚海，刘伟，常庆功. 170～325GHz 频段天线测试系统方案设计［J］. 电子测量与仪器学报，2013，27（12）：1195-1199.

［226］廖云龙，张弘，熊冬琼. 基于 Labview 的时域近场天线测试技术的直接时域算法［J］. 电波科学学报，2004，19［增刊］：263-266.

［227］薛正辉，王楠，楼世平，等. 天线时域近场测量技术与实验系统［J］. 无线电工程，2009，39（4）：34-36.

［228］谭永华，蔡国飙. 振动台虚拟试验仿真技术研究［J］. 机械强度，2010，32（1）：30-34.

［229］齐晓军，张逸波，孙祥一，等. 卫星虚拟振动试验仿真效果研究［J］. 航天器环境工程，2011，28（4）：344-348.

［230］罗树东. 飞机结构强度虚拟试验技术研究［J］. 中国科技纵横，2014（18）：84-85.

［231］张勇. 浅析虚拟试验技术在武器装备中的应用和发展［J］. 信息系统工程，2012，25（5）：85-85.

［232］薛正辉，楼世平，杨仕明，等. "时间窗" 对天线时域平面近场测试结果的影响［J］. 电波科学学报，2007，22（1）：158-165.

［233］ S. S. Zivanovic，K. S. Yee，K. K. Mei. A subgridding method for the time-domain finite-difference method to solve Maxwell's equations［J］. IEEE Trans. On Microwave Theory and Teehniques. 1991，39（3）：471-479.

［234］ K. S. Yee，J. S. Chen，A. H. Chang. Conformal finite-difference time-domain（FDTD）with overlapping grids［J］. IEEE Trans on Antennas and Propagation. 1992，32（4）：1949-1952.

［235］ N. A. Ozdemir and J. F. Lee. IE-FFT Algorithm for a Nonconformal Volume Integral Equation for Electromagnetic Scattering From Dielectric Objects［J］. IEEE Trans. Magn. 2008，44（6）：1398-1401.

［236］ M. Born，E. Wolf. Principles of Optics［M］. New York：Pergamon Press，1964.

［237］ B. B. Baker，E. T. Copson. The Mathematical Theory of Huygens Principle［M］. Oxford：Oxford University Press，1953.

［238］ Bao-Qin Lin，Fan Li，Qiu-Rong Zheng. Design and simulation of a miniature thick-screen frequency selective surface radome. IEEE Antennas and Wireless Propagation Letters. 2009，8：1065-1068.

［239］ E. Arvas，A. Rahhalarabi，U. Pekel，E. Gundogan. Electromagnetic Transmission through a Small Radome of Arbitrary Shape［J］. IEE Proc. H，Microw . Antennas. Propag. 1990，137（6）：401-405.

［240］ V. Rokhlin. Rapid solution of integral equations of scattering theory in two dimensions［J］. Journal of Computational physics. 1990，86（2）：414-439.

［241］ A. Taflove，M. E. Brodwin. Numerical solution of steady-state electromagnetic scatting Problems using the time-dependent Maxwell's equations［J］. IEEE Trans on Microwave Theoty And Techniques. 1975，23（8）：623-630.

［242］ G. Mur. Total-field absorbing boundary condition for the time-domain electromagnetic field equations［J］. IEEE Trans on Electromagnetic Compatibility. 1998，40（2）：100-102.

［243］ Jean-Pierre Berenger. A perfectly match layer for the absorption of electromagnetic Wave［J］. Journal of computational physics. 1994，114：185-200.

［244］ S. M. Rao，D. R. Wilton and A. W. Glisson. Electromagnetic scattering by surfaces of arbitrary shape［J］. IEEE Trans. Antennas Propagat. 1982，30（5）：409-418.

［245］ J. D. Walton. Radome Engineering Handbook：Design and Principles［M］. New York：Marcel Dek，Inc，1990.

［246］ M. I. Skolmik. Radar Handbook［M］. New York：MeGraw Hill，1970.

［247］ D. G. Bondnar，H. L. Bassett. Analysis of an anisotropic dielectric radome［J］.

［248］ IEEE Trans. Antennas Propag. 1975，23：841-846.

［249］ E. A. Pelton，B. A. Munk. A streamlined metallic radome［J］. IEEE Trans. Antennas Propag. 1974，22：799-803.

［250］ K. Siwiak et al. Boresight error induced by missile radomes［J］. IEEE Trans. Antennas Propag. 1979，27：832-841.

［251］ D. T. Paris. Computer aided radome analysis［J］. IEEE Trans. Antennas Propag. 1970，

18：7–15.

［252］D. G. Burks，E. R. Graf and M. D. Fahey. A high frequency analysis of radome–induced radar pointing error［J］. IEEE Trans. Antennas Propag. 1982，30：947–955.

［253］J. H. Richmond. Scattering by a dielectric cylinder of arbitrary cross section shape［J］. IEEE Trans. Antennas Propag. 1965，13：334–341.

［254］J. H. Richmond. TE wave scattering by a dielectric cylinder of arbitrary cross section shape［J］. IEEE Trans. Antennas Propag. 1966，14：460–464.

［255］J. D. Walton. Radome Engineering Handbook［M］. New York：Marcel Dekker，1970.

［256］Ben A. Munk. Frequency selective surfaces theory and design［M］. NewYork：John Wiley，2000：14–28.

［257］Marcuwitz，N. Waveguide handbook［M］. McGraw–Hill，1st Edition，New York，1951.

［258］C. G. Christodoulou，J. Huang，M. Georgiopoulos，J. J. Liou. Design of gratings and frequency selective surfaces using fuzzy ARTMAP neural networks［J］. Proceedings of SPIE–The International Society for Optical Engineering. 1994，2243：571–581.

［259］E. A. Parker，R. J. Langley. Double–square frequency selective surfaces and their equivalent circuit. Electronics Letters. 1991，19（17）：1885–1888.

［260］Munk B A，Burrell G A. Plane–wave expansion for array of arbi–trarily oriented piecewise linear elements and its application indetermining the impedance of a single linear antenna in a lossyhalf–space［J］. IEEE Trans. on Antennas and Propagation. 1979，27（3）：331–343.

［261］Munk B A. Frequency selective surfaces：theory and design［M］. New York：John Wiley，2000：63–124.

［262］Harrington R F. 计算电磁场的矩量法［M］. 北京：国防工业出版社，1981：73–141.

［263］NG T. K. Spitz S. Frequency selective surfaces with multiple arrays of loaded tri poles［J］. IEEE Antennas and Propagation Society International Symposium. 1988（2）：754–757.

［264］Reed. J. A. Frequency selective surfaces with multiple periodic elements［D］. Dallas：University of Texas，1997.

［265］Pozar. D. M. Microwave engineering，2nd Edition［M］. New York：John Wileyand Sons，1998.

［266］Masataka Ohira，Hiroyuki Deguchi，Mkio Tsuji，Hiroshi Shigesawa. Analysis of frequency selective surface with arbitrarily shaped element by equivalent circuit model. Electonics and Communications in Japan，Part2. 2005，88（6）.

［267］R. C. Compton，D. B. Rutledge. Approximation techniques for planar periodic structures［J］. IEEE Trans. on AP. 1985，33（11）：1083–1088.

［268］Armen Caroglanian，Kevin J. Webb，Study of curved and planar frequency selective surfaces with nonplanar illumination［J］. IEEE Trans. on AP. 1991，39（2）：211–217.

［269］B. Philips，E. A. Parker and R. J. Langley. Ray tracing analysis of the transmission performance of curved FSS［J］. IEE Proc. Microw. Antennas Propag. 1995，142（3）：193–200.

［270］F. Huang，J. C. Batchelor and E. A. Parker. Interwoven convoluted element frequency selective services with wide bandwidths. Electronics Letters. 2006，42（14）.

［271］B. Sanz–Izquierdo，J. B. Robertson，E. A. Parker，J. C. Batchelor. Wideband FSS for electromagnetic architecture in buildings［J］. Applied Physics A Materials Science & Processing，2011（103）：771–774.

［272］Shufeng Zheng，Yingzeng Yin，Xueshi Ren. Interdigitated hexagon loop unit cells for wideband miniaturized frequency selective surfaces. 2010 9th International Symposium on Antennas Propagation and EM Theory（ISAPE）. 2010，770–772.

［273］Wang Jian–Bo，Lu Jun，Sun Guan–Cheng. The effect of a non–aligned unit on double–screen frequency–selective surface transmission characteristics. Chinese. Physics. B. 2012，21（4），047304.

［274］H. Zhou，S. B. Qu，J. –F. Wang. Ultra–wideband frequency selective surface. Electronics Letters. 2012，48（1）.

［275］Lu Zhanbo，Shen Rong，Yan Xuequan. A novel wideband frequency selective surface composite structure. Microwave Conference Proceedings（CJMW），2011，1–3.

［276］J. Y. Xue，S. X. Gong. A new miniaturized fractal frequency selective surface with excellent angelar stability. PIER Letters. 2010，13：131–138.

［277］Jian Min，Jin John，L. Volakis. Electromagnetic scattering by a perfectly conducting patch array on a dielectric slab［J］. IEEE Trans. on AP. 1990，38（4）：556–563.

［278］Schultz SM，Barker DL，Schmitt HA. Radome compensation using matched negative index or refraction materials：US，2004［P］.

［279］Kozakoff DJ. Analysis of Radome–enclosed Antennas［M］. America：Artech House，1997.

［280］Shadrivov IV，Sukhorukov AA，Kivshar YS. Beam shaping by a periodic structure with negative refraction［J］. Applied Physics Letters，2003，82（22）：3820–3822.

［281］Narayan S，Gopinath R，Nair RU，et al. EM performance analysis of multilayered metamaterial frequency selective surfaces［J］. IEEE Applied Electromagnetic Conference，2011：1–4.

［282］Howard. S Jones，Jr. 天线罩–天线一体化设计新技术［J］.宋银锁，译.航空兵器，1997（2）：45–46.

［283］SAE ARP 5412A，Aircraft Lightning Environment and Related TestWaveforms［S］. Warrendale Society of Automotive Engineers，2005.

［284］SAE ARP5414–1999 Aircraft Lighting Zoning［S］. Warrendale Society of Automotive Engineers，1999.

［285］SAE ARP 5416，Aircraft Lightning Test Methods［S］. Warrendale Society of Automotive Engineers，2005.

［286］CMH–17 协调委员会编.复合材料手册［M］.汪海，沈真，译.上海：上海交通大

学出版社，2016.

［287］M. B. CADY. Radar Scanners and Radomes［M］. America：MCGRAW-HILL BOOK COMPANY，1948.

［288］J. D. Walton. Techniques for Airborne Radome Design［R］. America：MCGRAW-HILL PUBLICATIONS CO，1966.

［289］J. D. Walton. Radome Engineering Handbook［D］. America：MCGRAW-HILL PUBLICATIONS CO，1970.

［290］SAE ARP 5412A，Aircraft Lightning Environment and Related TestWaveforms［S］. Warrendale Society of Automotive Engineers，2005.

［291］SAE ARP5414A，Aircraft Lighting Zoning［S］. Warrendale Society of Automotive Engineers，2005.

［292］SAE ARP 5416，Aircraft Lightning Test Methods［S］. Warrendale Society of Automotive Engineers，2005.

［293］Lighardt L P. A fast computational technique for accurate permittivity determination using transmission line methods［J］. IEEE Trans. Microwave Theory Tech. ，1983，31：249-254.

［294］Arai M，Binner J G P，Cross T E. Use of mixture equations for estimating theoretical complex permittivities from measurements on porous or powder ceramic specimens［J］. Appl. Phys，1995，34：6463-6467.

［295］Weir W B. Automatic measurement of complex dielectric constant and permeability at microwave frequencies. Proc. IEEE，1974，62（1）：33-36.

［296］Bougheriet A H，Legrand C，Chapoton A. Noniterative Stable transmission/reflection method for low-Loss material complex permittivity determination. IEEE Trans. MTT，1997，45（1）：52-57.

［297］Baker J J，Vanzura E J，and Kissck W A. Improved techniques for determining complex permittivity with the transmission/reflection method. IEEE Trans. MTT，1990，38（8）：1096-1103.

［298］Munoz J，Rojo M，Parreno A，et al. Automatic measurement of permittivity and permeability at microwave frequencies using normal and oblique free-wave incidence with focused beam. IEEE Trans. Instrumentation and Measurement，1998，47（4）：886-892.

［299］Tamyis N，Ramli A，Ghodgaonkar D K. Free space measurement of complex permittivity and complex permeability of magnetic material using open circuit and short circuit method at microwave frequencies. Student Conference on Research of Development Proceeding，2002，1（1）：394-398.

［300］Vasundara，V. Varadan，Richard. D. Hollinger，et al. Free-Space，Broadband Measurements of High-Temperature，Complex Dielectric Properties at Microwave Frequencies［J］. IEEE Trans，1991，40：842-846.

［301］Ghoduaonkar D K，Varadan V V，Varadan V K. A free-space method for measurement of dielectric constants and loss tangents at microwave frequencies. IEEE Trans.

Instrumentation and Measurement, 1989, 37（3）: 789–793.

［302］Barlow H M. An improved resonant–cavity method of measurement high–frequency losses in materials. Proc. IEE, 1962, 109（23）: 848–852.

［303］Kobayashi, et al. Microwave measurement of dielectric properties of low–loss materials by the dielectric rod resonator method. IEEE Trans. MTT, 1985, 33（7）: 586–592.

［304］Binshen Meng, John Booske, Reid Cooper. A system to measure complex permittivity of low loss ceramics at microwave frequencies and over large temperature ranges. Review of Scientific Instruments, 1995, 60（2）: 1068–1071.

［305］W. B. Westphal, J. Iglesias. Dielectric Measurements on High–Temperature Materials. Laboratory for Insulation Research, Massachusetts Institute of Technology Cambridge, AD873038, 1971.

［306］ARTC–4. Electrical Test Procedures for Radomes and Radome Materials［S］. Aerospace Industries, 1960.

［307］J. D. Walton, JR. Radome Engineering Handbook: Design and Principles［M］. New York: Marcel Dekker Inc, 1970.

［308］Merrill I. Skolnik. Radar handboo, Second Edition［M］. McGraw–Hill Companies, Inc, 1990.

［309］John D. Kraus, Ronald J. Marhefka. 天线（下册）［M］. 3 版, 章文勋, 译. 北京: 电子工业出版社, 2005.

［310］Mack R B. Basic design principles of electromagnetic scattering measurement facilities［R］. ROME AIR DEVELOPMENT CENTER GRIFFISS AFB NY, 1981.

［311］Berenger J P. A perfectly matched layer for the absorption of electromagnetic waves［J］. Journal of computational physics, 1994, 114（2）: 185–200.

［312］Chew W C, Weedon W H. A 3D perfectly matched medium from modified Maxwell's equations with stretched coordinates［J］. Microwave and optical technology letters, 1994, 7（13）: 599–604.

［313］Katz D S, Thiele E T, Taflove A. Validation and extension to three dimensions of the Berenger PML absorbing boundary condition for FD–TD meshes［J］. IEEE microwave and guided wave letters, 1994, 4（8）: 268–270.